创建电力优质工程策划与控制**7**系列丛书

（2015版）

电力建设标准培训考核清单

第4册 锅炉机组

中国电力建设专家委员会 编 ●━━━

中国电力出版社
CHINA ELECTRIC POWER PRESS

内 容 提 要

《电力建设标准培训考核清单（2015版） 第 4 册 锅炉机组》以"创建电力优质工程策划与控制 7 系列丛书"（以下简称《创优 7》）的形式编辑出版。

《创优 7》是电力建设执行法规和标准条款的"大数据试题库"。丛书包括工程管理、安健环、土建工程、锅炉机组、汽轮发电机组、电气与热控、调整与试验、水电水工、水电机电与金结、输变电工程、风光储工程和全集电子书等 12 册，本书为第 4 册。

本书以火电工程锅炉机组建设相关法律、法规、标准、规范条款为编写依据，从法律、法规、标准、规范中选取涉及电力建设工程的"重要部位、关键工序、主要试验检验项目"的内容及适当的应知应会的标准条款，针对标准中的"关键词"和管控要点，编制包括填空、判断、单项选择及多项选择四种题型的试题，形成全面、完整的培训考核系统。

本书共五章：第一章 通用部分；第二章 锅炉机组施工；第三章 加工配制；第四章 起重运输；第五章 焊接、金属检验。

本书可供从事火电工程的建设、监理、设计、施工、调试和运营等单位相关技术、管理人员使用。

图书在版编目（CIP）数据

电力建设标准培训考核清单：2015 版．第 4 册，锅炉机组 / 中国电力建设专家委员会编．—北京：中国电力出版社，2016.1

（创建电力优质工程策划与控制．第 7 辑）

ISBN 978-7-5123-8283-1

Ⅰ．①电… Ⅱ．①中… Ⅲ．①电力工程－工程质量－质量管理－中国－问题解答②电厂锅炉－锅炉机组－工程质量－质量管理－中国－问题解答 Ⅳ．①TM7-44

中国版本图书馆 CIP 数据核字（2015）第 223368 号

中国电力出版社出版、发行

（北京市东城区北京站西街 19 号 100005 http://www.cepp.sgcc.com.cn）

北京市同江印刷厂印刷

各地新华书店经售

＊

2016 年 1 月第一版 2016 年 1 月北京第一次印刷

787 毫米×1092 毫米 16 开本 53 印张 1245 千字

印数 0001—2000 册 定价 **170.00** 元

敬 告 读 者

中国电力建设企业协会文件

中电建协〔2015〕6号

关于印发《电力建设标准培训考核清单（2015版）》的通知

各理事单位、会员单位及有关单位：

提升电力工程建设质量，是适应电力建设新常态的基本保证，中国电力建设企业协会组织中国电力建设专家委员会编制了《电力建设标准培训考核清单（2015版）》。现印发给你们，请遵照执行。

中国电力建设企业协会（印）

2015年3月1日

本书编审委员会

| 审定委员会 |

主 任 尤 京

副主任 陈景山

委 员 （按姓氏笔画排序）

丁瑞明	王 立	方 杰	司广全	刘 博	刘永红
闫子政	孙花玲	李 牧	李必正	李连有	杨顺虎
肖红兵	吴元东	汪国武	沈维春	张天文	张金德
张基标	陈 渤	陈大宇	武春生	周慎学	居 斌
侯作新	倪勇龙	徐 文	徐 杨	梅锦煜	董景霖
虞国平					

| 编写委员会 |

主 任 范幼林

副主任 刘春晓 张所庆 李鹏庆

委 员 （按姓氏笔画排序）

万中昌	王立恒	王志峰	王振斌	王淑燕	石玉成
邢建华	任永宁	刘立民	刘晓宁	刘继禄	孙 涛
吴胜秋	邱明林	何朋臣	张万军	张冬茂	张春友
张福章	张德亮	张耀庆	武秀峰	赵 军	赵建新
赵树强	柴绍学	梁丙海	黎军保	潘红根	

序

　　提升电力工程建设质量，是适应电力建设新常态的基本保证，继《创建电力优质工程策划与控制 1、2、3、4、5、6》出版之后，中国电力建设企业协会组织中国电力建设专家委员会编写了《电力建设标准培训考核清单（2015 版）》，以"创建电力优质工程策划与控制 7 系列丛书"（以下简称《创优 7》）的形式出版。

　　国家质检总局提出"加强标准、计量、认证认可、检验检测等国家质量基础建设"。电力建设标准培训考核清单是电力建设执行标准条款的"大数据试题库"，指导工程建设人员学习理解和正确执行标准条款的规定，实现企业对员工进行标准掌握、操作能力的考核和评价。

　　《创优 7》全面覆盖直接涉及电力建设现行有效版本的各类相关法律、法规、标准和规范，以法规、标准条款为编写依据，从 180 余部法规、2500 余项标准中选取电力建设工程"重要部位、关键工序、主要试验检验项目"及适当的应知应会的标准条款，针对标准中的"关键词"和质量控制要点，编制包括填空、判断、单项选择及多项选择四种题型的 48000 余道试题，形成全面、完整的培训考核系统。

　　《创优 7》标准培训考核清单涵盖火电工程、水电水利工程、输变电工程及风光储工程各专业涉及的标准重要条款内容，分为工程管理、安健环、土建工程、锅炉机组、汽轮发电机组、电气与热控、调整与试验、水电水工、水电机电与金结、输变电工程、风光储工程和全集电子书 12 个分册。全集电子书针对电力建设各专业、各工种、各层级的管理、技术人员，编制了近 100 套典型套题，具备数据库选题、计算机考试和自动阅卷功能，可实现企业通过计算机网络进行标准的培训和考核。

标准是质量的基础，工程质量的优劣取决于建设者对标准的理解和执行程度，取决于企业人员素质技能的水平。企业可通过对标准的培训考核，拓展主动创新驱动的新思维，培育企业的综合实力，适应电力建设新常态。

中国电力企业联合会党组书记、常务副理事长

2015 年 3 月 1 日

前　　言

电力建设标准的编制、理解和执行是电力建设工程质量提升的重要切入点，对标准理解越深刻、执行越严格，工程质量结果就越优，这个结论已被质量实践者所广泛共识。提升标准践行和质量管控水平，已成为"质量时代"的新常态。

为提高电力建设工程质量，适应电力建设新常态，中国电力建设企业协会组织中国电力建设专家委员会编写了《电力建设标准培训考核清单（2015 版）》，并以"创建电力优质工程策划与控制 7 系列丛书"（以下简称《创优 7》）的形式出版。

清单由"数字+关键词"构成，清单的定义已经编入牛津词典中。清单管理模式是逻辑最清晰、最全面、最简练、最可操作的模式，是效率最高的管理模式之一，是国际上公认的优秀管理方法。

电力建设标准培训考核清单是电力建设执行标准条款的"大数据试题库"，指导工程建设人员学习理解和正确执行标准条款的规定，实现企业对员工进行标准掌握、操作能力的考核和评价。

丛书全面覆盖直接涉及电力建设的各类相关法律、法规、标准和规范，以现行有效版本的法规、标准条款为编写依据，从 180 余部法规、2500 余项标准中选取电力建设工程"重要部位、关键工序、主要试验检验项目"及适当的应知应会的标准条款，编写了包括填空、判断、单项选择和多项选择四种题型的 48000 余道试题。针对电力建设各专业、各工种、各层级的管理、技术人员，还编制了近100 套典型套题，形成全面、完整的培训考核系统。

丛书针对标准中的"关键词"和质量管控要点进行培训考核清单的编写，着重考核标准条款的内涵和关键词，对编写的内容按照工程类型、专业、部位进行了分类归集。为了便于追溯标准原文，培训考核清单还注明了依据的标准（法规）名称、编号及条款号。对于选入的标准强制性条款，在试题依据标准条款号后进行了标注，标示为"（强条）"。

丛书覆盖火电工程、水电水利工程、输变电工程及风光储工程，共包括 12

册，分别为：

第 1 册 工程管理

第 2 册 安健环

第 3 册 土建工程

第 4 册 锅炉机组

第 5 册 汽轮发电机组

第 6 册 电气与热控

第 7 册 调整与试验

第 8 册 水电水工

第 9 册 水电机电与金结

第 10 册 输变电工程

第 11 册 风光储工程

第 12 册 全集电子书

《第 1 册 工程管理》、《第 2 册 安健环》和《第 3 册 土建工程》三册为火电、水电水利、输变电、风光储工程通用。

《第 4 册 锅炉机组》包含：起重运输、加工配置和金属焊接专业内容。

《第 5 册 汽轮发电机组》包含：水处理及制氢系统、管道及系统和汽轮机本体保温专业内容。

《第 9 册 水电机电与金结》包含：水电调试与试运专业内容。

全集电子书除涵盖以上 11 册内容外，针对电力建设各专业、各工种、各层级的管理、技术人员，还编制了典型套题，具备数据库选题、计算机考试和自动阅卷功能，可实现企业通过计算机网络进行标准的培训和考核。

丛书法规、标准收录原则如下：

（1）2000 年以前发布的法律、法规和标准，原则上不选入。

（2）2001～2005 年发布的施工技术标准、检验标准、验收标准，仍在执行中且无替代标准的，已编入；其他标准原则上不选入。

（3）2005 年后发布的现行标准，全部选入。

（4）设计标准按照直接涉及施工的技术要求、验收的质量要求的原则，选择性收入。

（5）产品标准按照直接涉及设备、装置选型、材料选择、工序、进厂检验、产品使用特殊技术要求的原则，选择性收入。

（6）为保持丛书收录标准的全面性和时效性，截止到 2014 年 12 月进入报批稿阶段且 2015 年实施的标准选入本书，如有差异以正式发布的标准为准。

标准的编制、理解、掌握和执行是质量管理的基础，电力建设工程质量是适应电力建设新常态的根本保证。工程质量的优劣取决于建设者对标准的理解和执行程度，取决于企业人员素质技能的水平。企业可通过对标准的培训和考核，拓展主动创新驱动的新思维，培育企业的综合实力，适应电力建设新常态。

丛书在编写过程中得到电网、发电、电建等集团的大力支持和帮助，在此一并表示感谢。鉴于水平和时间所限，书中难免有疏漏、不妥或错误之处，恳请广大读者批评指正。

丛书编委会

2015 年 3 月 1 日

目　　录

第一章 通 用 部 分

1. **试题**：_____是指对人身和财产安全有较大危险性的锅炉、压力容器（含气瓶）、压力管道、电梯、起重机械、客运索道、大型游乐设施、场（厂）内专用机动车辆，以及法律、行政法规规定适用本法的其他特种设备。
   答案：特种设备
   依据：《中华人民共和国特种设备安全法》十二届主席令 第4号（2013年修订），条款号 第二条

2. **试题**：特种设备生产、经营、使用单位及其主要负责人对其生产、经营、使用的特种设备_____负责。
   答案：安全
   依据：《中华人民共和国特种设备安全法》十二届主席令 第4号（2013年修订），条款号 第十三条

3. **试题**：特种设备生产、经营、使用单位应当按照国家有关规定配备特种设备安全管理人员、检测人员和作业人员，并对其进行必要的安全教育和_____培训。
   答案：技能
   依据：《中华人民共和国特种设备安全法》十二届主席令 第4号（2013年修订），条款号 第十三条

4. **试题**：使用单位禁止使用国家明令_____和已经报废的特种设备。
   答案：淘汰
   依据：《中华人民共和国特种设备安全法》十二届主席令 第4号（2013年修订），条款号 第三十二条

5. **试题**：机组整套启动试运前监督检查的内容应是逐条检查，检查方式为_____抽查验证。
   答案：重点
   依据：《火力发电工程质量监督检查大纲 第9部分：机组整套启动试运前监督检查》国能综安全〔2014〕45号，条款号 1

6. **试题**：机组商业运行前监督检查时，应按规定完成机组满负荷试运，验收工作全部结束，并办理移交生产＿＿＿＿。

　　答案：签证

　　依据：《火力发电工程质量监督检查大纲　第 10 部分：机组商业运行前监督检查》国能综安全〔2014〕45 号，条款号　3.0.2

7. **试题**：GC1 级管道和 C 类流体管道中，输送毒性程度为极度危害介质或设计压力大于或等于＿＿＿＿的弯管制作后，应进行表面无损检测，合格标准不应低于国家现行标准。

　　答案：10MPa

　　依据：《工业金属管道工程施工质量验收规范》GB 50184—2011，条款号　5.1.2

8. **试题**：对大型、复杂的机械设备安装工程，施工前应编制安装工程的＿＿＿＿或施工方案。

　　答案：施工组织设计

　　依据：《机械设备安装工程施工及验收通用规范》GB 50231—2009，条款号　2.0.5

9. **试题**：当需要修改设计文件及材料代用时，必须经＿＿＿＿单位同意，并应出具书面文件。

　　答案：原设计

　　依据：《工业金属管道工程施工规范》GB 50235—2010，条款号　1.0.5（强条）

10. **试题**：在严寒地区，对于钢结构的原煤仓、靠近厂房外墙或外露的钢筋混凝土原煤仓，其仓壁应采取＿＿＿＿保温措施。

　　答案：防冻

　　依据：《大中型火力发电厂设计规范》GB 50660—2011，条款号　6.3.5

11. **试题**：用于工业设备及管道防腐蚀工程施工的材料，应具有产品质量证明文件，其质量不得＿＿＿＿国家现行有关标准的规定。

　　答案：低于

　　依据：《工业设备及管道防腐施工规范》GB 50726—2011，条款号　1.0.3

12. **试题**：锅炉在＿＿＿＿前应对设备进行复查，当发现制造缺陷时应书面通知建设单位、监理单位和制造单位驻现场代表，研究处理方案并做好设备缺陷处理签证记录。

　　答案：安装

　　依据：《循环流化床锅炉施工及质量验收规范》GB 50972—2014，条款号　3.0.3（强条）

13. **试题**：隐蔽工程隐蔽前必须经检查验收合格，并办理＿＿＿＿。

　　答案：签证

　　依据：《循环流化床锅炉施工及质量验收规范》GB 50972—2014，条款号　3.0.11

14. **试题**：汽包、内（外）置式汽水分离器监检时，其内外壁表面 100%外观检查，必要时用 5～10 倍放大镜检查，不允许有裂纹、重皮等缺陷，深度为____的疤痕、凹陷、麻坑应修磨成圆滑过渡，深度大于 4mm 应补焊并修磨，人孔及人孔盖密封面应无径向刻痕，其他缺陷未超过 JB/T 1609 的有关规定。
   答案：3mm～4mm
   依据：《电站锅炉压力容器检验规程》DL 647—2004，条款号　4.8

15. **试题**：锅炉内部检验对省煤器检查内容及质量要求：检查管排平整度及其间距，应不存在烟气走廊及杂物，并着重检查该处管排、弯头的____情况。
   答案：磨损
   依据：《电站锅炉压力容器检验规程》DL 647—2004，条款号　6.23

16. **试题**：监检结束应出具管道安装质量监检报告，对压力管道安装质量进行安全技术评价，及时送交____单位。
   答案：建设
   依据：《电站锅炉压力容器检验规程》DL 647—2004，条款号　11.15

17. **试题**：设计及制造厂对质量标准有数据要求，而检验结果栏中没填实测数据，检验批、分项工程施工质量____验收。
   答案：不应
   依据：《电力建设施工质量验收及评价规程　第 2 部分：锅炉机组》DL/T 5210.2—2009，条款号　4.1.13

18. **试题**：结构及设备垫铁块数应≤____块。
   答案：3
   依据：《电力建设施工质量验收及评价规程　第 2 部分：锅炉机组》DL/T 5210.2—2009，条款号　4.4.22

19. **试题**：《火电工程达标投产验收规程》规定，____应在机组整套启动前进行。
   答案：初验
   依据：《火电工程达标投产验收规程》DL 5277—2012，条款号　5.0.1

20. **试题**：监检机构接到安装单位的申请后，应当根据设备的状况制定监督检验实施方案，安排符合规定要求的检验人员从事监督检验工作，并将承担监检工作的监督检验人员、监检方案告知____单位。
   答案：安装
   依据：《锅炉安装监督检验规则》TSG G7001—2015，条款号　第七条

21. **试题**：起重机的安装、改造、维修（以下简称施工）单位必须取得相应的特种设备

安装改造维修＿＿＿＿，在许可的范围内进行施工，并且对施工安全和施工质量负责。

答案：许可

依据：《起重机械安全技术监察规程–桥式起重机》TSG Q0002—2008，条款号　第十二条（强条）

22. **试题**：使用单位应当配备专职或者兼职的安全管理人员，负责起重机械的安全管理工作，在起重机械定期检验周期届满前＿＿＿＿个月向检验机构提出定期检验申请。

答案：1

依据：《起重机械定期检验规则》TSG Q7015—2008，条款号　第九条

23. **试题**：现场检验时，使用单位的起重机械安全管理人员和相关人员应当到场配合、协助检验工作，负责现场＿＿＿＿监护。

答案：安全

依据：《起重机械定期检验规则》TSG Q7015—2008，条款号　第十五条

24. **试题**：检验用的仪器设备、计量器具和检测工具，纳入计量检定范围的，应当依法检定合格，并且在＿＿＿＿有效期内。

答案：检定

依据：《起重机械定期检验规则》TSG Q7015—2008，条款号　第十六条

25. **试题**：对于介质毒性程度为极高、高度危害或者设计上不允许有微量泄露的压力容器，在耐压试验合格后，还应当进行＿＿＿＿试验。

答案：泄漏

依据：《固定式压力容器安全技术监察规程》TSG R0004—2009，条款号　4.8.1

二、判断题（判断下列试题是否正确。正确的在括号内打"√"，错误的在括号内打"×"）

1. **试题**：特种设备安装单位应当在特种设备投入使用前或者投入使用后三十日内，向负责特种设备安全监督管理的部门办理使用登记，取得使用登记证书。（　　　）

答案：×

依据：《中华人民共和国特种设备安全法》十二届主席令　第 4 号（2013 年修订），条款号　第三十三条

2. **试题**：电梯安装单位，应当对电梯的使用安全负责。（　　　）

答案：×

依据：《中华人民共和国特种设备安全法》十二届主席令　第 4 号（2013 年修订），条款号　第三十六条

3. **试题**：特种设备使用单位应当对其使用的特种设备的安全附件、安全保护装置进行定

期校验、检修，可做出记录。（　　）

答案：×

依据：《中华人民共和国特种设备安全法》十二届主席令　第 4 号（2013 年修订），
条款号　第三十九条

4. **试题：** 特种设备在检验合格有效期届满，未经定期检验或者检验不合格，使用单位不
得继续使用。（　　）

答案：√

依据：《中华人民共和国特种设备安全法》十二届主席令　第 4 号（2013 年修订），
条款号　第四十条

5. **试题：** 特种设备安全管理人员应当对特种设备使用状况进行经常性检查，发现问题应
当立即处理；情况紧急时，可以决定停止使用特种设备并及时报告本单位有关负责人。
（　　）

答案：√

依据：《中华人民共和国特种设备安全法》十二届主席令　第 4 号（2013 年修订），
条款号　第四十一条

6. **试题：** 乘坐电梯，应当遵守安全使用说明和安全注意事项的要求，服从有关工作人员
的管理和指挥；遇有运行不正常时，立即各自撤离。（　　）

答案：×

依据：《中华人民共和国特种设备安全法》十二届主席令　第 4 号（2013 年修订），
条款号　第四十三条

7. **试题：** 锅炉清洗，应当按照安全技术规范的要求进行，并接受特种设备检验机构的监
督检验。（　　）

答案：√

依据：《中华人民共和国特种设备安全法》十二届主席令　第 4 号（2013 年修订），
条款号　第四十四条

8. **试题：** 特种设备进行改造、修理后，完成相关试验即可继续使用。（　　）

答案：×

依据：《中华人民共和国特种设备安全法》十二届主席令　第 4 号（2013 年修订），
条款号　第四十七条

9. **试题：**《中华人民共和国特种设备安全法》规定从事特种设备安全监督检验、定期
检验的特种设备检验机构，以及为特种设备生产、经营、使用提供检测服务的特
种设备检测机构，应经负责特种设备安全监督管理的部门核准，方可从事检验、
检测工作。（　　）

答案：√

依据：《中华人民共和国特种设备安全法》十二届主席令　第 4 号（2013 年修订），
条款号　第五十条

10. 试题：特种设备检验、检测机构的检验、检测人员可同时在两个以上检验、检测机构中执业。（　　　）

答案：×

依据：《中华人民共和国特种设备安全法》十二届主席令　第 4 号（2013 年修订），
条款号　第五十一条

11. 试题：特种设备检验、检测机构及其检验、检测人员在检验、检测中发现特种设备存在严重事故隐患时，应当及时告知相关单位，并立即向负责特种设备安全监督管理的部门报告。（　　　）

答案：√

依据：《中华人民共和国特种设备安全法》十二届主席令　第 4 号（2013 年修订），
条款号　第五十三条

12. 试题：负责特种设备安全监督管理的部门应当组织对特种设备检验、检测机构的检验、检测结果和鉴定结论进行监督抽查，但应当防止重复抽查。监督抽查结果应当向社会公布。（　　　）

答案：√

依据：《中华人民共和国特种设备安全法》十二届主席令　第 4 号（2013 年修订），
条款号　第五十三条

13. 试题：特种设备检验、检测机构及其检验、检测人员不得从事有关特种设备的生产、经营活动，但可推荐或者监制、监销特种设备。（　　　）

答案：×

依据：《中华人民共和国特种设备安全法》十二届主席令　第 4 号（2013 年修订），
条款号　第五十五条

14. 试题：机组整套启动试运前，要求机组整套启动试运应投入的设备和工艺系统及相应的建筑工程已按设计完成施工，并验收合格。（　　　）

答案：√

依据：《火力发电工程质量监督检查大纲　第 9 部分：机组整套启动试运前监督检查》国能综安全〔2014〕45 号，条款号　3.0.1

15. 试题：机组整套启动试运前，启动验收委员会已成立，试运指挥部及各专业组职责明确，并正常开展工作。（　　　）

答案：√

依据：《火力发电工程质量监督检查大纲 第 9 部分：机组整套启动试运前监督检查》国能综安全〔2014〕45 号，条款号 4.1.1

16. **试题：**机组整套启动试运前监督检查时，要求炉顶吊挂装置受力均匀，锁紧销已拆除；受热面设备膨胀间隙验收合格；安全阀安装验收合格。（　　）

答案：√

依据：《火力发电工程质量监督检查大纲 第 9 部分：机组整套启动试运前监督检查》国能综安全〔2014〕45 号，条款号 5.2

17. **试题：**机组整套启动试运前监督检查，要求循环流化床（CFB）锅炉炉墙砌筑、耐磨耐火炉衬浇注施工、低温及高温烘炉验收合格。（　　）

答案：√

依据：《火力发电工程质量监督检查大纲 第 9 部分：机组整套启动试运前监督检查》国能综安全〔2014〕45 号，条款号 5.2

18. **试题：**机组整套启动试运前监督检查，要求消防、环保及电梯等项目已向相关部门提出验收申请。（　　）

答案：×

依据：《火力发电工程质量监督检查大纲 第 9 部分：机组整套启动试运前监督检查》国能综安全〔2014〕45 号，条款号 3.0.4

19. **试题：**机组整套启动试运前的监督检查，对建设单位质量行为要求包括：完成消防设施规定项目的验收；完成安全设施规定项目的验收；完成环保验收规定项目的检测。（　　）

答案：×

依据：《火力发电工程质量监督检查大纲 第 10 部分：机组商业运行前监督检查》国能综安全〔2014〕45 号，条款号 4

20. **试题：**机组商业运行前的监督检查，对建设单位质量行为要求包括：锅炉、压力容器、压力管道、电梯等取得使用登记证书。（　　）

答案：√

依据：《火力发电工程质量监督检查大纲 第 10 部分：机组商业运行前监督检查》国能综安全〔2014〕45 号，条款号 4.1.8

21. **试题：**机组商业运行前的监督检查，对施工单位质量行为要求：完成工程质量评估报告，确认施工质量符合设计和规程、规范规定。（　　）

答案：×

依据：《火力发电工程质量监督检查大纲 第 10 部分：机组商业运行前监督检查》国能综安全〔2014〕45 号，条款号 4.4.4

22. **试题：**锅炉安装单位应依照 TSG G3001《锅炉安装改造单位监督管理规则》的规定取得特种设备（锅炉）安装许可证的，方可从事许可证允许范围内的锅炉安装工作。（　　）

　　答案：√

　　依据：《水管锅炉　第 8 部分：安装与运行》GB/T 16507.8—2013，条款号　4.1

23. **试题：**从事立式圆筒储罐的焊缝无损检测的人员，应按《特种设备无损检测人员考核与监督管理规则》进行考核，并取得国家质量监督检验检疫总局统一颁发的证件，方能从事相应的无损检测工作。（　　）

　　答案：√

　　依据：《立式圆筒形钢制焊接储罐施工及验收规范》GB 50128—2014，条款号　7.2.1（强条）

24. **试题：**工业设备及管道防腐蚀工程施工，当需要修改设计、材料代用或采用新材料时，应经业主单位同意。（　　）

　　答案：×

　　依据：《工业设备及管道防腐施工规范》GB 50726—2011，条款号　1.0.6

25. **试题：**钢结构工程施工的技术文件和施工合同技术文件，对施工质量的要求不得低于本规范和现行国家标准《钢结构工程施工质量验收规范》GB 50205 的有关规定。（　　）

　　答案：√

　　依据：《钢结构工程施工规范》GB 50755—2012，条款号　3.0.3

26. **试题：**《电站锅炉压力容器检验规程》适用于锅炉本体受压元件、部件及其连接件、锅炉范围内管道、锅炉主要承重结构等的检验。（　　）

　　答案：√

　　依据：《电站锅炉压力容器检验规程》DL 647—2004，条款号　1（强条）

27. **试题：**《电站锅炉压力容器检验规程》对其使用范围内的设备，在制作、安装、在役三个阶段中的检验项目、要求、方法、程序、人员资格、质量标准、检验周期、记录保存、报告格式、安全状况等级评定、检验结论及处理建议做出规定。（　　）

　　答案：√

　　依据：《电站锅炉压力容器检验规程》DL 647—2004，条款号　3.2（强条）

28. **试题：**锅炉产品制造质量监检范围包括：汽包、汽水分离器；联箱；受热面；大板梁、钢结构、高强度螺栓、吊杆等承重件及给水泵等。（　　）

　　答案：×

　　依据：《电站锅炉压力容器检验规程》DL 647—2004，条款号　4.2

29. 试题：锅炉产品制造质量监检分为制造监检和出厂监检。（   ）
    答案：×
    依据：《电站锅炉压力容器检验规程》DL 647—2004，条款号   4.3

30. 试题：锅炉中的汽包、联箱、炉水循环泵等，业主方应派有资格的检验人员到制造现场进行水压试验见证、文件见证和制造质量抽检。（   ）
    答案：√
    依据：《电站锅炉压力容器检验规程》DL 647—2004，条款号   4.5

31. 试题：安装工地现场监检的重点是检查设备设计和制造等方面的综合资料、图纸和外观质量、外形尺寸。（   ）
    答案：√
    依据：《电站锅炉压力容器检验规程》DL 647—2004，条款号   4.6

32. 试题：监检是在安装单位按有关规程、规范、标准自检合格后，建设单位对锅炉的安装质量进行的监督检验。（   ）
    答案：×
    依据：《电站锅炉压力容器检验规程》DL 647—2004，条款号   5.1

33. 试题：锅炉安装质量监检分为锅炉整体超压水压试验前的监检、超压水压试验和锅炉机组整套启动试运行后监检。（   ）
    答案：×
    依据：《电站锅炉压力容器检验规程》DL 647—2004，条款号   5.3

34. 试题：锅炉机组整套启动试运行前监检对锅炉本体检查内容及质量要求：对装有炉膛安全监控装置的锅炉也必须装防爆门。（   ）
    答案：×
    依据：《电站锅炉压力容器检验规程》DL 647—2004，条款号   5.16

35. 试题：电站锅炉压力容器内部检验检验中应做好记录，填写分项检验报告；对需返修的缺陷，应填写锅炉压力容器检验意见通知书，及时反馈电厂技术负责人。（   ）
    答案：×
    依据：《电站锅炉压力容器检验规程》DL 647—2004，条款号   6.19

36. 试题：锅炉超压水压试验前应具备的条件包括：锅炉汽包上作压力下的水压试验合格；不参加超压试验的部件已解列，并对安全阀采取限动措施；已制订防止压力超限的安全措施等。（   ）
    答案：√
    依据：《电站锅炉压力容器检验规程》DL 647—2004，条款号   6.34

37. **试题：**压力容器安装质量监检范围包括：压力容器本体及其接管座和支座；压力容器安全附件；压力容器自动保护装置。（　　）

    答案：√

    依据：《电站锅炉压力容器检验规程》DL 647—2004，条款号　8.1（强条）

38. **试题：**锅检机构从事压力容器安装质量监检前应根据压力容器订货技术协议、合同规定及设备情况编制监检大纲，大纲中应明确制造厂必须提供的技术资料、图纸、标准和试验记录，明确文件见证和现场抽检项目。（　　）

    答案：√

    依据：《电站锅炉压力容器检验规程》DL 647—2004，条款号　8.3

39. **试题：**在役压力容器内外部检验时，发现材料牌号不明、强度计算资料不全或强度计算参数与实际情况不符时，应进行强度校核。（　　）

    答案：√

    依据：《电站锅炉压力容器检验规程》DL 647—2004，条款号　9.9

40. **试题：**压力管道安装监检时，检查管道的走向、坡度、膨胀指示器、蠕胀测点、监督管段、支吊架的设置和偏装等应符合设计图纸与相应技术标准的要求。（　　）

    答案：√

    依据：《电站锅炉压力容器检验规程》DL 647—2004，条款号　11.5

41. **试题：**《电站锅炉压力容器检验规程》规定：管道运行中应无异常振动，减振器、阻尼器运行正常。（　　）

    答案：√

    依据：《电站锅炉压力容器检验规程》DL 647—2004，条款号　12.5

42. **试题：**锅炉安全附件与保护装置检验范围包括：安全阀、压力测量装置、水位表、温度测量装置、炉膛火焰监视装置和保护装置。（　　）

    答案：√

    依据：《电站锅炉压力容器检验规程》DL 647—2004，条款号　13.6

43. **试题：**锅炉安全附件与保护装置检验分为运行检验和停机定期检验两种。（　　）

    答案：×

    依据：《电站锅炉压力容器检验规程》DL 647—2004，条款号　13.7

44. **试题：**支吊架验收人员应具有一定的专业实践经验，并了解管道支吊架产品及相关标准。（　　）

    答案：√

    依据：《火力发电厂管道支吊架验收规程》DL/T 1113—2009，条款号　4.3

45. **试题**：支吊架供方应按合同或协议规定提供文件资料，文件资料应包括支吊架零部件的材质和特性说明等。（   ）

   答案：√

   依据：《火力发电厂管道支吊架验收规程》DL/T 1113—2009，条款号 7.1

46. **试题**：支吊架现场开箱验收时，验收人员应由供需双方或其授权人员组成。需要时，可邀请第三方参加。（   ）

   答案：√

   依据：《火力发电厂管道支吊架验收规程》DL/T 1113—2009，条款号 8.2.2

47. **试题**：起重机械应有明确的额定载荷标识，由有资质的检验机构检验合格，方可投入使用。（   ）

   答案：√

   依据：《电力建设安全工作规程 第 1 部分：火力发电》DL 5009.1—2014，条款号 4.6.5（强条）

48. **试题**：凡《特种设备安全监察条例》涉及的设备，出厂时应附有安全技术规范要求的设计文件、产品质量合格证明、安装及使用维修说明、监督检验证明等文件。（   ）

   答案：√

   依据：《电力建设施工技术规范 第 2 部分：锅炉机组》DL 5190.2—2012，条款号 3.1.5（强条）

49. **试题**：锅炉化学清洗废液的排放应进行综合处理，处理后的废液中有害物质的浓度和排放地点应符合国家现行排放标准的有关规定。（   ）

   答案：√

   依据：《电力建设施工技术规范 第 2 部分：锅炉机组》DL 5190.2—2012，条款号 13.4.4

50. **试题**：施工项目必须施工完毕及施工单位自检合格、自检记录齐全，方可报工程监理、建设单位进行质量验收。（   ）

   答案：√

   依据：《电力建设施工质量验收及评价规程 第 2 部分：锅炉机组》DL/T 5210.2—2009，条款号 4.1.6

51. **试题**：隐蔽工程应在隐蔽前由施工单位项目部通知上级主管部门进行见证验收，并应完成验收记录及签证。（   ）

   答案：×

   依据：《电力建设施工质量验收及评价规程 第 2 部分：锅炉机组》DL/T 5210.2—

2009，条款号　4.1.7（强条）

52. **试题：** 工程项目经返修处理能满足安全使用功能要求的检验项目不可按技术处理方案和协商文件进行验收。（　　）

　　答案： ×

　　依据：《电力建设施工质量验收及评价规程　第 2 部分：锅炉机组》DL/T 5210.2—2009，条款号　4.1.12

53. **试题：** 工程施工中因设计或设备制造原因造成的质量问题应由设计或设备制造单位负责处理。（　　）

　　答案： √

　　依据：《电力建设施工质量验收及评价规程　第 2 部分：锅炉机组》DL/T 5210.2—2009，条款号　4.1.14

54. **试题：** 因设计或设备制造原因造成的质量问题，当委托施工单位现场处理也无法使个别主控项目完全满足标准要求时，经各单位共同书面确认签字后可做让步处理。（　　）

　　答案： ×

　　依据：《电力建设施工质量验收及评价规程　第 2 部分：锅炉机组》DL/T 5210.2—2009，条款号　4.1.14

55. **试题：** 设计或设备制造造成的质量问题处理后无法使个别非主控项目完全满足标准要求时可做让步处理，让步处理的项目需要进行二次验收。（　　）

　　答案： ×

　　依据：《电力建设施工质量验收及评价规程　第 2 部分：锅炉机组》DL/T 5210.2—2009，条款号　4.1.14

56. **试题：** 施工检测用的计量器具必须经过检验，并在检定有效期内。（　　）

　　答案： √

　　依据：《电力建设施工质量验收及评价规程　第 2 部分：锅炉机组》DL/T 5210.2—2009，条款号　4.2.8

57. **试题：** 达标投产验收，是指采取量化指标比照和综合检验相结合的方式对工程建设程序的合规性、全过程质量控制的有效性以及机组投产后的整体工程进行质量符合性验收。（　　）

　　答案： √

　　依据：《火电工程达标投产验收规程》DL 5277—2012，条款号　2.0.1

58. **试题：** 工程开工前，建设单位应制定工程达标投产规划，工程合同中可明确达标投

产要求。（　　）

答案：×

依据：《火电工程达标投产验收规程》DL 5277—2012，条款号　3.0.1

59. **试题：**火电工程达标投产验收，初验以单台机组为单位进行，同期建设多台机组时，其公用部分可纳入任意一台机组。（　　）

答案：×

依据：《火电工程达标投产验收规程》DL 5277—2012，条款号　3.0.3

60. **试题：**施工现场用于加工、运输、储存等易燃、易爆物品的设备及管道必须有可靠的防静电、防雷接地。（　　）

答案：√

依据：《火电工程达标投产验收规程》DL 5277—2012，条款号　4.1.2

61. **试题：**特种设备在投入使用前，应经专业机构检测，并报监理单位，监理同意后即可使用。（　　）

答案：×

依据：《火电工程达标投产验收规程》DL 5277—2012，条款号　4.1.2

62. **试题：**易燃、易爆区域动用明火或可能产生火花作业时，应办理动火工作票，并采取相应措施，方可作业。（　　）

答案：√

依据：《火电工程达标投产验收规程》DL 5277—2012，条款号　4.1.2

63. **试题：**对"施工质量验收范围划分表"所列检验项目与工程实际检验项目不符合的部分可进行增加或删减。增加或删减的项目在施工质量验收范围中的工程编号可续编、缺号、变更原编号。（　　）

答案：×

依据：《火电工程达标投产验收规程》DL 5277—2012，条款号　4.1.3

64. **试题：**达标投产验收分为初验、复验和竣工验收三个阶段。（　　）

答案：×

依据：《火电工程达标投产验收规程》DL 5277—2012，条款号　3.0.3

65. **试题：**国家质量技术监督检验检疫总局和各地质量技术监督部门负责锅炉安全监察工作，监督《锅炉安全技术监察规程》的执行。（　　）

答案：√

依据：《锅炉安全技术监察规程》TSG G0001—2012，条款号　1.7

66. **试题：**锅炉的代用材料应当符合本规程材料的规定，材料代用应当满足强度、结构和工艺的要求，并且应当经过材料代用单位技术部门（包括设计和工艺部门）的同意。（　　）

　　　答案：√

　　　依据：《锅炉安全技术监察规程》TSG G0001—2012，条款号　2.4

67. **试题：**材料制造单位应当按照相应材料标准和订货合同的规定向用户提供质量证明书原件，并且在材料的明显部位作出清晰、牢固的钢印标志或者其他标志。（　　）

　　　答案：√

　　　依据：《锅炉安全技术监察规程》TSG G0001—2012，条款号　2.7

68. **试题：**《锅炉安全技术监察规程》要求：锅炉的设计应当符合安全、可靠和节能的要求。（　　）

　　　答案：√

　　　依据：《锅炉安全技术监察规程》TSG G0001—2012，条款号　3.1

69. **试题：**《锅炉安全技术监察规程》要求：装设油燃烧器的 A 级锅炉，尾部应当装设可靠的吹灰及空气预热器灭火装置。（　　）

　　　答案：√

　　　依据：《锅炉安全技术监察规程》TSG G0001—2012，条款号　3.20

70. **试题：**《锅炉安全技术监察规程》要求：水压试验应当在环境温度高于或者等于 5℃时进行，低于 0℃时应当有防冻措施。（　　）

　　　答案：×

　　　依据：《锅炉安全技术监察规程》TSG G0001—2012，条款号　4.5.6.1

71. **试题：**锅炉安装修理改造单位应当取得特种设备安装改造修理许可证，方可从事许可证允许范围内的锅炉安装修理改造工作。（　　）

　　　答案：√

　　　依据：《锅炉安全技术监察规程》TSG G0001—2012，条款号　5.1

72. **试题：**对锅炉安装、改造、修理施工，施工单位应当在施工前，将拟进行的锅炉安装、改造、重大修理情况告知监理单位后，即可施工。（　　）

　　　答案：×

　　　依据：《锅炉安全技术监察规程》TSG G0001—2012，条款号　5.1

73. **试题：**锅炉改造一般是指因改变锅炉燃烧方式、循环方式、提高锅炉额定蒸发量（或者额定热功率）、蒸汽锅炉改为热水锅炉等原因而导致锅炉结构发生变化的改造。（　　）

答案: √

依据:《锅炉安全技术监察规程》TSG G0001—2012,条款号 5.3.1

74. **试题:**《锅炉安全技术监察规程》要求:锅炉改造的设计应当由勘测设计单位进行。( )

答案: ×

依据:《锅炉安全技术监察规程》TSG G0001—2012,条款号 5.3.2

75. **试题:** 锅炉修理技术要求参照锅炉专业技术标准和有关技术规定,锅炉受压部件、元件更换应当不低于原设计要求。( )

答案: √

依据:《锅炉安全技术监察规程》TSG G0001—2012,条款号 5.4.2

76. **试题:** 在锅筒(壳)挖补和补焊之前,修理单位应当进行焊接工艺评定,工艺试件应当由修理单位焊制。( )

答案: √

依据:《锅炉安全技术监察规程》TSG G0001—2012,条款号 5.4.2

77. **试题:** 锅炉受压元件可以采用贴补的方法修理。( )

答案: ×

依据:《锅炉安全技术监察规程》TSG G0001—2012,条款号 5.4.2

78. **试题:** 蒸汽锅炉锅筒(壳)上的安全阀和过热器上的安全阀的总排放量应当大于额定蒸发量,对于电站锅炉应当大于锅炉最大连续蒸发量。( )

答案: √

依据:《锅炉安全技术监察规程》TSG G0001—2012,条款号 6.1.5

79. **试题:** 直流蒸汽锅炉启动系统中储水箱和汽水分离器应当分别装设远程水位测量装置。( )

答案: √

依据:《锅炉安全技术监察规程》TSG G0001—2012,条款号 6.3.1.2

80. **试题:** 锅炉水位表应当有指示最高、最低安全水位和正常水位的明显标志。( )

答案: √

依据:《锅炉安全技术监察规程》TSG G0001—2012,条款号 6.3.2

81. **试题:** 循环流化床锅炉应当设置风量与燃料连锁保护装置,当流化风量低于最小流化风量时,应当切断燃料供给。( )

答案: √

依据：《锅炉安全技术监察规程》TSG G0001—2012，条款号　6.6.4

82. **试题**：检验检测机构应当严格按照核准的范围从事锅炉的检验检测工作，检验检测人员应当取得相应的特种设备检验检测人员证书。（　　　）

　　答案：√

　　依据：《锅炉安全技术监察规程》TSG G0001—2012，条款号　9.1

83. **试题**：锅炉的安装过程应当经过监理单位依照相关安全技术规范进行监督检验，未经过监督检验合格的锅炉，不得交付使用。（　　　）

　　答案：×

　　依据：《锅炉安全技术监察规程》TSG G0001—2012，条款号　9.3.1

84. **试题**：锅炉内部检验内容，包括受压元件及其内部装置的抽查和膨胀情况的抽查。（　　　）

　　答案：√

　　依据：《锅炉安全技术监察规程》TSG G0001—2012，条款号　9.4.6

85. **试题**：锅炉安装监督检验项目分 A 类和 B 类。（　　　）

　　答案：√

　　依据：《锅炉安装监督检验规则》TSG G7001—2015，条款号　第十条

86. **试题**：锅炉安装监检只包括对安装过程中涉及安全性能的项目进行监检。（　　　）

　　答案：×

　　依据：《锅炉安装监督检验规则》TSG G7001—2015，条款号　第九条

87. **试题**：安装监督检验，是指锅炉安装过程中，在安装单位自检合格的基础上，由国家质量监督检验检疫总局核准的检验检测机构对安装过程进行的强制性、验证性的法定检验。（　　　）

　　答案：√

　　依据：《锅炉安装监督检验规则》TSG G7001—2015，条款号　第三条

88. **试题**：监检机构或者监检人员在监检中发现安装单位违反有关规定，一般问题应当向安装单位发出《特种设备监督检验意见通知书》；严重问题应当向安装单位签发《特种设备监督检验意见联络单》。（　　　）

　　答案：×

　　依据：《锅炉安装监督检验规则》TSG G7001—2015，条款号　第十二条

89. **试题**：根据监督检验的工作方式，在安装单位提供的工作见证上签字确认有以下三种形式：根据提供的资料，对项目完成情况进行确认；在现场对安装活动进行监督，

在有关工作见证上签字确认；对实物进行了检查（包括全面检查或者抽查），在有关工作见证上签字确认。（　　）

答案：√

依据：《锅炉安装监督检验规则》TSG G7001—2015，条款号　附件1　锅炉安装监督检验大纲　一

90. **试题：** 散装锅炉安装监督检验时，核查的安装资格证件包括安装许可证、安装告知书和现场安装人员中应当持证人员的证件。（　　）

答案：√

依据：《锅炉安装监督检验规则》TSG G7001—2015，条款号　附件1　锅炉安装监督检验大纲　三

91. **试题：** 整装锅炉安装监督检验时，核查的施工工艺文件包括现场安装施工组织方案、接管焊接工艺及相关焊接工艺评定资料、焊后热处理工艺、核查胀接工艺（需要采用胀接时）和调试和试运行工艺。（　　）

答案：√

依据：《锅炉安装监督检验规则》TSG G7001—2015，条款号　附件1　锅炉安装监督检验大纲　三

92. **试题：** 对于锅炉房、锅炉基础、钢机构及悬吊的施工质量，应核查锅炉基础沉降记录及验收报告、核查钢架组装质量、悬吊装置施工质量、高强度螺栓的检查记录或者报告和大板梁挠度及主要立柱垂直度检查记录、无损检测记录及报告。（　　）

答案：√

依据：《锅炉安装监督检验规则》TSG G7001—2015，条款号　附件1　锅炉安装监督检验大纲　五

93. **试题：** 对于锅筒、集箱安装质量检查，应核查锅筒、集箱安装尺寸记录、核查锅筒、集箱支撑或者悬吊装置安装记录、核查锅筒内部装置记录，必须全部进行实际检查。（　　）

答案：×

依据：《锅炉安装监督检验规则》TSG G7001—2015，条款号　附件1　锅炉安装监督检验大纲　六

94. **试题：** 锅炉管道焊接的监督检查，应核查合金材料部件的光谱分析报告，必要时对焊接接头进行光谱分析抽查。（　　）

答案：×

依据：《锅炉安装监督检验规则》TSG G7001—2015，条款号　附件1　锅炉安装监督检验大纲　八

95. **试题：**对于锅炉安全附件及其他与锅炉本体连接装置的安装监督检查，应抽查其结构的自由热补偿情况；核查合金管材、管件、阀门等的光谱分析报告；抽查支吊架布置；核查光谱分析报告。（　　　）

    答案：√

    依据：《锅炉安装监督检验规则》TSG G7001—2015，条款号　附件 1　锅炉安装监督检验大纲　九

96. **试题：**对于锅炉安全阀、水位计、压力表、温度计的安装监督检查，应核查安全附件的产品质量证明、合格证、校验报告，检查其型式、数量、校验期、安装质量等是否符合有关规定。（　　　）

    答案：√

    依据：《锅炉安装监督检验规则》TSG G7001—2015，条款号　附件 1　锅炉安装监督检验大纲　九

97. **试题：**对于锅炉水压试验现场监督检查，应监督升压、降压速度；监督试验压力及保压时间；检查承压部件表面、焊缝、胀口、人孔、手孔等处试验过程中的状况；检查泄压后的锅炉状况；检查水压试验记录和试验报告。（　　　）

    答案：√

    依据：《锅炉安装监督检验规则》TSG G7001—2015，条款号　附件 1　锅炉安装监督检验大纲　十

98. **试题：**对于锅炉总体验收，调试、试运行监督检查，应核查炉墙砌筑、保温、防腐记录，并抽查其质量；核查烘炉、煮炉（锅炉化学清洗）记录；核查管道的冲洗和吹洗记录；现场监督安全阀整定并核查整定报告。（　　　）

    答案：√

    依据：《锅炉安装监督检验规则》TSG G7001—2015，条款号　附件 1　锅炉安装监督检验大纲　十二

99. **试题：**安装、改造、重大维修监督检验，是指起重机械施工过程中，在施工单位自检合格的基础上，由国家质量检验检疫总局核准的检验检测机构，对施工过程进行的强制性、验证性检验。（　　　）

    答案：√

    依据：《起重机械安装、改造、重大维修监督检验规则》TSG Q7016—2008，条款号　第二条

三、单选题（下列试题中，只有 1 项是标准原文规定的正确答案，请将正确答案填在括号内）

1. **试题：**特种设备使用单位应当在特种设备投入使用前或者投入使用后（　　　）内，向负责特种设备安全监督管理的部门办理使用登记，取得使用登记证书。

A. 六十日　　　　　B. 四十五日　　　　　C. 三十日

答案： C

依据：《中华人民共和国特种设备安全法》十二届主席令　第 4 号（2013 年修订），
　　　条款号　第三十三条

2. **试题：** 与特种设备安全相关的建筑物、附属设施，应当符合有关法律、行政法规的规
　　定，特种设备的使用应当具有规定的安全（　　）、安全防护措施。

A. 距离　　　　　　B. 道路　　　　　　C. 警示

答案： A

依据：《中华人民共和国特种设备安全法》十二届主席令　第 4 号（2013 年修订），
　　　条款号　第三十七条

3. **试题：** 特种设备使用单位应当按照安全技术规范的要求，在检验合格有效期届满前
　　（　　）月向特种设备检验机构提出定期检验要求。

A. 两个　　　　　　B. 一个半　　　　　C. 一个

答案： C

依据：《中华人民共和国特种设备安全法》十二届主席令　第 4 号（2013 年修订），
　　　条款号　第四十条

4. **试题：** 特种设备出现故障或者发生异常情况，特种设备（　　）单位应当对其进行全
　　面检查，消除事故隐患，方可继续使用。

A. 设计　　　　　　B. 使用　　　　　　C. 安装

答案： B

依据：《中华人民共和国特种设备安全法》十二届主席令　第 4 号（2013 年修订），
　　　条款号　第四十二条

5. **试题：** 锅炉使用单位应当按照安全技术规范的要求进行锅炉水质处理，并接受特种设
　　备（　　）机构的定期检验。

A. 检验　　　　　　B. 监督　　　　　　C. 巡查

答案： A

依据：《中华人民共和国特种设备安全法》十二届主席令　第 4 号（2013 年修订），
　　　条款号　第四十四条

6. **试题：** 电梯投入使用后，电梯（　　）单位应当对其制造的电梯的安全运行情况进行
　　跟踪调查和了解，对电梯的维护保养单位或者使用单位在维护保养和安全运行方面存
　　在的问题，提出改进建议，并提供必要的技术帮助。

A. 设计　　　　　　B. 制造　　　　　　C. 安装

答案： B

依据：《中华人民共和国特种设备安全法》十二届主席令　第 4 号（2013 年修订），

条款号　第四十六条

7. **试题**：特种设备检验机构及其检验人员利用检验工作故意刁难特种设备生产、经营、使用单位的，特种设备生产、经营、使用单位有权向负责特种设备（　　）监督管理的部门投诉，接到投诉的部门应当及时进行调查处理。

A．安装　　　　　　　　　B．安全　　　　　　　　　C．检修

答案：B

依据：《中华人民共和国特种设备安全法》十二届主席令　第 4 号（2013 年修订），条款号　第五十六条

8. **试题**：按照《机组整套启动试运前监督检查》要求，（　　）负责完成相关施工项目和分部试运项目质量验收并汇总。

A．建设单位　　　　　　　B．监理单位　　　　　　　C．施工单位

答案：B

依据：《火力发电工程质量监督检查大纲　第 9 部分：机组整套启动试运前监督检查》国能综安全〔2014〕45 号，条款号　4.3.1

9. **试题**：按照《机组商业运行前监督检查》要求，（　　）组织完成机组满负荷试运验收工作，并办理移交生产签证。

A．建设单位　　　　　　　B．监理单位　　　　　　　C．施工单位

答案：A

依据：《火力发电工程质量监督检查大纲　第 10 部分：机组商业运行前监督检查》国能综安全〔2014〕45 号，条款号　4.1.2

10. **试题**：DL 647—2004《电站锅炉压力容器检验规程》规定了电站锅炉、热力系统压力容器和主要汽水管道在设备制造、（　　）、在役等三个阶段检验工作的内容和相应要求。

A．安装　　　　　　　　　B．检修　　　　　　　　　C．试运

答案：A

依据：《电站锅炉压力容器检验规程》DL 647—2004，条款号　1（强条）

11. **试题**：在役锅炉定期检验，可以分为外部检验、内部检验和（　　）三类。

A．常规检验　　　　　　　B．超压试验　　　　　　　C．综合检验

答案：B

依据：《电站锅炉压力容器检验规程》DL 647—2004，条款号　6.2（强条）

12. **试题**：起重机械每使用（　　）年至少应作一次全面技术检验。

A．一　　　　　　　　　　B．二　　　　　　　　　　C．三

答案：A

依据：《电力建设安全工作规程 第 1 部分：火力发电》DL 5009.1—2014，条款号
　　　4.6.5（强条）

13. **试题：**凡未经（　　）的新型保温材料、油漆和防腐涂料，不得在火力发电厂保油、
油漆和防腐设计中使用。

A．经具备国家相应资质的法定检测机构鉴定

B．经监理单位认可

C．经业主单位认可

答案：A

依据：《火力发电厂保温油漆设计规程》DL/T 5072—2007，条款号　4.0.4（强条）

14. **试题：**工程施工质量的检查、验收应由施工单位根据所承担的工程范围编制（　　），
监理单位进行审核，由施工、监理及建设单位三方签字、盖章批准执行。

A．施工计划　　　　　　　B．施工措施　　　　　　　C．质量验收范围划分表

答案：C

依据：《电力建设施工质量验收及评价规程 第 2 部分：锅炉机组》DL/T 5210.2—
　　　2009，条款号　4.1.2

15. **试题：**当工程施工中无法返工或返修的不合格检验项目应由（　　）确认，对不影
响内在质量、使用寿命、使用功能、安全运行的可做让步处理。

A．监理　　　　　　　　　B．业主　　　　　　　　　C．鉴定机构

答案：C

依据：《电力建设施工质量验收及评价规程 第 2 部分：锅炉机组》DL/T 5210.2—
　　　2009，条款号　4.1.12

16. **试题：**当工程施工质量出现不符合时，应进行登记备案，经返工重做或更换器具、
设备的检验项目，应（　　）。

A．让步处理　　　　　　　B．不再进行验收　　　　　　C．重新进行验收

答案：C

依据：《电力建设施工质量验收及评价规程 第 2 部分：锅炉机组》DL/T 5210.2—
　　　2009，条款号　4.1.12

17. **试题：**对于（　　）检验项目的检验结果没有达到质量标准的检验批、分项工程不
应进行验收。

A．一般　　　　　　　　　B．主要　　　　　　　　　C．主控

答案：C

依据：《电力建设施工质量验收及评价规程 第 2 部分：锅炉机组》DL/T 5210.2—
　　　2009，条款号　4.1.13

18. **试题：**质量验收文件不符合（　　）管理规范的检验批、分项工程不应进行验收。

A. 档案　　　　　　　　B. 监理　　　　　　　　C. 业主

答案： A

依据：《电力建设施工质量验收及评价规程 第 2 部分：锅炉机组》DL/T 5210.2—2009，条款号 4.1.13

19. **试题：**立柱、横梁及支撑的检查可以在每层钢架中抽取一定数量检测。具体的抽检比例由（　　）和施工单位共同确定。

A. 制造厂　　　　　　　B. 监理　　　　　　　　C. 业主

答案： B

依据：《电力建设施工质量验收及评价规程 第 2 部分：锅炉机组》DL/T 5210.2—2009，条款号 4.3.1

20. **试题：**达标投产复验应在机组移交生产后（　　）个月内及机组性能试验项目全部完成后进行。

A. 6　　　　　　　　　　B. 9　　　　　　　　　　C. 12

答案： C

依据：《火电工程达标投产验收规程》DL 5277—2012，条款号 2.0.2

21. **试题：**火电工程达标投产验收中，基本符合是指能满足安全、使用功能，实物及项目文件质量存在少量瑕疵，尺寸偏差不超过（　　），限值不超过 1%。

A. 2.5%　　　　　　　　B. 2%　　　　　　　　　C. 1.5%

答案： C

依据：《火电工程达标投产验收规程》DL 5277—2012，条款号 2.0.3

22. **试题：**火电工程考核期，从机组 168h 满负荷试运结束开始计算，时间为（　　）个月。

A. 6　　　　　　　　　　B. 9　　　　　　　　　　C. 12

答案： A

依据：《火电工程达标投产验收规程》DL 5277—2012，条款号 3.0.4

23. **试题：**工程建设过程中，（　　）应组织各参建单位按 DL 5277—2012《火电工程达标投产验收规程》进行全过程质量控制。

A. 建设单位　　　　　　B. 上级主管部门　　　　C. 监理单位

答案： A

依据：《火电工程达标投产验收规程》DL 5277—2012，条款号 3.0.9

24. **试题：**特种设备安拆应编制（　　），经审批后实施，并形成验收记录。

A. 专项方案　　　　　　B. 进度计划　　　　　　C. 劳动力计划

答案：A

依据：《火电工程达标投产验收规程》DL 5277—2012，条款号 4.1.2

25. 试题：高度 20m 及以上的金属井字架、钢脚手架、提升装置、机具等处应有防雷设施，接地电阻不得大于（　　），组立起的构架应及时接地。

A．1Ω   B．10Ω   C．100Ω

答案：B

依据：《火电工程达标投产验收规程》DL 5277—2012，条款号 4.1.2

26. 试题：A 级锅炉是指额定工作压力大于或等于（　　）的锅炉。

A．3.8MPa   B．5.4MPa   C．6.5MPa

答案：A

依据：《锅炉安全技术监察规程》TSG G0001—2012，条款号 1.4.1

27. 试题：超临界锅炉是指表压力大于或等于（　　）的锅炉。

A．16.7MPa   B．20.1MPa   C．22.1MPa

答案：C

依据：《锅炉安全技术监察规程》TSG G0001—2012，条款号 1.4.1

28. 试题：操作人员立足地点距离地面（或者运转层）高度超过（　　）的锅炉，应当装设平台、扶梯和防护栏杆等设施。

A．1000mm   B．1500mm   C．2000mm

答案：C

依据：《锅炉安全技术监察规程》TSG G0001—2012，条款号 3.24.2

29. 试题：锅炉扶梯的倾斜角度以（　　）为宜。

A．15°～30°   B．45°～50°   C．50°～55°

答案：B

依据：《锅炉安全技术监察规程》TSG G0001—2012，条款号 3.24.2

30. 试题：锅炉安装环境温度低于（　　）或者其他恶劣天气时，应有相应保护措施

A．0℃   B．5℃   C．10℃

答案：A

依据：《锅炉安全技术监察规程》TSG G0001—2012，条款号 5.2.4

31. 试题：锅炉安装过程中，经过安装监督检验，抽查项目符合相关法规标准要求的，出具（　　）。

A．准用证书   B．专家意见书   C．安装监督检验证书

答案：C

依据：《锅炉安全技术监察规程》TSG G0001—2012，条款号　9.3.3

32. **试题：**锅炉安装监督检验结束后，监检机构一般设备应当在（　　）个工作日内，大型设备可以在 30 个工作日内出具《锅炉安装监督检验证书》及锅炉安装监督检验报告。

　　A．10　　　　　　　　B．15　　　　　　　　C．20

　　答案：A

　　依据：《锅炉安装监督检验规则》TSG G7001—2015，条款号　第十三条

33. **试题：**散装锅炉焊接质量检查，核查集箱焊接接头（现场焊接时）的无损检测报告及底片，要求每个集箱抽查不少于（　　）的底片，重点是返修前后的底片，检查底片的质量、缺陷评定的准确性、显示的焊缝质量。

　　A．10%　　　　　　　　B．20%　　　　　　　　C．15%

　　答案：B

　　依据：《锅炉安装监督检验规则》TSG G7001—2015，条款号　附件 1　锅炉安装监督检验大纲　三

34. **试题：**散装锅炉焊接质量检查，对合金钢材料的焊接接头，核查光谱分析记录，并进行光谱分析抽查，对于确定蒸发量大于等于 670t/h 的锅炉，抽查比例不少于 1%，对于额定蒸发量小于 670t/h 的锅炉，抽查比例不少于（　　）。

　　A．5%　　　　　　　　B．4%　　　　　　　　C．3%

　　答案：A

　　依据：《锅炉安装监督检验规则》TSG G7001—2015，条款号　附件 1　锅炉安装监督检验大纲　三

35. **试题：**采用新材料、新技术、新工艺以及有特殊使用要求的压力容器，不符合本规程要求时，相关单位应当将有关的设计依据、数据及其检验检测报告等技术资料报（　　）。

　　A．国家质量监督检验检疫总局

　　C．劳动局

　　B．当地行政部门

　　答案：A

　　依据：《固定式压力容器安全技术监察规程》TSG R0004—2009，条款号　总则 1.9

四、多选题（下列试题中，至少有 2 项是标准原文规定的正确答案，请将正确答案填在括号内）

1. **试题：**特种设备使用单位应当建立（　　）等安全管理制度，制定操作规程，保证特种设备安全运行。

　　A．拆装措施　　　　　　　　　　　　　　B．岗位责任

C．隐患治理 　　　　　　　　　　　　D．应急救援

答案： BCD

依据：《中华人民共和国特种设备安全法》十二届主席令　第 4 号（2013 年修订），
条款号　第三十四条

2.　**试题：** 特种设备的安全技术资料和文件应包括设计文件、产品质量合格证明、（　　）
维护保养说明、监督检验证明等。

A．安装 　　　　　　　　　　　　　B．运输
C．使用 　　　　　　　　　　　　　D．检修

答案： ACD

依据：《中华人民共和国特种设备安全法》十二届主席令　第 4 号（2013 年修订），
条款号　第三十五条

3.　**试题：** 电梯的维护保养应当由电梯制造单位或者依照特种设备安全法取得许可的
（　　）单位承担。

A．安装 　　　　　　　　　　　　　B．改造
C．修理 　　　　　　　　　　　　　D．使用

答案： ABC

依据：《中华人民共和国特种设备安全法》十二届主席令　第 4 号（2013 年修订），
条款号　第四十五条

4.　**试题：** 特种设备（　　）单位应当按照安全技术规范的要求向特种设备检验、检测机
构及其检验、检测人员提供特种设备相关资料和必要的检验、检测条件，并对资料的
真实性负责。

A．生产 　　　　　　　　　　　　　B．经营
C．运输 　　　　　　　　　　　　　D．使用

答案： ABD

依据：《中华人民共和国特种设备安全法》十二届主席令　第 4 号（2013 年修订），
条款号　第五十四条

5.　**试题：** 机组整套启动试运前监督检查，对施工单位有如下要求：（　　）。

A．完成施工验收中不符合项的整改闭环
B．完成单体、单机试运
C．完成分部试运中不符合项的整改闭环
D．工程建设质量评价已完成

答案： ABC

依据：《火力发电工程质量监督检查大纲　第 9 部分：机组整套启动试运前监督检查》
国能综安全〔2014〕45 号，条款号　4.4

6. **试题：**机组商业运行前的监督检查，要求锅炉专业具备的条件有：（　　）。

A. 锅炉承压部件、受热面管系无渗漏

B. 锅炉本体膨胀均匀无卡阻

C. 支吊架受力均匀，偏斜不超标

D. 除尘、除灰、除渣系统运行正常

答案：ABCD

依据：《火力发电工程质量监督检查大纲　第 10 部分：机组商业运行前监督检查》国能综安全〔2014〕45 号，条款号　5.2

7. **试题：**新建循环流化床锅炉正式投入运行前，应完成（　　）文件要求的全部调整试验项目。

A. 监理　　　　　　　　　　　　　　B. 设计

C. 设备技术　　　　　　　　　　　　D. 业主

答案：BC

依据：《循环流化床锅炉施工及质量验收规范》GB 50972—2014，条款号　14.1.3

8. **试题：**当采用新设备、新材料、新工艺而无验收标准的，应由（　　）依据设计要求和专项技术标准共同制订验收方案，但不应违反本规范的相关规定。

A. 建设单位　　　　　　　　　　　　B. 设计单位

C. 监理单位　　　　　　　　　　　　D. 制造单位

答案：ABC

依据：《循环流化床锅炉施工及质量验收规范》GB 50972—2014，条款号　15.2.13

9. **试题：**油库、油处理站安全措施，下列符合要求的有：（　　）。

A. 储油区应严格执行防火防爆制度，杜绝油的渗漏和泼洒

B. 地面油污应及时清除，严禁烟火

C. 油罐输油操作应注意防止静电放电

D. 查看或检查油罐时，应使用低压安全行灯并注意通风

答案：ABCD

依据：《电厂辅机用油运行及维护管理导则》DL/T 290—2012，条款号　8.3.2

10. **试题：**锅炉整体超压水压试验前监检，现场条件要求包括：（　　）。

A. 锅炉钢结构施工结束，并经验收签证

B. 锅炉本体各受热面和承压部件全部安装结束

C. 参加水压试验的管道和支吊架施工完毕

D. 水压试验所需临时管道及临时支吊架安装结束

答案：ABCD

依据：《电站锅炉压力容器检验规程》DL 647—2004，条款号　5.7

11. **试题：**锅炉整体超压水压试验前监检，技术资料要求包括：（　　）。

A．锅炉受热面组合、安装和找正记录及验收签证

B．司索工的资格证书

C．安装焊接工艺评定报告

D．水压试验作业指导书

答案：ACD

依据：《电站锅炉压力容器检验规程》DL 647—2004，条款号　5.7

12. **试题：**锅炉机组整套启动试运行前监检对技术资料的要求包括：（　　）。

A．整套设计图纸、技术条件、设计变更和修改图

B．施工质量检验及评定资料

C．分部试运行记录及验收签证

D．经批准的整套启动调试方案和作业指导书

答案：ABCD

依据：《电站锅炉压力容器检验规程》DL 647—2004，条款号　5.15

13. **试题：**锅炉内部检验对过热器检查内容及质量要求包括：（　　）。

A．低温过热器，管排间即向均匀，不存在烟气走廊

B．包覆过热器管及人孔附近弯管应无明显磨损

C．顶棚过热器管应无明显变形和外壁腐蚀情况

D．过热器管穿炉顶部分应无碰磨情况

答案：ABCD

依据：《电站锅炉压力容器检验规程》DL 647—2004，条款号　6.25

14. **试题：**压力容器安装质量监检时，安装单位应提供（　　）等技术文件。

A．安装验收记录、安装签证和变更通知单

B．安全阀整定压力和严密性试验记录

C．安装后系统承压试验记录

D．在工地进行的受压部件焊接、热处理、无损检测和返修记录

答案：ABCD

依据：《电站锅炉压力容器检验规程》DL 647—2004，条款号　8.4

15. **试题：**管道安装过程中的现场监检，核查（　　）等技术资料。

A．管道配制质量的监检报告

B．管道采购计划

C．管道系统严密性试验记录

D．管道系统蒸汽吹洗、水冲洗或化学清洗记录

答案：ACD

依据：《电站锅炉压力容器检验规程》DL 647—2004，条款号　11.4

16. **试题：**压力管道安装过程中的现场监检，检查支吊架安装质量应满足以下要求：
（　　）。

A．吊架的吊杆偏装方向和偏装量应符合设计要求

B．活动支架的位移方向、位移量及导向性能应符合设计要求

C．固定支架应固定牢靠

D．变力弹簧支吊架位移指示窗口应便于检查

答案：ABCD

依据：《电站锅炉压力容器检验规程》DL 647—2004，条款号　11.8

17. **试题：**火力发电厂锅炉受热面管监督检验技术导则规定了火力发电厂锅炉受热面管
在设备（　　）三个阶段监督检验工作的内容和技术要求。

A．设计　　　　　　　　　　　　　　　　B．制造

C．安装　　　　　　　　　　　　　　　　D．在役

答案：BCD

依据：《火力发电厂锅炉受热面管监督检验技术导则》DL 939—2005，条款号　第 1
部分：范围

18. **试题：**支吊架安装验收人员应由（　　）三方人员组成。

A．业主单位　　　　　　　　　　　　　　B．设计单位

C．监理单位　　　　　　　　　　　　　　D．安装单位

答案：ACD

依据：《火力发电厂管道支吊架验收规程》DL/T 1113—2009，条款号　11.1.2

19. **试题：**锅炉机组安装结束后必须应完成（　　）等技术文件整理归档。

A．设备缺陷记录和签证　　　　　　　　　B．设计变更资料

C．安装技术记录和签证　　　　　　　　　D．质量验收表

答案：ABCD

依据：《电力建设施工技术规范第 2 部分锅炉机组》DL 5190.2—2012，条款号　3.1.12

20. **试题：**燃油系统（　　）期间的动火作业必须编制安全措施并经安全部门审核批准。

A．新建　　　　　　　　　　　　　　　　B．扩建

C．安装　　　　　　　　　　　　　　　　D．试运

答案：BD

依据：《电力建设施工技术规范　第 2 部分：锅炉机组》DL 5190.2—2012，条款号
9.1.11（强条）

21. **试题：**工程施工中发现设备缺陷应由施工单位与（　　）单位一起检查确认，并办
理设备缺陷通知单。

A．监理　　　　　　　　　　　　　　　　B．制造

C．设计   D．第三方

答案： AB

依据：《电力建设施工质量验收及评价规程 第 2 部分：锅炉机组》DL/T 5210.2—2009，条款号 4.2.6

22. **试题：** 循环流化床锅炉安装单项工程施工质量评价时，工程质量控制的重点应突出（   ）。

A．原材料进场检验   B．工艺过程质量控制

C．功能效果测试   D．施工机械效率

答案： ABC

依据：《电力建设施工质量验收及评价规程 第 2 部分：锅炉机组》DL/T 5210.2—2009，条款号 表 5.10.5

23. **试题：**《压力管道安全技术监察规程——工业管道》规定，锅炉的平台、扶梯应符合以下规定：（   ）。

A．扶梯和平台的布置能够保证操作人员顺利通向需要经常操作和检查的地方

B．扶梯、平台和需要操作及检查的炉顶周围设置的栏杆、扶手以为挡脚板的高度满足相关规定

C．扶梯的倾斜角度一般为 45°～50°，如果布置上有困难时，倾斜角度可以适当增大

D．水位表前的平台到水位表中间的铅直高度宜为 1000mm～1500mm

答案： ABCD

依据：《锅炉安全技术监察规程》TSG G0001—2012，条款号 3.24.2

24. **试题：** 锅炉安装完成后，锅炉使用单位负责组织验收，并且符合以下要求：（   ）。

A．300MW 及以上机组电站锅炉要经过 96h 整套连续满负荷试运行，各项安全指标均达到相关标准

B．300MW 及以上机组电站锅炉要经过 168h 整套连续满负荷试运行，各项安全指标均达到相关标准

C．300MW 以下机组电站锅炉经过 72h 整套连续满负荷试运行后，对各项设备做一次全面检查，缺陷处理合格后再次启动，经过 24h 整套连续满负荷试运行无缺陷

D．300MW 以下机组电站锅炉经过 72h 整套连续满负荷试运行后，对各项设备做一次全面检查，缺陷处理合格后再次启动，经过 12h 整套连续满负荷试运行无缺陷

答案： BC

依据：《锅炉安全技术监察规程》TSG G0001—2012，条款号 5.2.7

25. **试题：** 当锅炉运行中发生（   ）、炉墙烧红、受热面金属严重超温、汽水质量严重恶化等情况时，应当停止运行。

A．受压元件泄漏   B．炉膛严重结焦

C．液态排渣锅炉无法排渣　　　　　　　　D．锅炉尾部烟道严重堵灰
答案：ABCD
依据：《锅炉安全技术监察规程》TSG G0001—2012，条款号　8.1.6

26．试题：电站锅炉运行中遇到下列情况，应当立即停止向炉膛送入燃料，立即停炉：
（　　　）。
A．锅炉严重缺水时　　　　　　　　　　　B．锅炉严重满水时
C．两台空气预热器若一台停运时　　　　　D．炉膛熄火时
答案：ABD
依据：《锅炉安全技术监察规程》TSG G0001—2012，条款号　8.2.4

27．试题：锅炉安装监督检验工作，至少应包括：（　　　）。
A．安装单位在安装现场的资源配置的检查
B．安装施工工艺文件的核查
C．锅炉安装过程中质量管理体系运转情况的监督见证及抽查
D．监理单位在安装现场的资源配置的检查
答案：ABC
依据：《锅炉安全技术监察规程》TSG G0001—2012，条款号　9.3.2

28．试题：锅炉外部检验内容，至少应包括：（　　　）。
A．锅炉本体及附属设备运转情况的抽查
B．抽查水（介）质处理情况
C．炉事故应急专项预案的抽查
D．锅炉操作空间安全状况的抽查
答案：ABCD
依据：《锅炉安全技术监察规程》TSG G0001—2012，条款号　9.4.7

29．试题：整装锅炉安装监督检验时，核查的安装施工工艺文件包括：（　　　）。
A．现场安装施工组织方案
B．接管焊接工艺及相关焊接工艺评定资料
C．施工技术交底记录
D．核查调试和试运行工艺
答案：ABD
依据：《锅炉安装监督检验规则》TSG G7001—2015，条款号　附件 1　锅炉安装监督检验大纲二

30．试题：从事起重机制造、施工的作业人员，包括（　　　），必须按照规定，经考核合格，取得相应资格的特种设备作业人员证或者无损检测人员证书后，方可从事批准范围内的工作。

A．安装人员　　　　　　　　　　　B．维修人员
C．焊接人员　　　　　　　　　　　D．无损检测人员

答案：ABD

依据：《起重机械安全技术监察规程-桥式起重机》TSG Q0002—2008，条款号　第
二十条（强条）

第二章 锅炉机组施工

第一节 锅炉本体安装

一、填空题（下列试题中，请将标准原条文规定的正确答案填在横线处）

1. **试题**：锅炉水压试验前监督检查范围为锅炉本体的全部承重结构、承压部件、受热面、参加水压试验的各类管道及参加水压试验____等。

   答案：临时系统

   依据：《火力发电工程质量监督检查大纲　第 5 部分：锅炉水压试验前监督检查》国能综安全〔2014〕45 号，条款号　1.0.2

2. **试题**：锅炉水压试验用水水质满足要求，废水处理措施符合____要求。

   答案：环保

   依据：《火力发电工程质量监督检查大纲　第 5 部分：锅炉水压试验前监督检查》国能综安全〔2014〕45 号，条款号　3.0.3

3. **试题**：机组整套启动试运前锅炉炉顶吊挂装置受力均匀，____已拆除。

   答案：锁紧销

   依据：《火力发电工程质量监督检查大纲　第 9 部分：机组整套启动试运前监督检查》国能综安全〔2014〕45 号，条款号　5.2.2

4. **试题**：炉膛和燃烧设备的结构以及布置、燃烧方式应与所设计的____相适应，对于燃煤锅炉应防止炉膛结渣或者结焦。

   答案：燃料

   依据：《水管锅炉　第 3 部分：结构设计》GB/T 16507.3—2013，条款号　4.10

5. **试题**：启停频繁等参数波动较大的锅炉的锅筒或启动分离器，应按照规定进行____强度校核。

   答案：疲劳

   依据：《水管锅炉　第 3 部分：结构设计》GB/T 16507.3—2013，条款号　4.12

6. **试题**：燃煤锅炉特别是循环流化床锅炉应有防止受热面____的措施。

答案：磨损

依据：《水管锅炉　第3部分：结构设计》GB/T 16507.3—2013，条款号　4.13

7. 试题：凡能够引起锅筒筒壁局部热疲劳的连接管如给水管、加药管等，在穿过锅筒筒壁处应加装____。

答案：套管

依据：《水管锅炉　第3部分：结构设计》GB/T 16507.3—2013，条款号　6.6

8. 试题：微正压燃烧的锅炉各部位门孔必须有可靠的____装置，看火孔必须装设防止火焰喷出的连锁装置。

答案：密封

依据：《水管锅炉　第3部分：结构设计》GB/T 16507.3—2013，条款号　9.4.2

9. 试题：安全阀应铅直安装，并尽可能装在锅筒或集箱的____位置，或者装在被保护设备液面以上气相空间的最高处。

答案：最高

依据：《水管锅炉　第7部分：安全附件和仪表》GB/T 16507.7—2013，条款号　5.5.2

10. 试题：受压元件与安全阀之间的连接管路上不应装设____。

答案：截止阀

依据：《水管锅炉　第7部分：安全附件和仪表》GB/T 16507.7—2013，条款号　5.5.3

11. 试题：为防止玻璃板（管）损坏时伤人，水位表应有防护装置（保护罩、快关阀、自动闭锁珠等），但任何防护装置均不应妨碍____真实水位。

答案：观察

依据：《水管锅炉　第7部分：安全附件和仪表》GB/T 16507.7—2013，条款号　7.2.3

12. 试题：锅炉安装完成后应进行整体严密性试验，对____、烟风管道的严密性进行检查。

答案：炉膛

依据：《水管锅炉　第8部分：安装与运行》GB/T 16507.8—2013，条款号　4.19

13. 试题：当需要在现场开设连接孔时，应采用____方法开孔，且开孔内壁应圆滑、无锐边和毛刺。

答案：机械

依据：《水管锅炉　第8部分：安装与运行》GB/T 16507.8—2013，条款号　5.5.3

14. 试题：受热面管在组合和安装前应对照设计图样进行材质复核，并在合金材料部件上做出明显____。

答案：标识

依据：《水管锅炉　第 8 部分：安装与运行》GB/T 16507.8—2013，条款号　7.2.1（强条）

15. **试题**：受热面管在组合前和安装前应进行____试验。试验用球应采用带有编号的钢球，通球结束后要将球逐个回收，做好记录，并应做好可靠的管端口封闭措施。

答案：通球

依据：《水管锅炉　第 8 部分：安装与运行》GB/T 16507.8—2013，条款号　7.2.3

16. **试题**：合金钢材质的受热面管排组合需要加热校正时，加热温度一般应控制在钢材____温度 Ac1 以下。

答案：临界

依据：《水管锅炉　第 8 部分：安装与运行》GB/T 16507.8—2013，条款号　7.2.5

17. **试题**：受热面管子在对口前应检查受热面管外径和壁厚的偏差，管端应按设计图样的规定加工坡口，并将管端内、外壁____范围内清除油垢和铁锈，直至显出金属光泽。

答案：10mm～15mm

依据：《水管锅炉　第 8 部分：安装与运行》GB/T 16507.8—2013，条款号　7.2.8

18. **试题**：受热面防磨装置应安装固定牢固，接头处膨胀间隙应符合图样要求，并不应有妨碍____的地方。

答案：烟气流通

依据：《水管锅炉　第 8 部分：安装与运行》GB/T 16507.8—2013，条款号　7.3.8

19. **试题**：阀门的型号、安装位置和方向应符合设计文件的规定。安装位置、进出口____应正确，连接应牢固、紧密，启闭应灵活，阀杆、手轮等朝向应合理。

答案：方向

依据：《水管锅炉　第 8 部分：安装与运行》GB/T 16507.8—2013，条款号　7.10.3

20. **试题**：不得在没有____装置的热管道直管段上同时安置两个及两个以上的固定支架。

答案：补偿

依据：《水管锅炉　第 8 部分：安装与运行》GB/T 16507.8—2013，条款号　7.12.1

21. **试题**：回转式空气预热器的基础中心线和定子支座中心线偏差小于或等于____，定子支座支撑点标高偏差为−20mm～0mm，水平度偏差小于 2mm。

答案：±2mm

依据：《水管锅炉　第 8 部分：安装与运行》GB/T 16507.8—2013，条款号　8.2

22. **试题：**省煤器的安全阀应装____管。

   答案：排水

   依据：《水管锅炉 第8部分：安装与运行》GB/T 16507.8—2013，条款号 9.2.1

23. **试题：**安全阀排汽管应留出____间隙，确保锅筒、集箱和管道能自由膨胀，应设置独立的支吊架并固定牢固，其自身质量不应传递到安全阀上。

   答案：热膨胀

   依据：《水管锅炉 第8部分：安装与运行》GB/T 16507.8—2013，条款号 9.2.5

24. **试题：**水位计和锅筒的汽侧连接管应向水位计方向倾斜，水侧连接管应向____方向倾斜，汽水连通管需要设置支架时，应不妨碍连通管热膨胀。

   答案：锅筒

   依据：《水管锅炉 第8部分：安装与运行》GB/T 16507.8—2013，条款号 9.3.1

25. **试题：**平台、扶梯、栏杆的安装不应影响锅炉本体以及附件的____。

   答案：膨胀

   依据：《水管锅炉 第8部分：安装与运行》GB/T 16507.8—2013，条款号 12.2

26. **试题：**再热锅炉蒸汽吹洗时，可采取一、二次系统串联不分阶段进行吹洗的方法，但应在再热蒸汽冷段管道上加装____。

   答案：集粒器

   依据：《水管锅炉 第8部分：安装与运行》GB/T 16507.8—2013，条款号 15.2.12

27. **试题：**额定蒸发量大于或等于 670t/h 的锅炉和管道蒸汽吹洗时宜在排汽口处加装____。

   答案：消声器

   依据：《水管锅炉 第8部分：安装与运行》GB/T 16507.8—2013，条款号 15.2.13

28. **试题：**除塔式锅炉钢结构外，基础的差异沉陷不应大于相邻柱距的1/____。

   答案：500

   依据：《锅炉钢结构设计规范》GB/T 22395—2008，条款号 5.16

29. **试题：**锅炉钢梁的支座处和上翼缘有较大集中荷载处应设支承加劲肋，支承加劲肋不应____布置。

   答案：单侧

   依据：《锅炉钢结构设计规范》GB/T 22395—2008，条款号 9.2.26

30. **试题：**锅炉钢架立柱纵向加劲肋宜在腹板两侧____配置，其一侧外伸宽度不应小于 $10t_w$（t_w 腹板厚度），厚度不应小于 $0.75t_w$。

答案：成对

依据：《锅炉钢结构设计规范》GB/T 22395—2008，条款号　10.3.10

31. 试题：用填板连接而成的双角钢和双槽钢截面的受压构件的两个侧向支承点之间的填板数不得少于____个。

答案：2

依据：《锅炉钢结构设计规范》GB/T 22395—2008，条款号　11.4.5

32. 试题：锅炉钢结构在搭接连接中，搭接长度不得小于焊件较小厚度的 5 倍，且不得小于____。

答案：25mm

依据：《锅炉钢结构设计规范》GB/T 22395—2008，条款号　12.2.13

33. 试题：锅炉平台应畅通，通行净空高度不应小于____，宽度不应小于 0.7m。

答案：1.8m

依据：《锅炉钢结构设计规范》GB/T 22395—2008，条款号　15.2

34. 试题：钢结构工程施工质量验收应在施工单位____合格基础上，按照检验批、分项工程、分部（子分部）工程进行。

答案：自检

依据：《钢结构工程施工质量验收规范》GB 50205—2001，条款号　3.0.4

35. 试题：用于制作钢结构的钢材表面如存在锈蚀、麻点或划痕等缺陷时，其深度不得大于该钢材厚度负允许偏差值的____。

答案：1/2

依据：《钢结构工程施工质量验收规范》GB 50205—2001，条款号　4.2.5

36. 试题：用于钢结构构件连接的紧固件主要包括普通螺栓、____高强度螺栓、高强度大六角头螺栓及钢网架螺栓球节点用高强度螺栓及射钉、自攻钉和拉铆钉等。

答案：扭剪型

依据：《钢结构工程施工质量验收规范》GB 50205—2001，条款号　6.1.1

37. 试题：普通螺栓作为永久性连接螺栓时，当设计有要求或对其质量有疑义时，应进行螺栓实物最小拉力载荷复验，每一规格螺栓抽查数量为____个。

答案：8

依据：《钢结构工程施工质量验收规范》GB 50205—2001，条款号　6.2.1

38. 试题：钢结构制作和安装单位应按本规范的规定分别进行高强度螺栓连接摩擦面的____系数试验和复验，其结果应符合设计要求。

答案：抗滑移

依据：《钢结构工程施工质量验收规范》GB 50205—2001，条款号 6.3.1

39. 试题：在钢结构的扭剪型高强度螺栓连接副终拧后，除因构造原因无法使用专用扳手者外，未拧掉梅花头的螺栓数不应大于该节点螺栓数的____。

答案：5%

依据：《钢结构工程施工质量验收规范》GB 50205—2001，条款号 6.3.3

40. 试题：在钢结构的扭剪型高强度螺栓连接副终拧后，对所有梅花头未拧掉的扭剪型高强度螺栓连接副应采用____或转角法进行终拧并作标记。

答案：扭矩法

依据：《钢结构工程施工质量验收规范》GB 50205—2001，条款号 6.3.3

41. 试题：高强度螺栓连接摩擦面应保持干燥、整洁，不应有飞边、毛刺、焊接飞溅物、焊疤、氧化铁皮、污垢等，除设计要求外摩擦面不应____。

答案：涂漆

依据：《钢结构工程施工质量验收规范》GB 50205—2001，条款号 6.3.6

42. 试题：钢结构____应干净，结构主要表面不应有疤痕、泥沙等污垢。

答案：表面

依据：《钢结构工程施工质量验收规范》GB 50205—2001，条款号 11.3.6

43. 试题：钢结构制作中的钢板切割可采用气割、机械切割、____切割等方法，选用的切割方法应满足工艺文件的要求。

答案：等离子

依据：《钢结构工程施工规范》GB 50755—2012，条款号 8.3.1

44. 试题：利用钻床进行多层板钻孔时应采取有效的防止 ____的措施。

答案：窜动

依据：《钢结构工程施工规范》GB 50755—2012，条款号 8.6.2

45. 试题：钢结构中设计要求起拱的构件，起拱允许偏差为起拱值的 0～10%，且不应大于____。

答案：10mm

依据：《钢结构工程施工规范》GB 50755—2012，条款号 9.3.5

46. 试题：构件吊装前应清除表面的油污、冰雪、泥沙和灰尘等杂物，并应做好轴线和标高____。

答案：标记

依据：《钢结构工程施工规范》GB 50755—2012，条款号　11.1.4

47. **试题**：钢结构吊装作业必须在起重机设备的____起重范围内进行。

答案：额定

依据：《钢结构工程施工规范》GB 50755—2012，条款号　11.2.4（强条）

48. **试题**：高层钢结构安装时应分析____压缩变形对结构的影响，并应根据结构特点和影响程度采取预调安装标高、设置后连接构件等相应措施。

答案：竖向

依据：《钢结构工程施工规范》GB 50755—2012，条款号　11.6.6

49. **试题**：高耸钢结构可采用高空散件（单元）法、整体____和整体提升（顶升）法等安装方法。

答案：搬起法

依据：《钢结构工程施工规范》GB 50755—2012，条款号　11.8.1

50. **试题**：钢结构安装前应设置施工____。

答案：控制网

依据：《钢结构工程施工规范》GB 50755—2012，条款号　14.1.3

51. **试题**：钢柱安装时应在两轴线方向上校测钢柱垂直度。当观测面为等截面时，经纬仪中心与轴线间的水平夹角不得大于____。

答案：15°

依据：《钢结构工程施工规范》GB 50755—2012，条款号　14.4.2

52. **试题**：当高空作业的各项安全措施经检查不合格时，____高空作业。

答案：严禁

依据：《钢结构工程施工规范》GB 50755—2012，条款号　16.1.7

53. **试题**：钢结构施工的平面安全通道宽度不宜小于____，且两侧应设置安全护栏或防护钢丝绳。

答案：600mm

依据：《钢结构工程施工规范》GB 50755—2012，条款号　16.3.2

54. **试题**：在钢梁或钢桁架上行走的作业人员应佩戴____安全带。

答案：双钩

依据：《钢结构工程施工规范》GB 50755—2012，条款号　16.3.3

55. **试题**：吊装区域应设置安全警戒线，非作业人员____入内。

答案：严禁

依据：《钢结构工程施工规范》GB 50755—2012，条款号 16.6.1

56. 试题：高空作业使用的小型手持工具和小型零部件应采取＿＿＿＿措施。

答案：防坠

依据：《钢结构工程施工规范》GB 50755—2012，条款号 16.6.4

57. 试题：超临界及以下参数机组的主蒸汽管道设计压力应取用锅炉最大连续蒸发量时过热器出口的＿＿＿＿工作压力。

答案：额定

依据：《电厂动力管道设计规范》GB 50764—2012，条款号 3.1.4

58. 试题：电厂动力管道组成件的压力-温度等级除用设计压力和设计温度表示外，还可用＿＿＿＿压力表示。

答案：公称

依据：《电厂动力管道设计规范》GB 50764—2012，条款号 3.2.1

59. 试题：对公称压力≤PN10，设计温度＜150℃的电厂动力管道可采用＿＿＿＿垫片。

答案：非金属

依据：《电厂动力管道设计规范》GB 50764—2012，条款号 5.6.3

60. 试题：电厂高温动力管道法兰紧固件应与法兰材料具有相近的＿＿＿＿系数。

答案：热膨胀

依据：《电厂动力管道设计规范》GB 50764—2012，条款号 5.7.2

61. 试题：易燃或可燃气体的阀门应采用燃气专用阀门，＿＿＿＿采用输送普通流体的阀门代替。

答案：不得

依据：《电厂动力管道设计规范》GB 50764—2012，条款号 5.10.3

62. 试题：波纹膨胀节和金属软管不得用于受＿＿＿＿的场合。

答案：扭转

依据：《电厂动力管道设计规范》GB 50764—2012，条款号 5.11.1

63. 试题：当管道横跨人行通道上空时，管子外表面或保温表面与通道地面（或楼面）之间的净空距离，不应小于＿＿＿＿。

答案：2000mm

依据：《电厂动力管道设计规范》GB 50764—2012，条款号 8.2.2

64. **试题**：从锅炉过热器出口至汽轮机主汽门之间的主蒸汽管道，每个低位点都必须设置自动疏水；在靠近汽轮机主汽门前的每段支管上，必须设置自动疏水；疏水管道内径不得小于____。

    答案：19mm

    依据：《电厂动力管道设计规范》GB 50764—2012，条款号 8.2.5（强条）

65. **试题**：除水管道安全阀外，安全阀的排放管宜引至厂房外，排出口不应对着其他管道、设备、建筑物以及可能有人到达的场所。排出口应高于屋面或平台____。

    答案：2200mm

    依据：《电厂动力管道设计规范》GB 50764—2012，条款号 8.2.6

66. **试题**：电厂动力管道的补偿严禁采用____式补偿器。

    答案：填料函

    依据：《电厂动力管道设计规范》GB 50764—2012，条款号 8.3.1（强条）

67. **试题**：电厂动力管道宜架空敷设，管道宜布置在管架的上层，且不宜与输送高温介质的管道相邻，并应位于腐蚀性介质管道的____。

    答案：上方

    依据：《电厂动力管道设计规范》GB 50764—2012，条款号 8.3.2

68. **试题**：易燃气体管道的排放管宜竖直布置，管口应装设____，不宜在排放口设置弯管或弯头。

    答案：阻火器

    依据：《电厂动力管道设计规范》GB 50764—2012，条款号 8.3.4

69. **试题**：管道宜架空敷设，且宜布置在管架的上层，对有腐蚀性的有毒介质管道应布置在管架的____。

    答案：下层

    依据：《电厂动力管道设计规范》GB 50764—2012，条款号 8.4.2

70. **试题**：管道支吊架必须支承在____的构筑物上，应便于施工，且不影响设备检修及其他管道的安装和扩建。

    答案：可靠

    依据：《电厂动力管道设计规范》GB 50764—2012，条款号 10.1.3

71. **试题**：对于吊点处有水平位移的吊架，吊杆配件的选择应使吊杆能自由____而不妨碍管道水平位移。

    答案：摆动

    依据：《电厂动力管道设计规范》GB 50764—2012，条款号 10.1.5

72. **试题：** 电厂中的气体管道，当整体试水压条件不具备时可采用分段液压强度试验及安装后进行 100%无损检测合格替代整体试验，但应进行整体____试验。

答案： 气密性

依据：《电厂动力管道设计规范》GB 50764—2012，条款号 12.3.4

73. **试题：** 电厂动力管道在运行中可能超压的管道系统均应设置____保护装置。

答案： 超压

依据：《电厂动力管道设计规范》GB 50764—2012，条款号 14.1.2

74. **试题：** 合金钢材质的零部件应符合设备技术文件的要求；组合安装前必须进行材质复查，并在明显部位作出标识；安装结束后应核对标识，标识不清时应重新____。

答案： 复查

依据：《循环流化床锅炉施工及质量验收规范》GB 50972—2014，条款号 3.0.4（强条）

75. **试题：** 循环流化床锅炉施工时，密相区窥视孔门开关应灵活、无障碍。冷却风的喷嘴与____间应留 0.50mm～0.55mm 的间隙，冷却风通道应畅通、无堵塞，连锁装置动作正确。

答案： 壳体

依据：《循环流化床锅炉施工及质量验收规范》GB 50972—2014，条款号 5.3.5

76. **试题：** 受热面的防磨装置应按图施工，膨胀量和膨胀方向应符合厂家技术文件要求，不得阻碍____。

答案： 膨胀

依据：《循环流化床锅炉施工及质量验收规范》GB 50972—2014，条款号 6.2.14

77. **试题：** 过热器、再热器、省煤器等蛇形管排安装应平整，平整度不应____20mm。

答案： 大于

依据：《循环流化床锅炉施工及质量验收规范》GB 50972—2014，条款号 6.2.18

78. **试题：** 连通管道的安装不应阻碍受热面设备的____。

答案： 膨胀

依据：《循环流化床锅炉施工及质量验收规范》GB 50972—2014，条款号 6.3.5

79. **试题：** 连通管道不应强行对口安装，不应采用火焰加热校正；安装时应与锅炉钢架、平台等预留足够的____间隙，导向支架安装应符合厂家技术文件要求。

答案： 膨胀

依据：《循环流化床锅炉施工及质量验收规范》GB 50972—2014，条款号 6.3.7

80. **试题：**管道对接焊口，其中心线距离管道弯曲起点不应小于____，且不小于管子外径。

    答案：100mm

    依据：《循环流化床锅炉施工及质量验收规范》GB 50972—2014，条款号　6.4.5

81. **试题：**金属膨胀节安装完毕后，临时固定件应在试运前拆除，所有的活动元件不得被外部构件卡死或限制正常动作。导流板开口方向应与介质的流向____。

    答案：一致

    依据：《循环流化床锅炉施工及质量验收规范》GB 50972—2014，条款号　9.5.3

82. **试题：**燃烧系统安装，应根据____核查膨胀位移量，相邻设备不得阻碍其膨胀。

    答案：设计

    依据：《循环流化床锅炉施工及质量验收规范》GB 50972—2014，条款号　9.5.6

83. **试题：**管道布置不得阻碍锅炉燃烧器的膨胀；阀门布置位置应便于____，吹扫阀应靠近油管。

    答案：操作

    依据：《循环流化床锅炉施工及质量验收规范》GB 50972—2014，条款号　9.6.7

84. **试题：**长（半）伸缩式吹灰器应根据对应的膨胀位移值进行偏装，误差不应大于____。

    答案：10mm

    依据：《循环流化床锅炉施工及质量验收规范》GB 50972—2014，条款号　9.7.2

85. **试题：**化学清洗废液应进行综合处理，处理后的废液应符合国家及当地环保部门相关____标准。

    答案：排放

    依据：《循环流化床锅炉施工及质量验收规范》GB 50972—2014，条款号　14.3.6（强条）

86. **试题：**膜式水冷壁的鳍片应选用与水冷壁管同类的材料。鳍片焊缝质量符合 JB/T 5255 要求且无漏焊、假焊；扁钢与管子连接处焊缝咬边深度不得大于 0.5mm，且连续咬边长度不大于____。

    答案：100mm

    依据：《火力发电厂锅炉受热面管监督检验技术导则》DL/T 939—2005，条款号　4.8

87. **试题：**水冷壁和包覆管安装平整，水平偏差在____以内，垂直偏差在±10mm 以内；与刚性梁的固定连接点和活动连接点的施工符合图纸要求，与水冷壁、包覆管连接的内绑带安装正确，无漏焊、错焊，膨胀预留间隙符合要求。

答案：±5mm

依据：《火力发电厂锅炉受热面管监督检验技术导则》DL/T 939—2005，条款号 5.3

88. **试题：** 锅炉锅筒和过热器上所有安全阀的排放量总和应大于锅炉最大连续蒸发量；超临界和超超临界电站锅炉的过热器出口和启动分离器安全阀及电磁释放阀的排放量总和应____锅炉最大连续蒸发量。

答案： 大于

依据：《电站锅炉安全阀技术规程》DL/T 959—2014，条款号 4.3

89. **试题：** 对于超临界和超超临界电站锅炉主蒸汽系统，应选用具有极高的柔性与弹性的热阀芯的____安全阀，安全阀的材质应满足介质温度及压力的使用要求。

答案： 弹簧

依据：《电站锅炉安全阀技术规程》DL/T 959—2014，条款号 4.8

90. **试题：** 安全阀应____安装，宜靠近被保护的系统应使其进口支管短而直。

答案： 铅直

依据：《电站锅炉安全阀技术规程》DL/T 959—2014，条款号 7.1

91. **试题：** 排汽管的固定方式在任何情况下都应保持正确的位置，应避免由于热膨胀或排汽反作用力而影响安全阀正确动作。无论冷态或热态都不得有任何来自排汽管的____施加到安全阀上，排汽管本身应有足够的强度。

答案： 外力

依据：《电站锅炉安全阀技术规程》DL/T 959—2014，条款号 7.1

92. **试题：** 安全阀应使用安全阀在线定压仪进行校验调整。校验调整可以在机组启动或带负荷运行的过程中（宜在 75%～80%额定压力下）进行。使用安全阀在线定压仪应采取必要的技术措施，安全阀校验的整定压力误差应在规定允许偏差范围，可以____升压实跳试验。

答案： 不做

依据：《电站锅炉安全阀技术规程》DL/T 959—2014，条款号 8.4

93. **试题：** 安全阀校验合格应加锁或加____，并在锅炉技术登录簿或压力容器技术档案中记录。

答案： 铅封

依据：《电站锅炉安全阀技术规程》DL/T 959—2014，条款号 8.4

94. **试题：** 支吊架制造材料切割前应进行材料材质的标记____，以防材料混用。

答案： 移植

依据：《火力发电厂管道支吊架验收规程》DL/T 1113—2009，条款号 5.2.1.1

95. **试题：** 支吊架安装时，所有螺纹连接均应按设计要求予以____，防止系统运行中振动导致松脱。

 答案： 锁紧

 依据：《火力发电厂管道支吊架验收规程》DL/T 1113—2009，条款号 5.2.7.7

96. **试题：** 支吊架的管夹加工时，合金钢管夹热处理后的____应符合相应材料标准要求。

 答案： 硬度

 依据：《火力发电厂管道支吊架验收规程》DL/T 1113—2009，条款号 5.3.2.3

97. **试题：** 恒力支吊架应有荷载和位移指示牌以及"冷""热"态位置标记，应并有____装置及防止过行程或脱载的限位装置。

 答案： 锁定

 依据：《火力发电厂管道支吊架验收规程》DL/T 1113—2009，条款号 5.4.2.1

98. **试题：** 导向支吊架安装时在预定结束方向上的____间隙应符合设计文件规定。

 答案： 冷态

 依据：《火力发电厂管道支吊架验收规程》DL/T 1113—2009，条款号 5.4.3.3

99. **试题：** 恒力支吊架和变力弹簧支吊架在解除锁定时，应通过调整自由拔出锁定销或取下锁定装置，不应____解除锁定。

 答案： 强行

 依据：《火力发电厂管道支吊架验收规程》DL/T 1113—2009，条款号 9.1.16

100. **试题：** 当管线中有膨胀节或补偿器时，应使膨胀节或补偿器两侧的管道保持____。

 答案： 同心

 依据：《火力发电厂管道支吊架验收规程》DL/T 1113—2009，条款号 9.3.4

101. **试题：** 滑动支架安装时，滑动面应平整、洁净、光滑，在____位移下不应出现脱空现象。

 答案： 设计

 依据：《火力发电厂管道支吊架验收规程》DL/T 1113—2009，条款号 9.3.5

102. **试题：** 横担型并联弹簧吊架安装时，除设计另有规定外，应使管道中心与横担两侧吊杆保持等距离，防止两个弹簧受力不均造成横担____而影响正常工作。

 答案： 偏斜

 依据：《火力发电厂管道支吊架验收规程》DL/T 1113—2009，条款号 9.5.5

103. **试题：** 阻尼器宜在管道及其支吊架全部安装完毕且解除____装置后进行安装。

 答案： 锁定

依据：《火力发电厂管道支吊架验收规程》DL/T 1113—2009，条款号 9.8.1

104. 试题：管道系统水压试验后、升温前支吊架锁定装置和水压试验用的任何临时支吊架均应____并妥善保管。

答案：解除

依据：《火力发电厂管道支吊架验收规程》DL/T 1113—2009，条款号 10.2.1

105. 试题：管道水压试验后升温前的检查时，因支吊架型号规格不合适而需要更换时，必须进行重新计算，必要时进行管系____分析。

答案：应力

依据：《火力发电厂管道支吊架验收规程》DL/T 1113—2009，条款号 10.2.10

106. 试题：支吊架安装验收应按照冷态和热态两个阶段分别进行验收，其中热态验收应在____条件下的检查工作完成后进行。

答案：运行

依据：《火力发电厂管道支吊架验收规程》DL/T 1113—2009，条款号 11.1.1

107. 试题：吹管临时系统应由____单位委托有设计资质的单位设计。

答案：建设

依据：《火力发电建设工程机组蒸汽吹管导则》DL/T 1269—2013，条款号 4.2

108. 试题：高压主汽门临时堵板、临时短管和法兰应由____提供，且设计压力应不小于 10.0MPa，设计温度应不小于 450℃，临时短管应采用优质无缝钢管。

答案：制造厂

依据：《火力发电建设工程机组蒸汽吹管导则》DL/T 1269—2013，条款号 6.1.4

109. 试题：临时管道固定支架应安装牢固，滑动支架应满足管道____要求，并验收合格。

答案：膨胀

依据：《火力发电建设工程机组蒸汽吹管导则》DL/T 1269—2013，条款号 6.2.10

110. 试题：靶板器应靠近正式管道，靶板器前直管段长度宜为管道直径的____倍，靶板器后直管段长度宜为管道直径的 2～3 倍。

答案：4～5

依据：《火力发电建设工程机组蒸汽吹管导则》DL/T 1269—2013，条款号 6.4.3

111. 试题：稳压吹管过程中应逐渐增加燃料量和给水流量，蒸汽参数达到选定吹管参数时吹管临时控制门应全开，并核算吹管系数应大于____。

答案：1.0

依据：《火力发电建设工程机组蒸汽吹管导则》DL/T 1269—2013，条款号 7.3

112. **试题**：降压吹管过程中应监视过热器及再热器压差，在吹管临时控制门全开时，其压差应大于____倍锅炉最大连续蒸发量（BMCR）工况压降。

答案：1.4

依据：《火力发电建设工程机组蒸汽吹管导则》DL/T 1269—2013，条款号 7.4

113. **试题**：多台余热锅炉向一台汽轮机供汽的系统，应逐台单独吹扫，其他余热锅炉的主蒸汽、再热蒸汽系统应可靠____。

答案：隔离

依据：《火力发电建设工程机组蒸汽吹管导则》DL/T 1269—2013，条款号 7.6.2

114. **试题**：锅炉受热面安装过程中，在打磨坡口时作业人员应佩戴____眼镜，并且对面不得站人。

答案：防护

依据：《电力建设安全工作规程 第 1 部分：火力发电》DL 5009.1—2014，条款号 6.2.1（强条）

115. **试题**：所有油系统在进油前，应对系统进行严密性试验和吹扫，采取隔离措施，配备充足的____器材，清除系统周围易燃物。

答案：消防

依据：《电力建设安全工作规程 第 1 部分：火力发电》DL 5009.1—2014，条款号 6.2.1（强条）

116. **试题**：锅炉钢架立柱吊装前应搭设柱头____，绑扎临时爬梯。

答案：平台

依据：《电力建设安全工作规程 第 1 部分：火力发电》DL 5009.1—2014，条款号 6.2.3（强条）

117. **试题**：锅炉安装施工升降机出入口必须设____，以防止高空坠物对进出升降机的施工人员造成伤害。

答案：防护棚

依据：《电力建设安全工作规程 第 1 部分：火力发电》DL 5009.1—2014，条款号 6.2.3（强条）

118. **试题**：锅炉钢架及受热面施工过程中应在炉膛内设置____，并对平台上的孔洞进行防护。

答案：安全网

依据：《电力建设安全工作规程 第 1 部分：火力发电》DL 5009.1—2014，条款号

6.2.3（强条）

119. **试题**：对于水管道设计压力的取用，应包括水柱静压的影响，当其低于额定压力的____时，可不考虑。

答案：3%

依据：《火力发电厂汽水管道设计技术规定》DL/T 5054—1996，条款号 2.0.2.1（强条）

120. **试题**：管道水压试验用于检验管子和附件的强度及检验管系的____。

答案：严密性

依据：《火力发电厂汽水管道设计技术规定》DL/T 5054—1996，条款号 2.0.3

121. **试题**：装设在锅炉主蒸汽出口及再热蒸汽进出口管道上的安全阀需要在出口与排汽管道之间设置套筒式补偿器或者____来补偿安全阀与排汽管之间相对位置的变化。

答案：疏水盘

依据：《火力发电厂汽水管道设计技术规定》DL/T 5054—1996，条款号 5.3.4

122. **试题**：管道吊架的螺纹拉杆应有足够的调整长度，当吊架上下端均不能调整拉杆长度时可采用____螺丝在中间调整。

答案：花篮

依据：《火力发电厂汽水管道设计技术规定》DL/T 5054—1996，条款号 7.1.1.5

123. **试题**：装设波纹管补偿器或套筒补偿器的管道，应设置固定支架和____装置，将管道热位移正确地引导到补偿器处。

答案：导向

依据：《火力发电厂汽水管道设计技术规定》DL/T 5054—1996，条款号 7.1.3.3

124. **试题**：在汽水管道中布置的∏形补偿器两侧适当位置宜设置____装置。

答案：导向

依据：《火力发电厂汽水管道设计技术规定》DL/T 5054—1996，条款号 7.1.3.5

125. **试题**：垂直管道穿过各层楼板和屋顶时在孔洞周围应有防水措施；穿过屋顶的管道应装设____。

答案：防雨罩

依据：《火力发电厂汽水管道设计技术规定》DL/T 5054—1996，条款号 7.1.3.7

126. **试题**：水管道的最高点位或分段管道的最高点应装设____装置。

答案：放气

依据：《火力发电厂汽水管道设计技术规定》DL/T 5054—1996，条款号　8.2.6

127. 试题：对汽包锅炉，宜采用____连续排污扩容系统。

答案：一级

依据：《燃气–蒸汽联合循环电厂设计规定》DL/T 5174—2003，条款号　9.4.1

128. 试题：定期排污扩容器的容量，应考虑锅炉____的需要。

答案：事故放水

依据：《燃气–蒸汽联合循环电厂设计规定》DL/T 5174—2003，条款号　9.4.1

129. 试题：余热锅炉的向空排汽管和起跳压力最低点的安全阀排汽管应专设____。

答案：消声器

依据：《燃气–蒸汽联合循环电厂设计规定》DL/T 5174—2003，条款号　9.4.2

130. 试题：不得任意在建筑物上打砸孔洞、损坏承力钢筋和预应力钢筋，并不得在其上____。如果施工需要必须进行时，应经有关部门批准，开孔应选用适当工具。

答案：施焊

依据：《电力建设施工技术规范　第 2 部分：锅炉机组》DL 5190.2—2012，条款号　3.2.2

131. 试题：锅炉机组安装过程中应有保护建筑工程成品的措施，不得损坏建筑工程成品的____和保护装置。

答案：标识

依据：《电力建设施工技术规范　第 2 部分：锅炉机组》DL 5190.2—2012，条款号　3.2.4

132. 试题：锅炉构架和有关金属结构主要尺寸的测量和复查中，在使用钢卷尺测量时应用弹簧秤拉紧钢尺测量，测距相同时____应相同。

答案：拉力

依据：《电力建设施工技术规范　第 2 部分：锅炉机组》DL 5190.2—2012，条款号　4.1.2

133. 试题：锅炉钢构架采用垫铁安装时，垫铁安装应无松动，在灌浆前与柱脚底板___牢固。

答案：点焊

依据：《电力建设施工技术规范　第 2 部分：锅炉机组》DL 5190.2—2012，条款号　4.2.3

134. 试题：锅炉多层钢架立柱划 1m 标高线时，应根据第一段立柱的____标高为基准确定立柱 1m 标高点。

答案： 柱顶

依据：《电力建设施工技术规范 第 2 部分：锅炉机组》DL 5190.2—2012，条款号 4.3.2

135. **试题：** 锅炉钢架吊装后应＿＿＿＿立柱垂直度、主梁挠曲值和各部位的主要尺寸。

答案： 复查

依据：《电力建设施工技术规范 第 2 部分：锅炉机组》DL 5190.2—2012，条款号 4.3.6

136. **试题：** 采用焊接连接的构架安装时应先找正并点焊固定，且预留适当的焊接＿＿＿＿，经复查尺寸符合要求后正式施焊。

答案： 收缩量

依据：《电力建设施工技术规范 第 2 部分：锅炉机组》DL 5190.2—2012，条款号 4.3.7

137. **试题：** 锅炉扭剪型高强度螺栓连接副的紧固轴力应在使用前及时抽样＿＿＿＿，复验应为见证取样检验项目。

答案： 复验

依据：《电力建设施工技术规范 第 2 部分：锅炉机组》DL 5190.2—2012，条款号 4.3.9（强条）

138. **试题：** 锅炉高强度螺栓连接副在储存、运输、施工过程中，应严格按批号存放、使用。不同＿＿＿＿的螺栓、螺母、垫圈不得混杂使用。

答案： 批号

依据：《电力建设施工技术规范 第 2 部分：锅炉机组》DL 5190.2—2012，条款号 4.3.9（强条）

139. **试题：** 锅炉钢构架安装时，柱脚中心与基础划线中心的允许偏差为＿＿＿＿。

答案： ±5mm

依据：《电力建设施工技术规范 第 2 部分：锅炉机组》DL 5190.2—2012，条款号 4.3.11

140. **试题：** 叠型大板梁安装时紧固螺栓受力应均匀，上下梁接合面间的＿＿＿＿应小于厂家规定值。

答案： 间隙

依据：《电力建设施工技术规范 第 2 部分：锅炉机组》DL 5190.2—2012，条款号 4.3.13

141. **试题：** 平台、梯子应与锅炉构架＿＿＿＿安装，采用焊接连接的应及时焊牢，采用吊杆和卡具连接的应及时紧固。

　　　答案： 同步

　　　依据：《电力建设施工技术规范　第 2 部分：锅炉机组》DL 5190.2—2012，条款号 4.3.16

142. **试题：** 栏杆的立柱应垂直，间距应均匀，转弯附近应装一根＿＿＿＿。同侧各层平台的栏杆立柱应尽量在同一垂直线上。

　　　答案： 立柱

　　　依据：《电力建设施工技术规范　第 2 部分：锅炉机组》DL 5190.2—2012，条款号 4.3.17

143. **试题：** 锅炉炉墙零件的外表应无伤痕、裂纹等缺陷；炉墙零件安装时应按图纸留出＿＿＿＿间隙。

　　　答案： 膨胀

　　　依据：《电力建设施工技术规范　第 2 部分：锅炉机组》DL 5190.2—2012，条款号 4.4.4

144. **试题：** 炉顶大罩壳包覆框架应焊接固定在炉顶吊挂装置或受压部件的＿＿＿＿件上，按厂家图纸预留足够膨胀间隙。

　　　答案： 预埋

　　　依据：《电力建设施工技术规范　第 2 部分：锅炉机组》DL 5190.2—2012，条款号 4.5.6

145. **试题：** 吊挂装置穿炉顶大罩壳处应设有＿＿＿＿装置。

　　　答案： 密封

　　　依据：《电力建设施工技术规范　第 2 部分：锅炉机组》DL 5190.2—2012，条款号 4.5.6

146. **试题：** 燃烧装置的配风器的焊缝和结合面应严密不漏，宜采用＿＿＿＿或整体严密性试验进行检查。

　　　答案： 渗油

　　　依据：《电力建设施工技术规范　第 2 部分：锅炉机组》DL 5190.2—2012，条款号 4.6.1

147. **试题：** 等离子点火装置安装时，点火器和燃烧器密封面应＿＿＿＿不漏。

　　　答案： 严密

　　　依据：《电力建设施工技术规范　第 2 部分：锅炉机组》DL 5190.2—2012，条款号 4.6.6

148. **试题：** 循环流化床锅炉安装燃烧器的预留孔位置、防磨套管安装位置和角度、防磨套管内部____尺寸应符合厂家图纸要求。

答案： 耐磨料

依据：《电力建设施工技术规范　第2部分：锅炉机组》DL 5190.2—2012，条款号 4.6.8

149. **试题：** 循环流化床锅炉点火、燃烧装置安装，床下点火油枪安装预留孔位置和油枪的安装____应符合厂家图纸要求。

答案： 角度

依据：《电力建设施工技术规范　第2部分：锅炉机组》DL 5190.2—2012，条款号 4.6.8

150. **试题：** 管式空气预热器在安装前应检查管箱外形尺寸，允许偏差应符合规定，清除管子内外的尘土、锈片等杂物，检查管子和管板的焊接质量，进行____试验。

答案： 渗油

依据：《电力建设施工技术规范　第2部分：锅炉机组》DL 5190.2—2012，条款号 4.7.1

151. **试题：** 管式空气预热器安装结束后，应与冷、热风道同时进行____试验，启动前应进行全面检查，管内不得有杂物堵塞。

答案： 风压

依据：《电力建设施工技术规范　第2部分：锅炉机组》DL 5190.2—2012，条款号 4.7.1

152. **试题：** 回转式空气预热器吹灰及冲洗装置的喷嘴与定子或转子端面的最小____应符合设备技术文件的规定。

答案： 距离

依据：《电力建设施工技术规范　第2部分：锅炉机组》DL 5190.2—2012，条款号 4.7.2

153. **试题：** 受热面管在组合和安装前必须分别进行____试验，试验应采用钢球，且必须编号和严格管理，不得将球遗留在管内；通球后应及时做好可靠的封闭措施，并做好记录。

答案： 通球

依据：《电力建设施工技术规范　第2部分：锅炉机组》DL 5190.2—2012，条款号 5.1.6（强条）

154. **试题：** 受热面管通球压缩空气压力不宜小于____，通球前应对管子进行吹扫，不含联箱的组件需进行二次通球。

答案： 0.4MPa

依据：《电力建设施工技术规范　第 2 部分：锅炉机组》DL 5190.2—2012，条款号 5.1.6

---

155. **试题：** 集箱管接座通球试验，可采用与钢球等径的____进行检验。

　　答案： 钢丝绳

　　依据：《电力建设施工技术规范　第 2 部分：锅炉机组》DL 5190.2—2012，条款号 5.1.6

---

156. **试题：** 受热面组件吊装前，应复查各____、吊点的位置和吊杆的尺寸。

　　答案： 支点

　　依据：《电力建设施工技术规范　第 2 部分：锅炉机组》DL 5190.2—2012，条款号 5.1.14

---

157. **试题：** 设备组合安装前，必须将所有联箱内部清扫干净，锅炉联箱设置有节流装置的应使用____检查。

　　答案： 内窥镜

　　依据：《电力建设施工技术规范　第 2 部分：锅炉机组》DL 5190.2—2012，条款号 5.2.1

---

158. **试题：** 汽包、汽水分离器、联箱安装找正时，应根据构架中心线和汽包、汽水分离器、联箱上已复核过的铣眼中心线进行测量，安装标高应以构架 1m____为基准。

　　答案： 标高点

　　依据：《电力建设施工技术规范　第 2 部分：锅炉机组》DL 5190.2—2012，条款号 5.2.2

---

159. **试题：** 汽包、汽水分离器、联箱的吊杆紧固时应负荷分配均匀，水压前应进行吊杆____复查。

　　答案： 受力

　　依据：《电力建设施工技术规范　第 2 部分：锅炉机组》DL 5190.2—2012，条款号 5.2.5

---

160. **试题：** 汽包、汽水分离器内部装置安装后所有法兰结合面应严密，连接件应有___装置。

　　答案： 止退

　　依据：《电力建设施工技术规范　第 2 部分：锅炉机组》DL 5190.2—2012，条款号 5.2.6

---

161. **试题：** 不得在汽包、汽水分离器及联箱上引弧和施焊，如需施焊，必须经____同

意，焊接前应进行严格的焊接工艺评定试验。

答案：制造厂

依据：《电力建设施工技术规范 第2部分：锅炉机组》DL 5190.2—2012，条款号5.2.7（强条）

162. **试题：**受热面的防磨装置应按图纸留出接头处的____间隙，且不得妨碍烟气流通。

答案：膨胀

依据：《电力建设施工技术规范 第2部分：锅炉机组》DL 5190.2—2012，条款号5.4.5

163. **试题：**锅炉连通管应能够____膨胀且不得阻碍受热面设备的膨胀。

答案：自由

依据：《电力建设施工技术规范 第2部分：锅炉机组》DL 5190.2—2012，条款号5.4.9

164. **试题：**设计为常温下工作的吊架吊杆____从管道保温层内穿过。

答案：不得

依据：《电力建设施工技术规范 第2部分：锅炉机组》DL 5190.2—2012，条款号5.4.9

165. **试题：**锅炉连通管道安装图中设计未作偏装量明确要求的，应根据管系整体____进行偏装。

答案：膨胀量

依据：《电力建设施工技术规范 第2部分：锅炉机组》DL 5190.2—2012，条款号5.4.9

166. **试题：**锅炉连通管道支吊架吊杆的受力____应在水压前进行，最终调整后应按图纸要求锁定螺母。

答案：调整

依据：《电力建设施工技术规范 第2部分：锅炉机组》DL 5190.2—2012，条款号5.4.9

167. **试题：**循环泵安装后，电动机及主法兰的螺栓不应敷设____材料。

答案：保温

依据：《电力建设施工技术规范 第2部分：锅炉机组》DL 5190.2—2012，条款号5.5.2

168. **试题：**锅炉炉水循环泵安装后，泵体应能随系统管道____膨胀，不允许泵体及电机承受外力。

答案：自由

依据：《电力建设施工技术规范　第2部分：锅炉机组》DL 5190.2—2012，条款号 5.5.2

169. 试题：锅炉炉水循环泵的低压冷却水热交换器连接的低压冷却水应清洁，必要时应安装临时____。

答案：滤网

依据：《电力建设施工技术规范　第2部分：锅炉机组》DL 5190.2—2012，条款号 5.5.6

170. 试题：锅炉炉水循环泵的分部试运前，电动机腔室____合格的除盐水后才允许锅炉本体上水。

答案：充满

依据：《电力建设施工技术规范　第2部分：锅炉机组》DL 5190.2—2012，条款号 5.5.11

171. 试题：锅炉炉水循环泵的分部试运时，首次瞬间启动应确认电动机运转____正确，电流及声音正常。

答案：方向

依据：《电力建设施工技术规范　第2部分：锅炉机组》DL 5190.2—2012，条款号 5.5.11

172. 试题：循环流化床锅炉的风帽安装前应进行设备清点检查，零件材质无错用，合金部件作____分析并在明显处作标识。

答案：光谱

依据：《电力建设施工技术规范　第2部分：锅炉机组》DL 5190.2—2012，条款号 5.6.1

173. 试题：循环流化床锅炉的汽冷型旋风分离器的组合安装要求如下：汽冷分离器管束上现场焊接的爪钉、鳍片及其他____焊接应符合厂家图纸要求。

答案：密封

依据：《电力建设施工技术规范　第2部分：锅炉机组》DL 5190.2—2012，条款号 5.6.3

174. 试题：循环流化床锅炉所有炉膛____的密封焊缝应按图纸要求全部打磨光滑。

答案：内侧

依据：《电力建设施工技术规范　第2部分：锅炉机组》DL 5190.2—2012，条款号 5.6.4

175. **试题**：锅炉受热面系统安装完成后应进行整体水压试验，水压试验中的____试验压力按制造厂规定执行，若无规定时，试验压力应符合规范要求。
答案：超压
依据：《电力建设施工技术规范　第 2 部分：锅炉机组》DL 5190.2—2012，条款号5.7.1

176. **试题**：超临界、超超临界锅炉主蒸汽、再热蒸汽管道水压试验宜采用制造厂提供的水压____或专用临时封堵装置。
答案：堵阀
依据：《电力建设施工技术规范　第 2 部分：锅炉机组》DL 5190.2—2012，条款号5.7.2

177. **试题**：锅炉水压试验时应安装不少于两块经过校验合格、精度不低于____级的弹簧管压力表，压度表的刻度极限值宜为试验压力的 1.5～2.0 倍。
答案：1.0
依据：《电力建设施工技术规范　第 2 部分：锅炉机组》DL 5190.2—2012，条款号5.7.6

178. **试题**：锅炉本体蒸发与过热系统水压试验时，试验压力以汽包或____出口联箱处的压力表读数为准。
答案：过热器
依据：《电力建设施工技术规范　第 2 部分：锅炉机组》DL 5190.2—2012，条款号5.7.6

179. **试题**：锅炉再热器水压试验时，试验压力以再热器____联箱处的压力表读数为准。
答案：出口
依据：《电力建设施工技术规范　第 2 部分：锅炉机组》DL 5190.2—2012，条款号5.7.6

180. **试题**：锅炉水压试验压力达到试验压力后保持____，然后降至工作压力进行全面检查，检查期间压力应保持不变。
答案：20min
依据：《电力建设施工技术规范　第 2 部分：锅炉机组》DL 5190.2—2012，条款号5.7.7

181. **试题**：锅炉水压试验合格后应及时办理签证；应尽量缩短水压到酸洗的时间，若需保养应按照现行行业标准 DL／T 889 中水压试验后的____保护的规定执行。
答案：防腐蚀

依据：《电力建设施工技术规范 第 2 部分：锅炉机组》DL 5190.2—2012，条款号 5.7.9

182. **试题：** 现场自行布置的管道阀门安装应注意____流向。

答案： 介质

依据：《电力建设施工技术规范 第 2 部分：锅炉机组》DL 5190.2—2012，条款号 6.1.3

183. **试题：** 锅炉的减温水管道及阀门应布置合理、膨胀顺畅，____方向安装正确。

答案： 喷嘴

依据：《电力建设施工技术规范 第 2 部分：锅炉机组》DL 5190.2—2012，条款号 6.2.6

184. **试题：** 锅炉的启动系统中水位控制阀在锅炉酸洗前应安装厂家提供的假阀芯，____后方可恢复。

答案： 酸洗

依据：《电力建设施工技术规范 第 2 部分：锅炉机组》DL 5190.2—2012，条款号 6.3.3

185. **试题：** 锅炉中的纯机械弹簧式安全阀在水压试验压力升至安全阀最低压力整定值的____之前，手动上紧顶紧装置后方能继续升压。水压试验完成后，压力降至顶紧时压力应及时卸去顶紧装置。

答案： 80%

依据：《电力建设施工技术规范 第 2 部分：锅炉机组》DL 5190.2—2012，条款号 6.5.6

186. **试题：** 声波吹灰器的空气管路连接到发声装置之前，应进行____。

答案： 吹扫

依据：《电力建设施工技术规范 第 2 部分：锅炉机组》DL 5190.2—2012，条款号 6.6.3

187. **试题：** 声波吹灰系统安装前应清理和检查____，应无碎屑、点蚀、切口或擦痕。

答案： 发声器

依据：《电力建设施工技术规范 第 2 部分：锅炉机组》DL 5190.2—2012，条款号 6.6.3

188. **试题：** 锅炉烟风、燃料管道和设备的法兰间应有足够厚度的密封衬垫，衬垫应安装在法兰螺栓以内并不得伸入管道和设备中；衬垫两面应涂抹____涂料。

答案： 密封

依据：《电力建设施工技术规范　第 2 部分：锅炉机组》DL 5190.2—2012，条款号 7.2.4

189. **试题：** 烟风道、燃料管道安装结束后，参加锅炉整体____试验，检查其严密性，发现泄漏应做好记录及时处理。

答案： 风压

依据：《电力建设施工技术规范　第 2 部分：锅炉机组》DL 5190.2—2012，条款号 7.2.8

190. **试题：** 烟风道、燃（物）料管道的挡板、插板在安装前应进行检查，必要时作解体检修。轴封或密封面应密封完好。轴端头应做好与____位置相符的永久标志。

答案： 实际

依据：《电力建设施工技术规范　第 2 部分：锅炉机组》DL 5190.2—2012，条款号 7.3.1

191. **试题：** 循环流化床锅炉的回料阀风帽标高偏差不得超出____。

答案： ±3mm

依据：《电力建设施工技术规范　第 2 部分：锅炉机组》DL 5190.2—2012，条款号 7.3.7

192. **试题：** 循环流化床锅炉的风水联合冷渣器安装施工时，管排在组装前应做____水压试验或无损探伤。

答案： 单根

依据：《电力建设施工技术规范　第 2 部分：锅炉机组》DL 5190.2—2012，条款号 10.13.1

193. **试题：** 锅炉酸洗临时系统的焊接工作必须由合格的焊工施焊，宜采用氩弧打底焊接工艺（除排放管段外）。阀门压力等级必须高于化学清洗时相应的压力等级，阀门不得有____，阀门及法兰填料，应采用耐酸、碱的防蚀材料。

答案： 铜部件

依据：《电力建设施工技术规范　第 2 部分：锅炉机组》DL 5190.2—2012，条款号 13.4.4

194. **试题：** 锅炉过热器、再热器及其蒸汽管道系统吹洗时，被吹洗系统各处的吹管系数应大于____。

答案： 1

依据：《电力建设施工技术规范　第 2 部分：锅炉机组》DL 5190.2—2012，条款号 13.5.5

195. **试题：** 锅炉构架吊装时及吊装后应保证结构____，必要时应临时加固。

答案：稳定

依据：《电力建设施工技术规范 第 2 部分：锅炉机组》DL 5190.2—2012，条款号 A.2.1

196. **试题**：燃机余热锅炉护板与钢架成模块供货的，钢架护板接头和角部等现场装设内保温处应填满保温材料，保温材料应错缝压紧，内衬板搭装应注意顺烟气流向并能保证自由____。

答案：膨胀

依据：《电力建设施工技术规范 第 2 部分：锅炉机组》DL 5190.2—2012，条款号 C.2.2

197. **试题**：余热锅炉顶护板与侧护板应密封焊接，并进行____检查。

答案：渗漏

依据：《电力建设施工技术规范 第 2 部分：锅炉机组》DL 5190.2—2012，条款号 C.2.3

198. **试题**：余热锅炉顶部模块之间保温需填补充实，密封焊缝需要进行____检查。

答案：磁粉

依据：《电力建设施工技术规范 第 2 部分：锅炉机组》DL 5190.2—2012，条款号 C.2.13

199. **试题**：设计及制造厂对质量标准有数据要求，而检验结果栏中没有填写____数据的检验批、分项工程不应进行验收。

答案：实测

依据：《电力建设施工质量验收及评价规程 第 2 部分：锅炉机组》DL/T 5210.2—2009，条款号 4.1.13

200. **试题**：锅炉钢结构高强螺栓摩擦面抗滑移系数：检验____不得小于设计规定值。

答案：最小值

依据：《电力建设施工质量验收及评价规程 第 2 部分：锅炉机组》DL/T 5210.2—2009，条款号 4.3.4

201. **试题**：锅炉吊挂装置销轴、开口销安装齐全，开口销____。

答案：销固

依据：《电力建设施工质量验收及评价规程 第 2 部分：锅炉机组》DL/T 5210.2—2009，条款号 4.3.6

202. **试题**：锅炉受热面管子内部清洁，无尘土、锈皮、积水、金属余屑等杂物，清理完毕进行可靠____。

答案：封堵

依据：《电力建设施工质量验收及评价规程 第 2 部分：锅炉机组》DL/T 5210.2—2009，条款号 4.3.7

203. 试题：锅炉本体、附属管路管子无裂纹、撞伤、龟裂、压扁、砂眼、分层；外表局部损伤深度≤____管壁设计厚度。

答案：10%

依据：《电力建设施工质量验收及评价规程 第 2 部分：锅炉机组》DL/T 5210.2—2009，条款号 4.3.8

204. 试题：锅炉受热面管对口前需进行坡口清洁，在管端内外____范围内，无铁锈、油垢，并露出金属光泽。

答案：10mm ～ 15mm

依据：《电力建设施工质量验收及评价规程 第 2 部分：锅炉机组》DL/T 5210.2—2009，条款号 4.3.9

205. 试题：锅炉减温器喷管安装应喷孔畅通，喷头____正确。

答案：方向

依据：《电力建设施工质量验收及评价规程 第 2 部分：锅炉机组》DL/T 5210.2—2009，条款号 4.3.10

206. 试题：锅炉基础各平面标高偏差为____。

答案：0 ～ —20mm

依据：《电力建设施工质量验收及评价规程 第 2 部分：锅炉机组》DL/T 5210.2—2009，条款号 4.4.1

207. 试题：锅炉钢架柱底板垫铁装设应无松动，相互____，与柱脚底板点焊。

答案：点焊

依据：《电力建设施工质量验收及评价规程 第 2 部分：锅炉机组》DL/T 5210.2—2009，条款号 4.4.2

208. 试题：锅炉顶板梁安装前后、水压前后、点火前____应符合制造厂技术文件要求。

答案：挠度值

依据：《电力建设施工质量验收及评价规程 第 2 部分：锅炉机组》DL/T 5210.2—2009，条款号 4.4.6

209. 试题：锅炉平台格栅安装方向及固定：铺设方向____，横平竖直，拼缝间隙均匀，固定牢固。

答案：一致

依据：《电力建设施工质量验收及评价规程 第 2 部分：锅炉机组》DL/T 5210.2—2009，条款号 4.4.14

210. 试题：管箱式空气预热器安装时管箱与锅炉立柱中心线间距偏差为____。

答案：±5mm

依据：《电力建设施工质量验收及评价规程 第 2 部分：锅炉机组》DL/T 5210.2—2009，条款号 4.4.18

211. 试题：管箱式空气预热器转角箱箱体平整，无明显凹凸，临时焊接铁件切割干净，箱体内无____。

答案：杂物

依据：《电力建设施工质量验收及评价规程 第 2 部分：锅炉机组》DL/T 5210.2—2009，条款号 4.4.20

212. 试题：回转式空气预热器轴承外观应无裂纹，重皮和锈蚀，转动平稳，____。

答案：灵活

依据：《电力建设施工质量验收及评价规程 第 2 部分：锅炉机组》DL/T 5210.2—2009，条款号 4.4.23

213. 试题：空气预热器驱动装置围带圆销与齿轮接触面应≥____齿宽。

答案：65%

依据：《电力建设施工质量验收及评价规程 第 2 部分：锅炉机组》DL/T 5210.2—2009，条款号 4.4.26

214. 试题：受热面回转式空气预热器轴向密封间隙符合设备技术文件，折角板安装方向与转子回转方向____。

答案：一致

依据：《电力建设施工质量验收及评价规程 第 2 部分：锅炉机组》DL/T 5210.2—2009，条款号 4.4.30

215. 试题：回转式空气预热器密封装置调节性能应良好，动静部分____有轻微摩擦。

答案：允许

依据：《电力建设施工质量验收及评价规程 第 2 部分：锅炉机组》DL/T 5210.2—2009，条款号 4.4.34

216. 试题：锅炉本体砂封槽砂质：干燥，无有机物，泥土等杂物，砂粒一般为____，且粒度均匀。

答案：1.5mm～2mm

依据：《电力建设施工质量验收及评价规程 第 2 部分：锅炉机组》DL/T 5210.2—

2009，条款号 4.4.38

217. **试题：** 直流式燃烧器安装，燃烧切圆划线应在切圆平台上，有正确的____切圆线，且标记明显。

答案： 假想

依据：《电力建设施工质量验收及评价规程 第2部分：锅炉机组》DL/T 5210.2—2009，条款号 4.4.46

218. **试题：** 油、气燃烧器雾化喷嘴内部应无杂物、畅通，雾化片光洁、无损伤，接头严密____。

答案： 不漏

依据：《电力建设施工质量验收及评价规程 第2部分：锅炉机组》DL/T 5210.2—2009，条款号 4.4.47

219. **试题：** 无油点火装置、微油点火装置喷口离水冷壁管的间隙不妨碍____。

答案： 膨胀

依据：《电力建设施工质量验收及评价规程 第2部分：锅炉机组》DL/T 5210.2—2009，条款号 4.4.50

220. **试题：** 无油点火装置、微油点火装置推进器安装应进退自如，无____。

答案： 卡涩

依据：《电力建设施工质量验收及评价规程 第2部分：锅炉机组》DL/T 5210.2—2009，条款号 4.4.50

221. **试题：** 汽包安装划线：两端有中心____，并在筒体划出筒体纵横中心线。

答案： 标志

依据：《电力建设施工质量验收及评价规程 第2部分：锅炉机组》DL/T 5210.2—2009，条款号 4.4.51

222. **试题：** 汽包内部法兰、螺栓连接应严密，垫片符合设计要求，螺栓连接紧固，无松动并有____措施。

答案： 防松

依据：《电力建设施工质量验收及评价规程 第2部分：锅炉机组》DL/T 5210.2—2009，条款号 4.4.54

223. **试题：** 膜式壁火嘴口纵横中心线允许偏差为____。

答案： ±10mm

依据：《电力建设施工质量验收及评价规程 第2部分：锅炉机组》DL/T 5210.2—2009，条款号 4.4.55

224. **试题：** 螺旋水冷壁四角水平管标高允许偏差为____。

　　答案： ±2mm

　　依据：《电力建设施工质量验收及评价规程　第 2 部分：锅炉机组》DL/T 5210.2—2009，条款号　4.4.58

225. **试题：** 卧式过热器管排间距允许偏差为____。

　　答案： ±5mm

　　依据：《电力建设施工质量验收及评价规程　第 2 部分：锅炉机组》DL/T 5210.2—2009，条款号　4.4.64

226. **试题：** 汽-汽加热器筒体与小联箱纵向中心线间距离允许偏差为____。

　　答案： ±5mm

　　依据：《电力建设施工质量验收及评价规程　第 2 部分：锅炉机组》DL/T 5210.2—2009，条款号　4.4.65

227. **试题：** 锅炉吊挂管管子间距允许偏差为____。

　　答案： ±5mm

　　依据：《电力建设施工质量验收及评价规程　第 2 部分：锅炉机组》DL/T 5210.2—2009，条款号　4.4.69

228. **试题：** 锅炉吊挂管管子平整度允许偏差应≤____。

　　答案： 20mm

　　依据：《电力建设施工质量验收及评价规程　第 2 部分：锅炉机组》DL/T 5210.2—2009，条款号　4.4.70

229. **试题：** 锅炉刚性梁标高允许偏差为____。

　　答案： ±5mm

　　依据：《电力建设施工质量验收及评价规程　第 2 部分：锅炉机组》DL/T 5210.2—2009，条款号　4.4.71

230. **试题：** 锅炉附属管道与母管连接时，不同压力的排污、疏放水管____接入同一母管，与母管连接角度符合设计要求。

　　答案： 不得

　　依据：《电力建设施工质量验收及评价规程　第 2 部分：锅炉机组》DL/T 5210.2—2009，条款号　4.4.80

231. **试题：** 锅炉附属管道法兰连接，结合面平整，无贯穿性划痕，垫片的内径比法兰内径大 2mm～3mm，法兰对接平行、同心，其偏差不大于法兰外径的____，且不大于 2mm；螺栓受力均匀，螺栓应露出螺母 2～3 个螺距。

答案：1.5‰

依据：《电力建设施工质量验收及评价规程 第2部分：锅炉机组》DL/T 5210.2—2009，条款号 4.4.80

232. 试题：吹灰器喷管的纵向水平允许偏差应≤＿＿＿长度。

答案：1‰

依据：《电力建设施工质量验收及评价规程 第2部分：锅炉机组》DL/T 5210.2—2009，条款号 4.4.82

233. 试题：汽包水位计盖板接合面垫片宜采用＿＿＿垫，且平整。

答案：紫铜

依据：《电力建设施工质量验收及评价规程 第2部分：锅炉机组》DL/T 5210.2—2009，条款号 4.4.83

234. 试题：高强螺栓穿入方向应＿＿＿，紧固可靠，终紧复查抽检比例应符合规范要求，无漏紧。

答案：一致

依据：《火电工程达标投产验收规程》DL 5277—2012，条款号 表4.3.1

235. 试题：安装单位对监检员发出的《特种设备监督检验工作联络单》或监检机构发出的《特种设备监督检验意见通知书》应当在规定的期限内处理并＿＿＿回复。

答案：书面

依据：《锅炉安装监督检验规则》TSG G7001—2015，条款号 第十二条

236. 试题：水压试验现场检查承压部件表面、焊缝、胀口、人孔、手孔等处试验过程中的状况（主要检查在试验过程中是否有渗漏、变形、异常声音），保压时压力表的指示是否＿＿＿。

答案：平稳

依据：《锅炉安装监督检验规则》TSG G7001—2015，条款号 散装锅炉安装监督检验项目和方法（十）

237. 试题：压力容器的＿＿＿包括直接连接在压力容器上的安全阀、爆破片装置、紧急切断装置、安全联锁装置、压力表、液位计、测温仪表等。

答案：安全附件

依据：《固定式压力容器安全技术监察规程》TSG R0004—2009，条款号 总则1.6.2

238. 试题：实施制造许可的压力容器专用材料的质量证明书和材料上的标志内容应当包括制造许可标志和许可证的＿＿＿。

答案：编号

依据:《固定式压力容器安全技术监察规程》TSG R0004—2009，条款号　材料 2.1

239. **试题：** 压力容器的设计文件包括____计算书或者应力分析报告、设计同样、制造技术条件、风险评估报告。

　　答案： 强度

　　依据:《固定式压力容器安全技术监察规程》TSG R0004—2009，条款号　3.4.1

240. **试题：** 压力容器的设计压力是指设定的容器____部位的最高压力，与相应的设计温度一起作为设计载荷条件。

　　答案： 顶部

　　依据:《固定式压力容器安全技术监察规程》TSG R0004—2009，条款号　3.9.1

241. **试题：** 耐压试验前，压力容器各连接部件的紧固螺栓，应当装备____，紧固妥当。

　　答案： 齐全

　　依据:《固定式压力容器安全技术监察规程》TSG R0004—2009，条款号　4.7.4

242. **试题：** 耐压试验保压期间不得采用连续加压来维持试验压力不变，耐压试验过程中不得带压紧固螺栓或者向受压元件施加____。

　　答案： 外力

　　依据:《固定式压力容器安全技术监察规程》TSG R0004—2009，条款号　4.7.5

243. **试题：** 耐压试验后，由于焊接接头或者接管泄露而进行返修的，或者返修深度大于二分之一厚度的压力容器，应当重新进行____试验。

　　答案： 耐压

　　依据:《固定式压力容器安全技术监察规程》TSG R0004—2009，条款号　4.7.5

244. **试题：** 耐压试验时压力容器中应当充满液体，滞留在压力容器内的气体应当____，压力容器外表面应当保持干燥。

　　答案： 排净

　　依据:《固定式压力容器安全技术监察规程》TSG R0004—2009，条款号　4.7.6.1

245. **试题：** 压力容器上的爆破片的设计爆破压力不得大于该容器的设计压力，并且最小设计爆破压力不得小于该容器的____压力。

　　答案： 工作

　　依据:《固定式压力容器安全技术监察规程》TSG R0004—2009，条款号　安全附件 8.3.3

246. **试题：** 弹簧式安全阀应当有防止随便拧动调整螺钉的____装置。

　　答案： 铅封

依据：《固定式压力容器安全技术监察规程》TSG R0004—2009，条款号 安全附件 8.3.4

247. 试题：安全阀校验合格后，校验单位应当出具校验报告书并且对校验合格的安全阀加装____。

答案：铅封

依据：《固定式压力容器安全技术监察规程》TSG R0004—2009，条款号 安全附件 8.3.6

248. 试题：设计压力小于 10MPa 的压力容器用液位计在安装使用前，应进行____倍液位计公称压力的液压试验。

答案：1.5

依据：《固定式压力容器安全技术监察规程》TSG R0004—2009，条款号 安全附件 8.5.1

249. 试题：设计压力大于或者等于 10MPa 的压力容器的液位计在安装使用前应进行____倍液位计公称压力的液压试验。

答案：1.25

依据：《固定式压力容器安全技术监察规程》TSG R0004—2009，条款号 8.5.1

250. 试题：用于易爆、毒性程度为极度、高度危害介质的液化气体压力容器上的液位计，应有防止____的保护装置。

答案：泄漏

依据：《固定式压力容器安全技术监察规程》TSG R0004—2009，条款号 安全附件 8.5.1

251. 试题：安全阀阀瓣和阀座的材料必须能够抗冲击、耐腐蚀，不允许采用____材料。

答案：铸铁

依据：《安全阀安全技术监察规程》TSG ZF0001—2006，条款号 B1.2

252. 试题：经校验合格的安全阀，需要及时进行重新____，防止调整后的状态发生改变。

答案：铅封

依据：《安全阀安全技术监察规程》TSG ZF0001—2006，条款号 E4

253. 试题：采用 Q235 材质高强度螺栓连接的普通钢结构，____采用喷砂或喷丸处理时，其抗滑移系数 μ 为 0.45。

答案：摩擦面

依据：《钢结构高强度螺栓连接技术规程》JGJ 82—2011，条款号 3.2.4

254. **试题：**采用 Q345 材质高强度螺栓连接的普通钢结构，____采用喷砂或喷丸处理时，其抗滑移系数 μ 为 0.5。

　　答案：摩擦面

　　依据：《钢结构高强度螺栓连接技术规程》JGJ 82—2011，条款号　3.2.4

255. **试题：**承压型连接螺栓孔径不应大于螺栓公称直径____。

　　答案：2mm

　　依据：《钢结构高强度螺栓连接技术规程》JGJ 82—2011，条款号　4.3.3

256. **试题：**M24 及以下规格的高强度螺栓连接副，垫圈或连续垫板厚度不宜小于____。

　　答案：8mm

　　依据：《钢结构高强度螺栓连接技术规程》JGJ 82—2011，条款号　4.3.3

257. **试题：**当天安装剩余的高强度螺栓必须妥善____，不得乱扔、乱放。

　　答案：保管

　　依据：《钢结构高强度螺栓连接技术规程》JGJ 82—2011，条款号　6.4.6

258. **试题：**按标准孔型设计的高强度螺栓孔，修整后孔的最大直径超过 1.2 倍螺栓直径或修孔数量超过该节点螺栓数量的____时，应经设计单位同意，并由设计单位复核计算。

　　答案：25%

　　依据：《钢结构高强度螺栓连接技术规程》JGJ 82—2011，条款号　6.4.9

259. **试题：**高强度大六角头螺栓校正用的扭矩扳手，其扭矩相对误差应为____。

　　答案：±3%

　　依据：《钢结构高强度螺栓连接技术规程》JGJ 82—2011，条款号　6.4.11

260. **试题：**大型节点高强度大六角头螺栓连接副的拧紧应分初拧、复拧、终拧，初拧扭矩和复拧扭矩为终拧扭矩的____左右。

　　答案：50%

　　依据：《钢结构高强度螺栓连接技术规程》JGJ 82—2011，条款号　6.4.14

二、判断题（判断下列试题是否正确。正确的在括号内打"√"，错误的在括号内打"×"）

1. **试题：**锅筒等主要的承压容器和管道的纵向和环向焊缝及封头管板的拼接焊缝等应当采用全焊透型焊缝。条件受限时，受压元件的焊缝可以采用搭接结构。（　　　）

　　答案：×

　　依据：《水管锅炉　第 1 部分：总则》GB/T 16507.1—2013，条款号　6.6.2

2. **试题**：用于锅筒、集箱端盖的钢板，应进行 50%超声波检测抽查。（   ）

   答案：×

   依据：《水管锅炉　第 2 部分：材料》GB/T 16507.2—2013，条款号　4.3

3. **试题**：锅炉炉膛、包墙及尾部烟道的结构应有足够的承载能力，防止出现永久变形和炉墙垮塌，并应有良好的密封性。（   ）

   答案：√

   依据：《水管锅炉　第 3 部分：结构设计》GB/T 16507.3—2013，条款号　4.6

4. **试题**：悬吊式锅炉本体设计确定的膨胀中心应处于自由状态，以保证锅炉本体的自由膨胀。（   ）

   答案：×

   依据：《水管锅炉　第 3 部分：结构设计》GB/T 16507.3—2013，条款号　4.9

5. **试题**：如果无法避免受压元件主要焊缝及邻近区域焊接附件，则焊接附件的焊缝可以在主要焊缝及邻近区域终止，而不应穿过主要焊缝。（   ）

   答案：×

   依据：《水管锅炉　第 3 部分：结构设计》GB/T 16507.3—2013，条款号　5.2

6. **试题**：锅筒、分离器、集箱、过热器管道及再热器管道的纵向和环向焊缝，封头的拼接焊缝等应采用全焊透型焊缝。（   ）

   答案：√

   依据：《水管锅炉　第 3 部分：结构设计》GB/T 16507.3—2013，条款号　5.5

7. **试题**：锅筒上相邻两筒节的纵向焊缝，以及封头的拼接焊缝与相邻筒节的纵向焊缝应彼此相连。（   ）

   答案：×

   依据：《水管锅炉　第 3 部分：结构设计》GB/T 16507.3—2013，条款号　5.6

8. **试题**：由两片不等壁厚钢板压制后焊成的锅筒，相邻两筒节的纵缝允许相连，但焊缝的交叉部位应经射线检测合格。（   ）

   答案：√

   依据：《水管锅炉　第 3 部分：结构设计》GB/T 16507.3—2013，条款号　5.7

9. **试题**：锅筒纵、环缝两边的钢板中心线应对齐，锅筒环缝两侧的钢板不等厚时，不允许一侧的边缘对齐。（   ）

   答案：×

   依据：《水管锅炉　第 3 部分：结构设计》GB/T 16507.3—2013，条款号　5.8

10. **试题**：锅筒、集箱、管道与支管或管接头连接时，可以采用奥氏体钢和铁素体钢的异种钢焊接。（　　）

　　答案：×

　　依据：《水管锅炉　第 3 部分：结构设计》GB/T 16507.3—2013，条款号　5.13

11. **试题**：锅筒的封头尽量用整块钢板制成。必须拼接时，允许用两块钢板拼成。（　　）

　　答案：√

　　依据：《水管锅炉　第 3 部分：结构设计》GB/T 16507.3—2013，条款号　6.4

12. **试题**：锅筒封头的拼接焊缝至封头中心线的距离不大于封头公称内径的 30%，并且不应通过扳边人孔，也不应将拼接焊缝布置在人孔扳边圆弧上。（　　）

　　答案：√

　　依据：《水管锅炉　第 3 部分：结构设计》GB/T 16507.3—2013，条款号　6.4

13. **试题**：喷水减温器的内衬套两端在筒体内应进行可靠的焊接固定，防止介质的高速流动而产生错位和移动。（　　）

　　答案：×

　　依据：《水管锅炉　第 3 部分：结构设计》GB/T 16507.3—2013，条款号　7.2

14. **试题**：除锅筒外，其他管道类如集中下降管的焊接管孔可以开在焊缝或热影响区内。（　　）

　　答案：×

　　依据：《水管锅炉　第 3 部分：结构设计》GB/T 16507.3—2013，条款号　9.2.2

15. **试题**：锅炉受压元件人孔圈、头孔圈与筒体、封头的连接应采用全焊透结构。（　　）

　　答案：√

　　依据：《水管锅炉　第 3 部分：结构设计》GB/T 16507.3—2013，条款号　9.3.2

16. **试题**：需要进行焊缝射线检测的受压元件，当无合适的开孔可供射线照相使用时，则应钻制专用的射线照相检查孔。（　　）

　　答案：√

　　依据：《水管锅炉　第 3 部分：结构设计》GB/T 16507.3—2013，条款号　9.3.11

17. **试题**：接管与圆筒体焊接结构型式为非补强结构，或不满足开孔补强条件的孔均视为未补强孔。（　　）

　　答案：√

　　依据：《水管锅炉　第 4 部分：受压元件强度计算》GB 16507.4—2013，条款号　11.3.2

18. **试题：** 不锈钢管及壁厚小于 5mm 的管子不能使用钢印在管子的外壁进行标示。（ ✓ ）

    答案： √

    依据：《水管锅炉 第 5 部分：制造》GB/T 16507.5—2013，条款号 5.4.2

19. **试题：** 使用管子弯制合格的成品弯管应使用钢印在弧段的表面进行标示，使标示内容长期保持清晰。（ ）

    答案： ×

    依据：《水管锅炉 第 5 部分：制造》GB/T 16507.5—2013，条款号 5.4.2

20. **试题：** 为满足不同壁厚管子或不同口径管子的拼接，可以对管端进行墩厚、缩颈、扩口加工。（ ）

    答案： √

    依据：《水管锅炉 第 5 部分：制造》GB/T 16507.5—2013，条款号 6.4.3.1

21. **试题：** 集箱类部件筒体对接接头内表面的边缘偏差如果大于名义壁厚的 10%加 0.5mm，或者大于 1mm 时，超出的部分应予内镗或削薄。（ ）

    答案： √

    依据：《水管锅炉 第 5 部分：制造》GB/T 16507.5—2013，条款号 6.5.4.1.2

22. **试题：** 对于抽样检验的项目，按相关标准或协议的规定入厂检验不合格时，应对其不合格项目取双倍式样进行复试。如果复试合格，复试试样所代表的材料可判为合格并予以接受。（ ）

    答案： √

    依据：《水管锅炉 第 6 部分：检验、试验和验收》GB/T 16507.6—2013，条款号 3.10.2

23. **试题：** 对于抽样检验的项目，按相关标准或协议的规定入厂检验不合格时，应对其不合格项目取双倍式样进行复试。若复试不合格，复试试样所代表的材料应判为不合格并可拒收。（ ）

    答案： √

    依据：《水管锅炉 第 6 部分：检验、试验和验收》GB/T 16507.6—2013，条款号 3.10.2

24. **试题：** 内螺纹管通球时，应首先按理论最大内径选取通球用钢球。若按最大内径通球遇阻，则再按管子实测最小内径选取钢球进行通球。（ ）

    答案： ×

    依据：《水管锅炉 第 6 部分：检验、试验和验收》GB/T 16507.6—2013，条款号 5.4

25. **试题：** 为保证管子内部清洁度而进行的通球试验可采用海绵球。（　　）
    答案： √
    依据：《水管锅炉　第 6 部分：检验、试验和验收》GB/T 16507.6—2013，条款号 5.5

26. **试题：** 锅炉受压元件的水压试验应当在无损检测和热处理前进行。（　　）
    答案： ×
    依据：《水管锅炉　第 6 部分：检验、试验和验收》GB/T 16507.6—2013，条款号 9.1

27. **试题：** 合金钢受压元件的水压试验水温应当低于所用钢种的脆性转变温度。（　　）
    答案： ×
    依据：《水管锅炉　第 6 部分：检验、试验和验收》GB/T 16507.6—2013，条款号 9.1

28. **试题：** 对接焊接的受热面管及其他受压管件经过氩弧焊打底并且 100%无损检测合格，能够保证焊接质量，在制造单位内可以不单独进行水压试验。（　　）
    答案： √
    依据：《水管锅炉　第 6 部分：检验、试验和验收》GB/T 16507.6—2013，条款号 9.3.2

29. **试题：** 锅炉进行水压试验时，水压应当缓慢地升降。当水压上升到工作压力时，应当暂停升压，检查有无漏水或者异常现象，然后再升压到试验压力进行检查，检查期间压力应当保持不变。（　　）
    答案： ×
    依据：《水管锅炉　第 6 部分：检验、试验和验收》GB/T 16507.6—2013，条款号 9.4

30. **试题：** 多压力等级余热锅炉，只需要在压力等级最高的锅筒和过热器上安装至少 2 只安全阀。（　　）
    答案： ×
    依据：《水管锅炉　第 7 部分：安全附件和仪表》GB/T 16507.7—2013，条款号 5.2.2

31. **试题：** 蒸汽锅炉应采用微启式弹簧安全阀、杠杆式安全阀或控制式安全阀，热水锅炉可采用全启式安全阀。（　　）
    答案： ×
    依据：《水管锅炉　第 7 部分：安全附件和仪表》GB/T 16507.7—2013，条款号 5.2.3

32. **试题：**当锅炉装有安全泄放阀时，可作为安全阀起跳前的超压保护装置，减少安全阀的起跳次数。（　　）

　　答案：√

　　依据：《水管锅炉　第 7 部分：安全附件和仪表》GB/T 16507.7—2013，条款号 5.2.3

33. **试题：**对有过热器的锅炉，过热器上的安全阀应按较低的整定压力调整，以保证过热器上的安全阀先开启。（　　）

　　答案：√

　　依据：《水管锅炉　第 7 部分：安全附件和仪表》GB/T 16507.7—2013，条款号 5.4.1

34. **试题：**直流蒸汽锅炉过热器出口控制式安全阀整定压力为过热器最高允许工作压力。（　　）

　　答案：√

　　依据：《水管锅炉　第 7 部分：安全附件和仪表》GB/T 16507.7—2013，条款号 5.4.1

35. **试题：**直流蒸汽锅炉过热器系统安全阀最高整定压力不高于 1.25 倍安装位置过热器工作压力；或采取可靠措施，保证所有安全阀排放时蒸汽压力不超过过热器出口计算压力的 1.5 倍。（　　）

　　答案：×

　　依据：《水管锅炉　第 7 部分：安全附件和仪表》GB/T 16507.7—2013，条款号 5.4.1

36. **试题：**直流蒸汽锅炉外置式启动（汽水）分离器的安全阀最高整定压力为装设地点工作压力的 1.1 倍；再热蒸汽系统的安全阀的最高整定压力应不高于其计算压力。（　　）

　　答案：√

　　依据：《水管锅炉　第 7 部分：安全附件和仪表》GB/T 16507.7—2013，条款号 5.4.1

37. **试题：**受压元件与安全阀之间的连接管道上不应装设隔离阀，但控制安全阀除外。（　　）

　　答案：√

　　依据：《水管锅炉　第 7 部分：安全附件和仪表》GB/T 16507.7—2013，条款号 5.5.3

38. **试题：**液体用泄压阀应安装在承压容器正常液面以上尽可能高的位置。（　　）

答案：×

依据：《水管锅炉　第 7 部分：安全附件和仪表》GB/T 16507.7—2013，条款号 5.5.6

39. **试题：**蒸汽锅炉安全阀应设有排汽管，排汽管应避免由于热膨胀或排汽反作用而影响安全阀的正确动作，不应有任何来自排汽管的外力施加到安全阀上。（　　）

答案：√

依据：《水管锅炉　第 7 部分：安全附件和仪表》GB/T 16507.7—2013，条款号 5.5.9

40. **试题：**为防止弹簧式安全阀调整弹簧压缩量的机构松动或者任意改变整定压力，应装设防松装置并加铅封。（　　）

答案：√

依据：《水管锅炉　第 7 部分：安全附件和仪表》GB/T 16507.7—2013，条款号 5.6.3

41. **试题：**锅炉压力表应装设在便于观察和吹洗的位置，并应防止受到高温、冰冻和震动的影响。（　　）

答案：√

依据：《水管锅炉　第 7 部分：安全附件和仪表》GB/T 16507.7—2013，条款号 6.3

42. **试题：**锅炉压力表连接管路应与其最高允许工作压力和温度相适应，当温度大于208℃时，不应使用铜管。（　　）

答案：√

依据：《水管锅炉　第 7 部分：安全附件和仪表》GB/T 16507.7—2013，条款号 6.3

43. **试题：**锅炉蒸汽空间设置的压力表应有存水弯管或者其他冷却蒸汽的措施，热水锅炉用的压力表也应有缓冲弯管。弯管用钢管时，其内径不应小于 10mm。（　　）

答案：√

依据：《水管锅炉　第 7 部分：安全附件和仪表》GB/T 16507.7—2013，条款号　6.3

44. **试题：**锅炉汽水系统的压力表和存水弯管之间应装设有三通阀门，以便吹洗管路、卸换或校验压力表。（　　）

答案：√

依据：《水管锅炉　第 7 部分：安全附件和仪表》GB/T 16507.7—2013，条款号　6.3

45. **试题：**多压力等级余热锅炉仅在容积最大的锅筒处装设两个彼此独立的直读式水位

表。（　　）

答案： ×

依据：《水管锅炉　第 7 部分：安全附件和仪表》GB/T 16507.7—2013，条款号 7.1.2

46. **试题：** 直流蒸汽锅炉启动系统中储水箱和有储水功能的汽水分离器应各装设一台直读式水位测量装置。（　　）

答案： ×

依据：《水管锅炉　第 7 部分：安全附件和仪表》GB/T 16507.7—2013，条款号 7.1.3

47. **试题：** 水位表应有指示最高、最低安全水位和正常运行水位的明显标记。水位表上部可见边缘应比最高安全水位至少高 25mm，下部可见边缘应比最低安全水位至少低 25mm。（　　）

答案： √

依据：《水管锅炉　第 7 部分：安全附件和仪表》GB/T 16507.7—2013，条款号 7.2.1

48. **试题：** 用两个及两个以上玻璃板或者云母片组成的一组水位表，应能够连续指示水位。（　　）

答案： √

依据：《水管锅炉　第 7 部分：安全附件和仪表》GB/T 16507.7—2013，条款号 7.2.4

49. **试题：** 水位表（或水表柱）和锅筒之间的汽水连接管上应装有阀门。（　　）

答案： √

依据：《水管锅炉　第 7 部分：安全附件和仪表》GB/T 16507.7—2013，条款号 7.2.9

50. **试题：** 设计有过热器的蒸汽锅炉，锅筒应装设定期排污装置。（　　）

答案： ×

依据：《水管锅炉　第 7 部分：安全附件和仪表》GB/T 16507.7—2013，条款号 9.3

51. **试题：** 多台锅炉合用一根排放总管时，应当避免两台以上的锅炉同时排污。（　　）

答案： √

依据：《水管锅炉　第 7 部分：安全附件和仪表》GB/T 16507.7—2013，条款号 9.5

52. **试题：** 锅炉顶部板梁安装前，应检查其外观质量，抽查结构尺寸应符合设计图样的要求，还应对板梁用高强度螺栓连接副的材质进行抽查，防止错用材料。（　　）

答案：√

依据：《水管锅炉 第 8 部分：安装与运行》GB/T 16507.8—2013，条款号 5.5.2

53. **试题**：管接头应无明显变形和损伤，管接头封堵严密、牢固，管端坡口保护措施应完好。（ ）

答案：√

依据：《水管锅炉 第 8 部分：安装与运行》GB/T 16507.8—2013，条款号 6.2.4

54. **试题**：宏观检查受热面管子内外壁应无裂纹、损伤、明显变形及腐蚀、重皮等缺陷，管端无分层现象，坡口加工应符合设计图样要求。（ ）

答案：√

依据：《水管锅炉 第 8 部分：安装与运行》GB/T 16507.8—2013，条款号 7.1.2

55. **试题**：受热面管子组合安装过程中需切割时应采用机械方法切割。因条件不具备而不得不采用火焰切割时，应彻底去除残余的铁渣和管端不平整面，并应采用机械方法完全去除因火焰切割产生的热影响区。（ ）

答案：√

依据：《水管锅炉 第 8 部分：安装与运行》GB/T 16507.8—2013，条款号 7.2.7

56. **试题**：锅炉悬吊式受热面安装以下集箱为基准进行调整和找正，管排下端相互间距离允许偏差为±5mm。（ ）

答案：×

依据：《水管锅炉 第 8 部分：安装与运行》GB/T 16507.8—2013，条款号 7.3.7

57. **试题**：刚性梁与炉膛的固定应牢固，各梁间的间距允许偏差为±5mm。预留膨胀间隙应符合设计图样要求，且膨胀方向正确。（ ）

答案：×

依据：《水管锅炉 第 8 部分：安装与运行》GB/T 16507.8—2013，条款号 7.3.9

58. **试题**：管式空气预热器应检查管子和管板的焊接质量，现场安装焊缝应进行渗油试验检查其严密性。（ ）

答案：√

依据：《水管锅炉 第 8 部分：安装与运行》GB/T 16507.8—2013，条款号 8.1.2

59. **试题**：锅炉排污、疏放水管道、取样管、排空气管道安装时，不同压力的排污、疏放水管不应接入同一母管。（ ）

答案：√

依据：《水管锅炉 第 8 部分：安装与运行》GB/T 16507.8—2013，条款号 9.1.7

60. **试题**：锅炉安全阀整定压力应按照设计技术文件的要求执行。对有过热器的锅炉，过热器出口的安全阀应按照较高的整定压力调整。（　　）

　　答案：×

　　依据：《水管锅炉　第 8 部分：安装与运行》GB/T 16507.8—2013，条款号　9.2.7

61. **试题**：过热器出口动力驱动泄压阀整定压力应能够保证其优先于过热器出口安全阀动作，并不应超过过热器出口设计压力。（　　）

　　答案：√

　　依据：《水管锅炉　第 8 部分：安装与运行》GB/T 16507.8—2013，条款号　9.2.9

62. **试题**：锅炉汽包的云母水位计只进行工作压力水压试验，不参加锅炉本体超压水压试验。（　　）

　　答案：√

　　依据：《水管锅炉　第 8 部分：安装与运行》GB/T 16507.8—2013，条款号　9.3.5

63. **试题**：摆动式燃烧器与煤粉管道的连接不宜使摆动式燃烧器承受外力。（　　）

　　答案：√

　　依据：《水管锅炉　第 8 部分：安装与运行》GB/T 16507.8—2013，条款号　10.1.6

64. **试题**：吹灰器管道应满足系统和锅炉本体热膨胀的要求，且不应给吹灰器本体施加附加应力。（　　）

　　答案：√

　　依据：《水管锅炉　第 8 部分：安装与运行》GB/T 16507.8—2013，条款号　11.1.5

65. **试题**：锅炉蒸汽吹管的临时管道的焊接应由合格焊工施焊，靶板前的焊口应采用氩弧焊工艺。（　　）

　　答案：√

　　依据：《水管锅炉　第 8 部分：安装与运行》GB/T 16507.8—2013，条款号　15.2.5

66. **试题**：锅炉蒸汽吹管的临时管道的焊接应由合格焊工施焊，靶板前的焊口应采用氩弧焊工艺。（　　）

　　答案：√

　　依据：《水管锅炉　第 8 部分：安装与运行》GB/T 16507.8—2013，条款号　15.2.5

67. **试题**：锅炉过热器、再热器及其蒸汽管道系统吹洗时，所用临时管的截面积应小于被吹洗管的截面积，以提高出口流速，改进吹洗效果。（　　）

　　答案：×

　　依据：《水管锅炉　第 8 部分：安装与运行》GB/T 16507.8—2013，条款号　15.2.6

68. 试题：锅炉吹洗管路布置、固定应合理，排汽口不应朝向人行通道、设备设施、建筑结构等，并有可靠的隔离措施。（　　）

答案：√

依据：《水管锅炉　第 8 部分：安装与运行》GB/T 16507.8—2013，条款号　15.2.7

69. 试题：在高强度螺栓连接范围内，锅炉钢结构件接触面应进行摩擦面处理并达到设计要求，此摩擦面除按设计要求涂无机富锌漆保护外，不得涂其他涂料。（　　）

答案：√

依据：《锅炉钢结构设计规范》GB/T 22395—2008，条款号　12.4.5

70. 试题：锅炉楼梯的宽度最大不应大于 1100mm，最小不得小于 800mm。（　　）

答案：×

依据：《锅炉钢结构设计规范》GB/T 22395—2008，条款号　15.5

71. 试题：锅炉平台横杆可采用不小于 25mm×4mm 扁钢或直径 16mm 的圆钢，横杆与上、下构件的净间距不得大于 380mm。（　　）

答案：√

依据：《锅炉钢结构设计规范》GB/T 22395—2008，条款号　15.15

72. 试题：通过返修或加固处理仍不能满足安全使用要求的钢结构分部工程，可以降级验收。（　　）

答案：×

依据：《钢结构工程施工质量验收规范》GB 50205—2001，条款号　3.0.8

73. 试题：高强度螺栓连接副应按包装箱配套供货，包装箱上应标明批号、规格、数量及生产日期。（　　）

答案：√

依据：《钢结构工程施工质量验收规范》GB 50205—2001，条款号　4.4.4

74. 试题：封板、锥头、套筒外观不得有裂纹、过烧及氧化皮。（　　）

答案：√

依据：《钢结构施工质量验收规程》GB 50205—2001，条款号　4.7.2

75. 试题：吊车梁或直接承受动力荷载的梁其受拉翼缘、吊车桁架或直接承受动力荷载的桁架其受拉弦杆上不得焊接悬挂物和卡具等。（　　）

答案：√

依据：《钢结构工程施工质量验收规范》GB 50205—2001，条款号　10.1.8

76. 试题：当钢桁架（或梁）安装在混凝土柱上时，其支座中心对定位轴线的偏差不应大于 10mm;当采用大型混凝土屋面板时,钢桁架(或梁)间距的偏差不应大于 15mm。
(　　　)

答案: ×

依据:《钢结构施工质量验收规程》GB 50205—2001,条款号 10.3.6

77. **试题:** 安装柱时,每节柱的定位轴线应从地面控制轴线直接引上,不得从下层柱的轴线引上。(　　　)

答案: √

依据:《钢结构施工质量验收规程》GB 50205—2001,条款号 11.1.4

78. **试题:** 钢网架结构安装完成后,其节点及杆件表面应干净,不应有明显的疤痕、泥沙和污垢。螺栓球节点应将所有接缝用油腻子填嵌严密,并应将多余螺孔封口。
(　　　)

答案: √

依据:《钢结构工程施工质量验收规范》GB 50205—2001,条款号 12.3.5

79. **试题:** 钢结构工程制作和安装应满足设计施工图的要求。当需要修改设计时,应取得原设计单位同意,并应办理相关设计变更文件。(　　　)

答案: √

依据:《钢结构工程施工规范》GB 50755—2012,条款号 3.0.4

80. **试题:** 当钢结构工程施工方法或施工顺序对结构的内力和变形产生较大影响,应进行施工阶段结构分析,并应对施工阶段结构的强度、稳定性和刚度进行验算,其验算结果应满足设计要求。(　　　)

答案: √

依据:《钢结构工程施工规范》GB 50755—2012,条款号 4.2.1

81. **试题:** 采用移动式起重机起吊大型设备时,支撑汽车式起重设备的地面,应进行承载力和变形验算,如采用履带式起重机,由于履带的承压面积较大,可以不用验算。
(　　　)

答案: ×

依据:《钢结构工程施工规范》GB 50755—2012,条款号 4.2.9

82. **试题:** 高强度大六角头螺栓连接副和扭剪型高强度螺栓连接副,应分别进行扭矩系数和紧固轴力复验,试验螺栓应由生产厂家另行供货,按每批次螺栓 8 套连接副提供,用于复验。(　　　)

答案: ×

依据:《钢结构工程施工规范》GB 50755—2012,条款号 5.4.3

83. **试题：** 建筑结构安全等级为一级，跨度为 40m 及以上的螺栓球节点钢网架结构，其连接高强度螺栓应进行表面硬度试验。（　　　）

    答案： √

    依据：《钢结构工程施工规范》GB 50755—2012，条款号　5.4.4

84. **试题：** 普通螺栓作为永久性连接螺栓时，且设计文件要求或对其质量有疑义时，应进行螺栓实物最大拉力载荷复验，复验时每一规格螺栓应抽查 8 个。（　　　）

    答案： ×

    依据：《钢结构工程施工规范》GB 50755—2012，条款号　5.4.5

85. **试题：** 钢结构连接用紧固件应防止锈蚀和碰伤，但可混批存储。（　　　）

    答案： ×

    依据：《钢结构工程施工规范》GB 50755—2012，条款号　5.7.8

86. **试题：** 经验收合格的钢结构紧固件连接节点与拼接接头，应按设计文件的规定及时进行防腐和防火涂装。接触腐蚀性介质的接头应用防腐腻子等材料封闭。（　　　）

    答案： √

    依据：《钢结构工程施工规范》GB 50755—2012，条款号　7.1.3

87. **试题：** 连接薄钢板采用的钢拉铆钉和自攻螺钉的钉头部分应靠在较厚的板件一侧。自攻螺钉、钢拉铆钉、射钉等与连接钢板应紧固密贴，外观应排列整齐。（　　　）

    答案： ×

    依据：《钢结构工程施工规范》GB 50755—2012，条款号　7.3.3

88. **试题：** 螺栓不能自由穿入时，可采用铰刀或锉刀休整螺栓孔，不得采用气割扩孔，扩孔数量应征得设计单位同意，休整后或扩孔后的孔径不应超过螺栓直径的 1.2 倍。（　　　）

    答案： √

    依据：《钢结构工程施工规范》GB 50755—2012，条款号　7.4.5

89. **试题：** 钢板采用机械剪切加工时，钢板厚度不宜大于 12mm，剪切面应平整。碳素结构钢在环境温度低于−25℃、低合金结构钢在环境温度低于−20℃时，不得进行剪切、冲孔。（　　　）

    答案： ×

    依据：《钢结构工程施工规范》GB 50755—2012，条款号　8.3.5

90. **试题：** 碳素结构钢在环境温度低于−16℃、低合金结构钢在环境温度低于−12℃，不应进行冷矫正和冷弯曲。（　　　）

    答案： √

依据：《钢结构工程施工规范》GB 50755—2012，条款号 8.4.2

91. **试题：**碳素结构钢和低合金结构钢在加热矫正时，加热温度应为 400℃～500℃，最高温度严禁超过 600℃（　　　）

    答案：×

    依据：《钢结构工程施工规范》GB 50755—2012，条款号 8.4.2

92. **试题：**当金属结构或零件采用热加工成型时，碳素结构钢和低合金结构钢在温度分别下降到 700℃和 800℃前，应结束加工。（　　　）

    答案：√

    依据：《钢结构工程施工规范》GB 50755—2012，条款号 8.4.3

93. **试题：**钢质零部件热加工成型温度应均匀，同一构件不应反复进行热加工；零部件温度冷却到 200℃～400℃时，严禁捶打、弯曲成型。（　　　）

    答案：√

    依据：《钢结构工程施工规范》GB 50755—2012，条款号 8.4.4

94. **试题：**钢结构构件的隐蔽部位在焊接和涂装完后即可封闭；完全封闭的构件内表面可不涂装。（　　　）

    答案：×

    依据：《钢结构工程施工规范》GB 50755—2012，条款号 9.1.6

95. **试题：**设计无特殊要求时，用于次要构件的热轧型钢可采用直口全熔透焊接拼接，其拼接长度不应小于 600mm。（　　　）

    答案：√

    依据：《钢结构工程施工规范》GB 50755—2012，条款号 9.2.3

96. **试题：**钢结构制作与安装中，部件拼接焊缝应符合设计文件的要求，当设计无要求时，应采用全熔透等强对接焊缝。（　　　）

    答案：√

    依据：《钢结构工程施工规范》GB 50755—2012，条款号 9.2.6

97. **试题：**钢结构构件组装间隙应符合设计和工艺文件要求，当设计和工艺文件无规定时，组装间隙可大于 2.0mm。（　　　）

    答案：×

    依据：《钢结构工程施工规范》GB 50755—2012，条款号 9.3.3

98. **试题：**焊接构件组装时应预设焊接收缩量，并应对各部件进行合理的焊接收缩量分配。重要或复杂构件宜通过工艺性试验确定焊接收缩量。（　　　）

答案：√

依据：《钢结构工程施工规范》GB 50755—2012，条款号 9.3.4

99. 试题：钢结构桁架结构组装时，杆件轴线交点偏移不应大于3mm。（　　）

答案：√

依据：《钢结构工程施工规范》GB 50755—2012，条款号 9.3.6

100. 试题：吊车梁的下翼缘和重要受力构件的受拉面特殊情况时可焊接工装夹具、临时定位板、临时连接板等。（　　）

答案：×

依据：《钢结构工程施工规范》GB 50755—2012，条款号 9.3.7

101. 试题：钢结构构件制作完成后，拆除临时工装夹具、临时定位板、临时连接板等，严禁用锤击落，应在距离构件表面3mm～5mm处采用气割切除，对残留的焊疤打磨平整，且不得损伤母材。（　　）

答案：√

依据：《钢结构工程施工规范》GB 50755—2012，条款号 9.3.8

102. 试题：钢结构构件外形矫正宜采取先局部后总体、先次要后主要、先上部后下部的顺序。（　　）

答案：×

依据：《钢结构工程施工规范》GB 50755—2012，条款号 9.5.1

103. 试题：钢结构安装现场应设置专门的构件堆放场，并应采取防止构件变形及表面污染的保护措施。（　　）

答案：√

依据：《钢结构工程施工规范》GB 50755—2012，条款号 11.1.2

104. 试题：钢结构安装应根据结构特点按照合理顺序进行，并应形成稳固的空间刚度单元，必要时应增加临时支撑结构或临时措施。（　　）

答案：√

依据：《钢结构工程施工规范》GB 50755—2012，条款号 11.1.5

105. 试题：由于环境温度、日照和焊接变形等因素对结构变形的影响很小，所以钢结构安装后的测量验收时可以不考虑天气条件和时间段的影响。（　　）

答案：×

依据：《钢结构工程施工规范》GB 50755—2012，条款号 11.1.6

106. 试题：钢结构吊装宜在构件上设置专门的吊装耳板或吊装孔。设计文件无特殊要

求时，吊装耳板和吊装孔可保留在构件上。（　　）

答案：√

依据：《钢结构工程施工规范》GB 50755—2012，条款号　11.1.7

107. **试题：**用于吊装的钢丝绳、吊装带、卸扣、吊钩等吊具应经检查合格，并应在其额定许用载荷范围内使用。（　　）

答案：√

依据：《钢结构工程施工规范》GB 50755—2012，条款号　11.2.6（强条）

108. **试题：**由多个构件在地面组拼的重型组合构件吊装时，吊点位置和数量应经计算确定。（　　）

答案：√

依据：《钢结构工程施工规范》GB 50755—2012，条款号　11.4.8

109. **试题：**单层钢结构在安装过程中，应及时安装临时柱间支撑或稳定缆绳，应在形成空间结构稳定体系后再扩展安装。（　　）

答案：√

依据：《钢结构工程施工规范》GB 50755—2012，条款号　11.5.2

110. **试题：**单层钢结构安装过程中形成的临时空间结构稳定体系应能承受结构自重、风荷载、雪荷载、施工荷载以及吊装过程中冲击荷载的作用。（　　）

答案：√

依据：《钢结构工程施工规范》GB 50755—2012，条款号　11.5.2

111. **试题：**大跨度空间钢结构施工应分析环境温度变化对结构的影响。（　　）

答案：√

依据：《钢结构工程施工规范》GB 50755—2012，条款号　11.7.4

112. **试题：**高耸钢结构安装的标高和轴线基准点向上传递时，应对风荷载、环境温度和日照等对结构变形的影响进行分析。（　　）

答案：√

依据：《钢结构工程施工规范》GB 50755—2012，条款号　11.8.3

113. **试题：**钢结构安装前如已经完成基础的验收与交接工作，则可以省略对建筑物的定位轴线、柱底基础标高等尺寸的复核，直接进行钢结构的安装。（　　）

答案：×

依据：《钢结构工程施工规范》GB 50755—2012，条款号　14.5.1

114. **试题：**每节钢柱的控制轴线应从基准控制轴线的转点引测，也可以从下层柱的轴

线引出。（　　）

答案：×

依据：《钢结构工程施工规范》GB 50755—2012，条款号　14.5.2

115. **试题：**钢柱吊装松钩时，施工人员宜通过钢挂梯登高，并应采用防坠器进行人身保护。钢挂梯应预先与钢柱可靠连接，并应随柱起吊。（　　）

答案：√

依据：《钢结构工程施工规范》GB 50755—2012，条款号　16.2.3

116. **试题：**风速达到 10m/s 时，宜停止吊装作业；当风速达到 15m/s 时，不得吊装作业。（　　）

答案：√

依据：《钢结构工程施工规范》GB 50755—2012，条款号　16.6.3

117. **试题：**钢结构安装现场剩下的废料和余料应妥善分类收集，并应统一处理和回收利用，不得随意搁置、堆放。（　　）

答案：√

依据：《钢结构工程施工规范》GB 50755—2012，条款号　16.8.6

118. **试题：**装有安全阀的特殊条件电厂动力管道组成件的设计压力可以小于安全阀的最低整定压力。（　　）

答案：×

依据：《电厂动力管道设计规范》GB 50764—2012，条款号　3.1.3

119. **试题：**低压给水管道不宜采用焊接钢管。（　　）

答案：√

依据：《电厂动力管道设计规范》GB 50764—2012，条款号　5.2.6

120. **试题：**管道三通不宜采用带加强环、加强板及加强筋等辅助加强型式。（　　）

答案：√

依据：《电厂动力管道设计规范》GB 50764—2012，条款号　5.4.2

121. **试题：**电厂动力管道法兰紧固配套使用的螺栓、螺母，其螺母的硬度应比螺栓的硬度高。（　　）

答案：×

依据：《电厂动力管道设计规范》GB 50764—2012，条款号　5.7.2

122. **试题：**钢管模压异径管只能用于中压及以下压力等级的管道上。（　　）

答案：×

依据：《电厂动力管道设计规范》GB 50764—2012，条款号 5.8.2

123. 试题：电厂动力管道系统中的调节阀应根据使用目的、调节方式和调节范围选用，调节阀也可作关断阀使用。（   ）
答案：×
依据：《电厂动力管道设计规范》GB 50764—2012，条款号 5.10.5

124. 试题：电厂动力管道中对于驱动装置失去动力时阀门有"开"或"关"位置要求时，应采用气动驱动装置。（   ）
答案：√
依据：《电厂动力管道设计规范》GB 50764—2012，条款号 5.10.5

125. 试题：管道组成件的取用厚度可以小于直管最小壁厚。（   ）
答案：×
依据：《电厂动力管道设计规范》GB 50764—2012，条款号 6.1.2

126. 试题：在计算补强面积时，任何重叠部分面积不得重复计入。（   ）
答案：√
依据：《电厂动力管道设计规范》GB 50764—2012，条款号 6.4.2

127. 试题：汽水管道阀门、流量测量装置、蠕变测量截面等的布置应便于操作、维护和检测。（   ）
答案：√
依据：《电厂动力管道设计规范》GB 50764—2012，条款号 8.2.1

128. 试题：当管道在直爬梯的前方横越时，管子外表面或保温表面与直爬梯垂直面之间净空距离，不应小于 750mm。（   ）
答案：√
依据：《电厂动力管道设计规范》GB 50764—2012，条款号 8.2.2

129. 试题：当蒸汽管道或其他热管道布置在油管道的阀门、法兰或其他可能漏油部位的附近时，应将其布置于油管道下方。（   ）
答案：×
依据：《电厂动力管道设计规范》GB 50764—2012，条款号 8.2.3

130. 试题：管道穿过安全隔离墙时应加套管，在套管内的管段不得有焊缝，管子与套管间的间隙应用阻燃的软质材料封堵严密。（   ）
答案：√
依据：《电厂动力管道设计规范》GB 50764—2012，条款号 8.2.3

131. 试题：电厂动力管道的放水装置，应设在管道可能积水的低位点处，蒸汽管道的放水装置应与疏水装置联合装设。（　　）

答案：√

依据：《电厂动力管道设计规范》GB 50764—2012，条款号　8.2.5

132. 试题：再热蒸汽管道的疏水坡度方向必须顺汽流方向，且坡度不得小于 0.005。（　　）

答案：√

依据：《电厂动力管道设计规范》GB 50764—2012，条款号　8.2.5（强条）

133. 试题：开式排放的安全阀排放管的布置必须避免在疏水盘处发生蒸汽反喷。（　　）

答案：√

依据：《电厂动力管道设计规范》GB 50764—2012，条款号　8.2.6

134. 试题：易燃或可燃气体管道可埋地敷设，但不宜布置在管沟内。当易燃或可燃液体管道布置在管沟内时，应采取可靠的防止易燃气体聚集及检测措施。（　　）

答案：√

依据：《电厂动力管道设计规范》GB 50764—2012，条款号　8.3.2

135. 试题：管道应设置安全排放系统，排放口可以设置在室内。（　　）

答案：×

依据：《电厂动力管道设计规范》GB 50764—2012，条款号　8.3.4

136. 试题：电厂动力管道的补偿严禁采用填料函式补偿器。（　　）

答案：√

依据：《电厂动力管道设计规范》GB 50764—2012，条款号　8.4.1（强条）

137. 试题：电厂动力管道不宜布置在经常有人通行处的上方，必须架空敷设时，法兰、接头处应采取防护措施。（　　）

答案：√

依据：《电厂动力管道设计规范》GB 50764—2012，条款号　8.5.5

138. 试题：电厂动力管道适当的冷紧可减少管道运行初期的热态应力和管道对端点的热态推力，并可减少管系的局部过应变。（　　）

答案：√

依据：《电厂动力管道设计规范》GB 50764—2012，条款号　9.1.5

139. 试题：管道支吊架的设置和选型应根据管系设计对支吊架的功能要求和管系的总体布置综合分析确定。（　　）

答案：√

依据：《电厂动力管道设计规范》GB 50764—2012，条款号 10.1.1

140. **试题**：不锈钢管道可以直接与碳钢管部焊接或接触，可在不锈钢管道与管部之间设普通金属钢垫板材料隔垫。（　　）

答案：×

依据：《电厂动力管道设计规范》GB 50764—2012，条款号 10.1.7

141. **试题**：支吊架结构自重荷载应乘以荷载修正系数，荷载修正系数可取 1.1，修正后的荷载包括支吊架零部件自重。（　　）

答案：×

依据：《电厂动力管道设计规范》GB 50764—2012，条款号 10.3.2

142. **试题**：支吊架中与管道直接接触的零部件材料应按管道设计温度选用，与管道直接焊接的零部件，其材料可比管道材料略低。（　　）

答案：×

依据：《电厂动力管道设计规范》GB 50764—2012，条款号 10.5.1

143. **试题**：使用温度等于或低于−25℃时，支吊架材料必须进行相应温度等级的低温冲击试验。（　　）

答案：×

依据：《电厂动力管道设计规范》GB 50764—2012，条款号 10.5.4

144. **试题**：电厂动力管道中竖直管段双拉杆刚性吊架的连接件应按单侧承受全部结构荷载的 60%进行选择。（　　）

答案：×

依据：《电厂动力管道设计规范》GB 50764—2012，条款号 10.6.4

145. **试题**：电厂动力管道系统的严密性试验宜采用水压试验，试验压力应按设计图纸的规定，其试验压力不应小于设计压力的 1.5 倍。（　　）

答案：√

依据：《电厂动力管道设计规范》GB 50764—2012，条款号 12.3.2

146. **试题**：对于气体管道，当整体试水压条件不具备时，可采用安装前的分段液压强度试验及安装后进行 100%无损检测合格替代水压试验和气密性试验。（　　）

答案：×

依据：《电厂动力管道设计规范》GB 50764—2012，条款号 12.3.4

147. **试题**：电厂动力管道安全阀的开启压力除工艺有特殊要求外，应为正常最大工作

压力的 1.1 倍，最低为 1.05 倍。（　　　）

答案：√

依据：《电厂动力管道设计规范》GB 50764—2012，条款号　14.2.3

148.　**试题：**宜采用单独排放管道，但如果两个或更多个排放装置组合在一起，排放管的设计应具有足够的流通截面，排放管截面积不应小于由此处排放的阀门出口的总截面，且排放管道应尽最短而直，其布置应避免在阀门处产生过大的应力。（　　　）

答案：√

依据：《电厂动力管道设计规范》GB 50764—2012，条款号　14.2.4

149.　**试题：**设计为露天或半露天布置的锅炉钢架安装过程中应及时完成钢构架的防雷接地施工，并应经检测合格。（　　　）

答案：√

依据：《循环流化床锅炉施工及质量验收规范》GB 50972—2014，条款号　3.0.8（强条）

150.　**试题：**锅炉设备安装过程中，应进行检查验收；在工期较紧时，上一工序未经检查验收，可以进行下一工序施工。（　　　）

答案：×

依据：《循环流化床锅炉施工及质量验收规范》GB 50972—2014，条款号　3.0.10（强条）

151.　**试题：**循环流化床锅炉施工，带炉墙的构架组合件找正就位时，应保持炉墙与受热面间和炉墙与炉墙间的间隙符合设计要求。（　　　）

答案：√

依据：《循环流化床锅炉施工及质量验收规范》GB 50972—2014，条款号　5.1.7

152.　**试题：**锅炉钢架立柱底板每组垫铁不应超过 3 块，垫铁宽度宜为 80mm～120mm，垫铁探出柱脚底板长度不应小于 10mm，当二次灌浆间隙超过 100mm 以上时，允许垫以型钢组成的框架，框架内应用强度等级与基础相同微膨胀灌浆料填充。（　　　）

答案：√

依据：《循环流化床锅炉施工及质量验收规范》GB 50972—2014，条款号　5.1.14

153.　**试题：**循环流化床锅炉施工时，连接管不得强行对口安装，不应采用火焰加热校正，安装时应与锅炉钢架、平台等预留膨胀间隙，导向支架安装符合厂家技术文件要求。（　　　）

答案：√

依据：《循环流化床锅炉施工及质量验收规范》GB 50972—2014，条款号 6.3.7

154. **试题**：受热面管对口偏折度，管径 D 小于 100mm 的管子在距焊缝中心 100mm 处不应大于 2mm，管径 D 不小于 100mm 的管子在距焊缝中心 200mm 处不应大于 5mm。（　　）
答案：×
依据：《循环流化床锅炉施工及质量验收规范》GB 50972—2014，条款号 6.4.4

155. **试题**：循环流化床锅炉施工时，管子上所有的附属焊接件，应在风压试验前焊接完毕。（　　）
答案：×
依据：《循环流化床锅炉施工及质量验收规范》GB 50972—2014，条款号 6.4.9

156. **试题**：循环流化床锅炉施工时，受热面密封所用填塞鳍片间隙的密封材料应符合厂家技术文件要求，所有材料应经过光谱检查合格并做好标记。（　　）
答案：×
依据：《循环流化床锅炉施工及质量验收规范》GB 50972—2014，条款号 6.5.1

157. **试题**：循环流化床锅炉施工时，炉膛密封零部件应按图纸要求进行安装、焊接，密封焊接不得阻碍受热面膨胀。（　　）
答案：√
依据：《循环流化床锅炉施工及质量验收规范》GB 50972—2014，条款号 6.5.2

158. **试题**：循环流化床锅炉施工时，刚性梁遮挡位置的密封焊接，应在刚性梁安装前进行。（　　）
答案：√
依据：《循环流化床锅炉施工及质量验收规范》GB 50972—2014，条款号 6.5.4

159. **试题**：循环流化床锅炉密封槽体的底板、立板（插板）的水平度和平整度不应大于 10mm。（　　）。
答案：×
依据：《循环流化床锅炉施工及质量验收规范》GB 50972—2014，条款号 6.5.8

160. **试题**：锅炉水压试验从工作压力升压到试验压力，升压速度不得大于 0.4MPa/min。（　　）
答案：×
依据：《循环流化床锅炉施工及质量验收规范》GB 50972—2014，条款号 7.0.7（强条）

161. **试题**：锅炉在试验压力下的水压试验不应多做。（　　）
　　　答案：√
　　　依据：《循环流化床锅炉施工及质量验收规范》GB 50972—2014，条款号　7.0.9

162. **试题**：严禁将纯机械弹簧式安全阀排汽管载荷直接作用在排汽弯头疏水盘上。
　　　（　　）
　　　答案：√
　　　依据：《循环流化床锅炉施工及质量验收规范》GB 50972—2014，条款号　9.3.6
　　　（强条）

163. **试题**：安装在联箱或母管上的安全门的排汽管不应影响联箱或母管的自由膨胀。
　　　（　　）
　　　答案：√
　　　依据：《循环流化床锅炉施工及质量验收规范》GB 50972—2014，条款号　9.3.7

164. **试题**：锅炉动力释放阀（PCV）不应参加锅炉本体超压试验，当试验压力升至释放
　　　阀整定值的 90% 时，应关闭动力释放阀前手动阀。（　　）
　　　答案：×
　　　依据：《循环流化床锅炉施工及质量验收规范》GB 50972—2014，条款号　9.3.9

165. **试题**：循环流化床锅炉施工时，就地仪表应安装在便于观察和清洁的位置，可固
　　　定在有振动的设备和管道上。（　　）
　　　答案：×
　　　依据：《循环流化床锅炉施工及质量验收规范》GB 50972—2014，条款号　9.4.1

166. **试题**：循环流化床锅炉施工时，安装物（料）位取源部件，应选在物（料）位变
　　　化灵敏，且物料不会对检测元件造成冲击的位置。（　　）
　　　答案：√
　　　依据：《循环流化床锅炉施工及质量验收规范》GB 50972—2014，条款号　9.4.10

167. **试题**：循环流化床锅炉施工时，膨胀节部件安装，应满足该系统的膨胀位移量，
　　　膨胀区域周边的设备应根据经验值预留足够的间隙。（　　）
　　　答案：×
　　　依据：《循环流化床锅炉施工及质量验收规范》GB 50972—2014，条款号　9.5.2

168. **试题**：锅炉膨胀节安装过程中应做好防护措施，不得受损。（　　）
　　　答案：√
　　　依据：《循环流化床锅炉施工及质量验收规范》GB 50972—2014，条款号　9.5.5

169. 试题：循环流化床锅炉施工时，分离器膨胀中心应符合设备技术文件要求，向上膨胀间距应满足设计要求。（　　）

答案：×

依据：《循环流化床锅炉施工及质量验收规范》GB 50972—2014，条款号 9.5.7

170. 试题：循环流化床锅炉外置床膨胀和收缩间隙应符合设备技术文件要求，不得受阻。（　　）

答案：√

依据：《循环流化床锅炉施工及质量验收规范》GB 50972—2014，条款号 9.5.8

171. 试题：循环流化床锅炉施工时，除设计要求预拉、压的预变形外，还可使用波纹管变形的方法来调整管道的安装偏差。（　　）

答案：×

依据：《循环流化床锅炉施工及质量验收规范》GB 50972—2014，条款号 9.5.9

172. 试题：设备及管道的防静电设施的安装及试验应符合设计技术文件要求，阀门的法兰连接应有可靠的防静电跨接措施，并应可靠接地。（　　）

答案：√

依据：《循环流化床锅炉施工及质量验收规范》GB 50972—2014，条款号 9.6.5
（强条）

173. 试题：燃油（气）系统管道安装结束后应吹扫合格并签证。（　　）

答案：√

依据：《循环流化床锅炉施工及质量验收规范》GB 50972—2014，条款号 9.6.9

174. 试题：循环流化床锅炉的床料加注管道应有足够的热补偿；管道应有不小于2%的安装坡度。（　　）

答案：√

依据：《循环流化床锅炉施工及质量验收规范》GB 50972—2014，条款号 10.2.3

175. 试题：防爆门安装应符合设计技术文件要求，并应有可靠措施防止运行中防爆门动作时引出管伤及人体或引起火灾。（　　）

答案：√

依据：《循环流化床锅炉施工及质量验收规范》GB 50972—2014，条款号 10.2.6
（强条）

176. 试题：试运过程中，严禁将调整完毕的安全阀隔绝或锁死。（　　）

答案：√

依据：《循环流化床锅炉施工及质量验收规范》GB 50972—2014，条款号 14.6.6

（强条）

177. **试题：** 锅炉省煤器管排平整，间距符合要求，不得存在烟气走廊。（　　）
答案： √
依据： 《电站锅炉压力容器检验规程》DL 647—2004，条款号　6.23

178. **试题：** 电站锅炉安全阀的配置应由锅炉制造厂或设计部门提出。（　　）
答案： √
依据： 《电站锅炉安全阀技术规程》DL/T 959—2014，条款号　4.1

179. **试题：** 再热器进、出口安全阀的总排放量应大于再热器的最大设计流量；直流锅炉外置式启动分离器安全阀的总排放量不应大于锅炉启动时的产汽量。（　　）
答案： ×
依据： 《电站锅炉安全阀技术规程》DL/T 959—2014，条款号　4.4

180. **试题：** 过热器、再热器出口安全阀的排放量在总排放量中所占的比例应保证安全阀开启时，过热器、再热器能得到足够的冷却。（　　）
答案： √
依据： 《电站锅炉安全阀技术规程》DL/T 959—2014，条款号　4.5

181. **试题：** 电站锅炉应配用带动力辅助装置的电磁释放阀。（　　）
答案： √
依据： 《电站锅炉安全阀技术规程》DL/T 959—2014，条款号　4.7

182. **试题：** 电站锅炉安全阀的排放压力不应大于整定压力的 1.05 倍。（　　）
答案： ×
依据： 《电站锅炉安全阀技术规程》DL/T 959—2014，条款号　5.3

183. **试题：** 电站锅炉安全阀额定排放量不应大于锅炉制造厂和设计部门要求的排放量。（　　）
答案： ×
依据： 《电站锅炉安全阀技术规程》DL/T 959—2014，条款号　5.4

184. **试题：** 电站锅炉安全阀密封试验压力宜为 80%整定压力，但不应低于安全阀安装位置的工作压力。（　　）
答案： ×
依据： 《电站锅炉安全阀技术规程》DL/T 959—2014，条款号　6.4.3

185. **试题：** 安全阀应装设通往室外的排汽管，排汽管及其附件（包括消音器）不应影

响该安全阀的正确动作；安全阀的排气管及其附件宜采用不锈钢的材质。（　　）

答案：√

依据：《电站锅炉安全阀技术规程》DL/T 959—2014，条款号　7.1

186. 试题：使用在线定压仪在线校验安全阀，可作为安全阀在运行中排气试验。（　　）

答案：√

依据：《电站锅炉安全阀技术规程》DL/T 959—2014，条款号　8.4

187. 试题：支吊架原材料质量应符合相应的材料技术标准要求，进口材料除应符合合同规定的技术标准外，还应有入境货物检验检疫证明。（　　）

答案：√

依据：《火力发电厂管道支吊架验收规程》DL/T 1113—2009，条款号　5.1.2

188. 试题：支吊架制造时，圆钢冷、热加工成形必要时可在螺纹范围内进行。（　　）

答案：×

依据：《火力发电厂管道支吊架验收规程》DL/T 1113—2009，条款号　5.2.2.1

189. 试题：支吊架部件热成形加工中进行加热时，应间隔摆放以保持炉膛内气流循环良好，加热均匀。（　　）

答案：√

依据：《火力发电厂管道支吊架验收规程》DL/T 1113—2009，条款号　5.2.2.6

190. 试题：支吊架制造加工时，碳素钢及铬钼合金钢可在静止空气中冷却，也可用水冷却。（　　）

答案：×

依据：《火力发电厂管道支吊架验收规程》DL/T 1113—2009，条款号　5.2.2.7

191. 试题：支吊架制造加工时，所有螺纹吊杆、螺栓或双头螺柱的螺纹应与承载螺母的整个螺纹长度相旋合。（　　）

答案：√

依据：《火力发电厂管道支吊架验收规程》DL/T 1113—2009，条款号　5.2.7.2

192. 试题：支吊架所有用螺栓紧固的装配件的结合面不应有氧化皮、碎屑等。被连接件的表面及其边缘应平整、光滑，不应有毛刺、裂纹以及可能降低连接强度的其他缺陷。（　　）

答案：√

依据：《火力发电厂管道支吊架验收规程》DL/T 1113—2009，条款号　5.2.7.5

193. 试题：支吊架中受纯剪荷载的螺栓，如螺栓长度较短螺纹部分也可承担载荷。

（ 　　）

答案：×

依据：《火力发电厂管道支吊架验收规程》DL/T 1113—2009，条款号 5.2.7.6

194. **试题：**恒力支吊架的载荷螺栓、载荷轴以及支吊架连接件中的花篮螺母、吊杆螺纹接头、环形耳子、U 形耳子等宜采用铸件。（ 　　）

答案：×

依据：《火力发电厂管道支吊架验收规程》DL/T 1113—2009，条款号 5.3.5.1

195. **试题：**支吊架中所有螺纹部位均应涂有润滑油脂，以防止部件生锈。（ 　　）

答案：×

依据：《火力发电厂管道支吊架验收规程》DL/T 1113—2009，条款号 5.4.1.2

196. **试题：**支吊架中螺纹连接部分的电镀层应符合相关标准的规定，并同时满足镀锌层厚度和旋合性两方面的要求。（ 　　）

答案：√

依据：《火力发电厂管道支吊架验收规程》DL/T 1113—2009，条款号 5.4.1.4

197. **试题：**滑动支架的滑动面应平整，四氟乙烯板或不锈钢滑动板的螺钉不应高于滑动板，平面光滑，无卡涩现象。（ 　　）

答案：√

依据：《火力发电厂管道支吊架验收规程》DL/T 1113—2009，条款号 5.4.1.5

198. **试题：**管道支吊架的液压阻尼器不应有漏油现象，其外表不得有油滴形成。（ 　　）

答案：√

依据：《火力发电厂管道支吊架验收规程》DL/T 1113—2009，条款号 5.4.1.6

199. **试题：**变力弹簧支吊架应有荷载位移指示牌及"冷""热"态位置标记，并应有可靠的锁定装置。（ 　　）

答案：√

依据：《火力发电厂管道支吊架验收规程》DL/T 1113—2009，条款号 5.4.2.2

200. **试题：**管道弹簧减震器的位移荷载标牌应有标定荷载值，其弹簧端部的压板内侧应指向标牌中间位置。（ 　　）

答案：×

依据：《火力发电厂管道支吊架验收规程》DL/T 1113—2009，条款号 5.4.2.3

201. **试题：**恒力支吊架的额定位移应符合设计要求，可运动部件在位移范围内运动时不应有卡阻现象。（ 　　）

答案：√

依据：《火力发电厂管道支吊架验收规程》DL/T 1113—2009，条款号 5.4.4.1

202. 试题：管道的恒力支吊架的荷载偏差度不应大于 2%，恒力支吊架的恒定度应不大于 6%。（   ）

答案：√

依据：《火力发电厂管道支吊架验收规程》DL/T 1113—2009，条款号 5.4.4.1

203. 试题：恒力支吊架的荷载离差应不大于 6%，即在上下位移整个行程范围内的最大荷载应不大于工作荷载的 106%，最小荷载应不小于工作荷载的 94%。（   ）

答案：√

依据：《火力发电厂管道支吊架验收规程》DL/T 1113—2009，条款号 5.4.4.1

204. 试题：弹簧减振器位移标牌上最大位移处的荷载值与设计荷载的偏差不应超过 ±5%。（   ）

答案：×

依据：《火力发电厂管道支吊架验收规程》DL/T 1113—2009，条款号 5.4.4.3

205. 试题：装配到管道上的支吊架零部件应有材质标识，采用打钢印或表面喷涂不同颜色油漆的方法标识材质。（   ）

答案：√

依据：《火力发电厂管道支吊架验收规程》DL/T 1113—2009，条款号 5.4.5.2

206. 试题：恒力支吊架、变力弹簧支吊架、弹簧减振器和液压阻尼器的整机性能试验应分别按照合同订购总台数的 5%进行抽检，但应分别不少于 2 台。当发现有 1 台不合格时，应对该类型支吊架加倍抽检，若仍有不合格，则应对该类型支吊架进行 100%检验。（   ）

答案：√

依据：《火力发电厂管道支吊架验收规程》DL/T 1113—2009，条款号 8.1.6

207. 试题：支吊架出厂验收合格后，即可进行安装。（   ）

答案：×

依据：《火力发电厂管道支吊架验收规程》DL/T 1113—2009，条款号 9.1.1

208. 试题：支吊架应按照设计文件要求进行安装。未经支吊架设计方的同意，不得改变支吊架的安装位置、方向等，但无具体设计而由施工方自行安装的支吊架除外。（   ）

答案：√

依据：《火力发电厂管道支吊架验收规程》DL/T 1113—2009，条款号 9.1.3

209. **试题：** 支吊架根部与混凝土预埋件焊接时，应尽量缩短焊接时间或采用间歇性焊接，避免焊接高温影响混凝土强度。（　　）

　　答案： √

　　依据：《火力发电厂管道支吊架验收规程》DL/T 1113—2009，条款号　9.1.8

210. **试题：** 支吊架的生根螺栓、吊杆连接螺栓和花篮螺母等连接件应在调整后用锁紧螺母锁紧，也可采用点焊或破坏螺纹的方法锁定连接件。（　　）

　　答案： ×

　　依据：《火力发电厂管道支吊架验收规程》DL/T 1113—2009，条款号　9.1.9

211. **试题：** 支吊架宜在所支吊的管道安装前就位。安装的支吊架或其部件应只用于该支吊点的管道支吊，不得用于起重或其他安装用途。（　　）

　　答案： √

　　依据：《火力发电厂管道支吊架验收规程》DL/T 1113—2009，条款号　9.1.10

212. **试题：** 恒力支吊架和变力弹簧支吊架在解除锁定时，应通过支吊架调整自由拔出锁销或取下锁定装置，不应强行解除锁定。（　　）

　　答案： √

　　依据：《火力发电厂管道支吊架验收规程》DL/T 1113—2009，条款号　9.1.16

213. **试题：** 支吊架安装时可以将支吊架的弹簧、吊杆及滑动与导向支架的滑动面包在保温层内，以为支吊架提供良好的保护。（　　）

　　答案： ×

　　依据：《火力发电厂管道支吊架验收规程》DL/T 1113—2009，条款号　9.1.17

214. **试题：** 吊架安装应使吊杆能随管道水平位移而自由摆动；特殊情况下，吊架吊杆可固定在混凝土构件中。（　　）

　　答案： ×

　　依据：《火力发电厂管道支吊架验收规程》DL/T 1113—2009，条款号　9.2.1

215. **试题：** 滚动支架安装时，应保证所有滚柱线平行于管道轴线，滚动部分应转动自如，无卡涩现象。（　　）

　　答案： ×

　　依据：《火力发电厂管道支吊架验收规程》DL/T 1113—2009，条款号　9.3.3

216. **试题：** 所有绝热管道支架的支座，在安装前应严格按设计要求在支座内填充绝热材料。（　　）

　　答案： √

　　依据：《火力发电厂管道支吊架验收规程》DL/T 1113—2009，条款号　9.3.6

217. 试题：管道支吊架的限位装置安装时应保证管道在支吊点处预定约束方向相对固定或冷态间隙符合设计文件要求，而在非约束方向能自由膨胀和收缩。（　　）
答案：√
依据：《火力发电厂管道支吊架验收规程》DL/T 1113—2009，条款号　9.4.2

218. 试题：变力弹簧支吊架的吊杆在冷、热态条件下与垂线之间夹角不应超过 4°，不能进行偏装。（　　）
答案：×
依据：《火力发电厂管道支吊架验收规程》DL/T 1113—2009，条款号　9.5.3

219. 试题：恒力支吊架的生根螺栓或根部结构件不应阻碍回转部件的自由转动。（　　）
答案：√
依据：《火力发电厂管道支吊架验收规程》DL/T 1113—2009，条款号　9.6.4

220. 试题：力矩平衡型平式恒力弹簧吊架安装后应使弹簧套筒轴线固定于铅垂状态，立式和座式恒力弹簧支吊架安装后应使弹簧套筒轴线固定于水平状态。（　　）
答案：×
依据：《火力发电厂管道支吊架验收规程》DL/T 1113—2009，条款号　9.6.5

221. 试题：弹簧减振器宜在管道及其支吊架全部安装完毕且解除锁定装置前进行安装。（　　）
答案：×
依据：《火力发电厂管道支吊架验收规程》DL/T 1113—2009，条款号　9.7.1

222. 试题：当在管道的同一点设置数个不同方向的减振器时，应注意各个方向减振器规格型号的差异。（　　）
答案：√
依据：《火力发电厂管道支吊架验收规程》DL/T 1113—2009，条款号　9.7.3

223. 试题：阻尼器的安装定位应在热态进行，并保证不影响管道自由热胀冷缩。（　　）
答案：×
依据：《火力发电厂管道支吊架验收规程》DL/T 1113—2009，条款号　9.8.3

224. 试题：支吊架安装后水压试验前的检查时，所有支吊架应按设计文件检查每个零部件是否都已安装在其正确的位置。（　　）
答案：√
依据：《火力发电厂管道支吊架验收规程》DL/T 1113—2009，条款号　10.1.1

225. 试题：除液压阻尼器和弹簧减振器外，所有支吊架均不应失载或脱空。（　　）

答案：√

依据：《火力发电厂管道支吊架验收规程》DL/T 1113—2009，条款号　10.1.2

226. 试题：水压试验后升温前的检查时，恒力支吊架的位移指示应基本在冷态位置，其弹簧套筒轴线应处于设计规定位置。（　　　）

答案：√

依据：《火力发电厂管道支吊架验收规程》DL/T 1113—2009，条款号　10.2.3

227. 试题：水压试验后升温前的检查时，横担型并联恒力支吊架的左右两吊架位移指示应在冷态相同或基本相同位置。（　　　）

答案：√

依据：《火力发电厂管道支吊架验收规程》DL/T 1113—2009，条款号　10.2.4

228. 试题：支吊架在运行条件下的检查时，对状态不正常的支吊架，除注意监督外，在首次停机检修时应及时处理。（　　　）

答案：√

依据：《火力发电厂管道支吊架验收规程》DL/T 1113—2009，条款号　10.3.7

229. 试题：恒力支吊架在试验设备上的安装状态应与其实际使用状态一致，不允许在垂直方向上翻转倒装。（　　　）

答案：×

依据：《火力发电厂管道支吊架验收规程》DL/T 1113—2009，条款号　附录 A.2.1

230. 试题：稳压吹管在达到吹管系数后，每次持续时间应不多于 15min。（　　　）

答案：×

依据：《火力发电建设工程机组蒸汽吹管导则》DL/T 1269—2013，条款号　7.3

231. 试题：稳压吹管在锅炉转干态过程中，汽水分离器出口蒸汽过热度不宜超过 30℃。（　　　）

答案：√

依据：《火力发电建设工程机组蒸汽吹管导则》DL/T 1269—2013，条款号　7.3

232. 试题：降压吹管过程中应严格控制汽包或分离器压力下降值，相应饱和温度下降值应不大于 42℃。（　　　）

答案：√

依据：《火力发电建设工程机组蒸汽吹管导则》DL/T 1269—2013，条款号　7.4

233. 试题：循环流化床锅炉吹管在投煤吹管时，应根据煤种着火点的情况间断给煤，监视床温，应有防止超温结焦的措施。（　　　）

答案：√

依据：《火力发电建设工程机组蒸汽吹管导则》DL/T 1269—2013，条款号 7.5

234. 试题：燃气轮机余热锅炉吹管可在燃气轮发电机空负荷或并网工况下进行。（   ）

答案：√

依据：《火力发电建设工程机组蒸汽吹管导则》DL/T 1269—2013，条款号 7.6

235. 试题：锅炉本体受热面与管道的安装过程中，严禁在已安装的管道及联箱内存放工具和材料。（   ）

答案：√

依据：《电力建设安全工作规程 第1部分：火力发电》DL 5009.1—2014，条款号 6.2.1（强条）

236. 试题：炉膛、烟道、风道及金属容器内作业，应办理受限空间安全作业票，作业人员作业时，外部应有专人监护；作业完毕后，施工负责人应清点人数，检查核实无人员、工器具和材料遗留在内部且无火灾隐患后方可封闭。（   ）

答案：√

依据：《电力建设安全工作规程 第1部分：火力发电》DL 5009.1—2014，条款号 6.2.1（强条）

237. 试题：油系统进油后，应避免在油系统设备、管道附近进行动火作业。在根据相关规定办理动火工作票后，可在充油设备、管道上动火作业。（   ）

答案：×

依据：《电力建设安全工作规程 第1部分：火力发电》DL 5009.1—2014，条款号 6.2.1（强条）

238. 试题：锅炉设备吊挂存放或中途暂停施工临时吊挂的设备、管道必须采取防坠落、晃动和滑动的二次保护措施。（   ）

答案：√

依据：《电力建设安全工作规程 第1部分：火力发电》DL 5009.1—2014，条款号 6.2.1（强条）

239. 试题：锅炉本体安装过程中不宜使用软爬梯上下。（   ）

答案：√

依据：《电力建设安全工作规程 第1部分：火力发电》DL 5009.1—2014，条款号 6.2.3（强条）

240. 试题：在进入煤斗及煤粉仓作业时，作业人员的安全带系挂在煤斗或煤粉仓内的牢固处时，可以不设置人员监护。（   ）

答案：×

依据：《电力建设安全工作规程 第 1 部分：火力发电》DL 5009.1—2014，条款号 6.2.6（强条）

241. 试题：锅炉受热面通球试验时，操作人员应站在管道出口的正前方，接球器具应能承受钢球的冲击力。（   ）

答案：×

依据：《电力建设安全工作规程 第 1 部分：火力发电》DL 5009.1—2014，条款号 6.2.3（强条）

242. 试题：对于定期排污管道，排污阀前或者当排污阀后管道装有阀门时设计压力应不小于汽包安全阀最低整定压力与汽包最高水位至管道联结点水柱静压之和。（   ）

答案：√

依据：《火力发电厂汽水管道设计技术规定》DL/T 5054—1996，条款号 2.0.2.1

243. 试题：对于锅炉连续排污管道，排污阀前或者当排污阀后管道装有阀门时，设计压力应不小于汽包安全阀的最低整定压力。（   ）

答案：√

依据：《火力发电厂汽水管道设计技术规定》DL/T 5054—1996，条款号 2.0.2.1

244. 试题：在管道法兰组件选用时应考虑压力和温度的影响，对于设计温度 300℃ 及以下且 PN≤2.5 的管道，应选用平焊法兰。（   ）

答案：√

依据：《火力发电厂汽水管道设计技术规定》DL/T 5054—1996，条款号 4.2.1

245. 试题：在管道法兰组件选用时应考虑压力和温度的影响，对于设计温度大于 300℃ 或 PN≥4.0 的管道，应选用对焊法兰。（   ）

答案：√

依据：《火力发电厂汽水管道设计技术规定》DL/T 5054—1996，条款号 4.2.1

246. 试题：波纹管补偿器应按照制造厂的技术要求进行选择。根据补偿器的各种运行工况、热位移及所承受的应力可不核算其疲劳寿命（循环次数）。（   ）

答案：×

依据：《火力发电厂汽水管道设计技术规定》DL/T 5054—1996，条款号 4.2.7

247. 试题：管道系统中使用的闸阀分为单闸板闸阀和双闸板闸阀，闸阀可以实现介质的双向流动，并可安装在任意位置的管道上。（   ）

答案：×

依据：《火力发电厂汽水管道设计技术规定》DL/T 5054—1996，条款号 4.2.8.1

248. **试题：** 在管道系统中，当要求严密性较高时，宜选用截止阀，可装于任意位置的管道上。（　　）

答案： √

依据：《火力发电厂汽水管道设计技术规定》DL/T 5054—1996，条款号 4.2.8.2

249. **试题：** 在管道系统中，当要求迅速关断或开启时，宜选用球阀，手动球阀可装于任意位置的管道上。（　　）

答案： √

依据：《火力发电厂汽水管道设计技术规定》DL/T 5054—1996，条款号 4.2.8.3

250. **试题：** 调节阀用于管道系统内流量的调节，也可作为关断阀使用。选择调节阀时应有控制噪声、防止汽蚀的措施。（　　）

答案： ×

依据：《火力发电厂汽水管道设计技术规定》DL/T 5054—1996，条款号 4.2.8.4

251. **试题：** 管道布置应结合厂房设备布置及建筑结构情况进行，管道走向宜与厂房轴线一致。（　　）

答案： √

依据：《火力发电厂汽水管道设计技术规定》DL/T 5054—1996，条款号 5.1.1

252. **试题：** 存在两相流动的汽水管道，宜先水平走向，后竖直布置，且应短而直。（　　）

答案： ×

依据：《火力发电厂汽水管道设计技术规定》DL/T 5054—1996，条款号 5.1.4

253. **试题：** 当蒸汽管道布置在油管道的阀门、法兰或其他可能漏油部位的附近时，应将其布置在油管道上方。（　　）

答案： √

依据：《火力发电厂汽水管道设计技术规定》DL/T 5054—1996，条款号 5.1.7

254. **试题：** 蒸汽管道水平段的坡度方向，宜与汽流方向一致。（　　）

答案： √

依据：《火力发电厂汽水管道设计技术规定》DL/T 5054—1996，条款号 5.1.16

255. **试题：** 地沟内管道宜采用单层布置。当采用多层布置时，可将小管或压力高的、阀门多的管道布置在上面。（　　）

答案： √

依据：《火力发电厂汽水管道设计技术规定》DL/T 5054—1996，条款号 5.1.18

256. **试题：** 在三通附近装设异径管时，对于汇流三通，异径管应布置在汇流前的管道

上；对于分流三通，异径管应布置在分流后的管道上。（   ）

答案：√

依据：《火力发电厂汽水管道设计技术规定》DL/T 5054—1996，条款号　5.2.2

257. **试题：**管道系统中，水泵进口水平管道上的偏心异径管，应采用偏心向上布置。（   ）

答案：×

依据：《火力发电厂汽水管道设计技术规定》DL/T 5054—1996，条款号　5.2.2

258. **试题：**重型阀门和较大的焊接式阀门，宜布置在水平管道上，且阀门门杆竖直向上。（   ）

答案：√

依据：《火力发电厂汽水管道设计技术规定》DL/T 5054—1996，条款号　5.2.5.2

259. **试题：**水平管道上布置的阀门，无特殊要求阀杆不得朝下。（   ）

答案：√

依据：《火力发电厂汽水管道设计技术规定》DL/T 5054—1996，条款号　5.2.5.4

260. **试题：**存在两相流动的管系，调节阀的位置宜尽量远离接受介质的容器。（   ）

答案：×

依据：《火力发电厂汽水管道设计技术规定》DL/T 5054—1996，条款号　5.2.8

261. **试题：**两个或两个以上安全阀布置在同一管道上时，其间距沿管道轴向应不小于相邻安全阀入口管内径之和的 1.5 倍。（   ）

答案：√

依据：《火力发电厂汽水管道设计技术规定》DL/T 5054—1996，条款号　5.2.10.2

262. **试题：**当排汽管为开式系统，且安全阀阀管上无支架时，安全阀布置应尽可能使入口管缩短，安全阀出口的方向应垂直于主管的轴线。（   ）

答案：×

依据：《火力发电厂汽水管道设计技术规定》DL/T 5054—1996，条款号　5.2.10.3

263. **试题：**在同一根主管上布置有多只安全阀时，应考虑在安全阀的所有运行方式下，其排放作用力矩对主管的影响力求达到相互平衡。（   ）

答案：√

依据：《火力发电厂汽水管道设计技术规定》DL/T 5054—1996，条款号　5.2.10.4

264. **试题：**流量测量装置前后允许的最小直管段长度内，不宜装设输水管或其他接管座。（   ）

答案：√

依据：《火力发电厂汽水管道设计技术规定》DL/T 5054—1996，条款号 5.2.12

265. 试题：热力系统管道热膨胀的补偿首先使用专用补偿器，管道本身柔性的自补偿只能作为一种辅助性的手段。（　　）

答案：×

依据：《火力发电厂汽水管道设计技术规定》DL/T 5054—1996，条款号 5.3.1

266. 试题：确定支吊架间距时，应考虑管道荷载的合理分布，并满足管道强度、刚度、防止振动和疏放水的要求。（　　）

答案：√

依据：《火力发电厂汽水管道设计技术规定》DL/T 5054—1996，条款号 7.1.1.2

267. 试题：在任何工况下管道吊架拉杆与垂线的夹角，刚性吊架不得大于 5°，弹性吊架不得大于 6°。（　　）

答案：×

依据：《火力发电厂汽水管道设计技术规定》DL/T 5054—1996，条款号 7.1.1.6

268. 试题：位移量或位移方向不同的吊点，不得合用同一套吊架中间连接件。（　　）

答案：√

依据：《火力发电厂汽水管道设计技术规定》DL/T 5054—1996，条款号 7.1.1.7

269. 试题：管道的放水装置应设在管道可能积水的低位点处。蒸汽管道的放水装置应与疏水装置联合装设。（　　）

答案：√

依据：《火力发电厂汽水管道设计技术规定》DL/T 5054—1996，条款号 8.2.4

270. 试题：需进行水压试验的蒸汽管道，其最高点位应装设放气装置。对于凸起布置的管段，可根据需要适当装设供水压试验用的放气装置。（　　）

答案：√

依据：《火力发电厂汽水管道设计技术规定》DL/T 5054—1996，条款号 8.2.6

271. 试题：当采用疏水泵、凝结水泵、补给水泵向锅炉上水时，在高低压管道连接处应装设阀门或回转堵板等安全措施。（　　）

答案：√

依据：《火力发电厂汽水管道设计技术规定》DL/T 5054—1996，条款号 8.4.3

272. 试题：锅炉紧急放水接至锅炉的定期排污母管，定期排污母管与定期排污扩容器之间可装设阀门或堵板进行隔离。（　　）

答案：×

依据：《火力发电厂汽水管道设计技术规定》DL/T 5054—1996，条款号 8.4.4

273. 试题：疏水管道和阀门的流通截面，应按机组在各种运行工况下，可能出现的最大疏水量来考虑。（   ）

答案：√

依据：《火力发电厂汽水管道设计技术规定》DL/T 5054—1996，条款号 8.5.1.1

274. 试题：汽水系统中节流装置或疏水阀门及其以前的管子和附件，按与所连接管道低一个级别的设计参数选择。（   ）

答案：×

依据：《火力发电厂汽水管道设计技术规定》DL/T 5054—1996，条款号 8.5.2.1

275. 试题：汽水系统放水管道中放水阀及其以前的管子和附件，按与所连接管道低一个级别的设计参数选择。（   ）

答案：×

依据：《火力发电厂汽水管道设计技术规定》DL/T 5054—1996，条款号 8.5.2.2

276. 试题：汽水系统放气管道中放气阀及其以前的管子和附件，按与所连接管道低一个级别的设计参数选择。（   ）

答案：×

依据：《火力发电厂汽水管道设计技术规定》DL/T 5054—1996，条款号 8.5.2.3

277. 试题：为简化疏水系统，同一机组单元内各疏水管道应接入同一疏水联箱或扩容器。

答案：×

依据：《火力发电厂汽水管道设计技术规定》DL/T 5054—1996，条款号 8.6.1.1

278. 试题：疏水管道接至疏水扩容器联箱时，联箱上各疏水管道应按压力顺序排列，压力高的靠近扩容器侧。（   ）

答案：×

依据：《火力发电厂汽水管道设计技术规定》DL/T 5054—1996，条款号 8.6.1.2

279. 试题：锅炉紧急放水管道从汽包引出后，宜先布置一段较长的水平段。（   ）

答案：×

依据：《火力发电厂汽水管道设计技术规定》DL/T 5054—1996，条款号 8.6.1.5

280. 试题：锅炉定期排污母管或锅炉放水母管的布置标高，应低于所连接锅炉的最低放水点。当无法满足时，可设置低位点放水。（   ）

答案：√

依据：《火力发电厂汽水管道设计技术规定》DL/T 5054—1996，条款号 8.6.1.7

281. 试题：火力发电厂内的工业水可以与厂内消防水、冲灰水、生活用水等系统合并，以满足排水系统回收利用的要求。（　　）

答案：×

依据：《火力发电厂汽水管道设计技术规定》DL/T 5054—1996，条款号 9.1.3

282. 试题：火力发电厂烟风煤粉管道的水平弯管两侧的支吊架，应将其中一只设置在靠近弯管的直管段上。（　　）

答案：√

依据：《火力发电厂烟风煤粉管设计技术规程》DL/T 5121—2000，条款号 10.1.1

283. 试题：余热锅炉的辅助设备、附属机械及余热锅炉本体的仪表、阀门等附件露天布置时，应根据环境条件和设备本身的要求考虑采取防雨、防冻、防腐等措施。（　　）

答案：√

依据：《燃气-蒸汽联合循环电厂设计规定》DL/T 5174—2003，条款号 6.4.2

284. 试题：对于燃用重质油的燃机电厂，余热锅炉应设置吹灰系统、水清洗系统与清洗后废水收集系统。（　　）

答案：√

依据：《燃气-蒸汽联合循环电厂设计规定》DL/T 5174—2003，条款号 9.1.5

285. 试题：余热锅炉的向空排汽管和起跳压力最低的安全阀排汽管应装设消音器。（　　）

答案：√

依据：《燃气-蒸汽联合循环电厂设计规定》DL/T 5174—2003，条款号 9.4.2

286. 试题：隐蔽工程隐蔽前必须经检查验收合格，并办理签证。（　　）

答案：√

依据：《电力建设施工技术规范　第2部分：锅炉机组》DL 5190.2—2012，条款号 3.1.11（强条）

287. 试题：锅炉机组开始安装前，应完成设备基础、地下沟道和地下设施以及厂房内各层混凝土平台，地面要回填夯实，宜做好混凝土毛地面，完成进入厂房的通道，并应满足施工组织设计的要求。（　　）

答案：√

依据：《电力建设施工技术规范　第2部分：锅炉机组》DL 5190.2—2012，条款号

3.2.1

288.　**试题**：钢结构的堆放场地应平整坚实，并有必要的排水设施，构件堆放应平稳，垫木间的距离应保证构件不产生变形。（　　）

　　　　答案：√

　　　　依据：《电力建设施工技术规范　第 2 部分：锅炉机组》DL 5190.2—2012，条款号 4.1.5

289.　**试题**：锅炉开始安装前必须根据验收记录进行基础复查，钢构架地脚螺栓采用预埋方法时，对定位板的要求：各柱间距离偏差≤间距的 1/1000 且≤8mm。（　　）

　　　　答案：×

　　　　依据：《电力建设施工技术规范　第 2 部分：锅炉机组》DL 5190.2—2012，条款号 4.2.1

290.　**试题**：锅炉钢构架和有关金属结构采用垫铁安装时，每组垫铁不应超过 3 块，厚的应放置在上层。（　　）

　　　　答案：×

　　　　依据：《电力建设施工技术规范　第 2 部分：锅炉机组》DL 5190.2—2012，条款号 4.2.3

291.　**试题**：锅炉钢构架和有关金属结构采用垫铁安装，当二次灌浆间隙超过 100mm 以上时，允许垫以型钢组成的框架再加一组调整垫铁。（　　）

　　　　答案：√

　　　　依据：《电力建设施工技术规范　第 2 部分：锅炉机组》DL 5190.2—2012，条款号 4.2.3

292.　**试题**：采用带调整螺母的地脚螺栓支撑柱底板结构时，柱底板表面如留有出厂时临时保护的油漆或油脂，安装前不得清理。（　　）

　　　　答案：×

　　　　依据：《电力建设施工技术规范　第 2 部分：锅炉机组》DL 5190.2—2012，条款号 4.2.4

293.　**试题**：采用带调整螺母的地脚螺栓支撑柱底板结构时，调整螺母受力均匀，并按图纸要求锁定。（　　）

　　　　答案：√

　　　　依据：《电力建设施工技术规范　第 2 部分：锅炉机组》DL 5190.2—2012，条款号 4.2.4

294.　**试题**：锅炉钢架立柱对接和构架组合应在稳固的组合架上进行，组合架应找平。

（　　　）

答案：√

依据：《电力建设施工技术规范　第 2 部分：锅炉机组》DL 5190.2—2012，条款号　4.3.1

295. 试题：分段安装的锅炉构架应安装一层，找正一层，不得在未找正好的构架上进行下一工序的安装工作。（　　　）

答案：√

依据：《电力建设施工技术规范　第 2 部分：锅炉机组》DL 5190.2—2012，条款号　4.3.4

296. 试题：支承顶板梁的柱顶弧形垫板应按设备技术文件规定安装，垫板方向应准确，垫板上下应接触良好。（　　　）

答案：√

依据：《电力建设施工技术规范　第 2 部分：锅炉机组》DL 5190.2—2012，条款号　4.3.8

297. 试题：锅炉钢架采用高强度螺栓时，若构件摩擦面经现场处理，可不进行进行摩擦面抗滑移系数试验。（　　　）

答案：×

依据：《电力建设施工技术规范　第 2 部分：锅炉机组》DL 5190.2—2012，条款号　4.3.9（强条）

298. 试题：安装高强度螺栓时不得强行穿装，如不能自由穿入时应用铰刀进行修整，错孔率较高时也可采用气体火焰修割。（　　　）

答案：×

依据：《电力建设施工技术规范　第 2 部分：锅炉机组》DL 5190.2—2012，条款号　4.3.9

299. 试题：锅炉钢架采用高强度螺栓时，一层（段）钢架高强度螺栓的终拧宜在同一天内完成。（　　　）

答案：√

依据：《电力建设施工技术规范　第 2 部分：锅炉机组》DL 5190.2—2012，条款号　4.3.9

300. 试题：采用高强度螺栓连接的锅炉钢架，完成高强度螺栓终拧后应对接头部位及时防腐，接头部位的局部缝隙应保持原始状态。（　　　）

答案：×

依据：《电力建设施工技术规范　第 2 部分：锅炉机组》DL 5190.2—2012，条款号　4.3.9

301. **试题：** 扭剪型高强度螺栓连接副终拧后，按节点数抽查 10%，并对抽查中梅花头未拧掉的扭剪型高强度螺栓连接副进行终拧扭矩抽查。（　　）

　　　答案： ×

　　　依据： 《电力建设施工技术规范　第 2 部分：锅炉机组》DL 5190.2—2012，条款号 4.3.9

302. **试题：** 锅炉钢构架安装时，大板梁的旁弯度偏差最大不超过 15mm。（　　）

　　　答案： ×

　　　依据： 《电力建设施工技术规范　第 2 部分：锅炉机组》DL 5190.2—2012，条款号 4.3.11

303. **试题：** 锅炉钢构架悬吊式结构的顶板各横梁间距是指主要吊孔中心线间的间距。（　　）

　　　答案： √

　　　依据： 《电力建设施工技术规范　第 2 部分：锅炉机组》DL 5190.2—2012，条款号 4.3.11

304. **试题：** 锅炉本体安装结束后，应按设计要求及时安装好沉降观测点，沉降观测点的设置应符合现行国家标准的规定。（　　）

　　　答案： ×

　　　依据： 《电力建设施工技术规范　第 2 部分：锅炉机组》DL 5190.2—2012，条款号 4.3.14

305. **试题：** 锅炉构架安装时，有膨胀位移的螺栓联接处应留有足够的膨胀间隙，并应注意膨胀方向。（　　）

　　　答案： √

　　　依据： 《电力建设施工技术规范　第 2 部分：锅炉机组》DL 5190.2—2012，条款号 4.3.15

306. **试题：** 不应随意改变梯子的斜度或改动上下踏板的高度和连接平台的间距。（　　）

　　　答案： √

　　　依据： 《电力建设施工技术规范　第 2 部分：锅炉机组》DL 5190.2—2012，条款号 4.3.18

307. **试题：** 柱底板单独供货的钢架基础二次灌浆，宜在立柱吊装后进行二次灌浆。（　　）

　　　答案： ×

　　　依据： 《电力建设施工技术规范　第 2 部分：锅炉机组》DL 5190.2—2012，条款号 4.3.21

308. **试题**：炉门和窥视孔的内外表面应无伤痕、裂缝和穿孔的砂眼等缺陷，开闭应灵活，接合面应严密不漏。（　　）

　　答案：√

　　依据：《电力建设施工技术规范　第 2 部分：锅炉机组》DL 5190.2—2012，条款号 4.4.1

309. **试题**：螺栓联接的炉门、窥视孔与墙皮接触面间应垫有密封材料使其严密不漏，门框的固定螺栓头应在墙皮内侧满焊。（　　）

　　答案：√

　　依据：《电力建设施工技术规范　第 2 部分：锅炉机组》DL 5190.2—2012，条款号 4.4.2

310. **试题**：水封槽体应安装平整，插板与设备应连接牢固，所有焊缝应严密不漏。插板在热态下能自由膨胀。（　　）

　　答案：√

　　依据：《电力建设施工技术规范　第 2 部分：锅炉机组》DL 5190.2—2012，条款号 4.5.1

311. **试题**：炉顶大罩壳包覆框架应焊接固定在炉顶吊挂装置或受压部件上，按厂家图纸预留足够膨胀间隙。（　　）

　　答案：×

　　依据：《电力建设施工技术规范　第 2 部分：锅炉机组》DL 5190.2—2012，条款号 4.5.6

312. **试题**：需要上人的炉顶大罩壳顶部应装设安全围栏。（　　）

　　答案：√

　　依据：《电力建设施工技术规范　第 2 部分：锅炉机组》DL 5190.2—2012，条款号 4.5.6

313. **试题**：非金属补偿器疏水口安装方向应正确，补偿器内导流板宜采用逆流布置。（　　）

　　答案：×

　　依据：《电力建设施工技术规范　第 2 部分：锅炉机组》DL 5190.2—2012，条款号 4.5.9

314. **试题**：燃烧装置安装的挡板与轴应固定牢靠、轴封严密、开关灵活，轴端处应作出挡板实际位置的永久标识。（　　）

　　答案：√

　　依据：《电力建设施工技术规范　第 2 部分：锅炉机组》DL 5190.2—2012，条款

号　　4.6.1

315. **试题：** 燃烧操作装置安装应灵活可靠，挡板开度指针与指示刻度盘位置相符，不需与实际位置核对。（　　　）

　　　答案： ×

　　　依据： 《电力建设施工技术规范　第 2 部分：锅炉机组》DL 5190.2—2012，条款号 4.6.1

316. **试题：** 燃烧装置与燃烧器相接的风、粉管道不得阻碍燃烧器的热态膨胀和正常位移，不允许风、粉管道等的重量和轴向推力附加在燃烧器上。（　　　）

　　　答案： √

　　　依据： 《电力建设施工技术规范　第 2 部分：锅炉机组》DL 5190.2—2012，条款号 4.6.1

317. **试题：** 旋流燃烧器对冲布置时，各层燃烧器喷口标高相对误差不超过±10mm。（　　　）

　　　答案： ×

　　　依据： 《电力建设施工技术规范　第 2 部分：锅炉机组》DL 5190.2—2012，条款号 4.6.4

318. **试题：** 油点火装置的炉外管道应采用金属软管连接，软管的裕量应能满足自身操作和锅炉膨胀要求。（　　　）

　　　答案： √

　　　依据： 《电力建设施工技术规范　第 2 部分：锅炉机组》DL 5190.2—2012，条款号 4.6.6

319. **试题：** 点火装置（包括微油点火装置、等离子点火装置）安装，各管路及油点火器内部安装完后应经试验检查无泄漏。（　　　）

　　　答案： √

　　　依据： 《电力建设施工技术规范　第 2 部分：锅炉机组》DL 5190.2—2012，条款号 4.6.6

320. **试题：** 点火油枪的金属软管应经 1.1 倍工作压力下的水压试验合格。（　　　）

　　　答案： ×

　　　依据： 《电力建设施工技术规范　第 2 部分：锅炉机组》DL 5190.2—2012，条款号 4.6.6

321. **试题：** 等离子点火装置安装时，阴极头安装注意保护密封环，防止漏水，并保证不被损伤。（　　　）

答案：√

依据：《电力建设施工技术规范 第 2 部分：锅炉机组》DL 5190.2—2012，条款号 4.6.6

322. 试题：循环流化床锅炉煤泥枪安装前应将枪头雾化部分清理干净，按照厂家图纸要求装配。（ ）

答案：√

依据：《电力建设施工技术规范 第 2 部分：锅炉机组》DL 5190.2—2012，条款号 4.6.7

323. 试题：循环流化床锅炉煤泥枪伸入炉膛内的尺寸应符合图纸要求，煤泥枪安装后不应影响锅炉膨胀。（ ）

答案：√

依据：《电力建设施工技术规范 第 2 部分：锅炉机组》DL 5190.2—2012，条款号 4.6.7

324. 试题：循环流化床锅炉点火、燃烧装置安装时，床下点火油枪腔室内部耐火材料应完好。（ ）

答案：√

依据：《电力建设施工技术规范 第 2 部分：锅炉机组》DL 5190.2—2012，条款号 4.6.8

325. 试题：管式空气预热器旁路通道焊缝应进行严密性检查，隐蔽位置应会同相关专业进行隐蔽前检查，并做好隐蔽签证。（ ）

答案：√

依据：《电力建设施工技术规范 第 2 部分：锅炉机组》DL 5190.2—2012，条款号 4.7.1

326. 试题：回转式空气预热器，分瓣式定子或转子组装后必须按设备技术文件的规定连接牢固，并磨平接口的错边。（ ）

答案：√

依据：《电力建设施工技术规范 第 2 部分：锅炉机组》DL 5190.2—2012，条款号 4.7.2

327. 试题：回转式空气预热器传热元件装入扇形仓内不得松动，如有明显松动应增插波形板或定位板。（ ）

答案：√

依据：《电力建设施工技术规范 第 2 部分：锅炉机组》DL 5190.2—2012，条款号 4.7.2

328. 试题：回转式空气预热器安装时，密封装置的调整螺栓应灵活，并有足够的调整

余量。（　　　）

答案：√

依据：《电力建设施工技术规范　第 2 部分：锅炉机组》DL 5190.2—2012，条款号 4.7.2

329. **试题：**回转式空气预热器安装应符合设备技术文件规定的固定及锁紧部件安装完毕后应检查并锁紧牢固。（　　　）

答案：√

依据：《电力建设施工技术规范　第 2 部分：锅炉机组》DL 5190.2—2012，条款号 4.7.2

330. **试题：**回转式空气预热器上、下梁的水平度允许偏差为 3mm。（　　　）

答案：×

依据：《电力建设施工技术规范　第 2 部分：锅炉机组》DL 5190.2—2012，条款号 4.7.2

331. **试题：**受热面设备表面缺陷深度超过管子规定厚度的 10% 以上且大于 1mm 时，应按规范规定处理。（　　　）

答案：√

依据：《电力建设施工技术规范　第 2 部分：锅炉机组》DL 5190.2—2012，条款号 5.1.2

332. **试题：**膜式受热面组合安装前，应对管排的尺寸和金属附件、门孔等的定位尺寸进行检查，应符合厂家图纸要求。（　　　）

答案：√

依据：《电力建设施工技术规范　第 2 部分：锅炉机组》DL 5190.2—2012，条款号 5.1.5

333. **试题：**受热面管在组合和安装前必须分别进行通球试验，通球后应及时做好可靠的封闭措施，并做好记录。（　　　）

答案：√

依据：《电力建设施工技术规范　第 2 部分：锅炉机组》DL 5190.2—2012，条款号 5.1.6（强条）

334. **试题：**外径大于 76mm 的受热面管可采用木球进行通球，直管可采用光照检查，集箱接管座可采用钢球等径的钢丝绳进行检验。（　　　）

答案：√

依据：《电力建设施工技术规范　第 2 部分：锅炉机组》DL 5190.2—2012，条款号 5.1.6

335. **试题：** 受热面管子或联箱上布置有节流装置时，应保证节流装置的通畅。（   ）

    答案： √

    依据：《电力建设施工技术规范　第2部分：锅炉机组》DL 5190.2—2012，条款号 5.1.7

336. **试题：** 受热面管子宜采用机械切割，如用火焰切割时，切口部分应留有机械加工的余量。（   ）

    答案： √

    依据：《电力建设施工技术规范　第2部分：锅炉机组》DL 5190.2—2012，条款号 5.1.8

337. **试题：** 受热面管对口端面应与管中心线垂直，其端面倾斜值应符合：公称直径大于219mm，端面倾斜值≤2mm。（   ）

    答案： √

    依据：《电力建设施工技术规范　第2部分：锅炉机组》DL 5190.2—2012，条款号 5.1.9

338. **试题：** 受热面管子对口应内壁齐平，对接单面焊的局部错口值不应超过壁厚的20%，且不大于2mm。（   ）

    答案： ×

    依据：《电力建设施工技术规范　第2部分：锅炉机组》DL 5190.2—2012，条款号 5.1.10

339. **试题：** 受热面的对接焊口不得布置在管子弯曲部位，焊口距离管子弯曲起点不小于管子直径且不小于50mm（焊接、锻制、铸造成型管件除外）。（   ）

    答案： ×

    依据：《电力建设施工技术规范　第2部分：锅炉机组》DL 5190.2—2012，条款号 5.1.12

340. **试题：** 在承压管道上开孔时，应采取机械加工，也可采用火焰切割，不得掉入金属屑粒等杂物。（   ）

    答案： ×

    依据：《电力建设施工技术规范　第2部分：锅炉机组》DL 5190.2—2012，条款号 5.1.15

341. **试题：** 膜式受热面鳍片切割时应防止割伤管子，拼缝用的钢板材质及厚度，应符合厂家图纸规定。（   ）

    答案： √

    依据：《电力建设施工技术规范　第2部分：锅炉机组》DL 5190.2—2012，条款号 5.1.20

342. 试题：受热面吊挂装置弹簧的锁紧销应在锅炉水压前拆除，保证锅炉受热面的自由膨胀。（　　）

　　答案：×

　　依据：《电力建设施工技术规范　第 2 部分：锅炉机组》DL 5190.2—2012，条款号 5.1.21

343. 试题：汽包、汽水分离器内部装置安装后，蒸汽、给水等所有的连接隔板应严密不漏，焊缝无裂纹、无漏焊。（　　）

　　答案：√

　　依据：《电力建设施工技术规范　第 2 部分：锅炉机组》DL 5190.2—2012，条款号 5.2.6

344. 试题：不得在汽包、汽水分离器及联箱上引弧和施焊，如需施焊，必须经建设单位同意，焊接前应进行严格的焊接工艺评定试验。（　　）

　　答案：×

　　依据：《电力建设施工技术规范　第 2 部分：锅炉机组》DL 5190.2—2012，条款号 5.2.7（强条）

345. 试题：锅炉联箱封闭前应检查联箱内清洁度，确认无异物方可封闭，并在受热面全部安装验收完成后办理隐蔽工程签证。（　　）

　　答案：×

　　依据：《电力建设施工技术规范　第 2 部分：锅炉机组》DL 5190.2—2012，条款号 5.2.8

346. 试题：水冷壁组件偏差，联箱水平度光管及鳍片管均不得大于 10mm。（　　）

　　答案：×

　　依据：《电力建设施工技术规范　第 2 部分：锅炉机组》DL 5190.2—2012，条款号 5.3.2

347. 试题：锅炉水冷壁、包墙过热器刚性梁弯曲或扭曲允许偏差应≤10mm。（　　）

　　答案：√

　　依据：《电力建设施工技术规范　第 2 部分：锅炉机组》DL 5190.2—2012，条款号 5.3.3

348. 试题：水冷壁组件吊装时应合理选择吊点并适当加固，在运输和起吊过程中不应产生任何变形。（　　）

　　答案：×

　　依据：《电力建设施工技术规范　第 2 部分：锅炉机组》DL 5190.2—2012，条款号 5.3.4

349. **试题**：螺旋水冷壁安装应分层找正定位，吊带（垂直搭接板）应分层及时安装。
（　　）

答案：√

依据：《电力建设施工技术规范　第2部分：锅炉机组》DL 5190.2—2012，条款号5.3.6

350. **试题**：循环流化床锅炉密相区或厂家技术文件有明确要求的部位密封焊应进行超声无损检测。（　　）

答案：×

依据：《电力建设施工技术规范　第2部分：锅炉机组》DL 5190.2—2012，条款号5.3.8

351. **试题**：塔式锅炉穿墙管处套管与水冷壁拼缝焊接应与对接穿墙管同步进行，套管与穿墙管间焊缝应符合厂家图纸要求。（　　）

答案：√

依据：《电力建设施工技术规范　第2部分：锅炉机组》DL 5190.2—2012，条款号5.3.9

352. **试题**：过热器、再热器和省煤器等蛇形管安装时，应先将管排找正固定，然后再找正固定集箱。（　　）

答案：×

依据：《电力建设施工技术规范　第2部分：锅炉机组》DL 5190.2—2012，条款号5.4.1

353. **试题**：省煤器组件的组合安装允许偏差为对角线差不得大于10mm。（　　）

答案：√

依据：《电力建设施工技术规范　第2部分：锅炉机组》DL 5190.2—2012，条款号5.4.3

354. **试题**：折焰角、水平烟道与上部蛇型管底部距离不得小于设计值。（　　）

答案：√

依据：《电力建设施工技术规范　第2部分：锅炉机组》DL 5190.2—2012，条款号5.4.4

355. **试题**：喷水减温器在安装前应进行外部检查，核对安装方向，确认减温水喷嘴朝向减温器内汽流的上游方向。（　　）

答案：×

依据：《电力建设施工技术规范　第2部分：锅炉机组》DL 5190.2—2012，条款号5.4.8

356. **试题**：锅炉连通管安装前方可拆除管端封口，并确认管道内无杂物；管口对接应符合《电力建设施工技术规范第 5 部分：管道及系统》DL/T 5190.5。（　　）

　　　答案：√

　　　依据：《电力建设施工技术规范　第 2 部分：锅炉机组》DL 5190.2—2012，条款号 5.4.9

357. **试题**：循环泵系统热交换器安装应按厂家说明书规定进行，电动机壳体托架必须牢固可靠；高低压交换器法兰密封垫不得用错，交换器法兰口封盖必须取出。（　　）

　　　答案：√

　　　依据：《电力建设施工技术规范　第 2 部分：锅炉机组》DL 5190.2—2012，条款号 5.5.4

358. **试题**：锅炉炉水循环泵或启动循环泵的电动机保养液排放后，应及时注满清水进行保养。（　　）

　　　答案：×

　　　依据：《电力建设施工技术规范　第 2 部分：锅炉机组》DL 5190.2—2012，条款号 5.5.5

359. **试题**：锅炉循环泵电动机的高压冷却系统安装后，应用清水冲洗洁净。（　　）

　　　答案：×

　　　依据：《电力建设施工技术规范　第 2 部分：锅炉机组》DL 5190.2—2012，条款号 5.5.7

360. **试题**：锅炉炉水循环泵的电动机不允许参加锅炉整体工作压力水压试验。（　　）

　　　答案：×

　　　依据：《电力建设施工技术规范　第 2 部分：锅炉机组》DL 5190.2—2012，条款号 5.5.9

361. **试题**：循环流化床锅炉的气流分布设备安装应符合下列规定：钢板式风室设备安装应待水冷壁下联箱找正验收后进行，安装应符合厂家图纸要求，与联箱连接件应在受热面水压试验前安装完成。（　　）

　　　答案：√

　　　依据：《电力建设施工技术规范　第 2 部分：锅炉机组》DL 5190.2—2012，条款号 5.6.1

362. **试题**：外置床设备安装前进行清点、检查，设备的焊缝不应有漏焊、气孔、裂纹和砂眼等缺陷，设备检查应符合规范规定。（　　）

　　　答案：√

依据：《电力建设施工技术规范　第 2 部分：锅炉机组》DL 5190.2—2012，条款号 5.6.2

363. 试题：旋风分离器膨胀节偏装值应符合厂家图纸要求。（　　）

答案：√

依据：《电力建设施工技术规范　第 2 部分：锅炉机组》DL 5190.2—2012，条款号 5.6.3

364. 试题：循环流化床锅炉的炉膛密封应符合下列规定：炉膛密封焊接完毕后，正压燃烧区域应进行渗透检查。（　　）

答案：√

依据：《电力建设施工技术规范　第 2 部分：锅炉机组》DL 5190.2—2012，条款号 5.6.4

365. 试题：循环流化床锅炉的炉膛二次密封安装时，密封槽的膨胀间隙应符合设计要求，槽内干净无杂物。（　　）

答案：√

依据：《电力建设施工技术规范　第 2 部分：锅炉机组》DL 5190.2—2012，条款号 5.6.4

366. 试题：循环流化床锅炉的炉膛二次密封的波形伸缩节安装的冷拉值或压缩值应符合厂家图纸要求，导流板开口方向与介质的流向一致。（　　）

答案：√

依据：《电力建设施工技术规范　第 2 部分：锅炉机组》DL 5190.2—2012，条款号 5.6.4

367. 试题：循环流化床锅炉的炉膛二次密封的密封焊接安装应采取防止变形和产生附加应力的措施。（　　）

答案：√

依据：《电力建设施工技术规范　第 2 部分：锅炉机组》DL 5190.2—2012，条款号 5.6.4

368. 试题：锅炉水压试验时，试验压力以升压泵出口处的压力表读数为准。（　　）

答案：×

依据：《电力建设施工技术规范　第 2 部分：锅炉机组》DL 5190.2—2012，条款号 5.7.6

369. 试题：锅炉水压试验后应尽量缩短水压到酸洗的时间，若需保养应按照《电力基本建设热力设备化学监督导则》DL/T 889 中水压试验后的防腐蚀保护的规定执行。

（　　）

答案：√

依据：《电力建设施工技术规范　第 2 部分：锅炉机组》DL 5190.2—2012，条款号 5.7.9

370. **试题：**合金钢管子、管件、管道附件及阀门在使用前应逐件进行光谱复查，并作出材质标记。（　　）

答案：√

依据：《电力建设施工技术规范　第 2 部分：锅炉机组》DL 5190.2—2012，条款号 6.1.2（强条）

371. **试题：**现场自行布置的锅炉附属管道及附件宜有二次设计，应使管道走向合理短捷，疏水坡度规范，膨胀补偿满足管系膨胀要求。（　　）

答案：√

依据：《电力建设施工技术规范　第 2 部分：锅炉机组》DL 5190.2—2012，条款号 6.1.3

372. **试题：**锅炉定期排污管应在水冷壁下联箱安装就位并将集箱内部检查清理后进行连接。（　　）

答案：√

依据：《电力建设施工技术规范　第 2 部分：锅炉机组》DL 5190.2—2012，条款号 6.2.2

373. **试题：**运行中可能形成闭路的疏放水管压力等级的选取应与所连接的管道相同。（　　）

答案：√

依据：《电力建设施工技术规范　第 2 部分：锅炉机组》DL 5190.2—2012，条款号 6.2.3

374. **试题：**汽水取样管安装应有足够的热补偿，保持管束走向整齐。（　　）

答案：√

依据：《电力建设施工技术规范　第 2 部分：锅炉机组》DL 5190.2—2012，条款号 6.2.4

375. **试题：**锅炉的排汽管安装时应留有膨胀间隙，支吊架应牢固稳定，排汽管的荷载不得作用在阀体或管道上。（　　）

答案：√

依据：《电力建设施工技术规范　第 2 部分：锅炉机组》DL 5190.2—2012，条款号 6.2.5

376. 试题：锅炉的减温水系统投用前，应进行水冲洗或蒸汽吹扫，以保证内部的清洁度。（　　）

答案：√

依据：《电力建设施工技术规范　第 2 部分：锅炉机组》DL 5190.2—2012，条款号 6.2.7

377. 试题：汽包的水位计在安装前检查，玻璃压板及云母片盖板结合面应平整严密，必要时应进行研磨。（　　）

答案：√

依据：《电力建设施工技术规范　第 2 部分：锅炉机组》DL 5190.2—2012，条款号 6.4.1

378. 试题：汽包的水位计在安装前应进行检查，安装时结合面垫片宜采用非金属垫片。（　　）

答案：×

依据：《电力建设施工技术规范　第 2 部分：锅炉机组》DL 5190.2—2012，条款号 6.4.1

379. 试题：汽包的水位计所用云母片必须透明、平直、均匀，无斑点、皱纹、裂纹、弯曲等缺陷。（　　）

答案：√

依据：《电力建设施工技术规范　第 2 部分：锅炉机组》DL 5190.2—2012，条款号 6.4.4

380. 试题：锅炉汽包的水位计安装后应将水位计零位标高引至旁边钢架主立柱的表面，并做好永久标识。（　　）

答案：×

依据：《电力建设施工技术规范　第 2 部分：锅炉机组》DL 5190.2—2012，条款号 6.4.6

381. 试题：锅炉安全阀安装前阀门及附件包装应完好，设备无破损，所有外接端口封闭严密。（　　）

答案：√

依据：《电力建设施工技术规范　第 2 部分：锅炉机组》DL 5190.2—2012，条款号 6.5.2

382. 试题：安全阀吊装时应用柔性呢绒吊带捆扎，不得将多个阀门捆绑在一起吊装。（　　）

答案：√

依据：《电力建设施工技术规范　第 2 部分：锅炉机组》DL 5190.2—2012，条款号 6.5.4

383. 试题：锅炉安全阀安装时应保证阀杆处于垂直位置，阀体上部要留有足够的检修空间。（　　　）

答案：√

依据：《电力建设施工技术规范　第 2 部分：锅炉机组》DL 5190.2—2012，条款号 6.5.4

384. 试题：锅炉安全阀进出口管道焊接时不得通过弹簧部件引接地线。（　　　）

答案：√

依据：《电力建设施工技术规范　第 2 部分：锅炉机组》DL 5190.2—2012，条款号 6.5.4

385. 试题：安装在集箱或母管上的安全门的排汽管不应影响集箱或母管的自由膨胀。（　　　）

答案：√

依据：《电力建设施工技术规范　第 2 部分：锅炉机组》DL 5190.2—2012，条款号 6.5.5

386. 试题：带负载压力控制的碟（盘）形弹簧安全门，在锅炉水压试验压力时，应用厂家提供的盲板将出口法兰封堵。（　　　）

答案：×

依据：《电力建设施工技术规范　第 2 部分：锅炉机组》DL 5190.2—2012，条款号 6.5.5

387. 试题：锅炉的带负载压力控制的碟（盘）形弹簧安全门安装时，安全阀出口喷嘴处的疏水和排汽管道最低处的疏水应引接至排污母管。（　　　）

答案：×

依据：《电力建设施工技术规范　第 2 部分：锅炉机组》DL 5190.2—2012，条款号 6.5.5

388. 试题：吹灰系统安装结束后，系统管道应进行蒸汽吹扫，减压阀、安全阀应经过校验并办理签证。（　　　）

答案：√

依据：《电力建设施工技术规范　第 2 部分：锅炉机组》DL 5190.2—2012，条款号 6.6.1

389. 试题：烟风道、燃（物）料管道及附属设备施工时，法兰螺栓孔应采用机械加工。

（　　　）

答案：√

依据：《电力建设施工技术规范　第 2 部分：锅炉机组》DL 5190.2—2012，条款号 7.1.3

390. 试题：烟风道、燃（物）料管道组合及安装时，管道的组合件应有适当的刚度，必要时应作临时加固。（　　　）

答案：√

依据：《电力建设施工技术规范　第 2 部分：锅炉机组》DL 5190.2—2012，条款号 7.2.2

391. 试题：烟风道、燃（物）料管道阀门和挡板的操作把手或手轮应装成逆时针为关闭的转动方向，且应操作应灵活可靠。（　　　）

答案：×

依据：《电力建设施工技术规范　第 2 部分：锅炉机组》DL 5190.2—2012，条款号 7.3.1

392. 试题：烟风道、燃（物）料管道附件及操作装置应有开、关标识，并有全开和全关的限位装置，其开度指示明显清晰，并与实际相符。（　　　）

答案：√

依据：《电力建设施工技术规范　第 2 部分：锅炉机组》DL 5190.2—2012，条款号 7.3.1

393. 试题：循环流化床锅炉旋风分离器设备安装前进行清点检查，合金部件作光谱分析合格并作标识；焊缝不应有漏焊、气孔、裂纹、砂眼等缺陷，设备检查应符合规范规定。（　　　）

答案：√

依据：《电力建设施工技术规范　第 2 部分：锅炉机组》DL 5190.2—2012，条款号 7.3.5

394. 试题：循环流化床锅炉料阀筒体安装与旋风分离器锥段同心度≤10mm。（　　　）

答案：×

依据：《电力建设施工技术规范　第 2 部分：锅炉机组》DL 5190.2—2012，条款号 7.3.7

395. 试题：循环流化床锅炉的高压流化风机安装施工时，管道与风机界面尺寸应符合图纸要求，管道无强力对口，风机不得承受外来附加载荷。（　　　）

答案：√

依据：《电力建设施工技术规范　第 2 部分：锅炉机组》DL 5190.2—2012，条款

号　10.5.4

396. **试题**：管道冲洗时，管道上的流量装置、调节阀芯、过滤器等不应拆除。（　　　）

　　　答案：×

　　　依据：《电力建设施工技术规范　第 2 部分：锅炉机组》DL 5190.2—2012，条款号
　　　13.5.3

397. **试题**：锅炉启动试运期间管道水冲洗时，其水质应为除盐水，冲洗水量应小于正常运行时的最大水量，冲洗至出口水质透明无色为止。（　　　）

　　　答案：×

　　　依据：《电力建设施工技术规范　第 2 部分：锅炉机组》DL 5190.2—2012，条款号
　　　13.5.4

398. **试题**：锅炉过热器、再热器及其蒸汽管道系统吹洗时，所用临时管的截面积应不小于被吹洗管的截面积，临时管应短捷。（　　　）

　　　答案：√

　　　依据：《电力建设施工技术规范　第 2 部分：锅炉机组》DL 5190.2—2012，条款号
　　　13.5.5

399. **试题**：锅炉过热器、再热器及其蒸汽管道系统吹洗时，吹洗过程中，至少有一次停炉冷却（时间 12h 以上），以提高吹洗效果。（　　　）

　　　答案：√

　　　依据：《电力建设施工技术规范　第 2 部分：锅炉机组》DL 5190.2—2012，条款号
　　　13.5.5

400. **试题**：安全阀调整应在蒸汽严密性试验前进行。（　　　）

　　　答案：×

　　　依据：《电力建设施工技术规范　第 2 部分：锅炉机组》DL 5190.2—2012，条款号
　　　13.6.3

401. **试题**：调整完毕的安全阀应作出标识，在各阶段试运过程中，禁止将安全阀隔绝或楔死。（　　　）

　　　答案：√

　　　依据：《电力建设施工技术规范　第 2 部分：锅炉机组》DL 5190.2—2012，条款号
　　　13.6.7（强条）

402. **试题**：垃圾焚烧锅炉构架的焊接要符合厂家技术文件的要求，焊接施工时应采取防变形措施。（　　　）

答案：√

依据：《电力建设施工技术规范　第 2 部分：锅炉机组》DL 5190.2—2012，条款号附录 A.2.1

403. 试题：垃圾焚烧锅炉的链条炉排冷态试运转运行时间不应小于 4h。（　　）

答案：×

依据：《电力建设施工技术规范　第 2 部分：锅炉机组》DL 5190.2—2012，条款号附录 A.2.2

404. 试题：垃圾焚烧锅炉的往复炉排冷态试运转运行时间不应小于 4h。（　　）

答案：√

依据：《电力建设施工技术规范　第 2 部分：锅炉机组》DL 5190.2—2012，条款号附录 A.2.2

405. 试题：生物质焚烧锅炉卧式管箱空气预热器安装时，管箱不分上、下方向。（　　）

答案：×

依据：《电力建设施工技术规范　第 2 部分：锅炉机组》DL 5190.2—2012，条款号附录 B.2.2

406. 试题：生物质焚烧锅炉高（低）温烟气冷却器安装结束后，应与烟气系统同时进行风压试验。（　　）

答案：√

依据：《电力建设施工技术规范　第 2 部分：锅炉机组》DL 5190.2—2012，条款号附录 B.2.3

407. 试题：燃机余热锅炉构架基础件应按图纸编号、安装，固定点就位正确，滑动基础滑动面内清洁干净，做好防腐措施，膨胀方向正确，按图纸要求预留膨胀值。（　　）

答案：√

依据：《电力建设施工技术规范　第 2 部分：锅炉机组》DL 5190.2—2012，条款号附录 C.2.1

408. 试题：余热锅炉本体钢架、护板及烟道等部件的墙板现场焊接应严格按图施工，密封焊缝应进行渗油检查。（　　）

答案：√

依据：《电力建设施工技术规范　第 2 部分：锅炉机组》DL 5190.2—2012，条款号附录 C.2.5

409. 试题：燃机余热锅炉的检修孔及人孔的内护板现场按图纸开孔，开孔处四周保温

材料要用支撑钉和弹性压板固定，弹性压板只能使用一次。（　　　）

答案：√

依据：《电力建设施工技术规范　第 2 部分：锅炉机组》DL 5190.2—2012，条款号附录 C.2.9

410. 试题：燃机余热锅炉在安装现场把保温材料装好，用垫圈、螺母拧紧内护板后，必须把螺母拧松近一圈，使内护板受热后能自由膨胀，然后点焊螺母。（　　　）

答案：√

依据：《电力建设施工技术规范　第 2 部分：锅炉机组》DL 5190.2—2012，条款号附录 C.2.11

411. 试题：余热锅炉炉顶护板及穿炉墙处的密封件安装应符合图纸膨胀尺寸要求，并经无损检测其密封性。（　　　）

答案：√

依据：《电力建设施工技术规范　第 2 部分：锅炉机组》DL 5190.2—2012，条款号附录 C.2.12

412. 试题：燃机余热锅炉以模块形式供货的受热面管屏在起吊过程中应防止变形过大而损伤管屏，可以采用辅助搬起架或其他加固措施。（　　　）

答案：√

依据：《电力建设施工技术规范　第 2 部分：锅炉机组》DL 5190.2—2012，条款号附录 C.3.2

413. 试题：燃机余热锅炉的受热面模块运到现场后，应全面清理模块内的杂物，使用压缩空气吹扫并进行通球试验，以及全面复测其外形尺寸。（　　　）

答案：×

依据：《电力建设施工技术规范　第 2 部分：锅炉机组》DL 5190.2—2012，条款号附录 C.3.3

414. 试题：燃机余热锅炉的受热面管屏吊装完毕后，应及时调整模块的水平度、垂直度、标高和模块横向、纵向尺寸；并将模块内各管屏用金属连杆连接并按图焊接固定。（　　　）

答案：√

依据：《电力建设施工技术规范　第 2 部分：锅炉机组》DL 5190.2—2012，条款号附录 C.3.4

415. 试题：燃机余热锅炉的受热面管屏组装完毕后，组装烟气阻隔板不得妨碍水压试验检查；水压试验检查后，组装剩余烟气阻隔板。（　　　）

答案：√

依据：《电力建设施工技术规范　第 2 部分：锅炉机组》DL 5190.2—2012，条款号
　　　附录 C.3.8

416. 试题：燃机余热锅炉的本体连接管道在受热面模块找正固定后方可开始安装。
（　　　）
答案：√
依据：《电力建设施工技术规范　第 2 部分：锅炉机组》DL 5190.2—2012，条款号
　　　附录 C.3.9

417. 试题：燃机余热锅炉的汽包支撑底座安装完毕后需要对其水平进行检测，水平度
不大于 2mm。（　　　）
答案：√
依据：《电力建设施工技术规范　第 2 部分：锅炉机组》DL 5190.2—2012，条款号
　　　附录 C.3.10

418. 试题：燃机余热锅炉的汽包底部滑动块安装前须进行清理和防腐处理。（　　　）
答案：√
依据：《电力建设施工技术规范　第 2 部分：锅炉机组》DL 5190.2—2012，条款号
　　　附录 C.3.11

419. 试题：锅炉钢结构的主梁和主柱、横梁及支撑可以在每层钢架中抽取一定数量进
行检测，不用逐根检测。（　　　）
答案：×
依据：《电力建设施工质量验收及评价规程　第 2 部分：锅炉机组》DL/T 5210.2—
　　　2009，条款号　4.3.1

420. 试题：钢架验收中对有明显偏差的立柱、横梁及支撑必须进行逐根检测。（　　　）
答案：√
依据：《电力建设施工质量验收及评价规程　第 2 部分：锅炉机组》DL/T 5210.2—
　　　2009，条款号　4.3.1

421. 试题：锅炉钢结构横梁、支撑扭转值不大于全长的 1/1000，且不大于 10mm。（　　　）
答案：√
依据：《电力建设施工质量验收及评价规程　第 2 部分：锅炉机组》DL/T 5210.2—
　　　2009，条款号　4.3.2

422. 试题：锅炉板梁厂家焊缝尺寸应符合设计要求，无咬边、气孔、裂纹等缺陷，成
型良好。（　　　）
答案：√

依据：《电力建设施工质量验收及评价规程　第 2 部分：锅炉机组》DL/T 5210.2—
　　　　2009，条款号　4.3.3

423.　**试题：**锅炉板梁旁弯度应≤1/1000 板梁全长，且≤10mm。（　　　）
　　答案：√
　　依据：《电力建设施工质量验收及评价规程　第 2 部分：锅炉机组》DL/T 5210.2—
　　　　2009，条款号　4.3.3

424.　**试题：**锅炉钢结构高强度螺栓连接副检查应无裂纹、碰伤，丝扣完整无损；无油
　　　　垢、浮锈等附着物。（　　　）
　　答案：√
　　依据：《电力建设施工质量验收及评价规程　第 2 部分：锅炉机组》DL/T 5210.2—
　　　　2009，条款号　4.3.4

425.　**试题：**锅炉吊挂装置螺杆露出螺母的长度一致，且外露长度不少于 2 扣。（　　　）
　　答案：×
　　依据：《电力建设施工质量验收及评价规程　第 2 部分：锅炉机组》DL/T 5210.2—
　　　　2009，条款号　4.3.6

426.　**试题：**锅炉本体、附属管路水平管弯曲半径≤100mm，水平管弯曲度偏差≤1‰，
　　　　且≤20mm。（　　　）
　　答案：√
　　依据：《电力建设施工质量验收及评价规程　第 2 部分：锅炉机组》DL/T 5210.2—
　　　　2009，条款号　4.3.8

427.　**试题：**锅炉受热面管对口错位≤10% 管壁厚度，且≤1mm。（　　　）
　　答案：√
　　依据：《电力建设施工质量验收及评价规程　第 2 部分：锅炉机组》DL/T 5210.2—
　　　　2009，条款号　4.3.9

428.　**试题：**锅炉联箱安装标高允许偏差为±5mm。（　　　）
　　答案：√
　　依据：《电力建设施工质量验收及评价规程　第 2 部分：锅炉机组》DL/T 5210.2—
　　　　2009，条款号　4.3.10

429.　**试题：**锅炉基础纵横中心线与厂房基准点距离允许偏差为±25mm。（　　　）
　　答案：×
　　依据：《电力建设施工质量验收及评价规程　第 2 部分：锅炉机组》DL/T 5210.2—
　　　　2009，条款号　4.4.1

430. **试题：**锅炉钢架柱底板标高允许偏差为±5mm。（　　）

答案：×

依据：《电力建设施工质量验收及评价规程　第 2 部分：锅炉机组》DL/T 5210.2—2009，条款号　4.4.2

431. **试题：**锅炉横梁焊接形式应符合厂家技术文件要求，焊接无夹渣、咬边、气孔、未焊透等缺陷，焊缝成型良好。（　　）

答案：√

依据：《电力建设施工质量验收及评价规程　第 2 部分：锅炉机组》DL/T 5210.2—2009，条款号　4.4.5

432. **试题：**锅炉顶板梁梁间对角线差≤1/1000 立柱长度，且≤10mm。（　　）

答案：√

依据：《电力建设施工质量验收及评价规程　第 2 部分：锅炉机组》DL/T 5210.2—2009，条款号　4.4.6

433. **试题：**锅炉栏杆安装应两侧栏杆对称，接头光洁、无毛刺。（　　）

答案：√

依据：《电力建设施工质量验收及评价规程　第 2 部分：锅炉机组》DL/T 5210.2—2009，条款号　4.4.14

434. **试题：**管式空气预热器管箱管端焊缝严密性试验应无渗漏。（　　）

答案：√

依据：《电力建设施工质量验收及评价规程　第 2 部分：锅炉机组》DL/T 5210.2—2009，条款号　4.4.15

435. **试题：**管式空气预热器组合件管板对角线允许偏差应≤15mm。（　　）

答案：√

依据：《电力建设施工质量验收及评价规程　第 2 部分：锅炉机组》DL/T 5210.2—2009，条款号　4.4.16

436. **试题：**管箱式空气预热器支承框架（梁）标高允许偏差为±10mm。（　　）

答案：√

依据：《电力建设施工质量验收及评价规程　第 2 部分：锅炉机组》DL/T 5210.2—2009，条款号　4.4.17

437. **试题：**管箱式空气预热器转角箱（连通管）及伸缩节对角线允许偏差应≤20mm。（　　）

答案：×

依据：《电力建设施工质量验收及评价规程　第 2 部分：锅炉机组》DL/T 5210.2——
2009，条款号　4.4.19

438. 试题：管箱式空气预热器伸缩节冷拉符合设计规定，密封板焊接方向与介质流向
一致。（　　）

答案：√

依据：《电力建设施工质量验收及评价规程　第 2 部分：锅炉机组》DL/T 5210.2——
2009，条款号　4.4.20

439. 试题：回转式空气预热器垫铁放置顺序：厚块放上层，薄块放下层，最薄块夹中
间，且放置稳固。（　　）

答案：×

依据：《电力建设施工质量验收及评价规程　第 2 部分：锅炉机组》DL/T 5210.2——
2009，条款号　4.4.21

440. 试题：回转式空气预热器轴承水平偏差应符合设备厂家技术规定，无规定时小于
0.05mm。（　　）

答案：√

依据：《电力建设施工质量验收及评价规程　第 2 部分：锅炉机组》DL/T 5210.2——
2009，条款号　4.4.23

441. 试题：受热面回转式空气预热器，转子与外壳同心度偏差≤5mm，且四周间隙均
匀。（　　）

答案：×

依据：《电力建设施工质量验收及评价规程　第 2 部分：锅炉机组》DL/T 5210.2——
2009，条款号　4.4.29

442. 试题：受热面回转式空气预热器中心筒密封应符合设备技术文件，折角板安装方
向与转子回转方向一致。（　　）

答案：√

依据：《电力建设施工质量验收及评价规程　第 2 部分：锅炉机组》DL/T 5210.2——
2009，条款号　4.4.30

443. 试题：回转式空气预热器驱动装置试运时轴承温度应符合厂家资料要求，无规定
时小于 95℃。（　　）

答案：×

依据：《电力建设施工质量验收及评价规程　第 2 部分：锅炉机组》DL/T 5210.2——
2009，条款号　4.4.33

444. 试题：回转式空气预热器分部试运过程中，应保持运转平稳，无异常声响，冷却润滑系统正式投入，油泵供油正常，减速机不漏油。（　　）

答案：√

依据：《电力建设施工质量验收及评价规程　第2部分：锅炉机组》DL/T 5210.2—2009，条款号　4.4.34

445. 试题：旋流式燃烧器设备检查应无裂纹、变形、严重锈蚀、损伤。（　　）

答案：√

依据：《电力建设施工质量验收及评价规程　第2部分：锅炉机组》DL/T 5210.2—2009，条款号　4.4.43

446. 试题：直流式燃烧器喷口中心轴线与燃烧切圆的切线偏差应≤1°。（　　）

答案：×

依据：《电力建设施工质量验收及评价规程　第2部分：锅炉机组》DL/T 5210.2—2009，条款号　4.4.46

447. 试题：油、气燃烧器进、回油支管道接头安装，接头严密不漏，支管与油枪连接严密不漏，并有良好弹性。（　　）

答案：√

依据：《电力建设施工质量验收及评价规程　第2部分：锅炉机组》DL/T 5210.2—2009，条款号　4.4.48

448. 试题：无油点火装置、微油点火装置安装前设备不得有变形、裂纹等缺陷。（　　）

答案：√

依据：《电力建设施工质量验收及评价规程　第2部分：锅炉机组》DL/T 5210.2—2009，条款号　4.4.49

449. 试题：汽包筒体无裂纹、重皮及疤痕，凹陷及麻坑深度不超过3mm～4mm。（　　）

答案：√

依据：《电力建设施工质量验收及评价规程　第2部分：锅炉机组》DL/T 5210.2—2009，条款号　4.4.51

450. 试题：对汽包内部装置检查，厂家焊缝应成型良好，无漏焊和裂纹等，飞溅清理干净，焊缝符合设计图纸要求。（　　）

答案：√

依据：《电力建设施工质量验收及评价规程　第2部分：锅炉机组》DL/T 5210.2—2009，条款号　4.4.53

451. 试题：汽包内部应清洁无尘土、锈皮、金属余屑、焊渣、施工遗留物。（　　）

答案：√

依据：《电力建设施工质量验收及评价规程　第 2 部分：锅炉机组》DL/T 5210.2—2009，条款号　4.4.54

452. 试题：膜式壁管子组合后通球试验的目的是对组合后的焊口进行焊口内径检查，防止出现内部堵塞。（　　）

答案：√

依据：《电力建设施工质量验收及评价规程　第 2 部分：锅炉机组》DL/T 5210.2—2009，条款号　4.4.55

453. 试题：膜式壁组合件宽度偏差：宽度＞3m，光管±5mm；鳍片管 2/1000，最大不超过 20mm。（　　）

答案：×

依据：《电力建设施工质量验收及评价规程　第 2 部分：锅炉机组》DL/T 5210.2—2009，条款号　4.4.55

454. 试题：膜式壁拼接时边排管间距允许偏差为±5mm。（　　）

答案：×

依据：《电力建设施工质量验收及评价规程　第 2 部分：锅炉机组》DL/T 5210.2—2009，条款号　4.4.56

455. 试题：螺旋水冷壁管排垂直度偏差应≤1‰长度，且≤15mm。（　　）

答案：√

依据：《电力建设施工质量验收及评价规程　第 2 部分：锅炉机组》DL/T 5210.2—2009，条款号　4.4.58

456. 试题：锅炉本体立管垂直度偏差应≤2‰，且≤20mm。（　　）

答案：×

依据：《电力建设施工质量验收及评价规程　第 2 部分：锅炉机组》DL/T 5210.2—2009，条款号　4.4.59

457. 试题：卧式过热器联箱内部检查应无尘土、锈皮、积水、金属余屑等杂物。（　　）

答案：√

依据：《电力建设施工质量验收及评价规程　第 2 部分：锅炉机组》DL/T 5210.2—2009，条款号　4.4.64

458. 试题：锅炉吊挂管管排平整度偏差应≤25mm。（　　）

答案：×

依据：《电力建设施工质量验收及评价规程　第 2 部分：锅炉机组》DL/T 5210.2—

2009，条款号 4.4.69

459. **试题：** 锅炉悬吊管受力应均匀，无附加应力。（　　）

答案： √

依据：《电力建设施工质量验收及评价规程　第 2 部分：锅炉机组》DL/T 5210.2—2009，条款号 4.4.70

460. **试题：** 锅炉附属管道布置应走线短捷，整齐、美观，不影响运行通道和其他设备的操作。（　　）

答案： √

依据：《电力建设施工质量验收及评价规程　第 2 部分：锅炉机组》DL/T 5210.2—2009，条款号 4.4.80

461. **试题：** 吹灰器转动部分安装应转动灵活，移动平稳，行程开关动作与吹灰管行程相符。（　　）

答案： √

依据：《电力建设施工质量验收及评价规程　第 2 部分：锅炉机组》DL/T 5210.2—2009，条款号 4.4.82

462. **试题：** 压力表安装应校验合格，固定牢靠、便于观察、维护。（　　）

答案： √

依据：《电力建设施工质量验收及评价规程　第 2 部分：锅炉机组》DL/T 5210.2—2009，条款号 4.4.86

463. **试题：** 烟、风、煤、粉管道操作装置向接头连接管角度应≤30°。（　　）

答案： √

依据：《电力建设施工质量验收及评价规程　第 2 部分：锅炉机组》DL/T 5210.2—2009，条款号 4.4.90

464. **试题：** 循环流化床锅炉的石灰石输送管道安装验收按高压管道安装要求进行检查验收。（　　）

答案： ×

依据：《电力建设施工质量验收及评价规程　第 2 部分：锅炉机组》DL/T 5210.2—2009，条款号 4.15.23

465. **试题：** 循环流化床锅炉水冷壁向火面密封安装质量要求：耐火材料非覆盖区的向火面密封打磨光滑，高低差不超过 0.5mm；耐火材料覆盖区的密封焊缝要求无裂纹、夹渣和严重咬边等表面缺陷。（　　）

答案： √

依据：《电力建设施工质量验收及评价规程 第 2 部分：锅炉机组》DL/T 5210.2—2009，条款号 5.10.15

466. 试题：锅炉安全阀应当铅直安装，并且应当安装在锅筒（壳）、集箱的最高位置。（   ）
答案：√
依据：《锅炉安全技术监察规程》TSG G0001—2012，条款号 6.1.11

467. 试题：几个安全阀如果共同装在一个与锅筒（壳）直接相连的短管上，短管的流通截面积应不小于排量最大安全阀的流通截面积。（   ）
答案：×
依据：《锅炉安全技术监察规程》TSG G0001—2012，条款号 6.1.11

468. 试题：压力容器安全阀一般每年至少校验一次。（   ）
答案：√
依据：《压力容器定期检验规则》TSG R7001—2004，条款号 总则 第十七条

469. 试题：在钢结构的同一螺栓连接接头中，高强度螺栓连接可以在一定范围内与普通螺栓连接混用，但比例应符合相关规定。（   ）
答案：×
依据：《钢结构高强度螺栓连接技术规程》JGJ 82—2011，条款号 3.1.7（强条）

470. 试题：在钢结构的同一螺栓连接接头中，承压型高强度螺栓连接可与焊接连接并用。（   ）
答案：×
依据：《钢结构高强度螺栓连接技术规程》JGJ 82—2011，条款号 3.1.7（强条）

471. 试题：高强度螺栓连接副的摩擦面使用钢丝刷除锈时，钢丝刷除锈移动方向应与受力方向平行。（   ）
答案：×
依据：《钢结构高强度螺栓连接技术规程》JGJ 82—2011，条款号 3.2.4

472. 试题：当高强度螺栓连接副的结构采用不同的材质时，摩擦面的抗滑移系数 μ 值应较高的选取。（   ）
答案：×
依据：《钢结构高强度螺栓连接技术规程》JGJ 82—2011，条款号 3.2.4

473. 试题：承压型高强度螺栓连接接触面应清除油污及浮锈等，保持接触面清洁，不能进行涂装。（   ）

答案：×

依据：《钢结构高强度螺栓连接技术规程》JGJ 82—2011，条款号 4.2.1

474. 试题：钢结构高强度螺栓连接可以在同一连接摩擦面的盖板和芯板同时采用扩大孔型（大圆孔、槽孔）。（　　）

答案：×

依据：《钢结构高强度螺栓连接技术规程》JGJ 82—2011，条款号 4.3.3

475. 试题：M24 以上规格的高强度螺栓连接副，垫圈或连续垫板厚度不宜大于 10mm。（　　）

答案：×

依据：《钢结构高强度螺栓连接技术规程》JGJ 82—2011，条款号 4.3.3

476. 试题：钢结构的 T 形受拉件的翼缘厚度不宜小于 16mm，但不能大于连接螺栓的直径。（　　）

答案：×

依据：《钢结构高强度螺栓连接技术规程》JGJ 82—2011，条款号 5.2.2

477. 试题：对于钢结构中栓焊混用连接接头，腹板连接的高强度螺栓的施工顺序应在高强度螺栓终拧后再进行翼缘的焊接。（　　）

答案：×

依据：《钢结构高强度螺栓连接技术规程》JGJ 82—2011，条款号 5.4.2

478. 试题：钢结构栓焊混用连接接头，当采用先进行翼缘焊接再终拧腹板连接高强度螺栓的施工顺序时，腹板拼接高强度螺栓宜采取复拧措施或增加螺栓数量 10%。（　　）

答案：×

依据：《钢结构高强度螺栓连接技术规程》JGJ 82—2011，条款号 5.4.2

479. 试题：栓焊并用连接的施工顺序应先焊接，后实施高强度螺栓紧固。（　　）

答案：×

依据：《钢结构高强度螺栓连接技术规程》JGJ 82—2011，条款号 5.5.2

480. 试题：高强度大六角头螺栓连接副由一个螺栓、一个螺母和一个垫圈组成。（　　）

答案：×

依据：《钢结构高强度螺栓连接技术规程》JGJ 82—2011，条款号 6.1.1

481. 试题：扭剪型高强度连接副由一个螺栓、一个螺母和两个垫圈组成。（　　）

答案：×

依据：《钢结构高强度螺栓连接技术规程》JGJ 82—2011，条款号　6.1.1

482. **试题**：高强度螺栓连接副应按批配套进场，并附有出厂质量保证书，连接副应在同批内配套使用。（　　）

　　　答案：√

　　　依据：《钢结构高强度螺栓连接技术规程》JGJ 82—2011，条款号　6.1.2

483. **试题**：摩擦面的抗滑移系数检验所使用的试件应以钢结构制作检验批为单位，每一检验批三组，由制作厂或安装单位进行。（　　）

　　　答案：×

　　　依据：《钢结构高强度螺栓连接技术规程》JGJ 82—2011，条款号　6.3.3

484. **试题**：摩擦型高强度螺栓连接副的抗滑移系数检验用的试件与构件应为同一材质、同一摩擦面处理工艺、同批制作，使用同一性能等级的高强度螺栓连接副。（　　）

　　　答案：√

　　　依据：《钢结构高强度螺栓连接技术规程》JGJ 82—2011，条款号　6.3.3

485. **试题**：高强度螺栓连接处摩擦面如采用喷砂（丸）后生赤锈处理方法时，安装前应以细磨光机除去摩擦面上的浮锈。（　　）

　　　答案：×

　　　依据：《钢结构高强度螺栓连接技术规程》JGJ 82—2011，条款号　6.4.2

486. **试题**：在钢结构安装过程中，不得使用螺纹损伤及沾染脏物的高强度螺栓连接副。（　　）

　　　答案：√

　　　依据：《钢结构高强度螺栓连接技术规程》JGJ 82—2011，条款号　6.4.5

487. **试题**：在钢结构安装过程中可以使用高强度螺栓兼作临时螺栓。（　　）

　　　答案：×

　　　依据：《钢结构高强度螺栓连接技术规程》JGJ 82—2011，条款号　6.4.5

488. **试题**：高强度螺栓连接副组装时，螺母带圆台面的一侧应朝向垫圈有倒角的一侧。（　　）

　　　答案：√

　　　依据：《钢结构高强度螺栓连接技术规程》JGJ 82—2011，条款号　6.4.7

489. **试题**：对于高强度大六角头螺栓连接副组装时，螺栓头下垫圈有倒角的一侧应朝向构件的连接板。（　　）

　　　答案：×

依据:《钢结构高强度螺栓连接技术规程》JGJ 82—2011,条款号 6.4.7

490. 试题:安装高强度螺栓时严禁强行穿入,当不能自由穿入时可用铰刀进行修整,或当修整量较大时也可采用气割方式。(   )
答案:×
依据:《钢结构高强度螺栓连接技术规程》JGJ 82—2011,条款号 6.4.8(强条)

491. 试题:高强度螺栓不能自由穿入时,应用铰刀进行修整。修整后孔的最大直径不应大于 1.2 倍螺栓直径,且修孔数量可超过该节点螺栓数量的 25%。(   )
答案:×
依据:《钢结构高强度螺栓连接技术规程》JGJ 82—2011,条款号 6.4.8(强条)

492. 试题:高强度螺栓不能自由穿入时应用铰刀进行修整。修孔前应将四周螺栓全部拧紧,使板迭密贴后再进行铰孔。(   )
答案:√
依据:《钢结构高强度螺栓连接技术规程》JGJ 82—2011,条款号 6.4.8(强条)

493. 试题:安装高强度螺栓时,构件的摩擦面应保持干燥,不得在雨中作业。(   )
答案:√
依据:《钢结构高强度螺栓连接技术规程》JGJ 82—2011,条款号 6.4.10

494. 试题:高强度大六角头螺栓拧紧时,需要在螺母和螺杆上双向施加扭矩。(   )
答案:×
依据:《钢结构高强度螺栓连接技术规程》JGJ 82—2011,条款号 6.4.12

495. 试题:大型节点高强度扭剪型螺栓连接副初拧或复拧后的高强度螺栓应用颜色在螺母上标记,终拧后的高强度螺栓应用另一种颜色在螺母上标记。(   )
答案:√
依据:《钢结构高强度螺栓连接技术规程》JGJ 82—2011,条款号 6.4.14

496. 试题:高强度螺栓的初拧、复拧和终拧应按一定的顺序施拧,确定施拧顺序的原则是由螺栓群外缘螺栓向中央拧紧,和从接头刚度小的部位向约束大的方向拧紧。(   )
答案:×
依据:《钢结构高强度螺栓连接技术规程》JGJ 82—2011,条款号 6.4.17

497. 试题:工字形柱对接高强度螺栓在初拧、复拧和终拧时,紧固顺序为先腹板螺栓后翼缘螺栓。(   )
答案:×

依据：《钢结构高强度螺栓连接技术规程》JGJ 82—2011，条款号　6.4.17

498. **试题**：两个或多个接头高强度螺栓群在初拧、复拧和终拧时的拧紧顺序应先主要构件接头，后次要构件接头。（　　）

　　答案：√

　　依据：《钢结构高强度螺栓连接技术规程》JGJ 82—2011，条款号　6.4.17

499. **试题**：对于露天使用或接触腐蚀性气体的钢结构，在高强度螺栓拧紧检查验收合格后，连接处板缝应及时用腻子封闭。（　　）

　　答案：√

　　依据：《钢结构高强度螺栓连接技术规程》JGJ 82—2011，条款号　6.4.18

500. **试题**：扭剪型高强度螺栓终拧检查以尾部梅花头拧断为合格。不能用专用扳手拧紧的扭剪型高强度螺栓，应按规定进行终拧紧固质量检查。（　　）

　　答案：√

　　依据：《钢结构高强度螺栓连接技术规程》JGJ 82—2011，条款号　6.5.2

501. **试题**：当高强度螺栓连接分项工程施工质量不符合现行国家标准和规程的要求，经返修或加固处理的检验批，如满足安全使用要求，可按处理技术方案和协商文件进行验收。（　　）

　　答案：√

　　依据：《钢结构高强度螺栓连接技术规程》JGJ 82—2011，条款号　7.1.3

三、单选题（下列试题中，只有 1 项是标准原文规定的正确答案，请将正确答案填在括号内）

1. **试题**：锅炉本体结构应保证其运行时能按设计预订方向自由膨胀，额定压力最低不小于（　　）的锅炉的锅筒和集箱应装设膨胀指示器。

　　A．3.8MPa　　　　　　　　B．9.8MPa　　　　　　　　C．11.8MPa

　　答案：A

　　依据：《水管锅炉　第 1 部分：总则》GB/T 16507.1—2013，条款号　4.9

2. **试题**：锅炉受热面管子以及管道直段，当其外径小于 159mm 时，对接焊缝中心线间的距离应≥（　　）倍管子外径。

　　A．1　　　　　　　　　　B．2　　　　　　　　　　C．1.5

　　答案：B

　　依据：《水管锅炉　第 3 部分：结构设计》GB/T 16507.3—2013，条款号　5.3

3. **试题**：锅炉受热面管子以及管道直段，当其外径≥159mm 时，对接焊缝中心线间的距离应≥（　　）。

A．150mm B．300mm C．200mm

答案： B

依据：《水管锅炉 第 3 部分：结构设计》GB/T 16507.3—2013，条款号 5.3

4. **试题：** 受热面管子及管道对接焊缝应位于管子直段上。受热面管子的对接焊缝中心线至锅筒及集箱外壁、管子弯曲起点、管子支吊架边缘的距离至少为（ ）。

A．50mm B．45mm C．30mm

答案： A

依据：《水管锅炉 第 3 部分：结构设计》GB/T 16507.3—2013，条款号 5.4

5. **试题：** 对于额定工作压力大于或等于 3.8MPa 的锅炉，受热面管子的对接焊缝中心线至锅筒及集箱外壁、管子弯曲起点、管子支吊架边缘的距离至少为（ ）。

A．70mm B．60mm C．50mm

答案： A

依据：《水管锅炉 第 3 部分：结构设计》GB/T 16507.3—2013，条款号 5.4

6. **试题：** 对于额定工作压力大于或等于 3.8MPa 的锅炉，本体连接管道的对接焊缝中心线至锅筒及集箱外壁、管子弯曲起点、管子支吊架边缘的距离至少为（ ）。

A．50mm B．100mm C．150mm

答案： B

依据：《水管锅炉 第 3 部分：结构设计》GB/T 16507.3—2013，条款号 5.4

7. **试题：** 名义壁厚不同的两元件或钢板对接时，两侧中任何一侧的名义边缘厚度差值若超规定的边缘偏差值，则厚板的边缘需削至与薄板边缘平齐，削出的斜面应平滑且斜率不大于（ ）。

A．1:2 B．1:3 C．1:15

答案： B

依据：《水管锅炉 第 3 部分：结构设计》GB/T 16507.3—2013，条款号 5.8

8. **试题：** 额定工作压力大于或等于 3.8MPa 的锅炉，外径小于（ ）的排汽、疏水、排污和取样管等管接头与锅筒、集箱、管道相连接时，应采用底部加强型的管接头。

A．36mm B．32mm C．57mm

答案： B

依据：《水管锅炉 第 3 部分：结构设计》GB/T 16507.3—2013，条款号 5.12

9. **试题：** 锅筒吊杆不应布置在锅筒环向焊缝附近，吊杆与焊缝中心距离不小于（ ）。

A．50mm B．150mm C．200mm

答案： C

依据：《水管锅炉 第3部分：结构设计》GB/T 16507.3—2013，条款号 6.5

10. **试题：**额定压力小于（　　）的锅炉，喷水减温器的减温水管在穿过减温器筒体处可不加装套管。

 A．3.8MPa B．6.4MPa C．9.8MPa

 答案：A

 依据：《水管锅炉 第3部分：结构设计》GB/T 16507.3—2013，条款号 7.1

11. **试题：**集箱类部件筒体的坡口内壁应尽量对准并且平齐。当接头两侧的公称外径和名义壁厚相等时，外表面的边缘偏差不得超过名义壁厚的 10%，且最大不超过（　　）。

 A．2mm B．3mm C．4mm

 答案：C

 依据：《水管锅炉 第5部分：制造》GB/T 16507.5—2013，条款号 6.5.4.1.1

12. **试题：**锅筒、集箱的纵、环焊缝及封头的拼接焊缝无咬边，其余焊缝咬边深度不深过 0.5mm，管子焊缝两侧咬边总长度不超过管子周长的（　　），且不超过 40mm。

 A．20% B．10% C．15%

 答案：A

 依据：《水管锅炉 第6部分：检验、试验和验收》GB/T 16507.6—2013，条款号 4

13. **试题：**蒸汽锅炉弹簧式安全阀的排放压力应小于整定压力的（　　）倍。

 A．1.03 B．1.05 C．1.10

 答案：A

 依据：《水管锅炉 第 7 部分：安全附件和仪表》GB/T 16507.7—2013，条款号 5.4.4

14. **试题：**蒸汽锅炉安全阀的启闭压差应大于或等于整定压力的（　　），也不宜大于 7%，最大不超过 10%。

 A．4% B．3% C．2%

 答案：A

 依据：《水管锅炉 第 7 部分：安全附件和仪表》GB/T 16507.7—2013，条款号 5.4.5

15. **试题：**锅炉就地压力表应根据装设部位的工作压力选用压力表的量程，一般应为工作压力的 1.5 倍~3.0 倍，最好选用（　　）倍。

 A．1.5 B．2.0 C．3.0

 答案：B

 依据：《水管锅炉 第 7 部分：安全附件和仪表》GB/T 16507.7—2013，条款号 6.2

16. **试题：**锅炉就地压力表表盘直径应大于或等于（　　　），并且还应保证运行操作人员能清楚地看到压力指示值。

  A．100mm   B．80mm   C．60mm

  答案： A

  依据：《水管锅炉 第 7 部分：安全附件和仪表》GB/T 16507.7—2013，条款号 6.2

17. **试题：**水位表（或水表柱）和锅筒之间的汽水连接管的内径应大于或等于（　　　），连接管应尽可能短，当连接管长度大于 500mm 或者有弯曲部分时，内径应适当放大以保证水位表灵敏准确。

  A．12mm   B．15mm   C．18mm

  答案： C

  依据：《水管锅炉 第 7 部分：安全附件和仪表》GB/T 16507.7—2013，条款号 7.2.7

18. **试题：**用于测量温度的表盘式仪表的量程应根据工作温度选用，一般为工作温度（　　　）倍。

  A．1.1～1.5   B．1.5～2.0   C．2.0～2.5

  答案： B

  依据：《水管锅炉 第 7 部分：安全附件和仪表》GB/T 16507.7—2013，条款号 8.3

19. **试题：**锅炉的排污管与放水管应根据锅炉工作压力确定相应的设计压力。在任何情况下，排污和放水管道的设计压力都不应小于（　　　）。

  A．0.6MPa   B．0.5MPa   C．0.4MPa

  答案： A

  依据：《水管锅炉 第 7 部分：安全附件和仪表》GB/T 16507.7—2013，条款号 9.7.2

20. **试题：**锅炉及其他设备基础应按规定进行检查、验收，而且基础强度达到设计强度等级的（　　　）以上时方可开始设备的安装。

  A．50%   B．70%   C．60%

  答案： B

  依据：《水管锅炉 第 8 部分：安装与运行》GB/T 16507.8—2013，条款号 5.1

21. **试题：**锅筒（启动分离器）起吊前廓对内外部进行宏观检查。内外壁表面应无裂纹、重皮及疤痕，局部机械损伤、凹陷及麻坑深度不超过设计壁厚的 10%且不应超过（　　　）。

  A．6mm   B．5mm   C．4mm

  答案： C

依据：《水管锅炉 第 8 部分：安装与运行》GB/T 16507.8—2013，条款号 6.1.1

22. **试题：**锅筒（启动分离器）起吊前应对内外部进行宏观检查。抽查筒体纵环焊缝可见部位表面成形良好，无裂纹、表面气孔等缺陷，无大于 50mm 的连续咬边且咬边最大深度小于或等于（   ）。

    A．0.5mm   B．0.8mm   C．1.0mm

    答案：A

    依据：《水管锅炉 第 8 部分：安装与运行》GB/T 16507.8—2013，条款号 6.1.1

23. **试题：**对于额定工作压力大于或等于（   ）的锅炉，安装前应检查锅筒（启动分离器）内外部各部件的组装符合设计图样的要求。

    A．3.8MPa   B．2.6MPa   C．1.2MPa

    答案：A

    依据：《水管锅炉 第 8 部分：安装与运行》GB/T 16507.8—2013，条款号 6.1.2

24. **试题：**锅筒人孔密封面的结合面应平整光洁，无径向贯穿性伤痕，局部伤痕深度小于或等于（   ）。

    A．0.5mm   B．1.0mm   C．2.0mm

    答案：A

    依据：《水管锅炉 第 8 部分：安装与运行》GB/T 16507.8—2013，条款号 6.1.4

25. **试题：**集箱、减温器吊装前应进行宏观检查，表面应无裂纹、重皮及疤痕，局部机械损伤、凹陷及麻坑深度一般不宜超过（   ），不应超过设计壁厚的 10%。

    A．1.5mm   B．1.0mm   C．2.0mm

    答案：B

    依据：《水管锅炉 第 8 部分：安装与运行》GB/T 16507.8—2013，条款号 6.2.1

26. **试题：**宏观检查受热面固定部件（管夹、管箍等）安装应符合设计图样要求，连接焊缝无裂纹，受热面管侧焊缝无大于（   ）深度的咬边。

    A．0.5mm   B．1.0mm   C．1.5mm

    答案：A

    依据：《水管锅炉 第 8 部分：安装与运行》GB/T 16507.8—2013，条款号 7.1.3

27. **试题：**受热面管子的安装对接焊口一般不应布置在管子弯曲部位和支吊架范围内。焊口距离管子弯曲起点大于或等于管子直径，且大于或等于（   ）。

    A．120mm   B．100mm   C．150mm

    答案：B

    依据：《水管锅炉 第 8 部分：安装与运行》GB/T 16507.8—2013，条款号 7.2.6

28. **试题**：受热面管子的安装对接焊口一般不应布置在管子弯曲部位和支吊架范围内。焊口距离管子支吊架边缘至少（　　　）。

A．50mm　　　　　　　　B．40mm　　　　　　　　C．30mm

答案：A

依据：《水管锅炉　第8部分：安装与运行》GB/T 16507.8—2013，条款号　7.2.6

29. **试题**：受热面管子对口应保证内壁平齐，其局部错口值不应超过壁厚的10%，且小于或等于（　　　）。

A．1.5mm　　　　　　　　B．1.0mm　　　　　　　　C．2.0mm

答案：B

依据：《水管锅炉　第8部分：安装与运行》GB/T 16507.8—2013，条款号　7.2.9

30. **试题**：受热面管子对口间隙应均匀，对口偏折度在距焊缝中心200mm范围内一般不应大于（　　　）。

A．3.0mm　　　　　　　　B．2.5mm　　　　　　　　C．2.0mm

答案：C

依据：《水管锅炉　第8部分：安装与运行》GB/T 16507.8—2013，条款号　7.2.10

31. **试题**：顶棚过热器管排平整度允许偏差为（　　　），与炉墙间膨胀间隙应符合图样要求。

A．±3mm　　　　　　　　B．±5mm　　　　　　　　C．±10mm

答案：B

依据：《水管锅炉　第8部分：安装与运行》GB/T 16507.8—2013，条款号　7.3.6

32. **试题**：回转式空气预热器基础垫铁安装时应放置稳固，接触严密，每处垫铁的总块数不应大于（　　　）块，且最厚块放置最下层，薄块放置上层，最薄的垫铁应放置于中间层。

A．2　　　　　　　　　　B．3　　　　　　　　　　C．4

答案：C

依据：《水管锅炉　第8部分：安装与运行》GB/T 16507.8—2013，条款号　8.2

33. **试题**：回转式空气预热器安装完成后应进行分部试运，试运过程中应运转平稳、无异常声响、冷却系统能正常投入，各滑动轴承的温度不应超过65℃，滚动轴承温度不超过（　　　）。

A．85℃　　　　　　　　B．80℃　　　　　　　　C．95℃

答案：B

依据：《水管锅炉　第8部分：安装与运行》GB/T 16507.8—2013，条款号　8.2.5

34. **试题**：锅炉排污、疏放水管道、取样管、排空气管道安装最小坡度大于或等于（　　　）。

A．0.2%　　　　　　　　B．0.5%　　　　　　　　C．1.0%

答案：A

依据：《水管锅炉　第 8 部分：安装与运行》GB/T 16507.8—2013，条款号　9.1.7

35. 试题：锅炉再热器、直流蒸汽锅炉外置式启动分离器的安全阀最高整定压力为装设地点工作压力的（　　）倍。

A．1.05　　　　　　　　B．1.1　　　　　　　　C．1.2

答案：B

依据：《水管锅炉　第 8 部分：安装与运行》GB/T 16507.8—2013，条款号　9.9.10

36. 试题：额定工作压力大于或等于 9.8MPa 的锅炉的主给水管道、主蒸汽管道、高温再热蒸汽管道、低温再热蒸汽管道安装焊缝经过（　　）射线或者超声无损检测合格后，可以不进行水压试验。

A．50%　　　　　　　　B．80%　　　　　　　　C．100%

答案：C

依据：《水管锅炉　第 8 部分：安装与运行》GB/T 16507.8—2013，条款号　13.4

37. 试题：锅炉在正式投入运行前应进行化学清洗；（　　）级以下的锅炉（腐蚀严重者除外），可以不进行酸洗，但应进行碱煮。

A．A　　　　　　　　B．B　　　　　　　　C．C

答案：A

依据：《水管锅炉　第 8 部分：安装与运行》GB/T 16507.8—2013，条款号　15.1.1

38. 试题：锅炉采用碱煮时，药液不应进入过热器；煮（　　）后，从下部各排污点轮流排污换水直至水质达到试运标准为止。

A．12h　　　　　　　　B．24h　　　　　　　　C．36h

答案：B

依据：《水管锅炉　第 8 部分：安装与运行》GB/T 16507.8—2013，条款号　15.1.5

39. 试题：锅炉吹洗时控制门应全开（直流锅炉纯直流吹洗时除外）；用蓄热法吹洗时，控制门的开启时间一般应小于（　　）。

A．1.5min　　　　　　　B．1.0min　　　　　　　C．2.0min

答案：B

依据：《水管锅炉　第 8 部分：安装与运行》GB/T 16507.8—2013，条款号　15.2.8

40. 试题：锅炉吹洗时，被吹洗系统各处的吹管系数应大于（　　）。

A．0.5　　　　　　　　B．1.0　　　　　　　　C．0.8

答案：B

依据：《水管锅炉　第 8 部分：安装与运行》GB/T 16507.8—2013，条款号　15.2.9

41. **试题：** 亚临界锅炉吹洗时的压力下降值应控制在饱和温度下降值小于或等于（   ）的范围内。

    A．50℃   B．45℃   C．42℃

    答案： C

    依据：《水管锅炉　第 8 部分：安装与运行》GB/T 16507.8—2013，条款号　15.2.10

42. **试题：** 锅炉蒸汽吹洗过程中，至少应有一次停炉冷却，停炉冷却的时间应控制在（   ）以上，冷却过热器、再热器及其管道，以提高吹洗效果。

    A．8h   B．12h   C．10h

    答案： B

    依据：《水管锅炉　第 8 部分：安装与运行》GB/T 16507.8—2013，条款号　15.2.11

43. **试题：** 锅炉蒸汽吹洗时，在被吹洗管末端的临时排汽管内（或排汽口处）装设靶板，靶板可用铝板制成，其宽度约为排汽管内径的（   ），长度纵贯管子内径。

    A．8%   B．15%   C．25%

    答案： A

    依据：《水管锅炉　第 8 部分：安装与运行》GB/T 16507.8—2013，条款号　15.2.14

44. **试题：** 锅炉蒸汽吹洗的合格标准为在保证吹管系数前提下，连续两次更换靶板检查，靶板上冲击斑痕粒度小于或等于（   ），且斑痕不多于 8 点。

    A．1.0mm   B．0.8mm   C．1.2mm

    答案： B

    依据：《水管锅炉　第 8 部分：安装与运行》GB/T 16507.8—2013，条款号　15.2.15

45. **试题：** 锅炉钢结构桁架杆件在用节点板连接时，弦杆与腹杆、腹杆与腹杆之间的间隙不应小于（   ），相邻角焊缝焊趾间净距不应小于 5mm。

    A．15mm   B．18mm   C．20mm

    答案： C

    依据：《锅炉钢结构设计规范》GB/T 22395—2008，条款号　11.4.9

46. **试题：**《锅炉钢结构设计规范》规定，锅炉平台栏杆的扶手能承受水平方向垂直施加的荷载应不小于（   ）。

    A．220N/m   B．300N/m   C．500N/m

    答案： C

    依据：《锅炉钢结构设计规范》GB/T 22395—2008，条款号　15.18

47. **试题：** 管道液压试验时，应缓慢升压，待达到试验压力后，稳压 10min，再将试验压力降至设计压力，稳压（   ），以压力表压力不降、管道所有部位无渗漏为合格。

    A．5min   B．10min   C．20min

答案：C

依据：《工业金属管道工程施工质量验收规范》GB 50184—2011，条款号　8.5.2

48. 试题：永久性普通螺栓紧固应牢固、可靠，外露丝扣至少不应少于（　　）扣。

　　A．1　　　　　　　　　B．2　　　　　　　　　C．3

　　答案：　B

　　依据：《钢结构施工质量验收规程》GB 50205—2001，条款号　6.2.3

49. 试题：高强度螺栓不能自由穿入螺栓孔时，应进行扩孔，扩孔后的孔径不应超过（　　）倍的螺栓直径。

　　A．1.25　　　　　　　　B．1.2　　　　　　　　C．1.3

　　答案：B

　　依据：《钢结构工程施工质量验收规范》GB 50205—2001，条款号　6.3.7

50. 试题：矫正后的钢材表面，不应有明显的凹面或损伤，划痕深度不得大于（　　），且不应大于该钢材厚度负允许偏差的 1/2。

　　A．0.5mm　　　　　　　B．0.7mm　　　　　　　C．0.8mm

　　答案：　A

　　依据：《钢结构施工质量验收规程》GB 50205—2001，条款号　7.3.3

51. 试题：钢结构安装中，设计有要求顶紧的节点，接触面不应少于（　　）紧贴。

　　A．30%　　　　　　　　B．50%　　　　　　　　C．70%

　　答案：C

　　依据：《钢结构工程施工质量验收规范》GB 50205—2001，条款号　10.3.2

52. 试题：钢结构安装中，设计有要求顶紧的节点，接触面边缘最大间隙不应大于（　　）。

　　A．1.5mm　　　　　　　B．0.8mm　　　　　　　C．1.0mm

　　答案：B

　　依据：《钢结构工程施工质量验收规范》GB 50205—2001，条款号　10.3.2

53. 试题：高强度大六角头螺栓连接副和扭剪型高强度螺栓连接副，应分别进行扭矩系数和紧固轴力复验，试验螺栓应从施工现场待安装的螺栓批中随机抽取，每批应抽取（　　）套连接副进行复验。

　　A．2　　　　　　　　　B．5　　　　　　　　　C．8

　　答案：C

　　依据：《钢结构工程施工规范》GB 50755—2012，条款号　5.4.3

54. 试题：普通螺栓作为永久性连接螺栓时，螺栓头和螺母侧应分别放置平垫圈，螺栓头侧垫圈最多不应多于（　　）个，螺母侧垫圈不应多于1个。

A．1　　　　　　　　　　B．2　　　　　　　　　　C．3

答案： B

依据：《钢结构工程施工规范》GB 50755—2012，条款号　7.3.2

55. **试题：** 承受动力载荷或重要部分的普通螺栓连接有防松动要求时，应采取弹簧垫圈等措施，弹簧垫圈应放置在（　　）侧。

A．螺母　　　　　　　　B．螺栓头　　　　　　　C．任意一侧

答案： A

依据：《钢结构工程施工规范》GB 50755—2012，条款号　7.3.2

56. **试题：** 当钢结构构件的多层板叠采用高强度螺栓或普通螺栓连接时，宜先使用不少于螺栓孔总数（　　）的冲钉定位，再采用临时螺栓紧固。

A．5%　　　　　　　　　B．10%　　　　　　　　 C．8%

答案： B

依据：《钢结构工程施工规范》GB 50755—2012，条款号　10.2.6

57. **试题：** 当钢结构构件中采用高强度螺栓或普通螺栓连接多层板叠使用临时螺栓紧固时，在一组孔内不得少于螺栓孔数量的20%，且最少不应少于（　　）个。

A．1　　　　　　　　　　B．2　　　　　　　　　　C．3

答案： B

依据：《钢结构工程施工规范》GB 50755—2012，条款号　10.2.6

58. **试题：** 电厂管道中设计温度大于 300℃或公称压力不小于 PN4.0 的管道，应选用（　　）。

A．对焊法兰　　　　　　B．平焊法兰　　　　　　C．承插焊法兰

答案： A

依据：《电厂动力管道设计规范》GB 50764—2012，条款号　5.5.2

59. **试题：** 主管上多个相邻开孔采用组合补强时，这些开孔中的任意两个开孔中心间最小距离不应小于（　　）倍的平均直径，且在两孔间的补强面积不应小于这两个开孔所需补强总面积的50%。

A．1.0　　　　　　　　　B．1.2　　　　　　　　　C．1.5

答案： C

依据：《电厂动力管道设计规范》GB 50764—2012，条款号　6.4.2

60. **试题：** 当管道在直爬梯的前方横越时，管子外表面或保温表面与直爬梯垂直面之间净空距离，不应小于（　　）。

A．550mm　　　　　　　B．650mm　　　　　　　C．750mm

答案：C

依据：《电厂动力管道设计规范》GB 50764—2012，条款号　8.2.2

61. 试题：任何直接操作的阀门手轮边缘，其周围至少应保持有（　　）的净空距离。

　　A．150mm　　　　　　　　B．200mm　　　　　　　　C．250mm

答案：A

依据：《电厂动力管道设计规范》GB 50764—2012，条款号　8.2.4

62. 试题：装设阀门传动装置的操作手轮座应布置在不妨碍通行的地方，并且万向接头的偏转角不应超过 30°，连杆长度不应超过（　　）。

　　A．4m　　　　　　　　　　B．5m　　　　　　　　　　C．6m

答案：A

依据：《电厂动力管道设计规范》GB 50764—2012，条款号　8.2.4

63. 试题：主蒸汽管道的疏水坡度方向必须顺汽流方向，且坡度不得小于（　　）。

　　A．0.003　　　　　　　　　B．0.004　　　　　　　　C．0.005

答案：C

依据：《电厂动力管道设计规范》GB 50764—2012，条款号　8.2.5（强条）

64. 试题：公称压力不小于 PN4.0 的电厂动力管道，其疏水、放水管道应（　　）。

　　A．装设一个截止阀

　　B．串联装设两个截止阀

　　C．串联装设一个截止阀和一个节流阀

答案：B

依据：《电厂动力管道设计规范》GB 50764—2012，条款号　8.2.5

65. 试题：压缩空气管道顺气流方向时，管道坡度不应小于 0.003，逆气流方向时，管道坡度不应小于（　　）。

　　A．0.003　　　　　　　　　B．0.004　　　　　　　　C．0.005

答案：C

依据：《电厂动力管道设计规范》GB 50764—2012，条款号　8.6.2

66. 试题：在水平管道方向改变处，两支吊点间的管子展开长度不应超过水平直管支吊架允许间距的（　　），其中一个支吊点宜靠近弯管或弯头的起弯点。

　　A．5/6　　　　　　　　　　B．4/5　　　　　　　　　C．3/4

答案：C

依据：《电厂动力管道设计规范》GB 50764—2012，条款号　10.2.2

67. 试题：电厂动力管道的支吊架零部件不得采用（　　）或铸铁材料。

A．沸腾钢　　　　　　　　　B．镇静钢　　　　　　　　　C．合金钢

答案：A

依据：《电厂动力管道设计规范》GB 50764—2012，条款号　10.5.5

68. 试题：循环流化床锅炉钢架柱脚采用钢筋焊接固定的，在构架安装找正完毕后，将钢筋加热弯贴在柱脚底板上，加热温度一般不超过（　　），钢筋与立筋板的焊缝长度应为钢筋直径的 6 倍～8 倍，并应双面焊。

A．950℃　　　　　　　　　B．900℃　　　　　　　　　C．1000℃

答案：B

依据：《循环流化床锅炉施工及质量验收规范》GB 50972—2014，条款号　5.1.15

69. 试题：循环流化床锅炉施工时，柱脚采用钢筋焊接固定的锅炉，基础二次灌浆的时间应在（　　）完毕后进行。

A．一层钢架吊装　　　　　B．钢架吊装　　　　　　　C．锅炉大件吊装

答案：A

依据：《循环流化床锅炉施工及质量验收规范》GB 50972—2014，条款号　5.1.16

70. 试题：循环流化床锅炉垫铁的承压总面积应符合厂家技术文件要求。当厂家无规定时，采用垫铁安装的钢架，垫铁单位面积的载荷不应大于基础混凝土设计强度的（　　）。

A．60%　　　　　　　　　　B．70%　　　　　　　　　　C．80%

答案：　A

依据：《循环流化床锅炉施工及质量验收规范》GB 50972—2014，条款号　5.1.14

71. 试题：膜式受热面安装应平整，平整度偏差应在（　　）之内，垂直度偏差不应大于 1/1000 且不大于 15mm，安装后整体宽度偏差应小于 2/1000，且不应大于 15mm。

A．±5mm　　　　　　　　　B．±8mm　　　　　　　　　C．±10mm

答案：　A

依据：《循环流化床锅炉施工及质量验收规范》GB 50972—2014，条款号　6.2.17

72. 试题：循环流化床锅炉施工时，焊件对口应做到内壁平齐，对接单面焊的局部错口值（　　）。

A．不应超过壁厚的 10%，且不大于 2.0mm

B．不应超过壁厚的 10%，且不大于 1.5mm

C．不应超过壁厚的 10%，且不大于 1mm

答案：C

依据：《循环流化床锅炉施工及质量验收规范》GB 50972—2014，条款号　6.4.3

73. 试题：循环流化床锅炉施工时，焊件对口应做到内壁平齐，对接双面焊的局部错口

值（　　）。

A．不应超过壁厚的 10%，且不大于 3mm

B．不应超过壁厚的 10%，且不大于 4mm

C．不应超过壁厚的 10%，且不大于 5mm

答案：A

依据：《循环流化床锅炉施工及质量验收规范》GB 50972—2014，条款号　6.4.3

74．试题：公称直径小于 500mm 的同一管道两个对接焊口间距离应大于管道直径且不小于（　　）。

A．80mm　　　　　　　　B．150mm　　　　　　　　C．100mm

答案：B

依据：《循环流化床锅炉施工及质量验收规范》GB 50972—2014，条款号　6.4.6

75．试题：循环流化床锅炉施工时，耐火材料覆盖区域的炉膛向火面密封焊缝，焊接应无裂纹、咬边、气孔等缺陷，炉膛密封焊接完毕后，应进行（　　）检查。

A．渗透　　　　　　　　B．超声　　　　　　　　C．射线

答案：A

依据：《循环流化床锅炉施工及质量验收规范》GB 50972—2014，条款号　6.5.3

76．试题：循环流化床锅炉施工时，用螺栓固定的密封装置，其接合面应严密，螺栓应安装紧固，接触面间应垫有合适的（　　）；门框的固定螺栓头应在墙皮内侧填满。

A．垫片　　　　　　　　B．金属材料　　　　　　　　C．填料

答案：C

依据：《循环流化床锅炉施工及质量验收规范》GB 50972—2014，条款号　6.5.5

77．试题：循环流化床锅炉施工时，密封件焊缝边缘应圆滑过渡，表面不得有裂纹、气孔、夹渣、弧坑、漏焊等缺陷；扁钢与管子连接处焊缝咬边深度不得大于（　　）。

A．0.5mm　　　　　　　　B．0.6mm　　　　　　　　C．0.8mm

答案：A

依据：《循环流化床锅炉施工及质量验收规范》GB 50972—2014，条款号　6.5.6

78．试题：循环流化床锅炉施工时，炉膛内侧的所有焊口及密封焊缝表面应按图纸要求打磨光滑，表面凸出物应不大于（　　）。

A．0.5mm　　　　　　　　B．1mm　　　　　　　　C．1.5mm

答案：A

依据：《循环流化床锅炉施工及质量验收规范》GB 50972—2014，条款号　6.5.7

79．试题：锅炉受热面系统安装完后，应按设备技术文件的要求进行水压试验，在厂家无明确要求时，直流锅炉应为过热器出口联箱设计压力的（　　）倍，且不应小于

省煤器进口联箱设计压力的 1.1 倍。

A．1.1   B．1.25   C．1.5

答案：B

依据：《循环流化床锅炉施工及质量验收规范》GB 50972—2014，条款号 7.0.1

80. 试题：锅炉排污、疏放水管道安装应有不小于（　　　）的坡度，管道在运行状态下应能自由补偿及不阻碍汽包、启动分离器、联箱和管系的热膨胀。

A．0.2%   B．0.15%   C．0.1%

答案：A

依据：《循环流化床锅炉施工及质量验收规范》GB 50972—2014，条款号 9.1.1

81. 试题：循环流化床锅炉施工时，流量检测仪表的节流元件应在管道（　　　）后安装。

A．水压   B．酸洗   C．吹洗

答案：C

依据：《循环流化床锅炉施工及质量验收规范》GB 50972—2014，条款号 9.4.3

82. 试题：循环流化床锅炉施工时，金属膨胀节安装完毕后，临时固定件应在（　　　）前拆除。

A．水压   B．风压   C．试运

答案：C

依据：《循环流化床锅炉施工及质量验收规范》GB 50972—2014，条款号 9.5.3

83. 试题：回转式空气预热器转子水平度允许偏差不应大于 0.05mm/m，转子与外壳同轴度允许偏差不应大于（　　　），且圆周间隙应均匀。

A．5mm   B．4mm   C．3mm

答案：C

依据：《循环流化床锅炉施工及质量验收规范》GB 50972—2014，条款号 10.1.2

84. 试题：循环流化床锅炉的回料阀壳体与旋风分离器锥段同心度安装时，偏差（　　　）。

A．应不大于 5mm；壳体垂直度偏差应不大于 5mm

B．应不大于 10mm；壳体垂直度偏差应不大于 5mm

C．应不大于 5mm；壳体垂直度偏差应不大于 10mm

答案：A

依据：《循环流化床锅炉施工及质量验收规范》GB 50972—2014，条款号 10.4.2

85. 试题：对于首次用于锅炉受热面管的钢材，（　　　）应提供焊接工艺评定报告、热加工的工艺资料及有关运行业绩的资料。

A．设计单位   B．制造单位   C．安装单位

答案：B

依据：《火力发电厂锅炉受热面管监督检验技术导则》DL 939—2005，条款号 3.1.3

86. 试题：安全阀的启闭压差宜为整定压力的4%～7%，最大应不超过（   ）。

A. 15% B. 12% C. 10%

答案：C

依据：《电站锅炉安全阀技术规程》DL/T 959—2014，条款号 5.2

87. 试题：锅炉本体整定压力 p_S>7.0MPa的安全阀，整定压力允许偏差（   ）。

A. ±1.5% B. ±1% C. ±1.2%

答案：B

依据：《电站锅炉安全阀技术规程》DL/T 959—2014，条款号 6.3

88. 试题：在役电站锅炉安全阀每年至少应校验（   ）次整定压力试验，可不进行回座压力。

A. 一 B. 二 C. 三

答案：A

依据：《电站锅炉安全阀技术规程》DL/T 959—2014，条款号 8.4.1

89. 试题：用于支吊架管部的合金钢材料应进行（   ）检验，复查材质。

A. 探伤 B. 光谱 C. 金相

答案：B

依据：《火力发电厂管道支吊架验收规程》DL/T 1113—2009，条款号 5.1.4

90. 试题：支吊架制造时，对钢材材质有怀疑时应按照该钢材批号进行（   ）和力学性能检验。

A. 化学成分 B. 理化 C. 无损

答案：A

依据：《火力发电厂管道支吊架验收规程》DL/T 1113—2009，条款号 5.1.5

91. 试题：支吊架零部件加工制作时，碳素钢部件在环境温度低于−20℃，合金钢在环境温度低于（   ）℃时不宜采用机械冲剪。

A. −10 B. −5 C. 0

答案：C

依据：《火力发电厂管道支吊架验收规程》DL/T 1113—2009，条款号 5.2.1.3

92. 试题：支吊架制造的材料切割施工，垂直切割时，切割面倾斜角度不应超过1°，且倾斜值不应超过（   ）。

A. 3mm B. 5mm C. 10mm

答案：A

依据：《火力发电厂管道支吊架验收规程》DL/T 1113—2009，条款号 5.2.1.4

93. **试题**：支吊架制造中的材料切割施工，角度（斜）切割时，角度极限偏差为（　　）。
  A. ±1°　　　　　　　　　B. ±2°　　　　　　　　　C. ±3°
  答案：B
  依据：《火力发电厂管道支吊架验收规程》DL/T 1113—2009，条款号 5.2.1.4

94. **试题**：管道中的恒力支吊架的荷载调整量应不低于工作荷载的（　　）。
  A. ±10%　　　　　　　　B. ±8%　　　　　　　　C. ±6%
  答案：A
  依据：《火力发电厂管道支吊架验收规程》DL/T 1113—2009，条款号 5.4.4.1

95. **试题**：管道中的恒力支吊架锁定时应能承受（　　）倍的工作荷载。
  A. 1.5　　　　　　　　　B. 2　　　　　　　　　C. 1
  答案：B
  依据：《火力发电厂管道支吊架验收规程》DL/T 1113—2009，条款号 5.4.4.1

96. **试题**：支吊架根部应有足够的刚度，生根于承载结构上的结构型式与连接方式不应使承载结构件产生（　　）。
  A. 弯矩　　　　　　　　　B. 剪切　　　　　　　　　C. 扭转
  答案：C
  依据：《火力发电厂管道支吊架验收规程》DL/T 1113—2009，条款号 9.1.7

97. **试题**：支吊架安装时吊杆与花篮螺母连接时应留有调整余量，吊杆螺纹端头一般应至少高出花篮螺母螺孔内端面（　　）。
  A. 5mm　　　　　　　　B. 10mm　　　　　　　　C. 15mm
  答案：C
  依据：《火力发电厂管道支吊架验收规程》DL/T 1113—2009，条款号 9.1.9

98. **试题**：支吊架的生根螺栓、吊杆连接螺栓和花篮螺母等连接件应在支吊架调整后用（　　）锁紧。
  A. 螺母　　　　　　　　B. 点焊　　　　　　　　C. 开口销
  答案：A
  依据：《火力发电厂管道支吊架验收规程》DL/T 1113—2009，条款号 9.1.9

99. **试题**：支吊架安装时，管道支吊点的定位偏差不应超过（　　）。
  A. 25mm　　　　　　　　B. 20mm　　　　　　　　C. 30mm
  答案：B
  依据：《火力发电厂管道支吊架验收规程》DL/T 1113—2009，条款号 9.1.11

100. **试题：** 管道的竖直段双拉杆刚性吊架两侧吊杆应平行安装，且吊杆所在平面应（　　）于该吊点处管道水平合成位移方向。

A．平行　　　　　　　　B．垂直　　　　　　　　C．交叉

答案： B

依据：《火力发电厂管道支吊架验收规程》DL/T 1113—2009，条款号　9.2.2

101. **试题：**（　　）吊架安装时吊杆在冷、热态条件下与垂线间夹角均不应超过 3°，必要时可进行偏装。

A．刚性　　　　　　　　B．弹簧　　　　　　　　C．液压

答案： A

依据：《火力发电厂管道支吊架验收规程》DL/T 1113—2009，条款号　9.2.3

102. **试题：** 对于夹持式管道部件或栓接式承载结构的（　　）支架，应严格控制卡板与底座之间的配合偏差，保证各螺栓的拧紧力达到设计规定值。

A．导向　　　　　　　　B．滑动　　　　　　　　C．固定

答案： C

依据：《火力发电厂管道支吊架验收规程》DL/T 1113—2009，条款号　9.3.1

103. **试题：** 带聚四氟乙烯板的滑动支架或导向支架应使管道滑动支座在（　　）条件下完全坐落在聚四氟乙烯板上。

A．冷态　　　　　　　　B．热态　　　　　　　　C．冷、热态

答案： C

依据：《火力发电厂管道支吊架验收规程》DL/T 1113—2009，条款号　9.3.2

104. **试题：** 布置在垂直管道上的（　　）型恒力支吊架应保证与被支承的管道有足够的间距，使其回转部件在转动过程中与管道不应发生碰撞。

A．阻尼　　　　　　　　B．立式弹簧　　　　　　C．力矩平衡

答案： C

依据：《火力发电厂管道支吊架验收规程》DL/T 1113—2009　9.6.2

105. **试题：** 恒力支吊架的吊杆在冷、热态条件下与垂线之间夹角不应超过（　　），必要时可进行偏装。

A．5°　　　　　　　　　B．4°　　　　　　　　　C．6°

答案： B

依据：《火力发电厂管道支吊架验收规程》DL/T 1113—2009，条款号　9.6.3

106. **试题：** 弹簧减振器应按设计文件要求调节连杆长度，使减振器位移的大小和方向与管道从热态到冷态在减振器轴线方向上的位移（　　）。

A．一致　　　　　　　　B．相反　　　　　　　　C．同步

答案：A

依据：《火力发电厂管道支吊架验收规程》DL/T 1113—2009，条款号 9.7.2

107. 试题：支吊架在运行条件下的检查时，应检查确认所有管道支吊架无（　　），超载且其活动部件无卡涩现象。

A．偏斜　　　　　　　　B．位移　　　　　　　　C．失载

答案：C

依据：《火力发电厂管道支吊架验收规程》DL/T 1113—2009，条款号 10.3.1

108. 试题：每阶段吹管过程中，应至少停炉冷却两次，每次停炉冷却时间不得小于（　　）；停炉冷却期间锅炉应带压放水。

A．6h　　　　　　　　　B．12h　　　　　　　　　C．8h

答案：B

依据：《火力发电建设工程机组蒸汽吹管导则》DL/T 1269—2013，条款号 7.2.7

109. 试题：吹管结束后应打开集箱手孔进行内部检查，至少打开集箱总数的（　　）。

A．1/5　　　　　　　　　B．1/4　　　　　　　　　C．1/3

答案：C

依据：《火力发电建设工程机组蒸汽吹管导则》DL/T 1269—2013，条款号 7.2.9

110. 试题：稳压吹管前，锅炉应进行冷态冲洗直至水质合格后点火，进行热态冲洗，热态冲洗过程中炉水温度宜维持在（　　）左右。

A．100℃　　　　　　　B．190℃　　　　　　　　C．150℃

答案：B

依据：《火力发电建设工程机组蒸汽吹管导则》DL/T 1269—2013，条款号 7.3

111. 试题：选用铝质材料靶板，应连续两次更换靶板检查，无 0.8mm 以上的斑痕，且 0.2mm～0.8mm 范围的斑痕不多于（　　）点。

A．9　　　　　　　　　　B．8　　　　　　　　　　C．10

答案：B

依据：《火力发电建设工程机组蒸汽吹管导则》DL/T 1269—2013，条款号 8.4

112. 试题：采用平焊堵头、带加强筋焊接堵头或锥形封头的管道其压力不能超过（　　）。

A．3.6MPa　　　　　　B．2.5MPa　　　　　　　C．4.0MPa

答案：B

依据：《火力发电厂汽水管道设计技术规定》DL/T 5054—1996，条款号 4.2.5

113. 试题：在管道系统中，对要求流动阻力较小或介质需要两个方向流动时，宜选用

（　　　）。

    A．闸阀　　　　　　　　　B．截止阀　　　　　　　　　C．止回阀

    答案：A

    依据：《火力发电厂汽水管道设计技术规定》DL/T 5054—1996，条款号　4.2.8.1

114．试题：（　　　）驱动装置供电系统简单，敷设方便，但用于有爆炸性气体或物料积聚及高温潮湿的场所时，应选用相应的防护等级。

    A．电动　　　　　　　　　B．气动　　　　　　　　　C．液动

    答案：A

    依据：《火力发电厂汽水管道设计技术规定》DL/T 5054—1996，条款号　4.2.8.10

115．试题：当阀门的传动装置需要使用万向接头时，万向接头最大变换方向为（　　　）。

    A．35°　　　　　　　　　B．30°　　　　　　　　　C．45°

    答案：B

    依据：《火力发电厂汽水管道设计技术规定》DL/T 5054—1996，条款号　4.2.9.3

116．试题：厂房内的不保温的管道，管子外壁与墙之间的净空距离不小于（　　　）。

    A．100mm　　　　　　　B．150mm　　　　　　　C．200mm

    答案：C

    依据：《火力发电厂汽水管道设计技术规定》DL/T 5054—1996，条款号　5.1.9.1

117．试题：厂房内的保温的管道，保温表面与墙之间的净空距离不小于（　　　）。

    A．100mm　　　　　　　B．150mm　　　　　　　C．120mm

    答案：B

    依据：《火力发电厂汽水管道设计技术规定》DL/T 5054—1996，条款号　5.1.9.2

118．试题：保温的管道，保温表面与墙之间的净空距离不小于（　　　）。

    A．150mm　　　　　　　B．250mm　　　　　　　C．350mm

    答案：C

    依据：《火力发电厂汽水管道设计技术规定》DL/T 5054—1996，条款号　5.1.10.1

119．试题：不保温的管道，两管外壁之间的净空距离不小于（　　　）。

    A．100mm　　　　　　　B．200mm　　　　　　　C．150mm

    答案：B

    依据：《火力发电厂汽水管道设计技术规定》DL/T 5054—1996，条款号　5.1.11.1

120．试题：保温的管道，两管保温表面之间的净空距离不小于（　　　）。

    A．150mm　　　　　　　B．100mm　　　　　　　C．80mm

    答案：A

依据：《火力发电厂汽水管道设计技术规定》DL/T 5054—1996，条款号 5.1.11.2

121. **试题**：当管道横跨人行通道上空时，管子外表面或保温表面与地面通道或楼面之间的净空距离应不小于（　　）。

　　A．1500mm　　　　　　　B．2000mm　　　　　　　C．1000mm

　　答案：B

　　依据：《火力发电厂汽水管道设计技术规定》DL/T 5054—1996，条款号 5.1.14.1

122. **试题**：当管道横跨扶梯上空时，管子外表面或保温表面至管道正下方踏步距离 H 不得小于（　　）。

　　A．1500mm　　　　　　　B．1800mm　　　　　　　C．2200mm

　　答案：C

　　依据：《火力发电厂汽水管道设计技术规定》DL/T 5054—1996，条款号 5.1.14.2

123. **试题**：当管道在直爬梯的前方横越时，管子外表面或保温表面与直爬梯垂直面之间的净空距离应不小于（　　）。

　　A．300mm　　　　　　　B．500mm　　　　　　　C．750mm

　　答案：C

　　依据：《火力发电厂汽水管道设计技术规定》DL/T 5054—1996，条款号 5.1.14.3

124. **试题**：排汽管道出口喷出的扩散汽流，不应危及工作人员和邻近设施。排汽口离屋面（或楼面、平台）的高度，应不小于（　　）。

　　A．2000mm　　　　　　　B．2500mm　　　　　　　C．2200mm

　　答案：B

　　依据：《火力发电厂汽水管道设计技术规定》DL/T 5054—1996，条款号 5.1.15

125. **试题**：在汽水管道中，两个成型附件相连接时宜装设一段直管，对于 DN≥150mm 的管道，直管段的长度应不小于（　　）。

　　A．150mm　　　　　　　B．200mm　　　　　　　C．100mm

　　答案：B

　　依据：《火力发电厂汽水管道设计技术规定》DL/T 5054—1996，条款号 5.2.1

126. **试题**：在汽水管道中，两个成型附件相连接时宜装设一段直管，对于 DN＜150mm 的管道，直管段的长度应不小于（　　）。

　　A．150mm　　　　　　　B．120mm　　　　　　　C．100mm

　　答案：A

　　依据：《火力发电厂汽水管道设计技术规定》DL/T 5054—1996，条款号 5.2.1

127. **试题**：布置在（　　）管段上直接操作的阀门，操作手轮中心距离地面或楼面、平台的高度，宜为 1300mm。

A. 弯曲   B. 垂直   C. 水平

答案：B

依据：《火力发电厂汽水管道设计技术规定》DL/T 5054—1996，条款号　5.2.6.1

128. 试题：平台外侧直接操作的阀门，水平布置的手轮中心或垂直布置手轮平面离开平台的距离，不宜大于（　　）。

A. 300mm   B. 400mm   C. 500mm

答案：A

依据：《火力发电厂汽水管道设计技术规定》DL/T 5054—1996，条款号　5.2.6.2

129. 试题：任何直接操作的阀门手轮边缘，其周围至少应保持有（　　）的净空距离。

A. 50mm   B. 100mm   C. 150mm

答案：C

依据：《火力发电厂汽水管道设计技术规定》DL/T 5054—1996，条款号　5.2.6.3

130. 试题：管道由冷态到运行工况，弹簧的荷载变化系数不应大于 35%；对于主要管道，不宜大于（　　）。

A. 25%   B. 30%   C. 35%

答案：A

依据：《火力发电厂汽水管道设计技术规定》DL/T 5054—1996，条款号　7.4.2.1

131. 试题：公称直径 DN≤50mm 的管道，其支吊架的拉杆直径不应小于（　　）。

A. 8mm   B. 10mm   C. 6mm

答案：B

依据：《火力发电厂汽水管道设计技术规定》DL/T 5054—1996，条款号　7.5.4

132. 试题：公称直径 DN≥65mm 的管道，其支吊架的拉杆直径不应小于（　　）。

A. 8mm   B. 10mm   C. 12mm

答案：C

依据：《火力发电厂汽水管道设计技术规定》DL/T 5054—1996，条款号　7.5.4

133. 试题：在管道支吊架组合焊接的搭接连接中，零部件搭接长度不得小于较薄焊件厚度的 5 倍，并不得小于（　　）。

A. 15mm   B. 25mm   C. 20mm

答案：B

依据：《火力发电厂汽水管道设计技术规定》DL/T 5054—1996，条款号　7.5.9.4

134. 试题：在公称压力 PN≥4MPa 的汽水管道疏水和放水管路中，应串联装设（　　）

个截止阀。

A. 1   B. 2   C. 3

答案： B

依据：《火力发电厂汽水管道设计技术规定》DL/T 5054—1996，条款号 8.2.5.1

135. **试题：** 在公称压力 PN≤2.5MPa 的汽水管道疏水和放水管路中，宜装设（   ）个截止阀。

A. 1   B. 2   C. 3

答案： A

依据：《火力发电厂汽水管道设计技术规定》DL/T 5054—1996，条款号 8.2.5.1

136. **试题：** 汽包锅炉本体如过热器联箱、再热器联箱、过热蒸汽及再热蒸汽减温器等启动疏水，应接入（   ）。

A. 连续排污扩容器   B. 定期排污扩容器   C. 废水回收水池

答案： B

依据：《火力发电厂汽水管道设计技术规定》DL/T 5054—1996，条款号 8.4.5

137. **试题：** 任何情况下汽水系统的疏水管道内径不应小于（   ）。

A. 15mm   B. 20mm   C. 18mm

答案： B

依据：《火力发电厂汽水管道设计技术规定》DL/T 5054—1996，条款号 8.5.1.1

138. **试题：** 疏水管道接至疏水扩容器总管或联箱时，总管或联箱上各疏水管道应与总管或联箱轴线成（   ）角，且出口朝向扩容器。

A. 30°   B. 45°   C. 60°

答案： B

依据：《火力发电厂汽水管道设计技术规定》DL/T 5054—1996，条款号 8.6.1.2

139. **试题：** 燃机联合循环机组旁路烟囱的烟气切换挡板门必须可靠、灵活，由密封空气进行密封。挡板门宜选用由（   ）驱动机构驱动，并能固定在全闭、30%～40%开、全开三个位置。

A. 液压   B. 电动   C. 手动

答案： A

依据：《燃气蒸汽联合循环电厂设计规定》DL/T 5174—2003，条款号 9.2.3

140. **试题：** 燃机联合循环机组中余热锅炉烟囱内挡板门宜采用（   ）机构驱动。

A. 气动   B. 电动   C. 手动

答案： B

依据：《燃气蒸汽联合循环电厂设计规定》DL/T 5174—2003，条款号 9.2.3

141. **试题：** 设备基础按《混凝土结构工程施工质量验收规范》GB 50204 检查、验收合格并办理交接手续；基础强度未达到设计值（　　）时不得承重。

A．50%　　　　　　　　　B．60%　　　　　　　　　C．70%

答案： C

依据：《电力建设施工技术规范　第 2 部分：锅炉机组》DL 5190.2—2012，条款号 3.2.1

142. **试题：** 锅炉钢构架和有关金属结构冷态校正环境温度低于（　　）时，不得锤击，以防脆裂。

A．−5℃　　　　　　　　　B．−10℃　　　　　　　　C．−20℃

答案： C

依据：《电力建设施工技术规范　第 2 部分：锅炉机组》DL 5190.2—2012，条款号 4.1.4

143. **试题：** 锅炉碳钢钢构架和有关金属结构加热校正时的加热温度，不宜超过（　　）。

A．临界温度 Ac1　　　　B．临界温度 Ac3　　　　C．蠕变温度

答案： B

依据：《电力建设施工技术规范　第 2 部分：锅炉机组》DL 5190.2—2012，条款号 4.1.4

144. **试题：** 锅炉构架的合金钢金属结构加热校正时的加热温度应控制在钢材（　　）以下。

A．临界温度 Ac1　　　　B．临界温度 Ac3　　　　C．蠕变温度

答案： A

依据：《电力建设施工技术规范　第 2 部分：锅炉机组》DL 5190.2—2012，条款号 4.1.4

145. **试题：** 锅炉开始安装前必须根据验收记录进行基础复查，锅炉基础划线允许偏差为（　　）。

A．±3mm

B．±5mm

C．柱间距≤10m 时允许偏差±1mm；＞10m 时允许偏差±2mm

答案： C

依据：《电力建设施工技术规范　第 2 部分：锅炉机组》DL 5190.2—2012，条款号 4.2.1

146. **试题：** 锅炉钢架开始安装前必须进行基础复查，柱子对角线≤20m，划线允许对角线偏差为（　　）。

A. 5mm   B. 8mm   C. 10mm

答案：A

依据：《电力建设施工技术规范 第 2 部分：锅炉机组》DL 5190.2—2012，条款号 4.2.1

147. **试题**：锅炉钢构架和有关金属结构安装时，基础表面与柱脚底板的二次灌浆间隙不得小于（   ）。

A. 50mm   B. 40mm   C. 30mm

答案：A

依据：《电力建设施工技术规范 第 2 部分：锅炉机组》DL 5190.2—2012，条款号 4.2.2

148. **试题**：锅炉钢构架采用垫铁安装时，每组垫铁不应超过（   ）块，厚的应放置在下层。

A. 5   B. 3   C. 4

答案：B

依据：《电力建设施工技术规范 第 2 部分：锅炉机组》DL 5190.2—2012，条款号 4.2.3

149. **试题**：垫铁应布置在立柱底板的立筋板下方，垫铁单位面积的承压力不应大于基础设计混凝土强度等级的（   ）。

A. 60%   B. 70%   C. 80%

答案：A

依据：《电力建设施工技术规范 第 2 部分：锅炉机组》DL 5190.2—2012，条款号 4.2.3

150. **试题**：锅炉构架安装找正时第一段立柱上的 1m 标高点应根据厂房的基准标高点确定，以上各层的标高测量均以（   ）为准。

A. 厂房的基准标高点

B. 基础的 0m 标高点

C. 第一段立柱的 1m 标高点

答案：C

依据：《电力建设施工技术规范 第 2 部分：锅炉机组》DL 5190.2—2012，条款号 4.3.5

151. **试题**：锅炉高强度大六角头螺栓连接副的（   ）除应有生产厂家在出厂前出具的质量证明和检验报告外，还应在使用前及时抽样复验。

A. 扭矩系数   B. 紧固轴力   C. 预拉力

答案：A

依据：《电力建设施工技术规范　第 2 部分：锅炉机组》DL 5190.2—2012，条款号 4.3.9（强条）

152. **试题：**锅炉高强度螺栓连接副在储存、运输、施工过程中，应严格按（　　）存放、使用。

A. 规格　　　　　　　　　B. 炉号　　　　　　　　　C. 批号

答案：C

依据：《电力建设施工技术规范　第 2 部分：锅炉机组》DL 5190.2—2012，条款号 4.3.9

153. **试题：**高强度大六角头螺栓连接副完成终拧后应在 48h 内应进行终拧（　　）检查，检查结果应符合要求。

A. 拉力　　　　　　　　　B. 压力　　　　　　　　　C. 扭矩

答案：C

依据：《电力建设施工技术规范　第 2 部分：锅炉机组》DL 5190.2—2012，条款号 4.3.9

154. **试题：**叠型大板梁上下梁接合面如采用高强度大六角头螺栓连接副紧固时应视为一组节点，连接副完成终拧后应进行（　　）检查，每根板梁抽查螺栓数不应少于 20 个。

A. 紧固轴力　　　　　　　B. 扭矩　　　　　　　　　C. 拉力

答案：B

依据：《电力建设施工技术规范　第 2 部分：锅炉机组》DL 5190.2—2012，条款号 4.3.9

155. **试题：**高强度大六角头螺栓连接副完成终拧后应进行扭矩检查，检查数量按节点数抽查 10%，且不应少于 10 个；每个抽查节点按螺栓数 10% 抽查且最少不应少于（　　）个。

A. 2　　　　　　　　　　B. 3　　　　　　　　　　C. 4

答案：A

依据：《电力建设施工技术规范　第 2 部分：锅炉机组》DL 5190.2—2012，条款号 4.3.9

156. **试题：**锅炉钢构架安装时立柱垂直度允许偏差应小于长度的 1/1000，且不大于（　　）。

A. 25mm　　　　　　　　B. 15mm　　　　　　　　C. 20mm

答案：B

依据：《电力建设施工技术规范　第 2 部分：锅炉机组》DL 5190.2—2012，条款号 4.3.11

157. 试题：锅炉钢构架安装时各立柱相互间标高差允许偏差为（　　　）。

　　A．3mm　　　　　　　　B．4mm　　　　　　　　C．5mm

答案：A

依据：《电力建设施工技术规范　第 2 部分：锅炉机组》DL 5190.2—2012，条款号 4.3.11

158. 试题：锅炉钢构架安装时，各立柱间距离允许偏差小于立柱间距离的 1/1000，且不大于（　　　）。

　　A．20mm　　　　　　　B．10mm　　　　　　　C．15mm

答案：B

依据：《电力建设施工技术规范　第 2 部分：锅炉机组》DL 5190.2—2012，条款号 4.3.11

159. 试题：锅炉钢构架安装时顶板标高允许偏差为（　　　）。

　　A．±8mm　　　　　　　B．±6mm　　　　　　　C．±5mm

答案：C

依据：《电力建设施工技术规范　第 2 部分：锅炉机组》DL 5190.2—2012，条款号 4.3.11

160. 试题：锅炉钢构架安装时，立柱对角线差允许偏差不大于对角线长度的 1.5/1000，且不大于（　　　）。

　　A．20mm　　　　　　　B．18mm　　　　　　　C．15mm

答案：C

依据：《电力建设施工技术规范　第 2 部分：锅炉机组》DL 5190.2—2012，条款号 4.3.11

161. 试题：锅炉钢构架安装时，大板梁垂直度允许偏差为立板高度的 1.5/1000，最大不大于（　　　）。

　　A．5mm　　　　　　　　B．6mm　　　　　　　　C．7mm

答案：A

依据：《电力建设施工技术规范　第 2 部分：锅炉机组》DL 5190.2—2012，条款号 4.3.11

162. 试题：水封槽体应安装平整，插板与设备应连接牢固。插板在热态下能自由膨胀。水封槽在安装结束后密封前应做好（　　　）记录。

　　A．纵横中心　　　　　　B．膨胀间隙　　　　　　C．安装标高

答案：B

依据：《电力建设施工技术规范　第 2 部分：锅炉机组》DL 5190.2—2012，条款号 4.5.1

163. 试题：波形伸缩节的焊缝应严密，波节应完好，安装时的冷拉值或压缩值应符合图纸要求，并做好记录；安装方向与介质流向（　　　）。

　　A．一致　　　　　　　　B．相反　　　　　　　　C．垂直

　　答案：A

　　依据：《电力建设施工技术规范　第 2 部分：锅炉机组》DL 5190.2—2012，条款号 4.5.2

164. 试题：汽包、联箱外壳与密封铁板连接处的椭圆螺栓孔位置必须调整正确，不得妨碍汽包、联箱的（　　　）。

　　A．安装　　　　　　　　B．焊接　　　　　　　　C．膨胀

　　答案：C

　　依据：《电力建设施工技术规范　第 2 部分：锅炉机组》DL 5190.2—2012，条款号 4.5.4

165. 试题：燃烧装置安装时与水冷壁间的相对位置应符合厂家图纸要求，火嘴喷出的煤粉不得冲刷周围管子，喷口标高允许偏差为（　　　）。

　　A．±8mm　　　　　　　B．±5mm　　　　　　　C．±10mm

　　答案：B

　　依据：《电力建设施工技术规范　第 2 部分：锅炉机组》DL 5190.2—2012，条款号 4.6.1

166. 试题：燃烧装置安装时与水冷壁间的相对位置应符合厂家图纸要求，火嘴喷出的煤粉不得冲刷周围管子，燃烧器间的距离允许偏差为（　　　）。

　　A．±8mm　　　　　　　B．±5mm　　　　　　　C．±10mm

　　答案：B

　　依据：《电力建设施工技术规范　第 2 部分：锅炉机组》DL 5190.2—2012，条款号 4.6.1

167. 试题：燃烧器喷口间中心偏差不大于（　　　）。

　　A．7mm　　　　　　　　B．6mm　　　　　　　　C．5mm

　　答案：C

　　依据：《电力建设施工技术规范　第 2 部分：锅炉机组》DL 5190.2—2012，条款号 4.6.4

168. 试题：锅炉旋流燃烧器对冲布置时燃烧器伸入炉膛深度偏差不大于（　　　）。

　　A．5mm　　　　　　　　B．10mm　　　　　　　C．15mm

　　答案：A

　　依据：《电力建设施工技术规范　第 2 部分：锅炉机组》DL 5190.2—2012，条款号 4.6.4

169. 试题：直流式燃烧器切圆布置时，喷口至假想燃烧切圆的角度允许偏差应不大于（   ）。

A．0.5° B．1° C．1.5°

答案：A

依据：《电力建设施工技术规范 第2部分：锅炉机组》DL 5190.2—2012，条款号 4.6.5

170. 试题：循环流化床锅炉装有煤泥枪时，煤泥枪与（   ）应焊接牢固，严密不漏。

A．炉膛接合面 B．密封盒接合面 C．固定装置

答案：B

依据：《电力建设施工技术规范 第2部分：锅炉机组》DL 5190.2—2012，条款号 4.6.7

171. 试题：循环流化床锅炉点火、燃烧装置安装时，落煤装置与墙体接触处应用（   ）密封严密。

A．刚性耐火材料 B．柔性耐火材料 C．浇筑料

答案：B

依据：《电力建设施工技术规范 第2部分：锅炉机组》DL 5190.2—2012，条款号 4.6.8

172. 试题：管式空气预热器安装时，（   ）防磨套管应与管板平面相垂直，焊接应牢固且点焊数不少于两点。

A．插入式 B．对接式 C．搭接式

答案：B

依据：《电力建设施工技术规范 第2部分：锅炉机组》DL 5190.2—2012，条款号 4.7.1

173. 试题：回转式空气预热器转子传热元件安装应在（   ）合格后进行，应保持整体平衡。

A．中心筒找正 B．转子盘车 C．密封安装

答案：B

依据：《电力建设施工技术规范 第2部分：锅炉机组》DL 5190.2—2012，条款号 4.7.2

174. 试题：回转式空气预热器减速机构在带负荷前应空转（   ），传动装置正式启动前盘车装置应能自动脱开。

A．2h B．1.5h C．1h

答案：A

依据：《电力建设施工技术规范 第2部分：锅炉机组》DL 5190.2—2012，条款号 4.7.2

175. **试题：** 回转式空气预热器减速机构在带负荷前应空转两小时，传动装置正式启动前，盘车装置应（　　　）。

　　　A．正常运转　　　　　　　　B．停止运转　　　　　　C．自动脱开

　　　答案： C

　　　依据：《电力建设施工技术规范　第 2 部分：锅炉机组》DL 5190.2—2012，条款号
　　　　　4.7.2

176. **试题：** 根据《电力建设施工技术规范　第 2 部分：锅炉机组》要求，直径大于 6.5m
且小于等于 10m 的回转式空气预热器安装，转子圆周密封面的圆度允许偏差不大于（　　　）。

　　　A．3mm　　　　　　　　　　B．4mm　　　　　　　　C．5mm

　　　答案： A

　　　依据：《电力建设施工技术规范　第 2 部分：锅炉机组》DL 5190.2—2012，条款号
　　　　　4.7.2

177. **试题：** 根据《电力建设施工技术规范　第 2 部分：锅炉机组》要求，直径大于 10m
且小于等于 18m 的回转式空气预热器安装，定子壳体外径的圆度，允许偏差
（　　　）。

　　　A．不大于 14mm　　　　　　B．不大于 15mm　　　　C．不大于 16mm

　　　答案： A

　　　依据：《电力建设施工技术规范第 2 部分锅炉机组》DL 5190.2—2012，条款号　4.7.2

178. **试题：** 直径小于 6.5mm 的回转式空气预热器安装，上、下端板组装的平整度允许
偏差（　　　）。

　　　A．不大于 4mm　　　　　　　B．不大于 3mm　　　　　C．不大于 2mm

　　　答案： C

　　　依据：《电力建设施工技术规范　第 2 部分：锅炉机组》DL 5190.2—2012，条款号
　　　　　4.7.2

179. **试题：** 采用中心驱动的回转式空气预热器，转子与外壳应同心，同心度允许偏差
为（　　　）。

　　　A．4mm　　　　　　　　　　B．3mm　　　　　　　　C．5mm

　　　答案： B

　　　依据：《电力建设施工技术规范　第 2 部分：锅炉机组》DL 5190.2—2012，条款号
　　　　　4.7.2

180. **试题：** 采用中心驱动的回转式空气预热器转子安装应垂直，在主轴上端面测量，
水平度允许偏差为（　　　）。

　　　A．0.05mm　　　　　　　　　B．0.1mm　　　　　　　C．0.5mm

答案：A

依据：《电力建设施工技术规范　第2部分：锅炉机组》DL 5190.2—2012，条款号　4.7.2

181. 试题：回转式空气预热器安装，主轴与转子组装应同心，主轴与转子的垂直度允许偏差为：（　　）。

A．转子直径≤6.5m 时，≤1mm；转子直径＞6.5m 时，≤2mm

B．转子直径≤6.5m 时，≤1.5mm；转子直径＞6.5m 时，≤2mm

C．转子直径≤6.5m 时，≤2mm；转子直径＞6.5m 时，≤3mm

答案：A

依据：《电力建设施工技术规范　第2部分：锅炉机组》DL 5190.2—2012，条款号　4.7.2

182. 试题：锅炉的合金钢部件组合安装前必须进行（　　）复查，并在明显部位作出标识。

A．强度　　　　　　　　B．硬度　　　　　　　　C．材质

答案：C

依据：《电力建设施工技术规范　第2部分：锅炉机组》DL 5190.2—2012，条款号　5.1.4（强条）

183. 试题：受热面管通球试验时通球压缩空气压力不宜小于（　　），通球前应对管子进行吹扫。

A．0.4MPa　　　　　　　B．0.3MPa　　　　　　　C．0.2MPa

答案：A

依据：《电力建设施工技术规范　第2部分：锅炉机组》DL 5190.2—2012，条款号　5.1.6

184. 试题：外径大于（　　）的受热面管通球试验可采用木球进行通球，直管可采用光照检查。

A．57mm　　　　　　　B．76mm　　　　　　　C．38mm

答案：B

依据：《电力建设施工技术规范　第2部分：锅炉机组》DL 5190.2—2012，条款号　5.1.6

185. 试题：受热面管子对口时，管端内外（　　）范围内在焊接前应打磨干净，直至显出金属光泽。

A．3mm～5mm　　　　　B．10mm～15mm　　　　　C．5mm～8mm

答案：B

依据：《电力建设施工技术规范　第2部分：锅炉机组》DL 5190.2—2012，条款号　5.1.8

186. 试题：焊件对口应内壁齐平，对接单面焊的局部错口值不应超过壁厚的（　　　），且不大于 1mm。

A. 15%　　　　　　　　B. 10%　　　　　　　　C. 20%

答案：B

依据：《电力建设施工技术规范　第 2 部分：锅炉机组》DL 5190.2—2012，条款号 5.1.10

187. 试题：受热面管子对口偏折度应用直尺检查，距焊缝中心（　　　）处离缝间隙不大于 1mm。

A. 100mm　　　　　　　B. 150mm　　　　　　　C. 200mm

答案：A

依据：《电力建设施工技术规范　第 2 部分：锅炉机组》DL 5190.2—2012，条款号 5.1.11

188. 试题：除锻制、铸造成型管件外，受热面管子的对接焊口距离管子弯曲起点不小于管子直径，且不小于（　　　）；距支吊架边缘 50mm。

A. 50mm　　　　　　　B. 80mm　　　　　　　C. 100mm

答案：C

依据：《电力建设施工技术规范　第 2 部分：锅炉机组》DL 5190.2—2012，条款号 5.1.12

189. 试题：受热面管子直管部分相邻两焊缝间的距离不得小于管子直径，且不应小于（　　　）。

A. 100mm　　　　　　　B. 150mm　　　　　　　C. 120mm

答案：B

依据：《电力建设施工技术规范　第 2 部分：锅炉机组》DL 5190.2—2012，条款号 5.1.13

190. 试题：用于设计温度大于 430℃部件处且直径大于或等于（　　　）的合金钢螺栓，应逐根做硬度试验，硬度值符合相关规定。

A. M27　　　　　　　　B. M30　　　　　　　　C. M24

答案：B

依据：《电力建设施工技术规范　第 2 部分：锅炉机组》DL 5190.2—2012，条款号 5.1.16

191. 试题：汽包、汽水分离器、联箱安装标高应以（　　　）为基准进行调整。

A. 锅炉主柱顶面标高　　　　　　　　　　　B. 锅炉基础 0m 标高点

C. 钢架立柱 1m 标高点

答案：C

依据:《电力建设施工技术规范　第2部分：锅炉机组》DL 5190.2—2012, 条款号 5.2.2

192. **试题**: 汽包、汽水分离器、联箱安装标高的允许偏差为（　　）。
　　　A．±7mm　　　　　　　　B．±6mm　　　　　　　　C．±5mm
　　答案: C
　　依据:《电力建设施工技术规范　第2部分：锅炉机组》DL 5190.2—2012, 条款号 5.2.3

193. **试题**: 汽包、汽水分离器安装的水平度允许偏差为（　　），联箱安装的水平度允许偏差为 3mm。
　　　A．2mm　　　　　　　　B．3mm　　　　　　　　C．5mm
　　答案: A
　　依据:《电力建设施工技术规范　第2部分：锅炉机组》DL 5190.2—2012, 条款号 5.2.3

194. **试题**: 汽水分离器安装垂直度允许偏差应小于长度的 1/1000，且不大（　　）。
　　　A．15mm　　　　　　　　B．12mm　　　　　　　　C．10mm
　　答案: C
　　依据:《电力建设施工技术规范　第2部分：锅炉机组》DL 5190.2—2012, 条款号 5.2.3

195. **试题**: 汽包吊环在安装前应检查接触部位，接触角在（　　）内，接触应良好，圆弧应吻合，符合制造设备技术文件的要求。
　　　A．90°　　　　　　　　B．95°　　　　　　　　C．100°
　　答案: A
　　依据:《电力建设施工技术规范　第2部分：锅炉机组》DL 5190.2—2012, 条款号 5.2.4

196. **试题**: 汽包、汽水分离器、联箱的吊耳、吊杆、吊板和销轴等吊挂装置的连接应牢固，球形面垫铁间应涂（　　）。
　　　A．润滑油　　　　　　　　B．润滑脂　　　　　　　　C．粉状润滑剂
　　答案: C
　　依据:《电力建设施工技术规范　第2部分：锅炉机组》DL 5190.2—2012, 条款号 5.2.5

197. **试题**: 汽包、汽水分离器（　　）前必须清除汽包、汽水分离器内部杂物。
　　　A．吊装　　　　　　　　B．管道连接　　　　　　　　C．封闭
　　答案: C

依据：《电力建设施工技术规范　第 2 部分：锅炉机组》DL 5190.2—2012，条款号 5.2.6

198. 试题：汽包、汽水分离器内部装置若是键连接件，安装后应（　　）。

A．锁死　　　　　　　　B．点焊牢固　　　　　　　C．安装止退装置

答案：B

依据：《电力建设施工技术规范　第 2 部分：锅炉机组》DL 5190.2—2012，条款号 5.2.6

199. 试题：水冷壁组合件组件宽度全宽≤3000，光管偏差不得大于±3mm、鳍片管偏差不得大于（　　）。

A．±8mm　　　　　　　B．±6mm　　　　　　　　C．±5mm

答案：C

依据：《电力建设施工技术规范　第 2 部分：锅炉机组》DL 5190.2—2012，条款号 5.3.2

200. 试题：螺旋水冷壁出厂前宜进行地面（　　），拼缝应留有适当的预收缩量；吊带的基准线应定位准确。

A．分段拼装　　　　　　B．组合　　　　　　　　　C．整体预拼装

答案：C

依据：《电力建设施工技术规范　第 2 部分：锅炉机组》DL 5190.2—2012，条款号 5.3.5

201. 试题：锅炉螺旋水冷壁安装螺旋角偏差应控制在（　　）之内。

A．0.5°　　　　　　　　B．1°　　　　　　　　　　C．1.5°

答案：A

依据：《电力建设施工技术规范　第 2 部分：锅炉机组》DL 5190.2—2012，条款号 5.3.7

202. 试题：顶棚管过热器管排的平整度允许偏差为（　　），管子间距应均匀。

A．12mm　　　　　　　B．10mm　　　　　　　　C．15mm

答案：B

依据：《电力建设施工技术规范　第 2 部分：锅炉机组》DL 5190.2—2012，条款号 5.4.6

203. 试题：锅炉连通管道设计要求偏装的支吊架安装应严格按照设计图纸的偏装量进行安装；设计未作明确要求的，应根据（　　）膨胀量进行偏装。

A．锅炉　　　　　　　　B．管道　　　　　　　　　C．管系整体

答案：C

依据:《电力建设施工技术规范 第 2 部分:锅炉机组》DL 5190.2—2012,条款号
5.4.9

204. 试题:锅炉炉水循环泵安装后,电动机动力电缆安装长度应考虑设备及管道的
( )。

A．偏装量 B．标高偏差 C．热膨胀

答案:C

依据:《电力建设施工技术规范 第 2 部分:锅炉机组》DL 5190.2—2012,条款号
5.5.2

205. 试题:锅炉循环泵泵壳与管道对口焊接时必须确保泵壳法兰水平,偏差不得大于
1°且不大于( )。

A．8mm B．5mm C．10mm

答案:B

依据:《电力建设施工技术规范 第 2 部分:锅炉机组》DL 5190.2—2012,条款号
5.5.3

206. 试题:锅炉炉水循环泵与电动机连接法兰上的螺栓必须涂( ),根据厂家提供
的顺序及扭矩紧固螺帽。

A．常温抗咬合剂 B．高温抗咬合剂 C．锂基润滑脂

答案:B

依据:《电力建设施工技术规范 第 2 部分:锅炉机组》DL 5190.2—2012,条款号
5.5.3

207. 试题:循环流化床锅炉的水冷式风室及布风板安装完成后与( )进行整体找
正验收。

A．炉膛水冷壁 B．点火风道 C．受热面

答案:A

依据:《电力建设施工技术规范 第 2 部分:锅炉机组》DL 5190.2—2012,条款号
5.6.1

208. 试题:外置床设备组合、安装允许偏差不得违反下列要求:( )。

A．纵横中心误差≤10mm B．标高偏差±20mm

C．壳体垂直度偏差≤10mm

答案:B

依据:《电力建设施工技术规范 第 2 部分:锅炉机组》DL 5190.2—2012,条款号
5.6.2

209. 试题:循环流化床锅炉的炉膛密封焊的所有( )的密封焊缝应按图纸要求全

部打磨光滑。

A．炉膛内外侧　　　　　　B．炉膛内侧　　　　　　C．炉膛外侧

答案：B

依据：《电力建设施工技术规范　第 2 部分：锅炉机组》DL 5190.2—2012，条款号
　　　5.6.4

210.　试题：循环流化床锅炉的炉膛密二次密封的安装应符合下列要求：管屏密封槽体
应安装平整，与管屏连接处应焊接牢固。槽插板应有足够的（　　）。

A．深度　　　　　　　　　　B．强度　　　　　　　　C．膨胀间隙

答案：C

依据：《电力建设施工技术规范　第 2 部分：锅炉机组》DL 5190.2—2012，条款号
　　　5.6.4

211.　试题：锅炉水压试验前可进行一次压力为（　　）的气压试验，试验介质为压缩
空气。

A．0.2MPa～0.3MPa　　B．0.4MPa～0.5MPa　　C．0.6MPa～0.8MPa

答案：A

依据：《电力建设施工技术规范　第 2 部分：锅炉机组》DL 5190.2—2012，条款号
　　　5.7.3

212.　试题：锅炉水压试验的水质和进水温度应符合（　　）规定，无规定时，应按《电
力基本建设热力设备化学监督导则》DL/T 889、《电站锅炉压力容器检验规程》DL
647 和《电力工业锅炉压力容器监察规程》DL 612 有关规定执行。

A．业主文件　　　　　　　　B．设备技术文件　　　　C．规范

答案：B

依据：《电力建设施工技术规范　第 2 部分：锅炉机组》DL 5190.2—2012，条款号
　　　5.7.5

213.　试题：锅炉水压试验时应安装不少于两块校验合格、精度不低于（　　）的弹簧
管压力表。

A．2.5 级　　　　　　　　　B．1.0 级　　　　　　　C．1.6 级

答案：B

依据：《电力建设施工技术规范　第 2 部分：锅炉机组》DL 5190.2—2012，条款号
　　　5.7.6

214.　试题：锅炉水压试验时应安装不少于两块经过校验合格的弹簧管压力表，压度表
的刻度极限值宜为（　　）的 1.5～2.0 倍。

A．工作压力　　　　　　　　B．设计压力　　　　　　C．试验压力

答案：C

依据:《电力建设施工技术规范　第 2 部分:锅炉机组》DL 5190.2—2012,条款号
5.7.6

215. **试题:** 锅炉水压试验中升至试验压力并保持(　　)后降至工作压力进行全面检查,检查期间压力应保持不变。

A. 10min　　　　　　B. 15min　　　　　　C. 20min

答案: C

依据:《电力建设施工技术规范　第 2 部分:锅炉机组》DL 5190.2—2012,条款号
5.7.7

216. **试题:** 锅炉水压试验时,系统压力小于工作压力时的压力升降压速度不应大于(　　),当达到试验压力的 10%左右时,应作初步检查。

A. 0.6MPa/min　　　　B. 0.3MPa/min　　　　C. 0.5MPa/min

答案: B

依据:《电力建设施工技术规范　第 2 部分:锅炉机组》DL 5190.2—2012,条款号
5.7.7

217. **试题:** 锅炉超压水压试验时压力升降压速度应小于(　　),升至试验压力保持
20min 后降至工作压力进行全面检查。

A. 0.1MPa/min　　　　B. 0.3MPa/min　　　　C. 0.5MPa/min

答案: A

依据:《电力建设施工技术规范　第 2 部分:锅炉机组》DL 5190.2—2012,条款号
5.7.7

218. **试题:** 汽包的水位计结合面垫片宜采用(　　)。

A. 石墨缠绕垫　　　　B. 齿形垫　　　　　　C. 紫铜垫

答案: C

依据:《电力建设施工技术规范　第 2 部分:锅炉机组》DL 5190.2—2012,条款号
6.4.1

219. **试题:** 汽包的水位计所用玻璃板和石英玻璃管的(　　)和热稳定性应符合工作压力的要求,其密封面应良好。

A. 刚度　　　　　　　B. 耐压强度　　　　　C. 硬度

答案: B

依据:《电力建设施工技术规范　第 2 部分:锅炉机组》DL 5190.2—2012,条款号
6.4.4

220. **试题:** 锅炉安全阀应有厂家的合格证及(　　)。

A. 检验报告　　　　　B. 使用说明书　　　　C. 压力整定报告

答案：A

依据：《电力建设施工技术规范　第 2 部分：锅炉机组》DL 5190.2—2012，条款号 6.5.1

221. 试题：锅炉安全阀安装前厂家质量证明文件和（　　）技术文件应完整，随供的阀门附件、密封件、专用工具等齐全。

A．安装　　　　　　　　　B．调试　　　　　　　　　C．安装调试

答案：C

依据：《电力建设施工技术规范　第 2 部分：锅炉机组》DL 5190.2—2012，条款号 6.5.2

222. 试题：纯机械弹簧式安全阀在锅炉水压试验时应使用水压试验专用阀芯。当试验压力升至安全阀最低压力整定值的（　　）之前，手动操作顶紧装置后方能继续升压。

A．85%　　　　　　　　　B．80%　　　　　　　　　C．90%

答案：B

依据：《电力建设施工技术规范　第 2 部分：锅炉机组》DL 5190.2—2012，条款号 6.5.6

223. 试题：吹灰系统管道安装时应考虑水冷壁的膨胀补偿；管道应有（　　）以上的疏水坡度。

A．1/1000　　　　　　　　B．2/1000　　　　　　　　C．2/1500

答案：B

依据：《电力建设施工技术规范第 2 部分锅炉机组》DL 5190.2—2012，条款号　6.6.1

224. 试题：烟风道、燃（物）料管道组合及安装时，组合件焊缝必须在（　　）前经渗油检查合格。

A．安装　　　　　　　　　B．风压试验　　　　　　　C．保温

答案：C

依据：《电力建设施工技术规范　第 2 部分：锅炉机组》DL 5190.2—2012，条款号 7.2.5

225. 试题：烟风道、燃（物）料管道安装后标高偏差不大于±20mm，管道纵横位置偏差不大于（　　）mm。

A．30　　　　　　　　　　B．40　　　　　　　　　　C．50

答案：A

依据：《电力建设施工技术规范　第 2 部分：锅炉机组》DL 5190.2—2012，条款号 7.2.7

226. **试题**：烟风道、燃（物）料管道附件及装置的补偿器（伸缩节）临时固定件应在（　　）前拆除。

A．严密性试验　　　　　　B．风压试验　　　　　　C．分部试运

答案：C

依据：《电力建设施工技术规范　第 2 部分：锅炉机组》DL 5190.2—2012，条款号 7.3.2

227. **试题**：波形补偿器的对接应宜选取（　　）工艺，保证焊缝严密成形美观。

A．普通焊接　　　　　　B．氩弧焊打底焊接　　　　C．取全氩弧焊

答案：C

依据：《电力建设施工技术规范　第 2 部分：锅炉机组》DL 5190.2—2012，条款号 7.3.2

228. **试题**：烟风道、燃料系统的防爆门露天布置时应有向上不小于（　　）的倾斜角。

A．30°　　　　　　　　B．45°　　　　　　　　C．40°

答案：B

依据：《电力建设施工技术规范　第 2 部分：锅炉机组》DL 5190.2—2012，条款号 7.3.4

229. **试题**：暖风器水侧严密性试验压力应按照厂家技术文件规定执行，如无明确规定时可按（　　）倍工作压力进行水压试验。

A．1.1　　　　　　　　B．1.25　　　　　　　　C．1.5

答案：B

依据：《电力建设施工技术规范　第 2 部分：锅炉机组》DL 5190.2—2012，条款号 7.3.6

230. **试题**：试题：回料阀筒体安装纵横中心误差应符合下列规定：（　　）。

A．回料阀阀体纵横中心线偏差≤15mm

B．回料阀阀体纵横中心线偏差≤20mm

C．回料阀阀体纵横中心线偏差≤10mm

答案：C

依据：《电力建设施工技术规范　第 2 部分：锅炉机组》DL 5190.2—2012，条款号 7.3.7

231. **试题**：循环流化床锅炉的风水联合冷渣器安装施工时，管排在组装前应做一次单根水压试验或无损探伤。试验压力为（　　），水压试验后应将管内积水吹扫干净。

A．工作压力　　　　　　B．工作压力的 1.25 倍　　　C．工作压力的 1.5 倍

答案：C

依据：《电力建设施工技术规范 第 2 部分：锅炉机组》DL 5190.2—2012，条款号 10.13.1

232. **试题：** 过热蒸汽出口压力为（ ）及以上的锅炉，蒸发受热面及炉前系统在启动前必须进行化学清洗。

A．3.8MPa　　　　　　　　B．5.6MPa　　　　　　　　C．9.8MPa

答案： C

依据：《电力建设施工技术规范 第 2 部分：锅炉机组》DL 5190.2—2012，条款号 13.4.1

233. **试题：** 化学清洗结束至锅炉启动时间不应超过（ ）天，如超过规定天数，应按现行行业标准 DL/T 889 的规定采取停炉保养保护措施。

A．40　　　　　　　　　　B．30　　　　　　　　　　C．20

答案： C

依据：《电力建设施工技术规范 第 2 部分：锅炉机组》DL 5190.2—2012，条款号 13.4.7

234. **试题：** 采用蓄热法吹洗锅炉过热器、再热器及其蒸汽管道系统吹洗时，临时控制门应全开，临时控制门的开启时间应小于（ ）。

A．1min　　　　　　　　　B．1.2min　　　　　　　　C．1.5min

答案： A

依据：《电力建设施工技术规范 第 2 部分：锅炉机组》DL 5190.2—2012，条款号 13.5.5

235. **试题：** 汽包锅炉吹洗时的压力下降值应控制在饱和温度下降值不大于（ ）的范围内。

A．42℃　　　　　　　　　B．52℃　　　　　　　　　C．62℃

答案： A

依据：《电力建设施工技术规范 第 2 部分：锅炉机组》DL 5190.2—2012，条款号 13.5.5

236. **试题：** 锅炉蒸汽吹洗时，可采取一、二次系统串联不分阶段进行全系统吹洗的方法（简称一步法），但必须在再热蒸汽冷段上加装集粒器，集粒器阻力（ ）0.1MPa。

A．大于　　　　　　　　　B．等于　　　　　　　　　C．小于

答案： C

依据：《电力建设施工技术规范 第 2 部分：锅炉机组》DL 5190.2—2012，条款号 13.5.7

237. 试题：垃圾焚烧锅炉构架安装找正时，根据各立柱上的（ ）标高点进行。立柱标高可用立柱下的垫铁进行调整确定，立柱底板上有调节螺栓的，可用调节螺栓来调整确定。

A．0.5m B．1m C．1.5m

答案：B

依据：《电力建设施工技术规范 第 2 部分：锅炉机组》DL 5190.2—2012，条款号附录 A.2.1

238. 试题：生物质焚烧锅炉高（低）温烟气冷却器安装结束后，应与相连接的系统一起进行（ ）试验。

A．水压 B．风压 C．气压

答案：A

依据：《电力建设施工技术规范 第 2 部分：锅炉机组》DL 5190.2—2012，条款号附录 B.2.3

239. 试题：燃机余热锅炉的烟囱的垂直度偏差应不大于烟囱长度的 1/1000 且不大于（ ）。

A．40mm B．30mm C．20mm

答案：C

依据：《电力建设施工技术规范 第 2 部分：锅炉机组》DL 5190.2—2012，条款号附录 C.4.1

240. 试题：高强度螺栓连接副扭矩检验含初拧、复拧、终拧扭矩的现场无损检验。检验所用的扭矩扳手其扭矩精度误差应不大于（ ）。

A．5% B．4% C．3%

答案：C

依据：《电力建设施工技术规范 第 2 部分：锅炉机组》DL 5190.2—2012，条款号附录 G.0.2.1

241. 试题：锅炉联合吊架吊挂装置安装，中间过渡连梁水平度偏差不应大于（ ）。

A．5mm B．6mm C．7mm

答案：A

依据：《电力建设施工质量验收及评价规程 第 2 部分：锅炉机组》DL/T 5210.2—2009，条款号 4.3.6

242. 试题：锅炉平台、梯子组合安装平台标高允许偏差（ ）。

A．±10mm B．±15mm C．±20mm

答案：A

依据：《电力建设施工质量验收及评价规程 第 2 部分：锅炉机组》DL/T 5210.2—

2009，条款号　4.4.14

243. **试题：** 管式空气预热器管箱高度≤3m 时，管箱侧面对角线允许偏差不大于 5m；管箱高度＞3m，时，管箱侧面对角线允许偏差不大于（　　　）。

　　A．7m　　　　　　　　　　B．8m　　　　　　　　　　C．9m

　　答案： A

　　依据：《电力建设施工质量验收及评价规程　第 2 部分：锅炉机组》DL/T 5210.2—2009，条款号　4.4.15

244. **试题：** 管箱式空气预热器设备组合，两管箱相邻管板标高允许偏差（　　　）。

　　A．±10mm　　　　　　　　B．±5mm　　　　　　　　C．±8mm

　　答案： B

　　依据：《电力建设施工质量验收及评价规程　第 2 部分：锅炉机组》DL/T 5210.2—2009，条款号　4.4.16

245. **试题：** 管箱式空气预热器安装，管箱垂直度偏差不大于（　　　）。

　　A．10mm　　　　　　　　　B．8mm　　　　　　　　　C．5mm

　　答案： C

　　依据：《电力建设施工质量验收及评价规程　第 2 部分：锅炉机组》DL/T 5210.2—2009，条款号　4.4.18

246. **试题：** 回转式空气预热器传热元件安装后，定子水平度偏差不大于（　　　）。

　　A．6mm　　　　　　　　　B．8mm　　　　　　　　　C．10mm

　　答案： A

　　依据：《电力建设施工质量验收及评价规程　第 2 部分：锅炉机组》DL/T 5210.2—2009，条款号　4.4.24

247. **试题：** 空气预热器驱动装置安装时，其轴封应密封严密，盘根填实接口互错（　　　），松紧适当。

　　A．60°　　　　　　　　　　B．90°　　　　　　　　　　C．80°

　　答案： B

　　依据：《电力建设施工质量验收及评价规程　第 2 部分：锅炉机组》DL/T 5210.2—2009，条款号　4.4.26

248. **试题：** 回转式空气预热器安装，转子轴水平度偏差不大于（　　　）。

　　A．0.1mm　　　　　　　　B．0.06mm　　　　　　　　C．0.05mm

　　答案： C

　　依据：《电力建设施工质量验收及评价规程　第 2 部分：锅炉机组》DL/T 5210.2—2009，条款号　4.4.29

249. **试题：**受热面回转式空气预热器润滑装置安装，其冷却水室严密不漏，试验压力按设备厂家规定，或按冷却水最高压力的（   ）倍进行。

A. 1   B. 1.25   C. 1.5

答案：B

依据：《电力建设施工质量验收及评价规程 第 2 部分：锅炉机组》DL/T 5210.2—2009，条款号 4.4.31

250. **试题：**锅炉受热面护板组合安装，其边长≤2.5m，护板对角线差不大于 5mm；边长≤5.0m，护板对角线差不大于 8mm；边长＞5.0m，护板对角线差不大于（   ）。

A. 15mm   B. 12mm   C. 10mm

答案：C

依据：《电力建设施工质量验收及评价规程 第 2 部分：锅炉机组》DL/T 5210.2—2009，条款号 4.4.37

251. **试题：**锅炉砂封、水封装置的溢、放、进水管道布置走向应合理，并有不小于（   ）的坡度，有良好的热补偿措施。

A. 2/1500   B. 2/1000   C. 2/2000

答案：B

依据：《电力建设施工质量验收及评价规程 第 2 部分：锅炉机组》DL/T 5210.2—2009，条款号 4.4.38

252. **试题：**炉本体门孔安装位置允许偏差为（   ）。

A. ±20mm   B. ±15mm   C. ±10mm

答案：C

依据：《电力建设施工质量验收及评价规程 第 2 部分：锅炉机组》DL/T 5210.2—2009，条款号 4.4.38

253. **试题：**锅炉渣井安装要求柱距偏差小于或等于 1/1000 柱距，且不大于（   ）。

A. 20mm   B. 15mm   C. 10mm

答案：C

依据：《电力建设施工质量验收及评价规程 第 2 部分：锅炉机组》DL/T 5210.2—2009，条款号 4.4.41

254. **试题：**直流式燃烧器喷嘴伸入炉膛深度允许偏差为（   ）。

A. ±5mm   B. ±8mm   C. ±10mm

答案：A

依据：《电力建设施工质量验收及评价规程 第 2 部分：锅炉机组》DL/T 5210.2—2009，条款号 4.4.46

255. **试题**：汽包（汽水分离器）检查、划线，人孔门结合面应平整，无径向贯穿性伤痕，局部伤痕不超过（　　）。

A．1.0mm　　　　　　B．0.5mm　　　　　　C．0.8mm

答案：B

依据：《电力建设施工质量验收及评价规程　第 2 部分：锅炉机组》DL/T 5210.2—2009，条款号　4.4.51

256. **试题**：锅炉膜式壁（水冷壁、包墙过热器）组合，组合件长度允许偏差（　　）。

A．±10mm　　　　　B．±15mm　　　　　　C．±20mm

答案：A

依据：《电力建设施工质量验收及评价规程　第 2 部分：锅炉机组》DL/T 5210.2—2009，条款号　4.4.55

257. **试题**：锅炉膜式壁（水冷壁、包墙过热器）安装后整体宽度允许偏差为 2/1000，最大不大于（　　）。

A．15mm　　　　　　B．18mm　　　　　　C．20mm

答案：A

依据：《电力建设施工质量验收及评价规程　第 2 部分：锅炉机组》DL/T 5210.2—2009，条款号　4.4.56

258. **试题**：锅炉本体管路安装时，管子公称直径≤100mm，水平管弯曲度不大于 1‰，最大不超过（　　）。

A．30mm　　　　　　B．25mm　　　　　　C．20mm

答案：C

依据：《电力建设施工质量验收及评价规程　第 2 部分：锅炉机组》DL/T 5210.2—2009，条款号　4.4.59

259. **试题**：卧式过热器（再热器）安装，管排边缘管与膜式壁的距离允许偏差为（　　）。

A．±8mm　　　　　　B．±5mm　　　　　　C．±10mm

答案：B

依据：《电力建设施工质量验收及评价规程　第 2 部分：锅炉机组》DL/T 5210.2—2009，条款号　4.4.64

260. **试题**：锅炉吊挂管安装，管子间距允许偏差（　　）。

A．±8mm　　　　　　B．±5mm　　　　　　C．±10mm

答案：B

依据：《电力建设施工质量验收及评价规程　第 2 部分：锅炉机组》DL/T 5210.2—2009，条款号　4.4.70

261. **试题**：锅炉汽包水位计的云母片总厚度，当工作压力<9.8MPa，为0.8mm～1.0mm；工作压力≥9.8MPa，（   ）。

A．0.8mm～1.0mm　　　　B．1.0mm～1.2mm　　　　C．1.2mm～1.5mm

答案：C

依据：《电力建设施工质量验收及评价规程　第2部分：锅炉机组》DL/T 5210.2—2009，条款号　4.4.83

262. **试题**：锅炉本体的高强度大六角头螺栓及连接件安装质量用（   ）检查是否有漏拧，同时检查施工记录。

A．小锤敲击　　　　　　B．力矩扳手　　　　　　C．活口扳手

答案：A

依据：《电力建设施工质量验收及评价规程　第2部分：锅炉机组》DL/T 5210.2—2009，条款号　5.5.2

263. **试题**：锅炉炉顶吊挂装置受力情况的检查可在现场用（   ）或者用手锤震动吊杆来判断。

A．小锤敲击　　　　　　B．力矩扳手　　　　　　C．活口扳手

答案：B

依据：《电力建设施工质量验收及评价规程　第2部分：锅炉机组》DL/T 5210.2—2009，条款号　5.5.2

264. **试题**：对于锅炉部件、外购材料，应核查合金钢材料及焊口光谱分析记录，并对合金钢管材进行不少于（   ）的光谱分析抽查。

A．3%　　　　　　　　　B．5%　　　　　　　　　C．4%

答案：B

依据：《锅炉安装监督检验规则》TSG G7001—2015，条款号　附件1　锅炉安装监督检验大纲　四

265. **试题**：适用于《固定式压力容器安全技术监察规程》监督检验与管理范围的压力容器的最高工作压力大于或者等于（   ）。

A．0.1MPa　　　　　　　B．1.0MPa　　　　　　　C．1.6MPa

答案：A

依据：《固定式压力容器安全技术监察规程》TSG R0004—2009，条款号　1.3

266. **试题**：适用于《固定式压力容器安全技术监察规程》监督检验与管理范围的压力容器的工作压力与容积的乘积应大于或者等于（   ）。

A．1.6MPa·L　　　　　　B．1.0MPa·L　　　　　　C．2.5MPa·L

答案：C

依据：《固定式压力容器安全技术监察规程》TSG R0004—2009，条款号　1.3

267. **试题：** 采用新（　　　）的压力容器，其技术评审的结果经过国家质检总局批准后，方可进行试制、试用。

　　A．新材料、新技术、新工艺

　　B．新设计、新管理、新工艺

　　C．新技术、新流程、新方法

　　答案： A

　　依据：《固定式压力容器安全技术监察规程》TSG R0004—2009，条款号　1.9

268. **试题：** 压力容器制造或者现场组焊单位对主要受压元件的材料代用，应当事先取得（　　　）的书面批准，并且在竣工图上做详细记录。

　　A．材料生产单位　　　　　B．原设计单位　　　　　C．监理单位

　　答案： B

　　依据：《固定式压力容器安全技术监察规程》TSG R0004—2009，条款号　2.13

269. **试题：** 压力容器的制造单位应当接受（　　　）对其制造过程的监督检验。

　　A．用户

　　B．特种设备检验检测机构

　　C．国家质检总局

　　答案： B

　　依据：《固定式压力容器安全技术监察规程》TSG R0004—2009，条款号　4.1.3

270. **试题：** 压力容器安装改造维修前，从事压力容器安装改造维修的单位应当向压力容器（　　　）书面告知。

　　A．原制造单位　　　　　B．使用登记机关　　　　　C．原设计单位

　　答案： B

　　依据：《固定式压力容器安全技术监察规程》TSG R0004—2009，条款号　5.2

271. **试题：** 压力容器的使用单位在压力容器投入使用前或者投入使用后（　　　）日内，应当到直辖市或者设区的市的质量技术监督部门办理使用登记手续。

　　A．45　　　　　　　　　B．35　　　　　　　　　C．30

　　答案： C

　　依据：《固定式压力容器安全技术监察规程》TSG R0004—2009，条款号　6.1

272. **试题：** 使用单位应当于压力容器定期检验有效期届满前（　　　）个月向特种设备检验机构提出定期检验要求。

　　A．1　　　　　　　　　　B．半　　　　　　　　　C．2

　　答案： A

　　依据：《固定式压力容器安全技术监察规程》TSG R0004—2009，条款号　7.1

273. 试题：根据《固定式压力容器安全技术监察规程》要求，停止使用（　　）年后重新复用的压力容器，定期检验时应当进行耐压试验。

A．半　　　　　　　　B．1　　　　　　　　C．2

答案：C

依据：《固定式压力容器安全技术监察规程》TSG R0004—2009，条款号　7.5

274. 试题：充装易燃、易爆介质的真空绝热罐体，任何情况下的最大充满率不得大于（　　）。

A．97%　　　　　　　B．96%　　　　　　　C．95%

答案：C

依据：《移动式压力容器安全技术监察规程》TSG R0005—2011，条款号　附件 D3.2

275. 试题：充装除易燃、易爆外的其他介质的真空绝热罐体，任何情况下的最大充满率不得大于（　　）。

A．99.5%　　　　　　B．99%　　　　　　　C．98%

答案：C

依据：《移动式压力容器安全技术监察规程》TSG R0005—2011，条款号　附件 D3.2

276. 试题：充装易燃、易爆介质的真空绝热罐体，额定充满率不得大于（　　）。

A．90%　　　　　　　B．95%　　　　　　　C．98%

答案：A

依据：《移动式压力容器安全技术监察规程》TSG R0005—2011，条款号　附件
　　　D3.3

277. 试题：充装不易燃、易爆介质的真空绝热罐体，额定充满率不得大于（　　）。

A．96%　　　　　　　B．95%　　　　　　　C．98%

答案：B

依据：《移动式压力容器安全技术监察规程》TSG R0005—2011，条款号　附件
　　　D3.3

278. 试题：设置有提升装置（扳手）的安全阀，当安全阀进口压力大于整定压力（　　）时，提升装置应当能够将阀瓣从阀座上提起，而除去外力后阀瓣应当能够顺利回座。

A．60%　　　　　　　B．75%　　　　　　　C．70%

答案：B

依据：《安全阀安全技术监察规程》TSG ZF0001—2006，条款号　附件 B2.4

279. 试题：测量安全阀开启高度的仪表分辨率不低于（　　）。

A．0.02mm　　　　　　B．0.025mm　　　　　　C．0.03mm

答案：A

依据：《安全阀安全技术监察规程》TSG ZF0001—2006　B3.3

280. 试题：安全阀进行整定压力的校验时，当整定压力小于或等于 0.5MPa 时，实测整定值与要求整定值的允许误差为 ±0.015MPa；当整定压力大于 0.5MPa 时，允许误差为（　　　）的整定压力。

A．±1%　　　　　　　B．±2%　　　　　　　C．±3%

答案：C

依据：《安全阀安全技术监察规程》TSG ZF0001—2006，条款号　E3.2

281. 试题：采用高强度螺栓拼接的型钢构件，当连接处型钢斜面斜度大于（　　　）时，应在斜面上采用斜垫板。

A．1/30　　　　　　　B．1/25　　　　　　　C．1/20

答案：C

依据：《钢结构高强度螺栓连接技术规程》JGJ 82—2011，条款号　4.3.2

282. 试题：构件的栓焊混用连接接头中，腹板连接的高强度螺栓当采用先终拧螺栓再进行翼缘焊接的施工顺序时，腹板拼接高强度螺栓宜采取补拧措施或螺栓数量增加（　　　）。

A．5%　　　　　　　　B．10%　　　　　　　C．15%

答案：B

依据：《钢结构高强度螺栓连接技术规程》JGJ 82—2011，条款号　5.4.2

283. 试题：采用先栓后焊的栓焊并用连接应在焊接 24h 后对离焊缝 100mm 范围内的高强度螺栓补拧，补拧扭矩应为（　　　）扭矩值。

A．初拧　　　　　　　B．复拧　　　　　　　C．终拧

答案：C

依据：《钢结构高强度螺栓连接技术规程》JGJ 82—2011，条款号　5.5.5

284. 试题：高强度螺栓连接副的保管时间超过（　　　）个月后使用时，必须重新进行扭矩系数或紧固轴力检验，合格后方可使用。

A．2　　　　　　　　　B．3　　　　　　　　　C．6

答案：C

依据：《钢结构高强度螺栓连接技术规程》JGJ 82—2011，条款号　6.1.5

285. 试题：对钢结构高强度螺栓连接处用量规检查不能通过的螺栓孔进行扩钻或补焊后重新钻孔时，每组孔中经补焊重新钻孔的数量不得超过该组螺栓数量的（　　　）。

A．25%　　　　　　　B．20%　　　　　　　C．30%

答案：B

依据：《钢结构高强度螺栓连接技术规程》JGJ 82—2011，条款号 6.2.5

286. **试题：**高强度大六角头螺栓连接副的初拧扭矩和复拧扭矩为终拧扭矩的（　　）
左右。

A. 30%　　　　　　　　　B. 50%　　　　　　　　　C. 80%

答案：B

依据：《钢结构高强度螺栓连接技术规程》JGJ 82—2011，条款号 6.4.14

287. **试题：**高强度大六角头螺栓连接副采用转角法施工时，螺栓长度≤4倍公称直径时
的终拧转角为（　　）。

A. 120°　　　　　　　　　B. 240°　　　　　　　　　C. 360°

答案：A

依据：《钢结构高强度螺栓连接技术规程》JGJ 82—2011，条款号 6.4.16

288. **试题：**按转角法施工的钢结构高强度大六角头螺栓检查验收时，拧转角应该按节
点数抽查10%，且不应少于10个节点；对每个被抽查节点按（　　）数量抽查10%，
且不应少于2个螺栓。

A. 螺栓　　　　　　　　　B. 节点　　　　　　　　　C. 构件

答案：A

依据：《钢结构高强度螺栓连接技术规程》JGJ 82—2011 6.5.1

289. **试题：**摩擦型高强度螺栓连接副的摩擦面抗滑移系数验收以每（　　）为一检验
批，不足该数量的部分视为一批进行检验。

A. 1000t　　　　　　　　B. 2000t　　　　　　　　C. 3000t

答案：B

依据：《钢结构高强度螺栓连接技术规程》JGJ 82—2011，条款号 7.2.3

四、多选题（下列试题中，至少有 2 项是标准原文规定的正确答案，请将正确答案
填在括号内）

1. **试题：**锅炉水压试验前监督检查至少需具备以下条件：（　　）。

A. 锅炉钢结构、承压部件、受热面、附属管道及其附件、水压试验系统隔离的临时
封堵及其上水临时系统安装完成，并验收签证

B. 水压试验范围内的楼梯、平台、栏杆、沟道盖板等齐全，通道畅通，照明充
足

C. 必要时，核查热处理后硬度测定报告

D. 办理了具备锅炉整体水压试验条件的签证

答案：ABCD

依据：《火力发电工程质量监督检查大纲 第5部分：锅炉水压试验前监督检查》国能
综安全〔2014〕45号，条款号 3

2. **试题：** 锅炉锅炉构架监检至少应满足以下条件：（　　　）。

　　A. 高强度螺栓按规定复检合格，报告齐全，钢结构节点螺栓终紧扭矩抽检合格

　　B. 节点的连接和封闭符合规范规定

　　C. 大板梁挠度测量符合厂家设计或规范规定

　　D. 楼梯、平台、栏杆安装牢固，符合安全技术要求

　　答案： ABCD

　　依据：《火力发电工程质量监督检查大纲　第 5 部分：锅炉水压试验前监督检查》国能综安全〔2014〕45 号　5.2

3. **试题：** 锅炉水压试验前监检锅炉承压部件及受热面至少满足以下条件：（　　　）。

　　A. 水压范围内的承压部件安装结束，验收合格

　　B. 受热面通球试验合格、签证记录齐全

　　C. 膨胀间隙调整符合图纸要求，膨胀指示器安装、调整完毕

　　D. 受热面密封焊接完毕，渗透试验合格，验收签证齐全

　　答案： ABCD

　　依据：《火力发电工程质量监督检查大纲　第 5 部分：锅炉水压试验前监督检查》国能综安全〔2014〕45 号，条款号　5.3

4. **试题：** 锅炉水压试验前监检锅炉附属管道及附件至少应满足以下条件：（　　　）。

　　A. 附属管路布置合理，安装结束，验收合格

　　B. 参加水压试验的附件安装结束，校验合格

　　C. 水压试验系统隔离的封堵施工完成，验收合格

　　D. 水压试验的临时系统和设备安装、调试完毕

　　答案： ABCD

　　依据：《火力发电工程质量监督检查大纲　第 5 部分：锅炉水压试验前监督检查》国能综安全〔2014〕45 号，条款号　5.4

5. **试题：** 在锅炉的铭牌中一般应至少包括以下内容：（　　　）。

　　A. 锅炉型号　　　　　　　　　　　　B. 锅炉参数

　　C. 制造单位名称　　　　　　　　　　D. 制造日期

　　答案： ABCD

　　依据：《水管锅炉　第 1 部分：总则》GB/T 16507.1—2013，条款号　4.2.2

6. **试题：** 锅炉的设计、制造、检验、验收、安装和运行等应遵守国家颁布的有关法律、法规和相关安全技术规范，并满足（　　　）的要求。

　　A. 安全　　　　　　　　　　　　　　B. 经济

　　C. 节能　　　　　　　　　　　　　　D. 环保

　　答案： ABCD

　　依据：《水管锅炉　第 1 部分：总则》GB/T 16507.1—2013，条款号　6.1

7. **试题：**锅炉的容量用额定蒸发量（t/h）或额定热功率（MW）表示，锅炉的额定参数包括（   ）。

A．额定出力　　　　　　　　　　　　　　B．额定温度

C．额定煤耗　　　　　　　　　　　　　　D．额定压力

答案：ABD

依据：《水管锅炉　第 1 部分：总则》GB/T 16507.1—2013，条款号　6.2.1

8. **试题：**承受主要荷载的吊耳与受压元件之间可采用的焊接连接方式包括：（   ）。

A．断焊连接

B．沿周界或接触面全长连续的角焊缝连接

C．坡口焊缝与角焊缝的组合焊缝连接

D．全焊透型焊缝连接

答案：BCD

依据：《水管锅炉　第 3 部分：结构设计》GB/T 16507.3—2013，条款号　5.14

9. **试题：**使用管子弯制弯管或弯头时，弯制好的弯头或弯管应检查的项目包括：（   ）。

A．内外弧壁厚　　　　　　　　　　　　　B．弧段横截面椭圆度

C．弯管或弯头的角度偏差　　　　　　　　D．表面质量

答案：ABCD

依据：《水管锅炉　第 5 部分：制造》GB/T 16507.5—2013，条款号　6.4.2.4

10. **试题：**每台锅炉应在以下部位装设压力表：（   ）。

A．蒸汽锅炉的锅筒顶部　　　　　　　　　B．初级过热器的出口集箱

C．末级过热器出口管道　　　　　　　　　D．再热蒸汽出口管道

答案：ACD

依据：《水管锅炉　第 7 部分：安全附件和仪表》GB/T 16507.7—2013，条款号　6.1

11. **试题：**压力表有以下情况之一时，应停止使用：（   ）。

A．系统无压力时指针不能回到零位，或压力指示明显与系统压力不符

B．表面玻璃破碎或表盘刻度模糊不清

C．封印损坏或超过校验有效期限

D．表内泄漏或指针跳动

答案：ABCD

依据：《水管锅炉　第 7 部分：安全附件和仪表》GB/T 16507.7—2013，条款号　6.4

12. **试题：**蒸汽锅炉（直流锅炉除外）应在锅筒上至少装两个彼此独立的直读式水位表，符合下列条件之一的锅炉可以只装设一个直读式水位表：（   ）。

A．额定蒸发量小于或等于 0.5t/h 的锅炉

B．额定蒸发量小于或等于 2t/h 且装有一套可靠的水位指示控制装置的锅炉

C．装有两套各自独立并且可靠的远程水位测量装置的锅炉

D．电加热锅炉

答案： ABCD

依据： 《水管锅炉　第 7 部分：安全附件和仪表》GB/T 16507.7—2013，条款号 7.1.1

13. **试题：** 管式空气预热器的安装应满足以下要求：（　　）。

A．管式空气预热器应检查管子和管板的焊接质量，现场安装焊缝应进行渗油试验检查其严密性

B．管式空气预热器安装就位前应对其支撑框架的标高和水平度进行检查，标高允许偏差为 ±10mm，水平度偏差 ≤3mm

C．膨胀补偿器的冷拉装置应符合设计规定，密封板的焊接方向应与介质流向一致

D．空气预热器安装完成后还需随锅炉进行严密性试验（或称漏风试验），进行密封性检查

答案： ABCD

依据： 《水管锅炉　第 8 部分：安装与运行》GB/T 16507.8—2013，条款号 8.1

14. **试题：** 锅炉钢结构焊缝的布置不得违反下列规定：（　　）。

A．在设计中不得任意加大焊缝，避免焊缝立体交叉或在一处大量集中

B．焊缝的布置应尽可能对称于构件形心轴

C．钢板的拼接当采用对接焊缝时，纵横两方向的对接焊缝，可采用十字形交叉或 T 形交叉

D．钢板的拼接采用对接焊缝，当为 T 形交叉时，交叉点的距离不得小于 200mm

答案： ABCD

依据： 《锅炉钢结构设计规范》GB/T 22395—2008，条款号 12.2.3

15. **试题：** 锅炉刚性梁系统的布置不得违反以下规定：（　　）。

A．刚性梁最大间距：所有部位正常区域刚性梁的最大间距不得超过 96 倍的管子外径

B．冷灰斗区域刚性梁的最大间距，斜坡中间部分刚性梁最大间距应为前后水冷壁正常区域刚性梁最大间距的 2/3

C．接近上拐点的刚性梁与拐点之间的最大距离应为前后水冷壁正常区域刚性梁最大间距的 1/2，且不得小于 1200mm

D．位于其他拐点或硬点附近的刚性梁到拐点或硬点的最大距离应为相应部位正常区域刚性梁最大间距的 2/3

答案： ABCD

依据： 《锅炉钢结构设计规范》GB/T 22395—2008，条款号 12.2.3

16. **试题：**锅炉钢格栅板平台承载至少应满足以下要求：（   ）。

   A．承受设计荷载标准值时，其挠度不得大于跨距的 1/200，最大不得超过 10mm

   B．承受 1.5 倍的设计荷载标准值时，平台钢格栅板不得产生永久变形

   C．承受 3.0 倍的设计荷载标准值时，平台钢格栅板不得产生裂断

   D．承受 5.0 倍的设计荷载标准值时，平台钢格栅板不得产生裂断

   答案：ABC

   依据：《锅炉钢结构设计规范》GB/T 22395—2008，条款号　15.20

17. **试题：**锅炉钢格栅板的安装不得违反下列规定：（   ）。

   A．楼梯踏步钢格栅板与梯梁的连接采用螺栓固定时，螺栓公称直径不得小于 M10

   B．平台钢格栅板如不需要拆卸时，应采用焊接将其固定到支架上

   C．平台钢格栅板负载扁钢方向两端在支架上的支承长度每端不得小于 25mm，安装后不得发生移动或脱离支承结构

   D．平台钢格栅板最小安装间距：钢格栅板之间间距 3mm；钢格栅板与相邻结构间距 10mm

   答案：ABCD

   依据：《锅炉钢结构设计规范》GB/T 22395—2008，条款号　15.24

18. **试题：**波纹管膨胀节的安装质量应符合设计文件的规定，并应符合下列规定：（   ）。

   A．波纹膨胀节安装前应按设计文件的规定进行预拉伸或预压缩，受力应均匀

   B．波纹管膨胀节内套有焊缝的一端，在水平管道上应位于介质的流入端

   C．波纹管膨胀节应与管道保持同心，不得偏斜和周向扭转

   D．波纹管膨胀节内套有焊缝的一端，在铅垂直管道上应置于下部

   答案：ABC

   依据：《工业金属管道工程施工质量验收规范》GB 50184—2011，条款号　7.11.3

19. **试题：**填料式补偿器的安装质量应符合设计文件的规定，并应符合下列规定：（   ）。

   A．填料式补偿器应与管道保持同心，不得歪斜

   B．两侧的导向支座应保证运行时自由伸缩，不得偏离中心

   C．应按设计文件规定的安装长度及温度变化，留有剩余的收缩量

   D．剩余收缩量的允许偏差为 5mm

   答案：ABCD

   依据：《工业金属管道工程施工质量验收规范》GB 50184—2011，条款号　7.11.4

20. **试题：**当钢结构工程施工质量不符合本规范要求时，应按下列规定进行处理：（   ）。

   A．经返工重做或更换构（配）件的检验批，应重新进行验收

   B．经有资质的检测单位检测鉴定能够达到设计要求的检验批，应予以验收

   C．经有资质的检测单位检测鉴定达不到设计要求，但经原设计单位核算认可能够

满足结构安全和使用功能的检验批，可予以验收

D. 经返修货加固处理的分项、分部工程，虽然改变外形尺寸单仍能满足安全使用要求，可按处理技术方案和协商文件进行验收

答案： ABCD

依据：《钢结构工程施工质量验收规范》GB 50205—2001，条款号　3.0.7

21. **试题：** 高强度螺栓连接副终拧后，螺栓丝扣外露应为 2～3 扣，其中允许有 10%的螺栓丝扣外露（　　）扣。

　　A. 1　　　　　　　　　　　　　　　B. 4

　　C. 5　　　　　　　　　　　　　　　D. 6

答案： AB

依据：《钢结构工程施工质量验收规范》GB 50205—2001，条款号　6.3.5

22. **试题：** 钢结构分部工程合格质量标准应符合下列规定：（　　）。

　　A. 各分项工程质量均应符合合格质量标准

　　B. 质量控制资料和文件应完整

　　C. 有关安全及功能的检验和见证检测结果符合合格质量标准的要求

　　D. 有关观感质量应符合相应合格质量标准的要求

答案： ABCD

依据：《钢结构工程施工质量验收规范》GB 50205—2001，条款号　15.0.4

23. **试题：** 钢结构制作所需钢材的进场验收，对属于下列情况之一的钢材，应进行抽样复验：（　　）。

　　A. 钢材混批

　　B. 板厚等于或大于 40mm，且射击有 Z 向性能要求的厚板

　　C. 建筑结构安全等级为一级，大跨度钢结构中主要受力构件所采用的钢材

　　D. 对质量有疑义的钢材

答案： ABCD

依据：《钢结构工程施工规范》GB 50755—2012，条款号　5.2.3

24. **试题：** 适用于钢结构主体结构安装的紧固件主要包括（　　）等。

　　A. 普通螺栓　　　　　　　　　　　B. 扭剪型高强度螺栓

　　C. 高强度大六角头螺栓　　　　　　D. 拉铆钉

答案： ABC

依据：《钢结构工程施工规范》GB 50755—2012，条款号　7.1.1

25. **试题：** 钢结构的高强度螺栓连接摩擦面，应符合下列规定：（　　）。

　　A. 连接摩擦面应保持干燥、清洁，不应有飞边和污垢等

　　B. 摩擦面上的锈蚀应用磨光机打磨出金属光泽

C．摩擦面采用生锈处理方法时，安装前应除去摩擦面上的浮锈

D．经处理后的摩擦面应采取保护措施，不得在摩擦面上作标记

答案： ACD

依据：《钢结构工程施工规范》GB 50755—2012，条款号 7.2.5

26．**试题：** 钢结构安装前的基础工程分批进行交接时，每次交接验收不应少于一个安装单元的柱基基础，并应符合下列规定：（ ）。

A．基础混凝土强度应达到设计要求

B．基础周围回填夯实应完毕

C．基础的轴线标志和标高基准点应准确、齐全

D．沉降观测装置应全部安装到位

答案： ABC

依据：《钢结构工程施工规范》GB 50755—2012，条款号 11.3.1

27．**试题：** 钢结构工程施工，钢柱脚采用垫板作支撑时，应符合下列规定：（ ）。

A．钢垫板面积应计算确定

B．垫板应设置在靠近地脚螺栓的柱脚底板加劲板或柱肢下

C．垫板与基础面和柱底面的接触应平整、紧密

D．柱底二次浇灌混凝土前垫板间应焊接固定

答案： ABCD

依据：《钢结构工程施工规范》GB 50755—2012，条款号 11.3.3

28．**试题：** 钢结构施工中锚栓及预埋件安装应符合下列规定：（ ）。

A．宜采取锚栓定位支架、定位板等辅助固定措施

B．锚栓和预埋件安装到位后，应可靠固定

C．锚栓应采取防止损坏、锈蚀和污染的保护措施

D．钢柱地脚螺栓紧固后，外露部分应采取防止螺母松动和锈蚀的措施

答案： ABCD．

依据：《钢结构工程施工规范》GB 50755—2012，条款号 11.3.4

29．**试题：** 钢柱安装应符合下列规定：（ ）。

A．柱脚安装时，锚栓宜使用导入器或护套

B．首节钢柱安装后应及时进行垂直度、标高和轴线位置矫正，并及时进行柱底二次灌浆

C．首节以上的钢柱定位轴线应从地面控制轴线直接引上

D．倾斜钢柱可采用三维坐标测量法进行测校

答案： ABCD

依据：《钢结构工程施工规范》GB 50755—2012，条款号 11.4.1

30. **试题：** 钢梁安装应符合下列规定：（　　　）。

A. 钢梁宜采用至少两点起吊

B. 钢梁可采用一机一吊或一机串吊的方式吊装，就位后应立即临时固定连接

C. 钢梁面的标高及两端高差可采用水准仪与标尺进行测量，校正完成后应进行永久性连接

D. 钢梁的安装应在立柱节点的高强度螺栓终紧完成后进行

答案： ABC

依据：《钢结构工程施工规范》GB 50755—2012，条款号　11.4.2

31. **试题：** 钢结构安装时，宜对下列项目进行观测，并应作记录：（　　　）。

A. 钢结构中设备临时存放造成的沉降偏差

B. 主、梁焊接收缩引起柱身垂直度偏差值

C. 钢柱受日照温差、风力影响的变形

D. 塔式起重机附着或爬升对结构垂直度的影响

答案： ABCD

依据：《钢结构工程施工规范》GB 50755—2012，条款号　14.5.4

32. **试题：** 电厂动力管道材的材料制造单位必须保证材料质量，并提供产品合格证及质量证明书，其内容应包括（　　　）及其必要的性能检验结果等资。

A. 材料牌号　　　　　　　　　　　　　B. 化学成分

C. 力学性能　　　　　　　　　　　　　D. 热处理工艺

答案： ABCD

依据：《电厂动力管道设计规范》GB 50764—2012，条款号　4.4.4

33. **试题：** 高温蒸汽管道用材料应具有足够高的（　　　）。

A. 蠕变极限　　　　　　　　　　　　　B. 持久强度

C. 持久塑性　　　　　　　　　　　　　D. 抗氧化性能

答案： ABCD

依据：《电厂动力管道设计规范》GB 50764—2012，条款号　4.4.5

34. **试题：** 高温蒸汽管道用材料应符合下列规定：（　　　）。

A. 长期高温运行中的组织稳定性

B. 应有好的工艺性能，特别是焊接性能

C. 导热性能应好，热膨胀系数应低

D. 良好的弹性变形能力

答案： ABC

依据：《电厂动力管道设计规范》GB 50764—2012，条款号　4.4.5

35. **试题：** 电厂动力管道法兰型式的选择应符合现行国家标准《对焊钢制管法兰》GB/T

9115 的规定，不应采用（　　　）。

A．板式平焊法兰 　　　　　　　　　　　　　 B．承插焊法兰

C．松套法兰 　　　　　　　　　　　　　　　 D．螺纹法兰

答案： ABCD

依据：《电厂动力管道设计规范》GB 50764—2012，条款号　5.2.2

36. **试题：** 电厂动力管道在下列情况下工作的阀门，需装设动力驱动装置：（　　　）。

A．工艺系统有控制联锁要求

B．需要频繁启闭或远方操作

C．阀门装设在手动操作难以实现的地方

D．扭转力矩较大，或开关阀门时间较长

答案： ABCD

依据：《电厂动力管道设计规范》GB 50764—2012，条款号　5.10.5

37. **试题：** 以下哪些区域的管道布置不应妨碍设备的维护及检修：（　　　）。

A．需要进行设备维护的区域

B．设备检修起吊需要的区域，包括整个起吊高度及需要移动的空间

C．设备内部组件的抽出及设备法兰拆卸需要的区域

D．设备吊装孔区域

答案： ABCD

依据：《电厂动力管道设计规范》GB 50764—2012，条款号　8.2.3

38. **试题：** 循环流化床锅炉受热面支吊架安装应符合下列要求：（　　　）。

A．设计为常温下工作的吊架、吊杆不应从管道保温层内穿过

B．吊杆紧固时应受力均匀，水压前、点火吹管前、整套启动前、满负荷试运后应检查吊杆受力情况

C．受热面吊挂装置弹簧的锁紧销在锅炉水压期间应保持在锁定位置，且应在锅炉点火前拆除

D．吊杆可以施焊或引弧

答案： ABC

依据：《循环流化床锅炉施工及质量验收规范》GB 50972—2014，条款号　6.2.9

39. **试题：** 循环流化床锅炉施工时，受压元件焊缝的外观质量，应符合下列规定：（　　　）。

A．焊缝高度不应低于母材表面，焊缝与母材应圆滑过渡，焊缝厚度与余高允许值应符合规范规定

B．焊缝及其热影响区表面应无裂纹、未熔合、夹渣、弧坑和气孔

C．焊缝咬边深度不应大于 0.5mm，两侧咬边总长度不应大于管子周长的 10%，且不应大于 40mm

D．焊缝咬边深度不应大于 0.5mm，两侧咬边总长度不应大于管子周长的 10%，且

不应大于 50mm

答案： ABC

依据：《循环流化床锅炉施工及质量验收规范》GB 50972—2014，条款号　6.4.7

40. **试题：** 循环流化床锅炉施工时，锅炉受热面管、本体管道及其他管件的安装焊缝，除设备技术文件和焊接工艺文件有特殊要求外，在外观质量检查合格后，均应按相关标准进行对焊缝进行（　　）检测。

　　A．射线　　　　　　　　　　　　　　　B．超声波

　　C．光谱　　　　　　　　　　　　　　　D．涡流

答案： AB

依据：《循环流化床锅炉施工及质量验收规范》GB 50972—2014，条款号　6.4.8

41. **试题：** 水压试验合格应符合下列标准：（　　）。

　　A．受压元件金属壁和焊缝应无泄漏及湿润现象

　　B．受压元件应没有明显残余变形

　　C．受压元件金属壁和焊缝局部有微量泄漏现象

　　D．受压元件应局部有明显的残余变形

答案： AB

依据：《循环流化床锅炉施工及质量验收规范》GB 50972—2014，条款号　7.0.8

42. **试题：** 循环流化床锅炉施工时，压力管道和设备上应采用的机械加工方法开孔，应防止金属屑粒掉进管内，开孔和焊接应在（　　）进行。

　　A．隐蔽验收后　　　　　　　　　　　　B．防腐前

　　C．压力试验前　　　　　　　　　　　　D．防腐后

答案： BC

依据：《循环流化床锅炉施工及质量验收规范》GB 50972—2014，条款号　9.4.2

43. **试题：** 管箱式空气预热器的安装应符合下列规定：（　　）。

　　A．安装时应注意管箱的上下方向，不得装反

　　B．安装结束后，与冷、热风道同时进行风压试验应无泄漏

　　C．在锅炉设备启动前应再次全面检查，在锅炉设备启动前应再次全面检查，管内不得有杂物堵塞

　　D．一、二次风箱隔板焊缝应经渗油试验检查，应严密无渗漏

答案： ABCD

依据：《循环流化床锅炉施工及质量验收规范》GB 50972—2014，条款号　10.1.1

44. **试题：** 循环流化床锅炉的石灰石系统管道安装应符合下列要求：（　　）。

　　A．输送管路连接处应严密，内壁应平滑

　　B．输送管道不应有倒坡

C. 分叉管安装宜对称布置

D. 应有足够的热补偿，管道应有不小于 2%的安装坡度

答案： ABC

依据：《循环流化床锅炉施工及质量验收规范》GB 50972—2014，条款号 10.2.4

45. **试题：** 锅炉制造质量监督检验时，受热面管应符合以下要求：（ ）。

A. 受热面做外观检查，不允许存在裂纹、撞伤、折皱、压扁、分层、腐蚀，腐蚀坑处的实际壁厚不小于强度计算的最小需要壁厚

B. 抽查内螺纹管 3～5 段剖开检查，应符合技术条件；如安装工地不具备条件时，可在制造厂进行

C. 抽查合金钢管及其焊缝的光谱复查报告，应符合有关技术标准

D. 焊缝做外观检查，外形尺寸及表面质量应符合技术要求和设计要求

答案： ABCD

依据：《火力发电厂锅炉受热面管监督检验技术导则》DL 939—2005，条款号 4.12

46. **试题：** 锅炉受热面管安装后应提供的技术文件至少包括：（ ）。

A. 锅炉受热面组合、安装和找正记录及验收签证

B. 受热面的清理和吹扫、安装通球记录及验收签证

C. 缺陷处理记录

D. 材质证明书及复验报告

答案： ABCD

依据：《火力发电厂锅炉受热面管监督检验技术导则》DL 939—2005，条款号 5.2

47. **试题：** 对于锅炉水冷壁燃烧器周围及热负荷较高部分的管组，其检查的主要内容是：（ ）。

A. 管壁的冲刷磨损和腐蚀程度

B. 管子应无明显变形和鼓包

C. 液态排渣或有卫燃带的锅炉，检查卫燃带及销钉的损坏程度

D. 可能出现传热恶化和直流锅炉中汽水分界线波动的部位检查有无热疲劳裂纹的产生

答案： ABCD

依据：《火力发电厂锅炉受热面管监督检验技术导则》DL 939—2005，条款号 6.6.4

48. **试题：** 对于省煤器管组，其检查的主要内容是：（ ）。

A. 检查管排平整度及其间距，应不存在烟气走廊及杂物，重点检查管排、弯头的磨损情况

B. 外壁应无明显腐蚀性减薄

C. 省煤器上下关卡及阻流板附近的管子应无明显磨损

D. 阻流板、防磨瓦等防磨装置应无脱落、歪斜或明显磨损

答案：ABCD

依据：《火力发电厂锅炉受热面管监督检验技术导则》DL 939—2005，条款号　6.6.5

49. **试题**：安全阀阀体上的标志至少应有下列内容：（　　）。

A. 公称通径

B. 公称压力

C. 阀体材料代号

D. 指明介质流动方向的箭头

答案：ABCD

依据：《电站锅炉安全阀技术规程》DL/T 959—2014，条款号　9.1

50. **试题**：安全阀铭牌至少应有下列内容：（　　）。

A. 公称通径　　　　　　　　　　　　B. 公称压力

C. 整定压力　　　　　　　　　　　　D. 产品型号

答案：ACD

依据：《电站锅炉安全阀技术规程》DL/T 959—2014，条款号　9.2

51. **试题**：支吊架中的液压阻尼器性能要求包括：（　　）。

A. 液压阻尼器拉撑杆的杆端关节轴承应活动灵活，不应有卡涩现象

B. 液压阻尼器低速行走阻力不应超过额定荷载的 2%

C. 额定荷载大于 50kN 的阻尼器，低速行走阻力不应超过其额定荷载的 1%

D. 液压阻尼器实际总位移应不小于标称总行程

答案：ABCD

依据：《火力发电厂管道支吊架验收规程》DL/T 1113—2009，条款号　5.4.4.4

52. **试题**：支吊架的液压阻尼器闭锁性能要求包括：（　　）。

A. 液压阻尼器的闭锁速度应在 125mm/min～360mm/min 范围内

B. 液压阻尼器的闭锁后速度，在额定荷载下应在 12mm/min～125mm/min 范围内

C. 液压阻尼器的闭锁后速度，在额定荷载下应在 0mm/min～125mm/min 范围内

D. 对只具有单向功能的液压阻尼器，其功能侧的闭锁后速度应为 0

答案：ABD

依据：《火力发电厂管道支吊架验收规程》DL/T 1113—2009，条款号　5.4.4.4

53. **试题**：恒力支吊架、变力弹簧支吊架、液压阻尼器、弹簧减振器均应有产品铭牌。
铭牌上应至少包括（　　）。

A. 制造单位名称　　　　　　　　　　B. 产品型号

C. 产品重量　　　　　　　　　　　　D. 主要特性参数

答案：ABD

依据：《火力发电厂管道支吊架验收规程》DL/T 1113—2009，条款号　5.4.5.1

54. **试题**：支吊架的合同或协议中未对文件资料作明确规定时，供方提供的文件资料应至少包括下列内容：（　　）。

A．产品检验合格证

B．产品使用说明书

C．恒力支吊架、变力弹簧支吊架、液压阻尼器、弹簧减振器的性能试验报告

D．支吊架材质证明书

答案：ABC

依据：《火力发电厂管道支吊架验收规程》DL/T 1113—2009，条款号　7.2

55. **试题**：对于恒力支吊架和变力弹簧支吊架，安装前应确认其（　　）与设计文件相符。

A．整定荷载　　　　　　　　　　　B．热位移量

C．位移方向　　　　　　　　　　　D．结构强度

答案：ABC

依据：《火力发电厂管道支吊架验收规程》DL/T 1113—2009，条款号　9.1.2

56. **试题**：支吊架安装后水压试验前的检查时，螺纹部件上的（　　）以及恒力支吊架和变力弹簧支吊架的锁定装置均应正确锁定。

A．花篮螺丝　　　　　　　　　　　B．锁紧螺母

C．开口销　　　　　　　　　　　　D．临时锁定装置

答案：BCD

依据：《火力发电厂管道支吊架验收规程》DL/T 1113—2009，条款号　10.1.3

57. **试题**：吹管范围应包括下列系统及管道：（　　）。

A．过热器、再热器

B．主蒸汽管道、再热蒸汽冷段及热段管道

C．汽轮机轴封高压汽源管道

D．辅助蒸汽管道

答案：ABCD

依据：《火力发电建设工程机组蒸汽吹管导则》DL/T 1269—2013，条款号　4.5

58. **试题**：吹管临时电动控制闸阀应符合下列要求：（　　）。

A．公称压力应不小于 16.0MPa

B．设计温度应不小于 450℃

C．公称直径应不小于主蒸汽管道内径

D．全行程开关时间应小于 60s

答案：ABCD

依据：《火力发电建设工程机组蒸汽吹管导则》DL/T 1269—2013，条款号　6.1.1

59. **试题：** 吹管质量标准包括：（　　　　）。

A．过热器、再热器的吹管系数应大于 1.0

B．靶板宽度应为靶板安装处管道内径的 8%且不小于 25mm，厚度不小于 5mm，长度纵贯管道内径

C．选用铝质材料靶板，应连续两次更换靶板检查，无 0.8mm 以上的斑痕，且 0.2mm～0.8mm 范围的斑痕不多于 8 点

D．采用钢、铜或其他材质靶板，验收标准应参照制造厂的要求执行。

答案： ABCD

依据：《火力发电建设工程机组蒸汽吹管导则》DL/T 1269—2013，条款号　8

60. **试题：** 锅炉平台、梯子、栏杆安装符合规定的有：（　　　　）。

A．应与锅炉钢架同步安装，并形成通道

B．梯子、平台、栏杆应在全炉的所有平台栏杆全部找正完成后再焊接牢固

C．正式平台通道未安装完成时，应搭设临时施工通道，满足高处作业的安全要求

D．平台上的孔洞应进行明显警示

答案： AC

依据：《电力建设安全工作规程　第 1 部分：火力发电》DL 5009.1—2014，条款号 6.2.3（强条）

61. **试题：** 在锅炉上临时存放设备、材料和工器具等，应符合下列规定：（　　　　）

A．小件、材料宜用容器盛装，禁止在横梁上随意放置材料和工器具等

B．存放的设备、材料、工器具不得占用通道

C．锅炉上搭设的存放大件设备的临时设施如时间较短则无须进行强度核算

D．临时吊挂使用的钢丝绳与设备、结构等的棱角处应有保护措施

答案： ABD

依据：《电力建设安全工作规程　第 1 部分：火力发电》DL 5009.1—2014，条款号 6.2.3（强条）

62. **试题：** 管道安装应符合下列规定：（　　　　）。

A．管道吊装就位后宜立即装好支吊架

B．在深 1m 以上的管沟中施工时沟坑周围应设围栏并设专人监护

C．人工往沟槽内下管时索具、桩锚应牢固，沟槽内不得有人

D．运行中的管道如与在建管道连接时间较短、且有隔离阀，则可以不办理工作票

答案： ABC

依据：《电力建设安全工作规程　第 1 部分：火力发电》DL 5009.1—2014，条款号 6.2.4（强条）

63. **试题：** 锅炉本体水压试验应符合下列规定：（　　　　）。

A．水压试验临时封头应经强度计算

B．升压前应进行全面检查，所有人员全部离开后方可升压

C．水压试验时人员不得站在焊缝处、堵头对面或法兰盘侧面

D．超压试验时严禁进行任何检查工作，应待压力降至工作压力后方可进行

答案： ABCD

依据：《电力建设安全工作规程　第 1 部分：火力发电》DL 5009.1—2014，条款号 6.2.5（强条）

64. **试题：** 根据《火力发电厂汽水管道设计技术规定》要求，PN＞2.5MPa 的高中压汽水管道宜采用的封头和堵头形式包括：（　　）。

A．平焊堵头　　　　　　　　　　　　　　B．球形封头

C．椭球形封头　　　　　　　　　　　　　D．对焊堵头

答案： BCD

依据：《火力发电厂汽水管道设计技术规定》DL/T 5054—1996，条款号　4.2.5

65. **试题：** 设置合理的管道支吊架应起到的作用包括：（　　）。

A．合理承受管道的动荷载、静荷载和偶然荷载

B．合理约束管道位移，增加管道系统的稳定性，防止管道振动

C．保证在各种工况下，管道应力均在允许范围内

D．满足管道所连接设备对接口推力（力矩）的限制要求

答案： ABCD

依据：《火力发电厂汽水管道设计技术规定》DL/T 5054—1996，条款号　7.1.1.1

66. **试题：** 直流锅炉的启动疏水，根据锅炉本体汽水系统要求，汽水分离器疏水可以分别接至（　　）。

A．疏水扩容器　　　　　　　　　　　　　B．除氧器

C．凝汽器　　　　　　　　　　　　　　　D．连续排污扩容器

答案： ABC

依据：《火力发电厂汽水管道设计技术规定》DL/T 5054—1996，条款号　8.4.6

67. **试题：** 火力发电厂内的闭式冷却水系统应采用（　　）。

A．自来水　　　　　　　　　　　　　　　B．软化水

C．除盐水　　　　　　　　　　　　　　　D．凝结水

答案： BCD

依据：《火力发电厂汽水管道设计技术规定》DL/T 5054—1996，条款号　9.1.4.2

68. **试题：** 制粉管道的布置至少应满足下列要求：（　　）

A．气粉混合物管道与水平面的倾斜角不应小于45°；煤粉管道不应小于50°

B．为便于排粉机检修，其进口管上应装设可拆卸的管段

C．补偿器、风门及防爆门等部件，应避免装设在有涡流冲刷或煤粉局部集中的管

段上

D．钢球磨煤机出口段应有防磨措施

答案：ABCD

依据：《火力发电厂烟风煤粉管设计技术规程》DL/T 5121—2000，条款号　4.6.1

69．试题：烟风煤粉管道及零部件贴角焊缝的尺寸至少应遵守下列规定：（　　　）。

A．贴角焊缝的最小焊角高度不应小于 4mm，但当焊件厚度小于 4mm 时，则与焊件厚度相同

B．贴角焊缝的焊角高度不得大于 1.2 倍钢板厚度

C．圆钢与圆钢、圆钢与钢板或型钢焊接的贴角焊缝的焊角高度，不应小于 0.2 倍圆钢直径，但不小于 3mm

D．侧焊缝或端焊缝的计算长度不得小于 8K（K 为焊缝的焊角高度），但也不应小于 40mm

答案：ABCD

依据：《火力发电厂烟风煤粉管设计技术规程》DL/T 5121—2000，条款号　5.3.4

70．试题：风门结构设计至少应满足以下要求：（　　　）。

A．插板式风门动静间隙应有密封措施

B．风门内部结构不应有积存尘粒的部位，插板式风门的密封槽应有空气吹扫接口；严密性要求特别高时，插板四周应有气密封措施

C．风门的材质应按设计温度来选择，其结构应考虑必要的膨胀，在热胀冷缩情况下开关灵活不卡死

D．风门应有足够的刚度，当烟风道热胀冷缩时不变形。框架应采用钢板冲压成型

答案：ABCD

依据：《火力发电厂烟风煤粉管设计技术规程》DL/T 5121—2000，条款号　8.5.3

71．试题：锅炉机组开始安装前，安装现场应具备下列条件：（　　　）。

A．基础的定位轴线和标高已在基础上做好标识及保护措施

B．建筑物上的孔洞和敞口部分应有可靠的盖板或栏杆

C．安装现场应有可靠的消防设施、照明和排水设施

D．建筑施工机具设备、剩余的材料和杂物应清除干净

答案：ABCD

依据：《电力建设施工技术规范　第 2 部分：锅炉机组》DL 5190.2—2012，条款号　3.2.1

72．试题：锅炉钢构架和有关金属结构在安装前，应根据供货清单、装箱单和图纸清点数量，对主要部件还需作下列检查：（　　　）。

A．外观检查焊接和螺栓连接的质量，有无锈蚀、重皮和裂纹等缺陷

B．使用钢材和焊接材料的类型和焊缝质量等级及无损探伤的类别和抽查百分比应

符合规定

C．用光谱逐件分析复查合金钢（不包括 Q345 等低合金钢）零部件

D．外观检查钢构架油漆的质量应符合技术协议要求

答案： ABCD

依据：《电力建设施工技术规范　第 2 部分：锅炉机组》DL 5190.2—2012，条款号 4.1.3

73．**试题：** 锅炉钢构架采用带调整螺母的地脚螺栓支撑柱底板结构时，检查地脚螺栓（　　　）应符合设计图纸要求。

A．长度

B．垂直度

C．间距

D．规格

答案： ABCD

依据：《电力建设施工技术规范　第 2 部分：锅炉机组》DL 5190.2—2012，条款号 4.2.4

74．**试题：** 锅炉钢构架组合件的允许偏差应满足以下规定：（　　　）。

A．各立柱间距离≤长度的 1/1000，且≤10mm

B．横梁标高≤长度±5mm

C．护板框内边与立柱中心线距离，0～＋5mm

D．各立柱间的平行度≤长度的 1/1000，且≤20mm

答案： ABC

依据：《电力建设施工技术规范　第 2 部分：锅炉机组》DL 5190.2—2012，条款号 4.3.3

75．**试题：** 高强度螺栓安装、检查应形成下列记录：（　　　）。

A．高强度螺栓连接副复验资料

B．高强度螺栓报废记录

C．抗滑移系数试验资料

D．初拧扭矩、终拧扭矩记录

答案： ACD

依据：《电力建设施工技术规范　第 2 部分：锅炉机组》DL 5190.2—2012，条款号 4.3.9

76．**试题：** 焊接连接的构件安装时临时定位点焊的总长度应考虑构件自己重量和临时荷载，焊点的（　　　）应通过计算确定。

A．数量

B．厚度

C．长度

D．密度

答案： ABC

依据：《电力建设施工技术规范　第 2 部分：锅炉机组》DL 5190.2—2012，条款号 4.3.10

77. **试题**：锅炉大板梁在承重前、（　　）和锅炉点火启动前应测量其垂直挠度，测量数据应符合厂家设计要求。

A．锅炉水压试验上水前　　　　　　　　　　B．锅炉水压试验后

C．锅炉水压试验上水后　　　　　　　　　　D．水压试验完成放水后

答案：ACD

依据：《电力建设施工技术规范　第 2 部分：锅炉机组》DL 5190.2—2012，条款号 4.3.12

78. **试题**：钢架基础二次灌浆前，应检查（　　）及基础钢筋等工作是否已完毕，并清除底座表面的油污、焊渣等杂物。

A．基础划线　　　　　　　　　　　　　　　B．调节螺栓

C．地脚螺栓　　　　　　　　　　　　　　　D．垫铁

答案：BCD

依据：《电力建设施工技术规范　第 2 部分：锅炉机组》DL 5190.2—2012，条款号 4.3.20

79. **试题**：旋流式燃烧装置安装应符合下列规定：（　　）。

A．二次风挡板门与风壳间应留适当膨胀间隙

B．一、二次风筒同心度允许偏差为：无调整机构时≤5mm；有调整机构时≤3mm

C．一、二次风筒的螺栓连接处应严密不漏

D．带有调整机构的操作装置应灵活可靠

答案：ABCD

依据：《电力建设施工技术规范　第 2 部分：锅炉机组》DL 5190.2—2012，条款号 4.6.2

80. **试题**：直流式燃烧装置安装应符合下列规定：（　　）。

A．喷口与一次风道间隙应为 5mm～8mm

B．喷口与二次风道肋板间间隙应为 10mm～15mm

C．二、三次风口水平度允许偏差（当设计水平时）应不大于 2mm

D．上、下摆动角度应符合厂家图纸要求，刻度指示应准确

答案：ABCD

依据：《电力建设施工技术规范　第 2 部分：锅炉机组》DL 5190.2—2012，条款号 4.6.3

81. **试题**：旋流燃烧器对冲布置时应符合下列规定：（　　）。

A．燃烧器伸入炉膛深度偏差不大于 5mm

B．喷口与二次风道肋板间间隙应为 10mm～15mm

C．燃烧器一、二次风筒同心度偏差不大于 3mm

D．支吊架安装应负荷分配合理，受力均匀，不影响水冷壁膨胀

答案：ACD

依据：《电力建设施工技术规范 第 2 部分：锅炉机组》DL 5190.2—2012，条款号 4.6.4

82. **试题：** 直流式燃烧器切园布置时应符合下列规定：（ ）。

A. 燃烧器在安装前应进行全面检查，所有喷嘴的转动部件，内外摆动机构、风门挡板的转动应灵活无卡涩

B. 水冷壁整体调整后，燃烧器组件方可与水冷壁角部管屏找正焊接。燃烧器对应喷口标高应保证一致，标高允许误差为±5mm

C. 燃烧器安装结束后，应全面检查各喷嘴的水平度

D. 摆动机构的刻度指针指示为零时，各喷嘴应处于水平位置，其水平角度允许误差应不大于 0.5°

答案：ABCD

依据：《电力建设施工技术规范 第 2 部分：锅炉机组》DL 5190.2—2012，条款号 4.6.5

83. **试题：** 管式空气预热器安装时应注意管箱的（ ）方向，不得装反。

A. 左   B. 右

C. 上   D. 下

答案：CD

依据：《电力建设施工技术规范 第 2 部分：锅炉机组》DL 5190.2—2012，条款号 4.7.1

84. **试题：** 回转式空气预热器安装时，（ ）密封的冷态密封间隙应按设备技术文件规定的数值进行调整。

A. 轴向   B. 径向

C. 周界   D. 纵向

答案：ABC

依据：《电力建设施工技术规范 第 2 部分：锅炉机组》DL 5190.2—2012，条款号 4.7.2

85. **试题：** 回转式空气预热器分部试运应符合下列规定：（ ）。

A. 空气预热器的转动方向应与设计一致

B. 密封间隙应符合设备技术文件的规定

C. 空气预热器的主辅马达切换正常

D. 转子驱动减速箱油位正常

答案：ABCD

依据：《电力建设施工技术规范 第 2 部分：锅炉机组》DL 5190.2—2012，条款号 4.7.3

86. 试题：锅炉钢架施工质量验收应具备以下签证和记录：（　　　）。

A．钢架组合件、立柱安装记录

B．隐蔽工程施工记录及签证

C．锅炉钢架高强度螺栓紧固记录

D．锅炉基础复查记录

答案：ABCD

依据：《电力建设施工技术规范　第 2 部分：锅炉机组》DL 5190.2—2012，条款号 4.8.2

87. 试题：过热器、再热器组合安装允许偏差应符合下列规定：（　　　）。

A．蛇形管自由端不得大于±10mm

B．管排间距不得大于±5mm

C．管排平整度不得大于 20mm

D．边缘管与外墙间距不得大于±5mm

答案：ABCD

依据：《电力建设施工技术规范　第 2 部分：锅炉机组》DL 5190.2—2012，条款号 5.4.2

88. 试题：省煤器组件的组合安装允许偏差应符合下列规定：（　　　）。

A．组件宽度不得大于±5mm

B．联箱中心距蛇形管弯头端部长度不得大于±10mm

C．组件边管垂直度不得大于±5mm

D．边缘管与外墙间距不得大于±5mm

答案：ABCD

依据：《电力建设施工技术规范　第 2 部分：锅炉机组》DL 5190.2—2012，条款号 5.4.3

89. 试题：锅炉炉水循环泵的分部试运，除应按本部分的有关规定执行外，必须满足下列条件：（　　　）。

A．循环泵电动机已按要求注水

B．汽包或贮水箱水位正常

C．汽包两端的膨胀指示器已调至 0 位

D．启动循环泵入口阀门已打开

答案：ABD

依据：《电力建设施工技术规范　第 2 部分：锅炉机组》DL 5190.2—2012，条款号 5.5.11

90. 试题：风帽安装后与布风板连接牢固，风帽安装应满足下列要求：（　　　）。

A．风帽布置部件编号与图纸相符，安装方向正确

B．风帽顶部至固定面高度偏差不得大于±1mm

C．标高相对偏差不得大于±1mm

D．垂直度偏差不得大于1mm

答案： ABCD

依据：《电力建设施工技术规范　第2部分：锅炉机组》DL 5190.2—2012，条款号 5.6.1

91．**试题：** 外置床设备组合、安装允许偏差应符合下列要求：（　　　）。

A．纵横中心误差不大于20mm

B．标高偏差±20mm

C．壳体内净空宽度偏差±3mm

D．内表面侧板平整度偏差不大于3mm

答案： ABCD

依据：《电力建设施工技术规范　第2部分：锅炉机组》DL 5190.2—2012，条款号 5.6.2

92．**试题：** 锅炉施工质量验收应具备以下签证和记录：（　　　）。

A．锅炉隐蔽工程签证

B．汽包、汽水分离器安装记录

C．锅炉水压试验签证

D．合金钢材质复核记录

答案： ABCD

依据：《电力建设施工技术规范　第2部分：锅炉机组》DL 5190.2—2012，条款号 5.8.2

93．**试题：** 水位计和汽包的汽连接管应向（　　　）方向倾斜，水连接管应向（　　　）方向倾斜；汽水连通管支架应留有膨胀间隙。

A．内侧　　　　　　　　　　　　　B．外侧

C．水位计　　　　　　　　　　　　D．汽包

答案： CD

依据：《电力建设施工技术规范　第2部分：锅炉机组》DL 5190.2—2012，条款号 6.4.2

94．**试题：** 水位计在安装时应根据图纸尺寸，以汽包中心线为基准，在水位计上标出（　　　）水位线。

A．正常　　　　　　　　　　　　　B．高

C．中　　　　　　　　　　　　　　D．低

答案： ABD

依据：《电力建设施工技术规范　第2部分：锅炉机组》DL 5190.2—2012，条款号 6.4.3

95. **试题：**蒸汽吹灰系统安装时，应符合下列规定：（　　　　）。

　　A．阀门及法兰结合面应严密不漏

　　B．吹灰枪的挠度应符合设备技术文件的规定

　　C．吹灰器与受热面的间距应符合厂家图纸规定

　　D．长伸缩式吹灰器应根据对应的膨胀位移值进行偏装

　　答案：ABCD

　　依据：《电力建设施工技术规范　第 2 部分：锅炉机组》DL 5190.2—2012，条款号 6.6.1

96. **试题：**锅炉附属管道及附件安装施工质量验收应具备以下签证和记录（　　　　）。

　　A．合金钢材质复核记录　　　　　　　　　B．安全阀安装记录

　　C．管道水压试验签证　　　　　　　　　　D．汽包水位计安装记录

　　答案：ABCD

　　依据：《电力建设施工技术规范　第 2 部分：锅炉机组》DL 5190.2—2012，条款号 6.7.2

97. **试题：**烟风道、燃（物）料管道及附属设备在安装前应经检查验收，并符合下列规定：（　　　　）。

　　A．原材料、半成品均应符合设计要求

　　B．铸件不应有气孔、砂眼和裂纹等缺陷，表面应平整光滑

　　C．管道及设备的焊缝应经检验合格

　　D．管道加工制作件外形尺寸应符合设计图纸要求

　　答案：ABCD

　　依据：《电力建设施工技术规范　第 2 部分：锅炉机组》DL 5190.2—2012，条款号 7.1.2

98. **试题：**烟风道、燃料管道的补偿器安装应符合以下规定：（　　　　）。

　　A．补偿器在运输、存放、安装过程中应做好保护措施

　　B．套筒式伸缩节安装时应按设计留出足够的伸缩量

　　C．波形补偿器导流板开口方向与介质的流向一致

　　D．非金属补偿器安装时导流板安装方向符合图纸要求且有足够膨胀补偿量

　　答案：ABCD

　　依据：《电力建设施工技术规范　第 2 部分：锅炉机组》DL 5190.2—2012，条款号 7.3.2

99. **试题：**烟风道、燃（物）料管道附件及装置的锁气器安装应符合下列规定：（　　　　）。

　　A．锁气器翻板或锥形塞的密封部位应接触均匀，间隙适当，动作灵活，重锤应易于调整

　　B．装在垂直管道上的锥式锁气器，锥体必须保持垂直

C. 装在斜管上的锁气器应采用斜板式锁气器，斜板式锁气器的重锤杆应保持垂直

D. 电动锁气器在安装前应按图检查各处间隙，确认转动灵活，安装位置及方向正确

答案：ABD

依据：《电力建设施工技术规范 第 2 部分：锅炉机组》DL 5190.2—2012，条款号 7.3.3

100. **试题：**灰控阀安装应符合下列规定：（ ）。

A. 灰控阀安装前应进行检查

B. 内部清洁，开关灵活

C. 灰控阀安装位置方向正确

D. 开度符合要求，且操作方便

答案：ABCD

依据：《电力建设施工技术规范 第 2 部分：锅炉机组》DL 5190.2—2012，条款号 7.3.8

101. **试题：**循环流化床锅炉旋风分离器筒体内支承环组合安装时，（ ）偏差应符合厂家图纸要求。

A. 标高   B. 水平度

C. 宽度   D. 长度

答案：ABC

依据：《电力建设施工技术规范 第 2 部分：锅炉机组》DL 5190.2—2012，条款号 7.3.5

102. **试题：**循环流化床锅炉的回料阀安装时，（ ）偏差应符合规范要求。

A. 筒体安装纵横中心误差

B. 标高偏差

C. 水平偏差

D. 与旋风分离器锥段同心度偏差

答案：ABD

依据：《电力建设施工技术规范 第 2 部分：锅炉机组》DL 5190.2—2012，条款号 7.3.7

103. **试题：**循环流化床锅炉施工时，滚筒冷渣器安装应符合下列要求：（ ）。

A. 纵横中心安装偏差不大于 5mm

B. 标高安装偏差不大于 10mm

C. 水平度安装偏差不大于 10mm

D. 垂直度安装偏差不大于 5mm

答案：ABC

依据：《电力建设施工技术规范 第 2 部分：锅炉机组》DL 5190.2—2012，条款

号 10.13.1

104. 试题：锅炉机组整套启动前至少应满足如下条件：（　　）。

A. 必须完成锅炉设备，包括锅炉辅助机械和各附属系统的分部试运

B. 锅炉的烘炉、化学清洗

C. 锅炉及其主蒸汽、再热蒸汽管道系统的吹洗

D. 锅炉的热工测量、控制和保护系统的调整试验工作

答案：ABCD

依据：《电力建设施工技术规范　第 2 部分：锅炉机组》DL 5190.2—2012，条款号 13.1.3

105. 试题：锅炉机组试运前与试运机组有关的土建、安装工作应按设计基本结束，并应具备以下现场条件（　　）。

A. 与尚在继续施工的机组及有关系统之间已有可靠的隔离或隔绝

B. 对于风沙大的地区，应制定防风沙措施

C. 上、下水道畅通，保证满足供水和排水的需要

D. 设备与系统挂牌及标识完备准确

答案：ABCD

依据：《电力建设施工技术规范　第 2 部分：锅炉机组》DL 5190.2—2012，条款号 13.1.5

106. 试题：化学清洗结束后，应对汽包、水冷壁下联箱和中间混合联箱进行割口检查，并彻底清除沉渣；检查监视管段和腐蚀指示片，要求达到下列标准：（　　）。

A. 内表面应清洁，基本上无残留氧化物和焊渣

B. 不出现二次浮锈，无点蚀、无明显金属粗晶析出的过洗现象，不应有镀铜现象，并形成完整的钝化保护膜

C. 腐蚀指示片平均腐蚀速度应小于 $8g/（m^2 \cdot h）$

D. 腐蚀总量应小于 $80g/m^2$

答案：ABCD

依据：《电力建设施工技术规范　第 2 部分：锅炉机组》DL 5190.2—2012，条款号 13.4.6

107. 试题：临时连接管及排汽管系统应满足以下要求：（　　）。

A. 临时管道系统应由建设单位委托有设计资质的单位进行设计

B. 吹洗临时连接管安装前应进行全面检查，并按正式管道的施工工艺施工

C. 不能参加吹洗的高压自动主汽门后的导汽管等管道，应采取措施保证内部清洁、无杂物

D. 应在排汽口处加装消声器

答案：ABCD

依据:《电力建设施工技术规范 第 2 部分:锅炉机组》DL 5190.2—2012,条款号 13.5.6

108. **试题:** 机组整套启动试运前锅炉等附属设备应满足以下条件:( )。

A. 锅炉的辅助机械和附属系统以及燃料、给水、除灰、除渣、脱硫、脱硝等分部试运合格,能满足锅炉满负荷的需要

B. 支吊架进行检查调整,并办理签证

C. 各项检查与试验工作均已完毕,各项保护能投入

D. 锅炉房电梯应投入使用

答案: ABCD

依据:《电力建设施工技术规范 第 2 部分:锅炉机组》DL 5190.2—2012,条款号 13.7.2

109. **试题:** 垃圾焚烧锅炉的链条炉排安装应符合下列要求:( )。

A. 炉排拉紧装置应留适当的调节余量

B. 对鳞片或横梁式链条炉排在拉紧状态下测量,各链条的相对长度差不得大于 8mm

C. 炉排片组装不可过紧或过松,装好后应用手扳动,转动宜灵活

D. 边部炉条与墙板之间,应有膨胀间隙

答案: ABCD

依据:《电力建设施工质量验收及评价规程 第 2 部分:锅炉机组》DL 5190.2—2012,条款号 A.2.2

110. **试题:** 垃圾焚烧锅炉的炉排冷态试运转宜在筑炉前进行,并应符合下列要求:( )。

A. 链条炉排不应小于 4h;往复炉排不应小于 2h。试运转速度不应少于两级

B. 煤闸门下缘与炉排表面的距离偏差不应大于 10mm

C. 滚柱转动应灵活,与链轮啮合应平稳、无卡住现象

D. 润滑油和轴承的温度均应正常

答案: BCD

依据:《电力建设施工技术规范 第 2 部分:锅炉机组》DL 5190.2—2012,条款号 A.2.2

111. **试题:** 生物质焚烧锅炉受热面底部支撑应符合下列规定:( )。

A. 结合板、支撑座表面应平整,与梁柱应贴紧

B. 受热面底部支撑结构的焊接施工时应采取防变形措施

C. 受热面底部支撑结构安装允许偏差符合表 B.2.1 的要求

D. 受热面底部支撑结构的安装应以锅炉构架立柱的 1m 标高线为基准

答案: ABCD

依据:《电力建设施工技术规范 第 2 部分:锅炉机组》DL 5190.2—2012,条

款号　B.2.1

112. **试题：** 生物质焚烧锅炉的高（低）温烟气冷却器应符合下列要求：（　　）。

　　A．烟气冷却器联箱、螺旋鳍片管的检查和安装应符合电力建设施工技术规范的有关规定

　　B．高（低）温烟气冷却器安装结束后，应与相连接的系统一起进行水压试验

　　C．高（低）温烟气冷却器安装结束后，应与烟气系统同时进行风压试验

　　D．冷却器内部应清洁、无杂物

　　答案： ABCD

　　依据：《电力建设施工技术规范　第 2 部分：锅炉机组》DL 5190.2—2012，条款号 B.2.3、

113. **试题：** 余热锅炉模块安装应满足以下要求：（　　）。

　　A．吊梁标高允许偏差±5mm

　　B．模块中心至锅炉中心允许偏差±5mm

　　C．模块前后集箱到基准点（横梁）允许偏差±5mm

　　D．模块水平度允许偏差不大于 3mm

　　答案： ABCD

　　依据：《电力建设施工技术规范　第 2 部分：锅炉机组》DL 5190.2—2012，条款号 C.3.7

114. **试题：** 燃油喷嘴采用蒸汽雾化时，雾化蒸汽管道上应串联设置（　　）。

　　A．调节阀　　　　　　　　　　　　　B．快速切断阀

　　C．止回阀　　　　　　　　　　　　　D．关断阀

　　答案： BCD

　　依据：《火力发电厂油气管道设计规程》DL/T 5204—2005，条款号　4.3.8

115. **试题：** 架空压缩空气管道与周围其他管道或建筑的净空距离应满足：（　　）。

　　A．与其他热力管道的水平净距不小于 250mm，交叉净距不小于 150mm

　　B．与电缆的净距不小于 500mm

　　C．与电缆的净距不小于 250mm，交叉净距不小于 150mm

　　D．与道路的水平净距不小于 1000mm

　　答案： ABD

　　依据：《火力发电厂油气管道设计规程》DL/T 5204—2005，条款号　7.4.4

116. **试题：** 火力发电厂油气管道支吊架连接件的设计，有水平位移时，（　　）。

　　A．对刚性吊架，可活动的拉杆长度应不小于吊点处水平位移的 15 倍

　　B．对刚性吊架，可活动的拉杆长度应不小于吊点处水平位移的 20 倍

　　C．对弹簧吊架，可活动的拉杆长度应不小于吊点处水平位移的 15 倍

D．对弹簧吊架，可活动的拉杆长度应不小于吊点处水平位移的 20 倍

答案： BC

依据：《火力发电厂油气管道设计规程》DL/T 5204—2005，条款号　9.1.6

117．**试题：** 燃油系统管道应采用清水冲洗和蒸汽清扫，清扫前（　　）等应取出；靶式流量计应整体取下，以短管代替。

A．止回阀阀芯　　　　　　　　　　　　B．截止阀阀芯

C．调节阀芯　　　　　　　　　　　　　D．流量孔板

答案： ACD

依据：《火力发电厂油气管道设计规程》DL/T 5204—2005，条款号　11.3.2

118．**试题：** 锅炉钢结构横梁、支撑检查应满足以下要求（　　）。

A．横梁长度≤1000mm 时，0～−4mm

B．1000mm＜横梁长度≤3000mm 时，0～−6mm

C．3000mm＜横梁长度≤5000mm 时，0～−8mm

D．横梁长度＞5000mm 时，0～−1mm

答案： ABCD

依据：《电力建设施工质量验收及评价规程　第 2 部分：锅炉机组》DL/T 5210.2—2009，条款号　4.3.2

119．**试题：** 锅炉吊挂装置检查应满足以下要求（　　）。

A．零件无损伤、裂纹、重皮等缺陷；吊杆螺纹无碰伤，与螺母配合良好

B．零件材质无错用，合金部件作光谱分析并在明显处作标识

C．3000mm＜横梁长度≤5000mm 时，0～−8mm

D．吊杆弯曲度为 1‰吊杆长度，且全长≤10mm

答案： ABD

依据：《电力建设施工质量验收及评价规程　第 2 部分：锅炉机组》DL/T 5210.2—2009，条款号　4.3.5

120．**试题：** 锅炉受热面设备检查应满足以下要求：（　　）。

A．管子内部清洁，无尘土、锈皮、积水、金属余屑等杂物，清理完毕进行可靠封堵

B．材质无错用，符合设备技术文件的要求

C．密封填块、套管、吊挂装置等附件位置正确，无损伤、缺失

D．单根管弯曲度≤10mm

答案： ABCD

依据：《电力建设施工质量验收及评价规程　第 2 部分：锅炉机组》DL/T 5210.2—2009，条款号　表 4.3.7

121．**试题：** 锅炉钢架组合应满足以下要求：（　　）。

A．立柱组合对接中心线偏差≤1.5mm

B．立柱划线方法正确，标记明显

C．高强螺栓连接符合相关规范规定

D．立柱组合弯曲度≤1/1000 柱长，且≤10mm

答案：ABCD

依据：《电力建设施工质量验收及评价规程　第 2 部分：锅炉机组》DL/T 5210.2—2009，条款号　4.4.3

122. 试题：锅炉钢架横梁安装应满足以下要求：（　　　）。

A．横梁划线方法正确，标记明显

B．标高偏差为±5mm

C．水平度偏差≤5mm

D．与柱中心线偏差为±5mm

答案：ABCD

依据：《电力建设施工质量验收及评价规程　第 2 部分：锅炉机组》DL/T 5210.2—2009，条款号　4.4.5

123. 试题：锅炉柱脚二次灌浆应满足以下要求：（　　　）。

A．基础洁净度：无杂物、污垢

B．地脚螺栓/钢筋无漏焊，焊缝长度、高度符合设计要求，无焊渣。螺栓紧固完毕，无油垢

C．二次灌浆混凝土标号符合设计要求

D．二次灌浆：灌浆时捣实，表面光洁，无麻面，外形尺寸符合设计

答案：ABCD

依据：《电力建设施工质量验收及评价规程　第 2 部分：锅炉机组》DL/T 5210.2—2009，条款号　4.4.7

124. 试题：锅炉平台、梯子安装应满足以下要求：（　　　）。

A．平台长度偏差为 0～2/1000 长度，且≤10mm

B．设备主要构件无裂纹、重皮、严重锈蚀、损伤

C．平台宽度偏差为±5mm

D．扶梯弯曲度：平弯、旁弯≤15mm

答案：ABC

依据：《电力建设施工质量验收及评价规程　第 2 部分：锅炉机组》DL/T 5210.2—2009，条款号　4.4.13

125. 试题：空气预热器管道及吹灰器安装应满足以下要求：（　　　）。

A．管路安装：管道布置合理、支架固定牢固

B．吹灰及清洗装置安装旋转密封接头：密封面干净光滑，无附着物，安装位置正确，弹簧工作高度符合设备技术文件

C．孔门安装：位置正确开关灵活密封严密

D. 缝符合厂家资料要求，表面成型良好无裂纹、咬边、气孔、夹渣等缺陷

答案： ABCD

依据：《电力建设施工质量验收及评价规程　第 2 部分：锅炉机组》DL/T 5210.2—2009，条款号　4.4.27

126. **试题：** 受热面回转式空气预热器定子安装应满足以下要求：（　　）。

A. 定子圆度偏差≤2mm

B. 定子就位找正时水平度偏差≤2mm

C. 定子垂直度偏差≤5mm

D. 上、下梁的水平度偏差≤2mm。

答案： ABD

依据：《电力建设施工质量验收及评价规程　第 2 部分：锅炉机组》DL/T 5210.2—2009，条款号　4.4.28

127. **试题：** 回转式空气预热器油系统分部试运应满足以下要求：（　　）。

A. 机械及连接系统内部无杂物，且无人员在内逗留

B. 各部位螺栓连接无缺件和松动

C. 润滑油油位适当

D. 冷却水供回水畅通，水量充足

答案： ABCD

依据：《电力建设施工质量验收及评价规程　第 2 部分：锅炉机组》DL/T 5210.2—2009，条款号　4.4.32

128. **试题：** 无油点火装置、微油点火装置安装应满足以下要求：（　　）。

A. 喷口角度符合设备安装说明书

B. 喷口离水冷壁管的间隙不妨碍膨胀

C. 风、粉、气、水管道严密性试验严密不漏

D. 推进器安装进退自如，无卡涩。

答案： ABCD

依据：《电力建设施工质量验收及评价规程　第 2 部分：锅炉机组》DL/T 5210.2—2009，条款号　表 4.4.50

129. **试题：** 汽包（汽水分离器）安装应满足以下要求：（　　）。

A. 安装方向正确

B. 横向中心位置偏差±5mm

C. 汽包吊环与汽包外圆接触，在 90°时接触角圆弧应吻合，局部间隙≤2mm

D. 垂直度偏差≤1‰L（L 为汽水分离器高度），且≤10mm

答案： ABCD

依据：《电力建设施工质量验收及评价规程　第 2 部分：锅炉机组》DL/T 5210.2—

2009，条款号　4.4.52

130. **试题：** 螺旋水冷壁组合应满足以下要求：（　　）。

A. 螺旋管上升角度偏差 0.5°

B. 组合件长度偏差±10mm

C. 张力板安装：符合图纸要，平整，焊接牢固

D. 密封件：符合图纸，平整，牢固，严密不漏

答案： ABCD

依据：《电力建设施工质量验收及评价规程　第 2 部分：锅炉机组》DL/T 5210.2—2009，条款号　4.4.57

131. **试题：** 立式过热器（再热器）组合应满足以下要求：（　　）。

A. 联箱检查、安装符合相关规范要求

B. 组合件长度偏差±10mm

C. 组合件宽度偏差±10mm

D. 防磨装置、管卡子、吊挂铁板符合图纸设计要求

答案： ABCD

依据：《电力建设施工质量验收及评价规程　第 2 部分：锅炉机组》DL/T 5210.2—2009，条款号　4.4.60

132. **试题：** 立式过热器（再热器）安装应满足以下要求：（　　）。

A. 管排对口焊接前通球试验符合相关规范规定

B. 管排垂直度≤1/‰管排长度，且≤15mm

C. 管排平整度偏差≤25mm

D. 管子对口符合相关规范规定

答案： ABD

依据：《电力建设施工质量验收及评价规程　第 2 部分：锅炉机组》DL/T 5210.2—2009，条款号　4.4.61

133. **试题：** 卧式过热器（再热器）组合应满足以下要求：（　　）。

A. 管排对口焊接前通球试验符合相关规范规定

B. 管排间距偏差±5mm

C. 组合件宽度偏差±10mm

D. 组合件边排管垂直度偏差≤5mm

答案： ABCD

依据：《电力建设施工质量验收及评价规程　第 2 部分：锅炉机组》DL/T 5210.2—2009，条款号　4.4.62

134. **试题：** 顶棚过热器安装应满足以下要求：（　　）。

A. 管子对口符合相关规范规定

B. 管排平整度偏差±5mm

C. 管排标高偏差±5mm；

D. 立式管排穿顶棚管的间隙符合图纸，无附加应力，顶棚管能够自由膨胀

答案：ABCD

依据：《电力建设施工质量验收及评价规程 第 2 部分：锅炉机组》DL/T 5210.2—2009，条款号 4.4.63

135. **试题：**省煤器安装应满足以下要求：（   ）。

A. 管子对口符合相关规范规定

B. 组合件宽度偏差±5mm

C. 定位板安装符合图纸，间距均匀，位置正确、牢固

D. 组合件边排管垂直度偏差≤5mm

答案：ABCD

依据：《电力建设施工质量验收及评价规程 第 2 部分：锅炉机组》DL/T 5210.2—2009，条款号 4.4.68

136. **试题：**锅炉整体水压试验应满足以下要求：（   ）。

A. 水质：氯离子含量<0.2mg/L，联氨或丙酮肟含量 200～300mg/L，pH 值 10～10.5

B. 应符合厂家设备技术文件的规定，一般以 30～70℃为宜

C. 严密性检查：承压件及所有焊缝、人孔、手孔、法兰、阀门等处不渗漏，无变形破裂

D. 试验环境温度<5℃

答案：ABC

依据：《电力建设施工质量验收及评价规程 第 2 部分：锅炉机组》DL/T 5210.2—2009，条款号 4.4.72

137. **试题：**锅炉排污（疏水）扩容器安装应满足以下要求：（   ）。

A. 设备外观无裂纹、变形、损伤等缺陷

B. 标高偏差≤5mm

C. 卧式筒体水平度偏差≤5mm

D. 筒体与各接管内部清扫无杂物（采用观察法）

答案：ABCD

依据：《电力建设施工质量验收及评价规程 第 2 部分：锅炉机组》DL/T 5210.2—2009，条款号 表 4.4.81

138. **试题：**锅炉膨胀指示器安装应满足以下要求：（   ）。

A. 指示器元件检查：指示盘刻度清晰，零位明显，指针有足够刚性，有尖端，指

示器有足够量程

B. 二向指针：指针指示 0 点位置准确，焊接牢固，指针与刻度盘有≥3mm 的间隙

C. 支架安装：焊接牢固可靠，安装位置留有足够的移动量，工艺美观，不影响通路

D. 刻度盘：安装 0 点位置准确，应有足够的双向膨胀测量量程，膨胀方向正确，安装牢固

答案：ABCD

依据：《电力建设施工质量验收及评价规程　第 2 部分：锅炉机组》DL/T 5210.2—2009，条款号　4.4.87

139. **试题：**烟、风、煤、粉管道组合、安装应满足以下要求：（　　）。

A. 安装标高偏差±20mm

B. 锁气器：位置、方向正确，动作灵活

C. 防爆门安装：位置、方向正确，防爆膜厚度及制作应符合设计要求

D. 法兰连接：法兰面平整，加垫正确，螺栓受力均匀，丝扣露出长度一致

答案：ABCD

依据：《电力建设施工质量验收及评价规程　第 2 部分：锅炉机组》DL/T 5210.2—2009，条款号　4.4.89

140. **试题：**烟、风、煤、粉管道闸门安装应满足以下要求：（　　）。

A. 材质检查：符合设计要求；核对出厂合格证

B. 安装位置、方向：安装位置正确，安装方向与图纸一致，操作方便

C. 开启方向：与设计要求一致

D. 法兰连接：法兰面平整，加垫正确，螺栓受力均匀，丝扣露出长度一致

答案：ABCD

依据：《电力建设施工质量验收及评价规程　第 2 部分：锅炉机组》DL/T 5210.2—2009，条款号　4.4.91

141. **试题：**锅炉各阶段膨胀指示记录包括（　　）各阶段锅炉膨胀情况。

A. 水压试验上水前后　　　　　　　　　B. 酸洗前后

C. 点火前后　　　　　　　　　　　　　D. 整套启动前后

答案：ACD

依据：《电力建设施工质量验收及评价规程　第 2 部分：锅炉机组》DL/T 5210.2—2009，条款号　4.4.97

142. **试题：**循环流化床锅炉施工时，（　　）等设备的排渣管道按管道篇低压管道安装要求进行检查验收。

A. 水冷壁　　　　　　　　　　　　　　B. 外置床

C. 回料器   D. 冷渣器

答案：BCD

依据：《电力建设施工质量验收及评价规程　第2部分：锅炉机组》DL/T 5210.2—
　　　2009，条款号　4.15.20

143. 试题：平台、楼梯、栏杆、踢脚板应符合以下要求：（　　）。

A. 平台、楼梯应齐全、稳固，安装规范

B. 主通道应畅通、无阻碍

C. 无影响膨胀的部位

D. 平台标高、主要设备、载荷标识应齐全

答案：ABCD

依据：《火电工程达标投产验收规程》DL 5277—2012，条款号　表4.3.1

144. 试题：箱式空气预热器应符合以下要求：（　　）。

A. 几何尺寸应符合标准

B. 耐火可塑浇注料应符合设计要求

C. 密封良好

D. 无泄漏

答案：ABCD

依据：《火电工程达标投产验收规程》DL 5277—2012，条款号　表4.3.16

145. 试题：回转式预热器应符合以下要求：（　　）。

A. 回转中心找正应符合制造厂要求

B. 轴向、径向、周向密封间隙应符合制造厂要求

C. 壳体密封良好，无泄漏

D. 油系统油质合格、无渗漏，运转正常

答案：ABCD

依据：《火电工程达标投产验收规程》DL 5277—2012，条款号　表4.3.17

146. 试题：循环流化床锅炉施工应符合以下要求：（　　）。

A. 耐热钢锚固件安装牢固

B. 风帽安装应符合制造厂要求，布风试验经制造厂、施工、监理、调试、运行单
　　位共同确认

C. 耐热钢锚固件安装牢固

D. 炉墙砌筑、浇注料及保养符合制造厂要求，应无脱落、严重裂纹，设备表面无
　　超温

答案：ABCD

依据：《火电工程达标投产验收规程》DL 5277—2012，条款号　表4.3.1

147. 试题：锅炉管道安装应符合以下要求：（　　　）。

A. 管道布置合理，膨胀自由

B. 膨胀指示器安装应符合设计要求

C. 严密性试验无渗漏

D. 疏水坡度、坡向应符合设计要求

答案：ABCD

依据：《火电工程达标投产验收规程》DL 5277—2012，条款号　表 4.3.1

148. 试题：锅炉安全附件、安全保护装置监督检验应包括以下要求：（　　　）。

A. 检查高、低水位报警装置，低水位连锁装置功能

B. 检查点火程序控制、熄火保护装置功能

C. 检查取样点及取样装置是否符合要求

D. 检查定压装置、集汽装置是否符合要求

答案：ABCD

依据：《锅炉安装监督检验规则》TSG G7001—2015，条款号　监督检验工作见证的基本要求（八）

149. 试题：锅炉房、锅炉基础、钢结构及悬吊装置的施工质量监督检查内容应包括以下内容：（　　　）。

A. 现场核查锅炉房及锅炉安装位置

B. 核查锅炉基础沉降记录及验收报告

C. 核查钢架组装质量、悬吊装置施工质量、高强度螺栓的检查记录或者报告

D. 核查大板梁挠度及主要立柱垂直度检查记录、无损检测记录及报告，必要时进行实际抽查

答案：ABCD

依据：《锅炉安装监督检验规则》TSG G7001—2015，条款号　散装锅炉安装监督检验项目和方法　（五）

150. 试题：受热面部件（包括水冷壁、对流管束、过热器、再热器、省煤器等）安装，焊接质量监督检查内容应包括以下内容：（　　　）。

A. 抽查焊接接头坡口加工质量

B. 抽查现场焊接人员资格

C. 抽查焊接接头的外观质量

D. 核查焊接记录（包括焊接参数记录和焊接接头布置图，并与焊接工艺对照）

答案：ABCD

依据：《锅炉安装监督检验规则》TSG G7001—2015，条款号　散装锅炉安装监督检验项目和方法（七）

151. 试题：锅炉管道的安装监督检查内容应包括以下内容：（　　　）。

A. 焊接质量

B. 抽查管道组合、安装记录

C. 核查膨胀指示器的安装记录、原始数据记录

D. 抽查支吊装置质量

答案： ABCD

依据：《锅炉安装监督检验规则》TSG G7001—2015，条款号 散装锅炉安装监督检验项目和方法（八）

152. **试题：** 安全阀、水位计、压力表、温度计的安装监督检查应包括以下内容：（   ）。

A. 核查合金材料接管和焊缝的光谱分析报告

B. 抽查焊接工艺的实施、焊接质量检验相关记录

C. 必要时，核查热处理后硬度测定报告

D. 抽查焊接工艺的实施、焊接质量检验相关记录

答案： ABCD

依据：《锅炉安装监督检验规则》TSG G7001—2015，条款号 散装锅炉安装监督检验项目和方法（九）

153. **试题：** 下列内容必须在压力容器的设计总图上注明的有：（   ）。

A. 压力容器名称，类别，设计、制造所依据的主要法规，标准

B. 工作条件，包括工作压力、工作温度，介质毒性和爆炸危害程度等

C. 主要受压元件材料牌号与标准

D. 热处理要求

答案： ABCD

依据：《固定式压力容器安全技术监察规程》TSG R0004—2009，条款号 设计 3.4.2.2

154. **试题：** 钢制压力容器的接管与壳体之间的接头设计以及夹套压力容器的接头设计，下列哪些情况应当采用全焊透结构：（   ）。

A. 介质为易爆或者介质毒性为极度危害和高度危害的压力容器

B. 要求气压试验或者气液组合压力试验的压力容器

C. 低温压力容器

D. 直接受火焰加热的压力容器

答案： ABCD

依据：《固定式压力容器安全技术监察规程》TSG R0004—2009，条款号 设计 3.14.2

155. **试题：** 固定式压力容器焊接接头的表面质量描述正确的是（   ）。

A. 不得有表面裂毁、未焊透，未熔合、表面气孔、弧坑未填满等缺陷

B. 焊缝与母材应当圆滑过渡

C. 角焊缝的外形应当凹形圆滑过键

D．按照疲劳分析设计的压力容器，应当去除纵、环焊缝的余高

答案：ABCD

依据：《固定式压力容器安全技术监察规程》TSG R0004—2009，条款号　制造 4.4.2

156．**试题：**固定式压力容器压力表的安装要求是（　　　）。

A．装设位置应便于观察，并应避免受到辐射热、冻结或者震动的影响

B．压力表与压力容器之间，应当装设三通旋塞或者针形阀

C．用于水蒸气介质的压力表，在压力表与压力容器之间应当装有存水弯管

D．腐蚀性或者高黏度介质的压力表，与压力容器之间装设能隔离的缓冲装置

答案：ABCD

依据：《固定式压力容器安全技术监察规程》TSG R0004—2009，条款号　安全附件 8.4.3

157．**试题：**安全阀的安装位置应当符合以下要求：（　　　）。

A．在设备或者管道上的安全阀竖直安装

B．一般安装在靠近被保护设备，安装位置易于维修和检查

C．蒸汽安全阀装在设备的最高位置，或者设备液面以上气相空间的最高处

D．液体安全阀装在正常液面的下面。

答案：ABCD

依据：《安全阀安全技术监察规程》TSG ZF0001—2006，条款号　B4.1

158．**试题：**采用扭矩法施工的高强度大六角头螺栓连接施工紧固质量检查应符合下列规定：（　　　）。

A．用小锤（约 0.3kg）敲击螺母对高强度螺栓进行普查，不得漏拧

B．终拧扭矩应按节点数抽查 10%，且不应少于 10 个节点；对每个被抽查节点应按螺栓数抽查 10%，且不应少于 2 个螺栓

C．检查时先在螺杆端面和螺母上画一直线，然后将螺母拧松约 60°；再用扭矩扳手重新拧紧，使两线重合，测得此时的扭矩应在 0.9Tch～1.1Tch 范围内

D．如有不符合规定的，应再扩大 1 倍检查，如仍有不合格者，则整个节点的高强度螺栓应重新施拧

答案：ABCD

依据：《钢结构高强度螺栓连接技术规程》JGJ 82—2011，条款号　6.5.1

第二节　锅炉除尘装置安装

一、填空题（下列试题中，请将标准原条文规定的正确答案填在横线处）

1．**试题：**袋式除尘器测试前应保证袋式除尘器处于正常＿＿＿＿工况，以使滤袋上的残余粉尘达到动态平衡状态。

答案：运行

依据：《袋式除尘器技术要求》GB/T 6719—2009，条款号 14.2.3

2. 试题：电除尘器电场区人孔门、高压开关柜门应与高压电源实现安全____。

答案：联锁

依据：《电袋复合除尘器》GB/T 27869—2011，条款号 6.6.5

3. 试题：除尘器的喷吹系统应设置____安全阀。

答案：卸压

依据：《电袋复合除尘器》GB/T 27869—2011，条款号 6.6.6

4. 试题：电袋复合除尘器的滤袋、滤袋框架、____必须存放在通风干燥、不受日晒雨淋的环境中。

答案：脉冲阀

依据：《电袋复合除尘器》GB/T 27869—2011，条款号 10.4

5. 试题：同一电场两大框架悬挂同一阴极小框架所对应的型钢，应在同一水平面内，平面度为 5mm，其间距极限偏差为____。

答案：±5mm

依据：《电除尘器》DL/T 514—2014，条款号 8.2

6. 试题：电除尘器应设置专用接地网，每台除尘器本体外壳与地线网连接点不得少于____个，接地电阻不大于 1Ω。

答案：6

依据：《电除尘器》DL/T 514—2014，条款号 8.3

7. 试题：袋式除尘器出口烟气温度高于酸露点温度____。

答案：10℃

依据：《燃煤电厂锅炉烟气袋式除尘工程技术规范》DL/T 1121—2009，条款号 6.2.3

8. 试题：压缩空气系统，压气总管内气体流速应小于 15m/s，总管直径不得小于 DN____。

答案：80

依据：《燃煤电厂锅炉烟气袋式除尘工程技术规范》DL/T 1121—2009，条款号 9.7

9. 试题：正压气力输灰系统的设计出力不应小于锅炉____连续蒸发量工况燃用设计煤种时排灰量的 150%，且不应小于燃用校核煤种时排灰量的 120%。

答案：最大

依据：《火力发电厂除灰设计技术规程》DL/T 5142—2012，条款号 3.2.1

10. **试题**：同一泵房内装设有多台灰渣泵时，相邻两台泵之间的通道不应小于____。

　　答案：1.2m

　　依据：《火力发电厂除灰设计技术规程》DL/T 5142—2012，条款号　4.6.5

11. **试题**：沉渣池、除灰水池、浓缩池、排污池的周围及灰库、渣仓（库）的顶部应设安全栏杆，灰库顶部的栏杆高度不应小于____。

　　答案：1.2m

　　依据：《火力发电厂除灰设计技术规程》DL/T 5142—2012，条款号　14.3.4

12. **试题**：电除尘器支座安装形式：支座形式符合设备技术文件规定，在膨胀方向上可____膨胀。

　　答案：自由

　　依据：《电力建设施工质量验收及评价规程　第 2 部分：锅炉机组》DL/T 5210.2—2009，条款号　表 4.5.1

13. **试题**：电除尘器支座安装，标高偏差为____。

　　答案：±3mm

　　依据：《电力建设施工质量验收及评价规程　第 2 部分：锅炉机组》DL/T 5210.2—2009，条款号　表 4.5.1

14. **试题**：电除尘器支座安装，支座表面平整度偏差为____。

　　答案：1mm

　　依据：《电力建设施工质量验收及评价规程　第 2 部分：锅炉机组》DL/T 5210.2—2009，条款号　表 4.5.1

15. **试题**：电除尘器阴极框架标高偏差符合设备技术文件要求，无规定时，保证____的偏差。

　　答案：±2mm

　　依据：《电力建设施工质量验收及评价规程　第 2 部分：锅炉机组》DL/T 5210.2—2009，条款号　表 4.5.2

16. **试题**：电除尘器电极组合安装螺栓连接，螺栓受力均匀、丝扣露出螺母____扣，长度一致；按图纸要求点焊牢固。

　　答案：2~3

　　依据：《电力建设施工质量验收及评价规程　第 2 部分：锅炉机组》DL/T 5210.2—2009，条款号　表 4.5.2

17. **试题**：电除尘器电极组合安装，检查阳极板平整度偏差≤____。

　　答案：5mm

依据：《电力建设施工质量验收及评价规程 第 2 部分：锅炉机组》DL/T 5210.2—2009，条款号 表 4.5.2

18. **试题：**电除尘器电极组合安装，检查阳极板扭曲度偏差≤____。

　　答案：4mm

　　依据：《电力建设施工质量验收及评价规程 第 2 部分：锅炉机组》DL/T 5210.2—2009，条款号 表 4.5.2

19. **试题：**电除尘器电极组合安装，阳极极板（阴极框架间）距离偏差____。

　　答案：3mm

　　依据：《电力建设施工质量验收及评价规程 第 2 部分：锅炉机组》DL/T 5210.2—2009，条款号 表 4.5.2

20. **试题：**电除尘器分布板、阻流板安装垂直度偏差不大于____。

　　答案：5mm

　　依据：《电力建设施工质量验收及评价规程 第 2 部分：锅炉机组》DL/T 5210.2—2009，条款号 表 4.5.3

21. **试题：**捞渣机安装标高许可偏差为____。

　　答案：±10mm

　　依据：《电力建设施工质量验收及评价规程 第 2 部分：锅炉机组》DL/T 5210.2—2009，条款号 表 4.8.41

22. **试题：**捞渣机安装时，链条轨道水平度偏差不大于____长度。

　　答案：2‰

　　依据：《电力建设施工质量验收及评价规程 第 2 部分：锅炉机组》DL/T 5210.2—2009，条款号 表 4.8.41

23. **试题：**捞渣机安装时，液压装置严密性试验，按设计压力的____倍试验检查，严密、无泄漏。

　　答案：1.25

　　依据：《电力建设施工质量验收及评价规程 第 2 部分：锅炉机组》DL/T 5210.2—2009，条款号 表 4.8.41

24. **试题：**干式排渣机的液压破碎机立柱安装垂直度偏差不大于____。

　　答案：2mm

　　依据：《电力建设施工质量验收及评价规程 第 2 部分：锅炉机组》DL/T 5210.2—2009，条款号 表 4.8.41

25. **试题：**干式排渣机的液压破碎机立柱安装对角线偏差不大于____。

　　答案：3mm

　　依据：《电力建设施工质量验收及评价规程　第 2 部分：锅炉机组》DL/T 5210.2—2009，条款号　表 4.8.41

26. **试题：**干式排渣机的液压破碎机立柱安装高度偏差不大于____。

　　答案：1mm

　　依据：《电力建设施工质量验收及评价规程　第 2 部分：锅炉机组》DL/T 5210.2—2009，条款号　表 4.8.41

27. **试题：**干式排渣机的液压破碎箱体平面高度偏差不大于____。

　　答案：1mm

　　依据：《电力建设施工质量验收及评价规程　第 2 部分：锅炉机组》DL/T 5210.2—2009，条款号　表 4.8.41

28. **试题：**干式排渣机液压破碎机液压缸安装，液压缸活塞杆中心线与挤压头导向杆中心线误差不大于____。

　　答案：1.5mm

　　依据：《电力建设施工质量验收及评价规程　第 2 部分：锅炉机组》DL/T 5210.2—2009，条款号　表 4.8.41

29. **试题：**输渣机滚筒安装纵横中心线偏差不大于____。

　　答案：5mm

　　依据：《电力建设施工质量验收及评价规程　第 2 部分：锅炉机组》DL/T 5210.2—2009，条款号　表 4.8.43

30. **试题：**双轴搅拌机安装时垫铁放置稳固，厚块放下层，薄块放上层，____放中间。

　　答案：最薄块

　　依据：《电力建设施工质量验收及评价规程　第 2 部分：锅炉机组》DL/T 5210.2—2009，条款号　表 4.8.49

31. **试题：**电除尘器壳体严密性用煤油对焊缝进行渗油试验，或进行风压试验、____试验。

　　答案：烟幕弹

　　依据：《电力建设施工质量验收及评价规程　第 2 部分：锅炉机组》DL/T 5210.2—2009，条款号　5.6.4

二、判断题（判断下列试题是否正确。正确的在括号内打"√"，错误的在括号内打"×"）

1. **试题：**电除尘测试项目应在袋式除尘器通过试运行后的 8 个月内完成。（　　）

答案：×

依据：《袋式除尘器技术要求》GB/T 6719—2009，条款号 14.2.1

2. **试题**：除尘器安装结束并敷设保温层后，进行气密性检查试验。（　　）

   答案：×

   依据：《电袋复合除尘器》GB/T 27869—2011，条款号 6.3.10

3. **试题**：电袋复合除尘器的灰斗不宜设置料位检测装置、仓壁振动器或气化板、捅灰孔等附件。（　　）

   答案：×

   依据：《电袋复合除尘器》GB/T 27869—2011，条款号 6.3.12

4. **试题**：电袋复合除尘器旁路阀的密封应保证含尘气体无泄漏。（　　）

   答案：√

   依据：《电袋复合除尘器》GB/T 27869—2011，条款号 6.4.8

5. **试题**：电袋复合除尘器的楼梯、检修平台、卸灰装置平台等处应设置照明装置。（　　）

   答案：√

   依据：《电袋复合除尘器》GB/T 27869—2011，条款号 6.6.2

6. **试题**：除尘器运行时的噪声不得超过 65dB（A）。（　　）

   答案：×

   依据：《电袋复合除尘器》GB/T 27869—2011，条款号 6.6.3

7. **试题**：大框架悬挂同一组阴极小框架的两上下缺口形成的直线与水平面的垂直度为 5mm。（　　）

   答案：√

   依据：《电除尘器》DL/T 514—2014，条款号 8.2

8. **试题**：烟气袋式除尘器为避免含尘气体气流快速冲刷滤袋，可提高滤袋的迎面风速。（　　）

   答案：×

   依据：《燃煤电厂锅炉烟气袋式除尘工程技术规范》DL/T 1121—2009，条款号 8.1.1

9. **试题**：烟气袋式除尘器耐压胶管与气缸应在管路清扫前进行连接，连接处应牢固，不得松动、漏气。（　　）

   答案：×

   依据：《燃煤电厂锅炉烟气袋式除尘工程技术规范》DL/T 1121—2009，条款号

11.3.26

10. **试题**：烟气袋式除尘器，对脉冲阀吹喷调试应抽查，膜片启/闭正常，不得有漏气现象。（　　）

答案：×

依据：《燃煤电厂锅炉烟气袋式除尘工程技术规范》DL/T 1121—2009，条款号 12.2.10

11. **试题**：锅炉采用电除尘器时，前级电场失电工况时后级各电场的输灰系统出力不应小于正常工况时前一级电场的灰量。（　　）

答案：√

依据：《火力发电厂除灰设计技术规程》DL/T 5142—2012，条款号 3.1.6

12. **试题**：水力除灰渣脱水仓高效浓缩机溢流水管的坡度不应小于 0.2%。（　　）

答案：√

依据：《火力发电厂除灰设计技术规程》DL/T 5142—2012，条款号 4.8.9

13. **试题**：煤泥泵的最大流量不宜大于 $30m^3/h$，泵出口压力不应小于设计出力时计算阻力的 120%。（　　）

答案：√

依据：《火力发电厂除灰设计技术规程》DL/T 5142—2012，条款号 13.3.2

14. **试题**：静电除尘器风压试验合格后，应根据厂家技术文件要求作冷态气流分布试验。（　　）

答案：√

依据：《电力建设施工技术规范　第 2 部分：锅炉机组》DL 5190.2—2012，条款号 7.5.2

15. **试题**：袋式除尘器脉冲空气罐安装应保持垂直状态，旋转部分能自由转动。（　　）

答案：√

依据：《电力建设施工技术规范　第 2 部分：锅炉机组》DL 5190.2—2012，条款号 7.5.3

16. **试题**：电除尘器钢支架支座安装相邻支座中心距偏差为 ±2mm。（　　）

答案：√

依据：《电力建设施工质量验收及评价规程　第 2 部分：锅炉机组》DL/T 5210.2—2009，条款号　表 4.5.1

17. **试题**：除尘器钢支架支座安装相邻支座对角线偏差为 ±4mm。（　　）

答案：×

依据：《电力建设施工质量验收及评价规程 第2部分：锅炉机组》DL/T 5210.2—2009，条款号 表4.5.1

18. 试题：电除尘器电极组合安装中，阳极板组件平面弯曲偏差≤15mm。（　　　）

答案：×

依据：《电力建设施工质量验收及评价规程 第2部分：锅炉机组》DL/T 5210.2—2009，条款号 表4.5.2

19. 试题：电除尘器电极组合安装中，阳极板组件对角线偏差≤5mm。（　　　）

答案：√

依据：《电力建设施工质量验收及评价规程 第2部分：锅炉机组》DL/T 5210.2—2009，条款号 表4.5.2

20. 试题：电除尘器电极组合安装中，阴极框架平整度偏差≤10mm。（　　　）

答案：√

依据：《电力建设施工质量验收及评价规程 第2部分：锅炉机组》DL/T 5210.2—2009，条款号 表4.5.2

21. 试题：电除尘器电极组合安装中，阴极框架组件对角线偏差≤5mm。（　　　）

答案：√

依据：《电力建设施工质量验收及评价规程 第2部分：锅炉机组》DL/T 5210.2—2009，条款号 表4.5.2

22. 试题：电除尘器电极组合安装中，阴阳极间间距偏差10mm。（　　　）

答案：√

依据：《电力建设施工质量验收及评价规程 第2部分：锅炉机组》DL/T 5210.2—2009，条款号 表4.5.2

23. 试题：电除尘器电磁振打器安装中，检查分布板振打锤击点位置与中心偏差不大于±10mm。（　　　）

答案：×

依据：《电力建设施工质量验收及评价规程 第2部分：锅炉机组》DL/T 5210.2—2009，条款号 表4.5.5

24. 试题：袋式除尘器旋转喷吹装置安装时，检查花板孔和喷嘴同心偏差±15mm。（　　　）

答案：×

依据：《电力建设施工质量验收及评价规程 第2部分：锅炉机组》DL/T 5210.2—

2009，条款号　表 4.5.7

25. **试题：**袋式除尘器花板安装时连接螺栓应紧固，点焊牢固。（　　　）
　　　答案：√
　　　依据：《电力建设施工质量验收及评价规程　第 2 部分：锅炉机组》DL/T 5210.2—2009，条款号　表 4.5.8

26. **试题：**袋式除尘器花板安装，控制中心位置偏差≤5mm。（　　　）
　　　答案：×
　　　依据：《电力建设施工质量验收及评价规程　第 2 部分：锅炉机组》DL/T 5210.2—2009，条款号　表 4.5.8

27. **试题：**袋式除尘器花板安装，检查花板平面度偏差≤5/1000 花板长度 mm。（　　　）
　　　答案：×
　　　依据：《电力建设施工质量验收及评价规程　第 2 部分：锅炉机组》DL/T 5210.2—2009，条款号　表 4.5.8

28. **试题：**袋式除尘器滤袋间距偏差为 5mm～10mm。（　　　）
　　　答案：×
　　　依据：《电力建设施工质量验收及评价规程　第 2 部分：锅炉机组》DL/T 5210.2—2009，条款号　表 4.5.9

29. **试题：**袋式除尘器振动驱动装置轴水平度偏差符合厂家要求，且≤0.5%L（L 为轴长度）。（　　　）
　　　答案：×
　　　依据：《电力建设施工质量验收及评价规程　第 2 部分：锅炉机组》DL/T 5210.2—2009，条款号　表 4.5.10

30. **试题：**袋式除尘器振动驱动装置轴中心偏差±5mm。（　　　）
　　　答案：×
　　　依据：《电力建设施工质量验收及评价规程　第 2 部分：锅炉机组》DL/T 5210.2—2009，条款号　表 4.5.10

31. **试题：**袋式除尘器振动驱动装置三角带轮安装：两轮中心偏差值≤1mm。（　　　）
　　　答案：√
　　　依据：《电力建设施工质量验收及评价规程　第 2 部分：锅炉机组》DL/T 5210.2—2009，条款号　表 4.5.10

32. **试题：**袋式除尘器振动驱动装置设备纵横中心线偏差±10mm。（　　　）

答案：×

依据：《电力建设施工质量验收及评价规程 第 2 部分：锅炉机组》DL/T 5210.2—2009，条款号 表 4.5.10

33. 试题：袋式除尘器振动驱动装置连轴安全罩安装应坚固牢靠，拆装方便，间隙适当且均匀，与连轴器不发生摩擦。（ ）

答案：√

依据：《电力建设施工质量验收及评价规程 第 2 部分：锅炉机组》DL/T 5210.2—2009，条款号 表 4.5.10

34. 试题：袋式除尘器振动驱动装置三角带安装应受力均匀、松紧适当。（ ）

答案：√

依据：《电力建设施工质量验收及评价规程 第 2 部分：锅炉机组》DL/T 5210.2—2009，条款号 表 4.5.10

35. 试题：电除尘器电磁振打试运签证检查的主要项目有：振打有无异常声音、电磁振打行程器高度、振打锤同心度、振打器铅垂度及运转时间。（ ）

答案：√

依据：《电力建设施工质量验收及评价规程 第 2 部分：锅炉机组》DL/T 5210.2—2009，条款号 表 4.5.13

36. 试题：除尘装置试运中及试运后的设备检修不用再办理工作票。（ ）

答案：×

依据：《电力建设施工质量验收及评价规程 第 2 部分：锅炉机组》DL/T 5210.2—2009，条款号 表 4.5.15

37. 试题：捞渣机刮板与底板及两侧间隙符合设备技术文件规定，不得发生摩擦。（ ）

答案：√

依据：《电力建设施工质量验收及评价规程 第 2 部分：锅炉机组》DL/T 5210.2—2009，条款号 表 4.8.41

38. 试题：捞渣机链条张紧调节装置应完好、灵活，松紧调节适当，应留出 1/3 的调节余量。（ ）

答案：×

依据：《电力建设施工质量验收及评价规程 第 2 部分：锅炉机组》DL/T 5210.2—2009，条款号 表 4.8.41

39. 试题：干式排渣钢带输渣机相邻两钢板搭接长度为 15±1mm。（ ）

答案：√

依据：《电力建设施工质量验收及评价规程 第 2 部分：锅炉机组》DL/T 5210.2—2009，条款号 表 4.8.41

40. 试题：干式排渣机设备安装前外观检查，要求外观良好、无变形、损坏等缺陷。（ ）

答案：√

依据：《电力建设施工质量验收及评价规程 第 2 部分：锅炉机组》DL/T 5210.2—2009，条款号 表 4.8.41

41. 试题：钢带输渣机箱体安装要求，侧面结合面应对齐，误差不超过 5mm，端面用连接螺栓紧固。（ ）

答案：×

依据：《电力建设施工质量验收及评价规程 第 2 部分：锅炉机组》DL/T 5210.2—2009，条款号 表 4.8.41

42. 试题：钢带输渣机箱体安装要求，底部结合面高度偏差≤2mm。（ ）

答案：×

依据：《电力建设施工质量验收及评价规程 第 2 部分：锅炉机组》DL/T 5210.2—2009，条款号 表 4.8.41

43. 试题：钢带输渣机箱体安装要求，箱体各段中心线连线的直线度偏差为 $5/6000L$（L 为链条轨道长度）。（ ）

答案：×

依据：《电力建设施工质量验收及评价规程 第 2 部分：锅炉机组》DL/T 5210.2—2009，条款号 表 4.8.41

44. 试题：钢带输渣机箱体安装，要求相邻两托辊的平行度偏差＜10mm。（ ）

答案：×

依据：《电力建设施工质量验收及评价规程 第 2 部分：锅炉机组》DL/T 5210.2—2009，条款号 表 4.8.41

45. 试题：碎渣机安装标高偏差±10mm。（ ）

答案：√

依据：《电力建设施工质量验收及评价规程 第 2 部分：锅炉机组》DL/T 5210.2—2009，条款号 表 4.8.42

46. 试题：碎渣机安装轴中心标高偏差±10mm。（ ）

答案：√

依据：《电力建设施工质量验收及评价规程 第 2 部分：锅炉机组》DL/T 5210.2—2009，条款号 表 4.8.42

47. **试题：** 输渣机构架安装中心线偏差≤0.5%每段构件长度。（ ）
答案： ×
依据：《电力建设施工质量验收及评价规程 第 2 部分：锅炉机组》DL/T 5210.2—2009，条款号 表 4.8.43

48. **试题：** 输渣机构架安装标高偏差为±10mm。（ ）
答案： √
依据：《电力建设施工质量验收及评价规程 第 2 部分：锅炉机组》DL/T 5210.2—2009，条款号 表 4.8.43

49. **试题：** 输渣机托辊安装中心距偏差为±20mm。（ ）
答案： √
依据：《电力建设施工质量验收及评价规程 第 2 部分：锅炉机组》DL/T 5210.2—2009，条款号 表 4.8.43

50. **试题：** 输渣机托辊安装时，要求上下托辊水平度偏差≤0.5mm。（ ）
答案： √
依据：《电力建设施工质量验收及评价规程 第 2 部分：锅炉机组》DL/T 5210.2—2009，条款号 表 4.8.43

51. **试题：** 渣浆泵安装时，要求泵体纵横中心线偏差±10mm。（ ）
答案： √
依据：《电力建设施工质量验收及评价规程 第 2 部分：锅炉机组》DL/T 5210.2—2009，条款号 表 4.8.44

52. **试题：** 渣浆泵安装时，要求泵体中心标高偏差±10mm。（ ）
答案： ×
依据：《电力建设施工质量验收及评价规程 第 2 部分：锅炉机组》DL/T 5210.2—2009，条款号 表 4.8.44

53. **试题：** 渣浆泵安装时，要求泵体水平度偏差≤10mm。（ ）
答案： ×
依据：《电力建设施工质量验收及评价规程 第 2 部分：锅炉机组》DL/T 5210.2—2009，条款号 表 4.8.44

54. **试题：** 渣浆泵安装后，盘车观察停泵惰走情况，惰走延续一定的时间，没有突然停

止现象。（　　　）

答案：√

依据：《电力建设施工质量验收及评价规程　第 2 部分：锅炉机组》DL/T 5210.2—
2009，条款号　表 4.8.44

55.　试题：溢流水泵安装前，用百分表检测轴弯曲度≤0.05mm。（　　　）

答案：√

依据：《电力建设施工质量验收及评价规程　第 2 部分：锅炉机组》DL/T 5210.2—
2009，条款号　表 4.8.45

56.　试题：溢流水泵安装时，要求泵体纵横中心线偏差±10mm。（　　　）

答案：√

依据：《电力建设施工质量验收及评价规程　第 2 部分：锅炉机组》DL/T 5210.2—
2009，条款号　表 4.8.45

57.　试题：溢流水泵安装时，要求泵体轴中心标高偏差±10mm。（　　　）

答案：×

依据：《电力建设施工质量验收及评价规程　第 2 部分：锅炉机组》DL/T 5210.2—
2009，条款号　表 4.8.45

58.　试题：疏通机安装时，要求轴向中心位置偏差±5mm。（　　　）

答案：√

依据：《电力建设施工质量验收及评价规程　第 2 部分：锅炉机组》DL/T 5210.2—
2009，条款号　表 4.8.47

59.　试题：输渣机托辊安装托辊架与皮带构架连接螺栓在长孔中间不能加斜垫铁和防松
垫。（　　　）

答案：×

依据：《电力建设施工质量验收及评价规程　第 2 部分：锅炉机组》DL/T 5210.2—
2009，条款号　表 4.8.43

60.　试题：输渣机滚筒中心线与皮带机长度中心线保持平行。（　　　）

答案：×

依据：《电力建设施工质量验收及评价规程　第 2 部分：锅炉机组》DL/T 5210.2—
2009，条款号　表 4.8.43

61.　试题：输渣机中部垂直拉紧装置安装要求：构架安装牢固，滑道无弯曲，并平行；
滚筒轴承与滑道无卡涩，滑动升降灵活。（　　　）

答案：√

依据：《电力建设施工质量验收及评价规程　第 2 部分：锅炉机组》DL/T 5210.2—
2009，条款号　表 4.8.43

62. **试题**：输渣机落渣斗、导渣槽支吊架安装应符合设备技术文件，重量应压在导渣槽
上。（　　）

答案：×

依据：《电力建设施工质量验收及评价规程　第 2 部分：锅炉机组》DL/T 5210.2—
2009，条款号　表 4.8.43

63. **试题**：冲洗水泵泵体水平度偏差≤10mm。（　　）

答案：×

依据：《电力建设施工质量验收及评价规程　第 2 部分：锅炉机组》DL/T 5210.2—
2009，条款号　表 4.8.46

64. **试题**：除渣机械疏通机安装标高误差为±15mm。（　　）

答案：×

依据：《电力建设施工质量验收及评价规程　第 2 部分：锅炉机组》DL/T 5210.2—
2009，条款号　表 4.8.47

65. **试题**：除渣机械疏通机安装纵横水平度偏差≤2mm。（　　）

答案：√

依据：《电力建设施工质量验收及评价规程　第 2 部分：锅炉机组》DL/T 5210.2—
2009，条款号　表 4.8.47

66. **试题**：疏通机疏通杆的刮片与煤斗间隙符合设备技术文件规定。（　　）

答案：√

依据：《电力建设施工质量验收及评价规程　第 2 部分：锅炉机组》DL/T 5210.2—
2009，条款号　表 4.8.47

67. **试题**：疏通机疏通杆下刮板与煤斗出口距离符合设备技术文件规定。（　　）

答案：√

依据：《电力建设施工质量验收及评价规程　第 2 部分：锅炉机组》DL/T 5210.2—
2009，条款号　表 4.8.47

68. **试题**：气化风机轴水平度偏差≤0.1mm。（　　）

答案：×

依据：《电力建设施工质量验收及评价规程　第 2 部分：锅炉机组》DL/T 5210.2—
2009，条款号　表 4.8.48

69. **试题**：双轴搅拌机两链轮中心偏差值，平行度及链条弧垂度符合设备技术文件规定。（　　　）

　　答案：√

　　依据：《电力建设施工质量验收及评价规程　第 2 部分：锅炉机组》DL/T 5210.2—2009，条款号　表 4.8.49

70. **试题**：浓缩机耙架水平度偏差≤2%耙架长度。（　　　）

　　答案：×

　　依据：《电力建设施工质量验收及评价规程　第 2 部分：锅炉机组》DL/T 5210.2—2009，条款号　表 4.8.50

71. **试题**：浓缩机轨道接头顶部高度差≤1.5mm。（　　　）

　　答案：×

　　依据：《电力建设施工质量验收及评价规程　第 2 部分：锅炉机组》DL/T 5210.2—2009，条款号　表 4.8.50

72. **试题**：喷水式柱塞灰浆泵滑块与滑道装配接触点数≥1 点/cm²，且均匀。（　　　）

　　答案：√

　　依据：《电力建设施工质量验收及评价规程　第 2 部分：锅炉机组》DL/T 5210.2—2009，条款号　表 4.8.52

73. **试题**：喷水式柱塞灰浆泵轴水平度偏差≤1‰轴长。（　　　）

　　答案：√

　　依据：《电力建设施工质量验收及评价规程　第 2 部分：锅炉机组》DL/T 5210.2—2009，条款号　表 4.8.52

74. **试题**：除灰管带机皮带胶接头外观检查应厚度应均匀且不得有气孔、凸起和裂纹，接头表面接缝处应覆盖一层涂胶细帆布。（　　　）

　　答案：√

　　依据：《电力建设施工质量验收及评价规程　第 2 部分：锅炉机组》DL/T 5210.2—2009，条款号　表 4.8.56

75. **试题**：除灰管带机皮带胶接接口的工作面应逆着皮带的前进方向，两个接头间的皮带长度应≥6 倍滚筒直径。（　　　）

　　答案：×

　　依据：《电力建设施工质量验收及评价规程　第 2 部分：锅炉机组》DL/T 5210.2—2009，条款号　表 4.8.56

76. **试题**：罗茨风机泵体进出口标高偏差控制在±10mm。（　　　）

答案：√

依据：《电力建设施工质量验收及评价规程　第2部分：锅炉机组》DL/T 5210.2—2009，条款号　表4.8.57

77. 试题：除尘器安装与施工过程中，构件的吊钩及防构件变形的支撑件，施工完成后应及时割除，不得留有痕迹。（　　　）

答案：√

依据：《袋式除尘器安装技术要求与验收规范》JB/T 8471—2010，条款号　4.3.2

78. 试题：安装除尘器两连接法兰中心对位偏差不得大于螺栓直接的3/6，经调校不能对位的备件和结构的螺孔，允许使用找正棒（接合冲头）强制对位后套入螺栓紧固。（　　　）

答案：×

依据：《袋式除尘器安装技术要求与验收规范》JB/T 8471—2010，条款号　4.3.7

79. 试题：袋式除尘器滤袋安装应符合安装技术文件规定方法，装袋现场严禁烟火，严禁在滤袋上坐、卧、踩、踏。（　　　）

答案：√

依据：《袋式除尘器安装技术要求与验收规范》JB/T 8471—2010，条款号　4.3.13

80. 试题：袋式除尘器滤袋安装，不管滤袋有无框架，滤袋均不得扭曲，袋口不得有褶皱。（　　　）

答案：√

依据：《袋式除尘器安装技术要求与验收规范》JB/T 8471—2010，条款号　4.3.16

81. 试题：袋式除尘器清灰结构、输灰机、减速器、排灰阀等运动部位安装应符合技术文件和有关机械设备施工规范。（　　　）

答案：√

依据：《袋式除尘器安装技术要求与验收规范》JB/T 8471—2010，条款号　4.3.17

82. 试题：除尘器主要构件可以施工现场制作，以加快安装进度。（　　　）

答案：×

依据：《袋式除尘器安装技术要求与验收规范》JB/T 8471—2010，条款号　4.3.21

83. 试题：除尘器启动使用后，结构、通道无颤抖振动现象。（　　　）

答案：√

依据：《袋式除尘器安装技术要求与验收规范》JB/T 8471—2010，条款号　6.1.3

84. 试题：除尘器各连接法兰和检修门、阀类、阀门封口填料应密封完整，均不得有漏

损现象。（　　　）

答案：√

依据：《袋式除尘器安装技术要求与验收规范》JB/T 8471—2010，条款号　6.3.1

85. 试题：袋式除尘器设备运转前应反复检查，不得有工具、棉杂物、残留焊条等堵塞通道，通电运转正常。（　　　）

答案：√

依据：《袋式除尘器安装技术要求与验收规范》JB/T 8471—2010，条款号　6.4.2

86. 试题：袋式除尘器运动部位试车时参加试运人员均可操作开关、阀门、控制按钮。（　　　）

答案：×

依据：《袋式除尘器安装技术要求与验收规范》JB/T 8471—2010，条款号　6.4.4

87. 试题：除尘器试压检验满足设计压力要求，试压检验时，箱体壁板不得出现明显变形和振动现象。（　　　）

答案：√

依据：《袋式除尘器安装技术要求与验收规范》JB/T 8471—2010，条款号　6.7.1

88. 试题：移动板式电除尘器灰刷应有一定弹性，保证对移动极板保持足够的摩擦力，同时刷毛不能刷伤移动极板。（　　　）

答案：√

依据：《移动板式电除尘器》JB/T 11311—2012，条款号　7.2.13

89. 试题：移动板式电除尘器刮灰装置应具有自我调节功能，能根据磨损情况自动调整位置，保证刮板与移动极板表面良好接触，同时刮板材质不能刮伤移动极板。（　　　）

答案：√

依据：《移动板式电除尘器》JB/T 11311—2012，条款号　7.2.14

90. 试题：湿式电除尘器的极板、极线等，应采用不锈钢或其他导电、防腐蚀材质，否则应涂装防腐导电涂料。（　　　）

答案：√

依据：《湿式电除尘器》JB/T 11638—2013，条款号　6.3.1.1、6.3.2.2

91. 试题：湿式电除尘器喷淋系统喷嘴应采用不锈钢或非金属防腐材质。（　　　）

答案：√

依据：《湿式电除尘器》JB/T 11638—2013，条款号　6.3.3.2

92. 试题：对湿式电除尘器壳体焊缝进行煤油渗漏试验，应符合 NB/T 47003.1 的规定。

（　　　）

答案：√

依据：《湿式电除尘器》JB/T 11638—2013，条款号　7.4

93. 试题：电除尘工程应按生产运营单位需求设置污染物排放连续监测系统。（　　　）

答案：×

依据：《电除尘工程通用技术规范》HJ 2028—2013，条款号　5.1.9

94. 试题：电除尘工程阀门选型时，其可靠性要求阀门开启、关闭灵活，开关到位，不得出现卡死和失灵现象。（　　　）

答案：√

依据：《电除尘工程通用技术规范》HJ 2028—2013，条款号　6.7.12

95. 试题：阀门选型时，其刚性要求有很好的强度和刚度，阀体不变形。（　　　）

答案：√

依据：《电除尘工程通用技术规范》HJ 2028—2013，条款号　6.7.12

96. 试题：电除尘安装质量应符合 JB/T 8536 的规定，电场内部已全面检查、清理，确定无杂物。（　　　）

答案：√

依据：《电除尘工程通用技术规范》HJ 2028—2013，条款号　11.3.1

三、单选题（下列试题中，只有 1 项是标准原文规定的正确答案，请将正确答案填在括号内）

1. 试题：除尘器应设置专门接地网，外壳与接地网连接应不少于（　　　）点，接地电阻应小于 2Ω。

A. 3 　　　　　　　　　B. 5 　　　　　　　　　C. 6

答案：C

依据：《电袋复合除尘器》GB/T 27869—2011，条款号　6.6.4

2. 试题：电除尘器单块阳极板应选厚度最小不小于（　　　）的整体薄钢板，不得拼接。

A. 1mm 　　　　　　　B. 1.2mm 　　　　　　C. 0.8mm

答案：B

依据：《电除尘器》DL/T 514—2004，条款号　5.3.2

3. 试题：电除尘器大梁、底梁、立柱安装前检查，同一台电除尘器的立柱长度相互差值最大不大于（　　　）。

A. 3mm 　　　　　　　B. 5mm 　　　　　　　C. 7mm

答案：B

依据：《电除尘器》DL/T 514—2004，条款号 5.3.2.3

4. **试题**：锅炉蒸发量≥670t/h，袋式除尘器并联运行的过滤仓室不少于（ ）。

    A．2 个   B．3 个   C．4 个

    答案：C

    依据：《燃煤电厂锅炉烟气袋式除尘工程技术规范》DL/T 1121—2009，条款号 3.2.5

5. **试题**：袋式除尘器的过滤速度在脱硫时不宜大于（ ）。

    A．0.85m/min   B．0.9m/min   C．0.95m/min

    答案：A

    依据：《燃煤电厂锅炉烟气袋式除尘工程技术规范》DL/T 1121—2009，条款号 7.1.4

6. **试题**：袋式除尘器的漏风率最大值应小于（ ）。

    A．4%   B．2%   C．3%

    答案：B

    依据：《燃煤电厂锅炉烟气袋式除尘工程技术规范》DL/T 1121—2009，条款号 7.1.5

7. **试题**：袋式除尘器正常运行时，进入除尘器箱体内的烟气流速最大不宜大于（ ）。

    A．6m/s   B．4m/s   C．5m/s

    答案：B

    依据：《燃煤电厂锅炉烟气袋式除尘工程技术规范》DL/T 1121—2009，条款号 8.1.2

8. **试题**：水封式排渣斗的有效容积不应小于储存锅炉最大连续蒸发量工况燃用设计煤种时（ ）的排渣量，且不应小于储存燃用校核煤种时 4h 的排渣量。

    A．8h   B．10h   C．12h

    答案：A

    依据：《火力发电厂除灰设计技术规程》DL/T 5142—2012，条款号 4.1.3

9. **试题**：石子煤管道内混合物流速不应低于（ ）。

    A．2.7m/s   B．2.0m/s   C．2.5m/s

    答案：A

    依据：《火力发电厂除灰设计技术规程》DL/T 5142—2012，条款号 6.3.2

10. **试题**：除尘器底梁下的支柱为钢支柱时，支柱安装允许偏差为各支柱间距离为柱距的 1/1000，且不大于（ ）。

    A．10mm   B．20mm   C．30mm

    答案：A

    依据：《电力建设施工技术规范 第 2 部分：锅炉机组》DL 5190.2—2012，条款

号　7.5.2

11. **试题：** 除尘器底梁上平面应在同一水平面内，其水平度允许偏差最大为（　　）。

  A．2mm   B．3mm   C．5mm

  答案： C

  依据：《电力建设施工技术规范　第 2 部分：锅炉机组》DL 5190.2—2012，条款号 7.5.2

12. **试题：** 除尘器立柱安装，其立柱垂直度偏差为柱高的 1/1000，且最大不大于（　　）。

  A．5mm   B．10mm   C．20mm

  答案： B

  依据：《电力建设施工技术规范　第 2 部分：锅炉机组》DL 5190.2—2012，条款号 7.5.2

13. **试题：** 电除尘器相邻两大梁纵向中心线间距离允许偏差最大为（　　）mm。

  A．3mm   B．5mm   C．7mm

  答案： B

  依据：《电力建设施工技术规范　第 2 部分：锅炉机组》DL 5190.2—2012，条款号 7.5.2

14. **试题：** 电除尘器阴极小框架组焊后其平面度偏差最大不大于（　　）mm。

  A．5mm   B．10mm   C．20mm

  答案： B

  依据：《电力建设施工技术规范　第 2 部分：锅炉机组》DL 5190.2—2012，条款号 7.5.2

15. **试题：** 电除尘器阳极板和阴极小框架应与水平面垂直安装，其垂直度偏差为高度的 1/1000，且最大不大于（　　）。

  A．5mm   B．10mm   C．20mm

  答案： B

  依据：《电力建设施工技术规范　第 2 部分：锅炉机组》DL 5190.2—2012，条款号 7.5.2

16. **试题：** 静电除尘器安装完成下列要求正确的是：（　　）。

  A．水压试验正常

  B．电压等级合格

  C．极距偏差符合要求，阴极线安装松紧度适中，均匀

  答案： C

  依据：《电力建设施工技术规范　第 2 部分：锅炉机组》DL 5190.2—2012，条款

号　7.5.2

17. **试题：**除尘器花板安装中心位置允许偏差最大不大于（　　　）。

　　A．1.5mm　　　　　　　　　B．2mm　　　　　　　　　C．2.5mm

　　答案：A

　　依据：《电力建设施工技术规范　第 2 部分：锅炉机组》DL 5190.2—2012，条款号
　　7.5.3

18. **试题：**旋转喷吹装置安装，保证喷管与花板间的距离，喷管上各喷嘴中心与花板孔
中心同心最大允许偏差为（　　　）。

　　A．±5mm　　　　　　　　　B．±10mm　　　　　　　　C．±15mm

　　答案：B

　　依据：《电力建设施工技术规范　第 2 部分：锅炉机组》DL 5190.2—2012，条款号
　　7.5.3

19. **试题：**除尘器振打驱动装置安装，轴中心允许偏差最大为（　　　）。

　　A．±10mm　　　　　　　　B．±13mm　　　　　　　　C．±15mm

　　答案：B

　　依据：《电力建设施工技术规范　第 2 部分：锅炉机组》DL 5190.2—2012，条款号
　　7.5.3

20. **试题：**电极组合安装中，阴极振打装置最大水平度偏差应控制在（　　　）。

　　A．≤2mm　　　　　　　　　B．≤3mm　　　　　　　　C．≤5mm

　　答案：B

　　依据：《电力建设施工质量验收及评价规程　第 2 部分：锅炉机组》DL/T 5210.2—
　　2009，条款号　表 4.5.2

21. **试题：**电除尘器分布板、阻流板安装设备检查时，板平面弯曲度偏差最大应控制在
（　　　）。

　　A．≤2mm　　　　　　　　　B．≤3mm　　　　　　　　C．≤5mm

　　答案：B

　　依据：《电力建设施工质量验收及评价规程　第 2 部分：锅炉机组》DL/T 5210.2—
　　2009，条款号　表 4.5.3

22. **试题：**振打及传动装置安装中，阳极振打、阴极振打，振打锤击点位置偏差应符合
技术文件规定，分布板振打锤击点最大位置偏差应控制在（　　　）。

　　A．±2mm　　　　　　　　　B．±3mm　　　　　　　　C．±5mm

　　答案：C

　　依据：《电力建设施工质量验收及评价规程　第 2 部分：锅炉机组》DL/T 5210.2—

2009，条款号 表4.5.4

23. **试题：** 电除尘器电磁振打器中心与振打杆中心重合，同心度误差应控制在（　　）。

A. ≤5mm
B. ≤10mm
C. ≤15mm

答案： A

依据： 《电力建设施工质量验收及评价规程 第2部分：锅炉机组》DL/T 5210.2—2009，条款号 表4.5.5

24. **试题：** 电除尘器振打及传动装置分部试运时间应按设备技术文件规定，无规定时试运时间不少于（　　）。

A. 4h
B. 8h
C. 6h

答案： B

依据： 《电力建设施工质量验收及评价规程 第2部分：锅炉机组》DL/T 5210.2—2009，条款号 表4.5.6

25. **试题：** 袋式除尘器旋转喷吹装置联轴器找正径向偏差≤0.10mm；端面偏差应为（　　）。

A. ≤0.05mm
B. ≤0.10mm
C. ≤0.15mm

答案： A

依据： 《电力建设施工质量验收及评价规程 第2部分：锅炉机组》DL/T 5210.2—2009，条款号 表4.5.7

26. **试题：** 干式排渣钢带输渣机改向滚筒对称中心线与输送机纵向中心线重合度偏差（　　）。

A. <3mm
B. <5mm
C. <10mm

答案： A

依据： 《电力建设施工质量验收及评价规程 第2部分：锅炉机组》DL/T 5210.2—2009，条款号 表4.8.41

27. **试题：** 干式排渣钢带输渣机驱动滚筒对称中心线与输送机纵向中心线重合度偏差（　　）。

A. <3mm
B. <5mm
C. <10mm

答案： A

依据： 《电力建设施工质量验收及评价规程 第2部分：锅炉机组》DL/T 5210.2—2009，条款号 表4.8.41

28. **试题：** 干式排渣钢带输渣机刮板托轮链槽中心线对输送机纵向中心线距离偏差（　　）。

A. ≤2mm
B. ≤4mm
C. ≤5mm

答案：A

依据：《电力建设施工质量验收及评价规程　第 2 部分：锅炉机组》DL/T 5210.2—2009，条款号　表 4.8.41

29. 试题：干式排渣钢带输渣机托辊与侧壁的垂直度偏差（　　）。

　　A．≤1/100L（L 为托辊长度）

　　B．≤1/1000L（L 为托辊长度）

　　C．≤2/1000L（L 为托辊长度）

答案：B

依据：《电力建设施工质量验收及评价规程　第 2 部分：锅炉机组》DL/T 5210.2—2009，条款号　表 4.8.41

30. 试题：冲洗水泵安装，泵体纵横中心偏差（　　）。

　　A．±30mm　　　　　　B．≤±20mm　　　　　　C．±10mm

答案：C

依据：《电力建设施工质量验收及评价规程　第 2 部分：锅炉机组》DL/T 5210.2—2009，条款号　表 4.8.46

31. 试题：冲洗水泵安装，泵体中心标高偏差（　　）。

　　A．±15mm　　　　　　B．≤±10mm　　　　　　C．±5mm

答案：C

依据：《电力建设施工质量验收及评价规程　第 2 部分：锅炉机组》DL/T 5210.2—2009，条款号　表 4.8.46

32. 试题：除渣机械疏通机安装，纵向中心线偏差（　　）。

　　A．±15mm　　　　　　B．±10mm　　　　　　C．±5mm

答案：C

依据：《电力建设施工质量验收及评价规程　第 2 部分：锅炉机组》DL/T 5210.2—2009，条款号　表 4.8.47

33. 试题：气化风机安装，纵横中心偏差（　　）。

　　A．≤15mm　　　　　　B．≤10mm　　　　　　C．≤12mm

答案：C

依据：《电力建设施工质量验收及评价规程　第 2 部分：锅炉机组》DL/T 5210.2—2009，条款号　表 4.8.48

34. 试题：气化风机安装，轴中心标高偏差（　　）。

　　A．±15mm　　　　　　B．±10mm　　　　　　C．±12mm

答案：B

依据：《电力建设施工质量验收及评价规程 第 2 部分：锅炉机组》DL/T 5210.2—2009，条款号 表 4.8.48

35. **试题：** 双轴搅拌机安装前，基础划线纵横中心线偏差（　　）。

　　A．±20mm　　　　　　　B．±10mm　　　　　　　C．±15mm

　　答案： B

　　依据：《电力建设施工质量验收及评价规程 第 2 部分：锅炉机组》DL/T 5210.2—2009，条款号 表 4.8.49

36. **试题：** 双轴搅拌机安装前，基础划线中心线距离偏差标准（　　）。

　　A．±4mm　　　　　　　B．±3mm　　　　　　　C．±5mm

　　答案： B

　　依据：《电力建设施工质量验收及评价规程 第 2 部分：锅炉机组》DL/T 5210.2—2009，条款号 表 4.8.49

37. **试题：** 双轴搅拌机安装前，基础划线标高偏差标准（　　）。

　　A．±20mm　　　　　　　B．±10mm　　　　　　　C．±15mm

　　答案： B

　　依据：《电力建设施工质量验收及评价规程 第 2 部分：锅炉机组》DL/T 5210.2—2009，条款号 表 4.8.49

38. **试题：** 双轴搅拌机安装前，检查垫铁层间接触面，要求接触严实，用 0.1mm 塞尺塞入深度不超过垫铁塞试方向接触长度的（　　）。

　　A．25%　　　　　　　B．20%　　　　　　　C．30%

　　答案： B

　　依据：《电力建设施工质量验收及评价规程 第 2 部分：锅炉机组》DL/T 5210.2—2009，条款号 表 4.8.49

39. **试题：** 除渣浓缩机支架安装标高偏差标准（　　）。

　　A．±7mm　　　　　　　B．±6mm　　　　　　　C．±5mm

　　答案： C

　　依据：《电力建设施工质量验收及评价规程 第 2 部分：锅炉机组》DL/T 5210.2—2009，条款号 表 4.8.50

40. **试题：** 除渣浓缩机支架安装水平度偏差（　　）长度。

　　A．≤3%　　　　　　　B．≤3‰　　　　　　　C．≤5‰

　　答案： B

　　依据：《电力建设施工质量验收及评价规程 第 2 部分：锅炉机组》DL/T 5210.2—2009，条款号 表 4.8.50

41. **试题：**除渣浓缩机齿耙安装长度偏差标准（　　　）。

　　A．≤9mm　　　　　　　　B．≤8mm　　　　　　　　C．≤10mm

　　答案：B

　　依据：《电力建设施工质量验收及评价规程　第 2 部分：锅炉机组》DL/T 5210.2—2009，条款号　表 4.8.50

42. **试题：**除渣浓缩机齿耙安装高度偏差（　　　）。

　　A．≤4mm　　　　　　　　B．≤8mm　　　　　　　　C．≤10mm

　　答案：A

　　依据：《电力建设施工质量验收及评价规程　第 2 部分：锅炉机组》DL/T 5210.2—2009，条款号　表 4.8.50

43. **试题：**除渣浓缩机轨道铺设中心圆直径偏差标准为（　　　）。

　　A．±7mm　　　　　　　　B．±6mm　　　　　　　　C．±5mm

　　答案：C

　　依据：《电力建设施工质量验收及评价规程　第 2 部分：锅炉机组》DL/T 5210.2—2009，条款号　表 4.8.50

44. **试题：**除渣浓缩机轨道铺设水平度偏差（　　　）。

　　A．≤3mm　　　　　　　　B．≤2mm　　　　　　　　C．≤1.5mm

　　答案：C

　　依据：《电力建设施工质量验收及评价规程　第 2 部分：锅炉机组》DL/T 5210.2—2009，条款号　表 4.8.50

45. **试题：**除渣浓缩机齿条铺设中心圆直径偏差标准为（　　　）。

　　A．±7mm　　　　　　　　B．±6mm　　　　　　　　C．±5mm

　　答案：C

　　依据：《电力建设施工质量验收及评价规程　第 2 部分：锅炉机组》DL/T 5210.2—2009，条款号　表 4.8.50

46. **试题：**除渣浓缩机齿条铺设水平度偏差（　　　）。

　　A．≤3mm　　　　　　　　B．≤2mm　　　　　　　　C．≤1.5mm

　　答案：C

　　依据：《电力建设施工质量验收及评价规程　第 2 部分：锅炉机组》DL/T 5210.2—2009，条款号　表 4.8.50

47. **试题：**除渣浓缩机传动齿轮与齿条齿宽上啮合面最小是（　　　）。

　　A．20%　　　　　　　　　B．40%　　　　　　　　　C．50%

　　答案：C

依据：《电力建设施工质量验收及评价规程　第 2 部分：锅炉机组》DL/T 5210.2—2009，条款号　表 4.8.50

48. **试题：** 除渣浓缩机传动齿轮与齿条齿宽高上啮合面最小是（　　）。

A．20%　　　　　　　B．40%　　　　　　　C．50%

答案： B

依据：《电力建设施工质量验收及评价规程　第 2 部分：锅炉机组》DL/T 5210.2—2009，条款号　表 4.8.50

49. **试题：** 除渣浓缩机传动架辊轮与轨道中心偏差为（　　）。

A．±2mm　　　　　　B．±3mm　　　　　　C．±5mm

答案： A

依据：《电力建设施工质量验收及评价规程　第 2 部分：锅炉机组》DL/T 5210.2—2009，条款号　表 4.8.50

50. **试题：** 除渣浓缩机传动架水平度偏差（　　）。

A．≤2%　　　　　　　B．≤2‰　　　　　　C．≤5‰

答案： B

依据：《电力建设施工质量验收及评价规程　第 2 部分：锅炉机组》DL/T 5210.2—2009，条款号　表 4.8.50

51. **试题：** 除渣离心灰浆泵泵体纵横中心线偏差（　　）。

A．±20mm　　　　　B．±15mm　　　　　C．±10mm

答案： C

依据：《电力建设施工质量验收及评价规程　第 2 部分：锅炉机组》DL/T 5210.2—2009，条款号　表 4.8.51

52. **试题：** 除渣离心灰浆泵轴中心标高偏差（　　）。

A．±15mm　　　　　B．±10mm　　　　　C．±5mm

答案： C

依据：《电力建设施工质量验收及评价规程　第 2 部分：锅炉机组》DL/T 5210.2—2009，条款号　表 4.8.51

53. **试题：** 除渣离心灰浆泵轴水平度偏差（　　）。

A．≤10mm　　　　　B．≤5mm　　　　　C．≤0.1mm/m

答案： C

依据：《电力建设施工质量验收及评价规程　第 2 部分：锅炉机组》DL/T 5210.2—2009，条款号　表 4.8.51

54. **试题：**除渣喷水式柱塞灰浆泵柱塞检查椭圆度偏差（　　）。
    A．≤0.05mm　　　　　B．≤0.1mm　　　　　C．≤0.2mm
    答案：A
    依据：《电力建设施工质量验收及评价规程　第 2 部分：锅炉机组》DL/T 5210.2—2009，条款号　表 4.8.52

55. **试题：**除渣喷水式柱塞灰浆泵柱塞检查圆锥度偏差（　　）。
    A．≤0.05mm　　　　　B．≤0.1mm　　　　　C．≤0.2mm
    答案：A
    依据：《电力建设施工质量验收及评价规程　第 2 部分：锅炉机组》DL/T 5210.2—2009，条款号　表 4.8.52

56. **试题：**除渣喷水式柱塞灰浆泵安装时，检查滑块与滑道接触面积最小（　　）。
    A．≥40%　　　　　B．≥60%　　　　　C．≥80%
    答案：C
    依据：《电力建设施工质量验收及评价规程　第 2 部分：锅炉机组》DL/T 5210.2—2009，条款号　表 4.8.52

57. **试题：**除渣喷水式柱塞灰浆泵安装时，滑块与滑道合适间隙（　　）。
    A．0.05mm～0.10mm　　B．0.15mm～0.30mm　　C．0.35mm～0.50mm
    答案：B
    依据：《电力建设施工质量验收及评价规程　第 2 部分：锅炉机组》DL/T 5210.2—2009，条款号　表 4.8.52

58. **试题：**除渣喷水式柱塞灰浆泵安装时，检查滑块轴承合适间隙（　　）。
    A．0.01mm～0.05mm　　B．0.06mm～0.15mm　　C．0.20mm～0.25mm
    答案：B
    依据：《电力建设施工质量验收及评价规程　第 2 部分：锅炉机组》DL/T 5210.2—2009，条款号　表 4.8.52

59. **试题：**除渣喷水式柱塞灰浆泵安装时，检查减速机大小齿轮在齿宽上啮合接触面的大小，符合设备技术文件规定，无规定时最小值为（　　）。
    A．≥40%　　　　　B．≥60%　　　　　C．≥80%
    答案：B
    依据：《电力建设施工质量验收及评价规程　第 2 部分：锅炉机组》DL/T 5210.2—2009，条款号　表 4.8.52

60. **试题：**除渣喷水式柱塞灰浆泵安装时，检查减速机大小齿轮在齿高上啮合接触面的大小，符合设备技术文件要求，无规定时最小值为（　　）。

A．≥50%　　　　　　B．≥60%　　　　　　C．≥80%

答案：A

依据：《电力建设施工质量验收及评价规程 第2部分：锅炉机组》DL/T 5210.2—2009，条款号 表4.8.52

61. **试题**：除渣喷水式柱塞灰浆泵安装，检查减速机大小齿轮啮合间隙时，齿顶间隙符合设备技术文件规定，无规定时合适间隙为（　　）。

A．0.10mm～015mm　　B．0.20mm～0.25mm　　C．0.30mm～0.35mm

答案：B

依据：《电力建设施工质量验收及评价规程 第2部分：锅炉机组》DL/T 5210.2—2009，条款号 表4.8.52

62. **试题**：除渣喷水式柱塞灰浆泵安装，检查减速机大小齿轮啮合间隙时，齿侧间隙符合设备技术文件规定，无规定时合适间隙为（　　）。

A．0.10mm～0.20mm　　B．0.20mm～0.30mm　　C．0.35mm～0.45mm

答案：C

依据：《电力建设施工质量验收及评价规程 第2部分：锅炉机组》DL/T 5210.2—2009，条款号 表4.8.52

63. **试题**：除渣水隔离灰浆泵管道安装时，立管垂直度偏差≤2/1000L（L 为管道长度）且（　　）。

A．≤30mm　　　　　　B．≤20mm　　　　　　C．≤15mm

答案：C

依据：《电力建设施工质量验收及评价规程 第2部分：锅炉机组》DL/T 5210.2—2009，条款号 表4.8.53

64. **试题**：除渣灰浆高压清洗泵柱塞检查椭圆度偏差（　　）。

A．≤0.03mm　　　　　B．≤0.06mm　　　　　C．≤0.10mm

答案：A

依据：《电力建设施工质量验收及评价规程 第2部分：锅炉机组》DL/T 5210.2—2009，条款号 表4.8.54

65. **试题**：除渣灰浆高压清洗泵柱塞检查圆锥度偏差（　　）。

A．≤0.03mm　　　　　B．≤0.06mm　　　　　C．≤0.10mm

答案：A

依据：《电力建设施工质量验收及评价规程 第2部分：锅炉机组》DL/T 5210.2—2009，条款号 表4.8.54

66. **试题**：除灰管带机上下托辊水平度偏差（　　）。

A. ≤2mm　　　　　　　　B. ≤1.5mm　　　　　　　　C. ≤0.5mm

答案：C

依据：《电力建设施工质量验收及评价规程　第 2 部分：锅炉机组》DL/T 5210.2—2009，条款号　表 4.8.56

67. 试题：锅炉除尘装置钢支架安装的检查标准：柱顶支座安装的形式符合技术文件要求，无影响底座膨胀的障碍物，支座间距为柱距的 1/1000，且不大于 10mm；立柱垂直度为柱高的 1/1000，且不大于 10mm；顶部标高为 ±5mm；各柱相互偏差最大（　　　）。

A. ≤1mm　　　　　　　　B. ≤2mm　　　　　　　　C. ≤3mm

答案：B

依据：《电力建设施工质量验收及评价规程　第 2 部分：锅炉机组》DL/T 5210.2—2009，条款号　表 5.6.4

68. 试题：锅炉除尘装置对钢架垂直度检查方法的要求：抽查，对能检测的立柱用经纬仪、钢板尺检测立柱互成 90 度的两个方向。不能现场检测的，检查施工记录；开档、对角线检查时以（　　　）标高线及柱子中线进行测量检测。

A. 1.5m　　　　　　　　B. 1m　　　　　　　　C. 0.5m

答案：B

依据：《电力建设施工质量验收及评价规程　第 2 部分：锅炉机组》DL/T 5210.2—2009，条款号　表 5.6.4

69. 试题：袋式除尘器滤袋吊挂装置外观要求光滑，袋帽不得有飞边、毛刺等影响滤袋使用效果和寿命的缺陷，袋帽直接误差最大不大于（　　　）。

A. 0.5mm　　　　　　　　B. 1.0mm　　　　　　　　C. 1.5mm

答案：B

依据：《袋式除尘器安装技术要求与验收规范》JB/T 8471—2010，条款号　6.5.2

70. 试题：袋式除尘器分气箱安装验收合格后，应清除内部焊渣等杂物将脉冲阀安装到位，并对各阀逐个进行喷吹试验，每阀喷吹最少不少于（　　　）次，并确认喷吹正常。

A. 1　　　　　　　　B. 2　　　　　　　　C. 3

答案：C

依据：《袋式除尘器安装技术要求与验收规范》JB/T 8471—2010，条款号　6.6.1

71. 试题：袋式除尘器分气箱和喷吹管与上箱体组装时，应严格保证喷吹管与花板平行，全长平行度最大不超过（　　　）。

A. 2mm　　　　　　　　B. 4mm　　　　　　　　C. 6mm

答案：A

依据：《袋式除尘器安装技术要求与验收规范》JB/T 8471—2010，条款号 6.6.2

72. **试题：** 移动板式电除尘器，上、下传动系统应满足在工况环境下能够稳定运行，相邻两支点件轴的同轴度误差最大不大于（　　）。

A．Φ1mm　　　　　　　B．Φ2mm　　　　　　　C．Φ3mm

答案： B

依据：《移动板式电除尘器》JB/T 11311—2012，条款号 7.2.2

73. **试题：** 移动板式电除尘器传动装置提供的转矩最小不低于负载工况下移动板所需理论转矩的（　　）倍，且能适应室外工作的环境条件。

A．1.5　　　　　　　　　B．2　　　　　　　　　　C．2.5

答案： A

依据：《移动板式电除尘器》JB/T 11311—2012，条款号 7.2.3

74. **试题：** 移动板式电除尘器移动极板面板，平面度误差最大不大于（　　）。

A．5mm　　　　　　　　B．7mm　　　　　　　　C．9mm

答案： A

依据：《移动板式电除尘器》JB/T 11311—2012，条款号 7.2.7

75. **试题：** 移动板式电除尘器支撑装置安装，支撑装置组成的矩形对角线偏差最大不大于（　　）。

A．3mm　　　　　　　　B．5mm　　　　　　　　C．8mm

答案： B

依据：《移动板式电除尘器》JB/T 11311—2012，条款号 7.3.1

76. **试题：** 移动板式电除尘器轴系安装，上、下轴系的平行度误差最大不大于（　　）。

A．2mm　　　　　　　　B．4mm　　　　　　　　C．5mm

答案： C

依据：《移动板式电除尘器》JB/T 11311—2012，条款号 7.3.2

77. **试题：** 移动板式电除尘器横向移动极板，板面平面度和侧弯度最大不大于（　　）。

A．1mm　　　　　　　　B．2mm　　　　　　　　C．3mm

答案： C

依据：《移动板式电除尘器》JB/T 11311—2012，条款号 7.3.3

78. **试题：** 移动板式电除尘器异极距的最大允许偏差为（　　）。

A．±5mm　　　　　　　B．±10mm　　　　　　　C．±15mm

答案： B

依据：《移动板式电除尘器》JB/T 11311—2012，条款号　7.3.6

79. 试题：移动板式电除尘器灰刷传动装置安装，转刷与移动阳极板接触良好，能将极板上粉尘清除干净。转刷轴同轴度误差最大不大于（　　）。

A．Φ3mm　　　　　　　　B．Φ5mm　　　　　　　　C．Φ6mm

答案：B

依据：《移动板式电除尘器》JB/T 11311—2012，条款号　7.3.7

80. 试题：在设计传动速度下，移动板式电除尘器移动极板传动机构冷态连续运行最少在（　　）以上，无脱链、脱板、卡阻及其他异常现象为合格。

A．24h　　　　　　　　　B．48h　　　　　　　　　C．36h

答案：B

依据：《移动板式电除尘器》JB/T 11311—2012，条款号　8.4

81. 试题：湿式电除尘器的灰斗锥度最大应小于（　　）。

A．5°　　　　　　　　　　B．10°　　　　　　　　　C．15°

答案：B

依据：《湿式电除尘器》JB/T 11638—2013，条款号　6.3.4

82. 试题：湿式电除尘器电场冲洗喷嘴布置形式应保证喷嘴喷淋覆盖率大于（　　）。

A．0.5　　　　　　　　　B．1.0　　　　　　　　　C．1.2

答案：C

依据：《湿式电除尘器》JB/T 11638—2013，条款号　6.4.3

83. 试题：除尘系统管道及袋式除尘器工作温度应高于气体露点温度（　　）。

A．5℃～10℃　　　　　　B．10℃～12℃　　　　　C．15℃～20℃

答案：C

依据：《布袋除尘工程通用技术规范》HJ 2020—2012，条款号　6.6.3

84. 试题：布袋除尘器花板平面度偏差最大不大于其长度的（　　）。

A．1‰　　　　　　　　　B．2‰　　　　　　　　　C．3‰

答案：B

依据：《布袋除尘工程通用技术规范》HJ 2020—2012，条款号　7.1.4

85. 试题：管道通过道路时，管道支吊架应设置在道路两边，距道路边缘最小平面净距离（　　）。

A．0.5m　　　　　　　　B．1m　　　　　　　　　C．1.5m

答案：B

依据：《布袋除尘工程通用技术规范》HJ 2020—2012，条款号 9.9.3

86. 试题：设置管道支吊架时，支吊架与管道的焊缝或法兰之间的最小净距离不得小于（　　）。

A．300mm　　　　　　　B．500mm　　　　　　　C．600mm

答案：A

依据：《布袋除尘工程通用技术规范》HJ 2020—2012，条款号 9.9.3

87. 试题：袋式除尘器吊杆的最小直径不得小于（　　）。

A．5mm　　　　　　　　B．10mm　　　　　　　C．20mm

答案：B

依据：《布袋除尘工程通用技术规范》HJ 2020—2012，条款号 9.9.4

88. 试题：室外消防、给水管道的最小直径不得小于（　　）。

A．50mm　　　　　　　B．100mm　　　　　　　C．150mm

答案：B

依据：《布袋除尘工程通用技术规范》HJ 2020—2012，条款号 10.3.4

89. 试题：袋式除尘系统不得在超过设计负荷（　　）的状况下长期运行。

A．100%　　　　　　　B．120%　　　　　　　C．110%

答案：B

依据：《布袋除尘工程通用技术规范》HJ 2020—2012，条款号 12.1.7

90. 试题：生产设备停运后袋式除尘系统应继续运行（　　）时间，进行通风清扫。

A．1min～5min　　　　B．5min～10min　　　　C．15min～20min

答案：B

依据：《布袋除尘工程通用技术规范》HJ 2020—2012，条款号 12.4.2

91. 试题：袋式除尘器滤袋及滤袋框架的备品数量最少不少于其总数的（　　）。

A．5%　　　　　　　　B．10%　　　　　　　C．15%

答案：A

依据：《布袋除尘工程通用技术规范》HJ 2020—2012，条款号 12.5.4

92. 试题：袋式除尘器脉冲阀备品的数量不少于其总数的5%，且最少不少于（　　）。

A．1个　　　　　　　　B．2个　　　　　　　C．5个

答案：B

依据：《布袋除尘工程通用技术规范》HJ 2020—2012，条款号 12.5.4

93. 试题：袋式除尘器脉冲阀膜片备品数量不少于其总数的5%，且最少不少于（　　）。

A．5 个　　　　　　　　B．10 个　　　　　　　　C．20 个

答案：B

依据：《布袋除尘工程通用技术规范》HJ 2020—2012，条款号　12.5.4

94．试题：电除尘器阳极板采用 C480 型 SPCC 材质时，厚度最小为（　　　）。

A．≥0.08mm　　　　　　B．≥0.10mm　　　　　　C．≥1.2mm

答案：C

依据：《电除尘工程通用技术规范》HJ 2028—2013，条款号　7.2.10

95．试题：电除尘器阳极板采用 ZT24 型 SPCC 材质时，厚度最小为（　　　）。

A．＞0.08mm　　　　　　B．＞0.10mm　　　　　　C．＞1.2mm

答案：C

依据：《电除尘工程通用技术规范》HJ 2028—2013，条款号　7.2.10

96．试题：为防止雨水浸泡设备柱脚，电除尘器基础顶面应高出地面（　　　）。

A．≥100mm　　　　　　B．≥120mm　　　　　　C．≥150mm

答案：C

依据：《电除尘工程通用技术规范》HJ 2028—2013，条款号　9.3.2

四、多选题（下列试题中，至少有 2 项是标准原文规定的正确答案，请将正确答案填在括号内）

1．试题：电除尘器支座安装检查，下列要求正确的是：（　　　）。

A．相邻支座中心距偏差为±2mm

B．相邻支座对角线偏差为±3mm

C．支座标高偏差为±3mm

D．支座表面平整度不大于 1mm

答案：ABCD

依据：《电力建设施工技术规范　第 2 部分：锅炉机组》DL 5190.2—2012，条款号 7.5.2

2．试题：电除尘器阳极板排组合安装检查，下列要求正确的是：（　　　）。

A．阳极板集装箱的吊装搬运必须按标识位置起吊、加垫；如无标识，吊点、加垫位置及使用吊具应保证极板不变形

B．组合阳极板排时，需对阳极板单片检查，平面度偏差不大于 5mm，扭曲偏差不大于 4mm，版面应光滑、平整，无毛刺，无明显伤痕及锈迹

C．阳极板组合后，平面弯曲偏差不大于 10mm，两对角线长度偏差不大于 5mm，如发现尺寸超标时应做相应校正

D．阳极板的吊装要有专门的措施，不得使板排产生永久变形

答案：ABCD

依据：《电力建设施工技术规范　第 2 部分：锅炉机组》DL 5190.2—2012，条款号
　　　7.5.2

3. **试题：** 电除尘器阴极悬吊系统安装检查，下列要求正确的是：（　　　）。
　 A. 阴极系统的支撑套管在安装前应仔细检查，不得有裂纹等缺陷；安装时不得敲击
　　　和压撬，套管内如需填料应及时填充
　 B. 同一组的支撑土工布应调整到同一平面内，平面度允许偏差为不大于 1mm
　 C. 支撑套管中心线与吊杆中心线应重合，两中心线的偏差不大于 10mm
　 D. 水压试验合格
　 答案： ABC
　 依据：《电力建设施工技术规范　第 2 部分：锅炉机组》DL 5190.2—2012，条款号
　　　　7.5.2

4. **试题：** 电除尘器阴极大框架安装检查，下列要求正确的是：（　　　）。
　 A. 阴极大框架应垂直于水平面，其垂直度偏差允许值为框架高度的 1/1000，且不大
　　　于 10mm
　 B. 同一电场内相邻两个大框架的中心线应该在电场沿气流方向的中心线平面内，平
　　　面度偏差不大于 5mm，其间距偏差为 2.5mm
　 C. 同一电场两大框架悬悬挂同一阴极小框架所对应的型钢，应在同一水平面内，平
　　　面度为 5mm，其间距极限偏差为 5mm
　 D. 大框架相悬挂同一组阴极小框架的两上下缺口形成的直线与水平面的垂直度为
　　　5mm
　 答案： ABCD
　 依据：《电力建设施工技术规范　第 2 部分：锅炉机组》DL 5190.2—2012，条款号
　　　　7.5.2

5. **试题：** 电除尘器振打系统安装检查，下列要求正确的是：（　　　）。
　 A. 振打装置应固定牢靠，采用顶部振打的应提升自如，脱钩灵活，振打锤应打在锤
　　　座中心，允许偏差为 3mm，采用侧部振打的，其振打轴水平偏差应不大于 1.5mm，
　　　其同轴度偏差相邻两轴承座之间为 1mm，全长为 3mm
　 B. 侧部振打的锤头与承击砧的接触位置偏差在水平方向为 ±2mm，在垂直方向为
　　　±5mm
　 C. 锤头与承击砧不得是点接触，其线接触长度应大于锤头厚度的 2/3
　 D. 锤头应转动灵活，无卡涩、碰撞现象
　 答案： ABCD
　 依据：《电力建设施工技术规范　第 2 部分：锅炉机组》DL 5190.2—2012，条款号
　　　　7.5.2

6. **试题：** 电除尘器壳体与灰斗安装检查，下列要求正确的是：（　　　）。

A．壳体、灰斗等部位应按设计要求焊接，灰斗的承重焊缝质量应有制造单位代表参加验收。密封焊应作渗油试验检查，并参加锅炉烟风系统整体风压试验

B．进出口法兰及各类门孔应严密

C．料位计试验正常

D．保温层以内所有工作及试验完毕后，方可进行保温

答案：ABD

依据：《电力建设施工技术规范　第 2 部分：锅炉机组》DL 5190.2—2012，条款号 7.5.2

7．试题：袋式除尘器壳体与灰斗安装检查，下列要求正确的是：（　　）。

A．滤袋安装应符合厂家及时文件规定，滤袋在安装和试运中应有防止滤袋损坏的措施

B．套袋短管的垂直度偏差不大于 2mm

C．通风试验合乎实际要求

D．进行预喷涂之前，应确保滤袋不与原烟气接触

答案：ABD

依据：《电力建设施工技术规范　第 2 部分：锅炉机组》DL 5190.2—2012，条款号 7.5.3

8．试题：袋式除尘器安装完毕后检查，下列要求正确的是：（　　）。

A．彻底清除除尘器内部杂物、积灰和油污

B．滤袋悬挂的松紧程度符合要求，滤袋绑扎固定牢靠

C．检查门、管道、吸风罩、分格轮等处应密封严密

D．高压试验合格

答案：ABC

依据：《电力建设施工技术规范　第 2 部分：锅炉机组》DL 5190.2—2012，条款号　7.5.3

9．试题：除尘器施工质量验收签证和记录，下列项目正确的是：（　　）。

A．锅炉压力试验签证

B．电除尘的带电升压试验签证

C．电气除尘器安装记录

D．袋式除尘器安装记录

答案：BCD

依据：《电力建设施工技术规范　第 2 部分：锅炉机组》DL 5190.2—2012，条款号 7.6.2

10．试题：电除尘器电极组合安装中，阴极吊挂装置的安装应符合下列哪几项要求：（　　）。

A．吊杆垂直，支承座水平

B．螺栓连接牢固、可靠

C. 套管受力均匀，表面干净，无尘土、油污等附着物

D. 吊杆销孔方向正确

答案：ABC

依据：《电力建设施工质量验收及评价规程 第2部分：锅炉机组》DL/T 5210.2—2009，条款号 表4.5.2

11. 试题：电极组合安装中，焊接质量应符合下列哪几项要求：（　　）。

A. 焊接形式符合厂家技术文件要求

B. 焊接无夹渣、咬边、气孔、未焊透等缺陷

C. 焊缝成型良好

D. 焊完进行严密性试验

答案：ABCD

依据：《电力建设施工质量验收及评价规程 第2部分：锅炉机组》DL/T 5210.2—2009，条款号 表4.5.2

12. 试题：除尘器基础划线及垫铁安装记录的主要内容有：（　　）。

A. 基础编号　　　　　　　　　　　B. 基础标高

C. 垫铁高度　　　　　　　　　　　D. 垫铁块数

答案：ABCD

依据：《电力建设施工质量验收及评价规程 第2部分：锅炉机组》DL/T 5210.2—2009，条款号 表4.5.11

13. 试题：除尘器钢结构安装记录的主要内容有：（　　）。

A. 立柱间距　　　　　　　　　　　B. 立柱相应对角线

C. 立柱标高　　　　　　　　　　　D. 立柱垂直度

答案：ABCD

依据：《电力建设施工质量验收及评价规程 第2部分：锅炉机组》DL/T 5210.2—2009，条款号 表4.5.12

14. 试题：输渣机滚筒安装质量标准正确的，下面哪些要求符合标准：（　　）。

A. 纵横中心线偏差≤5mm

B. 轴中心标高偏差±10mm

C. 水平度偏差≤0.5mm

D. 滚筒轴中心线与皮带机长度中心线角度保持平行

答案：ABC

依据：《电力建设施工质量验收及评价规程 第2部分：锅炉机组》DL/T 5210.2—2009，条款号 表4.8.43

15. 试题：除灰气化风机安装设备检查项目，下面哪些要求符合标准：（　　）。

A．叶轮旋转方向   B．机壳出风口角度

C．机壳、转子外观   D．基础平整度

答案：ABC

依据：《电力建设施工质量验收及评价规程　第 2 部分：锅炉机组》DL/T 5210.2—2009，条款号　表 4.8.48

16. **试题：**除渣浓缩机齿耙安装的主要检验项目，下面哪些要求符合标准：（　　）。

A．与池底距离偏差   B．长度偏差

C．高度偏差   D．池底不平度

答案：ABC

依据：《电力建设施工质量验收及评价规程　第 2 部分：锅炉机组》DL/T 5210.2—2009，条款号　表 4.8.50

17. **试题：**除渣喷水式柱塞灰浆泵主泵安装的主要检验项目，下面哪些要求符合标准：（　　）。

A．泵体纵横中心偏差   B．轴中心标高偏差

C．轴水平度偏差   D．联轴器中心找正

答案：ABCD

依据：《电力建设施工质量验收及评价规程　第 2 部分：锅炉机组》DL/T 5210.2—2009，条款号　表 4.8.52

18. **试题：**除渣水隔离灰浆泵罐体安装的主要检验项目，下面哪些要求符合标准：（　　）。

A．中心线偏差   B．方向

C．垂直度偏差   D．联轴器中心找正

答案：ABC

依据：《电力建设施工质量验收及评价规程　第 2 部分：锅炉机组》DL/T 5210.2—2009，条款号　表 4.8.53

19. **试题：**除渣油隔离泥浆泵安装，滑块与滑道装配主要检验项目是：（　　）。

A．泵体外壳   B．滑块与滑道间隙

C．滑块与滑道接触面   D．轴瓦底座

答案：BC

依据：《电力建设施工质量验收及评价规程　第 2 部分：锅炉机组》DL/T 5210.2—2009，条款号　表 4.8.54

20. **试题：**除灰管带机构架安装主要检验项目，下面哪些要求符合标准：（　　）。

A．基础检查划线   B．中心线偏差

C．标高偏差   D．水平度偏差

答案：ABCD

依据：《电力建设施工质量验收及评价规程 第2部分：锅炉机组》DL/T 5210.2—2009，条款号 表4.8.56

21. **试题：**锅炉除尘装置性能检测评价的检查标准主要有哪几项：（ ）。
A．除尘装置风压试验
B．除尘装置阴阳极振打试验
C．极距测量
D．升压试验
答案：ABC
依据：《电力建设施工质量验收及评价规程 第2部分：锅炉机组》DL/T 5210.2—2009，条款号 表5.6.2

22. **试题：**锅炉除尘装置性能检测评价的检查方法除进行现场检查，必要时检查施工记录，综合判定外，还需要有：（ ）。
A．除尘装置风压试验：对试验记录及签证进行检查，或用风压计对电除尘进出口进行检查
B．除尘装置阴阳极振打试验：振打轴的检查利用试运转并观察，并利用钢板尺进行检测
C．极距测量：极距测量时利用自制的标尺，对每根阴极线与阳极板间距分多个点进行现场测量
D．气流均布试验检查试验记录
答案：ABCD
依据：《电力建设施工质量验收及评价规程 第2部分：锅炉机组》DL/T 5210.2—2009，条款号 表5.6.2

23. **试题：**主机停运时间不长，且无检修任务，电除尘器处于备用状态时，下列条件符合要求是：（ ）。
A．电加热、灰斗加热、热风加热系统继续运行
B．振打、排灰系统仍按工作状态运行
C．必要时用热风加热电场
D．一次风机不停运
答案：ABC
依据：《电除尘工程通用技术规范技术规范》HJ 2028—2013，条款号 12.2.9

第三节 锅炉整体风压试验

一、填空题（下列试题中，请将标准原条文规定的正确答案填在横线处）

1. **试题：**循环流化床锅炉施工时，锅炉首次点火前，必须进行烟、风系统____试验，并签证。
答案：严密性

依据：《循环流化床锅炉施工及质量验收规范》GB 50972—2014，条款号　11.1.1（强条）

2. **试题**：循环流化床锅炉本体风压试验压力应以炉膛____设计压力为准。

　　答案：出口

　　依据：《循环流化床锅炉施工及质量验收规范》GB 50972—2014，条款号　11.2.2

二、判断题（判断下列试题是否正确。正确的在括号内打"√"，错误的在括号内打"×"）

1. **试题**：循环流化床锅炉首次点火前，必须进行烟、风系统严密性试验并签证。（　　）

　　答案：√

　　依据：《循环流化床锅炉施工及质量验收规范》GB 50972—2014，条款号　11.1.1（强条）

2. **试题**：循环流化床锅炉施工时，烟风系统严密性试验的一次风系统、二次风系统试验压力应以系统设计压力或设备技术文件要求为准。（　　）

　　答案：√

　　依据：《循环流化床锅炉施工及质量验收规范》GB 50972—2014，条款号　11.2.2

3. **试题**：循环流化床锅炉施工时，烟风系统严密性试验合格标准为：系统内的门、孔、焊缝、活动密封装置、挡板及膨胀节应无明显泄露，试验时系统压力应稳定。（　　）

　　答案：√

　　依据：《循环流化床锅炉施工及质量验收规范》GB 50972—2014，条款号　11.2.3

4. **试题**：循环流化床锅炉施工时，锅炉点火前，可以不进行冷态通风试验。（　　）

　　答案：×

　　依据：《循环流化床锅炉施工及质量验收规范》GB 50972—2014，条款号　14.4.1

5. **试题**：循环流化床锅炉风压试验后的冷态通风应完成流化均匀性试验，在全停风机后，进行炉内料层检查，表面平应整、细颗粒分布均匀。（　　）

　　答案：√

　　依据：《循环流化床锅炉施工及质量验收规范》GB 50972—2014，条款号　14.4.2

6. **试题**：炉膛及烟风系统密封性试验时，烟风系统管道支吊架必须安装调整并验收完毕。（　　）

　　答案：√

　　依据：《电力建设施工技术规范　第 2 部分：锅炉机组》DL 5190.2—2012，条款号　7.4.2

7. 试题：炉膛及烟风系统密封性试验时，门孔、密封装置等均通过密封性检查合格。（　　　）

　　答案：√

　　依据：《电力建设施工技术规范　第 2 部分：锅炉机组》DL 5190.2—2012，条款号 7.4.2

8. 试题：炉膛及烟风系统密封性试验时，风门操作灵活、指示正确，气动、电动风门的操作装置能投入使用。（　　　）

　　答案：√

　　依据：《电力建设施工技术规范　第 2 部分：锅炉机组》DL 5190.2—2012，条款号 7.4.2

9. 试题：炉膛及烟风系统密封性试验时炉膛及烟风系统压力测量装置能投入使用。（　　　）

　　答案：√

　　依据：《电力建设施工技术规范　第 2 部分：锅炉机组》DL 5190.2—2012，条款号 7.4.2

10. 试题：炉膛及烟风系统严密性试验压力应按厂家技术文件规定进行，无规定时可按 0.5kPa 进行气压试验。（　　　）

　　答案：√

　　依据：《电力建设施工技术规范　第 2 部分：锅炉机组》DL 5190.2—2012，条款号 7.4.3

11. 试题：炉膛及烟风系统整体密封性试验可选用在风机清扫门处投放滑石粉的方法检查密封性，滑石粉投入量可按不低于 $0.04kg/m^3$ 计算。（　　　）

　　答案：√

　　依据：《电力建设施工技术规范　第 2 部分：锅炉机组》DL 5190.2—2012，条款号 7.4.4

12. 试题：炉膛及烟风系统密封性试验中如发现炉膛或炉顶密封大范围泄漏，缺陷处理完毕后如经各方见证，可不再再次进行密封性试验。（　　　）

　　答案：×

　　依据：《电力建设施工技术规范　第 2 部分：锅炉机组》DL 5190.2—2012，条款号 7.4.5

13. 试题：锅炉炉膛整体风压试验按技术文件规定进行，无规定时，可按不进行正压试验。（　　　）

　　答案：×

依据：《电力建设施工质量验收及评价规程　第 2 部分：锅炉机组》DL/T 5210.2—2009，条款号　4.6.1

三、单选题（下列试题中，只有 1 项是标准原文规定的正确答案，请将正确答案填在括号内）

1. **试题：**循环流化床锅炉本体风压试验应以（　　）设计压力为准。

　A．一次风系统　　　　　　　B．二次风系统　　　　　　　C．炉膛出口

　答案：C

　依据：《循环流化床锅炉施工及质量验收规范》GB 50972—2014，条款号　11.2.2

2. **试题：**循环流化床锅炉高压流化风系统严密性试验的压力在锅炉冷态空床通风试验条件下，达不到系统设计压力时，可在锅炉（　　）试验条件下能达到的压力为严密性试验压力。

　A．冷态通风　　　　　　　　B．冷态空床通风　　　　　　C．冷态加床料流化通风

　答案：C

　依据：《循环流化床锅炉施工及质量验收规范》GB 50972—2014，条款号　11.2.2

3. **试题：**炉膛及烟风系统密封性试验中如检查发现炉膛或（　　）区域大范围泄漏，缺陷处理完毕后应重新进行整体密封性试验。

　A．风道　　　　　　　　　　B．烟道　　　　　　　　　　C．炉顶密封

　答案：C

　依据：《电力建设施工技术规范　第 2 部分：锅炉机组》DL 5190.2—2012，条款号　7.4.5

4. **试题：**烟、风、煤、粉管道组合、安装，暖风器严密性检查，应按（　　）最高工作压力进行，严密无渗漏。

　A．1.1 倍　　　　　　　　　B．1.25 倍　　　　　　　　　C．1.5 倍

　答案：B

　依据：《电力建设施工质量验收及评价规程　第 2 部分：锅炉机组》DL/T 5210.2—2009，条款号　表 4.4.89

5. **试题：**循环流化床锅炉的整体风压分为两个系统分别进行检查验收，即锅炉烟风系统风压试验和流化风系统风压试验。其试验压力为（　　），质量标准及检验方法与常规锅炉相同。

　A．50mmH$_2$O　　　　　　　B．100kPa　　　　　　　　C．设计工作压力

　答案：C

　依据：《电力建设施工质量验收及评价规程　第 2 部分：锅炉机组》DL/T 5210.2—2009，条款号　表 4.15.22

四、多选题（下列试题中，至少有 2 项是标准原文规定的正确答案，请将正确答案填在括号内）

1. **试题：**锅炉烟、风系统严密性试验前应具备的条件有：（　　　）。
   A．锅炉本体、烟风系统、高压流化风系统及播煤风系统安装完毕，验收合格
   B．送风机、引风机、一次风机、二次风机、高压流化风机及播煤风机等应分部试运合格
   C．落煤口、二次风口及返料口完好，风帽安装牢固，无损坏、堵塞现象
   D．烟风系统中的热工取源测点全部安装完毕
   答案：ABCD
   依据：《循环流化床锅炉施工及质量验收规范》GB 50972—2014，条款号　11.1.2

2. **试题：**循环流化床锅炉施工时，烟风系统严密性试验应分区段进行。一般可分为锅炉本体风压试验、（　　　）。
   A．一次风系统风压试验
   B．二次风系统风压试验
   C．暖风器系统试验
   D．高压流化风系统风压试验
   答案：ABD
   依据：《循环流化床锅炉施工及质量验收规范》GB 50972—2014，条款号　11.2.1

3. **试题：**炉膛及烟风系统整体密封性试验已包括：（　　　）。
   A．锅炉炉膛
   B．尾部烟道及空气预热器
   C．烟风煤粉管道
   D．脱硝装置、除尘器及烟风系统辅机设备
   答案：ABCD
   依据：《电力建设施工技术规范　第 2 部分：锅炉机组》DL 5190.2—2012，条款号　7.4.1

4. **试题：**炉膛及烟风系统整体密封性试验范围应包括：（　　　）。
   A．锅炉炉膛、尾部竖井及空气预热器
   B．烟、风、煤粉管道
   C．脱硝装置、除尘器及烟风系统辅机设备
   D．脱硫装置
   答案：ABC
   依据：《电力建设施工技术规范　第 2 部分：锅炉机组》DL 5190.2—2012，条款号　7.4.1

第四节　锅炉燃油设备及系统管道

一、填空题（下列试题中，请将标准原条文规定的正确答案填在横线处）

1. **试题**：燃油系统吹扫合格后应进行全系统油循环清洗及试验，油系统循环结束后应_____过滤器。
   答案：清扫
   依据：《循环流化床锅炉施工及质量验收规范》GB 50972—2014，条款号　9.6.10

2. **试题**：燃油系统应按设计一次建成，否则应留有安全可靠的_____过渡措施。
   答案：隔离
   依据：《电力建设施工技术规范　第 2 部分：锅炉机组》DL 5190.2—2012，条款号　9.1.2

3. **试题**：燃油系统设备及管道的阀门在安装前应经_____工作压力的水压试验；安装应保证阀腔清洁和方向正确。
   答案：1.5 倍
   依据：《电力建设施工技术规范　第 2 部分：锅炉机组》DL 5190.2—2012，条款号　9.1.4

4. **试题**：燃油系统卸油管道通过混凝土或砖砌体墙壁处，应按设计装有_____套管。
   答案：预埋
   依据：《电力建设施工技术规范　第 2 部分：锅炉机组》DL 5190.2—2012，条款号　9.2.2

5. **试题**：燃油系统供油设备及泵房施工时，加热器地脚螺栓与支座孔间的_____间隙和方向应符合设计图纸规定。
   答案：膨胀
   依据：《电力建设施工技术规范　第 2 部分：锅炉机组》DL 5190.2—2012，条款号　9.4.4

6. **试题**：燃油系统供油设备及泵房管道的排空气管、排油管、轴承或轴封冷却水管等应引入预埋的排放母管分别排至室外油水_____，不得排至室内地面或地沟。
   答案：分离池
   依据：《电力建设施工技术规范　第 2 部分：锅炉机组》DL 5190.2—2012，条款号　9.4.6

7. **试题**：厂区燃油管道的保温应在燃油管和伴热管_____试验全部完成后进行。

答案：水压

依据：《电力建设施工技术规范 第 2 部分：锅炉机组》DL 5190.2—2012，条款号
9.5.5

8. 试题：锅炉房燃油管道施工时，穿墙或穿过平台楼板的管道应按图装设预埋套管，管
道的____不应留在预埋套管以内。

答案：焊口

依据：《电力建设施工技术规范 第 2 部分：锅炉机组》DL 5190.2—2012，条款号
9.6.1

9. 试题：燃油操作台不宜采用____方式连接的阀门，如设计必要时系统设置应考虑有阀
门更换时的隔离和吹扫措施。

答案：焊接

依据：《电力建设施工技术规范 第 2 部分：锅炉机组》DL 5190.2—2012，条款号
9.6.3

10. 试题：燃油系统管道安装结束后应采用____或压缩空气吹扫，吹扫前止回阀芯、调
整阀芯等应取出；油量测量装置应以临时短管代替。

答案：蒸汽

依据：《电力建设施工技术规范 第 2 部分：锅炉机组》DL 5190.2—2012，条款号
9.7.2

11. 试题：燃油系统的防雷和防静电设施应在系统____前按设计安装、检测、试验完毕
并经验收合格。

答案：受油

依据：《电力建设施工技术规范 第 2 部分：锅炉机组》DL 5190.2—2012，条款号
9.8.3（强条）

12. 试题：油区投入使用前，必须建立油区防火管理制度，并有____维护管理。

答案：专人

依据：《电力建设施工技术规范 第 2 部分：锅炉机组》DL 5190.2—2012，条款号
9.8.6

13. 试题：油区围栏完整并设有警告____。

答案：标志

依据：《电力建设施工技术规范 第 2 部分：锅炉机组》DL 5190.2—2012，条款号
9.8.7

14. 试题：炉前燃油母管及至各燃烧器的支管布置应充分考虑锅炉____的补偿。

答案：膨胀量

依据：《火力发电厂油气管道设计规程》DL/T 5204—2005，条款号　4.3.11

15. 试题：燃油泵房内应设油泵和电机的检修起吊设施，电动葫芦应采用____电机。

答案：防爆

依据：《火力发电厂油气管道设计规程》DL/T 5204—2005，条款号　4.5.10

16. 试题：燃油管道应在最高点设置____管，在最低部位设置排油管。

答案：放气

依据：《火力发电厂油气管道设计规程》DL/T 5204—2005，条款号　4.9.4

17. 试题：压缩空气应根据系统和用气设备的要求，设置____装置和净化装置，减少或去除压缩空气中的水分、灰尘和油粒等杂质。

答案：干燥

依据：《火力发电厂油气管道设计规程》DL/T 5204—2005，条款号　7.3.1

18. 试题：压缩空气干燥装置和净化装置应配置自动____，其冷凝水应收集后排入含油污水处理系统进行处理。

答案：排水器

依据：《火力发电厂油气管道设计规程》DL/T 5204—2005，条款号　7.3.5

19. 试题：可燃气体管道应设置____装置。

答案：检漏

依据：《火力发电厂油气管道设计规程》DL/T 5204—2005，条款号　8.1.8

20. 试题：燃油系统的卸油设施、油罐等必须设置____装置和接地装置，以防雷击和静电。

答案：避雷

依据：《火力发电厂油气管道设计规程》DL/T 5204—2005，条款号　10.4.2

21. 试题：燃油管道、润滑油管道安装完毕后应采用清水作介质进行强度试验，强度试验压力为设计压力的____倍，且不得小于 0.2MPa。

答案：1.5

依据：《火力发电厂油气管道设计规程》DL/T 5204—2005，条款号　11.2.2

二、判断题（判断下列试题是否正确。正确的在括号内打"√"，错误的在括号内打"×"）

1. 试题：安置在多层或高层建筑物内的锅炉，燃料供应管路应采用无缝钢管，焊接时应采用氩弧焊封底。（　　）

答案：√

依据：《水管锅炉 第 8 部分：安装与运行》GB/T 16507.8—2013，条款号 4.9

2. **试题：**燃油点火系统调节阀的进、出口方向应符合设备技术文件要求，密封应严密，阀杆转动应灵活，开度指示应与实际沿开启方向预装 30°。（　　）

答案：×

依据：《循环流化床锅炉施工及质量验收规范》GB 50972—2014，条款号 9.6.6

3. **试题：**锅炉油系统管道布置不得阻碍锅炉燃烧器的膨胀，阀门布置位置应便于操作，吹扫阀应远离油管。（　　）

答案：×

依据：《循环流化床锅炉施工及质量验收规范》GB 50972—2014，条款号 9.6.7

4. **试题：**燃油系统设备及管道安装前必须进行管内蒸汽清扫，清除锈皮和杂物。（　　）

答案：×

依据：《电力建设施工技术规范 第 2 部分：锅炉机组》DL 5190.2—2012，条款号 9.1.6

5. **试题：**燃油系统设备及管道施工时，如需在管道上开孔，应采用火焰切割开孔，防止铁屑落入管内。（　　）

答案：×

依据：《电力建设施工技术规范 第 2 部分：锅炉机组》DL 5190.2—2012，条款号 9.1.6

6. **试题：**直埋燃油管道焊口部位的防腐工作应在管道经 1.5 倍工作压力水压试验合格后进行。（　　）

答案：√

依据：《电力建设施工技术规范 第 2 部分：锅炉机组》DL 5190.2—2012，条款号 9.1.8（强条）

7. **试题：**燃油管道支吊架管部宜采用管夹式结构，不宜采用焊接吊耳。（　　）

答案：√

依据：《电力建设施工技术规范 第 2 部分：锅炉机组》DL 5190.2—2012，条款号 9.1.10

8. **试题：**燃油系统设备及管道中的卸油栈台上管道的安装必须在土建构筑物竣工验收合格后进行。（　　）

答案：√

依据：《电力建设施工技术规范 第 2 部分：锅炉机组》DL 5190.2—2012，条款号 9.2.1

9. **试题**：燃油系统设备及管道中的钢制卸油母管应按图纸规定的坡度安装。（　　）

　　答案：√

　　依据：《电力建设施工技术规范　第 2 部分：锅炉机组》DL 5190.2—2012，条款号 9.2.3

10. **试题**：燃油系统中卸油装置范围内的设备及管道的布置不得妨碍油车的通行。（　　）

　　答案：√

　　依据：《电力建设施工技术规范　第 2 部分：锅炉机组》DL 5190.2—2012，条款号 9.2.5

11. **试题**：燃油系统油罐的检查孔和量油孔的开闭应灵活，结合面上的垫圈应紧固严密。（　　）

　　答案：√

　　依据：《电力建设施工技术规范　第 2 部分：锅炉机组》DL 5190.2—2012，条款号 9.3.2

12. **试题**：燃油系统油罐的油位标尺表面应平整、刻度准确清晰，指针上下无卡涩。（　　）

　　答案：√

　　依据：《电力建设施工技术规范　第 2 部分：锅炉机组》DL 5190.2—2012，条款号 9.3.2

13. **试题**：燃油系统管道与油罐连接的供回油管、卸油管、蒸汽管道等均应采用金属软管柔性连接，金属软管可不参加系统水压试验。（　　）

　　答案：×

　　依据：《电力建设施工技术规范　第 2 部分：锅炉机组》DL 5190.2—2012，条款号 9.3.2

14. **试题**：重油或渣油加热器安装前应进行水压试验，试验压力应为加热器工作压力的 1.1 倍。（　　）

　　答案：×

　　依据：《电力建设施工技术规范　第 2 部分：锅炉机组》DL 5190.2—2012，条款号 9.4.3

15. **试题**：燃油系统施工时，管道与设备不得强力对接，不得将焊渣、熔渣及其他杂物等落进设备及管道内。（　　）

　　答案：√

　　依据：《电力建设施工技术规范　第 2 部分：锅炉机组》DL 5190.2—2012，条款号 9.4.5

16. **试题**：厂区燃油管道的支架应按设计要求逐个设置可靠的接地线接入地网。（　　）

    答案：×

    依据：《电力建设施工技术规范　第 2 部分：锅炉机组》DL 5190.2—2012，条款号 9.5.2

17. **试题**：厂区燃油管道的固定支架、滑动支架、导向支架应严格按设计施工，不得阻碍管系自由膨胀。（　　）

    答案：√

    依据：《电力建设施工技术规范　第 2 部分：锅炉机组》DL 5190.2—2012，条款号 9.5.3

18. **试题**：厂区燃油管道的排油管可以接入全厂排水系统，排出口不得朝向设备或建筑物。（　　）

    答案：×

    依据：《电力建设施工技术规范　第 2 部分：锅炉机组》DL 5190.2—2012，条款号 9.5.6（强条）

19. **试题**：燃油操作台管道布置应符合设计要求，管线走向合理美观，便于维护检修，设计有保温的燃油管道应预留足够的保温空间。（　　）

    答案：√

    依据：《电力建设施工技术规范　第 2 部分：锅炉机组》DL 5190.2—2012，条款号 9.6.2

20. **试题**：锅炉房燃油管道的燃油速断阀、调节阀安装应符合厂家技术文件要求，进、出口方向应正确，动作灵活，密封良好。（　　）

    答案：√

    依据：《电力建设施工技术规范　第 2 部分：锅炉机组》DL 5190.2—2012，条款号 9.6.4

21. **试题**：燃油系统受油前，受油范围内的土建和安装工程应全部结束，并经验收合格。（　　）

    答案：√

    依据：《电力建设施工技术规范　第 2 部分：锅炉机组》DL 5190.2—2012，条款号 9.8.1

22. **试题**：燃油系统受油前应有可靠的加热汽源。（　　）

    答案：√

    依据：《电力建设施工技术规范　第 2 部分：锅炉机组》DL 5190.2—2012，条款号 9.8.2

23. **试题**：燃油系统受油前，油区的照明和通信设施已具备使用条件。（　　）

 答案：√

 依据：《电力建设施工技术规范　第 2 部分：锅炉机组》DL 5190.2—2012，条款号 9.8.4

24. **试题**：燃油系统受油前应进行全面检查，所有阀门的开关状态应符合要求，系统内所有的阀门都应挂牌。（　　）

 答案：√

 依据：《电力建设施工技术规范　第 2 部分：锅炉机组》DL 5190.2—2012，条款号 9.8.8

25. **试题**：若电厂留有扩建条件时，燃油系统设计应充分考虑电厂扩建时对燃油系统、设备和管道的影响和要求。（　　）

 答案：√

 依据：《火力发电厂油气管道设计规程》DL/T 5204—2005，条款号　4.1.6

26. **试题**：当燃油系统采用带有抽真空辅助系统的强力抽卸方式时，应保证卸油管道系统严密，减少法兰连接，以保证卸油速度。（　　）

 答案：√

 依据：《火力发电厂油气管道设计规程》DL/T 5204—2005，条款号　4.2.4

27. **试题**：与油罐相连接的油管，应设带法兰的金属软管或金属补偿器与油罐连接。（　　）

 答案：√

 依据：《火力发电厂油气管道设计规程》DL/T 5204—2005，条款号　4.3.4

28. **试题**：当采用螺杆式或齿轮供油泵时，应在加热器之后的管道上设油压调整旁路，回油至油罐。（　　）

 答案：×

 依据：《火力发电厂油气管道设计规程》DL/T 5204—2005，条款号　4.3.7

29. **试题**：供油管道应设置供油泵调试回油措施，宜在供油母管和回油母管之间设置旁路管道和阀门。（　　）

 答案：√

 依据：《火力发电厂油气管道设计规程》DL/T 5204—2005，条款号　4.3.10

30. **试题**：燃油管道的清扫管路应从油管下部接入，清扫管上的关断门应尽量靠近油管。（　　）

 答案：×

依据:《火力发电厂油气管道设计规程》DL/T 5204—2005,条款号 4.3.12

31. 试题:油罐设计厚度应考虑计算厚度和周围大气环境对油罐的腐蚀裕量。( )
    答案:√
    依据:《火力发电厂油气管道设计规程》DL/T 5204—2005,条款号 4.4.5

32. 试题:燃油管道伴热保温时,可根据实际情况选用蒸汽外伴热或电伴热方式,经技术论证也可采用其他伴热方式。( )
    答案:√
    依据:《火力发电厂油气管道设计规程》DL/T 5204—2005,条款号 4.8.3

33. 试题:油罐区卸油总管和供油总管应布置在油罐防火堤之内。( )
    答案:×
    依据:《火力发电厂油气管道设计规程》DL/T 5204—2005,条款号 4.9.2

34. 试题:燃油系统管道当转弯夹角小于150°时,管道应采用自补偿;当大于等于150°时,管道不宜采用自补偿,在管道转弯处应设固定支架。( )
    答案:√
    依据:《火力发电厂油气管道设计规程》DL/T 5204—2005,条款号 4.9.3

35. 试题:露天布置的燃油管道,其放油管和放空气管的一次门前管段应尽量延长,以将阀门布置在便于操作的位置。( )
    答案:×
    依据:《火力发电厂油气管道设计规程》DL/T 5204—2005,条款号 4.9.5

36. 试题:燃油管道应采用铸铁阀门,不得采用锻钢或铸钢阀门。( )
    答案:×
    依据:《火力发电厂油气管道设计规程》DL/T 5204—2005,条款号 4.10.1

37. 试题:燃油管道阀门垫片应选用耐油垫片,禁止使用塑料垫、橡皮垫和石棉垫。( )
    答案:√
    依据:《火力发电厂油气管道设计规程》DL/T 5204—2005,条款号 4.10.5

38. 试题:螺杆式空气压缩机的吸气口可设在室内或室外,活塞式空气压缩机的吸气口应设在室外,并设防雨措施。( )
    答案:√
    依据:《火力发电厂油气管道设计规程》DL/T 5204—2005,条款号 7.2.5

39. **试题**：油罐区空压机站宜为独立建筑，当空气压缩机站与其他建筑物毗连或合建时，应用墙壁隔开。（   ）

    答案：√

    依据：《火力发电厂油气管道设计规程》DL/T 5204—2005，条款号 7.2.7

40. **试题**：油气管道水平弯管两侧的支吊架应将其中一个设置在弯管较短的一侧直管上，距弯管起弧点宜为 200mm～500mm。（   ）

    答案：×

    依据：《火力发电厂油气管道设计规程》DL/T 5204—2005，条款号 9.1.1

41. **试题**：油罐区域的电气设施均应选用防爆型，电力线路必须是电缆或暗线，不得采用架空线。（   ）

    答案：√

    依据：《火力发电厂油气管道设计规程》DL/T 5204—2005，条款号 10.3.2

42. **试题**：规格较大的燃油管道、润滑油管道焊接应采用氩弧打底焊接，直径小于 50mm 的油管道可直接采用手动焊条电弧焊工艺。（   ）

    答案：×

    依据：《火力发电厂油气管道设计规程》DL/T 5204—2005，条款号 11.1.1

43. **试题**：在油罐与外部管道连接之前，油罐应作满容积的灌油试验，用于检查油罐泄漏和基础均匀沉降。（   ）

    答案：×

    依据：《火力发电厂油气管道设计规程》DL/T 5204—2005，条款号 11.2.3

44. **试题**：燃油系统管道清扫结束后应进行油循环试验，循环时间宜不少于 20 天。（   ）

    答案：×

    依据：《火力发电厂油气管道设计规程》DL/T 5204—2005，条款号 11.3.2

三、单选题（下列试题中，只有 1 项是标准原文规定的正确答案，请将正确答案填在括号内）

1. **试题**：循环流化床锅炉施工时，燃油（气）管道的焊缝应采用（   ）工艺。

   A．全氩弧焊   B．氩弧焊打底   C．电焊

   答案：B

   依据：《循环流化床锅炉施工及质量验收规范》GB 50972—2014，条款号 9.6.3

2. **试题**：燃油（气）系统安装结束后，水压试验的压力应符合设计技术文件要求，无要求时应按管道设计压力的 1.5 倍；渗漏试验压力应为设计压力，试验介质应采用

（　　）。

A．油　　　　　　　　　B．水　　　　　　　　　C．空气

答案：C

依据：《循环流化床锅炉施工及质量验收规范》GB 50972—2014，条款号 9.6.8
（强条）

3. **试题：**点火油枪安装时，油枪的金属软管的最小弯曲半径应大于其外径的（　　），
油枪进退时金属软管应不产生扭曲变形。

A．6 倍　　　　　　　　B．10 倍　　　　　　　　C．8 倍

答案：B

依据：《电力建设施工技术规范　第 2 部分：锅炉机组》DL 5190.2—2012，条款号
4.6.6

4. **试题：**点火油枪安装时，油枪的金属软管接头至开始弯曲处的最小距离应大于其外径
的（　　）。

A．6 倍　　　　　　　　B．10 倍　　　　　　　　C．12 倍

答案：A

依据：《电力建设施工技术规范　第 2 部分：锅炉机组》DL 5190.2—2012，条款号
4.6.6

5. **试题：**燃油系统的设备、管道、阀门及的管件规格和材质应符合设计图纸要求，燃油
管道不应采用（　　）阀门。

A．碳钢　　　　　　　　B．不锈钢　　　　　　　C．铸铁

答案：C

依据：《电力建设施工技术规范　第 2 部分：锅炉机组》DL 5190.2—2012，条款号
9.1.3

6. **试题：**燃油系统管道的焊接应采用（　　）工艺。

A．电弧焊　　　　　　　B．全氩弧焊　　　　　　C．氩弧焊打底

答案：C

依据：《电力建设施工技术规范　第 2 部分：锅炉机组》DL 5190.2—2012，条款号
9.1.7

7. **试题：**燃油系统设备及管道的接地和防静电措施应按设计要求施工。阀门法兰或其他
非焊接方式的连接处应有可靠的（　　）。

A．接地　　　　　　　　B．防雷接地　　　　　　C．防静电跨接

答案：C

依据：《电力建设施工技术规范　第 2 部分：锅炉机组》DL 5190.2—2012，条款号
9.1.9

8. **试题：**燃油系统的卸油装置内的加热器或加热管道安装后应经（　　）工作压力的水压试验合格。

A．1.1 倍　　　　　　　　　B．1.25 倍　　　　　　　　　C．1.5 倍

答案：B

依据：《电力建设施工技术规范　第 2 部分：锅炉机组》DL 5190.2—2012，条款号 9.2.4

9. **试题：**燃油系统油罐的管束式加热器的补偿方式应符合图纸规定，疏水坡度应与（　　）疏水坡度协调，完毕后应经 1.25 倍工作压力的水压试验合格。

A．油管　　　　　　　　　　B．母管　　　　　　　　　　C．放气管

答案：B

依据：《电力建设施工技术规范　第 2 部分：锅炉机组》DL 5190.2—2012，条款号 9.3.2

10. **试题：**燃油系统油罐中低位布置的回油管宜引至罐体中心并（　　），防止供油短路。

A．上扬　　　　　　　　　　B．水平　　　　　　　　　　C．向下

答案：A

依据：《电力建设施工技术规范　第 2 部分：锅炉机组》DL 5190.2—2012，条款号 9.3.2

11. **试题：**燃油油罐油位测量装置的浮子应经（　　）试验，导向轨平行度垂直度符合设计图纸要求，钢丝绳连接牢固，导向滑轮无卡涩。

A．重力　　　　　　　　　　B．浮力　　　　　　　　　　C．严密性

答案：C

依据：《电力建设施工技术规范　第 2 部分：锅炉机组》DL 5190.2—2012，条款号 9.3.2

12. **试题：**燃油系统设备及管道施工时，油罐附件的安装应符合下列规定：与油罐连接的供回油管、卸油管、蒸汽管道等均应采用金属软管柔性连接，金属软管应参加（　　）试验。

A．灌水　　　　　　　　　　B．蒸汽严密性　　　　　　　C．系统水压

答案：C

依据：《电力建设施工技术规范　第 2 部分：锅炉机组》DL 5190.2—2012，条款号 9.3.2

13. **试题：**燃油油罐封闭前应对内部进行全面清理检查，办理（　　）。

A．安装签证　　　　　　　　B．隐蔽签证　　　　　　　　C．清理签证

答案：B

依据：《电力建设施工技术规范 第 2 部分：锅炉机组》DL 5190.2—2012，条款号 9.3.3

14. **试题：** 厂区燃油管道应按图纸装设蒸汽或空气吹扫管，吹扫管道与燃油管道接口处应装有两个（　　），一个止回阀。

　　A．调节阀　　　　　　　　B．关断阀　　　　　　　C．减压阀

　　答案： B

　　依据：《电力建设施工技术规范 第 2 部分：锅炉机组》DL 5190.2—2012，条款号 9.5.4

15. **试题：** 炉前燃油母管及至各燃烧器的分支管安装时，阀门布置便于操作，同一用途的阀门位置力求一致，吹扫阀应靠近（　　）。

　　A．油管　　　　　　　　　B．蒸汽管　　　　　　　C．压缩空气管

　　答案： A

　　依据：《电力建设施工技术规范 第 2 部分：锅炉机组》DL 5190.2—2012，条款号 9.6.5

16. **试题：** 燃油系统安装结束后，所有管道必须经水压试验合格，并应办理签证，水压试验的压力符合设计规定，无规定时按管道设计压力的（　　）倍。

　　A．1.1　　　　　　　　　B．1.25　　　　　　　　C．1.5

　　答案： C

　　依据：《电力建设施工技术规范 第 2 部分：锅炉机组》DL 5190.2—2012，条款号 9.7.1（强条）

17. **试题：** 燃油系统管道安装结束后应采用蒸汽吹扫，吹扫次数应最少不少于（　　），两次间隔时间应以管壁温度冷却至常温为宜，直至吹出介质洁净为合格。

　　A．2 次　　　　　　　　　B．3 次　　　　　　　　C．4 次

　　答案： A

　　依据：《电力建设施工技术规范 第 2 部分：锅炉机组》DL 5190.2—2012，条款号 9.7.2

18. **试题：** 锅炉首次点火前燃油系统应进行全系统油循环通油试验，油循环时间应最少不小于（　　），结束后应清扫过滤器并办理签证。

　　A．8h　　　　　　　　　　B．12h　　　　　　　　C．24h

　　答案： A

　　依据：《电力建设施工技术规范 第 2 部分：锅炉机组》DL 5190.2—2012，条款号 9.7.3

19. **试题：** 油罐到卸油或供油母管的防火堤内外两侧支管上应各设一个支管防火关断阀，

堤内关断阀应尽量靠近（　　　）。

　　A．油罐　　　　　　　　　B．防火堤　　　　　　　　　C．平台

　　答案： A

　　依据：《火力发电厂油气管道设计规程》DL/T 5204—2005，条款号　4.3.3

20．**试题：** 每台锅炉的供油母管上应设快速切断阀、压力调节阈和流量测量装置。为便于监测锅炉燃油的使用量，每台锅炉的回油母管上应设（　　　）。

　　A．压力调节阀　　　　　　B．快速切断阀　　　　　　C．流量测量装置

　　答案： C

　　依据：《火力发电厂油气管道设计规程》DL/T 5204—2005，条款号　4.3.9

21．**试题：** 当多台锅炉燃油系统的回油接至一根回油总管时，每台锅炉的回油母管上应设（　　　）。

　　A．压力调节阀　　　　　　B．快速切断阀　　　　　　C．关断阀

　　答案： B

　　依据：《火力发电厂油气管道设计规程》DL/T 5204—2005，条款号　4.3.9

22．**试题：** 贮存轻柴油、原油的油罐应装设（　　　）。

　　A．呼吸阀　　　　　　　　B．透气孔　　　　　　　　C．安全阀

　　答案： A

　　依据：《火力发电厂油气管道设计规程》DL/T 5204—2005，条款号　4.4.7

23．**试题：** 贮存重柴油、重油、润滑油的油罐应装设（　　　）和阻火器。

　　A．呼吸阀　　　　　　　　B．透气孔　　　　　　　　C．安全阀

　　答案： B

　　依据：《火力发电厂油气管道设计规程》DL/T 5204—2005，条款号　4.4.7

24．**试题：** 油罐不得采用（　　　）液位计。

　　A．浮子　　　　　　　　　B．玻璃管　　　　　　　　C．超声波

　　答案： B

　　依据：《火力发电厂油气管道设计规程》DL/T 5204—2005，条款号　4.4.7

25．**试题：** 油罐油位测量装置、油位计的浮标与绳子接触的部位宜采用（　　　）制作。

　　A．碳钢　　　　　　　　　B．不锈钢　　　　　　　　C．铜材

　　答案： C

　　依据：《火力发电厂油气管道设计规程》DL/T 5204—2005，条款号　4.4.8

26．**试题：** 油罐的出油接口法兰应高于罐底（　　　），油罐底部应设排水、排污油管接口。

A．300mm～400mm   B．200mm～300mm   C．100mm～200mm

答案：A

依据：《火力发电厂油气管道设计规程》DL/T 5204—2005，条款号 4.4.12

27. 试题：离心油泵用作卸油泵时，应增设（   ）。

A．多级泵   B．升压泵   C．真空泵

答案：C

依据：《火力发电厂油气管道设计规程》DL/T 5204—2005，条款号 4.5.3

28. 试题：油泵房内油泵单排布置时，油泵或电动机端部至墙壁或柱子的净距不宜小于（   ）m。

A．0.5   B．1.0   C．1.5m

答案：C

依据：《火力发电厂油气管道设计规程》DL/T 5204—2005，条款号 4.5.8

29. 试题：油泵房内相邻油泵机座之间的净距，应不小于较大油泵机座宽度的（   ）倍。

A．1.0   B．1.5   C．1.25

答案：B

依据：《火力发电厂油气管道设计规程》DL/T 5204—2005，条款号 4.5.8

30. 试题：对施工环境温度低于－20℃时，应对燃油系统的钢管和管道附件材料提出（   ）要求。

A．刚性   B．韧性   C．强度

答案：B

依据：《火力发电厂油气管道设计规程》DL/T 5204—2005，条款号 4.6.6

31. 试题：燃油管道采用蒸汽清扫时，蒸汽压力宜为 0.6MPa～0.8MPa，蒸汽温度应小于（   ）。

A．300℃   B．250℃   C．350℃

答案：B

依据：《火力发电厂油气管道设计规程》DL/T 5204—2005，条款号 4.7.3

32. 试题：燃油管道应根据（   ）和环境温度采用不同的伴热保温方式。

A．燃油品种   B．运行参数   C．系统布置

答案：A

依据：《火力发电厂油气管道设计规程》DL/T 5204—2005，条款号 4.8.2

33. 试题：伴热的燃油管道伴热升温后的燃油温度应根据其（   ）确定，轻柴油不应

超过 45℃，重柴油不应超过 65℃，重油不宜超过 80℃。

A．燃点　　　　　　　　　B．闭口闪点　　　　　　　　C．开口闪点

答案：B

依据：《火力发电厂油气管道设计规程》DL/T 5204—2005，条款号　4.8.4

34．**试题**：在南方或高温地区，金属油罐应设置油罐（　　）措施。

A．降温　　　　　　　　　B．保温　　　　　　　　　　C．加热

答案：A

依据：《火力发电厂油气管道设计规程》DL/T 5204—2005，条款号　4.8.7

35．**试题**：压缩空气系统储气罐上应装设安全阀，储气罐与空气压缩机之间的管道上应装设（　　）。

A．止回阀　　　　　　　　B．调节阀　　　　　　　　　C．减压阀

答案：A

依据：《火力发电厂油气管道设计规程》DL/T 5204—2005，条款号　7.2.6

36．**试题**：压缩空气干燥、净化装置应便于运行操作，满足设备检修所需距离的要求，设备之间净距不小于（　　），设备与建筑内墙壁净距不小于 1m。

A．1m　　　　　　　　　　B．1.5m　　　　　　　　　　C．1.2m

答案：B

依据：《火力发电厂油气管道设计规程》DL/T 5204—2005，条款号　7.3.6

37．**试题**：从压缩空气母管至各用气区域的压缩空气支管上应设（　　），至各用气点接管应设关断阀。

A．止回阀　　　　　　　　B．关断阀　　　　　　　　　C．减压阀

答案：B

依据：《火力发电厂油气管道设计规程》DL/T 5204—2005，条款号　7.4.5

38．**试题**：对高压汽水系统充氮，充氮管道应串联两个高压（　　）。

A．截止阀　　　　　　　　B．闸阀　　　　　　　　　　C．减压阀

答案：A

依据：《火力发电厂油气管道设计规程》DL/T 5204—2005，条款号　8.4.2

39．**试题**：二氧化碳管道应采用（　　）。

A．不锈钢管　　　　　　　B．有缝钢管　　　　　　　　C．无缝钢管

答案：C

依据：《火力发电厂油气管道设计规程》DL/T 5204—2005，条款号　8.5.3

40．**试题**：火力发电厂油气管道支吊架的布置应符合下列规定：支吊架与管道焊缝或法

兰之间的净距不得小于（　　）。

A．150mm　　　　　　　B．100mm　　　　　　　C．120mm

答案：A

依据：《火力发电厂油气管道设计规程》DL/T 5204—2005，条款号　9.1.1

41. 试题：火力发电厂在钢梁上生根油气管道支吊架时，不应设置荷载较大的单悬臂支吊架，同时悬臂长度应不大于（　　）。

A．800mm　　　　　　　B．1000mm　　　　　　C．1200mm

答案：A

依据：《火力发电厂油气管道设计规程》DL/T 5204—2005，条款号　9.1.7

42. 试题：油罐区周围必须设有（　　）的消防通道，应设置满足要求的消防设施。油罐区域应设置隔离围墙或栅栏。

A．单向　　　　　　　　B．双向　　　　　　　　C．环形

答案：C

依据：《火力发电厂油气管道设计规程》DL/T 5204—2005，条款号　10.3.3

43. 试题：架空布置的燃油管道应设置可靠的接地装置，每隔（　　）接地一次。

A．10m～15m　　　　　B．10m～20m　　　　　C．20m～25m

答案：C

依据：《火力发电厂油气管道设计规程》DL/T 5204—2005，条款号　10.4.3

44. 试题：有爆炸危险环境内，可能产生静电危害的设备和油气管道，应设置（　　）。

A．防静电接地　　　　　B．防雷接地　　　　　　C．防爆装置

答案：A

依据：《火力发电厂油气管道设计规程》DL/T 5204—2005，条款号　10.4.7

45. 试题：锅炉油、气燃烧器的金属软管弯曲半径应大于外径的 10 倍，接头至开始弯曲处最小距离应大于外径的（　　）。

A．3 倍　　　　　　　　B．5 倍　　　　　　　　C．6 倍

答案：C

依据：《电力建设施工质量验收及评价规程　第 2 部分：锅炉机组》DL/T 5210.2—2009，条款号　4.4.47

46. 试题：燃油系统管道安装结束后应采用蒸汽吹扫，吹扫次数不少于（　　）。

A．2 次　　　　　　　　B．3 次　　　　　　　　C．4 次

答案：A

依据：《火电工程达标投产验收规程》DL 5277—2012，条款号　4.3.2

四、多选题（下列试题中，至少有 2 项是标准原文规定的正确答案，请将正确答案填在括号内）

1. **试题**：燃油（气）速断阀安装，下列符合要求的选项是：（　　　）。

   A．进、出口方向符合设备技术文件要求

   B．安装时阀杆应垂直，密封面应严密

   C．安装时阀杆应水平，密封面应严密

   D．传动系统动作应灵活

   答案：ABD

   依据：《循环流化床锅炉施工及质量验收规范》GB 50972—2014，条款号　9.6.4

2. **试题**：关于油管道安装，下列说法正确的是：（　　　）。

   A．油罐至输油泵进口管道采用单母管

   B．油罐至输油泵进口母管宜采用地下布置

   C．输油泵出口至油处理设备的油管道宜采用母管制

   D．输油泵出口至油处理设备的油管道宜架空布置

   答案：ABCD

   依据：《燃气—蒸汽联合循环电厂设计规定》DL/T 5174—2003，条款号　7.1.3

3. **试题**：燃油油罐外与油罐连接的（　　　）等均应采用金属软管柔性连接，金属软管应参加系统水压试验。

   A．供回油管　　　　　　　　　　　　　　B．卸油管

   C．排污管　　　　　　　　　　　　　　　D．蒸汽管道

   答案：ABD

   依据：《电力建设施工技术规范　第 2 部分：锅炉机组》DL 5190.2—2012，条款号　9.3.2

4. **试题**：燃油系统泵房内的（　　　）管等应引入预埋的排放母管分别排至室外油水分离池，不得排至室内地面或地沟。

   A．排空气　　　　　　　　　　　　　　　B．排油

   C．轴承冷却水　　　　　　　　　　　　　D．轴封冷却水

   答案：ABCD

   依据：《电力建设施工技术规范　第 2 部分：锅炉机组》DL 5190.2—2012，条款号　9.4.6

5. **试题**：锅炉首次点火前燃油系统应进行全系统油循环通油试验，油循环试验中应进行下列试验工作：（　　　）。

   A．油泵的事故按钮试验

   B．油泵联锁、低油压自启动试验

C．燃油速断阀启闭及联动试验

D．油枪雾化试验

答案： ABC

依据：《电力建设施工技术规范　第 2 部分：锅炉机组》DL 5190.2—2012，条款号 9.7.3

6．**试题：** 关于卸油管道安装，下列正确的选项是：（　　）。

A．卸油栈台上的管道布置不得妨碍油罐车的通行

B．卸油鹤管的起落、转动应灵活，密封应良好

C．上部卸油鹤管应采用恺装橡胶软管，并接导静电铜丝

D．上部卸油鹤管应采用柔性好的软胶管，并接导静电铜丝

答案： ABC

依据：《火力发电厂油气管道设计规程》DL/T 5204—2005，条款号　4.2.5

7．**试题：** 油泵房内的管道安装，下列符合要求的是：（　　）。

A．管道设置拆卸分段法兰

B．清扫管、放油管应布置整齐美观

C．放气阀排出管出口方向应朝上，放油阀的排出管出口方向应朝下

D．放气阀和放油阀的排出管出口方向均应朝下

答案： ABD

依据：《火力发电厂油气管道设计规程》DL/T 5204—2005，条款号　4.5.9

8．**试题：** 燃油管道应设置坡度。卸油和供油管道应坡向油泵房，下列符合规定的有：（　　）。

A．轻油管道其坡度应不小于 0.003～0.005

B．重油管道其坡度应不小于 0.020

C．其他油管道其坡度应不小于 0.005

D．回油管道的坡度应比供油管道的坡度适当加大

答案： ABCD

依据：《火力发电厂油气管道设计规程》DL/T 5204—2005，条款号　4.9.6

9．**试题：** 燃油设备及管道性能检测检查，下列符合检查标准要求的是：（　　）。

A．燃油设备及管道系统严密，不存在跑、冒、滴、漏现象

B．油泵的实际出力应在设计出力规定的范围之内

C．油罐油位计动作灵活、准确

D．油罐安全阀定值准确、动作灵活

答案： ABCD

依据：《电力建设施工质量验收及评价规程　第 2 部分：锅炉机组》DL/T 5210.2—2009，条款号　5.8.2

第五节 锅炉辅助机械安装

一、填空题（下列试题中，请将标准原条文规定的正确答案填在横线处）

1. **试题**：离心空气压缩机的排气管上应装设止回阀和____阀，空气压缩机与止回阀之间，必须设置放空管，放空管上应装设防喘振调节阀和消声器。
   答案：切断
   依据：《压缩空气站设计规范》GB 50029—2014，条款号 3.0.15（强条）

2. **试题**：离心空气压缩机应设置____油箱或其他能够保证机器惰转时供油的设施。
   答案：高位
   依据：《压缩空气站设计规范》GB 50029—2014，条款号 3.0.16（强条）

3. **试题**：安装的机械设备、零部件和____材料，必须符合工程设计和其产品标准的规定，并应有合格证明。
   答案：主要
   依据：《机械设备安装工程施工及验收通用规范》GB 50231—2009，条款号 1.0.5（强条）

4. **试题**：机械设备平面位置安装基准线与基础实际轴线或与厂房墙、柱的实际轴线、边缘线的距离，其允许偏差为____。
   答案：±20mm
   依据：《机械设备安装工程施工及验收通用规范》GB 50231—2009，条款号 3.0.3

5. **试题**：地脚螺栓在安放前，应将____中的杂物清理干净。
   答案：预留孔
   依据：《机械设备安装工程施工及验收通用规范》GB 50231—2009，条款号 4.1.1

6. **试题**：机械设备胀锚螺栓的中心线至基础或构件边缘的距离不应小于胀锚螺栓的公称直径的____。
   答案：7 倍
   依据：《机械设备安装工程施工及验收通用规范》GB 50231—2009，条款号 4.1.3

7. **试题**：机械设备调平后，垫铁端面应露出设备底面外缘；平垫铁宜露出 10mm～30mm；斜垫铁宜露出____，垫铁组伸入设备底座底面的长度应超过设备地脚螺栓的中心。
   答案：10mm～50mm
   依据：《机械设备安装工程施工及验收通用规范》GB 50231—2009，条款号 4.2.5

8. **试题：**机械设备清洗的零件、部件应按装配或拆卸的____进行摆放，并妥善地保护。

   答案：程序

   依据：《机械设备安装工程施工及验收通用规范》GB 50231—2009，条款号 5.1.2

9. **试题：**机械设备加工装配表面上的防锈漆，应采用相应的稀释剂或____等溶剂进行清洗。

   答案：脱漆剂

   依据：《机械设备安装工程施工及验收通用规范》GB 50231—2009，条款号 5.1.6

10. **试题：**带有内腔的机械设备或部件在____前，应仔细检查和清理，其内部不得有任何异物。

    答案：封闭

    依据：《机械设备安装工程施工及验收通用规范》GB 50231—2009，条款号 5.1.11

11. **试题：**对安装后不易拆卸、检查、修理的油箱或水箱，装配前应作____检查。

    答案：渗漏

    依据：《机械设备安装工程施工及验收通用规范》GB 50231—2009，条款号 5.1.12

12. **试题：**风机的开箱检查，应按设备装箱单清点风机的零件、部件、配套件和____。

    答案：随机技术文件

    依据：《风机、压缩机、泵安装工程施工及验收规范》GB 50275—2010，条款号 2.1.1

13. **试题：**风机的开箱检查，应按____核对叶轮、机壳和其他部位的主要安装尺寸。

    答案：设计图样

    依据：《风机、压缩机、泵安装工程施工及验收规范》GB 50275—2010，条款号 2.1.1

14. **试题：**风机的开箱检查，风机型号、输送介质、进出口方向（或角度）和压力，应与工程____要求相符。

    答案：设计

    依据：《风机、压缩机、泵安装工程施工及验收规范》GB 50275—2010，条款号 2.1.1

15. **试题：**风机的开箱检查，叶轮旋转方向、定子导流叶片和整流叶片的角度及方向，应符合____的规定。

    答案：随机技术文件

    依据：《风机、压缩机、泵安装工程施工及验收规范》GB 50275—2010，条款号 2.1.1

16. **试题：**风机的开箱检查，风机外露部分各加工面应____。

   答案：无锈蚀

   依据：《风机、压缩机、泵安装工程施工及验收规范》GB 50275—2010，条款号 2.1.1

17. **试题：**风机的开箱检查，转子的叶轮和轴颈、齿轮的齿面和齿轮轴的轴颈等主要零件、部件应无碰伤和明显的____。

   答案：变形

   依据：《风机、压缩机、泵安装工程施工及验收规范》GB 50275—2010，条款号 2.1.1

18. **试题：**风机的开箱检查，外露测振部位表面检查后，应采取____措施。

   答案：保护

   依据：《风机、压缩机、泵安装工程施工及验收规范》GB 50275—2010，条款号 2.1.1

19. **试题：**风机搬运和吊装时，输送特殊介质的风机转子和机壳内涂有的____应妥善保护，不得损伤。

   答案：保护层

   依据：《风机、压缩机、泵安装工程施工及验收规范》GB 50275—2010，条款号 2.1.2

20. **试题：**轴承箱和油箱应经清洗清洁、检查合格后，加注润滑油；加注润滑油的____、数量应符合随机技术文件的规定。

   答案：规格

   依据：《风机、压缩机、泵安装工程施工及验收规范》GB 50275—2010，条款号 2.1.12

21. **试题：**破碎机机座的安装水平，横向不应大于____，纵向不应大于 0.50/1000。

   答案：0.10/1000

   依据：《破碎粉磨设备安装工程施工及验收规范》GB 50276—2010，条款号 7.0.1

22. **试题：**破碎粉磨机固定衬板的螺栓应垫____垫料和垫圈，不得泄漏料浆或料粉。

   答案：密封

   依据：《破碎粉磨设备安装工程施工及验收规范》GB 50276—2010，条款号 9.3.3

23. **试题：**破碎粉磨设备空负荷试运转前，安全保护装置必须符合随机技术文件的规定；试运转后，必须检查各接合部位，并拧紧____。

   答案：连接螺栓

依据：《破碎粉磨设备安装工程施工及验收规范》GB 50276—2010，条款号 13.0.2
（强条）

24. 试题：二次灌浆前应清除____螺栓表面的油污和铁锈。

    答案：地脚

    依据：《水泥基灌浆材料应用技术规范》GB/T 50448—2008，条款号 7.3.3

25. 试题：新装辅机设备和检修后的辅机设备在投运之前应进行油系统冲洗，将油系统全部设备及管道冲洗达到合格的____。

    答案：清洁度

    依据：《电厂辅机用油运行及维护管理导则》DL/T 290—2012，条款号 7.1

26. 试题：余热锅炉的辅助设备、附属机械及余热锅炉本体的仪表、阀门等附件____布置时，应根据环境条件和设备本身的要求考虑采取防雨、防冻、防腐等措施。

    答案：露天

    依据：《燃气–蒸汽联合循环电厂设计规定》DL/T 5174—2003，条款号 6.4.2

27. 试题：转动机械安装之前应认真核对设备铭牌、规格型号、传动方式和____方向，均应符合设计规定。

    答案：回转

    依据：《电力建设施工技术规范 第 2 部分：锅炉机组》DL 5190.2—2012，条款号 10.1.2

28. 试题：锅炉辅机进行设备解体检修时，应避免机械设备内部____暴露在露天环境中。

    答案：长时间

    依据：《电力建设施工技术规范 第 2 部分：锅炉机组》DL 5190.2—2012，条款号 10.1.3

29. 试题：对锅炉辅机进行解体检查时，厂家技术文件明确不允许现场解体检查的设备，应有明确的质量保证文件；对于未明确的设备，____应有厂商人员指导。

    答案：现场解体

    依据：《电力建设施工技术规范 第 2 部分：锅炉机组》DL 5190.2—2012，条款号 10.1.4

30. 试题：需保温的锅炉辅助机械，应经过____试验或经检查合格后方可进行保温。

    答案：密封性

    依据：《电力建设施工技术规范 第 2 部分：锅炉机组》DL 5190.2—2012，条款号 10.1.5

31. **试题：** 锅炉辅机辅助及电动机找正用临时调整螺栓宜在二次灌浆前＿＿＿＿，厂家有特殊要求的按厂家技术文件执行。

　　答案： 拆除

　　依据：《电力建设施工技术规范　第 2 部分：锅炉机组》DL 5190.2—2012，条款号 10.1.6

32. **试题：** 锅炉辅机基础混凝土强度应达到＿＿＿＿以上方可安装。

　　答案： 70%

　　依据：《电力建设施工技术规范　第 2 部分：锅炉机组》DL 5190.2—2012，条款号 10.2.1

33. **试题：** 锅炉辅机采用地脚螺栓固定的基础框架，螺帽拧紧后，螺栓螺纹应露出＿＿＿＿。

　　答案： 2 扣～3 扣

　　依据：《电力建设施工技术规范　第 2 部分：锅炉机组》DL 5190.2—2012，条款号 10.2.2

34. **试题：** 锅炉辅机采用水泥基灌浆材料进行二次灌浆时，埋置垫铁的标高应比设计值低＿＿＿＿。

　　答案： 0～2mm

　　依据：《电力建设施工技术规范　第 2 部分：锅炉机组》DL 5190.2—2012，条款号 10.2.3

35. **试题：** 锅炉辅机滑动轴承安装时，轴瓦在轴承外壳内不得转动，宜有＿＿＿＿的过盈（紧力）。

　　答案： 0.02mm～0.04mm

　　依据：《电力建设施工技术规范　第 2 部分：锅炉机组》DL 5190.2—2012，条款号 10.2.4

36. **试题：** 锅炉辅机滚动轴承安装时，轴承在轴颈上的装配紧力应符合设备技术文件的规定，内套与轴不得产生滑动，不得安放＿＿＿＿。

　　答案： 垫片

　　依据：《电力建设施工技术规范　第 2 部分：锅炉机组》DL 5190.2—2012，条款号 10.2.5

37. **试题：** 采用润滑脂润滑的滚动轴承的装油量，对于低速机械宜不大于整个轴承室容积的 2/3，对于 1500r/min 以上的机械不宜大于＿＿＿＿。

　　答案： 1/2

　　依据：《电力建设施工技术规范　第 2 部分：锅炉机组》DL 5190.2—2012，条款号 10.2.6

38. **试题：** 安装指销联轴器时，指销的金属部分与指销孔应吻合，胶圈应紧密地套在指销上，胶圈与指销孔应有＿＿间隙，指销螺栓应有防松装置。

    答案： 0.5mm～2mm

    依据：《电力建设施工技术规范 第 2 部分：锅炉机组》DL 5190.2—2012，条款号 10.2.7

39. **试题：** 锅炉辅机轴装配时应复查轴承轴颈的椭圆度和锥度，偏差值应符合设备技术文件规定，一般滑动轴承不大于直径的 1/1000，滚动轴承轴颈的直径偏差不大于＿＿。

    答案： 0.05mm

    依据：《电力建设施工技术规范 第 2 部分：锅炉机组》DL 5190.2—2012，条款号 10.2.8

40. **试题：** 锅炉辅机减速机安装时，检查齿轮与轴的装配情况，不得＿＿。

    答案： 松动

    依据：《电力建设施工技术规范 第 2 部分：锅炉机组》DL 5190.2—2012，条款号 10.2.9

41. **试题：** 链轮传动装置的两轴应＿＿，链轮与链条的配合应良好，转动灵活，无卡涩现象。

    答案： 平行

    依据：《电力建设施工技术规范 第 2 部分：锅炉机组》DL 5190.2—2012，条款号 10.2.10

42. **试题：** 锅炉辅机在二次灌浆层强度等级未达到设计强度等级的＿＿以前，不得进行紧地脚螺栓、对轮二次找正和连接管道等工作。

    答案： 70%

    依据：《电力建设施工技术规范 第 2 部分：锅炉机组》DL 5190.2—2012，条款号 10.2.11

43. **试题：** 锅炉辅机分部试运轴承工作温度应稳定，滑动轴承应不高于＿＿，滚动轴承应不高于 80℃。

    答案： 65℃

    依据：《电力建设施工技术规范 第 2 部分：锅炉机组》DL 5190.2—2012，条款号 10.2.12

44. **试题：** HP 型中速磨煤机侧机体、分离器顶盖、内圆锥、多出口装置、中心落煤管等都要根据＿＿孔进行安装。

    答案： 定位销

依据：《电力建设施工技术规范　第 2 部分：锅炉机组》DL 5190.2—2012，条款号
10.4.3

二、判断题（判断下列试题是否正确。正确的在括号内打"√"，错误的在括号内打"×"）

1. **试题：** 储气罐上可以不装设安全阀。（　　）
   答案： ×
   依据：《压缩空气站设计规范》GB 50029—2014，条款号　3.0.18（强条）

2. **试题：** 空气压缩机组的联轴器和皮带传动部分必须装设安全防护设施。（　　）
   答案： √
   依据：《压缩空气站设计规范》GB 50029—2014，条款号　4.0.14（强条）

3. **试题：** 相互有连接、衔接或排列关系的机械设备，应划定共同的安装基准线，并应按设备的具体要求埋设中心标板或基准点。（　　）
   答案： √
   依据：《机械设备安装工程施工及验收通用规范》GB 50231—2009，条款号　3.0.2

4. **试题：** 地脚螺栓任一部分与孔壁的间距不宜小于 15mm；地脚螺栓底端不应碰孔底。（　　）
   答案： √
   依据：《机械设备安装工程施工及验收通用规范》GB 50231—2009，条款号　4.1.1

5. **试题：** 安装胀锚螺栓的基础混凝土的抗压强度不应大于10MPa。（　　）
   答案： ×
   依据：《机械设备安装工程施工及验收通用规范》GB 50231—2009，条款号　4.1.3

6. **试题：** 螺栓紧固时，宜采用呆扳手，不得使用打击法和超过螺栓的许用应力。（　　）
   答案： √
   依据：《机械设备安装工程施工及验收通用规范》GB 50231—2009，条款号　5.2.1

7. **试题：** 机械设备有锁紧要求的螺栓，拧紧后应按其规定进行锁紧；用双螺母锁紧时，应先装厚螺母后装薄螺母，每个螺母下面使用两个相同的垫圈。（　　）
   答案： ×
   依据：《机械设备安装工程施工及验收通用规范》GB 50231—2009，条款号　5.2.1

8. **试题：** 机械设备凸缘联轴器装配时，应使两个半联轴器的端面紧密接触，两轴心的径向和轴向位移不应大于 0.3mm。（　　）
   答案： ×

依据：《机械设备安装工程施工及验收通用规范》GB 50231—2009，条款号 5.3.3

9. 试题：机械设备安装工程施工管子与机械设备连接时，不应使机械设备承受附加外力。（   ）

答案：√

依据：《机械设备安装工程施工及验收通用规范》GB 50231—2009，条款号 6.3.5

10. 试题：整体出厂的风机搬运和吊装时，绳索不得捆缚在转子和机壳上盖及轴承上盖的吊耳上。（   ）

答案：√

依据：《风机、压缩机、泵安装工程施工及验收规范》GB 50275—2010，条款号 2.1.2

11. 试题：在风机的搬运和吊装时，转子和齿轮可直接放在地上滚动或移动。（   ）

答案：×

依据：《风机、压缩机、泵安装工程施工及验收规范》GB 50275—2010，条款号 2.1.2

12. 试题：输送介质为氢气、氧气等易燃易爆气体的压缩机，组装前其与介质接触的零件、部件和管道及其附件应进行脱脂。（   ）

答案：√

依据：《风机、压缩机、泵安装工程施工及验收规范》GB 50275—2010，条款号 2.1.3

13. 试题：与风机进气口和排气口法兰相连的直管段上，在其热胀冷缩段应有保证其刚度的固定支撑。（   ）

答案：×

依据：《风机、压缩机、泵安装工程施工及验收规范》GB 50275—2010，条款号 2.1.6

14. 试题：风机机壳剖分法兰结合面螺栓的螺纹部分应涂防腐油漆。（   ）

答案：×

依据：《风机、压缩机、泵安装工程施工及验收规范》GB 50275—2010，条款号 2.1.7

15. 试题：风机上的检测、控制仪表等的电缆、管线的安装，不应妨碍轴承、密封和风机内部零部件的拆卸。（   ）

答案：√

依据：《风机、压缩机、泵安装工程施工及验收规范》GB 50275—2010，条款号 2.1.10

16. **试题**：风机隔振器的安装位置应正确，且各组或各个隔振器的压缩量应均匀一致，其偏差应符合随机技术文件的规定。（　　）

　　答案：√

　　依据：《风机、压缩机、泵安装工程施工及验收规范》GB 50275—2010，条款号 2.1.11

17. **试题**：直联型轴流风机的电动机轴心与机壳中心应保持一致；电动机支座下的调整垫片不应超过三层。（　　）

　　答案：×

　　依据：《风机、压缩机、泵安装工程施工及验收规范》GB 50275—2010，条款号 2.3.2

18. **试题**：解体出厂的轴流风机组装和安装时，应按随机技术文件规定的顺序和出厂标记进行组装。（　　）

　　答案：√

　　依据：《风机、压缩机、泵安装工程施工及验收规范》GB 50275—2010，条款号 2.3.3

19. **试题**：解体出厂的轴流风机组装和安装时，机壳的连接应对中和贴合紧密，结合面上应涂抹一层润滑脂。（　　）

　　答案：×

　　依据：《风机、压缩机、泵安装工程施工及验收规范》GB 50275—2010，条款号 2.3.3

20. **试题**：具有中间传动轴的轴流通风机机组找正时，驱动电动机为转子穿心电动机时，应确定磁力中心位置，并应计算且留出中间轴的热膨胀量和联轴器的轴向间隙后，再确定两轴之间的距离。（　　）

　　答案：√

　　依据：《风机、压缩机、泵安装工程施工及验收规范》GB 50275—2010，条款号 2.3.4

21. **试题**：轴流通风机启动后调节叶片时，电流不得大于电动机的额定电流值；轴流通风机运行时，严禁停留于喘振工况内。（　　）

　　答案：√

　　依据：《风机、压缩机、泵安装工程施工及验收规范》GB 50275—2010，条款号 2.3.6（强条）

22. **试题**：罗茨和叶氏鼓风机的安装水平，应在主轴和进气口、排气口法兰面上纵、横向进行检测，其偏差均不应大于 0.2/1000。（　　）

答案：√

依据：《风机、压缩机、泵安装工程施工及验收规范》GB 50275—2010，条款号 2.4.1

23. 试题：罗茨和叶氏鼓风机启动前应全开鼓风机进气和排气口阀门。（   ）

答案：√

依据：《风机、压缩机、泵安装工程施工及验收规范》GB 50275—2010，条款号 2.4.4

24. 试题：罗茨和叶氏鼓风机进气和排气口阀门应在全关的条件下进行空负荷运转，运转时间不得少于 30min（   ）。

答案：×

依据：《风机、压缩机、泵安装工程施工及验收规范》GB 50275—2010，条款号 2.4.4

25. 试题：罗茨和叶氏鼓风机带负荷试运转中，不得完全关闭进气和排气口阀门，不应超负荷运转，并应在逐步卸负荷后停机，不得在满负荷下突然停机。（   ）

答案：√

依据：《风机、压缩机、泵安装工程施工及验收规范》GB 50275—2010，条款号 2.4.4

26. 试题：离心鼓风机安装前，应按机组体积的大小选择成对的斜垫铁；转速超过 3000r/min 的机组，各块垫铁和垫铁与底座之间的接触面面积均不应小于 70%，局部间隙不应大于 0.1mm。（   ）

答案：×

依据：《风机、压缩机、泵安装工程施工及验收规范》GB 50275—2010，条款号 2.5.2

27. 试题：离心鼓风机安装前，不应在底座上钻孔安装其他设备。（   ）

答案：√

依据：《风机、压缩机、泵安装工程施工及验收规范》GB 50275—2010，条款号 2.5.2

28. 试题：离心鼓风机安装，非基准设备的找正、调平，横向安装水平与基准设备的横向安装水平方向应相反。（   ）

答案：×

依据：《风机、压缩机、泵安装工程施工及验收规范》GB 50275—2010，条款号 2.5.4

29. 试题：在电动机、汽轮机、燃气轮机与增速器、离心鼓风机之间进行找正、调平时，其同轴度应符合随机技术文件的规定。（　　）

   答案：√

   依据：《风机、压缩机、泵安装工程施工及验收规范》GB 50275—2010，条款号 2.5.5

30. 试题：离心鼓风机找正、调平时，轴承座与底座之间或机壳锚爪与底座之间的局部间隙，不应大于 0.1mm。（　　）

   答案：×

   依据：《风机、压缩机、泵安装工程施工及验收规范》GB 50275—2010，条款号 2.5.6

31. 试题：离心鼓风机找正、调平时，有导向键的轴承座或机壳锚爪与底座之间连接螺栓的固定，应有利于机壳热膨胀，螺栓在螺栓孔内应为对中放置。（　　）

   答案：×

   依据：《风机、压缩机、泵安装工程施工及验收规范》GB 50275—2010，条款号 2.5.6

32. 试题：轴流鼓风机的底座找正、调平时，各结合面上的纵、横向安装水平偏差均不应大于 1/1000。（　　）

   答案：×

   依据：《风机、压缩机、泵安装工程施工及验收规范》GB 50275—2010，条款号 2.6.3

33. 试题：轴流鼓风机管路的装配，进气、排气和润滑等管路，应在机组找正、调平后配置与连接。（　　）

   答案：√

   依据：《风机、压缩机、泵安装工程施工及验收规范》GB 50275—2010，条款号 2.6.12

34. 试题：轴流鼓风机停机前应将静叶角度调节到最小工作角度或静叶关闭状态，并应打开放空阀和关闭排气阀。（　　）

   答案：√

   依据：《风机、压缩机、泵安装工程施工及验收规范》GB 50275—2010，条款号 2.6.14

35. 试题：压缩机或压力容器内部严禁使用明火查看。（　　）

   答案：√

   依据：《风机、压缩机、泵安装工程施工及验收规范》GB 50275—2010，条款号

3.1.1（强条）

36. **试题：**压缩机附属设备中的压力容器在规定的质量保证期内安装时，可不做强度试验和严密性试验。（　　　）

   答案：×

   依据：《风机、压缩机、泵安装工程施工及验收规范》GB 50275—2010，条款号 3.4.2

37. **试题：**压缩机附属设备中，卧式设备的安装水平偏差不应大于 1/1000，立式设备的铅垂度偏差不应大于 1/1000。（　　　）

   答案：√

   依据：《风机、压缩机、泵安装工程施工及验收规范》GB 50275—2010，条款号 3.4.3

38. **试题：**压缩机附属设备中，DN150mm 以上或有腐蚀性、有毒性或易燃性气体管道的连接，应采取焊接或法兰连接。（　　　）

   答案：√

   依据：《风机、压缩机、泵安装工程施工及验收规范》GB 50275—2010，条款号 3.4.6

39. **试题：**螺杆式压缩机空负荷试运转时，单独启动驱动机，其旋转方向应与压缩机相符；驱动机与压缩机连接后，盘车应灵活、无阻滞。（　　　）

   答案：√

   依据：《风机、压缩机、泵安装工程施工及验收规范》GB 50275—2010，条款号 3.7.4

40. **试题：**螺杆式压缩机空负荷试运转时，再次启动压缩机，应连续进行吹扫，吹扫时间不应小于 2h；轴承温度应符合随机技术文件的规定。（　　　）

   答案：√

   依据：《风机、压缩机、泵安装工程施工及验收规范》GB 50275—2010，条款号 3.7.4

41. **试题：**破碎粉磨机两主轴承底盘中心线的距离，应按筒体与中空轴组装后的实测尺寸确定，其偏差应符合相关规定。（　　　）

   答案：√

   依据：《破碎粉磨设备安装工程施工及验收规范》GB 50276—2010，条款号 9.1.1

42. **试题：**破碎粉磨机筒体与端盖应按标记进行组装，符合组装要求后，应拆除定位销，并将螺栓均匀拧紧。（　　　）

答案：×

依据：《破碎粉磨设备安装工程施工及验收规范》GB 50276—2010，条款号　9.2.3

43. 试题：破碎粉磨机装配隔仓板时，应使筛孔的小端朝向出料端。（　　　）

答案：×

依据：《破碎粉磨设备安装工程施工及验收规范》GB 50276—2010，条款号　9.3.4

44. 试题：粉磨机齿轮罩组装后，不得有漏油和与齿轮相碰撞。（　　　）

答案：√

依据：《破碎粉磨设备安装工程施工及验收规范》GB 50276—2010，条款号　9.4.3

45. 试题：干式磨机进料斗或风扫式磨机进料管组装时，接触处应密封良好，不漏粉尘。
（　　　）

答案：√

依据：《破碎粉磨设备安装工程施工及验收规范》GB 50276—2010，条款号　9.4.4

46. 试题：检验风扇磨煤机的安装水平，应采用水平仪进行检测，且不应大于 0.25/1000。
（　　　）

答案：×

依据：《破碎粉磨设备安装工程施工及验收规范》GB 50276—2010，条款号　12.0.1

47. 试题：机械检修场地不应有风砂、尘土和雨雪侵入；进行设备解体检修时，应避免
机械设备内部长时间暴露在露天环境中。（　　　）

答案：√

依据：《电力建设施工技术规范　第 2 部分：锅炉机组》DL 5190.2—2012，条款号
10.1.3

48. 试题：锅炉辅机采用普通细石混凝土进行二次灌浆时，基框安装前，基础上表面应
凿好毛面和清除杂物、污垢；在施工中不得使基础表面沾染油污。（　　　）

答案：√

依据：《电力建设施工技术规范　第 2 部分：锅炉机组》DL 5190.2—2012，条款号
10.2.2

49. 试题：锅炉辅机采用普通细石混凝土进行二次灌浆时，垫铁与混凝土的接触面应均
匀，且不小于 60%。（　　　）

答案：×

依据：《电力建设施工技术规范　第 2 部分：锅炉机组》DL 5190.2—2012，条款号
10.2.2

50. **试题：**锅炉辅机采用普通细石混凝土进行二次灌浆时，每一垫铁组应用二块平垫铁和一对斜垫铁，较薄的应放在下层，垫铁伸出基框两端均匀，放置整齐。

    答案：×

    依据：《电力建设施工技术规范 第 2 部分：锅炉机组》DL 5190.2—2012，条款号 10.2.2

51. **试题：**在锅炉辅助机械安装结束后，用小锤轻击检查垫铁，应无松动现象，即可进行二次灌浆。（ ）

    答案：×

    依据：《电力建设施工技术规范 第 2 部分：锅炉机组》DL 5190.2—2012，条款号 10.2.2

52. **试题：**滑动轴承轴瓦乌金面应光洁无砂眼、气孔和裂纹，用敲击法检查轴瓦与乌金，不得有脱壳分离现象。（ ）

    答案：√

    依据：《电力建设施工技术规范 第 2 部分：锅炉机组》DL 5190.2—2012，条款号 10.2.4

53. **试题：**锅炉辅机滑动轴承安装轴颈与工作瓦面的接触角不小于 40°，用色印检查工作瓦面，接触不少于 $1\sim2$ 点/cm²。（ ）

    答案：×

    依据：《电力建设施工技术规范 第 2 部分：锅炉机组》DL 5190.2—2012，条款号 10.2.4

54. **试题：**锅炉辅机滚动轴承在轴颈上的装配紧力应符合设备技术文件的规定，内套与轴不得产生滑动，必要时可安放垫片。（ ）

    答案：×

    依据：《电力建设施工技术规范 第 2 部分：锅炉机组》DL 5190.2—2012，条款号 10.2.5

55. **试题：**锅炉辅机轴承座应无裂纹、砂眼等缺陷，内外应无飞刺及型砂。（ ）

    答案：√

    依据：《电力建设施工技术规范 第 2 部分：锅炉机组》DL 5190.2—2012，条款号 10.2.6

56. **试题：**锅炉辅机轴承座冷却水室或油室中的冷却水管在安装前必须经水压试验合格，试验压力应为冷却水设计压力的 1.15 倍。（ ）

    答案：×

    依据：《电力建设施工技术规范 第 2 部分：锅炉机组》DL 5190.2—2012，条款

号　10.2.6

57. **试题**：锅炉辅机轴承座与台板的调整垫片，不应超过 3 片（绝缘片不在内），垫片的面积不应大于轴承座的支承面。（　　　）

答案：×

依据：《电力建设施工技术规范　第 2 部分：锅炉机组》DL 5190.2—2012，条款号 10.2.6

58. **试题**：锅炉辅机轴与轴封卡圈的径向间隙应符合设备技术文件的规定，轴封应严密无渗漏。（　　　）

答案：√

依据：《电力建设施工技术规范　第 2 部分：锅炉机组》DL 5190.2—2012，条款号 10.2.6

59. **试题**：锅炉辅机联轴器应成对使用，可以串用。（　　　）

答案：×

依据：《电力建设施工技术规范　第 2 部分：锅炉机组》DL 5190.2—2012，条款号 10.2.7

60. **试题**：锅炉辅机装配联轴器时，不得放入垫片或冲打轴以取得紧力。（　　　）

答案：√

依据：《电力建设施工技术规范　第 2 部分：锅炉机组》DL 5190.2—2012，条款号 10.2.7

61. **试题**：锅炉辅机两半联轴器之间的间隙，应符合设备技术文件的规定，最小间隙应大于在运行时轴伸长和轴串移量之和。（　　　）

答案：√

依据：《电力建设施工技术规范　第 2 部分：锅炉机组》DL 5190.2—2012，条款号 10.2.7

62. **试题**：锅炉辅机键与键槽的配合，两侧不得有间隙，必要时可用加垫的方法来增加键的紧力。（　　　）

答案：×

依据：《电力建设施工技术规范　第 2 部分：锅炉机组》DL 5190.2—2012，条款号 10.2.8

63. **试题**：锅炉辅机分部试运应符合设备技术文件的要求，并有经审批的技术方案或措施。（　　　）

答案：√

依据：《电力建设施工技术规范　第 2 部分：锅炉机组》DL 5190.2—2012，条款号 10.2.12

64. 试题：机械设备首次启动时，当达到全速后应立即用事故按钮停下，观察轴承和转动部分，确认无摩擦和其他异常后方可正式启动。（　　）

答案：√

依据：《电力建设施工技术规范　第 2 部分：锅炉机组》DL 5190.2—2012，条款号 10.2.12

65. 试题：锅炉辅机分部试运中，应注意检查和记录机械各部位的温度、振动及电流、进出口压力等，不应超过设计规定值。（　　）

答案：√

依据：《电力建设施工技术规范　第 2 部分：锅炉机组》DL 5190.2—2012，条款号 10.2.12

66. 试题：锅炉辅机分部试运结束后，应及时办理分部试运签证。（　　）

答案：√

依据：《电力建设施工技术规范　第 2 部分：锅炉机组》DL 5190.2—2012，条款号 10.2.12

67. 试题：锅炉辅机油管路装配前，应对其内部进行酸洗或喷砂处理。（　　）

答案：√

依据：《电力建设施工技术规范　第 2 部分：锅炉机组》DL 5190.2—2012，条款号 10.3.2

68. 试题：锅炉辅机油箱安装前需经灌水试验合格。（　　）

答案：√

依据：《电力建设施工技术规范　第 2 部分：锅炉机组》DL 5190.2—2012，条款号 10.3.3

69. 试题：锅炉辅机油管路敷设整齐美观，牢固可靠，在加装套管前提下，可将油管埋入土中或混凝土内。（　　）

答案：×

依据：《电力建设施工技术规范　第 2 部分：锅炉机组》DL 5190.2—2012，条款号 10.3.4

70. 试题：锅炉辅机油管路安装时，油管及其零件的接头垫料不得伸入管子内圆。（　　）

答案：√

依据：《电力建设施工技术规范　第 2 部分：锅炉机组》DL 5190.2—2012，条款

号　10.3.4

71. 试题：锅炉辅机冷油器安装前经水压试验合格，试验压力为设计压力的 1.1 倍。（　　）

　　答案：×

　　依据：《电力建设施工技术规范　第 2 部分：锅炉机组》DL 5190.2—2012，条款号 10.3.5

72. 试题：锅炉辅机齿轮油泵外观检查应无缺陷，齿轮啮合平稳，接触良好。（　　）

　　答案：√

　　依据：《电力建设施工技术规范　第 2 部分：锅炉机组》DL 5190.2—2012，条款号 10.3.6

73. 试题：锅炉辅机各轴承的看油镜应清晰，其位置应在回油管的倾斜部位。（　　）

　　答案：√

　　依据：《电力建设施工技术规范　第 2 部分：锅炉机组》DL 5190.2—2012，条款号 10.3.7

74. 试题：锅炉辅机通油试验时油质合格应以设备技术文件的要求为准，制造厂商技术文件无明确要求时清洁度应达到 MOOG6 级标准。（　　）

　　答案：√

　　依据：《电力建设施工技术规范　第 2 部分：锅炉机组》DL 5190.2—2012，条款号 10.3.9

75. 试题：锅炉辅机管道系统管路经清洗后，可恢复正常管路，进行通油试验。（　　）

　　答案：×

　　依据：《电力建设施工技术规范　第 2 部分：锅炉机组》DL 5190.2—2012，条款号 10.3.10

76. 试题：钢球磨煤机球面座与台板应接触良好，以色印检查，每 50mm×50mm 内不少于 1 点。（　　）

　　答案：×

　　依据：《电力建设施工技术规范　第 2 部分：锅炉机组》DL 5190.2—2012，条款号 10.4.1

77. 试题：钢球磨煤机主轴承油管道的焊口应采用氩弧焊接以外的电弧焊接。（　　）

　　答案：×

　　依据：《电力建设施工技术规范　第 2 部分：锅炉机组》DL 5190.2—2012，条款号 10.4.1

78. **试题：** 钢球磨煤机罐体就位后，传动机的推力总间隙应符合设备技术文件的规定，推力间隙一般为 1mm～2mm。（　　）

答案： ×

依据：《电力建设施工技术规范　第 2 部分：锅炉机组》DL 5190.2—2012，条款号 10.4.1

79. **试题：** 钢球磨煤机衬板按制造厂商图纸要求进行安装，衬板与衬板之间的间隙不大于 20mm，螺栓拧紧至规定力矩。（　　）

答案： ×

依据：《电力建设施工技术规范　第 2 部分：锅炉机组》DL 5190.2—2012，条款号 10.4.1

80. **试题：** 钢球磨煤机安装时，分离器调整挡板及操作装置动作灵活可靠，挡板的实际位置与外部指示应一致。（　　）

答案： √

依据：《电力建设施工技术规范　第 2 部分：锅炉机组》DL 5190.2—2012，条款号 10.4.1

81. **试题：** 风扇式磨煤机检查轴承箱，沿轴长方向分两段测量主轴与打击轮配合部位的径向跳动，其平均值一般为 0.6mm～1.0mm。（　　）

答案： ×

依据：《电力建设施工技术规范　第 2 部分：锅炉机组》DL 5190.2—2012，条款号 10.4.2

82. **试题：** 风扇式磨煤机所有地脚螺栓应除锈、去油污，并刻上标记。（　　）

答案： √

依据：《电力建设施工技术规范　第 2 部分：锅炉机组》DL 5190.2—2012，条款号 10.4.2

83. **试题：** 风扇式磨煤机轴封安装后，迷宫的轴向、径向间隙应符合设备技术文件的规定，无摩擦卡涩现象，迷宫内部清洁无杂物，进风管道畅通。（　　）

答案： √

依据：《电力建设施工技术规范　第 2 部分：锅炉机组》DL 5190.2—2012，条款号 10.4.2

84. **试题：** HP 型中速磨煤机地脚螺栓安装要求间距偏差为 ±2mm，对角线差不大于 3mm。（　　）

答案： √

依据：《电力建设施工技术规范　第 2 部分：锅炉机组》DL 5190.2—2012，条款

号　10.4.3

85. 试题：HP 型中速磨煤机底板安装标高允许偏差为 ±10mm，中心允许偏差为 ±5mm，底板水平度应控制在 0.1mm/m 以内。（　　）

答案：×

依据：《电力建设施工技术规范　第 2 部分：锅炉机组》DL 5190.2—2012，条款号 10.4.3

86. 试题：HP 型中速磨煤机底座安装时，底座与底板结合部位应清理干净，底座底板中心线、固定销与孔应对正，底座和座板结合面应涂抹油脂，底座与底板结合应严密，不得加垫片。（　　）

答案：√

依据：《电力建设施工技术规范　第 2 部分：锅炉机组》DL 5190.2—2012，条款号 10.4.3

87. 试题：HP 型中速磨煤机机体内耐磨板之间的间隙应采用耐磨耐温材料填充补平，接缝严密。（　　）

答案：√

依据：《电力建设施工技术规范　第 2 部分：锅炉机组》DL 5190.2—2012，条款号 10.4.3

88. 试题：ZGM 型中速磨煤机减速机与基框接触面间隙应不大于 0.1mm，接触面间可加垫。（　　）

答案：×

依据：《电力建设施工技术规范　第 2 部分：锅炉机组》DL 5190.2—2012，条款号 10.4.4

89. 试题：ZGM 型中速磨煤机迷宫密封装置、传动盘（轭）安装找正时，迷宫密封间隙：径向为 0.1mm～0.25mm、两侧间隙偏差不大于 0.05mm。（　　）

答案：√

依据：《电力建设施工技术规范　第 2 部分：锅炉机组》DL 5190.2—2012，条款号 10.4.4

90. 试题：ZGM 型中速磨煤机磨辊、下压环（架）安装找正时，下压环（架）导向板和切向支撑板的间隙应均匀，可在机壳上切向支架的支承板加垫片调整。（　　）

答案：√

依据：《电力建设施工技术规范　第 2 部分：锅炉机组》DL 5190.2—2012，条款号 10.4.4

91. **试题：** 离心式风机挡板应有与实际相符的开关刻度指示，手动操作的挡板应在任何刻度时都能固定。（ ）

答案： √

依据：《电力建设施工技术规范 第 2 部分：锅炉机组》DL 5190.2—2012，条款号 10.5.1

92. **试题：** 离心式风机安装机壳进风斗与叶轮进风口的间隙应均匀，其轴向间隙（插入长度）偏差不大于 3mm，径向间隙符合设备技术文件的规定。（ ）

答案： ×

依据：《电力建设施工技术规范 第 2 部分：锅炉机组》DL 5190.2—2012，条款号 10.5.1

93. **试题：** 离心式风机分部试运，启动前应先关闭入口调节挡板，启动正常后逐渐开启。（ ）

答案： √

依据：《电力建设施工技术规范 第 2 部分：锅炉机组》DL 5190.2—2012，条款号 10.5.1

94. **试题：** 轴流风机安装前应叶片进行检查，叶片表面应光洁平滑，无气孔疏松和裂纹等缺陷，叶片进出口边缘不得有缺口及凹痕。（ ）

答案： √

依据：《电力建设施工技术规范 第 2 部分：锅炉机组》DL 5190.2—2012，条款号 10.5.2

95. **试题：** 轴流风机机轴水平以推力轴承为准，锅炉引风机或脱硫系统增压风机应考虑承力轴承在运行时受热膨胀影响的因素。（ ）

答案： √

依据：《电力建设施工技术规范 第 2 部分：锅炉机组》DL 5190.2—2012，条款号 10.5.2

96. **试题：** 轴流风机上、下油挡片界面不得错位，且应严密，间隙不大于 0.10mm。（ ）

答案： √

依据：《电力建设施工技术规范 第 2 部分：锅炉机组》DL 5190.2—2012，条款号 10.5.2

97. **试题：** 罗茨风机整体台板应用斜垫铁找平，轴的纵向水平度不应超过 0.2/1000。（ ）

答案： √

依据：《电力建设施工技术规范 第 2 部分：锅炉机组》DL 5190.2—2012，条款号 10.5.3

98. **试题**：罗茨风机安装管路中弯管不宜太多，可使用 90°弯管。（　　　）

　　答案：×

　　依据：《电力建设施工技术规范　第 2 部分：锅炉机组》DL 5190.2—2012，条款号 10.5.3

99. **试题**：罗茨风机安装时风机附件的重量不宜附加给风机。（　　　）

　　答案：√

　　依据：《电力建设施工技术规范　第 2 部分：锅炉机组》DL 5190.2—2012，条款号 10.5.3

100. **试题**：罗茨风机安装时安全阀的位置应远离风机，安装位置正确。（　　　）

　　答案：×

　　依据：《电力建设施工技术规范　第 2 部分：锅炉机组》DL 5190.2—2012，条款号 10.5.3-8-3）

101. **试题**：罗茨风机分部试运时可通过关小出口阀门开度来调节系统流量。（　　　）

　　答案：×

　　依据：《电力建设施工技术规范　第 2 部分：锅炉机组》DL 5190.2—2012，条款号 10.5.3

102. **试题**：高压流化风机安装，二次灌浆宜采用微膨胀混凝土，混凝土强度等级可达到 70%基础设计强度等级。（　　　）

　　答案：×

　　依据：《电力建设施工技术规范　第 2 部分：锅炉机组》DL 5190.2—2012，条款号 10.5.4

103. **试题**：高压流化风机管道与风机界面尺寸应符合图纸要求，管道无强力对口，风机不得承受外来附加载荷。（　　　）

　　答案：√

　　依据：《电力建设施工技术规范　第 2 部分：锅炉机组》DL 5190.2—2012，条款号 10.5.4

104. **试题**：风机分部试运时，动叶可调风机在启动时动叶角度应在最大位置上。（　　　）

　　答案：×

　　依据：《电力建设施工技术规范　第 2 部分：锅炉机组》DL 5190.2—2012，条款号 10.5.5

105. **试题**：风机分部试运时，调节系统灵活正确，启动运转正常后应对使用范围内各个角度的电流值进行记录。（　　　）

答案：√

依据：《电力建设施工技术规范　第 2 部分：锅炉机组》DL 5190.2—2012，条款号 10.5.5

106. 试题：刮板给煤机采用保险销的对轮时，其轴孔与轴不得留有间隙，不得随意加粗保险销直径或改换其材质。（　　）

答案：×

依据：《电力建设施工技术规范　第 2 部分：锅炉机组》DL 5190.2—2012，条款号 10.6.1

107. 试题：刮板给煤机安装时，采用弹簧的保险对轮，应按设备技术文件的规定调整好弹簧长度，并盘动电动机对轮检查其动作的准确性。（　　）

答案：√

依据：《电力建设施工技术规范　第 2 部分：锅炉机组》DL 5190.2—2012，条款号 10.6.1

108. 试题：振动给煤机安装时，与原煤仓结合的法兰必须保持水平，螺栓应紧固，保证给煤槽的设计角度。（　　）

答案：√

依据：《电力建设施工技术规范　第 2 部分：锅炉机组》DL 5190.2—2012，条款号 10.6.2

109. 试题：振动给煤机安装时，前后消振器（前后弹簧拉杆组）安装后应按设计进行初调，使给煤槽与进煤斗间留有均匀的间隙。（　　）

答案：√

依据：《电力建设施工技术规范　第 2 部分：锅炉机组》DL 5190.2—2012，条款号 10.6.2

110. 试题：振动给煤机安装时，当原煤斗装煤后，先调整消振器螺栓，再打开原煤斗闸门使给煤槽受压，应无摩擦卡涩现象。（　　）

答案：×

依据：《电力建设施工技术规范　第 2 部分：锅炉机组》DL 5190.2—2012，条款号 10.6.2

111. 试题：全密封自动称量式皮带给煤机安装时，必须做好设备防雨、防潮措施。（　　）

答案：√

依据：《电力建设施工技术规范　第 2 部分：锅炉机组》DL 5190.2—2012，条款号 10.6.3

112. **试题：**全密封自动称量式皮带给煤机安装时，机内防振垫块需在设备安装前取出。（　　　）

　　　答案：×

　　　依据：《电力建设施工技术规范　第 2 部分：锅炉机组》DL 5190.2—2012，条款号 10.6.3

113. **试题：**全密封自动称量式皮带给煤机安装时，槽形皮带允许接口，紧力适中。（　　　）

　　　答案：×

　　　依据：《电力建设施工技术规范　第 2 部分：锅炉机组》DL 5190.2—2012，条款号 10.6.3

114. **试题：**压缩机安装时主机和附属设备的防锈油封应清洗洁净，并应除尽清洗剂和水分。（　　　）

　　　答案：√

　　　依据：《电力建设施工技术规范　第 2 部分：锅炉机组》DL 5190.2—2012，条款号 10.7.2

115. **试题：**整体安装的压缩机，在防锈保证期内安装时，其内部必须拆卸清洗。（　　　）

　　　答案：×

　　　依据：《电力建设施工技术规范　第 2 部分：锅炉机组》DL 5190.2—2012，条款号 10.7.3

116. **试题：**空气压缩机配管时，不得使冷却器承受附加力；防止焊接飞溅掉进空气压缩机，避免烧坏空气压缩机内部件。（　　　）

　　　答案：√

　　　依据：《电力建设施工技术规范　第 2 部分：锅炉机组》DL 5190.2—2012，条款号 10.7.4

117. **试题：**空气压缩机配管时，管路的口径应不小于压缩机排气口直径的 80%。管路中应减少使用弯头及各类阀门。（　　　）

　　　答案：×

　　　依据：《电力建设施工技术规范　第 2 部分：锅炉机组》DL 5190.2—2012，条款号 10.7.4

118. **试题：**压缩机的附属设备就位前，应检查管口方位、地脚螺栓和基础的位置，并与施工图相符；各管路应清洁畅通。（　　　）

　　　答案：√

　　　依据：《电力建设施工技术规范　第 2 部分：锅炉机组》DL 5190.2—2012，条款

号 10.7.6

119. **试题：** 固定式压力容器试验所用气体应当为干燥洁净的空气、氮气或其他惰性气体。（　　）

答案： √

依据： 《固定式压力容器安全技术监察规程》TSG R0004—2009，条款号 4.7.7.1

三、单选题（下列试题中，只有 1 项是标准原文规定的正确答案，请将正确答案填在括号内）

1. **试题：** 在机械设备安装工程施工中，应（　　），不得擅自修改工程设计。

　A. 按工程设计进行施工

　B. 按业主要求进行施工

　C. 按上级要求进行施工

　答案： A

　依据： 《机械设备安装工程施工及验收通用规范》GB 50231—2009，条款号 1.0.4

2. **试题：** 机械设备安装工程施工中，下列做法不正确的是：（　　）。

　A. 应对工程质量进行检验和记录

　B. 应在工程隐蔽后进行检验并作出记录

　C. 应以有关记录为依据进行验收

　答案： B

　依据： 《机械设备安装工程施工及验收通用规范》GB 50231—2009，条款号 1.0.7

3. **试题：** 机械设备安装工程施工中，应在预留孔中的混凝土达到设计强度的（　　）以上后拧紧地脚螺栓，各螺栓的拧紧力应均匀。

　A. 55%　　　　　　　　B. 65%　　　　　　　　C. 75%

　答案： C

　依据： 《机械设备安装工程施工及验收通用规范》GB 50231—2009，条款号 4.1.1

4. **试题：** 机械设备安装工程施工中，圆锥定位销装配时，应与孔进行涂色检查；其接触率不应小于配合长度的（　　），并应分布均匀。

　A. 50%　　　　　　　　B. 60%　　　　　　　　C. 55%

　答案： B

　依据： 《机械设备安装工程施工及验收通用规范》GB 50231—2009，条款号 5.2.9

5. **试题：** 机械设备安装工程施工中，传动带需要预拉时，预紧力宜为工作拉力的 1.5～2 倍，预紧持续时间宜为（　　）。

　A. 6h　　　　　　　　　B. 12h　　　　　　　　C. 24h

答案：C

依据：《机械设备安装工程施工及验收通用规范》GB 50231—2009，条款号　5.7.4

6. 试题：弹簧尺寸的工作变形量，最大不应大于其极限变形茧的（　　）。

A．40% 　　　　　　　　B．50% 　　　　　　　　C．60%

答案：C

依据：《机械设备安装工程施工及验收通用规范》GB 50231—2009，条款号　5.8.4

7. 试题：采用机械切割的液压、气动和润滑系统的管子，切口平面与管子轴线的垂直度偏差，应小于管子外径的 1%，且不得大于（　　）。

A．3mm 　　　　　　　B．4mm 　　　　　　　C．5mm

答案：A

依据：《机械设备安装工程施工及验收通用规范》GB 50231—2009，条款号　6.1.2

8. 试题：液压、气动、润滑系统管路弯管时管壁冷弯的壁厚减薄量不应大于壁厚的 15%，热弯的壁厚减薄量不应大于壁厚的（　　）。

A．30% 　　　　　　　B．25% 　　　　　　　C．20%

答案：C

依据：《机械设备安装工程施工及验收通用规范》GB 50231—2009，条款号　6.1.4

9. 试题：风机组装前油冷却器检查时，应以最大工作压力进行严密性试验，且应保压（　　）后无泄漏。

A．5min 　　　　　　　B．10min 　　　　　　　C．15min

答案：B

依据：《风机、压缩机、泵安装工程施工及验收规范》GB 50275—2010，条款号　2.1.3

10. 试题：风机冷却系统应以其最大工作压力进行严密性试验时，试验压力最小不应低于（　　）。

A．0.4MPa 　　　　　　B．0.6MPa 　　　　　　C．0.8MPa

答案：A

依据：《风机、压缩机、泵安装工程施工及验收规范》GB 50275—2010，条款号　2.1.9

11. 试题：整体安装轴承箱的离心通风机，纵、横向安装水平允许偏差不应大于（　　）/1000。

A．0.04 　　　　　　　B．0.06 　　　　　　　C．0.1

答案：C

依据：《风机、压缩机、泵安装工程施工及验收规范》GB 50275—2010，条款号　2.2.1

12. **试题**：离心风机机壳组装时，机壳进风口或密封圈与叶轮进口圈的轴向允许重叠长度为叶轮外径的 8‰～（　　　）。

    A．16‰　　　　　　　　　　B．12‰　　　　　　　　　　C．14‰

    答案：B

    依据：《风机、压缩机、泵安装工程施工及验收规范》GB 50275—2010，条款号 2.2.3

13. **试题**：离心风机机壳组装时，应以转子轴线为基准找正机壳的位置，机壳进风口或密封圈与叶轮进口圈的径向间隙沿圆周应均匀，其单侧间隙应为叶轮外径的 1.5‰～（　　　）。

    A．4‰　　　　　　　　　　B．5‰　　　　　　　　　　C．6‰

    答案：A

    依据：《风机、压缩机、泵安装工程施工及验收规范》GB 50275—2010，条款号 2.2.3

14. **试题**：离心通风机机壳中心孔与轴应保持同轴。压力大于（　　　）的风机，在机壳中心孔的外侧应设置密封装置。

    A．1kPa　　　　　　　　　　B．2kPa　　　　　　　　　　C．3kPa

    答案：C

    依据：《风机、压缩机、泵安装工程施工及验收规范》GB 50275—2010，条款号 2.2.4

15. **试题**：离心通风机试运转，风机启动达到正常转速后，应在调节门开度为 0°～（　　　）时进行小负荷运转。

    A．5°　　　　　　　　　　B．10°　　　　　　　　　　C．15°

    答案：A

    依据：《风机、压缩机、泵安装工程施工及验收规范》GB 50275—2010，条款号 2.2.5

16. **试题**：离心通风机试运转，小负荷运转正常后，应逐渐开大调节门，但电动机电流不得超过额定值，直至规定的负荷，轴承达到稳定的温度后，连续运转时间不应少于（　　　）。

    A．10min　　　　　　　　　　B．15min　　　　　　　　　　C．20min

    答案：C

    依据：《风机、压缩机、泵安装工程施工及验收规范》GB 50275—2010，条款号 2.2.5

17. **试题**：整体出厂的轴流通风机机组的安装水平和铅垂度应在底座和机壳上进行检测，其安装水平偏差和铅垂度偏差均不应大于（　　　）/1000。

A. 10　　　　　　　　　　B. 5　　　　　　　　　　C. 1

答案：C

依据：《风机、压缩机、泵安装工程施工及验收规范》GB 50275—2010，条款号 2.3.2

18. 试题：解体出厂的轴流风机组装和安装时，通风机的安装水平，应在基础或支座上风机的底座和轴承座上纵、横向进行检测，其偏差均不应大于（　　）/1000。

A. 1　　　　　　　　　　B. 2　　　　　　　　　　C. 3

答案：A

依据：《风机、压缩机、泵安装工程施工及验收规范》GB 50275—2010，条款号 2.3.3

19. 试题：解体出厂的轴流风机组装和安装时，转子轴线与机壳轴线的同轴度最大不应大于（　　）。

A. 2mm　　　　　　　　B. 2.5mm　　　　　　　　C. 3mm

答案：A

依据：《风机、压缩机、泵安装工程施工及验收规范》GB 50275—2010，条款号 2.3.3

20. 试题：解体出厂的轴流风机组装时，导流叶片、转子叶片安装角度与名义值的允许偏差为（　　）。

A. ±2°　　　　　　　　B. ±2.5°　　　　　　　　C. ±3°

答案：A

依据：《风机、压缩机、泵安装工程施工及验收规范》GB 50275—2010，条款号 2.3.3

21. 试题：具有中间传动轴的轴流通风机机组找正时，检测同轴度时，应转动机组的轴系，每隔（　　）分别检测中间轴两端、每对半联轴器两端面之间四个位置的间隙差。

A. 45°　　　　　　　　B. 60°　　　　　　　　C. 90°

答案：C

依据：《风机、压缩机、泵安装工程施工及验收规范》GB 50275—2010，条款号 2.3.4

22. 试题：罗茨和叶氏鼓风机安装时，应检查正、反两个方向转子与转子间、转子与机壳间、转子与墙板的间隙以及齿轮副侧的间隙，其间隙值应符合（　　）的规定。

A. 不大于膨胀值　　　　B. 离心风机设计规范　　　　C. 随机技术文件

答案：C

依据：《风机、压缩机、泵安装工程施工及验收规范》GB 50275—2010，条款号 2.4.2

23. 试题：罗茨和叶氏鼓风机外露部件结合处应平整，机壳与墙板的结合处和剖分的机壳、墙板的结合处错边量不应大于（　　）。

    A．5mm   B．6mm   C．7mm

    答案：A

    依据：《风机、压缩机、泵安装工程施工及验收规范》GB 50275—2010，条款号 2.4.3

24. 试题：离心鼓风机安装前，无垫铁安装法埋设的临时垫铁安装水平偏差不应大于 0.20/1000，其标高允许偏差最大为（　　）。

    A．±1mm   B．±1.5mm   C．±2mm

    答案：C

    依据：《风机、压缩机、泵安装工程施工及验收规范》GB 50275—2010，条款号 2.5.2

25. 试题：离心鼓风机安装前，检查轴承座与底座之间未拧紧螺栓时的间隙，最大不应大于（　　）。

    A．0.05mm   B．0.06mm   C．0.08mm

    答案：A

    依据：《风机、压缩机、泵安装工程施工及验收规范》GB 50275—2010，条款号 2.5.2

26. 试题：离心鼓风机上下机壳的结合面应贴合，工作压力小于或等于 1MPa 时，其局部间隙最大不应大于（　　）。

    A．0.10mm   B．0.12mm   C．0.15mm

    答案：B

    依据：《风机、压缩机、泵安装工程施工及验收规范》GB 50275—2010，条款号 2.5.11

27. 试题：离心鼓风机上下机壳的结合面应贴合，工作压力大于 1MPa 时，其局部间隙最大不应大于（　　）。

    A．0.10mm   B．0.12mm   C．0.15mm

    答案：A

    依据：《风机、压缩机、泵安装工程施工及验收规范》GB 50275—2010，条款号 2.5.11

28. 试题：轴流鼓风机当以主机作为找正、调平基准设备时，纵向安装水平应在轴颈上进行检测，其偏差最大不应大于（　　）/1000。

A．0.04　　　　　　　　B．0.05　　　　　　　　C．0.06

答案：A

依据：《风机、压缩机、泵安装工程施工及验收规范》GB 50275—2010，条款号 2.6.4

29. **试题：**轴流鼓风机管路装配时，通向油箱的水平回油管路应有（　　）的斜度。

A．1:35　　　　　　　　B．1:25　　　　　　　　C．1:30

答案：B

依据：《风机、压缩机、泵安装工程施工及验收规范》GB 50275—2010，条款号 2.6.12

30. **试题：**压缩机和其附属设备的管路应以（　　）压力进行严密性试验，且应保压 10min 后无泄漏。

A．设计　　　　　　　　B．额定　　　　　　　　C．最大工作

答案：C

依据：《风机、压缩机、泵安装工程施工及验收规范》GB 50275—2010，条款号 3.1.2

31. **试题：**破碎粉磨机两轴承底盘的纵向轴线同轴度的允许偏差，不应大于（　　）。

A．2.0mm　　　　　　　B．1.0mm　　　　　　　C．1.5mm

答案：B

依据：《破碎粉磨设备安装工程施工及验收规范》GB 50276—2010，条款号　9.1.2

32. **试题：**破碎粉磨机两底盘的相对标高允许偏差不应大于（　　），并应使进料端高于出料端。

A．0.5mm　　　　　　　B．0.6mm　　　　　　　C．0.7mm

答案：A

依据：《破碎粉磨设备安装工程施工及验收规范》GB 50276—2010，条款号　9.1.3

33. **试题：**风扇磨煤机各部件衬板间隙，与其设计间隙的允许偏差不应大于（　　）。

A．5mm　　　　　　　　B．3mm　　　　　　　　C．4mm

答案：B

依据：《破碎粉磨设备安装工程施工及验收规范》GB 50276—2010，条款号　12.0.2

34. **试题：**风扇磨机的喉部间隙，与其设计间隙的允许偏差为（　　）。

A．−5mm～0mm　　　　B．−8mm～−5mm　　　C．0mm～3mm

答案：A

依据：《破碎粉磨设备安装工程施工及验收规范》GB 50276—2010，条款号　12.0.3

35. **试题：**风扇磨煤机连接板与前盘轮壳装配时，配合表面应贴合紧密，其间隙不应大于（　　）。

A．0.07mm B．0.06mm C．0.05mm

答案：C

依据：《破碎粉磨设备安装工程施工及验收规范》GB 50276—2010，条款号　12.0.4

36. **试题：**风扇磨煤机冲击轮端面跳动，最大不应大于（　　）。

A．1mm B．1.5mm C．2mm

答案：C

依据：《破碎粉磨设备安装工程施工及验收规范》GB 50276—2010，条款号　12.0.5

37. **试题：**风扇磨煤机冲击轮锥孔与主轴锥段的接触率，不应小于（　　）。

A．70% B．80% C．60%

答案：B

依据：《破碎粉磨设备安装工程施工及验收规范》GB 50276—2010，条款号　12.0.6

38. **试题：**地脚螺栓灌浆时，当环境温度低于（　　）时应采取措施预热，温度保持在10℃以上。

A．15℃ B．5℃ C．10℃

答案：B

依据：《水泥基灌浆材料应用技术规范》GB/T 50448—2008，条款号　7.3.2

39. **试题：**灌浆前，应将与灌浆材料接触的设备底板和混凝土基础表面清理干净，不得有松动的碎石、浮浆、浮灰、油污、蜡质等。灌浆前（　　），基础混凝土表面应充分湿润，灌浆前 1h，清除积水。

A．6h B．12h C．24h

答案：C

依据：《水泥基灌浆材料应用技术规范》GB/T 50448—2008，条款号　7.4.2

40. **试题：**当新油注入设备后进行系统冲洗时，油系统连续循环时间应不小于（　　）。

A．8h B．12h C．24h

答案：C

依据：《电厂辅机用油运行及维护管理导则》DL/T 290—2012，条款号　6.1.1

41. **试题：**锅炉辅机采用普通细石混凝土进行二次灌浆时，基础上表面与设备基础框架底部间隙，最少应不小于（　　），二次灌浆混凝土应符合设计要求。

A．40mm B．50mm C．60mm

答案：B

依据：《电力建设施工技术规范　第 2 部分：锅炉机组》DL 5190.2—2012，条款号 10.2.2

42. **试题：** 锅炉辅机基础进行二次灌浆时，地脚螺栓的垂直度允许偏差为螺栓长度的 1/100，且最大不大于（　　　）。

　　A．8mm　　　　　　　　B．10mm　　　　　　　　C．12mm

　　答案： B

　　依据：《电力建设施工技术规范　第 2 部分：锅炉机组》DL 5190.2—2012，条款号 10.2.2

43. **试题：** 锅炉辅机基础进行二次灌浆时，需灌浆的地脚螺杆应洁净，螺纹部分应（　　　）。

　　A．刷防锈漆　　　　　　B．涂油脂　　　　　　　C．缠绕塑料布

　　答案： B

　　依据：《电力建设施工技术规范　第 2 部分：锅炉机组》DL 5190.2—2012，条款号 10.2.2

44. **试题：** 锅炉辅机基础进行二次灌浆时，需灌浆的地脚螺栓底端不应与孔底、孔壁相碰，螺栓与孔底的最小间距应不小于（　　　）。

　　A．60mm　　　　　　　　B．80mm　　　　　　　　C．100mm

　　答案： C

　　依据：《电力建设施工技术规范　第 2 部分：锅炉机组》DL 5190.2—2012，条款号 10.2.2

45. **试题：** 锅炉辅机采用普通细石混凝土进行二次灌浆时，每组垫铁宽度应为 80mm～（　　　）。

　　A．150mm　　　　　　　B．200mm　　　　　　　C．250mm

　　答案： B

　　依据：《电力建设施工技术规范　第 2 部分：锅炉机组》DL 5190.2—2012，条款号 10.2.2

46. **试题：** 锅炉辅机采用普通细石混凝土进行二次灌浆时，每组垫铁长度应比基框梁宽度至少长（　　　）。

　　A．40mm　　　　　　　　B．30mm　　　　　　　　C．20mm

　　答案： C

　　依据：《电力建设施工技术规范　第 2 部分：锅炉机组》DL 5190.2—2012，条款号 10.2.2

47. **试题：** 锅炉辅机采用普通细石混凝土进行二次灌浆时，斜垫铁的斜度应在 1:10～

（　　）范围内。

A．1:15　　　　　　　　B．1:20　　　　　　　　C．1:25

答案：B

依据：《电力建设施工技术规范　第 2 部分：锅炉机组》DL 5190.2—2012，条款号 10.2.2

48. **试题**：锅炉辅机采用普通细石混凝土进行二次灌浆时，斜垫铁的薄边不得小于（　　）。

A．2mm　　　　　　　　B．3mm　　　　　　　　C．4mm

答案：C

依据：《电力建设施工技术规范　第 2 部分：锅炉机组》DL 5190.2—2012，条款号 10.2.2

49. **试题**：锅炉辅机基础进行二次灌浆时，垫铁表面应平整，垫铁之间及垫铁与基框之间接触应良好，对于大型辅机用 0.1mm 塞尺检查，塞入深度最多不超过垫铁接触长度的（　　）。

A．20%　　　　　　　　B．25%　　　　　　　　C．30%

答案：A

依据：《电力建设施工技术规范　第 2 部分：锅炉机组》DL 5190.2—2012，条款号 10.2.2

50. **试题**：锅炉辅机基础进行二次灌浆时，根据设备的具体情况，每个地脚螺栓旁至少应有一组垫铁，大型风机、磨煤机等地脚螺栓两边应各布置一组，在不影响二次灌浆的情况下，应尽量靠近地脚螺栓；两组垫铁间最大间距不得超过（　　）。

A．200mm　　　　　　　B．300mm　　　　　　　C．500mm

答案：C

依据：《电力建设施工技术规范　第 2 部分：锅炉机组》DL 5190.2—2012，条款号 10.2.2

51. **试题**：锅炉辅机基础采用水泥基灌浆材料进行二次灌浆时，垫铁底部到基础凿毛面的埋置混凝土厚度最少应不小于（　　）。

A．40mm　　　　　　　B．30mm　　　　　　　C．20mm

答案：A

依据：《电力建设施工技术规范　第 2 部分：锅炉机组》DL 5190.2—2012，条款号 10.2.3

52. **试题**：锅炉辅机基础采用水泥基灌浆材料进行二次灌浆时，垫铁的自身厚度最少应不小于（　　）。

A．20mm　　　　　　　B．15mm　　　　　　　C．10mm

答案：A

依据：《电力建设施工技术规范　第 2 部分：锅炉机组》DL 5190.2—2012，条款号
10.2.3

53. 试题：锅炉辅机基础采用水泥基灌浆材料进行二次灌浆时，垫铁预埋至少完成
（　　）后，方可进行设备就位。

　　A．36h　　　　　　　　　B．48h　　　　　　　　　C．72h

　　答案：B

　　依据：《电力建设施工技术规范　第 2 部分：锅炉机组》DL 5190.2—2012，条款号
10.2.3

54. 试题：锅炉辅机滑动轴承安装时，球面瓦的结合面用色印检查，最少不得少于
（　　），且接触点分布均匀，转动应灵活无卡涩现象。

　　A．1 点/cm^2　　　　　　B．2 点/cm^2　　　　　　C．4 点/cm^2

　　答案：A

　　依据：《电力建设施工技术规范　第 2 部分：锅炉机组》DL 5190.2—2012，条款号
10.2.4

55. 试题：锅炉辅机滑动轴承安装，转子轴向定位的轴瓦端面与轴肩端面应接触良好，
用色印检查最少不少于（　　）。

　　A．1 点/cm^2　　　　　　B．2 点/cm^2　　　　　　C．3 点/cm^2

　　答案：A

　　依据：《电力建设施工技术规范　第 2 部分：锅炉机组》DL 5190.2—2012，条款号
10.2.4

56. 试题：锅炉辅机用热油加热滚动轴承时，油温最高不得超过（　　），在加热过程中
轴承不得与加热容器的底接触。

　　A．80℃　　　　　　　　　B．90℃　　　　　　　　　C．100℃

　　答案：C

　　依据：《电力建设施工技术规范　第 2 部分：锅炉机组》DL 5190.2—2012，条款号
10.2.5

57. 试题：锅炉辅机轴承座安装时，滚动轴承的底部滚子应浸入油液中（　　）。

　　A．1/3　　　　　　　　　　B．1/2　　　　　　　　　C．1/3～1/2

　　答案：C

　　依据：《电力建设施工技术规范　第 2 部分：锅炉机组》DL 5190.2—2012，条款号
10.2.6

58. 试题：锅炉辅机安装中，转速为 3000r/min 的两刚性半联轴器找中心时，其圆周及

端面允许偏差值为（　　）。

A．0.04mm　　　　　　　　B．0.06mm　　　　　　　C．0.08mm

答案：A

依据：《电力建设施工技术规范　第 2 部分：锅炉机组》DL 5190.2—2012，条款号
10.2.7

59．**试题**：锅炉辅机指销联轴器安装时，指销全部装完后，应（　　）检查各指销胶圈
受力面的接触情况。

A．小锤轻击　　　　　　　B．手动盘车　　　　　　　C．撬棍别动

答案：B

依据：《电力建设施工技术规范　第 2 部分：锅炉机组》DL 5190.2—2012，条款号
10.2.7

60．**试题**：锅炉辅机轴装配时应复查轴承轴颈的椭圆度和锥度，偏差值应符合设备技术
文件规定，一般滑动轴承不大于直径的 1/1000，滚动轴承轴颈的直径偏差最大不大
于（　　）。

A．0.01mm　　　　　　　　B．0.03mm　　　　　　　C．0.05mm

答案：C

依据：《电力建设施工技术规范　第 2 部分：锅炉机组》DL 5190.2—2012，条款号
10.2.8

61．**试题**：锅炉辅机轴装配时，轴与键的安装必要时应复查轴弯曲值，最大应不大于
（　　）。

A．0.04mm　　　　　　　　B．0.05mm　　　　　　　C．0.06mm

答案：B

依据：《电力建设施工技术规范　第 2 部分：锅炉机组》DL 5190.2—2012，条款号
10.2.8

62．**试题**：锅炉辅机轴装配时，轴与键的安装时，轴安装水平偏差最大应不大于（　　）/
1000。

A．0.1　　　　　　　　　　B．0.2　　　　　　　　　C．0.3

答案：B

依据：《电力建设施工技术规范　第 2 部分：锅炉机组》DL 5190.2—2012，条款号
10.2.8

63．**试题**：锅炉辅机在二次灌浆层强度等级未达到设计强度等级的（　　）以前，不得
进行紧地脚螺栓、对轮二次找正和连接管道等工作。

A．60%　　　　　　　　　　B．65%　　　　　　　　　C．70%

答案：C

依据：《电力建设施工技术规范　第 2 部分：锅炉机组》DL 5190.2—2012，条款号 10.2.11

64. 试题：锅炉辅机分部试运前，能与机械部分断开的电动机，应先单独试运转至少（　　），转动方向正确，事故按钮工作正常可靠，合格后方可带机械试转。

　　A．1h　　　　　　　　　B．1.5h　　　　　　　　　C．2h

　　答案：C

　　依据：《电力建设施工技术规范　第 2 部分：锅炉机组》DL 5190.2—2012，条款号 10.2.12

65. 试题：锅炉辅机安装中，机械部分试运应连续运行时间为 4h～（　　）。

　　A．6h　　　　　　　　　B．7h　　　　　　　　　C．8h

　　答案：C

　　依据：《电力建设施工技术规范　第 2 部分：锅炉机组》DL 5190.2—2012，条款号 10.2.12

66. 试题：锅炉辅机油箱的蒸汽加热装置或冷却水管应经水压试验合格，试验压力应不低于所用介质设计压力的（　　）。

　　A．1.25 倍　　　　　　　B．1.15 倍　　　　　　　C．1.05 倍

　　答案：A

　　依据：《电力建设施工技术规范　第 2 部分：锅炉机组》DL 5190.2—2012，条款号 10.3.3

67. 试题：锅炉辅机油箱安装时，油管路安装时，回油管路应有（　　）的坡度。

　　A．1%　　　　　　　　　B．2%　　　　　　　　　C．1.5%

　　答案：B

　　依据：《电力建设施工技术规范　第 2 部分：锅炉机组》DL 5190.2—2012，条款号 10.3.4

68. 试题：锅炉辅机油箱安装时，油管组装后应按设计规定进行（　　）试验，无渗漏现象。

　　A．承压　　　　　　　　　B．严密性　　　　　　　　C．强度

　　答案：B

　　依据：《电力建设施工技术规范　第 2 部分：锅炉机组》DL 5190.2—2012，条款号 10.3.4

69. 试题：锅炉辅机油系统管路启动油泵进行大流量油循环的时间应（　　）。

　　A．2h

　　B．3h

C．至回油滤网上无遗留杂物为止

答案：C

依据：《电力建设施工技术规范　第 2 部分：锅炉机组》DL 5190.2—2012，条款号 10.3.8

70. **试题**：球磨机主轴承球面应动作灵活，接触良好，以色印检查，每 30mm×30mm 内最少不少于（　　）。

A．1 点　　　　　　　　B．2 点　　　　　　　　C．3 点

答案：B

依据：《电力建设施工技术规范　第 2 部分：锅炉机组》DL 5190.2—2012，条款号 10.4.1

71. **试题**：球磨机球面座与台板应接触良好，以色印检查，每（　　）内不少于 1 点。

A．30mm×30mm　　　　B．40mm×40mm　　　　C．50mm×50mm

答案：A

依据：《电力建设施工技术规范　第 2 部分：锅炉机组》DL 5190.2—2012，条款号 10.4.1

72. **试题**：筒体直径 2500mm，两主轴承中心线间的距离 9000mm 的钢球磨煤机主轴承端面的允许跳动值为不大于（　　）。

A．0.7mm　　　　　　　B．0.8mm　　　　　　　C．0.9mm

答案：C

依据：《电力建设施工技术规范　第 2 部分：锅炉机组》DL 5190.2—2012，条款号 10.4.1

73. **试题**：钢球磨煤机大小齿轮安装时，通过调整螺栓调整大齿轮，允许径向跳动最大（　　），轴向跳动不大于 0.25mm。

A．0.4mm　　　　　　　B．0.35mm　　　　　　C．0.3mm

答案：A

依据：《电力建设施工技术规范　第 2 部分：锅炉机组》DL 5190.2—2012，条款号 10.4.1

74. **试题**：钢球磨煤机慢速传动装置和主电机轴线对中允许偏差在（　　）范围内，爪式离合器闭合、脱开自如，无卡涩现象。

A．0.2mm　　　　　　　B．0.10mm　　　　　　C．0.15mm

答案：B

依据：《电力建设施工技术规范　第 2 部分：锅炉机组》DL 5190.2—2012，条款号 10.4.1

75. **试题**：风扇式磨煤机机壳安装时，机壳垂直度偏差不大于高度的 5/1000，且最大不大于（   ）。

A．10mm   B．12mm   C．15mm

答案：A

依据：《电力建设施工技术规范 第 2 部分：锅炉机组》DL 5190.2—2012，条款号 10.4.2

76. **试题**：风扇式磨煤机打击轮与机壳、进料大门的轴向、径向间隙应符合设备技术文件的规定，检测点沿圆周等分，不得少于（   ），并做好记录。

A．6 点   B．8 点   C．10 点

答案：B

依据：《电力建设施工技术规范 第 2 部分：锅炉机组》DL 5190.2—2012，条款号 10.4.2

77. **试题**：风扇式磨煤机进料大门轨道与基础纵向中心线偏差不大于 5mm，两轨间距偏差不大于 3mm，标高偏差最大偏差（   ）。

A．6mm   B．8mm   C．10mm

答案：C

依据：《电力建设施工技术规范 第 2 部分：锅炉机组》DL 5190.2—2012，条款号 10.4.2

78. **试题**：风扇磨煤机安装时伸缩节与进料大门中心偏差允许值不大于（   ）。

A．6mm   B．8mm   C．10mm

答案：C

依据：《电力建设施工技术规范 第 2 部分：锅炉机组》DL 5190.2—2012，条款号 10.4.2

79. **试题**：HP 型中速磨煤机安装时，磨盘轴颈密封处圆周间隙应均匀，且最大不大于（   ）。

A．0.05mm   B．0.10mm   C．0.15mm

答案：B

依据：《电力建设施工技术规范 第 2 部分：锅炉机组》DL 5190.2—2012，条款号 10.4.3

80. **试题**：HP 型中速磨煤机安装时，两半联轴器找中心时，其圆周及端面偏差最大不大于（   ）。

A．0.20mm   B．0.10mm   C．0.15mm

答案：A

依据：《电力建设施工技术规范 第 2 部分：锅炉机组》DL 5190.2—2012，条款

号 10.4.3

81. **试题：** ZGM 型中速磨煤机机座安装找正时，机座上平面水平偏差最大应不大于（ ），支承环加工面水平偏差不大于 0.1mm/m。

A．3mm   B．5mm   C．6mm

答案： C

依据：《电力建设施工技术规范 第 2 部分：锅炉机组》DL 5190.2—2012，条款号
10.4.4

82. **试题：** ZGM 型中速磨煤机喷嘴环与磨盘的径向间隙，和与磨环分段法兰的轴向间隙，两处的间隙允许偏差均不大于（ ）。

A．0.5mm   B．1mm   C．2mm

答案： A

依据：《电力建设施工技术规范 第 2 部分：锅炉机组》DL 5190.2—2012，条款号
10.4.4

83. **试题：** 离心式风机安装时，以转子中心为准，其标高偏差±10mm，纵、横中心线的偏差最大不大于（ ）。

A．6mm   B．8mm   C．10mm

答案： C

依据：《电力建设施工技术规范 第 2 部分：锅炉机组》DL 5190.2—2012，条款号
10.5.1

84. **试题：** 轴流风机转子处，外壳圆度允许偏差不大于（ ）。

A．1mm   B．2mm   C．3mm

答案： B

依据：《电力建设施工技术规范 第 2 部分：锅炉机组》DL 5190.2—2012，条款号
10.5.2

85. **试题：** 轴流风机滑动轴承的检查、检修应符合：推力瓦块厚度应均匀一致，允许偏差不大于（ ）；总推力间隙宜为 0.25mm～0.35mm。

A．0.02mm   B．0.08mm   C．0.10mm

答案： A

依据：《电力建设施工技术规范 第 2 部分：锅炉机组》DL 5190.2—2012，条款号
10.5.2

86. **试题：** 轴流风机电动机空气冷却器试验压力为 0.4MPa，至少保持（ ）不漏。

A．10min   B．15min   C．5min

答案： C

依据：《电力建设施工技术规范　第 2 部分：锅炉机组》DL 5190.2—2012，条款号 10.5.2

87. 试题：动叶调节装置的连接杆、转换体、支承杆与转子同心度偏差允许值应不大于（　　）。

A．0.07mm B．0.06mm C．0.05mm

答案：C

依据：《电力建设施工技术规范　第 2 部分：锅炉机组》DL 5190.2—2012，条款号 10.5.2

88. 试题：罗茨风机在运转初期，为防止焊渣等吸入风机，应在风机的入口处设置（　　）的金属滤网。

A．20 目～30 目 B．30 目～40 目 C．40 目～50 目

答案：B

依据：《电力建设施工技术规范　第 2 部分：锅炉机组》DL 5190.2—2012，条款号 10.5.3

89. 试题：罗茨风机分部试运时，电动机应进行（　　）空运转试验，且方向正确。

A．0.5h B．1h C．2h

答案：C

依据：《电力建设施工技术规范　第 2 部分：锅炉机组》DL 5190.2—2012，条款号 10.5.3

90. 试题：高压流化风机安装的纵横中心线允许偏差不大于（　　），进出口标高允许偏差不大于±10mm；轴水平度允许偏差应不大于 0.1/1000。

A．1mm B．2mm C．3mm

答案：C

依据：《电力建设施工技术规范　第 2 部分：锅炉机组》DL 5190.2—2012，条款号 10.5.4

91. 试题：高压流化风机和驱动装置联轴器同心度允许偏差符合设备技术文件的规定，如无明确规定应不大于（　　）。

A．0.05mm B．0.10mm C．0.15mm

答案：A

依据：《电力建设施工技术规范　第 2 部分：锅炉机组》DL 5190.2—2012，条款号 10.5.4

92. 试题：分部试运时，一般高压流化风机轴承振动应不大于（　　）。

A．0.05mm B．0.06mm C．0.08mm

答案：C

依据：《电力建设施工技术规范 第 2 部分：锅炉机组》DL 5190.2—2012，条款号 10.5.4

93. 试题：刮板给煤机安装时，调整链条紧度的装置灵活好用，安装时保持有（　　）以上的调整余量。

A．1/3　　　　　　　　　B．1/2　　　　　　　　　C．2/3

答案：C

依据：《电力建设施工技术规范 第 2 部分：锅炉机组》DL 5190.2—2012，条款号 10.6.1

94. 试题：全密封自动称量式皮带给煤机安装时，整机纵横水平度偏差允许值为：不大于长度的（　　）。

A．0.1/1000　　　　　　　B．0.2/1000　　　　　　　C．0.3/1000

答案：B

依据：《电力建设施工技术规范 第 2 部分：锅炉机组》DL 5190.2—2012，条款号 10.6.3

95. 试题：空气压缩机配管时，主管路必须有（　　）向下的倾斜度，管路应设有排污接口。

A．1°～2°　　　　　　　B．2°～3°　　　　　　　C．3°～4°

答案：A

依据：《电力建设施工技术规范 第 2 部分：锅炉机组》DL 5190.2—2012，条款号 10.7.4

96. 试题：空气压缩机配管时，主管路不要任意缩小或放大，如果必须缩小或放大时应使用（　　）。

A．变径管　　　　　　　B．大小头　　　　　　　C．渐缩管

答案：C

依据：《电力建设施工技术规范 第 2 部分：锅炉机组》DL 5190.2—2012，条款号 10.7.4

97. 试题：空气压缩机试运转前冷却水出口温度应保持低于（　　）或符合设备技术文件要求。

A．40℃　　　　　　　　B．45℃　　　　　　　　C．50℃

答案：A

依据：《电力建设施工技术规范 第 2 部分：锅炉机组》DL 5190.2—2012，条款号 10.7.5

98. **试题：** 压缩机空负荷试运转时，启动油泵在规定的压力下最少运转不应小于（　　　）。

　　A．15min　　　　　　　　　　B．20min　　　　　　　　　　C．25min

　　答案： A

　　依据：《电力建设施工技术规范　第 2 部分：锅炉机组》DL 5190.2—2012，条款号
　　10.7.7

99. **试题：** 空气压缩机启动时，空负荷运转至少不应小于（　　　）；升压至额定压力下连续运转的时间不应小于 2h。

　　A．15min　　　　　　　　　　B．20min　　　　　　　　　　C．30min

　　答案： C

　　依据：《电力建设施工技术规范　第 2 部分：锅炉机组》DL 5190.2—2012，条款号
　　10.7.8

100. **试题：** 火力发电厂润滑油系统禁止使用（　　　）阀门。

　　A．铸铁　　　　　　　　　　B．锻钢　　　　　　　　　　C．铸钢

　　答案： A

　　依据：《火力发电厂油气管道设计规程》DL/T 5204—2005，条款号　5.6.1

四、多选题（下列试题中，至少有 2 项是标准原文规定的正确答案，请将正确答案填在括号内）

1. **试题：** 空气压缩机与储气罐设置不应违反以下规定：（　　　）。

　　A．活塞空气压缩机、隔膜空气压缩机与储气罐之间，应装设止回阀

　　B．空气压缩机与止回阀之间，应设置装有消声器的放空管

　　C．活塞空气压缩机、隔膜空气压缩机与储气罐之间，不应装设切断阀

　　D．当需要装设切断阀时，在空压机与切断阀之间，必须装设安全阀

　　答案： ABCD

　　依据：《压缩空气站设计规范》GB 50029—2014，条款号　3.0.14（强条）

2. **试题：** 机械设备安装工程中采用的各种计量和检测（　　　）必须符合国家现行有关标准的规定。

　　A．器具　　　　　　　　　　　　　　　　B．仪器

　　C．仪表　　　　　　　　　　　　　　　　D．设备

　　答案： ABCD

　　依据：《机械设备安装工程施工及验收通用规范》GB 50231—2009，条款号　1.0.6
　　（强条）

3. **试题：** 机械设备安装前，其基础、地坪和相关建筑结构，符合要求的有：（　　　）。

　　A．机械设备基础的质量符合有关规定，并有验收资料和记录

B．基础或地坪有防震隔离要求时，应按工程设计要求施工完毕

　　C．基础有预压和沉降观测要求时，应经预压合格

　　D．安装工程施工中拟利用建筑结构作为起吊、搬运设备的承力点时，对建筑结构的承载能力进行核算后，即可利用

　　答案： ABC

　　依据： 《机械设备安装工程施工及验收通用规范》GB 50231—2009，条款号　2.0.3

4. **试题：** 机械设备安装精度的偏差，宜符合下列要求：（　　　）。

　　A．能补偿受力或温度变化后所引起的偏差

　　B．能补偿使用过程中磨损所引起的偏差

　　C．不增加功率损耗

　　D．有利于提高工件的加工精度

　　答案： ABCD

　　依据： 《机械设备安装工程施工及验收通用规范》GB 50231—2009，条款号　3.0.7

5. **试题：** 当机械设备的载荷由垫铁组承受时，垫铁组的安放应符合下列要求：（　　　）。

　　A．每个地脚螺栓的旁边应至少有一组垫铁

　　B．垫铁组在能放稳和不影响灌浆的条件下，应放在靠近地脚螺栓和底座主要受力部位下方

　　C．相邻两垫铁组间的距离，宜为 500mm～1000mm

　　D．设备底座有接缝处的两侧，应各安放一组垫铁

　　答案： ABCD

　　依据： 《机械设备安装工程施工及验收通用规范》GB 50231—2009，条款号　4.2.2

6. **试题：** 《机械设备安装工程施工及验收通用规范》GB 50231—2009 中规定，垫铁组的使用，应符合下列要求：（　　　）。

　　A．承受载荷的垫铁组，应使用成对斜垫铁

　　B．承受重负荷或有连续振动的设备，宜使用平垫铁

　　C．每一垫铁组的块数不宜超过 5 块

　　D．放置平垫铁时，薄的宜放在下面，厚的宜放在中间

　　答案： ABC

　　依据： 《机械设备安装工程施工及验收通用规范》GB 50231—2009，条款号　4.2.3

7. **试题：** 《机械设备安装工程施工及验收通用规范》GB 50231—2009 中规定，机械设备安装采用螺栓或螺钉连接紧固时，下列符合要求的有：（　　　）。

　　A．螺栓紧固时，宜采用呆板手，必要时可使用打击法

　　B．当有定位销时应从靠近该销的螺栓或螺钉开始均匀拧紧

　　C．螺栓与螺母拧紧后，螺栓应露出螺母 2 个～3 个螺距

　　D．用双螺母锁紧时，应先装厚螺母后装薄螺母

答案：BC

依据：《机械设备安装工程施工及验收通用规范》GB 50231—2009，条款号　5.2.1

8. 试题：《机械设备安装工程施工及验收通用规范》GB 50231—2009 中规定，机械设备采用螺栓装配时，应在螺纹部分涂抹防咬合剂的螺栓是：（　　　）。

A．不锈钢材质的螺栓

B．常温下碳钢材质的螺栓

C．铜材质的螺栓

D．铝材质的螺栓

答案：ACD

依据：《机械设备安装工程施工及验收通用规范》GB 50231—2009，条款号　5.2.3

9. 试题：《机械设备安装工程施工及验收通用规范》中规定，高强度螺栓的装配，应符合下列要求：（　　　）。

A．不得用高强度螺栓兼做临时螺栓

B．装配时，接合面应保持干燥，严禁在雨中进行装配

C．组装螺栓连接副时，垫圈有倒角的一侧应朝向螺母支撑面

D．当不能自由穿入时，该孔应用铰刀修整，铰孔前应将四周螺栓全部拧紧，修整后孔的最大直径应小于螺栓直径的 1.2 倍

答案：ABCD

依据：《机械设备安装工程施工及验收通用规范》GB 50231—2009，条款号　5.2.5

10. 试题：《机械设备安装工程施工及验收通用规范》中规定，机械设备安装时，键的装配符合要求的有：（　　　）。

A．键的表面不应有裂纹、浮锈、氧化皮和条痕、凹痕及毛刺

B．平键装配时，键的两端不得翘起

C．导向键和半圆键，两个侧面与键槽应紧密接触，与轮毂键槽侧面不应有间隙

D．花键装配时，同时接触的齿数不应少于 2/3

答案：ABD

依据：《机械设备安装工程施工及验收通用规范》GB 50231—2009，条款号　5.2.8

11. 试题：《机械设备安装工程施工及验收通用规范》中规定，密封胶的使用，符合要求的有：（　　　）。

A．应将密封面上的油污、水分、灰尘或锈蚀去除，并清洗洁净

B．密封胶应均匀和无间断地涂抹在两密封面上

C．在密封胶干固期间，应对两密封面均匀地施加压力

D．密封处应无渗漏现象

答案：ABCD

依据：《机械设备安装工程施工及验收通用规范》GB 50231—2009，条款号　5.8.1

12. **试题：**《机械设备安装工程施工及验收通用规范》规定中填料密封的装配，符合要求的有：（   ）。

   A．填料的压缩率和回弹率，应符合相关质量标准的规定

   B．填料箱或腔、液封环、冷却管路和压盖等应清晰洁净

   C．金属包壳的多层有切口的填料密封圈，其切口应切成 45°的剖口，相邻两圈的切口应相互错开，并不小于 60°

   D．填料浸渍的乳化液或其他润滑剂应均匀饱满，并应无脱漏现象

   答案： ABD

   依据：《机械设备安装工程施工及验收通用规范》GB 50231—2009，条款号 5.8.2

13. **试题：**日平均温度低于 5℃时应按冬期施工并符合下列要求：（   ）。

   A．灌浆前应采取措施预热基础表面，使温度保持在 10℃以上，并清除积水

   B．应采用不屈过 65℃的温水拌和水泥基灌浆材料

   C．浆体的入模温度在 10℃以上

   D．受冻前，水泥基灌浆材料的抗压强度不得低于 5MPa

   答案： ABCD

   依据：《机械设备安装工程施工及验收通用规范》GB 50231—2009，条款号 7.7.1

14. **试题：**风机的（   ），应有单独的支承，并应与基础或其他建筑物连接牢固，与风机机壳相连时不得将外力施加在风机机壳上。

   A．进气、排气系统管路　　　　　　　　B．大型阀件

   C．调节装置　　　　　　　　　　　　　D．冷却装置

   答案： ABCD

   依据：《风机、压缩机、泵安装工程施工及验收规范》GB 50275—2010，条款号 2.1.6

15. **试题：**风机试运转前，应符合下列要求：（   ）。

   A．轴承箱和油箱应清洗洁净，加注润滑油的规格、数量应符合随机技术文件的规定

   B．电动机、汽轮机和尾气透平机的驱动机的转向应符合随机技术文件的要求

   C．盘动风机转子，不得有摩擦和碰刮

   D．润滑油系统和液压控制系统工作应正常

   答案： ABCD

   依据：《风机、压缩机、泵安装工程施工及验收规范》GB 50275—2010，条款号 2.1.12

16. **试题：**轴流通风机试运转前应符合的要求有（   ）。

   A．电动机转向应正确；油位、叶片数量、叶片安装角、叶顶间隙、叶片调节装置功能、调节范围应符合随机技术文件的规定

B. 叶片角度可调的风机，应将可调叶片调节到最大角度

C. 盘车应无卡阻，并应关闭所有人孔门

D. 应启动供油装置并运转2h，其油温和油压应符合随机技术文件的规定

答案： ACD

依据：《风机、压缩机、泵安装工程施工及验收规范》GB 50275—2010，条款号 2.3.5

17. **试题：** 罗茨和叶氏鼓风机试运转时，下列不符合要求的有：（　　）。

A. 启动前应全开鼓风机进气和排气口阀门

B. 进气和排气口阀门应在全开的条件下进行空负荷运转，运转时间不得少于 30min

C. 空负荷运转正常后，应快速关闭排气阀，使排气压力调节到设计升压值

D. 负荷试运转中，需完全关闭进气和排气口阀门，不应超负荷运转，并应在逐步卸负荷后停机，不得在满负荷下突然停机

答案： CD

依据：《风机、压缩机、泵安装工程施工及验收规范》GB 50275—2010，条款号 2.4.4

18. **试题：** 下列符合离心鼓风机的清洗和检查要求的有：（　　）。

A. 出厂已装好的机壳垂直中分面不应拆卸清洗；筒型结构机器的清洗，应符合随机技术文件的规定

B. 扩压器和回流器组成一体的隔板、与机壳固定在一起的轴承箱等在清洗时不应拆卸

C. 润滑油系统不应拆卸清洗

D. 带调整垫结构和旋转结构的组件拆洗时应做好标记，并不得互换组别或位置

答案： ABD

依据：《风机、压缩机、泵安装工程施工及验收规范》GB 50275—2010，条款号 2.5.1

19. **试题：** 离心鼓风机基准设备找平、调平时，下列符合要求的有：（　　）。

A. 设备中心的标高和位置应符合设计要求，其允许偏差为±2mm

B. 以鼓风机为基准时，纵向安装水平应在主轴上进行检测，其偏差不应大于0.1/1000

C. 以鼓风机为基准时，横向安装水平应在机壳中分面上进行检测，其偏差不应大于0.05/1000

D. 以增速器为基准时，横向安装水平应在箱体中分面上进行检测，纵向安装水平应在大齿轮轴上进行检测，其偏差均不应大于0.05/1000

答案： AD

依据：《风机、压缩机、泵安装工程施工及验收规范》GB 50275—2010，条款号 2.5.3

20. **试题：** 离心鼓风机增速器组装，下列符合要求的有：（　　）。

A. 行星齿轮增速器的组装，应符合随机技术文件的规定

B. 增速器底面与底座应紧密贴合；未拧紧螺栓之前应用塞尺检查，其局部间隙不应大于 0.06mm

C. 齿轮组轴间的中心距、平行度、齿侧间隙和齿面接触要求，应符合随机技术文件的规定

D. 增速箱中分面的局部间隙，不应大于 0.08mm

答案： AC

依据：《风机、压缩机、泵安装工程施工及验收规范》GB 50275—2010，条款号 2.5.12

21. **试题：** 离心鼓风机的油管润滑点、密封、控制和与油接触的机器零件和部件，应进行循环冲洗，下列符合要求的有：（　　）。

A. 应按随机技术文件规定使用的润滑油进行冲洗

B. 冲洗前，润滑点上游的节流阀应全部打开，并保持最大流速

C. 冲洗时间不得少于 24h

D. 滤油器过滤网上不得留有硬质颗粒；在油温相同的条件下，滤油器前、后压差应在 2h 内保持稳定

答案： ABC

依据：《风机、压缩机、泵安装工程施工及验收规范》GB 50275—2010，条款号 2.5.14

22. **试题：** 轴流鼓风机机组找正前应符合的要求有：（　　）。

A. 润滑油箱已清理，并按要求完成注油

B. 轴承应安装完毕，轴承与轴颈的间隙和接触状况应符合规定

C. 盘动转子，应灵活、无卡涩

D. 叶顶间隙值、转子和联轴器的跳动值应符合要求

答案： BCD

依据：《风机、压缩机、泵安装工程施工及验收规范》GB 50275—2010，条款号 2.6.9

23. **试题：** 防爆通风机安装，下列符合要求的是：（　　）。

A. 轴流防爆风机进风口与叶轮轮盖进口最小径向单侧间隙值不小于 2mm

B. 叶片出口边对轮盘垂直度偏差，不大于叶轮出口宽度的 1%

C. 离心防爆通风机叶片出口安装角的允许偏差为 ±1°

D. 离心防爆通风机机壳和进风口应平整，不应有压伤、凹凸不平和歪斜等缺陷

答案： BCD

依据：《风机、压缩机、泵安装工程施工及验收规范》GB 50275—2010，条款号 2.7.1

24. **试题：** 检验压缩机的安装水平，其偏差应不大于 0.20/1000，检测部位应符合的要求有（　　）。

    A．卧式压缩机应在机身滑道面或其他基准面上检测

    B．对称平衡型压缩机应在底座平面上检测

    C．立式压缩机应拆去气缸盖，并应在气缸顶面上检测

    D．其他形式的压缩机应在主轴外露部分或其他基准面上检测

    答案： ACD

    依据：《风机、压缩机、泵安装工程施工及验收规范》GB 50275—2010，条款号 3.2.2

25. **试题：** 风机、压缩机和泵的振动测量，符合要求的工况条件有：（　　）。

    A．风机应在稳定的额定转速和额定工况下运行，当有多种额定转速和额定工况时，应分别测量取其中最大值

    B．压缩机应在额定工况下连续稳定运行时进行测量

    C．叶片泵在小流量、额定流量和大流量三个工况点，应在规定转速的允许偏差为 ±5% 且不得在有气蚀状态下进行测量

    D．容积泵应在规定转速允许偏差为 ±5% 和工作压力的条件下进行测量

    答案： ABCD

    依据：《风机、压缩机、泵安装工程施工及验收规范》GB 50275—2010，条款号 附录 A.0.2

26. **试题：** 风机振动的测量点位置，符合要求的有：（　　）。

    A．叶轮与电动机直连的风机，应在电动机定子两端轴承部位测量

    B．双支承有两个轴承体的风机，应在每个轴承体上测量

    C．两个轴承都装在同一个轴承箱内时，应在轴承箱体的轴承部位测量

    D．两个轴承都装在同一个轴承箱内时，应在轴承箱体的顶部中心部位测量

    答案： ABC

    依据：《风机、压缩机、泵安装工程施工及验收规范》GB 50275—2010，条款号 附录 A.0.3

27. **试题：** 破碎粉磨设备装配滑动轴承时，轴瓦应进行刮研，轴瓦与轴颈的配合应符合下列要求：（　　）。

    A．接触角宜为 80°～100°

    B．接触面上的接触点数，在每 25mm×25mm 面积内，不应少于 3 个

    C．侧间隙应为轴颈直径的 1‰～1.2‰

    D．顶间隙应为侧间隙的 1.5 倍

    答案： ABCD

    依据：《破碎粉磨设备安装工程施工及验收规范》GB 50276—2010，条款号 7.0.4

28. **试题：**磨机组装筒体与端盖时，符合要求的有：（　　　）。

　　A. 筒体表面直线度偏差，不应大于筒体总长度的 1‰

　　B. 筒体两端的圆度偏差，不应大于筒体直径的 1.5‰

　　C. 应将结合面清理洁净后，涂上防锈和密封材料

　　D. 结合面的接触应紧密，不得加入任何调整垫片

　　答案：ABCD

　　依据：《破碎粉磨设备安装工程施工及验收规范》GB 50276—2010，条款号　9.2.1

29. **试题：**磨机两中空轴装配时，下列符合要求的有：（　　　）。

　　A. 两中空轴的轴肩与主轴承间的轴向间隙，符合随机技术文件的规定

　　B. 两中空轴的上母线的相对标高偏差，不应大于 1mm

　　C. 两中空轴的安装水平，用水平仪检测不大于 0.2/1000，进料端应高于出料端

　　D. 两中空轴与主轴瓦的接触要求，应符合相关规定

　　答案：ABCD

　　依据：《破碎粉磨设备安装工程施工及验收规范》GB 50276—2010，条款号　9.2.4

30. **试题：**磨机装配齿圈，应符合随机技术文件的规定；无规定时，下列符合规定的是：（　　　）。

　　A. 齿圈端面与筒体法兰贴合紧密，间隙不大于 0.2mm

　　B. 拼合齿圈对接处的间隙，不大于 0.1mm

　　C. 齿圈的径向跳动，每米节圆直径不大于 0.25mm

　　D. 齿圈的端面跳动，每米节圆直径不大于 0.35mm

　　答案：BCD

　　依据：《破碎粉磨设备安装工程施工及验收规范》GB 50276—2010，条款号　9.2.5

31. **试题：**磨机筒体内的衬板、隔仓板安装时，下列符合规定的是：（　　　）。

　　A. 衬板、隔仓板、进出料衬套组装后的间隙，应符合随机技术文件的规定

　　B. 湿式磨机筒体衬板的排列，不应构成环形间隙

　　C. 端衬板与筒体衬板、中空轴衬板之间所构成的环形间隙，湿法作业应采用木楔、干法作业应采用铁楔或水泥等材料堵塞

　　D. 衬板与衬板之间的间隙不应大于 25mm

　　答案：ABC

　　依据：《破碎粉磨设备安装工程施工及验收规范》GB 50276—2010，条款号　9.3.2

32. **试题：**对库存油应做好油品入库、储存、发放工作，防止油的错用、混用及油质劣化。下列符合库存油管理要求的有：（　　　）。

　　A. 新购油验收合格后方可入库

　　B. 库存油应分类存放，油桶标记清楚

　　C. 库存油应严格执行油质检验。除应对每批入库、出库油做检验外，还要加强库

存油移动时的检验与监督

D. 库房应清洁、阴凉、干燥，通风良好

答案： ABCD

依据： 《电厂辅机用油运行及维护管理导则》DL/T 290—2012，条款号　8.1

33. **试题：** 滚动轴承外观应无（　　）等缺陷，轴承的总游动间隙应符合设备技术文件的规定。

A. 裂纹　　　　　　　　　　　　　　　B. 重皮

C. 锈蚀　　　　　　　　　　　　　　　D. 色斑

答案： ABC

依据： 《电力建设施工技术规范　第 2 部分：锅炉机组》DL 5190.2—2012，条款号 10.2.5

34. **试题：** 锅炉辅机设备二次灌浆前应具备的条件有：（　　）。

A. 设备找正固定完毕

B. 办理好隐蔽签证

C. 垫铁及地脚螺栓经检查无松动现象

D. 基础表面及基础框架框污垢、焊渣等清除干净；办理好隐蔽签证

答案： ABCD

依据： 《电力建设施工技术规范　第 2 部分：锅炉机组》DL 5190.2—2012，条款号 10.2.11

35. **试题：** 锅炉辅机分部试运应具备的条件有：（　　）。

A. 试运设备安装结束，并经验收合格

B. 二次灌浆混凝土的强度等级已达到设计强度等级

C. 与设备相关的管道系统安装完毕，具备设备试运条件

D. 润滑剂已添加完毕，经检验符合质量要求

答案： ABCD

依据： 《电力建设施工技术规范　第 2 部分：锅炉机组》DL 5190.2—2012，条款号 10.2.12

36. **试题：** 锅炉辅机分部试运前应进行的检查有：（　　）。

A. 检查机械内部及连接系统内部，不得有杂物及工作人员

B. 地脚螺栓和连接螺栓等不得有松动现象

C. 裸露的转动部分应有保护罩或围栏

D. 配套的冷却水系统已冲洗合格，冷却水量充足，回水畅通

答案： ABCD

依据： 《电力建设施工技术规范　第 2 部分：锅炉机组》DL 5190.2—2012，条款号 10.2.12

37. **试题：**钢球磨煤机罐体复查应形成的记录是：（　　　）。

　　A．测量罐体钢板厚度、检验钢板材质

　　B．测量罐体直径和长度的记录

　　C．测量罐体螺栓孔直径及间距

　　D．罐体的变形、裂纹、漏焊等缺陷记录

　　答案：BD

　　依据：《电力建设施工技术规范　第 2 部分：锅炉机组》DL 5190.2—2012，条款号
　　　　10.4.1

38. **试题：**钢球磨煤机中空轴安装应符合下列要求：（　　　）。

　　A．复查中空轴的圆度、锥度和平整度

　　B．测量中空轴的直径和长度

　　C．轴颈表面应光洁，无伤痕、锈迹

　　D．中空轴与端盖装配应接触密实

　　答案：ACD

　　依据：《电力建设施工技术规范　第 2 部分：锅炉机组》DL 5190.2—2012，条款号
　　　　10.4.1

39. **试题：**钢球磨煤机主轴乌金瓦的刮研应符合下列规定：（　　　）。

　　A．接触角应符合设备技术文件的规定，宜为 45°～90°

　　B．推力总间隙偏差符合设备技术文件规定

　　C．研瓦时不得使用代用轴颈，应考虑轴颈热膨胀后的实际工作位置

　　D．乌金瓦与轴颈接触均匀，用色印检查，不少于 1 点/cm²

　　答案：ABCD

　　依据：《电力建设施工技术规范　第 2 部分：锅炉机组》DL 5190.2—2012，条款号
　　　　10.4.1

40. **试题：**球磨机罐体就位后各处间隙符合要求的有：（　　　）。

　　A．两端轴颈水平偏差不大于两个轴承中心距的 0.2/1000

　　B．传动机的推力总间隙应符合设备技术文件的规定，推力间隙为 0.20mm～0.40mm

　　C．承力端轴颈的膨胀间隙符合设备技术文件的规定

　　D．球面座与台板、球面瓦与球面座接触良好，没有明显的位移

　　答案：BCD

　　依据：《电力建设施工技术规范　第 2 部分：锅炉机组》DL 5190.2—2012，条款号
　　　　10.4.1

41. **试题：**钢球磨煤机输送装置绞笼安装应符合的要求有：（　　　）。

　　A．中空轴和中空轴管之间的间隙均匀

　　B．中空轴和中空轴管之间不允许加隔热石棉布

C．绞笼安装时注意绞笼的旋向符合图纸要求

D．调整输送装置绞笼的端部传动棒，使绞笼与中空管同心度符合技术文件规定

答案：ACD

依据：《电力建设施工技术规范 第2部分：锅炉机组》DL 5190.2—2012，条款号 10.4.1

42. 试题：HP型中速磨煤机设备安装前应进行的检查有：（ ）。

A．设备表面应无影响强度的气孔、裂纹等缺陷

B．测量磨碗和磨环的直径，并做好记录

C．油站的油箱内部应洁净无杂物

D．蜗轮箱内蜗轮蜗杆的齿轮啮合应良好

答案：ABCD

依据：《电力建设施工技术规范 第2部分：锅炉机组》DL 5190.2—2012，条款号 10.4.3

43. 试题：HP型中速磨煤机分部试运应符合要求的有：（ ）。

A．密封风机及管路系统符合运转条件

B．密封风切换装置安装完好

C．油系统单独运行2h

D．制粉系统安装、调试完好

答案：ABD

依据：《电力建设施工技术规范 第2部分：锅炉机组》DL 5190.2—2012，条款号 10.4.3

44. 试题：离心式风机安装调整挡板应符合的要求有：（ ）。

A．叶片板固定牢靠，与外壳留有适当的膨胀间隙

B．挡板开启关闭灵活正确，各叶片的开启和关闭角度应一致

C．叶片板的开启方向应使气流逆着风机转向而进入，不得装反

D．挡板应有开、关终端位置限位器

答案：ABD

依据：《电力建设施工技术规范 第2部分：锅炉机组》DL 5190.2—2012，条款号 10.5.1

45. 试题：轴流风机扩散器轨道安装允许偏差：（ ）。

A．标高－10mm～0mm　　　　　　　　B．标高－15mm～0mm

C．水平度不大于3mm　　　　　　　　D．水平度不大于5mm

答案：AC

依据：《电力建设施工技术规范 第2部分：锅炉机组》DL 5190.2—2012，条款号 10.5.2

46. **试题：** 捞渣机空负荷试运转，下列符合要求的有：（   ）。

A．盘车或点动不应少于 3 个全行程

B．刮板链条运行方向应与规定的方向一致

C．刮板链条运行应平稳，不应有跑偏和异常尖叫声

D．在额定速度下连续运转不应高于 1h

答案： ABC

依据：《电力建设施工技术规范 第 2 部分：锅炉机组》DL 5190.2—2012，条款号 10.9.3

47. **试题：** 辅机润滑油管道上的阀门选择和布置，下列符合要求的有：（   ）。

A．润滑油管道阀门选用明杆阀门

B．润滑油管道阀门选用反向阀门

C．润滑油管道上的阀门门杆平放

D．润滑油管道上的阀门门杆向下布置

答案： ACD

依据：《火力发电厂油气管道设计规程》DL/T 5204—2005，条款号 5.6.3

48. **试题：** 润滑油管道及阀门的法兰垫片不得选用：（   ）。

A．塑料垫   C．石棉纸垫

B．橡皮垫   D．耐油耐热垫片

答案： ABC

依据：《火力发电厂油气管道设计规程》DL/T 5204—2005，条款号 5.6.6

49. **试题：** 锅炉辅机单机调试，下列符合要求的有：（   ）。

A．轴承温度符合要求：滑动轴承≤65℃，滚动轴承≤80℃

B．设备本体运行无异音，振动≤0.08mm（小于 10 丝）

C．润滑油系统各连锁保护投用正常

D．各设备至少运行 4～8h 无异常

答案： ABCD

依据：《电力建设施工质量验收及评价规程第 2 部分：锅炉机组》DL/T 5210.2—2009，条款号 5.7.2

50. **试题：** 固定式压力容器进行气密性试验，不得违反下列规定：（   ）。

A．气密性试验所用气体应当符合相关规程的规定

B．气密性试验压力为压力容器的设计压力

C．进行气密性试验时，应当将安全附件装配齐全

D．保压足够时间经过检查无泄漏为合格

答案： ABCD

依据：《固定式压力容器安全技术监察规程》TSG R0004—2009，条款号 4.8.3

第六节　输煤设备安装

一、填空题（下列试题中，请将标准原条文规定的正确答案填在横线处）

1. **试题**：输送机中间架直线度应为全长的____，对角线长度之差不应大于两对角线长度平均值的 3/1000。
   答案：1/1000
   依据：《带式输送机》GBT 10595—2009，条款号　4.9.3

2. **试题**：清扫器安装后，其刮板或刷子与输送带在滚筒轴线方向上的接触长度不应小于____。
   答案：85%
   依据：《带式输送机》GBT 10595—2009，条款号　4.12.12

3. **试题**：输送带连接接头处应平直，在以接头为中心 10m 长度上的直线度为____。
   答案：15mm
   依据：《带式输送机》GBT 10595—2009，条款号　4.12.13

4. **试题**：输送设备安装工程施工前应确认工程设计文件和____技术文件应齐全。
   答案：随机
   依据：《输送设备安装工程施工及验收规范》GB 50270—2010，条款号　2.0.1

5. **试题**：输送设备就位前，应按工程设计施工图和基础、支承建筑结构的____资料，确定输送主要设备的纵、横向中心线和基准标高，并应将其作为设备安装的基准。
   答案：实测
   依据：《输送设备安装工程施工及验收规范》GB 50270—2010，条款号　2.0.2

6. **试题**：输送设备轨道的接头间隙不应大于____，接头处工作面的高低差不应大于 0.5mm，左右偏移不应大于 1mm。
   答案：2mm
   依据：《输送设备安装工程施工及验收规范》GB 50270—2010，条款号　2.0.3

7. **试题**：输送设备安装工程施工前，盘动各运动机构，使传动系统的输入、输出轴旋转一周，不应有____现象；电动机的转动方向与输送机运转方向应一致。
   答案：卡阻
   依据：《输送设备安装工程施工及验收规范》GB 50270—2010，条款号　2.0.7

8. **试题**：带式输送机滚筒装配时，轴承和轴承座油腔中应充以锂基润滑脂，轴承充锂基润滑脂的量不应少于轴承空隙的____，轴承座的油腔中应充满。

答案： 2/3

依据：《输送设备安装工程施工及验收规范》GB 50270—2010，条款号 3.0.3

9. **试题：** 带式输送机滚柱逆止器的安装方向必须与滚柱逆止器____，安装后减速器应运转灵活。

答案： 一致

依据：《输送设备安装工程施工及验收规范》GB 50270—2010，条款号 3.0.10（强条）

10. **试题：** 输送带运行时，其边缘与托辊辊子外侧端缘的距离应大于____。

答案： 30mm

依据：《输送设备安装工程施工及验收规范》GB 50270—2010，条款号 3.0.13

11. **试题：** 输送设备料斗中心线与____中心线的位置偏差不应大于5mm，料斗与牵引胶带的连接螺栓应锁紧。

答案： 牵引胶带

依据：《输送设备安装工程施工及验收规范》GB 50270—2010，条款号 5.0.2

12. **试题：** 牵引件运转应正常，无卡链、跳链、打滑和偏移现象；双列套筒滚子链提升机的两根链条应同时进入____。

答案： 啮合

依据：《输送设备安装工程施工及验收规范》GB 50270—2010，条款号 5.0.6

13. **试题：** 螺旋输送机空负荷连续试运转 2h 后，其轴承温升不应超过____。负荷试运转时，卸料应正常.无明显的阻料现象。

答案： 20℃

依据：《输送设备安装工程施工及验收规范》GB 50270—2010，条款号 6.0.3

14. **试题：** 张紧链轮拉紧后，其轴线对输送机纵向中心线垂直度的偏差不应大于____。

答案： 2/1000

依据：《输送设备安装工程施工及验收规范》GB 50270—2010，条款号 10.0.4

15. **试题：** 输煤设备、材料抵达现场均应经过验收、检查，做好设备____清点和记录。

答案： 开箱

依据：《电力建设施工技术规范 第 2 部分：锅炉机组》DL 5190.2—2012，条款号 11.1.1

16. **试题：** 胶带输煤机预埋件与预留孔的位置和____应符合设计并经检查验收合格。

答案：标高

依据：《电力建设施工技术规范　第 2 部分：锅炉机组》DL 5190.2—2012，条款号
　　　11.2.1

17. 试题：胶带输煤机滚筒表面应平整，胶带表面胶料与滚筒粘贴应牢固，无凸起现象，轴承应有____，转动应灵活。

答案：润滑脂

依据：《电力建设施工技术规范　第 2 部分：锅炉机组》DL 5190.2—2012，条款号
　　　11.2.1

18. 试题：胶带输煤机滚筒表面的人字槽安装方向应____皮带的运行方向。

答案：顺着

依据：《电力建设施工技术规范　第 2 部分：锅炉机组》DL 5190.2—2012，条款号
　　　11.2.2

19. 试题：胶带输煤机尾部拉紧装置应工作灵活，滑动面及丝杠均应平直并____保护；垂直拉紧装置的滑道应平行，升降应顺利灵活。

答案：涂油

依据：《电力建设施工技术规范　第 2 部分：锅炉机组》DL 5190.2—2012，条款号
　　　11.2.2

20. 试题：胶带输煤机各落煤管、落煤斗的法兰连接处均应加装____。

答案：密封垫

依据：《电力建设施工技术规范　第 2 部分：锅炉机组》DL 5190.2—2012，条款号
　　　11.2.2

21. 试题：使用热胶法粘接输煤胶带时，涂刷胶浆时应及时排除胶面上出现的气泡或____，涂胶总厚度应使加压硫化后的胶层厚度与原胶带厚度相同。

答案：离层

依据：《电力建设施工技术规范　第 2 部分：锅炉机组》DL 5190.2—2012，条款号
　　　11.2.3

22. 试题：使用热胶法粘接输煤胶带时，加热温度达到 80℃时，接头必须达到____的夹紧力。

答案：1.5MPa ~ 2.5MPa

依据：《电力建设施工技术规范　第 2 部分：锅炉机组》DL 5190.2—2012，条款号
　　　11.2.3

23. 试题：粘接输煤胶带时，胶接头合口时中心必须____。

答案：对正

依据：《电力建设施工技术规范 第 2 部分：锅炉机组》DL 5190.2—2012，条款号 11.2.3

24. **试题：**管状带式输送机的过渡托辊组的安装位置、角度应符合设计要求，满足输送带在圆形和平形之间的____。

答案：过渡

依据：《电力建设施工技术规范 第 2 部分：锅炉机组》DL 5190.2—2012，条款号 11.2.6

25. **试题：**配煤车和叶轮拨煤机的车轮间距应与轨距____，车轮与钢轨应无卡涩现象。

答案：相符

依据：《电力建设施工技术规范 第 2 部分：锅炉机组》DL 5190.2—2012，条款号 11.3.4

26. **试题：**碎煤机减振基础与底部基础之间应无杂物，减振基础应能自由____。

答案：振动

依据：《电力建设施工技术规范 第 2 部分：锅炉机组》DL 5190.2—2012，条款号 11.5.1

27. **试题：**锤击、反击式碎煤机在安装前击锤和打击板不应随意拆下，必须拆卸时应作出标志，按____复装，如标志不清，则装配前必须进行选配使重量分布均等，其不平衡重量的偏差应符合设备技术文件的规定。

答案：原位置

依据：《电力建设施工技术规范 第 2 部分：锅炉机组》DL 5190.2—2012，条款号 11.5.2

28. **试题：**环式碎煤机在安装前锤环不应随意拆下，必须拆卸时应作出标志，如标志不清，则装配前必须进行选配使重量分布均等，其____重量的偏差应符合设备技术文件的规定。

答案：不平衡

依据：《电力建设施工技术规范 第 2 部分：锅炉机组》DL 5190.2—2012，条款号 11.5.3

29. **试题：**翻车机系统调车机导向轨面与行走轨面应____，齿条、导向轨应固定牢固。

答案：平行

依据：《电力建设施工技术规范 第 2 部分：锅炉机组》DL 5190.2—2012，条款号 11.7.3

30. **试题：** 运煤系统建筑物的清扫应采用____或真空清扫。

　　答案： 水冲洗

　　依据：《电力建设施工质量验收及评价规程　第 2 部分：锅炉机组》DL 5210.2—2009，条款号　表 4.9.28（强条）

31. **试题：** 发电厂设计中，对生产场所的机械设备应采取防机械伤害措施，所有外露部分的机械转动部件应设有____，机械设备应设有必要的闭锁装置。

　　答案： 防护罩

　　依据：《电力建设施工质量验收及评价规程　第 2 部分：锅炉机组》DL 5210.2—2009，条款号　表 4.9.28（强条）

32. **试题：** 带式输送机通道侧应设____，跨域输送机处应设人行过桥（跨越梯），机头和尾部应设防护罩，落煤口设珊格板。

　　答案： 防护罩

　　依据：《电力建设施工质量验收及评价规程　第 2 部分：锅炉机组》DL 5210.2—2009，条款号　表 4.9.28（强条）

33. **试题：** 除必须在带式输送机的头部、尾部设联动事故停机按钮外，并应沿带式输送机全长设紧急事故____开关及报警装置。

　　答案： 拉绳

　　依据：《电力建设施工质量验收及评价规程　第 2 部分：锅炉机组》DL 5210.2—2009，条款号　表 4.9.28（强条）

34. **试题：** 翻车机主要安装尺寸的测量应采用____仪器。对于采用钢卷尺测量的尺寸，拉力值及修正值应符合相关技术文件的要求。

　　答案： 光学

　　依据：《回转式翻车机》JB/T 7015—2010，条款号　5.6.2

二、判断题（判断下列试题是否正确。正确的在括号内打"√"，错误的在括号内打"×"）

1. **试题：** 带式输送机滚筒轴线与水平面的平行度为滚筒轴线长度的 1/1000。（　　　）

　　答案： √

　　依据：《带式输送机》GBT 10595—2009，条款号　4.12

2. **试题：** 输送设备安装工程施工前，应检查设备无变形、损伤和锈蚀，包装应良好；钢丝绳不得有断股现象，有程度轻微的断丝现象，可以继续使用。（　　　）

　　答案： ×

　　依据：《输送设备安装工程施工及验收规范》GB 50270—2010，条款号　2.0.1

3. **试题：**输送设备安装工程施工前应对钢结构构件进行检验，钢结构构件应有规定的焊缝检查记录、预装检查记录和质量合格证明文件。

　　答案：√

　　依据：《输送设备安装工程施工及验收规范》GB 50270—2010，条款号　2.0.1

4. **试题：**输送设备轨道安装时两平行轨道的接头位置不能错开。（　　　）

　　答案：×

　　依据：《输送设备安装工程施工及验收规范》GB 50270—2010，条款号　2.0.3

5. **试题：**轨道中心线与输送机纵向心线的水平位置偏差不应大于 5mm。（　　　）

　　答案：×

　　依据：《输送设备安装工程施工及验收规范》GB 50270—2010，条款号　2.0.3

6. **试题：**输送设备轨道安装时，轨距的允许偏差为±5mm。（　　　）

　　答案：×

　　依据：《输送设备安装工程施工及验收规范》GB 50270—2010，条款号　2.0.3

7. **试题：**输煤设备轨道直线度偏差每米不应大于 5mm，在 25m 长度内不应大于 10mm，全长不应大于 15mm。（　　　）

　　答案：×

　　依据：《输送设备安装工程施工及验收规范》GB 50270—2010，条款号　2.0.3

8. **试题：**输送设备同一截面内轨距小于 500mm 的两平行轨道轨顶的相对标高，其允许偏差为±2mm。（　　　）

　　答案：×

　　依据：《输送设备安装工程施工及验收规范》GB 50270—2010，条款号　2.0.3

9. **试题：**输送设备同一截面内两平行轨道轨顶的相对标高，轨道弯曲部分的偏差方向应向曲率中心一侧降低。（　　　）

　　答案：√

　　依据：《输送设备安装工程施工及验收规范》GB 50270—2010，条款号　2.0.3

10. **试题：**链轮横向中心线与输送机纵向中心线的水平位置偏差不应大于 2mm。（　　　）

　　答案：√

　　依据：《输送设备安装工程施工及验收规范》GB 50270—2010，条款号　2.0.4

11. **试题：**输送设备的托辊、滚轮和辊子装配后其转动均应灵活。（　　　）

　　答案：√

　　依据：《输送设备安装工程施工及验收规范》GB 50270—2010，条款号　2.0.6

12. **试题：**输送设备在试运转前，各润滑点和减速器内所加润滑剂的牌号和数量应符合随机技术文件的规定。（　　　）

答案：√

依据：《输送设备安装工程施工及验收规范》GB 50270—2010，条款号　2.0.7

13. **试题：**输送设备电气系统、安全联锁装置、制动装置、操作控制系统和信号系统均应经模拟或操作检查，其工作性能应灵敏、正确、可靠。（　　　）

答案：√

依据：《输送设备安装工程施工及验收规范》GB 50270—2010，条款号　2.0.7

14. **试题：**输送设备试运转应由部件至组件，由组件至单机，由单机至全输送线；且应先手动后再机动，从低速至高速，由空负荷逐渐增加负荷至额定负荷按步骤进行。（　　　）

答案：√

依据：《输送设备安装工程施工及验收规范》GB 50270—2010，条款号　2.0.8

15. **试题：**当数台输送机联合运转时，应按物料输送正方向顺序启动设备。（　　　）

答案：×

依据：《输送设备安装工程施工及验收规范》GB 50270—2010，条款号　2.0.10

16. **试题：**输送机纵向中心线与基础实际轴线距离的允许偏差应为±20mm。（　　　）

答案：√

依据：《输送设备安装工程施工及验收规范》GB 50270—2010，条款号　3.0.1

17. **试题：**带式输送机机架接头处的左右偏移偏差和高低差均不应大于 5mm。（　　　）

答案：×

依据：《输送设备安装工程施工及验收规范》GB 50270—2010，条款号　3.0.2

18. **试题：**带式输送机滚筒横向中心线与输送机纵向中心线的水平位置偏差不应大于 5mm。（　　　）

答案：×

依据：《输送设备安装工程施工及验收规范》GB 50270—2010，条款号　3.0.3

19. **试题：**带式输送机滚筒轴线与输送机纵向中心线的垂直度偏差不应大于滚筒轴线长度的 2/1000。（　　　）

答案：√

依据：《输送设备安装工程施工及验收规范》GB 50270—2010，条款号　3.0.3

20. **试题：**带式输送机滚筒轴线的水平度偏差不应大于滚筒轴线长度 3/1000。（　　　）

答案：×

依据：《输送设备安装工程施工及验收规范》GB 50270—2010，条款号 3.0.3

21. 试题：带式输送机双驱动滚筒组装时，两滚筒轴线的平行度偏差不应大于 0.8mm。（　　　）

答案：×

依据：《输送设备安装工程施工及验收规范》GB 50270—2010，条款号 3.0.3

22. 试题：带式输送机安装时，对于非用于调心或过渡的托辊辊子，其上表面母线应位于同一平面上或同一半径的弧面上；且相邻三组托辊辊子上表面母线的相对标高差不应大于 2mm。（　　　）

答案：√

依据：《输送设备安装工程施工及验收规范》GB 50270—2010，条款号 3.0.4

23. 试题：带式输送机垂直框架式或水平车式拉紧装置在输送带连接后，往前松动行程应为全行程的 10%～20%。（　　　）

答案：×

依据：《输送设备安装工程施工及验收规范》GB 50270—2010，条款号 3.0.6

24. 试题：卸料车、可逆配仓输送机、拉紧装置的轮子均应与轨道面接触，卸料车、可逆配仓输送机轮子与轨道的间隙不应大于 0.5mm，拉紧装置的轮子与轨道间隙不应大于 2mm。（　　　）

答案：√

依据：《输送设备安装工程施工及验收规范》GB 50270—2010，条款号 3.0.7

25. 试题：带式输送机清扫器的刮板或刷子，在滚筒轴线方向与输送带的接触长度不应小于带宽的 75%。（　　　）

答案：×

依据：《输送设备安装工程施工及验收规范》GB 50270—2010，条款号 3.0.9

26. 试题：输送带连接后应平直，在任意 10m 测量长度上其直线度偏差不应大于 20mm。（　　　）

答案：√

依据：《输送设备安装工程施工及验收规范》GB 50270—2010，条款号 3.0.12

27. 试题：张紧装置调节应灵活，刮饭链条松紧应适度，尾部张紧装置已利用的行程不应大于全行程的 30%。（　　　）

答案：×

依据：《输送设备安装工程施工及验收规范》GB 50270—2010，条款号 10.0.4

28. **试题：**分离器、除尘器、加料器和发送器等铅垂度偏差不应大于1/1000。（　　）

　　答案：√

　　依据：《输送设备安装工程施工及验收规范》GB 50270—2010，条款号　11.0.1

29. **试题：**输送带采用热硫化法粘接时，接头强度应达到输送带本体强度的 75%。
　　（　　）

　　答案：×

　　依据：《输送设备安装工程施工及验收规范》GB 50270—2010，条款号　附录 A.1.3

30. **试题：**胶带输煤托辊规格应符合设计规定，表面应光滑无飞刺，轴承应有润滑脂，
　　转动应灵活，存在相应问题时不可在现场解体检修。（　　）

　　答案：×

　　依据：《电力建设施工技术规范　第2部分：锅炉机组》DL 5190.2—2012，条款号
　　11.2.1

31. **试题：**胶带输煤机减速机输出方向应与电动机输出方向一致，单向逆止器动作应准
　　确、可靠。（　　）

　　答案：×

　　依据：《电力建设施工技术规范　第2部分：锅炉机组》DL 5190.2—2012，条款号
　　11.2.1

32. **试题：**胶带输煤机滚筒的轴线必须与胶带平行。（　　）

　　答案：×

　　依据：《电力建设施工技术规范　第2部分：锅炉机组》DL 5190.2—2012，条款号
　　11.2.2

33. **试题：**如胶带输煤机的驱动形式为等功率双驱动，配重量应使两台电动机的电流值
　　基本一致。（　　）

　　答案：√

　　依据：《电力建设施工技术规范　第2部分：锅炉机组》DL 5190.2—2012，条款号
　　11.2.2

34. **试题：**为方便检修胶带输煤机拉紧装置周边可不设安全围栏。（　　）

　　答案：×

　　依据：《电力建设施工技术规范　第2部分：锅炉机组》DL 5190.2—2012，条款号
　　11.2.2

35. **试题：**胶带输煤机托辊支架的安装位置应与设计一致，托辊支架的前倾方向及调心
　　方向应与皮带的前进方向一致。（　　）

答案：√

依据：《电力建设施工技术规范　第 2 部分：锅炉机组》DL 5190.2—2012，条款号 11.2.2

36. 试题：胶带输煤机落煤管管壁应平整光滑，其重量应压在导煤槽上。（　　）

答案：×

依据：《电力建设施工技术规范　第 2 部分：锅炉机组》DL 5190.2—2012，条款号 11.2.2

37. 试题：胶带输煤机落煤管的出口中心应与下部皮带机保持偏心，头部落煤斗的中心应与下部皮带机的中心对正。（　　）

答案：×

依据：《电力建设施工技术规范　第 2 部分：锅炉机组》DL 5190.2—2012，条款号 11.2.2

38. 试题：胶带输煤机导煤槽与胶带应平行，中心吻合，密封处不应接触。（　　）

答案：×

依据：《电力建设施工技术规范　第 2 部分：锅炉机组》DL 5190.2—2012，条款号 11.2.2

39. 试题：输煤胶带覆盖胶较厚的一面应为工作面。（　　）

答案：√

依据：《电力建设施工技术规范　第 2 部分：锅炉机组》DL 5190.2—2012，条款号 11.2.3

40. 试题：输煤胶带胶接口的工作面应顺着胶带的前进方向，两个接头间的胶带长度应不小于主动滚筒直径的 5 倍。（　　）

答案：×

依据：《电力建设施工技术规范　第 2 部分：锅炉机组 DL 5190.2—2012　11.2.3

41. 试题：输煤胶带胶接工作结束前应作胶接头的胶接试验，试验的胶接头总的扯断力不应低于原胶带总扯断力的 70%。（　　）

答案：×

依据：《电力建设施工技术规范　第 2 部分：锅炉机组》DL 5190.2—2012，条款号 11.2.3

42. 试题：输煤钢丝胶带的胶接头可采用热胶法（加热硫化法）或冷胶法（自然固化法）。（　　）

答案：×

依据：《电力建设施工技术规范　第 2 部分：锅炉机组》DL 5190.2—2012，条款号 11.2.3

43. 试题：制作输煤胶带胶接头时，切割阶梯剥层和加工时不得切伤或破坏帆布层的完整性，必须使用航空汽油仔细清理剥离后的阶梯表面，不得有灰尘、油迹和橡胶粉末等。（　　　）

    答案：√

    依据：《电力建设施工技术规范　第 2 部分：锅炉机组》DL 5190.2—2012，条款号 11.2.3

44. 试题：使用热胶法粘接输煤胶带时，胶浆应用优质汽油（应使用#120 航空汽油）浸泡胎面胶制成，使用时应调均匀，不得有生胶存在。（　　　）

    答案：√

    依据：《电力建设施工技术规范　第 2 部分：锅炉机组》DL 5190.2—2012，条款号 11.2.3

45. 试题：使用热胶法粘接输煤胶带时，硫化温度应在 144.7℃±2℃。（　　　）

    答案：√

    依据：《电力建设施工技术规范　第 2 部分：锅炉机组》DL 5190.2—2012，条款号 11.2.3

46. 试题：使用冷胶法粘接输煤胶带，粘接剂要严格遵照说明，按配比调配均匀；要提前做好准备工作，粘接剂调配时间越早越好。（　　　）

    答案：×

    依据：《电力建设施工技术规范　第 2 部分：锅炉机组》DL 5190.2—2012，条款号 11.2.3

47. 试题：使用冷胶法粘接输煤胶带，配胶时要事先计算好使用量，必须一次性涂完，刷胶时，其涂刷方法及要求同热胶法。（　　　）

    答案：×

    依据：《电力建设施工技术规范　第 2 部分：锅炉机组》DL 5190.2—2012，条款号 11.2.3

48. 试题：使用冷胶法粘接输煤胶带，固化时胶带接头应有适当的、均匀的夹紧力。（　　　）

    答案：√

    依据：《电力建设施工技术规范　第 2 部分：锅炉机组》DL 5190.2—2012，条款号 11.2.3

49. **试题**：粘接输煤胶带时，为增加接头强度，胶接头处厚度应适当增加，并不得有气孔、凸起和裂纹。（　　　）

答案：×

依据：《电力建设施工技术规范　第 2 部分：锅炉机组》DL 5190.2—2012，条款号 11.2.3

50. **试题**：粘接输煤胶带时，胶接头表面接缝处应覆盖一层不涂胶的细帆布。（　　　）

答案：×

依据：《电力建设施工技术规范　第 2 部分：锅炉机组》DL 5190.2—2012，条款号 11.2.3

51. **试题**：胶带输送机试运时，胶带运行平稳，跑偏不应超出托辊和滚筒的边缘。（　　　）

答案：√

依据：《电力建设施工技术规范　第 2 部分：锅炉机组》DL 5190.2—2012，条款号 11.2.5

52. **试题**：管状带式输送机的托辊组对面托辊应平行，托辊间距离应相等，允许偏差为 5mm。（　　　）

答案：√

依据：《电力建设施工技术规范　第 2 部分：锅炉机组》DL 5190.2—2012，条款号 11.2.6

53. **试题**：叶轮拨煤机的叶轮与平台表面的距离应符合设计要求，不得与平台相碰。（　　　）

答案：√

依据：《电力建设施工技术规范　第 2 部分：锅炉机组》DL 5190.2—2012，条款号 11.3.5

54. **试题**：磁铁分离器吊挂装置应牢靠，行走机构应转动灵活，不应有卡涩、啃边、打滑现象。（　　　）

答案：√

依据：《电力建设施工技术规范　第 2 部分：锅炉机组》DL 5190.2—2012，条款号 11.4.3

55. **试题**：碎煤机基础的外形尺寸、标高应符合设计并经检查验收合格。（　　　）

答案：√

依据：《电力建设施工技术规范　第 2 部分：锅炉机组》DL 5190.2—2012，条款号 11.5.1

56. **试题：**锤击、反击式碎煤机可以采用枕木垫层，要求木质坚实而富有弹性，无裂纹、疤痕并应防腐。（　　）

　　答案：√

　　依据：《电力建设施工技术规范　第 2 部分：锅炉机组》DL 5190.2—2012，条款号 11.5.2

57. **试题：**环式碎煤机安装时标高及中心线偏差不大于 20mm。（　　）

　　答案：×

　　依据：《电力建设施工技术规范　第 2 部分：锅炉机组》DL 5190.2—2012，条款号 11.5.3

58. **试题：**环式碎煤机安装时机体和机盖的结合面应严格密封，密封垫应良好，不得漏煤粉。（　　）

　　答案：√

　　依据：《电力建设施工技术规范　第 2 部分：锅炉机组》DL 5190.2—2012，条款号 11.5.3

59. **试题：**环式碎煤机安装时锤环的旋转轨迹圆与筛板的间隙应按原煤粒度调整。（　　）

　　答案：×

　　依据：《电力建设施工技术规范　第 2 部分：锅炉机组》DL 5190.2—2012，条款号 11.5.3

60. **试题：**环式碎煤机不允许带载荷启动，一定要在本机达到运行速度后，方可施加载荷。（　　）

　　答案：√

　　依据：《电力建设施工技术规范　第 2 部分：锅炉机组》DL 5190.2—2012，条款号 11.5.3

61. **试题：**为减小试运时的振动，环式碎煤机基础减振弹簧的预压紧螺栓应在试运后释放。（　　）

　　答案：×

　　依据：《电力建设施工技术规范　第 2 部分：锅炉机组》DL 5190.2—2012，条款号 11.5.3

62. **试题：**关于筛煤机的分部试运时偏心轮固定牢靠，在各位置时都应转动灵活且不摩擦外壳；各部分螺栓不应松动；滚轴筛各滚轴旋转方向应一致。（　　）

　　答案：√

　　依据：《电力建设施工技术规范　第 2 部分：锅炉机组》DL 5190.2—2012，条款

号 11.6.3

---

63. **试题：** 翻车机平台复位弹簧应调整一致。（　　　）

答案： √

依据： 《电力建设施工技术规范　第 2 部分：锅炉机组》DL 5190.2—2012，条款号
11.7.3

---

64. **试题：** 翻车机系统轻、重铁牛各滑轮应安装牢固，转动灵活；钢丝绳在滑轮槽内应
不咬边和不脱槽。（　　　）

答案： √

依据： 《电力建设施工技术规范　第 2 部分：锅炉机组》DL 5190.2—2012，条款号
11.7.3

---

65. **试题：** 翻车机系统调车机传动齿与齿条啮合沿齿高与齿长应大于 40%且不偏斜。
（　　　）

答案： ×

依据： 《电力建设施工技术规范　第 2 部分：锅炉机组》DL 5190.2—2012，条款号
11.7.3

---

66. **试题：** 翻车机压车梁对车厢的压力在试运时应提高到最大压力，保证车辆不脱轨。
（　　　）

答案： ×

依据： 《电力建设施工技术规范　第 2 部分：锅炉机组》DL 5190.2—2012，条款号
11.7.3

---

67. **试题：** 抓煤机主梁的水平旁弯（在承轨梁的上盖板测量）应符合设备技术文件的规
定，一般不大于主梁长度的 1/1000。（　　　）

答案： ×

依据： 《电力建设施工技术规范　第 2 部分：锅炉机组》DL 5190.2—2012，条款号
11.7.4

---

68. **试题：** 取样装置门架立柱间距应符合设计要求，立柱垂直度偏差应小于±3mm。
（　　　）

答案： √

依据： 《电力建设施工技术规范　第 2 部分：锅炉机组》DL 5190.2—2012，条款号
11.7.6

---

69. **试题：** 动态电子轨道衡底座的标高应符合设计要求，标高偏差应不大于 2mm；上平
面的水平度偏差应小于底座长度的 2/1000。（　　　）

答案：×

依据：《电力建设施工技术规范　第 2 部分：锅炉机组》DL 5190.2—2012，条款号 11.7.7

70. 试题：振动（变倾角）筛煤机的零部件应无损伤、裂纹；筛面平整完好；外壳光洁平整，紧固牢靠。（　　　）

    答案：√

    依据：《电力建设施工质量验收及评价规程　第 2 部分：锅炉机组》DL 5210.2—2009，条款号　表 4.9.2

71. 试题：概率筛煤机减振弹簧的受力调整及安装角度偏差应符合设备技术规定。（　　　）

    答案：√

    依据：《电力建设施工质量验收及评价规程　第 2 部分：锅炉机组》DL 5210.2—2009，条款号　表 4.9.3

72. 试题：桥式螺旋卸煤机桥架的跨度偏差应符合设备技术文件规定，无规定时应≤15mm。（　　　）

    答案：×

    依据：《电力建设施工质量验收及评价规程　第 2 部分：锅炉机组》DL 5210.2—2009，条款号　表 4.9.6

73. 试题：桥式螺旋卸煤机桥架的水平对角线偏差应符合设备技术文件规定，无规定时应≤10mm。（　　　）

    答案：×

    依据：《电力建设施工质量验收及评价规程　第 2 部分：锅炉机组》DL 5210.2—2009，条款号　4.9.6

74. 试题：盘式磁铁分离器的悬吊生根埋件应符合设计要求，牢固可靠。（　　　）

    答案：√

    依据：《电力建设施工质量验收及评价规程　第 2 部分：锅炉机组》DL 5210.2—2009，条款号　表 4.9.17

75. 试题：盘式磁铁分离器的磁铁面与输煤胶带的距离偏差小于±20mm。（　　　）

    答案：×

    依据：《电力建设施工质量验收及评价规程　第 2 部分：锅炉机组》DL 5210.2—2009，条款号　表 4.9.17

76. 试题：带式磁铁分离器应按照厂家说明书的要求制作铁块做实验。（　　　）

答案：√

依据：《电力建设施工质量验收及评价规程 第 2 部分：锅炉机组》DL 5210.2—2009，条款号 表 4.9.18

77. 试题：取样装置门架的立柱垂直度偏差应小于±3mm。（ ）

答案：√

依据：《电力建设施工质量验收及评价规程 第 2 部分：锅炉机组》DL 5210.2—2009，条款号 表 4.9.19

78. 试题：取样装置行走装置两侧钢轨中心距偏差应小于±3mm。（ ）

答案：√

依据：《电力建设施工质量验收及评价规程 第 2 部分：锅炉机组》DL 5210.2—2009，条款号 表 4.9.19

79. 试题：取样装置行走装置对角线偏差应小于 5mm。（ ）

答案：×

依据：《电力建设施工质量验收及评价规程 第 2 部分：锅炉机组》DL 5210.2—2009，条款号 表 4.9.19

80. 试题：取样装置斗提机、螺旋输送机各部件安装应符合设备技术文件的规定。（ ）

答案：√

依据：《电力建设施工质量验收及评价规程 第 2 部分：锅炉机组》DL 5210.2—2009，条款号 表 4.9.19

81. 试题：《回转式翻车机》规定，翻车机的翻转角度偏差应小于±5%。（ ）

答案：×

依据：《回转式翻车机》JB/T 7015—2010，条款号 4.2

82. 试题：《回转式翻车机》规定，翻车机两组支承装置对角线长度偏差不应大于±5mm。（ ）

答案：×

依据：《回转式翻车机》JB/T 7015—2010，条款号 5.6.1

83. 试题：《回转式翻车机》规定，翻车机四组滚轮回转轴轴线标高偏差不应大于±2mm。（ ）

答案：√

依据：《回转式翻车机》JB/T 7015—2010，条款号 5.6.1

84. 试题：《回转式翻车机》规定，翻车机每组支承装置的垂直偏斜量应小于 1mm。

（　　　）

答案：√

依据：《回转式翻车机》JB/T 7015—2010，条款号　5.6.1

85. 试题：《回转式翻车机》规定，翻车机两端环对回转中心线的垂直度偏差不超过 6mm。（　　　）

答案：√

依据：《回转式翻车机》JB/T 7015—2010，条款号　5.6.2

86. 试题：《回转式翻车机》规定，翻车机导轨中心线与腹板中心线的极限偏差为 ±8mm。（　　　）

答案：×

依据：《回转式翻车机》JB/T 7015—2010，条款号　5.6.2

87. 试题：《回转式翻车机》规定，安装后的翻车机转子平台应保证轨道中心线与平台中心线相重合，其偏差不应大于 2mm。（　　　）

答案：√

依据：《回转式翻车机》JB/T 7015—2010，条款号　5.6.2

三、单选题（下列试题中，只有 1 项是标准原文规定的正确答案，请将正确答案填在括号内）

1. 试题：关于输送带下列不符合要求的选项是：（　　　）。

A. 输送带在输送机全长范围内对中运行

B. 当带宽不大于 800mm 时，输送带的中心线与输送机中心线偏差不大于 ±60mm

C. 当带宽大于 800mm 时，其中心线的偏差不大于带宽的 5%或 ±75mm（取较小值）

答案：B

依据：《带式输送机》GB/T 10595—2009　4.2.2

2. 试题：滚筒、托辊中心线对输送机机架中心线的对称度为（　　　）。

A. 3mm　　　　　　　　　B. 5mm　　　　　　　　　C. 7mm

答案：A

依据：《带式输送机》GBT 10595—2009，条款号　4.12.5

3. 试题：输送设备固定轨道用的压板、螺栓等紧固件的安装，下列说法错误的是：（　　　）。

A. 其安装位置应正确

B. 压板螺栓应压死

C. 压板、螺栓应与轨道密切贴合、切实锁紧

答案：B

依据：《输送设备安装工程施工及验收规范》GB 50270—2010，条款号　2.0.3

4. **试题**：输送设备的轨道中心线与输送机纵向中心线的水平位置偏差不应大于（　　）。

A. 2mm　　　　　　　　B. 3mm　　　　　　　　C. 5mm

答案：A

依据：《输送设备安装工程施工及验收规范》GB 50270—2010，条款号　2.0.3

5. **试题**：输送设备轨道安装时，轨道的接头间隙不应大于（　　）。

A. 2mm　　　　　　　　B. 3mm　　　　　　　　C. 4mm

答案：A

依据：《输送设备安装工程施工及验收规范》GB 50270—2010，条款号　2.0.3

6. **试题**：输送设备轨道安装时，轨道的接头处工作面的高低差不应大于（　　）。

A. 0.5mm　　　　　　　B. 1mm　　　　　　　　C. 2mm

答案：A

依据：《输送设备安装工程施工及验收规范》GB 50270—2010，条款号　2.0.3

7. **试题**：输送设备轨道安装时，轨道的接头处左右偏移不应大于（　　）。

A. 1mm　　　　　　　　B. 2mm　　　　　　　　C. 3mm

答案：A

依据：《输送设备安装工程施工及验收规范》GB 50270—2010，条款号　2.0.3

8. **试题**：轨道直线度的偏差每米不应大于2mm，在25m长度内不应大于5mm，全长不应大于（　　）。

A. 18mm　　　　　　　B. 15mm　　　　　　　C. 20mm

答案：B

依据：《输送设备安装工程施工及验收规范》GB 50270—2010，条款号　2.0.3

9. **试题**：组装驱动链轮和拉紧链轮时，链轮横向中心线与输送机纵向中心线的水平位置偏差不应超过（　　）。

A. 2mm　　　　　　　　B. 3mm　　　　　　　　C. 4mm

答案：A

依据：《输送设备安装工程施工及验收规范》GB 50270—2010，条款号　2.0.4

10. **试题**：组装驱动链轮和拉紧链轮时，两链轮轴线应平行，且与输送机纵向中心线的垂直度偏差不应大于（　　）。

A. 1/600　　　　　　　B. 1/800　　　　　　　C. 1/1000

答案：C

依据：《输送设备安装工程施工及验收规范》GB 50270—2010，条款号　2.0.4

11. **试题：**组装驱动链轮和拉紧链轮时，链轮轴的安装水平度偏差不应大于（　　）。
　　A．1/800　　　　　　　　B．1/1000　　　　　　　　C．0.5/1000
　　答案：C
　　依据：《输送设备安装工程施工及验收规范》GB 50270—2010，条款号　2.0.4

12. **试题：**带式输送机纵向中心线与基础实际轴线距离的允许偏差为（　　）。
　　A．±20mm　　　　　　　B．±30mm　　　　　　　C．±40mm
　　答案：A
　　依据：《输送设备安装工程施工及验收规范》GB 50270—2010，条款号　3.0.1

13. **试题：**带式输送机机架中心线与输送机纵向中心线的水平位置偏差不应大于（　　）。
　　A．3mm　　　　　　　　B．5mm　　　　　　　　C．8mm
　　答案：A
　　依据：《输送设备安装工程施工及验收规范》GB 50270—2010，条款号　3.0.1

14. **试题：**带式输送机机架中心线的直线度偏差，在任意 25m 长度内不应大于（　　）。
　　A．5mm　　　　　　　　B．7mm　　　　　　　　C．9mm
　　答案：A
　　依据：《输送设备安装工程施工及验收规范》GB 50270—2010，条款号　3.0.2

15. **试题：**长度为 250 的带式输送机，机架中心线直线度偏差在全长上不应大于（　　）。
　　A．30mm　　　　　　　B．40mm　　　　　　　C．50mm
　　答案：A
　　依据：《输送设备安装工程施工及验收规范》GB 50270—2010，条款号　3.0.2

16. **试题：**带式输送机机架横截面两对角线长度之差，不应大于两对角线长度平均值的（　　）。
　　A．5/1000　　　　　　　B．4/1000　　　　　　　C．3/1000
　　答案：C
　　依据：《输送设备安装工程施工及验收规范》GB 50270—2010，条款号　3.0.2

17. **试题：**带式输送机机架支腿对建筑物地面的垂直度偏差不应大于（　　）。
　　A．2/1000　　　　　　　B．3/1000　　　　　　　C．4/1000
　　答案：A
　　依据：《输送设备安装工程施工及验收规范》GB 50270—2010，条款号　3.0.2

18. **试题**：带式输送机中间架的宽度允许偏差为（　　），高低差不应大于间距的 2/1000。

　　A．±1.5mm　　　　　　　　B．±2.5mm　　　　　　　　C．±3.5mm

　　答案：A

　　依据：《输送设备安装工程施工及验收规范》GB 50270—2010，条款号　3.0.2

19. **试题**：托辊横向中心线与输送机纵向中心线的水平位置偏差不应大于（　　）。

　　A．5mm　　　　　　　　　B．4mm　　　　　　　　　C．3mm

　　答案：C

　　依据：《输送设备安装工程施工及验收规范》GB 50270—2010，条款号　3.0.4

20. **试题**：带式输送机输送带连接后，绞车或螺旋拉紧装置，往前松动行程不应小于（　　）。

　　A．100mm　　　　　　　　B．80mm　　　　　　　　C．60mm

　　答案：A

　　依据：《输送设备安装工程施工及验收规范》GB 50270—2010，条款号　3.0.6

21. **试题**：带式输送机绞车式拉紧装置装配后，其拉紧钢丝绳与滑轮绳槽的中心线及卷筒轴线的垂直线的夹角均应小于（　　）。

　　A．6°　　　　　　　　　B．10°　　　　　　　　　C．15°

　　答案：A

　　依据：《输送设备安装工程施工及验收规范》GB 50270—2010，条款号　3.0.8

22. **试题**：带式输送机带式逆止器的工作包角 θ 不应小于（　　）。

　　A．50°　　　　　　　　　B．60°　　　　　　　　　C．70°

　　答案：C

　　依据：《输送设备安装工程施工及验收规范》GB 50270—2010，条款号　3.0.10
　　（强条）

23. **试题**：带式输送机空负荷试运转时，输送带边缘与托辊侧辊子端缘的距离应大于（　　）。

　　A．10mm　　　　　　　　B．20mm　　　　　　　　C．30mm

　　答案：C

　　依据：《输送设备安装工程施工及验收规范》GB 50270—2010，条款号　3.0.13

24. **试题**：拉紧装置的调整应灵活，牵引件安装调整好后，未被利用的拉紧行程不应小于全行程的（　　）。

　　A．40%　　　　　　　　　B．50%　　　　　　　　　C．30%

　　答案：B

依据：《输送设备安装工程施工及验收规范》GB 50270—2010，条款号　5.0.4

25. **试题**：采用热硫化法连接输送带时，胶带刨切后，与上、下覆胶层相邻的阶梯长度为（　　　）。

A．250mm　　　　　　　　B．300mm　　　　　　　　C．根据带宽选择

答案：C

依据：《输送设备安装工程施工及验收规范》GB 50270—2010，条款号　附录 A.1.3

26. **试题**：胶带输煤机金属构架的长、宽、高的尺寸偏差不大于（　　　）；构架弯曲不大于其长度的 1/1000，全长不大于 10mm。

A．15mm　　　　　　　　B．10mm　　　　　　　　C．30mm

答案：B

依据：《电力建设施工技术规范　第 2 部分：锅炉机组》DL 5190.2—2012，条款号　11.2.1

27. **试题**：胶带输煤机每节构架中心与设计中心偏差不大于（　　　）。

A．5mm　　　　　　　　B．4mm　　　　　　　　C．3mm

答案：C

依据：《电力建设施工技术规范　第 2 部分：锅炉机组》DL 5190.2—2012，条款号　11.2.2

28. **试题**：胶带输煤机构架标高极限偏差为±（　　　）。

A．2mm　　　　　　　　B．5mm　　　　　　　　C．10mm

答案：C

依据：《电力建设施工技术规范　第 2 部分：锅炉机组》DL 5190.2—2012，条款号　11.2.2

29. **试题**：胶带输煤机构架横向水平度极限偏差不大于（　　　）。

A．4mm　　　　　　　　B．3mm　　　　　　　　C．5mm

答案：B

依据：《电力建设施工技术规范　第 2 部分：锅炉机组》DL 5190.2—2012，条款号　11.2.2

30. **试题**：胶带输煤机构架纵向起伏平面度极限偏差不大于（　　　）。

A．15mm　　　　　　　　B．12mm　　　　　　　　C．10mm

答案：C

依据：《电力建设施工技术规范　第 2 部分：锅炉机组》DL 5190.2—2012，条款号　11.2.2

31. **试题：** 胶带输煤机滚筒的纵横向位置偏差最大不大于（　　）。

A．1mm　　　　　　　　　B．2mm　　　　　　　　　C．3mm

答案： C

依据：《电力建设施工技术规范　第 2 部分：锅炉机组》DL 5190.2—2012，条款号
11.2.2

32. **试题：** 胶带输煤机滚筒的水平度极限偏差不大于（　　）。

A．0.5mm　　　　　　　　B．1mm　　　　　　　　　C．2mm

答案： A

依据：《电力建设施工技术规范　第 2 部分：锅炉机组》DL 5190.2—2012，条款号
11.2.2

33. **试题：** 胶带输煤机滚筒的标高极限偏差不超过（　　）。

A．±10mm　　　　　　　B．±5mm　　　　　　　C．±3mm

答案： A

依据：《电力建设施工技术规范　第 2 部分：锅炉机组》DL 5190.2—2012，条款号
11.2.2

34. **试题：** 胶带输煤机拉紧装置配重块安放应牢靠，配重量宜按设计总重量的（　　）
装设。

A．1/3　　　　　　　　　B．1/2　　　　　　　　　C．2/3

答案： C

依据：《电力建设施工技术规范　第 2 部分：锅炉机组》DL 5190.2—2012，条款号
11.2.2

35. **试题：** 胶带输煤机拉紧装置导向滑轮安装位置、方向应符合设计的要求，拉紧用钢
丝绳缠绕方向应符合设计要求，钢丝绳锁紧卡子应不少于（　　）。

A．1 个　　　　　　　　　B．2 个　　　　　　　　　C．3 个

答案： C

依据：《电力建设施工技术规范　第 2 部分：锅炉机组》DL 5190.2—2012，条款号
11.2.2

36. **试题：** 输煤胶带粘接前应准确核实胶带的截断长度，使胶带胶接后拉紧装置应有不
少于（　　）的拉紧行程。

A．1/3　　　　　　　　　B．1/2　　　　　　　　　C．3/4

答案： C

依据：《电力建设施工技术规范　第 2 部分：锅炉机组》DL 5190.2—2012，条款
号　11.2.3

37. **试题**：输煤胶带的胶接口可割成直口或斜口（一般为 30° 左右）；帆布层为（　　　）层及以下的胶带不宜采用直口。

　　A．6　　　　　　　　　　B．5　　　　　　　　　　C．4

　　答案：C

　　依据：《电力建设施工技术规范　第 2 部分：锅炉机组》DL 5190.2—2012，条款号 11.2.3

38. **试题**：宽度为 1200mm 输煤胶带的胶接头，每层阶梯长度应大于（　　　）。

　　A．300mm　　　　　　　B．250mm　　　　　　　C．200mm

　　答案：A

　　依据：《电力建设施工技术规范　第 2 部分：锅炉机组》DL 5190.2—2012，条款号 11.2.3

39. **试题**：在粘接胶带时，涂胶前阶梯面应干燥无水分。如需烘烤时，加热温度最高不得超过（　　　）。

　　A．100℃　　　　　　　B．90℃　　　　　　　　C．80℃

　　答案：A

　　依据：《电力建设施工技术规范　第 2 部分：锅炉机组》DL 5190.2—2012，条款号 11.2.3

40. **试题**：使用热胶法粘接输煤胶带时，开始加热时胶带接头应有（　　　）的夹紧力；温升不宜过快，根据胶带层数宜在 60min～90min。

　　A．0.5MPa　　　　　　B．0.35MPa　　　　　　C．0.25MPa

　　答案：A

　　依据：《电力建设施工技术规范　第 2 部分：锅炉机组》DL 5190.2—2012，条款号 11.2.3

41. **试题**：使用冷胶法粘接输煤胶带，固化时间应根据实际环境的实验而定；胶接场所的环境温度低于（　　　）时不宜进行冷胶接工作。

　　A．15℃　　　　　　　　B．10℃　　　　　　　　C．5℃

　　答案：C

　　依据：《电力建设施工技术规范　第 2 部分：锅炉机组》DL 5190.2—2012，条款号 11.2.10

42. **试题**：管状带式输送机的支撑托辊组的框支架内侧应无尖棱和毛刺；对于 150m～200m 长度的管状带式输送机沿输送方向支撑框架金属结构的中心连线的直线度和曲线部分的线轮廓度允许最大偏差为（　　　）。

　　A．10mm　　　　　　　B．20mm　　　　　　　C．25mm

　　答案：C

依据：《电力建设施工技术规范 第 2 部分：锅炉机组》DL 5190.2—2012，条款号 11.2.6

43. **试题：**管状带式输送机的托辊组内表面应位于同一平面（水平面或倾斜面）或同一公共半径的弧面上，相邻三组辊子内表面的高低差最大不得超过（　　）。

　　A．1mm　　　　　　　　　B．2mm　　　　　　　　　C．3mm

答案：B

依据：《电力建设施工技术规范 第 2 部分：锅炉机组》DL 5190.2—2012，条款号 11.2.6

44. **试题：**管状带式输送机的输送带应平稳、对中运行，管状部分的扭转应以搭接部分的理想中心和圆管中心点的垂直连线为基准，在靠近头尾过渡段的管状成型段的 3～5 组托辊组间距长度范围内的左右扭转角度均不得大于（　　）。

　　A．20°　　　　　　　　　B．25°　　　　　　　　　C．30°

答案：A

依据：《电力建设施工技术规范 第 2 部分：锅炉机组》DL 5190.2—2012，条款号 11.2.6

45. **试题：**叶轮给煤机卸煤平台标高偏差为（　　）。

　　A．±10mm　　　　　　　B．±12mm　　　　　　　C．±15mm

答案：A

依据：《电力建设施工技术规范 第 2 部分：锅炉机组》DL 5190.2—2012，条款号 11.3.2

46. **试题：**叶轮给煤机卸煤平台侧面应铅直，凸凹不平度全长不大于（　　）。

　　A．30mm　　　　　　　　B．25mm　　　　　　　　C．20mm

答案：C

依据：《电力建设施工技术规范 第 2 部分：锅炉机组》DL 5190.2—2012，条款号 11.3.2

47. **试题：**卸煤平台表面应平整，纵向起伏不平度全长均不大于（　　）。

　　A．30mm　　　　　　　　B．25mm　　　　　　　　C．20mm

答案：C

依据：《电力建设施工技术规范 第 2 部分：锅炉机组》DL 5190.2—2012，条款号 11.3.2

48. **试题：**配煤车和叶轮拨煤机的轨道与构架连接应牢固可靠，轨面标高偏差不大于（　　）。

　　A．10mm　　　　　　　　B．20mm　　　　　　　　C．25mm

答案：A

依据：《电力建设施工技术规范　第 2 部分：锅炉机组》DL 5190.2—2012，条款号 11.3.3

49. **试题**：配煤车和叶轮拨煤机的轨道应平直，弯曲起伏不大于长度的 1/1000，全长不大于（　　）。

　　A．10mm　　　　　　　　B．8mm　　　　　　　　C．5mm

答案：C

依据：《电力建设施工技术规范　第 2 部分：锅炉机组》DL 5190.2—2012，条款号 11.3.3

50. **试题**：配煤车和叶轮拨煤机的两轨道顶面相对标高差不能大于（　　）。

　　A．5mm　　　　　　　　B．4mm　　　　　　　　C．3mm

答案：C

依据：《电力建设施工技术规范　第 2 部分：锅炉机组》DL 5190.2—2012，条款号 11.3.3

51. **试题**：配煤车和叶轮拨煤机的轨距偏差不大于（　　）。

　　A．4mm　　　　　　　　B．2mm　　　　　　　　C．3mm

答案：B

依据：《电力建设施工技术规范　第 2 部分：锅炉机组》DL 5190.2—2012，条款号 11.3.3

52. **试题**：配煤车和叶轮拨煤机的轨道接头处间隙不大于（　　）。

　　A．5mm　　　　　　　　B．4mm　　　　　　　　C．3mm

答案：C

依据：《电力建设施工技术规范　第 2 部分：锅炉机组》DL 5190.2—2012，条款号 11.3.3

53. **试题**：碎煤机基础预留孔的位置应符合设计，偏差应小于（　　）。

　　A．25mm　　　　　　　　B．20mm　　　　　　　　C．15mm

答案：C

依据：《电力建设施工技术规范　第 2 部分：锅炉机组》DL 5190.2—2012，条款号 11.5.1

54. **试题**：碎煤机基础的地脚螺栓、预埋套管的倾斜度应小于（　　）。

　　A．5mm/m　　　　　　　　B．4mm/m　　　　　　　　C．3mm/m

答案：C

依据：《电力建设施工技术规范　第 2 部分：锅炉机组》DL 5190.2—2012，条款

号 11.5.1

55. **试题:** 碎煤机减振基础弹簧与弹簧隔振器的高度应符合设计要求,偏差应小于( )。

A. ±4mm B. ±2mm C. ±3mm

答案: B

依据:《电力建设施工技术规范 第 2 部分:锅炉机组》DL 5190.2—2012,条款号 11.5.1

56. **试题:** 锤击、反击式碎煤机安装时标高及中心线偏差不大于( )。

A. 20mm B. 15mm C. 10mm

答案: C

依据:《电力建设施工技术规范 第 2 部分:锅炉机组》DL 5190.2—2012,条款号 11.5.2

57. **试题:** 锤击、反击式碎煤机安装时纵、横向水平偏差不大于长、宽尺寸的( )。

A. 1/1000 B. 1/800 C. 1/600

答案: A

依据:《电力建设施工技术规范 第 2 部分:锅炉机组》DL 5190.2—2012,条款号 11.5.2

58. **试题:** 环式碎煤机纵、横向水平偏差应符合设备技术文件的规定,宜分别不大于其长度的 0.5/1000 和( ),转子主轴水平偏差不大于 0.3mm/m。

A. 0.1/500 B. 0.1/700 C. 0.1/1000

答案: C

依据:《电力建设施工技术规范 第 2 部分:锅炉机组》DL 5190.2—2012,条款号 11.5.3

59. **试题:** 翻车机在零位时,平台上的钢轨与基础上的钢轨应对准,两钢轨端头应留有( )的间隙,轨面高低差不大于 1mm,两侧面差不大于 1mm。

A. 1mm~3mm B. 3mm~5mm C. 5mm~10mm

答案: C

依据:《电力建设施工技术规范 第 2 部分:锅炉机组》DL 5190.2—2012,条款号 11.7.3

60. **试题:** 翻车机在零位时,平台两端面与基础滚动止挡面的间隙:进车端不大于( ),出车端不大于 1mm。

A. 7mm B. 6mm C. 5mm

答案: C

依据：《电力建设施工技术规范　第 2 部分：锅炉机组》DL 5190.2—2012，条款号 11.7.3

61. 试题：关于转子式翻车机的安装要求，下列说法错误的是：（　　　）。

A．圆盘的接头必须连接牢固；各月形槽的对应点应在同一轴线上

B．组装后各圆盘应同心，每个圆盘的轴向跳动不大于 6mm

C．摇臂机构的下平面应与底梁接触良好；摇臂机构与月形槽应按设备技术文件留出间隙

答案：B

依据：《电力建设施工技术规范　第 2 部分：锅炉机组》DL 5190.2—2012，条款号 11.7.3

62. 试题：牵车平台上的钢轨与基础上的钢轨应对准，两钢轨端头的间隙应符合设计的规定，应为（　　　）；轨面高低差和横向错位均不大于 3mm。

A．1mm～3mm　　　　　　B．2mm～5mm　　　　　　C．5mm～7mm

答案：C

依据：《电力建设施工技术规范　第 2 部分：锅炉机组》DL 5190.2—2012，条款号 11.7.3

63. 试题：翻车机系统调车机的齿条座安装方向、位置应符合设计，齿条座的中心线偏差应小于（　　　）。

A．5mm　　　　　　　　　B．4mm　　　　　　　　　C．3mm

答案：C

依据：《电力建设施工技术规范　第 2 部分：锅炉机组》DL 5190.2—2012，条款号 11.7.3

64. 试题：翻车机系统调车机齿条坐标高偏差应小于 3mm，水平偏差应小于（　　　）。

A．4mm　　　　　　　　　B．2mm　　　　　　　　　C．3mm

答案：B

依据：《电力建设施工技术规范　第 2 部分：锅炉机组》DL 5190.2—2012，条款号 11.7.3

65. 试题：翻车机系统调车机齿条座直线度偏差应小于（　　　）；齿条座之间接口偏差应小于 2mm。

A．4mm　　　　　　　　　B．2mm　　　　　　　　　C．3mm

答案：B

依据：《电力建设施工技术规范　第 2 部分：锅炉机组》DL 5190.2—2012，条款号 11.7.3

66. **试题**：翻车机系统调车机导向轨面垂直度偏差应不大于 2mm，在每 3m 长度内导向轨面、齿条块齿面直线度偏差应小于 0.2mm～0.4mm，在全长范围内齿条块齿面、导向轨面直线度偏差不大于（   ）。

A．2.5mm   B．1.5mm   C．2mm

答案：B

依据：《电力建设施工技术规范 第 2 部分：锅炉机组》DL 5190.2—2012，条款号 11.7.3

67. **试题**：对于跨度大于 30m 的抓煤机跨度允许偏差不大于（   ）。

A．20   mm B．15mm   C．10mm

答案：C

依据：《电力建设施工技术规范 第 2 部分：锅炉机组》DL 5190.2—2012，条款号 11.7.4

68. **试题**：抓煤机主梁的上拱度（在承轨梁的上盖板测量）应符合设备技术文件的规定，一般为跨度值的（   ）。

A．1/500   B．1/800   C．1/1000

答案：C

依据：《电力建设施工技术规范 第 2 部分：锅炉机组》DL 5190.2—2012，条款号 11.7.4

69. **试题**：对于跨度大于 30m 的抓煤机桥架的对角线差不大于（   ）。

A．10mm   B．20mm   C．30mm

答案：A

依据：《电力建设施工技术规范 第 2 部分：锅炉机组》DL 5190.2—2012，条款号 11.7.4

70. **试题**：抓煤机支腿的垂直度偏差应符合设备技术文件的规定，一般不大于支腿高度的（   ）。

A．1/1000   B．1/2000   C．1/3000

答案：C

依据：《电力建设施工技术规范 第 2 部分：锅炉机组》DL 5190.2—2012，条款号 11.7.4

71. **试题**：桥式螺旋卸煤机两侧链轮中心距偏差应小于（   ），链轮端面垂直度偏差应小于 1mm。

A．7mm   B．5mm   C．2mm

答案：C

依据：《电力建设施工质量验收及评价规程 第 2 部分：锅炉机组》DL 5210.2—

2009，条款号　表 4.9.6

72. **试题**：盘式磁铁分离器安装的标高偏差应小于（　　　）。

A．±20mm　　　　　　B．±10mm　　　　　　C．±15mm

答案：B

依据：《电力建设施工质量验收及评价规程　第 2 部分：锅炉机组》DL 5210.2—2009，条款号　表 4.9.17

73. **试题**：原煤取样装置门架的立柱间距偏差应符合设备技术文件的规定，垂直度偏差应小于（　　　）。

A．±3mm　　　　　　B．±5mm　　　　　　C．±7mm

答案：A

依据：《电力建设施工质量验收及评价规程　第 2 部分：锅炉机组》DL 5210.2—2009，条款号　表 4.9.19

74. **试题**：取样装置门架的立柱间距偏差应符合设备技术文件的规定，对角线偏差应小于（　　　）。

A．±3mm　　　　　　B．±5mm　　　　　　C．±7mm

答案：A

依据：《电力建设施工质量验收及评价规程　第 2 部分：锅炉机组》DL 5210.2—2009，条款号　表 4.9.19

75. **试题**：原煤取样装置行走装置两侧钢轨顶面标高偏差应小于（　　　）。

A．±5mm　　　　　　B．±4mm　　　　　　C．±3mm

答案：C

依据：《电力建设施工质量验收及评价规程　第 2 部分：锅炉机组》DL 5210.2—2009，条款号　表 4.9.19

76. **试题**：翻车机翻转后回到零位时，翻车机进出口处平台上轨道顶面与基础上轨道顶面的高低差最大不应大于（　　　）。

A．1mm　　　　　　B．2mm　　　　　　C．3mm

答案：C

依据：《回转式翻车机》JB/T 7015—2010，条款号　4.2

77. **试题**：翻车机翻转后回到零位时，翻车机进出口处平台上轨道侧面与基础上轨道侧面的的横向错位最大不应大于（　　　）。

A．2mm　　　　　　B．3mm　　　　　　C．5mm

答案：B

依据：《回转式翻车机》JB/T 7015—2010，条款号　4.2

78. **试题：**翻车机每组托辊装置的两组滚轮回转轴的标高偏差不应大于（　　　）。

　　A．2mm　　　　　　　　　B．3mm　　　　　　　　　C．5mm

　　答案： A

　　依据：《回转式翻车机》JB/T 7015—2010，条款号　5.6.1

79. **试题：**翻车机每组托辊装置的两组滚轮中心线偏差最大不应大于（　　　）。

　　A．1mm　　　　　　　　　B．2mm　　　　　　　　　C．3mm

　　答案： B

　　依据：《回转式翻车机》JB/T 7015—2010，条款号　5.6.1

80. **试题：**翻车机两组支承装置中心线距离最大偏差为（　　　）。

　　A．±3mm　　　　　　　　B．±5mm　　　　　　　　C．±8mm

　　答案： A

　　依据：《回转式翻车机》JB/T 7015—2010，条款号　5.6.1

81. **试题：**翻车机两端盘中心线的距离偏差最大不超过（　　　）。

　　A．±3mm　　　　　　　　B．±5mm　　　　　　　　C．±8mm

　　答案： B

　　依据：《回转式翻车机》JB/T 7015—2010，条款号　5.6.2

四、多选题（下列试题中，至少有 2 项是标准原文规定的正确答案，请将正确答案填在括号内）

1. **试题：**输送设备安装工程施工前应确认设备和材料的（　　　）与设备装箱清单相符，并应具有产品合格证名明。

　　A．名称　　　　　　　　　B．型号　　　　　　　　C．规格　　D．数量

　　答案： ABCD

　　依据：《输送设备安装工程施工及验收规范》GB 50270—2010，条款号　2.0.1

2. **试题：**组装传动滚筒、改向滚筒和拉紧滚筒应符合下列规定：（　　　）。

　　A．滚筒横向中心线与输送机纵向中心线的水平位置偏差不应大于 3mm

　　B．滚筒轴线与输送机纵向中心线的垂度偏差不应大于滚筒轴线长度的 2‰

　　C．滚筒轴线的水平度应大于滚筒轴线长度的 1‰

　　D．双驱动滚筒的两滚筒轴线的平行度偏差不应大于 0.4mm

　　答案： ABD

　　依据：《输送设备安装工程施工及验收规范》GB 50270—2010，条款号　3.0.3

3. **试题：**关于带式输送机制动器的安装要求，下列说法正确的是：（　　　）。

　　A．块式制动器在松闸状态下，闸瓦不应接触制动轮工作面

　　B．块式制动器在额定制动力矩下，闸瓦与制动轮工作面的贴合面积，压制成型的，

每块不应小于设计面积的 50%，普通石棉的，每块不应小于设计面积的 70%

C. 盘式制动器在松闸状态下，闸瓦与制动盘的间隙大于 2mm

D. 盘式制动器在制动时，闸瓦与制动盘工作面的接触面积不应小于制动面积的 80%

答案：ABD

依据：《输送设备安装工程施工及验收规范》GB 50270—2010，条款号　3.0.5

4. **试题**：拉紧滚筒在输送带连接后的位置，应按（　　　）确定。

A. 拉紧装置的形式　　　　　　　　　　　B. 输送带带芯材料

C. 输送带长度　　　　　　　　　　　　　D. 启动和制动要求

答案：ABCD

依据：《输送设备安装工程施工及验收规范》GB 50270—2010，条款号　3.0.6

5. **试题**：组装传动滚筒、改向滚筒和拉紧滚筒应符合下列规定：（　　　）。

A. 机架中心线与输送机纵向中心线的水平位置偏差不应大于 2mm

B. 机架中心线的直线度偏差不应大于 1/1000

C. 机架横截面两对角线长度之差不应大于两对角线平均长度的 1‰，并不应大于 10mm

D. 支架对建筑物地面的垂直度偏差不应大于 2/1000

答案：ABCD

依据：《输送设备安装工程施工及验收规范》GB 50270—2010，条款号　4.1.1

6. **试题**：垂直斗式提升机安装时，下列选项正确的是：（　　　）。

A. 提升机上部区段应设置牢固的支架

B. 提升机中部区段应设置牢固的支架

C. 提升速度可按提升物料状态任意调整

D. 提升机机壳不得偏斜，且沿铅垂方向应能自由伸缩

答案：ABD

依据：《输送设备安装工程施工及验收规范》GB 50270—2010　5.0.5

7. **试题**：输送机组装应符合下列规定：（　　　）。

A. 输送槽直线度偏差在任意 1000mm 的长度上不应大于 3mm.横向水平度不应大于 1/1000

B. 输送槽法兰连接应紧密牢固，且与物料接触处的错位应大于 1mm

C. 进料口、排料口的连接部分不得产生限制振动的现象

D. 紧固螺栓应装设防松装置

答案：ACD

依据：《输送设备安装工程施工及验收规范》GB 50270—2010，条款号　9.0.1

8. **试题**：胶带输煤机胶带的规格，包括（　　　）等应符合设计规定，胶面无硬化和龟裂

等变质现象。

A．厚度
B．宽度
C．帆布层数
D．覆盖胶厚度

答案：ABCD

依据：《电力建设施工技术规范 第 2 部分：锅炉机组》DL 5190.2—2012，条款号 11.2.1

9. **试题：**下列有关胶带输煤机托架及托辊安装说法正确的有：（　　　）。

A．托辊架应与构架连接牢固，螺栓应在长孔中间并应有方斜垫

B．相邻的托辊高低差不大于 2mm

C．托辊轴应牢固地嵌入支架槽内；靠近头、尾部滚筒处的几组托辊应与胶带充分接触

D．输煤机的缓冲托辊安装位置不能对准落煤管管口

答案：ABC

依据：《电力建设施工技术规范 第 2 部分：锅炉机组》DL 5190.2—2012，条款号 11.2.2

10. **试题：**输煤皮带机清扫器安装要求下列说法正确的是：（　　　）。

A．清扫器安装位置、角度应符合设计要求

B．清扫器与胶带应均匀接触、松紧适宜，能把残存的煤清理干净

C．清扫器的清扫段应平直，且符合设计要求

D．空段清扫器应安装在接近胶带输送机头部（头部漏斗）的位置

答案：ABCD

依据：《电力建设施工技术规范 第 2 部分：锅炉机组》DL 5190.2—2012，条款号 11.2.4

11. **试题：**关于胶带输送机的试运，下列说法正确的是：（　　　）。

A．启动和停止时，拉紧装置应工作正常，胶带应无打滑现象

B．不得有刮伤胶带和不允许的摩擦现象存在

C．上煤时，全部托辊应转动灵活

D．滚柱逆止器工作正常，其制动转角应符合设备技术文件的规定；联锁和各事故按钮应工作良好

答案：ABCD

依据：《电力建设施工技术规范 第 2 部分：锅炉机组》DL 5190.2—2012，条款号 11.2.5

12. **试题：**关于犁式卸煤器安装下列说法正确的是：（　　　）。

A．卸煤器应灵活、无卡涩，角度适宜

B．犁刀与胶带应均匀接触，并能把煤卸净

C. 卸煤段应平直，且符合设计要求

D. 卸煤器的接煤斗位置应适宜，不撒煤，犁煤时煤斗内侧与皮带应有足够间距，接料斗的翻板开关灵活，配重量适中

答案： ABCD

依据：《电力建设施工技术规范　第 2 部分：锅炉机组》DL 5190.2—2012，条款号 11.3.1

13. **试题：** 关于配煤车和叶轮拨煤机的分部试运，下列说法正确的有：（　　　）。

A. 沿轨道往返行程符合设计要求

B. 各项操作灵活正确，能在预定位置停车

C. 行走时车轮与轨道接触良好，无抬起和啃边现象；胶带通过配煤车时应无跑偏现象

D. 机械各部分振幅不大于 0.5mm

答案： ABC

依据：《电力建设施工技术规范　第 2 部分：锅炉机组》DL 5190.2—2012，条款号 11.3.6

14. **试题：** 锤击、反击式碎煤机安装前应进行的检查有：（　　　）。

A. 每个锤头在轴套上能灵活摆动

B. 击锤顶端与栅板间及打击板与反击板间的距离均应符合设备技术文件的规定

C. 击锤、打击板、反击板和内衬板均不得有裂纹，各部件均应固定牢靠

D. 各门孔应开关灵活，密封良好；反击板的调整装置应灵活可靠

答案： ABCD

依据：《电力建设施工技术规范　第 2 部分：锅炉机组》DL 5190.2—2012，条款号 11.5.2

15. **试题：** 环式碎煤机安装前应进行的检查有：（　　　）。

A. 每个锤环在环轴上能灵活转动

B. 锤环、碎煤板、大小筛板、内衬板均不得有裂纹，各部件应固定牢靠

C. 各门孔应开关灵活，密封良好

D. 筛板的调整装置应灵活可靠

答案： ABCD

依据：《电力建设施工技术规范　第 2 部分：锅炉机组》DL 5190.2—2012，条款号 11.5.3

16. **试题：** 筛煤机检查符合要求的是：（　　　）。

A. 筛孔尺寸正确，筛面平整、完好

B. 外壳无变形，严密不漏煤

C. 滚轴筛零部件应齐全，不得出现损坏

D. 滚轴筛设备不应露天存放

答案：ABCD

依据：《电力建设施工技术规范 第 2 部分：锅炉机组》DL 5190.2—2012，条款号 11.6.1

17. **试题**：关于筛煤机的安装要求，下列说法正确的是：（　　）。

A. 基础尺寸检查和基础方向应符合设计要求

B. 枢纽灵活，吊杆螺栓有可靠的防松装置

C. 滚轴筛机座底面应保持水平，筛面斜度正确，横向水平偏差不大于 1/1000

D. 滚轴筛的翻板应开关灵活，开关到位

答案：ABCD

依据：《电力建设施工技术规范 第 2 部分：锅炉机组》DL 5190.2—2012，条款号 11.6.2

18. **试题**：翻车机在安装前应进行的检查有：（　　）。

A. 活动平台的进、出车方向应符合设计要求

B. 检查液压元件的出厂合格证件

C. 传动齿轮与齿圈的接触应符合设备技术文件的规定

D. 活动平台的每个托辊均应与承压面接触良好

答案：ABCD

依据：《电力建设施工技术规范 第 2 部分：锅炉机组》DL 5190.2—2012，条款号 11.7.3

19. **试题**：关于侧倾式翻车机的安装要求，下列说法错误的是：（　　）。

A. 两回转盘应平行，其中心距离偏差±10mm

B. 两回转轴中心线与基础轨道中心线的水平距离偏差不大于 30mm

C. 回转轴的安装标高偏差±20mm，两回转轴相对水平偏差不大于 10mm

D. 压车梁内侧压爪的最低点与轨面距离不小于设备技术文件规定，并不得影响车辆通行

答案：BC

依据：《电力建设施工技术规范 第 2 部分：锅炉机组》DL 5190.2—2012，条款号 11.7.3

20. **试题**：关于斗轮堆取料机的安装要求，下列说法正确的是：（　　）。

A. 液压设备及液压元件上的铅封应完好无损

B. 液压系统平行或交叉布置的管子之间需留有 10mm 以内的间距

C. 液压系统严密性试验的试验压力为工作压力的 1.5 倍

D. 门柱两侧的俯仰液压油缸应平行，并垂直于水平面；垂直度偏差不大于高度的 1/1000；两液压油缸的活塞柱的升降应同步，升降高度应一致

答案： ACD

依据：《电力建设施工技术规范　第 2 部分：锅炉机组》DL 5190.2—2012，条款号 11.7.5

21. **试题：** 关于振动筛煤机的安装下列说法正确的是：（　　　）。

A. 筛煤机纵横中心线偏差不超过±10mm

B. 筛煤机轴中心标高偏差不超过±20mm

C. 筛煤机轴横向水平度偏差≤1‰宽度

D. 晒面安装斜度应符合设备技术文件规定

答案： ACD

依据：《电力建设施工质量验收及评价规程　第 2 部分：锅炉机组》DL 5210.2—2009，条款号　表 4.9.2

22. **试题：** 原煤取样装置取样头的安装，下列说法正确的是：（　　　）。

A. 取样头安装位置应符合设备技术文件的规定

B. 电动、液压装置安装应符合设备技术文件的定

C. 液压管道连接牢固、严密不漏

D. 液压管道内部清洁可不做安装前的酸洗

答案： ABCD

依据：《电力建设施工质量验收及评价规程　第 2 部分：锅炉机组》DL 5210.2—2009，条款号　表 4.9.19

23. **试题：** 关于电子皮带秤安装前的检查，下列说法正确的是：（　　　）。

A. 零部件应无损伤及裂纹

B. 托辊转动灵活，无卡涩，无损伤、变形

C. 称重区皮带支架无伸缩接头或纵梁拼接，纵梁刚性满足要求

D. 皮带支架在称重范围内挠曲度≤0.5

答案： ABCD

依据：《电力建设施工质量验收及评价规程　第 2 部分：锅炉机组》DL 5210.2—2009，条款号　表 4.9.24

24. **试题：** 关于电子皮带秤设备安装，下列说法正确的是：（　　　）。

A. 皮带秤支架安装位置符合设备技术文件的规定

B. 皮带秤中心位置应与皮带机中心线重合

C. 测速滚筒与皮带纵向垂直

D. 称重区域内皮带机托辊间距偏差小于±1.0mm；称重区域内皮带机托辊水平偏差≤±0.5mm

答案： ABCD

依据：《电力建设施工质量验收及评价规程　第 2 部分：锅炉机组》DL 5210.2—

2009，条款号 表 4.9.24

25. **试题**：输煤设备试运前应做哪些检查：（ ）。

A. 设备内部清洁度，润滑系统完善程度

B. 系统完善程度（就地温度及压力、附件等安装情况）

C. 热控设备安装齐全程度，人孔封闭情况

D. 转动部分的保护罩安装情况，设备周围安全情况

答案：ABCD

依据：《电力建设施工质量验收及评价规程 第 2 部分：锅炉机组》DL 5210.2—2009，条款号 表 4.9.26

26. **试题**：输煤设备的检查标准，下列正确的选项是：（ ）。

A. 扭剪型高强螺栓梅花头应全部拧掉，未在终拧中拧掉梅花头的螺栓数不大于该节点螺栓数的 5%

B. 皮带输送机跑偏时，皮带不超出托辊和滚筒的边缘

C. 斗轮机俯仰装置动作同步、灵活，液压设备及管道无泄漏

D. 翻车机牵车臂动作灵活、可靠，液压系统设备及管道无渗漏

答案：ABCD

依据：《电力建设施工质量验收及评价规程 第 2 部分：锅炉机组》DLT 5210.2—2009，条款号 表 5.8.2

27. **试题**：关于翻车机安全设施以下说法正确的是：（ ）。

A. 翻车机应有零位及极限翻转角度的限位装置

B. 翻车机应有平台轨道与进、出口基础轨道对准和车辆在平台上就位及车辆离开翻车机的安全设施

C. 当驱动装置发生故障时，翻车机的制动装置应保证转子可靠地停留在即时所处的位置上

D. 翻车机应装有机械或电控的联锁装置

答案：ABCD

依据：《回转式翻车机》JB/T 7015—2010，条款号 5.2

第七节 脱硫设备安装

一、填空题（下列试题中，请将标准原条文规定的正确答案填在横线处）

1. **试题**：烟气脱硫机械设备构件堆放场地应平整、坚实、不积水，垫木间距不应使构件产生变形；多层摆放时，层间应用____隔离。

答案：垫木

依据：《烟气脱硫机械设备工程安装及验收规范》GB 50895—2013，条款号 5.3.2

2. **试题：** 当拆除脱硫吸收塔预制、组装工具，卡具、吊耳时，不得____母材。

　　答案： 损伤

　　依据：《烟气脱硫机械设备工程安装及验收规范》GB 50895—2013，条款号　6.1.4

3. **试题：** 脱硫吸收塔塔体壁板组对前，应对壁板的出厂标识、尺寸、外形进行检查验收____后方可组对。

　　答案： 合格

　　依据：《烟气脱硫机械设备工程安装及验收规范》GB 50895—2013，条款号　6.5.1

4. **试题：** 当脱硫吸收塔塔体壁板采用倒装法安装时，提升装置应进行强度及____计算，并满足安全规定。

　　答案： 稳定性

　　依据：《烟气脱硫机械设备工程安装及验收规范》GB 50895—2013，条款号　6.5.4

5. **试题：** 脱硫吸收塔塔顶预组装中心支架（胎架）的高度，应考虑塔顶自重下挠值，顶板应按____区域对称组装。

　　答案： 等分

　　依据：《烟气脱硫机械设备工程安装及验收规范》GB 50895—2013，条款号　6.5.5

6. **试题：** 脱硫吸收塔对接焊缝的咬边深度不得大于 0.5mm；咬边的连续长度不得大于____；焊缝两侧咬边的总长度不得超过该焊缝长度的 10%。

　　答案： 100mm

　　依据：《烟气脱硫机械设备工程安装及验收规范》GB 50895—2013，条款号　6.7.8

7. **试题：** 脱硫吸收塔充水试验过程中，应对基础____进行观测。

　　答案： 沉降

　　依据：《烟气脱硫机械设备工程安装及验收规范》GB 50895—2013，条款号　6.9.4

8. **试题：** 脱硫吸收塔施工用工卡具材质应与塔体母材____。在拆除工卡具、吊耳时，不得损伤母材。

　　答案： 一致

　　依据：《烟气脱硫机械设备工程安装及验收规范》GB 50895—2013，条款号　13.1.4

9. **试题：** 设备的安全保护装置必须符合设计文件的规定。在试运转中需要调试的安全装置，必须在____完成调试，安全装置的功能必须符合设计文件的要求。

　　答案： 试运转中

　　依据：《烟气脱硫机械设备工程安装及验收规范》GB 50895—2013，条款号　15.1.5（强条）

10. **试题**：电、液、气动阀门开关应无碰剐现象，烟道阀、风量调节阀叶片的运行应____，电机电流应符合设备技术文件要求。

    答案：同步

    依据：《烟气脱硫机械设备工程安装及验收规范》GB 50895—2013，条款号　15.5.1

11. **试题**：吸收塔内冲洗水喷嘴的布置应确保所有除雾器均在____范围内，在脱硫装置投运前进行试喷检查确认。

    答案：冲洗

    依据：《电力建设施工技术规范　第 2 部分：锅炉机组》DL 5190.2—2012，条款号 8.2.3

12. **试题**：脱硫吸收塔内所有螺栓连接均应有____措施。

    答案：防松

    依据：《电力建设施工技术规范　第 2 部分：锅炉机组》DL 5190.2—2012，条款号 8.2.3

13. **试题**：储罐（池）搅拌器的安装应符合设计要求，当设计无规定时，搅拌器立轴垂直度的偏差不大于长度的____，且不大于 5mm，叶轮连接螺栓扭矩应达到设计值。

    答案：2/1000

    依据：《电力建设施工技术规范　第 2 部分：锅炉机组》DL 5190.2—2012，条款号 8.2.5

14. **试题**：脱硫系统压滤机设备安装应符合设备技术文件要求，整机安装时，要求压滤机本体内清洁无杂物，纵横向轴线偏差不大于____；底座水平度偏差不大于 2/1000。

    答案：10mm

    依据：《电力建设施工技术规范　第 2 部分：锅炉机组》DL 5190.2—2012，条款号 8.2.5

15. **试题**：脱硫系统烟道挡板门安装时应注保证挡板门安装方向与介质流向____，关闭状态下不锈钢面应对净烟气侧。

    答案：一致

    依据：《电力建设施工技术规范　第 2 部分：锅炉机组》DL 5190.2—2012，条款号 8.2.6

16. **试题**：脱硫系统衬胶管道或耐腐蚀材质管道与普通碳钢管道之间连接应设置____阀门，测量仪表与介质之间设置隔膜阀。

    答案：隔离

    依据：《电力建设施工技术规范　第 2 部分：锅炉机组》DL 5190.2—2012，条款号 8.2.6

17. **试题：**脱硫系统旋流喷嘴安装前应核对____，连接应紧密，无渗漏。

   答案：型号

   依据：《电力建设施工技术规范　第 2 部分：锅炉机组》DL 5190.2—2012，条款号
   8.2.6

18. **试题：**脱硫系统罗茨风机进口管道安装前应彻底清除配管中的铁锈、焊渣等异物，
   进气管道上的空气过滤器应保持干燥和清洁；风机在运转初期，为防止焊渣等吸入
   风机，应在风机的入口处设置____的金属滤网。

   答案：30 目～40 目

   依据：《电力建设施工技术规范　第 2 部分：锅炉机组》DL 5190.2—2012，条款号
   10.5.3

19. **试题：**脱硫吸收塔筒体安装单圈壁板组合铅垂允许偏差____。

   答案：≤2mm

   依据：《电力建设施工质量验收及评价规程　第 2 部分：锅炉机组》DL/T 5210.2—
   2009，条款号　表 4.10.2

20. **试题：**脱硫工程管道系统水压试验时，当压力达到试验压力后应保持____，然后降
   至设计压力，对所有接头和连接处进行全面检查，整个管路系统除了泵或阀门填料
   局部地方外均不得有渗水或泄漏的痕迹，且目测无变形。

   答案：10min

   依据：《电力建设施工质量验收及评价规程　第 2 部分：锅炉机组》DL/T 5210.2—
   2009，条款号　表 4.10.12

21. **试题：**烟气脱硫吸收塔施工用非金属衬里材料运抵现场时外包装应完好，施工日期
   应在产品____内。

   答案：保质期

   依据：《火电厂烟气脱硫吸收塔施工及验收规程》DL/T 5418—2009，条款号　5.3.3

22. **试题：**脱硫吸收塔边缘板宜首先施焊靠外缘____部位；在底板与塔壁连接的角焊接接
   头焊完后，且在边缘板与中幅板之间的收缩缝施焊前，应完成剩余的边缘板对接焊。

   答案：300mm

   依据：《火电厂烟气脱硫吸收塔施工及验收规程》DL/T 5418—2009，条款号　8.5.1

23. **试题：**吸收塔内承重梁的对接焊缝全部进行____检测，当射线检测不能实现时，采
   用超声波检测。塔内承重梁与塔壁之间的角焊缝，全部进行磁粉检测。

   答案：射线

   依据：《火电厂烟气脱硫吸收塔施工及验收规程》DL/T 5418—2009，条款号　8.7.6

24. **试题：** 脱硫吸收塔验收应检查所有与塔体焊接的____，确认所有焊接施工已完毕，不得有遗漏。

　　答案： 附件

　　依据：《火电厂烟气脱硫吸收塔施工及验收规程》DL/T 5418—2009，条款号 9.1.1

25. **试题：** 塔底的严密性，应以充水试验过程中塔底无渗漏为合格。若发现渗漏，应补焊后重新进行____试验并达到合格标准。

　　答案： 真空箱法

　　依据：《火电厂烟气脱硫吸收塔施工及验收规程》DL/T 5418—2009，条款号 9.3.5

26. **试题：** 玻璃鳞片树脂防腐施工前，防腐施工单位应清除塔内与防腐施工无关的物件。衬里施工开始后，不允许对____基体进行焊接、切割等动火作业。

　　答案： 防腐

　　依据：《火电厂烟气脱硫吸收塔施工及验收规程》DL/T 5418—2009，条款号 10.1.2

27. **试题：** 玻璃鳞片树脂防腐施工过程中，施工过程应有严格的____、防爆和防中毒要求。

　　答案： 防火

　　依据：《火电厂烟气脱硫吸收塔施工及验收规程》DL/T 5418—2009，条款号 10.1.6

28. **试题：** 脱硫吸收塔防腐施工过程中严禁____，并应有完备的防火和灭火预案。

　　答案： 动火

　　依据：《火电厂烟气脱硫吸收塔施工及验收规程》DL/T 5418—2009，条款号 12.1.2

29. **试题：** 脱硫塔所有塔内的紧固件或紧固结构应采取有效的____措施。

　　答案： 防松

　　依据：《火电厂烟气脱硫吸收塔施工及验收规程》DL/T 5418—2009，条款号 12.1.8

30. **试题：** 脱硫浆液玻璃钢管件现场胶合黏结时当环境温度较低，需加热保温时，严禁使用____。

　　答案： 明火

　　依据：《火电厂烟气脱硫吸收塔施工及验收规程》DL/T 5418—2009，条款号 12.2.1

二、判断题（判断下列试题是否正确。正确的在括号内打"√"，错误的在括号内打"×"）

1. **试题：** 脱硫设备浆液管道布置应考虑坡度，不应出现低洼弯点。（　　　）

　　答案： √

　　依据：《燃煤烟气脱硫设备　第 1 部分：燃煤烟气湿法脱硫设备》GB/T 19229.1—

2008，条款号　4.2.3.1

2. **试题：**脱硫设备安装前应进行基础验收，并应形成记录；不合格的基础，不得进行设备安装。（　　）

   答案：√

   依据：《烟气脱硫机械设备工程安装及验收规范》GB 50895—2013，条款号　4.1.1

3. **试题：**脱硫不锈钢塔体组装可用普通工具、卡具，碳素钢工具、卡具可以直接与不锈钢塔筒接触和焊接，塔体、底板和附件上可以打焊工钢印号。（　　）

   答案：×

   依据：《烟气脱硫机械设备工程安装及验收规范》GB 50895—2013，条款号　6.1.5

4. **试题：**脱硫吸收塔底板焊接应先焊横向短缝，再焊纵向长缝，最后焊中幅板与弓形板之间的焊缝；纵向长缝宜采用从中间向两侧对称、间断、退焊的方式。（　　）

   答案：√

   依据：《烟气脱硫机械设备工程安装及验收规范》GB 50895—2013，条款号　6.3.4

5. **试题：**采用正装法安装脱硫吸收塔体壁板时，应在基础附近铺设组装钢平台，平台应稳定可靠，其平面度不大于 3mm。（　　）

   答案：√

   依据：《烟气脱硫机械设备工程安装及验收规范》GB 50895—2013，条款号　6.5.2

6. **试题：**塔体内外附件，宜在塔体组装、安装过程中同步安装就位。（　　）

   答案：√

   依据：《烟气脱硫机械设备工程安装及验收规范》GB 50895—2013，条款号　6.5.6

7. **试题：**脱硫吸收塔充水试验前，所有附件及其他与塔体焊接的构件应全部完工，并经检验合格。（　　）

   答案：√

   依据：《烟气脱硫机械设备工程安装及验收规范》GB 50895—2013，条款号　6.9.2

8. **试题：**脱硫吸收塔充水试验应采用洁净淡水。不锈钢制作的吸收塔，试验水中氯离子含量不得超过 50mg/L。试验水温不低于 5℃。（　　）

   答案：×

   依据：《烟气脱硫机械设备工程安装及验收规范》GB 50895—2013，条款号　6.9.3

9. **试题：**脱硫吸收塔内喷淋液浆管、液浆雾化喷嘴、冲洗管及喷嘴、搅拌器安装质量，应符合设计文件和设备技术文件的规定。（　　）

   答案：√

依据：《烟气脱硫机械设备工程安装及验收规范》GB 50895—2013，条款号 6.11.1

10. **试题**：脱硫工程滤布支架、拖辊、接头、张紧装置、调偏装置、真空箱升降装置和刮板清扫装置的安装质量，应符合设备技术文件的规定。（　　）

答案：√

依据：《烟气脱硫机械设备工程安装及验收规范》GB 50895—2013，条款号 9.2.2

11. **试题**：脱硫工程各种罐、塔、水箱、热交换器设备加载或填充介质较多时，应进行基础沉降观察，设备应无变形、泄漏。（　　）

答案：√

依据：《烟气脱硫机械设备工程安装及验收规范》GB 50895—2013，条款号

12. **试题**：验收试验应在设计技术条件下，脱硫装置连续稳定运行时应进行不少于 96h 的验收试验。（　　）

答案：×

依据：《火电厂烟气脱硫装置验收技术规范》DL/T 1150—2012，条款号 7.2.2

13. **试题**：吸收塔内部支承梁标高偏差不超过±3mm，梁间水平距离偏差不超过±5mm，支承梁与壁板之间进行密封焊接。（　　）

答案：√

依据：《电力建设施工技术规范 第 2 部分：锅炉机组》DL 5190.2—2012，条款号 8.2.3

14. **试题**：脱硫工程管式热交换器内梁安装应注意箱梁方向，梁层标高偏差不超过±3mm，梁间距离允许偏差为 3mm。（　　）

答案：√

依据：《电力建设施工技术规范 第 2 部分：锅炉机组》DL 5190.2—2012，条款号 8.2.4

15. **试题**：脱硫工程回转式热交换器换热元件应在内壁喷砂及防腐涂装后再安装，否则应对换热元件进行隔离防护。（　　）

答案：√

依据：《电力建设施工技术规范 第 2 部分：锅炉机组》DL 5190.2—2012，条款号 8.2.4

16. **试题**：脱硫工程湿磨机橡胶衬瓦安装后可以在无水情况下带介质回转。（　　）

答案：×

依据：《电力建设施工技术规范 第 2 部分：锅炉机组》DL 5190.2—2012，条款号 8.2.5.2

17. **试题：** 脱硫工程带式真空脱水机真空箱的升降机构应有足够的润滑，升降灵活。
（　　　）

答案： √

依据：《电力建设施工技术规范　第 2 部分：锅炉机组》DL 5190.2—2012，条款号
8.2.5.3

18. **试题：** 脱硫工程膨胀节的液体收集连接管道荷载应直接作用在支吊架上，膨胀节不
应承受连接管道的荷载。（　　　）

答案： √

依据：《电力建设施工技术规范　第 2 部分：锅炉机组》DL 5190.2—2012，条款号
8.2.6

19. **试题：** 脱硫工程吸收塔、腐蚀性介质储罐、热交换器等需做内衬防腐的设备，其焊
缝应符合设计要求，外观检查无裂纹、夹渣、气孔及深度在 0.5mm 以上的咬边，并
且焊缝和飞溅需打磨处理，临时定位铁件等割除后不得损伤设备，也应打磨处理不
留痕迹。（　　　）

答案： √

依据：《电力建设施工技术规范　第 2 部分：锅炉机组》DL 5190.2—2012，条款号
8.2.7

20. **试题：** 脱硫箱罐筒体焊缝高度符合设计要求，表面成型良好无裂纹、咬边、气孔、
夹渣等缺陷。（　　　）

答案： √

依据：《电力建设施工质量验收及评价规程　第 2 部分：锅炉机组》DL/T 5210.2—
2009，条款号　表 4.10.2

21. **试题：** 脱硫箱罐内壁打磨表面粗糙度达到 Sa2 级。（　　　）

答案： ×

依据：《电力建设施工质量验收及评价规程　第 2 部分：锅炉机组》DL/T 5210.2—
2009，条款号　表 4.10.2

22. **试题：** 脱硫箱罐充水试验，灌水 48h 后基础沉降值不大于 20mm 或达技术要求值为
合格。（　　　）

答案： √

依据：《电力建设施工质量验收及评价规程　第 2 部分：锅炉机组》DL/T 5210.2—
2009，条款号　表 4.10.2

23. **试题：** 脱硫箱罐内部支撑梁任何两梁间距离，梁与梁板间距允许偏差±10mm。
（　　　）

答案：√

依据：《电力建设施工质量验收及评价规程　第 2 部分：锅炉机组》DL/T 5210.2—2009，条款号　表 4.10.3

24. 试题：脱硫箱罐管接座安装中心位置允许偏差为±3mm。（　　　）

答案：√

依据：《电力建设施工质量验收及评价规程　第 2 部分：锅炉机组》DL/T 5210.2—2009，条款号　表 4.10.3

25. 试题：脱硫箱罐管接座安装中心标高允许偏差为±10mm。（　　　）

答案：×

依据：《电力建设施工质量验收及评价规程　第 2 部分：锅炉机组》DL/T 5210.2—2009，条款号　表 4.10.3

26. 试题：脱硫箱罐管接座安装角度允许偏差≤0.2 度。（　　　）

答案：√

依据：《电力建设施工质量验收及评价规程　第 2 部分：锅炉机组》DL/T 5210.2—2009，条款号　表 4.10.3

27. 试题：脱硫喷淋管道粘接固化玻璃丝布铺贴完全浸透黏结剂、无气泡、无褶皱。（　　　）

答案：√

依据：《电力建设施工质量验收及评价规程　第 2 部分：锅炉机组》DL/T 5210.2—2009，条款号　表 4.10.4

28. 试题：脱硫喷淋管道粘接固化黏结剂涂刷均匀、无漏涂。（　　　）

答案：√

依据：《电力建设施工质量验收及评价规程　第 2 部分：锅炉机组》DL/T 5210.2—2009，条款号　表 4.10.4

29. 试题：脱硫除雾器冲洗水管道中心不水平度偏差为±5mm。（　　　）

答案：√

依据：《电力建设施工质量验收及评价规程　第 2 部分：锅炉机组》DL/T 5210.2—2009，条款号　表 4.10.5

30. 试题：脱硫除雾器通流部分密封合格的标准是：脱硫除雾片密封板与支撑梁间无肉眼可见间隙，除雾片之间无肉眼可见间隙，烟气全部通过除雾器。（　　　）

答案：√

依据：《电力建设施工质量验收及评价规程　第 2 部分：锅炉机组》DL/T 5210.2—

2009，条款号　表 4.10.5

31. **试题：**真空皮带脱水机浆液给料系统应能够始终保证浆液均匀分部在皮带宽度上。
（　　）
答案：√
依据：《电力建设施工质量验收及评价规程　第 2 部分：锅炉机组》DL/T 5210.2—2009，条款号　表 4.10.11

32. **试题：**脱硫安装工程，箱罐充水前必须彻底清除内部锈垢、焊瘤和杂物，涂刷内部防腐层应根据设计要求或经过技术部门研究后进行。（　　）
答案：√
依据：《电力建设施工质量验收及评价规程第 2 部分锅炉机组》DL/T 5210.2—2009，条款号　表 4.10.12

33. **试题：**吸收塔底板预制拼装制作对角线下料偏差为±3mm。（　　）
答案：√
依据：《火电厂烟气脱硫工程施工质量验收及评定规程》DL/T 5417—2009，条款号　6.3.1

34. **试题：**吸收塔顶板预制拼装制作钢板水平度偏差≤4mm。（　　）
答案：×
依据：《火电厂烟气脱硫工程施工质量验收及评定规程》DL/T 5417—2009，条款号　6.3.1

35. **试题：**吸收塔底部支撑梁安装前，检查二次灌浆的抹面层平整度：2m 范围内应在－5mm～0。（　　）
答案：√
依据：《火电厂烟气脱硫工程施工质量验收及评定规程》DL/T 5417—2009，条款号　6.3.1

36. **试题：**吸收塔底部支撑梁安装前，检查支撑梁整体的水平度检查：每 2m 检查 1 点，检查数量不少于 4 点。（　　）
答案：×
依据：《火电厂烟气脱硫工程施工质量验收及评定规程》DL/T 5417—2009，条款号　6.3.1

37. **试题：**吸收塔底板安装前，地板平整度检查要求为：每 3m 范围检查 1 点，检查数量不少于 8 点。（　　）
答案：√

依据：《火电厂烟气脱硫工程施工质量验收及评定规程》DL/T 5417—2009，条款号 6.3.1

38. **试题**：吸收塔顶板及加固件安装前应对塔顶中心位置偏移进行检查，塔顶中心位置偏移误差≤20mm。（　　）

    答案：√

    依据：《火电厂烟气脱硫工程施工质量验收及评定规程》DL/T 5417—2009，条款号 6.3.1

39. **试题**：吸收塔内部支承构件安装前，应对支撑梁位置中心偏差进行检查，支撑梁位置中心偏差≤20mm。（　　）

    答案：×

    依据：《火电厂烟气脱硫工程施工质量验收及评定规程》DL/T 5417—2009，条款号 6.3.1

40. **试题**：吸收塔开孔及接管安装前，应对管口与基准线距离偏差进行检查，管口与基准线距离偏差为±6mm。（　　）

    答案：√

    依据：《火电厂烟气脱硫工程施工质量验收及评定规程》DL/T 5417—2009，条款号 6.3.1

41. **试题**：吸收塔侧进式搅拌器安装前，应对管座垂直向下偏斜角度进行检查，管座垂直向下偏斜角度允许偏差±1.0°。（　　）

    答案：×

    依据：《火电厂烟气脱硫工程施工质量验收及评定规程》DL/T 5417—2009，条款号 6.3.1

42. **试题**：吸收塔地坑搅拌器为顶进式搅拌器，安装时基座框架水平度偏差控制在±5mm。（　　）

    答案：×

    依据：《火电厂烟气脱硫工程施工质量验收及评定规程》DL/T 5417—2009，条款号 6.3.1

43. **试题**：吸收塔地坑泵为立式泵，安装时基座框架水平度偏差控制为±2mm。（　　）

    答案：√

    依据：《火电厂烟气脱硫工程施工质量验收及评定规程》DL/T 5417—2009，条款号 6.3.1

44. **试题**：脱硫装置衬胶管道安装完毕后应进行工作压力下的严密性试验，保持 5min

后，严密无泄漏。（　　）

答案：×

依据：《火电厂烟气脱硫工程施工质量验收及评定规程》DL/T 5417—2009，条款号 6.3.1

45. 试题：GGH（围带传动式）安装，基础划线时，控制定子支座中心线偏差在±2mm。（　　）

答案：√

依据：《火电厂烟气脱硫工程施工质量验收及评定规程》DL/T 5417—2009，条款号 6.3.2

46. 试题：GGH（顶部驱动式），基础划线及底梁安装时，控制底梁纵横中心线偏差 ±2mm。（　　）

答案：√

依据：《火电厂烟气脱硫工程施工质量验收及评定规程》DL/T 5417—2009，条款号 6.3.2

47. 试题：GGH 高压冲洗水泵安装时，轴水平度偏差控制在±5%轴长。（　　）

答案：×

依据：《火电厂烟气脱硫工程施工质量验收及评定规程》DL/T 5417—2009，条款号 6.3.2

48. 试题：石灰石浆液制备震动给料机安装，与给料机配合的出料溜槽游动间隙应在 15mm～20mm。（　　）

答案：×

依据：《火电电厂烟气脱硫工程施工质量验收及评定规程》DL/T 5417—2009，条款号　6.3.3

49. 试题：石灰石浆液制备震动给料机安装，与给料机配合的进料溜槽游动间隙应在 25mm～30mm。（　　）

答案：×

依据：《火电电厂烟气脱硫工程施工质量验收及评定规程》DL/T 5417—2009，条款号　6.3.3

50. 试题：石灰石浆液制备盘式除铁器安装，磁极面与皮带距离偏差控制在±10mm。（　　）

答案：√

依据：《火电电厂烟气脱硫工程施工质量验收及评定规程》DL/T 5417—2009，条款

号 6.3.3

51. **试题：** 石灰石浆液制备系统皮带输送机导料槽安装，导料槽应与皮带机中心吻合且平行，两侧均匀，密封胶板与皮带接触不漏。（ ）

答案： √

依据： 《火电电厂烟气脱硫工程施工质量验收及评定规程》DL/T 5417—2009，条款号 6.3.3

52. **试题：** 石灰石浆液制备系统称重给料机垫铁及地脚螺栓安装时，垫铁层间接触严密，局部间隙≤0.15mm，且塞入深度≤20%垫铁接触长度。（ ）

答案： ×

依据： 《火电电厂烟气脱硫工程施工质量验收及评定规程》DL/T 5417—2009，条款号 6.3.3

53. **试题：** 石灰石浆液制备系统斗式提升机安装，头轮、底轮、机筒中心线在同一铅垂面上的偏差≤2L/1000（L 为中心线垂直向距离），且不大于 12mm。（ ）

答案： ×

依据： 《火电电厂烟气脱硫工程施工质量验收及评定规程》DL/T 5417—2009，条款号 6.3.3

54. **试题：** 石灰石浆液制备系统斗式提升机安装，头轮、底轮主轴水平偏差≤0.5mm/m。（ ）

答案： ×

依据： 《火电电厂烟气脱硫工程施工质量验收及评定规程》DL/T 5417—2009，条款号 6.3.3

55. **试题：** 脱硫吸收塔施工，纵向焊缝的对口错边量：当板厚小于 12mm 时，应不大于 1.0mm；当板厚大于或等于 12mm 时，应不大于板厚的 1/10，且最大不超过 1.5mm。（ ）

答案： √

依据： 《火电厂烟气脱硫吸收塔施工及验收规程》DL/T 5418—2009，条款号 7.5.5

56. **试题：** 脱硫吸收塔组装焊接后，塔壁的局部变形应平缓，不应有突然起伏。（ ）

答案： √

依据： 《火电厂烟气脱硫吸收塔施工及验收规程》DL/T 5418—2009，条款号 7.5.7

57. **试题：** 脱硫吸收塔烟气进、出口法兰的密封面应平整无明显的翘曲变形，不得有焊瘤，对接焊缝应磨平。法兰边缘的直线度允许偏差为 3mm。（ ）

答案： √

依据：《火电厂烟气脱硫吸收塔施工及验收规程》DL/T 5418—2009，条款号　7.8.7

58. **试题：**脱硫吸收塔施工时，中幅板宜先焊长焊道，后焊短焊道；初层焊道宜采用分段退焊或跳焊法。（　　）

答案：×

依据：《火电厂烟气脱硫吸收塔施工及验收规程》DL/T 5418—2009，条款号　8.5.1

59. **试题：**脱硫吸收塔充水试验前，所有与塔体焊接的附件应全部完工，所有焊缝检测及缺陷修补应完成。所有与严密性试验有关的焊缝，均不得涂刷油漆，经检查确认后再进行充水试验。（　　）

答案：√

依据：《火电厂烟气脱硫吸收塔施工及验收规程》DL/T 5418—2009，条款号　9.3.2

60. **试题：**脱硫吸收塔应在塔体下部每隔 10m 弧长，设一个基础沉降观测点，点数宜为 4 的整数倍，且不得少于 4 点。（　　）

答案：√

依据：《火电厂烟气脱硫吸收塔施工及验收规程》DL/T 5418—2009，条款号　9.3.7

61. **试题：**脱硫塔玻璃鳞片树脂防腐施工区域 10m 范围及其上下空间内严禁出现明火或火花。（　　）

答案：√

依据：《火电厂烟气脱硫吸收塔施工及验收规程》DL/T 5418—2009，条款号　10.3.1

62. **试题：**脱硫塔衬里表面应完好平整，无明显的凹凸、裂纹、波纹、鼓泡、流挂物、异物嵌入及机械损伤。（　　）

答案：√

依据：《火电厂烟气脱硫吸收塔施工及验收规程》DL/T 5418—2009，条款号　10.4.1

63. **试题：**吸收塔内件的连接宜采用可拆卸的活连接。所有固定的塔内件，应能承受烟气和浆液流体的冲击，抗振动，不允许有挪位、滑移、翻转趋势。（　　）

答案：√

依据：《火电厂烟气脱硫吸收塔施工及验收规程》DL/T 5418—2009，条款号　12.1.4

64. **试题：**脱硫工程浆液管为非金属管或已防腐的金属管时，允许用钢质绳索直接吊运。（　　）

答案：×

依据：《火电厂烟气脱硫吸收塔施工及验收规程》DL/T 5418—2009，条款号　12.2.13

65. **试题：**脱硫工程浆液管道法兰面应光滑平整，不得有气泡或未黏结好的夹层，整个

法兰面不得有挠曲。（　　　）

答案：√

依据：《火电厂烟气脱硫吸收塔施工及验收规程》DL/T 5418—2009，条款号　12.2.1

66. **试题：** 脱硫吸收塔除雾器及其附属组件的固定应牢靠，在烟气或冲洗水的冲击下不允许发生移动或振动。（　　　）

答案：√

依据：《火电厂烟气脱硫吸收塔施工及验收规程》DL/T 5418—2009，条款号　12.3.4

67. **试题：** 海水脱硫系统分系统调试时，观察海水升压泵出口压力符合设计要求。（　　　）

答案：√

依据：《火电厂烟气海水脱硫工程调整试运及质量验收及评定规程》DL/T 5436—2009，条款号　7.3.1

三、单选题（下列试题中，只有 1 项是标准原文规定的正确答案，请将正确答案填在括号内）

1. **试题：** 脱硫单位工程观感质量检查项目及验收，随机抽查不应少于（　　　）处。

A．15　　　　　　　　　　B．20　　　　　　　　　　C．10

答案：C

依据：《烟气脱硫机械设备工程安装及验收规范》GB 50895—2013，条款号　3.2.5

2. **试题：** 脱硫设备二次灌浆前应设外模板，外模板至设备底座外缘的距离不宜小于（　　　），二次灌浆层的厚度不应小于 25mm，拆模后灌浆料表面应进行抹面处理。

A．60mm　　　　　　　　B．50mm　　　　　　　　C．40mm

答案：A

依据：《烟气脱硫机械设备工程安装及验收规范》GB 50895—2013，条款号　4.2.6

3. **试题：** 吸收塔所有底板焊缝应全部进行严密性试验，试验负压值不得低于（　　　），焊缝无渗漏现象为合格。

A．33kPa　　　　　　　　B．43kPa　　　　　　　　C．53kPa

答案：C

依据：《烟气脱硫机械设备工程安装及验收规范》GB 50895—2013，条款号　6.4.1

4. **试题：** 脱硫吸收塔组焊时，厚度大于或等于 10mm 的弓形板，每条对接焊缝的外端（　　　）处应进行射线检测，厚度小于 10mm 的弓形板，对接焊缝应按本条的上述方法至少检查一条。

A．100mm　　　　　　　　B．200mm　　　　　　　　C．300mm

答案：C

依据：《烟气脱硫机械设备工程安装及验收规范》GB 50895—2013，条款号　6.4.2

5. **试题**：吸收塔组装成带的吊装单元，应在距其上下端口（　　）处增设径向加固支撑。

　　A．100mm　　　　　　　　B．200mm　　　　　　　　C．300mm

　　答案：B

　　依据：《烟气脱硫机械设备工程安装及验收规范》GB 50895—2013，条款号　6.5.3

6. **试题**：塔体壁板纵向及环向的对接焊缝内部质量应符合设计文件的规定。当设计文件无规定时，应符合下列规定：（　　）。

　　A．所有 T 形接头处应进行射线检测

　　B．所有 T 形接头处应进行磁粉检测

　　C．所有 T 形接头处应进行超声检测

　　答案：A

　　依据：《烟气脱硫机械设备工程安装及验收规范》GB 50895—2013，条款号　6.7.1

7. **试题**：吸收塔充水试验应符合设计文件的规定。当设计文件无规定时，充水到设计最高液位并保持（　　），无渗漏、无异常变形为合格。

　　A．12h　　　　　　　　　B．24h　　　　　　　　　C．48h

　　答案：C

　　依据：《烟气脱硫机械设备工程安装及验收规范》GB 50895—2013，条款号　6.9.1

8. **试题**：脱硫再生塔上下封头与塔体对接焊缝、补强圈覆盖焊缝及 T 形焊缝应进行（　　）射线检测。

　　A．50%　　　　　　　　　B．80%　　　　　　　　　C．100%

　　答案：C

　　依据：《烟气脱硫机械设备工程安装及验收规范》GB 50895—2013，条款号　10.3.1

9. **试题**：脱硫再生塔除上下封头与塔体对接焊缝、补强圈覆盖焊缝及 T 形焊缝外的其余熔透焊缝应按焊缝长度的（　　）进行射线或超声波检测。

　　A．50%　　　　　　　　　B．40%　　　　　　　　　C．30%

　　答案：A

　　依据：《烟气脱硫机械设备工程安装及验收规范》GB 50895—2013，条款号　10.3.1

10. **试题**：脱硫再生塔气密性试验时，试验压力应为工作压力的（　　）倍。

　　A．1.05　　　　　　　　　B．1.2　　　　　　　　　C．1.25

　　答案：A

　　依据：《烟气脱硫机械设备工程安装及验收规范》GB 50895—2013，条款号　10.3.2

11. **试题：**脱硫再生塔气密性试验时，试验介质的温度最低不得低于（　　）。

A．0℃ B．5℃ C．10℃

答案：B

依据：《烟气脱硫机械设备工程安装及验收规范》GB 50895—2013，条款号 10.3.2

12. **试题：**脱硫吸附塔钢结构安装时，检查柱底轴线对定位轴线偏移最大允许偏差为（　　）。

A．1mm B．3mm C．5mm

答案：B

依据：《烟气脱硫机械设备工程安装及验收规范》GB 50895—2013，条款号 11.3.4

13. **试题：**脱硫吸附塔钢结构安装时，检查同一层柱顶面标高，最大标高允许偏差为（　　）。

A．±1mm B．±1.5mm C．±3mm

答案：B

依据：《烟气脱硫机械设备工程安装及验收规范》GB 50895—2013，条款号 11.3.4

14. **试题：**脱硫吸塔钢结构安装时，检查解吸塔支座处平面度最大允许偏差为（　　）。

A．1.5mm B．1mm C．0.5mm

答案：C

依据：《烟气脱硫机械设备工程安装及验收规范》GB 50895—2013，条款号 12.3.2

15. **试题：**脱硫转动设备试运时，一般情况下，其滚动轴承温升不得超过（　　），且最高温度不得超过80℃。

A．40℃ B．50℃ C．60℃

答案：A

依据：《烟气脱硫机械设备工程安装及验收规范》GB 50895—2013，条款号 15.1.7

16. **试题：**脱硫转动设备试运时，一般情况下，其滑动轴承温升不得超过35℃，且最高温度不得超过（　　）。

A．90℃ B．80℃ C．70℃

答案：C

依据：《烟气脱硫机械设备工程安装及验收规范》GB 50895—2013，条款号 15.1.7

17. **试题：**阀门试运转时，阀门全行程开启、关闭操作最少应不少于（　　）。

A．10次 B．5次 C．3次

答案：B

依据：《烟气脱硫机械设备工程安装及验收规范》GB 50895—2013，条款号 15.5.1

18. **试题**：脱硫装置反吹、喷吹装置空载运行不应少于（   ），喷吹正常，无异响。

    A．1h   B．1.5h   C．2h

    答案：C

    依据：《烟气脱硫机械设备工程安装及验收规范》GB 50895—2013，条款号 15.6.1

19. **试题**：烟气脱硫卸灰装置空载运行不应少于（   ）次，无碰剐现象。

    A．3   B．4   C．5

    答案：C

    依据：《烟气脱硫机械设备工程安装及验收规范》GB 50895—2013，条款号 15.6.3

20. **试题**：吸收塔及储罐开孔位置偏差不大于（   ），需现场做管内防腐的接管外伸长度要综合考虑内部表面处理和防腐施工的要求。

    A．10mm   B．8mm   C．6mm

    答案：C

    依据：《电力建设施工技术规范 第 2 部分：锅炉机组》DL 5190.2—2012，条款号 8.2.2

21. **试题**：吸收塔内部喷淋母管标高偏差应不超过（   ）；喷淋管接口处过渡平滑，无明显折弯；连接牢固。

    A．＋3mm   B．＋4mm   C．＋5mm

    答案：A

    依据：《电力建设施工技术规范 第 2 部分：锅炉机组》DL 5190.2—2012，条款号 8.2.3

22. **试题**：脱硫工程管式热交换器管束中心线偏差应不大于（   ），梁及管束的吊装应做好防腐涂装层的保护。

    A．5mm   B．6mm   C．7mm

    答案：A

    依据：《电力建设施工技术规范 第 2 部分：锅炉机组》DL 5190.2—2012，条款号 8.2.4

23. **试题**：带式真空脱水机空气箱，横向两箱高差不大于 2mm，横向水平度不大于 0.5mm，纵向平面度偏差不大于（   ）。

    A．5mm   B．6mm   C．7mm

    答案：A

    依据：《电力建设施工技术规范 第 2 部分：锅炉机组》DL 5190.2—2012，条款号 8.2.5

24. **试题**：脱硫工程冲洗水管与浆液管道连接阀门应靠近浆液管道，浆液管道冲洗水接口应布置于浆液管道上方，冲洗水流向与介质流向夹角不大于（　　　）。

A．105°   B．95°   C．90°

答案： C

依据：《电力建设施工技术规范　第 2 部分：锅炉机组》DL 5190.2—2012，条款号
　　　　8.2.6

25. **试题：** 吸收塔烟气进出口的法兰距塔体中心线的距离偏差不应超过（　　　）。

A．10mm   B．15mm   C．20mm

答案： A

依据：《电力建设施工技术规范　第 2 部分：锅炉机组》DL 5190.2—2012，条款号
　　　　7.8.6

26. **试题：** 吸收塔塔壁总直线度偏差不大于（　　　），任意 3000mm 高度范围内不得大于
3mm。

A．40mm   B．30mm   C．20mm

答案： C

依据：《电力建设施工技术规范　第 2 部分：锅炉机组》DL 5190.2—2012，条款号
　　　　9.2.2

27. **试题：** 吸收塔充水试验应采用淡水，试验时环境温度应在 5℃ 以上，水温应不低于
（　　　）。

A．0℃   B．1℃   C．5℃

答案： C

依据：《电力建设施工技术规范　第 2 部分：锅炉机组》DL 5190.2—2012，条款号
　　　　9.3.3

28. **试题：** 脱硫系统箱罐筒体局部凹凸变形在 1.5m 长度范围内允许偏差值（　　　）。

A．±3mm   B．±5mm   C．±10mm

答案： A

依据：《电力建设施工质量验收及评价规程　第 2 部分：锅炉机组》DL/T 5210.2—
　　　　2009，条款号　表 4.10.2

29. **试题：** 脱硫箱罐筒体塔壁半径允许偏差为（　　　）。

A．±6mm   B．±5mm   C．±10mm

答案： B

依据：《电力建设施工质量验收及评价规程　第 2 部分：锅炉机组》DL/T 5210.2—
　　　　2009，条款号　表 4.10.2

30. **试题：** 脱硫箱罐筒体安装时，若壁板厚度 $\delta \geqslant 16mm$，环向对接间隙允许值（　　　）。

A．1mm～2mm　　　　　　B．2mm～3mm　　　　　　C．3mm～4mm

答案：B

依据：《电力建设施工质量验收及评价规程　第 2 部分：锅炉机组》DL/T 5210.2—
　　　2009，条款号　表 4.10.2

31．试题：脱硫箱罐筒体安装时，若壁板厚度 $\delta<16$mm，环向对接间隙允许值（　　　）。

A．1mm～2mm　　　　　　B．2mm～3mm　　　　　　C．3mm～4mm

答案：A

依据：《电力建设施工质量验收及评价规程　第 2 部分：锅炉机组》DL/T 5210.2—
　　　2009，条款号　表 4.10.2

32．试题：脱硫塔喷淋管道粘接固化时，玻璃丝布搭接长度（　　　）。

A．≥10mm　　　　　　B．≥20mm　　　　　　C．≥30mm

答案：C

依据：《电力建设施工质量验收及评价规程　第 2 部分：锅炉机组》DL/T 5210.2—
　　　2009，条款号　表 4.10.4

33．试题：废水旋流站给料泵安装中心线偏差应控制在（　　　）。

A．≤15mm　　　　　　B．≤10mm　　　　　　C．≤20mm

答案：B

依据：《电力建设施工质量验收及评价规程　第 2 部分：锅炉机组》DL/T 5210.2—
　　　2009，条款号　表 4.10.9

34．试题：脱硫吸收塔底板预制拼装，对坡口尺寸检查要求正确的是：（　　　）。

A．全部检查

B．每个坡口检查 1 处

C．≤每 1m 的范围抽查 1 处

答案：B

依据：《火电电厂烟气脱硫工程施工质量验收及评定规程》DL/T 5417—2009，条款
　　　号　6.3.1

35．试题：脱硫吸收塔底板预制拼装下料时，划线宽度偏差应控制在（　　　）。

A．±1mm　　　　　　B．±2mm　　　　　　C．±3mm

答案：A

依据：《火电电厂烟气脱硫工程施工质量验收及评定规程》DL/T 5417—2009，条款
　　　号　6.3.1

36．试题：脱硫吸收塔底板预制拼装下料时，划线对角线最大偏差应控制在（　　　）。

A．±2.5mm　　　　　　B．±2mm　　　　　　C．±3mm

答案：B

依据：《火电电厂烟气脱硫工程施工质量验收及评定规程》DL/T 5417—2009，条款号 6.3.1

37. 试题：脱硫吸收塔壳体板预制拼装下料时，长度最大偏差应控制在（   ）。

A．±2.5mm   B．±2mm   C．±3mm

答案：B

依据：《火电电厂烟气脱硫工程施工质量验收及评定规程》DL/T 5417—2009，条款号 6.3.1

38. 试题：脱硫吸收塔壳体板预制拼装下料时，对角线最大偏差应控制在（   ）。

A．±5mm   B．±4mm   C．±3mm

答案：C

依据：《火电电厂烟气脱硫工程施工质量验收及评定规程》DL/T 5417—2009，条款号 6.3.1

39. 试题：脱硫吸收塔顶板预制拼装下料时，划线对角线最大偏差应控制在（   ）。

A．±2.5mm   B．±2mm   C．±3mm

答案：B

依据：《火电电厂烟气脱硫工程施工质量验收及评定规程》DL/T 5417—2009，条款号 6.3.1

40. 试题：脱硫吸收塔顶板预制拼装下料时，划线宽度偏差应控制在（   ）。

A．±2.5mm   B．±2mm   C．±3mm

答案：B

依据：《火电电厂烟气脱硫工程施工质量验收及评定规程》DL/T 5417—2009，条款号 6.3.1

41. 试题：脱硫吸收塔顶板预制拼装下料时，坡口角度偏差应控制在（   ）。

A．≤7°   B．≤6°   C．≤5°

答案：C

依据：《火电电厂烟气脱硫工程施工质量验收及评定规程》DL/T 5417—2009，条款号 6.3.1

42. 试题：脱硫吸收塔基础划线及垫铁安装几何尺寸检查时，斜垫铁最薄边厚度应为（   ）。

A．≥2mm   B．≥4mm   C．≥6mm

答案：B

依据：《火电电厂烟气脱硫工程施工质量验收及评定规程》DL/T 5417—2009，条款

号　6.3.1

43. **试题：** 脱硫吸收塔底部环形支撑梁与基础中心距离偏差应为（　　　）。

　　A．±2.5mm　　　　　　　　B．±2mm　　　　　　　　　C．±3mm

　　答案： B

　　依据：《火电电厂烟气脱硫工程施工质量验收及评定规程》DL/T 5417—2009，条款
　　　　号　6.3.1

44. **试题：** 脱硫吸收塔格栅支撑梁与底部环形支撑梁标高偏差应为（　　　）。

　　A．±1mm　　　　　　　　　B．±2mm　　　　　　　　　C．±3mm

　　答案： A

　　依据：《火电电厂烟气脱硫工程施工质量验收及评定规程》DL/T 5417—2009，条款
　　　　号　6.3.1

45. **试题：** 脱硫吸收塔格栅支撑梁与基础中心距离偏差应为（　　　）。

　　A．±2.5mm　　　　　　　　B．±2mm　　　　　　　　　C．±3mm

　　答案： B

　　依据：《火电电厂烟气脱硫工程施工质量验收及评定规程》DL/T 5417—2009，条款
　　　　号　6.3.1

46. **试题：** 脱硫吸收塔底板安装时，直径允许偏差应控制（　　　）。

　　A．≤10mm　　　　　　　　B．≤8mm　　　　　　　　　C．≤6mm

　　答案： C

　　依据：《火电电厂烟气脱硫工程施工质量验收及评定规程》DL/T 5417—2009，条款
　　　　号　6.3.1

47. **试题：** 脱硫吸收塔底板安装时，对口错边量偏差应控制（　　　）。

　　A．≤1mm　　　　　　　　　B．≤2mm　　　　　　　　　C．≤4mm

　　答案： A

　　依据：《火电电厂烟气脱硫工程施工质量验收及评定规程》DL/T 5417—2009，条款
　　　　号　6.3.1

48. **试题：** 脱硫吸收塔壁板安装时，塔体椭圆度偏差应控制（　　　）。

　　A．≤15mm　　　　　　　　B．≤20mm　　　　　　　　　C．≤25mm

　　答案： A

　　依据：《火电电厂烟气脱硫工程施工质量验收及评定规程》DL/T 5417—2009，条款
　　　　号　6.3.1

49. **试题：** 脱硫吸收塔内部各层支撑梁垂直向间距离偏差应控制（　　　）。

A．±5mm   B．±3mm   C．±2mm

答案： C

依据：《火电电厂烟气脱硫工程施工质量验收及评定规程》DL/T 5417—2009，条款
号　6.3.1

50. **试题：** 脱硫吸收塔内部各层支撑梁水平向间距离偏差应控制（　　）。

A．±5mm   B．±6mm   C．±7mm

答案： A

依据：《火电电厂烟气脱硫工程施工质量验收及评定规程》DL/T 5417—2009，条款
号　6.3.1

51. **试题：** 脱硫吸收塔内部支撑梁平直度偏差（　　）。

A．≤6mm   B．≤4mm   C．≤3mm

答案： C

依据：《火电电厂烟气脱硫工程施工质量验收及评定规程》DL/T 5417—2009，条款
号　6.3.1

52. **试题：** 脱硫吸收塔进、出口烟道安装位置中心偏差应控制在（　　）。

A．±12mm   B．±10mm   C．±15mm

答案： B

依据：《火电电厂烟气脱硫工程施工质量验收及评定规程》DL/T 5417—2009，条款
号　6.3.1

53. **试题：** 脱硫吸收塔进、出口烟道安装，烟道中心水平偏差应（　　）。

A．≤10mm   B．≤15mm   C．≤20mm

答案： A

依据：《火电电厂烟气脱硫工程施工质量验收及评定规程》DL/T 5417—2009，条款
号　6.3.1

54. **试题：** 脱硫吸收塔进、出口烟道安装，烟道法兰对角线偏差应（　　）。

A．≤10mm   B．≤6mm   C．≤2mm

答案： C

依据：《火电电厂烟气脱硫工程施工质量验收及评定规程》DL/T 5417—2009，条款
号　6.3.1

55. **试题：** 脱硫吸收塔开孔及接管安装时，管口与基准线距离偏差最大应控制在（　　）。

A．±7mm   B．±6mm   C．±8mm

答案： B

依据：《火电电厂烟气脱硫工程施工质量验收及评定规程》DL/T 5417—2009，条款

号　6.3.1

56. **试题：**脱硫吸收塔开孔及接管安装时，法兰与接管垂直度偏差应（　　）。

    A．≤10mm　　　　　　　B．≤6mm　　　　　　　C．≤3mm

    答案：C

    依据：《火电电厂烟气脱硫工程施工质量验收及评定规程》DL/T 5417—2009，条款号　6.3.1

57. **试题：**脱硫吸收塔开孔及接管安装时，接管外伸长度偏差应（　　）。

    A．≤10mm　　　　　　　B．≤6mm　　　　　　　C．≤5mm

    答案：C

    依据：《火电电厂烟气脱硫工程施工质量验收及评定规程》DL/T 5417—2009，条款号　6.3.1

58. **试题：**脱硫吸收塔开孔及接管安装时，出、入口管道距离偏差应控制在（　　）。

    A．±15mm　　　　　　　B．±12mm　　　　　　　C．±10mm

    答案：C

    依据：《火电电厂烟气脱硫工程施工质量验收及评定规程》DL/T 5417—2009，条款号　6.3.1

59. **试题：**脱硫吸收塔平台梯子组合安装时，平台与立柱中心线偏差应控制在（　　）。

    A．±12mm　　　　　　　B．±10mm　　　　　　　C．±15mm

    答案：B

    依据：《火电电厂烟气脱硫工程施工质量验收及评定规程》DL/T 5417—2009，条款号　6.3.1

60. **试题：**脱硫吸收塔平台梯子组合安装安装时，平台立柱垂直度偏差应（　　）。

    A．≤18mm　　　　　　　B．≤15mm　　　　　　　C．≤20mm

    答案：B

    依据：《火电电厂烟气脱硫工程施工质量验收及评定规程》DL/T 5417—2009，条款号　6.3.1

61. **试题：**脱硫吸收塔平台梯子组合安装时，栏杆围板横杆平直度偏差应（　　）。

    A．≤10mm　　　　　　　B．≤15mm　　　　　　　C．≤20mm

    答案：A

    依据：《火电电厂烟气脱硫工程施工质量验收及评定规程》DL/T 5417—2009，条款号　6.3.1

62. **试题：**脱硫吸收塔平台梯子组合安装时，格栅板底面搁置点不平度应（　　）。

A. ≤10mm   B. ≤6mm   C. ≤2mm

答案： C

依据：《火电电厂烟气脱硫工程施工质量验收及评定规程》DL/T 5417—2009，条款号 6.3.1

63. **试题：** 石膏脱水系统，真空皮带脱水机输送带边缘与托辊侧辊子端缘距离应（   ）。

A. ≤50mm   B. ≤40mm   C. ≤30mm

答案： C

依据：《火电电厂烟气脱硫工程施工质量验收及评定规程》DL/T 5417—2009，条款号 6.3.4

64. **试题：** 石膏脱水系统，真空泵整体安装纵向水平偏差应（   ）。

A. ≤0.10/1000mm   B. ≤0.15/1000mm   C. ≤0.20/1000mm

答案： A

依据：《火电电厂烟气脱硫工程施工质量验收及评定规程》DL/T 5417—2009，条款号 6.3.4

65. **试题：** 石膏脱水系统，真空泵整体安装横向水平最大偏差应（   ）。

A. ≤0.10/1000mm   B. ≤0.15/1000mm   C. ≤0.20/1000mm

答案： C

依据：《火电电厂烟气脱硫工程施工质量验收及评定规程》DL/T 5417—2009，条款号 6.3.4

66. **试题：** 石膏脱水系统，气水分离器安装水平最大偏差应（   ）。

A. ≤0.50/1000mm   B. ≤0.60/1000mm   C. ≤1/1000mm

答案： C

依据：《火电电厂烟气脱硫工程施工质量验收及评定规程》DL/T 5417—2009，条款号 6.3.4

67. **试题：** 厚度大于或等于（   ）的脱硫塔底板边缘板，每条对接焊缝的外端 300mm 范围内，应进行超声检测；厚度小于 10mm 的边缘板，每个焊工施焊的焊接接头，应至少抽查一条焊缝。

A. 10mm   B. 9mm   C. 8mm

答案： A

依据：《火电厂烟气脱硫吸收塔施工及验收规程》DL/T 5418—2009，条款号 8.7.2

68. **试题：** 脱硫塔体内部所有拆除工卡具的位置，待修补、打磨平滑后，应全部进行（   ）检测。

A. 磁粉   B. 射线   C. 超声

答案：A

依据：《火电厂烟气脱硫吸收塔施工及验收规程》DL/T 5418—2009，条款号 8.7.7

69. 试题：脱硫吸收塔壁总高度的允许偏差不大于设计高度的（   ）。

A. 0.1%　　　　　　　B. 0.5%　　　　　　　C. 1%

答案：A

依据：《火电厂烟气脱硫吸收塔施工及验收规程》DL/T 5418—2009，条款号 9.2.1

70. 试题：脱硫塔体安装垂直度允许偏差为塔体设计高度的 0.1%，且最大不大于（   ）。

A. 10mm　　　　　　　B. 20mm　　　　　　　C. 30mm

答案：C

依据：《火电厂烟气脱硫吸收塔施工及验收规程》DL/T 5418—2009，条款号 9.2.3

71. 试题：脱硫吸收塔浆液管出厂前应对主管、支管及主要接头和法兰进行水压试验，试验压力按双方的约定，但不得小于设计压力的（   ）。

A. 1.5 倍　　　　　　　B. 1.25 倍　　　　　　　C. 1.1 倍

答案：B

依据：《火电厂烟气脱硫吸收塔施工及验收规程》DL/T 5418—2009，条款号 12.2.12

72. 试题：脱硫吸收塔玻璃鳞片树脂防腐，衬里施工一次配料在料浆初凝前（   ）使用完毕。

A. 10min　　　　　　　B. 30min　　　　　　　C. 40min

答案：A

依据：《火电厂烟气脱硫吸收塔施工及验收规程》DL/T 5418—2009，条款号 10.3.2

73. 试题：脱硫吸收塔玻璃鳞片树脂防腐，衬里施工一次配料在料浆初凝前 10min 使用完毕，料浆初凝时间控制在（   ）。

A. 10min～20min　　　　B. 20min～30min　　　　C. 40min～50min

答案：C

依据：《火电厂烟气脱硫吸收塔施工及验收规程》DL/T 5418—2009，条款号 10.3.2

四、多选题（下列试题中，至少有 2 项是标准原文规定的正确答案，请将正确答案填在括号内）

1. 试题：脱硫吸收塔体壁板的焊接宜按下列顺序进行：（   ）。

A. 先焊纵向短焊缝，后焊环向长焊缝

B. 相邻两带壁板纵向焊缝焊接后, 再焊其间的环向焊缝

C. 当纵向焊缝采用焊条电弧焊、气体保护焊时, 应自下向上焊接

D. 当环向焊缝采用埋弧自动焊时, 电焊机应均匀分布, 并沿同一方向施焊

答案: ABCD

依据:《烟气脱硫机械设备工程安装及验收规范》GB 50895—2013, 条款号 6.6.10

2. **试题:** 脱硫吸收塔体顶板焊接, 宜按下列顺序进行: ( )。

A. 先焊外侧焊缝, 后焊内侧焊缝

B. 先焊内侧焊缝, 后焊外侧焊缝

C. 径向长焊缝宜采用间隔对称施焊方法, 并由中心向外分段退接

D. 顶板与包边角钢焊接时, 焊接工位宜对称均布, 并沿同一方向分段焊接

答案: BCD

依据:《烟气脱硫机械设备工程安装及验收规范》GB 50895—2013, 条款号 6.6.11

3. **试题:** 脱硫工程金属结构安装应符合下列规定: ( )。

A. 石灰石 (粉) 料仓的垂直度偏差不大于高度的 1/1000, 且不大于 15mm, 圆锥形料仓圆度偏差不大于 20mm

B. 方锥形料仓对角线偏差不大于 30mm

C. 石灰粉仓气动滑坡应符合设计要求

D. 石灰石 (粉) 料仓内防磨装置安装应符合设计要求, 其连接螺栓或焊缝应能有效防护

答案: ACD

依据:《电力建设施工技术规范 第 2 部分: 锅炉机组》DL 5190.2—2012, 条款号 8.2.1

4. **试题:** 脱硫装置离心式风机安装转子、机壳装配应符合下列要求: ( )。

A. 结构的焊接应无裂纹、砂眼、咬边等缺陷

B. 叶轮与轴装配紧固, 并符合设备技术文件的规定

C. 叶轮的轴向、径向跳动值符合设备技术文件的规定

D. 机壳内如有衬瓦 (耐磨铁甲) 时, 应装置牢固, 表面平整

答案: ABCD

依据:《电力建设施工技术规范 第 2 部分: 锅炉机组》DL 5190.2—2012, 条款号 10.5.1

5. **试题:** 脱硫装置轴流风机动叶调节装置的安装应符合下列要求: ( )。

A. 转换体在导柱上滑动灵活

B. 连接杆、转换体、支承杆与转子同心度偏差应不大于 0.05mm

C. 转子转动时调节装置应轻便灵活, 转换体轴向应有足够的调整余量

D. 各转动、滑动部件应按设备技术文件要求添加润滑脂

答案: ABCD

依据：《电力建设施工技术规范　第 2 部分：锅炉机组》DL 5190.2—2012，条款号 10.5.2

6. **试题：** 脱硫装置罗茨风机分部试运应符合下列要求：（　　）。

A．电动机应进行 2h 空运转试验，且方向正确

B．检查确认与风机配合的管道阀门的开闭状态和开启顺序应正确

C．试运时不允许通过关小出口阀门开度来调节系统流量

D．检查确认冷却水的进出口方向应正确，流量满足运行要求

答案： ABCD

依据：《电力建设施工技术规范　第 2 部分：锅炉机组》DL 5190.2—2012，条款号 10.5.3

7. **试题：** 烟气脱硫装置验收时，金属表面打磨签证检查项目有：（　　）。

A．表面不平整度　　　　　　　　　　　　B．倒角半径

C．焊缝高度　　　　　　　　　　　　　　D．除锈净度

答案： ABCD

依据：《电力建设施工质量验收及评价规程　第 2 部分：锅炉机组》DL/T 5210.2—2009，条款号　4.10.6

8. **试题：** 烟气脱硫装置验收时，箱罐清理封闭签证检查内容至少应包括：（　　）。

A．管道（箱罐）内脚手架已拆除

B．管道（箱罐）内部杂物、边角余料、临时措施已处理

C．内部无施工人员

D．底部除灰孔（排水管道）处杂物已清理

答案： ABCD

依据：《电力建设施工质量验收及评价规程　第 2 部分：锅炉机组》DL/T 5210.2—2009，条款号　4.10.7

9. **试题：** 烟气脱硫装置验收时，箱罐充水试验签证需要检查的项目有（　　）。

A．水位、保持时间检查　　　　　　　　　B．严密性检查

C．筒体垂直度检查　　　　　　　　　　　D．沉降观测记录

答案： ABCD

依据：《电力建设施工质量验收及评价规程　第 2 部分：锅炉机组》DL/T 5210.2—2009，条款号　4.10.8

10. **试题：** 真空皮带脱水机旋流器安装检验项目有（　　）。

A．中心线偏差　　　　　　　　　　　　　B．标高偏差

C．纵横向水平度偏差　　　　　　　　　　D．栏杆检查

答案： ABC

依据：《电力建设施工质量验收及评价规程 第2部分：锅炉机组》DL/T 5210.2—2009，条款号 4.10.11

11. **试题：**脱硫安装工程强制性条文要求衬里管道（衬胶管、衬塑管、滚塑管等）在组装前应对所有管段及管件进行检查，以下符合要求是：（　　）。

A. 用目测法或 0.25kg 以下小木锤轻轻敲击以判断外观质量和金属粘接情况

B. 用漏电监测仪全面检查其严密性，不得有漏电现象，漏电试验使用电压应不大于 15kV

C. 法兰接合面应平整，搭接处应严密，不得有径向沟槽。大口径管法兰翻边不平整时应磨平

D. 漏电试验时，探头不应在胶层上长时间停留，探头行走速度 3m/min～6m/min。不用时立即断开，防止击穿胶层

答案：ABCD

依据：《电力建设施工质量验收及评价规程 第2部分：锅炉机组》DL/T 5210.2—2009，条款号 4.10.12

12. **试题：**吸收塔壳体板预制安装，对弧度偏差检查要求正确的是：（　　）。

A. 纵向两个端头全部检查 　　　　B. 每个坡口检查 1 处

C. 每 1m 的范围抽查 1 处 　　　　D. 中间部分抽查 3 点

答案：AD

依据：《火电电厂烟气脱硫工程施工质量验收及评定规程》DL/T 5417—2009，条款号 6.3.1

13. **试题：**脱硫吸收塔设备内部防腐喷砂前，应对设备内表面检查的项目是：（　　）。

A. 内表面凸起部分经过修整，且去掉飞溅物

B. 内表面如污点瑕疵和腐蚀的凹坑以及临时焊接产生的毛刺已修理

C. 内表面无油、油脂

D. 内表面有极少油漆残渣

答案：ABC

依据：《火电电厂烟气脱硫工程施工质量验收及评定规程》DL/T 5417—2009，条款号 6.3.7

14. **试题：**脱硫吸收塔设备防腐喷砂前，应对设备焊缝检查的项目是：（　　）。

A. 所有焊缝表面均经过打磨修整光滑

B. 焊接部分无缺陷

C. 焊缝高度偏差不大于 0.5mm

D. 焊缝局部有少许咬边

答案：ABC

依据：《火电电厂烟气脱硫工程施工质量验收及评定规程》DL/T 5417—2009，条款

号　6.3.7

15. **试题：** 脱硫吸收塔碳素钢板以机械加工或自动、半自动火焰切割加工为宜，合金钢板应以（　　）为宣，切割后的表面应打磨平整。

A. 机械加工   B. 自动火焰切割加工

C. 半自动火焰切割加工   D. 等离子切割

答案： AD

依据： 《火电厂烟气脱硫吸收塔施工及验收规程》DL/T 5418—2009，条款号　6.1.4

16. **试题：** 脱硫吸收塔除雾器承重梁的安装应满足以下要求：（　　）。

A. 除雾器承重梁的标高允许偏差为 5mm

B. 同层相邻两承重梁之间的水平距离允许偏差为 5mm

C. 承重梁上表面应平整，焊缝应磨平，平面度允许误差为 3mm

D. 除雾器承重梁的标高允许偏差为 3mm

答案： BCD

依据： 《火电厂烟气脱硫吸收塔施工及验收规程》DL/T 5418—2009，条款号　7.9.2

17. **试题：** 脱硫吸收塔衬里区域的所有焊缝除设计文件上另有规定外，应满足下列要求：（　　）。

A. 焊缝应是连续的，不得有间断，焊缝与母材之间应圆滑过渡

B. 采用玻璃鳞片树脂衬里时，焊缝余高应不大于 1.0mm

C. 采用橡胶衬里时，焊缝余高应不大于 1.5mm

D. 角焊缝应打磨为凹形角焊缝

答案： ABCD

依据： 《火电厂烟气脱硫吸收塔施工及验收规程》DL/T 5418—2009，条款号　8.4.8

18. **试题：** 脱硫吸收塔浆液管安装前应进行外观检查，满足以下要求：（　　）。

A. 接口应平整，无损伤或裂纹

B. 接管内外壁应完好无破损

C. 管道内无异物卡堵

D. 法兰面应光滑平整，不得有气泡或未黏结好的夹层，整个法兰面不得有挠曲

答案： ABCD

依据： 《火电厂烟气脱硫吸收塔施工及验收规程》DL/T 5418—2009，条款号　12.2.1.4

第八节　脱硝设备安装

一、填空题（下列试题中，请将标准原条文规定的正确答案填在横线处）

1. **试题：** 烟气脱硝金属结构导流板安装应符合设计要求，平面导流板平面弯曲度偏差不

大于 5mm，与壁板间距偏差不大于＿＿＿；弧形导流板半径偏差不大于 3mm，中心定位偏差不大于 5mm。

答案：5mm

依据：《电力建设施工技术规范　第 2 部分：锅炉机组》DL 5190.2—2012，条款号 8.3.1

2. **试题：**烟气脱硝反应器固定式支承装置和滑动式支承装置，安装时应核对位置，保证反应器自由＿＿＿＿。

答案：膨胀

依据：《电力建设施工技术规范　第 2 部分：锅炉机组》DL 5190.2—2012，条款号 8.3.1

3. **试题：**烟气脱硝气氨缓冲罐应按设计要求进行＿＿＿＿试验和设计压力下的严密性试验，严密性试验可随气氨系统管道一起进行。

答案：水压

依据：《电力建设施工技术规范　第 2 部分：锅炉机组》DL 5190.2—2012，条款号 8.3.3

4. **试题：**氨系统管道应采用氨专用阀门和配件，不得采用有＿＿＿＿、镀锌、镀锡的零配件。

答案：铜质

依据：《电力建设施工技术规范　第 2 部分：锅炉机组》DL 5190.2—2012，条款号 8.3.3

5. **试题：**烟气脱硝氨系统管道安装完毕、水压试验合格后应采用干燥、洁净的压缩空气进行吹扫，氨系统管道吹扫压缩空气流向应与介质流向＿＿＿＿，吹扫直至出口无黑点为止。

答案：一致

依据：《电力建设施工技术规范　第 2 部分：锅炉机组》DL 5190.2—2012，条款号 8.3.3

6. **试题：**烟气脱硝氨系统管道严密性试验压力应逐级缓升，当压力升至规定试验压力的 10%，且不超过 0.05MPa 时，保压＿＿＿＿，然后对所有焊接接头和连接部位进行初次泄漏检查，如有泄漏，则应将系统连通大气后进行修补并重新试验。

答案：5min

依据：《电力建设施工技术规范　第 2 部分：锅炉机组》DL 5190.2—2012，条款号 8.3.3

7. **试题：**烟气脱硝氨系统首次卸氨前要对液氨管路和存储罐进行氮置换，在以后的卸氨操作中，仍应对液氨管路的____部分进行氮置换，应使系统中的氧量符合厂家技术文件要求。

答案： 开式

依据：《电力建设施工技术规范　第 2 部分：锅炉机组》DL 5190.2—2012，条款号 8.3.3

8. **试题：** 脱硝装置催化剂层桁架安装，支撑梁之间相对标高偏差____。

答案： ±2mm

依据：《电力建设施工质量验收及评价规程　第 2 部分：锅炉机组》DL/T 5210.2—2009，条款号　表 4.11.2

9. **试题：** 脱硝装置催化剂层桁架安装时，核对产品技术资料，检查设备____无错用。

答案： 材质

依据：《电力建设施工质量验收及评价规程　第 2 部分：锅炉机组》DL/T 5210.2—2009，条款号　表 4.11.2

10. **试题：** 脱硝装置催化剂检修小车轨道安装水平度偏差≤____。

答案： 5mm

依据：《电力建设施工质量验收及评价规程　第 2 部分：锅炉机组》DL/T 5210.2—2009，条款号　表 4.11.2

11. **试题：** 脱硝装置催化剂检修小车轨道间距偏差为____。

答案： ±3mm

依据：《电力建设施工质量验收及评价规程　第 2 部分：锅炉机组》DL/T 5210.2—2009，条款号　表 4.11.2

12. **试题：** 脱硝装置催化剂外观应无裂纹、碎裂、损伤、受潮等，催化剂单体之间隔层材料完好未松动，介质通道内无杂物，催化剂及催化剂____编号完好、清晰。

答案： 模块

依据：《电力建设施工质量验收及评价规程　第 2 部分：锅炉机组》DL/T 5210.2—2009，条款号　4.11.3

13. **试题：** 脱硝装置催化剂及密封件设备安装前检查炉膛至____内部无水渍、浮锈、积灰等杂物。

答案： 反应器

依据：《电力建设施工质量验收及评价规程　第 2 部分：锅炉机组》DL/T 5210.2—2009，条款号　表 4.11.3

14. **试题：** 脱硝装置催化剂及密封件设备安装前，检查密封板局部平整度偏差应

≤____。

答案：5mm

依据：《电力建设施工质量验收及评价规程 第2部分：锅炉机组》DL/T 5210.2—2009，条款号 4.11.3

15. **试题**：脱硝装置还原剂贮存罐液位计盖板接合面检查应平整、严密光滑、____均匀。

答案：接触

依据：《电力建设施工质量验收及评价规程 第2部分：锅炉机组》DL/T 5210.2—2009，条款号 表4.11.6

16. **试题**：脱硝装置还原剂贮存罐液位计阀门检查，阀芯与____密封面严密，填料装填正确，阀门开关灵活。

答案：阀座

依据：《电力建设施工质量验收及评价规程 第2部分：锅炉机组》DL/T 5210.2—2009，条款号 表4.11.6

17. **试题**：脱硝烟道内部支撑的迎烟气面应采取减____措施，与挡板门叶片开启后保持一定距离。

答案：磨损

依据：《火电厂烟气脱硝工程施工验收技术规程》DL/T 5257—2010，条款号 6.1.11

18. **试题**：脱硝烟道安装应留有____孔，方便检查的同时可以清除烟道积灰，避免烟道承重过载。

答案：除灰

依据：《火电厂烟气脱硝工程施工验收技术规程》DL/T 5257—2010，条款号 6.1.11

19. **试题**：烟气脱硝储氨罐考虑卸氨后的低温现象，应做好滑动端衬垫，满足罐体沿____方向的滑移。压力容器本体在现场不允许再加工。

答案：轴线

依据：《火电厂烟气脱硝工程施工验收技术规程》DL/T 5257—2010，条款号 6.3.6

20. **试题**：烟气脱硝气氨缓冲罐避免阳光照射，需____。

答案：保温

依据：《火电厂烟气脱硝工程施工验收技术规程》DL/T 5257—2010，条款号 6.3.9

21. **试题**：烟气脱硝储氨区域风向标安装地点代表现场储氨地点的____流向，应易于观察。

答案：空气

依据:《火电厂烟气脱硝工程施工验收技术规程》DL/T 5257—2010，条款号
6.3.17

22. **试题:** 烟气脱硝喷氨格栅（静态混合器）尽可能地避免烟气的____现象出现，使氨气均匀加入烟气中。

答案: 层流

依据:《火电厂烟气脱硝工程施工验收技术规程》DL/T 5257—2010，条款号　6.3.32

二、判断题（判断下列试题是否正确。正确的在括号内打"√"，错误的在括号内打"×"）

1. **试题:** 液氨储罐应按设计要求进行水压试验和设计压力下的严密性试验，严密性试验可以随液氨系统管道一起进行。（　　）

答案: √

依据:《电力建设施工技术规范　第2部分：锅炉机组》DL 5190.2—2012，条款号
8.3.3

2. **试题:** 烟气脱硝氨系统管道的焊缝漏点修补次数不得超过三次，否则应割去换管重焊，管道连接法兰或焊缝不得设于墙内或不便检修之处。（　　）

答案: ×

依据:《电力建设施工技术规范　第2部分：锅炉机组》DL 5190.2—2012，条款号
8.3.3

3. **试题:** 烟气脱硝氨系统管道严密性试验结束后，应及时恢复系统与设备连接，连同压缩机一起进行充氮置换。（　　）

答案: √

依据:《电力建设施工技术规范　第2部分：锅炉机组》DL 5190.2—2012，条款号
8.3.3

4. **试题:** 在卸氨时，应监视液氨储罐液位符合厂家技术文件要求，上部保留足够的蒸发空间。（　　）

答案: √

依据:《电力建设施工技术规范　第2部分：锅炉机组》DL 5190.2—2012，条款号
8.3.3

5. **试题:** 脱硝装置催化剂层桁架安装，支撑梁之间相对标高偏差应控制在±2mm。（　　）

答案: √

依据:《电力建设施工质量验收及评价规程　第2部分：锅炉机组》DL/T 5210.2—2009，条款号　表4.11.2

6. **试题：** 脱硝装置催化剂层桁架安装，支撑梁水平度偏差应≤10mm。（　　）

　　答案： ×

　　依据：《电力建设施工质量验收及评价规程　第 2 部分：锅炉机组》DL/T 5210.2—2009，条款号　表 4.11.2

7. **试题：** 脱硝装置催化剂层桁架安装前，检查支撑梁长度偏差应控制在 10mm～20mm。（　　）

　　答案： ×

　　依据：《电力建设施工质量验收及评价规程　第 2 部分：锅炉机组》DL/T 5210.2—2009，条款号　表 4.11.2

8. **试题：** 脱硝装置中催化剂模块安装，模块间隙误差≤5mm。（　　）

　　答案： √

　　依据：《电力建设施工质量验收及评价规程　第 2 部分：锅炉机组》DL/T 5210.2—2009，条款号　表 4.11.3

9. **试题：** 脱硝装置中催化剂本体，安装过程中无机械损伤、受潮现象。（　　）

　　答案： √

　　依据：《电力建设施工质量验收及评价规程　第 2 部分：锅炉机组》DL/T 5210.2—2009，条款号　表 4.11.3

10. **试题：** 脱硝装置中模块滤网安装，滤网无锈蚀、损坏，无明显凹凸不平，固定牢固。（　　）

　　答案： √

　　依据：《电力建设施工质量验收及评价规程　第 2 部分：锅炉机组》DL/T 5210.2—2009，条款号　表 4.11.3

11. **试题：** 脱硝装置中密封件密封性检查，符合图纸要求，焊接完全，无错焊、漏焊。（　　）

　　答案： √

　　依据：《电力建设施工质量验收及评价规程　第 2 部分：锅炉机组》DL/T 5210.2—2009，条款号　表 4.11.3

12. **试题：** 脱硝装置中，检查反应器内部清洁度，无锈皮、焊渣、木屑、金属余屑等杂物。（　　）

　　答案： √

　　依据：《电力建设施工质量验收及评价规程　第 2 部分：锅炉机组》DL/T 5210.2—2009，条款号　表 4.11.3

13. **试题**：脱硝装置中，密封件安装时，内部清理要求反应器、烟气通道和催化剂层清洗干净，催化剂无堵塞。（　　　）

　　答案：√

　　依据：《电力建设施工质量验收及评价规程　第 2 部分：锅炉机组》DL/T 5210.2—2009，条款号　表 4.11.3

14. **试题**：脱硝装置设备安装，应在烟气清洁系统的温态运行（烘炉）前进行安装。（　　　）

　　答案：×

　　依据：《电力建设施工质量验收及评价规程　第 2 部分：锅炉机组》DL/T 5210.2—2009，条款号　4.11.3

15. **试题**：脱硝装置安装中，对催化剂模块位置、数量安装进行复查时，抽检率不低于25%。（　　　）

　　答案：√

　　依据：《电力建设施工质量验收及评价规程　第 2 部分：锅炉机组》DL/T 5210.2—2009，条款号　表 4.11.3

16. **试题**：脱硝催化剂模块水平运输时，催化剂模块内催化剂单体方向与车辆前进方向垂直。（　　　）

　　答案：×

　　依据：《电力建设施工质量验收及评价规程　第 2 部分：锅炉机组》DL/T 5210.2—2009，条款号　4.11.3

17. **试题**：烟气脱硝还原剂贮存罐本体外观检查无裂纹、重皮及疤痕，凹陷及麻坑深度不超过 5mm～10mm。（　　　）

　　答案：×

　　依据：《电力建设施工质量验收及评价规程　第 2 部分：锅炉机组》DL/T 5210.2—2009，条款号　表 4.11.6

18. **试题**：烟气脱硝还原剂贮存罐内部装置安装焊缝检查应成型良好，无漏焊和裂纹等，飞溅清理干净，焊缝高度符合设计图纸要求。（　　　）

　　答案：√

　　依据：《电力建设施工质量验收及评价规程　第 2 部分：锅炉机组》DL/T 5210.2—2009，条款号　表 4.11.7

19. **试题**：烟气脱硝还原剂贮存罐人孔门安装要求：螺栓丝扣、法兰垫圈均涂有黑铅粉类润滑剂，法兰垫完好，摆正、无偏斜，螺栓紧固，受力均匀。（　　　）

　　答案：√

依据：《电力建设施工质量验收及评价规程　第 2 部分：锅炉机组》DL/T 5210.2—2009，条款号　表 4.11.7

20. 试题：烟气脱硝还原剂贮存罐安装前，对内部装置的厂家焊缝检查，焊缝成型良好，无漏焊和裂纹等，飞溅清理干净，焊缝高度符合设计图纸要求。（　　）

答案：√

依据：《电力建设施工质量验收及评价规程　第 2 部分：锅炉机组》DL/T 5210.2—2009，条款号　表 4.11.7

21. 试题：烟气脱硝还原剂制备、输送管道管子对口错位偏差≤10%管壁厚度，且≤2mm。（　　）

答案：×

依据：《电力建设施工质量验收及评价规程　第 2 部分：锅炉机组》DL/T 5210.2—2009，条款号　表 4.11.9

22. 试题：烟气脱硝静止混合器管子外观检查，无裂纹、撞伤、龟裂、压扁、砂眼、分层；外表局部损伤深度≤20%管壁设计厚度。（　　）

答案：×

依据：《电力建设施工质量验收及评价规程　第 2 部分：锅炉机组》DL/T 5210.2—2009，条款号　表 4.11.15

23. 试题：烟气脱硝静止混合器管道支吊架布置合理，结构牢固，不影响管系的热膨胀。（　　）

答案：√

依据：《电力建设施工质量验收及评价规程　第 2 部分：锅炉机组》DL/T 5210.2—2009，条款号　表 4.11.15

24. 试题：联氨可不采用密闭容器储存。（　　）

答案：×

依据：《电力建设施工质量验收及评价规程第 2 部分锅炉机组》DL/T 5210.2—2009，条款号：表 4.11.16

25. 试题：脱硝工程禁止在压力容器上随意开检修孔、焊接管座、加带贴补和利用管道作为其他重物起吊的支吊点。（　　）

答案：√

依据：《电力建设施工质量验收及评价规程　第 2 部分：锅炉机组》DL/T 5210.2—2009，条款号　表 4.11.16

26. 试题：脱硝装置储氨罐（卧式）安装，支座纵、横中心线位置允许偏差为±8mm。

（　　　）

答案： ×

依据：《火电厂烟气脱硝工程施工验收技术规程》DL/T 5257—2010，条款号　6.3.5

27. **试题：** 脱硝装置储氨罐（卧式）安装，罐体水平度允许偏 L/1000mm，L 为卧式储氨罐两端头间的距离。（　　　）

答案： ×

依据：《火电厂烟气脱硝工程施工验收技术规程》DL/T 5257—2010，条款号　6.3.5

28. **试题：** 储氨罐气密性试验时，在 1.25 倍大气压力试验气压下，发泡剂涂敷，未见气泡。（　　　）

答案： ×

依据：《火电厂烟气脱硝工程施工验收技术规程》DL/T 5257—2010，条款号　6.3.6

29. **试题：** 脱硝氨蒸发器吸热侧（内部管道）吹扫质量标准为：除去杂物、清洁、通畅。（　　　）

答案： √

依据：《火电厂烟气脱硝工程施工验收技术规程》DL/T 5257—2010，条款号　6.3.7

30. **试题：** 脱硝装置气氨缓冲罐（立式）安装，当 $D \leqslant 2000$mm（D 为设备的外直径）时，支座纵、横中心线位置允许偏差为 10mm。（　　　）

答案： ×

依据：《火电厂烟气脱硝工程施工验收技术规程》DL/T 5257—2010，条款号　6.3.9

31. **试题：** 脱硝装置气氨缓冲罐（立式）安装，当 $D > 2000$mm（D 为设备的外直径）时，支座纵、横中心线位置允许偏差为 10mm。（　　　）

答案： √

依据：《火电厂烟气脱硝工程施工验收技术规程》DL/T 5257—2010，条款号　6.3.9

32. **试题：** 脱硝装置气氨缓冲罐（立式）安装，当 $H \leqslant 30000$mm（H 为立式设备两端部测点间距离）时，垂直度允许偏差为 H/1000mm。（　　　）

答案： √

依据：《火电厂烟气脱硝工程施工验收技术规程》DL/T 5257—2010，条款号　6.3.9

33. **试题：** 脱硝装置气氨缓冲罐（立式）安装，当 $H > 30000$mm（H 为立式设备两端部测点间距离）时，垂直度允许偏差为 H/1000mm 且不大于 80mm。（　　　）

答案： ×

依据：《火电厂烟气脱硝工程施工验收技术规程》DL/T 5257—2010，条款号　6.3.9

34. **试题**：脱硝装置气氨缓冲罐（立式）安装，当 $D \leqslant 2000mm$（D 为设备的外直径）时，设备方位允许偏差为 10mm。（　　）

答案：√

依据：《火电厂烟气脱硝工程施工验收技术规程》DL/T 5257—2010，条款号　6.3.9

35. **试题**：脱硝装置气氨缓冲罐（立式）安装，当 $D > 2000mm$（D 为设备的外直径）时，设备方位允许偏差为 20mm。（　　）

答案：×

依据：《火电厂烟气脱硝工程施工验收技术规程》DL/T 5257—2010，条款号　6.3.9

36. **试题**：脱硝气氨缓冲罐（立式）安装后气密性试验应采用空气或惰性气体，在设计压力下进行。（　　）

答案：√

依据：《火电厂烟气脱硝工程施工验收技术规程》DL/T 5257—2010，条款号　6.3.11

37. **试题**：脱硝冷凝水扩充器排气管出口的排气场所，应设在即使排出流体也不会产生危险的室外场所，同时排气口设置 V 型出口，对称布置，避免管道排气产生的弯矩。（　　）

答案：√

依据：《火电厂烟气脱硝工程施工验收技术规程》DL/T 5257—2010，条款号　6.3.12

38. **试题**：脱硝装置液氨泵基座框架安装水平度允许偏差为 ±5mm。（　　）

答案：×

依据：《火电厂烟气脱硝工程施工验收技术规程》DL/T 5257—2010，条款号　6.3.13

39. **试题**：脱硝风向标安装位置容易观测且远离阻风物体，安装在空旷处。（　　）

答案：√

依据：《火电厂烟气脱硝工程施工验收技术规程》DL/T 5257—2010，条款号　6.3.17

40. **试题**：脱硝汇流排瓶组间应有防止雷电和静电的导除设施，其接地电阻分别不得大于 5，并每年检测一次。（　　）

答案：√

依据：《火电厂烟气脱硝工程施工验收技术规程》DL/T 5257—2010，条款号　6.3.19

41. **试题**：脱硝装置 SCR 反应器支撑梁安装标高为 ±3mm。（　　）

答案：√

依据：《火电厂烟气脱硝工程施工验收技术规程》DL/T 5257—2010，条款号　6.3.21

42. **试题：** 脱硝装置 SCR 反应器接管法兰与接管垂直度允许偏差为：≤法兰外径的 1%，且≤3mm。（　　　）

　　答案： √

　　依据：《火电厂烟气脱硝工程施工验收技术规程》DL/T 5257—2010，条款号　6.3.22

43. **试题：** 脱硝循环取样风机入口调节挡板门调节操作装置应灵活正确，动作一致，调节方向正确，开度指标标记与实际相符。（　　　）

　　答案： √

　　依据：《火电厂烟气脱硝工程施工验收技术规程》DL/T 5257—2010，条款号　6.3.30

44. **试题：** 脱硝氨系统气源管、取样管可以使用紫铜管。（　　　）

　　答案： ×

　　依据：《火电厂烟气脱硝工程施工验收技术规程》DL/T 5257—2010，条款号　8.3.6

45. **试题：** 脱硝液位取样装置及仪表取样装置不得使用铜材料，同时应加装水冲洗。（　　　）

　　答案： √

　　依据：《火电厂烟气脱硝工程施工验收技术规程》DL/T 5257—2010，条款号　8.3.8

三、单选题（下列试题中，只有 1 项是标准原文规定的正确答案，请将正确答案填在括号内）

1. **试题：** 脱硝装置金属结构影响密封装置安装的反应器壁板焊缝、棱角应磨平，密封板局部平整度偏差不大于 5mm，顶部密封板卸灰坡度应不小于（　　　）。

　　A. 30°　　　　　　　　　　B. 35°　　　　　　　　　　C. 45°

　　答案： C

　　依据：《电力建设施工技术规范　第 2 部分：锅炉机组》DL 5190.2—2012，条款号 8.3.1

2. **试题：** 脱硝工程液氨管道焊口应进行（　　　）无损检测。

　　A. 60%　　　　　　　　　　B. 90%　　　　　　　　　　C. 100%

　　答案： C

　　依据：《电力建设施工技术规范　第 2 部分：锅炉机组》DL 5190.2—2012，条款号 8.3.3

3. **试题：** 脱硝氨系统管道充气至（　　　）压力，稳压 6h 后开始记录压力参数，保压 24h，压降不超过试验压力的 1% 为合格。

　　A. 设计　　　　　　　　　　B. 试验　　　　　　　　　　C. 工作

　　答案： B

　　依据：《电力建设施工技术规范　第 2 部分：锅炉机组》DL 5190.2—2012，条款号

8.3.3

4. **试题：** 脱硝装置还原剂贮存罐安装标高偏差最大值为（　　）。

　A．±2mm　　　　　　　B．±3mm　　　　　　C．±5mm

答案： C

依据： 《电力建设施工质量验收及评价规程　第 2 部分：锅炉机组》DL/T 5210.2—2009，条款号　表 4.11.6

5. **试题：** 脱硝装置还原剂贮存罐安装纵横水平度偏差最大值为（　　）。

　A．±2mm　　　　　　　B．±3mm　　　　　　C．±5mm

答案： A

依据： 《电力建设施工质量验收及评价规程　第 2 部分：锅炉机组》DL/T 5210.2—2009，条款号　表 4.11.6

6. **试题：** 脱硝装置还原剂贮存罐安装轴向中心位置偏差最大值为（　　）。

　A．±2mm　　　　　　　B．±3mm　　　　　　C．±5mm

答案： C

依据： 《电力建设施工质量验收及评价规程　第 2 部分：锅炉机组》DL/T 5210.2—2009，条款号　4.11.6

7. **试题：** 脱硝装置还原剂贮存罐安装纵向中心位置偏差最大值为（　　）。

　A．±2mm　　　　　　　B．±3mm　　　　　　C．±5mm

答案： C

依据： 《电力建设施工质量验收及评价规程　第 2 部分：锅炉机组》DL/T 5210.2—2009，条款号　表 4.11.6

8. **试题：** 下列属于脱硝装置还原剂贮存罐内部装置检查检验的主控项目的有：（　　）。

　A．外观　　　　　　　B．厂家焊缝　　　　　C．螺栓、螺母连接

答案： B

依据： 《电力建设施工质量验收及评价规程　第 2 部分：锅炉机组》DL/T 5210.2—2009，条款号　表 4.11.7

9. **试题：** 下列属于脱硝装置还原剂贮存罐内部装置安装检查检验的主控项目的有：（　　）。

　A．位置　　　　　　　B．焊接　　　　　　　C．螺栓连接

答案： B

依据： 《电力建设施工质量验收及评价规程　第 2 部分：锅炉机组》DL/T 5210.2—2009，条款号　表 4.11.7

10. **试题**：下列属于脱硝装置还原剂加热器本体安装外观检查检验的主控项目为（ ）。

A．外观检查　　　　　　B．垫料材质及涂料　　　　　C．管道内部清洁度

答案：C

依据：《电力建设施工质量验收及评价规程 第 2 部分：锅炉机组》DL/T 5210.2—2009，条款号 表 4.11.8

11. **试题**：下列属于脱硝装置还原剂加热器本体安装检验的主控项目为（ ）。

A．焊接　　　　　　　　B．中心线偏差　　　　　　　C．标高偏差

答案：A

依据：《电力建设施工质量验收及评价规程 第 2 部分：锅炉机组》DL/T 5210.2—2009，条款号 4.11.8

12. **试题**：脱硝装置静止混合器（AIG）框架对角线最大偏差为（ ）。

A．≤5mm　　　　　　　B．≤8mm　　　　　　　　　C．≤10mm

答案：C

依据：《电力建设施工质量验收及评价规程 第 2 部分：锅炉机组》DL/T 5210.2—2009，条款号 表 4.11.15

13. **试题**：脱硝装置静止混合器（AIG）框架长度偏差，当静止混合器（AIG）框架长度 $L \leqslant 5m$ 时，长度偏差最大控制范围在（ ）。

A．0～2mm　　　　　　B．0～3mm　　　　　　　　C．0～4mm

答案：C

依据：《电力建设施工质量验收及评价规程 第 2 部分：锅炉机组》DL/T 5210.2—2009，条款号 表 4.11.15

14. **试题**：脱硝装置静止混合器（AIG）框架长度偏差，当静止混合器（AIG）框架长度 $L > 5m$ 时，长度偏差最小控制范围在（ ）。

A．0～8mm　　　　　　B．0～10mm　　　　　　　C．0～12mm

答案：A

依据：《电力建设施工质量验收及评价规程 第 2 部分：锅炉机组》DL/T 5210.2—2009，条款号 表 4.11.15

15. **试题**：脱硝工程钢结构扭剪型高强螺栓梅花头宜全部拧掉，连接副终拧后除因构造原因无法使用专用扳手终拧掉梅花头者外，未在终拧中拧掉梅花头的螺栓数不应大于该节点螺栓数的（ ）。

A．5%　　　　　　　　　B．4%　　　　　　　　　　C．3%

答案：A

依据：《电力建设施工质量验收及评价规程 第 2 部分：锅炉机组》DL/T 5210.2—

2009，条款号　表5.6.2

16. **试题：** 脱硝装置气氨缓冲罐（立式）安装，标高最大允许偏差为（　　）。

　　A．±2mm　　　　　　　　B．±3mm　　　　　　　　C．±5mm

　　答案： C

　　依据：《火电厂烟气脱硝工程施工验收技术规程》DL/T 5257—2010，条款号　6.3.8

17. **试题：** 脱硝装置SCR反应器支撑梁安装时，标高偏差允许最大值为（　　）。

　　A．±1mm　　　　　　　　B．±2mm　　　　　　　　C．±3mm

　　答案： C

　　依据：《火电厂烟气脱硝工程施工验收技术规程》DL/T 5257—2010，条款号　6.3.19

18. **试题：** 脱硝装置 SCR 反应器支撑梁安装时，支撑梁位置中心允许偏差最小值为（　　）。

　　A．±10mm　　　　　　　B．±15mm　　　　　　　C．±20mm

　　答案： A

　　依据：《火电厂烟气脱硝工程施工验收技术规程》DL/T 5257—2010，条款号　6.3.19

19. **试题：** 脱硝装置 SCR 反应器支撑梁安装时，支撑梁水平度允许偏差最小值为（　　）。

　　A．≤3mm　　　　　　　　B．≤5mm　　　　　　　　C．≤10mm

　　答案： A

　　依据：《火电厂烟气脱硝工程施工验收技术规程》DL/T 5257—2010，条款号　6.3.19

20. **试题：** 脱硝装置SCR反应器支撑梁安装时，各层支撑梁间垂直向距离允许偏差最大值为（　　）。

　　A．±1mm　　　　　　　　B．±2mm　　　　　　　　C．±3mm

　　答案： B

　　依据：《火电厂烟气脱硝工程施工验收技术规程》DL/T 5257—2010，条款号　6.3.19

21. **试题：** 脱硝装置SCR反应器支撑梁安装时，各层支撑梁间水平向距离允许偏差最大值为（　　）。

　　A．±2mm　　　　　　　　B．±5mm　　　　　　　　C．±10mm

　　答案： B

　　依据：《火电厂烟气脱硝工程施工验收技术规程》DL/T 5257—2010，条款号　6.3.19

22. **试题：** 脱硝装置SCR反应器开孔与接管安装时，管口与基准线距离允许偏差检验要求（　　）。

　　A．全部检查　　　　　　　B．检查四个点　　　　　　C．检查两个点

答案：A

依据：《火电厂烟气脱硝工程施工验收技术规程》DL/T 5257—2010，条款号　6.3.20

23. 试题：脱硝装置 SCR 反应器开孔与接管安装时，接管伸出高度允许偏差检验要求（　　）。

A．全部检查　　　　　　　　　B．检查四个点　　　　　　　　C．检查两个点

答案：B

依据：《火电厂烟气脱硝工程施工验收技术规程》DL/T 5257—2010，条款号　6.3.20

24. 试题：脱硝装置 SCR 反应器开孔与接管安装时，法兰与接管垂直度检验要求（　　）。

A．检查两个点　　　　　　　　B．检查四个点　　　　　　　　C．每个检查四个点

答案：C

依据：《火电厂烟气脱硝工程施工验收技术规程》DL/T 5257—2010，条款号　6.3.20

25. 试题：脱硝装置 SCR 反应器开孔与接管安装时，人孔法兰倾斜度检验要求（　　）。

A．检查两个点　　　　　　　　B．检查四个点　　　　　　　　C．检查六个点

答案：B

依据：《火电厂烟气脱硝工程施工验收技术规程》DL/T 5257—2010，条款号　6.3.20

26. 试题：脱硝装置 SCR 反应器开孔与接管安装时，出、入口管道距离允许偏差检验要求（　　）。

A．检查两个点　　　　　　　　B．检查四个点　　　　　　　　C．每个检查四个点

答案：A

依据：《火电厂烟气脱硝工程施工验收技术规程》DL/T 5257—2010，条款号　6.3.20

27. 试题：脱硝装置稀释风机的安装，最大标高允许偏差为（　　）。

A．±2mm　　　　　　　　　　B．±5mm　　　　　　　　　　C．±10mm

答案：C

依据：《火电厂烟气脱硝工程施工验收技术规程》DL/T 5257—2010，条款号　6.3.22

28. 试题：脱硝装置稀释风机的安装，纵横向水平度允许偏差（　　）。

A．≤3mm/m　　　　　　　　　B．≤4mm/m　　　　　　　　　C．≤2mm/m

答案：C

依据：《火电厂烟气脱硝工程施工验收技术规程》DL/T 5257—2010，条款号　6.3.22

29. 试题：脱硝装置稀释风机的安装，联轴器中心允许偏差（　　）。

A．≤2mm/m　　　　　　　　　B．≤1mm/m　　　　　　　　　C．≤0.08mm/m

答案：C

依据：《火电厂烟气脱硝工程施工验收技术规程》DL/T 5257—2010，条款号　6.3.22

30. 试题：脱硝装置稀释空气加热器的安装，中心线最大允许偏差（　　）。
　　A．≤1mm　　　　　　　　B．≤2mm　　　　　　　　C．≤3mm
　　答案：C
　　依据：《火电厂烟气脱硝工程施工验收技术规程》DL/T 5257—2010，条款号　6.3.24

31. 试题：脱硝装置稀释空气加热器的安装，标高最大允许偏差（　　）。
　　A．±3mm　　　　　　　　B．±5mm　　　　　　　　C．±10mm
　　答案：B
　　依据：《火电厂烟气脱硝工程施工验收技术规程》DL/T 5257—2010，条款号　6.3.24

32. 试题：脱硝装置稀释空气加热器的安装，纵横向水平度最大允许偏差（　　）。
　　A．≤2mm/m　　　　　　　B．≤4mm/m　　　　　　　C．≤5mm/m
　　答案：C
　　依据：《火电厂烟气脱硝工程施工验收技术规程》DL/T 5257—2010，条款号　6.3.24

33. 试题：脱硝装置氨气/空气混合器安装，中心线最大允许偏差（　　）。
　　A．≤3mm　　　　　　　　B．≤4mm　　　　　　　　C．≤5mm
　　答案：B
　　依据：《火电厂烟气脱硝工程施工验收技术规程》DL/T 5257—2010，条款号　6.3.25

34. 试题：脱硝装置氨气/空气混合器安装，标高最大允许偏差（　　）。
　　A．2mm　　　　　　　　　B．5mm　　　　　　　　　C．10mm
　　答案：B
　　依据：《火电厂烟气脱硝工程施工验收技术规程》DL/T 5257—2010，条款号　6.3.25

35. 试题：脱硝装置氨气/空气混合器安装，纵横向水平度允许偏差（　　）。
　　A．≤3mm/m　　　　　　　B．≤5mm/m　　　　　　　C．≤1mm/m
　　答案：C
　　依据：《火电厂烟气脱硝工程施工验收技术规程》DL/T 5257—2010，条款号　6.3.25

36. 试题：脱硝装置喷氨格栅（静态混合器）注氨母管安装标高最大允许偏差为（　　）。
　　A．±2mm　　　　　　　　B．±3mm　　　　　　　　C．±5mm
　　答案：B
　　依据：《火电厂烟气脱硝工程施工验收技术规程》DL/T 5257—2010，条款号　6.3.27

37. 试题：脱硝装置喷氨格栅（静态混合器）注氨母管安装中心最大允许偏差为
　　（　　）。

A．±5mm   B．±10mm   C．±15mm

答案：B

依据：《火电厂烟气脱硝工程施工验收技术规程》DL/T 5257—2010，条款号　6.3.27

38．试题：脱硝装置吹灰器喷嘴至催化剂模块顶面最大距离允许偏差（　　　）。

A．±5mm   B．±10mm   C．±15mm

答案：A

依据：《火电厂烟气脱硝工程施工验收技术规程》DL/T 5257—2010，条款号　6.3.29

39．试题：脱硝装置吹灰器导向管水平度允许偏差（　　　）L（L 为导向管长度）。

A．≤1%   B．≤3%   C．≤1‰

答案：C

依据：《火电厂烟气脱硝工程施工验收技术规程》DL/T 5257—2010，条款号　6.3.29

四、多选题（下列试题中，至少有 2 项是标准原文规定的正确答案，请将正确答案填在括号内）

1．试题：脱硝催化剂模块反应器内部装置安装符合规定的有：（　　　）。

A．催化剂模块安装前，壳体、内部装置、壳体内腔上部的所有焊接工作应结束，炉膛至反应器区域应清理干净

B．催化剂模块布置应整齐，模块之间间隙偏差不大于 5mm，密封严密

C．喷氨装置与支承梁应连接紧固，防磨套固定牢固、方向正确

D．催化剂模块安装前应检查模块是否损伤，如有损伤应更换或由厂家修复处理

答案：ABCD

依据：《电力建设施工技术规范　第 2 部分：锅炉机组》DL 5190.2—2012，条款号 8.3.2

2．试题：脱硝氨系统受氨条件有：（　　　）。

A．消防设施具备投用条件

B．防静电设施经验收合格

C．系统严密性试验完成并经验收合格

D．设备及管道绝热工程完成并经验收合格

答案：ABCD

依据：《电力建设施工技术规范　第 2 部分：锅炉机组》DL 5190.2—2012，条款号 8.3.3

3．试题：脱硝装置催化剂安装前隐蔽签证检查项目有：（　　　）。

A．反应器内遗留物检查   B．反应器清洁程度检查

C．催化剂介质通道检查   D．反应器支撑梁检查

答案：ABC

依据：《电力建设施工质量验收及评价规程 第 2 部分：锅炉机组》DL/T 5210.2—2009，条款号 表 4.11.15

4. **试题：** 脱硝装置还原剂贮存罐管接座安装检查，主要检验控制项目有：（　　）。

A. 管头外径　　　　　　　　　　　　B. 管头壁厚

C. 管头长度　　　　　　　　　　　　D. 管座焊缝

答案： ABD

依据：《电力建设施工质量验收及评价规程 第 2 部分：锅炉机组》DL/T 5210.2—2009，条款号 表 4.11.6

5. **试题：** 脱硝装置还原剂贮存罐液位计主要检验控制项目有：（　　）。

A. 液位计盖板接合面　　　　　　　　B. 液位计阀门

C. 液位计水压试验　　　　　　　　　D. 灌体外观

答案： ABC

依据：《电力建设施工质量验收及评价规程 第 2 部分：锅炉机组》DL/T 5210.2—2009，条款号 表 4.11.6

6. **试题：** 脱硝装置还原剂贮存罐内部装置检查检验项目有：（　　）。

A. 数量、材质　　　　　　　　　　　B. 厂家焊缝

C. 外观　　　　　　　　　　　　　　D. 螺栓螺母连接

答案： ABCD

依据：《电力建设施工质量验收及评价规程 第 2 部分：锅炉机组》DL/T 5210.2—2009，条款号 表 4.11.7

7. **试题：** 脱硝装置还原剂管道水压试验签证检查项目有：（　　）。

A. 水压试验压力升降速度　　　　　　B. 还原剂管道系统检查

C. 水压试验记录　　　　　　　　　　D. 管道采购记录

答案： ABC

依据：《电力建设施工质量验收及评价规程 第 2 部分：锅炉机组》DL/T 5210.2—2009，条款号 表 4.11.11

8. **试题：** 脱硝装置还原剂储备及输送管道气密性试验签证检查项目有：（　　）。

A. 还原剂贮存罐及卸载设备及管道

B. 还原剂蒸发设备及管道

C. 还原剂输送管道系统检查

D. 还原剂贮存罐本体材料检查

答案： ABC

依据：《电力建设施工质量验收及评价规程 第 2 部分：锅炉机组》DL/T 5210.2—2009，条款号 表 4.11.12

9. **试题**：脱硝装置氮气置换签证检查项目有：（　　　）。

    A．置换后测点含氧量

    B．含氧量检测点位置

    C．含氧量检测点数量

    D．含氧量检测报告

    答案：ABCD

    依据：《电力建设施工质量验收及评价规程　第 2 部分：锅炉机组》DL/T 5210.2—2009，条款号　表 4.11.14

10. **试题**：脱硝装置混合器管道安装法兰连接要求说法正确的是：（　　　）。

    A．结合面平整，无贯穿性划痕

    B．垫片的内径比法兰内径大 2mm～3mm

    C．法兰对接平行、同心，其偏差不大于法兰外径的 1.5‰

    D．螺栓应露出螺母 2 个～3 个螺距

    答案：ABCD

    依据：《电力建设施工质量验收及评价规程　第 2 部分：锅炉机组》DL/T 5210.2—2009，条款号　表 4.11.15

11. **试题**：脱硝装置 SCR 反应器出口氨分析仪安装检验的主要项目有：（　　　）。

    A．取样位置

    B．探头方向

    C．接头、探头法兰连接件

    D．取样管路密封

    答案：ABCD

    依据：《火电厂烟气脱硝工程施工验收技术规程》DL/T 5257.2—2010，条款号　8.3.4

12. **试题**：脱硝装置氨泄漏报警仪调试和投入检验项目的主要项目有：（　　　）。

    A．标准样气标定

    B．量程设置

    C．报警值设定

    D．信号校对

    答案：ABCD

    依据：《火电厂烟气脱硝工程施工验收技术规程》DL/T 5257.2—2010，条款号　8.3.10

第九节　锅炉炉墙砌筑

一、填空题（下列试题中，请将标准原条文规定的正确答案填在横线处）

1. **试题**：工业炉砌筑工程应于炉子基础、炉体骨架结构和有关设备安装经检查合格并签订____交接证明书后，才可进行施工。

    答案：工序

    依据：《工业炉砌筑工程施工及验收规范》GB 50211—2004，条款号　1.0.5

2. **试题：** 受潮后易____的耐火材料（如镁质制品等），不得受潮。

   答案： 变质

   依据：《工业炉砌筑工程施工及验收规范》GB 50211—2004，条款号 3.1.6（强条）

3. **试题：** 耐火砌体和隔热砌体，在施工过程中，直至投入生产前，应预防____。

   答案： 受湿

   依据：《工业炉砌筑工程施工及验收规范》GB 50211—2004，条款号 3.2.9（强条）

4. **试题：** 耐火砌体的砖缝厚度应用宽度为____的塞尺检查，塞尺厚度应等于被检查砖缝的规定厚度。

   答案： 15mm

   依据：《工业炉砌筑工程施工及验收规范》GB 50211—2004，条款号 3.2.25

5. **试题：** 一般工业炉及工业炉的一般部位，泥浆饱满度不得低于90%；对气密性有较严格要求以及有熔融金属或渣侵蚀的工业炉部位，其砖缝的泥浆饱满度不得低于____。

   答案： 95%

   依据：《工业炉砌筑工程施工及验收规范》GB 50211—2004，条款号 3.2.26

6. **试题：** 工业炉砌筑工程，拱和拱顶必须从两侧拱脚同时向中心____砌筑。砌筑时，严禁将拱砖的大小头倒置。

   答案： 对称

   依据：《工业炉砌筑工程施工及验收规范》GB 50211—2004，条款号 3.2.50

7. **试题：** 当不定形耐火材料砌筑接触钢结构和设备的表面时，应先清除____。

   答案： 浮锈

   依据：《工业炉砌筑工程施工及验收规范》GB 50211—2004，条款号 4.1.2

8. **试题：** 可塑料内衬受热面，应开设____的通气孔，孔的距离宜为 150mm～230mm。位置宜在两个锚固砖中间，深度宜为捣固体厚度的 1/2～2/3。

   答案： $\phi 4 \sim \phi 6$

   依据：《工业炉砌筑工程施工及验收规范》GB 50211—2004，条款号 4.3.13

9. **试题：** 耐火砌体（包括耐火浇注料）中的锅炉零件和各种管子的周围，应留设____，并应符合设计规定。

   答案： 膨胀缝

   依据：《工业炉砌筑工程施工及验收规范》GB 50211—2004，条款号 18.0.11

10. **试题：** 工业砌筑炉在投入生产前，____结构必须烘干烘透。

    答案： 砌筑

依据：《工业炉砌筑工程施工及验收规范》GB 50211—2004，条款号　20.0.4

11. 试题：现场浇注耐火烧注料时，应留置____，检验现场的浇注质量。

答案：试块

依据：《工业炉砌筑工程质量验收规范》GB 50309—2007，条款号　4.1.3

12. 试题：循环流化床锅炉施工时，不定形耐磨耐火材料的搅拌应按材料制造厂技术文件要求进行搅拌和记录。搅拌好的材料应均匀，不得有离析和____现象。

答案：泌水

依据：《循环流化床锅炉施工及质量验收规范》GB 50972—2014，条款号　12.1.9

13. 试题：循环流化床锅炉施工时，不定形耐磨耐火材料搅拌应符合下列规定：搅拌好的浇筑料应在材料制造厂技术文件规定的时间内用完已搅拌材料。不得使用已____的浇筑材料。

答案：初凝

依据：《循环流化床锅炉施工及质量验收规范》GB 50972—2014，条款号　12.1.9

14. 试题：定形耐磨耐火材料及砌筑用泥浆的品种、____及质量，应符合设计技术文件要求；严禁使用不符合现行国家或行业标准规定的材料。

答案：牌号

依据：《循环流化床锅炉施工及质量验收规范》GB 50972—2014，条款号　12.2.1（强条）

15. 试题：循环流化床锅炉的定形耐磨耐火材料施工时，炉墙砌筑用泥浆应符合现行国家标准或行业标准外，还应符合下列规定：现场配制泥浆的____应符合材料制造厂技术文件或设计技术文件要求。

答案：配比

依据：《循环流化床锅炉施工及质量验收规范》GB 50972—2014，条款号　12.2.6

16. 试题：循环流化床锅炉的耐火陶瓷纤维采用粘贴法施工时，应在粘贴____和陶瓷纤维制品的粘贴面均应涂刷粘接剂，粘接剂应搅拌均匀。

答案：基面

依据：《循环流化床锅炉施工及质量验收规范》GB 50972—2014，条款号　12.3.6

17. 试题：循环流化床锅炉炉衬砌筑完成后应进行烘炉，烘炉应分____烘炉和高温烘炉两个阶段。

答案：中低温

依据：《循环流化床锅炉施工及质量验收规范》GB 50972—2014，条款号　14.2.1

18. **试题：** 定形耐磨耐火材料按同一牌号进行分批，每批不超过____。原料变更时应另行分批。

    答案： 200t

    依据： 《耐磨耐火材料技术条件与检验方法》DL/T 902—2004，条款号 7.3

19. **试题：** 不定形耐磨耐火材料按每批为一个取样单位，取样应有代表性。每批应由其中____袋（桶）中等量取样，总量不少于 40kg。

    答案： 5～10

    依据： 《耐磨耐火材料技术条件与检验方法》DL/T 902—2004，条款号 7.4

20. **试题：** 耐磨耐火材料全部试样的____及以上符合标准要求，判该批产品合格。

    答案： 90%

    依据： 《耐磨耐火材料技术条件与检验方法》DL/T 902—2004，条款号 7.5.1

21. **试题：** 在保温浇筑体上浇注不定形耐火材料时，应在保温浇筑体____满后进行。

    答案： 养护期

    依据： 《电力建设施工技术规范 第 2 部分：锅炉机组》DL 5190.2—2012，条款号 第 12.3.7

22. **试题：** 采用硬质耐火砖砌筑的省煤器炉墙，硬质保温板施工砌筑应一层错缝，二层压缝，灰缝宽度____，灰浆饱满。

    答案： 5mm～7mm

    依据： 《电力建设施工质量验收及评价规程 第 2 部分：锅炉机组》DL/T 5210.2—2009，条款号 表 4.12.4

23. **试题：** 膜式壁炉墙验收时炉墙厚度偏差应控制在____之内。

    答案： −10mm～+15mm

    依据： 《电力建设施工质量验收及评价规程 第 2 部分：锅炉机组》DL/T 5210.2—2009，条款号 表 4.12.1

24. **试题：** 锅炉炉墙砌筑时不得使用砖长 1/3 及以下的断砖，每层的断砖数量不得超过____块。

    答案： 3

    依据： 《循环流化床锅炉砌筑工艺导则》DL/T 5705—2014，条款号 4.2.2

25. **试题：** 循环流化床锅炉炉墙内衬金属附件安装时应确保与耐火浇筑体向火面留出足够的____厚度。

    答案： 保护层

    依据： 《循环流化床锅炉砌筑工艺导则》DL/T 5705—2014，条款号 4.3.3

26. **试题：** 循环流化床锅炉烘炉检测试块每个部位应摆放＿＿块。

　　答案： 2

　　依据：《循环流化床锅炉砌筑工艺导则》DL/T 5705—2014，条款号　7.2.4

二、判断题（判断下列试题是否正确。正确的在括号内打"√"，错误的在括号内打"×"）

1. **试题：** 拼砌法绝热施工，绝热灰浆的耐热度可低于被绝热对象的介质温度。（　　）

　　答案： ×

　　依据：《工业设备及管道绝热工程施工规范》GB 50126—2008，条款号　5.4.3

2. **试题：** 膜式壁炉墙保温支承件的安装应牢固无松动，位置设置应正确，间距和宽度应符合设计要求，设计无要求时保温支承件间距宜为 1.5m～2.0m。（　　）

　　答案： √

　　依据：《工业设备及管道绝热工程施工质量验收规范》GB 50185—2010，条款号　5.0.8

3. **试题：** 工业炉砌筑工程的材料应按设计要求选用，并应符合相关规范和现行材料标准的规定。（　　）

　　答案： √

　　依据：《工业炉砌筑工程施工及验收规范》GB 50211—2004，条款号　1.0.4（强条）

4. **试题：** 不定形耐火材料、结合剂和耐火陶瓷纤维及制品，必须分别保管在能防止潮湿和污脏的仓库内，并不得混淆。（　　）

　　答案： √

　　依据：《工业炉砌筑工程施工及验收规范》GB 50211—2004，条款号　3.1.7（强条）

5. **试题：** 锅炉砌筑工程，砌体内外层的膨胀缝不应相互贯通，上下层宜错开。（　　）

　　答案： √

　　依据：《工业炉砌筑工程施工及验收规范》GB 50211—2004，条款号　3.2.18

6. **试题：** 锅炉砌筑工程在施工中应根据不同部位形状，调整不定形耐火材料的配合比。（　　）

　　答案： ×

　　依据：《工业炉砌筑工程施工及验收规范》GB 50211—2004，条款号　4.1.3（强条）

7. **试题：** 锅炉砌筑工程的耐火浇注料养护期间，不得受外力及振动。（　　）

　　答案： √

　　依据：《工业炉砌筑工程施工及验收规范》GB 50211—2004，条款号　4.2.9

8. **试题：** 锅炉砌筑工程的浇筑衬体不应有剥落、裂缝、孔洞等缺陷。（　　　）

   答案： √

   依据：《工业炉砌筑工程施工及验收规范》GB 50211—2004，条款号 4.2.12

9. **试题：** 通过砌体的水冷壁集箱和管道以及管道的滑动支座，不得固定。（　　　）

   答案： √

   依据：《工业炉砌筑工程施工及验收规范》GB 50211—2004，条款号 18.0.7（强条）

10. **试题：** 砌筑工业炉时，工作地点和砌体周围的温度，均不应低 5℃。（　　　）

    答案： √

    依据：《工业炉砌筑工程施工及验收规范》GB 50211—2004，条款号 19.0.4

11. **试题：** 循环流化床锅炉隐蔽工程，隐蔽前必须经检查验收合格，并办理签证。
    （　　　）

    答案： √

    依据：《循环流化床锅炉施工及质量验收规范》GB 50972—2014，条款号 3.0.11
    （强条）

12. **试题：** 循环流化床锅炉砌筑工程严禁使用不符合现行国家或行业标准规定的不定形
    耐磨耐火材料。（　　　）

    答案： √

    依据：《循环流化床锅炉施工及质量验收规范》GB 50972—2014，条款号 12.1.1
    （强条）

13. **试题：** 循环流化床锅炉施工时，锚固支撑件安装前应先清除与不定形耐磨耐火材料
    接触的钢结构或设备表面上的灰尘、浮锈和其他残留物等。（　　　）

    答案： √

    依据：《循环流化床锅炉施工及质量验收规范》GB 50972—2014，条款号 12.1.5

14. **试题：** 循环流化床锅炉在锅炉水压试验前应完成承压件部位锚固支撑件及附件的焊
    接。（　　　）

    答案： √

    依据：《循环流化床锅炉施工及质量验收规范》GB 50972—2014，条款号 12.1.6

15. **试题：** 循环流化床锅炉施工时，转角、拱及拱顶、膨胀节、门、孔、洞等应力集中
    部位，不易固定、易开裂、易脱落等形状复杂部位，宜选用钢纤维增强型不定形耐
    磨耐火材料。（　　　）

    答案： √

    依据：《循环流化床锅炉施工及质量验收规范》GB 50972—2014，条款号 12.1.8

16. **试题：**循环流化床锅炉施工时，不定形耐磨耐火材料的模板及其支撑系统应有足够的强度和刚度，施工过程中不应变形和位移。（　　）

　　答案：√

　　依据：《循环流化床锅炉施工及质量验收规范》GB 50972—2014，条款号　12.1.7

17. **试题：**循环流化床锅炉施工时，承压部件单层衬里应一次性施工至规定厚度，且不得平行于向火面分层施工。（　　）

　　答案：√

　　依据：《循环流化床锅炉施工及质量验收规范》GB 50972—2014，条款号　12.1.11

18. **试题：**循环流化床锅炉定形耐磨耐火材料及砌筑用泥浆的品种、牌号及质量，应符合设计技术文件要求；严禁使用不符合现行国家或行业标准规定的材料。（　　）

　　答案：√

　　依据：《循环流化床锅炉施工及质量验收规范》GB 50972—2014，条款号　12.2.1
　　（强条）

19. **试题：**循环流化床锅炉炉衬砌筑施工应全部结束且砌体养护期满后，宜在 120 天内进行中低温烘炉，最长不应超过 200 天。（　　）

　　答案：×

　　依据：《循环流化床锅炉施工及质量验收规范》GB 50972—2014，条款号　14.2.2

20. **试题：**循环流化床锅炉施工时，中低温烘炉应符合下列规定：独立外置设备炉墙可在主体炉墙的中低温烘炉前单独进行烘炉。（　　）

　　答案：√

　　依据：《循环流化床锅炉施工及质量验收规范》GB 50972—2014，条款号　14.2.2

21. **试题：**中低温烘炉宜采用锅炉带压方式，最大蒸汽压力不宜超过锅炉额定压力的 90%。（　　）

　　答案：×

　　依据：《循环流化床锅炉施工及质量验收规范》GB 50972—2014，条款号　14.2.2

22. **试题：**循环流化床锅炉施工，高温烘炉宜在锅炉点火吹管时进行。（　　）

　　答案：√

　　依据：《循环流化床锅炉施工及质量验收规范》GB 50972—2014，条款号　14.2.3

23. **试题：**循环流化床锅炉施工时，高温烘炉完成后，放空炉膛和外置床床料，可采用敲击、触摸、观感等手段进入炉膛对耐火耐磨内衬进行检查检验。（　　）

　　答案：√

　　依据：《循环流化床锅炉施工及质量验收规范》GB 50972—2014，条款号　14.2.3

24. **试题**：循环流化床锅炉高温烘炉检查合格后应密封湿气排出孔，防止水汽进入。（　　　）

    答案：√

    依据：《循环流化床锅炉施工及质量验收规范》GB 50972—2014，条款号　14.2.3

25. **试题**：循环流化床锅炉的定形耐磨耐火材料施工时，砌体应错缝砌筑。砌筑时，首块砖的错缝长度宜大于 1/2 砖的长度。（　　　）

    答案：×

    依据：《循环流化床锅炉施工及质量验收规范》GB 50972—2014，条款号　12.2.8

26. **试题**：循环流化床锅炉定形耐火材料砌筑砖缝泥浆应饱满，饱满度应大于 85%。砖缝表面应勾缝，砌筑砖缝厚度应符合设计技术文件要求，无要求时应为 3.0mm ±0.5mm。（　　　）

    答案：×

    依据：《循环流化床锅炉施工及质量验收规范》GB 50972—2014，条款号　12.2.9

27. **试题**：循环流化床锅炉的耐火陶瓷纤维施工时，施工用锚固件、粘接剂以及防护密封材料的规格、型号及质量，均应符合设计要求。（　　　）

    答案：√

    依据：《循环流化床锅炉施工及质量验收规范》GB 50972—2014，条款号　12.3.2

28. **试题**：化学清洗结束至锅炉启动时间不应超过 30 天，当超过 30 天时，应采取防腐保护措施。（　　　）

    答案：×

    依据：《循环流化床锅炉施工及质量验收规范》GB 50972—2014，条款号　14.3.7

29. **试题**：耐磨耐火制品取样以 $100m^3$ 为一批，不足 $100m^3$ 按一批计。（　　　）

    答案：√

    依据：《耐磨耐火材料技术条件与检验方法》DL/T 902—2004，条款号　7.3

30. **试题**：锅炉砌筑施工中所使用的材料质量必须符合设计要求和现行国家标准、行业标准的规定。（　　　）

    答案：√

    依据：《电力建设施工技术规范　第 2 部分：锅炉机组》DL 5190.2—2012，条款号　12.1.2

31. **试题**：锅炉砌筑工程必要时砌筑及保温可随施工部位的设备安装工作同步进行。（　　　）

    答案：×

依据：《电力建设施工技术规范　第 2 部分：锅炉机组》DL 5190.2—2012，条款号 12.1.4

32. **试题：**拌制好的不定型砌筑、保温、抹面材料必须在材料技术文件规定的时间内用完，已初凝的材料适当加水重新进行搅拌后可以继续使用。（　　）

　　答案：×

　　依据：《电力建设施工技术规范　第 2 部分：锅炉机组》DL 5190.2—2012，条款号 12.1.7

33. **试题：**炉顶密封浇注施工应在锅炉顶棚一次金属密封后，锅炉水压试验前进行。（　　）

　　答案：×

　　依据：《电力建设施工技术规范　第 2 部分：锅炉机组》DL 5190.2—2012，条款号 12.1.8

34. **试题：**锅炉本体及热力设备和管道的保温应进行热态表面温度检测，环境温度大于 27℃时，表面温度应不大于环境温度加 50℃。（　　）

　　答案：×

　　依据：《电力建设施工技术规范　第 2 部分：锅炉机组》DL 5190.2—2012，条款号 12.1.9

35. **试题：**砌筑及保温施工前，对每批到达现场的原材料及其制品，应先核对产品合格证等质量证明文件，并做外观检查，可不按批次进行现场见证抽样复检。（　　）

　　答案：×

　　依据：《电力建设施工技术规范　第 2 部分：锅炉机组》DL 5190.2—2012，条款号 12.2.1

36. **试题：**金属附件安装时应确保与耐火浇筑体向火面之间留出足够的保护层厚度，应为 25mm 左右。（　　）

　　答案：√

　　依据：《电力建设施工技术规范　第 2 部分：锅炉机组》DL 5190.2—2012，条款号 12.3.3

37. **试题：**耐火锚固件、钢筋和埋入耐火材料中的金属部件、管束等均应按设计要求涂抹或设置一定厚度的膨胀缓冲材料。（　　）

　　答案：√

　　依据：《电力建设施工技术规范　第 2 部分：锅炉机组》DL 5190.2—2012，条款号 12.3.4

38. **试题：**循环流化床锅炉炉衬砌筑施工全部结束且砌体养护期满后，宜在 90 天内进行低温烘炉，最长不应超过 180 天。（　　）

    答案：√

    依据：《电力建设施工技术规范　第 2 部分：锅炉机组》DL 5190.2—2012，条款号 12.4.7

39. **试题：**低温烘炉宜采用带压方式，最大蒸汽压力不宜超过锅炉额定压力的 90%。（　　）

    答案：×

    依据：《电力建设施工技术规范　第 2 部分：锅炉机组》DL 5190.2—2012，条款号 12.4.7

40. **试题：**保温浇注料大面积施工时无须设置膨胀缝。（　　）

    答案：×

    依据：《电力建设施工技术规范　第 2 部分：锅炉机组》DL 5190.2—2012，条款号 12.5.6

41. **试题：**炉墙角部、膨胀补偿器等部位的保温外护板应采用固定连接。（　　）

    答案：×

    依据：《电力建设施工技术规范　第 2 部分：锅炉机组》DL 5190.2—2012，条款号 12.6.1

42. **试题：**膜式水冷壁炉墙保温混凝土、抹面层平整度偏差与顶棚过热器炉墙保温混凝土、抹面层平整度偏差要求相同。（　　）

    答案：×

    依据：《电力建设施工质量验收及评价规程　第 2 部分：锅炉机组》DL/T 5210.2—2009，条款号　表 4.12.1 和表 4.12.2

43. **试题：**砌筑材料现场抽样及试样的制备、封存、包装不得改变材料交货状态的试验性能。（　　）

    答案：√

    依据：《循环流化床锅炉砌筑工艺导则》DL/T 5705—2014，条款号　3.2.1

44. **试题：**耐磨耐火砖可以手工切割，切割时宜从两个相对方向进行切割。（　　）

    答案：×

    依据：《循环流化床锅炉砌筑工艺导则》DL/T 5705—2014，条款号　4.2.1

45. **试题：**循环流化床锅炉砌筑耐磨耐火砖破面、缺棱角处不得砌于向火面。（　　）

    答案：√

依据：《循环流化床锅炉砌筑工艺导则》DL/T 5705—2014，条款号　4.2.1

46. 试题：每一个分项工程同一牌号的耐磨耐火浇注料，取样不得少于一次。（　　）

答案：√

依据：《循环流化床锅炉砌筑工艺导则》DL/T 5705—2014，条款号　4.3.2

47. 试题：循环流化床锅炉不定形耐火浇注料施工预留的膨胀缝，可贯穿受力部位及孔洞处。（　　）

答案：×

依据：《循环流化床锅炉砌筑工艺导则》DL/T 5705—2014，条款号　4.3.3

48. 试题：循环流化床锅炉砌筑冬期施工用矾土水泥浇注料的加热温度大于 30℃。（　　）

答案：×

依据：《循环流化床锅炉砌筑工艺导则》DL/T 5705—2014，条款号　4.5.1

49. 试题：循环流化床锅炉的全陶瓷纤维内衬部分可不参加低温烘炉。（　　）

答案：√

依据：《循环流化床锅炉砌筑工艺导则》DL/T 5705—2014，条款号　7.1.3

50. 试题：循环流化床锅炉高温烘炉宜与锅炉点火吹管同步进行。（　　）

答案：√

依据：《循环流化床锅炉砌筑工艺导则》DL/T 5705—2014，条款号　7.3.1

51. 试题：锅炉卫燃带捣打过程，不得碰撞、震动卫燃带，养护过程不得浸水。（　　）

答案：√

依据：《火力发电厂热力设备及管道保温施工工艺导则》DL 5713—2014，条款号　5.4.1

三、单选题（下列试题中，只有 1 项是标准原文规定的正确答案，请将正确答案填在括号内）

1. 试题：当托砖板下的膨胀缝不能满足设计尺寸时，可加工托砖板下部的砖。加工后砖的厚度不应小于原砖厚度的（　　）。

　　A．1/3　　　　　　　　　B．2/3　　　　　　　　　C．2/4

答案：B

依据：《工业炉砌筑工程施工及验收规范》GB 50211—2004，条款号　3.2.22

2. 试题：锅炉砌筑时，具有拉钩砖或挂砖的炉墙，砌筑时下列符合要求的是：（　　）。

　　A．砖槽的受拉面应与挂件靠紧

B．砖槽的受拉面应与挂件留有活动余地

C．砖槽的其余各面与挂件间应与挂件靠紧

答案：A

依据：《工业炉砌筑工程施工及验收规范》GB 50211—2004，条款号 3.2.37（强条）

3．试题：搅拌好的耐火浇注料，应在（   ）内浇筑完。已初凝的浇注料不得使用。

A．30min   B．60min   C．90min

答案：A

依据：《工业炉砌筑工程施工及验收规范》GB 50211—2004，条款号 4.2.4

4．试题：浇注料应振捣密实。振捣机具宜采用插入式振捣器或平板振动器。当采用平板振动器时，其厚度不应超过（   ）。

A．200mm   B．300mm   C．500mm

答案：A

依据：《工业炉砌筑工程施工及验收规范》GB 50211—2004，条款号 4.2.7

5．试题：炉底砌体，不符合规定的是：（   ）。

A．砌体应错缝砌筑

B．砌体表面应平整，表面平整误差不应超过 5mm

C．非弧形炉底、通道底的最上层砖的长边，应与炉料、金属、渣或气体的流动方向平行

答案：C

依据：《工业炉砌筑工程质量验收规范》GB 50309—2007，条款号 3.2.6

6．试题：圆形炉墙不应有（   ）层重缝或三环通缝，合门砖应均匀分布。

A．二   B．三   C．四

答案：B

依据：《工业炉砌筑工程质量验收规范》GB 50309—2007，条款号 3.2.7

7．试题：锅炉砌筑下列说法不正确的是：（   ）。

A．锚固件的留设应符合设计要求，焊接必须牢固

B．锚固砖的主要受力部位严禁有各种裂纹

C．吊挂砖的主要受力部位不得有明显裂纹

答案：C

依据：《工业炉砌筑工程质量验收规范》GB 50309—2007，条款号 4.1.4（强条）

8．试题：层铺式耐火陶瓷纤维内衬锚固件的安装应位置正确，允许误差不应超过（   ）。

A．±6mm   B．±5mm   C．±7mm

答案：B

依据：《工业炉砌筑工程质量验收规范》GB 50309—2007，条款号　5.1.5

9. 试题：循环流化床锅炉施工时，不定形耐磨耐火材料使用前，应对（　　）到现场的原材料及其制品进行检查。

A．每车　　　　　　　　B．每批　　　　　　　　C．每吨

答案：B

依据：《循环流化床锅炉施工及质量验收规范》GB 50972—2014，条款号　12.1.2

10. 试题：不定形耐磨耐火材料仓储堆放高度不应超过（　　）。

A．3m　　　　　　　　　B．2m　　　　　　　　　C．4m

答案：B

依据：《循环流化床锅炉施工及质量验收规范》GB 50972—2014，条款号　12.1.4

11. 试题：循环流化床锅炉施工时，不定形耐磨耐火材料承压件部件的锚固件焊接应在（　　）前完成。

A．受热面安装　　　　　　B．保温　　　　　　　　C．锅炉水压试验

答案：C

依据：《循环流化床锅炉施工及质量验收规范》GB 50972—2014，条款号　12.1.6

12. 试题：循环流化床锅炉施工时，不定形耐磨耐火材料的锚固件及附件焊后应进行100%焊缝（　　）检查。

A．外观质量　　　　　　　B．磁粉探伤　　　　　　C．渗透探伤

答案：A

依据：《循环流化床锅炉施工及质量验收规范》GB 50972—2014，条款号　12.1.6

13. 试题：循环流化床锅炉施工，不定形耐磨耐火材料浇注时，隔热体接触面应采取（　　）措施。

A．防冻　　　　　　　　　B．防火　　　　　　　　C．防潮

答案：C

依据：《循环流化床锅炉施工及质量验收规范》GB 50972—2014，条款号　12.1.10

14. 试题：不定形耐磨耐火材料施工体在强度未达到设计强度的（　　）时，不应起吊和移动。

A．50%　　　　　　　　　B．60%　　　　　　　　C．70%

答案：C

依据：《循环流化床锅炉施工及质量验收规范》GB 50972—2014，条款号　12.1.13

15. 试题：循环流化床锅炉的定形耐磨耐火材料施工时，炉墙砌筑用泥浆的耐火度和化

学成分应与（　　　）的耐火度和化学成分相适应。

A．浇筑料　　　　　　　B．保温材料　　　　　　C．耐火制品

答案： C

依据：《循环流化床锅炉施工及质量验收规范》GB 50972—2014，条款号　12.2.6

16．**试题：** 循环流化床锅炉的定形耐磨耐火材料施工时，炉墙砌筑用泥浆的稠度应在 280～380（单位 0.1mm）；泥浆的粘接时间宜为 1min～3min；不同部位砌筑用泥浆的最大粒度不应大于（　　　）。

A．0.8mm　　　　　　　B．1.0mm　　　　　　　C．1.2mm

答案： A

依据：《循环流化床锅炉施工及质量验收规范》GB 50972—2014，条款号　12.2.6

17．**试题：** 循环流化床锅炉的定形耐磨耐火材料施工时，耐火砖砌筑砖缝厚度应为 2.0mm±0.5mm。砌筑泥浆应饱满，饱满度应大于（　　　）；砖缝表面应勾缝。

A．75%　　　　　　　　B．85%　　　　　　　　C．95%

答案： C

依据：《循环流化床锅炉施工及质量验收规范》GB 50972—2014，条款号　12.2.9

18．**试题：** 循环流化床锅炉炉衬砌筑施工全部结束且砌体养护期满后，宜在 90 天内进行中低温烘炉，最长不应超过（　　　）天。全陶瓷纤维内衬可不参加低温烘炉。

A．220　　　　　　　　B．200　　　　　　　　C．180

答案： C

依据：《循环流化床锅炉施工及质量验收规范》GB 50972—2014，条款号　14.2.2

19．**试题：** 循环流化床锅炉中低温烘炉宜采用锅炉带压方式，最大蒸汽压力不宜超过锅炉额定压力的（　　　）。

A．75%　　　　　　　　B．80%　　　　　　　　C．85%

答案： C

依据：《循环流化床锅炉施工及质量验收规范》GB 50972—2014，条款号　14.2.2

20．**试题：** 循环流化床锅炉推荐采用外生热烟气法进行烘炉，烘炉烟气温度宜控制在（　　　）。

A．250℃～320℃　　　B．320℃～350℃　　　C．350℃～420℃

答案： B

依据：《循环流化床锅炉施工及质量验收规范》GB 50972—2014，条款号　14.2.2

21．**试题：** 循环流化床锅炉中低温烘炉方案及温升曲线应根据材料厂家的烘炉技术要求进行编制，烘炉时应严格控制温度的升降速度和恒温时间，温度波动允许偏差为（　　　）。

A．±30℃　　　　　　　　B．±25℃　　　　　　　　C．±20℃

答案：C

依据：《循环流化床锅炉施工及质量验收规范》GB 50972—2014，条款号　14.2.2

22. **试题**：循环流化床锅炉施工时，不定形耐火材料烘炉试块残余含水率不大于（　　）时可视为烘炉合格。

A．2.5%　　　　　　　　B．3.5%　　　　　　　　C．4.5%

答案：A

依据：《循环流化床锅炉施工及质量验收规范》GB 50972—2014，条款号　14.2.2

23. **试题**：循环流化床锅炉施工时，中低温烘炉后缺陷的修补应符合材料厂家技术文件要求。无要求时，修补可以直接采用（　　）填塞修补。

A．耐火耐磨浇筑料　　　B．耐火耐磨捣打料　　　C．陶瓷纤维

答案：C

依据：《循环流化床锅炉施工及质量验收规范》GB 50972—2014，条款号　14.2.2

24. **试题**：循环流化床锅炉中低温烘炉后缺陷的修补应符合材料厂家技术文件要求。无要求时，对于面积大于（　　）的补丁经自然养护后，应进行局部烘烤。

A．$0.5m^2$　　　　　　　　B．$0.4m^2$　　　　　　　　C．$0.3m^2$

答案：A

依据：《循环流化床锅炉施工及质量验收规范》GB 50972—2014，条款号　14.2.2

25. **试题**：不定形耐磨耐火材料产品包装件按不同品种、牌号和等级，（　　）堆放，以标牌标记。

A．上下　　　　　　　　B．混合　　　　　　　　C．分别

答案：C

依据：《耐磨耐火材料技术条件与检验方法》DL/T 902—2004，条款号　8.1

26. **试题**：不定形耐火材料施工及养护的环境温度宜在（　　）范围内。

A．0℃～35℃　　　　　　B．0℃～45℃　　　　　　C．5℃～35℃

答案：C

依据：《电力建设施工技术规范　第 2 部分：锅炉机组》DL 5190.2—2012，条款号　12.3.1

27. **试题**：浇注料施工拆模应在浇筑体达到足够强度后方可进行。在正常的养护条件下，允许拆模时间下列描述错误的是：（　　）。

A．矿渣硅酸盐水泥耐火浇注料不应小于 72h

B．高铝水泥耐火浇注料不应少于 24h

C．硅酸盐水泥不应小于 12h

答案：C

依据：《电力建设施工技术规范　第 2 部分：锅炉机组》DL 5190.2—2012，条款号 12.3.8

28. **试题**：不定形耐火材料的养护应符合材料厂家设计文件的规定。没有规定时，采用高铝水泥做为结合剂的不定形耐磨耐火材料养护时间不少于（　　）。

A．1 天　　　　　　　　　　B．2 天　　　　　　　　　　C．3 天

答案：C

依据：《电力建设施工技术规范　第 2 部分：锅炉机组》DL 5190.2—2012，条款号 12.3.10

29. **试题**：耐磨耐火可塑料捣打施工后表面应平整，裂缝宽度大于（　　）时，应对裂缝采用局部补挖措施。

A．2mm　　　　　　　　　B．1.5mm　　　　　　　　C．1mm

答案：A

依据：《电力建设施工技术规范　第 2 部分：锅炉机组》DL 5190.2—2012，条款号 12.3.11

30. **试题**：关于喷涂施工，下列说法错误的是：（　　）。

A．喷涂施工应连续进行

B．不允许出现干料或流淌现象

C．每次喷涂面积不得大于 $10m^2$

答案：C

依据：《电力建设施工技术规范　第 2 部分：锅炉机组》DL 5190.2—2012，条款号 12.3.12

31. **试题**：下列关于砌砖炉墙膨胀缝的设置错误的有：（　　）。

A．砌体内外层的膨胀缝不应互相贯通

B．膨胀缝内应按设计要求填塞柔性耐火材料，耐火材料应与向火面炉墙表面平齐

C．砌体内外层的膨胀缝应互相贯通，利于膨胀

答案：C

依据：《电力建设施工技术规范　第 2 部分：锅炉机组》DL 5190.2—2012，条款号 12.4.4

32. **试题**：拌制不同种类的不定型保温耐火材料之前，必须洗净所用的器械，拌料用水必须洁净，其氯化物含量应不大于 250mg/L，pH 值应在（　　）之间。

A．6.5～8.5　　　　　　　B．8.5～9.5　　　　　　　C．9.5～10

答案：A

依据：《电力建设施工技术规范　第 2 部分：锅炉机组》DL 5190.2—2012，条款号

12.1.6

33. **试题：** 耐火浇注料、保温浇注料、抹面灰浆和砌筑用泥浆施工，不符合冬期施工要求的有：（　　）。

　　A．矾土水泥耐火浇注料的加热温度不大于 30℃

　　B．施工用水的温度不得高于 30℃

　　C．施工用水的温度可高于 30℃

　　答案： C

　　依据：《电力建设施工技术规范　第 2 部分：锅炉机组》DL 5190.2—2012，条款号 12.8.1

34. **试题：** 循环流化床锅炉炉内耐磨耐火浇筑料质量检查符合标准的有：（　　）。

　　A．表面平整度偏差≤5mm/m

　　B．表面垂直度偏差≤10mm/m

　　C．表面平整度偏差≤8mm/m

　　答案： A

　　依据：《电力建设施工质量验收及评价规程　第 2 部分：锅炉机组》DL/T 5210.2—2009，条款号　表 4.12.17

35. **试题：** 循环流化床锅炉使用的不定形耐火材料，应按同一牌号、同一生产条件组批进行抽检，组批数量应按《材料抽检方案》确定，无要求时，每组批不宜超过（　　）。

　　A．60t　　　　　　　　B．80t　　　　　　　　C．100t

　　答案： A

　　依据：《循环流化床锅炉砌筑工艺导则》DL/T 5705—2014，条款号　3.2.2

36. **试题：** 重型炉墙砌体垂直度偏差，每米不超过 5mm，全高误差不得超过（　　）。

　　A．25mm　　　　　　　B．15mm　　　　　　　C．20mm

　　答案： B

　　依据：《循环流化床锅炉砌筑工艺导则》DL/T 5705—2014，条款号　4.2.2

37. **试题：** 在保温浇注体上浇筑不定形耐火材料时，应在保温浇筑体达到（　　）后进行。

　　A．养护期满　　　　　　B．三分之一强度　　　　　　C．一半强度

　　答案： A

　　依据：《循环流化床锅炉砌筑工艺导则》DL/T 5705—2014，条款号　4.3.3

38. **试题：** 循环流化床锅炉砌筑冬期施工，浇注料的拌和用水，加热温度不大于（　　）。

　　A．50℃　　　　　　　　B．40℃　　　　　　　　C．30℃

　　答案： C

依据：《循环流化床锅炉砌筑工艺导则》DL/T 5705—2014，条款号 4.5.1

39. **试题**：金属膨胀节内的耐磨耐火保温料砌筑采用"Z"型不贯通结构，方向应与内部介质流向（　　）。

A．一致　　　　　　　　B．相反　　　　　　　　C．没有要求

答案：A

依据：《循环流化床锅炉砌筑工艺导则》DL/T 5705—2014，条款号 5.1.5

40. **试题**：循环流化床锅炉砌筑返料阀在地面浇筑时，强度达到（　　）时方可吊装。

A．50%　　　　　　　　B．70%　　　　　　　　C．60%

答案：B

依据：《循环流化床锅炉砌筑工艺导则》DL/T 5705—2014，条款号 5.4.4

41. **试题**：循环流化床锅炉返料阀锚固件安装完毕后，浇筑的施工顺序为：（　　）。

A．保温浇注料→绝热耐火浇注料→耐磨耐火浇注料

B．绝热耐火浇注料→保温浇注料→耐磨耐火浇注料

C．耐磨耐火浇注料→绝热耐火浇注料→保温浇注料

答案：A

依据：《循环流化床锅炉砌筑工艺导则》DL/T 5705—2014，条款号 5.4.5

42. **试题**：循环流化床锅炉低、中温烘炉时，应严格按照温度曲线控制，温度偏差不超过（　　）。

A．±20℃　　　　　　　B．±50℃　　　　　　　C．±100℃

答案：A

依据：《循环流化床锅炉砌筑工艺导则》DL/T 5705—2014，条款号 7.2.5

43. **试题**：循环流化床锅炉低、中温烘炉后试块应送具有相应资质单位检测，试块（　　）不大于2.5%。

A．气孔　　　　　　　　B．裂纹　　　　　　　　C．含水率

答案：C

依据：《循环流化床锅炉砌筑工艺导则》DL/T 5705—2014，条款号 7.2.6

44. **试题**：高温烘炉应根据批准的升温曲线进行，温度控制应以（　　）为准。

A．烟气温度　　　　　　B．床温　　　　　　　　C．回料温度

答案：B

依据：《循环流化床锅炉砌筑工艺导则》DL/T 5705—2014，条款号 7.3.2

45. **试题**：锅炉本体保温施工工作顺序正确的是：（　　）。

A．工作面清理→钩钉焊接→保温层敷→支承件焊接→金属丝网敷设→保护层安装

B. 工作面清理→钩钉焊接→支承件焊接→保温层敷设→金属丝网敷设→保护层安装

C. 钩钉焊接→工作面清理→支承件焊接→保温层敷设→金属丝网敷设→保护层安装

答案：B

依据：《火力发电厂热力设备及管道保温施工工艺导则》DL 5713—2014，条款号 5.1

46. **试题：**膜式壁炉墙保温钩钉和支承件必须在锅炉（　　）焊接完毕。

A. 风压前　　　　　　　　B. 一次密封前　　　　　　　　C. 水压前

答案：C

依据：《火力发电厂热力设备及管道保温施工工艺导则》DL 5713—2014，条款号 5.2.1（强条）

47. **试题：**炉顶密封梳形板、侧立板等与水冷壁管、集箱及包墙管直接焊接的部件，必须在（　　）焊接完毕，经验收合格办理移交手续后方可进行浇注密封施工。

A. 风压前　　　　　　　　B. 一次密封前　　　　　　　　C. 水压前

答案：C

依据：《火力发电厂热力设备及管道保温施工工艺导则》DL 5713—2014，条款号 5.3.4（强条）

48. **试题：**锅炉卫燃带采用浇注工艺时的施工顺序正确的是：（　　）。

A. 钩钉安装→浇注→养护

B. 钩钉安装→模板安装→浇注→拆模

C. 钩钉安装→模板安装→浇注→养护→拆模

答案：C

依据：《火力发电厂热力设备及管道保温施工工艺导则》DL 5713—2014，条款号 5.4.1

49. **试题：**锅炉底部渣斗施工承重部位模板须待浇注料强度达到（　　）后方可拆模。

A. 75%　　　　　　　　B. 65%　　　　　　　　C. 55%

答案：A

依据：《火力发电厂热力设备及管道保温施工工艺导则》DL 5713—2014，条款号 5.4.2

50. **试题：**刚性梁与水冷壁间隙及其拐角处应用（　　）保温材料填塞密实。

A. 柔性　　　　　　　　B. 硬质　　　　　　　　C. 半硬质

答案：A

依据：《火力发电厂热力设备及管道保温防腐施工技术规范》DL 5714—2014，条款

号 5.2.3

51. **试题**：锅炉膜式壁采用硬质或半硬质保温制品的拼缝宽度不应大于（　　　）。

A．5mm B．10mm C．15mm

答案：A

依据：《火力发电厂热力设备及管道保温防腐施工技术规范》DL 5714—2014，条款号 5.2.4

四、多选题（下列试题中，至少有 2 项是标准原文规定的正确答案，请将正确答案填在括号内）

1. **试题**：一般工业炉砌筑允许误差，下列符合规定的是：（　　　）。

A．垂直误差：墙体≤5mm/m，全高≤15mm；基础砖墩≤3mm/m，全高≤10mm

B．表面平整度误差：墙面≤5mm；挂砖墙面≤7mm；拱脚砖下的炉墙上表面≤5mm；底面≤5mm

C．拱和拱顶的跨度误差±10mm

D．烟道的高度和宽度误差±15mm

答案：BCD

依据：《工业炉砌筑工程施工及验收规范》GB 50211—2004，条款号 3.2.3

2. **试题**：工业炉砌体的砖缝厚度，应在炉子每部分砌体每 $5m^2$ 的表面上周塞尺检查 10 处，比规定砖缝厚度大 50%以内的砖缝，不应超过下列规定：（　　　）。

A．拉砖杆应平直，其弯曲度每米长不宜超过 5mm

B．拉砖轩的长度应适合，不得出现不拉或虚拉的现象

C．拉砖杆在纵向膨胀缝处应断开

D．拉砖钩应平直地嵌入砖内，不得一端翘起

答案：BCD

依据：《工业炉砌筑工程施工及验收规范》GB 50211—2004，条款号 3.2.38

3. **试题**：砌体砖缝的泥（砂）浆饱满度应符合下列规定：（　　　）。

A．耐火砌体的缝的泥浆饱满度应大于 90%

B．对气密性有较严格要求以及有熔融金属或渣侵蚀的底和墙泥浆饱满应大于 95%

C．普通黏土砖内村砖缝的泥浆饱满度应大于 85%

D．外部普通黏土砖砌体砖缝的砂浆饱满度应大于 80%

答案：ABCD

依据：《工业炉砌筑工程质量验收规范》GB 50309—2007，条款号 3.2.3

4. **试题**：耐火浇注料内衬的质量，下列符合规定的有：（　　　）。

A．耐火浇注料振捣密实，表面没有剥落、裂缝、孔洞等缺陷

B．耐火浇注料内衬，可有轻微的网状裂纹

C. 膨胀缝应留设均匀、平直，位置正确，缝内清洁，不得有任何填充材料

D. 隔热层的构造应符合设计要求

答案：ABD

依据：《工业炉砌筑工程质量验收规范》GB 50309—2007，条款号　4.1.6

5. **试题：**每批到达现场材料的不定形耐磨耐火材料在使用前的检查及检验，下列符合规定的是：（　　　）。

A. 材料的质量证明文件和使用说明书应齐全有效，其性能指标应符合设计及相关标准规定

B. 材料包装完好

C. 异常凝结或超出时效的材料不得使用

D. 按批次进行现场见证抽样检验，抽样及试块制作应符合相关规定

答案：ABCD

依据：《循环流化床锅炉施工及质量验收规范》GB 50972—2014，条款号　12.1.2

6. **试题：**循环流化床锅炉施工时，锚固支撑件及附件安装应符合下列规定：（　　　）。

A. 在锅炉水压试验前应完成承压件部位锚固支撑件及附件的焊接

B. 特殊部位安装尺寸无明确设计要求时，应适当增加加密锚固支撑件等的安装

C. 抓钉端部帽盖应完好、稳固。无帽盖时，应在抓钉的端头涂刷沥青

D. 焊接位置应避开管口焊缝，其焊接工艺及质量应符合相关要求

答案：ABCD

依据：《循环流化床锅炉施工及质量验收规范》GB 50972—2014，条款号　12.1.6

7. **试题：**循环流化床锅炉砌筑锚固支撑件及附件安装，下列符合规定的是：（　　　）。

A. 在锅炉水压试验前完成承压件部位锚固支撑件及附件的焊接

B. 锚固支撑件及附件的材质、型号、安装尺寸以及安装方向应符合设计技术文件要求

C. 锚固件双侧施焊，焊缝高度不应小于 3mm

D. 焊后进行 50%焊缝外观质量检查

答案：ABC

依据：《循环流化床锅炉施工及质量验收规范》GB 50972—2014，条款号　12.1.6

8. **试题：**循环流化床锅炉浇筑模板设计、制作、安装、拆除，下列符合规定的是：（　　　）。

A. 模板及其支撑系统应具有足够的强度和刚度，施工过程中不应产生变形和位移

B. 预留孔洞的中心位置偏差不应大于 20mm，孔洞尺寸偏差不应大于 10mm

C. 模板表面应清洁、光滑，并应有防粘措施

D. 模板接缝应有密封措施，应严密不漏

答案：ACD

依据:《循环流化床锅炉施工及质量验收规范》GB 50972—2014,条款号 12.1.7

9. **试题:**循环流化床锅炉不定形耐磨耐火材料浇注或铺料,下列符合规定的是:(   )。

A. 多层衬里对应部位不定形耐火保温材料养护时间应符合材料制造厂技术文件要求

B. 不定形耐磨耐火材料浇注时,隔热体接触面应采取防潮措施

C. 独立施工单元的浇注或铺料作业应连续,并应与成型作业同步进行

D. 振动浇注炉墙每模浇注高度不应大于 500mm;自流浇注炉墙每模浇注高度不应大于 3m,坡度大于 55°的炉墙不宜自流浇注

答案:ABC

依据:《循环流化床锅炉施工及质量验收规范》GB 50972—2014,条款号 12.1.10

10. **试题:**循环流化床锅炉不定形耐磨耐火材料自流浇注、振捣、捣打、喷涂以及涂抹施工应符合下列规定:(   )。

A. 承压部件单层衬里应一次性施工至规定厚度,且不得平行与向火面分层施工

B. 施工意外中断时,新老接合面应采取处理措施,防止脱层

C. 每次喷涂面积不应大于 $5m^2$

D. 自流浇注料可以使用机械振捣

答案:ABC

依据:《循环流化床锅炉施工及质量验收规范》GB 50972—2014,条款号 12.1.11

11. **试题:**循环流化床锅炉施工时,不定形耐磨耐火材料施工体膨胀缝应符合下列规定:(   )。

A. 膨胀缝设置应符合设计技术文件要求,应避开转角、门、孔、洞等定位膨胀缝,膨胀缝处炉墙应严密不漏

B. 膨胀缝的宽度偏差应为 0mm~+10mm,边沿应平整、顺直

C. 膨胀缝内应清洁,不得夹有杂物

D. 膨胀缝内应按设计要求填塞适宜的柔性耐火材料,柔性耐火材料应与向火面炉墙表面平齐

答案:ACD

依据:《循环流化床锅炉施工及质量验收规范》GB 50972—2014,条款号 12.1.15

12. **试题:**循环流化床锅炉的定形耐磨耐火材料施工时,耐火泥浆检验项目应为,冷态抗折黏结强度、(   )。

A. 耐磨性   B. 黏结时间

C. 耐火度   D. 黏结温度

答案:ABC

依据:《循环流化床锅炉施工及质量验收规范》GB 50972—2014,条款号 12.2.3

13. **试题:**循环流化床锅炉高温烘炉下列符合要求的是:(   )。

A．高温烘炉宜在锅炉点火吹管时进行

B．高温烘炉速度及持续时间，应根据耐磨耐火材料制造厂提供的参数进行

C．烘炉完成检查合格后应密封湿气排出孔，防止水汽再次进入

D．质量验收记录及签证应规范、齐全

答案： ABCD

依据：《循环流化床锅炉施工及质量验收规范》GB 50972—2014，条款号　14.2.3

14．**试题：** 循环流化床锅炉砌筑用泥浆除应符合现行国家标准或行业标准外，还应符合下列规定：（　　）。

A．砌筑用泥浆的选用符合设计技术文件要求。耐火度和化学成分应与耐火制品的耐火度和化学成分相适应

B．可以使用已初凝的泥浆

C．现场配制泥浆的配比应符合材料制造厂技术文件或设计技术文件要求，拌合液温度宜为 5℃～25℃

D．可以向搅拌好的泥浆中随意添加拌合液及其他物料

答案： A、C

依据：《循环流化床锅炉施工及质量验收规范》GB 50972—2014，条款号　12.2.6

15．**试题：** 不定型隔热耐火材料出厂检验项目主要包括：（　　）。

A．渣球含量　　　　　　　　　　B．体积密度

C．常温耐压强度　　　　　　　　D．导热系数

答案： BCD

依据：《火力发电厂锅炉耐火材料》DL/T 777—2012，条款号　10.1

16．**试题：** 锅炉炉墙砌砖施工下列符合标准要求的有（　　）。

A．砖相邻两面的裂纹不得在角部相连，吊挂砖的主要受力处不得有裂纹

B．砖的破面、缺棱角处不得砌于向火面

C．泥浆初凝后，不得再敲击砌体

D．炉墙中的耐火砖不得使用小于或等于 1/3 砖长的断砖，每层的断砖数量不得超过三块

答案： ABCD

依据：《电力建设施工技术规范　第 2 部分：锅炉机组》DL 5190.2—2012，条款号第 12.4.4

17．**试题：** 循环流化床锅炉低温烘炉下列符合规定的是：（　　）。

A．循环流化床锅炉炉衬砌筑施工全部结束且砌体养护期满后，宜在 100d 内进行低温烘炉，最长不应超过 200d。全陶瓷纤维内衬应参加低温烘炉

B．低温烘炉宜采用带压方式，最大蒸汽压力不宜超过锅炉额定压力的 85%

C．推荐采用外生热烟气法进行烘炉，烘炉烟气温度宜控制在 320℃～350℃

D. 不定形耐火材料烘炉试块残余含水量不大于 2.5%时可视为烘炉合格

答案： BCD

依据：《电力建设施工技术规范 第 2 部分：锅炉机组》DL 5190.2—2012，条款号 12.4.7

18. **试题：** 关于顶棚过热器炉墙耐火混凝土、保温混凝土、耐火可塑料、微膨胀耐火可塑料及抹面层施工平整度叙述符合标准的有：（   ）。

A. 耐火混凝土表面平整度偏差≤5mm/m

B. 微膨胀耐火可塑料表面平整度偏差≤5mm/m

C. 保温混凝土表面平整度偏差≤5mm/m

D. 抹面层表面平整度偏差≤3mm/m

答案： ABCD

依据：《电力建设施工质量验收及评价规程 第 2 部分：锅炉机组》DL/T 5210.2—2009，条款号 表 4.12.2

19. **试题：** 不定形耐火、保温材料的储存、保管应满足（   ）要求。

A. 防潮 　　　　　　　　　　B. 防雨

C. 防水 　　　　　　　　　　D. 防晒

答案： ABCD

依据：《循环流化床锅炉砌筑工艺导则》DL/T 5705—2014，条款号 3.3.2

20. **试题：** 循环流化床锅炉砌筑所用的定形耐火耐磨制品，在施工现场进行分选和加工时，关于裂纹的说法满足标准规定要求的有（   ）。

A. 相邻两面的裂纹严禁在角部相连形成转角裂纹

B. 裂纹宽度不应大于 7mm

C. 所有裂纹应为表面裂纹

D. 裂纹深度不应大于 7mm

答案： ACD

依据：《循环流化床锅炉砌筑工艺导则》DL/T 5705—2014，条款号 4.2.1

21. **试题：** 热密封罩炉顶密封保温施工符合标准规定的有（   ）。

A. 支承件水平度偏差不大于 5mm、垂直度偏差不大于 10mm

B. 支承件安装应能满足外护板自由膨胀的需要

C. 密封罩内部水冷壁保温层高度不小于 500mm

D. 支承件水平度偏差不大于 10mm、垂直度偏差不大于 5mm

答案： ABC

依据：《火力发电厂热力设备及管道保温防腐施工技术规范》DL 5714—2014，条款号 5.3.4

第十节　全厂热力设备及管道保温

一、填空题（下列试题中，请将标准原条文规定的正确答案填在横线处）

1. **试题**：绝热材料及其制品的技术参数及性能，应符合____的规定。
   答案：设计文件
   依据：《工业设备及管道绝热工程施工规范》GB 50126—2008，条款号　3.1.1

2. **试题**：绝热材料及其制品的化学性能应稳定，对金属不得有____作用。
   答案：腐蚀
   依据：《工业设备及管道绝热工程施工规范》GB 50126—2008，条款号　3.1.1

3. **试题**：贮存或输送易燃、易爆物料的设备及管道，以及此类管道架设在同一支架上或相交叉处的其他管道，其绝热结构的保护层须采用____材料。
   答案：不燃性
   依据：《工业设备及管道绝热工程施工规范》GB 50126—2008，条款号　3.1.3（强条）

4. **试题**：绝热材料及其制品到达现场后应对产品的外面，几何尺寸进行抽样检查，当对产品的内在质量有疑义时，应____送具有国家认证的检测机构检验。
   答案：抽样
   依据：《工业设备及管道绝热工程施工规范》GB 50126—2008，条款号　3.2.2

5. **试题**：经过返修或加固处理仍不能满足安全使用要求的工程，严禁____。
   答案：验收
   依据：《工业设备及管道绝热工程施工质量验收规程》GB 50185—2010，条款号 3.2.6（强条）

6. **试题**：黏结剂、耐磨剂应符合设计要求。用于保温时，现场抽样检测的性能应包括____、耐温性能和使用温度。
   答案：黏结强度
   依据：《工业设备及管道绝热工程施工质量验收规范》GB 50185—2010，条款号 4.0.6

7. **试题**：用于覆盖奥氏体不锈钢设备、管道上的绝热材料应现场抽样检测，其性能包括____、氟化物、硅酸盐及钠离子的含量。
   答案：氯化物
   依据：《工业设备及管道绝热工程施工质量验收规范》GB 50185—2010，条款号 4.0.5

8. **试题**：伴热管道保温层施工时，伴热管与主管加热空间严禁堵塞____材料。

答案：保温

依据：《工业设备及管道绝热工程施工质量验收规范》GB 50185—2010，条款号 6.2.2（强条）

9. **试题**：绝热层采用纤维状和粒状材料进行填充法施工的质量检验，各种填充结构应设置____。

答案：固形层

依据：《工业设备及管道绝热工程施工质量验收规范》GB 50185—2010，条款号 6.2.4

10. **试题**：设备或管道在法兰绝热断开处的绝热结构，应留出螺栓的拆卸距离。设备法兰的两侧应留出____倍螺母厚度的距离。

答案：3

依据：《工业设备及管道绝热工程施工质量验收规范》GB 50185—2010，条款号 6.2.16

11. **试题**：保温工程热态测试环境温度、风速应在距离被测位置____处测得，应避免其它热源的影响。

答案：1m

依据：《火力发电厂保温工程热态考核测试与评价规程》DL/T 934—2005，条款号 5.5.3

12. **试题**：潮湿环境中的低温设备和管道的保温层材料宜选择____保温材料。

答案：憎水性

依据：《火力发电厂保温油漆设计规程》DL/T 5072—2007，条款号 6.2.2

13. **试题**：保温结构一般由保温层和保护层组成。对于地沟内管道以及处在潮湿环境中的低温设备和管道，在保温层外应增设____层。

答案：防潮

依据：《火力发电厂保温油漆设计规程》DL/T 5072—2007，条款号 8.1.1

14. **试题**：管道蠕变监察段、蠕变测点、流量测量装置、阀门等保温结构采用金属保护层时，宜采用____式保温结构。设备、直管道等无需检修的部位应采用固定式保温结构。

答案：可拆卸

依据：《火力发电厂保温油漆设计规程》DL/T 5072—2007，条款号 8.1.3

15. **试题**：噪声超过 85dB（A）的设备应采用吸声材料保温或设置具有____作用的保温

结构。

答案：隔声

依据：《火力发电厂保温油漆设计规程》DL/T 5072—2007，条款号　8.2.7

16. **试题：**保温层应拼接严密，同层____，层间压缝，不得出现直通缝。

　　答案：错缝

　　依据：《电力建设施工技术规范　第 2 部分：锅炉机组》DL 5190.2—2012，条款号　12.5.4

17. **试题：**膨胀补偿器及管道滑动支架等处的保温应使用____保温材料。

　　答案：软质

　　依据：《电力建设施工技术规范　第 2 部分：锅炉机组》DL 5190.2—2012，条款号　12.5.4

18. **试题：**保温抹面层铁丝网敷设应紧贴主保温层，固定牢固，搭接接头互搭长应大于或等于____。

　　答案：20mm

　　依据：《电力建设施工质量验收及评价规程　第 2 部分：锅炉机组》DL/T 5210.2—2009，条款号　表 4.12.1

19. **试题：**保温工程施工质量热态验收应在机组达到____负荷工况时进行。

　　答案：额定

　　依据：《火力发电厂热力设备及管道保温防腐施工技术规范》DL/T 5714—2014，条款号　3.1.13

20. **试题：**锅炉本体____保温施工应在锅炉水压试验合格后进行。

　　答案：膜式壁

　　依据：《火力发电厂热力设备及管道保温防腐施工技术规范》DL/T 5714—2014，条款号　5.2.1

21. **试题：**保温金属外护层应固定牢固、____自由。

　　答案：膨胀

　　依据：《火力发电厂热力设备及管道保温防腐施工技术规范》DL/T 5714—2014，条款号　6.1.3

二、判断题（判断下列试题是否正确。正确的在括号内打"√"，错误的在括号内打"×"）

1. **试题：**确需采用导热系数小、密度小、能在一定低温下使用的一般保温材料作为保冷层材料时，则对防水、防潮的设计和施工更应严格要求，以免保冷层因吸冷、吸潮而

失效或破坏。（　　　）

答案：√

依据：《设备及管道绝热技术通则》GB/T 4272—2008，条款号　7.3.2.2

2. 试题：防水层、防潮层和外保护层材料应按所用材料的相关标准中的性能测试方法，在环境温度范围内进行测定。（　　　）

答案：×

依据：《设备及管道绝热技术通则》GB/T 4272—2008，条款号　7.4.2

3. 试题：绝热材料不应在露天堆放，否则必须采取防雨、防雪、防滑措施，严防受潮。（　　　）

答案：√

依据：《设备及管道绝热技术通则》GB/T 4272—2008，条款号　8.1.2

4. 试题：设备及管道绝热工程施工遇有需要修改设计、材料代用或采用新材料时，无须经原设计单位同意。（　　　）

答案：×

依据：《工业设备及管道绝热工程施工规范》GB 50126—2008，条款号　1.0.4（强条）

5. 试题：绝热保护层材料在环境使用温度及振动变化情况下不应软化、脆裂或开裂。（　　　）

答案：√

依据：《工业设备及管道绝热工程施工规范》GB 50126—2008，条款号　3.1.3

6. 试题：对超过保管期的绝热层、防潮层、外护层材料及其制品，应重新进行抽检，合格后方可使用。（　　　）

答案：√

依据：《工业设备及管道绝热工程施工规范》GB 50126—2008，条款号　3.2.5

7. 试题：矿纤类绝热制品在装卸时不得挤压、抛掷，长途运输应采取防雨水措施。（　　　）

答案：√

依据：《工业设备及管道绝热工程施工规范》GB 50126—2008，条款号　3.3.1

8. 试题：绝热材料应存放在仓库或棚库内。（　　　）

答案：√

依据：《工业设备及管道绝热工程施工规范》GB 50126—2008，条款号　3.3.2

9. 试题：用于绝热结构的固定件和支承件的材质和品种必须与设备及管道的材质相

匹配。（　　）

答案：√

依据：《工业设备及管道绝热工程施工规范》GB 50126—2008，条款号　4.3.1（强条）

10. **试题：**设备振动部位的绝热层固定件，当壳体上已设有固定螺母时，应在螺杆拧紧丝扣后满焊固定。（　　）

　　答案：×

　　依据：《工业设备及管道绝热工程施工规范》GB 50126—2008，条款号　4.3.8

11. **试题：**保温设备及管道上的裙座、支座、吊耳、仪表管座、支吊架等附件，应进行保温，当设计无规定时，可不必保温。（　　）

　　答案：√

　　依据：《工业设备及管道绝热工程施工规范》GB 50126—2008，条款号　5.1.9

12. **试题：**保温喷涂施工时应由上而下，分层进行，大面积喷涂时，应分段分片进行。（　　）

　　答案：×

　　依据：《工业设备及管道绝热工程施工规范》GB 50126—2008，条款号　5.9.4

13. **试题：**保冷的设备或管道，其可拆卸式结构与固定结构之间必须密封。（　　）

　　答案：√

　　依据：《工业设备及管道绝热工程施工规范》GB 50126—2008，条款号　5.11.10（强条）

14. **试题：**当设计对球形容器的伸缩缝做法无规定时，浇注或喷涂的绝热层可采用嵌条留设。（　　）

　　答案：√

　　依据：《工业设备及管道绝热工程施工规范》GB 50126—2008，条款号　5.13.6（强条）

15. **试题：**现场抽样的保温材料其性能检测及报告，可由业主单位指定的质量检测部门出具。（　　）

　　答案：×

　　依据：《工业设备及管道绝热工程施工质量验收规程》GB 50185—2010，条款号　3.2.7

16. **试题：**当胶泥类防潮层的加强布采用玻璃纤维布时，其质量应为中碱、无蜡、平纹、单边或双边封边。（　　）

　　答案：√

依据：《工业设备及管道绝热工程施工质量验收规范》GB 50185—2010，条款号 4.0.8

17. **试题**：保冷层施工时，应注意金属固定件严禁穿透保冷层。（   ）

    答案：√

    依据：《工业设备及管道绝热工程施工质量验收规范》GB 50185—2010，条款号 5.0.4（强条）

18. **试题**：对于介质温度大于或等于 200℃的设备或管道、非铁素体碳钢设备或管道以及保冷结构，当使用抱箍式支承件时，应与管道或设备直接贴紧，固定牢固。（   ）

    答案：×

    依据：《工业设备及管道绝热工程施工质量验收规范》GB 50185—2010，条款号 5.0.6

19. **试题**：保温钩钉、销钉的最大间距不应大于 350mm。（   ）

    答案：√

    依据：《工业设备及管道绝热工程施工质量验收规范》GB 50185—2010，条款号 5.0.7

20. **试题**：绝热层拼缝的质量检验时，保温层、保冷层拼缝宽度均不得大于 5mm。（   ）

    答案：×

    依据：《工业设备及管道绝热工程施工质量验收规范》GB 50185—2010，条款号 6.1.5

21. **试题**：设备及管道的附件和管道端部或有盲板部位的保温应符合设计要求，并应结构合理、安装牢固、拼缝严密、平整美观。（   ）

    答案：√

    依据：《工业设备及管道绝热工程施工质量验收规范》GB 50185—2010，条款号 6.1.8

22. **试题**：高温、高压设备施工后的绝热层不得覆盖设备铭牌，对于中低压、中低温设备施工后的绝热层，考虑到绝热层施工的严密性可以覆盖设备铭牌。（   ）

    答案：×

    依据：《工业设备及管道绝热工程施工质量验收规范》GB 50185—2010，条款号 6.1.9

23. **试题**：施工后的绝热层不得影响管道膨胀及管道膨胀指示装置的安装。（   ）

    答案：√

    依据：《工业设备及管道绝热工程施工质量验收规范》GB 50185—2010，条款号

6.1.10

24. **试题：** 有伴热管道的管道在保温施工时，伴热管与主管的加热空间严禁堵塞保温材料。（　　）

答案： √

依据：《工业设备及管道绝热工程施工质量验收规范》GB 50185—2010，条款号 6.2.2

25. **试题：** 当绝热层采用硬质、半硬质制品进行拼砌法施工时，绝热层的干砌填缝材料或湿砌灰浆材料，应符合设计要求，并应填塞严实，胶泥饱满。（　　）

答案： √

依据：《工业设备及管道绝热工程施工质量验收规范》GB 50185—2010，条款号 6.2.3

26. **试题：** 绝热层采用纤维状和粒状材料进行填充法施工的质量检验，各种填充结构不得有填料架桥和漏填现象。（　　）

答案： √

依据：《工业设备及管道绝热工程施工质量验收规范》GB 50185—2010，条款号 6.2.4

27. **试题：** 设备及管道上的观察孔、检测点、维修处等可拆卸式绝热层厚度，应比设备及管道绝热层厚度加厚 20mm。（　　）

答案： ×

依据：《工业设备及管道绝热工程施工质量验收规范》GB 50185—2010，条款号 6.2.6

28. **试题：** 保冷层和高温保温层的各层伸缩缝必须错开，错开距离应大于 50mm。（　　）

答案： ×

依据：《工业设备及管道绝热工程施工质量验收规范》GB 50185—2010，条款号 6.2.8（强条）

29. **试题：** 绝热绳、绝热带缠绕法施工的质量检验，绝热绳的缠绕应互相紧靠，并应拉紧无松动。多层应压缝，并应顺向缠绕。（　　）

答案： ×

依据：《工业设备及管道绝热工程施工质量验收规范》GB 50185—2010，条款号 6.2.11

30. **试题：** 当设备及管道金属反射绝热结构的绝热层外采用外板延伸时，外板应逆水流方向搭接。（　　）

答案：×

依据：《工业设备及管道绝热工程施工质量验收规范》GB 50185—2010，条款号 6.2.17

31. 试题：防潮层必须按设计要求的防潮结构及顺序进行施工。（　　）

答案：√

依据：《工业设备及管道绝热工程施工质量验收规范》GB 50185—2010，条款号 7.0.2（强条）

32. 试题：设备及管道金属保护层的环向接缝、纵向接缝必须上搭下，水平管道的环向接缝应逆水搭接。（　　）

答案：×

依据：《工业设备及管道绝热工程施工质量验收规范》GB 50185—2010，条款号 8.1.3（强条）

33. 试题：管道金属保护层的纵向接缝应与管道轴线保持平行，应整齐美观，当侧面或底部有障碍物时，可移至管道水平中心线上方 60°以内。（　　）

答案：√

依据：《工业设备及管道绝热工程施工质量验收规范》GB 50185—2010，条款号 8.1.9

34. 试题：当施工质量不符合设计和有关规范要求时，必须经返修重新验收合格，方可办理交工。（　　）

答案：√

依据：《工业设备及管道绝热工程施工质量验收规程》GB 50185—2010，条款号 9.0.4（强条）

35. 试题：采用"捆扎法"进行保温施工时，应采用螺旋缠绕方式进行捆扎施工。（　　）

答案：×

依据：《循环流化床锅炉施工及质量验收规范》GB 50972—2014，条款号 13.0.7

36. 试题：蒸汽管道上的蠕胀监测段或监督段应采用密封良好、可拆卸的活动保温及外护结构，且应有明显标识。（　　）

答案：√

依据：《循环流化床锅炉施工及质量验收规范》GB 50972—2014，条款号 13.0.14

37. 试题：采用软质、半软质材料保温时，应按设计或设备技术文件要求控制压缩量；无要求时，压缩量不应超过保温层厚度的 5%。（　　）

答案：×

依据：《循环流化床锅炉施工及质量验收规范》GB 50972—2014，条款号 13.0.6

38. 试题：绝热用岩棉、矿渣棉制品有防水要求时，其质量吸水率应不大于 5%，憎水率应不大于 98%。（　　　）

答案：√

依据：《火力发电厂绝热材料》DL/T 776—2012，条款号 7.8

39. 试题：火力发电厂新建或改造保温工程竣工后的热态考核测试应在机组稳定运行 168h 后进行。（　　　）

答案：×

依据：《火力发电厂保温工程热态考核测试与评价规程》DL/T 934—2005，条款号 5.5.1

40. 试题：热力设备、管道及其附保温结构的外表面温度和外表面允许最大散热损失值，只要有一种满足规定，该保温工程方可视为验收合格。（　　　）

答案：×

依据：《火力发电厂保温工程热态考核测试与评价规程》DL/T 934—2005，条款号 9.2.1

41. 试题：保温结构保护层材料应防水、防潮，抗大气腐蚀性能好，使用年限长，不易老化变质。（　　　）

答案：√

依据：《火力发电厂保温油漆设计规程》DL/T 5072—2007，条款号 6.3.1

42. 试题：保温结构设计应有足够的机械强度，在自重、振动、风雪等附加荷载的作用下不致破坏。（　　　）

答案：√

依据：《火力发电厂保温油漆设计规程》DL/T 5072—2007，条款号 8.1.2

43. 试题：在沿海大风地区，室外布置的设备与管道的保温结构应采取适当的加固措施。（　　　）

答案：√

依据：《火力发电厂保温油漆设计规程》DL/T 5072—2007，条款号 8.1.4

44. 试题：保温结构的捆扎件应采用螺旋式缠绕捆件。（　　　）

答案：×

依据：《火力发电厂保温油漆设计规程》DL/T 5072—2007，条款号 8.2.10

45. 试题：保温结构金属保护层应有整体防水功能，安装在室外的支吊架管部穿出金属

保护层的地方应在吊杆上加装防雨罩。（　　　）

答案： √

依据：《火力发电厂保温油漆设计规程》DL/T 5072—2007，条款号　8.3.1

46. **试题：** 直管段硬质保温材料的外护金属保护层活动环向接缝，不应与保温层的伸缩缝设置相一致。（　　　）

答案： ×

依据：《火力发电厂保温油漆设计规程》DL/T 5072—2007，条款号　8.3.2

47. **试题：** 室外布置的大截面矩形烟风道的保护层顶部应设排水坡度，双面排水。（　　　）

答案： √

依据：《火力发电厂保温油漆设计规程》DL/T 5072—2007，条款号　8.3.7

48. **试题：** 保温结构的防潮层外可设置镀锌铁丝或钢带等硬质捆扎件。（　　　）

答案： ×

依据：《火力发电厂保温油漆设计规程》DL/T 5072—2007，条款号　8.4.2

49. **试题：** 保温材料在运输和施工过程中应采取有效的防雨防潮措施。（　　　）

答案： √

依据：《电力建设施工技术规范　第2部分：锅炉机组》DL 5190.2—2012，条款号　12.1.3

50. **试题：** 在禁止施焊的压力容器、管道壁上，应采用带保温钉的抱箍支撑托架，抱箍可直接固定在设备上。（　　　）

答案： √

依据：《电力建设施工技术规范　第2部分：锅炉机组》DL 5190.2—2012，条款号　12.5.2

51. **试题：** 采用软质、半软质材料保温时，应按设计要求控制压缩量。无设计时，压缩量应不超过保温层厚度的50%。（　　　）

答案： ×

依据：《电力建设施工技术规范　第2部分：锅炉机组》DL 5190.2—2012，条款号　12.5.4

52. **试题：** 保温钩钉安装，焊接应符合厂家技术文件要求，焊接无夹渣、咬边、气孔等缺陷，焊缝成型良好，焊接牢固，不伤及母材。（　　　）

答案： √

依据：《电力建设施工质量验收及评价规程　第2部分：锅炉机组》DL/T 5210.2—2009，条款号　表4.12.1

53. **试题：**设备与管道抹面层粘贴玻璃丝布，玻璃丝布的相互搭接应不少于 10mm。（   ）

    答案：×

    依据：《电力建设施工质量验收及评价规程 第 2 部分：锅炉机组》DL/T 5210.2—2009，条款号 表 4.14.3

54. **试题：**膜式壁炉墙保温钩钉和支承件可在锅炉水压后焊接。（   ）

    答案：×

    依据：《火力发电厂热力设备及管道保温施工工艺导则》DL/T 5713—2014，条款号 5.2.1（强条）

55. **试题：**保温钩钉应焊接在鳍片上，焊接时不得损伤管排。（   ）

    答案：√

    依据：《火力发电厂热力设备及管道保温施工工艺导则》DL/T 5713—2014，条款号 5.2.2

56. **试题：**炉顶热密封罩外保温时，穿过热密封罩顶部的吊杆密封套内部应填塞相应的保温制品并密封。（   ）

    答案：√

    依据：《火力发电厂热力设备及管道保温施工工艺导则》DL/T 5713—2014，条款号 5.3.2

57. **试题：**每层刚性梁间的保护层上下安装折边板时，与四角包角板相接处应留膨胀间隙。（   ）

    答案：√

    依据：《火力发电厂热力设备及管道保温施工工艺导则》DL/T 5713—2014，条款号 9.1.3

58. **试题：**保温防腐施工前应办理工程中间交接手续，隐蔽工程必须办理签证单。（   ）

    答案：√

    依据：《火力发电厂热力设备及管道保温防腐施工技术规范》DL/T 5714—2014，条款号 3.1.7

59. **试题：**保温材料出厂质量证明文件应齐全有效，其性能指标应符合设计、合同要求及相关标准规定。（   ）

    答案：√

    依据：《火力发电厂热力设备及管道保温防腐施工技术规范》DL/T 5714—2014，条款号 4.1.2

60. **试题：** 保温材料的随机抽样检验结果应符合设计和国家相关标准的要求。保温材料抽检结果有一项为不合格时，可判定该批产品质量为不合格。（   ）

答案： ×

依据：《火力发电厂热力设备及管道保温防腐施工技术规范》DL/T 5714—2014，条款号 4.2.2

61. **试题：** 用于直接覆盖奥氏体不锈钢设备及管道的保温材料现场抽检，其浸出液的氯离子等成分含量超出标准规定要求，不得使用。（   ）

答案： √

依据：《火力发电厂热力设备及管道保温防腐施工技术规范》DL/T 5714—2014，条款号 4.2.5

62. **试题：** 保温结构的支承件和固定件的材质应符合设计技术文件的要求，合金钢零部件在施工前必须进行 50%的材质复核检验。（   ）

答案： ×

依据：《火力发电厂热力设备及管道保温防腐施工技术规范》DL/T 5714—2014，条款号 5.1.2（强条）

63. **试题：** 方形设备、方形管道四角的保温层敷设时，其四角角缝应采用垂直通缝。（   ）

答案： ×

依据：《火力发电厂热力设备及管道保温防腐施工技术规范》DL/T 5714—2014，条款号 5.1.11

64. **试题：** 炉顶密封保温施工应在炉顶二次金属密封之前进行。（   ）

答案： ×

依据：《火力发电厂热力设备及管道保温防腐施工技术规范》DL/T 5714—2014，条款号 5.3.1

65. **试题：** 与管道一起保温的伴热电热带最高耐热温度应小于管道各种工作状态时管壁表面温度，否则电热带应与管路隔离。（   ）

答案： ×

依据：《火力发电厂热力设备及管道保温防腐施工技术规范》DL/T 5714—2014，条款号 5.5.10

66. **试题：** 箱形设备四角保温施工的角缝应采用封盖式搭缝，可以有垂直或水平通缝。（   ）

答案： ×

依据：《火力发电厂热力设备及管道保温防腐施工技术规范》DL/T 5714—2014，条

款号　5.6.1

67. **试题**：未设计留置空气层的矩形烟风管道保温时，其加强筋应在保温层外。（　　）

　　答案：×

　　依据：《火力发电厂热力设备及管道保温防腐施工技术规范》DL/T 5714—2014，条款号　5.7.5

68. **试题**：烟风燃（物）料管道金属补偿器保温层应不影响其膨胀。（　　）

　　答案：√

　　依据：《火力发电厂热力设备及管道保温防腐施工技术规范》DL/T 5714—2014，条款号　5.7.6

69. **试题**：风门等处的保温层不应影响风门及其传动机构的正常动作。（　　）

　　答案：√

　　依据：《火力发电厂热力设备及管道保温防腐施工技术规范》DL/T 5714—2014，条款号　5.7.7

70. **试题**：防潮层、外护层在保温层施工完毕后即可施工。（　　）

　　答案：×

　　依据：《火力发电厂热力设备及管道保温防腐施工技术规范》DL/T 5714—2014，条款号　6.1.1

71. **试题**：露天布置的设备及管道外护层应具备整体防水功能。（　　）

　　答案：√

　　依据：《火力发电厂热力设备及管道保温防腐施工技术规范》DL/T 5714—2014，条款号　6.1.4

72. **试题**：采用保温抹面层保温的设备及管道，在抹面层施工结束后，即可上粘贴玻璃丝布。（　　）

　　答案：×

　　依据：《火力发电厂热力设备及管道保温防腐施工技术规范》DL/T 5714—2014，条款号　6.3.2

73. **试题**：火力发电厂设备及管道保温工程，热态检测的超温处数不应超过被检测处总数的 5%。（　　）

　　答案：×

　　依据：《火力发电厂热力设备及管道保温防腐施工技术规范》DL/T 5714—2014，条款号　7.0.4

74. **试题：** 热力设备及管道保温外表面温度，当环境温度高于 27℃时，保温结构外表面温度允许比环境温度高出 30℃以内。（　　）

答案： ×

依据：《火力发电厂热力设备及管道保温防腐施工技术规范》DL/T 5714—2014，条款号　9.1.1

三、单选题（下列试题中，只有 1 项是标准原文规定的正确答案，请将正确答案填在括号内）

1. **试题：** 方形设备的横缝、水平缝称为（　　）。

   A．纵向接缝　　　　　　　B．环向接缝　　　　　　　C．施工膨胀缝

   答案： B

   依据：《工业设备及管道绝热工程施工规范》GB 50126—2008，条款号　2.0.7

2. **试题：** 用于保温的软质绝热制品密度不得大于（　　）。

   A．150kg/m^3　　　　　　B．180kg/m^3　　　　　　C．200kg/m^3

   答案： A

   依据：《工业设备及管道绝热工程施工规范》GB 50126—2008，条款号　3.1.1

3. **试题：** 用于保温的硬质无机成型绝热制品，其抗压强度不得小于（　　）。

   A．0.15MPa　　　　　　　B．0.2MPa　　　　　　　C．0.3MPa

   答案： C

   依据：《工业设备及管道绝热工程施工规范》GB 50126—2008，条款号　3.1.1

4. **试题：** 用于保温的绝热材料及其制品，含水率应小于（　　）。

   A．10%　　　　　　　　　B．15%　　　　　　　　　C．7.5%

   答案： C

   依据：《工业设备及管道绝热工程施工规范》GB 50126—2008，条款号　3.2.3

5. **试题：** 直接焊于不锈钢设备、管道上的固定件，必须采用不锈钢制作。当保温固定件采用碳钢制作时，应加焊（　　）。

   A．不锈钢垫板　　　　　　B．碳钢垫板　　　　　　　C．优质碳素钢垫板

   答案： A

   依据：《工业设备及管道绝热工程施工规范》GB 50126—2008，条款号　4.3.6（强条）

6. **试题：** 制冷站进行保冷的设备和管道，当采用硬质或半硬质绝热制品时，施工的拼缝宽度不应大于（　　）。

   A．3mm　　　　　　　　　B．2mm　　　　　　　　　C．5mm

   答案： B

   依据：《工业设备及管道绝热工程施工规范》GB 50126—2008，条款号　5.1.4

7. **试题：** 保温外护层包缠施工，应层层压缝，压缝宜为 30mm～50mm，且必须在其（　　）有捆紧等固定措施。

   A．起点和中点　　　　　　　B．起点和终端　　　　　　　C．中点和终端

   答案： B

   依据：《工业设备及管道绝热工程施工规范》GB 50126—2008，条款号　7.2.1

8. **试题：** 当保温固定件采用碳钢制作，焊于不锈钢设备、管道上时，应加焊（　　）垫板。

   A．低碳钢　　　　　　　　　B．高合金钢　　　　　　　　C．不锈钢

   答案： C

   依据：《工业设备及管道绝热工程施工质量验收规范》GB 50185—2010，条款号　5.0.5

9. **试题：** 热风道保温材料固定销钉应垂直，间距应均匀，长短应一致，自锁紧板不得向外滑动，保温销钉间距安装要求应符合设计，设计无要求时应符合：（　　）。

   A．每平方米面积：侧部不少于 8 个

   B．每平方米面积：侧部不少于 10 个

   C．每平方米面积：底部不少于 8 个

   答案： C

   依据：《工业设备及管道绝热工程施工质量验收规范》GB 50185—2010，条款号　5.0.7

10. **试题：** 高温介质管道保温支承件的安装应牢固无松动，位置设置应正确，间距和宽度应符合设计要求，设计无要求时公称直径大于 100mm 垂直管道保温支承件间距宜为（　　）。

    A．1.0m～2.0m　　　　　　B．2.0m～3.0m　　　　　　C．3.0m～4.0m

    答案： B

    依据：《工业设备及管道绝热工程施工质量验收规范》GB 50185—2010，条款号　5.0.8

11. **试题：** 主降水管道采用硅酸钙保温施工时，保温层厚度大于或等于（　　），保温层必须分层错缝进行施工，各层的厚度应接近。

    A．50mm　　　　　　　　　B．60mm　　　　　　　　　C．100mm

    答案： C

    依据：《工业设备及管道绝热工程施工质量验收规范》GB 50185—2010，条款号　6.1.2

12. **试题：** 绝热层施工应同层错缝，上下层压缝，搭接长度应大于（　　）。

    A．50mm　　　　　　　　　B．80mm　　　　　　　　　C．100mm

    答案： C

依据：《工业设备及管道绝热工程施工质量验收规范》GB 50185—2010，条款号 6.1.5

13. **试题：** 绝热层拼缝的质量检验，下列不符合规定的是：（　　　）。

A．角缝应为直通缝

B．各层表面应作严缝处理

C．拼缝应规则，错缝应整齐，表面应平整

答案： A

依据：《工业设备及管道绝热工程施工质量验收规程》GB 50185—2010，条款号 6.1.7

14. **试题：** 绝热层采用硬质、半硬质及软质制品进行捆扎法施工的质量检验，下列符合标准规定的有：（　　　）。

A．绝热层应捆扎牢固，并应无松脱，铁丝头应扳平嵌入绝热层内

B．硬质绝热制品捆扎间距不应大于 600mm

C．每块绝热制品上的捆扎件不得少于 1 道，不得螺旋式缠绕捆扎

答案： A

依据：《工业设备及管道绝热工程施工质量验收规范》GB 50185—2010，条款号 6.2.10

15. **试题：** 高分子发泡保温材料进行浇注、喷涂的基面应干净，属于正常施工现象的有：（　　　）。

A．脱落

B．收缩

C．绝热层与工件粘贴牢固

答案： C

依据：《工业设备及管道绝热工程施工质量验收规范》GB 50185—2010，条款号 6.2.14

16. **试题：** 绝热层安装厚度质量检验符合标准规定的有：（　　　）。

A．捆扎法硬质制品绝热层厚度安装允许偏差为＋10mm，－5mm

B．捆扎法软质制品绝热层厚度安装允许偏差为＋10%，－5%

C．填充法绝热层厚度允许偏差为＋10mm，－5mm

答案： A

依据：《工业设备及管道绝热工程施工质量验收规范》GB 50185—2010，条款号 6.2.19

17. **试题：** 金属保护层的搭接应均匀严密、整齐美观，金属保护层搭接尺寸符合标准规定的是：（　　　）。

A. 室内设备及管道膨胀缝部位≥80

B. 露天或潮湿环境膨胀缝部位≥75

C. 设备平壁面插接尺寸≥50

答案：B

依据：《工业设备及管道绝热工程施工质量验收规范》GB 50185—2010，条款号　8.1.7

18. **试题：**半硬质及软质保温层金属保护层环向活动缝的间距符合标准规定的是：
（　　）。

A. 介质温度≤150℃，间距 3m～4m

B. 介质温度＞350℃，间距 3m～4m

C. 介质温度＞350℃，间距 4m～6m

答案：B

依据：《工业设备及管道绝热工程施工质量验收规范》GB 50185—2010，条款号
8.1.14

19. **试题：**设备及管道保温，下列做法正确的是：（　　）。

A. 当采用毡箔布类、防水卷材包缠型保护层时，搭接方向无要求

B. 当采用压型板材做保护层时，按板型搭接

C. 当采用玻璃钢制品做保护层时，必须上搭下，顺水搭接

答案：C

依据：《工业设备及管道绝热工程施工质量验收规程》GB 50185—2010，条款号
8.2.2（强条）

20. **试题：**采用抹面保护层的施工质量检验不符合标准规定的有：（　　）。

A. 不得露出铁丝头和铁丝网，表面应平整光洁

B. 抹面保护层表面应无疏松层，未投入使用前应无干缩裂缝

C. 高温管道抹面层的断缝不应与保温层的伸缩缝留在同一部位

答案：C

依据：《工业设备及管道绝热工程施工质量验收规范》GB 50185—2010，条款号
8.2.6

21. **试题：**循环流化床锅炉保温施工时，硬质材料保温层厚度大于（　　）、软质及半软
质材料保温层厚度大于 100mm 时，应分层敷设，且各层厚度应相近。

A. 60mm　　　　　　　　B. 70mm　　　　　　　　C. 80mm

答案：C

依据：《循环流化床锅炉施工及质量验收规范》GB 50972—2014，条款号　13.0.5

22. **试题：**循环流化床锅炉的锅炉热力设备及管道保温采用捆扎法施工时，每块保温材
料上的捆扎件最少不得少于（　　）道，间距应均匀，对有振动的部位应加密捆扎。

A. 1　　　　　　　　B. 2　　　　　　　　C. 3

答案：B

依据：《循环流化床锅炉施工及质量验收规范》GB 50972—2014，条款号 13.0.7

23. 试题：下列绝热材料属于硬质绝热材料的有：（　　　）。

A. 定型硅酸钙　　　　　B. 岩棉　　　　　　　C. 玻璃棉

答案：A

依据：《火力发电厂绝热材料》DL/T 776—2012，条款号 4.1

24. 试题：不属于不定形耐火材料出厂检验项目是：（　　　）。

A. 耐火度　　　　　　　B. 常温耐压强度　　　C. 憎水率

答案：C

依据：《火力发电厂锅炉耐火材料》DL T 777—2012，条款号 10.1

25. 试题：可作为火力发电厂保温工程热态测试段的有：（　　　）。

A. 不明显施工接缝处　　B. 有代表性的区域　　C. 施工接缝处

答案：B

依据：《火力发电厂保温工程热态考核测试与评价规程》DL/T 934—2005，条款号
5.4.1

26. 试题：保温工程热态测试时，表面温度的数据读取，每个测点应稳定（　　　），即达
到热平衡后读取数据。

A. 1min～3min　　　　　B. 3min～5min　　　　C. 2min～3min

答案：B

依据：《火力发电厂保温工程热态考核测试与评价规程》DL/T 934—2005，条款号
6.2.2.3

27. 试题：需要防止烫伤人员的部位应在下列范围内设置防烫伤保温的有：（　　　）。

A. 管道距地面或平台的高度大于 2100mm

B. 管道距地面或平台的高度小于 2100mm

C. 靠操作平台水平距离大于 750mm

答案：B

依据：《火力发电厂保温油漆设计规程》DL/T 5072—2007，条款号 5.0.2

28. 试题：下列管道根据当地气象条件和布置环境无需设置防冻保温的有：（　　　）。

A. 露天布置的工业水管道、冷却水管道

B. 露天布置的厂区杂用压缩空气管道

C. 露天布置的雨水管道

答案：C

依据：《火力发电厂保温油漆设计规程》DL/T 5072—2007，条款号　5.0.4

29. **试题**：对于防烫伤保温，保温结构外表面温度不应超过（　　）。
　　A．80℃　　　　　　　　B．60℃　　　　　　　　C．70℃
　　答案：B
　　依据：《火力发电厂保温油漆设计规程》DL/T 5072—2007，条款号　5.0.5

30. **试题**：火力发电厂的设备和管道及其附件采用的非金属保护层有（　　）。
　　A．彩钢板　　　　　　　B．铝皮　　　　　　　　C．抹面
　　答案：C
　　依据：《火力发电厂保温油漆设计规程》DL/T 5072—2007，条款号　6.3.3

31. **试题**：保温层厚度宜以 10mm 为分档单位。硬质保温制品最小厚度宜为（　　）。
　　A．50mm　　　　　　　B．10mm　　　　　　　C．30mm
　　答案：C
　　依据：《火力发电厂保温油漆设计规程》DL/T 5072—2007，条款号　8.2.1

32. **试题**：保温结构的支撑件设计应符合下列规定：介质温度小于 430℃时，支撑件应采用焊接承重环。介质温度高于 430℃时，支撑件应采用（　　）承重环。
　　A．插接　　　　　　　　B．紧箍　　　　　　　　C．焊接
　　答案：B
　　依据：《火力发电厂保温油漆设计规程》DL/T 5072—2007，条款号　8.2.8

33. **试题**：保温结构支撑件的承面宽度应比保温层厚度少（　　）。
　　A．10mm～20mm　　　　B．20mm～30mm　　　　C．30mm～40mm
　　答案：A
　　依据：《火力发电厂保温油漆设计规程》DL/T 5072—2007，条款号　8.2.8

34. **试题**：下列关于保温结构支撑件的设置间距符合标准规定的是：（　　）。
　　A．高温管道 2m～4m　　B．中低温管道 3m～5m　　C．中低温管道 8m
　　答案：B
　　依据：《火力发电厂保温油漆设计规程》DL/T 5072—2007，条款号　8.2.8

35. **试题**：硬质保温制品的保温层应设置伸缩缝，伸缩缝设置间距符合标准规定的有：
　　（　　）。
　　A．高温可为 3m～8m
　　B．中低温可为 5m～7m
　　C．中低温可为 3m～4m
　　答案：B

依据：《火力发电厂保温油漆设计规程》DL/T 5072—2007，条款号 8.2.11

36. **试题：** 软质保温材料及其半硬质制品的直管段管道保温金属保护层为满足膨胀，环向接缝应设置活动搭接形式，其设置间距符合标准规定要求的是：（   ）。

　　A．中低温可为 3m～4m

　　B．中低温可为 6m～8m

　　C．高温可为 3m～4m

答案： C

依据：《火力发电厂保温油漆设计规程》DL/T 5072—2007，条款号 8.3.2

37. **试题：** 硬质材料保温层厚度大于 80mm，软质及半软质材料保温层厚度大于（   ）时，应分层敷设，且各层厚度应相近。

　　A．50mm　　　　　　　　B．70mm　　　　　　　　C．100mm

答案： C

依据：《电力建设施工技术规范　第 2 部分：锅炉机组》DL 5190.2—2012，条款号 12.5.3

38. **试题：** 热力设备保温材料采用保温钩钉固定保温材料时，钩钉间距应符合设计规定，设计无规定时下列说法错误的是：（   ）。

　　A．一般部位 200mm～300mm

　　B．设备顶部 400mm～500mm

　　C．卧式圆罐封头上部 200mm～300mm

答案： C

依据：《电力建设施工质量验收及评价规程　第 2 部分：锅炉机组》DL/T 5210.2—2009，条款号　表 4.13.3

39. **试题：** 室外露天布置的烟道保温外护支撑件焊接安装坡度应大于或等于（   ）。

　　A．1%　　　　　　　　　B．2%　　　　　　　　　C．3%

答案： C

依据：《火力发电厂热力设备及管道保温防腐施工质量验收规程》DL/T 5704—2014，条款号　4.1.2

40. **试题：** 保温抹面应分两次成型，第一次找平，第二次（   ），表面应平整、光滑、棱角整齐。

　　A．压光　　　　　　　　B．设膨胀缝　　　　　　　C．做粗面

答案： A

依据：《火力发电厂热力设备及管道保温施工工艺导则》DL/T 5713—2014，条款号 3.4.3

41. **试题**：抹面保护层的容重不应大于（　　），抗压强度不应小于 0.8MPa，烧失量不应大于 12%，且成品干燥后不得产生裂纹、脱壳，并不应对金属产生腐蚀。

　　A．900kg/m³　　　　　　　　B．850kg/m³　　　　　　　　C．800kg/m³

　　答案：C

　　依据：《火力发电厂热力设备及管道保温施工工艺导则》DL/T 5713—2014，条款号 4.5.3

42. **试题**：火力发电厂汽轮机保温施工顺序正确的是：（　　）。

　　A．支承件安装→缸体连接螺栓包覆→下缸保温→上缸保温→金属丝网敷设→抹面

　　B．支承件安装→缸体连接螺栓包覆→上缸保温→下缸保温→金属丝网敷设→抹面

　　C．支承件安装→下缸保温→缸体连接螺栓包覆→上缸保温→金属丝网敷设→抹面

　　答案：A

　　依据：《火力发电厂热力设备及管道保温施工工艺导则》DL/T 5713—2014，条款号 6.1.1

43. **试题**：潮湿环境下，管道保温宜用憎水性材料，憎水率应不小于（　　）。

　　A．90%　　　　　　　　B．95%　　　　　　　　C．98%

　　答案：C

　　依据：《火力发电厂热力设备及管道保温施工工艺导则》DL/T 5713—2014，条款号 8.1.2

44. **试题**：温度低于（　　）的直埋管道保温材料宜采用聚氨酯泡沫成型管。

　　A．150℃　　　　　　　　B．120℃　　　　　　　　C．130℃

　　答案：B

　　依据：《火力发电厂热力设备及管道保温施工工艺导则》DL/T 5713—2014，条款号　8.1.8

45. **试题**：支、托、吊架部位的保温，以下不符合规定的是：（　　）。

　　A．支、托、吊架处的保温层应采用与管道保温材料相匹配的软质保温制品

　　B．保温层不得影响支、托、吊架的正常滑动

　　C．管道支、托、吊架的活动销轴应包入保温层

　　答案：C

　　依据：《火力发电厂热力设备及管道保温施工工艺导则》DL/T 5713—2014，条款号 8.3.2

46. **试题**：火力发电厂热风道保温外护压型板切割应采用（　　）。

　　A．气割　　　　　　　　B．专用切割机　　　　　　　　C．电焊切割

　　答案：B

　　依据：《火力发电厂热力设备及管道保温施工工艺导则》DL/T 5713—2014，条款号 9.2.1

47. 试题：保温钩钉或销钉间距不宜大于 350mm，每平方米面积上钩钉或销钉的数量，侧面不宜少于 6 个，底部不宜少于（　　　）。

A. 8 个　　　　　　　　　B. 6 个　　　　　　　　　C. 5 个

答案：A

依据：《火力发电厂热力设备及管道保温防腐施工技术规范》DL/T 5714—2014，条款号　5.1.3

48. 试题：设备或管道保温层厚度硬质保温材料超过 100mm、软质或半硬质保温材料超过（　　　）时应采用分层施工，每层厚度宜接近。

A. 60mm　　　　　　　　B. 70mm　　　　　　　　C. 80mm

答案：C

依据：《火力发电厂热力设备及管道保温防腐施工技术规范》DL/T 5714—2014，条款号　5.1.5

49. 试题：保温层应密实，同层错缝，上下层压缝，错缝、压缝长度不宜小于（　　　）。

A. 80mm　　　　　　　　B. 100mm　　　　　　　C. 60mm

答案：B

依据：《火力发电厂热力设备及管道保温防腐施工技术规范》DL/T 5714—2014，条款号　5.1.9

50. 试题：刚性梁与水冷壁间隙及其拐角处应用（　　　）保温材料填塞密实。

A. 柔性　　　　　　　　　B. 硬质　　　　　　　　　C. 半硬质

答案：A

依据：《火力发电厂热力设备及管道保温防腐施工技术规范》DL/T 5714—2014，条款号　5.2.3

51. 试题：无密封罩的中间集箱保温除符合厂家设计要求外，集箱管束宜每隔（　　　）处用保温材料设置隔墙，集箱两端保温层应封闭严密。

A. 5m　　　　　　　　　　B. 4m　　　　　　　　　　C. 3m

答案：C

依据：《火力发电厂热力设备及管道保温防腐施工技术规范》DL/T 5714—2014，条款号　5.2.5

52. 试题：密封罩与穿墙管道接口处保温层应错缝、压缝，管道保温层宜向大罩壳内延伸（　　　）并加强穿墙部位的保温密封。

A. 0.5m　　　　　　　　　B. 0.8m　　　　　　　　　C. 1m

答案：C

依据：《火力发电厂热力设备及管道保温防腐施工技术规范》DL/T 5714—2014，条款号　5.3.4

53. **试题：**汽轮机本体保温采用喷涂法施工时，每层喷涂厚度不应大于（　　）。

A．60mm　　　　　　　　B．40mm　　　　　　　　C．50mm

答案：B

依据：《火力发电厂热力设备及管道保温防腐施工技术规范》DL/T 5714—2014，条款号　5.4.3

54. **试题：**水平管道各保温层的纵缝拼缝位置不得布置在顶部，单层保温的纵缝应朝下。分层保温时，其里外层的轴向对缝错开 15°以上，环向对缝错开（　　）以上。

A．50mm　　　　　　　　B．80mm　　　　　　　　C．100mm

答案：C

依据：《火力发电厂热力设备及管道保温防腐施工技术规范》DL/T 5714—2014，条款号　5.5.4

55. **试题：**采用硬质保温施工时，膨胀缝应按照设计规定留设。分层保温时，膨胀缝应错开，错缝间距应不得小于（　　）。

A．80mm　　　　　　　　B．100mm　　　　　　　　C．60mm

答案：B

依据：《火力发电厂热力设备及管道保温防腐施工技术规范》DL/T 5714—2014，条款号　5.5.7

56. **试题：**直径大于 1000mm 的圆形烟风及燃（物）料管道保温材料应采用（　　）固定。

A．钩钉　　　　　　　　B．铅丝捆扎　　　　　　　　C．粘贴

答案：A

依据：《火力发电厂热力设备及管道保温防腐施工技术规范》DL/T 5714—2014，条款号　5.7.1

57. **试题：**矩形烟风燃（物）料管道支承件布置横向间距不应超过（　　）。

A．800mm　　　　　　　　B．700mm　　　　　　　　C．600mm

答案：C

依据：《火力发电厂热力设备及管道保温防腐施工技术规范》DL/T 5714—2014，条款号　5.7.3

58. **试题：**平壁保温结构的金属外护支承件应高出保温层（　　）。

A．20mm～30mm　　　　　　B．30mm～40mm　　　　　　C．40mm～50mm

答案：A

依据：《火力发电厂热力设备及管道保温防腐施工技术规范》DL/T 5714—2014，条款号　6.2.1

59. **试题**：压型板外护层包角板安装应能满足膨胀要求。包角板宽度不应小于（　　）；水平方向包角应采用内置方式，垂直方向包角应采用外置方式。

A．80mm B．100mm C．120mm

答案：C

依据：《火力发电厂热力设备及管道保温防腐施工技术规范》DL/T 5714—2014，条款号 6.2.3

60. **试题**：平板外护层安装时，外护层搭接尺寸不得小于（　　）；纵向接缝错开间距一致。

A．50mm B．40mm C．30mm

答案：A

依据：《火力发电厂热力设备及管道保温防腐施工技术规范》DL/T 5714—2014，条款号 6.2.4

61. **试题**：外护层固定件的安装应呈（　　），间距均匀。

A．直线 B．圆弧 C．直线或同一圆弧

答案：C

依据：《火力发电厂热力设备及管道保温防腐施工技术规范》DL/T 5714—2014，条款号 6.2.5

62. **试题**：露天设备及管道保温外护层障碍切口及安装钉孔处应采取（　　）措施。

A．防火 B．防水 C．防风

答案：B

依据：《火力发电厂热力设备及管道保温防腐施工技术规范》DL/T 5714—2014，条款号 第6.2.5

63. **试题**：抹面层厚度应符合设计规定，表面应平整光洁，棱角顺直，其表面平整度偏差不大于（　　）。

A．5mm B．6mm/m C．7mm/m

答案：A

依据：《火力发电厂热力设备及管道保温防腐施工技术规范》DL/T 5714—2014，条款号 6.3.1

64. **试题**：在汽轮机本体、主蒸汽管道、再热蒸汽管道、水冷壁折焰角、燃烧器区域等保温施工难度较大的部位每处至少选（　　）处进行测量。

A．3 B．5 C．4

答案：B

依据：《火力发电厂热力设备及管道保温防腐施工技术规范》DL/T 5714—2014，条款号 7.0.3

65. 试题：热力设备及管道保温外表面温度热态检测超温处数不应超过被检测处总数的
（　　）。

　　A．1%　　　　　　　　　　B．10%　　　　　　　　　C．50%

　　答案：A

　　依据：《火力发电厂热力设备及管道保温防腐施工技术规范》DL/T 5714—2014，条
　　　　款号　7.0.4

四、多选题（下列试题中，至少有 2 项是标准原文规定的正确答案，请将正确答案
填在括号内）

1. 试题：防潮层必须切实起到（　　）的作用，并确保其保冷效果良好。

　　A．防水　　　　　　　　　　　　　　　B．防潮

　　C．保护保冷层　　　　　　　　　　　　D．防火

　　答案：ABC

　　依据：《设备及管道绝热技术通则》GB/T 4272—2008，条款号　7.2.4.1

2. 试题：固定绝热层及保护层的固定件包括（　　）。

　　A．螺栓、螺母　　　　　　　　　　　　B．销钉、自锁紧板

　　C．箍环箍带　　　　　　　　　　　　　D．活动环、固定环

　　答案：ABCD

　　依据：《工业设备及管道绝热工程施工规范》GB 50126—2008，条款号　2.0.5

3. 试题：防潮层绝热材料应具有良好（　　）。

　　A．密封性　　　　　　　　　　　　　　B．抗振性

　　C．防潮性　　　　　　　　　　　　　　D．防水性

　　答案：ACD

　　依据：《工业设备及管道绝热工程施工规范》GB 50126—2008，条款号　3.1.2

4. 试题：绝热材料及其制品，必须具有（　　），其规格、性能等技术指标应符合相关
技术标准及设计文件的规定。

　　A．质量检验报告　　　　　　　　　　　B．生产配方

　　C．装箱清单　　　　　　　　　　　　　D．合格证

　　答案：AD

　　依据：《工业设备及管道绝热工程施工规范》GB 50126—2008，条款号　3.2.1（强条）

5. 试题：工业设备及管道的绝热工程施工，宜在工业设备及管道（　　）及防腐工程完
工合格后进行。

　　A．闭水试验　　　　　　　　　　　　　B．泄水试验

　　C．压力强度试验　　　　　　　　　　　D．严密性试验

　　答案：CD

依据：《工业设备及管道绝热工程施工规范》GB 50126—2008，条款号 4.1.2

6. **试题：**工业设备及管道绝热层施工前，应具备的条件有（ ）。

A．电伴热或热介质伴热管均已具备安装条件

B．支承件及固定件就位齐备

C．支吊架和结构附件安装完毕

D．电伴热或热介质伴热管均已安装就绪，并经过通电或试验合格

答案：BCD

依据：《工业设备及管道绝热工程施工规范》GB 50126—2008，条款号 4.2.6

7. **试题：**对于进行保冷的设备与管道施工，下列叙述符合标准规定的有（ ）。

A．设备及管道上的裙座、支座、吊耳、仪表管座、支吊架等附件，必须进行保冷

B．支座保冷层长度不得小于保冷层厚度的 4 倍或敷设至垫块处

C．支吊架保冷层厚度应为邻近保冷层厚度的 1/2，但不得小于 40mm

D．设备裙座里外均应进行保冷

答案：ABCD

依据：《工业设备及管道绝热工程施工规范》GB 50126—2008，条款号 5.1.10（强条）

8. **试题：**设备及管道硬质绝热制品绝热层伸缩缝及膨胀间隙的质量检验，符合标准规定的有（ ）。

A．两固定管架间的水平管道绝热层至少应留设一道

B．垂直管道的支承件和法兰下面应留设

C．在立式设备支承件下面应留设

D．根据两弯头之间间距的大小，在两端的直管段上可各留设一道

答案：ABCD

依据：《工业设备及管道绝热工程施工质量验收规范》GB 50185—2010，条款号 6.2.8

9. **试题：**大平面及平壁设备采用软质或半硬质绝热制品嵌装层铺法施工的质量检验符合标准规定的有（ ）。

A．绝热层应固定牢固，销钉固定件露出部分应折弯处理

B．绝热层应固定牢固，销钉固定件露出部分没有伸出外护结构层时可以不用折弯

C．绝热层在缝隙处应进行挤缝，下料后材料的尺寸应大于施工部位尺寸 30mm～50mm

D．绝热层在缝隙处应进行挤缝，下料后材料的尺寸应大于施工部位尺寸 10mm～20mm

答案：AD

依据：《工业设备及管道绝热工程施工质量验收规范》GB 50185—2010，条款号 6.2.9

10. **试题**：绝热层采用纤维状和粒状材料进行填充法施工的质量检验，符合标准规定的有（　　）。

A. 固形层设置应正确，散材应无外露，填充材料应紧贴工件，并应平整美观

B. 填料的填充密度应密实、平整、均匀不应出现空洞

C. 当分层进行填充时，层间应均匀，每层高度宜为 1000mm

D. 当分层进行填充时，层间应均匀，每层高度宜为 400mm～600mm

答案：ABD

依据：《工业设备及管道绝热工程施工质量验收规范》GB 50185—2010，条款号 6.2.12

11. **试题**：轻质粒料浇注、喷涂的绝热层厚度应符合设计要求，表面不应出现下列现象（　　）。

A. 蜂窝　　　　　　　　B. 脱落　　　　　　　　C. 开裂　　D. 明显收缩

答案：ABCD

依据：《工业设备及管道绝热工程施工质量验收规范》GB 50185—2010，条款号 6.2.14

12. **试题**：当防潮层采用玻璃纤维布或塑料网格布等为加强布，聚氨酯、聚氯乙烯、涂膜弹性体等高分子防水卷材，或采用复合铝箔等复合材料时，防潮层材料的（　　　）等应符合设计要求。

A. 层数　　　　　　　　B. 层厚　　　　　　　　C. 总厚度　D. 硬度

答案：ABC

依据：《工业设备及管道绝热工程施工质量验收规范》GB 50185—2010，条款号 7.0.3

13. **试题**：保温材料外层金属保护层施工时（　　　）严禁加固定件。

A. 管道弯头与直管段上金属护壳的滑动搭接部位

B. 直管段金属护壳的纵向、环向接缝部位

C. 直管段金属护壳膨胀的环向接缝部位

D. 静置设备、转动机械的金属护壳膨胀缝的部位

答案：ACD

依据：《工业设备及管道绝热工程施工质量验收规范》GB 50185—2010，条款号 8.1.2（强条）

14. **试题**：循环流化床锅炉，中低温烘炉后缺陷的修补应符合材料厂家技术文件要求。无要求时，应符合下列规定：（　　　）。

A. 裂纹宽度为 3mm～6mm 时，应进行修补

B. 裂纹宽度为 3mm～6mm 时，应进行挖补

C. 裂纹宽度超过 6mm 时，应进行修补处理

D．裂纹宽度超过 6mm 时，应进行挖补处理

答案：AD

依据：《循环流化床锅炉施工及质量验收规范》GB 50972—2014，条款号　14.2.2

15．**试题**：循环流化床锅炉中低温烘炉后缺陷的修补应符合材料厂家技术文件要求。无要求时，在（　　）情况下，应按新炉墙要求，进行养护和重新烘炉。

A．单个挖补面积超过 $3m^2$

B．单个挖补面积超过 $2m^2$

C．总挖补面积超过总安装面积的 20%

D．总挖补面积超过总安装面积的 10%

答案：AC

依据：《循环流化床锅炉施工及质量验收规范》GB 50972—2014，条款号　14.2.2

16．**试题**：火力发电厂使用的绝热用岩棉、矿渣棉制品主要有：（　　）。

A．岩棉板　　　　　　　　　　　　　B．岩棉缝毡

C．矿渣面带　　　　　　　　　　　　D．矿渣棉管壳

答案：ABCD

依据：《火力发电厂绝热材料》DL T 776—2001，条款号　7.2

17．**试题**：按国标 GB/T 8174 规定，火力发电厂保温工程的保温效果测试分为哪几级：（　　）。

A．一级测试，适用于采用新工艺、新材料、新结构的保温工程的鉴定测试

B．二级测试，适用于新建及改造的保温工程的验收或考核测试

C．三级测试，适用于保温工程的普查和定期测试

D．四级测试，适用于 600MW 及以上机组保温工程的普查和定期测试

答案：ABC

依据：《火力发电厂保温工程热态考核测试与评价规程》DL/T 934—2005，条款号　5.1.1

18．**试题**：垂直管道应采用抱箍式保温托架，抱箍式保温托架的安装符合标准规定的有：（　　）。

A．保温托架不得安装在管道附件、焊口等部位

B．环面应与管道中心线垂直

C．托架与管道之间用绝热材料进行隔垫，采用螺栓拧紧

D．保温托架安装应牢靠

答案：ABCD

依据：《电力建设施工技术规范　第 2 部分：锅炉机组》DL 5190.2—2012，条款号　12.5.2

19. **试题：** 热力设备及管道保温防腐施工质量验收，下列符合规定的是：（　　　）。

　　A．"施工质量验收范围划分表"规定的验收单位应参加相关项目的验收

　　B．检验批、分项工程、分部工程验收由业主单位组织，相关单位参加

　　C．单位工程验收由建设单位组织，相关单位参加

　　D．施工单位质量验收人员应持有与所验收专业一致的资格证书，资格证书应在有效期内

　　答案： ACD

　　依据： 《火力发电厂热力设备及管道保温防腐施工质量验收规程》DL/T 5704—2014，条款号　3.1.3

20. **试题：** 火力发电厂全厂热力设备与管道保温工程属于主控性质分项工程有（　　　）。

　　A．锅炉设备保温　　　　　　　　　　　　B．锅炉本体设备保温

　　C．汽轮机本体保温　　　　　　　　　　　D．给水泵汽轮机保温层施工

　　答案： BC

　　依据： 《火力发电厂热力设备及管道保温防腐施工质量验收规程》DL/T 5704—2014，条款号　3.2.1

21. **试题：** 火力发电厂全厂热力设备与管道保温外护板施工滑动连接处，搭接尺寸符合标准规定的有：（　　　）。

　　A．高温管道，连接接口间距 3m～4m，搭接尺寸 50mm～100mm

　　B．中低温管道，连接接口间距 4m～6m，搭接尺寸 75mm～90mm

　　C．高温管道，连接接口间距 3m～4m，搭接尺寸 95mm～150mm

　　D．弯头与直管，搭接尺寸 100mm～150mm

　　答案： BCD

　　依据： 《火力发电厂热力设备及管道保温防腐施工质量验收规程》DL/T 5704—2014，条款号　4.3.6

22. **试题：** 《火力发电厂热力设备及管道保温施工工艺导则》中要求，抹面层施工不得违反下列规定：（　　　）。

　　A．抹面前敷设的金属丝网敷设应平整、牢固，并在伸缩缝处断开

　　B．抹面材料不应对金属结构产生腐蚀，干燥后不得产生裂纹

　　C．抹面层厚度宜为 15mm～25mm，平整度误差应不大于 5mm

　　D．炉墙采用抹面层时，待抹面层初干后，应每间隔 1.5m 设置膨胀缝

　　答案： ABCD

　　依据： 《火力发电厂热力设备及管道保温施工工艺导则》DL 5713—2014，条款号　3.4.3.8

23. **试题：** 火力发电厂管道保温金属保护层应使用（　　　）、抗腐蚀性能好的材料。

　　A．化学性能稳定　　　　　　　　　　　　B．强度低

C. 阻燃

D. 防水

答案：ACD

依据：《火力发电厂热力设备及管道保温施工工艺导则》DL 5713—2014，条款号 4.5.4

24. **试题：**立式设备、管道、水平夹角大于 45°的斜管、平壁面和卧式设备的底部保温层应设支承件，下列符合规定的是：（　　）。

A. 支承件的材质应与介质温度相适应

B. 设备或平壁支承件布置间距：1.5m～2m

C. 保温支承件不得安装在设备附件、管道焊口等部位

D. 介质温度小于150℃或设备、管道系非铁素体碳钢采用抱箍式固定件时，固定件与设备、管道之间应设置隔垫

答案：ABC

依据：《火力发电厂热力设备及管道保温防腐施工技术规范》DL/T 5714—2014，条款号　5.1.4

25. **试题：**保温材料的随机抽样检验，下列符合规定的是：（　　）。

A. 不同厂家、批次、品种均应在第三方见证下随机抽检，抽检样品应能满足材料检测试验要求

B. 抽检样品应送至具备相应资质的检测机构检测

C. 材料抽检工作应在施工前 30 天完成，未取得检验合格质量证明文件的材料不得用于施工

D. 当抽样检测结果有一项为不合格时，应再进行一次抽样复检；如仍有一项指标不合格时，应判定该批产品质量为不合格

答案：ABD

依据：《火力发电厂热力设备及管道保温防腐施工技术规范》DL/T 5714—2014，条款号　4.2.2

26. **试题：**无热密封罩的炉顶密封保温施工，下列符合规定的是：（　　）。

A. 炉顶集箱管束应每隔 5m 设置宽度小于 300mm 保温隔墙

B. 铺设在集箱及管束表面的钢板网应绑扎牢固，钢板网规格及材质应符合设计要求

C. 水冷壁管束与顶棚管接口处保温层应错缝，其错缝长度不小于 100mm

D. 穿顶棚管束保温层密实平整、固定牢固、无松动、脱落；管束两端保温层应封闭严密

答案：BCD

依据：《火力发电厂热力设备及管道保温防腐施工技术规范》DL/T 5714—2014，条款号　5.3.3

27. **试题：** 热力管道保温层采用捆扎法施工，下列符合规定的有：（　　　）。

    A．保温层宜采用镀锌铁丝或镀锌钢带捆扎且捆扎牢固，镀锌铁丝应用双股捆扎，铁丝头应扳平嵌入保温层内

    B．硬质保温制品捆扎间距不应大于 400mm；半硬质保温制品捆扎间距不应大于 300mm；软质保温制品捆扎间距宜为 200mm

    C．每块保温制品上的捆扎件不得少于两道；对易振动的部位应加强捆扎

    D．捆扎时应采用螺旋式缠绕捆扎

    答案： ABC

    依据：《火力发电厂热力设备及管道保温防腐施工技术规范》DL/T 5714—2014，条款号　5.5.3

28. **试题：** 阀门保温施工，下列符合规定的是：（　　　）。

    A．阀门、法兰保温应选用软质保温材料；保温层结构便于拆卸，法兰处的保温应有足够的拆装螺栓空间

    B．阀门保温层与管道保温层应挤缝、压缝、错缝，并紧贴阀体绑扎牢固

    C．安全阀进口短管应保温，除厂家有明确要求外，阀体不允许保温

    D．采用装配式带保温层的阀门套，安装时保温材料应密实无缝隙

    答案： ABCD

    依据：《火力发电厂热力设备及管道保温防腐施工技术规范》DL/T 5714—2014，条款号　5.5.11

29. **试题：** 管道保温，下列应在外护层上做出明显标识的位置是：（　　　）。

    A．主蒸汽管道焊口位置　　　　　　　　B．高压给水管道焊口位置

    C．再热蒸汽管道焊口位置　　　　　　　D．管道蠕胀监督段或监测段

    答案： ABCD

    依据：《火力发电厂热力设备及管道保温防腐施工技术规范》DL/T 5714—2014，条款号　6.1.5

30. **试题：** 热力设备及管道保温外表面温度热态检测应具备的条件是：（　　　）。

    A．热力设备及管道保温施工已结束

    B．机组达到额定负荷工况

    C．测温仪器经检验合格

    D．室外检测应避免日光直接照射及雨雪大风天气

    答案： ABCD

    依据：《火力发电厂热力设备及管道保温防腐施工技术规范》DL/T 5714—2014，条款号　7.0.1

31. **试题：** 金属外护层施工，下列符合规定的是：（　　　）。

    A．外护层开障碍处应切口整齐、形状规则，预留足够空间

B. 外护层安装不得影响支吊架、执行机构等设备的正常动作

C. 外护层不得直接包覆在高温设备或管道上

D. 管道吊架处外护层宜采用可拆卸式金属罩盒

答案： ABCD

依据：《火力发电厂热力设备及管道保温防腐施工技术规范》DL/T 5714—2014，条款号 6.2.2（强条）

第十一节 全厂设备及管道油漆

一、填空题（下列试题中，请将标准原条文规定的正确答案填在横线处）

1. **试题：** 工业设备及管道防腐工程经过返修处理仍不能满足＿＿＿＿使用要求的工程，严禁验收。

    答案： 安全

    依据：《工业设备及管道防腐工程施工质量验收规范》GB 50727—2011，条款号 3.2.6（强条）

2. **试题：** 工业设备及管道防腐工程，当在基体表面进行金属热喷涂时，应进行基体＿＿＿＿表面检查。

    答案： 全部

    依据：《工业设备及管道防腐工程施工质量验收规范》GB 50727—2011，条款号 4.1.2

3. **试题：** 纤维增强塑料衬里层厚度应符合设计规定，允许厚度偏差为＿＿＿＿。

    答案： −0.2mm

    依据：《工业设备及管道防腐工程施工质量验收规范》GB 50727—2011，条款号 6.3.3

4. **试题：** 通过降腐蚀低电位，使管道的腐蚀速率显著减少而实现电化学保护的方法称为＿＿＿＿保护。

    答案： 阴极

    依据：《火力发电厂保温油漆设计规程》DL/T 5072—2007，条款号 3.1.15

5. **试题：** 设备、管道及金属结构的油漆、防腐应在该部分＿＿＿＿工作结束后进行。

    答案： 安装

    依据：《电力建设施工技术规范 第2部分：锅炉机组》DL 5190.2—2012，条款号 12.7.1

6. **试题：** 厚涂型防火涂料的涂层厚度，80%及以上面积应符合设计要求，且最薄处厚度

不应低于设计要求____。

答案： 85%

依据：《电力建设施工技术规范 第 2 部分：锅炉机组》DL 5190.2—2012，条款号 12.7.7

7. **试题：** 橡胶衬里施工应与金属表面黏贴牢固，____宽度应不少于 20mm，橡胶层表面应平整光滑，搭接牢固。

答案： 搭接

依据：《电力建设施工技术规范 第 2 部分：锅炉机组》DL 5190.2—2012，条款号 12.7.9.5

8. **试题：** 热力设备及管道钢材表面涂装施工时，相对湿度不宜大于 85%；表面温度必须高于____温度 3℃。

答案： 露点

依据：《火力发电厂热力设备及管道保温防腐施工技术规范》DL/T 5714—2014，条款号 8.1.1

9. **试题：** 在内衬防腐施工过程中，____动火、气割、焊接等作业。

答案： 严禁

依据：《火力发电厂热力设备及管道保温防腐施工技术规范》DL/T 5714—2014，条款号 8.5.2（强条）

二、判断题（判断下列试题是否正确。正确的在括号内打"√"，错误的在括号内打"×"）

1. **试题：** 设备及管道的加工制作，在防腐蚀工程施工前，应进行全面检查验收，并应办理交接手续。（　　）

答案： √

依据：《工业设备及管道防腐施工规范》GB 50726—2011，条款号 3.1.2

2. **试题：** 设备及管道外壁附件的焊接，应在防腐蚀工程施工后完成。（　　）

答案： ×

依据：《工业设备及管道防腐施工规范》GB 50726—2011，条款号 3.1.4

3. **试题：** 在防腐蚀施工过程中，不得同时进行焊接作业，但可以同时进行气割作业。（　　）

答案： ×

依据：《工业设备及管道防腐蚀工程施工规范》GB 50726—2011，条款号 3.1.5（强条）

4. **试题：** 对不可拆卸的密闭设备进行内防腐施工必须设置人孔，人孔数量不应少于 1 个。（　　　）

答案： ×

依据：《工业设备及管道防腐蚀工程施工规范》GB 50726—2011，条款号 3.1.7（强条）

5. **试题：** 防腐蚀工程结束后，当吊装和运输设备及管道时，不得碰撞和损伤。（　　　）

答案： √

依据：《工业设备及管道防腐施工规范》GB 50726—2011，条款号 3.1.8

6. **试题：** 进行防腐施工的工业设备及管道，基体表面处理完毕应进行检查，合格后办理工序交接手续，方可进行防腐蚀工程的施工。（　　　）

答案： √

依据：《工业设备及管道防腐施工规范》GB 50726—2011，条款号 3.2.5

7. **试题：** 进行防腐施工的工业设备及管道，焊缝表面应平整，并无气孔、焊瘤和夹渣。焊缝高度应不小于 2mm。焊缝宜平滑过渡。（　　　）

答案： ×

依据：《工业设备及管道防腐施工规范》GB 50726—2011，条款号 3.3.1

8. **试题：** 手工或动力工具除锈基体表面处理质量等级分为 Sa2、Sa3 两级。（　　　）

答案： ×

依据：《工业设备及管道防腐蚀工程施工规范》GB 50726—2011，条款号 4.1.1

9. **试题：** 基体表面处理后，应及时涂刷底层涂料，间隔时间不宜超过 48h。（　　　）

答案： ×

依据：《工业设备及管道防腐蚀工程施工规范》GB 50726—2011，条款号 4.1.9

10. **试题：** 油漆防腐作业时，当相对湿度大于 85% 时，应停止基体表面处理作业。（　　　）

答案： √

依据：《工业设备及管道防腐蚀工程施工规范》GB 50726—2011，条款号 4.1.10

11. **试题：** 防腐油漆施工在进行喷射或抛射作业时，基体表面温度应高于露点温度 2℃。（　　　）

答案： ×

依据：《工业设备及管道防腐蚀工程施工规范》GB 50726—2011，条款号 4.2.9

12. **试题：** 防腐施工采用喷射或抛射后的基体表面可以受潮，不得雨淋着水。（　　　）

答案： ×

依据：《工业设备及管道防腐蚀工程施工规范》GB 50726—2011，条款号　4.2.10

13. **试题**：采用热水硫化大型衬胶设备，当硫化结束时，应立即排水。（　　　）

　　答案：×

　　依据：《工业设备及管道防腐蚀工程施工规范》GB 50726—2011，条款号　7.3.20

14. **试题**：进行玻璃鳞片衬里的设备，衬里侧焊缝应断焊，并经检验合格。（　　　）

　　答案：×

　　依据：《工业设备及管道防腐蚀工程施工规范》GB 50726—2011，条款号　9.1.7

15. **试题**：进行高处油漆施工，遇雷雨和五级以上大风，应停止作业。（　　　）

　　答案：√

　　依据：《工业设备及管道防腐蚀工程施工规范》GB 50726—2011，条款号　15.0.10
（强条）

16. **试题**：设备管道内部动火应采取通风换气措施；空气中含氧量不得低于 5%。（　　　）

　　答案：×

　　依据：《工业设备及管道防腐蚀工程施工规范》GB 50726—2011，条款号　15.0.11
（强条）

17. **试题**：在施工现场，严禁焚烧油漆防腐施工中产生的各类废旧油漆桶。（　　　）

　　答案：√

　　依据：《工业设备及管道防腐蚀工程施工规范》GB 50726—2011，条款号　16.0.1
（强条）

18. **试题**：在油漆防腐施工现时，配制好的油漆不能在有效时间内用完时，应就地掩埋。
（　　　）

　　答案：×

　　依据：《工业设备及管道防腐蚀工程施工规范》GB 50726—2011，条款号　16.0.5

19. **试题**：设备防腐施工，采用喷射或抛射方法处理基体表面时，对螺纹、密封面及光
洁面应采取措施进行保护，不得误喷。（　　　）

　　答案：√

　　依据：《工业设备及管道防腐工程施工质量验收规范》GB 50727—2011，条款号
4.2.3

20. **试题**：采用衬胶衬里管道可使用褶皱弯管。（　　　）

　　答案：×

　　依据：《工业设备及管道防腐工程施工质量验收规范》GB 50727—2011，条款号　7.1.3

21. **试题：** 橡胶衬里的接缝，可采用对接。（　　　）

　　答案： ×

　　依据：《工业设备及管道防腐工程施工质量验收规范》GB 50727—2011，条款号 7.3.1

22. **试题：** 介质温度低于120℃的保温的设备、管道及其附件应进行油漆。（　　　）

　　答案： √

　　依据：《火力发电厂保温油漆设计规程》DL/T 5072—2007，条款号　5.0.6

23. **试题：** 设备、管道和附属钢结构的涂料、干膜厚度、涂漆度数、干膜总厚度应根据其所处的环境、涂料的性能及要求的防腐蚀年限选用。（　　　）

　　答案： √

　　依据：《火力发电厂保温油漆设计规程》DL/T 5072—2007，条款号　9.1.3

24. **试题：** 油漆喷涂前如使用腻子找平，应保证在腻子干透前，立即进行喷涂施工。（　　　）

　　答案： ×

　　依据：《电力建设施工技术规范　第2部分：锅炉机组》DL 5190.2—2012，条款号 12.7.6

25. **试题：** 埋地钢管的防腐层应在安装前做好，焊缝部位未经检验合格不得防腐，在运输和安装时应防止损坏防腐层，被损坏的防腐层应予以修补。（　　　）

　　答案： √

　　依据：《电力建设施工技术规范　第2部分：锅炉机组》DL 5190.2—2012，条款号 12.7.8

26. **试题：** 聚脲衬里施工必须保证衬体表面干燥，施工应连续进行，一次达到设计厚度，涂层应均匀、致密，无接缝、气孔等缺陷，厚度符合设计要求。（　　　）

　　答案： √

　　依据：《电力建设施工技术规范　第2部分：锅炉机组》DL 5190.2—2012，条款号 12.7.9

27. **试题：** 防腐设备、材料运到施工现场后，对防腐层应进行外观检查和漏电试验检验。（　　　）

　　答案： √

　　依据：《电力建设施工技术规范　第6部分：水处理及制氢设备和系统》DL/T 5190.6—2012，条款号　3.3.3

28. **试题：** 水处理及制氢设备，除两端铁脚处的焊接位置以外，阳极块背面应涂刷防锈

漆，基层处理、涂刷遍数与管道防腐相同。（　　　）

答案： √

依据：《电力建设施工技术规范　第 6 部分：水处理及制氢设备和系统》DL/T 5190.6—2012，条款号　13.2.9

29. **试题：** 对于首次使用的防腐涂料、耐高温防腐涂料和特种防腐涂料，应按不同厂家、批次、品种进行抽检，抽检样品应送至具备相应资质的检测机构，按照相关标准对主要使用的理化指标进行检测。（　　　）

答案： √

依据：《火力发电厂热力设备及管道保温防腐施工技术规范》DL/T 5714—2014，条款号　4.2.6

30. **试题：** 防腐材料应在产品规定的质保期内使用。（　　　）

答案： √

依据：《火力发电厂热力设备及管道保温防腐施工技术规范》DL/T 5714—2014，条款号　4.2.7

31. **试题：** 设备及管道防腐涂装施工区域不得存放漆料和溶剂等易燃易爆危险品。（　　　）

答案： √

依据：《火力发电厂热力设备及管道保温防腐施工技术规范》DL 5714—2014，条款号　8.1.3（强条）

32. **试题：** 防腐工程施工应按工序进行中间质量检查，施工结束后，应及时进行质量验收。（　　　）

答案： √

依据：《火力发电厂热力设备及管道保温防腐施工技术规范》DL/T 5714—2014，条款号　8.1.4

33. **试题：** 现场制作的金属结构表面处理及底漆涂刷应在安装后完成。（　　　）

答案： ×

依据：《火力发电厂热力设备及管道保温防腐施工技术规范》DL/T 5714—2014，条款号　8.2.1

34. **试题：** 制氢站、油罐区及油泵房等金属结构防腐必须在设备调试后进行。（　　　）

答案： ×

依据：《火力发电厂热力设备及管道保温防腐施工技术规范》DL 5714—2014，条款号　8.2.3（强条）

35. **试题：**当设计对涂层厚度无规定时，室外涂层干膜厚度不应小于 150μm，室内涂层干膜厚度不应小于 125μm，涂层干膜厚度的允许偏差不大于−5μm/度。（   ）

   答案：√

   依据：《火力发电厂热力设备及管道保温防腐施工技术规范》DLT 5714—2014，条款号 8.2.4

36. **试题：**直埋管道采用环氧煤沥青防腐底漆施工时，安装焊口两端均涂刷底漆。（   ）

   答案：×

   依据：《火力发电厂热力设备及管道保温防腐施工技术规范》DL/T 5714—2014，条款号 8.3.4

37. **试题：**螺旋焊缝管缠绕胶粘带时，胶粘带缠绕方向应与焊缝方向一致，管端应有 150mm±10mm 的预留段。（   ）

   答案：√

   依据：《火力发电厂热力设备及管道保温防腐施工技术规范》DL/T 5714—2014，条款号 8.3.5

38. **试题：**直埋管道防腐未经验收合格，不得进行覆盖隐蔽。（   ）

   答案：√

   依据：《火力发电厂热力设备及管道保温防腐施工技术规范》DL/T 5714—2014，条款号 8.3.8

39. **试题：**设备及管的中间漆或面漆的涂装在安装完毕后即可进行。（   ）

   答案：×

   依据：《火力发电厂热力设备及管道保温防腐施工技术规范》DL/T 5714—2014，条款号 8.4.1

40. **试题：**玻璃鳞片衬里施工时，同层施工间隔时间不超过 60min 时，接茬部位可采用直面搭接形式。（   ）

   答案：×

   依据：《火力发电厂热力设备及管道保温防腐施工技术规范》DL/T 5714—2014，条款号 8.5.3

41. **试题：**橡胶衬里施工应与金属表面粘贴牢固，搭接宽度不应少于 20mm。上下层胶板搭接缝应错开，错开距离不应小于 200mm。（   ）

   答案：√

   依据：《火力发电厂热力设备及管道保温防腐施工技术规范》DL/T 5714—2014，条款号 8.5.6

42. **试题**：设备及管道内衬防腐结束后，当吊装和运输设备及管道时，不得碰撞和损伤。
（　　　）

答案：√

依据：《火力发电厂热力设备及管道保温防腐施工技术规范》DLT 5714—2014，条款号　8.5.7

三、单选题（下列试题中，只有 1 项是标准原文规定的正确答案，请将正确答案填在括号内）

1. **试题**：在有防腐、衬里的工业设备及管道上焊接绝热层的固定件时，焊接及焊后热处理必须在防腐、衬里和试压（　　　）进行。

　　A．同时　　　　　　　　B．之前　　　　　　　　C．之后

答案：B

依据：《工业设备及管道绝热工程施工规范》GB 50126—2008，条款号　第 4.1.3（强条）

2. **试题**：防腐蚀施工时，钢制设备及管道表面应平整，不应有空洞，多孔穴等现象，表面局部凹凸不得超过（　　　）。

　　A．2mm　　　　　　　　B．3mm　　　　　　　　C．5mm

答案：A

依据：《工业设备及管道防腐蚀工程施工规范》GB 50726—2011，条款号　3.2.1

3. **试题**：防腐蚀施工的设备转角和接管部位焊缝应饱满，不得有毛刺和棱角，应打磨成（　　　）并应形成圆弧过渡。

　　A．锐角　　　　　　　　B．钝角　　　　　　　　C．平角

答案：B

依据：《工业设备及管道防腐蚀工程施工规范》GB 50726—2011，条款号　3.3.2

4. **试题**：喷射或抛射除锈处理后的基体表面应呈均匀的粗糙面，除基体原始锈蚀或机械损伤造成的凹坑外，不应产生肉眼明显可见（　　　）。

　　A．色差　　　　　　　　B．斑点　　　　　　　　C．凹坑和飞刺

答案：C

依据：《工业设备及管道防腐蚀工程施工规范》GB 50726—2011，条款号　4.1.3

5. **试题**：防腐施工的钢基体表面喷射处理后，符合中级粗糙度规定范围的是（　　　）。

　　A．25μm～40μm　　　　B．40μm～70μm　　　　C．70μm～100μm

答案：B

依据：《工业设备及管道防腐蚀工程施工规范》GB 50726—2011，条款号　4.1.4

6. **试题**：防腐施工的钢基体表面喷射处理后，基体表面不宜含有（　　　）等附着物。

A．铁离子　　　　　　　　B．亚铁离子　　　　　　C．氯离子

答案：C

依据：《工业设备及管道防腐蚀工程施工规范》GB 50726—2011，条款号　4.1.7

7. **试题**：防腐施工时，当相对湿度大于（　　　）时，应停止基体表面处理作业。

A．50%　　　　　　　　　B．70%　　　　　　　　C．85%

答案：C

依据：《工业设备及管道防腐蚀工程施工规范》GB 50726—2011，条款号　4.1.10

8. **试题**：钢材表面喷射除锈使用的压缩空气应（　　　）。

A．干燥、洁净　　　　　　B．含有一定的水分　　　C．可以含有油污

答案：A

依据：《工业设备及管道防腐蚀工程施工规范》GB 50726—2011，条款号　4.2.2

9. **试题**：钢材表面喷射除锈使用的天然砂，应选用质坚有棱的金刚砂、石英砂或硅质河砂等，其含水量不应大于（　　　）。

A．1%　　　　　　　　　B．10%　　　　　　　　C．20%

答案：A

依据：《工业设备及管道防腐蚀工程施工规范》GB 50726—2011，条款号　4.2.3

10. **试题**：钢材表面除锈 Sa3 级和 Sa2.5 级不得使用（　　　）作为磨料。

A．钢砂　　　　　　　　　B．河砂　　　　　　　　C．石英砂

答案：B

依据：《工业设备及管道防腐蚀工程施工规范》GB 50726—2011，条款号　4.2.5

11. **试题**：对衬胶设备进行硫化时，当环境温度低于（　　　）时，设备壳体、人孔或接管等突出部位的外部，应采取保温措施。

A．25℃　　　　　　　　　B．20℃　　　　　　　　C．15℃

答案：C

依据：《工业设备及管道防腐蚀工程施工规范》GB 50726—2011，条款号　7.3.19

12. **试题**：衬胶设备采用蒸汽硫化时，在硫化过程中设备内不得有（　　　）。

A．积水　　　　　　　　　B．通风　　　　　　　　C．排水

答案：A

依据：《工业设备及管道防腐蚀工程施工规范》GB 50726—2011，条款号　7.3.19

13. **试题**：衬胶设备采用热水硫化时，热水硫化温度符合标准要求的有（　　　）。

A．50℃～100℃　　　　　B．95℃～100℃　　　　C．100℃～120℃

答案：B

依据：《工业设备及管道防腐蚀工程施工规范》GB 50726—2011，条款号 7.3.20

14. **试题**：衬胶设备采用常压蒸汽硫化时，蒸汽硫化时间符合标准要求的有（ ）。

A．8h～16h B．16h～32h C．32h～48h

答案：B

依据：《工业设备及管道防腐蚀工程施工规范》GB 50726—2011，条款号 7.3.20

15. **试题**：防腐蚀涂层全部涂装结束后，应养护（ ）后方可使用。

A．7d B．6d C．5d

答案：A

依据：《工业设备及管道防腐蚀工程施工规范》GB 50726—2011，条款号 13.1.6

16. **试题**：环氧聚氨酯涂料每次涂装应在前一层涂膜（ ）后进行。

A．表干 B．实干 C．涂层养护完成后

答案：B

依据：《工业设备及管道防腐蚀工程施工规范》GB 50726—2011，条款号 13.2.1

17. **试题**：有机硅耐温涂料底涂层，应选用配套底涂料，不得采用（ ）打底。

A．磷化底涂料 B．富锌底涂料 C．无机富锌底涂料

答案：A

依据：《工业设备及管道防腐蚀工程施工规范》GB 50726—2011，条款号 13.2.7

18. **试题**：金属热喷涂过程中，工件表面温度不得大于 100℃。当表面温度大于（ ）时，应采取间歇喷涂或冷却措施。

A．30℃ B．50℃ C．70℃

答案：C

依据：《工业设备及管道防腐蚀工程施工规范》GB 50726—2011，条款号 14.3.7

19. **试题**：金属热喷涂层不做涂料封闭的，应采用（ ）进行刷光处理。

A．细钢丝 B．细铜丝 C．毛刷

答案：B

依据：《工业设备及管道防腐蚀工程施工规范》GB 50726—2011，条款号 14.3.11

20. **试题**：设备、管道内部涂装和衬里作业，采用（ ）电气设备和照明器具，采取防静电保护措施。

A．防爆型 B．防水型 C．绝缘型

答案：A

依据：《工业设备及管道防腐蚀工程施工规范》GB 50726—2011，条款号 15.0.9（强条）

21. **试题**：设备、管道内部涂装和衬里作业，可燃性气体、蒸汽和粉尘浓度应控制在可燃烧极限和爆炸下限的（　　）以下。

A．10% B．20% C．30%

答案：A

依据：《工业设备及管道防腐蚀工程施工规范》GB 50726—2011，条款号 15.0.9（强条）

22. **试题**：钢材表面喷射处理作业时，喷射胶管的非移动部分应加设（　　）。

A．防水设施 B．防爆护管 C．绝缘设施

答案：B

依据：《工业设备及管道防腐蚀工程施工规范》GB 50726—2011，条款号 15.0.12（强条）

23. **试题**：纤维增强塑料衬里外观检查每平方米直径不大于 3mm 的气泡应少于（　　）。

A．3 个 B．5 个 C．10 个

答案：A

依据：《工业设备及管道防腐蚀工程施工质量验收规范》GB 50727—2011，条款号 6.3.2

24. **试题**：设备内采用多层胶板衬里时，胶板上下层的接缝应错开，错开距离不得小于（　　）。

A．100mm B．80mm C．50mm

答案：A

依据：《工业设备及管道防腐蚀工程施工质量验收规范》GB 50727—2011，条款号 7.3.1

25. **试题**：设备胶板衬里时，接头应采用丁字缝。丁字缝错缝距离应大于（　　）不得有通缝。

A．100mm B．200mm C．150mm

答案：B

依据：《工业设备及管道防腐蚀工程施工质量验收规范》GB 50727—2011，条款号 7.3.2

26. **试题**：橡胶衬里层厚度的允许偏差符合标准要求的有（　　）。

A．−10%～+15% B．−5%～+20% C．−15%～+10%

答案：A

依据：《工业设备及管道防腐蚀工程施工质量验收规范》GB 50727—2011，条款号 7.3.8

27. **试题：** 脱硫吸收塔衬胶施工，胶板的削边应平直，宽窄应一致，其削边宽度应为 10mm～15mm，其斜面与底平面夹角不应大于（　　）。

A．35°　　　　　　　　B．30°　　　　　　　　C．45°

答案： B

依据：《工业设备及管道防腐蚀工程施工质量验收规范》GB 50727—2011，条款号 7.3.10

28. **试题：** 塑料衬里应完好无针孔。进行针孔检测时，探头行走速度符合标准的是（　　）。

A．0.3m/s～0.6m/s　　　B．0.5m/s～0.8m/s　　　C．0.6m/s～0.9m/s

答案： A

依据：《工业设备及管道防腐蚀工程施工质量验收规范》GB 50727—2011，条款号 8.1.7

29. **试题：** 用于压力容器的衬里板材应进行针孔检测和（　　）复验。

A．拉伸强度　　　　　　B．抗折强度　　　　　　C．冻融性

答案： A

依据：《工业设备及管道防腐蚀工程施工质量验收规范》GB 50727—2011，条款号 8.2.3（强条）

30. **试题：** 玻璃鳞片衬里施工，基体表面的边角和边缘应打磨至大于或等于（　　）的圆角。

A．2mm　　　　　　　　B．1.5mm　　　　　　　C．1mm

答案： A

依据：《工业设备及管道防腐蚀工程施工质量验收规范》GB 50727—2011，条款号 9.1.4

31. **试题：** 玻璃鳞片衬里表面应固化完全，应无发粘现象。硬度值应符合设计规定或大于供货厂家提供指标的（　　）。

A．80%　　　　　　　　B．90%　　　　　　　　C．70%

答案： B

依据：《工业设备及管道防腐蚀工程施工质量验收规范》GB 50727—2011，条款号 9.3.2

32. **试题：** 玻璃鳞片衬里的厚度应符合设计规定，其允许偏差符合标准要求的有（　　）。

A．−0.2mm　　　　　　B．−0.3mm　　　　　　C．−0.5mm

答案： A

依据：《工业设备及管道防腐蚀工程施工质量验收规范》GB 50727—2011，条款号 9.3.3

33. **试题：** 玻璃鳞片衬里施工在 20℃下，最短涂装间隔时间（　　）。
    A．3h   B．5h   C．10h
    答案： B
    依据：《工业设备及管道防腐蚀工程施工质量验收规范》GB 50727—2011，条款号
    9.3.5

34. **试题：** 在 20℃下玻璃鳞片衬里施工，最长涂装间隔时间（　　）。
    A．10h   B．24h   C．36h
    答案： C
    依据：《工业设备及管道防腐蚀工程施工质量验收规范》GB 50727—2011，条款号
    9.3.5

35. **试题：** 玻璃鳞片衬里施工在 20℃下，玻璃鳞片衬里层养护时间应（　　）。
    A．≥3d   B．≥5d   C．≥7d
    答案： C
    依据：《工业设备及管道防腐蚀工程施工质量验收规范》GB 50727—2011，条款号
    9.3.6

36. **试题：** 喷涂聚脲衬里表面应进行针孔检测。涂层厚度为 1.0mm 时，检测电压应
    （　　）。
    A．≥3000V   B．≥4500V   C．≥6000V
    答案： A
    依据：《工业设备及管道防腐蚀工程施工质量验收规范》GB 50727—2011，条款号
    11.0.6

37. **试题：** 采用拉开法进行聚脲衬里层附着力检查时，附着力不应小于（　　）。
    A．1MPa   B．1.5MPa   C．3.5MPa
    答案： C
    依据：《工业设备及管道防腐蚀工程施工质量验收规范》GB 50727—2011，条款号
    11.0.7

38. **试题：** 对聚脲衬里层进行外观检查时，每平方米面积内长度小于 200mm 的壳层或鼓
    泡数量不得大于（　　）。
    A．2个   B．3个   C．4个
    答案： A
    依据：《工业设备及管道防腐蚀工程施工质量验收规范》GB 50727—2011，条款号
    11.0.8

39. **试题：** 对于涂料涂层采用划格法进行检查附着力时不应大于（　　）。

A．4 级　　　　　　　　　B．2 级　　　　　　　　　C．3 级

答案：B

依据：《工业设备及管道防腐蚀工程施工质量验收规范》GB 50727—2011，条款号 13.0.8

40．试题：涂料涂层与钢铁基体用拉开法附着力检查时不应小于（　　　）。

　　A．1MPa　　　　　　　　B．3MPa　　　　　　　　C．5MPa

答案：C

依据：《工业设备及管道防腐蚀工程施工质量验收规范》GB 50727—2011，条款号 13.0.8

41．试题：当进行涂料涂层针孔检测时，设备涂料涂层的针孔点每平方米不得多于（　　　）。

　　A．4 个　　　　　　　　　B．2 个　　　　　　　　　C．3 个

答案：B

依据：《工业设备及管道防腐蚀工程施工质量验收规范》GB 50727—2011，条款号 13.0.9

42．试题：当进行涂料涂层针孔检测时，管道每 5m 涂层针孔漏点不得多于（　　　）。

　　A．1 个　　　　　　　　　B．2 个　　　　　　　　　C．3 个

答案：A

依据：《工业设备及管道防腐蚀工程施工质量验收规范》GB 50727—2011，条款号 13.0.9

43．试题：油漆涂装前钢材表面 Sa2.5 级处理标准是（　　　）。

　　A．钢材表面应无可见的油脂和污垢，并且没有附着不牢的氧化皮、铁锈和油漆涂层等附着物

　　B．钢材表面应无可见的油脂和污垢，并且氧化皮、铁锈和油漆涂层等附着物已基本清除，其残留物应是牢固可靠的

　　C．钢材表面应无可见的油脂、污垢、氧化皮、铁锈和油漆涂层等附着物，任何残留的痕迹仅是点状或条文状的轻微色斑

答案：C

依据：《火力发电厂保温油漆设计规程》DL/T 5072—2007，条款号　第 9.1.2

44．试题：沥青底漆涂刷前钢材表面的最低除锈等级应符合（　　　）的要求。

　　A．Sa1　　　　　　　　　B．Sa2.5　　　　　　　　C．St3

答案：C

依据：《火力发电厂保温油漆设计规程》DL/T 5072—2007，条款号　第 9.1.2

45. **试题：** 根据施工现场环境温度和湿度，在不采取任何措施的情况下，可以进行钢结构油漆施工的有（ ）。

    A．温度 50℃   B．温度－10℃   C．湿度 30%

    答案： C

    依据：《火力发电厂保温油漆设计规程》DL/T 5072—2007，条款号　第 9.1.4

46. **试题：** 脱硫系统设备及烟道内壁防腐衬里施工后应按设计要求进行（ ）。

    A．电火花试验   B．耐高温试验   C．老化试验

    答案： A

    依据：《电力建设施工技术规范　第 2 部分：锅炉机组》DL 5190.2—2012，条款号 12.7.9

47. **试题：** DN＞300mm 防腐管道漆膜厚度检测，应每（ ）取 1 个测试点，每个测试点在 1m 长度内测量 3 处，测量结果取 3 个数值的平均值。

    A．6m   B．5m   C．10m

    答案： B

    依据：《火力发电厂热力设备及管道保温防腐施工质量验收规程》DL/T 5704—2014，条款号　B.0.2

48. **试题：** 聚脲衬里的附着力、针孔检测试验合格，针孔检测电压不宜小于（ ）。

    A．1000V/mm   B．2000V/mm   C．3000V/mm

    答案： C

    依据：《火力发电厂热力设备及管道保温防腐施工技术规范》DL 5714—2014，条款号　8.5.4

49. **试题：** 玻璃钢衬里表面的气泡直径不应大于 3mm，每平方米数量不应大于（ ）。

    A．3 个   B．5 个   C．8 个

    答案： A

    依据：《火力发电厂热力设备及管道保温防腐施工技术规范》DL 5714—2014，条款号　8.5.5

四、多选题（下列试题中，至少有 2 项是标准原文规定的正确答案，请将正确答案填在括号内）

1. **试题：** 进行防腐蚀施工的设备及管道表面的（ ）等应进行打磨，表面应光滑平整，并应圆滑过度。

    A．钝角   B．棱角

    C．毛边   D．铸造残留物

    答案： BCD

    依据：《工业设备及管道防腐蚀工程施工规范》GB 50726—2011，条款号　3.2.2

2. **试题**：橡胶衬里工程应包括（　　　）橡胶衬里施工。

A．加热硫化

B．预硫化

C．强力通风硫化

D．自然硫化

答案：ABD

依据：《工业设备及管道防腐蚀工程施工规范》GB 50726—2011，条款号　7.1.1

3. **试题**：油漆施工，钢材表面进行喷砂处理时，使用磨料符合标准要求的有：（　　　）。

A．有一定的硬度

B．有一定冲击韧性

C．不得含有油污

D．含水量不应大于 10%

答案：ABC

依据：《工业设备及管道防腐工程施工质量验收规范》GB 50727—2011，条款号　第 4.2.2

4. **试题**：金属管道油漆涂装常用的施工方法有：（　　　）。

A．高压无气喷涂

B．空气喷涂

C．刷涂

D．滚涂

答案：ABCD

依据：《火力发电厂保温油漆设计规程》DL/T 5072—2007，条款号　第 9.1.4

5. **试题**：埋地管道的防腐等级可分为（　　　）。

A．普通级

B．强级

C．加强级

D．特加强级

答案：ACD

依据：《火力发电厂保温油漆设计规程》DL/T 5072—2007，条款号　第 9.2.1

6. **试题**：油漆涂层表面的颜色应均匀一致，不得有（　　　）等明显缺陷。

A．透底

B．脱落

C．流痕、浮膜、皱纹

D．漆粒、斑迹

答案：ABCD

依据：《电力建设施工技术规范　第 2 部分：锅炉机组》DL 5190.2—2012，条款号　12.7.5

第三章 加 工 配 制

第一节 圆形贮罐容器制作

一、填空题（下列试题中，请将标准原条文规定的正确答案填在横线处）

1. **试题：** 储罐建造选用的材料和附件，必须具有质量合格证明书，并应符合设计文件的规定。钢板和附件上应有清晰的产品____。

   答案： 标识

   依据：《立式圆筒形钢制焊接储罐施工规范》GB 50128—2014，条款号 3.0.1（强条）

2. **试题：** 钢板表面局部减薄量、划痕深度与钢板实际厚度____之和，应符合设计文件要求，且不应大于相应钢板标准的允许负偏差值。

   答案： 负偏差

   依据：《立式圆筒形钢制焊接储罐施工规范》GB 50128—2014，条款号 3.0.4

3. **试题：** 储罐的预制方法不应损伤母材和降低母材____。

   答案： 性能

   依据：《立式圆筒形钢制焊接储罐施工规范》GB 50128—2014，条款号 4.1.2

4. **试题：** 钢板坡口加工应平整，不得有夹渣、____、裂纹等缺陷。

   答案： 分层

   依据：《立式圆筒形钢制焊接储罐施工规范》GB 50128—2014，条款号 4.1.4

5. **试题：** 立式圆筒形钢制焊接储罐制作时，普通碳素钢在作业环境温度低于−16℃或低合金钢在作业环境温度低于−12℃时，不得进行冷矫正和____。

   答案： 冷弯曲

   依据：《立式圆筒形钢制焊接储罐施工规范》GB 50128—2014，条款号 4.1.7

6. **试题：** 任意厚度罐壁与接管进行焊后热处理或厚度不大于 12mm 的罐壁与接管焊后不进行热处理时，开孔接管或补强板外缘与罐壁纵焊缝之间的距离，不应小于____。

   答案： 150mm

   依据：《立式圆筒形钢制焊接储罐施工规范》GB 50128—2014，条款号 4.2.1

7. **试题：**罐壁上连接件的垫板周边焊缝与罐壁纵焊缝或接管、补强板的边缘角焊缝之间的距离，不应小于____；与罐壁环焊缝之间的距离，不应小于 75mm。

　　答案：150mm

　　依据：《立式圆筒形钢制焊接储罐施工规范》GB 50128—2014，条款号　4.2.1

8. **试题：**储罐顶板拼装成型脱胎后，应用弧形样板检查，其间隙不应大于____。

　　答案：10mm

　　依据：《立式圆筒形钢制焊接储罐施工规范》GB 50128—2014，条款号　4.5.4

9. **试题：**储罐抗风圈、加强圈、包边角钢、抗拉环、抗压环等弧形构件加工成型后，用____样板检查弧度，其间隙不应大于 2mm。

　　答案：弧形

　　依据：《立式圆筒形钢制焊接储罐施工规范》GB 50128—2014，条款号　4.6.1

10. **试题：**立式圆筒形钢制焊接储罐制作，拆除组装工卡具时，不得损失____。

　　答案：母材

　　依据：《立式圆筒形钢制焊接储罐施工规范》GB 50128—2014，条款号　5.1.2

11. **试题：**储罐安装前，必须有基础施工记录和验收资料，并应对基础进行复验，____后方可安装。

　　答案：合格

　　依据：《立式圆筒形钢制焊接储罐施工规范》GB 50128—2014，条款号　5.2.1（强条）

12. **试题：**立式圆筒形钢制焊接储罐制作，密封装置在运输和安装过程中应注意保护，不得损伤橡胶制品；安装时，应注意____。

　　答案：防火

　　依据：《立式圆筒形钢制焊接储罐施工规范》GB 50128—2014，条款号　5.7.5

13. **试题：**立式圆筒形钢制焊接储罐制作，刮蜡板应紧贴罐壁，局部的最大间隙不应超过____。

　　答案：5mm

　　依据：《立式圆筒形钢制焊接储罐施工规范》GB 50128—2014，条款号　5.7.6

14. **试题：**圆形贮罐容器焊接时，焊前预热应按焊接工艺规程进行。预热应均匀，预热范围不应小于焊缝中心线两侧各____倍板厚，且不应小于 100mm。

　　答案：3

　　依据：《立式圆筒形钢制焊接储罐施工规范》GB 50128—2014，条款号　6.4.8

15. **试题：**开孔的补强板焊完后，应由信号孔通入 100～200kPa 压缩空气，检查焊缝____，无渗漏为合格。

答案： 严密性

依据：《立式圆筒形钢制焊接储罐施工规范》GB 50128—2014，条款号 7.2.8

16. **试题：** 立式圆筒形钢制焊接油罐罐底板任意相邻的三块板焊接接头之间的距离，以及三块板焊接接头一与边缘板对接接头之间的距离不应小于____。

答案： 300mm

依据：《立式圆筒形钢制焊接油罐设计规范》GB 50341—2014，条款号 5.2.9

17. **试题：** 立式圆筒形钢制焊接油罐罐底焊接后，局部凹凸变形的深度不应大于变形长度的 2%，且不应大于____，单面倾斜式罐底不应大于40mm。

答案： 50mm

依据：《立式圆筒形钢制焊接油罐设计规范》GB 50341—2014，条款号 12.3.2

18. **试题：** 立式圆筒形钢制焊接油罐固定顶成型应美观，其局部凹凸变形应采用____检查，间隙不应大于 15mm。

答案： 样板

依据：《立式圆筒形钢制焊接油罐设计规范》GB 50341—2014，条款号 12.3.6

19. **试题：** 加工配制施工前应进行图纸会检和技术____；设计变更应办理审批手续。

答案： 交底

依据：《电力建设施工技术规范 第 8 部分：加工配制》DL 5190.8—2012，条款号 2.1.4

20. **试题：** 加工配制中，特殊工种应经培训并取得相应资格证书。焊工在其考试合格____的范围内施焊。

答案： 项目

依据：《电力建设施工技术规范 第 8 部分：加工配制》DL 5190.8—2012，条款号 2.1.5

21. **试题：** 加工配制中，计量器具应检定合格并应在使用____内，精度和测量范围应满足施工技术要求。

答案： 有效期

依据：《电力建设施工技术规范 第 8 部分：加工配制》DL 5190.8—2012，条款号 2.1.6

22. **试题：** 火电安装工程加工配制品的施工质量应按《电力建设施工质量验收及评价规程 第 8 部分：加工配制》的规定进行检查、验收，并办理____签证。

答案： 验收

依据：《电力建设施工质量验收及评价规程　第 8 部分：加工配制》DL/T 5210.8—2009，条款号　4.1.1

23. **试题：**火电工程施工质量的检查、验收应由施工单位根据所承担的工程范围，按《电力建设施工质量验收及评价规程　第 8 部分：加工配制》第 4 章的规定编制施工质量验收范围＿＿＿，经监理单位审核，建设单位确认后，由施工、监理及建设单位三方签字、盖章批准执行。

答案：划分表

依据：《电力建设施工质量验收及评价规程　第 8 部分：加工配制》DL/T 5210.8—2009，条款号　4.1.2

二、判断题（判断下列试题是否正确。正确的在括号内打"√"，错误的在括号内打"×"）

1. **试题：**立式圆筒形钢制焊接储罐制造时，标准屈服强度大于 390MPa 的罐壁板采用火焰切割坡口时，去除硬化层后应对坡口表面进行磁粉或渗透检测。（　　）

答案：√

依据：《立式圆筒形钢制焊接储罐施工规范》GB 50128—2014，条款号　4.1.5

2. **试题：**立式圆筒形钢制焊接储罐罐壁厚度大于 12mm，且接管与罐壁板焊后不进行消除应力热处理时，开孔接管或补强板外缘与罐壁纵、环焊缝之间的距离，应大于较大焊脚尺寸的 8 倍，且不应小于 250mm。（　　）

答案：√

依据：《立式圆筒形钢制焊接储罐施工规范》GB 50128—2014，条款号　4.2.1

3. **试题：**立式圆筒形钢制焊接储罐两开孔至少有 1 个补强板时，其最近角焊缝边缘之间的距离，不应小于较大焊脚尺寸的 8 倍且不小于 150mm。（　　）

答案：√

依据：《立式圆筒形钢制焊接储罐施工规范》GB 50128—2014，条款号　4.2.1

4. **试题：**立式圆筒形钢制焊接储罐加强肋加工成型后，应用弧形样板检查，其间隙不应大于 2mm。（　　）

答案：√

依据：《立式圆筒形钢制焊接储罐施工规范》GB 50128—2014，条款号　4.5.2

5. **试题：**立式圆筒形钢制焊接不锈钢罐的组装，焊工钢印号可打在罐壁、罐底的附件上。（　　）

答案：×

依据：《立式圆筒形钢制焊接储罐施工规范》GB 50128—2014，条款号　5.1.3

6. **试题：**立式圆筒形钢制焊接储罐组装焊接后，罐壁的局部凹凸应应平缓，不应有突然起伏。（　　）

　　答案：√

　　依据：《立式圆筒形钢制焊接储罐施工规范》GB 50128—2014，条款号　5.4.2

7. **试题：**立式圆筒形钢制焊接储罐开孔接管的中心位置偏差，不应大于 10mm；接管外伸长度的允许偏差应为 ±8mm。（　　）

　　答案：×

　　依据：《立式圆筒形钢制焊接储罐施工规范》GB 50128—2014，条款号　5.7.1

8. **试题：**立式圆筒储罐的转动扶梯中心线的水平投影，应与轨道中心线重合，允许偏差不应大于 10mm。（　　）

　　答案：√

　　依据：《立式圆筒形钢制焊接储罐施工规范》GB 50128—2014，条款号　5.7.7

9. **试题：**立式圆筒储罐定位焊及工卡具的焊接，由合格焊工担任，其焊接工艺应与正式焊接相同。（　　）

　　答案：√

　　依据：《立式圆筒形钢制焊接储罐施工规范》GB 50128—2014，条款号　6.4.1

10. **试题：**立式圆筒储罐罐壁的焊接顺序应为：先焊环向焊缝，后焊纵向焊缝；纵焊缝采用气体保护焊时，自上向下焊接。（　　）

　　答案：×

　　依据：《立式圆筒形钢制焊接储罐施工规范》GB 50128—2014，条款号　6.5.2

11. **试题：**立式圆筒储罐固定顶顶板的焊接顺序应为：先焊内侧焊缝，后焊外侧焊缝。（　　）

　　答案：√

　　依据：《立式圆筒形钢制焊接储罐施工规范》GB 50128—2014，条款号　6.5.3

12. **试题：**立式圆筒储罐浮舱内、外边缘环板的焊接顺序应为：先焊角焊缝，后焊立缝。（　　）

　　答案：×

　　依据：《立式圆筒形钢制焊接储罐施工规范》GB 50128—2014，条款号　6.5.4

13. **试题：**立式圆筒形钢制焊接储罐各种表面缺陷深度或打磨深度不超过 1mm 时，打磨平滑即可。（　　）

　　答案：×

　　依据：《立式圆筒形钢制焊接储罐施工规范》GB 50128—2014，条款号　6.6.1

14. **试题**：立式圆筒形钢制焊接储罐焊缝两侧的咬边和焊趾裂纹的磨除深度不应大于 0.5mm，当不符合要求时应进行焊接修补。（　　）

答案：√

依据：《立式圆筒形钢制焊接储罐施工规范》GB 50128—2014　6.6.2

15. **试题**：立式圆筒储罐焊缝内部缺陷的修补，当采用碳弧气刨时，缺陷清除后应修磨刨槽。（　　）

答案：√

依据：《立式圆筒形钢制焊接储罐施工规范》GB 50128—2014，条款号　6.6.3

16. **试题**：立式圆筒形钢制焊接储罐罐底的焊缝，标准屈服强度大于 390MPa 的罐底边缘板的对接焊缝，在根部焊道焊接完毕后，应进行渗透检测，在最后一层焊接完毕后，应再次进行渗透检测或磁粉检测。（　　）

答案：√

依据：《立式圆筒形钢制焊接储罐施工规范》GB 50128—2014，条款号　7.2.3

17. **试题**：立式圆筒形钢制焊接储罐罐底的焊缝，厚度大于或等于 10mm 的罐底边缘板，每条对接焊缝的外端 400mm 应进行射线检测。（　　）

答案：×

依据：《立式圆筒形钢制焊接储罐施工规范》GB 50128—2014，条款号　7.2.3

18. **试题**：罐壁焊缝检查，环向对接焊缝应在每种板厚（以较薄的板厚为准）最初焊接的 3m 焊缝的任意部位取 300mm 进行射线检测。（　　）

答案：√

依据：《立式圆筒形钢制焊接储罐施工规范》GB 50128—2014，条款号　7.2.4

19. **试题**：标准规定的最低标准屈服强度大于 390MPa 的任意厚度的钢板，在罐内及罐外角焊缝焊完后，应对罐内角焊缝进行磁粉检测或渗透检测。（　　）

答案：√

依据：《立式圆筒形钢制焊接储罐施工规范》GB 50128—2014，条款号　7.2.5

20. **试题**：立式圆筒储罐的浮舱顶板的焊缝，应采用真空箱法进行严密性试验或逐舱鼓入压力为 785Pa（80mm 水柱）的压缩空气进行严密性试验，稳定时间不应小于 5min，均以无渗漏为合格。（　　）

答案：√

依据：《立式圆筒形钢制焊接储罐施工规范》GB 50128—2014，条款号　7.2.6

21. **试题**：立式圆筒形钢制焊接储罐焊缝射线检测合格标准为：检测技术等级不低于 AB 级；采用钢板标准屈服强度下限值大于 390MPa 的钢板以及厚度不小于 25mm 的碳

素钢和厚度不小于 16mm 的低合金钢壁板，焊缝质量不应低于该标准规定的Ⅱ级；其他材质及厚度的焊缝质量不应低于该标准规定的Ⅲ级。（　　）

答案：√

依据：《立式圆筒形钢制焊接储罐施工规范》GB 50128—2014，条款号　7.2.9

22. **试题：**立式圆筒形钢制焊接储罐罐壁组装焊接后，罐壁高度允许偏差，不应大于设计高度的 1%，且不得大于 80mm。（　　）

答案：×

依据：《立式圆筒形钢制焊接储罐施工规范》GB 50128—2014，条款号　7.3.1

23. **试题：**立式圆筒形钢制焊接储罐罐底焊接后，其局部凹凸变形的深度不应大于变形长度的 2%，且不大于 50mm，单面倾斜式罐底不大于 60mm。（　　）

答案：×

依据：《立式圆筒形钢制焊接储罐施工规范》GB 50128—2014，条款号　7.3.2

24. **试题：**立式圆筒形钢制焊接储罐浮舱顶板的局部凹凸变形，应用直线样板测量，不应大于 15mm。（　　）

答案：√

依据：《立式圆筒形钢制焊接储罐施工规范》GB 50128—2014，条款号　7.3.3

25. **试题：**立式圆筒形钢制焊接储罐固定顶成型应美观，其局部凹凸变形应采用样板检查，间隙不应大于 15mm。（　　）

答案：√

依据：《立式圆筒形钢制焊接储罐施工规范》GB 50128—2014，条款号　7.3.6

26. **试题：**立式圆筒形钢制焊接储罐罐底的严密性，应以罐底无渗漏为合格。（　　）

答案：√

依据：《立式圆筒形钢制焊接储罐施工规范》GB 50128—2014，条款号　7.4.3

27. **试题：**立式圆筒形钢制焊接储罐罐壁的强度及严密性试验，充水到设计最高液位并保持 24 h 后，罐壁无渗漏、无异常变形为合格。（　　）

答案：×

依据：《立式圆筒形钢制焊接储罐施工规范》GB 50128—2014，条款号　7.4.4

28. **试题：**立式圆筒形钢制焊接储罐固定顶的强度及严密性试验，应在罐内水位设计最高液位下 1m 时进行缓慢充水升压，当升至试验压力时，应以罐顶无异常变形，焊缝无渗漏为合格。（　　）

答案：√

依据：《立式圆筒形钢制焊接储罐施工规范》GB 50128—2014，条款号　7.4.5

29. **试题：**立式圆筒形钢制焊接储罐固定顶的稳定性试验，应充水到正常工作液位用放水方法进行。试验时应缓慢降压，达到试验负压时，罐顶无异常变形为合格。试验后，应立即使储罐内部与大气相通，恢复到常压。（   ）

　　答案：×

　　依据：《立式圆筒形钢制焊接储罐施工规范》GB 50128—2014，条款号 7.4.6

30. **试题：**立式圆筒形钢制焊接储罐浮顶排水管的严密性试验应符合：储罐充水前，以 390kPa 压力进行水压试验，持压 30min 应无渗漏。（   ）

　　答案：√

　　依据：《立式圆筒形钢制焊接储罐施工规范》GB 50128—2014，条款号 7.4.8

31. **试题：**立式圆筒形钢制焊接储罐基础的沉降观测应在罐壁下部圆周每隔 10m 左右，设一个基础沉降观测点，点数宜为 4 的整数倍，且不得少于 4 点。（   ）

　　答案：√

　　依据：《立式圆筒形钢制焊接储罐施工规范》GB 50128—2014，条款号 7.4.9

32. **试题：**设计立式圆筒形钢制焊接油罐时，边缘板的材质与底圈罐壁板材质可以不同。（   ）

　　答案：×

　　依据：《立式圆筒形钢制焊接油罐设计规范》GB 50341—2014，条款号 5.2.11

33. **试题：**设计立式圆筒形钢制焊接油罐时，罐壁板的纵环焊缝应采用对接，外表面对齐。（   ）

　　答案：×

　　依据：《立式圆筒形钢制焊接油罐设计规范》GB 50341—2014，条款号 6.1.3

34. **试题：**设计立式圆筒形钢制焊接敞口油罐时，油罐应在罐壁外侧靠近罐壁上端设置顶部抗风圈，设置位置宜在离罐壁上端 1m 的水平面上。（   ）

　　答案：√

　　依据：《立式圆筒形钢制焊接油罐设计规范》GB 50341—2014，条款号 6.4.1

35. **试题：**立式圆筒形钢制焊接油罐柱支撑式锥顶罐顶支柱的柱脚应采用导向支座限位，不得与支座相焊。（   ）

　　答案：√

　　依据：《立式圆筒形钢制焊接油罐设计规范》GB 50341—2014   7.4.4

36. **试题：**立式圆筒形钢制焊接储罐支撑式锥顶的罐顶板及其加强构件不得与罐顶板的支撑构件固定连接。（   ）

　　答案：√

依据:《立式圆筒形钢制焊接油罐设计规范》GB 50341—2014,条款号 7.4.6

37. **试题:** 立式圆筒形钢制焊接油罐齐平型清扫孔清扫孔盖板上不得连接有附加荷载的接管。( )

答案: √

依据:《立式圆筒形钢制焊接油罐设计规范》GB 50341—2014 10.5.10

38. **试题:** 设计温度低于－20℃和标准屈服强度下限值大于 390MPa 的罐壁板、边缘板及罐壁开孔元件不得采用锤击等强力手段组装,但可以在其上锤印标记。( )

答案: ×

依据:《立式圆筒形钢制焊接油罐设计规范》GB 50341—2014,条款号 12.1.5

39. **试题:** 加工配制中,焊制常压容器时,卷制的弧形板应立置在平台上用样板检查,垂直方向上用直线样板检查,其间隙不应大于 2 mm;水平方向上用弧形样板检查,其间隙不应大于 5mm。( )

答案: ×

依据:《电力建设施工技术规范 第 8 部分:加工配制》DL 5190.8—2012,条款号 6.1.2

40. **试题:** 焊制常压容器时,抗风圈、加强圈、包边角钢等弧形配件加工成型后,用弧形样板检查,其间隙不应大于 2 mm。放在平台上检查,其翘曲变形不应超过构件长度的 0.2%,且不应大于 8 mm。( )

答案: ×

依据:《电力建设施工技术规范 第 8 部分:加工配制》DL 5190.8—2012,条款号 6.1.3

41. **试题:** 热煨成型的构件,不应过烧。( )

答案: √

依据:《电力建设施工技术规范 第 8 部分:加工配制》DL 5190.8—2012,条款号 6.1.4

42. **试题:** 焊制常压容器时,容器底板应做负压试验,其他密封焊缝进行渗煤油试验。施工完成后,不必对容器进行充水试验。( )

答案: ×

依据:《电力建设施工技术规范 第 8 部分:加工配制》DL 5190.8—2012,条款号 6.1.6

43. **试题:** 储罐壁板组装前,应对配制的壁板成型尺寸进行检查,合格后方可组装。( )

答案：√

依据：《电力建设施工技术规范 第 8 部分：加工配制》DL 5190.8—2012，条款号 6.4.4

44. 试题：加工配制中，储存液态介质的储罐底板的所有焊缝应采用真空箱法进行严密性试验，试验负压值不得低于 63kPa，无渗漏为合格。（　　）

答案：×

依据：《电力建设施工技术规范 第 8 部分：加工配制》DL 5190.8—2012，条款号 6.4.7

三、单选题（下列试题中，只有 1 项是标准原文规定的正确答案，请将正确答案填在括号内）

1. 试题：立式圆筒形钢制储罐焊接时，纵缝气体保护焊的对接接头，罐壁厚度小于或等于（　　）时宜采用单面坡口。

A．24mm　　　　　　　B．28mm　　　　　　　C．30mm

答案：A

依据：《立式圆筒形钢制焊接储罐施工规范》GB 50128—2014，条款号 4.1.6

2. 试题：立式圆筒形钢制储罐焊接时，纵缝气电立焊的对接接头，罐壁厚度大于（　　）时宜采用双面坡口。

A．20mm　　　　　　　B．22mm　　　　　　　C．24mm

答案：C

依据：《立式圆筒形钢制焊接储罐施工规范》GB 50128—2014，条款号 4.1.6

3. 试题：制作直径小于 25m 的立式圆筒形钢制焊接储罐时，其壁板宽度不应小于（　　）；长度不应小于 1000mm。

A．300mm　　　　　　　B．500mm　　　　　　　C．400mm

答案：B

依据：《立式圆筒形钢制焊接储罐施工规范》GB 50128—2014，条款号 4.2.1

4. 试题：制作直径大于或等于 25m 的立式圆筒形钢制焊接储罐时，其壁板宽度不应小于（　　）；长度不应小于 2000mm。

A．500mm　　　　　　　B．800mm　　　　　　　C．1000mm

答案：C

依据：《立式圆筒形钢制焊接储罐施工规范》GB 50128—2014，条款号 4.2.1

5. 试题：立式圆筒形钢制焊接储罐，单面倾斜式基础的底圈壁板应根据实测的基础倾斜度计算尺寸，并在每张底圈壁板上放样，切割后其长度允许偏差应符合表 4.2.2 的规定，宽度各位置偏差不应大于（　　）。

A．2mm   B．3mm   C．4mm

答案：A

依据：《立式圆筒形钢制焊接储罐施工规范》GB 50128—2014，条款号 4.2.2

6. **试题：**立式圆筒形钢制焊接储罐浮舱底板及顶板预制后，其平面度用直线样板检查，间隙不应大于（   ）。

A．6mm   B．5mm   C．4mm

答案：C

依据：《立式圆筒形钢制焊接储罐施工规范》GB 50128—2014，条款号 4.4.2

7. **试题：**立式圆筒形钢制焊接储罐单盘式浮顶的浮舱进行分段预制时，浮舱内、外边缘板用弧形样板检查，间隙不应大于（   ）。

A．10mm   B．12mm   C．15mm

答案：A

依据：《立式圆筒形钢制焊接储罐施工规范》GB 50128—2014，条款号 4.4.3

8. **试题：**有环梁立式圆筒形钢制焊接储罐，支承罐壁的基础表面其高差每 10m 弧长内任意两点的高差不应大于 6mm，且整个圆周长度内任意两点的高差不应大于（   ）。

A．18mm   B．15mm   C．12mm

答案：C

依据：《立式圆筒形钢制焊接储罐施工规范》GB 50128—2014，条款号 5.2.2

9. **试题：**当立式圆筒形钢制焊接储罐直径≥25m 时，以基础中心为圆心，以不同半径作同心圆，将各圆周分成若干等份，在等分点测量沥青砂层的标高。同一圆周上的测点，其测量标高与计算标高之差不应大于（   ）。

A．12mm   B．15mm   C．20mm

答案：A

依据：《立式圆筒形钢制焊接储罐施工规范》GB 50128—2014，条款号 5.2.2

10. **试题：**立式圆筒形钢制焊接储罐，单面倾斜式基础表面凹凸度可用拉线或水准仪测量，每 $100m^2$ 范围内测点不应少于 20 点，小于 $100 m^2$ 的基础按 $100 m^2$ 计算，凹凸度不应大于（   ）。

A．40mm   B．20mm   C．30mm

答案：B

依据：《立式圆筒形钢制焊接储罐施工规范》GB 50128—2014，条款号 5.2.2

11. **试题：**立式圆筒形钢制焊接储罐底圈壁板外表面沿径向至边缘板外缘的距离不应小于 50mm，且不应大于（   ）。

A．100mm   B．200mm   C．300mm

答案：A

依据：《立式圆筒形钢制焊接储罐施工规范》GB 50128—2014　5.4.2

12. 试题：立式圆筒形钢制焊接储罐灌顶支撑柱的垂直度不应大于柱高的0.1%，且不应大于（　　）。

　　A．10mm　　　　　　　　B．12mm　　　　　　　　C．15mm

　　答案：A

　　依据：《立式圆筒形钢制焊接储罐施工规范》GB 50128—2014，条款号　5.5.2

13. 试题：立式圆筒形钢制焊接储罐浮顶环板、外边缘环板对接接头的错边量不应大于板厚的（　　）倍，且不应大于1.5mm。

　　A．0.15　　　　　　　　B．0.2　　　　　　　　　C．0.25

　　答案：A

　　依据：《立式圆筒形钢制焊接储罐施工规范》GB 50128—2014，条款号　5.6.4

14. 试题：立式圆筒形钢制焊接储罐量油管和导向管的垂直度不得大于管高的0.1%，且不应大于（　　）。

　　A．15mm　　　　　　　　B．10mm　　　　　　　　C．12mm

　　答案：B

　　依据：《立式圆筒形钢制焊接储罐施工规范》GB 50128—2014，条款号　5.7.2

15. 试题：立式圆筒形钢制焊接储罐罐底的焊缝，底板三层钢板重叠部分的搭接接头焊缝和对接罐底板的"T"字焊缝的根部焊道焊完后，在沿三个方向各（　　）范围内，应进行渗透检测，全部焊完后，应进行渗透检测或磁粉检测。

　　A．100mm　　　　　　　B．200mm　　　　　　　C．150mm

　　答案：B

　　依据：《立式圆筒形钢制焊接储罐施工规范》GB 50128—2014，条款号　7.2.3

16. 试题：油罐底板结构采用搭接时，中幅板之间的搭接宽度宜为5倍板厚，且实际搭接宽度不应小于（　　）。

　　A．25mm　　　　　　　　B．40mm　　　　　　　　C．50mm

　　答案：A

　　依据：《立式圆筒形钢制焊接油罐设计规范》GB 50341—2014，条款号　5.2.4

17. 试题：油罐底板结构采用搭接时，中幅板宜搭接在环形边缘板的上面，实际搭接宽度不应小于（　　）。

　　A．40mm　　　　　　　　B．50mm　　　　　　　　C．60mm

　　答案：C

　　依据：《立式圆筒形钢制焊接油罐设计规范》GB 50341—2014，条款号　5.2.4

18. **试题**：油罐底板结构采用对接时，焊缝下面应设厚度不小于（　　）的垫板，垫板应与罐底板贴紧并定位。

　　A．2mm　　　　　　　　　B．3mm　　　　　　　　　C．4mm

　　答案：C

　　依据：《立式圆筒形钢制焊接油罐设计规范》GB 50341—2014，条款号　5.2.4

19. **试题**：油罐底板结构采用对接时，厚度不大于 6mm 的罐底边缘板对接焊缝可不开坡口，焊缝间隙不宜小于（　　）。

　　A．4mm　　　　　　　　　B．5mm　　　　　　　　　C．6mm

　　答案：C

　　依据：《立式圆筒形钢制焊接油罐设计规范》GB 50341—2014，条款号　5.2.5

20. **试题**：油罐底板结构采用对接时，厚度大于 6mm 的罐底边缘板对接焊缝应采用（　　）形坡口。边缘板与底圈壁板相焊的部位应做成平滑支撑面。

　　A．V　　　　　　　　　　B．U　　　　　　　　　　C．Y

　　答案：A

　　依据：《立式圆筒形钢制焊接油罐设计规范》GB 50341—2014，条款号　5.2.5

21. **试题**：罐壁相邻两层壁板的纵向接头应相互错开，距离不应小于（　　）。

　　A．300mm　　　　　　　　B．400mm　　　　　　　　C．500mm

　　答案：A

　　依据：《立式圆筒形钢制焊接油罐设计规范》GB 50341—2014，条款号　6.1.1

22. **试题**：油罐的抗风圈水平铺板上应开设适当数量的排液孔，孔径通常为（　　）。

　　A．10mm～16mm　　　　　B．16mm～20mm　　　　　C．20mm～30mm

　　答案：B

　　依据：《立式圆筒形钢制焊接油罐设计规范》GB 50341—2014，条款号　6.4.1.5

23. **试题**：立式圆筒形钢制焊接油罐固定顶顶板间的连接采用搭接时，搭接宽度不应小于 5 倍板厚，且实际搭接宽度不应小于（　　）。

　　A．25mm　　　　　　　　　B．30mm　　　　　　　　　C．35mm

　　答案：A

　　依据：《立式圆筒形钢制焊接油罐设计规范》GB 50341—2014　7.1.4

24. **试题**：焊接在罐体上的连接件，焊接处应加垫板。垫板周边焊缝距罐壁环焊缝最小为（　　）。

　　A．75mm　　　　　　　　　B．80mm　　　　　　　　　C．90mm

　　答案：A

　　依据：《立式圆筒形钢制焊接油罐设计规范》GB 50341—2014，条款号　10.1.7

25. **试题：** 焊接在油罐体上的连接件，焊接处应加垫板。垫板周边焊缝距离罐壁纵焊缝或补强板边缘焊缝不应小于（　　）。

　　A．100mm　　　　　　　　B．150mm　　　　　　　　C．120mm

　　答案： B

　　依据：《立式圆筒形钢制焊接油罐设计规范》GB 50341—2014，条款号　10.1.7

26. **试题：** 油罐上接管时，最小接管公称直径大于（　　）的开孔应补强。

　　A．40mm　　　　　　　　　B．50mm　　　　　　　　　C．60mm

　　答案： B

　　依据：《立式圆筒形钢制焊接油罐设计规范》GB 50341—2014，条款号　10.2.1

27. **试题：** 立式圆筒形钢制焊接油罐罐体组装焊接后，几何尺寸和形状不得违反下列规定：（　　）。

　　A．罐体高度允许偏差不应大于设计高度的 0.4%，且不得大于 50mm

　　B．罐壁垂直度允许偏差不应大于罐壁高度的 0.5%，且不得大于 50mm

　　C．在底圈壁板 1m 高处测量，底圈壁板内表面任意点半径的允许偏差不得违反标准的规定

　　答案： C

　　依据：《立式圆筒形钢制焊接油罐设计规范》GB 50341—2014　12.3.1

28. **试题：** 当钢制焊接加工常压容器时，其壁厚大于 12mm 时，开孔接管或补强板外缘与容器壁纵环焊缝之间的距离，应大于焊脚尺寸的 8 倍，且不应小于（　　）。

　　A．100mm　　　　　　　　B．150mm　　　　　　　　C．250mm

　　答案： C

　　依据：《电力建设施工技术规范　第 8 部分：加工配制》DL 5190.8—2012，条款号　6.1.5

29. **试题：** 当钢制焊接加工常压容器时，其壁厚不大于 12mm 时，开孔接管或补强板外缘与容器壁纵焊缝之间的距离，最小不应小于（　　）。

　　A．100mm　　　　　　　　B．150mm　　　　　　　　C．200mm

　　答案： B

　　依据：《电力建设施工技术规范　第 8 部分：加工配制》DL 5190.8—2012，条款号　6.1.5

30. **试题：** 加工配制中，钢制焊接常压矩形容器的壁板、底板和顶板配制时，（设计无要求时，）任意相邻焊缝的间距最小不应小于（　　）。

　　A．80mm　　　　　　　　　B．100mm　　　　　　　　C．60mm

　　答案： B

　　依据：《电力建设施工技术规范　第 8 部分：加工配制》DL 5190.8—2012，条款号　6.2.1

31. 试题：加工配制中，钢制焊接常压矩形容器的壁板、底板和顶板的拼接宽度当设计无要求时，最小不应小于（　　）。

A．100mm　　　　　　　B．150mm　　　　　　　C．200mm

答案：A

依据：《电力建设施工技术规范　第8部分：加工配制》DL 5190.8—2012，条款号6.2.1

32. 试题：钢制焊接常压矩形容器组装时，应保证内表面齐平。当板厚不大于10mm时，错边量最大不应大于（　　）。

A．0.5mm　　　　　　　B．1mm　　　　　　　　C．1.5mm

答案：B

依据：《电力建设施工技术规范　第8部分：加工配制》DL 5190.8—2012，条款号6.2.2

33. 试题：加工配制中，矩形常压容器加固筋与箱体焊接宜采用间断焊，加固筋每侧间断焊焊缝总长最少应不少于加固筋长度的（　　）倍。

A．1/3　　　　　　　　B．1/2　　　　　　　　C．2/3

答案：B

依据：《电力建设施工技术规范　第8部分：加工配制》DL 5190.8—2012，条款号6.2.3

34. 试题：加工配制中，钢制焊接矩形常压容器，壁板厚度大于5mm时，壁板平面度允许偏差应小于等于（　　）。

A．4mm　　　　　　　　B．5mm　　　　　　　　C．6mm

答案：A

依据：《电力建设施工技术规范　第8部分：加工配制》DL 5190.8—2012，条款号6.2.4

35. 试题：加工配制圆形常压容器时，封头板配制任意相邻焊缝的间距不应小于封头板厚度的3倍，且最小不小于（　　）。

A．100mm　　　　　　　B．150mm　　　　　　　C．200mm

答案：A

依据：《电力建设施工技术规范　第8部分：加工配制》DL 5190.8—2012，条款号6.3.1

36. 试题：加工配制圆形常压容器时，壳板宽度最小不应小于（　　）。

A．200mm　　　　　　　B．300mm　　　　　　　C．400mm

答案：B

依据：《电力建设施工技术规范　第8部分：加工配制》DL 5190.8—2012，条款号　6.3.1

37. 试题：加工配制圆形常压容器时，预制、组装及检验过程中，使用的弧形样板的弦长应为箱体外直径的 1/6，且最小不应小于（　　）。

A．200mm　　　　　　　B．300mm　　　　　　　C．400mm

答案：B

依据：《电力建设施工技术规范　第 8 部分：加工配制》DL 5190.8—2012，条款号 6.3.2

38. 试题：加工配制圆形常压容器时，预制、组装及检验过程中，使用的直线样板的长度最小不应小于（　　）。

A．500mm　　　　　　　B．1000mm　　　　　　C．1500mm

答案：B

依据：《电力建设施工技术规范　第 8 部分：加工配制》DL 5190.8—2012，条款号 6.3.2

39. 试题：加工配制圆形压力容器封头板组装、焊接时，在胎具上拼装成型，其间隙最大不应大于（　　）。

A．1mm　　　　　　　　B．1.5mm　　　　　　　C．2mm

答案：C

依据：《电力建设施工技术规范　第 8 部分：加工配制》DL 5190.8—2012，条款号 6.3.3

40. 试题：加工配制圆形压力容器壳壁板组装、焊接时，纵向焊缝错边量允许偏差应为板厚 10%，且最大不应大于（　　）。

A．0.5mm　　　　　　　B．1mm　　　　　　　　C．1.5mm

答案：B

依据：《电力建设施工技术规范　第 8 部分：加工配制》DL 5190.8—2012，条款号 6.3.4

41. 试题：加工配制圆形常压容器时，封头表面凸凹度允许偏差最大应不大于（　　）。

A．$1mm/m^2$　　　　　B．$2mm/m^2$　　　　　C．$3mm/m^2$

答案：B

依据：《电力建设施工技术规范　第 8 部分：加工配制》DL 5190.8—2012，条款号 6.3.5

42. 试题：立式圆筒形储罐配制时，储罐顶板任意相邻焊缝的间距，最小不应小于（　　）。

A．100mm　　　　　　　B．150mm　　　　　　　C．200mm

答案：C

依据：《电力建设施工技术规范　第 8 部分：加工配制》DL 5190.8—2012，条款号 6.4.1

43. **试题：** 加工配制立式圆筒形储罐时，储罐壁板宽度最小不应小于（　　），长度不应小于 1000mm。

A．300mm B．500mm C．600mm

答案： B

依据：《电力建设施工技术规范　第 8 部分：加工配制》DL 5190.8—2012，条款号 6.4.1

44. **试题：** 加工配制曲率半径大于 12.5m 的立式圆筒形储罐时，预制、组装及检验过程中使用的弧形样板的弦长最小不应小于（　　）。

A．1m B．1.5m C．2m

答案： C

依据：《电力建设施工技术规范　第 8 部分：加工配制》DL 5190.8—2012，条款号 6.4.2

45. **试题：** 加工配制储罐中，储存易燃、易爆、腐蚀性等介质的储罐焊缝无损检测，透照质量为 AB 级，厚度大于或等于（　　）的低合金钢的焊缝，应Ⅱ级合格，其他应Ⅲ级合格。

A．8mm B．10mm C．16mm

答案： C

依据：《电力建设施工技术规范　第 8 部分：加工配制》DL 5190.8—2012，条款号 6.4.11

46. **试题：** 储罐充水严密性试验时，罐壁检查应在充水到设计最高液位并保持（　　）后进行，应无渗漏、无异常变形。

A．12h B．24h C．48h

答案： C

依据：《电力建设施工技术规范　第 8 部分：加工配制》DL 5190.8—2012，条款号 6.4.14

四、多选题（下列试题中，至少有 2 项是标准原文规定的正确答案，请将正确答案填在括号内）

1. **试题：** 当工作环境温度低于下列温度时，钢材不得采用剪切加工：（　　）。

A．普通碳素钢：−12℃

B．普通碳素钢：−16℃

C．低合金钢：−12℃

D．低合金钢：−10℃

答案： BC

依据：《立式圆筒形钢制焊接储罐施工规范》GB 50128—2014　4.1.3

2. **试题：** 不锈钢罐的预制，下列符合要求的是：（　　　）。

A．不锈钢板不应与碳素钢板接触

B．不锈钢板不应做硬印标记或刻画标识，宜采用易擦洗的颜料作标记

C．不锈钢板及构件的吊装宜采用吊装带，运输胎具上宜采取防护措施

D．不锈钢的构件不应采用热煨成型

答案： ABCD

依据：《立式圆筒形钢制焊接储罐施工规范》GB 50128—2014，条款号　4.1.9

3. **试题：** 立式圆筒形钢制焊接储罐壁板预制前应绘制排版图，并应符合的规定是：（　　　）。

A．各圈壁板的纵焊缝宜向同一方向逐圈错开，相邻圈板纵缝间距宜为板长的 1/3，且不应小于 300mm

B．底圈壁板的纵焊缝与罐底边缘板的对接焊缝之间的距离，不应大于 300mm

C．抗风圈、加强圈与罐壁环焊缝之间的距离，不应小于 150mm

D．包边角钢对接接头与罐板纵向焊缝之间的距离，不应小于 300mm

答案： ACD

依据：《立式圆筒形钢制焊接储罐施工规范》GB 50128—2014，条款号　4.2.1

4. **试题：** 立式圆筒形钢制焊接储罐底圈壁板或倒装法施工顶圈壁板，下列符合规定的是：（　　　）。

A．相邻两壁板上口水平的允许偏差，不应大于 5mm

B．在整个圆周上任意两点水平的允许偏差，不应大于 6mm

C．壁板的垂直度不应大于 3mm

D．罐壁焊接后，壁板的内表面任意点的半径允许偏差，应符合有关规定

答案： BCD

依据：《立式圆筒形钢制焊接储罐施工规范》GB 50128—2014，条款号　5.4.2

5. **试题：** 立式圆筒形钢制焊接储罐壁板组装时，下列错边量符合规定的是：（　　　）。

A．焊条电弧焊时，当板厚≤10mm 时，纵向焊缝错边量不应大于 1mm

B．自动焊时，任意板厚纵向、环向焊缝错边量均不应大于 1.5mm

C．焊条电弧焊时，当上圈壁板厚度≤8mm 时，任何一点的环向焊缝错边量均不应大于 1.5mm

D．自动焊时，任意板厚的环向焊缝错边量均不应大于 1.5mm

答案： ACD

依据：《立式圆筒形钢制焊接储罐施工规范》GB 50128—2014，条款号　5.4.2

6. **试题：** 从事储罐焊接的焊工，应同时符合以下要求：（　　　）。

A．必须按《特种设备焊接操作人员考核细则》TSG Z6002 的规定考核合格

B．应取得相应焊接项目的资格

C．应在相应焊接资格的有效期间内

D．应担任相应合格项目范围内的焊接工作

答案：ABCD

依据：《立式圆筒形钢制焊接储罐施工规范》GB 50128—2014，条款号 6.1.1（强条）

7．**试题**：如不采取有效防护措施，不应进行立式圆筒形钢制焊接储罐焊接的环境是：（　　）。

A．雨天及雪天

B．采用气体保护焊时，风速超过 2m/s，采用其他方法焊接时风速超过 8m/s

C．碳素钢焊接时低于－20℃，低合金钢焊接时低于－10℃，不锈钢焊接时低于－5℃，罐壁钢板为最低标准屈服强度大于 390MPa 的低合金钢低于 0℃焊接时

D．相对湿度在 90%及以上

答案：ABCD

依据：《立式圆筒形钢制焊接储罐施工规范》GB 50128—2014，条款号 6.1.3

8．**试题**：立式圆筒形钢制焊接储罐弓形边缘板的焊接，下列符合规定的是：（　　）。

A．宜先完成靠外缘 300mm 部位的焊缝

B．在罐底与罐壁连接的角焊缝焊完后且边缘板与中幅板之间的收缩缝施焊前，完成剩余的边缘板对接焊缝的焊接和中幅板的对接焊缝

C．环形边缘板对接焊缝的初层焊道宜采用焊工均匀分布、对称施焊的方法进行

D．边缘板与中幅板之间的收缩缝的初层焊道宜采用分段退焊或跳焊法进行

答案：ABCD

依据：《立式圆筒形钢制焊接储罐施工规范》GB 50128—2014，条款号 6.5.1

9．**试题**：储罐双盘式浮顶焊接顺序不得违反下列规定：（　　）。

A．浮舱环板、外边缘环板，宜先焊立缝，后焊角焊缝

B．浮顶底板的焊接，应先焊底部的间断焊缝或定位焊缝，后焊上面的焊缝

C．浮顶顶板的焊接，宜先焊底部的间断焊缝，后焊上面的焊缝，并采用收缩变形最小的焊接工艺和焊接顺序

D．底板上被构件遮蔽的焊道应先焊接，且长度不小于 500mm，检查合格后方可隐蔽

答案：ABCD

依据：《立式圆筒形钢制焊接储罐施工规范》GB 50128—2014　6.5.5

10．**试题**：立式圆筒形钢制焊接储罐焊缝的表面质量，下列符合规定的是：（　　）。

A．焊缝的表面及热影响区，不得有裂纹、气孔、夹渣、弧坑和未焊满等缺陷

B．对接焊缝的咬边深度，不得大于 1mm；咬边的连续长度，不应大于 200mm

C．罐壁环向对接焊缝和罐底对接焊缝低于母材表面的凹陷深度，不得大于 0.5mm。凹陷的连续长度，不得大于 300mm

D．浮顶及内浮顶储罐罐壁内侧焊缝的余高，不应大于 1mm

答案：AD

依据：《立式圆筒形钢制焊接储罐施工规范》GB 50128—2014，条款号　7.1.2

11. **试题**：罐壁纵向焊缝检查，下列符合规定的是：（　　）。

A．底圈壁板厚度小于或等于 10mm 时，应从每条纵向焊缝中任取 300mm 进行射线检测

B．板厚大于 10mm 且小于 25mm 时，应从每条纵向焊缝中任取 2 个 300mm 进行射线检测，其中一个位置应靠近底板

C．板厚大于或等于 25mm 时，每条焊缝应进行 100%射线检测

D．当板厚大于 10mm 时，全部"T"字缝应进行射线检测

答案：ABCD

依据：《立式圆筒形钢制焊接储罐施工规范》GB 50128—2014，条款号　7.2.4

12. **试题**：储罐罐壁焊缝的无损检测在设计无要求时，检测不得违反下列规定：（　　）。

A．罐壁"T"字焊缝检测位置应包括纵向和环向焊缝各 300mm 的区域

B．齐平型清扫孔组合件所在罐壁板与相邻罐壁板的对接焊缝，应 100%进行射线检测

C．射线检测或超声波检测不合格时，如缺陷的位置距离底片端部或超声检测端部不足 75mm，应在该端延伸 200mm 作补充检测，延伸部位的检测结果仍不合格则应继续延伸检查

D．射线检测或超声波检测不合格时，如缺陷的位置距离底片端部或超声检测端部不足 75mm，应在该端延伸 300mm 作补充检测，延伸部位的检测结果仍不合格则应继续延伸检查

答案：ABD

依据：《立式圆筒形钢制焊接储罐施工规范》GB 50128—2014，条款号　7.2.4

13. **试题**：储罐建造完毕后，应进行充水试验，下列检查内容符合规定的是：（　　）。

A．罐底的稳定性

B．罐壁强度及严密性

C．固定顶的强度、稳定性及严密性

D．浮顶及内浮顶的升降试验及严密性

答案：BCD

依据：《立式圆筒形钢制焊接储罐施工规范》GB 50128—2014，条款号　7.4.1（强条）

14. **试题**：立式圆筒形钢制焊接储罐充水试验，应符合下列规定：（　　）。

A．充水试验前，所有与严密性试验有关的焊缝均不得涂刷油漆

B．充水试验宜采用洁净淡水，试验水温不应低于 5℃

C．充水试验过程中应进行基础沉降观测

D．充水和放水过程中，应打开透光孔，且不得使基础浸水

答案：ABCD

依据：《立式圆筒形钢制焊接储罐施工规范》GB 50128—2014，条款号 7.4.2

15. **试题：**立式圆筒形钢制焊接油罐罐底板的环形边缘板尺寸在水平面内沿罐半径方向测量，不得违反下列规定：（ ）。

A. 罐壁内表面至边缘板与中幅板之间的连接焊缝的最小径向距离不应小于标准规定的计算值，且不应小于 100mm

B. 罐壁内表面至边缘板与中幅板之间的连接焊缝的最小径向距离不应小于标准规定的计算值，且不应小于 600mm

C. 底圈罐壁外表面沿径向至边缘板外缘的距离不应小于 50mm，且不宜大于 100mm

D. 底圈罐壁外表面沿径向至边缘板外缘的距离不应小于 50mm，且不宜大于 600mm

答案：BC

依据：《立式圆筒形钢制焊接油罐设计规范》GB 50341—2014，条款号 5.1.3

16. **试题：**立式圆筒形钢制焊接油罐浮顶局部凹凸变形应符合下列规定：（ ）。

A. 隔舱顶板的局部凹凸变形应用直线样板测量，不得大于 15mm

B. 隔舱顶板的局部凹凸变形应用直线样板测量，不得大于 20mm

C. 浮顶外边缘板的垂直允许偏差不应大于 3mm

D. 浮顶外边缘板的垂直允许偏差不应大于 4mm

答案：AC

依据：《立式圆筒形钢制焊接油罐设计规范》GB 50341—2014，条款号 12.3.3

17. **试题：**立式圆筒形钢制焊接储罐底板绘制排板图，下列符合规定的是：（ ）。

A. 排板直径，应按设计直径放大 0.1%～0.15%，且不小于 100mm

B. 弓形边缘板沿罐底半径方向的最小尺寸，不应小于 700 mm；非弓形边缘板最小直边尺寸，不应小于 700 mm

C. 中幅板的宽度不应小于 1000 mm，长度不应小于 2000 mm；与弓形边缘板连接的不规则中幅板最小直边尺寸，不应小于 700 mm

D. 底板任意相邻焊缝之间的距离，不应大于 300 mm

答案：ABC

依据：《电力建设施工技术规范 第 8 部分：加工配制》DL 5190.8—2012，条款号 6.4.1

18. **试题：**立式圆筒形钢制焊接储罐底的组装、焊接，下列符合规定的是：（ ）。

A. 罐底采用带垫板的对接接头时，垫板应与对接的两块底板贴紧，其间隙不应大于 1mm，并点焊牢固

B. 中幅板采用搭接接头时，搭接量允许偏差应为 ±5mm，搭接间隙应不大于 1mm

C. 中幅板与弓形边缘板之间采用搭接接头时，中幅板应搭在弓形边缘板的上面

D. 搭接接头三层钢板重叠部分，应将上层底板切角，切角长度应为上层底板搭接

长度的 2 倍，其宽度应为搭接长度的 2/3

答案： ABCD

依据：《电力建设施工技术规范　第 8 部分：加工配制》DL 5190.8—2012，条款号 6.4.3

19. **试题：** 加工配制中，立式圆筒形焊接储罐，储罐壁组装、焊接时应符合下列规定：（　　）。

A. 相邻两壁板上口水平的偏差应不大于 2 mm，在整个圆周上任意两点水平偏差应不大于 6mm

B. 单圈壁板的垂直度允许偏差应不大于该圈壁板高度的 0.3%

C. 应保证内表面齐平，纵向焊口错边量允许偏差应为板厚的 10%，且不大于 2mm；环向焊口错边量允许偏差应为板厚的 10%，且不大于 3mm

D. 焊接宜采用气体保护焊，且按先纵向后环向的顺序施焊

答案： ABCD

依据：《电力建设施工技术规范　第 8 部分：加工配制》DL 5190.8—2012，条款号 6.4.5

20. **试题：** 立式圆筒形钢制焊接储罐顶的组装、焊接，下列符合规定的是：（　　）。

A. 顶板应按画好的等分线对称组装。顶板搭接宽度允许偏差为 ±5mm

B. 每块顶板应在胎具上与加筋肋拼装成型，焊接时应采取防变形措施

C. 顶板用样板检查，储罐为锥顶时，其间隙应不大于 4mm；储罐为拱顶时，其间隙应不大于 10mm

D. 应先焊内侧焊缝，后焊外侧焊缝。径向的长焊缝，宜采用隔缝对称施焊，并由中心向外分段退焊

答案： ABCD

依据：《电力建设施工技术规范　第 8 部分：加工配制》DL 5190.8—2012，条款号 6.4.6

21. **试题：** 储存易燃、易爆、腐蚀性等介质的储罐底板焊缝应进行下列检验：（　　）。

A. 所有焊缝应采用真空箱法进行严密性试验，试验负压值不得低于 53kPa，无渗漏为合格

B. 厚度大于或等于 10mm 的罐底边缘板，每条对接焊缝的外端 300mm，应进行射线检验，厚度小于 10mm 罐底边缘板每条焊缝，应按上述方法至少抽查一段

C. 底板三层钢板重叠部分的搭接接头焊缝和对接罐底板的 T 形焊缝的根部焊缝焊完后，在沿三个方向各 200mm 范围内，应进行渗透检验，全部焊完后，应进行磁粉检验和渗透检验

D. 底板三层钢板重叠部分的搭接接头焊缝和对接罐底板的 T 形焊缝的根部焊缝焊完后，可目测检验

答案： ABC

依据：《电力建设施工技术规范 第 8 部分：加工配制》DL 5190.8—2012，条款号 6.4.8

22. 试题：储罐施工完毕后，应进行充水严密性试验，且符合下列规定：（ ）。

A. 充水试验前，与罐体焊接的附件应焊接完毕，且检验合格

B. 充水试验前，与严密性试验有关的焊缝，不得涂刷油漆

C. 充水试验应采用洁净淡水，试验水温不应低于 5℃

D. 充水试验中应进行基础沉降观测。基础沉降超过规定时，应停止充水

答案：ABCD

依据：《电力建设施工技术规范 第 8 部分：加工配制》DL 5190.8—2012，条款号 6.4.13

第二节 烟风、燃（物）料管道及附属设备

一、填空题（下列试题中，请将标准原条文规定的正确答案填在横线处）

1. 试题：烟风、燃（物）料管道及附属设备法兰拼接应平整，拼接焊缝应避开螺栓孔的位置；结合面焊缝应打磨与____齐平。

答案：母材

依据：《电力建设施工技术规范 第 8 部分：加工配制》DL/T 5190.8—2012，条款号 4.3.2

2. 试题：烟风、燃（物）料附属设备地脚螺栓不得____。

答案：拼接

依据：《电力建设施工技术规范 第 8 部分：加工配制》DL/T 5190.8—2012，条款号 8.2.2

3. 试题：烟风、燃（物）料附属设备的地脚螺栓螺纹表面不得有____、碰伤、毛刺、油漆、污垢。

答案：裂纹

依据：《电力建设施工质量验收及评价规程 第 8 部分：加工配制》DL/T 5210.8— 2009，条款号 表 4.8.3

二、判断题（判断下列试题是否正确。正确的在括号内打"√"，错误的在括号内打"×"）

1. 试题：烟风煤粉管道搭接焊接，搭接长度不得小于 5 倍钢板厚度，并不应小于 25mm。（ ）

答案：√

依据：《火力发电厂烟风煤粉管道设计技术规程》DL/T 5121—2000，条款号 5.3.6

2. **试题：**烟风煤粉管道支吊架与管道的焊缝或法兰之间的净距不得小于 150mm。（　　　）

   答案：√

   依据：《火力发电厂烟风煤粉管道设计技术规程》DL/T 5121—2000，条款号　10.1.1

3. **试题：**送粉管道（无烟煤除外）支吊架管部不应采用焊接吊板结构。（　　　）

   答案：√

   依据：《火力发电厂烟风煤粉管道设计技术规程》DL/T 5121—2000，条款号　10.1.11

4. **试题：**烟风煤粉管道焊接用保护气体的纯度应符合工艺要求。氩弧焊所采用的氩气应符合有关标准规定。（　　　）

   答案：√

   依据：《电力建设施工技术规范　第 8 部分：加工配制》DL 5190.8—2012，条款号　3.3.6

5. **试题：**加工配制中，烟风煤粉管道的密封焊缝应做密封性检查，并应办理检查签证。（　　　）

   答案：√

   依据：《电力建设施工技术规范　第 8 部分：加工配制》DL 5190.8—2012，条款号　4.1.5

6. **试题：**烟风煤粉管道加固筋及支撑管等型材应满足设计强度要求，支撑管的防磨型材应在背气流的一侧。（　　　）

   答案：×

   依据：《电力建设施工技术规范　第 8 部分：加工配制》DL 5190.8—2012，条款号　4.2.3

7. **试题：**补偿器宜采用螺杆定位固定方式，防止运输变形。（　　　）

   答案：√

   依据：《电力建设施工技术规范　第 8 部分：加工配制》DL 5190.8—2012，条款号　4.4.7

8. **试题：**加工配制中，人孔门应进行开关试验，开关应灵活、无卡涩、关闭严密。（　　　）

   答案：√

   依据：《电力建设施工技术规范　第 8 部分：加工配制》DL 5190.8—2012，条款号　4.5.2

9. **试题：**加工配制中，人孔门及除灰孔法兰的垫片材料应符合设计要求，宜采用整片垫片，拼接的垫片应采用平口对接或迷宫式嵌接。（　　　）

   答案：×

   依据：《电力建设施工技术规范　第 8 部分：加工配制》DL 5190.8—2012，条款号　4.5.3

10. **试题：**加工配制的支吊架螺纹和滚动部位应涂油脂，并有防止螺纹损伤的措施。（　　　）

答案：√

依据：《电力建设施工技术规范　第 8 部分：加工配制》DL 5190.8—2012，条款号 4.6.7

11. 试题：加工配制的滑动支架工作面应平滑灵活，无卡涩现象。（　　　）

答案：√

依据：《电力建设施工技术规范　第 8 部分：加工配制》DL 5190.8—2012，条款号 4.6.8

12. 试题：制粉系统管道上的检查孔、清扫孔、人孔等均应做成气密式的。（　　　）

答案：√

依据：《火力发电厂煤和制粉系统防爆设计技术规程》DL/T 5203—2005，条款号 4.6.9

三、单选题（下列试题中，只有 1 项是标准原文规定的正确答案，请将正确答案填在括号内）

1. 试题：火力发电厂烟风煤粉管道管道穿过墙壁、楼板或屋面，所设预留孔的内壁与管道表面（包括加固肋及保温层）之间的净距，一般为（　　　），当管道的径向热位移较大时，应另加考虑。

A．10mm～20mm　　　　　　　B．20mm～30mm　　　　　　　C．30mm～50mm

答案：C

依据：《火力发电厂烟风煤粉管设计技术规程》DL/T 5121—2000，条款号　4.1.23

2. 试题：烟风煤粉管道拉杆的最小直径不得小于（　　　）。

A．10mm　　　　　　　　　　B．8mm　　　　　　　　　　C．6mm

答案：A

依据：《火力发电厂烟风煤粉管道设计技术规程》DL/T 5121—2000，条款号　10.1.9

3. 试题：零部件和钢材表面在喷射和抛射除锈时，施工环境相对湿度不应大于（　　　）。

A．90%　　　　　　　　　　B．85%　　　　　　　　　　C．95%

答案：B

依据：《电力建设施工技术规范　第 8 部分：加工配制》DL 5190.8—2012，条款号　2.5.2

4. 试题：加工配制中，烟风煤粉管道加固筋的对接焊缝应与管道纵向焊缝错开，其间距不应小于 100mm。加固筋距管道的环焊缝最小不应小于（　　　）。

A．70mm　　　　　　　　　　B．60mm　　　　　　　　　　C．50mm

答案：C

依据：《电力建设施工技术规范　第 8 部分：加工配制》DL 5190.8—2012，条款号　4.2.4

5. **试题：** 钢煤斗加工配制应按设计尺寸分段分片，并采用纵向和环向拼接方式。每段高度不应小于（　　），每片弧长不应小于 500mm。

   A．300mm   B．400mm   C．500mm

   答案： C

   依据：《电力建设施工技术规范　第 8 部分：加工配制》DL 5190.8—2012，条款号　4.2.5

6. **试题：** 加工配制中，钢煤斗内壁为不锈钢等金属材料贴衬时，钢煤斗内壁与衬板应贴合紧密，局部间隙应（　　）3mm。

   A．不小于   B．大于   C．不大于

   答案： C

   依据：《电力建设施工技术规范　第 8 部分：加工配制》DL 5190.8—2012，条款号　4.2.6

7. **试题：** 加工配制中，烟风煤粉矩形管道面对角线允许偏差为 $\leq L_1/250$（L_1 为截面边长）且不大于（　　）。

   A．6mm   B．7mm   C．8mm

   答案： A

   依据：《电力建设施工技术规范　第 8 部分：加工配制》DL 5190.8—2012，条款号　4.2.7

8. **试题：** 加工配制中，烟风煤粉矩形补偿器内口两对角线允许偏差为 $\leq L/250$（L 为波纹管内口边长）且不大于（　　）。

   A．12mm   B．10mm   C．8mm

   答案： C

   依据：《电力建设施工技术规范　第 8 部分：加工配制》DL 5190.8—2012，条款号　4.4.5

9. **试题：** 制作烟风煤粉管道支吊架时，厚度大于 12mm 的钢板冷弯成形弯曲内半径不小于（　　）倍板厚。

   A．1.0   B．2.0   C．2.5

   答案： C

   依据：《电力建设施工技术规范　第 8 部分：加工配制》DL 5190.8—2012，条款号　4.6.2.2

10. **试题：** 当烟风煤粉管道支吊架圆钢直径大于 20mm 时，冷加工成形的最小弯曲内半径应为圆钢直径的（　　）倍，且不得在螺纹范围内进行冷加工。

   A．1.5   B．2   C．2.5

   答案： C

   依据：《电力建设施工技术规范　第 8 部分：加工配制》DL 5190.8—2012，条款号　4.6.3

11. **试题：** 制作烟风煤粉管道支吊架时，钢板和圆钢采用热加工工艺弯制，加热最低温

度为：碳钢（　　），铬钼合金840℃，奥氏体不锈钢760℃。

A．660℃　　　　　　　　　B．760℃　　　　　　　　　C．840℃

答案：B

依据：《电力建设施工技术规范　第8部分：加工配制》DL 5190.8—2012，条款号
　　　4.6.4

12．试题：烟风管道长度不大于（　　）的立柱、横梁等不得采取材料接长的方式制作。

A．2000mm　　　　　　　B．2500mm　　　　　　　C．3000mm

答案：C

依据：《电力建设施工技术规范　第8部分：加工配制》DL 5190.8—2012，条款号
　　　7.1.2

13．试题：机加工零件的质量验收，一般项目按每批产品数量检查，抽查（　　），且不
少于5件。

A．6%　　　　　　　　　　B．8%　　　　　　　　　　C．10%

答案：C

依据：《电力建设施工质量验收及评价规程　第8部分：加工配制》DL/T 5210.8—
　　　2009，条款号　表4.3.1

14．试题：机加工零件的质量验收，主控项目按每批产品数量（　　）检查。

A．50mm　　　　　　　　B．80mm　　　　　　　　　C．100mm

答案：C

依据：《电力建设施工质量验收及评价规程　第8部分：加工配制》DL/T 5210.8—
　　　2009，条款号　表4.3.1

四、多选题（下列试题中，至少有2项是标准原文规定的正确答案，请将正确答案
填在括号内）

1．试题：烟风煤粉管道制作零件划线，下列符合规定的是：（　　）。

A．划线前应对材料进行外观检查，需要矫正的材料矫正后允许偏差应符合有关规定

B．不锈钢材料划线应有防渗碳隔离措施，不应产生划痕且满足表面精度要求

C．划线时应考虑材料的切割、机械加工和焊接收缩等余量

D．零件划线总长允许偏差±1.0mm

答案：ABCD

依据：《电力建设施工技术规范　第8部分：加工配制》DL/T 5190.8—2012，条款号
　　　2.2.4

2．试题：烟风煤粉管道加工焊接的环境条件是：（　　）。

A．相对湿度小于70%

B．焊件表面潮湿或覆盖冰雪

C. 手工电弧焊、埋弧焊施焊时风速超过 8m/s

D. 氩弧焊、CO_2 气体保护焊风速低于 2m/s

答案： AD

依据：《电力建设施工技术规范　第 8 部分：加工配制》DL/T 5190.8—2012，条款号 2.4.5

3. **试题：** 管道及异形件加工配制中，钢板拼接应符合下列规定：（　　　）。

A. 钢板应在同一厚度条件下拼接，纵向、环向焊缝错边量不得大于 1mm

B. 拼接宽度不应小于 100mm，长度不应小于 200mm

C. 纵横对接焊缝应采用 T 形拼接，每侧焊缝距交叉点的距离不应小于 100mm

D. 拼焊时应有防焊接变形的措施，直线焊缝较长时宜采取由中间向两端对称施焊等减少变形的方法

答案： ABCD

依据：《电力建设施工技术规范　第 8 部分：加工配制》DL 5190.8—2012，条款号　4.2.1

4. **试题：** 加工配制中，圆形管道卷制和组对应符合下列规定：（　　　）。

A. 同一筒节上的纵向焊缝宜多于两道，两纵缝间距不应小于 100mm

B. 卷管公称通径大于或等于 1000mm 的应采用双面焊接

C. 管道组对单节管长应小于 200mm

D. 管道组对纵向焊缝应错开且间距不应小于 100mm。主管上开孔位置不宜在焊缝上，三通分支管焊缝与主管焊缝之间的距离不宜小于 100mm

答案： BD

依据：《电力建设施工技术规范　第 8 部分：加工配制》DL 5190.8—2012，条款号　4.2.2

第三节　钢制循环水管道加工

一、填空题（下列试题中，请将标准原条文规定的正确答案填在横线处）

1. **试题：** 钢制循环水管道加工，管子开孔位置不宜在焊缝上且孔的边缘距焊缝不宜小于____。

答案： 100mm

依据：《电力建设施工技术规范　第 8 部分：加工配制》DL 5190.8—2012，条款号　5.3.5

2. **试题：** 钢制循环水管道加工，公称通径大于等于 1000mm 时，应采用____焊接。

答案： 双面

依据：《电力建设施工技术规范　第 8 部分：加工配制》DL 5190.8—2012，条款号　5.3.6

二、判断题（判断下列试题是否正确。正确的在括号内打"√"，错误的在括号内打"×"）

1. **试题**：焊接钢管加工配制中，钢板坡口加工宜使用自动、半自动机械设备切割。切割面的熔渣、毛刺应清理干净。（　　）

   答案：√

   依据：《电力建设施工技术规范　第8部分：加工配制》DL 5190.8—2012，条款号　5.3.1

2. **试题**：焊接钢管的纵向焊缝不宜多于两道，相邻纵缝间距不应小于500mm。（　　）

   答案：√

   依据：《电力建设施工技术规范　第8部分：加工配制》DL 5190.8—2012，条款号　5.3.2

3. **试题**：钢制循环水管道加工，焊接弯头应符合设计要求，设计无要求时，弯头半径R应为管子公称通径与30mm之和。（　　）

   答案：×

   依据：《电力建设施工技术规范　第8部分：加工配制》DL 5190.8—2012，条款号　5.4.3

4. **试题**：加工配制中，焊接弯头角度允许偏差应为±2°。（　　）

   答案：×

   依据：《电力建设施工技术规范　第8部分：加工配制》DL 5190.8—2012，条款号　5.4.4

三、单选题（下列试题中，只有 1 项是标准原文规定的正确答案，请将正确答案填在括号内）

1. **试题**：加工配制中，焊接钢管的加固筋对接焊缝与钢管纵缝应（　　），间距不应小于100mm。

   A．对齐　　　　　　　　　B．错开　　　　　　　　　C．重叠

   答案：B

   依据：《电力建设施工技术规范　第8部分：加工配制》DL 5190.8—2012，条款号　5.3.7

2. **试题**：加工配制中，焊接钢管的椭圆度的允许偏差应为小于或等于 $D/100$（D 为管子外径）且不大于（　　）。

   A．6mm　　　　　　　　　B．8mm　　　　　　　　　C．10mm

   答案：A

   依据：《电力建设施工技术规范　第8部分：加工配制》DL 5190.8—2012，条款号　5.3.8

3. **试题**：加工配制中，焊制三通各端面垂直度允许偏差 Δf 应为（　　）（D 为管子外径），且不大于3mm。

   A．$D/100$　　　　　　　　B．$D/80$　　　　　　　　C．$D/50$

   答案：A

依据：《电力建设施工技术规范 第 8 部分：加工配制》DL 5190.8—2012，条款号 5.4.6

4. **试题：**加工配制中，法兰厚度 18mm＜*C*≤50mm 时，允许偏差为（　　）。

    A．±2.0mm　　　　　　　　B．＋3.0mm　　　　　　　　C．±4.0mm

    答案：B

    依据：《电力建设施工技术规范 第 8 部分：加工配制》DL 5190.8—2012，条款号 5.5.4

四、多选题（下列试题中，至少有 2 项是标准原文规定的正确答案，请将正确答案填在括号内）

1. **试题：**加工配制中，焊接钢管组对应符合下列规定：（　　）。

    A．单节管子长度不应小于 500mm

    B．其纵向焊缝应错开，且不应小于 500mm

    C．不得强力对口，手工调校用锤击打时应避免钢板表面损伤

    D．必要时，可强力对口，手工调校用锤击打时应避免钢板表面损伤

    答案：ABC

    依据：《电力建设施工技术规范 第 8 部分：加工配制》DL 5190.8—2012，条款号 5.3.4

第四节　管道工厂化配制

一、填空题（下列试题中，请将标准原条文规定的正确答案填在横线处）

1. **试题：**管道组成件及管道支承件的材料牌号、规格、外观质量应按相应标准进行目视检查和____尺寸抽查，不合格者不得使用。

    答案：几何

    依据：《压力管道规范 工业管道 第 4 部分 制作与安装》GB/T 20801.4—2006，条款号 5.2

2. **试题：**管道法兰、焊缝及其他连接件的设置应便于检修，并不得紧贴____、楼板或管架。

    答案：墙壁

    依据：《工业金属管道工程施工质量验收规范》GB 50184—2011，条款号 7.1.5

3. **试题：**管道膨胀指示器的安装应符合设计文件的规定，并应____正确。

    答案：指示

    依据：《工业金属管道工程施工质量验收规范》GB 50184—2011，条款号 7.3.3

4. **试题：**管道安装时，应检查____密封面及密封垫片，不得有影响密封性能的划痕、斑点等缺陷。

    答案：法兰

依据：《工业金属管道工程施工质量验收规范》GB 50184—2011，条款号 7.3.6

5. **试题：** 法兰连接应使用同一规格螺栓，安装方向应____。

   答案： 一致

   依据：《工业金属管道工程施工质量验收规范》GB 50184—2011，条款号 7.3.8

6. **试题：** 在管道投入试运行时，应按国家现行标准《安全阀安全技术监察规程》TSG ZF001
   和设计文件的规定对安全阀进行最终____压力调整，并应铅封。

   答案： 整定

   依据：《工业金属管道工程施工质量验收规范》GB 50184—2011，条款号 7.10.2

7. **试题：** 工业金属管道系统阀门的型号、安装位置和方向应符合____文件的规定。

   答案： 设计

   依据：《工业金属管道工程施工质量验收规范》GB 50184—2011，条款号 7.10.3

8. **试题：** 不得在没有补偿装置的热管道直管段上同时安置____及两个以上的固定支架。

   答案： 两个

   依据：《工业金属管道工程施工质量验收规范》GB 50184—2011，条款号 7.12.1

9. **试题：** 无热位移的管道，吊杆应垂直安装。有热位移的管道，其吊杆应偏置安装，当
   设计文件无规定时，吊点应设置在位移的相反方向，并应按位移值的____偏位安装。

   答案： 1/2

   依据：《工业金属管道工程施工质量验收规范》GB 50184—2011，条款号 7.12.3

10. **试题：** 有热位移的管道，当设计文件无规定时，支架安装位置应从支承面中心向位
    移反方向偏移，偏移量应为位移值的____，绝热层不得妨碍其位移。

    答案： 1/2

    依据：《工业金属管道工程施工质量验收规范》GB 50184—2011，条款号 7.12.4

11. **试题：** 液体管道的试验压力应以____的压力为准，其最低点的压力不得超过管道组
    成件的承受力。

    答案： 最高点

    依据：《工业金属管道工程施工质量验收规范》GB 50184—2011，条款号 8.5.2

12. **试题：** 管道冲洗合格后，应及时将管内积水排净。必要时应采取____将管道内表面
    吹干，并应进行系统封闭。

    答案： 压缩空气

    依据：《工业金属管道工程施工质量验收规范》GB 50184—2011，条款号 9.1.3

13. **试题**：工业金属管道化学清洗合格后在投入使用前，应按设计文件的规定进行封闭或____。

　　答案：充氮保护

　　依据：《工业金属管道工程施工质量验收规范》GB 50184—2011，条款号　9.5.2

14. **试题**：检查不合格的管道元件或材料不得使用，并应做好____和隔离。

　　答案：标识

　　依据：《工业金属管道工程施工规范》GB 50235—2010，条款号　4.1.8

15. **试题**：管道元件和材料在施工过程中应妥善保管，不得混淆或损坏，其标记应____。

　　答案：明显清晰

　　依据：《工业金属管道工程施工规范》GB 50235—2010，条款号　4.1.9

16. **试题**：材质为不锈钢、有色金属的管道元件和材料，在运输和储存期间不得与碳素钢、低合金钢____。

　　答案：接触

　　依据：《工业金属管道工程施工规范》GB 50235—2010，条款号　4.1.9

17. **试题**：阀门应进行壳体压力试验和密封试验，具有上密封结构的阀门还应进行____试验，不合格者不得使用。

　　答案：上密封

　　依据：《工业金属管道工程施工规范》GB 50235—2010，条款号　4.2.2

18. **试题**：脱脂后的管道组成件，安装前应进行检查，不得有____污染。

　　答案：油迹

　　依据：《工业金属管道工程施工规范》GB 50235—2010，条款号　7.1.4

19. **试题**：埋地工业金属管道防腐层的施工应在管道安装前进行，焊缝部位未经____不得防腐，在运输和安装时，不得损坏防腐层。

　　答案：试压合格

　　依据：《工业金属管道工程施工规范》GB 50235—2010，条款号　7.1.9

20. **试题**：使用钢丝绳、卡扣搬运或吊装时，钢丝绳、卡扣等不得与管道____，应采用对管道无害的橡胶或木板等软材料进行隔离。

　　答案：直接接触

　　依据：《工业金属管道工程施工规范》GB 50235—2010，条款号　7.6.2

21. **试题**：有色金属管道组成件与黑色金属管道支承件之间不得____，应采用同材质或对管道组成件无害的非金属隔离垫等材料进行隔离。

答案： 直接接触

依据：《工业金属管道工程施工规范》GB 50235—2010，条款号 7.6.4

22. **试题：** 化学清洗废液、脱脂残液及其他废液、污水的处理和排放，应符合国家现行有关标准的规定，不得____排放。

答案： 随地

依据：《工业金属管道工程施工规范》GB 50235—2010，条款号 9.1.10

23. **试题：** 电站弯管中，合金钢管弯制前必须进行____分析和硬度试验。

答案： 光谱

依据：《电站弯管》DL/T 515—2004，条款号 4.2.2

24. **试题：** 管道应按照设计图纸施工，如需修改设计或采用代用材料时，应经____确认后执行。

答案： 原设计单位

依据：《电力建设施工技术规范 第 5 部分：管道及系统》DL 5190.5—2012，条款号 3.0.2

25. **试题：** 发电厂管道、管件、管道附件及阀门必须提供制造厂的____及有效的产品质量检验证明文件。

答案： 合格证明书

依据：《电力建设施工技术规范 第 5 部分：管道及系统》DL 5190.5—2012，条款号 4.1.1

26. **试题：** 管道、管件、管道附件及阀门在使用前，应按设计要求核对其规格、材质及____。

答案： 技术参数

依据：《电力建设施工技术规范 第 5 部分：管道及系统》DL 5190.5—2012，条款号 4.1.2

27. **试题：** 合金钢管道、管件、管道附件及阀门在使用前，应____进行光谱复查，并作材质标记。

答案： 逐件

依据：《电力建设施工技术规范 第 5 部分：管道及系统》DL 5190.5—2012，条款号 4.1.4（强条）

28. **试题：** 管道弯制后，应将内外表面清理干净，表面不得有裂纹、分层、过烧等缺陷。如有疑义，应作____探伤检查及金相检验。

答案： 无损

依据：《电力建设施工技术规范 第 5 部分：管道及系统》DL 5190.5—2012，条款

号　4.5.8

29. **试题：** 高压弯管应提供产品____检验证明书。

　　答案： 质量

　　依据：《电力建设施工技术规范　第 5 部分：管道及系统》DL 5190.5—2012，条款号　4.5.12

30. **试题：** 管道工厂化配制完成后应依据三维配管图____核对管道组合件编号，复查内径、外径、壁厚、长度、坡口、接管座位置及孔径、卡块等，并形成完整记录。

　　答案： 逐件

　　依据：《电力建设施工技术规范　第 5 部分：管道及系统》DL 5190.5—2012，条款号　4.6.1

31. **试题：** 不得在不锈钢非施焊表面直接引弧。采用手工电弧焊焊接时，应采取防止飞溅到不锈钢表面的措施；焊接后焊缝应作表面____处理。

　　答案： 钝化

　　依据：《电力建设施工技术规范　第 6 部分：水处理及制氢设备和系统》DL 5190.6—2012，条款号　5.3.1

32. **试题：** 树脂输送管的坡度应符合设计要求，避免起伏；弯头弯曲半径宜不小于____倍的管道直径，法兰垫片的内径应不小于管道的内径，以防止树脂培塞。

　　答案： 5

　　依据：《电力建设施工技术规范　第 6 部分：水处理及制氢设备和系统》DL 5190.6—2012，条款号　7.1.1

33. **试题：** 加氯系统的阀门、法兰、锁母的垫片应采用聚四氟塑料、紫铜或铅质垫片，不得使用____垫片。

　　答案： 橡胶

　　依据：《电力建设施工技术规范　第 6 部分：水处理及制氢设备和系统》DL 5190.6—2012，条款号　8.1.1

34. **试题：** ____在被焊工件表面引燃电弧、试验电流或随意焊接临时支撑物，高合金钢材料表面不得焊接对口用卡具。

　　答案： 严禁

　　依据：《电力建设施工质量验收及评价规程 5 部分：管道》DL 5210.5—2012，条款号　表 4.4.9

35. **试题：** 埋地管道的回填必须在耐压试验、泄漏试验和防腐层检测合格后进行，并且按照____工程进行验收。

答案：隐蔽

依据：《压力管道安全技术监察规程》TSG D0001—2009，条款号 第七十八条

二、判断题（判断下列试题是否正确。正确的在括号内打"√"，错误的在括号内打"×"）

1. **试题**：管道材料应逐件标记，标记应清晰、牢固，公称直径小于或等于 DN40 的材料可用标签或其他替代方法标记。（   ）

   答案：√

   依据：《压力管道规范 工业管道 第 2 部分 材料》GB/T 20801.2—2006，条款号 9.1.3

2. **试题**：垫片的选用应考虑流体性质、使用温度、压力以及法兰密封面等因素。垫片的密封荷载应与法兰的压力等级、密封面型式、表面粗糙度和紧固件相匹配。（   ）

   答案：√

   依据：《压力管道规范 工业管道 第 3 部分 设计和计算》GB/T 20801.3—2006，条款号 5.1.9.1

3. **试题**：弯管制作后的最小厚度可小于直管的设计壁厚。（   ）

   答案：×

   依据：《工业金属管道工程施工质量验收规范》GB 50184—2011，条款号 5.1.1

4. **试题**：埋地管道试压、防腐合格后，应进行隐蔽工程检查验收，质量应符合国家现行有关标准、设计文件和本规范的规定。（   ）

   答案：√

   依据：《工业金属管道工程施工质量验收规范》GB 50184—2011，条款号 7.1.4

5. **试题**：合金钢管道系统安装完毕后，应检查材质标记。（   ）

   答案：√

   依据：《工业金属管道工程施工质量验收规范》GB 50184—2011，条款号 7.3.5

6. **试题**：金属管道当采用可燃液体介质进行试验时，其闪点不得低于 35℃。（   ）

   答案：×

   依据：《工业金属管道工程施工质量验收规范》GB 50184—2011，条款号 8.5.2

7. **试题**：输送极度和高度危害流体以及可燃流体的管道时，必须进行泄漏性试验。（   ）

   答案：√

   依据：《工业金属管道工程施工质量验收规范》GB 50184—2011，条款号 8.5.7（强条）

8. **试题**：脱脂合格的管道在投入使用前，应按国家现行有关标准和设计文件的规定进行系统封闭。（　　）

　　答案：√

　　依据：《工业金属管道工程施工质量验收规范》GB 50184—2011，条款号　9.4.2

9. **试题**：润滑、密封及控制系统的油管道经油清洗合格后，应按设计文件的规定进行封闭或充氮保护。（　　）

　　答案：√

　　依据：《工业金属管道工程施工质量验收规范》GB 50184—2011，条款号　9.6.2

10. **试题**：当对管道元件或材料的性能数据或检验结果有异议时，在异议未解决前，若建设单位同意，该批管道元件或材料可以使用。（　　）

　　答案：×

　　依据：《工业金属管道工程施工规范》GB 50235—2010，条款号　4.1.3

11. **试题**：设计文件规定进行晶间腐蚀试验的不锈钢、镍及镍合金管道元件或材料，供货方应提供晶间腐蚀试验结果的文件，且试验结果不得低于设计文件的规定。（　　）

　　答案：√

　　依据：《工业金属管道工程施工规范》GB 50235—2010，条款号　4.1.6

12. **试题**：管道元件在加工过程中，应及时进行标记移植。低温用钢、不锈钢及有色金属应使用硬印标记。（　　）

　　答案：×

　　依据：《工业金属管道工程施工规范》GB 50235—2010，条款号　5.1.2

13. **试题**：工业金属管道在卷管制作过程中，应防止板材表面损伤。对有严重伤痕的部位应进行补焊修磨，修磨处的壁厚不得小于原壁厚的 2/3。（　　）

　　答案：×

　　依据：《工业金属管道工程施工规范》GB 50235—2010，条款号　5.4.8

14. **试题**：工业金属管道连接时，不得采用强力对口。（　　）

　　答案：√

　　依据：《工业金属管道工程施工规范》GB 50235—2010，条款号　7.1.7

15. **试题**：在合金钢管道上不应焊接临时支撑物。（　　）

　　答案：√

　　依据：《工业金属管道工程施工规范》GB 50235—2010，条款号　7.3.12

16. **试题**：工业金属管道安装合格后，可以承受设计以外的附加荷载。（　　）

答案：×

依据：《工业金属管道工程施工规范》GB 50235—2010，条款号 7.4.4

17. 试题：管道吹扫与清洗合格后，除规定的检查和恢复工作外，不得再进行其他影响管内清洁的作业。（　　）

答案：√

依据：《工业金属管道工程施工规范》GB 50235—2010，条款号 9.1.11

18. 试题：容器和管道采用空气吹扫时，其吹扫压力不得大于系统容器和管道的设计压力，吹扫流速不宜小于 10m/s。（　　）

答案：×

依据：《工业金属管道工程施工规范》GB 50235—2010，条款号 9.3.1

19. 试题：工业金属管道采用蒸汽吹扫时，管道上及其附近不得放置易燃、易爆物品及其他杂物。（　　）

答案：√

依据：《工业金属管道工程施工规范》GB 50235—2010，条款号 9.4.5

20. 试题：工业金属管道采用蒸汽吹扫时，排放管应固定在室外，管口应倾斜朝上。排放管直径不应小于被吹扫管的直径。（　　）

答案：√

依据：《工业金属管道工程施工规范》GB 50235—2010，条款号 9.4.7

21. 试题：弯管中，钢管在弯制前应作宏观检查。经检查发现有重皮、裂纹、划痕、凹坑等局部缺陷的钢管，应逐步修磨直至缺陷消除，修磨后的实际壁厚仍应符合其相应的标准要求。（　　）

答案：√

依据：《电站弯管》DL/T 515—2004，条款号 4.2.3

22. 试题：电站弯管中，弯管任何一点的实测最小壁厚不得小于管系直管最小壁厚 S_m。（　　）

答案：√

依据：《电站弯管》DL/T 515—2004，条款号 4.6.3

23. 试题：电站弯管中，弯管热处理后不必清除内表面的高温氧化皮。（　　）

答案：×

依据：《电站弯管》DL/T 515—2004，条款号 4.6.12

24. 试题：弯管两端坡口应采取防锈措施，并用硬质材料或橡胶封盖予以保护。不锈钢

弯管不应采用对其有危害的材料进行包装。（　　）

答案： √

依据：《电站弯管》DL/T 515—2004，条款号　7.2

25. **试题：** 弯管贮存期间不应与腐蚀性介质或有害物质相接触。（　　）

答案： √

依据：《电站弯管》DL/T 515—2004 ，条款号　7.3

26. **试题：** 喷丸处理适用于 DN80mm 及以上铁素体管道。压缩空气通过喷射钢丸对表面进行清理。压缩空气不应含有冷凝水和油。必须控制喷射时间和位置，锈蚀较严重部位，可集中喷射直至锈蚀清除。（　　）

答案： ×

依据：《电站配管》DL/T 850—2004，条款号　11.2.2

27. **试题：** 管道、管件、管道附件及阀门表面光滑，不得有尖锐划痕。（　　）

答案： √

依据：《电力建设施工技术规范　第 5 部分：管道及系统》DL 5190.5—2012，条款号　4.1.3

28. **试题：** 管道法兰密封面应光洁、平整，不得有贯通沟槽，且不得有气孔、裂纹、毛刺或其他降低强度和连接可靠性的缺陷。（　　）

答案： √

依据：《电力建设施工技术规范　第 5 部分：管道及系统》DL 5190.5—2012，条款号　4.3.2

29. **试题：** 带有凹凸面或凹凸环的法兰应自然嵌合，凸面的高度应小于凹槽的深度。（　　）

答案： ×

依据：《电力建设施工技术规范　第 5 部分：管道及系统》DL 5190.5—2012，条款号　4.3.3

30. **试题：** 管件金属垫片表面不得有裂纹、毛刺、贯通划痕、锈蚀等缺陷，其硬度应不低于法兰硬度。（　　）

答案： ×

依据：《电力建设施工技术规范　第 5 部分：管道及系统》DL 5190.5—2012，条款号　4.3.7

31. **试题：** 法兰外圈包金属垫片、缠绕式垫片不应有径向划痕、松散等缺陷。（　　）

答案： √

依据：《电力建设施工技术规范　第 5 部分：管道及系统》DL 5190.5—2012，条款

号　4.3.8

32. **试题：** 管道支吊架弹簧外观检查不应有裂纹、变形、锈蚀、划痕等缺陷。（　　　）

　　答案： √

　　依据：《电力建设施工技术规范　第 5 部分：管道及系统》DL 5190.5—2012，条款号　4.4.3

33. **试题：** 管道工厂化配制前，应由委托单位组织配制图审核，确定各管段组件的编号、尺寸、焊缝位置、坡口形式、接管座位置及孔径、卡块、支吊架编号及位置、管道水平段和垂直段的调整段位置。（　　　）

　　答案： √

　　依据：《电力建设施工技术规范　第 5 部分：管道及系统》DL 5190.5—2012，条款号　4.5.1

34. **试题：** 高压钢管、合金钢管切断后应及时移植原有标识。（　　　）

　　答案： √

　　依据：《电力建设施工技术规范　第 5 部分：管道及系统》DL 5190.5—2012，条款号　4.5.3

35. **试题：** 锻造管件和管道附件的过渡区表面应圆滑。机械加工后，表面不得有裂纹等影响强度和严密性的缺陷。（　　　）

　　答案： √

　　依据：《电力建设施工技术规范　第 5 部分：管道及系统》DL 5190.5—2012，条款号　4.5.10

36. **试题：** 高压焊接三通可采用承插式焊接。（　　　）

　　答案： ×

　　依据：《电力建设施工技术规范　第 5 部分：管道及系统》DL 5190.5—2012，条款号　4.5.13

37. **试题：** 各类高压、高温管件管口应采用机械加工，其端口内径、外径和坡口型式应符合设计要求。（　　　）

　　答案： √

　　依据：《电力建设施工技术规范　第 5 部分：管道及系统》DL 5190.5—2012，条款号　4.5.14

38. **试题：** 管道组件应内部清洁，外表面及坡口应做好防锈处理，临时封堵应完好。（　　　）

　　答案： √

依据：《电力建设施工技术规范　第 5 部分：管道及系统》DL 5190.5—2012，条款号 4.6.4

39. 试题：疏、放水管道安装时应有 U 形布置。（　　）

答案：×

依据：《电力建设施工技术规范　第 5 部分：管道及系统》DL 5190.5—2012，条款号 5.4.8

40. 试题：不锈钢材料表面处理时，可以使用碳钢刷。（　　）

答案：×

依据：《电力建设施工技术规范　第 6 部分：水处理及制氢设备和系统》DL 5190.6—2012，条款号 5.3.2

41. 试题：加工配制中，对返修焊缝应按原方法进行检验。（　　）

答案：√

依据：《电力建设施工技术规范　第 8 部分：加工配制》DL 5190.8—2012，条款号 2.4.11

42. 试题：钢管弯制应选用合适的加工胎具，弯曲半径宜为管材直径的 4 倍～5 倍。（　　）

答案：√

依据：《电力建设施工技术规范　第 8 部分：加工配制》DL 5190.8—2012，条款号 5.2.2

43. 试题：冷弯弯管的两端应预留直管段，其长度不小于管外径且小于100mm。（　　）

答案：×

依据：《电力建设施工技术规范　第 8 部分：加工配制》DL 5190.8—2012，条款号 5.2.3

44. 试题：钢管在弯制后经检查表面有重皮、裂纹、尖锐划痕等缺陷时，应对原材、弯管工艺进行分析。（　　）

答案：√

依据：《电力建设施工技术规范　第 8 部分：加工配制》DL 5190.8—2012，条款号 5.2.5

45. 试题：弯制完成后应进行清洁度检查，并及时、牢固封闭管口。（　　）

答案：√

依据：《电力建设施工技术规范　第 8 部分：加工配制》DL 5190.8—2012，条款号 5.2.6

46. **试题：**焊接同心大小头两端中心线应重合，其偏心△f 允许偏差应为 $D/50$（D 为大头直径），且不大于 10mm。（   ）

   答案：√

   依据：《电力建设施工技术规范　第 8 部分：加工配制》DL 5190.8—2012，条款号 5.4.5

47. **试题：**水冲洗临时排水管截面积不小于被冲洗管的 60%。（   ）

   答案：√

   依据：《电力建设施工质量验收及评价规程　第 5 部分：管道》DL 5210.5—2012，条款号 4.5.6

三、单选题（下列试题中，只有 1 项是标准原文规定的正确答案，请将正确答案填在括号内）

1. **试题：**工业金属管道系统的阀门进行压力试验时，在试验压力下持续时间最少不得少于（   ）。

   A．5min   B．10min   C．20min

   答案：A

   依据：《工业金属管道工程施工规范》GB 50235—2010，条款号 4.2.6

2. **试题：**GC1 级管道和 C 类流体管道中，输送毒性程度为极度危害介质或设计压力≥10MP 的弯管制作后，当有缺陷时，可进行修磨。修磨后的弯管壁厚不得小于管子名义壁厚的（   ），且不得小于设计壁厚。

   A．80%   B．90%   C．85%

   答案：B

   依据：《工业金属管道工程施工规范》GB 50235—2010，条款号 5.3.9

3. **试题：**工业金属管道卷管的同一筒节上的两焊缝间距不应小于（   ）。

   A．100mm   B．150mm   C．200mm

   答案：C

   依据：《工业金属管道工程施工规范》GB 50235—2010，条款号 5.4.1

4. **试题：**工业金属管道卷管组对时，相邻筒节两纵缝间距应大于（   ）。支管外壁距焊缝不宜小于 50mm。

   A．100mm   B．90mm   C．80mm

   答案：A

   依据：《工业金属管道工程施工规范》GB 50235—2010，条款号 5.4.2

5. **试题：**工业金属管道有加固环、板的卷管，加固环、板的对接焊缝应与管子纵向焊缝错开，其间距不应小于（   ）。

A．60mm　　　　　　　　　B．80mm　　　　　　　　　C．100mm

答案：C

依据：《工业金属管道工程施工规范》GB 50235—2010，条款号　5.4.3

6．**试题**：工业金属管道样板与管内壁的不贴合间隙，对接纵缝处不得大于壁厚的 10% 加 2mm，且不得大于（　　　）；离管端 200mm 的对接纵缝处不得大于 2mm；其他部位不得大于 1mm。

A．3mm　　　　　　　　　B．4mm　　　　　　　　　C．5mm

答案：A

依据：《工业金属管道工程施工规范》GB 50235—2010，条款号　5.4.6

7．**试题**：工业金属管道卷管端面与中心线的垂直允许偏差不得大于管子外径的 1%，且不得大于（　　　）。每米直管的平直度偏差不得大于 1mm。

A．3mm　　　　　　　　　B．4mm　　　　　　　　　C．5mm

答案：A

依据：《工业金属管道工程施工规范》GB 50235—2010，条款号　5.4.7

8．**试题**：工业金属管道除采用定型弯头外，管道焊缝与弯管起弯点的距离不应小于管子外径，且不得小于（　　　）。

A．60mm　　　　　　　　　B．800mm　　　　　　　　　C．100mm

答案：C

依据：《工业金属管道工程施工规范》GB 50235—2010，条款号　6.0.2

9．**试题**：工业金属管道没有补偿装置的冷、热管道直管段上，不得同时安置（　　　）以上的固定支架。

A．4 个及 4 个　　　　　　B．2 个及 2 个　　　　　　C．3 个及 3 个

答案：B

依据：《工业金属管道工程施工规范》GB 50235—2010，条款号　7.12.4

10．**试题**：工业金属管道吹扫与清洗的顺序应按（　　　）依次进行。吹洗出的脏物不得进入已吹扫与清洗合格的管道。

A．主管、支管、疏排管　　B．支管、疏排管、主管　　C．疏排管、支管、主管

答案：A

依据：《工业金属管道工程施工规范》GB 50235—2010，条款号　9.1.6

11．**试题**：工业金属管道水冲洗的流速最小不应低于（　　　），冲洗压力不得超过管道的设计压力。

A．1m/s　　　　　　　　　B．1.5m/s　　　　　　　　　C．2m/s

答案：B

依据：《工业金属管道工程施工规范》GB 50235—2010，条款号 9.2.2

12. **试题**：工业金属蒸汽管道应以大流量蒸汽进行吹扫，流速不应小于（ ）。

A．10m/s B．20m/s C．30m/s

答案：C

依据：《工业金属管道工程施工规范》GB 50235—2010，条款号 9.4.3

13. **试题**：工业金属管道法兰间应保持平行，其偏差不得大于法兰外径的 0.15%，且不得大于（ ）。

A．5mm B．3mm C．4mm

答案：B

依据：《工业金属管道工程施工规范》GB 50235—2010，条款号 7.3.3

14. **试题**：有静电接地要求的不锈钢和有色金属管道，其跨接线或接地引线不得与管道直接连接，应采用（ ）连接板过渡。

A．同材质 B．不同材质 C．铜质

答案：A

依据：《工业金属管道工程施工规范》GB 50235—2010，条款号 7.13.3

15. **试题**：埋地钢管道的试验压力应为设计压力的 1.5 倍，且最小不低于（ ）。

A．0.4MPa B．0.5MPa C．0.6MPa

答案：A

依据：《工业金属管道工程施工规范》GB 50235—2010，条款号 8.6.4

16. **试题**：工业金属管道液压试验时，应缓慢升压，待达到试验压力后，稳压 10min，再将试验压力降至设计压力，稳压（ ），以压力表压力不降、管道所有部位无渗漏为合格。

A．10min B．20min C．30min

答案：C

依据：《工业金属管道工程施工规范》GB 50235—2010，条款号 8.6.4

17. **试题**：电站弯管时，弯管的平面度允差值最大不大于（ ）。

A．8mm B．10mm C．12mm

答案：B

依据：《电站弯管》DL/T 515—2004，条款号 4.2.5

18. **试题**：电站弯管壁厚检测时，用测厚仪在弯管背弧侧中心线上至少均匀取（ ）点检验。

A．3 B．4 C．5

答案：C

依据：《电站弯管》DL/T 515—2004，条款号　5.4

19. 试题：电站弯管圆度检测时，用外卡尺在弯曲部分至少均匀取（　　）点检验。

A．4　　　　　　　　　　B．5　　　　　　　　　　C．6

答案：B

依据：《电站弯管》DL/T 515—2004，条款号　5.5

20. 试题：电站配管时，法兰平面垂直度偏差应小于（　　）。

A．1.0mm　　　　　　　　B．1.2mm　　　　　　　　C．1.5mm

答案：A

依据：《电站配管》DL/T 850—2004，条款号　9.3-1

21. 试题：弯管上不得出现任何长度大于（　　）的线性缺陷显示。

A．2.5mm　　　　　　　　B．1.5mm　　　　　　　　C．2.0mm

答案：B

依据：《电站配管》DL/T 850—2004，条款号　10.1.3

22. 试题：经清理合格的管道表面应及时进行合适的防护。根据空气湿度变化，一般酸洗表面涂装的时间不应超过表面处理后的 12h，喷丸和喷砂表面涂装不应超过处理后的（　　）。

A．36h　　　　　　　　　B．30h　　　　　　　　　C．24h

答案：C

依据：《电站配管》DL/T 850—2004，条款号　11.3.1

23. 试题：火力发电厂汽水管道弯管的弯曲半径宜为外径的 4～5 倍，弯制后的椭圆度不得大于（　　）。

A．6%　　　　　　　　　B．5%　　　　　　　　　C．7%

答案：B

依据：《火力发电厂汽水管道设计技术规定》DL/T 5054—1996，条款号　3.2.4

24. 试题：火力发电厂布置不保温的汽水管道时，管子外壁与墙之间的净空距离不小于（　　）。

A．100mm　　　　　　　　B．150mm　　　　　　　　C．200mm

答案：C

依据：《火力发电厂汽水管道设计技术规定》DL/T 5054—1996，条款号　5.1.9.1

25. 试题：火力发电厂布置保温的汽水管道时，保温表面与墙之间的净空距最小不小于（　　）。

A．100mm B．150mm C．200mm

答案：B

依据：《火力发电厂汽水管道设计技术规定》DL/T 5054—1996，条款号 5.1.9.2

26. 试题：火力发电厂布置不保温的汽水管道时，管子外壁与地面之间的净空距离不小于（ ）。

A．150mm B．250mm C．350mm

答案：C

依据：《火力发电厂汽水管道设计技术规定》DL/T 5054—1996，条款号 5.1.10.1

27. 试题：火力发电厂布置保温的汽水管道时，保温表面与地面之间的净空距最小不小于（ ）。

A．100mm B．200mm C．300mm

答案：C

依据：《火力发电厂汽水管道设计技术规定》DL/T 5054—1996，条款号 5.1.10.2

28. 试题：火力发电厂平行布置不保温的汽水管道时，两管外壁之间的净空距离不小于（ ）。

A．100mm B．150mm C．200mm

答案：C

依据：《火力发电厂汽水管道设计技术规定》DL/T 5054—1996，条款号 5.1.11.1

29. 试题：用于工作温度大于（ ）且规格大于等于 M32 的合金钢螺栓应逐根编号并检验硬度。不合格者不得使用。

A．200℃ B．300℃ C．400℃

答案：C

依据：《电力建设施工技术规范第 5 部分：管道及系统》DL 5190.5—2012，条款号 4.4.2

30. 试题：三通支管垂直度偏差应小于支管高度的1%，且不得大于（ ）。

A．5mm B．4mm C．3mm

答案：C

依据：《电力建设施工技术规范第 5 部分：管道及系统》DL 5190.5—2012，条款号 4.6.3

31. 试题：高压阀门及输送易燃、易爆、有毒、有害等特殊介质的阀门应做（ ）严密性试验。

A．50% B．80% C．100%

答案：C

依据：《电力建设施工技术规范第 5 部分：管道及系统》DL 5190.5—2012，条款号
4.7.2

32. 试题：安全阀及大于等于（　　）的大口径阀门，可采用渗油或渗水方法代替水压
严密性试验。

A．DN400mm　　　　　　　　B．DN500mm　　　　　　　　C．DN600mm

答案：C

依据：《电力建设施工技术规范第 5 部分：管道及系统》DL 5190.5—2012，条款号
4.7.5

33. 试题：工作温度在（　　）以上的管道法兰、螺栓和垫片均应涂抹耐高温防咬剂。

A．150℃　　　　　　　　　　B．200℃　　　　　　　　　　C．250℃

答案：C

依据：《电力建设施工技术规范第 5 部分：管道及系统》DL 5190.5—2012，条款号
5.6.18

34. 试题：取样加药管子的弯制宜采用冷弯，弯曲半径不小于管外径的（　　）倍；弯
制后管壁应无裂缝、凹坑，弯曲断面的椭圆度允许偏差为管径的 10%。

A．1　　　　　　　　　　　　B．2　　　　　　　　　　　　C．3

答案：C

依据：《电力建设施工技术规范　第 6 部分：水处理及制氢设备和系统》DL 5190.6—
2012，条款号　9.0.6

35. 试题：常压容器应进行灌水试验，确保严密不漏。现场制作的常压容器，底板的所
有焊缝应进行（　　）严密性试验，试验负压值不低于 53kPa。

A．真空箱法　　　　　　　　B．水压法　　　　　　　　　C．压缩空气法

答案：A

依据：《电力建设施工技术规范　第 6 部分：水处理及制氢设备和系统》DL 5190.6—
2012，条款号　3.4.6

36. 试题：加工配制中，钢管冷弯弯制完成后应进行（　　）检查，并及时、牢固地封
闭管口。

A．外观　　　　　　　　　　B．尺寸　　　　　　　　　　C．清洁度

答案：C

依据：《电力建设施工技术规范　第 8 部分：加工配制》DL 5190.8—2012，条款号
5.2.6

37. 试题：用于高压管道的中、低合金钢管子应进行至少 3 个断面的（　　）测量并作
记录。

A．内径　　　　　　　　B．厚度　　　　　　　　C．外径

答案：B

依据：《电力建设施工质量验收及评价规程 5 部分：管道》DL 5210.5—2012，条款号 表 4.4.9

四、多选题（下列试题中，至少有 2 项是标准原文规定的正确答案，请将正确答案填在括号内）

1．试题：管道安装完毕、热处理和无损检测合格后，应进行压力试验。压力试验应符合下列规定：（　　）。

A．脆性材料严禁使用气体进行压力试验

B．压力试验温度严禁接近金属材料的脆性转变温度

C．试验过程中发现泄漏时，不得带压处理

D．消除缺陷后应重新进行试验

答案：ABCD

依据：《工业金属管道工程施工规范》GB 50235—2010，条款号 8.6.1（强条）

2．试题：管道脱脂后应及时将脱脂件内部的残液排净，并应用清洁、（　　）吹干，不得采用自然蒸发的方法清除残液。

A．无油压缩空气　　　　　　　　　　　B．氢气

C．氧气　　　　　　　　　　　　　　　D．氮气

答案：A D

依据：《工业金属管道工程施工规范》GB 50235—2010，条款号 9.5.7

3．试题：不锈钢和有色金属管道安装完毕后，应检查其表面质量，其表面应平整、光洁，不得有（　　）等伤害。

A．超过壁厚允许偏差的机械划伤

B．异物嵌入

C．飞溅物造成的污染

D．超过壁厚允许偏差的凹瘪

答案：ABCD

依据：《工业金属管道工程施工质量验收规范》GB 50184—2011，条款号 7.6.5

4．试题：填料式补偿器的安装质量应符合设计文件的规定，并应符合下列规定：（　　）。

A．填料式补偿器应与管道保持同心，不得歪斜

B．两侧的导向支座应保证运行时自由伸缩，不得偏离中心

C．应按设计文件规定的安装长度及温度变化，留有剩余的收缩量

D．剩余收缩量的允许偏差为 5mm

答案：ABCD

依据：《工业金属管道工程施工规范》GB 50235—2010，条款号 7.11.4

5. **试题：** 电站弯管检验规则中，应包含以下几项检验规则：（　　）。

A．宏观检查、结构尺寸、两端坡口尺寸和弯管内表面清理的检查

B．壁厚、圆度、弯曲角度、波浪度和波距检验

C．硬度检验。合金钢弯管热处理后应逐个进行

D．重量检验。各个管段逐个进行

答案： ABC

依据：《电站弯管》DL/T 515—2004，条款号　6

6. **试题：** 管道工作压力大于等于 5.88MPa 或工作温度大于等于 400℃ 的管道施工前，应对照厂家提供的质量证明文件确认下列项目符合现行国家或行业技术标准：（　　）。

A．抗拉强度、屈服强度、延伸率等力学性能试验结果

B．冲击韧性试验结果

C．合金钢管的金相分析结果

D．碳钢管的金相分析结果

答案： ABC

依据：《电力建设施工技术规范　第 5 部分：管道及系统》DL 5190.5—2012，条款号　4.2.1

7. **试题：** 高压弯管制作应采用（　　）的管道。

A．加厚管

B．管壁厚度带有正公差

C．管壁厚度带有负公差

D．薄壁

答案： AB

依据： 依据：《电力建设施工技术规范　第 5 部分：管道及系统》DL 5190.5—2012，条款号　4.5.4

8. **试题：** 工厂化配制的蒸汽管道应按照设计要求设置监督段，下面符合要求的是：（　　）。

A．监督段应在同批管道中选用管壁厚度为最大负公差的管道

B．监督段应在同批管道中选用管壁厚度为最小负公差的管道

C．监督段上不得开孔、装设支吊架等

D．监督段上可以开孔、装设支吊架等

答案： AC

依据：《电力建设施工技术规范　第 5 部分：管道及系统》DL 5190.5—2012，条款号　5.2.4

9. **试题：** 塑料、玻璃钢及工程塑料管件的安装，应符合下列规定：（　　）。

A．应采用检验合格的定型模压产品

B．管件黏结时，接口应打磨清理干净，严格按黏结工艺施工。黏结后应加以保护，

待黏结剂充分固化后再进行安装

C. 法兰螺栓的两端应加平垫圈，并应对称、均匀紧固，螺栓丝扣外露5扣

D. 附近动用电火焊时，应采取隔离措施。不得将焊渣和切割的边角料落在管道上

答案：ABD

依据：《电力建设施工技术规范 第6部分：水处理及制氢设备和系统》DL 5190.6—2012，条款号 12.1.1

10. **试题：**严禁采用（ ）或稀释等手段排放有毒有害废水。

    A. 溢流   B. 渗井

    C. 渗坑   D. 废矿井

    答案：ABCD

    依据：《电力建设施工技术规范 第6部分：水处理及制氢设备和系统》DL 5190.6—2012，条款号 3.5.3

11. **试题：**对蒸发器、凝汽器和热压缩喷射器或外形尺寸较大的不锈钢材质的设备进行酸洗钝化，可采用（ ）。尺寸较小附件的酸洗钝化可采用浸渍法。

    A. 湿拖法   B. 水洗法

    C. 气吹法   D. 膏剂挤抹法

    答案：AD

    依据：《电力建设施工技术规范 第6部分：水处理及制氢设备和系统》DL 5190.6—2012，条款号 5.3.3

12. **试题：**加工配制中，冷弯钢管弯制前应符合下列规定：（ ）。

    A. 材质和规格应符合设计要求

    B. 合金钢管应光谱分析、硬度及厚度检验合格

    C. 钢管的表面不应有重皮、裂纹、凹坑等缺陷

    D. 钢管的表面不应有涂装材料

    答案：ABC

    依据：《电力建设施工技术规范 第8部分：加工配制》DL 5190.8—2012，条款号 5.2.1

第五节 金 属 构 件

一、填空题（下列试题中，请将标准原条文规定的正确答案填在横线处）

1. **试题：**钢斜梯安装中，单梯段的梯高应不大于____，梯级数宜不大于16。

    答案：6m

    依据：《固定式钢梯及平台安全要求 第2部分：钢斜梯》GB 4053.2—2009，条款号 5.1.2

2. **试题：**在平台、通道或工作面上可能使用工具、机器部件或物品场合，应在所有敞开边缘设置带____的防护栏杆。

　　答案：踢脚板

　　依据：《固定式钢梯及平台安全要求　第 3 部分：工业防护栏杆及平台》GB 4053.3—2009，条款号　4.1.2（强条）

3. **试题：**现场制作 H 形钢时，翼缘板拼接焊缝和腹板拼接焊缝的间距不应小于____。

　　答案：200mm

　　依据：《电力建设施工技术规范　第 8 部分：加工配制》DL 5190.8—2012，条款号　2.3.2

4. **试题：**加工配制中，材料拼接应采取减少____变形措施，其平整度、错口、弯折等应符合 DL/T 869《火力发电厂焊接技术规程》的规定。

　　答案：焊接

　　依据：《电力建设施工技术规范　第 8 部分：加工配制》DL 5190.8—2012，条款号　2.3.3

5. **试题：**加工配制中，设计要求全焊透的一、二级结构钢焊缝应采用超声波探伤进行内部缺陷的检验，超声波探伤不能对缺陷作出判断时，应采用____探伤。

　　答案：射线

　　依据：《电力建设施工技术规范　第 8 部分：加工配制》DL 5190.8—2012，条款号　2.4.8

6. **试题：**加工配制中，对不合格焊缝可采取挖补方式返修。但同一位置上的挖补次数一般不得超过____，耐热钢不得超过 2 次。

　　答案：3 次

　　依据：《电力建设施工技术规范　第 8 部分：加工配制》DL 5190.8—2012，条款号　2.4.10

二、判断题（判断下列试题是否正确。正确的在括号内打"√"，错误的在括号内打"×"）

1. **试题：**钢直梯采用钢材的力学性能应不低于 Q235-B，并具有碳含量合格保证。（　　　）

　　答案：√

　　依据：《固定式钢梯及平台安全要求　第 1 部分：钢直梯》GB 4053.1—2009，条款号　4.1.1

2. **试题：**安装在固定结构上的钢直梯，应上部固定，其上部的支撑与固定结构牢固连接，在梯梁上开设长圆孔，采用螺栓连接。（　　　）

　　答案：×

　　依据：《固定式钢梯及平台安全要求　第 1 部分：钢直梯》GB 4053.1—2009，条款号　4.4.3

3. **试题**：钢直梯梯梁采用 60mm×10mm 的扁钢，梯子内侧净宽度为 400mm 时，相邻两对支撑的竖向间距最大不应大于 4000mm。（　　）

　　答案：×

　　依据：《固定式钢梯及平台安全要求　第1部分：钢直梯》GB 4053.1—2009，条款号 5.1.2

4. **试题**：对未设护笼的钢直梯，由踏棍中心线到攀登面最近的连续性表面的垂直距离应不大于 760mm。对于非连续性障碍物，垂直距离应不大于 600 mm。（　　）

　　答案：×

　　依据：《固定式钢梯及平台安全要求　第1部分：钢直梯》GB 4053.1—2009，条款号 5.2.1

5. **试题**：钢直梯踏棍中心线到梯子后侧建筑物、结构或设备的连续性表面垂直距离应不大于 180 mm。对非连续性障碍物，垂直距离应不大于 150mm。（　　）

　　答案：×

　　依据：《固定式钢梯及平台安全要求　第1部分：钢直梯》GB 4053.1—2009，条款号 5.2.2

6. **试题**：对前向进出式钢直梯，顶端踏棍上表面应与到达平台或屋面平齐，由踏棍中心线到前面最近的结构、建筑物或设备边缘的距离应为 180 mm～300 mm，必要时应提供引导平台使通过距离减少至 180 mm～300 mm。（　　）

　　答案：√

　　依据：《固定式钢梯及平台安全要求　第1部分：钢直梯》GB 4053.1—2009，条款号 5.2.4

7. **试题**：钢直梯梯梁间踏棍供踩踏表面的内侧净宽度应为 400 mm～600 mm，在同一攀登高度上该宽度应相同。由于工作面所限，攀登高度在 5 m 以下时，梯子内侧净宽度可小于 400 mm，但应不小于 300 mm。（　　）

　　答案：√

　　依据：《固定式钢梯及平台安全要求　第1部分：钢直梯》GB 4053.1—2009，条款号 5.4.1

8. **试题**：钢直梯圆形踏棍直径应不小于 20 mm，若采用其他截面形状的踏棍，其水平方向深度应不小于 20 mm。踏棍截面直径或外接圆直径应不大于 35 mm，以便于抓握。在同一攀登高度上踏棍的截面形状及尺寸应一致。（　　）

　　答案：√

　　依据：《固定式钢梯及平台安全要求　第1部分：钢直梯》GB 4053.1—2009，条款号 5.5.2

9. **试题：** 非正常环境（如潮湿或腐蚀）下使用的钢直梯，踏棍应采用直径不大于 25 mm 的圆钢，或等效力学性能的正方形、长方形或其他形状的实心或空心型材。（　　　）

　　答案： ×

　　依据：《固定式钢梯及平台安全要求　第 1 部分：钢直梯》GB 4053.1—2009，条款号，
　　　　条款号　5.5.4

10. **试题：** 在正常环境下使用的钢直梯，梯梁应采用不小于 60 mm×10 mm 的扁钢，或具有等效强度的其他实心或空心型钢材。（　　　）

　　答案： √

　　依据：《固定式钢梯及平台安全要求　第 1 部分：钢直梯》GB 4053.1—2009，条款
　　　　号　5.6.2

11. **试题：** 钢直梯的梯梁所有接头应设计成保证梯梁整个结构的连续性。除非所用材料型号有要求，不应在中间支撑处出现接头。（　　　）

　　答案： √

　　依据：《固定式钢梯及平台安全要求　第 1 部分：钢直梯》GB 4053.1—2009，条款
　　　　号　5.6.5

12. **试题：** 钢直梯护笼宜采用圆形结构，应包括一组水平笼箍和最多 5 根立杆。（　　　）

　　答案： ×

　　依据：《固定式钢梯及平台安全要求　第 1 部分：钢直梯》GB 4053.1—2009，条款
　　　　号　5.7.1

13. **试题：** 钢直梯护笼应能支撑梯子预定的活载荷和恒载荷。（　　　）

　　答案： √

　　依据：《固定式钢梯及平台安全要求　第 1 部分：钢直梯》GB 4053.1—2009，条款
　　　　号　5.7.3（强条）

14. **试题：** 钢直梯水平笼箍垂直间距应大于 1500 mm。（　　　）

　　答案： ×

　　依据：《固定式钢梯及平台安全要求　第 1 部分：钢直梯》GB 4053.1—2009，条款
　　　　号　5.7.5（强条）

15. **试题：** 钢直梯护笼底部距梯段下端基准面应小于 2100 mm。（　　　）

　　答案： √

　　依据：《固定式钢梯及平台安全要求　第 1 部分：钢直梯》GB 4053.1—2009，条款
　　　　号　5.7.6

16. **试题：** 钢斜梯踏步中点集中活载荷应不小于 4.5kN，在梯子内侧宽度上均布载荷步

小于 2.2kN/m²。（　　）

答案：√

依据：《固定式钢梯及平台安全要求　第 2 部分：钢斜梯》GB 4053.2—2009，条款
　　　号　4.3.3

17. 试题：钢斜梯与附在设备上的平台梁相连接时，连接处宜采用焊接连接。（　　）

答案：×

依据：《固定式钢梯及平台安全要求　第 2 部分：钢斜梯》GB 4053.2—2009，条款
　　　号　4.4.3

18. 试题：钢斜梯安装后，应对其至少涂一层底漆或一层（或多层）面漆或采用等效的
防锈防腐涂装。（　　）

答案：√

依据：《固定式钢梯及平台安全要求　第 2 部分：钢斜梯》GB 4053.2—2009，条款
　　　号　4.5.3

19. 试题：钢斜梯高宜不大于 5m，大于 5m 时宜设梯间平台（休息平台），分段设梯。（　　）

答案：√

依据：《固定式钢梯及平台安全要求　第 2 部分：钢斜梯》GB 4053.2—2009，条款
　　　号　5.1.1

20. 试题：钢斜梯踏板的前后深度应不大于 80mm，相邻两踏板的前后方向重叠应不小
于 10mm，不大于 35mm。（　　）

答案：×

依据：《固定式钢梯及平台安全要求　第 2 部分：钢斜梯》GB 4053.2—2009，条款
　　　号　5.3.1

21. 试题：钢斜梯在同一梯段所有踏板间距应相同。踏板间距宜为 225mm～255mm。
（　　）

答案：√

依据：《固定式钢梯及平台安全要求　第 2 部分：钢斜梯》GB 4053.2—2009，条款
　　　号　5.3.2

22. 试题：在钢斜梯使用者上方，由踏板突缘前端到上方障碍物沿梯梁中心线垂直方向
测量距离不小于 1200mm。（　　）

答案：√

依据：《固定式钢梯及平台安全要求　第 2 部分：钢斜梯》GB 4053.2—2009，条款
　　　号　5.5.1

23. **试题：**梯宽不大于 1100mm 两边敞开的斜梯，应在两侧均安装梯子扶手。（　　）

　　答案：√

　　依据：《固定式钢梯及平台安全要求　第 2 部分：钢斜梯》GB 4053.2—2009，条款号　5.6.3（强条）

24. **试题：**钢斜梯宽大于 2200mm 的斜梯，除在两侧安装扶手外，在梯子宽度的中线处应设置中间栏杆。（　　）

　　答案：√

　　依据：《固定式钢梯及平台安全要求　第 2 部分：钢斜梯》GB 4053.2—2009，条款号　5.6.5

25. **试题：**防护栏的立柱不应在踢脚板上安装，除非踢脚板为承载的构件。（　　）

　　答案：√

　　依据：《固定式钢梯及平台安全要求　第 3 部分：工业防护栏杆及平台》GB 4053.3—2009，条款号　5.5.2

26. **试题：**工作平台的尺寸应根据预定的使用要求及功能确定，但应不小于通行平台和梯间平台（休息平台）的最大尺寸。（　　）

　　答案：×

　　依据：《固定式钢梯及平台安全要求　第 3 部分：工业防护栏杆及平台》GB 4053.3—2009，条款号　6.1.1

27. **试题：**平台地面到上方障碍物的垂直距离应不大于 2000 mm。（　　）

　　答案：×

　　依据：《固定式钢梯及平台安全要求　第 3 部分：工业防护栏杆及平台》GB 4053.3—2009，条款号　6.2.1

28. **试题：**通行平台地板与水平面的倾角应不小于 10°，倾斜的地板应采取防滑措施。（　　）

　　答案：×

　　依据：《固定式钢梯及平台安全要求　第 3 部分：工业防护栏杆及平台》GB 4053.3—2009，条款号　6.4.2

29. **试题：**加工配制材料拼接时，宜使用等强度焊接方式拼接；当连接焊缝强度小于母材强度时，应进行补强。（　　）

　　答案：√

　　依据：《电力建设施工技术规范　第 8 部分：加工配制》DL 5190.8—2012，条款号　2.3.1

30. **试题**：加工配制中，碳素结构钢和低合金结构钢在加热矫正时，加热温度应在900℃以上。（ ）

答案：×

依据：《电力建设施工技术规范 第8部分：加工配制》DL 5190.8—2012，条款号 2.3.4

31. **试题**：加工配制进行喷射除锈时，使用的压缩空气，应无油、水和污物。（ ）

答案：√

依据：《电力建设施工技术规范 第8部分：加工配制》DL 5190.8—2012，条款号 2.5.3

32. **试题**：加工配制中，零部件和钢材涂装底漆时环境温度和相对湿度应符合涂料产品技术文件的要求。产品技术文件无要求时，涂装时零部件和钢材表面不应有结露；涂装后4h内不应雨淋。（ ）

答案：√

依据：《电力建设施工技术规范 第8部分：加工配制》DL 5190.8—2012，条款号 2.5.5

33. **试题**：加工配制材料进场时，应进行检验。材料的品种、规格、性能等应符合国家产品标准和技术要求。（ ）

答案：√

依据：《电力建设施工技术规范 第8部分：加工配制》DL 5190.8—2012，条款号 3.1.1

34. **试题**：加工配制钢材应妥善保管，不同规格、材质的钢材可以混放。（ ）

答案：×

依据：《电力建设施工技术规范 第8部分：加工配制》DL 5190.8—2012，条款号 3.2.4

35. **试题**：加工配制中，钢梁拼接位置可设置在跨中的1/3范围内。钢柱拼接位置宜设置在楼地面以上1.1m～1.3m处。（ ）

答案：×

依据：《电力建设施工技术规范 第8部分：加工配制》DL 5190.8—2012，条款号 7.2.2

36. **试题**：加工配制中，焊接H形钢时不应采用埋弧焊或CO_2气体保护焊。（ ）

答案：×

依据：《电力建设施工技术规范 第8部分：加工配制》DL 5190.8—2012，条款号 7.2.5

37. **试题：**加工配制中，弯制单轨吊车梁弧形段时应圆滑过渡，其两端直线段应大于单轨吊车梁截面高度的 1.5 倍。（　　）

　　答案：×

　　依据：《电力建设施工技术规范　第 8 部分：加工配制》DL 5190.8—2012，条款号 7.2.6

38. **试题：**加工配制中，单轨吊车梁的拼接接头位置应避开吊点。与吊车轮接触的焊缝部位应打磨平滑。（　　）

　　答案：√

　　依据：《电力建设施工技术规范　第 8 部分：加工配制》DL 5190.8—2012，条款号 7.2.7

39. **试题：**加工配制中，单轨吊车梁的拼接接头应平整，接头高低差及错边量允许偏差应为 ±1.5mm。（　　）

　　答案：×

　　依据：《电力建设施工技术规范　第 8 部分：加工配制》DL 5190.8—2012，条款号 7.2.8

40. **试题：**加工配制中，单轨吊车梁应配置止挡器，止挡器上的缓冲器结构形式、基本参数及技术参数应符合 JB/T 8110.2《起重机　橡胶缓冲器》的规定。（　　　）

　　答案：√

　　依据：《电力建设施工技术规范　第 8 部分：加工配制》DL 5190.8—2012，条款号 7.2.9

41. **试题：**加工配制中，平台、钢梯、栏杆的刚度和强度应符合设计要求，焊缝应满焊。构件及其连接部位表面应光滑，无锐边、尖角、毛刺及其他可能对人身造成伤害或妨碍通行的缺陷。

　　答案：√

　　依据：《电力建设施工技术规范　第 8 部分：加工配制》DL 5190.8—2012，条款号 7.3.1

三、单选题（下列试题中，只有 1 项是标准原文规定的正确答案，请将正确答案填在括号内）

1. **试题：**固定式钢直梯当受条件限制不能垂直水平面设置时，两梯梁中心线所在平面与水平面倾角应在（　　）范围内。

　　A．75°～90°　　　　　　　　B．70°～75°　　　　　　　　C．60°～70°

　　答案：A

　　依据：《固定式钢梯及平台安全要求　第 1 部分：钢直梯》GB 4053.1—2009，条款号 4.2

2. **试题：**对未设护笼的固定式钢直梯，梯子中心线到侧面最近的永久性物体的距离均应不小于（　　）。

A．300mm B．350mm C．380mm

答案： C

依据：《固定式钢梯及平台安全要求　第1部分：钢直梯》GB 4053.1—2009，条款号 5.2.3

3. **试题：**固定式钢直梯梯段高度大于（　　）时宜设置安全护笼。

A．1m B．2m C．3m

答案： C

依据：《固定式钢梯及平台安全要求　第1部分：钢直梯》GB 4053.1—2009，条款号 5.3.2

4. **试题：**固定式钢直梯单梯段高度大于（　　）时，应设置安全护笼。

A．5m B．6m C．7m

答案： C

依据：《固定式钢梯及平台安全要求　第1部分：钢直梯》GB 4053.1—2009，条款号 5.3.2

5. **试题：**固定式钢直梯当攀登高度小于7 m，但梯子顶部在地面、地板或屋顶之上高度大于（　　）时，也应设置安全护笼。

A．5m B．6m C．7m

答案： C

依据：《固定式钢梯及平台安全要求　第1部分：钢直梯》GB 4053.1—2009，条款号 5.3.2

6. **试题：**在正常环境下使用的固定式钢直梯，踏棍应采用直径不小于（　　）的圆钢，或等效力学性能的正方形、长方形或其他形状的实心或空心型材。

A．16mm B．18mm C．20mm

答案： C

依据：《固定式钢梯及平台安全要求　第1部分：钢直梯》GB 4053.1—2009，条款号 5.5.3

7. **试题：**固定式钢斜梯与水平面的倾角应在30°～75°范围内，优选倾角为（　　）。

A．30°～35° B．35°～40° C．40°～45°

答案： A

依据：《固定式钢梯及平台安全要求　第2部分：钢斜梯》GB 4053.2—2009，条款号 4.2.1

8. **试题：** 固定式钢斜梯内侧净宽度最小应不小于（　　），宜不大于 1100mm。

    A．450mm   B．480mm   C．500mm

    答案： A

    依据：《固定式钢梯及平台安全要求　第 2 部分：钢斜梯》GB 4053.2—2009，条款号 5.2.2

9. **试题：** 固定式钢梯防护栏的扶手后应有最小不小于（　　）的净空间，以便于手握。

    A．70mm   B．75mm   C．80mm

    答案： B

    依据：《固定式钢梯及平台安全要求　第 3 部分：工业防护栏杆及平台》GB 4053.3—2009，条款号 5.3.3

10. **试题：** 平台防护栏的中间栏杆与上下方构件的空隙间距应不大于（　　）。

    A．500mm   B．600mm   C．700mm

    答案： A

    依据：《固定式钢梯及平台安全要求　第 3 部分：工业防护栏杆及平台》GB 4053.3—2009，条款号 5.4.2

11. **试题：** 通行平台的无障碍宽度最小不应小于（　　），单人偶尔通行的平台宽度可适当减小，但应不小于 450 mm。

    A．750mm   B．780mm   C．800mm

    答案： A

    依据：《固定式钢梯及平台安全要求　第 3 部分：工业防护栏杆及平台》GB 4053.3—2009，条款号 6.1.2

12. **试题：** 加工配制中，组合式钢柱、钢梁的型钢拼接焊缝不应在同一截面上，其间距最小不应小于（　　）。

    A．100mm   B．150mm   C．200mm

    答案： A

    依据：《电力建设施工技术规范　第 8 部分：加工配制》DL 5190.8—2012，条款号 7.2.1

13. **试题：** 加工配制中，长度大于 10m 的组合式钢柱、钢梁的型钢拼接，拼接的接头数最多不能多于（　　）。

    A．2 个   B．3 个   C．4 个

    答案： B

    依据：《电力建设施工技术规范　第 8 部分：加工配制》DL 5190.8—2012，条款号 7.2.1

14. **试题：** 制作钢立柱、钢梁的钢板或型钢对接时，其边缘错边量一级焊缝对口错边量应不大于板厚 5%，且不大于（　　　）；二级焊缝对口错边量应不大于板厚 10%，且不大于 2mm；三级焊缝对口错边量应不大于板厚 15%，且不大于 3mm。

A．0.5mm　　　　　　　　　B．1mm　　　　　　　　　C．1.5mm

答案： B

依据：《电力建设施工技术规范 第 8 部分：加工配制》DL 5190.8—2012，条款号 7.2.3

15. **试题：** 制作钢立柱、钢梁的节点边缘与拼接焊缝间距应大于（　　　），加筋肋与拼接焊缝间距应大于 100mm，连接孔边缘与拼接焊缝的间距应大于 100mm。

A．200mm　　　　　　　　　B．300mm　　　　　　　　　C．400mm

答案： B

依据：《电力建设施工技术规范 第 8 部分：加工配制》DL 5190.8—2012，条款号 7.2.4

16. **试题：** 加工配制中，钢柱的直线度允许偏差应为 $\leqslant H/1000$（H 为钢柱的高度），且 $\leqslant 3$mm，钢梁的直线度允许偏差应为 $\leqslant L/1000$（L 为钢梁或单轨吊的长度），且 $\leqslant$（　　　），单轨吊的弯曲矢高允许偏差应为 $\leqslant L/1000$，且 $\leqslant 2$mm。

A．1mm　　　　　　　　　B．2mm　　　　　　　　　C．3mm

答案： C

依据：《电力建设施工技术规范 第 8 部分：加工配制》DL 5190.8—2012，条款号 7.2.10

17. **试题：** 加工配制花纹钢板铺设的钢平台时，合理排板下料，拼接宽度最小不应小于（　　　），拼接长度最小不应小于 1000mm。

A．200mm　　　　　　　　　B．300mm　　　　　　　　　C．400mm

答案： B

依据：《电力建设施工技术规范 第 8 部分：加工配制》DL 5190.8—2012，条款号 7.3.2

18. **试题：** 加工配制中，安装在平台、通道及作业场所临边的防护栏杆必须能承受水平方向不小于（　　　）集中荷载和不小于 700N/m 均布载荷。

A．800N　　　　　　　　　B．850N　　　　　　　　　C．890N

答案： C

依据：《电力建设施工技术规范 第 8 部分：加工配制》DL 5190.8—2012，条款号 7.3.5（强条）

19. **试题：** 加工配制中，安装平台、通道的栏杆时，平台、通道距基准面高度小于 2m 时，栏杆高度不得低于 900mm，距基准面高度大于或等于 2m 且小于 20m 时，栏杆高度不得低于（　　　），距基准面高度大于或等于 20m 时，栏杆高度不得低于 1200mm。

A．900mm　　　　　　　　B．1000mm　　　　　　　C．1050mm

答案： C

依据：《电力建设施工技术规范　第8部分：加工配制》DL 5190.8—2012，条款号
7.3.5（强条）

20. **试题：** 加工配制中，安装在平台、通道及作业场所临边的防护栏杆、踢脚板时，中
间栏杆与上、下方构件的间距不得大于 500mm，立柱间距不得大于（　　），踢脚
板宽度不得小于100mm。

A．900mm　　　　　　　　B．1000mm　　　　　　　C．1100mm

答案： B

依据：《电力建设施工技术规范　第8部分：加工配制》DL 5190.8—2012，条款号
7.3.5（强条）

21. **试题：** 加工配制中，安装在设备及工艺系统上的永久性钢平台，钢平台区域内必须
能承受不小于（　　）均匀分布动载荷，在钢平台区域内中心距为1m，边长300mm
正方形上应能承受不小于（　　）集中载荷。

A．$2kN/m^2$，1.0kN　　　B．$3kN/m^2$，1.1kN　　　C．$4kN/m^2$，1.2kN

答案： C

依据：《电力建设施工技术规范　第8部分：加工配制》DL 5190.8—2012，条款号
7.3.6（强条）

22. **试题：** 安装在设备及工艺系统上的固定式钢斜梯，任何点上必须能承受不小于（　　）
的集中载荷，踏板中点必须能承受不小于1.5kN的集中载荷。

A．4.0kN　　　　　　　　B．4.2kN　　　　　　　　C．4.4kN

答案： C

依据：《电力建设施工技术规范　第8部分：加工配制》DL 5190.8—2012，条款号
7.3.7（强条）

23. **试题：** 一般垫铁制作时应符合设计要求，设计无要求时，斜垫铁的薄边厚度不应小
于（　　），斜度应为1:10～1:25。

A．3mm　　　　　　　　　B．5mm　　　　　　　　　C．5mm

答案： C

依据：《电力建设施工技术规范　第8部分：加工配制》DL 5190.8—2012，条款号
8.1.2

四、多选题（下列试题中，至少有 2 项是标准原文规定的正确答案，请将正确答案
填在括号内）

1. **试题：** 钢直梯支撑材料宜用（　　）制作，埋没或焊接时必须牢固可靠。

A．角钢　　　　　　　　　　　　　　　　　B．钢板

C. 钢板焊接成 T 形钢   D. 圆钢

答案：ABC

依据：《固定式钢梯及平台安全要求　第 1 部分：钢直梯》GB 4053.1—2009，条款号　4.1.2

2. **试题**：钢直梯的相邻两对支撑的竖向间距，应根据（　　　）及其在钢结构或混凝土结构的拉拔载荷特性确定。

A. 梯梁截面尺寸   B. 梯梁材料特性

C. 梯子内侧净宽度   D. 梯子外侧净宽度

答案：AC

依据：《固定式钢梯及平台安全要求　第 1 部分：钢直梯》GB 4053.1—2009，条款号　5.1.1

3. **试题**：钢斜梯安装后不应有（　　　）等缺陷。

A. 歪斜   B. 扭曲

C. 锈蚀   D. 裂纹

答案：ABCD

依据：《固定式钢梯及平台安全要求　第 2 部分：钢斜梯》GB 4053.2—2009，条款号　4.4.1

4. **试题**：防护栏杆应采用包括（　　　）和立柱的结构形式或采用其他等效的结构。

A. 扶手（顶部栏杆）   B. 中间栏杆

C. 底部栏杆   D. 踢脚板

答案：ABCD

依据：《固定式钢梯及平台安全要求　第 3 部分：工业防护栏杆及平台》GB 4053.3—2009，条款号　5.1.1

5. **试题**：加工配制中，机械零件加工应符合设计要求。若设计无要求，应符合下列规定：（　　　）。

A. 未注明公差的线性、角度和钻孔直径尺寸公差应符合 GB/T 1804《一般公差　未注公差的线性和角度尺寸的公差》中 m 级精度规定

B. 未注明的螺纹公差应符合 GB/T 197《普通螺纹公差》中 6 级精度规定

C. 螺纹表面粗糙度不得大于 Ra25μm

D. 螺纹收尾应符合 GB/T 3《普通螺纹收尾、肩距、退刀槽和倒角》的规定

答案：ABCD

依据：《电力建设施工技术规范　第 8 部分：加工配制》DL 5190.8—2012，条款号　2.1.10

6. **试题**：加工配制中，下列（　　　）部位不得涂刷底漆。

A. 高强度螺栓连接摩擦面   B. 柱脚底板与基础接触面

C. 全封闭的零部件内表面   D. 机械安装所需的加工面

答案：ABCD

依据：《电力建设施工技术规范　第 8 部分：加工配制》DL 5190.8—2012，条款号　2.5.8

7. 试题：加工配制中，存在下列情况之一时，不得使用该材料：（　　　）。

A. 质量证明文件的特性数据与产品标准或订货技术条件不符

B. 对质量证明文件的特性数据有异议

C. 实物标识与质量证明文件中的标识不一致

D. 要求复验的材料未经复验或复验不合格

答案：ABCD

依据：《电力建设施工技术规范　第 8 部分：加工配制》DL 5190.8—2012，条款号　3.1.3

8. 试题：加工配制中，钢材的表面外观质量应符合下列规定：（　　　）。

A. 当钢材的表面有锈蚀、麻点或划痕等缺陷时，其深度不得大于该钢材厚度允许负偏差值的 1/2

B. 钢材端边或断口处不应有分层、夹渣等缺陷

C. 钢材的表面处理质量应符合国家有关标准的规定

D. 当钢材的表面有锈蚀、麻点或划痕等缺陷时，其深度不得大于该钢材厚度允许负偏差值的 2/3

答案：ABC

依据：《电力建设施工技术规范　第 8 部分：加工配制》DL 5190.8—2012，条款号　3.2.2

9. 试题：设备及工艺系统上永久性钢直梯安全护笼的安装，必须符合下列规定：（　　　）。

A. 3m 以上的梯段必须设置安全护笼

B. 护笼必须能承受 1kN 的动载荷

C. 护笼水平包箍直径不得小于 600mm，垂直间距不得大于 800mm；立柱间距不得大于 300mm 并均匀分布

D. 护笼必须使用镀锌钢材制作

答案：ABC

依据：《电力建设施工技术规范　第 8 部分：加工配制》DL 5190.8—2012，条款号　7.3.8（强条）

10. 试题：栏杆制作应符合下列规定（　　　）。

A. 栏杆立柱、横杆宜采用机械切割，并清除毛刺

B. 拐角处或端部均应设置立柱，或与建筑物牢固连接

C. 栏杆拐角处应呈圆弧形，构件相连应圆滑过渡

D. 栏杆扶手焊缝应打磨光滑

答案：ABCD

依据：《电力建设施工技术规范　第 8 部分：加工配制》DL 5190.8—2012，条款号　7.3.9

第四章 起 重 运 输

第一节 起重机械安装拆卸与使用维护

一、填空题（下列试题中，请将标准原条文规定的正确答案填在横线处）

1. **试题**：《塔式起重机》规定，塔机回转机构不应使用____减速器。
   答案：自锁
   依据：《塔式起重机》GB/T 5031—2008，条款号 5.4.1.6.4

2. **试题**：对动臂变幅的塔机，当吊钩装置顶部升至起重臂下端的距离最小为____处时，应能立即停止起升运动，对没有变幅重物平移功能的动臂变幅的塔机，还应同时切断向外变幅控制回路电源，但应有下降和向内变幅运动。
   答案：800mm
   依据：《塔式起重机》GB/T 5031—2008，条款号 5.6.1.1

3. **试题**：自升式塔机在加节作业时，任一顶升循环中即使顶升油缸的活塞杆全程伸出，塔身上端面至少应比顶升套架上排导向滚轮（或滑套）中心线高____。
   答案：60mm
   依据：《塔式起重机安全规程》GB 5144—2006，条款号 3.3（强条）

4. **试题**：塔机应保证在工作和非工作状态时，平衡重及压重在其规定位置上不位移、不脱落，平衡重块之间不得互相____。
   答案：撞击
   依据：《塔式起重机安全规程》GB 5144—2006，条款号 3.4（强条）

5. **试题**：塔机安装拆卸作业不应____原塔机连接销轴孔、连接螺栓孔安装精度的级别。
   答案：降低
   依据：《塔式起重机安全规程》GB 5144—2006，条款号 4.9.3（强条）

6. **试题**：轨道式塔机的台车架上应安装排障清轨板，清轨板与轨道之间的间隙不应大于____。
   答案：5mm
   依据：《塔式起重机安全规程》GB 5144—2006，条款号 6.10（强条）

7. **试题：** 塔式起重机固定式照明装置的电源电压不应超过____，严禁用金属结构作为照明线路的回路。

   答案： 220V

   依据：《塔式起重机安全规程》GB 5144—2006，条款号 8.4.2（强条）

8. **试题：** 顶升液压缸应具有可靠的平衡阀或液压锁，平衡阀或液压锁与液压缸之间不应用____连接。

   答案： 软管

   依据：《塔式起重机安全规程》GB 5144—2006，条款号 9.2（强条）

9. **试题：** 塔式起重机安装、拆卸、加节或降节作业时，塔机的最大安装高度处的风速不应大于____，当有特殊要求时，按用户和制造厂的协议执行。

   答案： 13m/s

   依据：《塔式起重机安全规程》GB 5144—2006，条款号 10.2（强条）

10. **试题：** 起重机试验载荷应被逐渐地加上去，起升至离地面 100 mm～200 mm 处，悬空时间不应少于____，更高值由国家法规要求或订货合同中规定。

    答案： 10min

    依据：《起重机试验规范和程序》GB/T 5905—2011，条款号 4.3.2.2

11. **试题：** 流动式起重机和塔式起重机用钢丝绳至少应____检查一次或更多次。

    答案： 每月

    依据：《起重机钢丝绳保养、维护、安装、检验和报废》GB/T 5972—2009，条款号 3.4.1.2

12. **试题：** 起重机械高强度螺栓连接的设计、____及验收应符合 JGJ 82 的规定。

    答案： 施工

    依据：《起重机械安全规程 第 1 部分：总则》GB 6067.1—2010，条款号 3.4.1（强条）

13. **试题：** 起重机械主要受力构件失去____稳定性时不应修复，应报废。

    答案： 整体

    依据：《起重机械安全规程 第 1 部分：总则》GB 6067.1—2010，条款号 3.9.1（强条）

14. **试题：** 起重机械主要受力构件产生裂纹时，应根据受力和裂纹情况采取____措施，并采取加强或改变应力分布措施，或停止使用。

    答案： 阻止

    依据：《起重机械安全规程》第 1 部分：总则 GB 6067.1—2010，条款号 3.9.3（强条）

15. **试题**：起重机械主要受力构件因产生塑性变形，使工作机构不能正常地安全运行时，如不能修复，应____。

答案：报废

依据：《起重机械安全规程》第 1 部分：总则 GB 6067.1—2010 条款号 3.9.4（强条）

16. **试题**：钢丝绳端部的固定和连接使用铝合金套压缩法连接时，连接强度应达到钢丝绳最小破断拉力____。

答案：90%

依据：《起重机械安全规程 第 1 部分：总则》GB 6067.1—2010，条款号 4.2.1.5（强条）

17. **试题**：严禁用起重机械金属结构和____作为载流零线（电气系统电压为安全电压除外）。

答案：接地线

依据：《起重机械安全规程 第 1 部分：总则》GB 6067.1—2010，条款号 8.8.4（强条）

18. **试题**：一般情况下，起重机械____起吊超过额定载荷的物品。

答案：不得

依据：《起重机械安全规程 第 1 部分：总则》GB 6067.1—2010，条款号 17.2.2（强条）

19. **试题**：桥、门式起重机接地线一般不应小于本线路中最大相电导的____。

答案：1/2

依据：《通用门式起重机》GB/T 14406—2011，条款号 5.4.7.3
《通用桥式起重机》GB/T 14405—2011，条款号 5.4.7.3

20. **试题**：桥、门式起重机交流载流 25A 以上的单芯电线（或电缆）不允许____穿金属线管。

答案：单独

依据：《通用门式起重机》GB/T 14406—2011，条款号 5.9.4.5
《通用桥式起重机》GB/T 14405—2011，条款号 5.9.4.5

21. **试题**：桥、门式起重机所有导线中均不应有____接头，照明线允许在设备附近用过渡端子连接。

答案：中间

依据：《通用门式起重机》GB/T 14406—2011，条款号 5.9.4.7
《通用桥式起重机》GB/T 14405—2011，条款号 5.9.4.7

22. **试题：**通用桥式起重机做静载试验时，应能承受 1.25 倍额定起重量的试验载荷，其主梁不应产生____。

　　答案：永久变形

　　依据：《通用桥式起重机》GB/T 14405—2011，条款号　6.9.3

23. **试题：**通用门式起重机做____的目的是检验起重机及其部件的结构承载能力。

　　答案：静载试验

　　依据：《通用门式起重机》GB/T 14406—2011，条款号　5.3.9

24. **试题：**履带式起重机应具有带载行驶功能。当地面坡度不大于 0.5%、行驶速度小于 0.5km/h、臂架位于行驶方向的正前方、起重机直线行驶时，起重机应能起吊相应工况____额定总起重量的载荷。

　　答案：100%

　　依据：《履带起重机》GB/T 14560—2011，条款号　4.2.1.3

25. **试题：**起重作业当利用建筑结构作为吊装的重要承力点时，必须进行结构的____，并经原设计单位书面同意。

　　答案：承载核算

　　依据：《起重设备安装工程施工及验收规范》GB 50278—2010，条款号　1.0.3（强条）

26. **试题：**压板固定钢丝绳时，____应无错位、无松动。

　　答案：压板

　　依据：《起重设备安装工程施工及验收规范》GB 50278—2010，条款号　2.0.3（强条）

27. **试题：**起重机械轨道两端的车挡应在吊装起重机前安装好，同一跨端轨道上的____与起重机的缓冲器均应接触良好。

　　答案：车挡

　　依据：《起重设备安装工程施工及验收规范》GB 50278—2010，条款号　3

28. **试题：**两平行轨道的接头位置沿轨道纵向应相互错开，其错开的距离不应____起重机前后车轮的轮距。

　　答案：等于

　　依据：《起重设备安装工程施工及验收规范》GB 50278—2010，条款号　3.0.7

29. **试题：**起重设备具有铰接缓冲装置的小车在无负荷时，车架端部上平面应____倾斜，且倾斜量不应大于 5mm。

　　答案：向下

　　依据：《起重设备安装工程施工及验收规范》GB 50278—2010，条款号　7.0.3

30. **试题：** 门式起重机夹轨器工作时，闸瓦应在轨道的＿＿＿夹紧，钳口的开度应符合随机技术文件的规定，张开时不应与轨道相碰。

    答案： 两侧

    依据：《起重设备安装工程施工及验收规范》GB 50278—2010，条款号 7.0.4

31. **试题：** 起重机试运转前，缓冲器、车挡、夹轨器、锚定装置等应安装正确、动作灵敏、＿＿＿。

    答案： 安全可靠

    依据：《起重设备安装工程施工及验收规范》GB 50278—2010，条款号 9.1

32. **试题：** 两台塔式起重机之间的最小架设距离应保证处于低位的起重机的臂架端部与另一台起重机塔身之间至少有 2m 的距离，处于高位的起重机的最低位置的部件（吊钩升至最高点或最高位置的平衡重）与低位起重机中处于最高位置的部件之间的垂直距离不得小于＿＿＿。

    答案： 2m

    依据：《电力建设安全工作规程 第 1 部分：火力发电》DL 5009.1—2014，条款号 4.6.5（强条）

33. **试题：** 流动式起重机作业时，臂架、吊具、辅具、钢丝绳及吊物等与架空输电线及其他带电体之间不得小于＿＿＿距离，且应设专人监护。

    答案： 安全

    依据：《电力建设安全工作规程 第 1 部分：火力发电》DL 5009.1—2014，条款号 4.6.5（强条）

34. **试题：** 流动式起重机加油时严禁吸烟或动用明火。油料着火时，应使用＿＿＿灭火器或砂土扑灭，严禁用水浇泼。

    答案： 泡沫

    依据：《电力建设安全工作规程 第 1 部分：火力发电》DL 5009.1—2014，条款号 4.6.5（强条）

35. **试题：** 卷扬机的卷筒与导向滑轮中心线应对正。其中，平卷筒轴心线与导向滑轮轴心线的距离应不小于卷筒长度的＿＿＿倍，有槽卷筒轴心线与导向滑轮轴心线的距离应不小于卷筒长度的 15 倍。

    答案： 20

    依据：《电力建设安全工作规程 第 1 部分：火力发电》DL 5009.1—2014，条款号 4.6.5（强条）

36. **试题：** 使用油压式千斤顶时，任何人不得站在安全栓的＿＿＿。

    答案： 前面

依据：《电力建设安全工作规程　第 1 部分：火力发电》DL 5009.1—2014，条款号 4.7.3（强条）

37. **试题**：链条葫芦不得超负荷使用，起重能力在 5t 以下的允许 1 人拉链，起重能力在 5t 以上的允许____拉链，不得随意增加人数猛拉链条。

　　答案：两人

　　依据：《电力建设安全工作规程　第 1 部分：火力发电》DL 5009.1—2014，条款号 4.7.3（强条）

38. **试题**：履带式起重机当起吊重要物品或重物重量达到额定起重量的____以上时，应检查起重机的稳定性、制动器的可靠性。

　　答案：90%

　　依据：《履带式起重机安全操作规程》DL/T 5248—2010，条款号　5.3.4（强条）

39. **试题**：汽车起重机起升作业时，先将重物吊离地面，距离不宜大于 0.5m，检查重物的____、捆绑、吊挂是否牢靠，确认无异常后，方可继续操作。

　　答案：平衡

　　依据：《汽车起重机安全操作规程》DL/T 5250—2010，条款号　4.4.3（强条）

40. **试题**：制造、施工过程中，出现材料代用的情况时，代用材料的性能应当____原设计的规定。

　　答案：不低于

　　依据：《起重机械安全技术监察规程—桥式起重机》TSG Q0002—2008，条款号　第二十九条

41. **试题**：有吊钩与滑轮、起升机构与小车架、小车架与大车三道绝缘的起重机，其每道绝缘在常温状态（20℃～25℃，相对湿度小于或者大于 85%）下用 1000V 的兆欧表测得的电阻值，不小于____。

　　答案：1.0MΩ

　　依据：《起重机械安全技术监察规程—桥式起重机》TSG Q0002—2008，条款号　第五十四条

42. **试题**：起重机的电气设备在安装、维修、维护保养调整和使用过程中不得任意____电路，以免安全装置失效。

　　答案：改变

　　依据：《起重机械安全技术监察规程—桥式起重机》TSG Q0002—2008，条款号　第五十五条

43. **试题**：起重机均须设置起重量____，当载荷超过规定的设定值时应当能自动切断起

升动力源。

答案： 限制器

依据：《起重机械安全技术监察规程—桥式起重机》TSG Q0002—2008，条款号 第六十九条

44. **试题：** 需要经常在高空进行自身检修作业的起重机，应当设置安全可靠的____吊笼或者平台。

答案： 检修

依据：《起重机械安全技术监察规程—桥式起重机》TSG Q0002—2008，条款号 第七十八条

45. **试题：** 起重机械作业人员作业时应当随身携带《特种设备作业人员证》，并且自觉接受使用单位的安全管理和____部门的监督检查。

答案： 质监

依据：《起重机械使用管理规则》TSG Q5001—2009，条款号 第十四条

46. **试题：** 起重机械安装、改造、重大维修后，监检人员在现场监检采取资料核确认方式时，如对施工单位提供的工作见证有怀疑，或者检查发现不符合要求对，应当要求施工单位在原检验____进行复验或补充检验，施工单位必须接受复验或补充检验要求。

答案： 部位

依据：《起重机械安装改造重大维修监督检验规则》TSG Q7016—2008，条款号 第十五条

二、判断题（判断下列试题是否正确。正确的在括号内打"√"，错误的在括号内打"×"）

1. **试题：** 塔式起重机最大额定起重量是重力与其在设计确定的各种组合臂长中所能达到的最小工作幅度的乘积。（　　　）

答案： ×

依据：《塔式起重机》GB 5031—2008，条款号 3.12

2. **试题：** 塔式起重机塔身标准节、回转支承等类似受力连接用高强度螺栓应提供楔荷载合格证明。（　　　）

答案： √

依据：《塔式起重机》GB 5031—2008，条款号 5.3.2.2

3. **试题：** 塔式起重机当起重力矩大于相应幅度额定值并小于额定值 110%时，可继续上升和向外变幅动作。（　　　）

答案： ×

依据：《塔式起重机》GB 5031—2008，条款号　5.6.6.1

4. 试题：塔式起重机钢丝绳卷筒防脱装置表面与滑轮或卷筒侧板外缘间的间隙应超过钢丝绳直径的 20%。（　　）

　　答案：×

　　依据：《塔式起重机》GB 5031—2008，条款号　5.6.10

5. 试题：在塔机达到额定起重力矩/额定起重量的 90% 以上时，装置应能向司机发出断续的声光报警。（　　）

　　答案：√

　　依据：《塔式起重机》GB 5031—2008，条款号　5.6.12.1

6. 试题：塔式起重机的对臂根铰点高度超过 50m 的塔机，应配备风速仪，当风速大于工作允许风速时，应能发出停止作业的警报。（　　）

　　答案：√

　　依据：《塔式起重机》GB 5031—2008，条款号　5.6.13

7. 试题：塔机安装主管在塔机的整个安装/拆卸、爬升过程中不应离开现场。（　　）

　　答案：√

　　依据：《塔式起重机》GB 5031—2008，条款号　10.1.4

8. 试题：对于顶升作业，不应降低原塔机滚轮（滑道）间隙的精度、滚轮（滑道）接触重合度、踏步位置精度的级别。（　　）

　　答案：√

　　依据：《塔式起重机安全规程》GB 5144—2006，条款号　4.9.2（强条）

9. 试题：塔式起重机钢丝绳用编结固接时，编结长度不应小于钢丝绳直径的 20 倍，且不小于 300 mm，固接强度不应小于钢丝绳破断拉力的 70%。（　　）

　　答案：×

　　依据：《塔式起重机安全规程》GB 5144—2006，条款号　5.2.3（强条）

10. 试题：塔式起重机钢丝绳用铝合金压制接头固接时，固接强度应达到钢丝绳破断拉力的 80%。（　　）

　　答案：×

　　依据：《塔式起重机安全规程》GB 5144—2006，条款号　5.2.3（强条）

11. 试题：塔机应安装起重力矩限制器。如设有起重力矩显示装置，则其数值误差不应大于实际值的±5%。（　　）

　　答案：√

依据：《塔式起重机安全规程》GB 5144—2006，条款号 6.2.1（强条）

12. **试题：** 在塔机安装、维修、调整和使用中可以任意改变电路。（   ）

 答案： ×

 依据：《塔式起重机安全规程》GB 5144—2006，条款号 8.1.1（强条）

13. **试题：** 塔式起重机电气回路零线和接地线必须分开，接地线严禁作载流回路。（   ）

 答案： √

 依据：《塔式起重机安全规程》GB 5144—2006，条款号 8.1.8（强条）

14. **试题：** 液压系统应有防止过载和液压冲击的安全装置。安全溢流阀的调定压力不应大于系统额定工作压力的 110%，系统的额定工作压力不应大于液压泵的额定压力。
 （   ）

 答案： √

 依据：《塔式起重机安全规程》GB 5144—2006，条款号 10.2（强条）

15. **试题：** 安装起重机时，两台塔机之间的最小架设距离应保证处于低位塔机的起重臂端部与另一台塔机的塔身之间至少有 1m 的距离。（   ）

 答案： ×

 依据：《塔式起重机安全规程》GB 5144—2006，条款号 10.5（强条）

16. **试题：** 安装起重机时，处于高位塔机的最低位置的部件（吊钩升至最高点或平衡重的最低部位）与低位塔机中处于最高位置部件之间的垂直距离不应大于 2m。（   ）

 答案： ×

 依据：《塔式起重机安全规程》GB 5144—2006，条款号 10.5（强条）

17. **试题：** 塔式起重机轨距允许误差不大于公称值的 1/1000，其绝对值不大于 6 mm。
 （   ）

 答案： √

 依据：《塔式起重机安全规程》GB 5144—2006，条款号 10.8（强条）

18. **试题：** 塔机安装后，轨道顶面纵、横方向上的倾斜度，对于上回转塔机应不大于 3/1000；对于下回转塔机应不大于 9/1000。（   ）

 答案： ×

 依据：《塔式起重机安全规程》GB 5144—2006，条款号 10.8（强条）

19. **试题：** 塔机试验应符合：新设计的各传动机构、液压顶升和各种安全装置，凡有专项试验标准的，应按专项试验标准进行各项试验，合格后方可装机。（   ）

 答案： √

依据：《塔式起重机安全规程》GB 5144—2006，条款号　10.8（强条）

20. **试题：** 起重机的试验报告应注明所试验的起重机，并给出试验日期、地点和检验人员的姓名。试验报告应详细记录每种情况下的载荷、位置、状态、程序和结果。（　　）

答案： √

依据： 《起重机试验规范和程序》GB/T 5905—2011，条款号　6

21. **试题：** 起重机上只应安装由起重机制造商指定的具有标准长度、直径、结构和破断拉力的钢丝绳，除非经起重机设计人员、钢丝绳制造商或有资格人员的准许，才能选择其他钢丝绳。（　　）

答案： √

依据： 《起重机钢丝绳保养、维护、安装、检验和报废》GB/T 5972—2009，条款号　3.1.1

22. **试题：** 钢丝绳与卷筒、吊钩滑轮组或起重机结构的连接只应采用起重机制造商规定的钢丝绳端接装置或同样应经批准的供选方案。（　　）

答案： √

依据： 《起重机 钢丝绳 保养、维护、安装、检验和报废》GB/T 5972—2009，条款号　3.1.1

23. **试题：** 起重机的所用钢丝绳的长度应充分满足起重机的使用要求，并且在卷筒上的终端位置应只保留一圈钢丝绳。（　　）

答案： ×

依据： 《起重机钢丝绳保养、维护、安装、检验和报废》GB/T 5972—2009，条款号　3.1.2

24. **试题：** 在起重机上重新安装钢丝绳之前，应检查卷筒和滑轮上的所有绳槽，确保其完全适合替换的钢丝绳。（　　）

答案： √

依据： 《起重机钢丝绳保养、维护、安装、检验和报废》GB/T 5972—2009，条款号　3.1.3

25. **试题：** 在起重机如果在安装期间起重机的任何部分对钢丝绳产生摩擦，则接触部位应采取有效的保护措施。（　　）

答案： √

依据： 《起重机钢丝绳保养、维护、安装、检验和报废》GB/T 5972—2009，条款号　3.2.1

26. **试题：** 在起重机的钢丝绳的润滑油应与钢丝绳制造商使用的原始润滑油一致，且具

有渗透力强的特性。如果钢丝绳润滑在起重机手册中不能确定，则用户应征询钢丝绳制造商的建议。（　　）

答案： √

依据：《起重机钢丝绳保养、维护、安装、检验和报废》GB/T 5972—2009，条款号 3.3

27. **试题：** 起重机在钢丝绳和/或其固定端的损坏而引发事故的情况下，或钢丝绳经拆卸又重新安装投入使月用前，均应对钢丝绳进行一次检查。（　　）

答案： √

依据：《起重机钢丝绳保养、维护、安装、检验和报废》GB/T 5972—2009，条款号 3.4.1.3

28. **试题：** 在起重机采用压制或锻造绳箍的绳端固定装置应进行类似的检验，并检验绳箍材料是否有裂纹以及绳箍和钢丝绳之间可能的滑移。（　　）

答案： √

依据：《起重机钢丝绳保养、维护、安装、检验和报废》GB/T 5972—2009，条款号 3.4.2.2

29. **试题：** 起重机械的钢构架采用高强度螺栓连接，其连接处构件接触面应按设计要求作相应处理，应保持干燥、整洁，不应有飞边、毛刺、焊接飞溅物、焊疤、氧化铁皮、污垢等，除设计要求外接触面不应涂漆。（　　）

答案： √

依据：《起重机械安全规程　第 1 部分：总则》GB 6067.1—2010，条款号 3.4.2（强条）

30. **试题：** 起重机械主要受力构件发生腐蚀时，应进行检查和测量。当主要受力构件断面腐蚀达设计厚度的 10%时，如不能修复，应报废。（　　）

答案： √

依据：《起重机械安全规程　第 1 部分：总则》GB 6067.1—2010，条款号 3.9.2（强条）

31. **试题：** 起重机械起升机构和非平衡变幅机构不应使用接长的钢丝绳。（　　）

答案： √

依据：《起重机械安全规程　第 1 部分：总则》GB 6067.1—2010，条款号 4.2.1.3（强条）

32. **试题：** 起重机械可以使用铸造吊钩。（　　）

答案： ×

依据：《起重机械安全规程　第 1 部分：总则》GB 6067.1—2010，条款号 4.2.2（强条）

33. **试题**：起重机械作业时，当使用条件或操作方法会导致重物意外脱钩时，可在吊钩上采用铅丝绑扎，以防脱绳。（　　　）

　　答案：×

　　依据：《起重机械安全规程　第 1 部分：总则》GB 6067.1—2010，条款号　4.2.2.3（强条）

34. **试题**：起重机械多层缠绕的卷筒，应有防止钢丝绳从卷筒端部滑落的凸缘。当钢丝绳全部缠绕在卷筒后，凸缘应超出最外面一层钢丝绳，超出的高度不应小于钢丝绳直径的 1.5 倍。（　　　）

　　答案：√

　　依据：《起重机械安全规程　第 1 部分：总则》GB 6067.1—2010，条款号　4.2.4.2（强条）

35. **试题**：起重机械的滑轮应有防止钢丝绳脱出绳槽的装置或结构。在滑轮罩的侧板和圆弧顶板等处与滑轮本体的间隙不应超过钢丝绳公称直径的 0.5 倍。（　　　）

　　答案：√

　　依据：《起重机械安全规程　第 1 部分：总则》GB 6067.1—2010，条款号　4.2.5.1（强条）

36. **试题**：动力驱动的起重机，其起升、变幅、运行、回转机构都应装可靠的制动装置（液压缸驱动的除外）。（　　　）

　　答案：√

　　依据：《起重机械安全规程　第 1 部分：总则》GB 6067.1—2010，条款号　4.2.6.1（强条）

37. **试题**：起重机械在钢轨上工作的铸造车轮轮缘厚度磨损达原厚度的 50% 时，仍可使用。（　　　）

　　答案：×

　　依据：《起重机械安全规程　第 1 部分：总则》GB 6067.1—2010，条款号　4.2.7（强条）

38. **试题**：起重机械在钢轨上工作的铸造车轮轮缘弯曲变形达原厚度的 20% 时，仍可使用。（　　　）

　　答案：×

　　依据：《起重机械安全规程　第 1 部分：总则》GB 6067.1—2010，条款号　4.2.7（强条）

39. **试题**：起重机械在钢轨上工作的铸造车轮踏面厚度磨损达原厚度的 15% 时，应报废。（　　　）

答案：√

依据：《起重机械安全规程 第 1 部分：总则》GB 6067.1—2010，条款号 4.2.7
（强条）

40. 试题：起重机械传动齿轮使用维护说明书中没有提供传动齿轮报废指标的，当齿面
点蚀面积达轮齿工作面积的 50%；或 15%以上点蚀坑最大尺寸达 0.2 模数，应报废。

答案：×

依据：《起重机械安全规程 第 1 部分：总则》GB 6067.1—2010，条款号 4.2.8
（强条）

41. 试题：起重机械的截止阀与变幅液压油缸、伸缩臂液压油缸、顶升液压油缸和液压
马达可用柔性连接。（   ）

答案：×

依据：《起重机械安全规程 第 1 部分：总则》GB 6067.1—2010，条款号 5.6
（强条）

42. 试题：起重机械作业时，对于工作压力超过 5MPa 和/或温度超过 50℃，并位于起重
机操作者 1m 之内液压软管，应加装防护安全措施。（   ）

答案：√

依据：《起重机械安全规程 第 1 部分：总则》GB 6067.1—2010，条款号 5.14
（强条）

43. 试题：起重机械电动机正常使用地点的海拔高度不超 1000m；电器正常使用地点的
海拔高度不超过 2000 m。当超过正常规定的海拔高度时，应进行修正。

答案：√

依据：《起重机械安全规程 第 1 部分：总则》GB 6067.1—2010，条款号 6.1.5
（强条）

44. 试题：起重机械的电气设备不宜设置防止固体物和液体侵入的防护措施。（   ）

答案：×

依据：《起重机械安全规程 第 1 部分：总则》GB 6067.1—2010，条款号 6.1.6
（强条）

45. 试题：起重机各传动机构应设有零位保护。运行中若因故障或失压停止运行后，重
新恢复供电时，机构不得自行动作，应人为将控制器置回零位后，机构才能重新起
动。（   ）

答案：√

依据：《起重机械安全规程 第 1 部分：总则》GB 6067.1—2010，条款号 8.4
（强条）

46. 试题： 起重机械对于重要的、负载超速会引起危险的起升机构和非平衡式变幅机构应设置超速开关。超速开关的整定值取决于控制系统性能和额定下降速度，通常为额定速度的 1.6 倍。（　　　）

答案： ×

依据：《起重机械安全规程　第 1 部分：总则》GB 6067.1—2010，条款号　8.7（强条）

47. 试题： 起重机械本体的金属结构应与供电线路的保护导线可靠连接。起重机械的钢轨可连接到保护接零电路上。（　　　）

答案： ×

依据：《起重机械安全规程　第 1 部分：总则》GB 6067.1—2010，条款号　8.8.2（强条）

48. 试题： 对于起重机械保护接零系统，对重复接地或防雷接地的接地电阻大于 10Ω。（　　　）

答案： ×

依据：《起重机械安全规程　第 1 部分：总则》GB 6067.1—2010，条款号　8.8.8（强条）

49. 试题： 起重机械的安全防护装置是防止起重机械事故的必要措施。包括限制运动行程和工作位置的装置、防起重机超载的装置、防起重机倾翻和滑移的装置、联锁保护装置等。（　　　）

答案： √

依据：《起重机械安全规程　第 1 部分：总则》GB 6067.1—2010，条款号　9.1（强条）

50. 试题： 起重机械起升机构均应装设起升高度限位器。用内燃机驱动，中间无电气、液压、气压等传动环节而直接进行机械连接的起升机构，可以配备灯光或声响报警装置，以替代限位开关。（　　　）

答案： √

依据：《起重机械安全规程　第 1 部分：总则》GB 6067.1—2010，条款号　9.2.1（强条）

51. 试题： 起重机和起重小车（悬挂型电动葫芦运行小车除外），应在每个运行方向装设运行行程限位器，在达到设计规定的极限位置时自动切断前进方向的动力源。（　　　）

答案： √

依据：《起重机械安全规程　第 1 部分：总则》GB 6067.1—2010，条款号　9.2.2（强条）

52. 试题： 对动力驱动的动臂变幅的起重机（液压变幅除外），应在臂架俯仰行程的极限位置处设臂架低位置和高位置的幅度限位器。（　　　）

答案： √

依据：《起重机械安全规程　第 1 部分：总则》GB 6067.1—2010，条款号　9.2.3.1（强条）

53. **试题：** 对采用移动小车变幅的塔式起重机，最大变幅速度超过 40m/min 的起重机，在小车向外运行且当起重力矩达到额定值的 60%时，应自动转换为低于 40 m/min 的低速运行。（　　　）

 答案： ×

 依据：《起重机械安全规程　第 1 部分：总则》GB 6067.1—2010，条款号　9.2.3.2（强条）

54. **试题：** 具有臂架俯仰变幅机构（液压油缸变幅除外）的起重机，应装设防止臂架后倾装置，以保证当变幅机构的行程开关失灵时，能阻止臂架向后倾翻。（　　　）

 答案： √

 依据：《起重机械安全规程　第 1 部分：总则》GB 6067.1—2010，条款号　9.2.5（强条）

55. **试题：** 当两台或两台以上的起重机械或起重小车运行在同一轨道上时，应装设防碰撞装置。在发生碰撞的任何情况下，司机室内的减速度不应超过 5m/s^2。（　　　）

 答案： √

 依据：《起重机械安全规程　第 1 部分：总则》GB 6067.1—2010，条款号　9.2.9（强条）

56. **试题：** 起重机作业需要时，当实际起重量超过 80%额定起重量时，起重量限制器宜发出报警信号（机械式除外）。（　　　）

 答案： ×

 依据：《起重机械安全规程　第 1 部分：总则》GB 6067.1—2010，条款号　9.3.1（强条）

57. **试题：** 额定起重量随工作幅度变化的起重机，应装设起重力矩限制器。当实际起重量超过实际幅度所对应的起重量的额定值的 90%时，起重力矩限制器宜发出报警信号。（　　　）

 答案： ×

 依据：《起重机械安全规程　第 1 部分：总则》GB 6067.1—2010，条款号　9.3.2（强条）

58. **试题：** 起重机有锚定装置时，锚定装置应能独立承受起重机非工作状态下的风载荷。（　　　）

 答案： √

 依据：《起重机械安全规程　第 1 部分：总则》GB 6067.1—2010，条款号　9.4.1.3（强条）

59. **试题：** 对于室外作业的高大起重机应安装风速仪，风速仪应安置在起重机上部迎风处。

答案：√

依据：《起重机械安全规程 第 1 部分：总则》GB 6067.1—2010，条款号 9.6.1.1
（强条）

60. **试题**：起重机械作业时，当物料有可能积存在轨道上成为运行的障碍时，在轨道上
行驶的起重机和起重小车，在台车架（或端梁）下面和小车架下面应装设轨道清扫
器，其扫轨板底面与轨道顶面之间的间隙一般为 10mm～16mm。（　　）

答案：×

依据：《起重机械安全规程 第 1 部分：总则》GB 6067.1—2010，条款号 9.6.2
（强条）

61. **试题**：在起重机的危险部位，应有安全标志和危险图形符号，安全标志和危险图形
符号应符合 GB 15052 的规定。（　　）

答案：√

依据：《起重机械安全规程 第 1 部分：总则》GB 6067.1—2010，条款号 10.1.4
（强条）

62. **试题**：起重机械各运动部分的下界限线与下方的一般出入区之间的垂直距离小于
1.7m。（　　）

答案：×

依据：《起重机械安全规程 第 1 部分：总则》GB 6067.1—2010，条款号 10.2.2
（强条）

63. **试题**：起重机械使用单位应根据所使用起重机械的种类、构造的复杂程度，以及使
用的具体情况，建立必要的规章制度。（　　）

答案：√

依据：《起重机械安全规程 第 1 部分：总则》GB 6067.1—2010，条款号 11.1
（强条）

64. **试题**：任何人不得在起重机械吊装悬停载荷的下方停留或通过。（　　）

答案：√

依据：《起重机械安全规程 第 1 部分：总则》GB 6067.1—2010，条款号 17.2.4
（强条）

65. **试题**：无反接制动性能的起重机，除特殊紧急情况外，不得利用打返车进行制动。
（　　）

答案：√

依据：《起重机械安全规程 第 1 部分：总则》GB 6067.1—2010，条款号 17.2.5（强条）

66. **试题：** 除特殊工况设计的起重机械外，常规起重机械悬停载荷时，不许斜向拖拉物品。（　　）

答案： √

依据： 《起重机械安全规程　第 1 部分：总则》GB 6067.1—2010，条款号　17.2.5（强条）

67. **试题：** 通用桥式起重机做静载试验时，应能承受 1.25 倍额定起重量的试验载荷，其主梁允许产生轻微永久变形。（　　）

答案： ×

依据： 《通用桥式起重机》GB/T 14405—2011，条款号　5.3.9

68. **试题：** 通用桥式起重机静载试验、动载试验的载荷超载倍数有特殊要求时，可由供需双方在订货合同中约定。（　　）

答案： √

依据： 《通用门式起重机》GB/T 14405—2011，条款号　5.3.11

69. **试题：** 桥式起重机双小车或多小车联合起吊作业时，吊点数一般不应超过 4 个。（　　）

答案： ×

依据： 《通用桥式起重机》GB/T 14405—2011，条款号　5.4.2.4
《通用门式起重机》GB/T 14406—2011，条款号　5.4.2.4

70. **试题：** 桥式起重机取物装置和司机室间的外廓间距，在任何情况下都不应小于 0.4m。（　　）

答案： √

依据： 《通用桥式起重机》GB/T 14405—2011，条款号　5.4.4.5
《通用门式起重机》GB/T 14406—2011，条款号　5.4.4.5

71. **试题：** 通用桥式起重机超速保护：电控调速的起升机构、行星差动的起升机构均应设超速保护。（　　）

答案： √

依据： 《通用桥式起重机》GB/T 14405—2011，条款号　5.4.6.1

72. **试题：** 桥式起重机不应采用接地线作为载流零线。（　　）

答案： √

依据： 《通用桥式起重机》GB/T 14405—2011，条款号　5.4.7.4
《通用桥式起重机》GB/T 14406—2011，条款号　5.4.7.4

73. **试题：** 桥式起重机电气设备应安装牢固，在主机工作过程中，不应发生目测可见的相对于主机的水平移动和垂直跳动。（　　）

答案：√

依据：《通用桥式起重机》GB/T 14405—2011，条款号　5.9.3.1

　　　《通用门式起重机》GB/T 14406—2011，条款号　5.9.3.1

74. 试题：桥式起重机固定式照明的电压不宜超过 220V，可用金属结构做照明线路的零线。（　　　）

答案：×

依据：《通用桥式起重机》GB/T 14405—2011，条款号　5.9.5.2

　　　《通用门式起重机》GB/T 14406—2011，条款号　5.9.5.2

75. 试题：通用门式起重机，应设起升高度限位装置，当取物装置上升到设定的极限位置时，应能自动切断上升方向电源；此时钢丝绳在卷筒上应留有至少一圈空槽。（　　　）

答案：√

依据：《通用门式起重机》GB/T 14406—2011，条款号　5.4.2.5

76. 试题：通用门式起重机，当需要限定下极限位置时，应设下降深度限位装置，除能自动切断下降方向电源外，钢丝绳在卷筒上的缠绕，除不计固定钢丝绳的圈数外，至少还应保留两圈。（　　　）

答案：√

依据：《通用门式起重机》GB/T 14406—2011，条款号　5.4.2.5

77. 试题：通用门式起重机，取物装置（如起重电磁铁、可卸抓斗）供电电缆的收放，应保证电缆的受力合理，且在升降过程中电缆不应与起重钢丝绳发生接触、摩擦。（　　　）

答案：√

依据：《通用门式起重机》GB/T 14406—2011，条款号　5.4.2.8

78. 试题：履带起重机在没有人工干预的情况下，空载行驶状态的起重机以最低稳定速度前进或后退行驶 20m，其跑偏量不应大于 500mm，其风速符合吊装工作要求。（　　　）

答案：×

依据：《履带起重机》GB/T 14560—2011，条款号　4.1.2

79. 试题：履带起重机在空载、带基本臂时，在平整、坚实、干燥的地面上直线行驶时，最大额定总起重量为 150t 及以下的起重机，爬坡能力不小于 20%。（　　　）

答案：×

依据：《履带起重机》GB/T 14560—2011，条款号　4.2.1.12

80. **试题：**履带起重机起升钢丝绳一般选用阻旋转的钢丝绳，必要时还应设置防止钢丝绳和吊具旋转的防护装置。（　　　）

答案：√

依据：《履带起重机》GB/T 14560—2011，条款号　4.4.5.1

81. **试题：**履带起重机的吊钩在最大允许下降深度时，为确保在卷筒上缠绕的钢丝绳至少保留2圈（除固定绳尾的圈数外），起重机应配置下降深度限位器。（　　　）

答案：√

依据：《履带起重机》GB/T 14560—2011，条款号　4.9.3

82. **试题：**履带起重机的变幅限位器应装有合适的调节装置，以使主臂及副臂达到规定的变幅角度。（　　　）

答案：√

依据：《履带起重机》GB/T 14560—2011，条款号　4.9.5

83. **试题：**履带起重机的起升机构制动性能测试，最短工作主臂、最小工作幅度时，起吊相应工况100%最大额定总起重量的试验载荷，载荷起升到离地3 m高处停留至少5 min，起升机构未打滑。（　　　）

答案：×

依据：《履带起重机》GB/T 14560—2011，条款号　5.8.2.3

84. **试题：**起重施工时对大型、特殊、复杂的起重设备的吊装或在特殊、复杂环境下的起重设备的吊装，必须制订完善的吊装方案。（　　　）

答案：√

依据：《起重设备安装工程施工及验收规范》GB 50278—2010，条款号　1.0.3（强条）

85. **试题：**起重机械设备应无变形、损伤和锈蚀，其中钢丝绳不得有锈蚀、损伤、弯折、打环、扭结、裂嘴和松散。（　　　）

答案：√

依据：《起重设备安装工程施工及验收规范》GB 50278—2010，条款号　2.0.1

86. **试题：**安装挠性提升构件，用楔块固定钢丝绳时，钢丝绳紧贴楔块的圆弧段应楔紧、无松动。（　　　）

答案：√

依据：《起重设备安装工程施工及验收规范》GB 50278—2010，条款号　2.0.3（强条）

87. **试题：**起重机械吊钩在下限位置时，除固定绳尾的圈数外，卷筒上的钢钢丝绳不应少于2圈。（　　　）

答案：×

依据：《起重设备安装工程施工及验收规范》GB 50278—2010，条款号　2.0.3（强条）

88. **试题**：起重机械起升用钢丝绳应无编接接长的接头；当采用其他方法接长时，接头的连接强度不应小于钢丝绳破断拉力的 90%。（　　）

答案：√

依据：《起重设备安装工程施工及验收规范》GB 50278—2010，条款号　2.0.3（强条）

89. **试题**：起重机械敷设钢轨前，应对钢轨的端面、直线度和扭曲进行检查，并应符合国家现行有关标准的规定。（　　）

答案：√

依据：《起重设备安装工程施工及验收规范》GB 50278—2010，条款号　3.0.1

90. **试题**：有轨起重设备安装时，轨道中心线与安装基准线的水平位置偏差，悬挂起重机不应大于 3mm，其他起重机不应大于 10mm。（　　）

答案：×

依据：《起重设备安装工程施工及验收规范》GB 50278—2010，条款号　3.0.3

91. **试题**：悬挂式起重机械轨道顶面标高与其设计标高的立面位置偏差，不大于 8mm。（　　）

答案：×

依据：《起重设备安装工程施工及验收规范》GB 50278—2010，条款号　3.0.4

92. **试题**：除悬挂式外的起重机械轨道顶面标高与其设计标高的立面位置偏差不大于 10mm。（　　）

答案：√

依据：《起重设备安装工程施工及验收规范》GB 50278—2010，条款号　3.0.4

93. **试题**：起重机械轨道的立面位置偏差应符合下列规定：同一截面内两平行轨道标高的相对差，悬挂起重机不应大于 5mm，其他起重机不应大于 10mm。（　　）

答案：√

依据：《起重设备安装工程施工及验收规范》GB 50278—2010，条款号　3.0.4

94. **试题**：施工现场的混凝土起重机梁与轨道之间的混凝土灌浆层或找平层，应符合工程设计的规定。（　　）

答案：√

依据：《起重设备安装工程施工及验收规范》GB 50278—2010，条款号　3.0.10

95. **试题**：柱式悬臂起重机安装时，立柱的铅垂度不应大于 1/1000。（　　）

答案：×

依据：《起重设备安装工程施工及验收规范》GB 50278—2010，条款号 8.0.3

96. **试题**：起重机试运转前，应按下列要求进行检查：制动器、起重量限制器、液压安全溢流装置、超速限速保护、超电压及欠电压保护、过电流保护装置等，应按随机技术文件的要求进行调整和整定。（　　）

    答案：√

    依据：《起重设备安装工程施工及验收规范》GB 50278—2010，条款号 9.1.1

97. **试题**：起重机试运转前，应按下列要求进行检查：钢丝绳端的固定及其在取物装置、滑轮组和卷筒上的缠绕，应正确、可靠。（　　）

    答案：√

    依据：《起重设备安装工程施工及验收规范》GB 50278—2010，条款号 9.1.1

98. **试题**：起重机的静载试验合格应符合下列规定：将小车停在起重机的主梁跨中或有效悬臂处无冲击起升，荷载为额定起重量的 1.1 倍，距地面 100mm～200mm 处，悬吊停留 10min 后，应无失稳现象。（　　）

    答案：×

    依据：《起重设备安装工程施工及验收规范》GB 50278—2010，条款号 9.3.1

99. **试题**：起重机的静载试验应符合：卸载后，起重机的金属结构应无裂纹、焊缝开裂、油漆起皱、连接松动和影响起重机性能与安全的损伤，主梁无永久变形。（　　）

    答案：√

    依据：《起重设备安装工程施工及验收规范》GB 50278—2010，条款号 9.3.1

100. **试题**：起重机动载试运转时，各机构的动载试运转应在全行程上进行；试验荷载应为额定起重量的 1.25 倍；累计起动及运行时间，电动起重机不应少于 1h，手动起重机不应少于 10min。（　　）

    答案：×

    依据：《起重设备安装工程施工及验收规范》GB 50278—2010，条款号 9.4.2

101. **试题**：柱式悬臂起重机在任何工况下，不应有悬臂自主回转和小车失控运行。（　　）

    答案：√

    依据：《起重设备安装工程施工及验收规范》GB 50278—2010，条款号 9.4.4

102. **试题**：起重机械行驶的轨道接地极可在轨道一端装设，接地电阻不得大于 10Ω。（　　）

    答案：×

    依据：《电力建设安全工作规程　第 1 部分：火力发电》DL 5009.1—2014，条款号 4.5.5（强条）

103. **试题：**起重机械行驶较长轨道应每隔 30m 增设一组接地体（极）。（　　）

　　　答案： ×

　　　依据：《电力建设安全工作规程　第 1 部分：火力发电》DL 5009.1—2014，条款号 4.5.5（强条）

104. **试题：**起重吊装等机械设备或设施的防雷引下线可利用该设备或设施的金属结构体，但应保证可靠电气连接。（　　）

　　　答案： √

　　　依据：《电力建设安全工作规程　第 1 部分：火力发电》DL 5009.1—2014，条款号 4.5.6（强条）

105. **试题：**起重机械的制动、限位、联锁、保护等安全装置应齐全、灵敏、有效。（　　）

　　　答案： √

　　　依据：《电力建设安全工作规程　第 1 部分：火力发电》DL 5009.1—2014，条款号 4.6.5（强条）

106. **试题：**起重机械应符合下列规定：起重机轨道安装前，应对地基进行检查，轨道验收合格后，方可进行起重机安装。严禁在不合格的地基、轨道上安装起重机。（　　）

　　　答案： √

　　　依据：《电力建设安全工作规程　第 1 部分：火力发电》DL 5009.1—2014，条款号 4.6.5（强条）

107. **试题：**在露天使用的门式起重机及塔式起重机的架构上可安装增加受风面积的设施。（　　）

　　　答案： ×

　　　依据：《电力建设安全工作规程　第 1 部分：火力发电》DL 5009.1—2014，条款号 4.6.5（强条）

108. **试题：**起重机在运行时，无关人员不得上下扶梯；操作或检修人员上下扶梯时，严禁手拿工具或器材。（　　）

　　　答案： √

　　　依据：《电力建设安全工作规程　第 1 部分：火力发电》DL 5009.1—2014，条款号 4.6.5（强条）

109. **试题：**使用卷扬机吊起的重物若需在空中短时间停留时，卷筒应可靠制动。（　　）

　　　答案： √

　　　依据：《电力建设安全工作规程　第 1 部分：火力发电》DL 5009.1—2014，条款号 4.6.5（强条）

110. **试题**：用卷扬机吊装物体时，严禁向滑轮上套钢丝绳，严禁在卷筒、滑轮附近用手扶运行中的钢丝绳。作业时，紧急情况下，指挥人员可跨越钢丝绳，可在各导向滑轮的内侧逗留或通过。（　　　）

　　　答案：×

　　　依据：《电力建设安全工作规程　第 1 部分：火力发电》DL 5009.1—2014，条款号
　　　　4.6.5（强条）

111. **试题**：用两台及以上千斤顶同时顶升一个物体时，千斤顶的总起重能力应大于荷重的 1.5 倍。（　　　）

　　　答案：×

　　　依据：《电力建设安全工作规程　第 1 部分：火力发电》DL 5009.1—2014，条款号
　　　　4.7.3（强条）

112. **试题**：起吊物体时，吊钩应经过索具与被吊物连接，严禁直接钩挂被吊物。（　　　）

　　　答案：√

　　　依据：《电力建设安全工作规程　第 1 部分：火力发电》DL 5009.1—2014，条款号
　　　　4.7.3（强条）

113. **试题**：起重机对安全保护装置应做定期检查、维护保养，起重机上配备的安全限位、保护装置，要求灵敏可靠，严禁擅自调整、拆修。（　　　）

　　　答案：√

　　　依据：《履带吊起重机安全操作规程》DL/T 5248—2010，条款号　5.1.9（强条）

114. **试题**：安装与拆卸门座起重机时，不需进行工作交底。（　　　）

　　　答案：×

　　　依据：《门座起重机安全操作规程》DL/T 5249—2010，条款号　4.1.3（强条）

115. **试题**：门座起重机的安装与拆卸单位应对施工现场进行勘察，根据安装与拆卸需要向使用单位提出安装与拆卸施工要求。（　　　）

　　　答案：√

　　　依据：《门座起重机安全操作规程》DL/T 5249—2010，条款号　4.1.3（强条）

116. **试题**：门座起重机实习操作人员应在有一年以上操作经验的操作人员监护下进行操作。（　　　）

　　　答案：×

　　　依据：《门座起重机安全操作规程》DL/T 5249—2010，条款号　5.1.3（强条）

117. **试题**：汽车起重机的安全保护装置应做定期检查、维护保养，起重机上配备的安全限位、保护装置，应齐全、灵敏、可靠，严禁擅自调整、拆修。（　　　）

答案：√

依据：《汽车起重机安全操作规程》DL/T 5250—2010，条款号　4.1.10（强条）

118. 试题：吊钩应当设置防止吊重意外脱钩的闭锁装置，严禁使用铸造吊钩。（　　）

答案：√

依据：《起重机械安全技术监察规程–桥式起重机》TSG Q0002—2008，条款号　第四十条

119. 试题：起重机使用单位发生变更的，原使用单位应当在变更后 30 天内到原登记部门办理使用登记注销，新使用单位应当按照规定到所在地的登记部门办理使用登记。（　　）

答案：√

依据：《起重机械安全技术监察规程–桥式起重机》TSG Q0002—2008，条款号　第九十二条

120. 试题：在用起重机械至少每季进行一次日常维护保养和自行检查，每年进行一次全面检查，保持起重机械的正常状态。（　　）

答案：×

依据：《起重机械使用管理规则》TSG Q5001—2009，条款号　第十四条

121. 试题：在用塔式起重机、升降机、流动式起重机应每年进行 1 次定期检验。（　　）

答案：√

依据：《起重机械定期检验规则》TSG Q7015—2008，条款号　第五条（一）

三、单选题（下列试题中，只有 1 项是标准原文规定的正确答案，请将正确答案填在括号内）

1. 试题：为避免雷击，塔机主体结构、电机机座和所有电气设备的金属外壳、导线的金属保护管均应可靠接地，其接地电阻应不大于（　　）。

A. 6Ω　　　　　　　　　　B. 5Ω　　　　　　　　　　C. 4Ω

答案：C

依据：《塔式起重机》GB/T 5031—2008，条款号　5.5.5.9

2. 试题：塔机主要承载结构件由于腐蚀或磨损而使结构的计算应力提高，当超过原计算应力的（　　）时应予报废。

A. 5%　　　　　　　　　　B. 15%　　　　　　　　　　C. 10%

答案：B

依据：《塔式起重机安全规程》GB 5144—2006，条款号　4.7.1（强条）

3. 试题：塔机主要承载结构件由于腐蚀或磨损而使结构的计算应力提高，对无计算条件

的当腐蚀深度达原厚度的（　　）时应予报废。

A．8% B．9% C．10%

答案：C

依据：《塔式起重机安全规程》GB 5144—2006，条款号 4.7.1（强条）

4. 试题：塔机主要承载结构件如塔身、起重臂等，失去（　　）稳定性时应报废。如局部有损坏并可修复的，则修复后不应低于原结构的承载能力。

A．局部 B．摩擦面 C．整体

答案：C

依据：《塔式起重机安全规程》GB 5144—2006，条款号 4.7.1（强条）

5. 试题：塔机主要承载结构件如塔身、起重臂等，失去整体稳定性时应（　　）。

A．报废 B．修复 C．重新计算

答案：A

依据：《塔式起重机安全规程》GB 5144—2006，条款号 4.7.2（强条）

6. 试题：塔机的结构件及焊缝出现（　　）时，应根据受力和裂纹情况采取加强或重新施焊等措施，并在使用中定期观察其发展。对无法消除裂纹影响的应予以报废。

A．锈蚀 B．裂纹 C．异常

答案：B

依据：《塔式起重机安全规程》GB 5144—2006，条款号 4.7.3（强条）

7. 试题：塔式起重机钢丝绳直径的计算与选择应符合 GB/T 13752—1992 中 6.4.2 的规定。在塔机工作时，承载钢丝绳的实际直径不应小于（　　）。

A．6mm B．5mm C．4mm

答案：A

依据：《塔式起重机安全规程》GB 5144—2006，条款号 5.2.1（强条）

8. 试题：塔机应安装起重量限制器。如设有起重量显示装置，则其数值误差不应超过（　　）的±5%。

A．量程值 B．刻度值 C．实际值

答案：C

依据：《塔式起重机安全规程》GB 5144—2006，条款号 6.1.1（强条）

9. 试题：塔式起重机主电路和控制电路的对地绝缘电阻不应小于（　　）MΩ。

A．0.5 B．0.3 C．0.1

答案：C

依据：《塔式起重机安全规程》GB 5144—2006，条款号 8.1.7（强条）

10. **试题：**塔式起重机固定敷设的电缆弯曲半径不应小于 5 倍电缆外径。除电缆卷筒外，可移动电缆的弯曲半径不应小于（　　）倍电缆外径。

A．8　　　　　　　　　B．6　　　　　　　　　C．4

答案：A

依据：《塔式起重机安全规程》GB 5144—2006，条款号　8.5.5（强条）

11. **试题：**塔式起重机轨道应通过垫块与轨枕可靠地连接，每间隔（　　）应设一个轨距拉杆；钢轨接头处应有轨枕支承，不应悬空。在使用过程中轨道不应移动。

A．10m　　　　　　　　B．6m　　　　　　　　C．8m

答案：B

依据：《塔式起重机安全规程》GB 5144—2006，条款号　10.8（强条）

12. **试题：**起重机械的高强度螺栓应按起重机械安装说明书的要求，用扭矩扳手或专用工具拧紧。连接副的施拧顺序和初拧、复拧（　　）应符合设计要求和 JGJ 82 的规定。

A．圈数　　　　　　　　B．扭矩　　　　　　　　C．加强

答案：B

依据：《起重机械安全规程　第 1 部分：总则》GB 6067.1—2010，条款号　3.4.3（强条）

13. **试题：**起重机卷筒上钢丝绳尾端的固定装置，应安全可靠并有防松或自紧的性能。如果钢丝绳尾端用压板固定，固定强度不应低于钢丝绳最小破断拉力的（　　），且至少应有两个相互分开的压板夹紧，并用螺栓将压板可靠固定。

A．80%　　　　　　　　B．70%　　　　　　　　C．60%

答案：A

依据：《起重机械安全规程　第 1 部分：总则》GB 6067.1—2010，条款号　4.2.4（强条）

14. **试题：**吊钩起重机制动器性能应满足起吊物在下降制动时的制动距离（控制器在下降速度最低档稳定运行，拉回零位后，从制动器断电至物品停止时的下滑距离）不大于 1min 内稳定起升距离的（　　）。

A．1/55　　　　　　　　B．1/65　　　　　　　　C．1/45

答案：B

依据：《起重机械安全规程　第 1 部分：总则》GB 6067.1—2010，条款号　4.2.6（强条）

15. **试题：**起重机械液压系统的（　　）应按照设备使用说明书的要求，根据环境条件选用；油箱的最高和最低油位应有明显的油位标志。

A．液压油　　　　　　　B．润滑油　　　　　　　C．润滑脂

答案： A

依据：《起重机械安全规程 第 1 部分：总则》GB 6067.1—2010，条款号 5.7（强条）

16. **试题：** 起重机械应采取有效措施防止液压系统在装配、安装、（ ）和维修过程中落入污物，污染度应符合使用说明书的规定。

A．保养　　　　　　　　B．调试　　　　　　　　C．组合

答案： A

依据：《起重机械安全规程 第 1 部分：总则》GB 6067.1—2010，条款号 5.10（强条）

17. **试题：** 起重机械液压软管连同它们的终端部件，爆破压力与工作压力的安全系数不应小于（ ）。

A．2.5　　　　　　　　B．3.2　　　　　　　　C．4

答案： C

依据：《起重机械安全规程 第 1 部分：总则》GB 6067.1—2010，条款号 5.12（强条）

18. **试题：** 起重机械当电气设备在安装和使用过程中存在振动、冲击和碰撞影响时，应采取必要的（ ）措施保证设备正常使用。

A．加固　　　　　　　　B．减振　　　　　　　　C．降低荷载

答案： B

依据：《起重机械安全规程 第 1 部分：总则》GB 6067.1—2010，条款号 6.1（强条）

19. **试题：** 当室外起重机总高度大于（ ）时，且周围无高于起重机械顶尖的建筑物和其他设施，或两台起重机械之间有可能相碰，或起重机械及其结构妨碍空运或水运，应在其端部装设红色障碍灯。灯的电源不应受起重机停机影响而断电。

A．10m　　　　　　　　B．20m　　　　　　　　C．30m

答案： C

依据：《起重机械安全规程 第 1 部分：总则》GB 6067.1—2010，条款号 8.10.2（强条）

20. **试题：** 跨度大于（ ）的门式起重机和装卸桥宜装设偏斜指示器或限制器。

A．30m　　　　　　　　B．35m　　　　　　　　C．40m

答案： C

依据：《起重机械安全规程 第 1 部分：总则》GB 6067.1—2010，条款号 9.2.11（强条）

21. **试题：** 室外工作的轨道式起重机应装设可靠的（ ）防滑装置，并应满足规定的工作状态和非工作状态抗风防滑要求。

A．抗风　　　　　　　　B．防雨　　　　　　　　C．防雪

答案：A

依据：《起重机械安全规程　第 1 部分：总则》GB 6067.1—2010，条款号　9.4.1
（强条）

22．试题：起重作业指派人员应保证人员安全装备适合工作现场状况，如（　　）、安全
眼镜、安全带、安全靴和听力保护装置。

A．安全帽　　　　　　　B．钢丝绳　　　　　　　C．卡环

答案：A

依据：《起重机械安全规程　第 1 部分：总则》GB 6067.1—2010，条款号　13.3
（强条）

23．试题：起重作业的安全通道和（　　）装置在起重机运行以及检查、检验、试验、
维护、修理、安装和拆卸过程中均应处于良好状态。

A．制动　　　　　　　　B．紧急逃生　　　　　　C．行走

答案：B

依据：《起重机械安全规程　第 1 部分：总则》GB 6067.1—2010，条款号　13.5.1
（强条）

24．试题：起重机械调试及检验证书和检验报告所有要求的检查、检验和（　　）报告
或证书均应妥善地保存。

A．试验　　　　　　　　B．技术　　　　　　　　C．调试

答案：C

依据：《起重机械安全规程　第 1 部分：总则》GB 6067.1—2010，条款号　13.7.3
（强条）

25．试题：起重机械在安装和拆卸的过程中，有时需断开或短接（　　）、起重量限制器
或运行限位器等起重量限制器的开关，使安全防护装置丧失功能，在起重机被交付
使用之前，起重机施工的指派人员应保证所有安全防护装置功能正常。

A．起重力矩限制器　　　B．起重限位开关　　　　C．起重低位限制器

答案：A

依据：《起重机械安全规程　第 1 部分：总则》GB 6067.1—2010，条款号　16.2
（强条）

26．试题：起吊移动载荷前，下列说法正确的是：（　　）。

A．钢丝绳或起重链条不得产生扭结

B．多根钢丝绳可以缠绕在一起

C．多根钢丝绳或起重链条可以产生扭结

答案：A

依据：《起重机械安全规程 第 1 部分：总则》GB 6067.1—2010，条款号 17.2.5 （强条）

27. **试题**：起重机做动载试验时，应能承受（   ）倍额定起重量的试验载荷。试验过程中各部件应能完成其功能试验，制动器等安全装置动作灵敏可靠。

A．1.1   B．1.5   C．2

答案：A

依据：《通用桥式起重机》GB/T 14405—2011，条款号 5.3.10

《通用门式起重机》GB/T 14406—2011，条款号 5.3.10

28. **试题**：起重机电控设备中各电路的绝缘电阻，在一般环境中不应小于（   ）。

A．1MΩ   B．0.8MΩ   C．0.5MΩ

答案：A

依据：《通用桥式起重机》GB/T 14405—2011，条款号 5.4.7

《通用门式起重机》GB/T 14406—2011，条款号 5.4.7

29. **试题**：对于双小车或多小车联合作业的起重机，当抬吊重量大于单个小车最大起重量时，其（   ）起重量是指联合作业时所能抬吊的最大起重量。

A．额定   B．最大   C．80%

答案：A

依据：《通用门式起重机》GB/T 14406—2011，条款号 5.4.2.2

30. **试题**：通用桥式起重机或小车运行时，馈电装置中裸露带电部分与金属构件之间的最小距离应大于（   ），起重机运行时可能产生相对晃动时，其间距应大于最大晃动量加 30mm。

A．30mm   B．25mm   C．20mm

答案：A

依据：《通用桥式起重机》GB/T 14406—2011，条款号 5.9.3.2

31. **试题**：履带起重机的起升机构应设置常闭式制动器，并能承受最小不小于（   ）倍的工作扭矩。在紧急状态下，减速不应导致结构、钢丝绳、卷筒及机构的损害。

A．1.5   B．1.2   C．1.0

答案：A

依据：《履带起重机》GB/T 14560—2011，条款号 4.4.1.5

32. **试题**：履带起重机的滑轮轮槽应是（   ）的，且表面不应有造成钢丝绳损坏的缺陷，滑轮应设置防止钢丝绳脱槽的防护装置。

A．粗糙   B．渐变   C．光滑

答案：C

依据：《履带起重机》GB/T 14560—2011，条款号　4.4.4.1

33. 试题：履带起重机的回转机构应设置制动器，制动器应能承受不小于（　　）倍的限制扭矩。

A. 1.1　　　　　　　　　B. 1.25　　　　　　　　　C. 1.0

答案：B

依据：《履带起重机》GB/T 14560—2011，条款号　4.4.7.4

34. 试题：履带起重机回转机构制动器的限制扭矩包括风载荷及制造厂允许的（　　）载荷，并在所有允许的回转位置对锁定功能都起作用。

A. 倾斜　　　　　　　　　B. 冲击　　　　　　　　　C. 其他

答案：A

依据：《履带起重机》GB/T 14560—2011，条款号　4.4.7.4

35. 试题：履带起重机的爬陡坡试验的坡道总长度应超过起重机长度的（　　）倍，其中测量区段的坡道应为起重机长度的 1.5 倍。

A. 3　　　　　　　　　　B. 2.5　　　　　　　　　C. 2

答案：A

依据：《履带起重机》GB/T 14560—2011，条款号　5.5.4

36. 试题：履带起重机在验证超载保护装置和三色指示灯的报警功能时，当试验载荷在相应工况（　　）额定总起重量时，额定总起重量指示装置应报警。

A. 80%～85%　　　　　　B. 85%～90%　　　　　　C. 90%～95%

答案：C

依据：《履带起重机》GB/T 14560—2011，条款号　5.7.2.3

37. 试题：履带起重机在试验过程中，试验载荷达到相应工况（　　）额定总起重量时，额定总起重量指示装置应连续报警。

A. 80%　　　　　　　　　B. 90%　　　　　　　　　C. 100%

答案：C

依据：《履带起重机》GB/T 14560—2011，条款号　5.7.2.3

38. 试题：桥式、门式起重机应以端梁上翼缘板的四个基准点为准调平，跨度方向上的高低差不应大于（　　），基距方向上的高低差不应大于 2mm。

A. 3mm　　　　　　　　　B. 5mm　　　　　　　　　C. 8mm

答案：A

依据：《起重设备安装工程施工及验收规范》GB 50278—2010，条款号　附录 A.3

39. 试题：钢丝绳和链条是起重机的（　　）承载构件，也是起重机上的易损件，其安装的质量直接影响起重机的使用安全，影响钢丝绳和链条的使用寿命，故必须严格要求，目的是防止断绳、断链及脱落事故的发生。

A. 次要　　　　　　　　B. 辅助　　　　　　　　C. 重要

答案：C

依据：《起重设备安装工程施工及验收规范》GB 50278—2010，条款号　2.0.3（强条）

40. 试题：起重机轨道中心线与梁中心线的位置偏差，不应大于起重机梁腹板厚度的一半且不应大于（　　）。

A. 10mm　　　　　　　　B. 12mm　　　　　　　　C. 15mm

答案：A

依据：《起重设备安装工程施工及验收规范》GB 50278—2010，条款号　3.0.3

41. 试题：起重机轨道沿长度方向上，在平面内的弯曲，每 2m 检测长度上的偏差不应大于 1mm；在立面内的弯曲，每 2m 检测长度上的偏差不应大于（　　）。

A. 4mm　　　　　　　　B. 2mm　　　　　　　　C. 3mm

答案：B

依据：《起重设备安装工程施工及验收规范》GB 50278—2010，条款号　3.0.5

42. 试题：门式起重机同一支腿下两根轨道之间的距离偏差不应大于（　　），其相对标高差不应大于 1mm。

A. 3mm　　　　　　　　B. 2.5mm　　　　　　　　C. 2mm

答案：C

依据：《起重设备安装工程施工及验收规范》GB 50278—2010，条款号　3.0.9

43. 试题：起重机首次静载试验卸载后，金属结构应无裂纹、焊接开裂、油漆起皱、连接松动和影响性能与安全的损伤，主梁无永久变形。若主梁经检验有永久变形，可重复试验检查，但试验不得超过（　　）次。

A. 5　　　　　　　　B. 4　　　　　　　　C. 3

答案：C

依据：《起重设备安装工程施工及验收规范》GB 50278—2010，条款号　9.3.1

44. 试题：两台起重机在同一条轨道上以及在两条平行或交叉的轨道上进行作业时，两机之间应保持安全距离；吊物之间的距离不得小于（　　）。

A. 3m　　　　　　　　B. 2m　　　　　　　　C. 1m

答案：A

依据：《电力建设安全工作规程　第 1 部分：火力发电》DL 5009.1—2014，条款号　4.6.5（强条）

45. 试题：起重机停放或行驶时，其车轮、支腿或履带的前端、外侧与沟、坑边缘的距离不得小于沟、坑深度的（　　）倍。

A．1.2　　　　　　　　　B．1.1　　　　　　　　　C．1.0

答案： A

依据：《电力建设安全工作规程　第 1 部分：火力发电》DL 5009.1—2014，条款号
　　　4.6.5（强条）

46．**试题：** 履带起重机主臂工况吊物行走时，吊物应位于起重机的正前方，并用绳索拉
　　　住，缓慢行走；吊物离地面不得超过（　　），吊物重量不得超过起重机当时允许起
　　　重量的 2/3。

A．700mm　　　　　　　　B．600mm　　　　　　　　C．500mm

答案： C

依据：《电力建设安全工作规程　第 1 部分：火力发电》DL 5009.1—2014，条款号
　　　4.6.5（强条）

47．**试题：** 千斤顶使用前应检查各部分是否完好，油压式千斤顶的安全栓有损坏，螺旋
　　　式千斤顶或齿条式千斤顶的螺纹或齿条的磨损量达（　　）时，严禁使用。

A．10%　　　　　　　　　B．15%　　　　　　　　　C．20%

答案： C

依据：《电力建设安全工作规程　第 1 部分：火力发电》DL 5009.1—2014，条款号
　　　4.7.3（强条）

48．**试题：** 油压式千斤顶的顶升高度不得超过限位标志线；螺旋及齿条式千斤顶的顶升
　　　高度不得超过螺杆或齿条高度的（　　）。

A．3/4　　　　　　　　　B．2/4　　　　　　　　　C．1/4

答案： A

依据：《电力建设安全工作规程　第 1 部分：火力发电》DL 5009.1—2014，条款号
　　　4.7.3（强条）

49．**试题：** 门座起重机（　　）应悬挂或张贴安全操作规程及起重机特性曲线图表。

A．操作室内　　　　　　　B．操作室外　　　　　　　C．楼梯口

答案： A

依据：《门座起重机安全操作规程》DL/T 5248—2010，条款号　5.1.4（强条）

50．**试题：** 门座起重机启动后检查，传动、制动机构、电气设备、安全限位保护装置运
　　　行可靠；仪表显示正常：各机构联合运转（　　）无异常后投入运行。

A．1min～3min　　　　　　B．3min～5min　　　　　　C．5min～7min

答案： C

依据：《门座起重机安全操作规程》DL/T 5248—2010，条款号　5.2.3（强条）

51. **试题**：起重机械工作交接班时应填写机械（　　）记录、维护保养记录，并签字确认，完成当班保养。未经交班，不得离开工作岗位。

A．运行 　　　　　　B．检修 　　　　　　C．试验

答案：A

依据：《门座起重机安全操作规程》DL/T 5248—2010，条款号　7.0.2（强条）

52. **试题**：汽车起重机按照安全技术规范的定期检验要求，未经定期检验或者检验不合格的特种设备，（　　）继续使用。

A．严禁 　　　　　　B．整修后 　　　　　　C．检查后

答案：A

依据：《汽车起重机安全操作规程》DL/T 5250—2010，条款号　5.0.4（强条）

53. **试题**：卷筒出现裂纹或者筒壁磨损达到原壁厚的（　　）时，应当予以报废。

A．10% 　　　　　　B．20% 　　　　　　C．30%

答案：B

依据：《起重机械安全技术监察规程-桥式起重机》TSG Q0002—2008，条款号　第四十五条

54. **试题**：起重机在投入使用前或者投入使用后（　　）日内，使用单位应当按照使用登记的规定，向所在地的质量技术监督部门进行登记。

A．40 　　　　　　B．35 　　　　　　C．30

答案：C

依据：《起重机械安全技术监察规程-桥式起重机》TSG Q0002—2008，条款号　第九十二条

55. **试题**：起重机械投入使用前或者投入使用后（　　）日内，使用单位应当到起重机械使用所在地的直辖市或设区的市的质监部门办理使用登记。

A．40 　　　　　　B．35 　　　　　　C．30

答案：C

依据：《起重机械使用管理规则》TSG Q5001—2009，条款号　第二十三条

56. **试题**：起重机械停用1年以上时，使用单位应当在停用后（　　）日内向登记机关办理报停手续，并且将《使用登记证》交回登记机关；重新启用时，应当经过定期检验，并且持检验合棉各的定期检验报告到登记机关办理启用手续，重新领取《使用登记证》。

A．30 　　　　　　B．40 　　　　　　C．45

答案：A

依据：《起重机械使用管理规则》TSG Q5001—2009，条款号　第三十条

57. **试题：** 使用单位应当配备专职或者兼职的安全管理人员，负责起重机械的安全管理工作，在起重机械定期检验周期届满前（　　）个月向检验机构提出定期检验申请。

　　A．1　　　　　　　　　　B．1/2　　　　　　　　　　C．1/3

　　答案： A

　　依据：《起重机械定期检验规则》TSG Q7015—2008，条款号　第九条

58. **试题：** 在大型机械监检时，施工单位对施工监检结果有异议时，应当在（　　）日内书面向检验机构提出复检要求。

　　A．30　　　　　　　　　　B．15　　　　　　　　　　C．20

　　答案： B

　　依据：《起重机械安装改造重大维修监督检验规则》TSG Q7016—2008，条款号　第二十条

四、多选题（下列试题中，至少有 2 项是标准原文规定的正确答案，请将正确答案填在括号内）

1. **试题：** 吊钩禁止补焊，且有下列情况之一的应予以报废：（　　）。

　　A．用 20 倍放大镜观察表面有裂纹

　　B．钩尾和螺纹部分等危险截面及钩筋有永久性变形

　　C．挂绳处截面磨损量超过原高度的 10%

　　D．开口度比原尺寸增加 15%

　　答案： ABCD

　　依据：《塔式起重机安全规程》GB 5144—2006，条款号　5.3.2（强条）

2. **试题：** 起重机试验载荷，下列符合要求的是：（　　）。

　　A．试验载荷应被逐渐地加上去

　　B．起升至离地面 100mm～200mm 处

　　C．悬空时间不应少于 5min

　　D．更高值由国家法规要求或订货合同中规定

　　答案： ABCD

　　依据：《起重机试验规范和程序》GB/T 5905—2011，条款号　4.3.4.3

3. **试题：** 下列钢丝绳端部的固定和连接正确的是：（　　）。

　　A．用绳夹连接时，应保证连接强度不小于钢丝绳最小破断拉力的 85%

　　B．用编结连接时，编结长度不应小于钢丝绳直径的 15 倍，并且不小于 300mm。连接强度不应小于钢丝绳最小破断拉力的 75%

　　C．用楔块、楔套连接时，楔套应用钢材制造。连接强度不应小于钢丝绳最小破断拉力的 75%

　　D．用铝合金套压缩法连接时，应以可靠的工艺方法使铝合金套与钢丝绳紧密牢固地贴合，连接强度应达到钢丝绳最小破断拉力

答案：ABCD

依据：《起重机械安全规程 第 1 部分：总则》GB 6067.1—2010，条款号 4.2.1（强条）

4. 试题：起重机械的载荷起升能力试验包括（　　）。

A．静载试验　　　　　　　　　　　B．动载试验

C．稳定性试验　　　　　　　　　　D．动平衡试验

答案：ABC

依据：《起重机械安全规程 第 1 部分：总则》GB 6067.1—2010，条款号 18.2.1（强条）

5. 试题：起重机械荷载试验时，应制定具有签字栏和日期栏的试验记录表，记录的内容至少要有（　　）和负责人员的签名。

A．试验工况　　　　　　　　　　　B．试验程序

C．试验要求　　　　　　　　　　　D．有资格的检验人员

答案：ABCD

依据：《起重机械安全规程 第 1 部分：总则》GB 6067.1—2010，条款号 18.2.2（强条）

6. 试题：履带起重机工作时，下列符合要求的工作风速是：（　　）。

A．臂架长度不大于 50m 的起重机，风速不应超过 13.8m/s

B．臂架长度不大于 50m 的起重机，风速可以超过 13.8m/s

C．臂架长度大于 50m 的起重机，风速不应超过 9.8m/s

D．臂架长度大于 50m 的起重机，风速可以超过 9.8m/s

答案：AC

依据：《履带起重机》GB/T 14560—2011，条款号 4.1.2

7. 试题：起重机轨道跨度的允许偏差符合规定的是：（　　）。

A．当轨道的跨度大于 10m 时，其允许偏差应为 ±3mm

B．当轨道的跨度小于等于 10m 时，其允许偏差应为 ±3mm

C．当轨道的跨度大 10m 时，其允许偏差最大值为 ±15mm

D．当轨道的跨度小于等于 10m 时，其允许偏差应为 ±15mm

答案：BC

依据：《起重设备安装工程施工及验收规范》GB 50278—2010，条款号 3.0.6

8. 试题：起重机械轨道接头采用焊接连接时，焊缝质量应符合国家现行有关标准的规定；接头（　　）处应打磨光滑、平整。

A．顶面焊缝　　　　　　　　　　　B．底面焊缝

C．侧面焊缝　　　　　　　　　　　D．背面焊缝

答案：AC

依据：《起重设备安装工程施工及验收规范》GB 50278—2010，条款号　3.0.8

9. **试题：**起重机械轨道接头应符合下列规定：（　　）。

A. 接头采用鱼尾板连接时，轨道接头高低差及侧向错位最大为 1mm

B. 接头采用鱼尾板连接时，轨道接头高低差及侧向错位最大为 5mm

C. 接头采用鱼尾板连接时，轨道接头间隙最大为 5mm

D. 接头采用鱼尾板连接时，轨道接头间隙最大为 2mm

答案：AD

依据：《起重设备安装工程施工及验收规范》GB 50278—2010，条款号　3.0.8

10. **试题：**在钢起重机梁上敷设钢轨时，钢轨底面应与钢起重机梁顶面贴紧。当有间隙，且大于 200mm 时，下列符合要求的是：（　　）。

A. 应加垫板垫实，垫板长度不应小于 100mm

B. 垫板宽度应大于轨道底面 10mm～20mm

C. 每组垫板不应超过 3 层

D. 垫好后不需与钢起重机梁焊接固定

答案：ABC

依据：《起重设备安装工程施工及验收规范》GB 50278—2010，条款号　3.0.10

11. **试题：**壁式悬臂起重机敷设大车轨道时，应符合下列的规定是：（　　）。

A. 大车车轮轨道中心线与起重机梁中心线的位置偏差不应大于 6mm

B. 大车车轮轨道的纵向倾斜度不应小于 1/2000

C. 在全行程上不应大于 4mm

D. 在全行程上不应小于 4mm

答案：AC

依据：《起重设备安装工程施工及验收规范》GB 50278—2010，条款号　8.0.1

12. **试题：**起重机空载试运转应分别进行（　　）的动作试验，次数不应少于 3 次。

A. 各挡位下的起升　　　　　　　　　　B. 小车运行

C. 大车运行　　　　　　　　　　　　　D. 取物装置

答案：ABCD

依据：《起重设备安装工程施工及验收规范》GB 50278—2010，条款号　9.2.5

13. **试题：**桥式、门式起重机的检测条件，应符合下列规定：（　　）。

A. 起重机应以端梁上翼缘板的四个基准点为准调平

B. 跨度方向上的高低差不应大于 3mm

C. 基距方向上的高低差不应大于 2mm

D. 基距方向上的高低差不应大于 3mm

答案：ABC

依据：《起重设备安装工程施工及验收规范》GB 50278—2010，条款号　附件 A.0.1

14. 试题：当桥式起重机车轮出现下列情况之一时，应当予以报废：（　　）。

A．影响性能的表面缺陷

B．轮缘厚度磨损达到原厚度的 50%

C．轮缘厚度弯曲变形达到原厚度的 20%

D．踏面厚度磨损达到原厚度的 15%

答案：ABCD

依据：《起重机械安全技术监察规程–桥式起重机》TSG Q0002—2008，条款号　第四十八条（强条）

15. 试题：起重机制动器有下列情形之一时应停止使用：（　　）。

A．制动片磨损达到原厚度的 50%或者露出铆钉时必须报废

B．制动器调整适宜，制动平稳可靠

C．制动器的零部件有轻微裂纹、磨损、塑性变形等缺陷

D．液压制动器保持无漏油现象，制动器的推动器保持无漏油状态

答案：AC

依据：《起重机械安全技术监察规程–桥式起重机》TSG Q0002—2008，条款号　第六十八条（强条）

16. 试题：起重机械定期检验报告的检验结论，分为（　　）。

A．合格　　　　　　　　　　　　B．复检合格

C．不合格　　　　　　　　　　　D．复检不合格

答案：ABCD

依据：《起重机械定期检验规则》TSG Q7015—2008，条款号　第二十一条

17. 试题：起重机械的性能试验包括（　　）和有特殊要求时的试验，其中在用起重机械定期检验只进行空载试验和有特殊要求时的试验，起重机械首检进行全部性能试验。

A．空载试验　　　　　　　　　　B．额定载荷试验

C．静载荷试验　　　　　　　　　D．动载荷试验

答案：ABCD

依据：《起重机械定期检验规则》TSG Q7015—2008，条款号　附录 B10

第二节　施工电梯安装及使用维护

一、填空题（下列试题中，请将标准原条文规定的正确答案填在横线处）

1. 试题：垂直导向的人货两用施工升降机使用____缓冲器时，应有油位检查的方法。

答案：液压

依据：《吊笼有垂直导向的人货两用施工升降机》GB 26557—2011，条款号　5.4.3

2. 试题：人货两用施工升降机各层站入口层门开口的净高度不应小于____，在特殊情况下，当建筑物入口的净高度小于 2m 时，则允许降低层门开口的高度，在任何情况下，层门开口的净高度均应不小于 1.8m。

答案：2m

依据：《吊笼有垂直导向的人货两用施工升降机》GB 26557—2011，条款号　5.5.3

3. 试题：吊笼防坠____在任何时候都应该起作用，包括安装、拆卸和动作后重新设置前。除齿条外，其他常规的传动件不应用于超速安全装置。

答案：安全装置

依据：《吊笼有垂直导向的人货两用施工升降机》GB 26557—2011，条款号　5.6.2

4. 试题：吊笼悬挂系统驱动齿轮和超速安全装置齿轮应____固定在轴上，不应采用摩擦和夹紧的方法连接。

答案：直接

依据：《吊笼有垂直导向的人货两用施工升降机》GB 26557—2011，条款号　5.7.3

5. 试题：吊笼制动系统被制动作用的部件应与卷筒或驱动齿轮____连接，不应使用传动带或链条。

答案：刚性

依据：《吊笼有垂直导向的人货两用施工升降机》GB 26557—2011，条款号　5.7.4

6. 试题：吊笼导轨架上部必须装设限位开关，且不得少于____道，导轨架顶部应设置一道机械极限限位；吊笼底部应装设缓冲装置或自动停止装置。

答案：两

依据：《电力建设安全工作规程　第 1 部分：火力发电》DL 5009.1—2014，条款号　4.6.4（强条）

7. 试题：施工升降机投入运行前____试验应合格，并经具备资质的检验机构检验合格。

答案：负荷

依据：《电力建设安全工作规程　第 1 部分：火力发电》DL 5009.1—2014，条款号　4.6.4（强条）

8. 试题：施工升降机在每班首次载重运行时，应从最低层上升，当吊笼升离地面____时应停车试验制动器的可靠性。

答案：1m～2m

依据：《电力建设安全工作规程　第 1 部分：火力发电》DL 5009.1—2014，条款号

4.6.4（强条）

二、判断题（判断下列试题是否正确。正确的在括号内打"√"，错误的在括号内打"×"）

1. **试题**：吊笼底架向支撑面传递载荷时，底架的弹性支撑或充气轮胎应承接荷载。（   ）
   答案：×
   依据：《吊笼有垂直导向的人货两用施工升降机》GB 26557—2011，条款号 5.3.2

2. **试题**：吊笼各层站入口层门可朝升降通道打开。（   ）
   答案：×
   依据：《吊笼有垂直导向的人货两用施工升降机》GB 26557—2011，条款号 5.5.3

3. **试题**：升降机不应利用由吊笼运动所操控的机械性装置来打开或关闭层门。（   ）
   答案：√
   依据：《吊笼有垂直导向的人货两用施工升降机》GB 26557—2011，条款号 5.5.3.7

4. **试题**：吊笼正常作业时，关闭的吊笼门和关闭的层间门的水平距离应不大于 150mm，否则应有措施使其符合要求。侧面防护装置与吊笼或层门之间任何开口的间距应不大于 150mm。（   ）
   答案：√
   依据：《吊笼有垂直导向的人货两用施工升降机》GB 26557—2011，条款号 5.5.3

5. **试题**：吊笼限速器用滑轮可安装在悬挂吊笼的钢丝绳滑轮支撑轴上。（   ）
   答案：×
   依据：《吊笼有垂直导向的人货两用施工升降机》GB 26557—2011，条款号 5.6.2

6. **试题**：吊笼防坠超速安全装置可借助于电气、气动装置来动作。（   ）
   答案：×
   依据：《吊笼有垂直导向的人货两用施工升降机》GB 26557—2011，条款号 5.6.2

7. **试题**：由弹簧来施加制动力的吊笼防坠安全装置，其任一弹簧的失效都不应导致安全装置产生危险故障。（   ）
   答案：√
   依据：《吊笼有垂直导向的人货两用施工升降机》GB 26557—2011，条款号 5.6.2

8. **试题**：吊笼超载检测装置可设有使用者可取消警告信号的装置。（   ）
   答案：×
   依据：《吊笼有垂直导向的人货两用施工升降机》GB 26557—2011，条款号 5.6.3

9. **试题**：使用液压油缸作为吊笼悬挂系统缓冲器时，在吊笼处于最低位置处，即吊笼静止在被压缩的缓冲器上，活塞可以接触到油缸筒底部。（　　　）

   答案：×

   依据：《吊笼有垂直导向的人货两用施工升降机》GB 26557—2011，条款号　5.7.3

10. **试题**：吊笼制动系统可使用带式制动器。（　　　）

    答案：×

    依据：《吊笼有垂直导向的人货两用施工升降机》GB 26557—2011，条款号　5.7.4

11. **试题**：吊笼不应用作另一吊笼的对重。（　　　）

    答案：√

    依据：《吊笼有垂直导向的人货两用施工升降机》GB 26557—2011，条款号　5.7.5

12. **试题**：施工升降机作业时，遇大雨、六级及以上大风等恶劣天气时，严禁使用，待大雨、六级及以上大风等恶劣天气停止后，即可使用。（　　　）

    答案：×

    依据：《电力建设安全工作规程　第1部分：火力发电》DL 5009.1—2014，条款号　4.6.4（强条）

13. **试题**：施工升降机导轨架每段之间应连接牢固，固定支撑点应设置在建（构）筑物上，严禁设置在脚手架或设备上。（　　　）

    答案：√

    依据：《电力建设安全工作规程　第1部分：火力发电》DL 5009.1—2014，条款号　4.6.4（强条）

14. **试题**：施工升降机运行时，严禁以限位器的动作代替正常操作。（　　　）

    答案：√

    依据：《电力建设安全工作规程　第1部分：火力发电》DL 5009.1—2014，条款号　4.6.4（强条）

15. **试题**：施工升降机防坠安全器每年应重新检验、标定，使用期为八年。（　　　）

    答案：×

    依据：《电力建设安全工作规程　第1部分：火力发电》DL 5009.1—2014，条款号　4.6.4（强条）

16. **试题**：汽车起重机起升重物跨越障碍时，重物底部至少应高出所跨越障碍物最高点0.3m以上。

    答案：×

    依据：《汽车起重机安全操作规程》DL/T 5250—2010，条款号　4.4.8（强条）

17. **试题：** 汽车起重机当确需两台或多台起重机起吊同一重物时，应进行论证，并制定专项吊装方案。

答案： √

依据：《汽车起重机安全操作规程》DL/T 5250—2010，条款号 4.4.18（强条）

三、单选题（下列试题中，只有 1 项是标准原文规定的正确答案，请将正确答案填在括号内）

1. **试题：** 施工升降机的层门、基础防护围栏、围栏登机门的（ ）应大于 1.8m，层门和吊笼之间的距离应小于 50mm。

A．厚度　　　　　　　　B．宽度　　　　　　　　C．高度

答案： C

依据：《吊笼有垂直导向的人货两用施工升降机》GB 26557—2011，条款号 4.6.4

2. **试题：** 施工升降机应根据制造厂技术文件要求，应每 3 个月进行一次（ ）试验。

A．坠落　　　　　　　　B．静荷载　　　　　　　　C．动荷载

答案： A

依据：《吊笼有垂直导向的人货两用施工升降机》GB 26557—2011，条款号 4.6.4

3. **试题：** 升降机地面防护围栏应围成一周，高度应不小于（ ）。

A．1.0m　　　　　　　　B．1.5m　　　　　　　　C．2.0m

答案： C

依据：《吊笼有垂直导向的人货两用施工升降机》GB 26557—2011，条款号 5.5.2

4. **试题：** 装载和卸载时，吊笼门边缘与层站边缘的水平距离应不大于（ ）。

A．50mm　　　　　　　　B．60mm　　　　　　　　C．70mm

答案： A

依据：《吊笼有垂直导向的人货两用施工升降机》GB 26557—2011，条款号 5.5.3

5. **试题：** 钢丝绳末端连接（固定）的强度应不小于钢丝绳最小破断载荷的（ ），如果钢丝绳的末端固定在升降机的驱动卷筒上，则卷筒上至少保留两圈钢丝绳。

A．60　　　　　　　　B．70　　　　　　　　C．80

答案： C

依据：《吊笼有垂直导向的人货两用施工升降机》GB 26557—2011，条款号 5.7.3.2.1.6

四、多选题（下列试题中，至少有 2 项是标准原文规定的正确答案，请将正确答案填在括号内）

1. **试题：** 电梯安装、使用符合规定要求的有：（ ）。

A．导轨、底部缓冲装置应经验收合格后方可进行轿厢安装

B．电梯投入运行前负荷试验应合格

C. 速度大于 2.5m/s 的电梯应由具备资格的人员操作

D. 电梯运行中严禁开启轿厢门、层门；严禁采用非安全手段开启层门

答案：ABCD

依据：《电力建设安全工作规程　第 1 部分：火力发电》DL 5009.1—2014，条款号　4.6.3（强条）

第三节　电站设备的吊装

一、填空题（下列试题中，请将标准原文条规定的正确答案填在横线处）

1. **试题**：吊装电气设备、控制设备、精密设备等易损物件时，应使用____吊装带，严禁使用钢丝绳。

   答案：专用

   依据：《电力建设安全工作规程　第 1 部分：火力发电》DL 5009.1—2014，条款号 4.12.4（强条）

2. **试题**：起重吊装的吊点应按施工方案设置，不得任意更改。吊索及吊环应经____确定。

   答案：计算

   依据：《电力建设安全工作规程　第 1 部分：火力发电》DL 5009.1—2014，条款号 4.12.4（强条）

3. **试题**：汽包等大型设备吊装区域内严禁电焊、切割作业。吊装过程中，钢丝绳、滑轮等不得与其他物体摩擦、碰撞，与带电物体应保持____距离。吊装过程中应监测大型设备倾斜角度和位置变化并及时调整，大型设备需要水平位移时，应控制位移速度。

   答案：安全

   依据：《电力建设安全工作规程　第 1 部分：火力发电》DL 5009.1—2014，条款号 4.12.5（强条）

4. **试题**：除氧器、加热器吊装需现场配制的起吊门架、铺设拖运轨道等设施应经设计计算并验收合格。拖运轨道铺设在结构梁上时，结构梁应经受力核算，并征得____单位同意。

   答案：原设计

   依据：《电力建设安全工作规程　第 1 部分：火力发电》DL 5009.1—2014，条款号 4.12.5（强条）

5. **试题**：钢丝绳受力时，不得与物体的棱角____接触，应在棱角处垫半圆管、木板等。

   答案：直接

   依据：《电力建设安全工作规程　第 1 部分：火力发电》DL 5009.1—2014，条款号 4.12.6（强条）

6. **试题：**起吊大件或不规则组件时，应在吊件上拴以牢固的____。

    答案：溜绳

    依据：《电力建设安全工作规程 第 1 部分：火力发电》DL 5009.1—2014，条款号 4.12.4

7. **试题：**在抬吊过程中，各台起重机的吊钩钢丝绳应保持垂直，升降、行走应保持同步；各台起重机所承受的载荷不得超过本身____的额定能力。

    答案：80%

    依据：《电力建设安全工作规程 第 1 部分：火力发电》DL 5009.1—2014，条款号 4.12.4

二、判断题（判断下列试题是否正确。正确的在括号内打"√"，错误的在括号内打"×"）

1. **试题：**起吊前应检查起重机械及其安全装置；吊件吊离地面约 300mm 时应暂停起吊并进行全面检查，确认正常后方可正式起吊。（   ）

    答案：×

    依据：《电力建设安全工作规程 第 1 部分：火力发电》DL 5009.1—2014，条款号 4.12.1（强条）

2. **试题：**起吊物应绑挂牢固。吊钩悬挂点应在吊物重心的垂直线上，吊钩绳索应保持垂直，不得偏拉斜吊。落钩时应防止由于吊物局部着地而引起吊绳偏斜。吊物着地后即可松钩。（   ）

    答案：×

    依据：《电力建设安全工作规程 第 1 部分：火力发电》DL 5009.1—2014，条款号 4.12.4（强条）

3. **试题：**起重机吊运重物时应走吊运通道，严禁从人员的头顶上方越过。（   ）

    答案：√

    依据：《电力建设安全工作规程 第 1 部分：火力发电》DL 5009.1—2014，条款号 4.12.4（强条）

4. **试题：**起重机在作业中出现故障或不正常现象时，应采取措施放下重物，停止运转后进行检修，严禁在运转中进行调整或检修。（   ）

    答案：√

    依据：《电力建设安全工作规程 第 1 部分：火力发电》DL 5009.1—2014，条款号 4.12.4（强条）

5. **试题：**起重机的起升机构和变幅机构的绳长不足时，可使用编结方式接长的钢丝绳。（   ）

答案：×

依据：《电力建设安全工作规程　第 1 部分：火力发电》DL 5009.1—2014，条款号
4.12.6（强条）

6. 试题：钢丝绳（绳索）、吊钩和滑轮的卸扣不得横向受力。（　　　）

答案：√

依据：《电力建设安全工作规程　第 1 部分：火力发电》DL 5009.1—2014，条款号
4.12.6（强条）

7. 试题：纤维绳在潮湿状态下的允许荷重应减少一半，涂沥青的纤维绳应降低 20%使
用。连接可用打结的方法。（　　　）

答案：×

依据：《电力建设安全工作规程　第 1 部分：火力发电》DL 5009.1—2014，条款号
4.12.6（强条）

8. 试题：钢丝绳（绳索）、吊钩和滑轮组成的滑车及滑车组应按铭牌规定的允许负荷使
用。（　　　）

答案：√

依据：《电力建设安全工作规程　第 1 部分：火力发电》DL 5009.1—2014，条款号
4.12.6（强条）

9. 试题：吊钩上的缺陷可以进行焊补。（　　　）

答案：×

依据：《电力建设安全工作规程　第 1 部分：火力发电》DL 5009.1—2014，条款号
4.12.6（强条）

10. 试题：起重机操作人员必须听从指挥人员的指挥，明确指挥意图，方可作业。（　　　）

答案：√

依据：《履带吊起重机安全操作规程》DL/T 5248—2010，条款号　5.1.6（强条）

11. 试题：在作业过程中，起重机的指挥人员所发信号违反安全规定时，操作人员有权
拒绝执行；起重机操作人员对任何人发出的"紧急停止"信号都应服从。（　　　）

答案：√

依据：《履带吊起重机安全操作规程》DL/T 5248—2010，条款号　5.1.6（强条）

12. 试题：严禁操作缺少安全装置或安全装置失效的起重机；工作结束后可以直接使用
限位开关等安全保护装置停车。（　　　）

答案：×

依据：《履带吊起重机安全操作规程》DL/T 5248—2010，条款号　5.1.9（强条）

13. **试题：**履带吊起吊重要物品或重物重量至少达到额定起重量的 100%时，应检查起重机的稳定性、制动器的可靠性。（   ）

答案：×

依据：《履带吊起重机安全操作规程》DL/T 5248—2010，条款号　5.3.4（强条）

14. **试题：**发现事故隐患或者其他不安全因素立即向现场管理人员和单位有关负责人报告，当事故隐患或者其他不安全因素直接危及人身安全时，停止作业并且在采取可能的应急措施后撤离作业现场。（   ）

答案：√

依据：《起重机械使用管理规则》TSG Q5001—2009，条款号　第四条

15. **试题：**起重机械使用前，使用单位应当临督施工单位依法履行安装告知、监督检验等义务，并且在施工结束后要求施工单位及时提供以下施工技术资料，存入安全技术档案。（   ）

答案：√

依据：《起重机械使用管理规则》TSG Q5001—2009，条款号　第八条

16. **试题：**起重机械使用单位应当设置起重机械安全管理机构或者配备专职或者兼职的安全管理人员从事起重机械的安全管理工作。（   ）

答案：√

依据：《起重机械使用管理规则》TSG Q5001—2009，条款号　第十条

三、单选题（下列试题中，只有 1 项是标准原文规定的正确答案，请将正确答案填在括号内）

1. **试题：**在塔身（   ）易于观察的位置应固定产品标牌。标牌或显示屏的内容应包括幅度载荷表、主要性能参数、各起升速度挡位的起重量等。

A．底部　　　　　　　　　B．顶部　　　　　　　　　C．上部侧面

答案：A

依据：《塔式起重机安全规程》GB 5144—2006，条款号　3.5（强条）

2. **试题：**塔式起重机离地面（   ）以上的平台及走道应设置防止操作人员跌落的手扶栏杆。手扶栏杆的高度不应低于1m，并能承受 1000N 的水平移动集中载荷。

A．2m　　　　　　　　　B．1.5m　　　　　　　　　C．1m

答案：A

依据：《塔式起重机安全规程》GB 5144—2006，条款号　4.4.5（强条）

3. **试题：**起重机械司机室工作面上的照度不应低于（   ）。

A．15Lx　　　　　　　　　B．20Lx　　　　　　　　　C．25Lx

答案：C

依据：《起重机械安全规程　第 1 部分：总则》GB 6067.1—2010，条款号　3.5.9
（强条）

4. **试题：**起重机械任何通道基面上的孔隙，包括人员可能停留区域之上的走道、驻脚台
或平台底面上的狭缝或空隙，都不允许直径为（　　）的球体通过。

A．20mm　　　　　　　　B．30mm　　　　　　　　C．50mm

答案：A

依据：《起重机械安全规程　第 1 部分：总则》GB 6067.1—2010，条款号　3.6.5
（强条）

5. **试题：**起重机械任何通道基面上的孔隙，包括人员可能停留区域之上的走道、驻脚台
或平台底面上的狭缝或空隙，当长度等于或大于 200 mm 时，其最大宽度为（　　）。

A．10mm　　　　　　　　B．11mm　　　　　　　　C．12mm

答案：C

依据：《起重机械安全规程　第 1 部分：总则》GB 6067.1—2010，条款号　3.6.5
（强条）

6. **试题：**吊装工负责在起重机械的吊具上吊挂和卸下重物，并根据相应的（　　）的工
作计划选择适用的吊具和吊装设备。

A．载荷核算　　　　　　B．施工措施　　　　　　C．载荷定位

答案：C

依据：《起重机械安全规程　第 1 部分：总则》GB 6067.1—2010，条款号　12.4.1
（强条）

7. **试题：**起重作业中与安全性有关的环节包括起重机械的使用、维修和更换安全装备、
（　　）等所涉及的各类人员的责任应落实到位。

A．起重计划　　　　　　B．安全操作规程　　　　C．材料供应

答案：B

依据：《起重机械安全规程　第 1 部分：总则》GB 6067.1—2010，条款号　13.1
（强条）

8. **试题：**多台起重机械在（　　）起升操作中，由于起重机械之间的相互运动可能产生
较难监控的作用于起重机械、物品和吊索具上的附加载荷。

A．联合　　　　　　　　B．独立　　　　　　　　C．顺序

答案：A

依据：《起重机械安全规程　第 1 部分：总则》GB 6067.1—2010，条款号　17.3.1
（强条）

9. **试题：**施工现场，多台起重机械的联合起升操作应制定作业措施，保证起升钢丝绳保

持垂直状态条件下，应仔细估算每台起重机按比例所搬运的。（　　）

A．体积　　　　　　　B．载荷　　　　　　　C．面积

答案：B

依据：《起重机械安全规程　第 1 部分：总则》GB 6067.1—2010，条款号　17.3.1（强条）

10. 试题：当得知有（　　）级及以上大风时，应做好停止起重机作业及各项安全措施的准备工作。

A．六　　　　　　　　B．五　　　　　　　　C．四

答案：A

依据：《电力建设安全工作规程　第 1 部分：火力发电》DL 5009.1—2014，条款号　4.6.5（强条）

11. 试题：起重机作业，风力达六级及以上时应停止起重作业，将起重臂转至顺风方向并松开回转制动器，风力达到（　　）级时，应将臂架放下，汽车起重机宜将支腿全部支出。

A．五　　　　　　　　B．六　　　　　　　　C．七

答案：C

依据：《电力建设安全工作规程　第 1 部分：火力发电》DL 5009.1—2014，条款号　4.6.5（强条）

12. 试题：在雨、雪、大雾、雾霾天气情况下进行起重作业，作业前检查各制动器并进行试吊，确认可靠后方可进行作业，并有防止起重机各（　　）受潮失效的措施。

A．制动器　　　　　　B．吊钩　　　　　　　C．钢丝绳

答案：A

依据：《电力建设安全工作规程　第 1 部分：火力发电》DL 5009.1—2014，条款号　4.12.2（强条）

13. 试题：起重操作人员应按（　　）的指挥信号进行操作。指挥信号不清或发现有事故风险时，操作人员应拒绝执行并立即通知指挥人员。

A．指挥人员　　　　　B．班长　　　　　　　C．技术员

答案：A

依据：《电力建设安全工作规程　第 1 部分：火力发电》DL 5009.1—2014，条款号　4.12.2（强条）

14. 试题：重量达到起重机械额定负荷的（　　）及以上的起重作业，必须办理安全施工作业票，并应有施工技术负责人在场指导。

A．90%　　　　　　　B．80%　　　　　　　C．70%

答案：A

依据：《电力建设安全工作规程　第 1 部分：火力发电》DL 5009.1—2014，条款号 4.12.4（强条）

15. 试题：两台及以上起重机械抬吊同一物件，各台起重机械所承受的载荷不得超过本身（　　）的额定载荷。

A．80%　　　　　　　　　B．70%　　　　　　　　　C．60%

答案：A

依据：《电力建设安全工作规程　第 1 部分：火力发电》DL 5009.1—2014，条款号 4.12.4（强条）

16. 试题：起重作业不得在被吊装物品上堆放或悬挂零星物件。吊起后进行水平移动时，其底部应高出所跨越障碍物（　　）以上。

A．300mm　　　　　　　　B．400mm　　　　　　　　C．500mm

答案：C

依据：《电力建设安全工作规程　第 1 部分：火力发电》DL 5009.1—2014，条款号 4.12.4（强条）

17. 试题：吊装超高、超重、受风面积较大的大型设备时应制定专项施工（　　），必要时应论证。

A．计划　　　　　　　　　B．方案　　　　　　　　　C．小组

答案：B

依据：《电力建设安全工作规程　第 1 部分：火力发电》DL 5009.1—2014，条款号 4.12.5（强条）

18. 试题：发电机定子吊装需现场配制的起吊门架、铺设轨道应经（　　）计算，并在吊装前验收合格。

A．试验　　　　　　　　　B．设计　　　　　　　　　C．安装

答案：B

依据：《电力建设安全工作规程　第 1 部分：火力发电》DL 5009.1—2014，条款号 4.12.5（强条）

19. 试题：大板梁吊装作业前应提前设置好（　　）用的操作平台和安全防护设施。

A．安装就位　　　　　　　B．验收　　　　　　　　　C．检查

答案：A

依据：《电力建设安全工作规程　第 1 部分：火力发电》DL 5009.1—2014，条款号 4.12.5（强条）

20. 试题：使用液压提升装置吊装大型设备时，应严格按产品技术说明书操作，起吊结构应经（　　）计算，并在吊装前验收合格。

A．安装　　　　　　　　B．设计　　　　　　　　C．试验

答案： B

依据： 《电力建设安全工作规程　第 1 部分：火力发电》DL 5009.1—2014，条款号
　　4.12.5（强条）

21. **试题：** 大型设备吊装前应办理安全施工（　　），交底人和作业人员应签字。

　　A．防火票　　　　　　　B．作业票　　　　　　　C．交底票

答案： B

依据： 《电力建设安全工作规程　第 1 部分：火力发电》DL 5009.1—2014，条款号
　　4.12.5（强条）

22. **试题：** 钢丝绳断丝聚集在小于（　　）的绳长范围内，或者集中在任一绳股里，钢
丝绳应予以报废。

　　A．6d　　　　　　　　　B．7d　　　　　　　　　C．8d

答案： A

依据： 《电力建设安全工作规程　第 1 部分：火力发电》DL 5009.1—2014，条款号
　　4.12.6（强条）

23. **试题：** 起重机械钢丝绳发生绳股断裂、绳径因绳芯损坏而减小、外部磨损、弹性降
低、内外部出现腐蚀、变形、受热或电弧引起的损坏等任一情况均应（　　）。

　　A．报废　　　　　　　　B．降荷载使用　　　　　C．采取措施

答案： A

依据： 《电力建设安全工作规程　第 1 部分：火力发电》DL 5009.1—2014，条款号
　　4.12.6（强条）

24. **试题：** 履带式起重机工作完毕，应将起重机停放在坚固的地面上，不得靠近边坡和
松软路肩停放，起重臂降至（　　）之间，吊钩提升到接近顶端的位置，使各部制
动器置于制动状态、加保险固定，操纵杆置于空挡位置，关闭动力，锁闭操作室。

　　A．30°～40°　　　　　　B．40°～60°　　　　　　C．60°～70°

答案： B

依据： 《履带起重机安全操作规程》DL/T 5248—2010，条款号　4.6.5（强条）

25. **试题：** 使用单位应当制定起重机械（　　），当发生起重机械事故时，使用单位必须
采取应急救援措施，防止事故扩大，同时，按照《特种设备事故报告和调查处理规
定》的规定执行。

　　A．吊装措施　　　　　　B．应急救援预案　　　　C．转移措施

答案： B

依据： 《起重机械使用管理规则》TSG Q5001—2009，条款号　第二十二条

四、多选题（下列试题中，至少有 2 项是标准原文规定的正确答案，请将正确答案填在括号内）

1. **试题**：下列哪种起重作业，必须办理安全施工作业票，并应有施工技术负责人在场指导：（　　）。

   A. 两台及以上起重机械抬吊同一物件

   B. 起吊精密物件、不易吊装的大件或在复杂场所大件吊装

   C. 起重机和施工升降机安装、拆卸、负荷试验

   D. 龙门架安装拆卸及负荷试验

   答案：ABCD

   依据：《电力建设安全工作规程　第 1 部分：火力发电》DL 5009.1—2014，条款号 4.12.4（强条）

2. **试题**：两台及以上起重机械抬吊同一物件时，应满足以下要求：（　　）。

   A. 宜选用额定起重量相等和相同性能的起重机

   B. 各台起重机械所承受的载荷不得超过本身 80% 的额定载荷

   C. 选取吊点时，应根据各台起重机械的允许起重量按计算比例分配负荷进行绑扎

   D. 抬吊过程中，各台起重机械操作应保持同步，起升钢丝绳应保持垂直，保持各台起重机械受力大小和方向变化最小

   答案：ABCD

   依据：《电力建设安全工作规程　第 1 部分：火力发电》DL 5009.1—2014，条款号 4.12.4（强条）

3. **试题**：起重机的卸扣发生扭曲、裂纹和明显锈蚀、磨损，应更换部件或报废，下面正确使用卸扣的是（　　），必要时应加衬垫并使用加大规格的卸扣。

   A. 卸扣不得横向受力

   B. 卸扣的销轴不得扣在活动性较大的索具内

   C. 卸扣处可用于吊件的转角处

   D. 不得使卸扣处于吊件的转角处

   答案：ABD

   依据：《电力建设安全工作规程　第 1 部分：火力发电》DL 5009.1—2014，条款号 4.12.6（强条）

4. **试题**：卸扣发生（　　）时，应更换部件或报废。

   A. 扭曲　　　　　　　　　　　　　　B. 裂纹

   C. 明显锈蚀　　　　　　　　　　　　D. 明显磨损

   答案：ABCD

   依据：《电力建设安全工作规程　第 1 部分：火力发电》DL 5009.1—2014，条款号 4.12.6（强条）

第四节　电站设备运输与装卸

一、填空题（下列试题中，请将标准原条文规定的正确答案填在横线处）

1. **试题：** 电力大件装车（船）运输，其应均衡、稳定、合理地分布在载货____上，不超载、偏载，不集重、偏重，并有可靠加固。
   答案： 平台
   依据：《电力大件运输规范》DL/T 1071—2014，条款号　9.2.2

2. **试题：** 有防潮、防振等特殊要求的电力大件运输，应加装相应的____仪器，采取相应的防护措施。
   答案： 监测
   依据：《电力大件运输规范》DL/T 1071—2014，条款号　9.2.2

3. **试题：** 采用液压顶推滑移法卸电力大件车（船）时，在顶升过程中应做好防止电力大件意外下沉、倾倒或滑移的保险措施，在顶升或下降过程中应根据电力大件高度变化及时调整垫木厚度，保证垫木与设备底部净空高度保持在____以内。
   答案： 20mm
   依据：《电力大件运输规范》DL/T 1071—2014，条款号　9.2.4

4. **试题：** 采用卷扬滚排法卸车（船）时，滚杠两端应伸出拖排外面____左右，滚杠放置人员应蹲在侧面，采用正确手势作业，以免压伤手指。
   答案： 300mm
   依据：《电力大件运输规范》DL/T 1071—2014，条款号　9.2.4

5. **试题：** 转轮装载运输加固，应在转轮底部与车板间铺垫木方、橡皮垫，装载后支垫材料受力应平稳，确保货物与车板表面不直接接触，转轮的重心投影应与承载车辆的承载面重心____。
   答案： 一致
   依据：《电力大件运输规范》DL/T 1071—2014，条款号　11.1.3

6. **试题：** 发电机定子装载运输加固时，发电机定子与挂车之间采用 8 根以上钢丝绳围绕吊耳呈对称 "八" 字加固，用手拉葫芦收紧，发电机定子机座与挂车之间用____套以上绞绳加固，绑扎加固预紧力应满足安全行车要求。
   答案： 4
   依据：《电力大件运输规范》DL/T 1071—2014，条款号　12.1.3

7. **试题：** 现场的机动车辆应限速行驶。危险地区应设 "危险" "禁止通行" 等安全标志，夜间应设____示警。

答案：红灯

依据：《电力建设安全工作规程　第 1 部分：火力发电》DL 5009.1—2014，条款号　4.3.4（强条）

8. **试题**：使用叉车运输及搬运作业行驶时，载物高度不得遮挡驾驶员视线。货叉底端距地高度应保持____，门架须后倾。

　　答案：300mm～400mm

　　依据：《电力建设安全工作规程　第 1 部分：火力发电》DL 5009.1—2014，条款号　4.12.7（强条）

9. **试题**：使用手动液压运输车运输及搬运作业前，应对脚轮、液压机构进行全面检查，不得超负荷使用，禁止____及以上车辆同时抬运同一物件。

　　答案：两台

　　依据：《电力建设安全工作规程　第 1 部分：火力发电》DL 5009.1—2014，条款号　4.12.7（强条）

10. **试题**：使用厂（场）内专用机动车辆运输及搬运作业，驾驶人员应经考试合格并取得____证书。

　　答案：资格

　　依据：《电力建设安全工作规程　第 1 部分：火力发电》DL 5009.1—2014，条款号　4.12.7（强条）

11. **试题**：搬运人员应穿防滑、防砸鞋，戴防护手套。多人搬运同一物件时，应有____统一指挥。

　　答案：专人

　　依据：《电力建设安全工作规程　第 1 部分：火力发电》DL 5009.1—2014，条款号　4.12.7（强条）

12. **试题**：大型设备的运输及搬运时，被拖动物件的重心应放在拖板____位置。拖运圆形物件时，应垫好枕木楔子；对高大而底面积小的物件，应采取防倾倒的措施；对薄壁或易变形的物件，应采取加固措施。

　　答案：中心

　　依据：《电力建设安全工作规程　第 1 部分：火力发电》DL 5009.1—2014，条款号　4.12.7（强条）

二、判断题（判断下列试题是否正确。正确的在括号内打"√"，错误的在括号内打"×"）

1. **试题**：设备装车（船）加固，绑扎索具应设法避开设备薄弱、易损部位和精加工面，

接触部位应以软织物或木板衬垫，防止损伤电力大件。（　　）

答案：√

依据：《电力大件运输规范》DL/T 1071—2014，条款号　9.2.2

2. **试题：**采用液压顶推滑移法卸车（船）时，设备顶升、下降时，只允许在设备两端分次交替进行，两端高差不应超过 50mm（当滑轨间距较长时可适当增加高差），可四点同时顶空或越层升降，顶升时同侧千斤顶应严格保持同步。（　　）

答案：×

依据：《电力大件运输规范》DL/T 1071—2014，条款号　9.2.4

3. **试题：**采用卷扬滚排法卸车（船）时，锚点应经过试拉后才能正式使用，锚点受力后应指定专人监护，如发现变形、移位、松动等迹象，要立即采取措施进行修整。（　　）

答案：√

依据：《电力大件运输规范》DL/T 1071—2014，条款号　9.2.4

4. **试题：**变压器运输过程中加速度绝对值要求小于3g。（　　）

答案：√

依据：《电力大件运输规范》DL/T 1071—2014，条款号　13.2.3

5. **试题：**施工现场运输道路应尽量减少弯道和交叉。载重汽车的弯道半径一般不得小于10m，并应有良好的瞭望条件。（　　）

答案：×

依据：《电力建设安全工作规程　第1部分：火力发电》DL 5009.1—2014,条款号　4.3.4（强条）

6. **试题：**翻斗车的制翻装置应可靠，卸车时车斗可朝有人的方向倾倒。（　　）

答案：×

依据：《电力建设安全工作规程　第 1 部分：火力发电》DL 5009.1—2014，条款号　4.12.7（强条）

7. **试题：**使用叉车运输及搬运作业，使用前应对行驶、升降、倾斜等机构进行全面检查，不得超负荷使用，禁止两台及以上车辆同时抬运同一物件。（　　）

答案：√

依据：《电力建设安全工作规程　第 1 部分：火力发电》DL 5009.1—2014，条款号　4.12.7（强条）

8. **试题：**使用叉车运输及搬运作业，禁止人员站在货叉上把持物品。（　　）

答案：√

依据：《电力建设安全工作规程　第 1 部分：火力发电》DL 5009.1—2014，条款号

4.12.7（强条）

9. 试题：使用厂（场）内专用机动车辆运输及搬运作业载货时，车速不得超过 8km/h，空车车速不得超过 10km/h。（　　）

答案：×

依据：《电力建设安全工作规程　第 1 部分：火力发电》DL 5009.1—2014，条款号 4.12.7（强条）

10. 试题：沿斜面搬运物体时，所搭设的跳板应牢固可靠，坡度不得大于 1：3，跳板厚度不得小于 50mm。（　　）

答案：√

依据：《电力建设安全工作规程　第 1 部分：火力发电》DL 5009.1—2014，条款号 4.12.7（强条）

11. 试题：大型设备的运输及搬运，在拖拉钢丝绳导向滑轮内侧的危险区内严禁人员通过或逗留。（　　）

答案：√

依据：《电力建设安全工作规程　第 1 部分：火力发电》DL 5009.1—2014，条款号 4.12.7（强条）

三、单选题（下列试题中，只有 1 项是标准原文规定的正确答案，请将正确答案填在括号内）

1. 试题：采用液压顶推滑移法卸车（船）时，滑道设置一般要求水平，当滑道较长时，可根据现场情况搭设斜坡滑道，斜度应严格控制在（　　）以内，并采取防溜措施。

A．2%　　　　　　　　　　B．5%　　　　　　　　　　C．7%

答案：A

依据：《电力大件运输规范》DL/T 1071—2014，条款号　9.2.4

2. 试题：600MW 亚临界锅炉汽包采用不少于（　　）根的钢丝绳，呈对称内"八"字整体下压加固，用手拉葫芦收紧，再根据设备具体结构，采用 D11mm 钢丝绳配以绞筒绞绳进行加固，绑扎加固预紧力应满足安全行车要求。

A．8　　　　　　　　　　　B．6　　　　　　　　　　　C．4

答案：A

依据：《电力大件运输规范》DL/T 1071—2014，条款号　12.3.3

3. 试题：变压器运输时，车辆每运行两个小时或（　　）左右，应在宽阔的安全地带停车检查车辆状况和绑扎加固状况。

A．100km　　　　　　　　B．80km　　　　　　　　　C．50km

答案：C

依据:《电力大件运输规范》DL/T 1071—2014,条款号 13.2.3

4. **试题:** 运输车辆在运输及搬运物件时,物件的重心与车厢的( )中心基本一致,重心过高或偏移过多时,加配重进行调整。

A. 平面　　　　　　B. 体积　　　　　　C. 承重

答案: C

依据:《电力建设安全工作规程 第 1 部分:火力发电》DL 5009.1—2014,条款号 4.12.7(强条)

5. **试题:** 运输车辆在运输及搬运物件时,当车厢板无法关严时,应将车厢板捆绑固定,且尾灯和车牌号( )遮盖。

A. 可　　　　　　　B. 不得　　　　　　C. 移走

答案: B

依据:《电力建设安全工作规程 第 1 部分:火力发电》DL 5009.1—2014,条款号 4.12.7(强条)

6. **试题:** 单件超过( )或两件及以上物品同车运输时,应采取防倾倒措施。

A. 1m　　　　　　　B. 1.5m　　　　　　C. 1.8m

答案: C

依据:《电力建设安全工作规程 第 1 部分:火力发电》DL 5009.1—2014,条款号 4.12.7(强条)

7. **试题:** 厂(场)内专用电瓶机动车辆充电时应距明火( )以上并加强通风。

A. 8m　　　　　　　B. 6m　　　　　　　C. 5m

答案: C

依据:《电力建设安全工作规程 第 1 部分:火力发电》DL 5009.1—2014,条款号 4.12.7(强条)

8. **试题:** 大型设备运输道路的坡度不得大于( );如不能满足要求时,应征得制造厂同意并采取可靠的安全技术措施。

A. 20°　　　　　　　B. 18°　　　　　　　C. 15°

答案: C

依据:《电力建设安全工作规程 第 1 部分:火力发电》DL 5009.1—2014,条款号 4.12.7(强条)

9. **试题:** 大件运输前,应了解电力大件运输所经路段的公路等级、公路桥梁的设计荷载标准,查验路基是否坚实牢固,路面宽度、弯道( )、纵横坡度是否满足电力大件运输通行要求。

A. 半径　　　　　　B. 倾斜度　　　　　C. 长度

答案：A

依据：《电力大件运输规范》DL/T 1701—2014，条款号　8.2.1

四、多选题（下列试题中，至少有 2 项是标准原文规定的正确答案，请将正确答案填在括号内）

1. **试题：**电力大件吊装法卸车时下列说法正确的是：（　　）。

   A. 电力大件应绑扎牢固，需高处移动的应设溜放绳，起升钢丝绳应保持垂直并与负荷中心对齐，严禁偏拉斜吊

   B. 起吊前应进行试吊操作，对起重机械作全面细致检查，确认良好后方可正式起吊

   C. 吊装时，工作速度应均匀平稳，不得突然制动或没有停稳时作反向行走或回转，落钩时低速轻放，设备未放稳时严禁松钩

   D. 两台及以上起重机抬吊电力大件，应根据各台起重机的允许起吊重量按比例分配负荷，抬吊过程中各台起重机的起升钢丝绳应始终保持垂直，升降、行走应保持同步。各台起重机所受负荷应在额定起吊重量的 80% 以内

   答案：ABCD

   依据：《电力大件运输规范》DL/T 1071—2014，条款号　9.2.4.4

2. **试题：**大型设备运输前，应做好哪些安全技术措施：（　　）。

   A. 按所经路线及两端装卸条件，选择合理的运输方式和路线

   B. 对路基下沉、路面松软以及冻土开化等情况进行调查并采取措施

   C. 对沿途经过的桥梁、涵洞、沟道等应进行详细检查和验算，必要时采取加固措施

   D. 路途较近的无需编制专项安全技术措施

   答案：ABC

   依据：《电力建设安全工作规程　第 1 部分：火力发电》DL 5009.1—2014，条款号　4.12.7（强条）

第五章 焊接、金属检验

第一节 焊接管理与工艺

一、填空题（下列试题中，请将标准原条文规定的正确答案填在横线处）

1. **试题：**焊接工程的施工，应按＿＿＿及现场设备、工业管道焊接工程施工规范的规定执行。
   答案：设计文件
   依据：《现场设备、工业管道焊接工程施工规范》GB 50236—2011，条款号 1.0.4

2. **试题：**当需要修改设计文件及材料代用时，必须经＿＿＿同意，并出具书面文件。
   答案：原设计单位
   依据：《现场设备、工业管道焊接工程施工规范》GB 50236—2011，条款号 1.0.5

3. **试题：**不锈钢和有色金属的焊接，应设置专用的场地和专用组焊工装，＿＿＿与黑色金属等其他产品混杂。不锈钢和有色金属焊接工作场所应保持洁净、干燥、无污染。
   答案：不得
   依据：《现场设备、工业管道焊接工程施工规范》GB 50236—2011，条款号 3.0.8

4. **试题：**对道间温度有明确规定的焊缝，道间温度应符合焊接工艺文件的规定。要求焊前预热的焊件，其道间温度应在规定的预热温度范围＿＿＿。
   答案：内
   依据：《现场设备、工业管道焊接工程施工规范》GB 50236—2011，条款号 6.0.3

5. **试题：**规定背面清根的焊缝，在清根后进行外观检查，清根后的焊缝应露出金属光泽，坡口形状应规整，满足焊接工艺要求。当设计文件规定进行磁粉检测或渗透检测时，磁粉检测或渗透检测的焊缝质量不应低于现行行业标准《承压设备无损检测》JB/T 4730 规定的＿＿＿。
   答案：Ⅰ级
   依据：《现场设备、工业管道焊接工程施工规范》GB 50236—2011，条款号 6.0.4

6. **试题：**焊件组对前及焊接前，应将坡口及内外侧表面不小于＿＿＿范围内的杂质、污物、毛刺和镀锌层等清理干净，并不得有裂纹、夹层等缺陷。

答案：20mm

依据：《现场设备、工业管道焊接工程施工规范》GB 50236—2011，条款号　7.2.2

7. 试题：管子或管件对接焊缝组对时，内壁错边量不应超过母材厚度的____，且不应大于 2mm。

答案：10%

依据：《现场设备、工业管道焊接工程施工规范》GB 50236—2011，条款号　7.2.4

8. 试题：当焊件组对的局部间隙过大时，应修整到规定尺寸，并不得在间隙内添加____。

答案：填塞物

依据：《现场设备、工业管道焊接工程施工规范》GB 50236—2011，条款号　7.2.9

9. 试题：复合钢焊接时，____采用碳钢和低合金钢焊接材料在复层母材、过渡层焊缝和复层焊缝上施焊。

答案：不得

依据：《现场设备、工业管道焊接工程施工规范》GB 50236—2011，条款号　7.3.14

10. 试题：现场设备、工业管道焊接工程中，对有抗应力腐蚀要求的焊缝，应进行____。

答案：焊后热处理

依据：《现场设备、工业管道焊接工程施工规范》GB 50236—2011，条款号　7.4.7

11. 试题：设备、卷管的对接焊缝，其环缝和纵缝的角变形（棱角）量不应大于壁厚的 10%加 2mm，且不应大于____。

答案：5mm

依据：《现场设备、工业管道焊接工程施工规范》GB 50236—2011，条款号　8.1.6

12. 试题：纯铜焊接应选用含有____元素、抗裂性好的焊丝。

答案：脱氧

依据：《现场设备、工业管道焊接工程施工规范》GB 50236—2011，条款号　9.2.1.2

13. 试题：黄铜焊接应选用含锌量____、抗裂性好的焊丝。

答案：少

依据：《现场设备、工业管道焊接工程施工规范》GB 50236—2011，条款号　9.2.1.3

14. 试题：现场设备、工业管道焊接工程焊接前检查结果____要求时，不得施焊。

答案：不符合

依据：《现场设备、工业管道焊接工程施工规范》GB 50236—2011，条款号　13.1.11

15. 试题：当必须在焊缝上开孔补强时，应对开孔直径 1.5 倍或开孔补强板____范围内的焊缝进行射线或超声检测，确认焊缝合格后，方可进行开孔。被补强板覆盖的焊缝应磨平，管孔边缘不应存在焊缝缺陷。

答案： 直径

依据：《现场设备、工业管道焊接工程施工规范》GB 50236—2011，条款号　13.3.6

16. **试题：** 自保护电弧焊指不需外加气体或焊剂保护，仅依靠焊丝____在高温时反应形成的熔渣和气体保护焊接区进行焊接的方法。

答案： 药芯

依据：《钢结构焊接规范》GB 50661—2011，条款号　2.1.6

17. **试题：** 不同宽度的板材对接时，应根据施工条件采用热切割、机械加工或砂轮打磨的方法使之平缓过渡，其连接处最大允许坡度值应为____。

答案： 1:2.5

依据：《钢结构焊接规范》GB 50661—2011，条款号　5.4.4.2

18. **试题：** 钢结构承受动载需经____时，严禁使用塞焊、槽焊、电渣焊和气电立焊接头。

答案： 疲劳验算

依据：《钢结构焊接规范》GB 50661—2011，条款号　5.7.1

19. **试题：** 施工单位首次采用的钢材、焊接材料、焊接方法、接头形式、焊接位置、焊后热处理制度以及焊接工艺参数、预热和后热措施等各种参数的组合条件，应在钢结构构件制作及安装施工____进行焊接工艺评定。

答案： 之前

依据：《钢结构焊接规范》GB 50661—2011，条款号　6.1.1

20. **试题：** 钢结构接头间隙中严禁填塞____等杂物。

答案： 焊条头、铁块

依据：《钢结构焊接规范》GB 50661—2011，条款号　7.3.2

21. **试题：** 定位焊缝厚度不应小于____，长度不应小于 40mm，其间距宜为 300mm～600mm。

答案： 3mm

依据：《钢结构焊接规范》GB 50661—2011，条款号　7.4.3

22. **试题：** 钢结构焊接中，焊条电弧焊和自保护药芯焊丝电弧焊，其焊接作业区最大风速不宜超过____，气体保护电弧焊不宜超过 2m/s。

答案： 8m/s

依据：《钢结构焊接规范》GB 50661—2011，条款号　7.5.1

23. **试题**：钢结构焊接中，焊接环境温度低于____时，必须进行相应焊接环境下的工艺评定试验，并应在评定合格后再进行焊接，如果不符合上述规定，严禁焊接。
　　答案：−10℃
　　依据：《钢结构焊接规范》GB 50661—2011，条款号　7.5.4

24. **试题**：焊透焊缝清根应从反面进行，清根后____应形成不小于 10°的 U 形坡口。
　　答案：凹槽
　　依据：《钢结构焊接规范》GB 50661—2011，条款号　7.14.1

25. **试题**：钢结构焊接检验分为____。
　　答案：自检与监检
　　依据：《钢结构焊接规范》GB 50661—2011，条款号　8.1.1

26. **试题**：对____有要求的焊缝，施焊时应测量焊接线能量，并应作记录。
　　答案：冲击韧性
　　依据：《现场设备、工业管道焊接工程施工质量验收规范》GB 50683—2011，条款号　6.0.1

27. **试题**：钛及钛合金、锆及锆合金的焊缝表面应在焊后____进行色泽检查。
　　答案：清理前
　　依据：《现场设备、工业管道焊接工程施工质量验收规范》GB 50683—2011，条款号　8.1.3

28. **试题**：上转变温度指加热期间完成____转变的相变温度。
　　答案：奥氏体
　　依据：《承压设备焊接工艺评定》NB/T 47014—2011，条款号　3.12

29. **试题**：NB/T 47014—2011《承压设备焊接工艺评定》规定了承压设备的____焊缝和角焊缝焊接工艺评定。
　　答案：对接
　　依据：《承压设备焊接工艺评定》NB/T 47014—2011，条款号　1

30. **试题**：预焊接工艺规程为进行焊接工艺评定所拟定的焊接____文件。
　　答案：工艺
　　依据：《承压设备焊接工艺评定》NB/T 47014—2011，条款号　3.2

31. **试题**：焊接工艺规程是根据合格的____编制的，用于产品施焊的焊接工艺文件。
　　答案：焊接工艺评定报告
　　依据：《承压设备焊接工艺评定》NB/T 47014—2011，条款号　3.4

32. 试题：下转变温度指____期间开始形成奥氏体的相变温度。

答案：加热

依据：《承压设备焊接工艺评定》NB/T 47014—2011，条款号 3.11

33. 试题：当增加或变更任何一个补加因素时，则可按增加或变更的补加因素，增焊____用试件进行试验。

答案：冲击韧性

依据：《承压设备焊接工艺评定》NB/T 47014—2011，条款号 6.2.2

34. 试题：试样加工要求：试样的焊缝余高应采用机械方法去除，面弯、背弯试样的拉伸表面应加工齐平，试样受拉伸表面不得有____。

答案：划痕和损伤

依据：《承压设备焊接工艺评定》NB/T 47014—2011，条款号 6.4.1.6.1

35. 试题：对接焊缝试件的弯曲试样弯曲到规定的角度后，其拉伸面上的焊缝和热影响区内，沿任何方向不得有单条长度大于____的开口缺陷，试样的棱角开口缺陷一般不计，但由未熔合、夹渣或其他内部缺欠引起的棱角开口缺陷长度应计入。

答案：3mm

依据：《承压设备焊接工艺评定》NB/T 47014—2011，条款号 6.4.1.6.4

36. 试题：DL/T 678—2013《电力钢结构焊接通用技术条件》适用于焊条电弧焊（SMAW）、____、熔化极（实心和药芯焊丝）气体保护焊（GMAW、FCAW）、埋弧焊（SAW）等焊接方法。

答案：非熔化极气体保护焊（GTAW）

依据：《电力钢结构焊接通用技术条件》DL/T 678—2013，条款号   1

37. 试题：电力钢结构应避免出现平面的或空间的____焊缝。

答案：交叉

依据：《电力钢结构焊接通用技术条件》DL/T 678—2013，条款号 5.1.3

38. 试题：电力钢结构不锈钢复合钢角接接头，无论复层位于内侧还是外侧，均不允许先焊接____。

答案：复层

依据：《电力钢结构焊接通用技术条件》DL/T 678—2013，条款号 5.4.2

39. 试题：电力钢结构母材应预热至____焊接工艺规程所要求的最低温度。

答案：不低于

依据：《电力钢结构焊接通用技术条件》DL/T 678—2013，条款号 6.2.2

40. **试题：** 当基层和复层需要预热时，确定预热温度的厚度参数时不应____复合钢的总厚度。

    答案： 低于

    依据：《电力钢结构焊接通用技术条件》DL/T 678—2013，条款号 6.2.7

41. **试题：** 电力钢结构焊后立即进行____的焊件可不进行后热。

    答案： 焊后热处理

    依据：《电力钢结构焊接通用技术条件》DL/T 678—2013，条款号 7.2.2.4

42. **试题：** 工厂化生产的焊件宜作整体热处理，当焊件过大需要分段进炉进行焊后热处理的，其交接处的重叠长度应不小于____。现场因条件限制，允许分段或局部热处理，但局部热处理的加热宽度应为焊缝每侧大于等于板厚____，且加热区以外部位应采取措施，防止产生有害的温度梯度。

    答案： 1500mm，3 倍

    依据：《电力钢结构焊接通用技术条件》DL/T 678—2013，条款号 7.2.3.5

43. **试题：** 不锈钢复合钢的焊接接头不宜进行焊后热处理。在大厚度的复合钢的焊接中，消除残余应力的焊后热处理宜在____焊完后进行。

    答案： 基层

    依据：《电力钢结构焊接通用技术条件》DL/T 678—2013，条款号 7.2.3.8

44. **试题：** 焊接接头的外观检查应冷却至____温度后进行。

    答案： 环境

    依据：《电力钢结构焊接通用技术条件》DL/T 678—2013，条款号 8.1.1

45. **试题：** 在电力钢结构焊接中，返修或返工的焊缝应按____检测，并且使用同样的技术和质量判据。

    答案： 原方法

    依据：《电力钢结构焊接通用技术条件》DL/T 678—2013，条款号 10.8

46. **试题：** 焊工技术考核包括____考核和操作技能考核，操作技能考核应按照焊接工艺规程进行。

    答案： 基本知识

    依据：《焊工技术考核规程》DL/T 679—2012，条款号 3.3.3

47. **试题：** 考核的接头形式应为对接接头和____接头两类。

    答案： T 形

    依据：《焊工技术考核规程》DL/T 679—2012，条款号 6.2.4.1

48. **试题**：板件对接焊缝试件有平焊（1G）、横焊（2G）、____和仰焊（4G）4 种位置。

答案：立焊（3G）

依据：《焊工技术考核规程》DL/T 679—2012，条款号 6.2.4.2

49. **试题**：对于从事小径管斜焊位焊接的焊工，必须进行____焊位考核，复试合格后，可替代 5G 和 2G 焊位。

答案：6G

依据：《焊工技术考核规程》DL/T 679—2012，条款号 6.2.4.3

50. **试题**：焊条电弧焊应按酸性（J）和碱性（S）焊条分别考核。增项考核或____时，碱性焊条考核合格，允许替代酸性焊条考核。

答案：复试

依据：《焊工技术考核规程》DL/T 679—2012，条款号 6.2.5.1

51. **试题**：用于制作管件的钢管不应有____、折叠、结疤、轧折和离层等缺陷。

答案：裂纹

依据：《电站钢制对焊管件》DL/T 695—2014，条款号 6.2.1

52. **试题**：用于制作管件的钢板不应有分层，钢板表面不应有____、气泡、结疤、折叠和夹杂等缺陷。

答案：裂纹

依据：《电站钢制对焊管件》DL/T 695—2014，条款号 6.3.1

53. **试题**：钢制对焊管件用钢板下料前应逐张进行外观和壁厚检验。厚度大于或等于 25mm 的钢板应逐张进行____检测。

答案：超声波

依据：《电站钢制对焊管件》DL/T 695—2014，条款号 6.3.2

54. **试题**：奥氏体不锈钢锻件应不低于 NB/T 47010 规定的____级锻件要求。

答案：Ⅲ

依据：《电站钢制对焊管件》DL/T 695—2014 6.4.2

55. **试题**：坡口表面不应有____、分层、夹杂、毛刺及坡口破损等缺陷。

答案：裂纹

依据：《电站钢制对焊管件》DL/T 695—2014，条款号 7.2.8

56. **试题**：管件内外表面应光滑，无氧化皮、粘砂、飞溅。管件上不应有裂纹、重皮、折叠、结疤等缺陷，深度超过公称壁厚____或大于 1.6mm 的机械划痕、凹坑等缺陷应采用机械或打磨方法予以清除，缺陷清除部位应圆滑过渡，清除缺陷后的壁厚不应小于管件相应部位的要求最小壁厚。

答案： 5%

依据：《电站钢制对焊管件》DL/T 695—2014，条款号　7.2.9

57. **试题：** 对于 9%Cr～12%Cr 系列钢材料的弯曲、推制、挤压或模压成型的管件和锻造管件，同一管件上任意两点之间的硬度差不应大于____HBW。

答案： 50

依据：《电站钢制对焊管件》DL/T 695—2014，条款号　7.2.11

58. **试题：** 钢板制纵缝弯头的本体焊缝应为对接焊缝，焊缝的对接坡口尺寸应符合规范的要求。焊接时焊缝的对口宜做到坡口钝边齐平，局部错边量不应超过钢板公称壁厚的____，且不应大于 2mm。

答案： 10%

依据：《电站钢制对焊管件》DL/T 695—2014，条款号　7.3.5

59. **试题：** 对容易产生延迟裂纹的钢材，焊后应立即进行热处理，否则应进行后热。对 9%Cr～12%Cr 系列钢管件，焊后热处理应在焊接接头完成后，焊件温度降至 80℃～120℃、保温时间不得少于____。

答案： 1h

依据：《电站钢制对焊管件》DL/T 695—2014，条款号　7.8.5

60. **试题：** 除协议另有规定外，管件坡口及坡口边缘____范围内应涂刷有防锈作用但不影响焊接的涂料。

答案： 20mm

依据：《电站钢制对焊管件》DL/T 695—2014，条款号　10.3

61. **试题：** 焊件下料宜采用____方法。当采用热切割时，应在满足工艺评定规定的预热条件下进行，并留有足够的加工余量，切割后应除去淬硬层及过热金属。

答案： 机械

依据：《火力发电厂异种钢焊接技术规程》DL/T 752—2010，条款号　4.2.1

62. **试题：** DL/T 754—2013《母线焊接技术规程》适用于纯铝及铝合金、____制成的母线的惰性气体保护焊。

答案： 纯铜及铜合金

依据：《母线焊接技术规程》DL/T 754—2013，条款号　1

63. **试题：**《母线焊接技术规程》规定：没有母线焊接工艺评定或产品标准没有要求时，应按照相关规定进行____。

答案：焊接工艺试验

依据：《母线焊接技术规程》DL/T 754—2013，条款号　3.1

64. 试题：母线焊接材料应根据所焊母材的化学成分、力学性能、使用工况条件和____的结果选用。

答案：焊接工艺试验

依据：《母线焊接技术规程》DL/T 754—2013，条款号　4.2.1

65. 试题：母线焊接材料的____及耐腐蚀性能不应低于母材相应要求。

答案：电阻率

依据：《母线焊接技术规程》DL/T 754—2013，条款号　4.2.2

66. 试题：铝母线坡口加工应采用机械加工方法，也可以用等离子弧方法加工。等离子弧切割时应留有____的精加工余量。

答案：1mm～2mm

依据：《母线焊接技术规程》DL/T 754—2013，条款号　5.2.2

67. 试题：DL/T 819—2010《火力发电厂焊接热处理规程》适用于用加热方法对焊件进行的预热、后热和____。

答案：焊后热处理

依据：《火力发电厂焊接热处理规程》DL/T 819—2010，条款号　1

68. 试题：加热炉可使用____加热或火焰加热。

答案：电

依据：《火力发电厂焊接热处理规程》DL/T 819—2010，条款号　5.1.1

69. 试题：柔性陶瓷电阻加热、远红外辐射加热、电磁感应加热一般采用____测温。

答案：接触法

依据：《火力发电厂焊接热处理规程》DL/T 819—2010，条款号　7.1.1（强条）

70. 试题：焊接热处理中，使用划痕测温笔，应及时观测划痕颜色的变化情况，____温度超过规定的范围。

答案：避免

依据：《火力发电厂焊接热处理技术规程》DL/T 819—2010，条款号　7.3.1

71. 试题：9%Cr～12%Cr 马氏体型耐热钢焊件，在热处理自检合格的基础上，焊接热处理技术人员或焊接工程师应进行不少于 50%的质量抽查。检查相关记录、察看经焊后热处理的焊件外观，进行____。

答案：质量评价

依据：《火力发电厂焊接热处理技术规程》DL/T 819—2010，条款号　9.1.3

72. 试题：焊后热处理温度或时间不够而导致焊缝硬度值____于规定值的焊接接头，应重新进行焊后热处理。

　　答案：高

　　依据：《火力发电厂焊接热处理规程》DL/T 819—2010，条款号　9.3.1

73. 试题：焊接工艺评定的管状试件按 DL/T 821 或 DL/T 820 标准的规定进行检测，焊缝质量不低于 DL/T 821 的____或 DL/T 820 的Ⅰ级。

　　答案：Ⅱ级

　　依据：《焊接工艺评定规程》DL/T 868—2014，条款号　8.2.1

74. 试题：焊接工艺评定的板状试件按 JB/T 4730.2、JB/T 4730.3 或 DL/T 330 进行检测，焊缝质量不低于 JB/T 4730.2 的____、JB/T 4730.3 的Ⅰ级或 DL/T 330 的一类。

　　答案：Ⅱ级

　　依据：《焊接工艺评定规程》DL/T 868—2014，条款号　8.2.2

75. 试题：焊接工艺评定的每块试样取一个面进行宏观检验，同一切口不得作为____检验面。

　　答案：两个

　　依据：《焊接工艺评定规程》DL/T 868—2014，条款号　8.6.1.3

76. 试题：角焊缝____之差大于 3mm 或要求焊透的焊缝未焊透，焊接工艺评定宏观检验为不合格。

　　答案：两焊脚尺寸

　　依据：《焊接工艺评定规程》DL/T 868—2014，条款号　8.6.2.1

77. 试题：DL/T 869—2012《火力发电厂焊接技术规程》适用于____、钨极氩弧焊（TIG）、熔化极（实心和药芯焊丝）、气体保护焊（GMAW、FCAW）、气焊（OFW）、埋弧焊（SAW）等焊接方法。

　　答案：焊条电弧焊（SMAW）

　　依据：《火力发电厂焊接技术规程》DL/T 869—2012，条款号　1

78. 试题：焊接材料应根据钢材的____、力学性能、使用工况条件和焊接工艺评定的结果选用。

　　答案：化学成分

　　依据：《火力发电厂焊接技术规程》DL/T 869—2012，条款号　3.3.2.1

79. 试题：首次使用的新型焊接材料应由供应商提供该材料熔敷金属的化学成分、力学性能（含常温、高温）、温度转变点 AC1、指导性焊接工艺参数等技术资料，经过合格后方可在工程中使用。

答案： 焊接工艺评定

依据：《火力发电厂焊接技术规程》DL/T 869—2012，条款号 3.3.2.7

80. **试题：** 焊接接头形式和焊缝坡口尺寸应按照能保证焊接质量、____少、减少焊接应力和变形、改善劳动条件、便于操作、适应无损检测要求等原则选用。

答案： 填充金属量

依据：《火力发电厂焊接技术规程》DL/T 869—2012，条款号 4.2.1

81. **试题：** 应查明造成不合格焊接接头的原因。对于重大的不合格应进行原因分析，同时提出返修措施。返修后还应按____重新进行检验。

答案： 原检验方法

依据：《火力发电厂焊接技术规程》DL/T 869—2012，条款号 6.1.7

82. **试题：** 焊缝表面不允许有深度大于 1mm 的____，且不允许低于母材表面。

答案： 尖锐凹槽

依据：《火力发电厂焊接技术规程》DL/T 869—2012，条款号 7.1.1 表 6 注 1

83. **试题：** 焊缝金相组织应满足相关标准的要求，不应有裂纹、____和淬硬的马氏体组织。

答案： 过热组织

依据：《火力发电厂焊接技术规程》DL/T 869—2012，条款号 7.4

84. **试题：** 火力发电厂焊接修复分为____修复和永久性修复。

答案： 临时性

依据：《火力发电厂焊接技术规程》DL/T 869—2012，条款号 8.1.1

85. **试题：** 焊接奥氏体不锈钢及镍基合金宜采用钨极氩弧焊、焊条电弧焊、熔化极气保焊、____等方法。

答案： 埋弧焊

依据：《火力发电厂焊接技术规程》DL/T 869—2012，条款号 附录 E.1

86. **试题：** 坡口加工宜采用机械方式。当采用____切割进行下料和坡口加工时，应预留不少于 5mm 的加工余量。

答案： 等离子

依据：《火力发电厂焊接技术规程》DL/T 869—2012，条款号 附录 E.2

87. **试题：** 压力管道和耐强腐蚀介质部件焊接时，层间温度应控制在 150℃以下。当用水冷却时，宜采用＿＿＿＿。

答案：二级除盐水

依据：《火力发电厂焊接技术规程》DL/T 869—2012，条款号　附录 E.9

88. 试题：9%Cr～12%Cr 马氏体型耐热钢焊接时，当焊缝未填满焊接坡口深度的 25%，且未完成奥氏体等温转变后进行后热或焊后热处理时，不得＿＿＿＿焊接。

答案：中断

依据：《火力发电厂焊接技术规程》DL/T 869—2012，条款号　附录 F.2.5

89. 试题：《汽轮机叶片焊接修复技术导则》DL/T 905—2014 适用于火力发电厂汽轮机叶片采用＿＿＿＿焊、手工钨极氩弧焊方法从事叶片的焊接修复，也适用于汽轮机叶片围带裂纹的焊接修复。

答案：焊条电弧

依据：《汽轮机叶片焊接修复技术导则》DL/T 905—2014，条款号　1

90. 试题：凝汽器管板焊接相关的钢材应具有材料质量保证书，对无材料质量保证书或有材料质量保证书但对其质量有怀疑的，应按相关规范进行＿＿＿＿。

答案：复验

依据：《火电厂凝汽器管板焊接技术规程》DL/T 1097—2008，条款号　3.3.2

91. 试题：火力发电厂凝汽器管板焊接前的装配顺序为：管与板的清洗—穿管—铣管—＿＿＿＿—清洗。

答案：胀管

依据：《火电厂凝汽器管板焊接技术规程》DL/T 1097—2008，条款号　5.1.3

92. 试题：凝汽器管板焊接焊缝表面应均匀、美观、呈鱼鳞状。焊缝余高应不大于 1mm，焊缝宽度不大于＿＿＿＿。

答案：5mm

依据：《火电厂凝汽器管板焊接技术规程》DL/T 1097—2008，条款号　6.4

93. 试题：凝汽器管板焊接工艺评定的焊缝金相组织宏观检查不允许出现＿＿＿＿、未熔合、夹杂、气孔、氧化组织等缺陷。

答案：裂纹

依据：《火电厂凝汽器管板焊接技术规程》DL/T 1097—2008，条款号　6.8

94. 试题：焊接的隐蔽工程（地面组合工程）应在隐蔽（吊装）＿＿＿＿按验收批实施质量验收。

答案：前

依据：《电力建设施工质量验收及评价规程　第 7 部分：焊接》DL/T 5210.7—2010，

条款号　4.1.3

95. **试题：** 工作压力为 0.1MPa～1.6MPa 的压力容器，丁字接头的无损检测抽查数量不得少于其总样本量的____。

答案： 50%

依据： 《电力建设施工质量验收及评价规程　第 7 部分：焊接》DL/T 5210.7—2010，条款号　表 5.0.1

96. **试题：** 焊接工程质量分批验收应由不少于____的验收组成员共同至现场进行表面质量的外观检查，并做好记录。

答案： 2 人

依据： 《电力建设施工质量验收及评价规程　第 7 部分：焊接》DL/T 5210.7—2010，条款号　7.3.4

97. **试题：** 在对检验结果的验评中发现的一般记录不规范、____、误判等问题，应责成施工主体单位整改，完成整改后应予验收。

答案： 漏检

依据： 《电力建设施工质量验收及评价规程　第 7 部分：焊接》DL/T 5210.7—2010，条款号　8.2.4

98. **试题：** 按照焊接方法的机动化程度，将焊工分为手工焊焊工、机动焊焊工和____焊工。

答案： 自动焊

依据： 《特种设备焊接操作人员考核细则》TSG Z6002—2010，条款号　第八条

99. **试题：** 焊接材料的采购人员应具备足够的焊接材料基本知识，了解焊接材料在焊接生产中的____及重要性。

答案： 用途

依据： 《焊接材料质量管理规程》JB/T 3223—1996，条款号　4.1

二、判断题（判断下列试题是否正确。正确的在括号内打"√"，错误的在括号内打"×"）

1. **试题：** 现场设备、工业管道焊接工程施工质量的验收不得违反国家现行有关标准的规定。（　　）

答案： √

依据： 《现场设备、工业管道焊接工程施工规范》GB 50683—2011，条款号　1.0.5

2. **试题：** 焊接责任人员是指通过培训、教育或实践获得一定焊接专业知识，其能力得到认可并被指定对焊接及相关制造活动负有责任的人员。（　　）

答案： √

依据：《现场设备、工业管道焊接工程施工规范》GB 50236—2011，条款号　2.0.2

3. **试题：** 经过返修仍不能满足安全使用要求的工程，严禁验收。（　　）

答案： √

依据：《现场设备、工业管道焊接工程施工质量验收规范》GB 50683—2011，条款号　3.2.3

4. **试题：** 未经验收合格的焊接工程可暂时投入使用。（　　）

答案： ×

依据：《现场设备、工业管道焊接工程施工质量验收规范》GB 50683—2011，条款号　3.2.4

5. **试题：** 未掌握材料的焊接性能或焊接性资料不齐，应进行焊接工艺评定。（　　）

答案： ×

依据：《现场设备、工业管道焊接工程施工规范》GB 50236—2011，条款号　5.0.1

6. **试题：** 不锈钢复合钢的切割和坡口加工宜采用机械加工法。若用热加工方法，宜采用等离子切割方法。（　　）

答案： √

依据：《现场设备、工业管道焊接工程施工规范》GB 50236—2011，条款号　7.2.1

7. **试题：** 除涉及规定需进行冷拉伸或冷压缩的管道外，焊件不得进行强行组对。（　　）

答案： √

依据：《现场设备、工业管道焊接工程施工规范》GB 50236—2011，条款号　7.2.3

8. **试题：** 异种钢焊接当两侧母材均为非奥氏体钢或均为奥氏体钢时，应根据强度级别较高或合金含量较高一侧母材选用焊接材料。（　　）

答案： ×

依据：《现场设备、工业管道焊接工程施工规范》GB 50236—2011，条款号　7.3.1

9. **试题：** 异种钢焊接当两侧母材之一为奥氏体钢时，应选用 25Cr-13Ni 型或含镍量更高的焊接材料。当设计温度高于 425℃时，宜选用镍基焊接材料。

答案： √

依据：《现场设备、工业管道焊接工程施工规范》GB 50236—2011，条款号　7.3.1

10. **试题：** 复合钢焊接时，基层和复层应分别按照基层和复层母材选用相应的焊接材料，过渡层应选用 25Cr-13Ni 型或含镍量更高的焊接材料。（　　）

答案： √

依据：《现场设备、工业管道焊接工程施工规范》GB 50236—2011，条款号　7.3.1

11. **试题**：不得在坡口之外的母材表面引弧和试验电流，并应防止电弧擦伤母材。（　　）

　　答案：√

　　依据：《现场设备、工业管道焊接工程施工规范》GB 50236—2011，条款号　7.3.3

12. **试题**：管子焊接时，管内应防止穿堂风。（　　）

　　答案：√

　　依据：《现场设备、工业管道焊接工程施工规范》GB 50236—2011，条款号　7.3.7

13. **试题**：第一层焊缝和盖面层焊缝焊接时，应采用锤击消除残余应力。（　　）

　　答案：×

　　依据：《现场设备、工业管道焊接工程施工规范》GB 50236—2011，条款号　7.3.10

14. **试题**：复合钢焊接过渡层时，宜选用大的焊接线能量。（　　）

　　答案：×

　　依据：《现场设备、工业管道焊接工程施工规范》GB 50236—2011，条款号　7.3.14

15. **试题**：焊前预热及焊后热处理要求应在焊接工艺文件中规定，必要时经焊接工艺评定验证。（　　）

　　答案：×

　　依据：《现场设备、工业管道焊接工程施工规范》GB 50236—2011，条款号　7.4.1

16. **试题**：焊缝外观应成型良好，不应有电弧擦伤；焊道与焊道、焊道与母材之间应平滑过渡；焊渣和飞溅物应清除干净。（　　）

　　答案：√

　　依据：《现场设备、工业管道焊接工程施工质量验收规范》GB 50683—2011，条款号　8.1.4

17. **试题**：纯铜及黄铜的钨极惰性气体保护焊焊接时应采用直流电源，母材接负极。（　　）

　　答案：×

　　依据：《现场设备、工业管道焊接工程施工规范》GB 50236—2011，条款号　9.3.5

18. **试题**：钛及钛合金焊接时可从所焊母材上裁条充当焊丝。（　　）

　　答案：×

　　依据：《现场设备、工业管道焊接工程施工规范》GB 50236—2011，条款号　10.2.1

19. **试题**：钛及钛合金钨极惰性气体保护电弧焊应采用交流电源、反接法。（　　）

　　答案：×

　　依据：《现场设备、工业管道焊接工程施工规范》GB 50236—2011，条款号　10.3.1

20. **试题**：同种镍材的焊接，应选用和母材合金系列相同的焊接材料。（　　　）

　　答案：√

　　依据：《现场设备、工业管道焊接工程施工规范》GB 50236—2011，条款号　11.2.1

21. **试题**：异种镍材及镍材与奥氏体钢之间的焊接，应按耐蚀性能较好的母材以及线膨胀系数与母材相近的原则选择焊接材料。（　　　）

　　答案：√

　　依据：《现场设备、工业管道焊接工程施工规范》GB 50236—2011，条款号　11.2.1

22. **试题**：焊缝焊完后应在焊缝附近做焊工标记及其他规定的标记。标记方法不得对材料表面构成损害或污染。（　　　）

　　答案：√

　　依据：《现场设备、工业管道焊接工程施工规范》GB 50236—2011，条款号　13.3.12

23. **试题**：不锈钢及有色金属不得使用硬印标记。当不锈钢和有色金属材料采用色码标记时，印色不应含有对材料产生损害的物质。（　　　）

　　答案：√

　　依据：《现场设备、工业管道焊接工程施工规范》GB 50236—2011，条款号　13.3.12

24. **试题**：GB 50661—2011《钢结构焊接规范》适用于工业与民用钢结构工程中承受静荷载或动荷载、钢材厚度大于或等于 6mm 的结构焊接。（　　　）

　　答案：×

　　依据：《钢结构焊接规范》GB 50661—2011，条款号　1.0.2

25. **试题**：钢结构工程焊接难度可分为 A、B、C、D 四个等级。（　　　）

　　答案：√

　　依据：《钢结构焊接规范》GB 50661—2011，条款号　3.0.1

26. **试题**：钢结构焊接工程设计、施工单位应具备与工程结构类型相应的资质。（　　　）

　　答案：√

　　依据：《钢结构焊接规范》GB 50661—2011，条款号　3.0.2

27. **试题**：对承担焊接难度等级为 A 级和 B 级的施工单位，应具有焊接工艺试验室。（　　　）

　　答案：×

　　依据：《钢结构焊接规范》GB 50661—2011，条款号　3.0.3

28. **试题**：焊工应按所从事钢结构的钢材种类、焊接节点形式、焊接方法、焊接位置等要求进行技术资格考试，并取得相应的资格证书，其施焊范围不得超越资格证的规

定。（　　　）

答案：√

依据：《钢结构焊接规范》GB 50661—2011，条款号　3.0.4

29. 试题：钢结构焊接工程用钢材及焊接材料应符合设计文件的要求，并应具有钢厂和焊接材料厂出具的产品质量证明书或检验报告，其化学成分、力学性能和其他质量要求应符合国家现行有关标准的规定。（　　　）

答案：√

依据：《钢结构焊接规范》GB 50661—2011，条款号　4.0.1

30. 试题：钢结构焊接连接构造设计，宜采用刚度较大的节点形式，宜选择焊缝密集和双向、三向相交。（　　　）

答案：×

依据：《钢结构焊接规范》GB 50661—2011，条款号　5.1.1

31. 试题：塞焊和槽焊的有效面积应不小于贴合面上圆孔或长槽孔面积的1/2。（　　　）

答案：×

依据：《钢结构焊接规范》GB 50661—2011，条款号　5.4.1

32. 试题：断续角焊缝焊段的最小长度不应小于最小计算长度的2倍。（　　　）

答案：×

依据：《钢结构焊接规范》GB 50661—2011，条款号　5.4.2

33. 试题：焊接结构中母材厚度方向上需承受较大焊接收缩应力时，应选用具有较好厚度方向性能的钢材。（　　　）

答案：√

依据：《钢结构焊接规范》GB 50661—2011，条款号　5.5.2

34. 试题：要求焊缝与母材等强和承受动荷载的对接接头，其纵横两方向的对接焊缝，宜采用十字交叉。（　　　）

答案：×

依据：《钢结构焊接规范》GB 50661—2011，条款号　5.6.1

35. 试题：钢结构构件制作焊接节点形式不得违反设计图纸要求。（　　　）

答案：√

依据：《钢结构焊接规范》GB 50661—2011，条款号　5.6.1

36. 试题：钢管及箱形框架柱安装拼接应采用全焊接头，并应根据设计要求采用全焊透焊缝或部分焊透焊缝，全焊透焊缝坡口形式应采用X形坡口。（　　　）

答案：×

依据：《钢结构焊接规范》GB 50661—2011，条款号　5.6.2

37. 试题：焊接工艺评定的环境应反映工程施工现场的条件。（　　　）

答案：√

依据：《钢结构焊接规范》GB 50661—2011，条款号　6.1.3

38. 试题：对于焊接难度等级为 A、B、C 级的钢结构焊接工程，其焊接工艺评定有效期应为 3 年。（　　　）

答案：×

依据：《钢结构焊接规范》GB 50661—2011，条款号　6.1.9

39. 试题：接头形式变化时应重新评定，但十字形接头评定结果可替代 T 形接头评定结果，全焊透或部分焊透的 T 形或十字形接头对接与角接组合焊缝评定结果可替代角焊缝评定结果。（　　　）

答案：√

依据：《钢结构焊接规范》GB 50661—2011，条款号　6.2.3

40. 试题：钢结构焊接工艺评定时，除栓钉焊外，横焊位置评定结果可替代平焊位置，平焊位置评定结果也可替代横焊位置。（　　　）

答案：×

依据：《钢结构焊接规范》GB 50661—2011，条款号　6.2.7

41. 试题：宏观酸蚀试样中每块试样应取一个面进行检验，可以将同一切口的两个侧面作为两个检验面。（　　　）

答案：×

依据：《钢结构焊接规范》GB 50661—2011，条款号　6.4.2

42. 试题：免予评定的母材和焊缝金属组合，厚度不应大于 40mm，钢材的质量等级应为 C、D 级。（　　　）

答案：×

依据：《钢结构焊接规范》GB 50661—2011，条款号　6.6.2

43. 试题：钢结构定位焊必须由持相应资格证书的焊工施焊。（　　　）

答案：√

依据：《钢结构焊接规范》GB 50661—2011，条款号　7.4.1

44. 试题：焊接环境温度为 0℃～10℃时，应采取加热或防护措施。（　　　）

答案：×

依据：《钢结构焊接规范》GB 50661—2011，条款号 7.5.3

45. **试题：** 电渣焊和气电立焊在环境温度为-10℃以上施焊时可不进行预热。（   ）
    答案： ×
    依据：《钢结构焊接规范》GB 50661—2011，条款号 7.6.3

46. **试题：** 在焊接接头的端部应设置焊缝引弧板、引出板，应使焊缝在提供的延长段上引弧和终止。（   ）
    答案： √
    依据：《钢结构焊接规范》GB 50661—2011，条款号 7.9.2

47. **试题：** 对于焊条电弧焊（SMAW）、实心焊丝气体保护焊（GMAW）、药芯焊丝电弧焊（FCAW）和埋弧焊（SAW）焊接方法，每一道焊缝的宽深比不应小于 1.1。（   ）
    答案： √
    依据：《钢结构焊接规范》GB 50661—2011，条款号 7.9.2

48. **试题：** 在低碳钢上严禁采用塞焊和槽焊焊缝。（   ）
    答案： ×
    依据：《钢结构焊接规范》GB 50661—2011，条款号 7.9.7

49. **试题：** 钢结构焊接时，采用的焊接工艺和焊接顺序应能使最终构件的变形和收缩最小。（   ）
    答案： √
    依据：《钢结构焊接规范》GB 50661—2011，条款号 7.10.1

50. **试题：** 钢结构焊接时，宜采用连续焊接法，以保持工件局部热量较为集中。（   ）
    答案： ×
    依据：《钢结构焊接规范》GB 50661—2011，条款号 7.10.2

51. **试题：** 构件装配焊接时，应先焊收缩量较小的接头，后焊收缩量较大的接头，接头应在小的拘束状态下焊接。（   ）
    答案： ×
    依据：《钢结构焊接规范》GB 50661—2011，条款号 7.10.3

52. **试题：** 焊接返修的预热温度应比相同条件下正常焊接的预热温度降低 30℃～50℃，并应采用低氢焊接方法和焊接材料进行焊接。（   ）
    答案： ×
    依据：《钢结构焊接规范》GB 50661—2011，条款号 7.11.1

53. **试题**：焊接变形超标的构件应采用机械方法或局部加热的方法进行矫正。（　　　）

　　　答案：√

　　　依据：《钢结构焊接规范》GB 50661—2011，条款号　7.12.1

54. **试题**：采用加热矫正时，调质钢的矫正温度严禁超过最高预热温度。（　　　）

　　　答案：×

　　　依据：《钢结构焊接规范》GB 50661—2011，条款号　7.12.2

55. **试题**：在钢结构焊接中，可在焊缝区域外的母材上引弧和熄弧。（　　　）

　　　答案：×

　　　依据：《钢结构焊接规范》GB 50661—2011，条款号　7.16.1

56. **试题**：焊接检验的一般程序包括自检和质量监督检查。（　　　）

　　　答案：×

　　　依据：《钢结构焊接规范》GB 50661—2011，条款号　8.1.2

57. **试题**：钢结构超声波检测设备及工艺要求不符合现行国家钢焊缝手工超声波探伤方法和探伤结果分级标准规定的，不得从事钢焊缝手工超声波探伤。（　　　）

　　　答案：√

　　　依据：《钢结构焊接规范》GB 50661—2011，条款号　8.2.4

58. **试题**：钢结构磁粉检测应符合现行机械行业焊缝磁粉检测标准有关规定，缺陷磁痕不得超过相关标准的规定。（　　　）

　　　答案：√

　　　依据：《钢结构焊接规范》GB 50661—2011，条款号　8.2.7

59. **试题**：钢结构渗透检测应符合现行机械行业焊缝渗透检测标准有关规定，显示缺陷不得超过相关标准的规定。（　　　）

　　　答案：√

　　　依据：《钢结构焊接规范》GB 50661—2011，条款号　8.2.8

60. **试题**：负荷状态下焊接补强或加固施工，加大焊缝厚度时，必须从原焊缝受力较大部位开始施焊。（　　　）

　　　答案：×

　　　依据：《钢结构焊接规范》GB 50661—2011，条款号　9.0.9

61. **试题**：加固焊缝宜对称布置，不宜密集、交叉，在高应力区和应力集中处必须布置加固焊缝。（　　　）

　　　答案：×

依据：《钢结构焊接规范》GB 50661—2011，条款号　9.0.12

62. **试题：** 焊后应将焊渣、飞溅等清除干净。（　　　）
   答案： √
   依据：《钢结构焊接规范》GB 50661—2011，条款号　10.1.9

63. **试题：** 钢结构焊接用焊接材料在使用前应按规定进行烘干，并应在使用过程中保持干燥，烘烤条件应符合焊材说明书或有关技术文件的规定。（　　　）
   答案： √
   依据：《现场设备、工业管道焊接工程施工质量验收规范》GB 50683—2011，条款号　4.0.3

64. **试题：** 改变焊后热处理类别，无需重新进行焊接工艺评定。（　　　）
   答案： ×
   依据：《承压设备焊接工艺评定》NB/T 47014—2011，条款号　6.1.4.1

65. **试题：** 承压设备焊接工艺评定标准适用于气瓶焊接。（　　　）
   答案： ×
   依据：《承压设备焊接工艺评定》NB/T 47014—2011，条款号　1

66. **试题：** 改变焊接方法，不需要重新进行焊接工艺评定。（　　　）
   答案： ×
   依据：《承压设备焊接工艺评定》NB/T 47014—2011，条款号　6.11

67. **试题：** 当变更任何一个重要因素时，可视情况进行焊接工艺评定。（　　　）
   答案： ×
   依据：《承压设备焊接工艺评定》NB/T 47014—2011，条款号　6.2.1

68. **试题：** 角焊缝试件外观检查允许有不大于 0.5mm 的裂纹。（　　　）
   答案： ×
   依据：《承压设备焊接工艺评定》NB/T 47014—2011，条款号　6.4.2.3

69. **试题：** 电力钢结构焊接方法的确定应根据结构的使用要求、焊缝类别、焊接设备、焊工操作技能、施工条件及经济效益等综合考虑。（　　　）
   答案： √
   依据：《电力钢结构焊接通用技术条件》DL/T 678—2013，条款号　3.1.2

70. **试题：** 电力钢结构焊接工作不得违反国家和行业的安全、环保规定及其他专门规定。
   （　　　）

619

答案：√

依据：《电力钢结构焊接通用技术条件》DL/T 678—2013，条款号 3.1.6

71. 试题：电力钢结构的焊缝应根据结构的载荷性质、焊缝形式、工作环境及应力状态和重要性等分为三类。（ ）

答案：√

依据：《电力钢结构焊接通用技术条件》DL/T 678—2013，条款号 3.3.1

72. 试题：未按焊工考试规则进行考核并取得相应资格的焊工与焊机操作工，不得从事火电工程相应项目的焊接工作。（ ）

答案：√

依据：《电力钢结构焊接通用技术条件》DL/T 678—2013，条款号 3.2.2.2

《火力发电厂焊接技术规程》DL/T 869—2012，条款号 3.2.2.4

73. 试题：未按相关规定取得相应技术资格的人员，不得从事电力钢结构焊接工程无损检测和理化试验工作。（ ）

答案：√

依据：《电力钢结构焊接通用技术条件》DL/T 678—2013，条款号 3.2.2.5

74. 试题：焊缝在动荷载或静荷载下承受压力，按等强度设计的对接焊缝、对接与角接组合焊缝为一类焊缝。（ ）

答案：×

依据：《电力钢结构焊接通用技术条件》DL/T 678—2013，条款号 3.3.2

75. 试题：首次使用的钢材在进行焊接工艺评定前应收集焊接性资料和焊接、焊接热处理及其他热加工方法的指导性工艺资料。（ ）

答案：√

依据：《电力钢结构焊接通用技术条件》DL/T 678—2013，条款号 4.1.1

76. 试题：未经设计批准的材料不能作为工程代用材料；未经过监理同意的材料不能作为工程中使用的临时材料。（ ）

答案：×

依据：《电力钢结构焊接通用技术条件》DL/T 678—2013，条款号 4.1.2

77. 试题：未经验收的钢材，不得使用。对钢材材质有怀疑时，应按照该钢材批号进行化学成分和力学性能检验。（ ）

答案：√

依据：《电力钢结构焊接通用技术条件》DL/T 678—2013，条款号 4.1.4

78. **试题：**钢板拼接，两平行焊缝之间的距离应不小于100mm。（　　）

　　答案：×

　　依据：《电力钢结构焊接通用技术条件》DL/T 678—2013，条款号　5.1.1

79. **试题：**高强度调质钢不宜采用火焰下料或坡口加工。（　　）

　　答案：√

　　依据：《电力钢结构焊接通用技术条件》DL/T 678—2013，条款号　5.2.3

80. **试题：**淬硬倾向较大的电力钢结构钢材经过热加工方法下料、坡口加工后可直接使用。（　　）

　　答案：×

　　依据：《电力钢结构焊接通用技术条件》DL/T 678—2013，条款号　5.2.4

81. **试题：**在电力钢结构焊接中，焊接层间温度不应低于最低预热温度。如果需要中断焊接，除按工艺要求进行后热处理外，再次焊接前应预热。（　　）

　　答案：√

　　依据：《电力钢结构焊接通用技术条件》DL/T 678—2013，条款号　6.2.5

82. **试题：**低合金钢的层间温度不宜大于 100℃，奥氏体不锈钢最高层间温度不宜大于230℃，高强度调质钢层间温度不宜超过330℃。（　　）

　　答案：×

　　依据：《电力钢结构焊接通用技术条件》DL/T 678—2013，条款号　6.2.6

83. **试题：**在电力钢结构焊接中，可在被焊工件表面引燃电弧、试验电流或焊接临时支撑物。（　　）

　　答案：×

　　依据：《电力钢结构焊接通用技术条件》DL/T 678—2013，条款号　6.3.1.1

84. **试题：**定位焊的预热温度应比正式焊接高100℃。（　　）

　　答案：×

　　依据：《电力钢结构焊接通用技术条件》DL/T 678—2013，条款号　6.3.3.3

85. **试题：**在电力钢结构焊接中，定位焊的引弧和熄弧应在焊件坡口内完成。（　　）

　　答案：√

　　依据：《电力钢结构焊接通用技术条件》DL/T 678—2013，条款号　6.3.3.4

86. **试题：**可对厚板焊缝的整个焊接进行锤击，以减少整个接头的应力和变形。（　　）

　　答案：×

　　依据：《电力钢结构焊接通用技术条件》DL/T 678—2013，条款号　6.3.4.4

87. **试题**：用锤击法消除焊接应力时，应使用圆头手锤或小型振动工具对根部焊缝、盖面焊缝或焊缝坡口边缘的母材进行锤击。（　　　）
    答案：×
    依据：《钢结构焊接规范》GB 50661—2011，条款号　7.8.3

88. **试题**：在电力钢结构焊接中，除工艺和检验上要求分次焊接外，施焊过程应连续完成。若被迫中断时，应采取防止裂纹产生的措施（如后热、缓冷、保温等）。（　　　）
    答案：√
    依据：《电力钢结构焊接通用技术条件》DL/T 678—2013，条款号　6.3.4.5

89. **试题**：在焊接过渡层和复层材料时，应尽量采用较大的焊接线能量。（　　　）
    答案：×
    依据：《电力钢结构焊接通用技术条件》DL/T 678—2013，条款号　6.4.3

90. **试题**：焊接复合钢板时，宜按照复层、过渡层、基层的顺序焊接。（　　　）
    答案：×
    依据：《电力钢结构焊接通用技术条件》DL/T 678—2013，条款号　6.4.1

91. **试题**：在电力钢结构焊接中，对冷裂纹敏感性较大的低合金结构钢或拘束度较大的焊件，焊后不应立即采取后热措施。（　　　）
    答案：×
    依据：《电力钢结构焊接通用技术条件》DL/T 678—2013，条款号　7.2.2.1

92. **试题**：后热温度一般为 200℃～350℃，保温时间与后热温度、焊缝金属厚度有关，一般不少于 30min，达到保温时间后应缓冷至常温。（　　　）
    答案：√
    依据：《电力钢结构焊接通用技术条件》DL/T 678—2013，条款号　7.2.2.3

93. **试题**：低合金调质钢一般不做焊后热处理，需要焊后热处理时，热处理温度应高于调质处理时的回火温度 30℃～50℃。（　　　）
    答案：×
    依据：《电力钢结构焊接通用技术条件》DL/T 678—2013，条款号　7.2.3.2

94. **试题**：采用奥氏体焊接材料焊接，其焊接接头应进行比原回火热处理温度高 30℃～50℃的焊后热处理。（　　　）
    答案：×
    依据：《电力钢结构焊接通用技术条件》DL/T 678—2013，条款号　7.2.3.7

95. **试题**：对容易产生再热裂纹的钢材应在焊接热处理前进行无损检测。（　　　）

答案：×

依据：《电力钢结构焊接通用技术条件》DL/T 678—2013，条款号 8.2.1

96. 试题：电力钢结构焊缝的外观检查应在完工的焊缝冷却至环境温度后进行。（　　）

答案：√

依据：《电力钢结构焊接通用技术条件》DL/T 678—2013，条款号 8.1.1

97. 试题：对气孔、夹渣、焊瘤或余高过大等表面缺陷，应先打磨清除，必要时进行补焊。（　　）

答案：√

依据：《电力钢结构焊接通用技术条件》DL/T 678—2013，条款号 10.1

98. 试题：在电力钢结构焊接中，修复前，应先拟定焊接修复工艺，并得到评定和验证。（　　）

答案：√

依据：《电力钢结构焊接通用技术条件》DL/T 678—2013，条款号 10.5

99. 试题：焊工技术考核应按照焊工拟承担的项目分类进行，各类焊工允许承担的工作范围与 DL/T 679 规定的焊接接头类别一致。（　　）

答案：√

依据：《焊工技术考核规程》DL/T 679—2012，条款号 3.5

100. 试题：铝母线和凝汽器管板焊接的人员考核应分别按照相应规范的规定进行。（　　）

答案：√

依据：《焊工技术考核规程》DL/T 679—2012，条款号 3.7

101. 试题：经过基础培训或从事焊接工作 1 个月以上者，可申请参加Ⅰ类焊工的技术考核。（　　）

答案：×

依据：《焊工技术考核规程》DL/T 679—2012，条款号 5.2

102. 试题：采用组合方法进行焊工技术考核时，根层以外的焊道所采用的焊接方法，不能单独使用，但可用于焊接全焊透的根层焊道。（　　）

答案：×

依据：《焊工技术考核规程》DL/T 679—2012，条款号 6.2.1

103. 试题：同类钢中经Ⅰ组材料考核合格者，可替代Ⅱ组、Ⅰ组材料的考核；经Ⅱ组材料考核合格者，可替代Ⅰ组材料的考核。（　　）

答案：×

依据：《焊工技术考核规程》DL/T 679—2012，条款号　6.2.2

104. 试题：焊机操作工每种材料都必须考核合格，不得代替。（　　　）

答案：×

依据：《焊工技术考核规程》DL/T 679—2012，条款号　6.2.2

105. 试题：锅炉受热面管子的焊工考核，应按管径不大于 76mm 的管子和相应技术条件考核。（　　　）

答案：×

依据：《焊工技术考核规程》DL/T 679—2012，条款号　6.2.3.5

106. 试题：焊工技术考核的接头形式应为对接接头和 T 形接头两类。（　　　）

答案：√

依据：《焊工技术考核规程》DL/T 679—2012，条款号　6.2.4.1

107. 试题：焊工技术考核时，焊条电弧焊应按酸性和碱性焊条分别考核。增项考核或复试时，酸性焊条考核合格，允许替代碱性焊条考核。（　　　）

答案：×

依据：《焊工技术考核规程》DL/T 679—2012，条款号　6.2.5.1

108. 试题：焊工技术考核时，管材试件，其定位应放置于仰焊位置。（　　　）

答案：×

依据：《焊工技术考核规程》DL/T 679—2012，条款号　6.2.6.4

109. 试题：焊接锅炉受热面蛇形管排的焊工必须通过小径管一字障碍的考核。（　　　）

答案：×

依据：《焊工技术考核规程》DL/T 679—2012，条款号　6.3.4

110. 试题：焊工技术考核时，试件厚度小于 12mm 时，可用 2 个侧弯试样代替一个面弯和一个背弯试样。（　　　）

答案：×

依据：《焊工技术考核规程》DL/T 679—2012，条款号　7.2.1 表 7

111. 试题：弯曲试样加工时应用手工机械方法去除焊缝边缘表面缺陷。（　　　）

答案：×

依据：《焊工技术考核规程》DL/T 679—2012，条款号　7.3.表 8

112. 试题：Ⅰ类焊工咬边允许范围深度不大于 0.5mm，焊缝两侧咬边总长度不超过焊

缝全长的 10%，且不超过 40mm。（　　）

答案：√

依据：《焊工技术考核规程》DL/T 679—2012，条款号　8.2.2 表 10

113. 试题：焊工技术考核时，弯曲试验的试样弯曲后，受拉面和侧面不得有长度大于 3mm 的缺陷。（　　）

答案：√

依据：《焊工技术考核规程》DL/T 679—2012，条款号　8.6

114. 试题：焊工技术考核时，板状试件 T 形接头以"断口法"进行试验。（　　）

答案：×

依据：《焊工技术考核规程》DL/T 679—2012，条款号　8.7

115. 试题：外观检查或无损检测如有一件不合格时，不允许补焊，必须重新考核。（　　）

答案：×

依据：《焊工技术考核规程》DL/T 679—2012，条款号　10.4.1

116. 试题：焊工技术考核时，外观检查或无损检测如有一件不合格时，必须重新培训练习再进行重新考核。（　　）

答案：×

依据：《焊工技术考核规程》DL/T 679—2012，条款号　10.4.1

117. 试题：持有焊工合格证的焊工，中断焊接工作 3 个月以上时，必须重新进行技术考核。（　　）

答案：×

依据：《焊工技术考核规程》DL/T 679—2012，条款号　10.6

118. 试题：首次参加考核的焊工，必须考核板状对接试件，项目不少于两项（板状 1G 必须合格），方可申请办理签证。（　　）

答案：√

依据：《焊工技术考核规程》DL/T 679—2012，条款号　11.1.1

119. 试题：首次考核管状试件的焊工，必须具备板状对接试件四项合格的基础。（　　）

答案：√

依据：《焊工技术考核规程》DL/T 679—2012，条款号　11.1.2

120. 试题：焊工合格证的各项内容应填写清楚，不得涂改，印章必须齐全。（　　）

答案：√

依据：《焊工技术考核规程》DL/T 679—2012，条款号　11.3.2

121. 试题：焊工合格项目过期，经业主同意，可允许从事相应项目焊接工作。（　　）
答案：×
依据：《焊工技术考核规程》DL/T 679—2012，条款号　11.6.3

122. 试题：对焊管件是指管道系统中管件与管子或管件之间采用对接焊接接头连接的管件。（　　）
答案：√
依据：《电站钢制对焊管件》DL/T 695—2014，条款号　3.1

123. 试题：公称壁厚是指按照管子标准规格取用的壁厚，又称名义壁厚。（　　）
答案：√
依据：《电站钢制对焊管件》DL/T 695—2014，条款号　3.3

124. 试题：电站钢制对焊管件所有材料应按炉批号进行化学成分和力学性能复验，经确认符合相应的材料标准要求后方可使用。（　　）
答案：√
依据：《电站钢制对焊管件》DL/T 695—2014，条款号　6.1.3

125. 试题：对焊管件的合金钢材料未逐件进行光谱复验不得使用。（　　）
答案：√
依据：《电站钢制对焊管件》DL/T 695—2014，条款号　6.1.4

126. 试题：电站钢制对焊管件材料代用时应遵循同类材料代用的原则，且应经过监理单位批准后方可代用。（　　）
答案：×
依据：《电站钢制对焊管件》DL/T 695—2014，条款号　6.1.6

127. 试题：所有材料应按牌号、规格分类存放，存放材料的设施及环境条件不应使材料产生变形、腐蚀、损伤等。奥氏体不锈钢不用存放。（　　）
答案：×
依据：《电站钢制对焊管件》DL/T 695—2014，条款号　6.1.7

128. 试题：管件可采用锻制、弯曲、挤压、推制、模压、拉拔、焊接、机械加工等一种或几种组合方法成型，成型方法不应对管件产生有害缺陷。（　　）
答案：√
依据：《电站钢制对焊管件》DL/T 695—2014，条款号　7.1.1

129. 试题：采用有缝钢管制造三通时，钢管本体焊缝可设置在三通高应力区。（   ）
答案：×
依据：《电站钢制对焊管件》DL/T 695—2014，条款号 7.1.4

130. 试题：管件的硬度应均匀。对于包括 P91、P92、P122、X11CrMoWVNb9-1-1、X20CrMoV11-1 等在内的 9%Cr～12%Cr 系列钢材料的弯曲、推制、挤压或模压成形的管件和锻造管件，同一管件上任意两点之间的硬度差不应大于 50HBW。（   ）
答案：√
依据：《电站钢制对焊管件》DL/T 695—2014，条款号 7.2.12

131. 试题：奥氏体不锈钢管件热处理后应进行酸洗钝化处理。（   ）
答案：√
依据：《电站钢制对焊管件》DL/T 695—2014，条款号 7.8.4

132. 试题：无论采取何种标志方法，标志的位置应在管件的侧面中心线附近且易于观察的部位，钢印标记无需避开高应力区。（   ）
答案：×
依据：《电站钢制对焊管件》DL/T 695—2014，条款号 9.1

133. 试题：当铁素体钢和奥氏体不锈钢管件同时装运时，应采取必要的防护与隔离措施，防止铁素体钢与奥氏体不锈钢管件直接接触。（   ）
答案：√
依据：《电站钢制对焊管件》DL/T 695—2014，条款号 10.4

134. 试题：从事异种钢焊接工作的人员应符合 DL/T 869 和 DL/T 679 的要求，并取得相应的工作资格。（   ）
答案：√
依据：《火力发电厂异种钢焊接技术规程》DL/T 752—2010，条款号 3.2

135. 试题：不得使用不符合相应的规范、标准或设计文件的技术要求，以及没有出厂质量证明文件的钢材和焊接材料。（   ）
答案：√
依据：《火力发电厂异种钢焊接技术规程》DL/T 752—2010，条款号 3.3.1

136. 试题：热处理设备的计量仪器、焊接检验器具等各种需要计量的器具内部检定合格即可使用。（   ）
答案：×
依据：《火力发电厂异种钢焊接技术规程》DL/T 752—2010，条款号 3.4.2

137. 试题：同种钢材选择异质填充金属时，不用单独进行焊接工艺评定。（　　）
答案：×
依据：《火力发电厂异种钢焊接技术规程》DL/T 752—2010，条款号　3.5.3

138. 试题：容器、联箱和承压管道上的接管座焊缝一般设置为异种钢接头。（　　）
答案：×
依据：《火力发电厂异种钢焊接技术规程》DL/T 752—2010，条款号　4.1.4

139. 试题：异种钢焊接接头的焊接材料选择宜采用高匹配原则，即不同强度钢材之间焊接，其焊接材料选适于高强度侧钢材的。（　　）
答案：×
依据：《火力发电厂异种钢焊接技术规程》DL/T 752—2010，条款号　5.1

140. 试题：异种钢焊接操作时，不得违反评定合格的焊接工艺规程。（　　）
答案：√
依据：《火力发电厂异种钢焊接技术规程》DL/T 752—2010，条款号　6.1.1

141. 试题：施焊现场的最低环境温度应相关规定执行，并应具有遮风、避雨、防雪和防寒设施。（　　）
答案：√
依据：《火力发电厂异种钢焊接技术规程》DL/T 752—2010，条款号　6.1.2

142. 试题：不得在非焊接部位的母材上引弧、试电流或焊接临时物，不得在母材表面焊接对口卡具。（　　）
答案：√
依据：《火力发电厂异种钢焊接技术规程》DL/T 752—2010，条款号　6.1.3

143. 试题：大直径管坡口内临时定位块残留焊疤，可不去除。（　　）
答案：×
依据：《火力发电厂异种钢焊接技术规程》DL/T 752—2010，条款号　6.1.4

144. 试题：异种钢焊接接头确定定位焊缝的数量、长度和厚度等，应以去除对口卡具后及施焊中，定位焊缝不会因应力作用而产生裂纹为原则。（　　）
答案：√
依据：《火力发电厂异种钢焊接技术规程》DL/T 752—2010，条款号　6.1.5

145. 试题：施焊中，应注意焊道接头和收弧的质量，收弧时应将熔池填满，多层多道焊的焊道接头应错开。（　　）
答案：√

依据：《火力发电厂异种钢焊接技术规程》DL/T 752—2010，条款号　6.1.8

146. **试题：**对需做检验的异种钢隐蔽焊缝，经检验合格后，方可进行其他工序。（　　）

答案：√

依据：《火力发电厂异种钢焊接技术规程》DL/T 752—2010，条款号　6.1.10

147. **试题：**焊接后，即可拆卸安装管道使用的加载工具。（　　）

答案：×

依据：《火力发电厂异种钢焊接技术规程》DL/T 752—2010，条款号　6.1.12

148. **试题：**可以采取电加热的方法对异种钢焊接接头进行加热校正。（　　）

答案：×

依据：《火力发电厂异种钢焊接技术规程》DL/T 752—2010，条款号　6.1.13

149. **试题：**对于炉内换管，宜采用炉内焊接异种钢短管，炉外焊接同种钢的方法。（　　）

答案：×

依据：《火力发电厂异种钢焊接技术规程》DL/T 752—2010，条款号　6.2.3

150. **试题：**异种钢接头两侧的材料的合金成分差异较大时，可采取堆焊过渡层的方法来减小接头部分材料合金的成分差。（　　）

答案：√

依据：《火力发电厂异种钢焊接技术规程》DL/T 752—2010，条款号　6.3.1

151. **试题：**异种钢焊接可在低成分侧堆焊一种中间成分的材料，形成过渡层，过渡层的厚度应不大于3mm。（　　）

答案：×

依据：《火力发电厂异种钢焊接技术规程》DL/T 752—2010，条款号　6.3.2

152. **试题：**焊接热处理应采用自动记录仪记录曲线。（　　）

答案：√

依据：《火力发电厂异种钢焊接技术规程》DL/T 752—2010，条款号　7.1.1

153. **试题：**一侧为奥氏体型钢时，可以只对非奥氏体型钢单侧进行预热，应选择较低的预热温度；焊接时，层间温度不宜超过150℃。（　　）

答案：√

依据：《火力发电厂异种钢焊接技术规程》DL/T 752—2010，条款号　7.2.1

154. **试题：**两侧均为非奥氏体型钢时，应按母材预热温度低的选择预热温度；焊接时，层间温度应不低于预热温度的上限。（　　）

答案：×

依据：《火力发电厂异种钢焊接技术规程》DL/T 752—2010，条款号 7.2.2

155. 试题：当两侧均为非奥氏体型钢时，其焊后热处理温度应按加热温度要求较高的加热温度的上限来确定。（　　）

答案：×

依据：《火力发电厂异种钢焊接技术规程》DL/T 752—2010，条款号 7.3.2

156. 试题：需进行焊后热处理的接头，其质量检验应在焊后热处理之前进行。（　　）

答案：×

依据：《火力发电厂异种钢焊接技术规程》DL/T 752—2010，条款号 8.1

157. 试题：汽轮机铸钢补焊前应核查母材化学成分和硬度，进口材料应符合合同规定的技术条件。（　　）

答案：√

依据：《汽轮机铸钢件补焊技术导则》DL/T 753—2014，条款号 3.1.1

158. 试题：发现汽轮机铸钢件缺陷后，应首先进行理化检验并对检验结果记录和评定。（　　）

答案：√

依据：《汽轮机铸钢件补焊技术导则》DL/T 753—2014，条款号 4.1.1

159. 试题：当缺陷为裂纹时，为防止其进一步扩展，应根据裂纹的深度，采用 $\phi3mm\sim\phi15mm$ 钻头打止裂孔。（　　）

答案：√

依据：《汽轮机铸钢件补焊技术导则》DL/T 753—2014，条款号 4.2.1

160. 试题：汽轮机铸钢件补焊对焊前标记的各变形测点的变形量进行测量，变形量应满足设备使用要求，结合面的变形量应符合相关设备的要求。（　　）

答案：√

依据：《汽轮机铸钢件补焊技术导则》DL/T 753—2014，条款号 5.6.1

161. 试题：母线焊接工作应遵守国家和行业的安全、环保规定和其他专项规定。（　　）

答案：√

依据：《母线焊接技术规程》DL/T 754—2013，条款号 3.7

162. 试题：焊接用氩气纯度不得低于 95%。（　　）

答案：×

依据：《母线焊接技术规程》DL/T 754—2013，条款号 4.2.4

163. **试题**：焊接设备及仪表应定期检查，需要计量校验的部分应在校验有效期内使用。（ ）

    答案：√

    依据：《母线焊接技术规程》DL/T 754—2013，条款号 4.3.1

164. **试题**：TIG 焊接铝母线，宜选用交流方波弧焊电源。（   ）

    答案：√

    依据：《母线焊接技术规程》DL/T 754—2013，条款号 4.3.3

165. **试题**：母线表面应光洁平整，不应有裂纹、褶皱、夹杂物、变形和扭曲，且无内部损伤。（ ）

    答案：√

    依据：《母线焊接技术规程》DL/T 754—2013，条款号 5.1.2

166. **试题**：母线对口的接触面不得有氧化膜，加工应平整。（   ）

    答案：√

    依据：《母线焊接技术规程》DL/T 754—2013，条款号 5.1.3

167. **试题**：矩形、槽形、管形母线焊接的坡口形式和尺寸应按相关规范或设计图纸规定加工。（   ）

    答案：√

    依据：《母线焊接技术规程》DL/T 754—2013，条款号 5.2.1

168. **试题**：母线单面焊接时可在根部放置垫板或垫圈。不可拆除的垫板或垫圈宜采用同质材料。（   ）

    答案：√

    依据：《母线焊接技术规程》DL/T 754—2013，条款号 5.2.3

169. **试题**：母线焊接前应将坡口区油污、氧化膜和其他杂质清除干净。（   ）

    答案：√

    依据：《母线焊接技术规程》DL/T 754—2013，条款号 5.3.1

170. **试题**：母线焊前清理可采用机械或化学方法清理。（   ）

    答案：√

    依据：《母线焊接技术规程》DL/T 754—2013，条款号 5.3.3

171. **试题**：铝母线焊接操作场所的温度应不低于−5℃。（   ）

    答案：×

    依据：《母线焊接技术规程》DL/T 754—2013，条款号 6.1.1

172. **试题：**铝母线预热温度为 200℃～250℃。（　　　）

     答案：×

     依据：《母线焊接技术规程》DL/T 754—2013，条款号　6.2.1

173. **试题：**母线焊接定位焊选用的焊接材料、焊接工艺、预热温度和焊工资格条件等应与正式施焊时要求相同。（　　　）

     答案：√

     依据：《母线焊接技术规程》DL/T 754—2013，条款号　6.3.2

174. **试题：**母线焊件组对需要锤击整形的，应采用铁槌。（　　　）

     答案：×

     依据：《母线焊接技术规程》DL/T 754—2013，条款号　6.3.5

175. **试题：**铝母线 MIG 焊接时，应采用直流正接。（　　　）

     答案：×

     依据：《母线焊接技术规程》DL/T 754—2013，条款号　6.4.2.3

176. **试题：**母线焊接若对焊接接头有强度要求，应通过对焊接接头进行固熔-淬火处理。（　　　）

     答案：√

     依据：《母线焊接技术规程》DL/T 754—2013，条款号　6.4.2.1

177. **试题：**直径大于 100mm 的管形母线对接接头宜采取对称焊。（　　　）

     答案：×

     依据：《母线焊接技术规程》DL/T 754—2013，条款号　6.4.4.1

178. **试题：**对超标的母线焊接缺陷，应采取火焰切割方式消除。（　　　）

     答案：×

     依据：《母线焊接技术规程》DL/T 754—2013，条款号　6.4.5.2

179. **试题：**母线焊接质量的检查和检验工作，实行三级检查验收制度，贯彻自检和专检相结合的方法，做好质量检查和验收工作。（　　　）

     答案：√

     依据：《母线焊接技术规程》DL/T 754—2013，条款号　7.1

180. **试题：**母线焊接接头射线检测结果如出现不合格，应从该焊工同一批接头中按不合格接头数加倍进行检测。（　　　）

     答案：√

     依据：《母线焊接技术规程》DL/T 754—2013，条款号　7.9

181. 试题：母线焊接接头拉伸试验，其抗拉强度一般不应低于原材料抗拉强度标准值的下限的80%。（ ）

答案：×

依据：《母线焊接技术规程》DL/T 754—2013，条款号 A.6.5

182. 试题：焊接热处理指在焊接之前、焊接过程中或焊接之后，将焊件全部或局部加热、保温、冷却，以改善工件的焊接工艺性能、焊接接头的金相组织和力学性能的一种工艺。（ ）

答案：√

依据：《火力发电厂焊接热处理规程》DL/T 819—2010，条款号 3.1

183. 试题：焊接热处理人员包括热处理技术人员和热处理工。（ ）

答案：√

依据：《火力发电厂焊接热处理规程》DL/T 819—2010，条款号 4.1.1

184. 试题：焊接热处理加热炉可使用电加热或火焰加热。（ ）

答案：√

依据：《火力发电厂焊接热处理规程》DL/T 819—2010，条款号 5.1.1

185. 试题：焊接热处理炉内有效加热区的保温精度应达到±50℃，有效加热区测量、仪表检定周期均为12个月。（ ）

答案：×

依据：《火力发电厂焊接热处理规程》DL/T 819—2010，条款号 5.1.1

186. 试题：焊接热处理时，当同炉控制多根（片）加热器时，其各加热器的电阻值的偏差不应超过10%。（ ）

答案：×

依据：《火力发电厂焊接热处理规程》DL/T 819—2010，条款号 5.1.2

187. 试题：热处理采取火焰加热时应采用瓶（罐）或管道提供液体、气体，并采取措施，防止回火。（ ）

答案：√

依据：《火力发电厂焊接热处理规程》DL/T 819—2010，条款号 5.1.4

188. 试题：对具有明显尖角效应影响的焊件，或厚度超过100mm的焊件的焊接热处理，宜采用中频电磁感应加热。（ ）

答案：×

依据：《火力发电厂焊接热处理规程》DL/T 819—2010，条款号 5.2.2

189. **试题：** 火焰加热适用于所有需要加热的场合。（   ）

     答案： ×

     依据：《火力发电厂焊接热处理规程》DL/T 819—2010，条款号 5.2.3

190. **试题：** 火焰加热应以焊缝为中心，加热宽度为焊缝两侧各外延不少于 50mm。
     （   ）

     答案： √

     依据：《火力发电厂焊接热处理规程》DL/T 819—2010，条款号 5.3.3

191. **试题：** 有冷裂纹倾向的焊件，当焊接工作停止后，若不能及时进行焊后热处理，
     应进行后热。（   ）

     答案： √

     依据：《火力发电厂焊接热处理规程》DL/T 819—2010，条款号 6.3.1

192. **试题：** 后热时的加热宽度应不小于预热时的加热宽度。（   ）

     答案： √

     依据：《火力发电厂焊接热处理规程》DL/T 819—2010，条款号 6.3.3

193. **试题：** 当管子外径不大于 108mm 或厚度不大于 10mm 时，若采用电磁感应加热或
     火焰加热，可不控制加热速度。（   ）

     答案： √

     依据：《火力发电厂焊接热处理规程》DL/T 819—2010，条款号 6.4.5

194. **试题：** 对厚度大于 100mm 的焊件进行焊接热处理时，应采取特别措施保证焊件有
     足够的均温范围。（   ）

     答案： √

     依据：《火力发电厂焊接热处理规程》DL/T 819—2010，条款号 6.4.6

195. **试题：** 接触法测温宜采用热电偶、测温笔、接触式表面测温仪等。非接触法测温
     宜采用便携式红外测温仪等。（   ）

     答案： √

     依据：《火力发电厂焊接热处理规程》DL/T 819—2010，条款号 7.1.2

196. **试题：** 热电偶宜选用 K 分度的防水型铠装热电偶或 K 分度热电偶丝。（   ）

     答案： √

     依据：《火力发电厂焊接热处理规程》DL/T 819—2010，条款号 7.2.1

197. **试题：** 一般管道对接接头加热宽度应根据加热方法及外径（D）与壁厚（δ）的比
     值来选取，但最少不小于 100mm。（   ）

答案：√

依据：《火力发电厂焊接热处理规程》DL/T 819—2010，条款号　8.1.1

198. 试题：直径大于 273mm 的管道或大型部件进行焊后热处理时，不用采取分区加热。（　　）

答案：×

依据：《火力发电厂焊接热处理规程》DL/T 819—2010，条款号　8.2.1

199. 试题：工频感应加热时感应线圈与工件的间隙为 10mm～50mm；中频及以上频率感应加热时为 10mm～80mm。（　　）

答案：√

依据：《火力发电厂焊接热处理规程》DL/T 819—2010，条款号　8.2.2

200. 试题：焊后热处理的保温厚度以 10mm～20mm 为宜，感应加热时，可适当减小保温厚度。（　　）

答案：×

依据：《火力发电厂焊接热处理规程》DL/T 819—2010，条款号　8.3.3

201. 试题：焊接工艺评定是为验证所拟定的焊件焊接工艺参数的正确性而进行的试验过程和结果评价。（　　）

答案：√

依据：《焊接工艺评定规程》DL/T 868—2014，条款号　3.1

202. 试题：焊接工艺评定报告是记录评定焊接工艺过程中，有关试验数据及结果的文件。（　　）

答案：√

依据：《焊接工艺评定规程》DL/T 868—2014，条款号　3.2

203. 试题：焊接工艺规程是根据合格的焊接工艺评定报告结合现场条件编制的，指导产品施焊的焊接工艺文件。（　　）

答案：√

依据：《焊接工艺评定规程》DL/T 868—2014，条款号　3.3

204. 试题：在规定的部件焊接前，施焊单位应查询是否具有焊接工艺评定资料。如无资料或已有资料的适用范围与该焊接工程不符，必须进行焊接工艺评定。（　　）

答案：√

依据：《焊接工艺评定规程》DL/T 868—2014，条款号　4.1

205. 试题：焊接工艺评定所用的钢材、焊接材料均应具有材料质量证明书，并符合相

应标准，如不能确定材料质量证明书的真实性或者对材料的性能和化学成分有怀疑，应进行复验。（　　）

答案： √

依据：《焊接工艺评定规程》DL/T 868—2014，条款号　4.3

206. **试题：** 国外焊条、焊丝、焊剂，未经查询有关资料和试验验证确认，不可使用。（　　）

答案： √

依据：《焊接工艺评定规程》DL/T 868—2014，条款号　5.1.3.2

207. **试题：** 焊接工艺评定的试件形式应为对接接头、T 形接头、搭接接头 3 种。（　　）

答案： ×

依据：《焊接工艺评定规程》DL/T 868—2014，条款号　5.4.1

208. **试题：** 不同焊接方法在进行焊接工艺评定时，熔化极气体保护焊的焊接工艺评定可替代非熔化极气体保护焊。（　　）

答案： ×

依据：《焊接工艺评定规程》DL/T 868—2014，条款号　6.1.1

209. **试题：** 同一焊接方法焊接工艺评定时，手工焊可替代自动焊。（　　）

答案： ×

依据：《焊接工艺评定规程》DL/T 868—2014，条款号　6.1.2

210. **试题：** 如采取一种以上的焊接方法组合形式焊接焊件，则每种焊接方法应分别进行焊接工艺评定。（　　）

答案： ×

依据：《焊接工艺评定规程》DL/T 868—2014，条款号　6.1.3

211. **试题：** 在焊接工艺评定中重要因素变化时，应补做冲击韧性试验，不用重新评定。（　　）

答案： ×

依据：《焊接工艺评定规程》DL/T 868—2014，条款号　6.1.4

212. **试题：** 不必对所有母材都进行焊接工艺评定。当重要因素和附加重要因素不变其焊接质量也能满足技术文件的要求时，存在一定的焊接工艺因素替代规则，否则，替代规则不存在。（　　）

答案： √

依据：《焊接工艺评定规程》DL/T 868—2014，条款号　6.2.1

213. 试题：控轧控冷钢与相同级别的其他供货状态的钢材的焊接工艺评定结果可互相代替。（　　）

答案：×

依据：《焊接工艺评定规程》DL/T 868—2014，条款号　6.2.1.2

214. 试题：BⅡ、BⅠ、C 类钢应按其组别分别进行焊接工艺评定，不可代替。（　　）

答案：×

依据：《焊接工艺评定规程》DL/T 868—2014，条款号　6.2.1.3

215. 试题：经焊接工艺评定合格的相同厚度的对接试件，适用于该评定厚度范围内两侧不同厚度的对接焊件。（　　）

答案：√

依据：《焊接工艺评定规程》DL/T 868—2014，条款号　6.2.2.4

216. 试题：两种或两种以上焊接方法的组合进行焊接工艺评定，每种焊接方法适用于焊件的厚度不得超过该方法焊接试件母材厚度的适用范围，且不得以所有焊接方法的最大适用厚度相叠加。（　　）

答案：√

依据：《焊接工艺评定规程》DL/T 868—2014，条款号　6.2.2.5

217. 试题：如管状对接接头焊接工艺评定试件的直径不大于 140mm，而壁厚不小于 20mm，则适用于焊件厚度为评定试件厚度。（　　）

答案：√

依据：《焊接工艺评定规程》DL/T 868—2014，条款号　6.2.2.6

218. 试题：当管子外径（D_0，下同）不大于 60mm，采用全氩弧焊焊接方法进行焊接工艺评定时，适用于焊件管子的外径不限。（　　）

答案：√

依据：《焊接工艺评定规程》DL/T 868—2014，条款号　6.2.2.7

219. 试题：对接焊缝试件焊接工艺评定合格的焊接工艺用于焊接角焊缝时，焊件厚度的适用范围不限；角焊缝试件经焊接工艺评定合格的焊接工艺用于非承压焊件角焊缝时，焊件厚度的适用范围不限。（　　）

答案：√

依据：《焊接工艺评定规程》DL/T 868—2014，条款号　6.2.2.8

220. 试题：各类别的焊条、焊丝应分别进行焊接工艺评定。（　　）

答案：√

依据：《焊接工艺评定规程》DL/T 868—2014，条款号　6.3.1（强条）

221. **试题：** 首次采用的焊接材料，当化学成分和力学性能与原焊接材料相当时，可不进行焊接工艺评定。（　　）
　　答案： ×
　　依据：《焊接工艺评定规程》DL/T 868—2014，条款号　6.3.2

222. **试题：** 碱性焊条经焊接工艺评定合格者，可免做酸性焊条焊接工艺评定。（　　）
　　答案： ×
　　依据：《焊接工艺评定规程》DL/T 868—2014，条款号　6.3.3

223. **试题：** AI 类钢的焊接材料适用于 AII 类钢焊接工艺评定。（　　）
　　答案： ×
　　依据：《焊接工艺评定规程》DL/T 868—2014，条款号　6.3.3

224. **试题：** 全焊透试件的焊接工艺评定，适用于非焊透焊件，反之亦可。（　　）
　　答案： ×
　　依据：《焊接工艺评定规程》DL/T 868—2014，条款号　6.4.2

225. **试题：** 当焊接工艺评定试件尺寸无法备制规格为 5mm×10mm×55mm 的冲击试样时，可免做冲击试验。（　　）
　　答案： √
　　依据：《焊接工艺评定规程》DL/T 868—2014，条款号　7.1

226. **试题：** 焊接工艺评定拉伸试样的焊缝余高应以机械方法去除，使之与母材齐平。（　　）
　　答案： √
　　依据：《焊接工艺评定规程》DL/T 868—2014，条款号　8.3.1.1

227. **试题：** 同种钢焊接接头试样的抗拉强度平均值不应低于母材抗拉强度规定值，其中一个试样的最低值不得低于母材抗拉强度规定值下限的 90%。（　　）
　　答案： ×
　　依据：《焊接工艺评定规程》DL/T 868—2014，条款号　8.3.2.1

228. **试题：** 异种钢焊接接头每个试样的抗拉强度不应低于较低一侧母材抗拉强度规定值的下限。（　　）
　　答案： √
　　依据：《焊接工艺评定规程》DL/T 868—2014，条款号　8.3.2.2

229. **试题：** 当产品技术条件规定熔敷金属抗拉强度低于母材的抗拉强度时，其接头的抗拉强度不应低于熔敷金属抗拉强度规定值下限的 90%。（　　）

答案：×

依据：《焊接工艺评定规程》DL/T 868—2014，条款号 8.3.2.3

230. 试题：如果试样断在熔合线以外的母材上，只要抗拉强度不低于母材规定最小抗拉强度的 95%，可认为试验满足要求。（　　）

答案：√

依据：《焊接工艺评定规程》DL/T 868—2014，条款号 8.3.2.4

231. 试题：弯曲试样可分为横向面（背）弯试样，纵向面（背）弯试样及横向侧弯试样。（　　）

答案：√

依据：《焊接工艺评定规程》DL/T 868—2014，条款号 8.4.1.1

232. 试题：焊接工艺评定的横向面弯和背弯试样的试样厚度 t 应等于整个焊接接头处母材的厚度，当母材厚度大于 10mm 时，取 10mm。（　　）

答案：√

依据：《焊接工艺评定规程》DL/T 868—2014，条款号 8.4.2.1

233. 试题：焊接工艺评定的试样加工时面弯和背弯受拉侧的表面应去除焊缝余高部分，尽可能保持母材原始表面，然后在受压侧加工去除试样的多余部分。受拉面的咬边尽可能去除。（　　）

答案：×

依据：《焊接工艺评定规程》DL/T 868—2014，条款号 8.4.3

234. 试题：试样弯曲到规定的角度后，其每片试样的拉伸面上在焊缝和热影响区内任何方向上都不得有长度超过 3mm 的开裂缺陷。试样棱角上不得有裂纹，但由于夹渣或其他内部缺陷所造成的上述开裂缺陷除外。（　　）

答案：×

依据：《焊接工艺评定规程》DL/T 868—2014，条款号 8.4.5

235. 试题：冲击试验每组取 3 个标准试样，冲击功平均值不应低于相关技术文件或标准规定的母材的下限值，且不得小于 27J，其中，允许有一个试样的冲击功低于规定值，但不得低于规定值的 60%。（　　）

答案：×

依据：《焊接工艺评定规程》DL/T 868—2014，条款号 8.5.2

236. 试题：9%Cr～12%Cr 马氏体型耐热钢的冲击功不得低于 27J。（　　）

答案：×

依据：《焊接工艺评定规程》DL/T 868—2014，条款号 8.5.2

237. **试题**：火力发电厂焊接工程中的焊接质量检查人员应具有初中以上的文化程度，具有一年及以上实践工作经验。（　　）

　　答案：×

　　依据：《火力发电厂焊接技术规程》DL/T 869—2012，条款号　3.2.2.2

238. **试题**：评定检测结果，签署无损检测报告的人员应由Ⅱ级及以上人员担任。（　　）

　　答案：√

　　依据：《火力发电厂焊接技术规程》DL/T 869—2012，条款号　3.2.2.3

239. **试题**：焊接热处理操作人员应具备高中以上文化程度，经专门培训考核并取得合格证书。（　　）

　　答案：×

　　依据：《火力发电厂焊接技术规程》DL/T 869—2012，条款号　3.2.2.5

240. **试题**：焊接热处理技术人员，应具备中专及以上文化程度，经专门培训考核并取得合格证书。（　　）

　　答案：√

　　依据：《火力发电厂焊接技术规程》DL/T 869—2012，条款号　3.2.2.5

241. **试题**：焊丝在使用前应清除锈、垢、油污。（　　）

　　答案：√

　　依据：《火力发电厂焊接技术规程》DL/T 869—2012，条款号　3.3.2.10

242. **试题**：焊接设备、热处理设备、无损检测设备及仪表应定期检查，需要计量校验的部分超过校验有效期 6 个月时应停止使用。（　　）

　　答案：×

　　依据：《火力发电厂焊接技术规程》DL/T 869—2012，条款号　3.4.1

243. **试题**：焊口的位置应避开应力集中区，且便于焊接施工及焊后热处理。（　　）

　　答案：√

　　依据：《火力发电厂焊接技术规程》DL/T 869—2012，条款号　4.1.1

244. **试题**：管接头和仪表插座应设置在焊缝或焊接热影响区范围内。（　　）

　　答案：×

　　依据：《火力发电厂焊接技术规程》DL/T 869—2012，条款号　4.1.1.3

245. **试题**：焊件组对的局部间隙过大时，应设法修整到规定尺寸。必要时，可在间隙内加填同种材质的焊芯。（　　）

　　答案：×

依据：《火力发电厂焊接技术规程》DL/T 869—2012，条款号 4.1.3

246. 试题：焊件组对时应将待焊件垫置牢固，防止在焊接和热处理过程中产生变形和附加应力。（　　）

答案：√

依据：《火力发电厂焊接技术规程》DL/T 869—2012，条款号 4.1.4

247. 试题：除设计规定的冷拉焊口外，其余焊口不应强力组对，不应采用热膨胀法组对。（　　）

答案：√

依据：《火力发电厂焊接技术规程》DL/T 869—2012，条款号 4.1.5

248. 试题：不应在被焊工件表面引燃电弧、试验电流或随意焊接临时支撑物，高合金钢材料表面应采用焊接卡块的方式进行组对。（　　）

答案：×

依据：《火力发电厂焊接技术规程》DL/T 869—2012，条款号 5.3.3

249. 试题：焊接时，管子或管道内不应有速度超过 1m/s 的穿堂风。（　　）

答案：×

依据：《火力发电厂焊接技术规程》DL/T 869—2012，条款号 5.3.4

250. 试题：安装管道冷拉口所使用的加载工具，应待焊接和热处理完毕后方可卸载。（　　）

答案：√

依据：《火力发电厂焊接技术规程》DL/T 869—2012，条款号 5.3.14

251. 试题：对焊接接头的变形进行加热校正后，必须采取保温缓冷措施。（　　）

答案：×

依据：《火力发电厂焊接技术规程》DL/T 869—2012，条款号 5.3.15

252. 试题：对容易产生延迟裂纹的钢材，焊后应立即进行焊后热处理，否则应立即进行后热。（　　）

答案：√

依据：《火力发电厂焊接技术规程》DL/T 869—2012，条款号 5.4.2

253. 试题：外观检查不合格的焊缝，不允许进行其他项目检验。（　　）

答案：√

依据：《火力发电厂焊接技术规程》DL/T 869—2012，条款号 6.1.4

254. **试题**：对容易产生延迟裂纹和再热裂纹的钢材应在焊接热处理后进行无损检测。（　　）

　　答案：√

　　依据：《火力发电厂焊接技术规程》DL/T 869—2012，条款号　6.1.5

255. **试题**：无损检测的结果若有不合格，应对该焊工当日的同一批焊接接头中按不合格焊口数加倍检验，加倍检验中仍有不合格时，则该批焊接接头判定为不合格。（　　）

　　答案：√

　　依据：《火力发电厂焊接技术规程》DL/T 869—2012，条款号　6.3.5

256. **试题**：对修复后的焊接接头，应 100%进行无损检测。（　　）

　　答案：√

　　依据：《火力发电厂焊接技术规程》DL/T 869—2012，条款号　6.3.6

257. **试题**：未经过有效性评价，火电工程不得使用标准规定以外的或超过规定方法有效范围的检验方法。（　　）

　　答案：√

　　依据：《火力发电厂焊接技术规程》DL/T 869—2012，条款号　6.6.1

258. **试题**：有超过标准规定，需要补焊消除的缺陷时，可采取挖补方式返修。但同一位置上的挖补次数不宜超过 3 次，耐热钢不应超过 2 次。（　　）

　　答案：√

　　依据：《火力发电厂焊接技术规程》DL/T 869—2012，条款号　6.6.3

259. **试题**：经评价为焊接热处理温度或时间不够的焊口，应重新进行热处理；因温度过高导致焊接接头部位材料过热的焊口，应进行正火热处理，或割掉重新焊接。（　　）

　　答案：√

　　依据：《火力发电厂焊接技术规程》DL/T 869—2012，条款号　6.6.4

260. **试题**：经光谱分析确认不合格的焊缝应进行返工。（　　）

　　答案：√

　　依据：《火力发电厂焊接技术规程》DL/T 869—2012，条款号　6.6.5

261. **试题**：在未查明缺陷位置和尺寸、未找到发生事故或产生缺陷的原因、未对比较重大的事故和缺陷的修复进行技术和经济的可行性分析的，不得进行永久性修复工作。（　　）

　　答案：√

依据：《火力发电厂焊接技术规程》DL/T 869—2012，条款号 8.1.4

262. 试题：不得使用未经过评定或验证的焊接工艺。（　　）
答案：√
依据：《火力发电厂焊接技术规程》DL/T 869—2012，条款号 8.2.3

263. 试题：应采取措施避免奥氏体不锈钢及镍基合金母材与碳钢或其他合金钢接触，以防止铁离子污染。测量坡口和焊缝尺寸应采用不锈钢材料或其他防止铁离子污染的专用焊口检测工具。（　　）
答案：√
依据：《火力发电厂焊接技术规程》DL/T 869—2012，条款号 附录 E.3

264. 试题：奥氏体不锈钢及镍基合金的坡口清理、修整接头、清理焊渣和飞溅用的电动或手动打磨工具，宜选用无氯铝基无铁材料制成的砂布、砂轮片、电磨头，或选用不锈钢材料制成的錾头、钢丝刷或其他专用材料制成的器具。（　　）
答案：√
依据：《火力发电厂焊接技术规程》DL/T 869—2012，条款号 附录 E.4

265. 试题：不锈钢焊缝原始表面色泽不应出现灰色和黑色。（　　）
答案：√
依据：《火力发电厂焊接技术规程》DL/T 869—2012，条款号 附录 E.11

266. 试题：单一奥氏体钢焊缝金属的金相组织中 δ 铁素体含量不得超过 20%。（　　）
答案：×
依据：《火力发电厂焊接技术规程》DL/T 869—2012，条款号 附录 E.12

267. 试题：9%Cr～12%Cr 马氏体型耐热钢采用焊条电弧焊时，层间温度不宜超过 280℃；埋弧焊时，层间温度不宜超过 320℃。（　　）
答案：×
依据：《火力发电厂焊接技术规程》DL/T 869—2012，条款号 附录 F.2.1

268. 试题：9%Cr～12%Cr 马氏体型耐热钢采用埋弧焊接时焊丝直径不大于 3.2mm。（　　）
答案：√
依据：《火力发电厂焊接技术规程》DL/T 869—2012，条款号 附录 F.2.3

269. 试题：9% Cr ～12%Cr 马氏体型耐热钢焊接前应编制应急预案，防止意外断电导致焊接或焊接热处理中断。（　　）
答案：√

依据：《火力发电厂焊接技术规程》DL/T 869—2012，条款号　附录 F.2.4

270. 试题：9%Cr～12%Cr 马氏体型耐热钢重新焊接时，应对表面进行检查确认无裂纹，并按规定进行预热。（　　）

答案：√

依据：《火力发电厂焊接技术规程》DL/T 869—2012，条款号　附录 F.2.6

271. 试题：9%Cr～12%Cr 马氏体型耐热钢焊后热处理硬度合格指标为 200HBW～300HBW。（　　）

答案：×

依据：《火力发电厂焊接技术规程》DL/T 869—2012，条款号　附录 F.3.3

272. 试题：堆焊再制造是对磨损失效的耐磨件进行堆焊，使之恢复原有尺寸和性能的再制造方法。（　　）

答案：√

依据：《磨煤机耐磨件堆焊技术导则》DL/T 903—2014，条款号　3.1

273. 试题：耐磨件旧品是指经磨损或其他原因导致部分或全部失效后的耐磨件。（　　）

答案：√

依据：《磨煤机耐磨件堆焊技术导则》DL/T 903—2014，条款号　3.4

274. 试题：堆焊过程中，保证耐磨件的层间温度不低于 180℃。（　　）

答案：×

依据：《磨煤机耐磨件堆焊技术导则》DL/T 903—2014，条款号　5.7.3

275. 试题：汽轮机叶片的焊接修复工作应由取得焊接工程师及以上职务的人员主持。（　　）

答案：√

依据：《汽轮机叶片焊接修复技术导则》DL/T 905—2014，条款号　3.1.2

276. 试题：汽轮机叶片焊接材料以同质焊接材料为宜，对于静叶也可采用奥氏体异质材料。（　　）

答案：√

依据：《汽轮机叶片焊接修复技术导则》DL/T 905—2014，条款号　4.1.2

277. 试题：对已断裂叶片剩余部分和有裂纹尚未断裂的部位，采用磁粉或着色探伤方法进行详细的检查，查明裂纹的分布情况和尺寸，并做好记录。（　　）

答案：√

依据：《汽轮机叶片焊接修复技术导则》DL/T 905—2014，条款号　5.1.1

278. 试题：火电厂凝汽器管板焊接技术规程适用的材料范围是：换热器管为钛或不锈钢，板为碳钢、钛、不锈钢或复合钢。（　　　）

答案：√

依据：《火电厂凝汽器管板焊接技术规程》DL/T 1097—2008，条款号　1

279. 试题：凡参加凝汽器管板施焊的焊工应该经过理论和实际操作技术培训，并经考核合格，手工焊、自动焊考核结果可相互替代。（　　　）

答案：×

依据：《火电厂凝汽器管板焊接技术规程》DL/T 1097—2008，条款号　3.1.2

280. 试题：火电厂凝汽器管板焊接时，输送氩气的胶管可与输送其他气体的胶管互相代用。（　　　）

答案：×

依据：《火电厂凝汽器管板焊接技术规程》DL/T 1097—2008，条款号　3.2

281. 试题：凝汽器管板焊接用氩气纯度不应小于 99%，不得使用未经检查或无出厂合格证的氩气。（　　　）

答案：×

依据：《火电厂凝汽器管板焊接技术规程》DL/T 1097—2008，条款号　3.3.3

282. 试题：火电厂凝汽器管板焊接时，未遵循相关规范规定进行钛或不锈钢凝汽器管板焊接工艺评定，不得开工施焊。（　　　）

答案：√

依据：《火电厂凝汽器管板焊接技术规程》DL/T 1097—2008，条款号　4.1

283. 试题：凝汽器管板焊接场地应有良好的防风、防火、防尘设施，必要时用防火帆布搭置密封室。（　　　）

答案：√

依据：《火电厂凝汽器管板焊接技术规程》DL/T 1097—2008，条款号　5.1.1

284. 试题：凝汽器管板加工及清洗完毕的管口严禁用手触摸，暂时不焊的管口必须用洁净的塑料薄膜覆盖，以防污染。（　　　）

答案：√

依据：《火电厂凝汽器管板焊接技术规程》DL/T 1097—2008，条款号　5.1.2

285. 试题：凝汽器管板焊机安装钨极时，钨极应处于焊枪喷嘴的中心位置，不得偏斜。（　　　）

答案：√

依据：《火电厂凝汽器管板焊接技术规程》DL/T 1097—2008，条款号　5.2.4

286. 试题：凝汽器管板焊接时宜采用一字顺序焊法。（　　　）

　　答案：×

　　依据：《火电厂凝汽器管板焊接技术规程》DL/T 1097—2008，条款号　5.2.7

287. 试题：凝汽器管板若采取双侧施焊，在焊接同一根管子时，应采取同时对称的方式进行。（　　　）

　　答案：×

　　依据：《火电厂凝汽器管板焊接技术规程》DL/T 1097—2008，条款号　5.2.8

288. 试题：凝汽器管板施焊时，应同时进行管子另一端的胀管固定，以确保尺寸符合要求。（　　　）

　　答案：×

　　依据：《火电厂凝汽器管板焊接技术规程》DL/T 1097—2008，条款号　5.2.9

289. 试题：凝汽器管板可先进行渗透检测，后进行焊缝外观检查。（　　　）

　　答案：×

　　依据：《火电厂凝汽器管板焊接技术规程》DL/T 1097—2008，条款号　6.3

290. 试题：凝汽器管板焊缝表面不允许有裂纹、气孔、未熔合、焊偏、管翻边等缺陷。（　　　）

　　答案：√

　　依据：《火电厂凝汽器管板焊接技术规程》DL/T 1097—2008，条款号　6.5

291. 试题：凝汽器管板焊接中担任焊缝返修的焊工应具备电力行业焊工考核规则规定的Ⅱ类及以上焊工资格。（　　　）

　　答案：√

　　依据：《火电厂凝汽器管板焊接技术规程》DL/T 1097—2008，条款号　7.2

292. 试题：进行焊接、切割与热处理作业时，应有防止触电、火灾、爆炸和切割物坠落的措施。（　　　）

　　答案：√

　　依据：《电力建设安全工作规程　第 1 部分：火力发电厂》DL 5009.1—2014，条款号　4.13.1（强条）

293. 试题：在焊接、切割的地点周围 10m 范围内，应清除易燃、易爆物品；确实无法清除时，必须采用安全警示绳或其他防止人员进入的预防措施。（　　　）

　　答案：×

　　依据：《电力建设安全工作规程　第 1 部分：火力发电厂》DL 5009.1—2014，条款号　4.13.1（强条）

294. **试题：** 装过挥发性油剂及其他易燃物质的容器和管道，采取清理措施后，先用打火机打火试验是否清除干净，未彻底清理干净前，严禁用电焊或火焊进行焊接或切割。（　　）

答案： ×

依据：《电力建设安全工作规程　第 1 部分：火力发电厂》DL 5009.1—2014，条款号4.13.1（强条）

295. **试题：** 电焊机一次侧电源线应绝缘良好，长度一般不得超过 5m。电焊机二次线应采用防水橡皮护套铜芯软电缆，电缆的长度不应大于 30m，不得有接头，绝缘良好；不得采用铝芯导线。（　　）

答案： √

依据：《电力建设安全工作规程　第 1 部分：火力发电厂》DL 5009.1—2014，条款号4.13.2（强条）

296. **试题：** 电焊机的外壳必须可靠接地，接地电阻不得大于 4Ω。多台电焊机应串联接地。（　　）

答案： ×

依据：《电力建设安全工作规程　第 1 部分：火力发电厂》DL 5009.1—2014，条款号4.13.2（强条）

297. **试题：** 在狭小或潮湿地点施焊时，应垫木板或采取其他防止触电的措施，并设监护人。严禁露天冒雨从事电焊作业。（　　）

答案： √

依据：《电力建设安全工作规程　第 1 部分：火力发电厂》DL 5009.1—2014，条款号4.13.2（强条）

298. **试题：** 严禁将电焊钳导线靠近热源、接触钢丝绳、转动机械，或搭设在氧气瓶、乙炔瓶及易燃易爆物品上。（　　）

答案： √

依据：《电力建设安全工作规程　第 1 部分：火力发电厂》DL 5009.1—2014，条款号4.13.2（强条）

299. **试题：** 气瓶阀门冻结时，在用明火烘烤时，注意控制阀门的温度不得超过 150℃。（　　）

答案： ×

依据：《电力建设安全工作规程　第 1 部分：火力发电厂》DL 5009.1—2014，条款号4.13.3（强条）

300. **试题：** 乙炔气瓶的使用压力不得超过 0.147MPa，输气流速不得大于 $2.0m^3/(h \cdot 瓶)$。

（　　　）

答案：√

依据：《电力建设安全工作规程　第 1 部分：火力发电厂》DL 5009.1—2014，条款号 4.13.3（强条）

301. **试题：**气瓶内的气体不得用尽。氧气瓶必须留有 0.2MPa 的剩余压力，液化石油气瓶必须留有 0.1MPa 的剩余压力。（　　　）

   答案：√

   依据：《电力建设安全工作规程　第 1 部分：火力发电厂》DL 5009.1—2014，条款号 4.13.3（强条）

302. **试题：**乙炔气瓶使用时，应水平放置在平整的地面或固定的架子上。（　　　）

   答案：×

   依据：《电力建设安全工作规程　第 1 部分：火力发电厂》DL 5009.1—2014，条款号 4.13.3（强条）

303. **试题：**氧气、液化石油气瓶在使用、运输和储存时，环境温度不得高于 60℃；乙炔、丙烷气瓶在使用、运输和储存时，环境温度不得高于 40℃。（　　　）

   答案：√

   依据：《电力建设安全工作规程　第 1 部分：火力发电厂》DL 5009.1—2014，条款号 4.13.3（强条）

304. **试题：**与所装气体混合后能引起燃烧、爆炸的气瓶严禁一起存放。（　　　）

   答案：√

   依据：《电力建设安全工作规程　第 1 部分：火力发电厂》DL 5009.1—2014，条款号 4.13.3（强条）

305. **试题：**汽车装运乙炔气瓶时，气瓶应直立排放，车厢高度不得小于瓶高的 2/3。（　　　）

   答案：√

   依据：《电力建设安全工作规程　第 1 部分：火力发电厂》DL 5009.1—2014，条款号 4.13.3（强条）

306. **试题：**所装气体混合后能引起燃烧、爆炸的气瓶严禁同车运输。（　　　）

   答案：√

   依据：《电力建设安全工作规程　第 1 部分：火力发电厂》DL 5009.1—2014，条款号 4.13.3（强条）

307. **试题：**氧气瓶、乙炔、液化石油气瓶仓库用电设施应采用防爆型，仓库周围 10m 范围内严禁烟火。（　　　）

答案：√

依据：《电力建设安全工作规程　第 1 部分：火力发电厂》DL 5009.1—2014，条款号 4.13.3（强条）

308. 试题：氧气瓶、乙炔、液化石油气瓶仓库之间的距离应大于 10m。（　　　）

答案：×

依据：《电力建设安全工作规程　第 1 部分：火力发电厂》DL 5009.1—2014，条款号 4.13.3（强条）

309. 试题：氧气胶管为红色-橙色；乙炔气管为蓝色；氩气管为红色-橙色；丙烷管为黑色；液化石油气管为红色-橙色。（　　　）

答案：×

依据：《电力建设安全工作规程　第 1 部分：火力发电厂》DL 5009.1—2014，条款号 4.13.3（强条）

310. 试题：氧气橡胶软管、乙炔气橡胶软管严禁沾染油脂。（　　　）

答案：√

依据：《电力建设安全工作规程　第 1 部分：火力发电厂》DL 5009.1—2014，条款号 4.13.3（强条）

311. 试题：乙炔气、液化石油气软管冻结或堵塞时，可用压力不超过 0.15MPa 的氧气吹通。（　　　）

答案：×

依据：《电力建设安全工作规程　第 1 部分：火力发电厂》DL 5009.1—2014，条款号 4.13.3（强条）

312. 试题：热处理作业专用电缆敷设遇到带有棱角的物体时应采取保护措施；遇通道时应有防止碾压措施。（　　　）

答案：√

依据：《电力建设安全工作规程　第 1 部分：火力发电厂》DL 5009.1—2014，条款号 4.13.4（强条）

313. 试题：电力建设施工质量验收及评价规程适用于燃煤、燃气、燃油及使用其他固体燃料的火力发电机组。（　　　）

答案：√

依据：《电力建设施工质量验收及评价规程　第 7 部分：焊接》DL/T 5210.7—2010，条款号　1.0.2

314. 试题：焊接工程质量验收及评价规程中的测量检查是指用焊缝检验尺等测量工具

对焊接接头表面质量进行的外观检查。（　　）

答案：√

依据：《电力建设施工质量验收及评价规程　第 7 部分：焊接》DL/T 5210.7—2010，条款号　3.0.2

315. 试题：焊接工作量较大或完成周期较长的焊接分项工程，可以按照工程实际需要在分项工程内划分验收批实施质量验收。（　　）

答案：√

依据：《电力建设施工质量验收及评价规程　第 7 部分：焊接》DL/T 5210.7—2010，条款号　4.1.3

316. 试题：在质量验收中所使用的量、器具均应经计量检定合格，并在规定的检定周期内使用。（　　）

答案：√

依据：《电力建设施工质量验收及评价规程　第 7 部分：焊接》DL/T 5210.7—2010，条款号　4.1.6

317. 试题：未经专门技术培训、取得相应资格的焊接质量检查人员和焊接技术人员可从事焊接工程质量验评工作。（　　）

答案：×

依据：《电力建设施工质量验收及评价规程　第 7 部分：焊接》DL/T 5210.7—2010，条款号　4.4.1

318. 试题：焊接分项工程质量验评应具备的条件为该分项工程的各验收批次均已完成验收，相关质量争议已处理完毕，验收资料完全；参与评定的组织落实，各方人员到位。（　　）

答案：√

依据：《电力建设施工质量验收及评价规程　第 7 部分：焊接》DL/T 5210.7—2010，条款号　6.0.2

319. 试题：焊接接头内部质量检查的内容、程序和方法，以及检验比例，应按相关规范的规定执行。（　　）

答案：√

依据：《电力建设施工质量验收及评价规程　第 7 部分：焊接》DL/T 5210.7—2010，条款号　7.2.1

320. 试题：焊接分项工程质量验评的现场检查，主要是对焊接接头表面质量的观感检查，必要时应进行测量抽查。（　　）

答案：√

依据：《电力建设施工质量验收及评价规程　第 7 部分：焊接》DL/T 5210.7—2010，
　　　条款号　7.4.5

321. 试题：焊接分项工程验评时，当分项工程内各验收批均达到验收标准时，该分项
　　　工程可以验收。（　　　）
　　　答案：√
　　　依据：《电力建设施工质量验收及评价规程　第 7 部分：焊接》DL/T 5210.7—2010，
　　　　　条款号　8.1.4

322. 试题：当一个分项工程中含有承压管道焊口和其他类型焊口时，其综合质量等级
　　　按承压管道焊口质量等级评定。（　　　）
　　　答案：√
　　　依据：《电力建设施工质量验收及评价规程　第 7 部分：焊接》DL/T 5210.7—2010，
　　　　　条款号　8.3.3

323. 试题：在质量评定过程中出现复检的，其质量等级按复检结果评定。（　　　）
　　　答案：√
　　　依据：《电力建设施工质量验收及评价规程　第 7 部分：焊接》DL/T 5210.7—2010，
　　　　　条款号　8.3.4

324. 试题：焊接操作教师在任职期间，可视为从事特种设备焊接操作。（　　　）
　　　答案：√
　　　依据：《特种设备焊接操作人员考核细则》TSG Z6002—2010，条款号　第十一条

325. 试题：焊工基本知识考试合格后方能参加焊接操作技能考试。焊工基本知识考试
　　　成绩有效期为 4 年。（　　　）
　　　答案：×
　　　依据：《特种设备焊接操作人员考核细则》TSG Z6002—2010，条款号　第十九条

326. 试题：焊工报名资料和考试资料，由考试机构存档，保存至少 2 年。（　　　）
　　　答案：×
　　　依据：《特种设备焊接操作人员考核细则》TSG Z6002—2010，条款号　第二十
　　　　　二条

327. 试题：特种设备作业人员证每 2 年复审一次。（　　　）
　　　答案：×
　　　依据：《特种设备焊接操作人员考核细则》TSG Z6002—2010，条款号　第二十
　　　　　四条

328. **试题：**TSG Z6002—2010《特种设备焊接操作人员考核细则》适用于特种设备用金属材料的气焊、焊条电弧焊、钨极气体保护焊、熔化极气体保护焊、埋弧焊、等离子弧焊、气电立焊、电渣焊、摩擦焊、螺柱焊和耐蚀堆焊的焊工考试。（　　　）

　　答案：√

　　依据：《特种设备焊接操作人员考核细则》TSG Z6002—2010，条款号　附录 A1

329. **试题：**特种设备焊接，机动焊焊工和自动焊焊工合称焊机操作工。（　　　）

　　答案：√

　　依据：《特种设备焊接操作人员考核细则》TSG Z6002—2010，条款号　附录 A2

330. **试题：**特种设备焊接，焊机自动进行调节与控制工艺参数而完成焊接称为自动焊。（　　　）

　　答案：√

　　依据：《特种设备焊接操作人员考核细则》TSG Z6002—2010，条款号　附录 A2

331. **试题：**板材对接焊缝试件、管材对接焊缝试件和管板角接头试件，分为带衬垫和不带衬垫两种。（　　　）

　　答案：√

　　依据：《特种设备焊接操作人员考核细则》TSG Z6002—2010，条款号　附录 A4

332. **试题：**试件和焊件的双面焊、角焊缝，焊件不要求焊透的对接焊缝和管板角接头，均视为带衬垫。（　　　）

　　答案：√

　　依据：《特种设备焊接操作人员考核细则》TSG Z6002—2010，条款号　附录 A4

333. **试题：**变更焊接方法，焊工不需要重新进行焊接操作技能考试。（　　　）

　　答案：×

　　依据：《特种设备焊接操作人员考核细则》TSG Z6002—2010，条款号　附录 A4

334. **试题：**手工焊焊工采用异类别钢号组成的管板角接头试件，经焊接操作技能考试合格后，视为该焊工已通过试件中较高类别钢的焊接操作技能考试。（　　　）

　　答案：√

　　依据：《特种设备焊接操作人员考核细则》TSG Z6002—2010，条款号　附录 A4

335. **试题：**焊工进行镍与镍合金焊接操作技能考试时，试件母材可用低合金钢代替。（　　　）

　　答案：×

　　依据：《特种设备焊接操作人员考核细则》TSG Z6002—2010，条款号　附录 A4

336. **试题：**焊工向下立焊试件考试合格后，不能免考向上立焊，反之则可。（　　）

答案：×

依据：《特种设备焊接操作人员考核细则》TSG Z6002—2010，条款号　附录 A4

337. **试题：**手工焊焊工或者焊机操作工采用不带衬垫对接焊缝试件和管板角接头试件，经焊接操作技能考试合格后，分别适用于带衬垫对接焊缝焊件和管板角接头焊件，反之亦可。（　　）

答案：×

依据：《特种设备焊接操作人员考核细则》TSG Z6002—2010，条款号　附录 A4

338. **试题：**气焊焊工焊接操作技能考试合格后，适用于焊件母材厚度与焊缝金属厚度可大于试件母材和焊缝金属厚度。（　　）

答案：×

依据：《特种设备焊接操作人员考核细则》TSG Z6002—2010，条款号　附录 A4

339. **试题：**焊机操作工采用管材对接焊缝试件和管板角接头试件考试时，管外径由考试机构自定，经焊接操作技能考试合格后，适用于管材对接焊缝焊件外径和管板角接头焊件管外径不限。（　　）

答案：√

依据：《特种设备焊接操作人员考核细则》TSG Z6002—2010，条款号　附录 A4

340. **试题：**焊接不锈钢复合钢的复层之间焊缝及过渡焊缝的焊工，应当取得耐蚀堆焊资格。（　　）

答案：√

依据：《特种设备焊接操作人员考核细则》TSG Z6002—2010，条款号　附录 A4

341. **试题：**试件坡口形式与尺寸应当符合焊工考试用焊接作业指导书的要求。（　　）

答案：√

依据：《特种设备焊接操作人员考核细则》TSG Z6002—2010，条款号　附录 A4

342. **试题：**水平固定试件和 45°固定试件，应当在试件上标注焊接位置的钟点标记，定位焊缝在"6 点"标记处。（　　）

答案：×

依据：《特种设备焊接操作人员考核细则》TSG Z6002—2010，条款号　附录 A4

343. **试题：**堆焊试件焊道熔敷金属宽度应当大于 12mm，首层至少堆焊三条并列焊道，总宽度大于或者等于 38mm。（　　）

答案：√

依据：《特种设备焊接操作人员考核细则》TSG Z6002—2010，条款号　附录 A4

344. **试题**：焊缝的余高和宽度可用焊缝检验尺测量最大值和最小值，取平均值。（　　）

答案：×

依据：《特种设备焊接操作人员考核细则》TSG Z6002—2010，条款号　附录 A5

345. **试题**：各种焊缝表面不得有裂纹、未熔合、夹渣、夹钨、气孔、焊瘤和未焊透，机动焊和自动焊的焊缝表面不得有咬边和凹坑。（　　）

答案：√

依据：《特种设备焊接操作人员考核细则》TSG Z6002—2010，条款号　附录 A5

346. **试题**：试件的射线透照按照相关标准进行检测，射线透照质量不低于 AB 级，焊缝缺陷等级不低于Ⅱ级为合格。（　　）

答案：√

依据：《特种设备焊接操作人员考核细则》TSG Z6002—2010，条款号　附录 A5

347. **试题**：弯曲试验时试样的焊缝中心应对准弯心轴线。（　　）

答案：√

依据：《特种设备焊接操作人员考核细则》TSG Z6002—2010，条款号　附录 A5

348. **试题**：金相组织检验试样包含全部焊缝区、熔合区和热影响区即可。（　　）

答案：√

依据：《特种设备焊接操作人员考核细则》TSG Z6002—2010，条款号　附录 A5

349. **试题**：焊工焊接操作考试不合格者，允许在 1 年内补考一次。（　　）

答案：×

依据：《特种设备焊接操作人员考核细则》TSG Z6002—2010，条款号　附录 A6

350. **试题**：焊工操作技能考试项目代号，应当按照每个焊工、每种焊接方法分别表示。（　　）

答案：√

依据：《特种设备焊接操作人员考核细则》TSG Z6002—2010，条款号　附录 A9

351. **试题**：TSG Z6002—2010《特种设备焊接操作人员考核细则》适用于特种设备用聚乙烯管道的热熔对接法和电熔连接法的焊工考试。（　　）

答案：√

依据：《特种设备焊接操作人员考核细则》TSG Z6002—2010，条款号　附录 B1

352. **试题**：经监理同意，持证焊工可承担超出合格项目覆盖范围的特种设备焊接工作。（　　）

答案：×

依据:《特种设备焊接操作人员考核细则》TSG Z6002—2010, 条款号　第二十三条

353. 试题: 焊接材料烘干温度超过 350℃的焊条, 累计的烘干次数一般不应超过 4 次。
（　　）
答案: ×
依据:《焊接材料质量管理规程》JB/T 3223—1996, 条款号　9.2.4

三、单选题（下列试题中, 只有 1 项是标准原文规定的正确答案, 请将正确答案填在括号内）

1. 试题: 复合钢板组对时, 应以复层表面为基准, 错边量不应大于钢板（　　）的 50%, 且不大于 1mm。
A. 基层厚度　　　　　　　B. 复层厚度　　　　　　　C. 总厚度
答案: B
依据:《现场设备、工业管道焊接工程施工规范》GB 50236—2011, 条款号　7.2.5

2. 试题: 铝及铝合金焊接时, 钨极惰性气体保护电弧焊应采用（　　）电源, 熔化极惰性气体保护电弧焊应采用电源。
A. 直流　　　　　　　　　B. 交流　　　　　　　　　C. 交直流
答案: B
依据:《现场设备、工业管道焊接工程施工规范》GB 50236—2011, 条款号　8.3.1

3. 试题: GB 50661—2011《钢结构焊接规范》适用于工业与民用钢结构工程中承受静荷载或动荷载、钢材厚度大于或等于（　　）的结构焊接。
A. 1mm　　　　　　　　　B. 2mm　　　　　　　　　C. 3mm
答案: C
依据:《钢结构焊接规范》GB 50661—2011, 条款号　1.0.2

4. 试题: T 形、十字形、角接接头, 当其翼缘板厚度等于或大于 40mm 时, 设计宜采用对（　　）性能有要求的钢板。
A. 纵向　　　　　　　　　B. 横向　　　　　　　　　C. 厚度方向
答案: C
依据:《钢结构焊接规范》GB 50661—2011, 条款号　4.0.6

5. 试题: 塞焊孔的最小直径不得小于开孔板厚度加 8mm, 最大直径应为最小直径值加 3mm, 或为开孔件厚度的 2.25 倍, 并应取（　　）。
A. 中间值　　　　　　　　B. 两值中较大者　　　　　C. 两值中较小者
答案: B
依据:《钢结构焊接规范》GB 50661—2011, 条款号　5.4.1

6. **试题：** 角焊缝的最小计算长度应为其焊脚尺寸的 8 倍，且不应小于（　　）；焊缝计算长度应为扣除引弧、收弧长度后的焊缝长度。

    A．20mm   B．30mm   C．40mm

    答案： C

    依据：《钢结构焊接规范》GB 50661—2011，条款号　5.4.2

7. **试题：** 被焊构件中较薄板厚度大于或等于（　　）时，宜采用开局部坡口的角焊缝。

    A．15mm   B．20mm   C．25mm

    答案： C

    依据：《钢结构焊接规范》GB 50661—2011，条款号　5.4.2

8. **试题：** 传递轴向力的部件，其搭接接头最小搭接长度应为较薄件厚度的（　　）倍，且不应小于 25mm，并应施焊纵向或横向双角焊缝。

    A．2   B．3   C．5

    答案： C

    依据：《钢结构焊接规范》GB 50661—2011，条款号　5.4.3

9. **试题：** 承受动荷载需经疲劳验算的桁架，其弦杆和腹杆与节点板的搭接焊缝应采用围焊，杆件焊缝间距不应小于（　　）。

    A．30mm   B．40mm   C．50mm

    答案： C

    依据：《钢结构焊接规范》GB 50661—2011，条款号　5.7.3

10. **试题：** 板材对接与外径不小于（　　）的管材相应位置对接的焊接工艺评定可互相替代。

    A．400mm   B．500mm   C．600mm

    答案： C

    依据：《钢结构焊接规范》GB 50661—2011，条款号　6.2.6

11. **试题：** 钢结构焊接接头弯曲试验，面弯、背弯时试样厚度应为试件全厚度；侧弯时试样厚度为 10mm，试样宽度为试件的全厚度，试件厚度超过（　　）时可按 20mm～40mm 分层取样。

    A．20mm   B．30mm   C．40mm

    答案： C

    依据：《钢结构焊接规范》GB 50661—2011，条款号　6.5.3

12. **试题：** 钢结构待焊接的表面及距焊缝坡口边缘位置（　　）范围内不得有影响正常焊接和焊缝质量的氧化皮、锈蚀、油脂、水等杂质。

A．10mm　　　　　　　　B．20mm　　　　　　　　C．30mm

答案：C

依据：《钢结构焊接规范》GB 50661—2011，条款号　7.1.1

13．**试题**：采用角焊缝及部分焊透焊缝连接的（　　）接头，两部件应密贴，根部间隙不应超过 5mm；当间隙超过 5mm 时，应在待焊板端表面堆焊并修磨平整使其间隙符合要求。

A．对接　　　　　　　　B．T 形　　　　　　　　C．角接

答案：B

依据：《钢结构焊接规范》GB 50661—2011，条款号　7.3.5

14．**试题**：电渣焊和气电立焊在环境温度为 0℃以上施焊时可不进行预热；但板厚大于 60mm 时，宜对引弧区域的母材预热且不低于（　　）。

A．50℃　　　　　　　　B．100℃　　　　　　　　C．150℃

答案：A

依据：《钢结构焊接规范》GB 50661—2011，条款号　7.6.3

15．**试题**：钢结构构件加热矫正后宜采用自然冷却，低合金钢在矫正温度高于（　　）时严禁急冷。

A．450℃　　　　　　　　B．550℃　　　　　　　　C．650℃

答案：C

依据：《钢结构焊接规范》GB 50661—2011，条款号　7.12.3

16．**试题**：采用熔嘴电渣焊时，应防止熔嘴上的药皮受潮和脱落，受潮的熔嘴应经过（　　）约 1.5h 的烘焙后方可使用，药皮脱落和油污的熔嘴不得使用。

A．100℃　　　　　　　　B．120℃　　　　　　　　C．150℃

答案：B

依据：《钢结构焊接规范》GB 50661—2011，条款号　7.16.2

17．**试题**：（　　）指对于冷裂纹倾向较大的结构钢，焊接后立即将焊接接头加热至一定温度（250℃～350℃）并保温一段时间，以加速焊接接头中氢的扩散逸出，防止由于扩散氢的积聚而导致延迟裂纹产生的焊后热处理方法。

A．消氢热处理　　　　　B．消应热处理　　　　　C．焊后热处理

答案：A

依据：《钢结构焊接规范》GB 50661—2011，条款号　2.1.1

18．**试题**：（　　）指焊接后将焊接接头加热到母材 Ac1 线以下的一定温度（550℃～650℃）并保温一段时间，以降低焊接残余应力，改善接头组织性能为目的的焊后热处理方法。

A．消氢热处理　　　　　　B．消应热处理　　　　　　C．焊后热处理

答案：B

依据：《钢结构焊接规范》GB 50661—2011，条款号　2.1.2

19．试题：钢结构工程焊接技术人员应接受过专门的焊接技术培训，且有（　　）年以上焊接生产或施工实践经验。

A．1　　　　　　　　　　B．2　　　　　　　　　　C．3

答案：A

依据：《钢结构焊接规范》GB 50661—2011，条款号　3.0.4

20．试题：承担焊接难度等级为 C 级和 D 级焊接工程的施工单位，其焊接技术负责人应具有（　　）技术职称。

A．初级　　　　　　　　　B．中级　　　　　　　　　C．高级

答案：C

依据：《钢结构焊接规范》GB 50661—2011，条款号　3.0.4

21．试题：气体保护焊使用的氩气应符合现行国家标准的有关规定，其纯度不应低于（　　）。

A．95%　　　　　　　　　B．99.95%　　　　　　　　C．99.99%

答案：B

依据：《钢结构焊接规范》GB 50661—2011，条款号　4.0.10

22．试题：作用力垂直于焊缝长度方向的横向对接焊缝或 T 形对接与角接组合焊缝，受拉时应为（　　）级，受压时应为二级。

A．一　　　　　　　　　　B．二　　　　　　　　　　C．三

答案：A

依据：《钢结构焊接规范》GB 50661—2011，条款号　5.1.5

23．试题：不需要疲劳验算的构件中，凡要求与母材等强的对接焊缝宜焊透，其质量等级受拉时不应低于一级，受压时不宜低于（　　）级。

A．二　　　　　　　　　　B．一　　　　　　　　　　C．三

答案：C

依据：《钢结构焊接规范》GB 50661—2011，条款号　5.1.5

24．试题：塞焊焊缝的最小中心间隔应为孔径的 4 倍，槽焊焊缝的纵向最小间距应为槽孔长度的（　　）倍，垂直于槽孔长度方向的两排槽孔的最小间距应为槽孔宽度的 4 倍。

A．1　　　　　　　　　　B．2　　　　　　　　　　C．4

答案：B

依据：《钢结构焊接规范》GB 50661—2011，条款号　5.4.1

25. **试题**：当母材厚度小于等于 16mm 时，塞焊和槽焊的（　　）应与母材厚度相同。
A．焊缝宽度　　　　　　　B．焊缝高度　　　　　　　C．焊缝长度
答案：B
依据：《钢结构焊接规范》GB 50661—2011，条款号　5.4.1

26. **试题**：当母材厚度大于 16mm 时，塞焊和槽焊的（　　）不应小于母材厚度的一半
或 16mm（取两值中较大者）。
A．焊缝宽度　　　　　　　B．焊缝高度　　　　　　　C．焊缝长度
答案：B
依据：《钢结构焊接规范》GB 50661—2011，条款号　5.4.1

27. **试题**：搭接焊缝沿母材棱边的最大焊脚尺寸，当板厚小于或等于 6mm 时，应为母材
厚度，当板厚大于 6mm 时，应为母材厚度减去（　　）。
A．1mm～2mm　　　　　　B．1mm～3mm　　　　　　C．2mm～3mm
答案：A
依据：《钢结构焊接规范》GB 50661—2011，条款号　5.4.3

28. **试题**：不同宽度的板材对接时，应根据施工条件采用热切割、机械加工或砂轮打磨
的方法使之平缓过渡，其连接处最大允许坡度值应为（　　）。
A．1:2　　　　　　　　　B．1:2.5　　　　　　　　C．1:3
答案：B
依据：《钢结构焊接规范》GB 50661—2011，条款号　5.4.4

29. **试题**：在 T 形、十字形及角接接头设计中，当翼缘板厚度大于或等于（　　）时，
应避免或减少使母材板厚方向承受较大的焊接收缩应力。
A．10mm　　　　　　　　B．15mm　　　　　　　　C．20mm
答案：C
依据：《钢结构焊接规范》GB 50661—2011，条款号　5.5.1

30. **试题**：要求焊缝与母材等强和承受动荷载的对接接头，其纵横两方向的对接焊缝，
宜采用 T 形交叉。交叉点的距离不宜小于（　　），且拼接料的长度和宽度不宜小于
300mm。
A．200mm　　　　　　　B．250mm　　　　　　　C．300mm
答案：A
依据：《钢结构焊接规范》GB 50661—2011，条款号　5.6.1

31. **试题**：角焊缝作纵向连接的部件，如在局部荷载作用区采用一定长度的对接与角接

组合焊缝来传递载荷，在此长度以外坡口深度应逐步过渡至零，且过渡长度不应小于坡口深度的（　　）倍。

A. 3　　　　　　　　　　　B. 4　　　　　　　　　　　C. 5

答案：B

依据：《钢结构焊接规范》GB 50661—2011，条款号　5.6.1

32. 试题：只承受静载荷的焊接组合 H 形梁、柱的纵向连接焊缝，当腹板厚度大于（　　）时，宜采用全焊透焊缝或部分焊透焊缝。

A. 20mm　　　　　　　　　B. 25mm　　　　　　　　　C. 28mm

答案：B

依据：《钢结构焊接规范》GB 50661—2011，条款号　5.6.1

33. 试题：承受动荷载时，塞焊、槽焊、角焊、对接接头应严禁采用焊脚尺寸小于（　　）的角焊缝。

A. 5mm　　　　　　　　　　B. 8mm　　　　　　　　　C. 10mm

答案：A

依据：《钢结构焊接规范》GB 50661—2011，条款号　5.7.2

34. 试题：承受动荷载时，对接与角接组合焊缝和 T 形接头的全焊透坡口焊缝应采用角焊缝加强，加强焊脚尺寸应不小于接头较薄件厚度的 1/2，但最大值不得超过（　　）。

A. 5mm　　　　　　　　　　B. 8mm　　　　　　　　　C. 10mm

答案：C

依据：《钢结构焊接规范》GB 50661—2011，条款号　5.7.2

35. 试题：柱连接焊缝引弧板、引出板、衬垫去除时应沿柱-梁交接拐角处切割成（　　），且切割表面不得有大于1mm 的缺棱。

A. 圆弧过渡　　　　　　　　B. 直角　　　　　　　　　C. 斜角

答案：A

依据：《钢结构焊接规范》GB 50661—2011，条款号　5.7.5

36. 试题：下翼缘处腹板过焊孔高度应为腹板厚度且不应小于 20mm，过焊孔边缘与下翼板相交处与柱-梁翼缘焊缝熔合线间距应大于（　　）。

A. 8mm　　　　　　　　　　B. 10mm　　　　　　　　　C. 12mm

答案：B

依据：《钢结构焊接规范》GB 50661—2011，条款号　5.7.6

37. 试题：腹板厚度大于 40mm 时，过焊孔热切割应预热 65℃以上，必要时可将切割表面磨光后进行（　　）。

A．磁粉或渗透探伤 　　　　　B．超声波探伤 　　　　　C．射线探伤

答案：A

依据：《钢结构焊接规范》GB 50661—2011，条款号　5.7.6

38. 试题：评定合格的管材接头，外径不小于 600mm 的管材，其直径覆盖范围不应小于（　　）。

A．500mm 　　　　　B．600mm 　　　　　C．700mm

答案：B

依据：《钢结构焊接规范》GB 50661—2011，条款号　6.2.5

39. 试题：用不小于（　　）倍放大镜检查试件表面，不得有裂纹、未焊满、未熔合、焊瘤、气孔、夹渣等超标缺陷。

A．5 　　　　　B．8 　　　　　C．10

答案：A

依据：《钢结构焊接规范》GB 50661—2011，条款号　6.5.1

40. 试题：钢结构焊接工程焊缝咬边总长度不得超过焊缝两侧长度的 15%，咬边深度不得超过（　　）。

A．0.5mm 　　　　　B．0.8mm 　　　　　C．1mm

答案：A

依据：《钢结构焊接规范》GB 50661—2011，条款号　6.5.1

41. 试题：焊接材料熔敷金属的力学性能不应（　　）相应母材标准的下限值或满足设计文件要求。

A．低于 　　　　　B．大于 　　　　　C．高于

答案：A

依据：《钢结构焊接规范》GB 50661—2011，条款号　7.2.1

42. 试题：对于焊条电弧焊、实心焊丝气体保护焊、药芯焊丝气体保护焊和埋弧焊（SAW）焊接方法，每一道焊缝的宽深比不应小于（　　）。

A．1.1 　　　　　B．1.0 　　　　　C．0.9

答案：A

依据：《钢结构焊接规范》GB 50661—2011，条款号　7.10.2

43. 试题：弯曲试样受拉面为焊缝背面的弯曲为（　　）。

A．面弯 　　　　　B．背弯 　　　　　C．侧弯

答案：B

依据：《承压设备焊接工艺评定》NB/T 47014—2011，条款号　3.13

44. 试题：（　　）为 Fe-1-1 类材料。

    A. 20　　　　　　　　　　B. Q345R　　　　　　　　　　C. 15CrMo

    答案：A

    依据：《承压设备焊接工艺评定》NB/T 47014—2011，条款号　5.1.2

45. 试题：（　　）为 Fe-5B-2 类材料。

    A. 10Cr9MoVNb　　　　　　B. Q345R　　　　　　　　　C. 1Cr18Ni9Ti

    答案：A

    依据：《承压设备焊接工艺评定》NB/T 47014—2011，条款号　5.1.2

46. 试题：（　　）为 Fe-8-1 类材料。

    A. 10Cr9MoVNb　　　　　　B. Q345R　　　　　　　　　C. 1Cr18Ni9Ti

    答案：C

    依据：《承压设备焊接工艺评定》NB/T 47014—2011，条款号　5.1.2

47. 试题：专用焊接工艺评定因素分为重要因素、补加因素和次要因素，（　　）是指影响焊接接头冲击韧性除外的力学性能的焊接工艺评定因素。

    A. 重要因素　　　　　　B. 补加因素　　　　　　C. 次要因素

    答案：A

    依据：《承压设备焊接工艺评定》NB/T 47014—2011，条款号　5.2.1

48. 试题：专用焊接工艺评定因素分为重要因素、补加因素和次要因素，（　　）是指影响焊接接头冲击韧性的焊接工艺评定因素。

    A. 重要因素　　　　　　B. 补加因素　　　　　　C. 次要因素

    答案：B

    依据：《承压设备焊接工艺评定》NB/T 47014—2011，条款号　5.2.1

49. 试题：专用焊接工艺评定因素分为重要因素、补加因素和次要因素，（　　）是指对要求测定的力学性能和弯曲性能无明显影响的焊接工艺评定因素。

    A. 重要因素　　　　　　B. 补加因素　　　　　　C. 次要因素

    答案：C

    依据：《承压设备焊接工艺评定》NB/T 47014—2011，条款号　5.2.1

50. 试题：角焊缝金相宏观检验的合格指标为：焊缝根部应焊透，焊缝金属和热影响区不允许有裂纹、未熔合；角焊缝两焊脚之差不大于（　　）。

    A. 1mm　　　　　　　　B. 2mm　　　　　　　　C. 3mm

    答案：C

    依据：《承压设备焊接工艺评定》NB/T 47014—2011，条款号　6.4.2.4.2

51. 试题：在电力钢结构焊接中，对下列说法正确的是（ ）。
   A．当电力钢结构工程、产品标准没有提出焊接工艺评定有要求时，应按电力行业
      标准进行焊接工艺评定
   B．不用编制焊接工艺（作业）指导书
   C．不用编制焊接施工措施文件
   答案：A
   依据：《电力钢结构焊接通用技术条件》DL/T 678—2013，条款号 3.1.1

52. 试题：下列哪个要求不符合电力钢结构焊接质量检查人员的资质（ ）。
   A．应具有高中及以上文化程度，具有三年及以上实践工作经验
   B．应经过专门技术培训取得相应的资格证书，并具备相应的质量管理知识
   C．应具有初中及以上文化程度，具有一年及以上实践工作经验
   答案：C
   依据：《电力钢结构焊接通用技术条件》DL/T 678—2013，条款号 3.2.2.4

53. 试题：焊缝在动载荷或静载荷下承受拉力、剪力，按等强度设计的对接焊缝、对接
   与角接组合焊缝为（ ）焊缝。
   A．一类   B．二类   C．三类
   答案：A
   依据：《电力钢结构焊接通用技术条件》DL/T 678—2013，条款号 3.3.2

54. 试题：焊条在施工现场的工地二级库存放不宜超过（ ）个月。
   A．3   B．6   C．12
   答案：A
   依据：《电力钢结构焊接通用技术条件》DL/T 678—2013，条款号 4.2.11

55. 试题：焊条、焊剂在使用前应按照其说明书的要求进行烘焙，重复烘焙不应超过
   （ ）次。
   A．1   B．2   C．3
   答案：B
   依据：《电力钢结构焊接通用技术条件》DL/T 678—2013，条款号 4.2.12

56. 试题：碱性焊条使用时应装入温度为（ ）的专用保温筒内，随用随取。
   A．50℃～80℃   B．80℃～110℃   C．50℃～110℃
   答案：B
   依据：《电力钢结构焊接通用技术条件》DL/T 678—2013，条款号 4.2.12

57. 试题：气焊焊接方法所用的氧气纯度应在（ ）以上。
   A．98%   B．98.5%   C．99%

答案：B

依据：《电力钢结构焊接通用技术条件》DL/T 678—2013，条款号 4.3.3

58. **试题**：钢板拼接，（   ）焊缝之间的距离应不小于 500mm。

　　A．相互垂直的　　　　　　B．相邻　　　　　　C．两平行

　　答案：C

　　依据：《电力钢结构焊接通用技术条件》DL/T 678—2013，条款号 5.1.1

59. **试题**：搭接接头的（   ）应不小于 5 倍的薄板厚度，且不小于 25mm。

　　A．焊缝长度　　　　　　　B．搭接强度　　　　　　C．搭接长度

　　答案：C

　　依据：《电力钢结构焊接通用技术条件》DL/T 678—2013，条款号 5.1.2

60. **试题**：焊件组对中，焊缝坡口局部间隙（   ）时，应设法修整到规定尺寸，不应在间隙内加填塞物。

　　A．过大　　　　　　　　　B．过小　　　　　　　C．不变

　　答案：A

　　依据：《电力钢结构焊接通用技术条件》DL/T 678—2013，条款号 5.1.4

61. **试题**：要进行塞焊或槽焊的孔的最小直径或长槽孔的宽度不应小于开孔件厚度加（   ）。

　　A．3mm　　　　　　　　　B．5mm　　　　　　　C．8mm

　　答案：C

　　依据：《电力钢结构焊接通用技术条件》DL/T 678—2013，条款号 5.1.6

62. **试题**：塞焊时，塞焊孔中心距不小于（   ）倍孔径。

　　A．3　　　　　　　　　　　B．4　　　　　　　　　C．5

　　答案：B

　　依据：《电力钢结构焊接通用技术条件》DL/T 678—2013，条款号 5.1.6

63. **试题**：要进行槽焊的长槽孔的长度不应超过开孔件厚度的（   ）倍。

　　A．5　　　　　　　　　　　B．8　　　　　　　　　C．10

　　答案：C

　　依据：《电力钢结构焊接通用技术条件》DL/T 678—2013，条款号 5.1.6

64. **试题**：相邻槽焊间距应满足：纵轴间距不小于 4 倍槽宽或槽轴间距不小于（   ）倍槽长。

　　A．2　　　　　　　　　　　B．3　　　　　　　　　C．4

　　答案：A

依据：《电力钢结构焊接通用技术条件》DL/T 678—2013，条款号 5.1.6

65. **试题：**屈服强度大于（　　）的调质钢上不应采用塞焊缝和槽焊缝。
A．460MPa　　　　　　　B．490MPa　　　　　　　C．530MPa
答案：B
依据：《电力钢结构焊接通用技术条件》DL/T 678—2013，条款号 5.1.6

66. **试题：**电力钢结构管桁结构中，当坡口角度 φ <（　　）时应进行工艺评定。
A．30°　　　　　　　　B．40°　　　　　　　　C．50°
答案：A
依据：《电力钢结构焊接通用技术条件》DL/T 678—2013，条款号 5.2.2

67. **试题：**钢结构焊接施工时，采用热加工方法下料，切口部分应留有不小于（　　）的机械加工余量。
A．1mm　　　　　　　　B．2mm　　　　　　　　C．3mm
答案：C
依据：《电力钢结构焊接通用技术条件》DL/T 678—2013，条款号 5.2.4

68. **试题：**电力钢结构一类焊缝的局部错口值不应超过焊件厚度的（　　），且不大于 2mm。
A．10%　　　　　　　　B．15%　　　　　　　　C．20%
答案：A
依据：《电力钢结构焊接通用技术条件》DL/T 678—2013，条款号 5.3.2

69. **试题：**钢结构（　　）的局部错口值不应超过焊件厚度的 15%，且不大于 3mm。
A．一类焊缝　　　　　　B．二类焊缝　　　　　　C．三类焊缝
答案：B
依据：《电力钢结构焊接通用技术条件》DL/T 678—2013，条款号 5.3.2

70. **试题：**电力钢结构三类焊缝的局部错口值不应超过焊件厚度的（　　），且不大于 4mm。
A．10%　　　　　　　　B．15%　　　　　　　　C．20%
答案：C
依据：《电力钢结构焊接通用技术条件》DL/T 678—2013，条款号 5.3.2

71. **试题：**不锈钢复合钢对接接头和角接头采用 V 形或 U 形坡口时，可去除接头附近的复层金属，复合层去除金属宽度不小于（　　），采用埋弧焊时，去除宽度至少为 8mm。
A．3mm　　　　　　　　B．4mm　　　　　　　　C．5mm

答案：B

依据：《电力钢结构焊接通用技术条件》DL/T 678—2013，条款号　5.4.1

72. 试题：复合钢板在采用等离子切割坡口时要求复层应（　　），用氧乙炔切割是复层应朝下。

A. 朝上　　　　　　　　　B. 朝下　　　　　　　　　C. 水平

答案：B

依据：《电力钢结构焊接通用技术条件》DL/T 678—2013，条款号　5.4.3

73. 试题：电力钢结构允许进行焊接操作的最低环境温度为碳素钢不得低于（　　）。

A. −5℃　　　　　　　　　B. −10℃　　　　　　　　C. −20℃

答案：C

依据：《电力钢结构焊接通用技术条件》DL/T 678—2013，条款号　6.1.1

74. 试题：最低环境温度可在施焊部位为中心的（　　）范围内测量。

A. 1m　　　　　　　　　　B. 2m　　　　　　　　　　C. 3m

答案：A

依据：《电力钢结构焊接通用技术条件》DL/T 678—2013，条款号　6.1.1

75. 试题：当空气湿度超过 90% 时，（　　）进行电力钢结构焊接操作。

A. 不应　　　　　　　　　B. 可以　　　　　　　　　C. 采取措施后可

答案：A

依据：《电力钢结构焊接通用技术条件》DL/T 678—2013，条款号　6.1.2

76. 试题：（　　）时的环境风速应不大于 2m/s。

A. 氩弧焊　　　　　　　　B. 气体保护焊　　　　　　C. 焊条电弧焊

答案：B

依据：《电力钢结构焊接通用技术条件》DL/T 678—2013，条款号　6.1.3

77. 试题：电力钢结构不规定预热温度的钢材，当环境温度低于 0℃ 时，应将母材预热到至少（　　），并在焊接过程保持这一层间温度。

A. 10℃　　　　　　　　　B. 20℃　　　　　　　　　C. 30℃

答案：B

依据：《电力钢结构焊接通用技术条件》DL/T 678—2013，条款号　6.2.3

78. 试题：进口的高强度钢使用前应确认含碳量，当含碳量偏高，（　　）温度应比同类国产材料高 20℃ 以上。

A. 变形矫正　　　　　　　B. 焊前预热　　　　　　　C. 焊后热处理

答案：B

依据：《电力钢结构焊接通用技术条件》DL/T 678—2013，条款号　6.2.3

79. **试题**：碳钢和低合金钢的层间温度不宜大于 350℃，奥氏体不锈钢最高层间温度不宜大于 150℃，（　　）层间温度不宜超过 200℃。

　　A．耐热钢　　　　　　　　B．低合金调质结构钢　　　　C．马氏体

　　答案：B

　　依据：《电力钢结构焊接通用技术条件》DL/T 678—2013，条款号　6.2.6

80. **试题**：全自动气体保护焊的引弧板和引出板长度宜为板厚的（　　）倍且不小于 30mm，厚度应不小于 6mm。

　　A．1　　　　　　　　　　B．1.5　　　　　　　　　　C．2

　　答案：B

　　依据：《电力钢结构焊接通用技术条件》DL/T 678—2013，条款号　6.3.2.2

81. **试题**：埋弧焊的引弧板和引出板的尺寸一般应大于或等于（　　），与焊件接头处应封底或垫上焊剂垫以防烧穿。

　　A．50mm×100mm　　　　B．60mm×100mm　　　　C．60mm×120mm

　　答案：A

　　依据：《电力钢结构焊接通用技术条件》DL/T 678—2013，条款号　6.3.2.3

82. **试题**：焊接后，应去除工卡具、引弧板和引出板等，严禁用锤击落；采用碳弧气刨或气割方法时应在离工件表面（　　）以上处切除。

　　A．1mm　　　　　　　　　B．2mm　　　　　　　　　C．3mm

　　答案：C

　　依据：《电力钢结构焊接通用技术条件》DL/T 678—2013，条款号　6.3.2.4

83. **试题**：冬季施工的低合金钢，其定位焊缝的厚度可增加至（　　），长度可为 60mm～80mm。

　　A．6mm　　　　　　　　　B．7mm　　　　　　　　　C．8mm

　　答案：C

　　依据：《电力钢结构焊接通用技术条件》DL/T 678—2013，条款号　6.3.3.1

84. **试题**：钢结构（　　）应有一定的强度，但其厚度一般不应超过正式焊缝的 1/3，通常为 4mm～6mm。

　　A．根层焊缝　　　　　　　B．定位焊缝　　　　　　　C．加固焊缝

　　答案：B

　　依据：《电力钢结构焊接通用技术条件》DL/T 678—2013，条款号　6.3.3.1

85. **试题**：（　　）焊的预热温度应比正式焊缝高 20℃。

A．根层　　　　　　　　　B．定位　　　　　　　　　C．盖面

答案：B

依据：《电力钢结构焊接通用技术条件》DL/T 678—2013，条款号　6.3.3.3

86．**试题**：在电力钢结构焊接中，应注意焊道接头和收弧部位的质量，收弧时应将熔池填满。多层多道焊的焊道接头应错开（　　）以上。

A．10mm　　　　　　　　　B．20mm　　　　　　　　　C．30mm

答案：C

依据：《电力钢结构焊接通用技术条件》DL/T 678—2013，条款号　6.3.4.3

87．**试题**：在电力钢结构焊接中，要求全焊透的双面焊缝，应采取清根措施，非清根侧焊缝的焊接量不宜少于（　　），清根后应按相关规定将氧化物清除干净。

A．1 层　　　　　　　　　B．2 层　　　　　　　　　C．3 层

答案：C

依据：《电力钢结构焊接通用技术条件》DL/T 678—2013，条款号　6.3.4.6

88．**试题**：低合金调质结构钢（　　）采用加热方法进行矫形，其他材料在用局部加热方法矫形时，其加热区温度应控制在 800℃以下。

A．不应　　　　　　　　　B．必须　　　　　　　　　C．宜

答案：A

依据：《电力钢结构焊接通用技术条件》DL/T 678—2013，条款号　7.1

89．**试题**：后热的加热宽度应为焊缝每侧（　　）倍板厚且不小于 100mm。

A．1　　　　　　　　　　　B．2　　　　　　　　　　　C．3

答案：C

依据：《电力钢结构焊接通用技术条件》DL/T 678—2013，条款号　7.2.2.2

90．**试题**：后热温度一般为 200℃～350℃，保温时间与后热温度、焊缝金属厚度有关，一般不少于（　　），达到保温时间后应缓冷至常温。

A．25min　　　　　　　　　B．30min　　　　　　　　　C．35min

答案：B

依据：《电力钢结构焊接通用技术条件》DL/T 678—2013，条款号　7.2.2.3

91．**试题**：低合金调质钢一般不做焊后热处理，需要焊后热处理时，热处理温度应低于调质处理时的回火温度（　　）。

A．30℃～50℃　　　　　　　B．30℃～60℃　　　　　　　C．40℃～80℃

答案：A

依据：《电力钢结构焊接通用技术条件》DL/T 678—2013，条款号　7.2.3.2

92. 试题：管道安装后现场抽查的要求中，弯管和弯头的背弧外表面应采用（ ）检测抽查，每种规格弯管和弯头的抽查比例为 20%且不少于 2 只。
A．压力　　　　　　　　B．无损　　　　　　　　C．拉力
答案：B
依据：《电站锅炉压力容器检验规程》DL 647—2004，条款号 9.10

93. 试题：加热期间，加热部件各部位温差，在任何一段 3m 距离内，不应大于（ ）。
A．130℃　　　　　　　　B．140℃　　　　　　　　C．150℃
答案：B
依据：《电力钢结构焊接通用技术条件》DL/T 678—2013，条款号 7.2.3.6

94. 试题：大厚度复合钢的焊后热处理宜在（ ）焊完后未焊接复层时进行。
A．过渡层　　　　　　　　B．隔离层　　　　　　　　C．基层
答案：C
依据：《电力钢结构焊接通用技术条件》DL/T 678—2013，条款号 7.2.3.8

95. 试题：淬硬倾向较大的钢材焊缝的验收则应以焊接完工后至少（ ）以后所做的检查结果为依据。
A．24h　　　　　　　　B．36h　　　　　　　　C．48h
答案：C
依据：《电力钢结构焊接通用技术条件》DL/T 678—2013，条款号 8.2.1

96. 试题：焊接质量检查人员应对焊接接头进行检查，必要时应使用焊缝检验尺或（ ）倍放大镜，对可经打磨消除的外观超标缺陷应作记录。
A．5　　　　　　　　B．10　　　　　　　　C．15
答案：A
依据：《电力钢结构焊接通用技术条件》DL/T 678—2013，条款号 8.1.2

97. 试题：焊接接头的角变形没有装配要求的板件的焊接角变形应不大于（ ）。
A．1°　　　　　　　　B．2°　　　　　　　　C．3°
答案：C
依据：《电力钢结构焊接通用技术条件》DL/T 678—2013，条款号 9.1.5

98. 试题：焊接接头的角变形在钢管纵缝焊接后，检查纵缝处的弧度，与样板间的间隙应不大于（ ）。
A．4mm　　　　　　　　B．5mm　　　　　　　　C．6mm
答案：A
依据：《电力钢结构焊接通用技术条件》DL/T 678—2013，条款号 9.1.5

99. **试题：** 对裂纹等缺陷，须确定焊缝或熔合区裂纹的范围，清除裂纹和超出裂纹每一端的（   ）的区域，并重新焊接。

   A．20mm   B．30mm   C．50mm

   答案： C

   依据：《电力钢结构焊接通用技术条件》DL/T 678—2013，条款号 10.3

100. **试题：** 对裂纹、未融合等内部缺陷进行处理时，应先清楚这些缺陷，必要时可采用（   ）或 MT 等方法检验。

   A．PT   B．UT   C．RT

   答案： A

   依据：《电力钢结构焊接通用技术条件》DL/T 678—2013，条款号 10.3

101. **试题：** Ⅲ类焊工考核的基本条件为经过基础培训或从事焊接工作（   ）年以上者，方可申请参加Ⅲ类焊工的技术考核。

   A．1   B．2   C．4

   答案： A

   依据：《焊工技术考核规程》DL/T 679—2012，条款号 5.2

102. **试题：** 焊工升类考核宜有（   ）个月以上的工程实际锻炼。

   A．1   B．2   C．3

   答案： C

   依据：《焊工技术考核规程》DL/T 679—2012，条款号 5.3

103. **试题：** 下列不属于奥氏体不锈钢的有（   ）。

   A．06Cr19Ni10   B．12Cr13   C．07Cr25Ni21NbN

   答案： B

   依据：《焊工技术考核规程》DL/T 679—2012，条款号 6.2.2

104. **试题：** 气焊和钨极氩弧焊可不考核板材，如需要，板材考核厚度应为 4mm～6mm，适用范围应不大于（   ）。

   A．10mm   B．9mm   C．8mm

   答案： C

   依据：《焊工技术考核规程》DL/T 679—2012，条款号 6.2.3.3

105. **试题：** 板状试件厚度超过 13mm、管状试件厚度超过（   ）时，其壁厚的适用范围可不设上限。

   A．15mm   B．20mm   C．25mm

   答案： C

   依据：《焊工技术考核规程》DL/T 679—2012，条款号 6.2.3.4

106. **试题**：锅炉受热面管子的焊工考核，应按管径不大于（　　）的管子和相应技术条件考核。

A．42mm B．60mm C．63.5mm

答案：C

依据：《焊工技术考核规程》DL/T 679—2012，条款号 6.2.3.5

107. **试题**：板件对接焊缝的（　　）合格者，可免考直径 $D \geqslant 600\text{mm}$ 相应厚度的 2G 管状试件。

A．2G B．5G C．6G

答案：A

依据：《焊工技术考核规程》DL/T 679—2012，条款号 6.2.4.3

108. **试题**：管状试件（　　）焊位考核合格者，可免考水平转动（1G）焊位。

A．2G B．5G C．6G

答案：B

依据：《焊工技术考核规程》DL/T 679—2012，条款号 6.2.4.3

109. **试题**：对于从事小径管斜焊位焊接的焊工，必须进行（　　）焊位考核，复试合格后，可替代 5G 和 2G 焊位。

A．2G B．5G C．6G

答案：C

依据：《焊工技术考核规程》DL/T 679—2012，条款号 6.2.4.3

110. **试题**：考核前应将试件的坡口及其边缘（　　）范围内的油、漆、锈、垢等杂物清除干净，直至露出金属光泽。

A．5mm～10mm B．10mm～15mm C．15mm～30mm

答案：B

依据：《焊工技术考核规程》DL/T 679—2012，条款号 6.2.6.1

111. **试题**：通过小径管侧障碍对接试件相应位置试件考核或插接试件考核的焊工可取得（　　）类焊工资格。

A．Ⅰ B．Ⅱ C．Ⅲ

答案：B

依据：《焊工技术考核规程》DL/T 679—2012，条款号 6.3.2

112. **试题**：通过小径管十字障碍或壁厚 $13\text{mm} < T \leqslant 25\text{mm}$ 管对接试件或管板骑座熔透试件考核的焊工可取得（　　）类焊工资格。

A．Ⅰ B．Ⅱ C．Ⅲ

答案：A

依据：《焊工技术考核规程》DL/T 679—2012，条款号 6.3.3

113. 试题：对于从事小径管斜焊位焊接的焊工，必须进行（ ）焊位考核，复试合格后，可替代 5G 和 2G 焊位。

A．2G B．5G C．6G

答案：C

依据：《焊工技术考核规程》DL/T 679—2012，条款号 6.2.4.3

114. 试题：试件厚度不小于（ ）时，用 2 个侧弯试样代替一个面弯和一个背弯试样。

A．8mm B．10mm C．15mm

答案：C

依据：《焊工技术考核规程》DL/T 679—2012，条款号 7.2.1

115. 试题：采用热切割或其他可能产生影响切割表面的方法从试件截取试样时，任意切割面距离试样的表面应大于或等于（ ）。

A．5mm B．8mm C．10mm

答案：B

依据：《焊工技术考核规程》DL/T 679—2012，条款号 7.2.2

116. 试题：弯曲试验的压头应压在焊缝中心部位，压头直径 $d=（4t）$ mm，至少为（ ）。

A．10mm B．15mm C．20mm

答案：C

依据：《焊工技术考核规程》DL/T 679—2012，条款号 8.6

117. 试题：弯曲后试样受拉面和侧面不得有长度大于（ ）的缺陷。

A．3mm B．4mm C．5mm

答案：A

依据：《焊工技术考核规程》DL/T 679—2012，条款号 8.6

118. 试题：持有焊工合格证的焊工，中断焊接工作（ ）个月以上时，必须重新进行技术考核。

A．3 B．6 C．12

答案：B

依据：《焊工技术考核规程》DL/T 679—2012，条款号 10.6

119. 试题：首次参加考核的焊工，必须考核板状对接试件，项目不少于（ ）项（板状 1G 必须合格），方可申请办理签证。

A. 1　　　　　　B. 2　　　　　　C. 3
答案：B
依据：《焊工技术考核规程》DL/T 679—2012，条款号　11.1.1

120. **试题**：免试签证时，每个合格项目仅限一次，延长期限为（　　）年。
A. 1　　　　　　B. 2　　　　　　C. 4
答案：C
依据：《焊工技术考核规程》DL/T 679—2012，条款号　11.1.1

121. **试题**：接管公称外径小于 400mm 的碳钢及合金钢锻件应不低于承压设备用碳素钢和合金钢锻件标准规定的（　　）锻件要求。
A. Ⅰ级　　　　　　B. Ⅱ级　　　　　　C. Ⅲ级
答案：C
依据：《电站钢制对焊管件》DL/T 695—2014，条款号　6.4.1

122. **试题**：弯头的角度偏差不应大于（　　）。
A. 0.5°　　　　　　B. 1°　　　　　　C. 1.5°
答案：A
依据：《电站钢制对焊管件》DL/T 695—2014，条款号　7.3.1

123. **试题**：焊制管件的钢材有延迟裂纹倾向时，焊接接头的无损检测工作应至少在焊接完成（　　）后进行。
A. 12h　　　　　　B. 24h　　　　　　C. 36h
答案：B
依据：《电站钢制对焊管件》DL/T 695—2014，条款号　8.1.3

124. **试题**：用于主蒸汽及高温再热蒸汽管道系统的管件应逐件进行金相组织检验，用于其他管道系统的管件按每炉或每批抽取（　　）进行金相组织检验，但每种规格不应少于 1 件。
A. 10%　　　　　　B. 20%　　　　　　C. 30%
答案：B
依据：《电站钢制对焊管件》DL/T 695—2014，条款号　8.4.3

125. **试题**：应力测试试验管件内周向应力值不应大于试验温度下材料屈服极限的（　　）。
A. 90%　　　　　　B. 80%　　　　　　C. 85%
答案：A
依据：《电站钢制对焊管件》DL/T 695—2014，条款号　8.5.2

126. **试题：** 锅炉受热面管子异种钢焊缝，其中心线距离（　　）或汽包、联箱外壁及支吊架边缘应大于 70mm，两个对接焊缝间距离不应小于 150mm。

    A．管子弯曲点　　　　　　B．管子弯曲中点　　　　　　C．管子弯曲起点

    答案： C

    依据：《火力发电厂异种钢焊接技术规程》DL/T 752—2010，条款号　4.1.1

127. **试题：** 现场使用焊接材料，应按规定将焊条置于专用保温筒内，其温度应保持为（　　），随用随取。

    A．50℃～60℃　　　　　　B．200℃～300℃　　　　　　C．80℃～150℃

    答案： C

    依据：《火力发电厂异种钢焊接技术规程》DL/T 752—2010，条款号　4.4.2

128. **试题：** 异种钢焊件在组对前应将待焊面及附近（　　）母材表面的污物清理干净，直至露出金属光泽。

    A．5mm～6mm　　　　　　B．10mm～15mm　　　　　　C．30mm～40mm

    答案： B

    依据：《火力发电厂异种钢焊接技术规程》DL/T 752—2010，条款号　4.3.1

129. **试题：** 异种钢焊接接头缺陷同一位置上挖补次数不得超过（　　）。

    A．一次　　　　　　　　　B．两次　　　　　　　　　　C．三次

    答案： B

    依据：《火力发电厂异种钢焊接技术规程》DL/T 752—2010，条款号　6.1.14

130. **试题：** 汽轮机铸钢件补焊时，当修复区域表面有堆焊层时，应扩大堆焊层表面和内部清除范围，清除范围距离坡口边缘不小于（　　）。

    A．5mm　　　　　　　　　B．10mm　　　　　　　　　　C．15mm

    答案： B

    依据：《汽轮机铸钢件补焊技术导则》DL/T 753—2014，条款号　4.3.1.5

131. **试题：** 采用 TIG 焊接铝母线，宜选用（　　）方波弧焊电源。

    A．交流　　　　　　　　　B．直流　　　　　　　　　　C．脉冲

    答案： B

    依据：《母线焊接技术规程》DL/T 754—2013，条款号　4.3.3

132. **试题：** 母线焊接接头所处的部位，应符合下列规定：离支持绝缘子、母线夹板的边缘不应小于（　　）；同相母线不同片上的对接焊缝，其位置应错开，距离不应小于（　　）。

    A．100mm，50mm　　　　B．100mm，100mm　　　　C．50mm，50mm

    答案： A

依据：《母线焊接技术规程》DL/T 754—2013，条款号　5.1.1

133. 试题：焊接坡口用等离子弧切割时应留有（　　）的精加工余量。
　　　A．1mm～2mm　　　　　　B．2mm～4mm　　　　　　C．4mm～6mm
　　　答案：A
　　　依据：《母线焊接技术规程》DL/T 754—2013，条款号　5.2.2

134. 试题：母线单面焊接时，可在（　　）放置垫板或垫圈。
　　　A．表面　　　　　　　　　B．根部　　　　　　　　　C．两端
　　　答案：B
　　　依据：《母线焊接技术规程》DL/T 754—2013，条款号　5.2.3

135. 试题：母线焊接焊件清理范围应包括坡口表面及其附近母材。附近母材的清理范
　　　围为（　　）。
　　　A．5mm～12mm　　　　　　B．5mm～10mm　　　　　　C．10mm～15mm
　　　答案：C
　　　依据：《母线焊接技术规程》DL/T 754—2013，条款号　5.3.2

136. 试题：母线焊接采用（　　）方法焊接壁厚超过 15mm 的焊件时，应该预热。
　　　A．TIG　　　　　　　　　B．气保焊　　　　　　　　C．焊条电弧焊
　　　答案：A
　　　依据：《母线焊接技术规程》DL/T 754—2013，条款号　6.2.1

137. 试题：母线焊接采用 TIG 方法焊接壁厚超过（　　）的焊件时，应该预热。
　　　A．15mm　　　　　　　　　B．20mm　　　　　　　　　C．25mm
　　　答案：A
　　　依据：《母线焊接技术规程》DL/T 754—2013，条款号　6.2.1

138. 试题：板厚 7mm～10mm 的铝母线焊前预热温度为（　　）。
　　　A．100℃～150℃　　　　　B．200℃～300℃　　　　　C．300℃～350℃
　　　答案：C
　　　依据：《母线焊接技术规程》DL/T 754—2013，条款号　6.2.2

139. 试题：板厚 7mm～10mm 的铜母线焊前预热温度为（　　）。
　　　A．100℃～150℃　　　　　B．200℃～250℃　　　　　C．280℃～300℃
　　　答案：C
　　　依据：《母线焊接技术规程》DL/T 754—2013，条款号　6.2.2

140. 试题：母线焊接定位焊的长度宜为（　　），特殊件可达 50mm。

A．5mm～10mm　　　　　B．10mm～20mm　　　　　C．20mm～30mm

答案：C

依据：《母线焊接技术规程》DL/T 754—2013，条款号　6.3.4

141. **试题：**当铝母线的厚度超过 8mm 时，宜采用（　　）法焊接，焊接工艺参数应根据焊接工艺试验确定。

A．多道焊　　　　　　　B．单道焊　　　　　　　C．多层多道

答案：C

依据：《母线焊接技术规程》DL/T 754—2013，条款号　6.4.1.1

142. **试题：**当铜母线的厚度超过 7mm 时，宜（　　）采用法焊接，焊接工艺参数应根据焊接工艺试验确定。

A．多道　　　　　　　　B．单道　　　　　　　　C．多层多道

答案：C

依据：《母线焊接技术规程》DL/T 754—2013，条款号　6.4.3.1

143. **试题：**厚度不大于 20mm 的汽、水管道焊接接头采用超声波检测时，还应进行（　　）检测，其检测数量为超声波检测数量的 20%。

A．磁粉　　　　　　　　B．射线　　　　　　　　C．渗透

答案：B

依据：《火力发电厂焊接技术规程》DL/T 869—2012，条款号　6.3.3

144. **试题：**母线焊接焊件变形弯折偏移不应大于 0.2%，错口值（中心偏移）不应大于（　　）。

A．0.3mm　　　　　　　B．0.5mm　　　　　　　C．0.6mm

答案：B

依据：《母线焊接技术规程》DL/T 754—2013，条款号　7.6

145. **试题：**焊接热处理设备的控温精度应在（　　）以内。

A．±10℃　　　　　　　B．±8℃　　　　　　　C．±5℃

答案：C

依据：《火力发电厂焊接热处理规程》DL/T 819—2010，条款号　4.2.3

146. **试题：**柔性陶瓷电阻加热或远红外加热用保温材料的熔融温度应高于（　　）。

A．790℃　　　　　　　B．1150℃　　　　　　　C．1500℃

答案：B

依据：《火力发电厂焊接热处理规程》DL/T 819—2010，条款号　4.3.1

147. **试题：**焊接热处理（　　）用保温材料，应对电磁场无屏蔽作用。

A．感应加热　　　　　　B．远红外加热　　　　　C．火焰加热

答案：A

依据：《火力发电厂焊接热处理规程》DL/T 819—2010，条款号　4.3.1

148. 试题：焊接热处理（　　）用保温材料应干燥。

A．感应加热　　　　　　B．远红外加热　　　　　C．火焰加热

答案：C

依据：《火力发电厂焊接热处理规程》DL/T 819—2010，条款号　4.3.1

149. 试题：焊接热处理所用保温材料的热阻值应不小于 0.35℃·m²/W；柔性陶瓷电阻加热或远红外加热用保温材料的熔融温度应（　　）1150℃。

A．低于　　　　　　　　B．高于　　　　　　　　C．小于等于

答案：B

依据：《火力发电厂焊接热处理技术规程》DL/T 819—2010，条款号　4.3.1

150. 试题：使用激光测温仪时，应避免（　　）直接或通过反射材料间接地瞄准人眼。

A．红外光　　　　　　　B．激光　　　　　　　　C．紫外光

答案：B

依据：《火力发电厂焊接热处理规程》DL/T 819—2010，条款号　4.4.2

151. 试题：加热炉内有效加热区的保温精度应达到（　　）。

A．±15℃　　　　　　　B．±10℃　　　　　　　C．±5℃

答案：B

依据：《火力发电厂焊接热处理规程》DL/T 819—2010，条款号　5.1.1

152. 试题：焊接热处理分段入炉加热时，要求至少有（　　）的重叠加热长度。

A．100mm　　　　　　　B．200mm　　　　　　　C．300mm

答案：C

依据：《火力发电厂焊接热处理规程》DL/T 819—2010，条款号　5.2.1

153. 试题：焊接热处理使用火焰加热炉时，禁止火焰直接冲刷（　　）。

A．加热炉　　　　　　　B．被加热件　　　　　　C．保温材料

答案：B

依据：《火力发电厂焊接热处理规程》DL/T 819—2010，条款号　5.2.1

154. 试题：加热炉有效加热区测量、仪表检定周期为（　　）个月。

A．3　　　　　　　　　　B．6　　　　　　　　　　C．12

答案：B

依据：《火力发电厂焊接热处理规程》DL/T 819—2010，条款号　5.1.1

155. 试题：当同炉控制多根（片）加热器时，其各加热区的（　　）的偏差值应不超过 5%。

A．电阻值　　　　　　　　B．电流　　　　　　　　C．电压

答案：A

依据：《火力发电厂焊接热处理规程》DL/T 819—2010，条款号　5.1.2

156. 试题：焊接热处理（　　）加热可用于难以采用其他加热方式的场合。

A．电磁感应　　　　　　　B．火焰　　　　　　　　C．远红外辐射

答案：B

依据：《火力发电厂焊接热处理规程》DL/T 819—2010，条款号　5.2.3

157. 试题：采用火焰加热方法加热时，火焰焰心至工件的距离应在（　　）以上。

A．5mm　　　　　　　　　B．8mm　　　　　　　　C．10mm

答案：A

依据：《火力发电厂焊接热处理规程》DL/T 819—2010，条款号　5.3.2

158. 试题：火焰加热应以焊缝为中心，加热宽度为焊缝两侧各外延不少于（　　）。

A．30mm　　　　　　　　B．40mm　　　　　　　　C．50mm

答案：C

依据：《火力发电厂焊接热处理规程》DL/T 819—2010，条款号　5.3.3

159. 试题：焊接热处理采用火焰加热时，火焰加热的（　　）时间按 1min/mm 计算。

A．恒温　　　　　　　　　B．升温　　　　　　　　C．降温

答案：A

依据：《火力发电厂焊接热处理规程》DL/T 819—2010，条款号　5.3.4

160. 试题：当管子外径大于 219mm 或壁厚大于或等于（　　）时，宜采用柔性陶瓷电阻加热、远红外辐射加热、电磁感应加热进行预热。

A．10mm　　　　　　　　B．15mm　　　　　　　　C．20mm

答案：C

依据：《火力发电厂焊接热处理规程》DL/T 819—2010，条款号　6.2.2

161. 试题：加热宽度自待焊接的焊缝（　　）计算。

A．边缘　　　　　　　　　B．中间　　　　　　　　C．两端

答案：A

依据：《火力发电厂焊接热处理规程》DL/T 819—2010，条款号　6.2.2

162. 试题：有（　　）倾向的焊件，当焊接工作停止后，若不能及时进行焊后热处理，应进行后热。

A. 热裂纹　　　　　　　　B. 冷裂纹　　　　　　　　C. 未焊透

答案：B

依据：《火力发电厂焊接热处理规程》DL/T 819—2010，条款号　6.3.1

163. 试题：对马氏体型钢焊接接头的后热，应在使焊件在焊后（　　）范围保温 1h～2h，进行马氏体转变后进行。

A. 50℃～80℃　　　　　　B. 80℃～120℃　　　　　　C. 120℃～150℃

答案：B

依据：《火力发电厂焊接热处理规程》DL/T 819—2010，条款号　6.3.2

164. 试题：后热时的加热宽度应（　　）预热时的加热宽度。

A. 不小于　　　　　　　　B. 等于　　　　　　　　　C. 不大于

答案：A

依据：《火力发电厂焊接热处理规程》DL/T 819—2010，条款号　6.3.3

165. 试题：对调质钢焊接接头，焊后热处理恒温温度应（　　）调质处理时回火温度。

A. 低于　　　　　　　　　B. 高于　　　　　　　　　C. 等于

答案：A

依据：《火力发电厂焊接热处理规程》DL/T 819—2010，条款号　6.4.2

166. 试题：焊后热处理一般按照焊件（　　）确定恒温时间。

A. 长度　　　　　　　　　B. 宽度　　　　　　　　　C. 厚度

答案：C

依据：《火力发电厂焊接热处理规程》DL/T 819—2010，条款号　6.4.3

167. 试题：当管子外径小于或等于 108mm 或厚度小于或等于（　　）时，若采用电磁感应加热或火焰加热时，加热速度不限制。

A. 10mm　　　　　　　　　B. 15mm　　　　　　　　　C. 20mm

答案：A

依据：《火力发电厂焊接热处理规程》DL/T 819—2010，条款号　6.4.5

168. 试题：对厚度大于（　　）的焊件进行焊接热处理时，应采取措施保证焊件有足够的均温宽度。

A. 50mm　　　　　　　　　B. 70mm　　　　　　　　　C. 100mm

答案：C

依据：《火力发电厂焊接热处理规程》DL/T 819—2010，条款号　6.4.6

169. 试题：采用电磁感应加热时，热电偶的引出方向应与感应线圈（　　）。

A. 相垂直　　　　　　　　B. 相平行　　　　　　　　C. 成45°角

答案：A

依据：《火力发电厂焊接热处理规程》DL/T 819—2010，条款号　7.2.4

170. 试题：当同炉处理多个焊件时，热电偶应布置在有代表性的焊接接头上，同时在其他焊件上应至少布置（　　）个监测热电偶；采用储能焊机焊接热电偶时，两根热电偶丝焊点间距应不大于 6mm，两个热电极之间及其与焊件间应绝缘。

A. 1　　　　　　　　　　B. 2　　　　　　　　　　C. 3

答案：A

依据：《火力发电厂焊接热处理技术规程》DL/T 819—2010，条款号　7.2.4

171. 试题：采用储能焊机焊接热电偶时，两根热电偶丝焊点间距应不大于（　　），两热电极之间及其与焊件间应绝缘。

A. 6mm　　　　　　　　　B. 8mm　　　　　　　　C. 10mm

答案：A

依据：《火力发电厂焊接热处理规程》DL/T 819—2010，条款号　7.2.4

172. 试题：一般管道对接接头加热宽度应根据加热方法及外径 D 与壁厚 δ 的比值来选取，但最少不小于（　　）。

A. 50mm　　　　　　　　B. 80mm　　　　　　　　C. 100mm

答案：C

依据：《火力发电厂焊接热处理规程》DL/T 819—2010，条款号　8.1.1

173. 试题：当采用电磁感应加热时，加热宽度从焊缝中心算起，每侧不小于管子壁厚的（　　）倍。

A. 1　　　　　　　　　　B. 2　　　　　　　　　　C. 3

答案：C

依据：《火力发电厂焊接热处理规程》DL/T 819—2010，条款号　8.1.2

174. 试题：管座焊件的加热，主管侧宜采用整圈加热或环形加热的方法，加热宽度在主管与接管侧均应不小于两者中较大厚度的（　　）倍。

A. 1　　　　　　　　　　B. 1.5　　　　　　　　　C. 2

答案：C

依据：《火力发电厂焊接热处理规程》DL/T 819—2010，条款号　8.1.4

175. 试题：对变径管、管座、三通等异形结构焊缝，宜在金属材料体积（　　）侧布置较多分区控制的加热装置，并根据焊件的实际情况和温度分布状况，分别调整其加热功率。

A. 较小　　　　　　　　　B. 较大　　　　　　　　C. 相等

答案：B

依据：《火力发电厂焊接热处理规程》DL/T 819—2010，条款号 8.1.5

176. **试题**：直径（　　）273mm 的管道或大型部件进行焊后热处理时，宜采用分区加热。

A．大于　　　　　　　　　B．小于　　　　　　　　　C．等于

答案：A

依据：《火力发电厂焊接热处理规程》DL/T 819—2010，条款号 8.2.1

177. **试题**：当采用柔性陶瓷电阻加热、远红外辐射加热时，直径大于（　　）的水平管道或大型部件进行焊后热处理时，宜采用分区加热。

A．102mm　　　　　　　　B．108mm　　　　　　　　C．273mm

答案：C

依据：《火力发电厂焊接热处理规程》DL/T 819—2010，条款号 8.2.1

178. **试题**：焊后热处理恒温过程中，任意两测温热电偶显示的数据的差值应符合规定的温度范围，且不超过（　　）。

A．50℃　　　　　　　　　B．60℃　　　　　　　　　C．80℃

答案：A

依据：《火力发电厂焊接热处理规程》DL/T 819—2010，条款号 8.3.1

179. **试题**：焊接热处理的保温宽度从焊缝中心算起，每侧应比加热宽度增加至少（　　）倍壁厚，且不小于 150mm。

A．1　　　　　　　　　　　B．2　　　　　　　　　　　C．3

答案：B

依据：《火力发电厂焊接热处理规程》DL/T 819—2010，条款号 8.3.2

180. **试题**：焊后热处理的保温厚度以（　　）为宜，感应加热时，可适当减小保温厚度。

A．40mm～60mm　　　　B．40mm～80mm　　　　C．50mm～80mm

答案：A

依据：《火力发电厂焊接热处理规程》DL/T 819—2010，条款号 8.3.3

181. **试题**：焊后热处理恒温温度超标或焊后热处理恒温时间过长而导致硬度值低于规定值（　　）的，或金相组织检验判定为焊缝金属过热的焊缝，除非可以现场实施正火＋回火热处理，应割掉该焊接接头，重新焊接。

A．85%　　　　　　　　　B．80%　　　　　　　　　C．90%

答案：B

依据：《火力发电厂焊接热处理技术规程》DL/T 819—2010，条款号 9.1.3

182. 试题：焊接热处理焊缝的硬度检测，转换后的布氏硬度与原始母材相比，在（　　）范围内为质量合格。

A．90%～100%　　　　　　B．90%～130%　　　　　　C．100%～130%

答案：B

依据：《火力发电厂焊接热处理规程》DL/T 819—2010，条款号　9.2.3

183. 试题：电阻丝应采用（　　）合金材料，单股直径以 0.35mm～0.4mm 为宜。

A．Cr20Ni80　　　　　　B．0Cr18Ni9Ti　　　　　　C．1Cr18Ni9Ti

答案：A

依据：《火力发电厂焊接热处理规程》DL/T 819—2010，条款号　附录 A.2

184. 试题：柔性陶瓷电阻加热器中陶瓷套管（片）抗热震性要求为在 750℃淬入 25℃水中（　　）次不开裂。

A．1　　　　　　　　　　B．2　　　　　　　　　　C．3

答案：C

依据：《火力发电厂焊接热处理规程》DL/T 819—2010，条款号　附录 A.3

185. 试题：下列那个因素为焊接工艺评定因素中的重要因素：（　　）。

A．改变坡口根部间隙、钝边

B．气体流量超出评定值±10%

C．改变焊后热处理保温温度范围

答案：C

依据：《焊接工艺评定规程》DL/T 868—2014，条款号　5.2

186. 试题：要求做冲击试验时，焊接工艺评定试样数量为热影响区和焊缝上各取（　　）个。

A．1　　　　　　　　　　B．2　　　　　　　　　　C．3

答案：C

依据：《焊接工艺评定规程》DL/T 868—2014，条款号　7.1

187. 试题：试样的厚度（　　）的厚度相等。试件厚度超过 30mm 时，可从接头截取若干个试样覆盖整个厚度。

A．宜与标准规定　　　　　B．应与母材　　　　　　C．宜与母材

答案：C

依据：《焊接工艺评定规程》DL/T 868—2014，条款号　8.3.1.2

188. 试题：火电工程焊接技术人员应有不少于（　　）年的专业技术实践。

A．1　　　　　　　　　　B．2　　　　　　　　　　C．3

答案：A

依据：《火力发电厂焊接技术规程》DL/T 869—2012，条款号 3.2.2.1

189. **试题：**火电焊接工程监理人员应有不少于（   ）年的焊接专业技术实践。
A．1   B．2   C．5
答案：C
依据：《火力发电厂焊接技术规程》DL/T 869—2012，条款号 3.2.2.6

190. **试题：**焊条、焊剂在使用前应按照其说明书的要求进行烘焙，重复烘焙不应超过两次。焊接重要部件的焊条，使用时应装入温度为（   ）的专用保温筒内，随用随取。
A．30℃～50℃   B．50℃～80℃   C．80℃～110℃
答案：C
依据：《火力发电厂焊接技术规程》DL/T 869—2012，条款号 3.3.2.9

191. **试题：**锅炉受热面管子焊口，其中心线距离管子弯曲起点或联箱外壁或支架边缘至少 70mm，同根管子两个对接焊口间距离不应小于（   ）。
A．50mm   B．100mm   C．150mm
答案：C
依据：《火力发电厂焊接技术规程》DL/T 869—2012，条款号 4.1.1.1

192. **试题：**火电工程管道对接焊口，其中心线距离管道弯曲起点不小于管道外径，且不小于（   ）（定型管件除外），距支、吊架边缘不小于 50mm。
A．50mm   B．100mm   C．150mm
答案：B
依据：《火力发电厂焊接技术规程》DL/T 869—2012，条款号 4.1.1.2

193. **试题：**《火力发电厂焊接技术规程》规定：容器筒体的对接焊缝，其中心线距离封头弯曲起点应不小于容器壁厚加 15mm，且不小于 25mm。相互平行的两相邻焊缝之间的距离应大于容器壁厚的（   ）倍，且不小于 100mm。不得布置十字焊缝。
A．1   B．2   C．3
答案：C
依据：《火力发电厂焊接技术规程》DL/T 869—2012，条款号 4.1.1.4

194. **试题：**搭接接头的搭接长度应不小于（   ）倍较薄母材厚度，且不小于 25mm。
A．3   B．5   C．8
答案：B
依据：《火力发电厂焊接技术规程》DL/T 869—2012，条款号 4.1.2

195. 试题：火力发电厂焊接施工时，焊件下料与坡口加工如采用热加工方法（如火焰切割、等离子切割、碳弧气刨）下料，切口部分应留有不小于（　　）的机械加工余量。

A．3mm　　　　　　　　　B．5mm　　　　　　　　　C．8mm

答案：B

依据：《火力发电厂焊接技术规程》DL/T 869—2012，条款号　4.2.2

196. 试题：焊件在组对前应将坡口表面及附近母材（内、外壁或正、反面）的油、漆、垢、锈等清理干净，直至发出金属光泽，对接焊缝：坡口每侧各为（　　）。

A．10mm～15mm　　　　B．5mm～10mm　　　　C．1mm～5mm

答案：A

依据：《火力发电厂焊接技术规程》DL/T 869—2012，条款号　4.3.1

197. 试题：对接单面焊的局部错口值不应超过壁厚的 10%，且不大于（　　）。

A．1mm　　　　　　　　　B．2mm　　　　　　　　　C．3mm

答案：A

依据：《火力发电厂焊接技术规程》DL/T 869—2012，条款号　4.3.2

198. 试题：焊件坡口有下列哪个条件时，不可进行组对（　　）。

A．坡口面及母材清理范围内应无裂纹、夹层、重皮、坡口损伤及毛刺等

B．坡口尺寸应符合设计图纸要求

C．坡口尺寸不符合设计图纸要求

答案：C

依据：《火力发电厂焊接技术规程》DL/T 869—2012，条款号　4.3.2

199. 试题：要求单面焊双面成形的火电工程承压管道焊接时，管子或管道的根层焊道应采用（　　）。

A．TIG　　　　　　　　　B．SAW　　　　　　　　　C．SMAW

答案：A

依据：《火力发电厂焊接技术规程》DL/T 869—2012，条款号　5.3.1

200. 试题：厚壁大口径管若采用临时定位焊定位，定位焊件应采用同种材料；采用其他钢材作定位焊件时，应堆敷过渡层，堆敷材料应与正式焊接相同且堆敷厚度应不小于（　　）。

A．2mm　　　　　　　　　B．5mm　　　　　　　　　C．10mm

答案：B

依据：《火力发电厂焊接技术规程》DL/T 869—2012，条款号　5.3.5

201. 试题：10Cr9Mo1VNbN（T/P91）钢材的焊前预热温度是（　　）。

A. 100℃～200℃   B. 150℃～200℃   C. 200℃～250℃

答案：C

依据：《火力发电厂焊接技术规程》DL/T 869—2012，条款号 5.3.5 表3

202. 试题：外径大于（　　　）的管子和锅炉密集排管的对接接头宜采取两人对称焊。

A. 194mm   B. 219mm   C. 273mm

答案：A

依据：《火力发电厂焊接技术规程》DL/T 869—2012，条款号 5.3.8

203. 试题：公称直径不小于1m的管道或容器的对接接头，采取（　　　）焊接时应采取清根措施。清根后应按要求将氧化物清除干净。

A. 双面   B. 单面   C. 单面焊双面成型

答案：A

依据：《火力发电厂焊接技术规程》DL/T 869—2012，条款号 5.3.11

204. 试题：（　　　）的焊后热处理恒温温度是580～600℃。

A. 15NiCuMoNb5（WB36）

B. 12Cr1MoVG

C. SA335 P91

答案：A

依据：《火力发电厂焊接技术规程》DL/T 869—2012，条款号 5.4.7 表4

205. 试题：焊接质量检查应包括（　　　）三个阶段。

A. 焊接前   B. 焊接过程中

C. 焊接结束后   D. 以上都是

答案：D

依据：《火力发电厂焊接技术规程》DL/T 869—2012，条款号 6.1.2

206. 试题：厚度不大于20mm的（　　　）采用超声波检测时，还应进行射线检测，其检测数量为超声波检测数量的20%。

A. 钢结构焊缝   B. 承压焊缝   C. 汽、水管道

答案：C

依据：《火力发电厂焊接技术规程》DL/T 869—2012，条款号 6.3.3

207. 试题：厚度大于（　　　）的管道和焊件，射线检测或超声波检测可任选其中一种。

A. 10mm   B. 15mm   C. 20mm

答案：C

依据：《火力发电厂焊接技术规程》DL/T 869—2012，条款号 6.3.3

208. 试题：耐热钢部件焊后应对焊缝金属进行光谱分析复检，受热面管子的焊缝不少于（ ），若发现材质不符，则应对该批焊缝进行 100%复查。

A．10%   B．20%   C．30%

答案：A

依据：《火力发电厂焊接技术规程》DL/T 869—2012，条款号 6.4.1

209. 试题：锅炉受热面管子焊接对口时，外壁错口值不大于10%δ，且不大于（ ）。

A．1mm   B．1.5mm   C．2mm

答案：A

依据：《火力发电厂焊接技术规程》DL/T 869—2012，条款号 7.1.4

210. 焊缝硬度不应低于母材硬度的（ ）。

A．50%   B．90%   C．110%

答案：B

依据：《火力发电厂焊接技术规程》DL/T 869—2012，条款号 7.3.3

211. 试题：焊接（ ）由焊接技术人员负责编制，其他各类焊接人员应积极配合。

A．技术文件   B．施工定额   C．检验报告

答案：A

依据：《火力发电厂焊接技术规程》DL/T 869—2012，条款号 9.1

212. 试题：当采用等离子切割方法加工坡口时，应预留不少于（ ）的加工余量。

A．2mm   B．3mm   C．5mm

答案：C

依据：《火力发电厂焊接技术规程》DL/T 869—2012，条款号 附录 F.1.2

213. 试题：9%Cr～12%Cr 马氏体型耐热钢焊接熔敷金属的（ ）不应低于被焊母材10℃。

A．下转变点   B．上转变点   C．相变点

答案：A

依据：《火力发电厂焊接技术规程》DL/T 869—2012，条款号 附录 F.1.3

214. 试题：焊条电弧焊时，层间温度不宜超过（ ）；埋弧焊时，层间温度不宜超过（ ）。

A．250℃，300℃   B．250℃，250℃   C．300℃，300℃

答案：A

依据：《火力发电厂焊接技术规程》DL/T 869—2012，条款号 附录 F.2.1

215. 试题：9%Cr～12%Cr 马氏体型耐热钢焊条电弧焊进行填充和盖面时，宜采用直径

不大于（　　）的焊条焊接。

A．3.2mm　　　　　　　　　B．4.0mm　　　　　　　　　C．5.0mm

答案： A

依据：《火力发电厂焊接技术规程》DL/T 869—2012，条款号　附录 F.2.2

216. **试题：** 焊后不宜采用后热。当被迫后热时，后热应在焊接完成，焊件温度降至
80℃～100℃，保温 1h～2h 后立即进行。后热工艺为：温度（　　），时间 2h。

A．300℃～350℃　　　　　B．100℃～150℃　　　　　C．200℃～250℃

答案： A

依据：《火力发电厂焊接技术规程》DL/T 869—2012，条款号　附录 F.2.7

217. **试题：** 9%Cr～12%Cr 马氏体型耐热钢焊后热处理应在焊接完成后，焊件温度降至
（　　），保温 1h～2h 后立即进行。

A．80℃～100℃　　　　　　B．100℃～150℃　　　　　C．150℃～200℃

答案： A

依据：《火力发电厂焊接技术规程》DL/T 869—2012，条款号　附录 F.2.8

218. **试题：** 焊后热处理应在焊接完成后，焊件温度降至80℃～100℃，保温（　　）后
立即进行。焊后热处理除执行相关规范的规定外，还应执行下列规定，管径不小
于 76mm 采用 SMAW 填充盖面的焊接接头，焊后热处理的恒温时间应不小于
（　　）。

A．1h～2h，2h　　　　　　B．0.5h～1h，2h　　　　　C．1h～2h，1h

答案： A

依据：《火力发电厂焊接技术规程》DL/T 869—2012，条款号　附录 F.2.8

219. **试题：** 受热面管排焊接接头在焊接热处理过程中若加热中断，允许以缓冷的方式
冷却到室温，并在（　　）内进行后热处理。其余焊接接头，若在后热和焊后热
处理过程中加热中断，应启动备用电源，完成后热过程，并缓冷到室温。

A．12h　　　　　　　　　　B．24h　　　　　　　　　　C．36h

答案： B

依据：《火力发电厂焊接技术规程》DL/T 869—2012，条款号　附录 F.2.9

220. **试题：** 对于回转体耐磨件及平面状态的耐磨件，宜采用（　　）的方法。

A．焊条电弧焊　　　　　　B．半自动焊　　　　　　　C．自动堆焊

答案： C

依据：《磨煤机耐磨件堆焊技术导则》DL/T 903—2004，条款号　4.1.1

221. **试题：** 耐磨件硬度检验时测点不应少于（　　）处，每处测量三次，取其平均值。

A．1　　　　　　　　　　　B．2　　　　　　　　　　　C．3

答案：C

依据：《磨煤机耐磨件堆焊技术导则》DL/T 903—2004，条款号　6.4.2

222. 试题：火电厂凝汽器管板焊机操作工技术考核的接头数量应不少于（　　　）个。

A. 5　　　　　　　　　　B. 8　　　　　　　　　　C. 10

答案：C

依据：《火电厂凝汽器管板焊接技术规程》DL/T 1097—2008，条款号　3.1.4

223. 试题：凝汽器管板焊接工艺评定试样，除应进行外观检查和渗透检测外，还应进行金相组织宏观试验，试样数量不得少于（　　　）个。

A. 5　　　　　　　　　　B. 8　　　　　　　　　　C. 10

答案：C

依据：《火电厂凝汽器管板焊接技术规程》DL/T 1097—2008，条款号　4.4

224. 试题：火电厂凝汽器管板焊接缺陷补焊次数一般不得超过（　　　）次。

A. 1　　　　　　　　　　B. 2　　　　　　　　　　C. 3

答案：C

依据：《火电厂凝汽器管板焊接技术规程》DL/T 1097—2008，条款号　7.1

225. 试题：氧气瓶的气瓶颜色、字体颜色分别是（　　　）。

A. 天蓝色、黑色　　　　B. 白色、红色　　　　　　C. 灰色、绿色

答案：A

依据：《电力建设安全工作规程　第 1 部分：火力发电厂》DL 5009.1，条款号　4.13.3（强条）

226. 试题：乙炔瓶的气瓶颜色、字体颜色分别是（　　　）。

A. 天蓝色、黑色　　　　B. 白色、红色　　　　　　C. 灰色、绿色

答案：B

依据：《电力建设安全工作规程　第 1 部分：火力发电厂》DL 5009.1，条款号　4.13.3（强条）

227. 试题：氩气瓶的气瓶颜色、字体颜色分别是（　　　）。

A. 天蓝色、黑色　　　　B. 白色、红色　　　　　　C. 灰色、绿色

答案：C

依据：《电力建设安全工作规程　第 1 部分：火力发电厂》DL 5009.1，条款号　4.13.3（强条）

228. 试题：火力发电厂工作压力大于或等于 9.8MPa 的锅炉受热面管子焊接接头类别是

（　　）类。

A. Ⅰ   B. Ⅱ   C. Ⅲ

答案： A

依据：《电力建设施工质量验收及评价规程　第 7 部分：焊接》DL/T 5210.7—2010，
　　　条款号　5.0.1

229. **试题：** 火力发电厂工作温度大于 150℃，且不大于 300℃ 的蒸汽管道及管件的焊
接接头类别是（　　）类。

A. Ⅰ   B. Ⅱ   C. Ⅲ

答案： B

依据：《电力建设施工质量验收及评价规程　第 7 部分：焊接》DL/T 5210.7—2010，
　　　条款号　5.0.1

230. **试题：** 火力发电厂工作压力为 0.1MPa～1.6MPa 的汽、水、油、气管道的焊接接头
类别是（　　）类。

A. Ⅰ   B. Ⅱ   C. Ⅲ

答案： C

依据：《电力建设施工质量验收及评价规程　第 7 部分：焊接》DL/T 5210.7—2010，
　　　条款号　5.0.1

231. **试题：** 火力发电厂工作压力为 0.1MPa～1.6MPa 的压力容器的焊接接头类别是
（　　）类。

A. Ⅰ   B. Ⅱ   C. Ⅲ

答案： A

依据：《电力建设施工质量验收及评价规程　第 7 部分：焊接》DL/T 5210.7—2010，
　　　条款号　5.0.1

232. **试题：** 火力发电厂工作压力小于 0.1MPa 的容器的焊接接头类别是（　　）类。

A. Ⅰ   B. Ⅱ   C. Ⅲ

答案： C

依据：《电力建设施工质量验收及评价规程　第 7 部分：焊接》DL/T 5210.7—2010，
　　　条款号　5.0.1

233. **试题：** 火力发电厂承重钢结构（锅炉钢架、起重设备结构、主厂房屋架、支吊架
等）的焊接接头类别是（　　）类。

A. Ⅰ   B. Ⅱ   C. Ⅲ

答案： B

依据：《电力建设施工质量验收及评价规程　第 7 部分：焊接》DL/T 5210.7—2010，
　　　条款号　5.0.1

234. 试题：火力发电厂烟、风、煤、粉、灰等管道及附件的焊接接头类别是（　　）类。

A．Ⅰ　　　　　　　　　B．Ⅱ　　　　　　　　　C．Ⅲ

答案：C

依据：《电力建设施工质量验收及评价规程　第 7 部分：焊接》DL/T 5210.7—2010，条款号　5.0.1

235. 试题：密封结构的焊接接头类别是（　　）类。

A．Ⅰ　　　　　　　　　B．Ⅱ　　　　　　　　　C．Ⅲ

答案：C

依据：《电力建设施工质量验收及评价规程》DL/T 5210.7—2010　第 7 部分：焊接，条款号　5.0.1

236. 试题：工作压力为 0.1MPa～1.6MPa 的压力容器丁字接头无损检验报告的抽查数量不少于其总样本量的（　　）。

A．25%　　　　　　　　B．50%　　　　　　　　C．75%

答案：B

依据：《电力建设施工质量验收及评价规程　第 7 部分：焊接》DL/T 5210.7—2010，条款号　5.0.1

237. 试题：焊接工程分批验收时，在批次内的检验报告应（　　）参加验评。

A．60%　　　　　　　　B．80%　　　　　　　　C．100%

答案：C

依据：《电力建设施工质量验收及评价规程　第 7 部分：焊接》DL/T 5210.7—2010，条款号　8.2.1

238. 试题：特种设备焊接操作人员考试机构应当在收到报名资料（　　）个工作日内完成审查。

A．5　　　　　　　　　　B．10　　　　　　　　　C．15

答案：C

依据：《特种设备焊接操作人员考核细则》TSG Z6002—2010，条款号　第十八条

239. 试题：特种设备焊接操作人员考试机构应当在考试结束后的（　　）个工作日内，完成考试成绩的评定。

A．10　　　　　　　　　B．15　　　　　　　　　C．20

答案：C

依据：《特种设备焊接操作人员考核细则》TSG Z6002—2010，条款号　第二十条

240. 试题：手工焊的板材试件两端（　　）内的缺陷不计。

A．10mm　　　　　　　B．15mm　　　　　　　C．20mm

答案：C

依据：《特种设备焊接操作人员考核细则》TSG Z6002—2010，条款号 附录 A5.2.2.1

241. 试题：堆焊两相邻焊道之间的凹下量不得大于（ ），焊道间搭接接头的不平度在试件范围内不得超过 1.5mm。

A．0.5mm　　　　　　　　B．1mm　　　　　　　　C．1.5mm

答案：B

依据：《特种设备焊接操作人员考核细则》TSG Z6002—2010，条款号 附录
A5.2.2.3.1

242. 试题：角焊缝试件、管板角接头试件的角焊缝中，焊缝的凹度或凸度不大于（ ）。

A．0.5mm　　　　　　　　B．1mm　　　　　　　　C．1.5mm

答案：C

依据：《特种设备焊接操作人员考核细则》TSG Z6002—2010，条款号 附录
A5.2.2.3.2

243. 试题：特种设备焊接操作人员考核金相组织宏观检验时，气孔或夹渣的最大尺寸不得超过（ ）。

A．0.5mm　　　　　　　　B．1mm　　　　　　　　C．1.5mm

答案：C

依据：《特种设备焊接操作人员考核细则》TSG Z6002—2010，条款号 附录 A5.2.5.3

244. 试题：特种设备焊接操作人员考核外观检查时，焊接处的错边量不得超过管材壁厚的（ ）。

A．5%　　　　　　　　　　B．10%　　　　　　　　C．15%

答案：B

依据：《特种设备焊接操作人员考核细则》TSG Z6002—2010，条款号 附录
C5.2.3.3.2

245. 试题：焊工考试机构的专职人员不少于（ ）人，人员技术能力与焊工考试类别、项目相适应。

A．1　　　　　　　　　　　B．2　　　　　　　　　　C．3

答案：C

依据：《特种设备焊接操作人员考核细则》TSG Z6002—2010，条款号 第九条

246. 试题：特种设备焊工基本知识考试成绩有效期为（ ）年。

A．1　　　　　　　　　　　B．2　　　　　　　　　　C．3

答案：A

依据：《特种设备焊接操作人员考核细则》TSG Z6002—2010，条款号 第十九条

247. 试题：《特种设备作业人员证》每（　　）年复审一次。

A. 3　　　　　　　　　B. 4　　　　　　　　　C. 5

答案：B

依据：《特种设备焊接操作人员考核细则》TSG Z6002—2010，条款号 第二十四条

248. 试题：焊工报名资料和考试资料，由考试机构存档，保存至少（　　）年。

A. 1　　　　　　　　　B. 3　　　　　　　　　C. 4

答案：C

依据：《特种设备焊接操作人员考核细则》TSG Z6002—2010，条款号 第二十二条

249. 试题：焊工年龄不得超过（　　）周岁。

A. 50　　　　　　　　B. 55　　　　　　　　C. 45

答案：B

依据：《特种设备焊接操作人员考核细则》TSG Z6002—2010，条款号 第二十七条

250. 试题：焊条电弧焊的代号为（　　）。

A. SMAW　　　　　　B. GTAW　　　　　　C. SAW

答案：A

依据：《特种设备焊接操作人员考核细则》TSG Z6002—2010，条款号 附录 A4.2.1 表 A-1

251. 试题：焊工采用镍与镍合金中某类别任一牌号材料进行焊接操作技能考试时，试件母材可以用（　　）代替。

A. 碳素钢　　　　　　B. 奥氏体不锈钢　　　　C. 铜与铜合金

答案：B

依据：《特种设备焊接操作人员考核细则》TSG Z6002—2010，条款号 附录 A4.3.3.3

252. 试题：板材对接焊缝试件考试合格后，适用于管材对接焊缝焊件时，管外径应大于或等于（　　）。

A. 60mm　　　　　　B. 63.5mm　　　　　　C. 76mm

答案：C

依据：《特种设备焊接操作人员考核细则》TSG Z6002—2010，条款号 附录 A4.3.5 表 A-6 注 A-3

253. **试题：**手工焊焊工采用半自动熔化极气体保护焊，当试件焊缝金属厚度 $t \geqslant 12mm$，且焊缝不得少于（　　）层，经焊接操作技能考试合格后，适用于焊件焊缝金属厚度范围不限。

　　A．2　　　　　　　　B．3　　　　　　　　C．5

　　答案：B

　　依据：《特种设备焊接操作人员考核细则》TSG Z6002—2010，条款号　附录 A4.3.7

254. **试题：**手工焊焊工采用管板角接头试件，当某焊工用一种焊接方法考试且试件截面全焊透时，焊缝厚度 t 与试件板材厚度 S_0 相等；当 $S_0 \geqslant 12$ 时，t 应不小于 $12mm$，且焊缝不得少于（　　）层。

　　A．2　　　　　　　　B．3　　　　　　　　C．5

　　答案：B

　　依据：《特种设备焊接操作人员考核细则》TSG Z6002—2010，条款号　附录 A4.3.8.1

255. **试题：**焊接操作技能考试时，3名以上（含3名）焊工的组合考试，试件厚度不得小于（　　）。

　　A．10mm　　　　　　B．15mm　　　　　　C．20mm

　　答案：C

　　依据：《特种设备焊接操作人员考核细则》TSG Z6002—2010，条款号　附录 A4.4.1

256. **试题：**特种设备焊接操作人员考核时，管材对接焊缝和管板角接头45°固定试件，管轴线与水平面的夹角应为 $45° \pm$（　　）。

　　A．3°　　　　　　　　B．5°　　　　　　　　C．6°

　　答案：B

　　依据：《特种设备焊接操作人员考核细则》TSG Z6002—2010，条款号　附录 A4.4.3

257. **试题：**手工焊焊工考试板材试件厚度大于（　　）时，不允许用焊接卡具或者其他办法将板材试件刚性固定。

　　A．10mm　　　　　　B．15mm　　　　　　C．20mm

　　答案：A

　　依据：《特种设备焊接操作人员考核细则》TSG Z6002—2010，条款号　附录 A4.4.3

258. **试题：**堆焊试件焊道熔敷金属宽度应当大于（　　），首层至少堆焊三条并列焊道，总宽度大于或者等于38mm。

　　A．10mm　　　　　　B．12mm　　　　　　C．15mm

　　答案：B

　　依据：《特种设备焊接操作人员考核细则》TSG Z6002—2010，条款号　附录 A4.4.3

259. **试题：**不带衬垫的板材对接焊缝试件、不带衬垫的管板角接头试件和外径不小于

76mm 的管材对接焊缝试件，背面焊缝的余高不大于（　　）。

A．1mm B．2mm C．3mm

答案：C

依据：《特种设备焊接操作人员考核细则》TSG Z6002—2010，条款号　附录 A5.2.2.3.2

260. 试题：板材对接焊缝试件焊后变形角度 *a* 小于或等于 3°（有色金属试件焊后变形角度小于或等于 10°），试件错边量 *e* 不得大于 10%板厚，且小于或等于（　　）。

A．1mm B．2mm C．3mm

答案：B

依据：《特种设备焊接操作人员考核细则》TSG Z6002—2010，条款号　附录 A5.2.2.3.3

261. 试题：试件的射线透照按照 JB/T 4730《承压设备无损检测》进行检测，射线透照质量不低于（　　）级，焊缝缺陷等级不低于 Ⅱ 级为合格。

A．A B．B C．AB

答案：C

依据：《特种设备焊接操作人员考核细则》TSG Z6002—2010，条款号　附录 A5.2.3

262. 试题：对接焊缝试件的弯曲试样弯曲到规定的角度后，其拉伸面上的焊缝和热影响区内，沿任何方向不得有单条长度大于（　　）的开口缺陷。

A．1mm B．2mm C．3mm

答案：C

依据：《特种设备焊接操作人员考核细则》TSG Z6002—2010，条款号　附录 A5.2.4.3.2

263. 试题：耐蚀堆焊试件弯曲试样弯曲到规定的角度后，在试样拉伸面上的堆焊层内不得有长度大于（　　）的任一开口缺陷，在熔合线内不得有长度大于 3mm 的任一开口缺陷。

A．1mm B．1.5mm C．2mm

答案：B

依据：《特种设备焊接操作人员考核细则》TSG Z6002—2010，条款号　附录 A5.2.4.3.2

264. 试题：根据 JB/T 3223—1996《焊接材料质量管理规程》的要求，下列哪个要求说法正确：（　　）。

A．对于严重受潮、变质的焊接材料，应由有关职能部门进行必要的检验，并做出降级使用或报废的处理决定之后，方可准许出库

B. 对于严重受潮、变质的焊接材料，不必进行必要的检验，准许出库

C. 对于严重受潮、变质的焊接材料，不用做出降级使用或报废的处理决定之后，即可准许出库

答案：A

依据：《焊接材料质量管理规程》JB/T 3223—1996，条款号 8.4

265. 试题：焊接材料的储存库应保持适宜的温度和湿度。室内温度应在 5℃以上，相对湿度不超过（ ）。

A. 60% B. 70% C. 90%

答案：A

依据：《焊接材料质量管理规程》JB/T 3223—1996，条款号 7.1.1

266. 试题：酸性焊接材料及防潮包装密封良好的低氢型焊接材料为（ ）年。

A. 1 B. 2 C. 3

答案：B

依据：《焊接材料质量管理规程》JB/T 3223—1996，条款号 8.3

267. 试题：焊前要求必须烘干的焊接材料（碱性低氢型焊条及陶制焊剂）如烘干后在常温下搁置（ ）以上，在使用时应再次烘干。

A. 1h B. 2h C. 4h

答案：C

依据：《焊接材料质量管理规程》JB/T 3223—1996，条款号 9.2.4

四、多选题（下列试题中，至少有 2 项是标准原文规定的正确答案，请将正确答案填在括号内）

1. 试题：GB 50236—2011《现场设备、工业管道焊接工程施工规范》中，下列正确的选项是：（ ）。

A. 焊接时的氩气纯度不应低于 99%

B. 焊接用二氧化碳气体纯度不应低于 99.9%，含水量不应大于 0.005%，使用前应预热和干燥

C. 焊接用氧气纯度不应低于 99.5%

D. 乙炔气的纯度不应低于 98%

答案：BCD

依据：《现场设备、工业管道焊接工程施工规范》GB 50236—2011，条款号 4.0.3

2. 试题：GB 50236—2011《现场设备、工业管道焊接工程施工规范》中，关于施焊环境，正确的选项有：（ ）。

A. 焊接的环境温度应符合焊件焊接所需的温度，并不得影响焊工的操作技能

B. 焊条电弧焊、自保护药芯焊丝电弧焊和气焊时风速不应大于 8m/s

C. 钨极惰性气体保护电弧焊和熔化极气体保护电弧焊时风速不应大于 2m/s

D. 铝及铝合金的焊接时焊接监护 1m 范围内相对湿度不得大于 80%

答案：ABCD

依据：《现场设备、工业管道焊接工程施工规范》GB 50236—2011，条款号　3.0.5

3. **试题：**GB 50236—2011《现场设备、工业管道焊接工程施工规范》中关于错口，正确的选项有：（　　）。

A. 只能从单面焊接的纵向和环向焊缝，其内壁错边量不应超过 2mm

B. 当采用气电立焊时，错边量不应大于母材厚度的 10%，且不大于 3mm

C. 只能从单面焊接的纵向和环向焊缝，其内壁错边量不应大于壁厚的 10%，且不应超过 3mm

D. 当采用气电立焊时，错边量不应大于母材厚度的 15%，且不大于 4mm

答案：AB

依据：《现场设备、工业管道焊接工程施工规范》GB 50236—2011，条款号　7.2.5

4. **试题：**GB 50236—2011《现场设备、工业管道焊接工程施工规范》中，正确的选项有：（　　）。

A. 钢板卷管或设备的筒节与筒节、筒节与封头组对时，相邻两节间纵向焊缝间距应大于壁厚的 3 倍，且不应小于 100mm；同一筒节上两相邻纵缝间的距离不应小于 200mm

B. 有加固环、板的卷管，加固环、板的对接焊缝应与管子纵向焊缝错开，其间距不应小于 100mm。加固环、板距卷管的环焊缝不应小于 50mm

C. 加热炉受热面管子的焊缝与管子起弯点、联箱外壁及支、吊架边缘的距离不应小于 70mm；同一直管段上两对接焊缝中心间的距离不应小于 150mm

D. 除采用定型弯头外，管道对接环焊缝中心与弯管起弯点的距离不应小于管子外径，且不应小于 100mm。管道对接环焊缝距支、吊架边缘之间的距离不应小于 50mm；需进行热处理的焊缝距支、吊架边缘之间的距离不应小于焊缝宽度的 5 倍，且不应小于 100mm

答案：ABCD

依据：《现场设备、工业管道焊接工程施工规范》GB 50236—2011，条款号　7.2.6

5. **试题：**GB 50683—2011《现场设备、工业管道焊接工程施工质量验收规范》中，正确的选项有：（　　）。

A. 当设计文件对坡口表面要求进行无损检测时，应进行磁粉检测或渗透检测。坡口表面质量不应低于现行行业标准《承压设备无损检测》JB/T 4730 规定的 Ⅰ 级

B. 对有焊前预热规定的焊缝，焊接前应检查焊件预热区域的预热温度，预热温度应符合设计文件和焊接工艺文件的规定

C. 焊件的主要结构尺寸与形状、坡口形式和尺寸应符合设计文件的规定

D. 坡口表面应平整、光滑。不得有裂纹、夹层、加工损伤、夹渣、毛刺及火焰切割

熔渣等缺陷

答案：ABCD

依据：《现场设备、工业管道焊接工程施工质量验收规范》GB 50236—2011，条款号 5.0

6. 试题：GB 50683—2011《现场设备、工业管道焊接工程施工质量验收规范》中，关于酸洗、钝化处理，正确的选项有：（   ）。

A．酸洗后的焊缝及其附近表面不得有明显的腐蚀痕迹、颜色不均匀的斑纹和氧化色

B．酸洗后的焊缝表面应用水冲洗干净，不得残留酸洗液

C．钝化后的焊缝表面应用水冲洗，呈中性后擦干水迹

D．酸洗后的焊缝表面应用碱水冲洗干净，不得残留酸洗液

答案：ABC

依据：《现场设备、工业管道焊接工程施工质量验收规范》GB 50683—2011，条款号 6.0.7

7. 试题：GB 50683—2011《现场设备、工业管道焊接工程施工质量验收规范》中，当规定进行硬度检验时，除设计文件另有规定外，焊缝和热影响区的硬度不得超出下列规定的范围有：（   ）。

A．C-Mo 钢和含 Cr≤2%的 Cr-Mo 钢，焊缝及热影响区硬度测定值为布氏硬度 HB≤225

B．2.25≤Cr≤10%的 Cr-Mo 钢，焊缝及热影响区硬度测定值为布氏硬度 HB≤300

C．其他合金钢不应大于母材硬度测定值的 125%

D．碳素钢不应大于母材硬度测定值的 120%

答案：ACD

依据：《现场设备、工业管道焊接工程施工质量验收规范》GB 50683—2011，条款号 7.0.2

8. 试题：GB 50661—2011《钢结构焊接规范》中，在钢结构焊接时，正确的选项是：（   ）。

A．不具备完善的焊接性资料、指导性焊接工艺、热加工和热处理工艺参数、相应钢材的焊接接头性能数据等资料不能用于钢结构工程

B．新材料应经专家论证、评审和焊接工艺评定合格后，方可在工程中采用

C．不具备完善的焊接性资料、指导性焊接工艺、热加工和热处理工艺参数、相应钢材的焊接接头性能数据等资料，经监理工程师批准后，可用于钢结构工程

D．新材料未经专家论证、评审和焊接工艺评定，经业主同意后，可在工程中采用

答案：AB

依据：《钢结构焊接规范》GB 50661—2011，条款号 3.0.4

9. 试题：GB 50661—2011《钢结构焊接规范》中，关于钢结构焊接工艺评定正确的说法是：（   ）。

A．不同焊接方法的评定结果不得互相替代

B．不同焊接方法组合焊接可用相应板厚的单种焊接方法评定结果替代

C．不同焊接方法组合焊接不能用不同焊接方法组合焊接评定

D．弯曲及冲击试样切取位置应包含不同的焊接方法；同种牌号钢材中，质量等级高的钢材可替代质量等级低的钢材，质量等级低的钢材不可替代质量等级高的钢材

答案：ABD

依据：《钢结构焊接规范》GB 50661—2011，条款号　6.2.1

10. **试题**：GB 50661—2011《钢结构焊接规范》中，关于钢结构焊接工艺评定正确的说法是：（　　）。

A．不同类别钢材的焊接工艺评定结果可任意互相替代

B．Ⅰ、Ⅱ类同类别钢材中当强度和质量等级发生变化时，在相同供货状态下，高级别钢材的焊接工艺评定结果可替代低级别钢材；Ⅲ、Ⅳ类同类别钢材中的焊接工艺评定结果不得相互替代；除Ⅰ、Ⅱ类别钢材外，不同类别的钢材组合焊接时应重新评定，不得用单类钢材的评定结果替代

C．同类别钢材中轧制钢材与铸钢、耐候钢与非耐候钢的焊接工艺评定结果不得互相替代，控轧控冷（TMCP）钢、调质钢与其他供货状态的钢材焊接工艺评定结果不得互相替代

D．国内与国外钢材的焊接工艺评定结果不得互相替代

答案：BCD

依据：《钢结构焊接规范》GB 50661—2011，条款号　6.2.2

11. **试题**：GB 50661—2011《钢结构焊接规范》中，有衬垫的钢结构焊接工艺评定正确的说法是：（　　）。

A．有衬垫与无衬垫的单面焊全焊透接头不可互相替代

B．有衬垫单面焊全焊透接头和反面清根的双面焊全焊透接头可互相替代

C．不同材质的衬垫不可互相替代

D．不同材质的衬垫可互相替代

答案：ABC

依据：《钢结构焊接规范》GB 50661—2011，条款号　6.2.8

12. **试题**：GB 50661—2011《钢结构焊接规范》中，钢结构严禁焊接作业的情形包括：（　　）。

A．焊接作业区的相对湿度大于 90%

B．焊件表面潮湿或暴露于雨、冰、雪中

C．焊接作业条件不符合现行国家标准的有关规定

D．焊接作业区的相对湿度大于 60%

答案：ABC

依据：《钢结构焊接规范》GB 50661—2011，条款号　7.5.2

13. **试题**：GB 50661—2011《钢结构焊接规范》中，钢结构焊接的道间温度设定，正确的说法是：（　　）。

A. 焊接过程中，最低道间温度不应低于预热温度

B. 静载结构焊接时，最大道间温度不宜超过250℃

C. 需进行疲劳验算的动荷载结构和调质钢焊接时，最大道间温度不宜超过300℃

D. 需进行疲劳验算的动荷载结构和调质钢焊接时，最大道间温度不宜超过230℃

答案：ABD

依据：《钢结构焊接规范》GB 50661—2011，条款号　7.6.4

14. **试题**：GB 50661—2011《钢结构焊接规范》中，钢结构焊接预热正确的选项是：（　　）。

A. 预热的加热区域应在焊缝坡口两侧，宽度应大于焊件施焊处板厚的1.5倍，且不应小于100mm

B. 预热温度宜在焊件受热面的背面测量，测量点应在离电弧经过前的焊接点各方向不小于75mm处

C. 当采用火焰加热器预热时正面测温时，可测量火焰的温度

D. 当采用火焰加热器预热时正面测温应在火焰离开后进行

答案：ABD

依据：《钢结构焊接规范》GB 50661—2011，条款号　7.6.5

15. **试题**：GB 50661—2011《钢结构焊接规范》中，钢结构焊接返修的正确选项是：（　　）。

A. 返修前，应清洁修复区域的表面；焊瘤、凸起或余高过大，应采用砂轮或碳弧气刨清除过量的焊缝金属

B. 焊缝凹陷或弧坑、焊缝尺寸不足、咬边、未熔合、焊缝气孔或夹渣等应在完全清除缺陷后进行焊补

C. 焊缝或母材的裂纹应采用磁粉、渗透或其他无损检测方法确定是否彻底清除，再重新进行焊补。对于拘束度较大的焊接接头的裂纹用碳弧气刨清除前，宜在裂纹两端钻止裂孔

D. 焊接返修的预热温度应比相同条件下正常焊接的预热温度提高30℃～50℃，并应采用低氢焊接材料和焊接方法进行焊接

答案：ABCD

依据：《钢结构焊接规范》GB 50661—2011，条款号　7.12.1

16. **试题**：GB 50661—2011《钢结构焊接规范》中，钢结构焊接抽样检验，正确的选项是：（　　）。

A. 抽样检验的焊缝数不合格率小于2%时，该批验收合格；抽样检验的焊缝数不合格率大于5%时，该批验收不合格

B. 抽样检验的焊缝数不合格率为2%～5%时，应加倍抽检，且必须在原不合格部位

两侧的焊缝延长线各增加一处，在所有抽检焊缝中不合格率不大于 5%时，该批验收合格，大于 5%时，该批验收不合格

C．批量验收不合格时，应对该批余下的全部焊缝进行检验

D．检验发现 1 处裂纹缺陷时，应加倍抽查，在加倍抽检焊缝中未再检查出裂纹缺陷时，该批验收合格；检验发现多处裂纹缺陷或加倍抽查又发现裂纹缺陷时，该批验收不合格，应对该批余下焊缝的全数进行检查

答案：ACD

依据：《钢结构焊接规范》GB 50661—2011，条款号　8.1.8

17．**试题：**GB 50661—2011《钢结构焊接规范》中，钢结构焊接的对接与角接组合焊缝的正确选项是：（　　　）。

A．加强角焊缝尺寸 h_k 不应小于 $t/4$，且不应大于 10mm，其允许偏差应为 h_k

B．对于加强焊角尺寸 h_k 大于 8.0mm 的角焊缝其局部焊脚尺寸允许低于设计要求值 1.0mm，但总长度不得超过焊缝长度的 10%

C．焊接 H 形梁腹板与翼缘板的焊缝两端在其两倍翼缘板宽度范围内，焊缝的焊脚尺寸不得低于设计要求值

D．对接与角接组合焊缝，加强角焊缝尺寸 h_k 不应小于 $t/8$，且不应大于 4mm，其允许偏差应为 h_k

答案：ABC

依据：《钢结构焊接规范》GB 50661—2011，条款号　8.2.2.1

18．**试题：**GB 50661—2011《钢结构焊接规范》中，钢结构焊接中全焊透焊缝的无损检测，正确的选项是：（　　　）。

A．一级焊缝应进行 50%的检测，其合格等级不应低于 B 级检验的 II 级要求

B．一级焊缝应进行 100%的检测，其合格等级不应低于 B 级检验的 II 级要求

C．二级焊缝应进行抽检，抽检比例不应小于 10%，其合格等级不应低于 B 级检测的 III 级要求

D．二级焊缝应进行抽检，抽检比例不应小于 20%，其合格等级不应低于 B 级检测的 III 级要求

答案：BD

依据：《钢结构焊接规范》GB 50661—2011，条款号　8.2.2.2

19．**试题：**GB 50683—2011《现场设备、工业管道焊接工程施工质量验收规范》中，正确的说法是：（　　　）。

A．不得使用无质量证明文件或文件所提供数据不全的焊接材料

B．焊材表面不应受潮、污染

C．不应存在药皮破损或影响焊接质量的缺陷，焊丝表面应光滑、整洁

D．焊材的识别标志应清晰、牢固，与产品实物应相符

答案：ABCD

依据:《现场设备、工业管道焊接工程施工质量验收规范》GB 50683—2011，条款号 4.0.2

20. **试题:** NB/T 47014—2011《承压设备焊接工艺评定》中，承压设备焊接工艺评定正确的选项有:（　　）。

A. 母材类别号改变，需要重新进行焊接工艺评定

B. 等离子弧焊使用填丝工艺，对 Fe-1~Fe-5A 类别母材进行焊接工艺评定时，高类别号母材相焊评定合格的焊接工艺，适用于该高类别号母材与低类别号母材相焊

C. 采用焊条电弧焊、埋弧焊、熔化极气体保护焊或钨极气体保护焊，对 Fe-1~Fe-5A 类别母材进行焊接工艺评定时，高类别号母材相焊评定合格的焊接工艺，适用于该高类别号母材与低类别号母材相焊

D. 中、高合金钢和不锈钢焊接时，即使母材各自的焊接工艺都评定合格，其焊接接头仍需重新进行焊接工艺评定

答案: ABCD

依据:《承压设备焊接工艺评定》NB/T 47014—2011，条款号　6.1.2.1

21. **试题:** NB/T 47014—2011《承压设备焊接工艺评定》中，承压设备焊接工艺评定组别正确的选项有:（　　）。

A. 母材组别号改变时，需重新进行焊接工艺评定

B. 某一母材评定合格的焊接工艺，不适用于同类别号同组别号的其他母材

C. 在同类别号中，高组别号母材评定合格的焊接工艺，适用于该高组别号母材与低组别号母材相焊

D. 组别号为 Fe-1-2 的母材评定合格的焊接工艺，适用于组别号为 Fe-1-1 的母材

答案: ACD

依据:《承压设备焊接工艺评定》NB/T 47014—2011，条款号　6.1.2.2

22. **试题:** NB/T 47014—2011《承压设备焊接工艺评定》中，承压设备焊接工艺评定热处理正确的选项有:（　　）。

A. 当规定进行冲击试验时，焊后热处理的保温温度或保温时间范围改变后要重新进行焊接工艺评定

B. 试件的焊后热处理应与焊件在制造过程中的焊后热处理基本相同

C. 低于下转变温度进行焊后热处理时，试件保温时间不得少于焊件在制造过程中累计保温时间的 80%

D. 低于下转变温度进行焊后热处理时，试件保温时间不得少于焊件在制造过程中累计保温时间的 60%

答案: ABC

依据:《承压设备焊接工艺评定》NB/T 47014—2011，条款号　6.1.4.2

23. **试题：** NB/T 47014—2011《承压设备焊接工艺评定》中，承压设备焊接工艺评定进行冲击试验后试件覆盖范围正确的选项有：（　　）。

   A．当规定进行冲击试验时，若 $T{\geqslant}6mm$ 时，适用于焊件母材厚度的有效范围最小值为试件厚度 T 与 16mm 两者中的较小值

   B．当 $T{<}6mm$ 时，适用于焊件母材厚度的最小值为 T/2

   C．当规定进行冲击试验时，若 $T{\geqslant}6mm$ 时，适用于焊件母材厚度的有效范围最小值为试件厚度 T 与 12mm 两者中的较小值

   D．当 $T{<}6mm$ 时，适用于焊件母材厚度的最小值为 1.5mm

   答案： AB

   依据：《承压设备焊接工艺评定》NB/T 47014—2011，条款号　6.1.5.2

24. **试题：** NB/T 47014—2011《承压设备焊接工艺评定》中，承压设备焊接工艺评定进行拉伸试验正确的选项有：（　　）。

   A．钢质母材为同一金属材料代号时，每个（片）试样的抗拉强度应等于其标准规定的母材抗拉强度最低值

   B．试样母材为两种金属材料代号时，每个（片）试样的抗拉强度应不低于本标准规定的两种母材抗拉强度最低值中的较小值

   C．若规定使用室温抗拉强度低于母材的焊缝金属，则每个（片）试样的抗拉强度应不低于焊缝金属规定的抗拉强度最低值

   D．上述试样如果断在焊缝或熔合线以外的母材上，其抗拉强度值不得低于本标准规定的母材抗拉强度最低值的 80%，可认为试验符合要求

   答案： ABC

   依据：《承压设备焊接工艺评定》NB/T 47014—2011，条款号　6.4.1.5.4

25. **试题：** NB/T 47014—2011《承压设备焊接工艺评定》中，承压设备焊接工艺评定冲击试验正确的选项有：（　　）。

   A．试验温度应不高于钢材标准规定冲击试验温度

   B．钢质焊接接头每个区 3 个标准试样为一组的冲击吸收功平均值应符合设计文件或相关技术文件规定，至多允许有 1 个试样的冲击吸收功低于规定值，但不得低于规定值的 60%

   C．钢质焊接接头每个区 3 个标准试样为一组的冲击吸收功平均值应符合设计文件或相关技术文件规定，至多允许有 1 个试样的冲击吸收功低于规定值，但不得低于规定值的 70%

   D．试验温度可高于钢材标准规定冲击试验温度

   答案： CD

   依据：《承压设备焊接工艺评定》NB/T 47014—2011，条款号　6.4.1.7.3

26. **试题：** 电力钢结构焊接中，正确的选项是：（　　）。

   A．具有国家认可的与承担工程相适应的企业资质，具备相应的质量管理体系

B．质量管理体系应对焊接工程管理有明确的规定，在焊接工程施工及其监理过程中，质量管理体系应能有效运行，确保焊接工程的质量

  C．指定焊接专业负责人，负责本专业的技术及质量工作；具备与工程规模相适应的焊接施工、检验的人力资源及装备条件

  D．施工和监理企业每年应组织所有焊接人员参加专业技术培训

  答案：ABCD

  依据：《电力钢结构焊接通用技术条件》DL/T 678—2013，条款号　3.2.1

27．**试题：**电力钢结构焊接技术人员应符合下列要求：（ ）。

  A．焊接技术人员应经过专业技术培训

  B．有不少于一年的专业技术实践

  C．焊接工程中的专业负责人应从事焊接工作两年以上并取得初级或以上专业技术资格

  D．焊接工程中的专业负责人应从事焊接工作五年以上并取得中级或以上专业技术资格

  答案：ABD

  依据：《电力钢结构焊接通用技术条件》DL/T 678—2013，条款号　3.2.2.1

28．**试题：**电力钢结构焊接热处理人员应符合下列要求：（ ）

  A．焊接热处理操作人员应具备高中及以上文化程度，经专门培训考核并取得相应资格

  B．焊接热处理技术人员应具备大专及以上文化程度，经专门培训考核并取得相应资格

  C．焊接热处理技术人员应具备高中及以上文化程度，经专门培训考核并取得相应资格

  D．焊接热处理操作人员应具备初中及以上文化程度，经专门培训考核并取得相应资格

  答案：AB

  依据：《电力钢结构焊接通用技术条件》DL/T 678—2013，条款号　3.2.2.3

29．**试题：**DL/T 869—201《火力发电厂焊接技术规程》和 DL/T 678—2013《电力钢结构焊接通用技术条件》中，正确的选项是：（ ）。

  A．焊接工程监理人员应有不少于五年的焊接专业技术实践

  B．焊接工程监理人员应经过焊接专业技术培训

  C．焊接工程监理人员应有不少于三年的焊接专业技术实践

  D．焊接工程监理人员具备不少于五年焊接专业技术实践，可免除焊接专业技术培训

  答案：AB

  依据：《电力钢结构焊接通用技术条件》DL/T 678—2013，条款号　3.2.2.6

   《火力发电厂焊接技术规程》DL/T 869—2012，条款号　3.2.2.6

30. **试题**：《电力钢结构焊接通用技术条件》规定：同种钢焊接材料的选用应符合的基本条件是：（　　）。

A．熔敷金属的化学成分、力学性能应与母材相当

B．焊接工艺性能良好

C．有耐腐蚀性要求的，其耐腐蚀性能不应低于母材相应要求

D．熔敷金属的力学性能应低于母材

答案：ABC

依据：《电力钢结构焊接通用技术条件》DL/T 678—2013，条款号　4.2.2

31. **试题**：DL/T 678—2013《电力钢结构焊接通用技术条件》中，焊缝错口正确选项是：（　　）。

A．一类焊缝的局部错口值不应超过焊件厚度的 10%，且不大于 2mm

B．二类焊缝的局部错口值不应超过焊件厚度的 15%，且不大于 3mm

C．三类焊缝的局部错口值不应超过焊件厚度的 20%，且不大于 4mm

D．不同厚度的焊件组对，其错口值按较薄焊件计算

答案：ABCD

依据：《电力钢结构焊接通用技术条件》DL/T 678—2013，条款号　5.3.2

32. **试题**：DL/T 678—2013《电力钢结构焊接通用技术条件》中，不锈钢复合钢对接接头和角接头常用坡口形式和尺寸正确的选项是：（　　）。

A．不锈钢复合钢对接接头和角接头应符合相关标准规定，宜采用 X 形或 V-U 结合形坡口

B．采用 V 形或 U 形坡口时，可去除接头附近的复层金属，去除金属宽度不小于 4mm

C．采用埋弧焊时，去除宽度至少为 4mm

D．采用埋弧焊时，去除宽度至少为 8mm

答案：ABD

依据：《电力钢结构焊接通用技术条件》DL/T 678—2013，条款号　5.4.1

33. **试题**：DL/T 678—2013《电力钢结构焊接通用技术条件》中，定位焊正确的说法是：（　　）。

A．定位焊缝应有一定的强度，但其厚度不宜超过正式焊缝的 1/3，通常为 4mm～6mm

B．定位焊缝的长度宜为 20mm～40mm，定位焊间距以不超过 400mm 为宜

C．冬季施工的低合金钢，其定位焊缝的厚度可增加至 8mm，长度可为 60mm～80mm

D．复合钢定位焊缝只允许焊在基层母材上

答案：ABCD

依据：《电力钢结构焊接通用技术条件》DL/T 678—2013，条款号　6.3.3.1

34. **试题**：根据 DL/T 679—2012《焊工技术考核规程》，焊工考试时出现（　　）时不予签证。

A．考核前未行申报和批准

B．严重违反规程规定被免除考核资格

C．未按规定进行补考或重新考核，而连续进行考核

D．超过签证规定期限

答案：ABCD

依据：《焊工技术考核规程》DL/T 679—2012，条款号 1.4

35．**试题**：DL/T 679—2012《焊工技术考核规程》规定：凡担任电力行业（ ）类部件焊接工作的人员，在正式施焊前应按规定经技术考核合格，并取得相应的资格。

A．锅炉受热面管子

B．工作压力大于 0.1MPa 发电设备的压力容器及管道

C．储存易燃、易爆介质（气体、液体）的容器及其输送管道

D．受压元件与非受压元件的连接焊缝

答案：ABCD

依据：《焊工技术考核规程》DL 679—2012，条款号 3.6

36．**试题**：DL 679—2012《焊工技术考核规程》规定：考委会应具备的基本条件是：（ ）。

A．组建了焊工考核机构

B．焊工考核委员会主任应为焊接专业毕业

C．建立了焊工技术考核委员会工作制度

D．管理焊工和焊机操作工人数在 100 人以上

答案：ACD

依据：《焊工技术考核规程》DL/T 679—2012，条款号 4.1.1.1

37．**试题**：DL/T 679—2012《焊工技术考核规程》规定：满足（ ）的人员，可申请参加焊工技术考核。

A．身体健康，无色盲或弱视，矫正视力在 5.0 以上者

B．初中及以上文化程度

C．经专门焊接技术训练，能独立担任焊接工作

D．身体健康，无色盲或弱视，矫正视力在 3.0 以上者

答案：ABC

依据：《焊工技术考核规程》DL/T 679—2012，条款号 5.1

38．**试题**：DL/T 679—2012《焊工技术考核规程》中，考核的焊接方法正确的选项是：（ ）。

A．焊接方法可单独考核也可组合考核

B．通过考核的焊接方法可相互替代使用

C．单独考核的焊接方法，可单独亦可组合使用

D. 采用组合方法考核时，根层焊道采用的焊接方法可单独使用，其余焊道所采用的焊接方法，不能用于全焊透根层焊道

答案： ACD

依据：《焊工技术考核规程》DL/T 679—2012，条款号　6.2.1

39. **试题：** 根据《焊工技术考核规程》：考核过程正确的选项是（　　　）。

A. 参加考核的焊工应独立焊接各项试件，他人不得在旁指导

B. 考核试件一经施焊，不得任意更换或变动焊位

C. 试件施焊焊缝、表面或根部不得进行修补

D. 考核试件焊接完毕后，须将焊缝及母材表面的焊渣、飞溅等清理干净，并在试件指定部位做上焊工和焊接位置标识

答案： ABCD

依据：《焊工技术考核规程》DL/T 679—2012，条款号　6.2.6

40. **试题：** DL/T 679—2012《焊工技术考核规程》规定：Ⅰ类焊工允许担任的工作范围包括（　　　）。

A. 工作温度 $300℃ < t ≤ 450℃$ 的汽水管道及管件

B. 工作压力为 $0.1MPa < p ≤ 8MPa$ 的汽、水、油、气管道

C. 烟、风、煤、粉、灰等管道及附件

D. 外径 $D > 159mm$ 或壁厚 $\delta > 20mm$，工作压力 $p > 9.81MPa$ 的锅炉本体范围内的管子及管道

答案： ABCD

依据：《焊工技术考核规程》DL/T 679—2012，条款号　6.3.4

41. **试题：** DL/T 679—2012《焊工技术考核规程》规定：焊缝金相组织微观检查应（　　　）。

A. 没有裂纹　　　　　　　　　　　B. 没有过热组织

C. 没有淬硬的马氏体组织　　　　　D. 没有夹渣

答案： ABC

依据：《焊工技术考核规程》DL/T 679—2012，条款号　8.5

42. **试题：** 根据 DL/T 679—2012《焊工技术考核规程》，焊工考试试件出现（　　　）时，不允许补做试验。

A. 弯曲试验同时出现面、背弯均不合格

B. 断口检查两件（或片）均不合格

C. 板件 T 形接头和管板试件金相组织检验两片均不合格

D. 检验过程中两个或以上项目同时出现不合格（如弯曲和金相组织、弯曲和断口、金相组织和断口等）

答案： ABCD

依据：《焊工技术考核规程》DL/T 679—2012，条款号　10.4.3

43. **试题**：DL/T 752—2010《火力发电厂异种钢焊接技术规程》规定：重要参数或附加重要参数不变的条件下，焊接工艺评定结果的适用原则是（　　）。

A．A类别某一组别钢材评定合格的焊接工艺，适用于其与B类别钢材相焊接

B．A、B同类别中，低组别钢材评定合格的焊接工艺，适用于其与高组别钢材相焊接

C．C类钢材应按其组别分别评定。C-Ⅲ钢材与其他类别钢材焊接工艺评定合格，在符合低匹配原则的前提下，适用范围不限

D．A、B同类别中，高组别钢材评定合格的焊接工艺，适用于其与低组别钢材相焊接

答案：ABC

依据：《火力发电厂异种钢焊接技术规程》DL/T 752—2010，条款号 3.5.2

44. **试题**：DL/T 752—2010《火力发电厂异种钢焊接技术规程》规定：与C-Ⅲ组成的异种钢焊接接头，焊接材料的选用应符合（　　）。

A．当设计温度不超过425℃时，可采用Cr、Ni含量较奥氏体型母材高的奥氏体型焊接材料

B．当设计温度高于425℃时，应采用镍基焊接材料

C．两侧为同种钢材，应选用同质焊接材料。在实际条件无法实施选用同质焊接材料时，可选用优于钢材性能的异质焊接材料

D．当设计温度超过425℃时，可采用Cr、Ni含量较奥氏体型母材高的奥氏体型焊接材料

答案：ABC

依据：《火力发电厂异种钢焊接技术规程》DL/T 752—2010，条款号 5.5

45. **试题**：DL/T 754—2013《母线焊接技术规程》中，正确的说法是（　　）。

A．未按照相关规定进行考核、取得相应条件母线焊工资格证书的人员，不得从事母线焊接工作

B．未进行与实际情况相当的模拟练习或模拟练习检查不符合要求的母线焊工，不得上岗焊接母线

C．取得相应条件母线焊工资格证书的母线焊工，模拟练习检查不符合要求，经监理批准可上岗焊接母线

D．承压类焊接考试项目合格的人员可从事母线焊接工作

答案：AB

依据：《母线焊接技术规程》DL/T 754—2013，条款号 3.4

46. **试题**：母线焊材的选择应符合下列原则（　　）。

A．熔敷金属的化学成分应与母材相当

B．电阻率不低于母材

C．焊接工艺性能良好

D. 耐腐蚀性能不应低于母材相应要求

答案： ABCD

依据：《母线焊接技术规程》DL/T 754—2013，条款号　4.2.3

47. **试题：** DL/T 819—2010《火力发电厂焊接热处理规程》规定：热处理技术人员的职责包括（　　）。

A. 应熟练掌握、严格执行本规程，组织热处理人员的业务学习

B. 负责编制焊接热处理施工方案、作业指导书等技术文件

C. 指导、监督热处理工的工作，对焊接热处理结果进行评价

D. 收集、汇总、整理焊接热处理资料

答案： ABCD

依据：《火力发电厂焊接热处理规程》DL/T 819—2010，条款号　4.1.2

48. **试题：** 根据DL/T 819—2010《火力发电厂焊接热处理规程》，正确的说法是（　　）。

A. 一般情况下，焊缝后热、焊后热处理时，对于管子外径不大于273mm的管道，可以使用1支热电偶布置于焊缝中心

B. 管子外径大于273mm的管道，应使用不少于2支热电偶，并沿圆周均匀布置

C. 布置两个以上热电偶时，其他热电偶布置于距焊缝边缘1倍壁厚处，且不超过50mm

D. 布置两个以上热电偶时，其他热电偶布置于距焊缝边缘1倍壁厚处，且不超过100mm

答案： ABC

依据：《火力发电厂焊接热处理技术规程》DL/T 819—2010，条款号　7.2.2

49. **试题：** 根据DL/T 819—2010《火力发电厂焊接热处理技术规程》，当采用柔性陶瓷电阻、远红外辐射加热时，正确的选项是（　　）。

A. 当$D/\delta \leqslant 7.5$时，加热宽度从焊缝中心起每侧不小于管子壁厚的4倍

B. 当$7.5 < D/\delta \leqslant 10$时，加热宽度从焊缝中心起每侧不小于管子壁厚的5倍

C. 当$10 < D/\delta \leqslant 15$时，加热宽度从焊缝中心起每侧不小于管子壁厚的6倍

D. 当$D/\delta > 15$时，加热宽度从焊缝中心起每侧不小于管子壁厚的7倍

答案： ABCD

依据：《火力发电厂焊接热处理技术规程》DL/T 819—2010，条款号　8.1.3

50. **试题：** DL/T 868—2014《焊接工艺评定规程》中，正确的选项是（　　）。

A. 主持焊接工艺评定工作、对焊接及试验结果进行综合评定的人员应具有焊接工程师资格

B. 试件的焊接由本单位操作技能熟练的焊接人员使用本单位的设备来完成

C. 试件的检验和试验工作的人员应符合DL/T 869相关规定

D. 主持焊接工艺评定工作、对焊接及试验结果进行综合评定的人员应具有工程师

资格

答案：ABC

依据：《焊接工艺评定规程》DL/T 868—2014，条款号　4.6

51. 试题：根据 DL/T 868—2014《焊接工艺评定规程》，正确的说法是（　　）。

A．同组别钢材的焊接工艺评定，强度级别和质量等级低的不可以代替级别高的钢材

B．不同组别钢材的焊接工艺评定，低组别钢材不可以代替高组别的钢材

C．不同组别钢材的焊接工艺评定，低组别钢材可以代替高组别的钢材

D．不同组别钢材的焊接工艺评定不能相互代替

答案：ABD

依据：《焊接工艺评定规程》DL/T 868—2014，条款号　6.2.1.1

52. 试题：DL/T 868—2014《焊接工艺评定规程》规定：A 类钢和 B I 类钢的替代规则是（　　）。

A．母材类别号改变，需要进行焊接工艺评定

B．同类、同组钢材的焊接工艺评定，合金含量高的可以替代合金含量低的，反之不可

C．同类而不同组别的钢材，高组别钢材的焊接工艺评定，适用于低组别的钢材

D．同类而不同组别的钢材，低组别钢材的焊接工艺评定，适用于高组别的钢材

答案：ABC

依据：《焊接工艺评定规程》DL/T 868—2014，条款号　6.2.1.1

53. 试题：DL/T 868—2014《焊接工艺评定规程》中，对接焊缝和角焊缝外观检查的要求是（　　）。

A．焊缝及热影响区表面无裂纹、未熔合、夹渣、弧坑、气孔等缺陷

B．焊缝咬边深度不超过 0.5mm。对接焊缝两侧咬边总长度限制：管件不大于焊缝总长的 20%，板件不大于焊缝总长的 15%

C．焊缝咬边深度不超过 1mm。对接焊缝两侧咬边总长度限制：管件不大于焊缝总长的 20%，板件不大于焊缝总长的 15%

D．焊缝咬边深度不超过 0.5mm。对接焊缝两侧咬边总长度限制：管件不大于焊缝总长的 30%，板件不大于焊缝总长的 25%

答案：AB

依据：《焊接工艺评定规程》DL/T 868—2014，条款号　8.1.2

54. 试题：DL/T 868—2014《焊接工艺评定规程》规定：焊接接头微观检验的合格标准为（　　）。

A．无裂纹、无过热组织、无淬硬性马氏体组织

B．9%Cr～12%Cr 马氏体型耐热钢的焊缝金相微观组织应为回火马氏体/回火索氏体

C．9%Cr～12%Cr 马氏体型耐热钢的焊缝金相组织中 δ-铁素体的含量不超过 8%，最严重的视场中 δ铁素体的含量不超过 10%

D．9%Cr～12%Cr 马氏体型耐热钢的焊缝金相组织中 δ 铁素体的含量不超过 10%，最严重的视场中 δ铁素体的含量不超过 15%

答案： ABC

依据：《焊接工艺评定规程》DL/T 868—2014，条款号　8.6.2.2

55．**试题：** DL/T 868—2014《焊接工艺评定规程》规定：同种钢焊接接头热处理后焊缝的硬度的合格标准为（　　）。

A．不超过母材布氏硬度值加 100（HBW）

B．合金总含量小于或等于 3%，布氏硬度值不大于 270HBW

C．合金总含量小于 10%，且不小于 3%，布氏硬度值不大于 300HBW

D．9% Cr ～12%Cr 马氏体型耐热钢硬度合格指标 180HBW～270HBW

答案： ABCD

依据：《焊接工艺评定规程》DL/T 868—2014，条款号　8.7.3

56．**试题：** DL/T 869—2012《火力发电厂焊接技术规程》要求：焊接技术人员应具备的条件为（　　）。

A．焊接技术人员应经过专业技术培训，取得相应的资格

B．焊接技术人员应有不少于 1 年的专业技术实践

C．在焊接工程中担任管理或技术负责人的焊接技术人员应取得相应专业中级或以上专业技术资格

D．具有高中以上的文化程度，并具有 5 年及以上实践工作经验

答案： ABC

依据：《火力发电厂焊接技术规程》DL/T 869—2012，条款号　3.2.2.1

57．**试题：** DL/T 869—2012《火力发电厂焊接技术规程》规定：同种钢焊接材料的选用应符合的基本条件是（　　）。

A．熔敷金属的化学成分、力学性能应与母材相当

B．焊接工艺性能良好

C．熔敷金属的力学性能应高于母材

D．熔敷金属的合金含量应高于母材

答案： AB

依据：《火力发电厂焊接技术规程》DL/T 869—2012，条款号　3.3.2.2

58．**试题：** 管孔不宜布置在焊缝上，并避免管孔接管焊缝与相邻焊缝的热影响区重合。当无法避免在焊缝或焊缝附近开孔时，应满足的条件是（　　）。

A．管孔周围大于孔径且不小于 60mm 范围内的焊缝及母材，应经无损检测合格

B．孔边不在焊缝缺陷上

C. 管接头需经过焊后消应力热处理

D. 需采用冷焊法的焊接方式

答案： ABC

依据：《火力发电厂焊接技术规程》DL/T 869—2012，条款号 4.1.1.5

59. **试题：** 允许进行焊接操作的最低环境温度因钢材不同分别为（　　）。

A. A-Ⅰ类为−10℃

B. A-Ⅱ、A-Ⅰ、B-Ⅰ类为0℃

C. B-Ⅱ、B-Ⅰ为5℃

D. C类不作规定

答案： ABCD

依据：《火力发电厂焊接技术规程》DL/T 869—2012，条款号 5.1.1

60. **试题：** 采用氩弧焊或低氢型焊条，焊前预热和焊后适当缓慢冷却的焊接接头可以不进行焊后热处理的部件包括（　　）。

A. 壁厚不大于10mm 或管径不大于108mm，材料为15CrMo 的管子

B. 壁厚不大于8mm 或管径不大于108mm，材料为12Cr1MoV、12Cr2Mo 的管子

C. 壁厚不大于6mm 或管径不大于63mm，材料为12Cr2MoWVTiB 的管子

D. 壁厚不大于8mm，材料为07Cr2MoW2VNbB 的管子

答案： ABCD

依据：《火力发电厂焊接技术规程》DL/T 869—2012，条款号 5.4.4

61. **试题：** DL/T 869—2012《火力发电厂焊接技术规程》规定：焊接过程中的检查应符合（　　）规定。

A. 焊接热处理后焊缝表面硬度不超过母材加100HB

B. 焊接工艺参数应符合工艺指导书的要求

C. 焊道表露缺陷已消除

D. 层间温度应符合工艺（作业）指导书的要求

答案： BCD

依据：《火力发电厂焊接技术规程》DL/T 869—2012，条款号 6.1.2.2

62. **试题：** DL/T 869—2012《火力发电厂焊接技术规程》中，正确的说法是（　　）。

A. 同种钢焊接接头热处理后焊缝的硬度，不超过母材布氏硬度值加100（HBW）

B. 合金总含量小于或等于3%，布氏硬度值不大于270HBW

C. 合金总含量小于10%，且不小于3%，布氏硬度值不大于300HBW

D. 合金总含量小于10%，且不小于3%，布氏硬度值不大于350HBW

答案： ABC

依据：《火力发电厂焊接技术规程》DL/T 869—2012，条款号 7.3.1

63. **试题：** DL/T 869—2012《火力发电厂焊接技术规程》缺陷处理中，正确的说法是（　　）。

    A. 宜采用机械方式彻底清除缺陷

    B. 对于厚大部件的裂纹类缺陷，在清除缺陷前，应该采取措施防止裂纹的继续扩展

    C. 在预热的情况下，可以采用碳弧气刨清除缺陷

    D. 对于厚大部件的裂纹类缺陷，在清除缺陷前，不用采取措施防止裂纹的继续扩展

    答案： ABC

    依据：《火力发电厂焊接技术规程》DL/T 869—2012，条款号　8.3.1

64. **试题：** 9%Cr～12%Cr 马氏体型耐热钢采用焊条电弧焊进行填充和盖面时的要求是（　　）。

    A. 宜采用直径不大于 3.2 mm 的焊条焊接

    B. 每根完整的焊条所焊接的焊道长度与该焊条的熔化长度之比不应小于 50%

    C. 焊缝其单层增厚不超过焊条直径

    D. 焊道宽度不超过焊条直径的 5 倍

    答案： ABC

    依据：《火力发电厂焊接技术规程》DL/T 869—2012，条款号　附录 F.2.1

65. **试题：** 在火电厂凝汽器管板焊接中，正确的说法是（　　）。

    A. 凝汽器管板的装配不得违反工艺要求

    B. 未经焊接质量检查员对钛管的装配过程监督检查和验收，凝汽器管板不得施焊

    C. 凝汽器管板施焊时应防止中心定位杆插入时带入杂物

    D. 未经焊接技术人员对钛管的装配过程监督检查和验收，凝汽器管板不得施焊

    答案： ABC

    依据：《火电厂凝汽器管板焊接技术规程》DL/T 1097—2008，条款号　5.1.3

66. **试题：** 焊接工程质量分批验收正确的选项有（　　）。

    A. 参加该验收批次焊接工程的焊接人员资格证书齐全

    B. 该验收批次所使用的焊接材料质量证明齐全

    C. 该验收批次的焊接工艺文件及过程记录齐全

    D. 该验收批次焊接工序的全过程已经进行完毕，各类检测工作已完成，返修工作已完成，相关记录完整、规范

    答案： ABCD

    依据：《电力建设施工质量验收及评价规程　第 7 部分：焊接》DL/T 5210.7—2010，条款号　6.0.1

67. **试题：** 焊接工程分批验收时，当样本焊缝表面无（　　）等表面缺陷，其余各项指

标全部合格时，该样本可以验收。

A．气孔
B．夹渣
C．裂纹
D．未熔合

答案：ABCD

依据：《电力建设施工质量验收及评价规程 第 7 部分：焊接》DL/T 5210.7—2010，条款号 8.1.3

68．试题：TSG Z6002—2010《特种设备焊接操作人员考核细则》规定：从事下列（ ）焊接工作的焊工，应持有《特种设备作业人员证》。

A．承压类设备：受压元件焊缝、与受压元件相焊的焊缝、受压元件母材表面堆焊
B．机电类设备：主要受力构件焊缝，与主要受力构件相焊的焊缝
C．熔入上述焊缝内的定位焊缝
D．一般钢结构焊缝

答案：ABC

依据：《特种设备焊接操作人员考核细则》TSG Z6002—2010，条款号 第三条

69．试题：TSG Z6002—2010《特种设备焊接操作人员考核细则》规定：出现（ ）之一的持证焊工应当重新考试。

A．某焊接方法中断特种设备焊接作业 6 个月以上，再使用该焊接方法进行特种设备焊接作业前
B．年龄超过 55 岁的焊工，仍然需要继续从事特种设备焊接作业
C．年龄超过 50 岁的焊工，仍然需要继续从事特种设备焊接作业
D．某焊接方法中断特种设备焊接作业 3 个月以上，再使用该焊接方法进行特种设备焊接作业前

答案：AB

依据：《特种设备焊接操作人员考核细则》TSG Z6002—2010，条款号 第三十条

70．试题：根据 JB/T 3223—1996《焊接材料质量管理规程》，正确的说法是（ ）。

A．焊接材料质量证明书或说明书推荐的期限
B．酸性焊接材料及防潮包装密封良好的低氢型焊接材料为 2 年
C．石墨型焊接材料及其他焊接材料为 1 年
D．酸性焊接材料及防潮包装密封良好的低氢型焊接材料为 5 年

答案：ABC

依据：《焊接材料质量管理规程》JB/T 3223—1996，条款号 8.3

71．试题：根据 JB/T 3223—1996《焊接材料质量管理规程》，正确的说法是（ ）。

A．用过的旧焊剂与同批的新焊剂混合使用，且旧焊剂的混合比例在 50%以下（一般宜控制在 30%左右）
B．在混合前，用适当的方法消除了旧焊剂中的熔渣、杂质及粉尘

C. 混合焊剂的颗粒度符合规定的要求

D. 用过的旧焊剂与同批的新焊剂混合使用，且旧焊剂的混合比例在 80%以下

答案： ABC

依据：《焊接材料质量管理规程》JB/T 3223—1996，条款号 9.5

第二节 金属材料与检测

一、填空题（下列试题中，请将标准原条文规定的正确答案填在横线处）

1. **试题：** 试样应从焊接接头____焊缝轴线方向截取。

答案： 垂直于

依据：《焊接接头拉伸试验方法》GB/T 2651—2008，条款号 5.1

2. **试题：** 试样的公称直径 d 应为 10mm。如果无法满足这一要求，直径应尽可能大，且不得小于____。

答案： 4mm

依据：《焊缝及熔敷金属拉伸试验方法》GB/T 2652—2008，条款号 5.6

3. **试题：** 试样表面应避免产生变形____或过热。

答案： 硬化

依据：《焊缝及熔敷金属拉伸试验方法》GB/T 2652—2008，条款号 5.7

4. **试题：** 试样____棱角应加工成圆角，其半径 r 不超过 $0.2t_s$（试件厚度），最大为 3mm。

答案： 拉伸面

依据：《焊接接头弯曲试验方法》GB/T 2653—2008，条款号 5.6.8.4

5. **试题：** 除非相关标准另有规定，辊筒的直径至少为____。

答案： 20mm

依据：《焊接接头弯曲试验方法》GB/T 2653—2008，条款号 6.3

6. **试题：** 弯曲结束后，试样的外表面和____都应进行检验。

答案： 侧面

依据：《焊接接头弯曲试验方法》GB/T 2653—2008，条款号 7

7. **试题：** 对有延迟裂纹倾向的材料，通常至少应在焊后____以后进行射线照相检测。

答案： 24h

依据：《金属熔化焊焊接接头射线照相》GB/T 3323—2005，条款号 5.2

8. **试题：** 用 γ 射线照相时，射线源到位的____时间应不超过总曝光时间的 10%。

   答案： 往返传送

   依据：《金属熔化焊焊接接头射线照相》GB/T 3323—2005，条款号 6.2.2.5

9. **试题：** GB/T 11345—2013《焊缝无损检测 超声检测 技术、检测等级和评定》标准适用于母材厚度不小于____的低超声衰减（特别是散射衰减小）金属材料熔化焊焊接接头手工超声检测技术。

   答案： 8mm

   依据：《焊缝无损检测 超声检测 技术、检测等级和评定》GB/T 11345—2013，条款号 1

10. **试题：** 当使用多个斜探头进行检测时，____的折射角度差应不小于 10°。

    答案： 多个探头间

    依据：《焊缝无损检测 超声检测 技术、检测等级和评定》GB/T 11345—2013，条款号 6.3.2

11. **试题：** 曲面扫查时____与探头靴底面之间的间隙，应不大于 0.5mm。

    答案： 探测面

    依据：《焊缝无损检测 超声检测 技术、检测等级和评定》GB/T 11345—2013，条款号 6.3.4

12. **试题：** 干扰目视检测的人工照明光源的反射光，称为____。

    答案： 表面眩光

    依据：《承压设备无损检测 第 7 部分：目视检测》NB/T47013.7—2012，条款号 3.6

13. **试题：** 工艺规程应经验证，当规定的重要因素或其他对检测灵敏度有严重影响的因素发生变化时，工艺规程应____。

    答案： 重新验证

    依据：《承压设备无损检测 第 8 部分：泄漏检测》NB/T47013.8—2012，条款号 4.3.2

14. **试题：** 需进行承压设备压力泄漏检测的工件，最低检测压力不应超过设计压力的____倍。

    答案： 1.15

    依据：《承压设备无损检测 第 8 部分：泄漏检测》NB/T47013.8—2012，条款号 5.1.4

15. **试题：** 在采用高灵敏度的检测方法前，可进行预泄漏检测，以检出和消除较大的泄漏，检测过程中不得____或遮蔽被检件上可能存在的泄漏。

    答案： 封堵

    依据：《承压设备无损检测 第 8 部分：泄漏检测》NB/T47013.8—2012，条款号 5.2

16. **试题：**国产机组 A 级检修间隔＿＿＿年。

    答案：4～6

    依据：《火力发电厂金属技术监督规程》DL/T 438—2009，条款号　4.8

17. **试题：**应对主蒸汽管道、高温再热蒸汽管道上的堵阀/堵板阀体、焊缝进行＿＿＿。

    答案：无损探伤

    依据：《火力发电厂金属技术监督规程》DL/T 438—2009，条款号　7.1.16

18. **试题：**联箱筒体表面凹陷深度不得超过＿＿＿。

    答案：1.5mm

    依据：《火力发电厂金属技术监督规程》DL/T 438—2009，条款号　8.1.2

19. **试题：**联箱筒体表面凹缺最大长度不应大于周长的＿＿＿，且不大于 40mm。

    答案：5%

    依据：《火力发电厂金属技术监督规程》DL/T 438—2009，条款号　8.1.2

20. **试题：**根据设备状况，结合机组检修，对减温器联箱内套筒定位螺栓封口焊缝和喷水管角焊缝进行＿＿＿探伤。

    答案：表面

    依据：《火力发电厂金属技术监督规程》DL/T 438—2009，条款号　8.2.2

21. **试题：**对于奥氏体不锈钢制高温过热器和高温再热器管，视爆管情况对＿＿＿内壁的氧化层剥落堆积情况进行检验，依据检验结果，决定是否割管处理。

    答案：下弯头

    依据：《火力发电厂金属技术监督规程》DL/T 438—2009，条款号　9.3.10

22. **试题：**机组每次 A 级检修或 B 级检修对主给水管道的三通、阀门进行外表检验，一旦发现可疑缺陷，应进行表面探伤，必要时进行＿＿＿探伤。

    答案：超声波

    依据：《火力发电厂金属技术监督规程》DL/T 438—2009，条款号　11.2.6

23. **试题：**DL/T 439—2006《火力发电厂高温紧固件技术导则》标准适用于火力发电厂工作温度＿＿＿以上的汽缸、汽门、各种阀门和蒸汽管道法兰的螺栓、螺母和垫片的检查和处理。

    答案：400℃

    依据：《火力发电厂高温紧固件技术导则》DL/T 439—2006，条款号　1

24. **试题：**DL/T 541—2014《钢熔化焊 T 形接头和角接接头焊缝射线照相和质量分级》标准规定了钢熔化焊＿＿＿接头、角接接头焊缝 X 射线和 γ 射线照相的基本方法。

答案：T 形

依据：《钢熔化焊 T 形接头和角接接头焊缝射线照相和质量分级》DL/T 541—2014　1

25. 试题：工件被检区域应包括焊缝和____，通常焊缝两侧应评定至少 10mm 的母材区域。

答案：热影响区

依据：《钢熔化焊 T 形接头和角接接头焊缝射线照相和质量分级》DL/T 541—2014，条款号　7.8

26. 试题：DL/T 542—2014《钢熔化焊 T 形接头超声波检测方法和质量评定》适用于翼板厚度不小于____，腹板厚度不小于 8mm 的非奥氏体钢熔化焊 T 形接头超声波检测。

答案：6mm

依据：《钢熔化焊 T 形接头超声波检测方法和质量评定》DL/T 542—2014，条款号　1

27. 试题：DL 647—2004《电站锅炉压力容器检验规程》适用于额定蒸汽压力等于或大于____发电锅炉、火力发电厂热力系统压力容器和主要汽水管道。

答案：3.8MPa

依据：《电站锅炉压力容器检验规程》DL 647—2004，条款号　1

28. 试题：DL/T 694—2012《高温紧固螺栓超声检测技术导则》适用于火力发电机组汽缸、汽门、各种阀门和蒸汽管道法兰等直径不小于____的高温紧固螺栓的超声检测。

答案：M32

依据：《高温紧固螺栓超声检测技术导则》DL/T 694—2012，条款号　1

29. 试题：单斜探头声束____偏离角不应大于 2°。

答案：轴线水平

依据：《高温紧固螺栓超声检测技术导则》DL/T 694—2012，条款号　3.3.2

30. 试题：主波束在垂直方向不应有明显的双峰或____。

答案：多峰

依据：《高温紧固螺栓超声检测技术导则》DL/T 694—2012，条款号　3.3.2

31. 试题：在达到所探工件最大检测声程时，仪器和探头的组合系统性能有效灵敏度余量不小于____。

答案：10dB

依据：《管道焊接接头超声波检验技术规程》DL/T 820—2002，条款号　4.4

32. 试题：需要去除余高的焊缝，应将焊缝打磨到与____平齐。

答案：邻近母材

依据：《管道焊接接头超声波检验技术规程》DL/T 820—2002，条款号　4.5.1.4

33. 试题：中小径薄壁管焊接接头检验时，缺陷指示长度小于或等于 5mm 记为____缺陷。

答案：点状

依据：《管道焊接接头超声波检验技术规程》DL/T 820—2002，条款号　6.4.3.4

34. 试题：DL/T 821—2002《钢制承压管道对接焊接接头射线检验技术规程》适用于电力行业制作、安装和检修发电设备时，透照厚度为____部件的射线检验，包括承压管子、管道和联箱单面施焊、双面成型的对接接头。

答案：2mm ~ 175mm

依据：《钢制承压管道对接焊接接头射线检验技术规程》DL/T 821—2002，条款号　1

35. 试题：射线检测人员必须由国家卫生防护部门组织的技术培训，并取得国家卫生行政部门颁发的____人员证。

答案：放射工作

依据：《钢制承压管道对接焊接接头射线检验技术规程》DL/T 821—2002，条款号　3.1.3

36. 试题：定位标记和____标记应距焊缝边缘大于或等于 5mm，并在底片上显示。

答案：识别

依据：《钢制承压管道对接焊接接头射线检验技术规程》DL/T 821—2002，条款号　4.3.2.3

37. 试题：长宽比小于或等于 3 的缺陷定义为____缺陷。

答案：圆形

依据：《钢制承压管道对接焊接接头射线检验技术规程》DL/T 821—2002，条款号　6.2.1.1

38. 试题：焊接接头的现场微观金相组织照片的放大倍数宜选用____。

答案：200 倍 ~ 400 倍

依据：《火力发电厂焊接技术规程》DL/T 869—2012，条款号　6.5.3

39. 试题：金属材料在长期高温和应力作用下发生组织老化的特征可由____相的一系列变化来表征。

答案：碳化物

依据：《火电厂金相检验与评定技术导则》DL/T 884—2004，条款号　3.2

40. **试题**：珠光体中的碳化物相在使用中逐渐变为球状，称为____现象。

答案：球化

依据：《火电厂金相检验与评定技术导则》DL/T 884—2004，条款号 3.2

41. **试题**：电力设备金属构件合金成分____分析常采用看谱法。

答案：定性

依据：《电力设备金属光谱分析技术导则》DL/T 991—2006，条款号 3.6

42. **试题**：电力设备金属构件合金成分定 量分析常采用____法。

答案：直读光谱

依据：《电力设备金属光谱分析技术导则》DL/T 991—2006，条款号 3.8

43. **试题**：γ射源应存放在专用的储藏室内，不得与易燃、易爆、____的物质一起存放。

答案：腐蚀性

依据：《电力建设安全工作规程 第 1 部分：火力发电》DL 5009.1，条款号 6.4.2（强条）

44. **试题**：γ射源贮存场所应采取防火、防盗、防____等安全技术措施，并指定专人管理，定期检查，严格领用制度。

答案：射线泄漏

依据：《电力建设安全工作规程 第 1 部分：火力发电》DL 5009.1，条款号 6.4.2（强条）

45. **试题**：锅炉受压元件和与受压元件焊接的承载构件钢材应当是____钢。

答案：镇静

依据：《锅炉安全技术监察规程》TSG G0001—2012，条款号 2.2

46. **试题**：压力容器专用钢板的生产单位应当取得相应的____制造许可证。

答案：特种设备

依据：《固定式压力容器安全技术监察规程》TSG R0004—2009，条款号 第十三条

47. **试题**：压力容器的选材除考虑材料的力学性能和工艺性能外，还应当考虑与____的相容性。

答案：介质

依据：《固定式压力容器安全技术监察规程》TSG R0004—2009，条款号 第十四条

48. **试题**：JB/T4730.1—2005《承压设备无损检测 第 1 部分：通用要求》适用于在制和____金属材料制承压设备的无损检测。

答案：在用

依据：《承压设备无损检测　第 1 部分：通用要求》JB/T 4730.1—2005，条款号　1

49. 试题：无损检测工艺规程包括通用工艺规程和____。

　　答案：工艺卡

　　依据：《承压设备无损检测　第 1 部分：通用要求》JB/T 4730.1—2005，条款号　5.2.1

50. 试题：从事射线检测的人员上岗前应进行辐射安全知识的培训，并取得____人员证。

　　答案：放射工作

　　依据：《承压设备无损检测　第 2 部分：射线检测》JB/T 4730.2—2005，条款号　3.1.1

51. 试题：射线检测胶片的本底灰雾度应不大于____。

　　答案：0.3

　　依据：《承压设备无损检测　第 2 部分：射线检测》JB/T 4730.2—2005，条款号　3.2.2

52. 试题：射线检测观片灯的最大亮度应能满足____的要求。

　　答案：评片

　　依据：《承压设备无损检测　第 2 部分：射线检测》JB/T 4730.2—2005，条款号　3.3.2

53. 试题：黑度计可测的底片最大黑度应不小于____。

　　答案：4.5

　　依据：《承压设备无损检测　第 2 部分：射线检测》JB/T 4730.2—2005，条款号　3.4.1

54. 试题：黑度计____的误差应不超过±0.05。

　　答案：黑度测量值

　　依据：《承压设备无损检测　第 2 部分：射线检测》JB/T 4730.2—2005，条款号　3.4.1

55. 试题：采用 γ 射线源透照时，总曝光时间应不少于输送源往返所需时间的____倍。

　　答案：10

　　依据：《承压设备无损检测　第 2 部分：射线检测》JB/T 4730.2—2005，条款号　4.4.2

56. 试题：质量合格的底片上专用像质计至少应能识别____根金属丝。

　　答案：两

　　依据：《承压设备无损检测　第 2 部分：射线检测》JB/T 4730.2—2005，条款号　4.7.5

57. 试题：射线检测时，识别标记一般应放置在距焊缝边缘至少____以外的部位

　　答案：5mm

　　依据：《承压设备无损检测　第 2 部分：射线检测》JB/T 4730.2—2005，条款号　4.8.4

58. 试题：评片人员在评片前应经历一定的暗适应时间。从一般的室内进入评片的暗适

应时间应不少于____。

答案： 30s

依据：《承压设备无损检测　第2部分：射线检测》JB/T 4730.2—2005，条款号　4.10.2

59. **试题：** 对致密性要求高的对接焊接接头，通常将黑度大的圆形缺陷定义为深孔缺陷，当对接焊接接头存在深孔缺陷时，其质量级别应评为____级。

答案： Ⅳ

依据：《承压设备无损检测　第2部分：射线检测》JB/T 4730.2—2005，条款号　5.1.5.3

60. **试题：** 承压设备超声检测采用____型脉冲反射式超声波探伤仪检测工件缺陷的超声检测方法和质量分级要求。

答案： A

依据：《承压设备无损检测　第3部分：超声检测》JB/T 4730.3—2005，条款号　1

61. **试题：** 在达到所探工件的最大检测声程时，其有效____应不小于10dB。

答案： 灵敏度余量

依据：《承压设备无损检测　第3部分：超声检测》JB/T 4730.3—2005，条款号　3.3.2

62. **试题：** 为确保检测时超声声束能扫查到工件的整个被检区域，探头每次扫查____应大于探头直径的15%。

答案： 覆盖率

依据：《承压设备无损检测　第 3 部分：超声检测》JB/T 4730.3—2005，条款号　3.2.2.3.1

63. **试题：** 承压设备用钢板板厚不大于 20mm 时，用 CB Ⅰ 试块将工件等厚部位第一次底波高度调整到满刻度的____，再提高 10dB 作为基准灵敏度。

答案： 50%

依据：《承压设备无损检测　第3部分：超声检测》JB/T 4730.3—2005，条款号　4.1.4.1

64. **试题：** 承压设备用钢板进行超声检测时，耦合方式可采用直接接触法或____法。

答案： 液浸

依据：《承压设备无损检测　第3部分：超声检测》JB/T 4730.3—2005，条款号　4.1.5.2

65. **试题：** 在检测过程中，检测人员如确认钢板中有白点、裂纹等危害性缺陷存在时，应评为____级。

答案： Ⅴ

依据：《承压设备无损检测　第3部分：超声检测》JB/T 4730.3—2005，条款号　4.1.8.3

66. **试题：** 承压设备用钢锻件超声检测，原则上应安排在热处理____进行。

答案： 后

依据：《承压设备无损检测　第 3 部分：超声检测》JB/T 4730.3—2005，条款号　4.2.4

67. **试题：** 承压设备用钢锻件超声检测，原则上应安排在孔、台等结构机加工＿＿＿＿进行。

答案： 前

依据：《承压设备无损检测　第 3 部分：超声检测》JB/T 4730.3—2005，条款号　4.2.4

68. **试题：** 钢管的检测主要针对＿＿＿＿向缺陷。

答案： 纵

依据：《承压设备无损检测　第 3 部分：超声检测》JB/T 4730.3—2005，条款号　4.5.3.1

69. **试题：** 当使用磁轭最大间距时，＿＿＿＿至少应有 45N 的提升力。

答案： 交流电磁轭

依据：《承压设备无损检测　第 4 部分：磁粉检测》JB/T 4730.4—2005，条款号　3.3.2

70. **试题：** ＿＿＿＿至少应有 118N 的提升力。

答案： 交叉磁轭

依据：《承压设备无损检测　第 4 部分：磁粉检测》JB/T 4730.4—2005，条款号　3.3.2

71. **试题：** 磁粉检测的退磁装置应能保证工件退磁后表面剩磁小于或等于＿＿＿＿。

答案： 0.3mT

依据：《承压设备无损检测　第 4 部分：磁粉检测》JB/T 4730.4—2005，条款号　3.3.5

72. **试题：** 标准试片主要用于检验磁粉检测设备、磁粉和磁悬液的综合性能，了解被检工件表面有效＿＿＿＿和方向、有效检测区以及磁化方法是否正确。

答案： 磁场强度

依据：《承压设备无损检测　第 4 部分：磁粉检测》JB/T 4730.4—2005，条款号　3.5.1.1

73. **试题：** 磁化方向包括纵向磁化、周向磁化和＿＿＿＿。

答案： 复合磁化

依据：《承压设备无损检测　第 4 部分：磁粉检测》JB/T 4730.4—2005，条款号　3.7

74. **试题：** 渗透检测剂包括渗透剂、＿＿＿＿、清洗剂和显像剂。

答案： 乳化剂

依据：《承压设备无损检测　第 5 部分：渗透检测》JB/T 4730.5—2005，条款号　3.2

75. **试题：** 奥氏体钢和钛及钛合金材料，一定量渗透检测剂蒸发后残渣中的氯、氟元素含量的质量比不得超过＿＿＿＿。

答案： 1%

依据：《承压设备无损检测 第 5 部分：渗透检测》JB/T 4730.5—2005，条款号 3.2.7

76. **试题**：镀铬试块主要用于检验渗透检测剂系统____及操作工艺正确性。

答案：灵敏度

依据：《承压设备无损检测 第 5 部分：渗透检测》JB/T 4730.5—2005，条款号 3.3.6.3

77. **试题**：缺陷的显示记录可采用照相、录像和可剥性塑料薄膜等方式记录，同时应用____进行标示。

答案：草图

依据：《承压设备无损检测 第 5 部分：渗透检测》JB/T 4730.5—2005，条款号 5.11

78. **试题**：两条或两条以上缺陷线性显示在同一条直线上且间距不大于____时，按一条缺陷显示处理，其长度为两条缺陷显示之和加间距。

答案：2mm

依据：《承压设备无损检测 第 5 部分：渗透检测》JB/T4730.5—2005，条款号 6.5

79. **试题**：JB/T4730.6—2005《承压设备无损检测 第 6 部分：涡流检测》适用于承压设备用导电性金属材料和焊接接头表面及____缺陷检测。

答案：近表面

依据：《承压设备无损检测 第 6 部分：涡流检测》JB/T 4730.6—2005，条款号 1

80. **试题**：涡流检测时，若被检件不允许存在剩磁，磁化装置还应配备____装置，该装置应能有效去除被检件的剩磁。

答案：退磁

依据：《承压设备无损检测 第 6 部分：涡流检测》JB/T 4730.6—2005，条款号 3.1.5

81. **试题**：钢管涡流检测对比试样上人工缺陷的形状为通孔或____。

答案：槽

依据：《承压设备无损检测 第 6 部分：涡流检测》JB/T 4730.6—2005，条款号 4.3

82. **试题**：铜及铜合金无缝管材检测方法中人工缺陷的孔径偏差不大于____。

答案：±0.05mm

依据：《承压设备无损检测 第 6 部分：涡流检测》JB/T4730.6—2005，条款号 5.2.2

83. **试题**：铝及铝合金管材涡流检测方法中人工缺陷的孔径偏差不大于____。

答案：±0.05mm

依据：《承压设备无损检测 第 6 部分：涡流检测》JB/T 4730.6—2005，条款号 5.3.2

84. **试题**：涡流检测探头在管内的检测速度，视所用仪器和选择的参数而定，一般不超过____。

答案：10m/min

依据：《承压设备无损检测　第 6 部分：涡流检测》JB/T 4730.6—2005，条款号　6.5.2

85. 试题：在用非铁磁性钢管采用远场涡流检测，人工缺陷平底孔中心或刻槽的深度，其误差不超过规定深度的____，或是 ±0.08mm，取两者中的较小值。

答案：± 20%

依据：《承压设备无损检测　第 6 部分：涡流检测》JB/T 4730.6—2005，条款号　7.3.7

二、判断题（判断下列试题是否正确。正确的在括号内打"√"，错误的在括号内打"×"）

1. 试题：样加工完成后，焊缝的轴线应位于试样平行长度部分的中间。（　　）

答案：√

依据：《焊接接头拉伸试验方法》GB/T 2651—2008，条款号　5.1

2. 试题：取样所采用的机械加工方法或热加工方法不得对试样性能产生影响。（　　）

答案：√

依据：《焊接接头拉伸试验方法》GB/T 2651—2008，条款号　5.4.1

3. 试题：从管接头截取的试样，可能需要校平夹持端，这种校平及可能产生的厚度的变化可以忽略不计。（　　）

答案：×

依据：《焊接接头拉伸试验方法》GB/T 2651—2008，条款号　5.5.3.1

4. 试题：试样表面应没有垂直于试样平行长度 L_c 方向的划痕、切痕和咬边，除非相关标准另有要求。（　　）

答案：×

依据：《焊接接头拉伸试验方法》GB/T 2651—2008，条款号　5.5.4

5. 试题：超出试样表面的焊缝金属应通过机加工除去。除非另有要求，对于有熔透焊道的整管试样也应去除管内焊缝。（　　）

答案：×

依据：《焊接接头拉伸试验方法》GB/T 2651—2008，条款号　5.5.4

6. 试题：对从焊接接头截取的横向或纵向试样进行弯曲，不改变弯曲方向，通过弯曲产生塑性变形，使焊接接头的表面或横截面发生压缩变形。（　　）

答案：×

依据：《焊接接头弯曲试验方法》GB/T 2653—2008，条款号　3

7. **试题：**试样的制备不应影响母材和焊缝金属性能。（　　）

   答案：√

   依据：《焊接接头弯曲试验方法》GB/T 2653—2008，条款号　5.1

8. **试题：**带堆焊层的侧弯试样宽度 b 应等于基材厚度加上堆焊层的厚度，最小为 30mm。（　　）

   答案：×

   依据：《焊接接头弯曲试验方法》GB/T 2653—2008，条款号　5.6.5

9. **试题：**试样加工的最后工序应采用机加工或磨削，其目的是为了避免材料的表面变形硬化或过热。（　　）

   答案：√

   依据：《焊接接头弯曲试验方法》GB/T 2653—2008，条款号　5.6.9

10. **试题：**除非另有规定，在试样表面上小于或等于 3mm 长的缺欠应判为合格。（　　）

    答案：×

    依据：《焊接接头弯曲试验方法》GB/T 2653—2008，条款号　7

11. **试题：**标线测定时热影响区中由于焊接引起硬化的区域应增加两个测点，测点中心与熔合线之间的距离小于或等于 0.5mm。（　　）

    答案：√

    依据：《焊接接头及堆焊金属硬度试验方法》GB/T 2654—2008，条款号　6.1

12. **试题：**单点测定时为了防止由测点压痕变形引起的影响，在任何测点中心间的最小距离不得小于最近测点压痕的对角线或直径的平均值的 2.5 倍。（　　）

    答案：√

    依据：《焊接接头及堆焊金属硬度试验方法》GB/T 2654—2008，条款号　6.2

13. **试题：**单点测定时热影响区中由于焊接引起硬化的区域，至少有一个测点，测点中心与熔合线之间的距离不大于 0.5mm。（　　）

    答案：√

    依据：《焊接接头及堆焊金属硬度试验方法》GB/T 2654—2008，条款号　6.2

14. **试题：**当射线底片上无法清晰地显示焊缝边界时，应在焊缝两侧放置高密度材料的识别标记。（　　）

    答案：√

    依据：《金属熔化焊焊接接头射线照相》GB/T 3323—2005，条款号　5.3

15. **试题：**在工件表面应做出永久性标记，以确保每张射线底片可准确定位。（　　）

答案：√

依据：《金属熔化焊焊接接头射线照相》GB/T 3323—2005，条款号　5.5

16. 试题：所有像质计的材质应与被检工件相同或相似，或其射线吸收大于被检材料。（　　）

答案：×

依据：《金属熔化焊焊接接头射线照相》GB/T 3323—2005，条款号　5.7

17. 试题：通过观察底片上的像质计影像，确定可识别的最细丝径编号或最小孔径编号，以此作为像质计值。对线型像质计，若在黑度均匀的区域内有至少 10mm 丝长连续清晰可见，该丝就视为可识别。（　　）

答案：√

依据：《金属熔化焊焊接接头射线照相》GB/T 3323—2005，条款号　5.8

18. 试题：采用椭圆透照布置时，射线入射角度应尽可能地大一些，防止两侧焊缝影像重叠。（　　）

答案：×

依据：《金属熔化焊焊接接头射线照相》GB/T 3323—2005，条款号　6.1.1.3

19. 试题：在满足射源到工件规定距离的前提且采用双壁单影法时，射线源到工件距离应尽可能大一些。（　　）

答案：×

依据：《金属熔化焊焊接接头射线照相》GB/T 3323—2005，条款号　6.1.1.3

20. 试题：对截面厚度均匀的工件，可用多胶片法来减少曝光时间。（　　）

答案：×

依据：《金属熔化焊焊接接头射线照相》GB/T 3323—2005，条款号　6.1.1.4

21. 试题：经合同各方同意，采用 Ir192 时，最小穿透厚度可降至 10mm。（　　）

答案：√

依据：《金属熔化焊焊接接头射线照相》GB/T 3323—2005，条款号　6.2.2.3

22. 试题：为减少散射线的影响，应利用铅光阑等将散射线尽量限制在被检区段外。（　　）

答案：×

依据：《金属熔化焊焊接接头射线照相》GB/T 3323—2005，条款号　6.5.1.1

23. 试题：工件被检区域应包括焊缝和热影响区，通常焊缝两侧应评定至少约 5mm 的母材区域。（　　）

答案：×

依据：《金属熔化焊焊接接头射线照相》GB/T 3323—2005，条款号 6.7

24. 试题：射线经过均匀厚度被检区外端的斜向穿透厚度与中心束的穿透厚度之比，A级不大于1.2，B级不大于1.1。（　　　）

答案：√

依据：《金属熔化焊焊接接头射线照相》GB/T 3323—2005，条款号 6.7

25. 试题：底片上由于射线穿透厚度变化所引起的黑度值变化的范围，其下限不应低于标准规定的数值，上限不得高于观片灯可以观察的最高值。（　　　）

答案：√

依据：《金属熔化焊焊接接头射线照相》GB/T 3323—2005，条款号 6.7

26. 试题：当观片灯亮度足够大时，可采用高于标准要求的黑度。（　　　）

答案：√

依据：《金属熔化焊焊接接头射线照相》GB/T 3323—2005，条款号 6.8

27. 试题：为避免胶片老化、显影或温度等因素所引起的灰雾度过大，应从所使用的未曝光胶片中取样验证灰雾度，用与实际透照相同的暗室条件进行处理，所得灰雾度值不允许大于0.3。（　　　）

答案：√

依据：《金属熔化焊焊接接头射线照相》GB/T 3323—2005，条款号 6.8

28. 试题：A级透照技术，采用多胶片透照，而用单张底片观察评定时，每张底片的黑度应不小于2.3。（　　　）

答案：√

依据：《金属熔化焊焊接接头射线照相》GB/T 3323—2005，条款号 6.8

29. 试题：采用多胶片透照，且用两张底片重叠观察评定时，单张底片的黑度应不小于1.5。（　　　）

答案：×

依据：《金属熔化焊焊接接头射线照相》GB/T 3323—2005，条款号 6.8

30. 试题：如不满足编制书面检测工艺规程的需求，应使用补充的书面检测工艺规程。（　　　）

答案：√

依据：《焊缝无损检测　超声检测　技术、检测等级和评定》GB/T 11345—2013，条款号 5.3

31. **试题：**当被检对象的衰减系数高于材料的平均衰减系数时，可选择 1.5MHz 左右的检测频率。（　　）

　　答案：×

　　依据：《焊缝无损检测　超声检测　技术、检测等级和评定》GB/T 11345—2013，条款号　6.3.1

32. **试题：**当检测采用横波且所用技术需要超声从底面反射时，应注意保证声束与底面反射面法线的夹角在 30°至 80°之间。（　　）

　　答案：×

　　依据：《焊缝无损检测　超声检测　技术、检测等级和评定》GB/T 11345—2013，条款号　6.3.2

33. **试题：**在给定频率下，探头晶片尺寸越小，进场长度和宽度就越小，远场中声束扩散角就越大。（　　）

　　答案：√

　　依据：《焊缝无损检测　超声检测　技术、检测等级和评定》GB/T 11345—2013，条款号　6.3.3

34. **试题：**对存在缺欠的母材部位，应对其是否影响横波检测效果进行评定。如有影响，调整焊缝超声检测技术，严重影响声束覆盖整个检测区域时则应考虑更换其他检测方法。（　　）

　　答案：√

　　依据：《焊缝无损检测　超声检测　技术、检测等级和评定》GB/T 11345—2013，条款号　9

35. **试题：**每次检测前应设定时基线和灵敏度，时基线和灵敏度设定时的温度与焊缝检测时的温度之差不应超过 50℃。（　　）

　　答案：×

　　依据：《焊缝无损检测　超声检测　技术、检测等级和评定》GB/T 11345—2013，条款号　10.1

36. **试题：**在制备试样表面过程中，冷加工不会对试样表面的硬度产生影响。（　　）

　　答案：×

　　依据：《金属里氏硬度试验方法》GB/T 17394—1998，条款号　5.2

37. **试题：**试样的试验面必须是平面。（　　）

　　答案：×

　　依据：《金属里氏硬度试验方法》GB/T 17394—1998，条款号　5.3

38. **试题：**试样的试验面上存在污物可能影响检测结果。（　　　）

　　答案：√

　　依据：《金属里氏硬度试验方法》GB/T 17394—1998，条款号　5.3

39. **试题：**带有磁性的试样可以进行里氏硬度试验。（　　　）

　　答案：×

　　依据：《金属里氏硬度试验方法》GB/T 17394—1998，条款号　5.8

40. **试题：**里氏硬度计不应在强烈震动、严重粉尘、腐蚀性气体或强磁场的场合使用。
（　　　）

　　答案：√

　　依据：《金属里氏硬度试验方法》GB/T 17394—1998，条款号　7.10

41. **试题：**400HVHLD 表示用 D 型冲击装置测定的里氏硬度值换算的维氏硬度为 400。
（　　　）

　　答案：√

　　依据：《金属里氏硬度试验方法》GB/T 17394—1998，条款号　8.4

42. **试题：**承压设备目视检测可以用于确定半透明层压板的复合材料表面下的状态。
（　　　）

　　答案：√

　　依据：《承压设备无损检测　第 7 部分：目视检测》NB/T 47013.7—2012，条款号　5.1

43. **试题：**直接目视检测的区域应有足够的照明条件，被检件表面必须要达到 1000lx 的
照度。（　　　）。

　　答案：×

　　依据：《承压设备无损检测　第 7 部分：目视检测》NB/T 47013.7—2012，条款号　5.2.3

44. **试题：**承压设备目视检测器材不得违反性能要求和安全要求。（　　　）

　　答案：√

　　依据：《承压设备无损检测　第 7 部分：目视检测》NB/T 47013.7—2012，条款号　4.4.5

45. **试题：**对承压设备直接目视检测时，眼睛与被检件表面的距离不超过 600mm，且眼
睛与被检件表面所成的夹角不大于 30°。（　　　）

　　答案：×

　　依据：《承压设备无损检测　第 7 部分：目视检测》NB/T 47013.7—2012，条款号　5.2.1

46. **试题：**承压设备间接目视检测应至少具有与直接目视检测相当的分辨力，必要时应
验证间接目视检测系统能否满足检测工作的要求。（　　　）

答案：√

依据：《承压设备无损检测　第 7 部分：目视检测》NB/T 47013.7—2012，条款号　5.3.3

47. 试题：所有的承压设备目视检测结果评价均不得违反承压设备相关法规、标准和（或）合同要求。（　　）

答案：√

依据：《承压设备无损检测　第 7 部分：目视检测》NB/T 47013.7—2012，条款号　6.1

48. 试题：承压设备泄漏检测过程不得使用未经校准的温度测量装置。（　　）

答案：√

依据：《承压设备无损检测　第 8 部分：泄漏检测》NB/T 47013.8—2012，条款号　4.4.2

49. 试题：被检件表面存在油液、油脂、油漆不妨碍泄漏检测。（　　）

答案：×

依据：《承压设备无损检测　第 8 部分：泄漏检测》NB/T 47013.8—2012，条款号　5.1.1

50. 试题：进行耐压试验的被检件表面在泄漏检测前应充分干燥。（　　）

答案：√

依据：《承压设备无损检测　第 8 部分：泄漏检测》NB/T 47013.8—2012，条款号　5.1.1

51. 试题：泄漏检测前，应使用塞子、盖板、密封蜡、黏合剂或其他能在检测后易于完全去除的合适材料把所有的孔加以密封，密封材料在检测时不应影响示踪气体的浓度。（　　）

答案：√

依据：《承压设备无损检测　第 8 部分：泄漏检测》NB/T 47013.8—2012，条款号　5.1.2

52. 试题：泄漏检测时的最低或最高温度不应超过所采用泄漏检测方法或技术要求所允许的温度。（　　）

答案：√

依据：《承压设备无损检测　第 8 部分：泄漏检测》NB/T 47013.8—2012，条款号　5.1.3

53. 试题：未经设计计算确认不应采用抽真空方法进行泄漏检测。（　　）

答案：√

依据：《承压设备无损检测　第 8 部分：泄漏检测》NB/T 47013.8—2012，条款号　5.3

54. 试题：每种检测方法不得采用该检测方法或技术规定以外的其他验收标准。（　　）

答案：√

依据：《承压设备无损检测　第 8 部分：泄漏检测》NB/T 47013.8—2012，条款号　6

55. 试题：低温联箱指工作温度小于400℃的联箱。（　　）

答案：√

依据：《火力发电厂金属技术监督规程》DL/T 438—2009，条款号　4.5

56. 试题：管道椭圆度是弯管或弯头弯曲部分同一圆截面上最大外径与最小外径之差与名义外径之比。（　　）

答案：√

依据：《火力发电厂金属技术监督规程》DL/T 438—2009，条款号　4.6

57. 试题：进口的受监金属材料，符合我国国家标准和行业标准即可验收使用。（　　）

答案：×

依据：《火力发电厂金属技术监督规程》DL/T 438—2009，条款号　5.2

58. 试题：受监金属材料的个别技术指标不满足相应标准的规定或对材料质量发生疑问时，应按相关标准扩大抽样检验比例。（　　）

答案：√

依据：《火力发电厂金属技术监督规程》DL/T 438—2009，条款号　5.2

59. 试题：具有质量保证书或经过检验合格的受监范围内的钢材、钢管和备品、配件，无论是短期或长期存放，都应挂牌，标明材料牌号和规格，按材料牌号和规格分类存放，并做好防腐蚀措施。（　　）

答案：√

依据：《火力发电厂金属技术监督规程》DL/T 438—2009，条款号　5.4

60. 试题：奥氏体不锈钢应单独存放，严禁与碳钢混放或接触。（　　）

答案：√

依据：《火力发电厂金属技术监督规程》DL/T 438—2009，条款号　5.8

61. 试题：采用代用材料后，应做好记录，同时应修改相应图纸并在图纸上注明。（　　）

答案：√

依据：《火力发电厂金属技术监督规程》DL/T 438—2009，条款号　6.8

62. 试题：锻件表面允许存在轻微裂纹、锻伤、重皮等缺陷。（　　）

答案：×

依据：《火力发电厂金属技术监督规程》DL/T 438—2009，条款号　7.1.8

63. 试题：对新建机组蒸汽管道，强制要求安装蠕变变形测点。（　　）

答案：×

依据：《火力发电厂金属技术监督规程》DL/T 438—2009，条款号　7.1.10

64. **试题**：工作温度大于 450℃的主蒸汽管道、高温再热蒸汽管道和高温导汽管的安装焊缝应采取 CO_2 保护焊打底。（　　）

答案：×

依据：《火力发电厂金属技术监督规程》DL/T 438—2009，条款号　7.1.17

65. **试题**：管道安装完毕应对监督段进行光谱和金相组织检验。（　　）

答案：×

依据：《火力发电厂金属技术监督规程》DL/T 438—2009，条款号　7.1.19

66. **试题**：汽管道、高温再热蒸汽管道及导汽管道保温层表面可以没有焊缝位置的标志。（　　）

答案：×

依据：《火力发电厂金属技术监督规程》DL/T 438—2009，条款号　7.1.20

67. **试题**：主蒸汽管道、高温再热蒸汽管道及导汽管道的铸钢阀壳存在裂纹、铸造缺陷，经打磨消缺后的实际壁厚小于最小壁厚时，应及时处理或更换。（　　）

答案：√

依据：《火力发电厂金属技术监督规程》DL/T 438—2009，条款号　7.2.1.7

68. **试题**：应定期检查主蒸汽管道、高温再热蒸汽管道及导汽管道支吊架和位移指示器的状况，特别要注意机组启停前后的检查，发现支吊架松脱、偏斜、卡死或损坏等现象时，及时调整修复并做好记录。（　　）

答案：√

依据：《火力发电厂金属技术监督规程》DL/T 438—2009，条款号　7.2.2.1

69. **试题**：主蒸汽管道、高温再热蒸汽管道及导汽管道安装完毕和机组每次检修，均应对管道支吊架进行检验。（　　）

答案：×

依据：《火力发电厂金属技术监督规程》DL/T 438—2009，条款号　7.2.2.2

70. **试题**：9% Cr～12%Cr 系列钢制管道安装前检验母材硬度小于 180HB 时，应取样进行拉伸试验。（　　）

答案：×

依据：《火力发电厂金属技术监督规程》DL/T 438—2009，条款号　7.3.3

71. **试题**：9% Cr～12%Cr 系列钢制管道检验监督中，焊缝和熔合区金相组织中的 δ 铁素体含量不超过 8%，最严重的视场不超过 10%。（　　）

答案：√

依据：《火力发电厂金属技术监督规程》DL/T 438—2009，条款号　7.3.10

72. 试题：9%Cr～12%Cr 系列钢制管道的检验监督中，对于焊缝区域的裂纹检验，应打磨后进行超声探伤。（   ）。

答案：×

依据：《火力发电厂金属技术监督规程》DL/T 438—2009，条款号 7.3.11

73. 试题：主蒸汽管道、高温再热蒸汽管道及导汽管道直段、管件的硬度高于标准的规定值，直接报废。（   ）

答案：×

依据：《火力发电厂金属技术监督规程》DL/T 438—2009，条款号 7.3.12

74. 试题：联箱安装过程中，应用反光镜进行联箱清洁度检验。（   ）

答案：×

依据：《火力发电厂金属技术监督规程》DL/T 438—2009，条款号 8.1.5

75. 试题：膜式水冷壁的鳍片焊缝应无裂纹、漏焊，管子与鳍片的连接焊缝咬边深度不得大于 0.5mm，且连续长度不大于 100mm。（   ）

答案：√

依据：《火力发电厂金属技术监督规程》DL/T 438—2009，条款号 9.1.6

76. 试题：受热面管子弯曲半径小于 1.5 倍管子公称外径的小半径弯管宜采用冷弯。（   ）

答案：×

依据：《火力发电厂金属技术监督规程》DL/T 438—2009，条款号 9.1.7

77. 试题：受热面管子 9%Cr～12%Cr 钢焊缝的硬度控制在 180HB～270HB，一旦硬度异常，应进行金相组织检验。（   ）

答案：√

依据：《火力发电厂金属技术监督规程》DL/T 438—2009，条款号 9.2.4

78. 试题：汽包的安装焊接和焊缝热处理应有完整的记录，严禁在筒身焊接拉钩及其他附件。（   ）

答案：√

依据：《火力发电厂金属技术监督规程》DL/T 438—2009，条款号 10.1.4

79. 试题：机组进行超速试验时，转子大轴的温度不应高于转子材料的脆性转变温度。（   ）

答案：×

依据：《火力发电厂金属技术监督规程》DL/T 438—2009，条款号 12.2.10

80. **试题**：部件安装前，对汽缸的螺栓孔应进行无损探伤。（ ）

    答案：√

    依据：《火力发电厂金属技术监督规程》DL/T 438—2009，条款号 15.1.2

81. **试题**：各级企业应建立健全金属技术监督数据库，实行定期报表制度，使金属技术监督规范化、科学化、数字化和微机化。（ ）

    答案：√

    依据：《火力发电厂金属技术监督规程》DL/T 438—2009，条款号 16.6

82. **试题**：电力建设安装单位根据自身需要建立健全金属技术监督档案。（ ）

    答案：×

    依据：《火力发电厂金属技术监督规程》DL/T 438—2009，条款号 16.8

83. **试题**：火力发电厂应建立健全机组金属监督的原始资料、运行和检验、技术管理的档案。（ ）

    答案：√

    依据：《火力发电厂金属技术监督规程》DL/T 438—2009，条款号 16.9

84. **试题**：螺栓强度宜比螺母材料低一级，硬度低 200HBW～50HBW。（ ）

    答案：×

    依据：《火力发电厂高温紧固件技术导则》DL/T 439—2006，条款号 3.5

85. **试题**：高温螺栓使用前应按规定的比例抽查。（ ）

    答案：×

    依据：《火力发电厂高温紧固件技术导则》DL/T 439—2006，条款号 4.1.1

86. **试题**：合金钢、高温合金螺栓、螺母应进行 100%光谱检验。（ ）

    答案：√

    依据：《火力发电厂高温紧固件技术导则》DL/T 439—2006，条款号 4.1.6

87. **试题**：合金钢、高温合金螺栓、螺母应进行 100%光谱检验，检查部位为螺栓杆部。（ ）

    答案：×

    依据：《火力发电厂高温紧固件技术导则》DL/T 439—2006，条款号 4.1.6

88. **试题**：当高温螺栓硬度不合格时，可通过金相组织检验判定。（ ）

    答案：×

    依据：《火力发电厂高温紧固件技术导则》DL/T 439—2006，条款号 4.1.10

89. **试题：** 所有高温螺栓、螺母应在外露端打出材料标记，以便辨认。（ ）

答案： √

依据：《火力发电厂高温紧固件技术导则》DL/T 439—2006，条款号 4.1.12

90. **试题：** 在紧固和拆卸过程中，应注意尽量改善紧固接触面的润滑状态，防止使用过大的冲击力，以减小螺栓所承受的扭矩。（ ）

答案： √

依据：《火力发电厂高温紧固件技术导则》DL/T 439—2006，条款号 5.1.1

91. **试题：** 原则上贯穿式螺栓和螺柱，不应在同一法兰上相邻排列。（ ）

答案： √

依据：《火力发电厂高温紧固件技术导则》DL/T 439—2006，条款号 5.1.7

92. **试题：** 伸长法适用于两端外露的螺栓、一端外露带中心孔的螺栓和带罩螺母的螺栓。（ ）

答案： ×

依据：《火力发电厂高温紧固件技术导则》DL/T 439—2006，条款号 5.2.3.4

93. **试题：** 拆卸螺栓可在高温状态下进行。（ ）

答案： ×

依据：《火力发电厂高温紧固件技术导则》DL/T 439—2006，条款号 5.3.1

94. **试题：** 拆卸螺栓前，应向螺纹内注入润滑剂，用适当的力矩来回活动螺母，不可敲振。（ ）

答案： ×

依据：《火力发电厂高温紧固件技术导则》DL/T 439—2006，条款号 5.3.2

95. **试题：** 为避免螺栓螺纹损坏或过热，不可用氧-乙炔切开螺母。（ ）

答案： ×

依据：《火力发电厂高温紧固件技术导则》DL/T 439—2006，条款号 5.3.3

96. **试题：** 当拧入法兰体的螺栓断裂时，可用钻孔方法取出锈死螺杆，以保证法兰体内螺纹完整无损。（ ）

答案： √

依据：《火力发电厂高温紧固件技术导则》DL/T 439—2006，条款号 5.3.3

97. **试题：** 当螺杆仍拧在下法兰体而进行起吊汽缸大盖或阀门盖时，应防止碰伤裸露在外的螺栓螺纹。（ ）

答案： √

依据：《火力发电厂高温紧固件技术导则》DL/T 439—2006，条款号 5.3.4

98. 试题：评片人员的视力应每年检查一次，测试裸眼视力不得低于5.0。（ ）

   答案：×

   依据：《钢熔化焊角焊缝射线照相方法和质量分级》DL/T 541—2014，条款号 5.2

99. 试题：底片上所显示的标记应位于有效评定区之内，并确保每一区段标记明确无误。
   （ ）

   答案：×

   依据：《钢熔化焊T形接头和角接接头焊缝射线照相和质量分级》DL/T 541—2014，
   条款号 7.1.3

100. 试题：工件表面应作出永久性标记，以确保每张底片可准确定位。（ ）

   答案：√

   依据：《钢熔化焊T形接头和角接接头焊缝射线照相和质量分级》DL/T 541—2014，
   条款号 7.1.4

101. 试题：若使用条件不允许在工件表面作永久性标记时，可先采取临时标记的方法
   标记。（ ）

   答案：×

   依据：《钢熔化焊T形接头和角接接头焊缝射线照相和质量分级》DL/T 541—2014，
   条款号 7.1.4

102. 试题：所用像质计的材料应与被检工件相同或相近。（ ）

   答案：√

   依据：《钢熔化焊T形接头和角接接头焊缝射线照相和质量分级》DL/T 541—2014，
   条款号 7.1.5

103. 试题：像质计应优先放置在射线源侧。当射线源侧无法放置像质计时，也可放在
   胶片侧，但必须与胶片紧贴，并在检测报告中注明。（ ）

   答案：×

   依据：《钢熔化焊T形接头和角接接头焊缝射线照相和质量分级》DL/T 541—2014，
   条款号 7.1.5

104. 试题：阶梯孔型像质计的阶梯上若有两个同径孔，只要有一孔可识别，则视为该
   阶梯孔可识别。（ ）

   答案：×

   依据：《钢熔化焊T形接头和角接接头焊缝射线照相和质量分级》DL/T 541—2014，
   条款号 7.1.6

105. **试题**：补偿块的材料应与被补偿材料相同或相近。（   ）

　　　答案：√

　　　依据：《钢熔化焊 T 形接头和角接接头焊缝射线照相和质量分级》DL/T 541—2014，
　　　条款号　7.1.8.1

106. **试题**：射线照相的补偿块表面粗糙度均不大于 12.5μm。（   ）

　　　答案：√

　　　依据：《钢熔化焊 T 形接头和角接接头焊缝射线照相和质量分级》DL/T 541—2014，
　　　条款号　7.1.8.4

107. **试题**：为防止散射线对胶片的影响，应在胶片暗袋后贴附适当厚度的锡板，其厚
　　　度至少 1mm。（   ）

　　　答案：×

　　　依据：《钢熔化焊 T 形接头和角接接头焊缝射线照相和质量分级》DL/T 541—2014，
　　　条款号　7.5.2

108. **试题**：I 级焊缝应无圆形缺陷。（   ）

　　　答案：×

　　　依据：《钢熔化焊 T 形接头和角接接头焊缝射线照相和质量分级》DL/T 541—2014，
　　　条款号　8.1

109. **试题**：II 级焊缝可以存在条形缺陷。（   ）

　　　答案：√

　　　依据：《钢熔化焊 T 形接头和角接接头焊缝射线照相和质量分级》DL/T 541—2014，
　　　条款号　8.1

110. **试题**：III 级焊缝应无未焊透。（   ）

　　　答案：×

　　　依据：《钢熔化焊 T 形接头和角接接头焊缝射线照相和质量分级》DL/T 541—2014，
　　　条款号　8.1

111. **试题**：I、II 级焊缝内不计点数的圆形缺陷，在评定区内不得多于 10 个。（   ）

　　　答案：×

　　　依据：《钢熔化焊 T 形接头和角接接头焊缝射线照相和质量分级》DL/T 541—2014，
　　　条款号　8.3.1.10

112. **试题**：从事焊缝超声检测的人员，只要持有按 DL/T 675 进行考核合格的技术资格
　　　证书，即可从事所有超声检测工作。（   ）

　　　答案：×

依据:《钢熔化焊 T 形接头角焊缝超声波检验方法和质量分级》DL/T 542—2014，条款号　3

113. **试题:** A 型脉冲反射式超声波探伤仪，其工作频率范围至少应在 0.5MHz～10MHz，探伤仪应配备增益控制器或衰减器，其精度为任意相邻 12dB 的误差为±1dB。（　　）

　　答案: √

　　依据:《钢熔化焊 T 形接头超声波检测方法和质量评定》DL/T 542—2014，条款号 4.1

114. **试题:** A 型脉冲反射式超声波探伤仪，步进级每挡应不大于 1dB，总调节量应大于 100dB，水平线性误差应不大于 5%，垂直线性误差应不大于 1%。（　　）

　　答案: ×

　　依据:《钢熔化焊 T 形接头超声波检测方法和质量评定》DL/T 542—2014，条款号 4.1

115. **试题:** 在达到被检工件的最大检测声程时，系统有效灵敏度余量不应小于 10dB。（　　）

　　答案: √

　　依据:《钢熔化焊 T 形接头超声波检测方法和质量评定》DL/T 542—2014，条款号 4.3.1

116. **试题:** 检测系统性能的直探头的远场分辨力应不小于 30dB，斜探头的远场分辨力应不小于 6dB。（　　）

　　答案: √

　　依据:《钢熔化焊 T 形接头超声波检测方法和质量评定》DL/T 542—2014，条款号 4.3.3

117. **试题:** 检测人员怀疑扫描量程或检测灵敏度有变化时应对系统进行复核。（　　）

　　答案: √

　　依据:《钢熔化焊 T 形接头超声波检测方法和质量评定》DL/T 542—2014，条款号 4.5.2

118. **试题:** 对比试块必须采用与被检测材料相同的钢材制成，材质应均匀，采用直探头检测时不得有大于或等于 ϕ2mm 平底孔当量的缺陷。（　　）

　　答案: ×

　　依据:《钢熔化焊 T 形接头超声波检测方法和质量评定》DL/T 542—2014，条款号 5.2.1

119. **试题：** 对比试块必须采用与被检测材料相同的钢材制成，材质应均匀。（   ）

     答案： ×

     依据：《钢熔化焊 T 形接头超声波检测方法和质量评定》DL/T 542—2014，条款号 5.2.1

120. **试题：** 需要从腹板两侧用斜探头进行扫查时，如果受条件限制，腹板上的检测只能从一侧表面上进行，或者只能用斜探头的一次波扫查时，应在检测记录和报告中注明。（   ）

     答案： √

     依据：《钢熔化焊 T 形接头超声波检测方法和质量评定》DL/T 542—2014，条款号 6.2.4

121. **试题：** 焊缝母材与校验灵敏度所用试块之间存在有 4dB 以上的声能衰减与耦合差时，则应对声能衰减与传输损失给予补偿。（   ）

     答案： ×

     依据：《钢熔化焊 T 形接头超声波检测方法和质量评定》DL/T 542—2014，条款号 7.3.4

122. **试题：** 在校准和检测中应使用同一种耦合剂。（   ）

     答案： √

     依据：《钢熔化焊 T 形接头超声波检测方法和质量评定》DL/T 542—2014，条款号 7.4

123. **试题：** 超声波扫查速度应不小于 150mm/s。（   ）

     答案： ×

     依据：《钢熔化焊 T 形接头超声波检测方法和质量评定》DL/T 542—2014，条款号 8.3.1

124. **试题：** 探头沿整个检测面上进行前后扫查、左右扫查及 W 形扫查等，探头扫查覆盖率应大于探头尺寸的 15%。（   ）

     答案： √

     依据：《钢熔化焊 T 形接头超声波检测方法和质量评定》DL/T 542—2014，条款号 8.3.2

125. **试题：** 母材发现的缺陷应进行定量、定位。（   ）

     答案： √

     依据：《钢熔化焊 T 形接头超声波检测方法和质量评定》DL/T 542—2014，条款号 8.3.2

126. **试题：** 使用双晶片直探头测定未焊透宽度时，应使探头移动方向与焊缝轴线平行。
（　　　）

　　　答案： ×

　　　依据：《钢熔化焊 T 形接头超声波检测方法和质量评定》DL/T 542—2014，条款
号　8.4

127. **试题：** 使用双晶片直探头测定缺陷长度或缺陷间距时，应使探头移动方向与缺陷
长度方向平行。（　　　）

　　　答案： √

　　　依据：《钢熔化焊 T 形接头超声波检测方法和质量评定》DL/T 542—2014，条款
号　8.4

128. **试题：** Ⅰ级无损检测人员应熟悉无损检测方法的适用范围，根据标准、规范和技
术条件编制无损检测工艺卡进行无损检测工作、评定检测结果、签发检测报告。
（　　　）

　　　答案： ×

　　　依据：《电力工业无损检测人员资格考试规则》DL/T 675—2014，条款号　5.2

129. **试题：** 证书存在涂改或在所持证书的项目及有效期内，发生检测工作重大责任事
故，其任何项目的考核申请两年内不予受理。（　　　）

　　　答案： √

　　　依据：《电力工业无损检测人员资格考试规则》DL/T 675—2014，条款号　10.4

130. **试题：** 探头的中心频率允许偏差应为 ±0.5MHz。（　　　）

　　　答案： √

　　　依据：《高温紧固螺栓超声检测技术导则》DL/T 694—2012，条款号　3.3.2

131. **试题：** 高温紧固螺栓超声检测采用 A 型脉冲反射式超声波探伤仪。（　　　）

　　　答案： √

　　　依据：《高温紧固螺栓超声检测技术导则》DL/T 694—2012，条款号　3.3.1

132. **试题：** 对比试块用 20 号优质碳素结构钢加工制成。（　　　）

　　　答案： √

　　　依据：《高温紧固螺栓超声检测技术导则》DL/T 694—2012，条款号　3.4.2

133. **试题：** 应将螺栓拆下进行检测，检测表面应打磨，其表面粗糙度应不大于 12.5μm，
端面需平整且与轴线垂直。（　　　）

　　　答案： ×

　　　依据：《高温紧固螺栓超声检测技术导则》DL/T 694—2012，条款号　3.6.2

134. 试题：螺栓两端均为平面，或一端为平面，另一端具有不小于 5mm 宽度的平面时，可采用横波法。（　　）

   答案：×

   依据：《高温紧固螺栓超声检测技术导则》DL/T 694—2012，条款号　5.1

135. 试题：应根据螺栓的长度调整扫描速度，通常最大检测范围应至少达到时基线满刻度的 80%。（　　）

   答案：√

   依据：《高温紧固螺栓超声检测技术导则》DL/T 694—2012，条款号　5.3.3

136. 试题：将探头置于螺栓端面上进行扫查，探头移动应缓慢，移动间距不大于探头半径，移动时探头适当转动，探头晶片可超出端面或覆盖中心孔。（　　）

   答案：×

   依据：《高温紧固螺栓超声检测技术导则》DL/T 694—2012，条款号　5.3.5

137. 试题：对于马氏体钢及镍基高温合金螺栓，横波检测无正常螺纹反射波时，应采用纵波直探头法检测。（　　）

   答案：×

   依据：《高温紧固螺栓超声检测技术导则》DL/T 694—2012，条款号　5.4.9

138. 试题：高温紧固螺栓超声检测中判定为裂纹的螺栓应判废。（　　）

   答案：√

   依据：《高温紧固螺栓超声检测技术导则》DL/T 694—2012，条款号　6

139. 试题：母线焊接接头射线检测结果如出现不合格时，应从该焊工同一批焊接中按不合格数加倍进行检测。（　　）

   答案：√

   依据：《母线焊接技术规程》DL/T 754—2013，条款号　7.9

140. 试题：《母线焊接技术规程》标准适用于厚度为 42mm 的铝镁合金母线射线照相检测。（　　）

   答案：×

   依据：《母线焊接技术规程》DL/T 754—2013，条款号　D.1

141. 试题：《母线焊接技术规程》适用于厚度为 35mm 的铝锰合金母线射线照相检测。（　　）

   答案：√

   依据：《母线焊接技术规程》DL/T 754—2013，条款号　D.1

142. 试题：《母线焊接技术规程》适用于厚度为 1.5mm 的铜母线射线照相检测。（　　）
答案：×
依据：《母线焊接技术规程》DL/T 754—2013，条款号　D.1

143. 试题：可以用材质为 Fe 制作的像质计，用于铝及铝合金的射线检测。（　　）
答案：×
依据：《母线焊接技术规程》DL/T 754—2013，条款号　D.2.1

144. 试题：射线透照厚度 T_A 为母线的名义厚度。（　　）
答案：×
依据：《母线焊接技术规程》DL/T 754—2013，条款号　D.3

145. 试题：射线底片上不得有划痕、指纹、脏物、污斑、静电痕迹等缺陷。（　　）
答案：×
依据：《母线焊接技术规程》DL/T 754—2013，条款号　D.4.3

146. 试题：奥氏体中小径薄壁管是指外径大于或等于 32mm、小于或等于 159mm，壁厚大于或等于 4mm、小于或等于 14mm。（　　）
答案：×
依据：《管道焊接接头超声波检验技术规程》DL/T 820—2002，条款号　1.2

147. 试题：超声波检验时实采样频率是指未经软件及其他技术处理的采样频率。（　　）
答案：√
依据：《管道焊接接头超声波检验技术规程》DL/T 820—2002，条款号　3.1

148. 试题：超声波检验的焊缝纵向缺陷是指大致上垂直于焊缝走向的缺陷。（　　）
答案：×
依据：《管道焊接接头超声波检验技术规程》DL/T 820—2002，条款号　3.3

149. 试题：超声波检验的焊缝横向缺陷是指大致上垂直于焊缝走向的缺陷。（　　）
答案：√
依据：《管道焊接接头超声波检验技术规程》DL/T 820—2002，条款号　3.4

150. 试题：对于全数字式 A 型脉冲反射式超声探伤仪器要求时实采样频率应不大于 40MHz。（　　）
答案：×
依据：《管道焊接接头超声波检验技术规程》DL/T 820—2002，条款号　4.3.1.4

151. 试题：管道焊接接头超声波检验面探头移动区应清除焊接飞溅、锈蚀、氧化物及

油垢，必要时，表面应打磨平滑，打磨宽度至少为探头移动范围。（　　）

答案：√

依据：《管道焊接接头超声波检验技术规程》DL/T 820—2002，条款号　4.5.1.3

152. **试题：**超声波检验采用自动报警装置扫查时，探头的扫查速度不应超过150mm/s。（　　）

答案：×

依据：《管道焊接接头超声波检验技术规程》DL/T 820—2002，条款号　4.5.3

153. **试题：**检验覆盖率是探头的每次扫查覆盖率应大于探头直径的10%。（　　）

答案：√

依据：《管道焊接接头超声波检验技术规程》DL/T 820—2002，条款号　4.5.4

154. **试题：**对比试块应选用与被检验管材相同或声学性能相近的钢材制作。（　　）

答案：√

依据：《管道焊接接头超声波检验技术规程》DL/T 820—2002，条款号　4.6.2

155. **试题：**耦合剂应具有良好的润湿能力和透声性能，且无霉、无腐蚀、易清除。（　　）

答案：√

依据：《管道焊接接头超声波检验技术规程》DL/T 820—2002，条款号　4.7

156. **试题：**距离—波幅曲线复核时，校核应不少于 3 点。如曲线上任何一点幅度下降2dB，则应对所有的记录信号进行重新评定。（　　）

答案：×

依据：《管道焊接接头超声波检验技术规程》DL/T 820—2002，条款号　4.8.3.4

157. **试题：**管道焊接接头超声波检验的探头修磨后应重新测定入射点及折射角。（　　）

答案：√

依据：《管道焊接接头超声波检验技术规程》DL/T 820—2002，条款号　5.3.2.4

158. **试题：**距离—波幅曲线可绘制在坐标纸上，也可直接绘制在荧光屏刻度板上。但在整个检验范围内，曲线应处于荧光屏满刻度 60%以上，否则，应采用分段绘制的方法。（　　）

答案：×

依据：《管道焊接接头超声波检验技术规程》DL/T 820—2002，条款号　5.3.5.6

159. **试题：**探测焊接接头的横向缺陷，可采用平行或斜平行扫查。（　　）

答案：√

依据：《管道焊接接头超声波检验技术规程》DL/T 820—2002，条款号　5.4.2.2

160. **试题：** 对比试块的曲率半径与检验面曲率半径之差应小于 10%。（ ）

答案： √

依据：《管道焊接接头超声波检验技术规程》DL/T 820—2002，条款号 5.4.3.2.2

161. **试题：** 用于检验中小径薄壁管焊接接头的仪器在运行中不得出现任何种类的临界值和阻塞情况，宜采用数字式 A 型脉冲反射式超声波探伤仪。（ ）

答案： √

依据：《管道焊接接头超声波检验技术规程》DL/T 820—2002，条款号 6.2.3

162. **试题：** 中小径薄壁管焊接接头超声波检验时，用于检验的仪器在运行中不得出现任何种类的临界值和阻塞情况，宜采用数字式 B 型脉冲反射式超声波探伤仪。（ ）

答案： ×

依据：《管道焊接接头超声波检验技术规程》DL/T 820—2002，条款号 6.2.3

163. **试题：** 中小径薄壁管焊接接头检验时，管壁厚度小于或等于 6mm 时探头前沿应小于或等于 8mm，壁厚度大于 6mm 时可适当增大。（ ）

答案： ×

依据：《管道焊接接头超声波检验技术规程》DL/T 820—2002，条款号 6.2.4.4

164. **试题：** 探头与检验面应紧密接触，间隙不应大于 0.5mm。若不能满足，应进行修磨。（ ）

答案： √

依据：《管道焊接接头超声波检验技术规程》DL/T 820—2002，条款号 6.2.4.7

165. **试题：** 中小径薄壁管焊接接头检验时，宜采用油类耦合剂，不宜采用甲基纤维素的糊状物或甘油为基本成分的耦合剂。（ ）

答案： ×

依据：《管道焊接接头超声波检验技术规程》DL/T 820—2002，条款号 6.2.6

166. **试题：** 中小径薄壁管焊接接头检验时，扫查灵敏度应不低于评定线（EL 线）灵敏度。（ ）

答案： ×

依据： 管道焊接接头超声波检验技术规程》DL/T 820—2002，条款号 6.4.2.1

167. **试题：** 射线检测人员除具有良好的身体素质外，矫正视力不得低于 1.0，应每年检查一次。（ ）

答案： √

依据：《钢制承压管道对接焊接接头射线检验技术规程》DL/T 821—2002，条

款号 3.1.1

168. **试题：**射线检测责任工程师，应由具有电力工业射线检测Ⅲ级资格者担任。
（ ）
答案：×
依据：《钢制承压管道对接焊接接头射线检验技术规程》DL/T 821—2002，条款号
3.4.2

169. **试题：**采用中心全周透照法时，可用铅质标尺代替搭接定位标记。（ ）
答案：√
依据：《钢制承压管道对接焊接接头射线检验技术规程》DL/T 821—2002，条款号
4.3.1

170. **试题：**采用射线源置于圆心位置的周向曝光透照工艺时，像质计应每隔90°放置一
个。（ ）
答案：√
依据：《钢制承压管道对接焊接接头射线检验技术规程》DL/T 821—2002，条款号
4.4.8

171. **试题：**Ⅰ型专用像质计应放在射线源侧管子正中的表面上，金属丝应横跨焊缝并
与焊缝平行。（ ）
答案：×
依据：《钢制承压管道对接焊接接头射线检验技术规程》DL/T 821—2002，条款号
4.4.9

172. **试题：**透照呈排状的管子并使数个管子焊缝透照在同一张底片上时，像质计应放
在正中间的管子上。（ ）
答案：×
依据：《钢制承压管道对接焊接接头射线检验技术规程》DL/T 821—2002，条款号
4.4.11

173. **试题：**胶片在使用前，应对每箱（或盒）胶片进行灰雾度的抽查，本底灰雾度应
小于0.3。（ ）
答案：×
依据：《钢制承压管道对接焊接接头射线检验技术规程》DL/T 821—2002，条款号
4.6.2

174. **试题：**外径小于或等于89mm的管子，当壁厚大于6mm选用X射线透照时，应采
用双胶片暗盒，即在暗盒内装两张感光速度相同的胶片，以弥补透照厚度差导致

检出范围减小的不足。（　　）

答案：×

依据：《钢制承压管道对接焊接接头射线检验技术规程》DL/T 821—2002，条款号 4.8.3

175. **试题：**对外径大于 76mm 且小于或等于 89mm 的管子，其焊缝采用双壁双投影法透照时，至少分两次透照，透照角度每次偏转小于或等于 90°。（　　）

答案：√

依据：《钢制承压管道对接焊接接头射线检验技术规程》DL/T 821—2002，条款号 4.10.2

176. **试题：**对较大直径管道对接接头射线透照检验时，为提高横向裂纹检出率，应选用周向 X 射线机或 γ 射线源，采用中心全周透照法。（　　）

答案：√

依据：《钢制承压管道对接焊接接头射线检验技术规程》DL/T 821—2002，条款号 4.10.5

177. **试题：**当透照带有内壁螺旋槽的锅炉受热面管子和易产生裂纹的管材对接接头时，宜采用双壁双影法透照，即前、后壁焊缝重叠，以提高裂纹的检出率。（　　）

答案：×

依据：《钢制承压管道对接焊接接头射线检验技术规程》DL/T 821—2002，条款号 4.10.6

178. **试题：**当检验管排对接接头时，胶片的长度不应小于 360mm。（　　）

答案：×

依据：《钢制承压管道对接焊接接头射线检验技术规范》DL/T 821—2002，条款号 4.10.7

179. **试题：**射线底片上必须显示出与像质指数对应的最小钢丝线径。Ⅰ型应显示三根及三根以上。（　　）

答案：√

依据：《钢制承压管道对接焊接接头射线检验技术规程》DL/T 821—2002，条款号 5.1.1

180. **试题：**缺陷在评定区边界线上时，应把它划为该评定区内计算点数。（　　）

答案：√

依据：《钢制承压管道对接焊接接头射线检验技术规程》DL/T 821—2002，条款号 6.2.1.5

181. 试题：管道对接焊接接头射线检验的两侧母材厚度不同时，应取厚侧的厚度。
（　　）

答案：×

依据：《钢制承压管道对接焊接接头射线检验技术规程》DL/T 821—2002，条款号
6.6.2

182. 试题：对外观不合格或不符合无损检测要求的焊缝，可拒绝进行无损检测。（　　）

答案：√

依据：《火力发电厂焊接技术规程》DL/T 869—2012，条款号　3.2.3.3

183. 试题：对同一焊接接头同时采用射线和超声波两种方法进行检测时，均应合格。
（　　）

答案：√

依据：《火力发电厂焊接技术规程》DL/T 869—2012，条款号　6.3.4

184. 试题：受热面管子的焊缝焊后应进行 100%光谱分析复检。（　　）

答案：×

依据：《火力发电厂焊接技术规程》DL/T 869—2012，条款号　6.4.1

185. 试题：碳化物形态等特征参数的变化可通过直接金相观察或间接由硬度测量结果
定量评定。（　　）

答案：√

依据：《火电厂金相检验与评定技术导则》DL/T 884—2004，条款号　3.4

186. 试题：电厂部件常见的蠕变损伤特征主要有沿晶蠕变孔洞和晶粒变形，可直接采
用金相观察方法测得。（　　）

答案：√

依据：《火电厂金相检验与评定技术导则》DL/T 884—2004，条款号　3.4

187. 试题：需要在大型部件上进行重复性研究时，取样进行显微组织评价的方法常常
是唯一可行的方法。（　　）

答案：×

依据：《火电厂金相检验与评定技术导则》DL/T 884—2004，条款号　3.5

188. 试题：状态检验是指以常规组织形态分析为主的检验。（　　）

答案：×

依据：《火电厂金相检验与评定技术导则》DL/T 884—2004，条款号　3.6

189. 试题：宏观检验是指肉眼或 10 倍以下放大镜所进行的检验和分析。（　　）

答案：√

依据：《火电厂金相检验与评定技术导则》DL/T 884—2004，条款号　4.1

190. 试题：低倍组织检验用于检查材料宏观质量，评定宏观缺陷，检验工艺工程和进行失效分析。（　　）

答案：√

依据：火电厂金相检验与评定技术导则》DL/T 884—2004，条款号　4.1.1

191. 试题：金属和合金的晶粒度包括奥氏体晶粒度、铁素体晶粒度，宏观晶粒度等。（　　）

答案：√

依据：《火电厂金相检验与评定技术导则》DL/T 884—2004，条款号　4.3.3

192. 试题：晶粒度的测定方法有计算法和测量法两类。（　　）

答案：×

依据：《火电厂金相检验与评定技术导则》DL/T 884—2004，条款号　4.3.3

193. 试题：恒电位法是在电解浸蚀过程中维持电位恒定，使阳极试样表面形成氧化薄膜，获得不同色彩，是一种常用的显示彩色组织的方法。（　　）

答案：√

依据：《火电厂金相检验与评定技术导则》DL/T 884—2004，条款号　4.4.1.2

194. 试题：将试样置于热处理炉中加热，在空气中氧化一定时间形成氧化薄膜，使组织着色的方法叫热氧化法。（　　）

答案：√

依据：《火电厂金相检验与评定技术导则》DL/T 884—2004，条款号　4.4.1.3

195. 试题：复型溶解剂一般应使用丙酮，当部件表面温度高于 60℃时，应使用乙醇。（　　）

答案：×

依据：《火电厂金相检验与评定技术导则》DL/T 884—2004，条款号　5.3.2.5

196. 试题：火电厂金相组织检验表面层去除时，必须彻底去除任何表面氧化和脱碳层，一般应磨去表面约 0.5mm 深度，露出金属基体。（　　）

答案：√

依据：《火电厂金相检验与评定技术导则》DL/T 884—2004，条款号　5.4.3

197. 试题：一般性金相组织检验只浸蚀一次，而用于状态检验和寿命评估时则至少应在不同浸蚀程度下进行 3 次浸蚀和复型。（　　）

答案：√

依据：《火电厂金相检验与评定技术导则》DL/T 884—2004，条款号　5.5.1

198. 试题：火电厂金相组织检验复型膜上，应无肉眼可看到的任何变色斑、折缝或气泡，以及划痕、油污、灰尘、表面变形等其他假象。（　　）

答案：√

依据：《火电厂金相检验与评定技术导则》DL/T 884—2004，条款号　5.5.7

199. 试题：火电厂金相组织检验复型膜在光学显微镜下，表面复型观察和照相使用的放大倍数一般为100X。（　　）

答案：×

依据：《火电厂金相检验与评定技术导则》DL/T 884—2004，条款号　6.1.1.1

200. 试题：看谱镜是直接用眼睛观测谱线强度，用于定性和定量分析的光谱分析仪器。（　　）

答案：×

依据：《电力设备金属光谱分析技术导则》DL/T 991—2006，条款号　3.4

201. 试题：电力设备金属构件合金成分半定量分析常采用看谱法和直读光谱法。（　　）

答案：√

依据：《电力设备金属光谱分析技术导则》DL/T 991—2006，条款号　3.7

202. 试题：标准物质简称标样或标钢，其成分和性能为质检机构所确认的一种参考物质。（　　）

答案：×

依据：《电力设备金属光谱分析技术导则》DL/T 991—2006，条款号　3.9

203. 试题：光谱分析人员应按相关标准的规定，取得电力行业理化检验人员光谱分析资格证，从事与该等级相应的分析工作，并承担相应的技术责任。（　　）

答案：√

依据：《电力设备金属光谱分析技术导则》DL/T 991—2006，条款号　5.1

204. 试题：电力设备金属光谱分析人员应无色盲，无色弱，矫正视力在4.8以上。（　　）

答案：√

依据：《电力设备金属光谱分析技术导则》DL/T 991—2006，条款号　5.3

205. 试题：对于有特殊要求的被检材料，应要求委托方预先确定好分析位置，以免分析前打磨或分析时引弧破坏被检材料的几何精度或特殊表层。（　　）

答案：√

依据：《电力设备金属光谱分析技术导则》DL/T 991—2006，条款号　6.1.5

206. 试题：在潮湿的环境或在金属容器内进行光谱分析，应有专人监护。（　　）
　　　答案：×
　　　依据：《电力设备金属光谱分析技术导则》DL/T 991—2006，条款号　6.1.6

207. 试题：分析铁基、镍基和钛基材料中硅元素时，分析面可以使用硅砂轮或硅磨料打磨处理。（　　）
　　　答案：×
　　　依据：《电力设备金属光谱分析技术导则》DL/T 991—2006，条款号　6.2.5

208. 试题：被检材料经加工处理后，分析面应露出金属光泽，肉眼检查不得有裂纹、疏松、腐蚀、氧化、油污等。（　　）
　　　答案：√
　　　依据：《电力设备金属光谱分析技术导则》DL/T 991—2006，条款号　6.2.8

209. 试题：现场看谱分析时，应先分析合金元素含量低的零部件以免因污染造成误判。（　　）
　　　答案：√
　　　依据：《电力设备金属光谱分析技术导则》DL/T 991—2006，条款号　6.4.5

210. 试题：可以用直读光谱分析法代替普通化学分析法对合金成分进行仲裁。（　　）
　　　答案：×
　　　依据：《电力设备金属光谱分析技术导则》DL/T 991—2006，条款号　6.4.5

211. 试题：严禁将放射性同位素、射线装置借给无辐射安全许可证的单位。（　　）
　　　答案：√
　　　依据：《电力建设安全工作规程　第 1 部分：火力发电》DL 5009.1—2014，条款号　6.4.1

212. 试题：准备参加射线检测工作的人员必须进行体格检查，有不适应症者不得参加此项工作。（　　）
　　　答案：√
　　　依据：《电力建设安全工作规程　第 1 部分：火力发电》DL 5009.1—2014，条款号　6.4

213. 试题：X 射线机必须有可靠的接地；连接或拆除电缆时，应先切断电源。（　　）
　　　答案：√
　　　依据：《电力建设安全工作规程　第 1 部分：火力发电》DL 5009.1—2014，条

款号 6.4.2

214. **试题**：射源掉落时，应立即上报，方可有组织地用仪器寻找。（   ）
   答案：×
   依据：《电力建设安全工作规程 第 1 部分：火力发电》DL 5009.1—2014，条款号
   6.4.2

215. **试题**：渗透检测作业时，应远离火源、热源且不小于 5m。（   ）
   答案：√
   依据：《电力建设安全工作规程 第 1 部分：火力发电》DL 5009.1—2014，条款号
   6.4.3

216. **试题**：金相组织试验用过的废液应经处理达标排放，严禁将未经处理的废液倒入
   下水道。（   ）
   答案：√
   依据：《电力建设安全工作规程 第 1 部分：火力发电》DL 5009.1—2014，条款号
   6.4.4

217. **试题**：工作人员在暗室内连续工作时间不宜超过 2h。（   ）
   答案：√
   依据：《电力建设安全工作规程 第 1 部分：火力发电》DL 5009.1—2014，条款号
   6.4.5

218. **试题**：雪天不得在露天进行光谱分析作业。（   ）
   答案：√
   依据：《电力建设安全工作规程 第 1 部分：火力发电》DL 5009.1—2014，条款号
   6.4.7

219. **试题**：锅炉的定期检验工作包括锅炉在运行状态下进行的外部检验、锅炉在停炉
   状态下进行的内部检验和水（耐）压试验。（   ）
   答案：√
   依据：《锅炉安全技术监察规程》TSG G0001—2012，条款号 9.4.1

220. **试题**：检验过程中发现的缺陷，按照报废更换的原则进行处理。（   ）
   答案：×
   依据：《锅炉安全技术监察规程》TSG G0001—2012，条款号 9.4.10

221. **试题**：压力容器制造单位从非材料生产单位取得压力容器用材料，应当对所取得
   的压力容器用材料及材料质量证明书的真实性和一致性负责。（   ）

答案：√

依据：《固定式压力容器安全技术监察规程》TSG R0004—2009，条款号　2.1

222.　试题：压力容器用不锈钢-钢复合钢板复合界面的结合抗拉强度不小于 210MPa。
（　　）

答案：×

依据：《固定式压力容器安全技术监察规程》TSG R0004—2009，条款号　2.8

223.　试题：TSG R0004—2009《固定式压力容器安全技术监察规程》规定压力容器受压
元件采用国外牌号的材料时，国外牌号材料的技术要求不得低于国内相近牌号材
料的技术要求。（　　）

答案：√

依据：《固定式压力容器安全技术监察规程》TSG R0004—2009，条款号　2.9.1

224.　试题：公称厚度 T 是受检工件名义厚度，不考虑材料制造偏差和加工减薄。（　　）

答案：√

依据：《承压设备无损检测　第 1 部分：通用要求》JB/T 4730.1—2005，条款号　3.1

225.　试题：透照厚度 W 是指射线透照方向上材料的公称厚度加焊缝余高。（　　）

答案：×

依据：《承压设备无损检测　第 1 部分：通用要求》JB/T 4730.1—2005，条款号　3.2

226.　试题：工件至胶片距离 b 是沿射线束中心测定的工件受检部位胶片侧表面与胶片
之间的距离。（　　）

答案：×

依据：《承压设备无损检测　第 1 部分：通用要求》JB/T 4730.1—2005，条款号　3.3

227.　试题：射线源至工件距离 f 是沿射线束中心测定的工件受检部位射线源与受检工件
近源侧表面之间的距离。（　　）

答案：√

依据：《承压设备无损检测　第 1 部分：通用要求》JB/T 4730.1—2005，条款号　3.4

228.　试题：焦距 F 是沿射线束中心测定的射线源与胶片之间的距离。（　　）

答案：√

依据：《承压设备无损检测　第 1 部分：通用要求》JB/T 4730.1—2005，条款号　3.5

229.　试题：长宽比不大于 3 的气孔、夹渣和夹钨等缺陷称为圆形缺陷。（　　）

答案：√

依据：《承压设备无损检测　第 1 部分：通用要求》JB/T 4730.1—2005，条款号　3.8

230. **试题**：条形缺陷是指长、宽比大于或等于 3 的气孔、夹渣、夹钨和夹铜等缺陷。
（　　）
答案：×
依据：《承压设备无损检测　第 1 部分：通用要求》JB/T 4730.1—2005，条款号　3.9

231. **试题**：透照厚度比 K 是一次透照长度范围内射线束穿过母材的最大厚度与最小厚度之比。（　　）
答案：√
依据：《承压设备无损检测　第 1 部分：通用要求》JB/T 4730.1—2005，条款号　3.10

232. **试题**：小径管是指内直径 D_0 小于或等于 100mm 的管子。（　　）
答案：×
依据：《承压设备无损检测　第 1 部分：通用要求》JB/T 4730.1—2005，条款号　3.11

233. **试题**：缺陷评定区是在质量分级评定时，为评价缺陷数量和密集程度而设置的一定尺寸区域，可以是正方形或长方形。（　　）
答案：√
依据：《承压设备无损检测　第 1 部分：通用要求》JB/T 4730.1—2005，条款号　3.13

234. **试题**：超声对比试块是用于超声仪器探头系统性能校准的试块。（　　）
答案：×
依据：《承压设备无损检测　第 1 部分：通用要求》JB/T 4730.1—2005，条款号　3.15

235. **试题**：密集区缺陷 a 是在荧光屏扫描线相当于 50mm 声程范围内同时有 5 个或 5 个以上的缺陷反射信号。（　　）
答案：√
依据：《承压设备无损检测　第 1 部分：通用要求》JB/T 4730.1—2005，条款号　3.16

236. **试题**：基准灵敏度一般是指记录灵敏度，它通常用于缺陷的定量和缺陷的等级评定。（　　）
答案：√
依据：《承压设备无损检测　第 1 部分：通用要求》JB/T 4730.1—2005，条款号　3.18

237. **试题**：由缺陷引起的底波降低量 B_G/B_F 是在靠近缺陷处的无缺陷完好区域内第一次底波幅度 B_G 与缺陷区域内的第一次底波幅度 B_F 之比。（　　）
答案：√
依据：《承压设备无损检测　第 1 部分：通用要求》JB/T 4730.1—2005，条款号　3.17

238. **试题**：超声基准灵敏度就是实际检测灵敏度。（　　）

答案：×

依据：《承压设备无损检测 第 1 部分：通用要求》JB/T 4730.1—2005，条款号 3.18

239. 试题：超声波在传播过程中，当波阵面通过缺陷时，波阵面会绕缺陷边缘弯曲，并呈圆心展衍，这种现象称为端点衍射。（　　　）

答案：√

依据：《承压设备无损检测 第 1 部分：通用要求》JB/T 4730.1—2005，条款号 3.21

240. 试题：磁粉检测时由裂纹、未熔合、气孔、夹渣等产生的漏磁场吸附磁粉形成的磁痕显示，称为相关显示。（　　　）

答案：√

依据：《承压设备无损检测 第 1 部分：通用要求》JB/T 4730.1—2005，条款号 3.24

241. 试题：磁粉检测中由磁路截面突变及材料磁导率差异等原因产生的漏磁场吸附磁粉形成的磁痕显示，称为伪显示，也叫假显示。（　　　）

答案：×

依据：《承压设备无损检测 第 1 部分：通用要求》JB/T 4730.1—2005，条款号 3.25

242. 试题：环境可见光是从工件表面测得的可见光照度。（　　　）

答案：×

依据：《承压设备无损检测 第 1 部分：通用要求》JB/T 4730.1—2005，条款号 3.29

243. 试题：由于渗透剂污染等所引起的渗透剂显示称为虚假显示。（　　　）

答案：√

依据：《承压设备无损检测 第 1 部分：通用要求》JB/T 4730.1—2005，条款号 3.31

244. 试题：磁饱和装置是指在被检工件上施加强磁场，使工件在被检测区域饱和磁化的装置。（　　　）

答案：√

依据：《承压设备无损检测 第 1 部分：通用要求》JB/T 4730.1—2005，条款号 3.35

245. 试题：远场涡流检测是一种穿透金属管壁的低频涡流检测技术。（　　　）

答案：√

依据：《承压设备无损检测 第 1 部分：通用要求》JB/T 4730.1—2005，条款号 3.36

246. 试题：当采用两种或两种以上的检测方法对承压设备的同一部位进行检测时，应以危险度大的方法和评定级别为准。（　　　）

答案：×

依据：《承压设备无损检测 第 1 部分：通用要求》JB/T 4730.1—2005，条款号 4.1.4

247. **试题：**采用同种检测方法按不同检测工艺进行检测时，如果检测结果不一致，应以危险度大的评定级别为准。（　　　）

　　答案：√

　　依据：《承压设备无损检测　第1部分：通用要求》JB/T 4730.1—2005，条款号　4.1.5

248. **试题：**X射线实时成像检测通常用于实时确定缺陷平面投影的位置、大小及缺陷的性质。（　　　）

　　答案：√

　　依据：《承压设备无损检测　第1部分：通用要求》JB/T 4730.1—2005，条款号　4.8.1

249. **试题：**射线检测适用于制作焊接接头的金属材料包括碳素钢、低合金钢、不锈钢、铜及铜合金、铝及铝合金、钛及钛合金、镍及镍合金。（　　　）

　　答案：√

　　依据：《承压设备无损检测　第2部分：射线检测》JB/T 4730.2—2005，条款号　1

250. **试题：**从事评片的人员应每2年检查一次视力。（　　　）

　　答案：×

　　依据：《承压设备无损检测　第2部分：射线检测》JB/T 4730.2—2005，条款号　3.1.2

251. **试题：**B级射线检测技术应采用T3类或更高类别的胶片。（　　　）

　　答案：×

　　依据：《承压设备无损检测　第2部分：射线检测》JB/T 4730.2—2005，条款号　3.2.2

252. **试题：**黑度计至少每6个月校验一次。（　　　）

　　答案：√

　　依据：《承压设备无损检测　第2部分：射线检测》JB/T 4730.2—2005，条款号　3.4.2

253. **试题：**焊接接头表面的不规则状态在底片上的影像不得掩盖或干扰缺陷影像，否则应对表面作适当修整。（　　　）

　　答案：√

　　依据：《承压设备无损检测　第2部分：射线检测》JB/T 4730.2—2005，条款号　3.7.1

254. **试题：**现场进行X射线检测时，检测工作人员携带剂量报警仪即可。（　　　）

　　答案：×

　　依据：《承压设备无损检测　第2部分：射线检测》JB/T 4730.2—2005，条款号　3.9.2

255. **试题：**应根据工件特点和技术条件的要求选择适宜的透照方式。在可以实施的情况下应选用单壁透照方式，在单壁透照不能实施时才允许采用双壁透照方式。（　　　）

答案：√

依据：《承压设备无损检测　第 2 部分：射线检测》JB/T 4730.2—2005，条款号　4.1.1

256. 试题：射线检测透照时射线束中心一般应垂直指向透照区中心，需要时也可选用有利于发现缺陷的方向透照。（　　）

答案：√

依据：《承压设备无损检测　第 2 部分：射线检测》JB/T 4730.2—2005，条款号　4.1.2

257. 试题：截面厚度变化大的承压设备，对钢、铜及铜合金材料，管电压增量可以超过 50kV。（　　）

答案：×

依据：《承压设备无损检测　第 2 部分：射线检测》JB/T 4730.2—2005，条款号　4.2.1

258. 试题：对使用中的曝光曲线，每年至少应校验一次。射线设备更换重要部件或经较大修理后应及时对曝光曲线进行校验或重新制作。（　　）

答案：√

依据：《承压设备无损检测　第 2 部分：射线检测》JB/T 4730.2—2005，条款号　4.5.3

259. 试题：暗盒背面贴附"B"铅字标记，若在底片上出现黑度高于周围背景黑度的"B"字影像，则说明背散射防护不够，应减少背散射防护铅板的厚度。（　　）

答案：×

依据：《承压设备无损检测　第 2 部分：射线检测》JB/T 4730.2—2005，条款号　4.6.2

260. 试题：透照部位的标记指识别标记。（　　）

答案：×

依据：《承压设备无损检测　第 2 部分：射线检测》JB/T 4730.2—2005，条款号　4.8.1

261. 试题：用 X 射线透照小径管或其他截面厚度变化大的工件时，AB 级最低黑度允许降至 1.5；B 级最低黑度可降至 2.0。（　　）

答案：√

依据：《承压设备无损检测　第 2 部分：射线检测》JB/T 4730.2—2005，条款号　4.11.2

262. 试题：底片评定范围内不应存在干扰缺陷影像识别的水迹、划痕、斑纹等伪缺陷影像。（　　）

答案：√

依据：《承压设备无损检测　第 2 部分：射线检测》JB/T 4730.2—2005，条款号　4.11.4

263. **试题：**钢、镍、铜制承压设备熔化焊对接焊接接头中的缺陷按性质可分为裂纹、未熔合、未焊透、夹渣、条形缺陷和圆形缺陷共六类。（　　）

　　答案：×

　　依据：《承压设备无损检测　第 2 部分：射线检测》JB/T 4730.2—2005，条款号　5.1.2

264. **试题：**钢、镍、铜制承压设备熔化焊对接焊接接头中，当各类缺陷评定的质量级别不同时，以质量最差的级别作为对接焊接接头的质量级别。（　　）

　　答案：√

　　依据：《承压设备无损检测　第 2 部分：射线检测》JB/T 4730.2—2005，条款号　5.1.4.4

265. **试题：**两个或两个以上条形缺陷处于同一直线上，且相邻缺陷的间距小于或等于较短缺陷长度时，应作为 1 个缺陷处理，且间距也应计入缺陷的长度之中。（　　）

　　答案：√

　　依据：《承压设备无损检测　第 2 部分：射线检测》JB/T 4730.2—2005，条款号　5.1.6

266. **试题：**综合评级时，对圆形缺陷和条形缺陷分别评定级别，将两者级别之和减一作为综合评级的质量级别。（　　）

　　答案：√

　　依据：《承压设备无损检测　第 2 部分：射线检测》JB/T 4730.2—2005，条款号　5.1.7.2

267. **试题：**铝制承压设备熔化焊对接焊接接头，Ⅰ级对接焊接接头内不允许存在裂纹、未熔合、未焊透和条形缺陷，可以有夹铜。（　　）

　　答案：×

　　依据：《承压设备无损检测　第 2 部分：射线检测》JB/T 4730.2—2005，条款号　5.2.4.1

268. **试题：**晶片面积一般不应大于 $500mm^2$，且任一边长原则上不大于 25mm。（　　）

　　答案：√

　　依据：《承压设备无损检测　第 3 部分：超声检测》JB/T 4730.3—2005，条款号　3.2.2.2.1

269. **试题：**仪器和探头的组合频率与公称频率误差不得大于±20%。（　　）

　　答案：×

　　依据：《承压设备无损检测　第 3 部分：超声检测》JB/T 4730.3—2005，条款号　3.2.2.3.2

270. **试题：**仪器和频率为 5MHz 的直探头组合时，始脉冲宽度（在基准灵敏度下）不

大于 10mm。（　　　）

答案：√

依据：《承压设备无损检测　第 3 部分：超声检测》JB/T 4730.3—2005，条款号 3.2.2.3.3

271. 试题：焊缝的表面质量不影响超声检测的质量。（　　　）

答案：×

依据：《承压设备无损检测　第 3 部分：超声检测》JB/T 4730.3—2005，条款号 3.3.1.3

272. 试题：探头的扫查速度不应超过 15mm/s。当采用自动报警装置扫查时，不受此限。（　　　）

答案：×

依据：《承压设备无损检测　第 3 部分：超声检测》JB/T 4730.3—2005，条款号 3.3.3

273. 试题：扫查灵敏度通常不得高于基准灵敏度。（　　　）

答案：×

依据：《承压设备无损检测　第 3 部分：超声检测》JB/T 4730.3—2005，条款号 3.3.4

274. 试题：每隔 3 个月至少对仪器的水平线性和垂直线性进行一次测定。（　　　）

答案：√

依据：《承压设备无损检测　第 3 部分：超声检测》JB/T 4730.3—2005，条款号 3.4.2

275. 试题：使用仪器-斜探头系统时，可不测定参数直接用于检测。（　　　）

答案：×

依据：《承压设备无损检测　第 3 部分：超声检测》JB/T 4730.3—2005，条款号 3.4.4.1

276. 试题：使用仪器-直探头系统时，不用测定始脉冲宽度、灵敏度余量和分辨力，调节或复核扫描量程和扫查灵敏度，即可检测。（　　　）

答案：×

依据：《承压设备无损检测　第 3 部分：超声检测》JB/T 4730.3—2005，条款号 3.4.4.2

277. 试题：每次超声检测结束前，应对基准灵敏度进行复核。如曲线上任何一点幅度下降 2dB，则应对上一次复核以来所有的检测部位进行复验。（　　　）

答案：×

依据：《承压设备无损检测　第 3 部分：超声检测》JB/T 4730.3—2005，条款号 3.4.6

278. **试题**：对比试块的外形尺寸应能代表被检工件的特征，试块厚度应与被检工件的厚度相对应。（　　）

答案：√

依据：《承压设备无损检测　第 3 部分：超声检测》JB/T 4730.3—2005，条款号 3.5.2.2

279. **试题**：承压设备用复合板超声检测主要用于复合板复合面结合状态的超声检测。（　　）

答案：√

依据：《承压设备无损检测　第 3 部分：超声检测》JB/T 4730.3—2005，条款号 4.4.1

280. **试题**：承压设备用钢螺栓坯件的超声检测适用于奥氏体钢螺栓坯件的超声检测。（　　）

答案：×

依据：《承压设备无损检测　第 3 部分：超声检测》JB/T 4730.3—2005，条款号 4.6.1

281. **试题**：钢制承压设备对接焊接接头超声检测缺陷评定中缺陷指示长度小于 10mm 时，按 5mm 计。（　　）

答案：√

依据：《承压设备无损检测　第 3 部分：超声检测》JB/T 4730.3—2005，条款号 5.1.8.2

282. **试题**：JB/T 4730.3—2005《承压设备无损检测　第 3 部分：超声检测》适用于承压设备用奥氏体不锈钢、镍合金等堆焊层内缺陷、堆焊层与母材未接合缺陷和堆焊层层下母材再热裂纹的超声检测及检测结果的质量分级。（　　）

答案：√

依据：《承压设备无损检测　第 3 部分：超声检测》JB/T 4730.3—2005，条款号 5.2.1

283. **试题**：在用承压设备对接焊接接头超声检测发现缺陷回波时，应对位于定量线及定量线以上的超标缺陷进行回波幅度、埋藏深度、指示长度、缺陷取向、缺陷位置和自身高度的测定，并对缺陷的类型和性质尽可能作出判定。（　　）

答案：√

依据：《承压设备无损检测　第 3 部分：超声检测》JB/T 4730.3—2005，条款号 7.3.1.1

284. **试题**：工件本身影响反射波幅的两个主要因素是材料的材质衰减和工件表面粗糙度及耦合状况造成的表面声能损失。（　　）

答案：√

依据：《承压设备无损检测　第 3 部分：超声检测》JB/T 4730.3—2005，条款号 F.1

285. 试题：承压设备超声检测的缺陷类型识别的一般方法宜采用一种或一种以上声束方向作多种扫查，包括前后、左右、转动和环绕扫查等，通过对各种超声信息综合评定来进行缺陷类型识别。（　　　）

答案：√

依据：《承压设备无损检测　第 3 部分：超声检测》JB/T 4730.3—2005，条款号　L.1.1

286. 试题：磁粉检测人员应 1 年检查 1 次视力，不得有色盲和色弱。（　　　）

答案：×

依据：《承压设备无损检测　第 4 部分：磁粉检测》JB/T 4730.4—2005，条款号　3.1

287. 试题：当使用磁轭最大间距时，交流电磁轭至少应有 177N 的提升力。（　　　）

答案：×

依据：《承压设备无损检测　第 4 部分：磁粉检测》JB/T 4730.4—2005，条款号　3.3.2

288. 试题：采用剩磁法时，交流探伤机应配备断电相位控制器。（　　　）

答案：√

依据：《承压设备无损检测　第 4 部分：磁粉检测》JB/T 4730.4—2005，条款号　3.3.3

289. 试题：UV-B 波长的黑光灯及黑光辐照计均属于辅助器材。（　　　）

答案：√

依据：《承压设备无损检测　第 4 部分：磁粉检测》JB/T 4730.4—2005，条款号　3.3.6

290. 试题：磁粉检测若以水为载体，应加入适当的防锈剂和表面活性剂，必要时添加防冻剂。（　　　）

答案：×

依据：《承压设备无损检测　第 4 部分：磁粉检测》JB/T 4730.4—2005，条款号　3.4.2

291. 试题：规定磁粉检测用油基载体闪点不低于 94℃，主要是考虑安全性问题。（　　　）

答案：√

依据：《承压设备无损检测　第 4 部分：磁粉检测》JB/T 4730.4—2005，条款号　3.4.2

292. 试题：磁粉检测湿法应采用水或各种油基载体作为分散媒介。（　　　）

答案：×

依据：《承压设备无损检测　第 4 部分：磁粉检测》JB/T 4730.4—2005，条款号　3.4.2

293. 试题：磁粉检测标准试片适用于连续法和剩磁法。（　　　）

答案：×

依据：《承压设备无损检测　第 4 部分：磁粉检测》JB/T 4730.4—2005，条款号　3.5.1.3

294. **试题**：磁粉检测标准试片表面有锈蚀、皱褶或磁特性发生改变时不得继续使用。（　　）

答案：√

依据：《承压设备无损检测　第 4 部分：磁粉检测》JB/T 4730.4—2005，条款号 3.5.1.3

295. **试题**：磁粉检测的磁化规范要求的交流磁化电流值为有效值，整流电流值为平均值。（　　）

答案：√

依据：《承压设备无损检测　第 4 部分：磁粉检测》JB/T 4730.4—2005，条款号 3.6.2

296. **试题**：磁粉检测用的辅助仪表，如黑光辐照计、照度计、磁场强度计、毫特斯拉计等，至少每年校验一次。（　　）

答案：√

依据：《承压设备无损检测　第 4 部分：磁粉检测》JB/T 4730.4—2005，条款号 3.9.7

297. **试题**：磁粉检测设备内部短路检查、电流载荷校验、通电时间校验等原则上每半年进行一次测定。（　　）

答案：×

依据：《承压设备无损检测　第 4 部分：磁粉检测》JB/T 4730.4—2005，条款号 3.9.8

298. **试题**：对正在使用的渗透剂进行外观检验，如发现有明显的混浊或沉淀物、变色或难以清洗，则应予以报废。（　　）

答案：√

依据：《承压设备无损检测　第 5 部分：渗透检测》JB/T 4730.5—2005，条款号 3.2.1.4

299. **试题**：被检渗透剂与基准渗透剂利用试块进行性能对比试验，当基准渗透剂显示缺陷的能力低于被检渗透剂时，应予报废。（　　）

答案：×

依据：《承压设备无损检测　第 5 部分：渗透检测》JB/T 4730.5—2005，条款号 3.2.1.5

300. **试题**：渗透检测剂包括渗透剂、乳化剂、清洗剂和显像剂。（　　）

答案：√

依据：《承压设备无损检测　第 5 部分：渗透检测》JB/T 4730.5—2005，条款号 3.2

301. **试题**：对干式显像剂应经常进行检查，如发现粉末凝聚、显著的残留荧光或性能低下时要废弃。（　　）

答案：√

依据：《承压设备无损检测　第 5 部分：渗透检测》JB/T 4730.5—2005，条款号
3.2.2.1

302. 试题：当使用的湿式显像剂出现混浊、变色或难以形成薄而均匀的显像层时，则
应予以报废。（　　　）

答案：√

依据：《承压设备无损检测　第 5 部分：渗透检测》JB/T 4730.5—2005，条款号
3.2.2.3

303. 试题：对于喷罐式渗透检测剂，其喷罐表面不得有锈蚀，喷罐不得出现泄漏。（　　　）

答案：√

依据：《承压设备无损检测　第 5 部分：渗透检测》JB/T 4730.5—2005，条款号　3.2.4

304. 试题：渗透检测剂必须具有良好的检测性能，对工件无腐蚀，对人体不得有毒害
作用。（　　　）

答案：×

依据：《承压设备无损检测　第 5 部分：渗透检测》JB/T 4730.5—2005，条款号　3.2.5

305. 试题：对于大工件的局部检测，宜采用ⅡC-d 或ⅠC-d。（　　　）

答案：√

依据：《承压设备无损检测　第 5 部分：渗透检测》JB/T 4730.5—2005，条款号
3.4.3.6

306. 试题：工件被检表面不得有影响渗透检测的铁锈、氧化皮、焊接飞溅、铁屑、毛
刺及各种防护层。（　　　）

答案：√

依据：《承压设备无损检测　第 5 部分：渗透检测》JB/T 4730.5—2005，条款号　5.1.1

307. 试题：检工件非机加工表面的粗糙度可适当放宽，但不得影响检验结果。（　　　）

答案：√

依据：《承压设备无损检测　第 5 部分：渗透检测》JB/T 4730.5—2005，条款号　5.1.2

308. 试题：表面准备应保证焊接接头表面粗糙度 $Ra \leqslant 12.5 \mu m$。（　　　）

答案：×

依据：《承压设备无损检测　第 5 部分：渗透检测》JB/T 4730.5—2005，条款号　5.1.2

309. 试题：局部检测时，准备工作范围应从检测部位四周向外扩展 25mm。（　　　）

答案：√

依据：《承压设备无损检测　第 5 部分：渗透检测》JB/T 4730.5—2005，条款号　5.1.3

310. 试题：清洗后，渗透检测的检测面上遗留的溶剂和水分等必须干燥，且应保证在施加渗透剂前不被污染。（　　）

　　答案：√

　　依据：《承压设备无损检测　第 5 部分：渗透检测》JB/T 4730.5—2005，条款号　5.2

311. 试题：渗透剂的施加方法应根据零件大小、形状、数量和环境温度选择。（　　）

　　答案：×

　　依据：《承压设备无损检测　第 5 部分：渗透检测》JB/T 4730.5—2005，条款号　5.3.1

312. 试题：在 10℃～50℃的温度条件下，渗透剂持续时间一般不应少于 10min。（　　）

　　答案：√

　　依据：《承压设备无损检测　第 5 部分：渗透检测》JB/T 4730.5—2005，条款号　5.3.2

313. 试题：渗透检测中溶剂去除型渗透剂用清洗剂去除时，不得往复擦拭，不得用清洗剂直接在被检面上冲洗。（　　）

　　答案：√

　　依据：《承压设备无损检测　第 5 部分：渗透检测》JB/T 4730.5—2005，条款号　5.3.3

314. 试题：在进行乳化处理前，应彻底去除被检工件表面所附着的残余渗透剂。（　　）

　　答案：×

　　依据：《承压设备无损检测　第 5 部分：渗透检测》JB/T 4730.5—2005，条款号　5.4.1

315. 试题：乳化处理时，若出现明显的过清洗，应将工件清洗并重新处理。（　　）

　　答案：√

　　依据：《承压设备无损检测　第 5 部分：渗透检测》JB/T 4730.5—2005，条款号　5.4.3

316. 试题：乳化时间一般应按生产厂的使用说明书和对比试验选取。（　　）

　　答案：√

　　依据：《承压设备无损检测　第 5 部分：渗透检测》JB/T 4730.5—2005，条款号　5.4.4

317. 试题：采用溶剂去除多余渗透剂时，可用热风进行干燥或进行自然干燥。（　　）

　　答案：×

　　依据：《承压设备无损检测　第 5 部分：渗透检测》JB/T 4730.5—2005，条款号　5.6.3

318. 试题：显像时间取决于显像剂种类、需要检测的缺陷大小及被检工件表面粗糙度。（　　）

　　答案：×

依据：《承压设备无损检测　第 5 部分：渗透检测》JB/T 4730.5—2005，条款号　5.7.8

319. 试题：渗透检测的工件检测完毕后应进行清洗，以去除对以后使用或对工件材料有害的残留物。（　　　）

答案：√

依据：《承压设备无损检测　第 5 部分：渗透检测》JB/T 4730.5—2005，条款号　5.10

320. 试题：检测单位可自行确定检测环境白光照度的具体测定周期。（　　　）

答案：√

依据：《承压设备无损检测　第 5 部分：渗透检测》JB/T 4730.5—2005，条款号　5.12.3

321. 试题：荧光亮度计和照度计应定期校验。（　　　）

答案：√

依据：《承压设备无损检测　第 5 部分：渗透检测》JB/T 4730.5—2005，条款号　5.12.4

322. 试题：涡流检测系统应能以适当频率的交变信号激励检测线圈，并能够感应和处理检测线圈对被检测对象电磁特性变化所产生的响应。（　　　）

答案：√

依据：《承压设备无损检测　第 6 部分：涡流检测》JB/T 4730.6—2005，条款号　3.1.2

323. 试题：涡流检测记录装置应能及时、准确记录检测仪器的输出信号。（　　　）

答案：√

依据：《承压设备无损检测　第 6 部分：涡流检测》JB/T 4730.6—2005，条款号　3.1.7

324. 试题：承压设备涡流检测的被检件表面应清洁、无毛刺，不应有影响实施涡流检测的粉尘及其他污物，特别是铁磁性粉屑；如不满足要求，应加以清除，清除时不应损坏被检件表面。（　　　）

答案：√

依据：《承压设备无损检测　第 6 部分：涡流检测》JB/T 4730.6—2005，条款号　3.3.1

325. 试题：涡流检测的被检件表面有非铁磁性粉尘及污物，不影响涡流检测。（　　　）

答案：×

依据：《承压设备无损检测　第 6 部分：涡流检测》JB/T 4730.6—2005，条款号　3.3.1

326. 试题：涡流检测实施场地温度和相对湿度应控制在仪器设备和被检件允许的范围内。（　　　）

答案：√

依据：《承压设备无损检测 第6部分：涡流检测》JB/T 4730.6—2005，条款号 3.4.1

327. 试题：涡流检测场地附近的强磁场，不影响仪器设备正常工作。（ ）
　　答案：×
　　依据：《承压设备无损检测 第6部分：涡流检测》JB/T 4730.6—2005，条款号 3.4.2

328. 试题：外径小于4mm的铁磁性钢管不适用于涡流检测。（ ）
　　答案：√
　　依据：《承压设备无损检测 第6部分：涡流检测》JB/T 4730.6—2005，条款号 4.1.2

329. 试题：涡流检测时，在靠近检测线圈的钢管表面上，其检测灵敏度最高，随着与检测线圈距离的增加，检测灵敏度逐渐降低。（ ）
　　答案：√
　　依据：《承压设备无损检测 第6部分：涡流检测》JB/T 4730.6—2005，条款号 4.2.1

330. 试题：在试样钢管中部加工3个通孔，对于焊接钢管至少应有1个孔在焊缝上，沿圆周方向相隔120°±5°对称分布，轴向间距不大于200mm。（ ）
　　答案：×
　　依据：《承压设备无损检测 第6部分：涡流检测》JB/T 4730.6—2005，条款号 4.3.2.1

331. 试题：按规定的验收水平调整灵敏度时，信噪比应不小于6dB。（ ）
　　答案：√
　　依据：《承压设备无损检测 第6部分：涡流检测》JB/T 4730.6—2005，条款号 4.5.2

332. 试题：铜及铜合金无缝管材检测，检测线圈内径应与被检管材外径相匹配，其填充系数大于或等于0.8。（ ）
　　答案：×
　　依据：《承压设备无损检测 第6部分：涡流检测》JB/T 4730.6—2005，条款号 5.2.3

333. 试题：涡流检测时，对铜镍合金管材，若有必要，可以使用磁饱和装置，使被检区域达到磁饱和。（ ）
　　答案：√
　　依据：《承压设备无损检测 第6部分：涡流检测》JB/T 4730.6—2005，条款号 5.2.7

334. 试题：远场涡流检测对比试样管可以用于缺陷特征分析。（ ）
　　答案：×
　　依据：《承压设备无损检测 第6部分：涡流检测》JB/T 4730.6—2005，条款号 6.3.5

335. **试题：** 在用铁磁性钢管采用远场涡流检测，推荐使用探头推拔器作辅助检测装置，但其不得对管子内壁造成损伤。（　　　）

答案： √

依据：《承压设备无损检测　第 6 部分：涡流检测》JB/T 4730.6—2005，条款号　6.5.2

336. **试题：** 用非铁磁性管涡流检测时探头最大拉出速度视所用仪器和选择的参数而定，一般不超过 10m/min。（　　　）

答案： ×

依据：《承压设备无损检测　第 6 部分：涡流检测》JB/T 4730.6—2005，条款号　7.5.2

337. **试题：** 工件检测部位应在草图上予以标明，如有因检测方法或几何形状限制而检测不到的部位，也应加以说明。（　　　）

答案： √

依据：《承压设备无损检测　第 6 部分：涡流检测》JB/T 4730.6—2005，条款号　9

三、单选题（下列试题中，只有 1 项是标准原文规定的正确答案，请将正确答案填在括号内）

1. **试题：** 根据 GB/T 2651—2008《焊接接头拉伸试验方法》，错误的说法是（　　　）。

A. 焊接接头或试样一般不进行热处理，但相关标准规定或允许被试验的焊接接头进行热处理除外，这时应在试验报告中详细记录热处理的参数

B. 对于会产生自然时效的铝合金，应记录焊接至开始试验的间隔时间

C. 钢铁类焊缝金属中有氢存在时，必定会对试验结果带来显著影响

答案： C

依据：《焊接接头拉伸试验方法》GB/T 2651—2008，条款号　5.3

2. **试题：** 下述钢的取样规定中错误的说法是（　　　）。

A. 厚度超过 8mm 时，不得采用剪切方法

B. 当采用热切割或可能影响切割面性能的其他切割方法从焊件或试件上截取试样时，应确保所有切割面距离试样的表面至少 8mm 以上

C. 平行于焊件或试件的原始表面的切割，可采用机械加工或热加工方法

答案： C

依据：《焊接接头拉伸试验方法》GB/T 2651—2008，条款号　5.4.2

3. **试题：** 根据 GB/T 2651—2008《焊接接头拉伸试验方法》，实心截面试样当需要机加工成圆柱形试样时，试样尺寸应依据 GB/T 228 要求，只是平行长度 L_c 应不小于（　　　）。

A. L_c+40mm　　　　　　　B. L_c+60mm　　　　　　　C. $L_c+100mm$

答案： B

依据：《焊接接头拉伸试验方法》GB/T 2651—2008，条款号　5.5.3.3

4. **试题：**焊接接头弯曲试验环境温度应为（　　　）。

　　A．20℃±5℃　　　　　　　B．22℃±2℃　　　　　　　C．23℃±5℃

　　答案： C

　　依据：《焊接接头弯曲试验方法》GB/T 2653—2008，条款号　3

5. **试题：**关于取样位置不符合规定的是（　　　）。

　　A．对于对接接头横向弯曲试验，应从产品或试件的焊接接头上横向截取试样

　　B．对于对接接头纵向弯曲试验，应从产品或试件的焊接接头上纵向截取试样

　　C．对于对接接头纵向弯曲试验，可以从产品或试件以外的焊接接头上截取试样

　　答案： C

　　依据：《焊接接头弯曲试验方法》GB/T 2653—2008，条款号　5.2

6. **试题：**对接接头侧弯试样宽度 b 应等于焊接接头处母材的厚度。试样厚度 t_s 至少应为（10±0.5）mm，而且试样宽度应（　　　）试样厚度的 1.5 倍。

　　A．小于　　　　　　　　　　B．小于或等于　　　　　　　C．大于或等于

　　答案： C

　　依据：《焊接接头弯曲试验方法》GB/T 2653—2008，条款号　5.6.2

7. **试题：**对接接头纵向弯曲试样宽度 b 应等于焊接接头处母材的厚度。如果试件厚度 t 大于 12mm，试样厚度 t_s 应为（12±0.5）mm，而且试样不应取自焊缝的（　　　）。

　　A．正面　　　　　　　　　　B．中间　　　　　　　　　　C．背面

　　答案： B

　　依据：《焊接接头弯曲试验方法》GB/T 2653—2008，条款号　5.6.3

8. **试题：**关于带堆焊层对接接头的侧弯试样下列说法错误的是（　　　）。

　　A．试样宽度 b 应等于基材厚度加上堆焊层的厚度。试样厚度 t_s 至少应为（10±0.5）mm，而且试样宽度应大于或等于试样厚度的 1.5 倍

　　B．当试验要求覆盖整个接头既要有对接接头又要有堆焊层且接头的厚度超过 30mm 时，可按标准要求截取几个试样

　　C．当试验的目的仅是检验堆焊层且试样的厚度超过 30mm 时，不需要对基材部分做试验

　　答案： B

　　依据：《焊接接头弯曲试验方法》GB/T 2653—2008，条款号　5.6.7

9. **试题：**关于横向正弯和背弯试样宽度要求下列说法错误的是（　　　）。

　　A．钢板试样宽度 b 应不小于 $1.5t_s$，最小为 20mm

　　B．管径≤50mm 时，管试样宽度 b 最小应为 $t+0.1D$（最小为 8mm）

　　C．管径＞50mm 时，管试样宽度 b 最小应为 $t+0.1D$（最小为 10mm，而最大为 40mm）

　　答案： C

依据：《焊接接头弯曲试验方法》GB/T 2653—2008，条款号 5.6.8.3

10. **试题**：焊接接头及堆焊金属硬度试验方法不适用于（ ）的硬度试验。

A．奥氏体不锈钢焊缝 B．铁素体钢焊缝 C．马氏体钢焊缝

答案：A

依据：《焊接接头及堆焊金属硬度试验方法》GB/T 2654—2008，条款号 1

11. **试题**：下述试样制备的规定中，错误的说法是（ ）。

A．试件横截面应通过机械切割获取，通常垂直于焊接接头

B．试样表面的制备过程应正确进行以保证硬度测量没有受到冶金因素的影响

C．被检测表面制备完成后不进行腐蚀，就能准确确定焊接接头不同区域的硬度测量位置

答案：C

依据：《焊接接头及堆焊金属硬度试验方法》GB/T 2654—2008，条款号 5

12. **试题**：GB/T 3323—2005《金属熔化焊焊接接头射线照相》规定：采用多胶片透照，且用两张底片重叠观察评定时，单张底片的黑度应不小于（ ）。

A．1.3 B．1.2 C．1.1

答案：A

依据：《金属熔化焊焊接接头射线照相》GB/T 3323—2005，条款号 6.8

13. **试题**：GB/T 3323—2005《金属熔化焊焊接接头射线照相》规定：下列管子（ ）可以采用椭圆透照法透照。

A．外径 D_0 大于 100mm 的管子

B．公称厚度 t 大于 8mm 的管子

C．焊缝宽度小于 $D_0/4$ 的管对接焊缝

答案：C

依据：《金属熔化焊焊接接头射线照相》GB/T 3323—2005，条款号 6.1.1.2

14. **试题**：依据 GB/T 11345—2013《焊缝无损检测 超声检测 技术、检测等级和评定》，关于仪器性能测试错误的说法是（ ）。

A．超声测试仪应定期进行性能测试

B．环境温度变化 5℃，信号的幅度变化不大于全屏高度的±2%，位置变化不大于全屏宽度的±1%

C．水平线性偏差不大于全屏宽度的±3%

答案：C

依据：《焊缝无损检测 超声检测 技术、检测等级和评定》GB/T 11345—2013，条款号 6.2.2

15. **试题：**依据 GB/T 11345—2013《焊缝无损检测 超声检测 技术、检测等级和评定》，关于仪器性能测试错误的说法是（　　　）。

A. 频率增加 1Hz，信号幅度变化不大于全屏高度的±2%，位置变化不大于全屏宽度的±1%

B. 垂直线性的测试值与理论值的偏差不大于±3%

C. 出具仪器性能报告的机构应是具有资质的，报告的有效期不宜大于 6 个月

答案：C

依据：《焊缝无损检测 超声检测 技术、检测等级和评定》GB/T 11345—2013，条款号 6.2.2

16. **试题：**依据 GB/T 11345—2013《焊缝无损检测 超声检测 技术、检测等级和评定》，关于系统性能测试错误的说法是（　　　）。

A. 至少在每次检测前，对超声检测系统工作性能进行测试

B. 用于缺欠定位的斜探头入射点的测试值与标称值的偏差不大于 2mm

C. 用于缺欠定位的斜探头折射点的测试值与标称值的偏差不大于±2%

答案：B

依据：《焊缝无损检测 超声检测 技术、检测等级和评定》GB/T 11345—2013，条款号 6.2.3

17. **试题：**GB/T 11345—2013《焊缝无损检测 超声检测 技术、检测等级和评定》规定：不可以作为耦合剂的是（　　　）。

A. 水　　　　　　　　B. 机油　　　　　　　　C. 王水

答案：C

依据：《焊缝无损检测 超声检测 技术、检测等级和评定》GB/T 11345—2013，条款号 6.3.5

18. **试题：**GB/T 11345—2013《焊缝无损检测 超声检测 技术、检测等级和评定》规定，下述探头移动区规定中错误的说法是（　　　）。

A. 探头移动区应足够宽，以保证声束能覆盖整个检测区域

B. 探头移动区表面应平滑，无焊接飞溅、铁屑、油垢及其他外部杂质。探头移动区表面的不平整度，不应引起探头和工件的接触间隙超过 1mm

C. 当焊缝表面局部变形导致探头与焊缝的间隙大于 1mm，可在受影响位置用其他角度探头进行补充扫查。如果该扫查能弥补未扫查到的检测区域，此局部变形是允许的

答案：B

依据：《焊缝无损检测 超声检测 技术、检测等级和评定》GB/T 11345—2013，条款号 8

19. **试题：**金属里氏硬度试验方法是用规定质量的冲击体在弹力作用下以一定速度冲击

试样表面，用冲头在距试样表面 1mm 处的（　　　）与冲击速度的比值计算硬度值。

A．球重量　　　　　　　　B．重力加速度　　　　　　　C．回弹速度

答案：C

依据：《金属里氏硬度试验方法》GB/T 17394—1998，条款号　3

20. 试题：符号"HLDC"表示（　　　）。

A．用 D 型冲击装置测定的里氏硬度

B．用 C 型冲击装置测定的里氏硬度

C．用 DC 型冲击装置测定的里氏硬度

答案：C

依据：《金属里氏硬度试验方法》GB/T 17394—1998，条款号　4

21. 试题：用于 D 型冲击装置检测的试样，稳定放置时其质量应（　　　）。

A．＞1.5kg　　　　　　　　B．＞5kg　　　　　　　　　C．＞3kg

答案：B

依据：《金属里氏硬度试验方法》GB/T 17394—1998，条款号　5.4

22. 试题：用于 D 型冲击装置检测的试样在固定或夹持情况下，其质量应为（　　　）。

A．0.5kg～1.5kg　　　　　B．2kg～5kg　　　　　　　C．5kg～15kg

答案：B

依据：《金属里氏硬度试验方法》GB/T 17394—1998，条款号　5.4

23. 试题：用于 D 型冲击装置检测的试样，其厚度不低于（　　　）。

A．1mm　　　　　　　　　B．5mm　　　　　　　　　C．3mm

答案：B

依据：《金属里氏硬度试验方法》GB/T 17394—1998，条款号　5.5

24. 试题：用于 D 型冲击装置检测具有表面硬化层的试样，硬化层深度应（　　　）。

A．≥0.2mm　　　　　　　B．≤0.2mm　　　　　　　C．≥0.8mm

答案：C

依据：《金属里氏硬度试验方法》GB/T 17394—1998，条款号　5.6

25. 试题：用于 D 型冲击装置检测有凹、凸圆柱面及球面的试样，其表面曲率半径应（　　　）。

A．≥30mm　　　　　　　B．≥20mm　　　　　　　C．≥10mm

答案：A

依据：《金属里氏硬度试验方法》GB/T 17394—1998，条款号　5.7

26. 试题：GB/T 17394—1998《金属里氏硬度试验方法》规定，试样的每个测量部位一

般进行（　　）次试验。

A．1　　　　　　　　　　B．2　　　　　　　　　　C．5

答案：C

依据：《金属里氏硬度试验方法》GB/T 17394—1998，条款号　7.6

27. 试题：采用 D 型冲击装置对试样进行试验，任意两压痕中心之间距离不小于（　　）。

A．2mm　　　　　　　　B．3mm　　　　　　　　C．2.5mm

答案：B

依据：《金属里氏硬度试验方法》GB/T 17394—1998，条款号　7.7

28. 试题：采用 D 型冲击装置对试样进行试验，任一压痕中心距试样边缘距离不小于（　　）。

A．4mm　　　　　　　　B．5mm　　　　　　　　C．3mm

答案：B

依据：《金属里氏硬度试验方法》GB/T 17394—1998，条款号　7.7

29. 试题：不借助于目视辅助器材，用眼睛进行检测的目视检测技术，是（　　）。

A．直接目视检测　　　　B．间接目视检测　　　　C．透光目视检测

答案：A

依据：《承压设备无损检测　第 7 部分：目视检测》NB/T 47013.7—2012，条款号　3.2

30. 试题：借助于放大镜，用眼睛进行检测的目视检测技术，称为（　　）。

A．直接目视检测　　　　B．间接目视检测　　　　C．表面观察

答案：A

依据：《承压设备无损检测　第 7 部分：目视检测》NB/T 47013.7—2012，条款号　3.2

31. 试题：借助于望远镜进行检测的目视检测技术，称为（　　）。

A．直接目视检测　　　　B．间接目视检测　　　　C．透光目视检测

答案：B

依据：《承压设备无损检测　第 7 部分：目视检测》NB/T 47013.7—2012，条款号　3.3

32. 试题：借助于内窥镜进行检测的目视检测技术，称为（　　）。

A．直接目视检测　　　　B．间接目视检测　　　　C．透光目视检测

答案：B

依据：《承压设备无损检测　第 7 部分：目视检测》NB/T 47013.7—2012，条款号　3.3

33. 试题：借助于视频系统进行检测的目视检测技术，称为（　　）。

A．直接目视检测　　　　B．间接目视检测　　　　C．透光目视检测

答案：B

依据：《承压设备无损检测　第 7 部分：目视检测》NB/T 47013.7—2012，条款号　3.3

34. 试题：借助于照相机进行检测的目视检测技术，称为（　　　）。

　　A．直接目视检测　　　　　　B．间接目视检测　　　　　　C．透光目视检测

　　答案：B

　　依据：《承压设备无损检测　第 7 部分：目视检测》NB/T 47013.7—2012，条款号　3.3

35. 试题：借助于人工照明，观察透光层叠材料厚度变化的目视检测技术，称为（　　　）。

　　A．直接目视检测　　　　　　B．间接目视检测　　　　　　C．透光目视检测

　　答案：C

　　依据：《承压设备无损检测　第 7 部分：目视检测》NB/T 47013.7—2012，条款号　3.4

36. 试题：通过将被检件内部直接用气体加压，在被检件外部直接施加检测溶液或将被检件直接浸入溶液的方法，使泄漏气体通过液体时形成气泡，从而确定被检件是否泄漏及漏孔的位置，是（　　　）泄漏检测技术。

　　A．直接加压　　　　　　　　B．真空罩　　　　　　　　　C．压力变化

　　答案：A

　　依据：《承压设备无损检测　第 8 部分：泄漏检测》NB/T 47013.8—2012，条款号　A.1

37. 试题：下列泄漏检测技术中哪种是定量测量方法。（　　　）

　　A．直接加压技术　　　　　　B．真空罩技术　　　　　　　C．护罩技术

　　答案：C

　　依据：《承压设备无损检测　第 8 部分：泄漏检测》NB/T 47013.8—2012，条款号　F.1

38. 试题：下列泄漏检测技术中（　　　）不能用于定量测量。

　　A．压力变化泄漏检测技术

　　B．真空罩泄漏检测技术

　　C．护罩泄漏检测技术

　　答案：B

　　依据：《承压设备无损检测　第 8 部分：泄漏检测》NB/T 47013.8—2012，条款号　B.2

39. 试题：测定密封承压设备部件或系统在特定的压力或真空条件下的泄漏率的方法，是（　　　）泄漏检测技术。

　　A．压力变化泄漏检测技术

　　B．真空罩泄漏检测技术

　　C．护罩泄漏检测技术

　　答案：A

　　依据：《承压设备无损检测　第 8 部分：泄漏检测》NB/T 47013.8—2012，条款号　I.1

40. **试题：**下列关于金属监督的目的，错误的说法是（　　）。

A．通过对受监部件的检验和诊断，提供设计数据

B．及时了解并掌握设备金属部件的质量状况

C．防止材料因素而引起的各类事故

答案：A

依据：《火力发电厂金属技术监督规程》DL/T 438—2009，条款号　3.1

41. **试题：**管件是指构成管道系统的零部件的通称，不包括（　　）。

A．三通　　　　　　　　　B．弯管　　　　　　　　　C．支吊架

答案：C

依据：《火力发电厂金属技术监督规程》DL/T 438—2009，条款号　4.1

42. **试题：**受监的钢材、钢管、备品和配件，应按质量保证书进行质量验收。质量保证书中一般不包括（　　）。

A．材料牌号、炉批号、化学成分

B．热加工工艺

C．厂家资质证明

答案：C

依据：《火力发电厂金属技术监督规程》DL/T 438—2009，条款号　5.2

43. **试题：**凡是受监范围的合金钢材料及部件，在制造、安装或检修中更换时，应验证其材料牌号，防止错用。安装前应进行（　　）检验，确认材料无误，方可投入运行。

A．无损　　　　　　　　　B．金相组织　　　　　　　C．光谱

答案：C

依据：《火力发电厂金属技术监督规程》DL/T 438—2009，条款号　5.3

44. **试题：**对进口钢材、钢管和备品、配件等，进口单位应在（　　）内，按合同规定进行质量验收。

A．质量保证期　　　　　　B．索赔期　　　　　　　　C．到货后 3 个月

答案：B

依据：《火力发电厂金属技术监督规程》DL/T 438—2009，条款号　5.5

45. **试题：**关于材料代用原则错误的说法是（　　）。

A．采用代用材料时，应持慎重态度，要有充分的技术依据，原则上应选择成分、性能略优者

B．代用材料壁厚偏薄时，应进行强度校核，应保证在使用条件下各项性能指标均不低于设计要求

C．修造、安装（含工厂化配管）中使用代用材料时，取得设计单位或金属技术监督专责工程师的认可即可代用

答案：C

依据：《火力发电厂金属技术监督规程》DL/T 438—2009，条款号　5.6

46. 试题：受监督的管道在工厂化配管前应进行的检验，错误的说法是（　　）。
    A．对合金钢管按同规格根数的 10%进行金相组织检验，每炉批至少抽查 1 根
    B．合金钢管按同规格根数的 25%进行硬度检验，每炉批至少抽查 1 根
    C．100%进行外观质量检验
    答案：B

依据：《火力发电厂金属技术监督规程》DL/T 438—2009，条款号　7.1.3

47. 试题：受监督的弯头/弯管在工厂化配管前进行检验的规定，错误的说法是（　　）。
    A．对合金钢弯头/弯管 100%进行硬度检验，至少在外弧侧顶点和侧弧中间位置测 3 点
    B．弯头/弯管的外弧面按 50%进行探伤抽查
    C．100%进行外观质量检验
    答案：B

依据：《火力发电厂金属技术监督规程》DL/T 438—2009，条款号　7.1.4

48. 试题：安装前，安装单位应对合金钢管、合金钢制管件（　　）进行光谱检验。
    A．10%　　　　　　　　B．50%　　　　　　　　C．100%
    答案：C

依据：《火力发电厂金属技术监督规程》DL/T 438—2009，条款号　7.1.15

49. 试题：安装前，安装单位应对合金钢管、合金钢制管件按管段、管件数量的（　　）进行硬度检验。
    A．10%　　　　　　　　B．20%　　　　　　　　C．100%
    答案：B

依据：《火力发电厂金属技术监督规程》DL/T 438—2009，条款号　7.1.15

50. 试题：安装前，安装单位应对合金钢管、合金钢制管件按管段、管件数量的（　　）进行金相组织检验。
    A．10%　　　　　　　　B．20%　　　　　　　　C．100%
    答案：A

依据：《火力发电厂金属技术监督规程》DL/T 438—2009，条款号　7.1.15

51. 试题：管件硬度低于标准的规定值，重新正火＋回火处理不得超过（　　）次。
    A．1　　　　　　　　　B．2　　　　　　　　　C．3
    答案：B

依据：《火力发电厂金属技术监督规程》DL/T 438—2009，条款号　7.1.6

52. **试题：**下列关于主蒸汽管道、高温再热蒸汽管及吊架保护层，错误的说法是（ ）。

A．主蒸汽管道、高温再热蒸汽管道露天布置的部分，应加包金属薄板保护层

B．主蒸汽管道、高温再热蒸汽管道与油管平行、交叉和可能滴水的部分，应加包金属薄板保护层

C．已经投产的露天布置的主蒸汽管道和高温再热蒸汽管道，可以不加包金属薄板保护层

答案：C

依据：《火力发电厂金属技术监督规程》DL/T 438—2009，条款号 7.1.23

53. **试题：**弯头/弯管发现下列情况时，应及时处理或更换，错误的说法是（ ）。

A．产生蠕变裂纹或严重的蠕变损伤（蠕变损伤4级及以上）时

B．碳钢、钼钢弯头焊接接头石墨化达4级时

C．相对于初始椭圆度，复圆30%

答案：C

依据：《火力发电厂金属技术监督规程》DL/T 438—2009，条款号 7.2.1.5

54. **试题：**下列不属于9%Cr～12%Cr系列钢是（ ）。

A．P91   B．10CrMo910   C．TP347HFG

答案：B

依据：《火力发电厂金属技术监督规程》DL/T 438—2009，条款号 7.3.1

55. **试题：**9%Cr～12%Cr系列钢制管道的检验监督，用金相显微镜在100倍下检查δ铁素体含量，取10个视场的平均值，（ ）金相组织中的δ铁素体含量不超过5%。

A．横向面   B．纵向面   C．断面

答案：B

依据：《火力发电厂金属技术监督规程》DL/T 438—2009，条款号 7.3.4

56. **试题：**热推、热压和锻造管件的硬度应均匀，且控制在175HB～250HB，同一管件上（ ）的硬度差不应大于50HB。

A．内外壁   B．任意两点之间   C．两端

答案：B

依据：《火力发电厂金属技术监督规程》DL/T 438—2009，条款号 7.3.5

57. **试题：**热推、热压和锻造管件纵截面金相组织中的δ-铁素体含量不超过（ ）。

A．5%   B．10%   C．20%

答案：A

依据：《火力发电厂金属技术监督规程》DL/T 438—2009，条款号 7.3.5

58. **试题：**9%Cr～12%Cr系列钢制管道的检验监督，硬度检验部位包括焊缝和近缝区

的母材，同一部位至少测量（　　）点。

A．1　　　　　　　　　B．2　　　　　　　　　C．3

答案：C

依据：《火力发电厂金属技术监督规程》DL/T 438—2009，条款号　7.3.7

59．**试题**：9%Cr～12%Cr 系列钢制管道的检验监督，对于公称直径大于 150mm 或壁厚大于 20mm 的管道，（　　）进行焊缝的金相组织检验。

A．10%　　　　　　　　B．20%　　　　　　　　C．50%

答案：A

依据：《火力发电厂金属技术监督规程》DL/T 438—2009，条款号　7.3.9

60．**试题**：关于联箱保温层错误的说法是（　　）。

A．更换的保温材料不能对管道金属有腐蚀作用

B．运行中严防水、油渗入联箱保温层

C．经监理同意，可以在联箱筒体上焊接保温拉钩

答案：C

依据：《火力发电厂金属技术监督规程》DL/T 438—2009，条款号　8.1.6

61．**试题**：安装单位应提供与实际联箱相对应的资料中，错误的选项是（　　）。

A．厂家制造焊缝坡口形式、焊接及热处理工艺和各项检验结果

B．筒体的外观、壁厚、金相组织及硬度检验结果

C．安装过程中异常情况及处理记录

答案：A

依据：《火力发电厂金属技术监督规程》DL/T 438—2009，条款号　8.1.7

62．**试题**：受热面管子安装前，首先应根据（　　）进行全面清点。

A．图纸和装箱单　　　　B．业主和监理要求　　　　C．供货清单

答案：A

依据：《火力发电厂金属技术监督规程》DL/T 438—2009，条款号　9.1.2

63．**试题**：超临界、超超临界压力锅炉受热面管的焊缝，在 100%无损探伤中至少包括（　　）的射线探伤。

A．10%　　　　　　　　B．20%　　　　　　　　C．50%

答案：C

依据：《火力发电厂金属技术监督规程》DL/T 438—2009，条款号　9.1.5

64．**试题**：定受热面管子更换时，在焊缝外观检查合格后对焊缝进行（　　）的射线或超声波探伤，并做好记录。

A．10%　　　　　　　　B．50%　　　　　　　　C．100%

答案：C

依据：《火力发电厂金属技术监督规程》DL/T 438—2009，条款号 9.3.13

65. 试题：对汽包安装前应进行的检验，错误的说法是（   ）。

A．对母材和焊缝内外表面进行 100%宏观检验，重点检验焊缝的外观质量

B．对合金钢制汽包的每块钢板、每个管接头进行光谱检验

C．对筒体、纵环焊缝及热影响区进行硬度抽查；若发现硬度异常，应进行光谱检验

答案：C

依据：《火力发电厂金属技术监督规程》DL/T 438—2009，条款号 10.1.3

66. 试题：国外引进的锅炉可按（   ）规定的汽包疲劳寿命计算方法进行。

A．国内标准　　　　　B．国际标准　　　　　C．生产国

答案：C

依据：《火力发电厂金属技术监督规程》DL/T 438—2009，条款号 10.2.4

67. 试题：机组首次检验应对主给水管道阀门后的管段和第一个（   ）进行检验。

A．焊缝　　　　　　　B．弯头　　　　　　　C．三通

答案：B

依据：《火力发电厂金属技术监督规程》DL/T 438—2009，条款号 11.2.1

68. 试题：对汽轮机转子大轴、叶轮、叶片、喷嘴、隔板和隔板套等部件的出厂资料审查时，发现下列情况不得施工：（   ）。

A．制造商提供的部件质量证明书有关技术指标符合现行国家或行业技术标准

B．对进口锻件，虽然符合有关国家的技术标准和合同规定的技术条件，但无商检合格证明单

C．汽轮机转子大轴技术指标中无损探伤有表面缺陷，但已经修复

答案：B

依据：《火力发电厂金属技术监督规程》DL/T 438—2009，条款号 12.1.1

69. 试题：发电机转子大轴、护环等部件的出厂资料审查，发现（   ）情况不得施工。

A．制造商提供的部件质量证明书有关技术指标符合现行国家或行业技术标准

B．对进口锻件，虽然符合有关国家的技术标准和合同规定的技术条件，但无商检合格证明单

C．发电机转子大轴技术指标中无损探伤有表面缺陷，但已经修复

答案：B

依据：《火力发电厂金属技术监督规程》DL/T 438—2009，条款号 12.1.1

70. 试题：汽轮机安装前对汽轮机转子的硬度检验，错误的说法是（   ）。

A. 圆周不少于 4 个截面，且应包括转子两个端面，高中压转子有一个截面应选在调速级轮盘侧面

B. 每一截面周向间隔 90°进行硬度检验

C. 同一圆周线上的硬度值偏差不应超过 40HB

答案：C

依据：《火力发电厂金属技术监督规程》DL/T 438—2009，条款号　12.1.2

71. 试题：发电机转子安装前对大轴硬度检验，错误的说法是（　　）。

A. 圆周不少于 4 个截面且应包括转子两个端面

B. 每一截面周向间隔 90°进行硬度检验

C. 同一圆周线上的硬度值偏差不应超过 40HB

答案：C

依据：《火力发电厂金属技术监督规程》DL/T 438—2009，条款号　13.1.2

72. 试题：汽轮机/发电机大轴连接螺栓安装前可不进行（　　）检测。

A. 光谱检验　　　　　　　　B. 硬度检验　　　　　　　　C. 射线检验

答案：C

依据：《火力发电厂金属技术监督规程》DL/T 438—2009，条款号　14.3

73. 试题：大型铸件如汽缸、汽室、主汽门、调速汽门、平衡环、阀门等部件的出厂资料审查，发现下列（　　）情况不得施工。

A. 制造商提供的部件质量证明书有关技术指标符合现行国家或行业技术标准

B. 对进口部件，符合有关国家的技术标准和合同规定的技术条件

C. 铸钢件冒口与铸件的相接处超声波检测发现细微裂纹未修复

答案：C

依据：《火力发电厂金属技术监督规程》DL/T 438—2009，条款号　15.1.1

74. 试题：各火力发电厂、电力建设公司、电力修造企业应（　　）召开金属监督工作会，交流本企业金属技术监督的情况、总结经验，宣贯有关金属监督的标准、规程等。

A. 每一年　　　　　　　　　B. 每三年　　　　　　　　　C. 不定期

答案：C

依据：《火力发电厂金属技术监督规程》DL/T 438—2009，条款号　16.3

75. 试题：下列不属于火力发电厂金属技术监督专责（或兼职）工程师职责的是（　　）。

A. 审定机组安装前、安装过程和检修中中金属技术监督检验项目

B. 参加有关金属技术监督部件的事故调查以及反事故措施的制订

C. 检验控制机组安装过程中的材料质量，防止错材、不合格的钢材和部件的使用

答案：C

依据：《火力发电厂金属技术监督规程》DL/T 438—2009，条款号　附录 A

76. 试题：为防止长期运行后因螺栓氧化而发生螺栓和螺母咬死现象，螺栓材料应具有良好的（　　）性能。

A．机械性能　　　　　　　　B．抗高温性能　　　　　　C．抗氧化性能

答案：C

依据：《火力发电厂高温紧固件技术导则》DL/T 439—2006，条款号　3.4

77. 试题：对大于 M32 的螺栓应按 DL/T 884 进行金相组织抽验，每种材料、规格的螺栓抽检数量不应少于一件，检查部位不可在螺栓（　　）处。

A．螺纹　　　　　　　　　　B．光杆　　　　　　　　　C．端面

答案：A

依据：《火力发电厂高温紧固件技术导则》DL/T 439—2006，条款号　4.1.9

78. 试题：M32 规格及以上螺栓应按相关标准进行（　　）硬度检验。

A．20%　　　　　　　　　　B．50%　　　　　　　　　C．100%

答案：C

依据：《火力发电厂高温紧固件技术导则》DL/T 439—2006，条款号　4.1.8

79. 试题：抽取高压内缸每种规格、每种材料的（　　）螺栓作为蠕变监督螺栓。

A．20%　　　　　　　　　　B．15%　　　　　　　　　C．10%

答案：A

依据：《火力发电厂高温紧固件技术导则》DL/T 439—2006，条款号　4.1.13

80. 试题：关于螺栓加热错误的说法是（　　）。

A．加热螺栓中心孔时应均匀，不应产生局部超温

B．中心孔壁的温度不应超过该螺栓的最高使用温度

C．螺栓应直接加热螺栓的螺纹和螺母部分，不应加热螺杆

答案：C

依据：《火力发电厂高温紧固件技术导则》DL/T 439—2006，条款号　5.2.2.4

81. 试题：承受动、静载荷或对焊缝强度要求较高的焊接钢结构件适用于（　　）检验。

A．A 级　　　　　　　　　　B．AB 级　　　　　　　　C．B 级

答案：A

依据：《钢熔化焊 T 形接头和角接接头焊缝射线照相和质量分级》DL/T 541—2014，
　　条款号　4

82. 试题：承压管道管座焊缝或承受交变载荷、工况条件恶劣、破坏后可能引起重大灾害事故的焊接钢结构件适用于（　　）检验。

A. A 级   B. AB 级   C. B 级

答案：C

依据：《钢熔化焊 T 形接头和角接接头焊缝射线照相和质量分级》DL/T 541—2014，条款号 4

83. 试题：当 A 级灵敏度不能满足检验测要求时，应采用（   ）透照技术。

A. AB 级   B. B 级   C. C 级

答案：B

依据：《钢熔化焊 T 形接头和角接接头焊缝射线照相和质量分级》DL/T 541—2014，条款号 4

84. 试题：T 形接头和角接接头焊缝射线透照被检区域内厚度变化较大的工件时，可使用稍高的管电压，管电压提高不应超过（   ）。

A. 20kV   B. 30kV   C. 50kV

答案：C

依据：《钢熔化焊 T 形接头和角接接头焊缝射线照相和质量分级》DL/T 541—2014，条款号 7.3.1.2

85. 试题：DL/T 541—2014《钢熔化焊 T 形接头和角接接头焊缝射线照相和质量分级》中，有关底片评定错误的说法是（   ）。

A. 底片的评定应在光线的较亮的室内进行

B. 观片灯的亮度应可调，应有遮光板遮挡非评定区

C. 观片灯的亮度应能保证底片透过光的亮度不低于 $30cd/m^2$

答案：A

依据：《钢熔化焊 T 形接头和角接接头焊缝射线照相和质量分级》DL/T 541—2014，条款号 7.11

86. 试题：使用仪器—斜探头系统，检测前应测定（   ）。

A. 始脉冲宽度   B. 主声束偏离   C. 有效波束宽度

答案：B

依据：《钢熔化焊 T 形接头超声波检测方法和质量评定》DL/T 542—2014，条款号 4.4.1

87. 试题：使用仪器—单晶片直探头系统，检测前应测定（   ）。

A. 前沿距离   B. 主声束偏离   C. 灵敏度余量和分辨力

答案：C

依据：《钢熔化焊 T 形接头超声波检测方法和质量评定》DL/T 542—2014，条款号 4.4.2

88. 试题：仪器的水平线性和垂直线性的校验周期为（　　　）。

A．1个月　　　　　　　　　B．3个月　　　　　　　　C．6个月

答案：B

依据：《钢熔化焊 T 形接头超声波检测方法和质量评定》DL/T 542—2014，条款号 4.5.1

89. 试题：适用于承受重复载荷和对焊缝强度要求较高的焊接钢结构件的检测等级为（　　　）检测。

A．A 级　　　　　　　　　　B．B 级　　　　　　　　C．C 级

答案：B

依据：《钢熔化焊 T 形接头超声波检测方法和质量评定》DL/T 542—2014，条款号 6.1.2

90. 试题：适用于承受交变荷载、工况条件恶劣、因破坏能引起重大灾害事故的焊接结构件的检测等级为（　　　）检测。

A．A 级　　　　　　　　　　B．B 级　　　　　　　　C．C 级

答案：C

依据：《钢熔化焊 T 形接头超声波检测方法和质量评定》DL/T 542—2014，条款号 6.1.3

91. 试题：在探头移动区域内，有（　　　）不妨碍声耦合。

A．铁屑　　　　　　　　　　B．水　　　　　　　　　　C．飞溅

答案：B

依据：《钢熔化焊 T 形接头超声波检测方法和质量评定》DL/T 542—2014，条款号 7.1

92. 试题：管道安装后现场抽查的要求中，弯管和弯头的背弧外表面应采用（　　　）检测抽查，每种规格弯管和弯头的抽查比例为 20%且不少于 2 只。

A．压力　　　　　　　　　　B．无损　　　　　　　　C．拉力

答案：B

依据：《电站锅炉压力容器检验规程》DL 647—2004，条款号 9.10

93. 试题：无损检测人员的取证考试科目不包括（　　　）。

A．技能培训　　　　　　　B．实际操作考试　　　　C．专业能力考试

答案：A

依据：《电力工业无损检测人员资格考试规则》DL/T 675—2014，条款号 7.2

94. 试题：高温紧固螺栓超声小角度纵波检测用对比试块为（　　　）。

A．CSK-Ⅰ　　　　　　　　B．LS-Ⅰ　　　　　　　　C．LS-Ⅱ

答案：B

依据：《高温紧固螺栓超声检测技术导则》DL/T 694—2012，条款号　3.4.1

95. 试题：高温紧固螺栓超声爬波检测用对比试块为（　　　）。

A．CSK-Ⅰ　　　　　　　　B．LS-Ⅰ　　　　　　　　C．LS-Ⅱ

答案：C

依据：《高温紧固螺栓超声检测技术导则》DL/T 694—2012，条款号　3.4.1

96. 试题：（　　　）螺栓在进行超声检测前不用做声速测量。

A．马氏体钢　　　　　　　B．铁素体钢　　　　　　　C．镍基高温合金

答案：B

依据：《高温紧固螺栓超声检测技术导则》DL/T 694—2012，条款号　3.6.6

97. 试题：（　　　）钢螺栓在进行超声检测前应做声速测量。

A．马氏体钢及镍基高温合金螺栓

B．珠光体钢螺栓

C．奥氏体钢螺栓

答案：A

依据：《高温紧固螺栓超声检测技术导则》DL/T 694—2012，条款号　3.6.6

98. 试题：用于螺栓超声检测的辅助检测的方法是（　　　）。

A．纵波直探头法　　　　　B．横波法　　　　　　　　C．爬波法

答案：C

依据：《高温紧固螺栓超声检测技术导则》DL/T 694—2012，条款号　5.1

99. 试题：发电机出口至变压器之间导体上的搭接接头渗透检测比例为（　　　）。

A．5%　　　　　　　　　　B．10%　　　　　　　　　C．50%

答案：A

依据：《母线焊接技术规程》DL/T 754—2013，条款号　7.2

100. 试题：发电机出口至变压器之间导体上的（　　　）射线检测比例为10%。

A．角接接头　　　　　　　B．对接接头　　　　　　　C．搭接接头

答案：B

依据：《母线焊接技术规程》DL/T 754—2013，条款号　7.2

101. 试题：主回路至厂用变压器之间导体上的对接接头射线检测比例为（　　　）。

A．5%　　　　　　　　　　B．10%　　　　　　　　　C．50%

答案：B

依据：《母线焊接技术规程》DL/T 754—2013，条款号　7.2

102. **试题：** 主回路至厂用变压器之间导体上的（ ）射线检测比例为 10%。

A．角接接头 B．对接接头 C．搭接接头

答案： B

依据：《母线焊接技术规程》DL/T 754—2013，条款号 7.2

103. **试题：** 交、直流励磁导体上的搭接接头渗透检测比例为（ ）。

A．2% B．5% C．10%

答案： A

依据：《母线焊接技术规程》DL/T 754—2013，条款号 7.2

104. **试题：** 交、直流励磁导体上的对接接头射线检测比例为（ ）。

A．2% B．5% C．10%

答案： B

依据：《母线焊接技术规程》DL/T 754—2013，条款号 7.2

105. **试题：** 变电站中导体上的搭接接头渗透检测比例为（ ）。

A．2% B．5% C．10%

答案： A

依据：《母线焊接技术规程》DL/T 754—2013，条款号 7.2

106. **试题：** 变电站中导体上的对接接头射线检测比例为（ ）。

A．2% B．5% C．10%

答案： B

依据：《母线焊接技术规程》DL/T 754—2013，条款号 7.2

107. **试题：** DL/T 754—2013《母线焊接技术规程》规定，母线对接接头射线检测合格级别不低于（ ）级。

A．Ⅰ B．Ⅱ C．Ⅲ

答案： B

依据：《母线焊接技术规程》DL/T 754—2013，条款号 7.8

108. **试题：** DL/T 754—2013《母线焊接技术规程》规定，铝、铝合金母线对接接头射线检测用像质计材料为（ ）。

A．Fe B．Al C．Cu

答案： B

依据：《母线焊接技术规程》DL/T 754—2013，条款号 D.2.1

109. **试题：** DL/T 820—2002《管道焊接接头超声波检验技术规程》不适用于（ ）。

A．铸钢、壁厚大于 8mm 奥氏体不锈钢

B．铁素体和马氏体的异种钢焊接接头

C．内外径之比大于 80% 的中厚壁管管道纵向焊接接头

答案：A

依据：《管道焊接接头超声波检验技术规程》DL/T 820—2002，条款号 1.3

110．**试题**：下列说法错误的是（ ）。

A．校准应在标准试块和对比试块上进行，校准中应使超声主声束垂直对准反射体的轴线

B．在仪器开始使用时，应对仪器的水平线性和垂直线性进行测定。在使用过程中，每隔一个月至少应进行一次测定

C．斜探头使用前，至少应进行前沿距离、折射角、主声束偏离、灵敏度余量和分辨力等的校准

答案：B

依据：《管道焊接接头超声波检验技术规程》DL/T 820—2002，条款号 4.8

111．**试题**：在仪器开始使用时，应对仪器的水平线性和垂直线性进行测定。在使用过程中，每隔（ ）至少应进行一次测定

A．一个月 　　　　　 B．三个月 　　　　　 C．半年

答案：B

依据：《管道焊接接头超声波检验技术规程》DL/T 820—2002，条款号 4.8.1

112．**试题**：每次检测前（ ）在对比试块或其他等效试块上对扫描线、灵敏度进行校验，校验过程中使用的试块与被检管件的温差不大于 15℃。

A．不必 　　　　　 B．可以 　　　　　 C．均应

答案：C

依据：《管道焊接接头超声波检验技术规程》DL/T 820—2002，条款号 4.8.3.1

113．**试题**：DL/T 820—2002《管道焊接接头超声波检验技术规程》中检验等级的检测范围规定，（ ）检验采用一种角度的探头在焊缝的单面单侧进行检验，只对允许扫查到的焊缝截面进行探测。

A．A 级 　　　　　 B．B 级 　　　　　 C．C 级

答案：A

依据：《管道焊接接头超声波检验技术规程》DL/T 820—2002，条款号 5.2.2.1

114．**试题**：DL/T 820—2002《管道焊接接头超声波检验技术规程》中检验等级的检测范围规定，（ ）检验原则上采用一种角度的探头在焊缝的单面双侧进行检验，对整个焊缝截面进行探测。

A．A 级 　　　　　 B．B 级 　　　　　 C．C 级

答案：B

依据：《管道焊接接头超声波检验技术规程》DL/T 820—2002，条款号　5.2.2.2

115. **试题**：DL/T 820—2002《管道焊接接头超声波检验技术规程》中检验等级的检测范围规定，（　　）检验检验至少要采用两种角度探头在焊缝的单面双侧进行检验。

A．A 级　　　　　　　　B．B 级　　　　　　　　C．C 级

答案：C

依据：《管道焊接接头超声波检验技术规程》DL/T 820—2002，条款号　5.2.2.3

116. **试题**：扫描比例依据管件厚度和选用的探头角度来确定，最大检验范围应调至时基线满刻度（　　）。

A．50%以上　　　　　　B．60%以上　　　　　　C．40%以上

答案：B

依据：《管道焊接接头超声波检验技术规程》DL/T 820—2002，条款号　5.3.4.1

117. **试题**：评定线 EL 和定量线 SL 之间称（　　）区。

A．Ⅰ　　　　　　　　　B．Ⅱ　　　　　　　　　C．Ⅲ

答案：A

依据：《管道焊接接头超声波检验技术规程》DL/T 820—2002，条款号　5.3.5.1

118. **试题**：扫查灵敏度应不低于（　　）线灵敏度。

A．评定　　　　　　　　B．定量　　　　　　　　C．判废

答案：A

依据：《管道焊接接头超声波检验技术规程》DL/T 820—2002，条款号　5.4.1

119. **试题**：纵向对接接头根据管件的曲率和壁厚选择探头角度，并考虑几何临界角的限制。条件允许时，声束在（　　）的入射角不应超过 70°。

A．曲底面　　　　　　　B．表面　　　　　　　　C．曲面

答案：A

依据：《管道焊接接头超声波检验技术规程》DL/T 820—2002，条款号　5.4.3.2.3

120. **试题**：最大反射波幅度位于（　　）区的缺陷，其指示长度小于 10mm 时，按 5mm 计。

A．Ⅰ　　　　　　　　　B．Ⅱ　　　　　　　　　C．Ⅲ

答案：B

依据：《管道焊接接头超声波检验技术规程》DL/T 820—2002，条款号　5.4.6.2

121. **试题**：检测时发现某一缺陷反射波幅度位于 RL 线或Ⅲ区，应评定为（　　）级。

A．Ⅱ　　　　　　　　　B．Ⅲ　　　　　　　　　C．Ⅳ

答案：C

依据：《管道焊接接头超声波检验技术规程》DL/T 820—2002，条款号 5.5.3.4

122. **试题**：中小径薄壁管焊接接头检验时，（   ）。探头晶片尺寸不符合要求。

A．6mm×6mm   B．8mm×8mm   C．9mm×9mm

答案：C

依据：《管道焊接接头超声波检验技术规程》DL/T 820—2002，条款号 6.2.4.3

123. **试题**：中小径薄壁管焊接接头检验时，允许存在的缺陷是（   ）。

A．单个缺陷回波幅度大于或等于 DAC-6dB 者

B．单个缺陷回波幅度小于 DAC-6dB，且指示长度小于或等于 5mm 者

C．未焊透

答案：B

依据：《管道焊接接头超声波检验技术规程》DL/T 820—2002，条款号 6.4.4

124. **试题**：奥氏体中小径薄壁管焊接接头检验时，8mm×8mm 探头晶片尺寸（   ）要求。

A．满足最低   B．符合   C．不符合

答案：C

依据：《管道焊接接头超声波检验技术规程》DL/T 820—2002，条款号 7.2.4.3

125. **试题**：奥氏体中小径薄壁管对接接头检验允许存在的缺陷是（   ）。

A．性质判定为密集性缺陷的

B．单个缺陷回波幅度等于 DAC+4dB 者

C．单个缺陷回波幅度小于 DAC+4dB，且指示长度小于或等于 5mm 者

答案：C

依据：《管道焊接接头超声波检验技术规程》DL/T 820—2002，条款号 7.4.4.2

126. **试题**：钢制承压管道对接焊接接头射线检验适用于（   ）对接接头。

A．氩弧焊   B．摩擦焊   C．闪光焊

答案：A

依据：《钢制承压管道对接焊接接头射线检验技术规范》DL/T 821—2002，条款号 1

127. **试题**：不属于Ⅱ级射线检测人员职责的是（   ）。

A．根据标准、规范和技术条件编制射线检验工艺卡

B．审核检测报告

C．评定检测结果

答案：B

依据：《钢制承压管道对接焊接接头射线检验技术规程》DL/T 821—2002，条

款号　3.3.2

128. 试题：射线源置于钢管外，胶片放置在射线源对侧钢管外表面相应对接接头的区域上，并与其贴紧的透照方式为（　　　）。

A．双壁双投影法　　　　　　B．双壁单投影法　　　　　C．偏心透照法

答案：B

依据：《钢制承压管道对接焊接接头射线检验技术规程》DL/T 821—2002，条款号4.2.1.2

129. 试题：射线底片评定人员发现某一张底片上有"R1"字样，其含义是（　　　）。

A．第一道焊口　　　　　　　B．一次透照　　　　　　C．返修一次

答案：C

依据：《钢制承压管道对接焊接接头射线检验技术规程》DL/T 821—2002，条款号4.3.2.2

130. 试题：DL/T 821—2002《钢制承压管道对接焊接接头射线检验技术规程》规定，外径大于 76mm 且小于或等于 89mm 的管子，其对接接头透照应采用（　　）像质计。

A．R'10 系列　　　　　　　　B．Ⅰ型专用　　　　　　C．Ⅱ型专用

答案：B

依据：《钢制承压管道对接焊接接头射线检验技术规程》DL/T 821—2002，条款号4.4.2

131. 试题：R'10 系列线型像质计放置错误的是（　　　）。

A．放在射线源侧的工件表面上被检焊缝区的一端（被检区长度的 1/4 部位）

B．金属丝应横跨焊缝并与焊缝垂直，细丝置于内侧

C．当射线源侧无法放置像质计时，也可放在胶片侧的工件表面上，但像质计指数应提高一级，或通过对比试验使实际像质指数达到规定的要求

答案：B

依据：《钢制承压管道对接焊接接头射线检验技术规程》DL/T 821—2002，条款号4.4.7

132. 试题：采用 γ 射线 Se^{75} 透照时，宜选用的铅增感屏前屏厚度为（　　　）。

A．0.01mm　　　　　　　　B．0.05mm　　　　　　　C．0.15mm

答案：B

依据：《钢制承压管道对接焊接接头射线检验技术规程》DL/T 821—2002，条款号4.7.2

133. 试题：为检查散射线的影响，可在暗盒背面贴附一个"B"铅字标记，其高度为

13mm，厚度为 1.3mm。若（　　），说明背散射线屏蔽不够，应采取有效措施并重照。

A. 在较淡背景上出现"B"字的较黑影像

B. 底片上未出现"B"字影像

C. 在较黑背影上出现"B"的较淡影像

答案： C

依据：《钢制承压管道对接焊接接头射线检验技术规程》DL/T 821—2002，条款号 4.9.4

134. **试题：** 对外径小于或等于 76mm 的管子，其焊缝采用双壁双投影法透照时，允许一次透照并应选择较高管电压，宜控制在（　　）7.5mA·min 以内，管子内壁轮廓应清晰地显现在底片上。

A. 曝光时间 　　　　　　B. 曝光量 　　　　　　C. 曝光率

答案： B

依据：《钢制承压管道对接焊接接头射线检验技术规程》DL/T 821—2002，条款号 4.10.3

135. **试题：** 较大直径管道对接接头射线透照检验采用源在外（　　）法透照时，对纵缝 K 值（被检区两端的最大穿透厚度与射线中心线穿透厚度比）不大于 1.03。

A. 双壁单影 　　　　　　B. 单壁投影 　　　　　　C. 双壁双影

答案： B

依据：《钢制承压管道对接焊接接头射线检验技术规范》DL/T 821—2002，条款号 4.10.5

136. **试题：** 胶片的暗室处理，错误的说法是（　　）。

A. 应按胶片的使用说明书或公认的有效方法处理

B. 胶片手工冲洗宜采用槽浸方式，在规定的温度（20℃左右）和时间内进行显影、定影等操作

C. 允许显影时用红灯观察，以控制底片黑度

答案： C

依据：《钢制承压管道对接焊接接头射线检验技术规程》DL/T 821—2002，条款号 4.12

137. **试题：** 底片质量错误的说法是（　　）。

A. 底片上必须显示出与像质指数对应的最小钢丝线径。Ⅰ型应显示三根及三根以上

B. 底片应清晰地显示出像质计、深度对比块、定位标记和识别标记，位置正确且不掩盖被检焊缝影像，此外应能清晰地看到长度小于 10mm 的像质计钢丝影像

C．底片有效评定区域内不应有因胶片处理不当引起的假缺陷或其他妨碍评定的假
　缺陷

答案： B

依据：《钢制承压管道对接焊接接头射线检验技术规范》DL/T 821—2002，条款号
　5.1

138． **试题：** 关于底片评定，错误的说法是（　　　）。

A．评片应在专用评片室内进行

B．评片室内的光线应明亮，室内照明用光不得在底片表面产生反射

C．评片时允许使用放大倍数小于或等于5的放大镜辅助观察底片的局部细微部分

答案： B

依据：《钢制承压管道对接焊接接头射线检验技术规程》DL/T 821—2002，条款号
　5.2

139． **试题：** Ⅱ级焊缝内应无（　　　）。

A．气孔　　　　　　　　　B．未焊透　　　　　　　　C．未熔合

答案： C

依据：《钢制承压管道对接焊接接头射线检验技术规程》DL/T 821—2002，条款号
　6.1

140． **试题：**（　　　）不需要在检验报告上签字。

A．评片人员　　　　　　　B．审核人　　　　　　　　C．监理

答案： C

依据：《钢制承压管道对接焊接接头射线检验技术规程》DL/T 821—2002，条款号
　7.0.1

141． **试题：** 工程代用材料应经过（　　　）方批准。

A．设计　　　　　　　　　B．业主　　　　　　　　　C．监理

答案： A

依据：《火力发电厂焊接技术规程》DL/T 869—2012，条款号　3.3.1.2

142． **试题：** 经射线检测怀疑为面积型缺陷时，应该采用（　　　）检测方法进行确认。

A．超声　　　　　　　　　B．磁粉　　　　　　　　　C．渗透

答案： A

依据：《火力发电厂焊接技术规程》DL/T 869—2012，条款号　6.3.2

143． **试题：** 厚度不大于20mm的汽、水管道焊接接头采用超声波检测时，还应进行
（　　　）检测，其检测数量为超声波检测数量的20%。

A．磁粉　　　　　　　　　B．射线　　　　　　　　　C．渗透

答案：B

依据：《火力发电厂焊接技术规程》DL/T 869—2012，条款号　6.3.3

144. 试题：厚度不大于 20mm 的汽、水管道焊接接头采用超声波检测时，还应进行（　　）检测。

　　A．射线　　　　　　　　B．表面　　　　　　　　C．硬度

答案：A

依据：《火力发电厂焊接技术规程》DL/T 869—2012，条款号　6.3.3

145. 试题：工作压力 $p \geqslant 22.13\text{MPa}$ 的锅炉的受热面管子焊接接头射线检测比例不应低于（　　）。

　　A．25%　　　　　　　　B．50%　　　　　　　　C．40%

答案：B

依据：《火力发电厂焊接技术规程》DL/T 869—2012，条款号　6.2.1

146. 试题：外径 $D > 159\text{mm}$ 或壁厚 $\delta > 20\text{mm}$，工作压力 $p > 9.81\text{MPa}$ 的锅炉本体范围内的管子及管道焊接接头无损检测比例应为（　　）。

　　A．25%　　　　　　　　B．50%　　　　　　　　C．100%

答案：C

依据：《火力发电厂焊接技术规程》DL/T 869—2012，条款号　6.2.1

147. 试题：对修复后的焊接接头，应 100%进行（　　）检测。

　　A．射线　　　　　　　　B．表面　　　　　　　　C．无损

答案：C

依据：《火力发电厂焊接技术规程》DL/T 869—2012，条款号　6.3.6

148. 试题：碳素钢焊接接头挖补返修时，同一位置上的挖补次数不宜超过（　　）次。

　　A．1　　　　　　　　　B．2　　　　　　　　　C．3

答案：C

依据：《火力发电厂焊接技术规程》DL/T 869—2012，条款号　6.6.3

149. 试题：耐热钢焊接接头挖补返修时，同一位置上的挖补次数不宜超过（　　）次。

　　A．1　　　　　　　　　B．2　　　　　　　　　C．3

答案：B

依据：《火力发电厂焊接技术规程》DL/T 869—2012，条款号　6.6.3

150. 试题：复型检验结果可获得的主要信息，不符合规定的是（　　）。

　　A．材料老化状态　　　　B．材料损伤状态　　　　C．材料材质

答案：C

依据：《火电厂金相检验与评定技术导则》DL/T 884—2004，条款号　3.7

151. 试题：低倍组织检验不可区分的是（　　）。

A．焊接区　　　　　　　　B．偏析　　　　　　　　C．树枝晶

答案：B

依据：《火电厂金相检验与评定技术导则》DL/T 884—2004，条款号　4.1.1

152. 试题：焊接接头的取样不包括（　　）。

A．缺陷部位　　　　　　　B．焊缝　　　　　　　　C．热影响区

答案：A

依据：《火电厂金相检验与评定技术导则》DL/T 884—2004，条款号　4.2.2.1

153. 试题：表面复型的健康和安全要求，不符合规定的是（　　）。

A．使用的全部化学制品都应有安全使用说明

B．全部复型操作过程都应在通风良好的工作区域进行

C．制作过程应一人工作一人监护

答案：C

依据：《火电厂金相检验与评定技术导则》DL/T 884—2004，条款号　5.2

154. 试题：采用金相方法进行状态检验和寿命评估时一般不使用（　　）。

A．机械抛光　　　　　　　B．化学抛光　　　　　　C．电解抛光

答案：B

依据：《火电厂金相检验与评定技术导则》DL/T 884—2004，条款号　5.3.2.3

155. 试题：比较下列抛光方法，不符合规定的是（　　）。

A．机械抛光可得到比电解抛光大的复型区域

B．与电解抛光比较，机械抛光使复型检查的时间有明显的减少

C．在复杂情况下，机械抛光复型较好

答案：B

依据：《火电厂金相检验与评定技术导则》DL/T 884—2004，条款号　5.7.1.3

156. 试题：不符合光谱分析仪器选择规定的是（　　）。

A．在施工现场进行光谱分析，当材料批量大并且合金成分易于甄别时，宜选用直读光谱仪

B．在实验室内进行光谱分析，宜选用台式直读光谱仪

C．已用看谱镜分析，但对分析结果存在怀疑的，应选用直读光谱仪复核

答案：A

依据：《电力设备金属光谱分析技术导则》DL/T 991—2006，条款号　4.4

157. 试题：普通光谱分析人员的职责中不符合规定的是（　　）。

　　A. 熟悉电力设备常用金属材料的合金成分和用途

　　B. 能用看谱镜做主要合金元素的定性分析，用直读光谱仪做常用合金元素的定量分析

　　C. 审核和签发分析报告，并对分析结果负责

　　答案：C

　　依据：《电力设备金属光谱分析技术导则》DL/T 991—2006，条款号　5.5

158. 试题：光谱分析用电极选择不符合规定的是（　　）。

　　A. 分析黑色金属基体材料宜选用纯铁电极

　　B. 分析有色金属基体材料宜选用纯铜电极

　　C. 半定量分析宜选用盘状电极

　　答案：C

　　依据：《电力设备金属光谱分析技术导则》DL/T 991—2006，条款号　6.4.1

159. 试题：使用（　　）的单位，应按国家规定获得辐射安全许可证并在相应的许可种类和范围内开展工作。

　　A. 起重机械

　　B. 客运索道

　　C. 放射性同位素、射线装置

　　答案：C

　　依据：《电力建设安全工作规程　第 1 部分：火力发电》DL 5009.1，条款号　6.4.1

160. 试题：安装心脏起搏器人员严禁从事（　　）检测作业。

　　A. 射线　　　　　　　　B. 磁粉　　　　　　　　C. 渗透

　　答案：B

　　依据：《电力建设安全工作规程　第 1 部分：火力发电》DL 5009.1，条款号　6.4.3

161. 试题：锅炉受压部件焊接接头的射线检测技术等级不低于（　　）级。

　　A. A　　　　　　　　　B. AB　　　　　　　　　C. B

　　答案：B

　　依据：《锅炉安全技术监察规程》TSG G0001—2012，条款号　4.5.4.4

162. 试题：锅炉受压部件射线检测的焊接接头质量等级不低于（　　）级。

　　A. Ⅰ　　　　　　　　　B. Ⅱ　　　　　　　　　C. Ⅲ

　　答案：B

　　依据：《锅炉安全技术监察规程》TSG G0001—2012，条款号　4.5.4.4

163. 试题：锅炉受压部件焊接接头的超声检测技术等级不低于（　　）级。

A. A   B. AB   C. B

答案：C

依据：《锅炉安全技术监察规程》TSG G0001—2012，条款号 4.5.4.4

164. 试题：锅炉受压部件超声检测的焊接接头质量等级不低于（   ）级。

A. Ⅰ   B. Ⅱ   C. Ⅲ

答案：A

依据：《锅炉安全技术监察规程》TSG G0001—2012，条款号 4.5.4.4

165. 试题：表面检测的焊接接头质量等级不低于（   ）级。

A. Ⅰ   B. Ⅱ   C. Ⅲ

答案：A

依据：《锅炉安全技术监察规程》TSG G0001—2012，条款号 4.5.4.4

166. 试题：用于焊接的碳素钢和低合金钢压力容器受压元件，其钢材的含碳量不应当大于（   ）。

A. 0.30%   B. 0.25%   C. 0.35%

答案：B

依据：《固定式压力容器安全技术监察规程》TSG R0004—2009，条款号 第十四条

167. 试题：盛装介质毒性程度为极度、高度危害的压力容器钢板超声检测合格等级应当不低于（   ）级。

A. Ⅰ   B. Ⅱ   C. Ⅲ

答案：B

依据：《固定式压力容器安全技术监察规程》TSG R0004—2009，条款号 第十五条

168. 试题：盛装介质为液化石油气并且硫化氢含量大于 100mg/L 的压力容器钢板超声检测合格等级应当不低于（   ）级。

A. Ⅰ   B. Ⅱ   C. Ⅲ

答案：B

依据：《固定式压力容器安全技术监察规程》TSG R0004—2009，条款号 第十五条

169. 试题：压力容器用钛-钢复合钢板复合界面的结合剪切强度不大于（   ）。

A. 180MPa   B. 140MPa   C. 210MPa

答案：B

依据：《固定式压力容器安全技术监察规程》TSG R0004—2009，条款号 第二十三条

170. **试题：** 检测人员报考的年龄条件为（　　）。

　　A. $18 \leqslant y \leqslant 60$　　　　　　B. $18 < y \leqslant 60$　　　　　　C. $18 \leqslant y < 60$

　　答案： A

　　依据：《特种设备无损检测人员考核规则》TSG Z8001—2013，条款号　第十一条

171. **试题：** 选择无损检测方法时应考虑（　　）。

　　A. 受检设备的材质、结构、制造方法、工作介质

　　B. 可能产生的缺陷种类、形状、部位和方向

　　C. 以上均是

　　答案： C

　　依据：《承压设备无损检测　第 1 部分：通用要求》JB/T 4730.1—2005，条款号　4.1.1

172. **试题：** 关于无损检测方法 检测缺陷错误的说法是（　　）。

　　A. 射线和超声检测主要用于承压设备的内部缺陷的检测

　　B. 磁粉检测主要用于铁磁性材料制承压设备的表面和近表面缺陷的检测

　　C. 渗透检测主要用于非多孔性金属材料和非金属材料制承压设备的表面和近表面缺陷的检测

　　答案： C

　　依据：《承压设备无损检测　第 1 部分：通用要求》JB/T 4730.1—2005，条款号　4.1.2

173. **试题：**（　　）透照必须采用高梯度噪声比的胶片。

　　A. 双胶片技术透照时

　　B. 应用 γ 射线照相时

　　C. 应用高能 x 射线照相时

　　答案： C

　　依据：《承压设备无损检测　第 1 部分：通用要求》JB/T 4730.1—2005，条款号　4.2.4

174. **试题：** 无损检测记录、报告等的保存期不得少于（　　）。

　　A. 7 年　　　　　　　　B. 5 年　　　　　　C. 3 年

　　答案： A

　　依据：《承压设备无损检测　第 1 部分：通用要求》JB/T 4730.1—2005，条款号　5.1.3

175. **试题：** 取得了超声波检测Ⅱ级资格证书，可以从事（　　）工作。

　　A. 射线检测Ⅰ级的工作　　B. 超声检测Ⅰ级的工作　　C. 超声检测Ⅲ级的工作

　　答案： B

　　依据：《承压设备无损检测　第 1 部分：通用要求》JB/T4730.1—2005，条款号　5.3.2

176. **试题：** 射线检测技术分为（　　）。

　　A. A 级、AB 级、B 级

B．A级、B级、C级

C．A级、B级

答案： A

依据： 《承压设备无损检测　第2部分：射线检测》JB/T 4730.2—2005，条款号　1

177. **试题：** 胶片系统分为四类，即T1、T2、T3和T4类。其中（　　）类为最高类别。

A．T1　　　　　　　　　B．T4　　　　　　　　　C．相等

答案： A

依据： 《承压设备无损检测　第2部分：射线检测》JB/T 4730.2—2005，条款号　3.2.1

178. **试题：** 采用γ射线对裂纹敏感性大的材料进行射线检测时，应采用（　　）胶片。

A．T1类或更高类别　　B．T2类或更高类别　　C．T3类或更高类别

答案： B

依据： 《承压设备无损检测　第2部分：射线检测》JB/T 4730.2—2005，条款号　3.2.3

179. **试题：** 对有延迟裂纹倾向的材料，至少应在焊接完成后（　　）进行射线检测。

A．立即　　　　　　　　B．24h　　　　　　　　C．36h

答案： B

依据： 《承压设备无损检测　第2部分：射线检测》JB/T 4730.2—2005，条款号　3.7.2

180. **试题：** 承压设备对接焊接接头的制造、安装、在用时的射线检测，一般应采用（　　）射线检测技术进行检测。

A．A级　　　　　　　　B．AB级　　　　　　　C．B级

答案： B

依据： 《承压设备无损检测　第2部分：射线检测》JB/T 4730.2—2005，条款号　3.8.1

181. **试题：** 应根据工件特点和技术条件的要求选择适宜的透照方式。在可以实施的情况下应选用（　　）方式。

A．单壁透照　　　　　　B．双壁透照　　　　　　C．源在外透照

答案： A

依据： 《承压设备无损检测　第2部分：射线检测》JB/T 4730.2—2005，条款号　4.1.1

182. **试题：** 环向焊接接头的射线检测技术B级时，对透照厚度比K的要求为（　　）。

A．$K \leqslant 1.01$　　　　　B．$K \leqslant 1.06$　　　　　C．$K \leqslant 1.1$

答案： B

依据： 《承压设备无损检测　第2部分：射线检测》JB/T 4730.2—2005，条款号　4.1.3

183. **试题：** 小径管环向对接焊接接头100%检测时，用倾斜透照椭圆成像时，当$T/D_n \leqslant 0.12$时，相隔90°透照（　　）次。

A．1　　　　　　　　　　B．2　　　　　　　　　　C．3

答案：B

依据：《承压设备无损检测　第 2 部分：射线检测》JB/T 4730.2—2005，条款号　4.1.5

184．试题：采用源在（　　）透照方式周向曝光时，只要得到的底片质量符合要求，*f* 值可以减小，但减小值不应超过规定值的 50%。

A．外壁　　　　　　　　　B．内壁　　　　　　　　　C．内中心

答案：C

依据：《承压设备无损检测　第 2 部分：射线检测》JB/T 4730.2—2005，条款号　4.3.2

185．试题：采用源在内单壁透照方式时，只要得到的底片质量符合相关条款的要求，*f* 值可以减小，但减小值不应超过规定值的（　　）。

A．30%　　　　　　　　　B．20%　　　　　　　　　C．50%

答案：B

依据：《承压设备无损检测　第 2 部分：射线检测》JB/T 4730.2—2005，条款号　4.3.3

186．试题：X 射线照相，当焦距为 700mm 时，（　　）射线检测技术曝光量的推荐值不小于 15mA·min。

A．B 级　　　　　　　　　B．A 级和 AB 级　　　　　C．AB 级和 B 级

答案：B

依据：《承压设备无损检测　第 2 部分：射线检测》JB/T 4730.2—2005，条款号　4.4.1

187．试题：射线照相，当焦距为 700mm 时，（　　）射线检测技术曝光量的推荐值不小于 20mA·min。

A．A 级　　　　　　　　　B．AB 级　　　　　　　　C．B 级

答案：C

依据：《承压设备无损检测　第 2 部分：射线检测》JB/T 4730.2—2005，条款号　4.4.1

188．试题：像质计一般应放置在工件源侧表面焊接接头的一端被检区长度的 1/4 左右位置，金属丝应横跨焊缝，细丝置于（　　）侧。

A．内　　　　　　　　　　B．外　　　　　　　　　　C．无要求

答案：B

依据：《承压设备无损检测　第 2 部分：射线检测》JB/T 4730.2—2005，条款号　4.7.1

189．试题：当一张胶片上同时透照多条焊接接头时，像质计应放置在透照区（　　）的焊缝处。

A．最边缘　　　　　　　　B．中间　　　　　　　　　C．任意位置

答案：A

依据：《承压设备无损检测　第 2 部分：射线检测》JB/T 4730.2—2005，条款号　4.7.1

190. **试题**：小径管可选用通用线型像质计或相关标准规定的专用像质计，金属丝放置与焊缝的位置的关系为（　　）。

A．金属丝应横跨焊缝放置

B．金属丝应平行焊缝放置

C．重合放置

答案：A

依据：《承压设备无损检测　第2部分：射线检测》JB/T 4730.2—2005，条款号　4.7.4

191. **试题**：评片人员在评片前应经历一定的暗适应时间，从一般的室内进入评片的暗适应时间应不少于（　　）。

A．10s　　　　　　　　B．20s　　　　　　　　C．30s

答案：C

依据：《承压设备无损检测　第2部分：射线检测》JB/T 4730.2—2005，条款号 4.10.2

192. **试题**：在评片时，当底片评定范围内的黑度 $D \leqslant 2.5$ 时，透过底片评定范围内的亮度应不低于（　　）。

A．10cd/m^2　　　　　　B．20cd/m^2　　　　　　C、30cd/m^2

答案：C

依据：《承压设备无损检测　第2部分：射线检测》JB/T 4730.2—2005，条款号　4.10.3

193. **试题**：在评片时，当底片评定范围内的黑度 $D > 2.5$ 时，透过底片评定范围内的亮度应不低于（　　）。

A．10cd/m^2　　　　　　B．8cd/m^2　　　　　　C．5cd/m^2

答案：A

依据：《承压设备无损检测　第2部分：射线检测》JB/T 4730.2—2005，条款号 4.10.3

194. **试题**：底片评定范围的宽度一般为（　　）。

A．焊缝本身

B．焊缝两侧5mm宽的区域

C．焊缝本身及焊缝两侧10mm宽的区域

答案：B

依据：《承压设备无损检测　第2部分：射线检测》JB/T 4730.2—2005，条款号 4.10.4

195. **试题**：AB级底片评定范围内的黑度 D 应符合（　　）。

A．$1.5 \leqslant D \leqslant 4.0$　　　　B．$2 \leqslant D \leqslant 4.0$　　　　C．$2.3 \leqslant D \leqslant 5.0$

答案：B

依据：《承压设备无损检测　第 2 部分：射线检测》JB/T 4730.2—2005，条款号 4.11.2

196. 试题：钢、镍、铜制承压设备熔化焊对接焊接接头，存在未焊透，接头质量等级为（　　）。

A．Ⅱ级　　　　　　　　B．Ⅲ级　　　　　　　　C．Ⅳ级

答案：C

依据：《承压设备无损检测　第 2 部分：射线检测》JB/T 4730.2—2005，条款号 5.1.4.2

197. 试题：钢、镍、铜制承压设备熔化焊对接焊接接头射线检测，母材公称厚度 T 为 60mm，则圆形缺陷评定区为（　　）。

A．10mm×10mm　　　B．10mm×20mm　　　C．10mm×30mm

答案：B

依据：《承压设备无损检测　第 2 部分：射线检测》JB/T 4730.2—2005，条款号 5.1.5.1

198. 试题：钢、镍、铜制承压设备熔化焊对接焊接接头分级评定时，不计点数的缺陷在圆形缺陷在评定区内多于 10 个时，其质量等级不降级的是（　　）。

A．T=8mm，质量等级评定为Ⅰ级

B．T=8mm，质量等级评定为Ⅱ级

C．T=5mm，质量等级评定为Ⅱ级

答案：B

依据：《承压设备无损检测　第 2 部分：射线检测》JB/T 4730.2—2005，条款号 5.1.5.5

199. 试题：钢、镍、铜制承压设备熔化焊对接焊接接头射线检测，母材公称厚度 T 为 60mm，不计点数的缺陷长径满足（　　）。

A．≤0.5　　　　　　　B．≤0.7　　　　　　　C．≤1.4%T

答案：C

依据：《承压设备无损检测　第 2 部分：射线检测》JB/T 4730.2—2005，条款号 5.1.5.5

200. 试题：铝制承压设备熔化焊对接焊接接头，存在夹铜，接头质量等级为（　　）。

A．Ⅱ级　　　　　　　　B．Ⅲ级　　　　　　　　C．Ⅳ级

答案：C

依据：《承压设备无损检测　第 2 部分：射线检测》JB/T 4730.2—2005，条款号 5.2.4.2

201. **试题**：铝制承压设备熔化焊对接焊接接头，当Ⅲ级对接焊接接头允许的缺陷点数连续存在、并超过评定区尺寸的 3 倍时，对接接头质量应评定为（　　）。

A．Ⅱ级　　　　　　　　B．Ⅲ级　　　　　　　　C．Ⅳ级

答案：C

依据：《承压设备无损检测　第 2 部分：射线检测》JB/T 4730.2—2005，条款号 5.2.5.4

202. **试题**：工业射线胶片系统中，感光乳剂粒度为微粒，感光速度低的是（　　）。

A．T1　　　　　　　　　B．T2　　　　　　　　　C．T4

答案：A

依据：《承压设备无损检测　第 2 部分：射线检测》JB/T 4730.2—2005，条款号 附录 A

203. **试题**：所使用的标准黑度计至少应每（　　）年送计量单位检定一次。

A．1　　　　　　　　　　B．2　　　　　　　　　　C．3

答案：B

依据：《承压设备无损检测　第 2 部分：射线检测》JB/T 4730.2—2005，条款号 附录 B

204. **试题**：采用 A 型脉冲反射式超声波探伤仪，其工作频率范围是（　　）。

A．0.5MHz～10MHz　　　B．0.5MHz～1MHz　　　C．1MHz～2MHz

答案：A

依据：《承压设备无损检测　第 3 部分：超声检测》JB/T 4730.3—2005，条款号 3.2.2.1

205. **试题**：直探头和斜探头的远场分辨力范围是（　　）。

A．不小于 30dB；不小于 6dB

B．不大于 30dB；不大于 6dB

C．不大于 30dB；不小于 6dB

答案：A

依据：《承压设备无损检测　第 3 部分：超声检测》JB/T 4730.3—2005，条款号 3.2.2.3.4

206. **试题**：为获得稳定和最大的反射信号，系统校准应在标准试块上进行，校准中应使探头主声束（　　）对准反射体的反射面。

A．垂直　　　　　　　B．45°角度斜入　　　　　C．60°角度斜入

答案：A

依据：《承压设备无损检测　第 3 部分：超声检测》JB/T 4730.3—2005，条款号 3.4.1

207. 试题：如果涉及两种或两种以上不同厚度部件焊接接头的检测，试块的厚度应由其（　　）来确定。

A．最大厚度　　　　　　　B．最小厚度　　　　　　　C．平均厚度

答案：A

依据：《承压设备无损检测　第 3 部分：超声检测》JB/T 4730.3—2005，条款号 3.5.2.2

208. 试题：锅炉、压力容器及压力管道螺栓坯件一般应采用检测，尽可能检测到工件的全体积。检测表面粗糙度 $Ra \leqslant 6.3\mu m$（　　）。

A．纵波　　　　　　　　　B．横波　　　　　　　　　C．表面波

答案：A

依据：《承压设备无损检测　第 3 部分：超声检测》JB/T 4730.3—2005，条款号　4.6.4

209. 试题：检测区的宽度为（　　）。

A．焊缝本身，再加上焊缝两侧各相当于母材厚度 30% 的一段区域

B．焊缝本身，再加上焊缝两侧各 5mm 的一段区域

C．焊缝本身

答案：A

依据：《承压设备无损检测　第 3 部分：超声检测》JB/T 4730.3—2005，条款号 5.1.4.1

210. 试题：板厚 T 为 40mm 时，推荐适用的斜探头 K 值范围是（　　）。

A．3.0～2.0（72°～60°）

B．2.5～1.5（68°～56°）

C．2.0～1.0（60°～45°）

答案：B

依据：《承压设备无损检测　第 3 部分：超声检测》JB/T 4730.3—2005，条款号 5.1.4.2

211. 试题：插入式管座角焊缝检测，错误的说法是（　　）。

A．可以在接管内壁采用直探头检测

B．可以在容器内壁采用直探头检测

C．可以在接管内壁采用斜探头检测

答案：B

依据：《承压设备无损检测　第 3 部分：超声检测》JB/T 4730.3—2005，条款号 5.1.6.3

212. 试题：可不在超声波检测报告中体现的是（　　）。

A．建设单位名称

B．被检工件焊接方法和热处理状况

C．探头频率、检测面和检测灵敏

答案：A

依据：《承压设备无损检测　第 3 部分：超声检测》JB/T 4730.3—2005，条款号　8

213．试题：检测与工件轴线方向平行或夹角小于 45° 的缺陷，下列磁化方法中，选择错误的是（　　）。

　　A．轴向通电法　　　　　　B．偏置芯棒法　　　　　　C．线圈法

答案：C

依据：《承压设备无损检测　第 4 部分：磁粉检测》JB/T 4730.4—2005，条款号　3.7.1

214．试题：下列确定磁场强度方法中，不符合规定的是（　　）。

　　A．利用材料的磁特性曲线，确定合适的磁场强度

　　B．用磁化电流表征的磁场强度按公式计算

　　C．用磁场强度计测量施加在工件表面的切线磁场强度。剩磁法检测时应达到
　　　　2.4kA/m～4.8kA/m

答案：C

依据：《承压设备无损检测　第 4 部分：磁粉检测》JB/T 4730.4—2005，条款号　3.8.1

215．试题：采用轴向通电法、中心导体法进行检测，不符合规定的是（　　）。

　　A．检测圆筒形工件内表面纵向缺陷宜采用轴向通电法和中心导体法

　　B．用中心导体法检测工件内表面缺陷应选用交流电

　　C．用中心导体法检测工件外表面检测时应尽量使用直流电或整流电

答案：A

依据：《承压设备无损检测　第 4 部分：磁粉检测》JB/T 4730.4—2005，条款号　3.8.2

216．试题：采用中心导体法、偏置芯棒法进行检测，不符合规定的是（　　）。

　　A．中心导体法可用于检测圆筒形工件端面的周向缺陷

　　B．用中心导体法检测工件外表面检测时应尽量使用直流电或整流电

　　C．当使用中心导体法灵敏度不能满足要求时，应采用偏置芯棒法

答案：A

依据：《承压设备无损检测　第 4 部分：磁粉检测》JB/T 4730.4—2005，条款号　3.8.3

217．试题：采用触头法检测进行检测，不符合规定的是（　　）。

　　A．采用触头法时，电极间距最小控制在 75mm，主要是考虑触头附近电流密度
　　　　过大，会产生过度背景，有可能掩盖相关显示

　　B．磁场的有效宽度为触头中心线两侧 1/4 极距

　　C．同一部位的两次检测必须互相垂直

答案：C

依据：《承压设备无损检测　第4部分：磁粉检测》JB/T 4730.4—2005，条款号　3.8.4

218. 试题：采用磁轭法检测进行检测，不符合规定的是（　　）。

A. 采用磁轭法时，磁极间距最小控制在75mm，主要是考虑磁极附近磁通密度过大，会产生过度背景，有可能掩盖相关显示

B. 同一部位的两次检测必须互相垂直

C. 采用固定式磁轭磁化工件时，不用选择磁化电流，应根据标准试片实测结果来校验灵敏度是否满足要求

答案：B

依据：《承压设备无损检测　第4部分：磁粉检测》JB/T 4730.4—2005，条款号　3.8.5

219. 试题：采用线圈法进行检测，不符合规定的是（　　）。

A. 线圈法产生的磁场平行于线圈的轴线

B. 线圈有效磁化区以外的区域，磁化强度应采用标准试片确定

C. 计算空心工件时，工件直径应由等效直径代替

答案：C

依据：《承压设备无损检测　第4部分：磁粉检测》JB/T 4730.4—2005，条款号　3.8.6

220. 试题：下列条款中不符合规定的是（　　）。

A. 磁粉检测设备进行重要电器修理或大修后，其电流表至少半年校验一次

B. 电磁轭损伤修复后，应重新校验提升力

C. 进行磁悬液润湿性能校验时，如果液膜被断开，则磁悬液中润湿性能不合格

答案：A

依据：《承压设备无损检测　第4部分：磁粉检测》JB/T 4730.4—2005，条款号　3.9

221. 试题：下列条款中不符合规定的是（　　）。

A. 使用水磁悬液在容器内部检测时，磁粉检测设备不能放到容器内部

B. 盛装易燃易爆介质的容器内部检测不应使用触头法

C. 在非易燃易爆场合使用轴向通电法检测时，也应有预防起火措施

答案：A

依据：《承压设备无损检测　第4部分：磁粉检测》JB/T 4730.4—2005，条款号　3.10

222. 试题：下列条款中不符合规定的是（　　）。

A. 当涂层厚度均匀不超过0.05mm，且不影响检测结果时，经合同各方同意，可以带涂层进行检测

B. 打磨后，应保证被检工件表面的粗糙度 $Ra \leqslant 25\mu m$

C. 采用轴向通电法和触头法检测时，必须在电极上安装接触垫

答案：C

依据：《承压设备无损检测　第4部分：磁粉检测》JB/T 4730.4—2005，条款号　3.11

223. **试题：** 不包含在 JB/T4730.4—2005《承压设备无损检测　第 4 部分：磁粉检测》磁化方法分类中的磁粉检测法是（　　）。

A．轴向通电法、触头法

B．线圈法、中心导体法

C．连续法、剩磁法

答案： C

依据：《承压设备无损检测　第 4 部分：磁粉检测》JB/T 4730.4—2005，条款号　4.1

224. **试题：** 下列关于干法检测的叙述不符合标准的是（　　）。

A．不适用于剩磁法

B．常用的磁化电流为交流和直流

C．检测面和磁粉均应经确认完全干燥后再施加磁粉

答案： B

依据：《承压设备无损检测　第 4 部分：磁粉检测》JB/T 4730.4—2005，条款号　4.2

225. **试题：** 下列关于湿法检测的叙述不符合标准的是（　　）。

A．磁悬液的施加可采用喷、浇、浸、刷涂等方法

B．应确认整个检测面被磁悬液润湿后，再施加磁悬液

C．连续法和剩磁法均可使用

答案： A

依据：《承压设备无损检测　第 4 部分：磁粉检测》JB/T 4730.4—2005，条款号　4.3

226. **试题：** 下列关于连续法检测的叙述不符合标准的是（　　）。

A．被检工件的磁化、施加磁粉的工艺及观察磁痕显示都应在磁化通电时间内完成

B．比剩磁法检测速度快

C．停施磁悬液 1s 后方可停止磁化

答案： B

依据：《承压设备无损检测　第 4 部分：磁粉检测》JB/T 4730.4—2005，条款号　4.4

227. **试题：** 下列关于剩磁法检测的叙述不符合标准的是（　　）。

A．主要用于矫顽力在 1kA/m 以上，并能保持剩磁在 0.8T 以上的工件

B．磁粉应在通电结束后再施加

C．比连续法检测速度慢

答案： C

依据：《承压设备无损检测　第 4 部分：磁粉检测》JB/T 4730.4—2005，条款号　4.5

228. **试题：** 下列关于剩磁法检测的叙述不符合标准的是（　　）。

A．通电时间一般为 0.25s～1s

B．应配备断电相位控制器以确保工件的磁化效果

C．为保证磁化效果应至少反复磁化两次

答案：C

依据：《承压设备无损检测　第 4 部分：磁粉检测》JB/T 4730.4—2005，条款号　4.5

229．试题：使用交叉磁轭装置时，四个磁极端面与检测面之间应尽量贴合，最大间隙不应超过 1.5mm，其中理解错误的是（　　　）。

A．磁极与工件之间的间隙越大，磁阻越大，降低工件的磁化程度，检测灵敏度下降

B．为保证检测灵敏度和有效检测范围，必须限制间隙，而且越小越好

C．为保证交叉磁轭平稳行走

答案：C

依据：《承压设备无损检测　第 4 部分：磁粉检测》JB/T 4730.4—2005，条款号　4.6

230．试题：使用交叉磁轭装置，连续拖动检测时，检测速度应尽量均匀，一般不大于 4m/min，其中理解错误的是（　　　）。

A．适用于连续法

B．若能保证检测速度均匀且不大于 4m/min，剩磁法也适用

C．保证磁化时间不少于 1s～3s

答案：B

依据：《承压设备无损检测　第 4 部分：磁粉检测》JB/T 4730.4—2005，条款号　4.6

231．试题：下列磁痕显示的分类和处理的叙述不符合标准的是（　　　）。

A．磁痕显示分为相关显示、非相关显示和伪显示

B．长度与宽度之比大于 3 的缺陷磁痕，按条状磁痕处理；长度与宽度之比不大于 3 的磁痕，按圆形磁痕处理

C．缺陷磁痕长轴方向与工件（轴类或管类）轴线或母线的夹角小于 45°时，按纵向缺陷处理

答案：C

依据：《承压设备无损检测　第 4 部分：磁粉检测》JB/T 4730.4—2005，条款号　5.1

232．试题：长度小于 0.5mm 的磁痕不计，其中理解错误的是（　　　）。

A．危害性的缺陷磁痕尺寸均大于 0.5mm

B．实际上是规定了承压设备磁粉检测的缺陷分辨率

C．在实际检测过程中，对缺陷磁痕计量所用的工具为钢直尺，不可能采用显微镜等工具，长度小于 0.5mm 的尺寸只能目视估计

答案：A

依据：《承压设备无损检测　第 4 部分：磁粉检测》JB/T 4730.4—2005，条款号　5.1.3

233．试题：下列缺陷磁痕观察的叙述不符合的是（　　　）。

A．连续法检测时，缺陷磁痕的观察应在磁痕形成后立即进行

B．剩磁法检测时，缺陷磁痕的观察应在磁痕形成后立即进行

C．非荧光磁粉检测时，工件被检表面可见光照度必须大于或等于 500lx

答案：C

依据：《承压设备无损检测　第 4 部分：磁粉检测》JB/T 4730.4—2005，条款号　5.2

234．试题：下列荧光磁粉检测缺陷磁痕观察的叙述不符合标准的是（　　）。

A．缺陷磁痕显示的评定应在暗室或暗处进行，暗室或暗处可见光照度应不大于
20lx

B．所用黑光灯在工件表面的辐照度大于或等于 $1000\mu W/cm^2$，黑光波长应在
320nm～400nm 的范围内

C．观察检测显示时，检测人员可以戴光敏眼镜

答案：C

依据：《承压设备无损检测　第 4 部分：磁粉检测》JB/T 4730.4—2005，条款号　5.2.2

235．试题：下列缺陷磁痕显示记录的叙述不符合标准的是（　　）。

A．可采用照相记录

B．采用照相方式记录可以不用草图标示

C．可采用录像记录

答案：B

依据：《承压设备无损检测　第 4 部分：磁粉检测》JB/T 4730.4—2005，条款号　5.3

236．试题：根据 JB/T 4730.4—2005《承压设备无损检测　第 4 部分：磁粉检测》规定，
不需要复验的是（　　）。

A．连续工作 4h 以上时

B．检测结束时，用标准试片验证灵敏度不符合要求时

C．发现检测过程中操作方法有误或技术条件改变时

答案：A

依据：《承压设备无损检测　第 4 部分：磁粉检测》JB/T 4730.4—2005，条款号　6

237．试题：下列退磁的叙述不符合 JB/T 4730.4—2005《承压设备无损检测　第 4 部分：
磁粉检测》的是（　　）。

A．检测后需加热至 700℃以上进行热处理的工件，一般可不进行退磁

B．检测后热处理温度在 700℃以下的承压类设备，均要进行退磁

C．当检测需要多次磁化时，如认定上一次磁化将会给下一次磁化带来不良影响，
应进行退磁

答案：B

依据：《承压设备无损检测　第 4 部分：磁粉检测》JB/T 4730.4—2005，条款号　7.1

238. **试题：**下列退磁的叙述不符合 JB/T 4730.4—2005《承压设备无损检测　第 4 部分：磁粉检测》的是（　　）。

A．如认为工件的剩磁会对以后的机械加工产生不良影响，应进行退磁

B．如认为工件的剩磁会对测试或计量装置产生不良影响，应进行退磁

C．进行复验时，均需要退磁

答案：C

依据：《承压设备无损检测　第 4 部分：磁粉检测》JB/T 4730.4—2005，条款号　7.1

239. **试题：**下列退磁的叙述不符合 JB/T 4730.4—2005《承压设备无损检测　第 4 部分：磁粉检测》的是（　　）。

A．退磁方法分为交流和直流两种

B．将需退磁的工件从通电的磁化线圈中缓慢抽出，直至工件离开线圈 1m 以上时，再切断电流

C．将需退磁的工件放入直流电磁场中，并逐渐减小电流至零

答案：C

依据：《承压设备无损检测　第 4 部分：磁粉检测》JB/T 4730.4—2005，条款号　7.2

240. **试题：**JB/T 4730.4—2005《承压设备无损检测　第 4 部分：磁粉检测》规定，在用承压设备进行磁粉检测不推荐采用荧光磁粉检测的是（　　）。

A．表面比较粗糙的部位

B．制造时采用高强钢材料

C．采用对裂纹敏感的材料

答案：A

依据：《承压设备无损检测　第 4 部分：磁粉检测》JB/T 4730.4—2005，条款号　8

241. **试题：**下列焊接接头磁粉检测质量分级的叙述不符合 JB/T 4730.4—2005《承压设备无损检测　第 4 部分：磁粉检测》规定的是（　　）。

A．不允许存在任何裂纹和白点

B．紧固件和轴类零件不允许任何横向缺陷显示

C．在圆形缺陷评定区内同时存在圆形缺陷及裂纹时，应进行综合评级

答案：C

依据：《承压设备无损检测　第 4 部分：磁粉检测》JB/T 4730.4—2005，条款号　9

242. **试题：**磁粉检测某焊接接头，在圆形缺陷评定区内有长度为 3.0mm 的线性缺陷磁痕 1 个；长径为 3.0mm 的圆形缺陷磁痕 3 个，该焊接接头质量等级应为（　　）。

A．Ⅰ级　　　　　　　　　B．Ⅲ级　　　　　　　　　C．Ⅳ级

答案：C

依据：《承压设备无损检测　第 4 部分：磁粉检测》JB/T 4730.4—2005，条款号　9.2

243. **试题**：在圆形缺陷评定区内有同一直线上长度为 1.5mm 的线性缺陷磁痕 2 个，间距为 2mm；长径为 2.0mm 的圆形缺陷磁痕 2 个，该焊接接头质量等级应为（　　）。

A．Ⅱ级　　　　　　B．Ⅲ级　　　　　　C．Ⅳ级

答案：B

依据：《承压设备无损检测　第 4 部分：磁粉检测》JB/T 4730.4—2005，条款号　9.2

244. **试题**：在锻件的圆形缺陷评定区内有同一直线上长度为 2.0mm 的线性缺陷磁痕 2 个，间距为 2mm；长径为 3.5mm 的圆形缺陷磁痕 2 个，该焊接接头质量等级应为（　　）。

A．Ⅱ级　　　　　　B．Ⅲ级　　　　　　C．Ⅳ级

答案：C

依据：《承压设备无损检测　第 4 部分：磁粉检测》JB/T 4730.4—2005，条款号　9.3

245. **试题**：下列磁粉检测报告的叙述不符合 JB/T 4730.4—2005《承压设备无损检测　第 4 部分：磁粉检测》的是（　　）。

A．标准没有规定报告的具体格式

B．检测规范不包括标准试块

C．实际检测所出具的报告内容不得少于标准规定内容，并且可以根据需要添加和补充若干内容

答案：B

依据：《承压设备无损检测　第 4 部分：磁粉检测》JB/T 4730.4—2005，条款号　10

246. **试题**：根据 JB/T 4730.4—2005《承压设备无损检测　第 4 部分：磁粉检测》规定，使用交叉磁轭装置湿法检测时，错误的选项是（　　）。

A．磁悬液的喷洒必须保证在有效磁化场范围内始终保持润湿状态

B．检测环向焊接接头时，磁悬液应喷洒在行走方向的前上方

C．交叉磁轭的外侧旋转磁场较弱，不能利用

答案：C

依据：《承压设备无损检测　第 4 部分：磁粉检测》JB/T 4730.4—2005，条款号　10

247. **试题**：下列散装渗透剂质量控制的叙述不符合 JB/T 4730.5—2005《承压设备无损检测　第 5 部分：渗透检测》的是（　　）。

A．渗透剂应进行温度校验

B．渗透剂应进行性能对比试验

C．渗透剂应进行相对密度校验

答案：A

依据：《承压设备无损检测　第 5 部分：渗透检测》JB/T 4730.5—2005，条款号　3.2.1

248. **试题**：下列喷罐式渗透检测剂的叙述不符合 JB/T 4730.5—2005《承压设备无损检

测　第 5 部分：渗透检测》的是（　　）。

A．渗透剂应进行性能对比试验

B．必须标明生产日期和有效期

C．要附带产品合格证和使用说明书

答案：A

依据：《承压设备无损检测　第 5 部分：渗透检测》JB/T 4730.5—2005，条款号　3.2.3

249. 试题：下列渗透检测剂的叙述不符合 JB/T 4730.5—2005《承压设备无损检测　第 5 部分：渗透检测》的是（　　）。

A．对同一检测工件，不能混用不同类型的渗透检测剂

B．镍基合金材料，一定量渗透检测剂蒸发后残渣中的氯、氟元素含量的重量比不得超过 1%

C．硫、氯、氟等有害元素的含量可以按 JB/T 4730.5—2005 提供的方法进行实验测定

答案：B

依据：《承压设备无损检测　第 5 部分：渗透检测》JB/T 4730.5—2005，条款号　3.2.6

250. 试题：下列渗透检测设备和仪器的叙述不符合 NB/T 4730.5—2005《承压设备无损检测　第 5 部分：渗透检测》的是（　　）。

A．荧光检测时暗室或暗处的可见光照度应不大于 20lx

B．荧光检测时必须配备照度计、黑光辐照度计和荧光亮度计

C．着色检测时必须配备照度计

答案：B

依据：《承压设备无损检测　第 5 部分：渗透检测》JB/T 4730.5—2005，条款号　3.3

251. 试题：下列渗透检测试块的叙述不符合 JB/T 4730.5—2005《承压设备无损检测　第 5 部分：渗透检测》的是（　　）。

A．铝合金试块可用于非标准温度下的检测方法鉴定

B．镀铬试块主要用于检验渗透检测剂系统灵敏度及操作工艺正确性

C．荧光渗透检测用的试块可以用于着色渗透检测

答案：C

依据：《承压设备无损检测　第 5 部分：渗透检测》JB/T 4730.5—2005，条款号　3.3.6.3

252. 试题：下列渗透检测试块的叙述中，不符合 JB/T 4730.5—2005《承压设备无损检测　第 5 部分：渗透检测》的是（　　）。

A．试块发生阻塞的典型现象是显示的人工缺陷花纹（花样）不完整

B．试块灵敏度下降表现为试块人工缺陷显示的亮度、清晰度降低，显示尺寸减少或模糊不清

C．每次使用后若能够彻底清洗和妥善保存，试块的重复使用次数是无限的

答案：C

依据：《承压设备无损检测　第 5 部分：渗透检测》JB/T 4730.5—2005，条款号
　　　3.3.6.5

253．试题：下列检测方法的叙述不符合 JB/T 4730.5—2005《承压设备无损检测　第 5
部分：渗透检测》的是（　　）。

A．检测方法的选用，首先应满足被检工件表面粗糙度、检测批量大小和检测现场
的水源、电源等条件

B．荧光法比着色法有较高的检测灵敏度

C．对于现场无水源、电源的检测宜采用溶剂去除型着色法

答案：A

依据：《承压设备无损检测　第 5 部分：渗透检测》JB/T 4730.5—2005，条款号　3.4.3

254．试题：按照 JB/T 4730.5—2005《承压设备无损检测　第 5 部分：渗透检测》，渗透
检测灵敏度最高的是（　　）。

A．Ⅰ B-d　　　　　　　　　B．Ⅰ A-b　　　　　　　　　C．Ⅱ C-d

答案：A

依据：《承压设备无损检测　第 5 部分：渗透检测》JB/T 4730.5—2005，条款号　3.4.1

255．试题：下列渗透检测时机的叙述不符合 JB/T 4730.5—2005《承压设备无损检测　第
5 部分：渗透检测》的是（　　）。

A．检测时机的选择要结合材料、工艺及标准要求等进行

B．需要热处理的工件，应安排在热处理之后进行

C．有延迟裂纹倾向的材料，至少应在焊接完成 36h 后进行检测

答案：C

依据：《承压设备无损检测　第 5 部分：渗透检测》JB/T 4730.5—2005，条款号　3.5

256．试题：下列施加渗透剂的叙述不符合 JB/T 4730.5—2005《承压设备无损检测　第 5
部分：渗透检测》的是（　　）。

A．施加渗透剂时，应保证被检部位完全被渗透剂覆盖，并在整个渗透时间内保持
湿润状态

B．当超过标准检测温度范围时，不得进行渗透检测

C．可以采用喷涂、刷涂、浇涂和浸涂施加渗透剂

答案：B

依据：《承压设备无损检测　第 5 部分：渗透检测》JB/T 4730.5—2005，条款号　5.3

257．试题：下列乳化处理的叙述不符合 JB/T 4730.5—2005《承压设备无损检测　第 5
部分：渗透检测》的是（　　）。

A．重新处理指从渗透开始，按顺序重新操作

B．使用亲油型乳化剂时，乳化剂不能在工件上搅动

C．不允许采用刷涂法施加乳化剂

答案：A

依据：《承压设备无损检测　第 5 部分：渗透检测》JB/T 4730.5—2005，条款号　5.4

258．试题：根据 JB/T 4730.5—2005《承压设备无损检测　第 5 部分：渗透检测》，下列关于乳化处理的叙述中，不正确的是（　　　）。

A．对过渡的背景要求将工件清洗并重新处理

B．经过补充乳化后仍未达到一个满意的背景时，应将工件按工艺要求重新处理

C．出现明显的过清洗时要求将工件清洗并重新处理

答案：A

依据：《承压设备无损检测　第 5 部分：渗透检测》JB/T 4730.5—2005，条款号　5.4.3

259．试题：下列去除多余渗透剂的叙述不正确的是（　　　）。

A．荧光法检测时，可在紫外线灯照射下边观察边去除

B．水洗型和后乳化型渗透剂（乳化后）均可用水去除

C．用水去除时，若无冲洗装置，可采用干净不脱毛的抹布蘸水反复擦洗

答案：C

依据：《承压设备无损检测　第 5 部分：渗透检测》JB/T 4730.5—2005，条款号　5.5

260．试题：下列去除多余渗透剂的叙述不正确的是（　　　）。

A．水洗型和后乳化型渗透剂（乳化后）均可用水去除

B．冲洗时，水射束与被检面的夹角以 30°为宜，水温为 10℃～40℃，如无特殊规定，冲洗装置喷嘴处的水压应不超过 0.34MPa

C．用水去除时，若无冲洗装置，可采用干净不脱毛的抹布蘸水反复擦洗

答案：C

依据：《承压设备无损检测　第 5 部分：渗透检测》JB/T 4730.5—2005，条款号　5.5.2

261．试题：下列干燥处理的叙述不正确的是（　　　）。

A．采用自显像应在水清洗后进行干燥处理

B．施加水湿式显像剂（水溶解、水悬浮显像剂）时，检测面应在施加前进行干燥处理

C．施加溶剂悬浮显像剂时，检测面应在施加前进行干燥处理

答案：B

依据：《承压设备无损检测　第 5 部分：渗透检测》JB/T 4730.5—2005，条款号　5.6

262．试题：下列施加显像剂的叙述不正确的是（　　　）。

A．无论使用哪种显像剂，不可在同一地点反复多次施加

B．采用自显像时，停留时间一般不应少于 7min

C．禁止在被检面上倾倒湿式显像剂

答案： B

依据：《承压设备无损检测 第 5 部分：渗透检测》JB/T 4730.5—2005，条款号 5.7

263．**试题：** 下列观察显示的叙述不正确的是（ ）。

A．现场采用喷罐式着色检测，被检表面可见光照度不得低于 1000lx

B．在未出现显示时应分段对检测部位进行观察，并应满足规定的显示观察时间，以防细小缺陷漏检

C．应在显示开始扩散之前记录

答案： A

依据：《承压设备无损检测 第 5 部分：渗透检测》JB/T 4730.5—2005，条款号 5.8

264．**试题：** 下列关于荧光渗透检测时观察显示的叙述中不正确的是（ ）。

A．缺陷显示的评定应在暗室或暗处进行，暗室或暗处白光照度应不大于 20lx

B．检测人员进入暗区，至少经过 30s 的黑暗适应后，才能进行荧光渗透检测

C．检测人员不能戴对检测有影响的眼镜

答案： B

依据：《承压设备无损检测 第 5 部分：渗透检测》JB/T 4730.5—2005，条款号 5.8.3

265．**试题：** 下列条款不符合 JB/T 4730.5—2005《承压设备无损检测 第 5 部分：渗透检测》的是（ ）。

A．检测前、检测过程或检测结束认为必要时，应随时检验渗透检测剂系统灵敏度以及操作工艺正确性

B．使用新的渗透检测剂时，实施检测前应用 A 型试块检验渗透检测剂系统灵敏度以及操作工艺正确性

C．黑光辐照度计、荧光亮度计和照度计属国家法定计量器具，应按规定周期送交计量部门进行校验

答案： B

依据：《承压设备无损检测 第 5 部分：渗透检测》JB/T 4730.5—2005，条款号 5.12

266．**试题：** 涡流检测系统辅助装置不包括（ ）。

A．磁饱和装置　　　　B．机械传动装置　　　　C．磁场指示器

答案： C

依据：《承压设备无损检测 第 6 部分：涡流检测》JB/T 4730.6—2005，条款号 3.1.1

267．**试题：** 下列关于涡流检测系统性能的叙述不正确的是（ ）。

A．对管材相同尺寸人工缺陷响应的周向灵敏度差应不大于 3dB

B．端部检测盲区不大于 200mm

C．检测系统的缺陷分辨力一般应优于 30mm

答案： B

依据：《承压设备无损检测　第 6 部分：涡流检测》JB/T 4730.6—2005，条款号　3.1.3

268. **试题：** 下列关于机械传动装置的叙述不正确的是（　　）。

A．应能保证被检件与检测线圈之间以规定的方式平稳地作相对运动

B．应能保证端部检测盲区最小

C．不应造成被检件表面损伤

答案： B

依据：《承压设备无损检测　第 6 部分：涡流检测》JB/T 4730.6—2005，条款号　3.1.6

269. **试题：** 下列使用对比试样对涡流检测设备的灵敏度进行检查和复验的叙述不正确的是（　　）。

A．每次检测开始前和结束后

B．怀疑检测设备运行不正常时

C．连续检测时，每 2h 检查和复验

答案： C

依据：《承压设备无损检测　第 6 部分：涡流检测》JB/T 4730.6—2005，条款号　3.1.8

270. **试题：** 下列关于对比试样的要求不正确的是（　　）。

A．主要用于调节涡流检测仪检测灵敏度、确定验收水平和保证检测结果准确性

B．应与被检对象具有相同或相近规格、牌号、热处理状态、表面状态和电磁性能

C．对比试样上人工缺陷的尺寸应解释为检测设备可以探测到的缺陷的最小尺寸

答案： C

依据：《承压设备无损检测　第 6 部分：涡流检测》JB/T 4730.6—2005，条款号　3.2

271. **试题：** 为检查端部效应，在对比试样钢管端部（　　）处，加工 2 个相同尺寸的通孔。

A．小于或等于 200mm　　B．等于 200mm　　　　C．100mm±5mm

答案： A

依据：《承压设备无损检测　第 6 部分：涡流检测》JB/T 4730.6—2005，条款号　4.3.2.1

272. **试题：** 下列关于涡流试样钻孔的叙述中，不正确的是（　　）。

A．钻孔时应保持钻头稳定，防止局部过热和表面产生毛刺

B．当钻头直径小于 1.10mm 时，其钻孔直径不得比规定值大 0.05mm

C．当钻头直径不小于 1.10mm 时，其钻孔直径不得比规定值大 0.20mm

答案： B

依据:《承压设备无损检测　第 6 部分:涡流检测》JB/T 4730.6—2005,条款号　4.3.2.3

273. 试题:下列关于试样上人工槽的要求不正确的是(　　)。

A. 槽的形状为横向矩形槽,平行于钢管的主轴线

B. 槽的宽度不大于 1.5mm,长度为 25mm,其深度为管子公称壁厚的 5%,最小深度为 0.3mm,最大深度为 1.3mm

C. 深度允许偏差为槽深的 ±15%,或者是 ±0.05mm,取其大者

答案:A

依据:《承压设备无损检测　第 6 部分:涡流检测》JB/T 4730.6—2005,条款号　4.3.3

274. 试题:下列关于条件与步骤的要求不正确的是(　　)。

A. 检测设备通电后,应进行不低于 10min 的系统预运转

B. 作为产品验收或质量等级评定的人工缺陷响应信号的幅度应在仪器荧光屏满刻度的 30%～50%

C. 对比试样中间 3 个对称通孔的显示幅度应基本一致,选取最高幅度作为检测设备的触发报警电平

答案:C

依据:《承压设备无损检测　第 6 部分:涡流检测》JB/T 4730.6—2005,条款号　4.5

275. 试题:下列关于磁性金属管材外穿过式线圈涡流检测适用范围的叙述不正确的是(　　)。

A. 对于铜及铜合金无缝管,可检测管材的壁厚小于或等于 4mm,外径小于或等于 50mm

B. 对于铝及铝合金管,可检测管材的壁厚小于或等于 2mm,外径小于或等于 38mm

C. 对于钛及钛合金管,可检测管材的壁厚小于或等于 4.5mm,外径小于或等于 30mm

答案:A

依据:《承压设备无损检测　第 6 部分:涡流检测》JB/T 4730.6—2005,条款号　5.1.2

276. 试题:为检查(　　),在对比试样铜及铜合金无缝管材端部小于或等于 100mm 处,加工 2 个相同尺寸的通孔。

A. 涡流检测设备性能　　B. 检出效应　　　　　　C. 端部效应

答案:C

依据:《承压设备无损检测　第 6 部分:涡流检测》JB/T 4730.6—2005,条款号　5.2.1

277. 试题:下列在用铁磁性钢管的远场涡流检测仪器的要求不正确的是(　　)。

A. 采用电压平面显示方式,实时给出缺陷的相位、幅值等特征信息,可将干扰信号与缺陷信号调整在易于观察及设置报警区域的相位上

B．可采用自动平衡技术

C．频率范围为 1kHz～125kHz；仪器应具有良好的低频检测特性

答案：C

依据：《承压设备无损检测　第 6 部分：涡流检测》JB/T 4730.6—2005，条款号　6.2.1

278．**试题**：下列检测结果的评定与处理的说法不正确的是（　　）。

A．检验结果可根据缺陷响应信号的幅值和相位进行综合评定

B．缺陷深度应依据缺陷响应信号的幅值进行评定

C．经检验未发现尺寸（包括深度）超过验收标准缺陷的管材为涡流检测合格品方法加以验证。若仍发现有超过验收标准的缺陷，则该管材为涡流检测不合格品

答案：B

依据：《承压设备无损检测　第 6 部分：涡流检测》JB/T 4730.6—2005，条款号　8

四、多选题（下列试题中，至少有 2 项是标准原文规定的正确答案，请将正确答案填在括号内）

1．**试题**：钢以外的其他金属材料取样可采用下列（　　）方法。

A．剪切　　　　　　　　　　　　　　　　B．热切割

C．锯　　　　　　　　　　　　　　　　　D．磨

答案：CD

依据：《焊接接头拉伸试验方法》GB/T 2651—2008，条款号　5.4.3

2．**试题**：对某些被检区内厚度变化较大的工件透照时，可使用稍高于标准要求的管电压，最高管电压的许用增量为（　　）。

A．钢最大允许提高 50kV　　　　　　　　B．钢最大允许提高 40kV

C．铝最大允许提高 40kV　　　　　　　　D．铝最大允许提高 30kV

答案：AD

依据：《金属熔化焊焊接接头射线照相》GB/T 3323—2005，条款号　6.2.1.2

3．**试题**：关于射源-工件的距离 f_{min}、工件-胶片距离 b 说法正确的是（　　）。

A．采用双壁双影椭圆透照技术或垂直透照技术时，b 值取管子外径 D_0

B．采用双壁单影法外透照时，b 值取管子外径 D_0

C．射线源置于被检工件内部透照，射线源-工件的最小距离 f_{min} 允许减小，但减小值不应超过 50%

D．射线源置于被检工件内部中心透照时，在满足像质计要求的前提下，射线源-工件的最小距离 f_{min}。允许减小，但减小值不应超过 50%

答案：AD

依据：《金属熔化焊焊接接头射线照相》GB/T 3323—2005，条款号　6.6

4．**试题**：下列说法正确的是（　　）。

A. 检测时焊缝及母材温度在 0℃～60℃之间

B. 主要应用于母材和焊缝均为铁素体类钢的全熔透焊缝

C. 规定了依赖材料的超声波数值，是基于纵波声速为（5920±50）m/s 和横波声速为（3255±30）m/s 的钢材

D. 规定了 A、B、C 三个检测等级

答案： ABC

依据：《焊缝无损检测　超声检测　技术、检测等级和评定》GB/T 11345—2013，条款号　1

5. **试题：** 下面（　　）发生改变时，工艺规程应重新进行验证。

A. 观察方法

B. 更换检验员

C. 被检表面照明要求

D. 验证试样

答案： ACD

依据：《承压设备无损检测　第 7 部分：目视检测》NB/T 47013.7—2012，条款号　4.3.3

6. **试题：** 当目视检测发现异常情况，且不能判断缺陷的性质和影响时，可采用（　　）方法对异常处进行检测和评价。

A. 厚度测量

B. 硬度测量

C. 泄漏检验

D. 磁粉或渗透检验。

答案： ABD

依据：《承压设备无损检测　第 7 部分：目视检测》NB/T 47013.7—2012，条款号　6.3

7. **试题：** 气泡泄漏检测包含（　　）。

A. 吸枪技术

B. 直接加压技术

C. 真空罩技术

D. 氨泄漏技术

答案： BC

依据：《承压设备无损检测　第 8 部分：泄漏检测》NB/T 47013.8—2012，条款号　目次

8. **试题：** 氦质谱仪泄漏检测包含（　　）。

A. 吸枪技术

B. 示踪探头技术

C. 真空罩技术

D. 护罩技术

答案： ABD

依据：《承压设备无损检测　第 8 部分：泄漏检测》NB/T 47013.8—2012，条款号　目次

9. **试题：** 泄漏检测用压力表和真空表的正确说法有（　　）。

A. 泄漏检测采用刻度指示式和记录式压力表时，其量程应在检测压力 1.5 倍～4 倍的范围内，宜为预期最大检测压力的 2 倍左右。这些量程范围的规定适用于

真空表

B. 除另有规定外，泄漏检测用压力表的精度不得低于 1.6 级

C. 进行压力或真空泄漏检测时，刻度指示式压力表应与被检件直接连接，或从远距离处与被检件连接，使检测人员在全过程中易于观察到这些压力表/真空表

D. 指示式或记录式压力表/真空表校准间隔不得超过 6 个月；使用中认为检测结果有误时，应重新校准压力表

答案：BC

依据：《承压设备无损检测　第 8 部分：泄漏检测》NB/T 47013.8—2012，条款号　4.4.1

10. **试题：**金属技术监督的任务之一是做好受监范围内各种金属部件在（　　）阶段的材料质量、焊接质量、部件质量监督。

A. 设计　　　　　　　　　　　　　B. 制造

C. 安装　　　　　　　　　　　　　D. 检修

答案：BCD

依据：《火力发电厂金属技术监督规程》DL/T 438—2009，条款号　3.2

11. **试题：**金属技术监督是火力发电厂技术监督的重要组成部分，是保证火电机组安全运行的重要措施，应实现在机组（　　）的技术监督和技术管理工作中。

A. 设计、制造、安装（包括工厂化配管）

B. 工程监理

C. 调试、试运行

D. 运行、停用、检修、技术改造

答案：ABCD

依据：《火力发电厂金属技术监督规程》DL/T 438—2009，条款号　3.3

12. **试题：**DL/T 438—2009《火力发电厂金属技术监督规程》下述关于金属技术监督正确的说法有（　　）。

A. 火力发电厂和电力建设公司应设相应的金属技术监督网

B. 金属技术监督网应设置金属技术监督专责工程师

C. 金属技术监督网成员应有金属检验、焊接、锅炉、汽轮机、电气专业技术人员和金属材料供应部门的主管人员

D. 无金属监督经验的人员，也可以担任金属技术监督专责工程师

答案：ABC

依据：《火力发电厂金属技术监督规程》DL/T 438—2009，条款号　3.3-c）

13. **试题：**受监范围的金属材料及其部件应严格按相应的（　　）标准的规定对其质量进行检验。

A. 国内国家　　　　　　　　　　　B. 国外国家

C. 国内行业　　　　　　　　　　　D. 国外行业

答案：ABCD

依据：《火力发电厂金属技术监督规程》DL/T 438—2009，条款号 5.1

14. 试题：重要的金属部件，如（ ）等，应有部件质量保证书。

A．汽包、汽水分离器 B．联箱

C．汽轮机大轴、叶轮 D．发电机大轴、护环

答案：ABCD

依据：《火力发电厂金属技术监督规程》DL/T 438—2009，条款号 5.2-c）

15. 试题：对高温蒸汽管道在（ ）可装设蒸汽管道安全状态在线监测装置。

A．三通危险部位

B．管道应力危险的区段

C．管壁较薄，应力较大，或运行时间较长

D．经评估后剩余寿命较短的管道

答案：BCD

依据：《火力发电厂金属技术监督规程》DL/T 438—2009，条款号 7.1.12（强条）

16. 试题：高温蒸汽管道安装前，安装单位应对直管段、管件和阀门的外观质量进行检验，部件表面不许存在（ ）等缺陷。

A．裂纹 B．严重凹陷

C．变形 D．氧化皮

答案：ABC

依据：《火力发电厂金属技术监督规程》DL/T 438—2009，条款号 7.1.13

17. 试题：9% Cr～12%Cr 系列钢制管道的检验监督中，对于（ ）的管道，100%进行焊缝的硬度检验。

A．公称直径大于 150mm B．公称直径大于 108mm

C．壁厚大于 12mm D．壁厚大于 20mm

答案：AD

依据：《火力发电厂金属技术监督规程》DL/T 438—2009，条款号 7.3.6

18. 试题：工作温度高于 400℃的联箱安装前，应做如下检验（ ）。

A．对进口联箱，除应符合有关国家的技术标准和合同规定的技术条件外，应有商检合格证明单

B．联箱上接管的形位偏差检验，应符合相关制造标准中的规定

C．对联箱过渡段 100%进行硬度检验。一旦发现硬度异常，须进行金相组织检验

D．检查联箱内部清洁度，如钻孔残留的"眼镜片"、焊瘤、杂物等，并彻底清除

答案：ABCD

依据：《火力发电厂金属技术监督规程》DL/T 438—2009，条款号 8.1.1

19. 试题：联箱发现下列情况时，应及时处理或更换（　　）。
    A. 筒体和管座的壁厚等于最小需要壁厚
    B. 筒体产生蠕变裂纹或严重的蠕变损伤（蠕变损伤 4 级及以上）时
    C. 碳钢和钼钢制联箱，当石墨化达 4 级时
    D. 联箱筒体周向胀粗超过公称直径的 1%
    答案：BCD
    依据：《火力发电厂金属技术监督规程》DL/T 438—2009，条款号　8.2.5

20. 试题：膜式水冷壁的鳍片应选与管子同类的材料；蛇形管应进行（　　）试验。
    A. 风压试验
    B. 通球试验
    C. 超水压试验
    D. 压扁试验
    答案：BC
    依据：《火力发电厂金属技术监督规程》DL/T 438—2009，条款号　9.1.4

21. 试题：受热面管子安装前，应进行（　　）检验。
    A. 受热面管出厂前，内部不得有杂物、积水及锈蚀；管接头、管口应密封
    B. 膜式水冷壁的鳍片焊缝应无裂纹、漏焊，管子与鳍片的连接焊缝咬边深度不得大于 0.5mm，且连续长度不大于 100mm
    C. 随机抽查受热面管子的外径和壁厚，不同材料牌号和不同规格的直段各抽查 10 根，每根两点，应符合图纸尺寸要求，壁厚负偏差在允许范围内
    D. 不同规格、不同弯曲半径的弯管各抽查 10 根，弯管的椭圆度应符合相关标准的规定，压缩面不应有明显的皱褶
    答案：ABCD
    依据：《火力发电厂金属技术监督规程》DL/T 438—2009，条款号　9.1.6

22. 试题：大型铸件部件安装前应进行（　　）检验。
    A. 铸件 100%进行外表面和内表面可视部位的检查，内外表面应光洁，不得有裂纹、缩孔、粘砂、冷隔、漏焊、砂眼、疏松及尖锐划痕等缺陷，必要时进行表面探伤
    B. 汽缸的螺栓孔应进行无损探伤
    C. 若制造厂未提供部件探伤报告或对其提供的报告有疑问时，应进行无损探伤；若有超标缺陷，加倍复查
    D. 铸件的硬度检验，特别要注意部件的高温区段
    答案：ABCD
    依据：《火力发电厂金属技术监督规程》DL/T 438—2009，条款号　15.1.2

23. 试题：M32 的碳钢螺栓使用前，应按照规定进行（　　）检验。
    A. 进行组织抽验
    B. 进行 100%超声波探伤
    C. 进行 100%光谱检验
    D. 进行 100%硬度检验

答案：BD

依据：《火力发电厂高温紧固件技术导则》DL/T 439—2006，条款号 4.1

24. **试题：** 符合（ ）的螺栓，不能进行恢复热处理，只能报废。

A. 硬度超标

B. 已发现裂纹的螺栓

C. 金相组织有明显的黑色网状奥氏体晶界

D. 螺栓的蠕变变形量达到1%。

答案：BD

依据：《火力发电厂高温紧固件技术导则》DL/T 439—2006，条款号 4.3.2

25. **试题：** 射线透照技术分为（ ）。

A. A 级　　　　　　　　　　　　　B. AB 级

C. B 级　　　　　　　　　　　　　D. C 级

答案：AC

依据：《钢熔化焊 T 形接头和角接接头焊缝射线照相和质量分级》DL/T 541—2014，
条款号 4

26. **试题：** 斜探头检测时，斜探头的折射角度及前沿尺寸根据（ ）进行选择。

A. 检测面母材厚度

B. T 形接头坡口形式

C. 坡口角度

D. 预期检测的主要缺陷位置和种类

答案：ABCD

依据：《钢熔化焊 T 形接头超声波检测方法和质量评定》DL/T 542—2014，条款号
4.2.2

27. **试题：** 电站锅炉、热力系统压力容器和主要汽水管道在设备（ ）阶段检验工作
的内容和相应要求。

A. 设计　　　　　　　　　　　　　B. 制造

C. 安装　　　　　　　　　　　　　D. 在役

答案：BCD

依据：《电站锅炉压力容器检验规程》DL 647—2004，条款号 1

28. **试题：** 锅炉安装质量监检范围包括（ ）。

A. 汽包、内外置式汽水分离器　　　　B. 联箱、受热面

C. 除氧器　　　　　　　　　　　　　D. 大板梁

答案：ABD

依据：《电站锅炉压力容器检验规程》DL 647—2004，条款号 5.2

29. **试题：**属于锅炉整体超水压试验前现场必须具备的条件是（ ）。

A. 四大管道截止点阀门、附件或临时封堵装置安装完毕

B. 受热面管子或承压部件上的所有焊接部件，如鳍片、销钉、密封铁件、防磨罩、保温钩钉、门孔座和热工测量元件等均施焊结束，焊渣清除，外观检查合格

C. 锅炉本体各部件的吊杆、吊架安装完成，并经过调整符合设计要求

D. 水压试验所需临时管道及临时支吊架安装结束

答案：ABCD

依据：《电站锅炉压力容器检验规程》DL 647—2004，条款号 5.7

30. **试题：**探伤仪和探头组合系统性能正确的说法是（ ）。

A. 灵敏度余量：在达到所测工件的最大检测声程时，其有效灵敏度应不小于10dB

B. 分析率：小角度纵波斜探头和直探头的远场分辨率应不小于30dB，爬波探头和横波斜探头的分辨率应不小于6dB

C. 探伤仪和探头组合频率和公称频率误差应不大于10%

D. 探伤仪和探头组合系统性能按规定测试

答案：ABCD

依据：《高温紧固螺栓超声检测技术导则》DL/T 694—2012，条款号 3.3.3

31. **试题：**螺栓应力集中部位包括（ ）。

A. 结合面附近一至三道螺纹根部

B. 螺栓中心孔内壁高温加热区

C. 马氏体钢高温合金螺栓光杆内外壁

D. 非全通孔螺栓中心孔的底部

答案：ABCD

依据：《高温紧固螺栓超声检测技术导则》DL/T 694—2012，条款号 3.6.5

32. **试题：**DL/T 754—2013《母线焊接技术规程》规定，渗透检测的搭接接头不应有（ ）缺陷。

A. 裂纹　　　　　　　　　　　　　　　B. 未熔合

C. 密集气孔　　　　　　　　　　　　　D. 飞溅

答案：ABC

依据：《母线焊接技术规程》DL/T 754—2013，条款号 7.7

33. **试题：**焊口检验前应了解（ ）。

A. 焊接工艺　　　　　　　　　　　　　B. 焊工代号

C. 坡口形式　　　　　　　　　　　　　D. 内部加工面情况

答案：ACD

依据：《管道焊接接头超声波检验技术规程》DL/T 820—2002，条款号 4.5.1.1

34. **试题：** 超声波检验由于管件（　　）的影响，应对检验灵敏度进行传输损失综合补偿，综合补偿量必须计入距离-波幅曲线。

A．表面耦合损失　　　　　　　　　　　　B．材料衰减

C．内外曲率　　　　　　　　　　　　　　D．氧化层

答案： ABC

依据：《管道焊接接头超声波检验技术规程》DL/T 820—2002，条款号　5.3.5.5

35. **试题：** 射线底片的评定应由（　　）级射线检测人员担任。

A．Ⅰ　　　　　　　　　　　　　　　　　B．Ⅱ

C．Ⅲ　　　　　　　　　　　　　　　　　D．单位技术负责人

答案： BC

依据：《钢制承压管道对接焊接接头射线检验技术规程》DL/T 821—2002，条款号　3.3.4

36. **试题：** 底片应清晰地显示出（　　）标记，位置正确且不掩盖被检焊缝影像，此外应能清晰地看到长度不小于 10mm 的像质计钢丝影像。

A．像质计　　　　　　　　　　　　　　　B．深度对比块

C．定位标记　　　　　　　　　　　　　　D．识别标记

答案： ABCD

依据：《钢制承压管道对接焊接接头射线检验技术规程》DL/T 821—2002，条款号　5.1.2

37. **试题：** 低合金钢的蠕变机理导致的失效，其变化程度和速度取决于（　　）。

A．原始材料的组织状态　　　　　　　　　B．材料的成分

C．部件使用应力和温度　　　　　　　　　D．使用时间

答案： ABCD

依据：《火电厂金相检验与评定技术导则》DL/T 884—2004，条款号　3.1

38. **试题：** 金属材料在长期高温和应力作用下发生组织老化的特征可由碳化物相的一系列变化来表征，检验和分析时必须考虑（　　）。

A．组织形态改变　　　　　　　　　　　　B．相成分改变

C．碳化物粗化　　　　　　　　　　　　　D．相结构改变

答案： ABCD

依据：《火电厂金相检验与评定技术导则》DL/T 884—2004，条款号　3.2

39. **试题：** 适用于电厂部件的金相组织检验技术和方法较多，根据分析目的的不同分为（　　）。

A．一般性金相组织检验　　　　　　　　　B．特殊性金相组织检验

C．状态检验　　　　　　　　　　　　　　D．寿命评估

答案：ACD

依据：《火电厂金相检验与评定技术导则》DL/T 884—2004，条款号　3.6

40. 试题：一般性金相组织检验是指以常规组织形态分析为主的检验，其检验内容一般包括（　　）。

A．评定金相组织
B．评定球化（老化）程度
C．评定夹杂物级别
D．评定晶粒度级别

答案：ABCD

依据：《火电厂金相检验与评定技术导则》DL/T 884—2004，条款号　3.6

41. 试题：看谱镜的正确说法有（　　）。

A．看谱镜的激发光源应有电弧、火花模式可选，电极应可更换

B．看谱镜的波长范围应覆盖 400nm～700nm 区域

C．采用交流电弧，电流 3A～5A，用纯铜圆盘电极激发低合金钢标准物质仪目视可见 0.04%钒（V，波长 437.92nm）和 0.25%硅（Si，波长 634.70nm）谱

D．光谱仪的绝缘电阻应大于 20MΩ

答案：ABCD

依据：《电力设备金属光谱分析技术导则》DL/T 991—2006，条款号　4.2

42. 试题：（　　）钢材应在焊接热处理后进行无损检测。

A．延迟裂纹倾向的材料
B．再热裂纹倾向材料
C．不锈钢材料
D．铁磁性材料

答案：AB

依据：《火力发电厂焊接技术规程》DL/T 869—2012，条款号　6.1.5

43. 试题：放射性同位素、射线装置（　　）时，应保护好现场，立即向当地主管部门报告。

A．使用
B．丢失
C．储存
D．被盗

答案：BD

依据：《电力建设安全工作规程　第 1 部分：火力发电》DL 5009.1，条款号　6.4.1（强条）

44. 试题：无损检测时机错误的说法是（　　）。

A．有延迟裂纹倾向的材料应当在焊接完成后立即进行无损检测

B．有再热裂纹倾向材料的焊接接头，应当在最终热处理后进行表面无损检测复验

C．封头（管板）、波形炉胆、下胶圈的拼接接头的无损检测应当在成型前进行

D．电渣焊焊接接头应当在正火前进行超声检测

答案：ABD

依据：《锅炉安全技术监察规程》TSG G0001—2012，条款号　4.5.4.5

45. **试题**：无损检测通用工艺规程至少应包括（　　）。

A．适用范围；引用标准、法规

B．检测设备、器材和材料；检测表面制备；检测时机

C．检测工艺和检测技术；检测结果的评定和质量等级分类

D．检测记录、报告和资料归档

答案：ABCD

依据：《承压设备无损检测　第1部分：通用要求》JB/T 4730.1—2005，条款号　5.2.2.2

46. **试题**：从事（　　）检验的人员，应按照规范的要求取得相应无损检测资格。

A．承压设备在用原材料的无损检测

B．承压设备零部件和焊接接头的无损检测

C．力学性能试验

D．轴瓦缝隙检验

答案：AB

依据：《承压设备无损检测　第1部分：通用要求》JB/T 4730.1—2005，条款号　5.3.1

47. **试题**：射线源采用 X 射线（≤100kV）时，推荐使用的增感屏厚度应该（　　）。

A．前屏不用或≤0.03　　　　　　　　　　B．前屏≥0.03

C．后屏≤0.03　　　　　　　　　　　　　D．后屏≥0.03

答案：AC

依据：《承压设备无损检测　第2部分：射线检测》JB/T 4730.2—2005，条款号　3.5

48. **试题**：小径管采用双壁双影透照布置，当同时满足（　　）时应采用倾斜透照方式椭圆成像。

A．T（壁厚）≤8mm　　　　　　　　　　B．T（壁厚）≥8mm

C．（焊缝宽度）≤$D_0/4$　　　　　　　　D．（焊缝宽度）≥$D_0/4$

答案：AC

依据：《承压设备无损检测　第2部分：射线检测》JB/T 4730.2—2005，条款号　4.1.4

49. **试题**：采用 A 级、AB 级技术等级，透照厚度为 150mm 时，可选用（　　）射线源。

A．Se-75　　　　　　　　　　　　　　　B．Ir-192

C．Co-60　　　　　　　　　　　　　　　D．X 射线（1MeV～4MeV）

答案：CD

依据：《承压设备无损检测　第2部分：射线检测》JB/T 4730.2—2005，条款号　4.2.2

50. **试题**：原则上每张底片上都应有像质计的影像。当一次曝光完成多张胶片照相时，使用的像质计数量允许减少但应符合以下要求（　　）。

A．环形对接焊接接头采用源置于中心周向曝光时，至少在圆周上等间隔地放置 3 个像质计

B．球罐对接焊接接头采用源置于球心的全景曝光时，至少在北极区、赤道区、南极区附近的焊缝上沿纬度等间隔地各放置 3 个像质计，在南、北极的极板拼缝上各放置 1 个像质计

C．一次曝光连续排列的多张胶片时，至少在第一张、中间一张和最后一张胶片处各放置一个像质计

D．一次曝光连续排列的多张胶片时，至少在第一张和最后一张胶片处各放置一个像质计

答案： ABC

依据：《承压设备无损检测　第 2 部分：射线检测》JB/T 4730.2—2005，条款号　4.7.3

51.　**试题：** 识别标记一般包括（　　）。

A．产品编号　　　　　　　　　　　　B．对接焊接接头编号

C．部位编号　　　　　　　　　　　　D．透照日期

答案： ABCD

依据：《承压设备无损检测　第 2 部分：射线检测》JB/T 4730.2—2005，条款号　4.8.2

52.　**试题：** 检测评片室应该（　　）。

A．整洁　　　　　　　　　　　　　　B．安静

C．温度适宜　　　　　　　　　　　　D．光线应暗且柔和

答案： ABCD

依据：《承压设备无损检测　第 2 部分：射线检测》JB/T 4730.2—2005，条款号　4.10.1

53.　**试题：** 钢、镍、铜制承压设备熔化焊对接焊接接头，根据对接接头中存在的缺陷性质、数量和密集程度，其质量等级可划分为（　　）。

A．Ⅰ级　　　　　　　　　　　　　　B．Ⅱ级

C．Ⅲ级　　　　　　　　　　　　　　D．Ⅳ级

答案： ABCD

依据：《承压设备无损检测　第 2 部分：射线检测》JB/T 4730.2—2005，条款号　5.1.3

54.　**试题：**（　　）可划入评定区内。

A．圆形缺陷评定区内

B．圆形缺陷评定区边界线相割的缺陷

C．圆形缺陷评定区边界线相邻的缺陷

D．圆形缺陷评定区边界线相交的缺陷

答案： AB

依据：《承压设备无损检测　第 2 部分：射线检测》JB/T 4730.2—2005，条款号　5.1.5.2

55. **试题**：钢、镍、铜制承压设备管子及压力管道熔化焊环向对接焊接接头，对接焊接接头中的缺陷按性质可分为（   ）。

   A．裂纹　　　　　　　　　　　　　　B．未熔合、未焊透

   C．条形缺陷、圆形缺陷　　　　　　　D．根部内凹、根部咬边

   答案：ABCD

   依据：《承压设备无损检测　第 2 部分：射线检测》JB/T 4730.2—2005，条款号　6.1.2

56. **试题**：钢、镍、铜制承压设备管子及压力管道熔化焊环向对接焊接接头，管外径 $D_0 \leqslant 100mm$ 的小径管的根部内凹和根部咬边深度可采用规定的小径管专用对比试块进行测定，测定时，对比试块应置于（   ）。

   A．管的源侧表面　　　　　　　　　　B．靠近被测根部内凹

   C．根部咬边缺陷附近部位　　　　　　D．无要求

   答案：ABC

   依据：《承压设备无损检测　第 2 部分：射线检测》JB/T 4730.2—2005，条款号　6.1.8

57. **试题**：耦合剂的使用要求一般有（   ）。

   A．透声性好　　　　　　　　　　　　B．透声性差

   C．不损伤检测表面　　　　　　　　　D．可损伤检测表面

   答案：AC

   依据：《承压设备无损检测　第 3 部分：超声检测》JB/T 4730.3—2005，条款号　3.3.5

58. **试题**：超声检测灵敏度补偿有（   ）。

   A．耦合补偿　　　　　　　　　　　　B．衰减补偿

   C．曲面补偿　　　　　　　　　　　　D．系统补偿

   答案：ABC

   依据：《承压设备无损检测　第 3 部分：超声检测》JB/T 4730.3—2005，条款号　3.3.6

59. **试题**：新探头使用前应进行如下那些参数进行测定（   ）。

   A．前沿距离　　　　　　　　　　　　B．K 值

   C．主声束偏离　　　　　　　　　　　D．灵敏度余量和分辨力

   答案：ABCD

   依据：《承压设备无损检测　第 3 部分：超声检测》JB/T 4730.3—2005，条款号　3.4.3

60. **试题**：在（   ）需对仪器和探头系统进行复核。

   A．校准后的探头、耦合剂和仪器调节旋钮发生改变时

   B．检测人员怀疑扫描量程或扫查灵敏度有变化时

   C．连续工作 4h 以上时

D．工作结束时

答案：ABCD

依据：《承压设备无损检测　第 3 部分：超声检测》JB/T 4730.3—2005，条款号　3.4.5

61．**试题：**焊接接头用超声检测标准试块是（　　）。

A．CBⅠ、CBⅡ

B．CSⅠ、CSⅡ、CSⅢ

C．CSK-ⅠA、CSK-ⅡA

D．CSK-ⅢA、CSK-ⅣA

答案：CD

依据：《承压设备无损检测　第 3 部分：超声检测》JB/T 4730.3—2005，条款号　3.5.1.1

62．**试题：**检测过程中，发现（　　）作为缺陷处理。

A．缺陷第一次反射波（F_1）波高大于或等于满刻度的 40%，即 $F_1 \geqslant 140\%$

B．缺陷第一次反射波（F_1）波高低于满刻度的 40%，同时，缺陷第一次反射波（F_1）波高与底面第一次反射波（F_1）波高之比大于或等于 100%，即 $F_1/B.$ $\geqslant 100\%$

C．当底面第一次反射波（E）波高低于满刻度的 5%，即 $E < 5\%$

D．缺陷第一次反射波（F_1）波高低于满刻度的 40%

答案：ABC

依据：《承压设备无损检测　第 3 部分：超声检测》JB/T 4730.3—2005，条款号　4.3.5.1

63．**试题：**锻件加工成简单的形状，是为了（　　）。

A．利于扫查的覆盖

B．利于声束的覆盖

C．避免扫查的覆盖

D．避免声束的覆盖

答案：AB

依据：《承压设备无损检测　第 3 部分：超声检测》JB/T 4730.3—2005，条款号　4.7.4.2

64．**试题：**钢制承压设备对接焊接接头的 A 级技术等级的特性包括（　　）。

A．仅适用于母材厚度为 8mm～46mm 的对接焊接接头

B．适用于母材厚度为 8mm～400mm 的对接焊接接头

C．可用一种 K 值探头采用直射波法和一次反射波法在对接焊接接头的单面单侧进行检测

D．适用多种 K 值探头采用直射波法和一次反射波法在对接焊接接头的单面单侧进行检测

答案：AC

依据：《承压设备无损检测　第 3 部分：超声检测》JB/T 4730.3—2005，条款号　5.1.2.2.1

65．**试题：**磁粉检测用磁悬液浓度受（　　）影响。

A．磁粉种类

B．磁粉粒度

C．施加方法　　　　　　　　　　　　　　　D．被检工件表面状态

答案：ABCD

依据：《承压设备无损检测 第4部分：磁粉检测》JB/T 4730.4—2005，条款号 3.4.3

---

66. **试题：** 关于磁粉检测标准试片使用方法，错误的说法是（　　）。

A．标准试片适用于剩磁法

B．标准试片使用时，应将试片无人工缺陷的面朝内

C．为使试片与被检面接触良好，可用透明胶带将其平整粘贴在被检面上，并注意胶带不能覆盖试片上的人工缺陷

D．标准试片表面有锈蚀、褶折或磁特性发生改变不得继续使用

答案：CD

依据：《承压设备无损检测 第4部分：磁粉检测》JB/T 4730.4—2005，条款号 3.5.1.3

---

67. **试题：** 磁场指示器可用于测量被检工件表面的（　　）。

A．磁场方向　　　　　　　　　　　　　　　B．有效检测区

C．磁化方向　　　　　　　　　　　　　　　D．磁场强度

答案：ABC

依据：《承压设备无损检测 第4部分：磁粉检测》JB/T 4730.4—2005，条款号 3.5.2

---

68. **试题：** 磁粉检测常用的电流类型有（　　）。

A．交流　　　　　　　　　　　　　　　　　B．全波整流

C．半波整流　　　　　　　　　　　　　　　D．直流

答案：ABC

依据：《承压设备无损检测 第4部分：磁粉检测》JB/T 4730.4—2005，条款号 3.6.1

---

69. **试题：**（　　）可以检测与工件轴线方向平行或夹角小于45°的缺陷。

A．触头法　　　　　　　　　　　　　　　　B．线圈法

C．中心导体法　　　　　　　　　　　　　　D．轴向通电法

答案：ACD

依据：《承压设备无损检测 第4部分：磁粉检测》JB/T 4730.4—2005，条款号 3.7.2

---

70. **试题：** 渗透检测用 A 型对比试块，正确的说法是（　　）。

A．A 型对比试块也叫镀铬试块

B．试块由同一试块剖开后具有相同大小的两部分组成，并打上相同序号，分别标以 A、B 记号

C．试块上均应具有细密相对称的裂纹图形

D．用于非标准温度下的渗透检测方法作出鉴定

E．用于检验渗透检测剂系统灵敏度及操作工艺正确性

答案：BC

依据：《承压设备无损检测　第 5 部分：渗透检测》JB/T 4730.5—2005，条款号　3.3.6.1

71. **试题**：远场涡流对比试样管的人工缺陷尺寸符合要求的是（　　　）。

A．圆底孔—用直径 10mm 的球形钻头，加工深度 50%

B．通孔的直径为壁厚的 1.25 倍

C．周向窄凹槽—槽深为 20%壁厚，槽宽为 3mm

D．周向宽凹槽—槽深为 20%壁厚，槽宽大于或等于 2 倍管公称直径

答案：ABCD

依据：《承压设备无损检测　第 6 部分：涡流检测》JB/T 4730.6—2005，条款号　6.3.3

附　录

引用法规、标准名录

类别	序号	标　准　名	标　准　号
法律法规	1	中华人民共和国特种设备安全法	中华人民共和国主席令〔2013〕第4号
部委文件	2	火力发电工程质量监督检查大纲　第5部分：锅炉水压试验前监督检查	国能综安全〔2014〕45号
	3	火力发电工程质量监督检查大纲　第9部分：机组整套启动试运前监督检查	国能综安全〔2014〕45号
	4	火力发电工程质量监督检查大纲　第10部分：机组商业运行前监督检查	国能综安全〔2014〕45号
国家标准	5	焊接接头拉伸试验方法	GB/T 2651—2008
	6	焊缝及熔敷金属拉伸试验方法	GB/T 2652—2008
	7	焊接接头弯曲试验方法	GB/T 2653—2008
	8	焊接接头硬度试验方法	GB/T 2654—2008
	9	金属熔化焊焊接接头射线照相	GB/T 3323—2005
	10	固定式钢梯及平台安全要求　第1部分：钢直梯	GB 4053.1—2009
	11	固定式钢梯及平台安全要求　第2部分：钢斜梯	GB 4053.2—2009
	12	固定式钢梯及平台安全要求　第3部分：工业防护栏杆及钢平台	GB 4053.3—2009
	13	设备及管道绝热技术通则	GB/T 4272—2008
	14	塔式起重机	GB/T 5031—2008
	15	塔式起重机安全规程	GB 5144—2006
	16	起重机　试验规范和程序	GB/T 5905—2011
	17	起重机　钢丝绳　保养、维护、安装、检验和报废	GB/T 5972—2009
	18	起重机械安全规程　第1部分：总则	GB 6067.1—2010
	19	袋式除尘器技术要求	GB/T 6719—2009
	20	带式输送机	GB/T 10595—2009
	21	焊缝无损检测　超声检测　技术、检测等级和评定	GB/T 11345—2013
	22	通用桥式起重机	GB/T 14405—2011
	23	通用门式起重机	GB/T 14406—2011
	24	履带起重机	GB/T 14560—2011
	25	水管锅炉　第1部分：总则	GB/T 16507.1—2013
	26	水管锅炉　第2部分：材料	GB/T 16507.2—2013
	27	水管锅炉　第3部分：结构设计	GB/T 16507.3—2013

续表

类别	序号	标　准　名	标　准　号
国家标准	28	水管锅炉　第 4 部分：受压元件强度计算	GB/T 16507.4—2013
	29	水管锅炉　第 5 部分：制造	GB/T 16507.5—2013
	30	水管锅炉　第 6 部分：检验、试验和验收	GB/T 16507.6—2013
	31	水管锅炉　第 7 部分：安全附件与仪表	GB/T 16507.7—2013
	32	水管锅炉　第 8 部分：安装与运行	GB/T 16507.8—2013
	33	金属里氏硬度试验方法	GB/T 17394—1998
	34	燃煤烟气脱硫设备　第 1 部分：燃煤烟气湿法脱硫设备	GB/T 19229.1—2008
	35	锅炉钢结构设计规范	GB/T 22395—2008
	36	吊笼有垂直导向的人货两用施工升降机	GB 26557—2011
	37	电袋复合除尘器	GB/T 27869—2011
	38	压缩空气站设计规范	GB 50029—2014
	39	工业设备及管道绝热工程施工规范	GB 50126—2008
	40	立式圆筒形钢制焊接储罐施工规范	GB 50128—2014
	41	工业金属管道工程施工质量验收规范	GB 50184—2011
	42	工业设备及管道绝热工程施工质量验收规范	GB 50185—2010
	43	钢结构工程施工质量验收规范	GB 50205—2001
	44	工业炉砌筑工程施工及验收规范	GB 50211—2014
	45	机械设备安装工程施工及验收通用规范	GB 50231—2009
	46	工业金属管道工程施工规范	GB 50235—2010
	47	现场设备、工业管道焊接工程施工规范	GB 50236—2011
	48	输送设备安装工程施工及验收规范	GB 50270—2010
	49	风机、压缩机、泵安装工程施工及验收规范	GB 50275—2010
	50	破碎、粉磨设备安装工程施工及验收规范	GB 50276—2010
	51	起重设备安装工程施工及验收规范	GB 50278—2010
	52	工业炉砌筑工程质量验收规范	GB 50309—2007
	53	立式圆筒形钢制焊接油罐设计规范	GB 50341—2014
	54	水泥基灌浆材料应用技术规范	GB/T 50448—2008
	55	大中型火力发电厂设计规范	GB 50660—2011
	56	钢结构焊接规范	GB 50661—2011
	57	现场设备、工业管道焊接工程施工质量验收规范	GB 50683—2011
	58	工业设备及管道防腐蚀工程施工规范	GB 50726—2011
	59	工业设备及管道防腐蚀工程施工质量验收规范	GB 50727—2011
	60	钢结构工程施工规范	GB 50755—2012
	61	电厂动力管道设计规范	GB 50764—2012
	62	烟气脱硫机械设备工程安装及验收规范	GB 50895—2013

续表

类别	序号	标　准　名	标　准　号
国家 标准	63	循环流化床锅炉施工及质量验收规范	GB 50972—2014
能源 行业 标准	64	承压设备无损检测　第 7 部分：目视检测	NB/T 47013.7—2012
	65	承压设备无损检测　第 8 部分：泄漏检测	NB/T 47013.8—2012
	66	承压设备焊接工艺评定	NB/T 47014—2011
	67	电厂辅机用油运行及维护管理导则	DL/T 290—2012
	68	火电厂烟气脱硝技术导则	DL/T 296—2011
	69	火力发电厂金属技术监督规程	DL/T 438—2009
	70	火力发电厂高温紧固件技术导则	DL/T 439—2006
	71	电除尘器	DL/T 514—2004
	72	电站弯管	DL/T 515—2004
	73	钢熔化焊 T 形接头和角接接头焊缝射线照相和质量分级	DL/T 541—2014
	74	钢熔化焊 T 形接头超声波检测方法和质量评定	DL/T 542—2014
	75	电站锅炉压力容器检验规程	DL 647—2004
	76	电力行业无损检测人员资格考核规则	DL/T 675—2014
	77	电力钢结构焊接通用技术条件	DL/T 678—2013
	78	焊工技术考核规程	DL/T 679—2012
	79	高温紧固螺栓超声检测技术导则	DL/T 694—2012
	80	电站钢制对焊管件	DL/T 695—2014
	81	火力发电厂异种钢焊接技术规程	DL/T 752—2010
	82	汽轮机铸钢件补焊技术导则	DL/T 753—2001
	83	母线焊接技术规程	DL/T 754—2013
	84	火力发电厂绝热材料	DL/T 776—2012
	85	火力发电厂锅炉耐火材料	DL/T 777—2012
	86	火力发电厂焊接热处理规程	DL/T 819—2010
	87	管道焊接接头超声波检验技术规程	DL/T 820—2002
	88	钢制承压管道对接焊接接头射线检验技术规程	DL/T 821—2002
	89	电站配管	DL/T 850—2004
	90	焊接工艺评定规程	DL/T 868—2014
	91	火力发电厂焊接技术规程	DL/T 869—2012
	92	火电厂金相检验与评定技术导则	DL/T 884—2004
	93	耐磨耐火材料技术条件与检验方法	DL/T 902—2004
	94	磨煤机耐磨件堆焊技术导则	DL/T 903—2004
	95	汽轮机叶片焊接修复技术导则	DL/T 905—2004
	96	火力发电厂保温工程热态考核测试与评价规程	DL/T 934—2005

续表

类别	序号	标　准　名	标　准　号
能源行业标准	97	火力发电厂锅炉受热面管监督检验技术导则	DL/T 939—2005
	98	电站锅炉安全阀技术规程	DL/T 959—2014
	99	电力设备金属光谱分析技术导则	DL/T 991—2006
	100	电力大件运输规范	DL/T 1071—2014
	101	火电厂凝汽器管板焊接技术规程	DL/T 1097—2008
	102	火力发电厂管道支吊架验收规程	DL/T 1113—2009
	103	燃煤电厂锅炉烟气袋式除尘工程技术规范	DL/T 1121—2009
	104	火电厂烟气脱硫装置验收技术规范	DL/T 1150—2012
	105	火力发电建设工程机组蒸汽吹管导则	DL/T 1269—2013
	106	电力建设安全工作规程　第 1 部分：火力发电	DL 5009.1—2014
	107	火力发电厂汽水管道设计技术规定	DL/T 5054—1996
	108	火力发电厂保温油漆设计规程	DL/T 5072—2007
	109	火力发电厂烟风煤粉管道设计技术规程	DL/T 5121—2000
	110	火力发电厂除灰设计技术规程	DL/T 5142—2012
	111	燃气—蒸汽联合循环电厂设计规定	DL/T 5174—2003
	112	电力建设施工技术规范　第 2 部分：锅炉机组	DL 5190.2—2012
	113	电力建设施工技术规范　第 5 部分：管道及系统	DL 5190.5—2012
	114	电力建设施工技术规范　第 6 部分：水处理及制氢设备和系统	DL 5190.6—2012
	115	电力建设施工技术规范　第 8 部分：加工配制	DL 5190.8—2012
	116	火力发电厂煤和制粉系统防爆设计技术规程	DL/T 5203—2005
	117	火力发电厂油气管道设计规程	DL/T 5204 —2005
	118	电力建设施工质量验收及评价规程　第 2 部分：锅炉机组	DL/T 5210.2—2009
	119	电力建设施工质量验收及评价规程　第 5 部分：管道及系统	DL/T 5210.5—2009
	120	电力建设施工质量验收及评价规程　第 7 部分：焊接	DL/T 5210.7—2010
	121	电力建设施工质量验收及评价规程　第 8 部分：加工配制	DL/T 5210.8—2009
	122	履带式起重机安全操作规程	DL/T 5248—2010
	123	门座起重机安全操作规程	DL/T 5249—2010
	124	汽车起重机安全操作规程	DL/T 5250—2010
	125	火电厂烟气脱硝工程施工验收技术规程	DL/T 5257—2010
	126	火电工程达标投产验收规程	DL 5277—2012
	127	火电厂烟气脱硫工程施工质量验收及评定规程	DL/T 5417—2009
	128	火电厂烟气脱硫吸收塔施工及验收规程	DL/T 5418—2009
	129	火电厂烟气海水脱硫工程调整试运及质量验收及评定规程	DL/T 5436—2009

续表

类别	序号	标 准 名	标 准 号
能源行业标准	130	火力发电厂热力设备及管道保温防腐施工质量验收规程	DL/T 5704—2014
	131	循环流化床锅炉砌筑工艺导则	DL/T 5705—2014
	132	火力发电厂热力设备及管道保温施工工艺导则	DL 5713—2014
	133	火力发电厂热力设备及管道保温防腐施工技术规范	DL 5714—2014
相关标准	134	锅炉安全技术监察规程	TSG G0001—2012
	135	锅炉安装监督检验规则	TSG G7001—2004
	136	起重机械安全技术监察规程—桥式起重机	TSG Q0002—2008
	137	起重机械使用管理规则	TSG Q5001—2009
	138	起重机械定期检验规则	TSG Q7015—2008
	139	起重机械安装改造重大维修监督检验规则	TSG Q7016—2008
	140	固定式压力容器安全技术监察规程	TSG R0004—2009
	141	移动式压力容器安全技术监察规程	TSG R0005—2011
	142	压力容器定期检验规则	TSG R7001—2013
	143	安全阀安全技术监察规程	TSG ZF001—2006
	144	特种设备焊接操作人员考核细则	TSG Z6002—2010
	145	特种设备无损检测人员考核规则	TSG Z8001—2013
	146	钢结构高强度螺栓连接技术规程	JGJ 82—2011
	147	焊接材料质量管理规程	JB/T 3223—1996
	148	承压设备无损检测 第1部分：通用要求	JB/T 4730.1—2005
	149	承压设备无损检测 第2部分：射线检测	JB/T 4730.2—2005
	150	承压设备无损检测 第3部分：超声检测	JB/T 4730.3—2005
	151	承压设备无损检测 第4部分：磁粉检测	JB/T 4730.4—2005
	152	承压设备无损检测 第5部分：渗透检测	JB/T 4730.5—2005
	153	承压设备无损检测 第6部分：涡流检测	JB/T 4730.6—2005
	154	回转式翻车机	JB/T 7015—2010
	155	袋式除尘器安装技术要求与验收规范	JB/T 8471—2010
	156	移动板式电除尘器	JB/T 11311—2012
	157	湿式电除尘器	JB/T 11638—2013
	158	布袋除尘工程通用技术规范	HJ 2020—2012
	159	电除尘工程通用技术规范	HJ 2028—2013
	160	电除尘器施工工艺导则（试行）	SDJ 99—1988